머리말

본 정비지침서는 기아 차량 정비에 종사하시는 분을 위한 정비 자료로서 카렌스 차량의 구조와 정비 방법에 대하여 설명하고 있습니다.

본 책에는 차량의 일반제원 및 차량 시스템 개요 및 작동원리, 고장진단법, 분리 및 장착, 분해조립 방법 등의 내용을 체계적으로 기술하고 있습니다. 먼저 본책의 사용방법을 익히고 각 부분별로 내용을 익히면 올바른 정비방법을 익힐 수 있으며, 보다 안전하고 신뢰성있는 정비를 위하여 항상 사용하기 편리한 곳에 두고서 유용하게 활용하십시오.

본 책에 수록되어있는 사양 및 데이타, 삽화등 모든 내용은 책을 발행할 당시에 제작된 차량에 적용되어있는 시스템을 기준으로 하고 있습니다. 또한, 기아자동차 주식회사에서는 사전통보의 의무없이 차량의 사양 및 구조 변경을 할 수 있으며, 이에 따라서 본 책의 내용이 이후에 제작된 차량과 일치하지 않는 경우도 있습니다. 이 경우에는 추후에 발행되는 정비지침서를 참고하시기 바랍니다.

기아자동차주식회사
정비자료발간팀

⚠ 경고
본 책자에서 지정하는 순정품(엔진오일, 변속기오일 등)을 사용하지 않거나 불량연료를 사용했을 경우에는 차량에 치명적인 손상을 줄 수 있습니다.

© 2001, 기아자동차주식회사
AFJS-KO14A

정비지침서

안전을 위하여

본 책자의 본문내용중에는 참고 및 주의, 경고 항목이 있습니다. 참고 항목은 정비작업중에 도움이 될 수 있는 사항을 설명하며, 주의 항목은 정비작업중 차량에 손상을 줄 수 있는 실수를 미연에 방지하기 위한 설명을, 경고 항목은 작업중 부주의로 인해 작업자가 부상을 초래할 수 있는 경우에 대해서 설명을 하고 있습니다. 반드시 숙지하여 안전한 작업을 하십시오.

다음은 작업중 안전을 위해 지켜야 할 일반적인 내용입니다.

- ☞ 점화스위치는 필요한 경우를 제외하고는 항상 OFF로 한다.
- ☞ 차량 밑부분에서 작업하는 경우에는 안전 스탠드를 사용한다.
- ☞ 눈의 보호를 위해서 보호 안경을 착용한다.
- ☞ 엔진의 작동은 환기시설이 잘되어 있는 곳에서 하여 일산화탄소등 배기가스의 위험을 방지한다.
- ☞ 엔진이 작동중에는 팬이나 벨트등이 회전부분에 손이나 옷등이 끼이지 않도록 한다.
- ☞ 라디에이터, 매니폴드, 촉매변환장치등 열이 발생하는 금속 부분을 다룰 때는 화상을 입지않도록 한다.
- ☞ 작업장내에서는 흡연을 하지 않는다.

정비지침서(T8D)

차례 1

일반사항	00
엔진(T8D)	10A
윤활장치	11
냉각장치	12
흡기 및 배기장치	20
연료 및 배기가스 제어장치 (T8D)	21A
연료 및 배기가스 제어장치 (T8D LPG)	21B
연료장치	22
점화장치(T8D)	30A
점화장치(T8D LPG)	30B
시동장치	31
충전장치	32
클러치	40
수동변속기	41
자동변속기	42
앞, 뒤 차축	50
조향장치	51
제동장치	52
휠 및 타이어	53
현가장치	54
바디	60
에어백	60-1
에어컨	62

정비지침서(2.0 DOHC)

차례 2

일반사항	GI
엔진(2.0 DOHC LPG)	EM
엔진전장	EE
연료장치(2.0 DOHC LPG)	FL
클러치	CH
수동변속기 (M5BF2)	MT
자동변속기(F4A42-1)	42

일반사항

표시	00- 3
정비작업에 임하여	00- 3
전기계통 작업	00- 7
잭업 및 안전 스탠드의 위치	00- 8
견인	00- 9
엔진번호, 차대번호	00- 9
약어 및 단위	00- 9

표시

정비시 그림에 나타난 표시와 같이 정비하시오.

표 시	의 미	종 류
BSX000000-1	오일 도포	적당한 엔진 오일 혹은 미션 오일
BSX000000-2	브레이크 액 도포	브레이크 액
BSX000000-3	ATF액 도포	ATF 액
BSX000000-4	그리스 도포	적절한 그리스
BSX000000-5	실런트 도포	적절한 실런트
BSX000000-6	유제 젤리 도포	적절한 유제 젤리

정비작업에 임하여

정비작업에 대하여
- 휀더커버, 시트커버, 플로어 커버를 반드시 장착할 것.

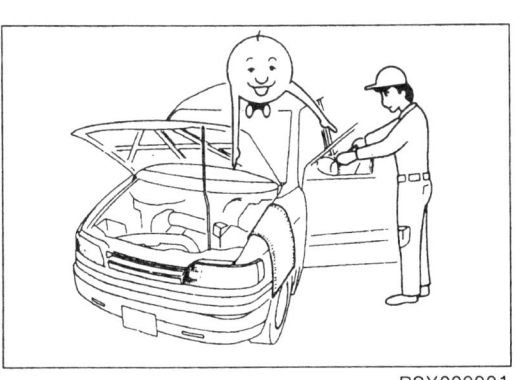

일반사항 정비작업에 임하여

안전작업에 대하여
- 휀더커버, 시트커버, 플로어 커버를 반드시 장착할 것.
- 바퀴의 구름을 방지할 것.
- 잭을 지정위치에 확실히 댈 것.
- 안전스탠드 (리지트랙)로 지지할 것.
- 엔진을 스타트 시켰을 때는 엔진 룸내의 안전을 확인한 후 행할 것.

공구, 계측기의 정비에 대하여
- 정비에 필요한 공구, 계기 특수 공구는 작업전에 준비할 것.

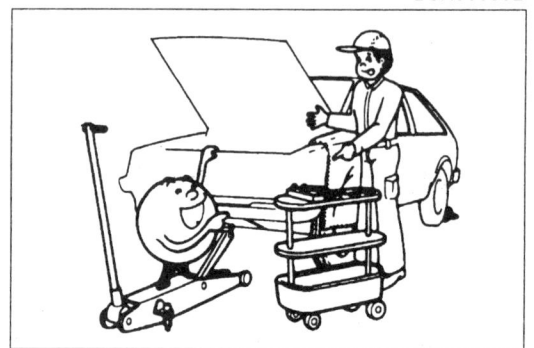

특수 공구에 대하여
- 특수 공구의 사용을 지시하는 작업에는 필히 사용할 것.

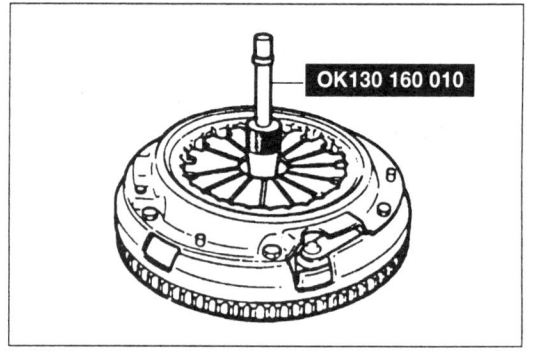

분리에 대하여
- 결함 개소의 확인을 함과 동시에 고장 원인을 규명하고 분리, 분해의 필요가 있는가를 파악한 후 작업할 것.

분해에 대하여
- 복잡한 개소를 분리할 때는 조립작업이 용이하도록 기능상이나 외관상 악영향이 없는 개소에 각인 또는 조립마크 등을 표시할 것.

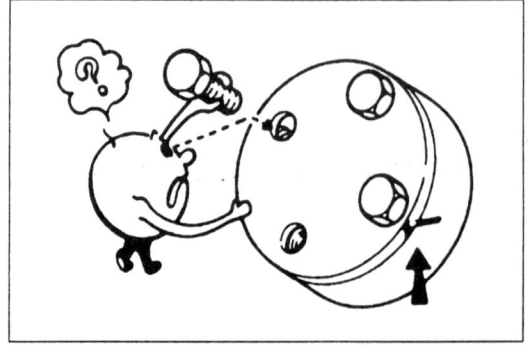

분해중의 점검에 대해서

- 각각의 부품을 분해하면서 그 부품의 조립되어 있던 상태, 원형 손상의 유·무 등을 점검할 것.

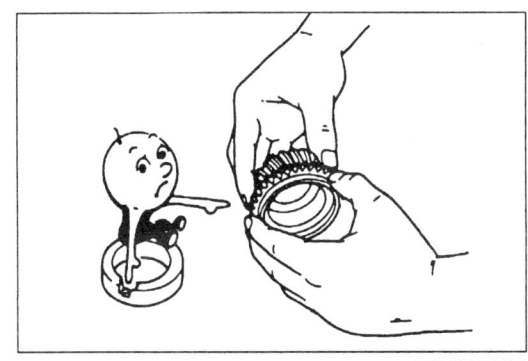

분해부품의 정리에 대해서

- 분해한 부품은 순서대로 잘 정리할 것. 또한 교환하는 부품과 재사용하는 부품을 구분 정리할 것.

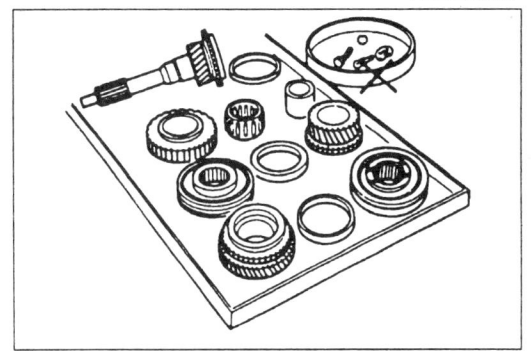

분해 부품의 세정에 대해서

- 재사용하는 부품은 충분히 청소, 세정을 행할 것.

조립에 대해서

- 양호한 부품을 정확한 순서로 정비 기준치 (체결토크, 조정 수치 등)를 맞추어 조립할 것.

- 다음 부품을 분리할 때는 원칙적으로 신품과 교환할 것.
    - 오일씰   - 개스킷
    - "O"링   - 록 와셔
    - 코터 핀   - 나이론 너트

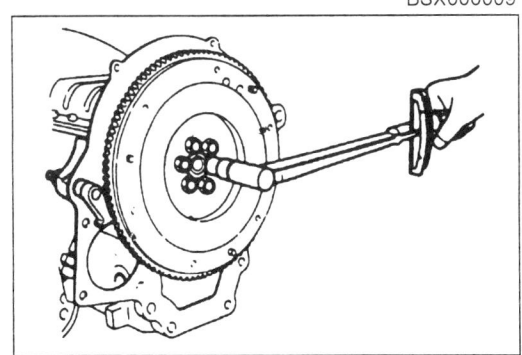

- 개스킷류의 개소에 따라서는 실제의 도포를, 각 부품의 습동부에는 오일의 도포를, 지정한 개소 (오일 실 등)에는 지정한 오일 또는 그리스를 도포하고 조립할 것.

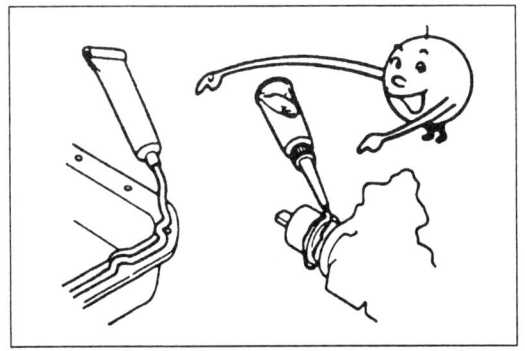

조정

- 게이지, 테스터 등을 사용하여 정비 표준치가 되도록 조정할 것.

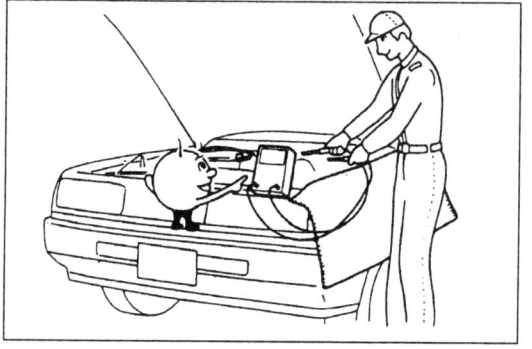

전기계통 작업

전기계통 작업전 주의점
전기계통을 작업할 때에는 다음 항목을 주의한다. 전기장치와 배선을 임의로 변경, 개조하면 차량 고장과 용량 오버, 쇼트에 의한 차량화재를 일으킬 수 있으므로 절대로 해서는 안된다.

- 바테리 케이블을 분리시에는 반드시 단자를 분리한다.

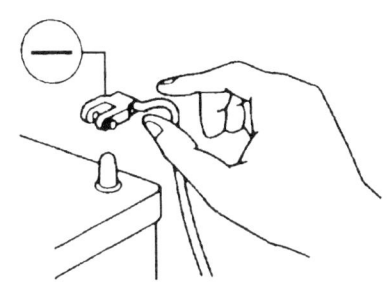

주의
바테리 케이블을 탈착하는 경우에는 반드시 이그니션 스위치를 OFF 한다.(반도체 부품이 파손될 우려가 있다.)

- 퓨즈 용단시는 반드시 지정된 용량의 퓨즈를 교환한다.

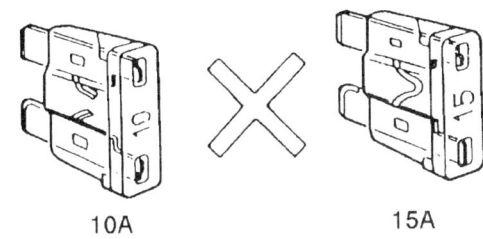

주의
지정 용량보다 큰 퓨즈를 사용하면 부품소손 차량 화재의 우려가 있다.

- 하니스는 느슨하지 않도록 클립으로 고정한다.

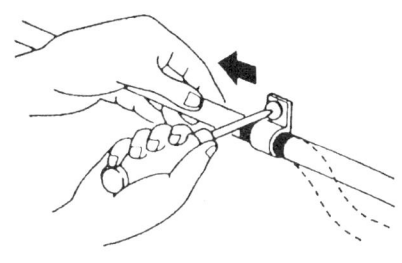

주의
엔진등 진동부로 건너는 부위는 진동에 의해 주위 부품에 접촉되지 않는 범위에 클립으로 고정한다.

- 하니스가 각 부품의 단부, 날카로운 부위와 간섭되는 곳에는 테이프로 보호한다.

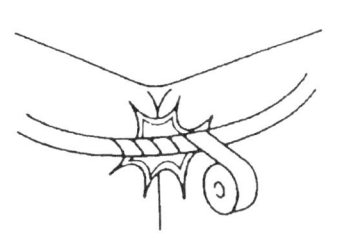

- 부품 부착시에는 하니스가 손상되지 않도록 한다.

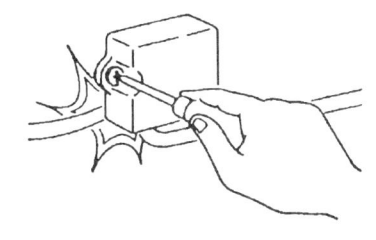

- 센서, 릴레이류를 던지거나 떨어뜨리지 않도록 한다.

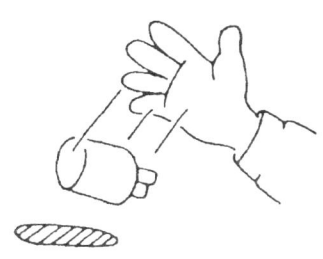

- 온도가 80℃ 이상으로 되는 정비를 할 때에는 컴퓨터, 릴레이 등을 분리한다.

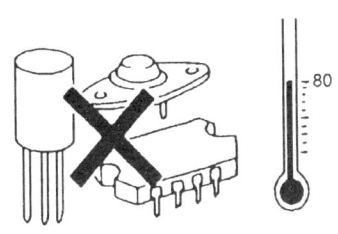

- 커넥터를 확실히 장착한다.

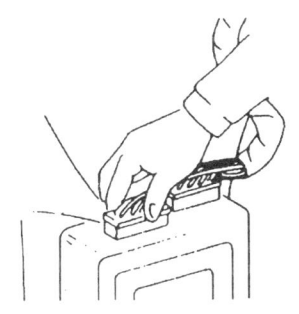

잭업 및 안전 스탠드(리지트 랙)의 위치

프런트 측
잭업 위치
- 서브 프레임 앞측

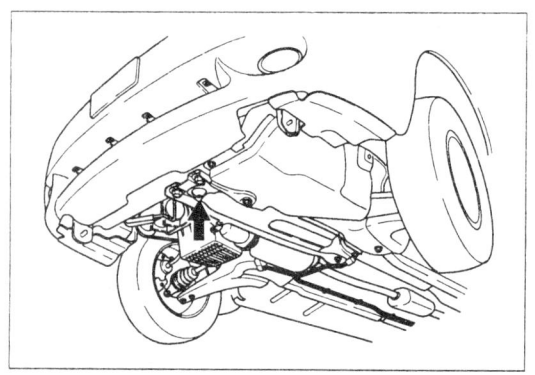

안전 스텐드 위치
- 사이드 실 (양쪽)

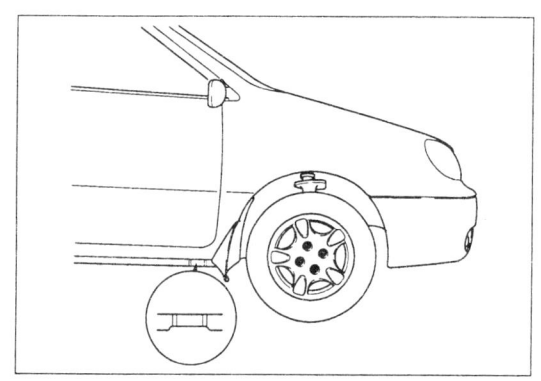

리어측
잭업 위치
- 크로스 멤버 중앙부

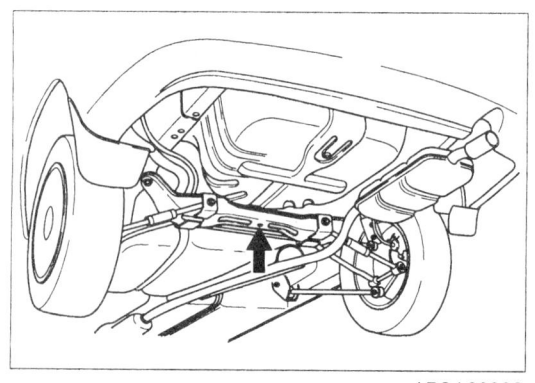

안전 스텐드 위치
- 사이드 실 (양쪽)

2주식 리프터 지지위치
프런트측
- 사이드 실 (양쪽)

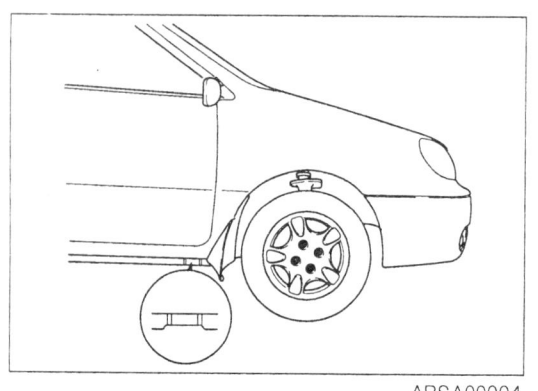

리어측
- 사이드 실 (양쪽)

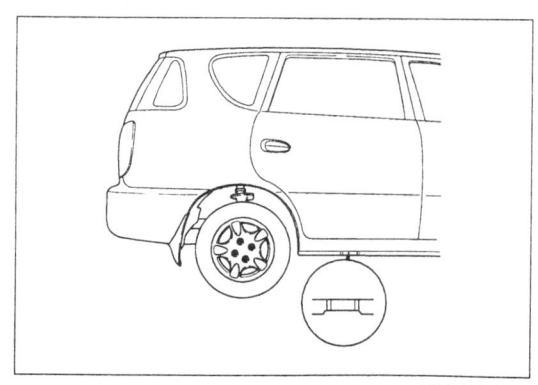

견인

견인시 차량에 손상을 주지않는 적절한 견인장비를 사용하고, 구동되는 바퀴인 앞 바퀴를 들어올려 견인하고, 앞 바퀴를 들어올릴 수 없는 경우는 이동대차를 사용하고 주차 브레이크를 해제하고 변속기를 N(중립)위치에 놓은 상태에서 견인한다.

엔진번호

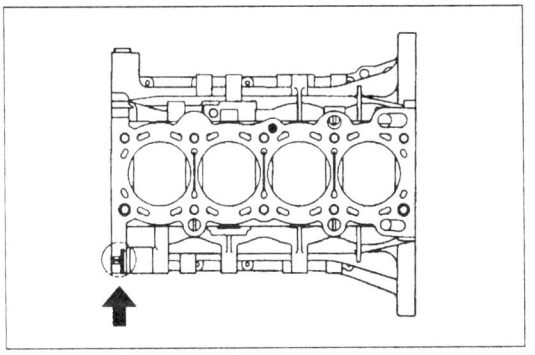

차대번호

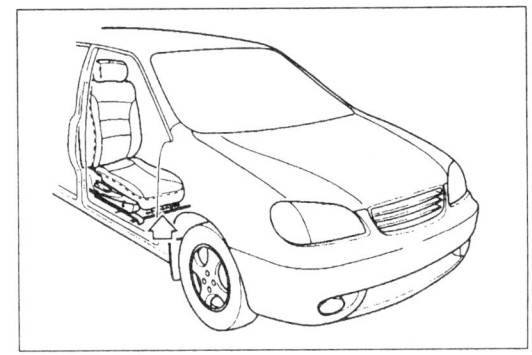

약어 및 단위

약 어

AAS	공기 조절 스크루
ABDC	하사점 후
AC	에어컨
ACC	악세서리
ASSY	어셈블리
ATDC	상사점 후
BBDC	하사점 전
BTDC	상사점 전
DOHC	더블 오버 헤드 캠 샤프트
EGR	배기가스 재순환 장치
EX	익죠스트
IC	전기 직접로
IG	이그니션
IN	인테이크
ISC 밸브	아이들 스피드 컨트롤 밸브
JB	조인트 박스
LH	좌측
M	모터
MAP 센서	흡기 절대 압력 센서
MAS	메인 어저스트 스크루
OFF	스위치 OFF
ON	스위치 ON
PCV	포지티브 크랭크 케이스 벤틸레이션
P/S	파워 스티어링
P/W	파워 윈도우
RH	우측
SAS	슬로우 어저스트 스크루
ST	스타트
SW	스위치
TPS	스로틀 포지션 센서
VICS	가변흡기 시스템

단 위

kg-m, kg-cm	토크
rpm	분당 회전수
°	각도
℃	온도
kg/cm²	압력
mm Hg	부압
A	암페어 (전류)
V	볼트 (전압)
W	와트 (전력)
Ω	옴 (저항)

엔진

고장진단 및 조치
- 엔진 ······································· 10- 3
- 타이밍 벨트 ······························· 10- 5
- HLA(Hydraulic Lash Adjuster) ········ 10- 6

엔진 조정 절차
- 엔진 오일 점검 ···························· 10- 7
- 엔진 냉각수 점검 ·························· 10- 7
- 구동 벨트 점검 ···························· 10- 7
- 엔진 조정 ································· 10- 9
- 압축 압력 ································· 10-10

분리/장착
- 부속장치 ·································· 10-11
- 커넥터 및 하니스류 ······················ 10-13
- 호스류 ···································· 10-14
- 엔진 마운팅류 ···························· 10-15
- 트랜스 액슬 ······························ 10-16

분해/점검/조립
- 엔진 보조 장치 ·························· 10-19
- 타이밍 벨트 ······························ 10-20
- 실린더 헤드 ······························ 10-23
- 오일 펌프 및 오일 팬 ·················· 10-24
- 실린더 블록 ······························ 10-25

사양
······································· 10-29

특수공구
······································· 10-30

고장진단 및 조치

엔진
진단 챠트

고장 상황	예상 주요 원인	조 치
크랭킹이 되지 않는다	바테리와 시동장치 또는 기타 전기장치 결함	31장 (시동장치), 32장 (충전장치), 전기배선도 참조
	연소실 내부에 연료가 차있음	석션건으로 연료를 제거한후, 스파크 플러그가 제거된 상태로 엔진을 크랭킹한다.
	엔진이 고정되어 있음	수리
크랭킹은 정상적으로 되나 시동이 걸리지 않는다.	연료장치의 기능불량	22장 참조 (연료장치)
	점화장치의 기능불량	30장 참조 (점화장치)
	밸브간극 부적당	HLA 점검
	배기장치의 막힘	20장 참조 (배기장치)
	타이밍 벨트와 관련 부품	타이밍 벨트와 관련부품 점검 ; 필요시 교환
	밸브의 소착; 피스톤링 또는 실린더의 마모; 실린더 헤드 개스킷의 손상 등으로 인한 압축압력 저하	압축압력 테스트 실시 필요시 교환 및 수리
	캠 샤프트의 마모	교환
아이들 부조	연료장치의 기능불량	22장 참조 (연료장치)
	배기가스 제어장치의 기능불량	21장 참조 (배기가스 제어장치)
	점화장치의 기능불량	30장 참조 (점화장치)
	밸브간극 기능불량	HLA 점검
	실린더 압축압력 불균형	압축압력 테스트 실시 필요시 교환 및 수리
	밸브와 밸브시트의 접촉불량	교환 및 수리
	밸브 스프링 약화 또는 절손	교환
	실린더 헤드 개스킷 손상	교환
백연 (배기가스) 발생	일반적으로 추운날씨에 연소되는 생성물로써 정상이며 수증기에 의해 발생한다.	
	실린더 헤드 또는 인테이크의 개스킷이 손상되었거나 엔진 블록, 실린더 헤드 또는 인테이크 매니폴드에 균열이 발생하여 냉각수가 유입	교환 및 수리
흑연 (배기가스) 발생	연료장치의 기능불량	22장 참조 (연료장치)
	배기가스 제어장치의 기능불량	21장 참조 (배기가스 제어장치)
청연 (배기가스) 발생	일반적으로 링의 마모, 밸브 가이드의 마모, 밸브실의 마모 또는 실린더 헤드 개스킷의 손상 등에 의해 연소실 내부에 오일이 들어와 연소되는 경우	교환
밸브 이음	밸브 가이드의 마모	수리
	오일 압력 저하	11장 참조 (윤활장치)
	밸브간극의 부적함	HLA 점검
	밸브 스프링이 끊어짐	교환
	밸브가 고착됨	수리
	캠 샤프트의 마모 또는 결함 발생	교환

엔진 고장진단 및 조치

고장 상황	예상 주요 원인	조 치
출력 부족	압축 압력 부족:	
	1. 밸브간극의 부적합	HLA 점검
	2. 밸브 시트로부터의 누설	교환 및 수리
	3. 밸브 스템 소착	교환
	4. 밸브 스프링 약화 또는 절손	교환
	5. 실린더 헤드 개스킷 손상	교환
	6. 실린더 헤드 균열 및 변형	교환 및 수리
	7. 피스톤 링의 고착·손상 또는 마모	교환
	8. 피스톤의 균열 또는 마모	교환
	연료장치의 기능불량	22장 참조 (연료장치)
	클러치 미끌어짐	40장 참조 (클러치)
	브레이크 끌림	52장 참조 (브레이크 장치)
	타이어 크기의 틀림	53장 참조 (휠 및 타이어)
	배기장치의 막힘	20장 참조 (배기장치)
비정상적 연소	밸브간극의 부적합	HLA 점검
	밸브의 고착 또는 소착	교환
	밸브 스프링의 약화 또는 절손	교환
	연소실에 카본이 축적됨	카본 제거
엔진이 워밍업 된 상태에서의 아이들시 엔진 노킹 발생	드라이브 벨트 및 텐셔너의 느슨함 또는 마모	벨트 및 텐셔너 점검 필요시 교환
	에어컨 컴푸레셔 또는 알터네이터 베어링 기능불량	교환
	부적합한 오일 점도	적합한 오일 교환
	과도한 피스톤 핀의 간극	피스톤, 피스톤 핀 또는 커넥팅 로드 교환
	커넥팅 로드 간극	필요시 점검 및 교환
엔진이 워밍업 된 상태에서의 아이들시 엔진 노킹 발생	피스톤과 실린더 보어 사이의 간극 부족	필요시 피스톤 교환
	타이밍 벨트 텐셔너 또는 아이들러 기능 불량	교환
	크랭크 샤프트 풀리의 느슨함	필요시 조임 또는 교환
아이들시의 적은 소음이 엔진속도가 증가되면서 소음이 커짐	밸브 스프링이 직각이 되지 않았거나 절손되어 스프링 시트나 코터에서 소음발생	교환 및 수리
	밸브 스템과 밸브 가이드 사이의 간극이 과도함	수리
	밸브 스프링 시트의 유격이 과도함	수리
엔진이 차가울때의 노킹 발생	피스톤과 실린더 보어 사이의 간극이 과도함	피스톤 교환
	크랭크 샤프트 풀리의 절손 또는 느슨함	조임 또는 교환
출력 증가시 노킹 증가	피스톤과 실린더 보어 사이의 간극이 과도함	피스톤 교환
	커넥팅 로드의 변형 (굽음)	교환
엔진이 워밍업된 상태에서 회전력이 주어졌을 때 심한 노킹이 발생	크랭크 샤프트 풀리의 절손	교환
	드라이브 벨트가 너무 팽팽하거나 손상됨	벨트 장력조정 또는 교환
	벨트 텐셔너의 손상	교환
	플라이 휠의 균열 또는 클러치 플레이트의 느슨함	플라이 휠 및 클러치 플레이트 교환
	메인 베어링 간극이 과도함	수리
	저널 베어링 간극이 과도함	수리
엔진이 워밍업되고 저하중 상태에서의 가벼운 노킹 발생	타이밍이 부적합	타이밍 점검
	피스톤 핀 또는 커넥팅 로드 불량	교환
	저질의 연료 사용	추천사양 또는 고품질의 연료사용
	매니폴드에서 배기가스 누설	볼트 조임 또는 개스킷 교환
	저널 베어링 간극이 과도함	수리
초기 시동하고 몇초 동안만 노킹이 발생	부적합한 오일 점도	적합한 오일 사용

타이밍 벨트
진단 챠트

고장 상황	예상 주요 원인	조 치
이가 절손 또는 균열이 생김	캠 샤프트가 움직이지 않는다.	실린더 헤드 커버 제거후 캠 샤프트 점검, 필요시 교환 및 수리
벨트 뒷면에 균열 또는 마모 발생	타이밍 벨트 텐셔너가 움직이지 않는다. 엔진 오버 히트 타이밍 벨트 커버와의 간섭	텐셔너 제거후 점검 필요시 교환 냉각장치 점검 12장 참조 (냉각장치) 타이밍 벨트 커버 제거후 점검 필요시 교환
벨트 옆면에 마모 또는 헤어짐 발생	타이밍 벨트의 부적절한 장착	타이밍 벨트 재장착
이의 마모	벨트 커버 실링 상태 불량 워터 펌프에서 냉각수 누수 캠 샤프트 기능불량 벨트 장력이 과도함	타이밍 벨트 커버 제거후 점검 필요시 교환 워터 펌프 점검, 필요시 교환 실린더 헤드 커버를 제거후 캠 샤프트 점검 텐셔너 스프링 분해후 점검 필요시 교환
벨트에 오일 또는 냉각수가 묻음	오일 실링 불량 워터 펌프에서 냉각수 누수 벨트 커버 실링 불량	프론트 오일실 점검 필요시 교환 워터 펌프 점검, 필요시 교환 타이밍 벨트 커버 제거후 점검 필요시 교환

HLA (Hydraulic Lash Adjuster)
진단 챠트

고장 상황	예상 주요 원인	조 치
1. 오일교환 후 엔진시동시에 소음이 발생한다. 2. 하루 이상 방치한 차를 시동시키는 순간에 소음이 발생한다.	오일 통로내에 오일이 없음	엔진회전을 2,000~3,000rpm으로 유지한채 2초~10분 운행하여 소음이 제거되면 정상이다. 소음이 제거 되지 않으면 HLA를 교환한다. * 위의 시간공차는 엔진오일 상태나 주위온도에 따라 엔진오일이 엔진을 순환하는데 필요한 시간이 다르기 때문에 발생한다.
3. 스타터에서 3초 이상 크랭킹하고 시동시킨 직후에 소음이 발생한다. 4. HLA를 신품으로 교환하고, 시동시킨 후에 소음이 발생한다.	HLA에 오일이 없음	
5. 10분 이상 연속으로 소음이 발생한다.	유압 부족	오일 프레쥬어를 점검하고, 표준치 이하인 경우 엔진 각부를 점검한다. 오일 프레쥬어 표준치 $3.2~5.0 kg/cm^2$ - 3,000rpm
	HLA의 고장	헤드 커버를 제거하고 HLA 상면을 손으로 눌렀을 때 움직이지 않으면 정상이다. 움직이는 경우에는 HLA를 교환한다. 밸브간극이 0mm이상인 경우에는 HLA를 교환한다.
6. 고속주행 후의 아이들링 시에 소음이 발생한다.	오일량 부족	오일량을 점검하고, F (Full)이상의 경우는 오일을 뽑아내고, L (Low)이하의 경우에는 보충한다.
	오일의 열화	오일 상태를 점검하고, 지정된 신품 오일로 교환한다.

엔진 조정 절차

엔진 오일
점검
1. 차량을 수평 장소에 두고, 엔진을 난기 시킨다.
2. 엔진을 정지하고, 약 5분간 방치한다.
3. 엔진 오일이 레벨 게이지의 F와 L 사이에 있는지 확인한다. 동시에 오일에 심한 오염이 없고 적당한 점도가 있는 것을 확인한다.
4. 부족한 경우는 보충한다.

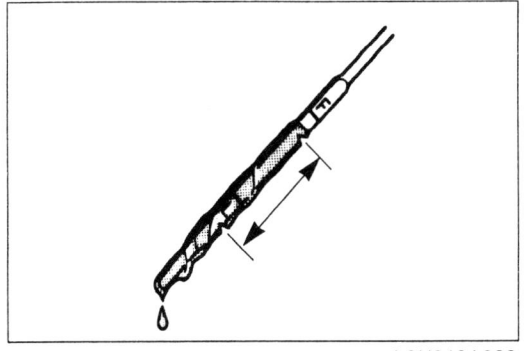

엔진 냉각수
냉각수 양 점검

경고
엔진이 뜨거울 때는 절대로 라디에이터 캡을 열지 않는다. 라디에이터 캡을 열 때는 둘레에 두꺼운 헝겊을 감싼다.

1. 냉각수 양이 라디에이터 주입구 근처까지 되었는지 확인한다.
2. 냉각수 리저브 탱크의 FULL과 LOW 사이에 냉각수가 있는지 확인한다.
3. 필요하면 냉각수를 보충한다.

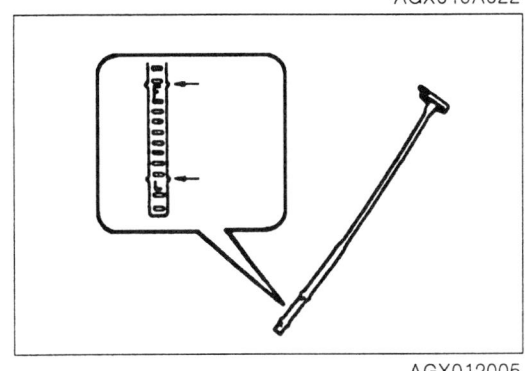

냉각수 상태 점검
1. 라디에이터 캡이나 라디에이터 주입구 주위에 녹이나 물때가 쌓여 있는지 점검한다.
2. 냉각수에 오일이 섞이지 않았는지 점검한다.
3. 필요하면 냉각수를 교환한다.

구동 벨트
점검
1. 드라이브 벨트의 마모, 균열 및 헤짐을 점검한다. 필요하면 교환한다.
2. 드라이브 벨트가 풀리에 올바르게 장착되었는지 확인한다.
3. 그림과 같이 풀리 사이 중간에 적당한 압력(10kg)을 가해서 드라이브 벨트의 휨량을 점검한다.

구동벨트	신품	사용품
올터네이터	6.0~8.0	7.0~9.0
P/S, P/S + A/C	8.0~9.0	9.0~10.0

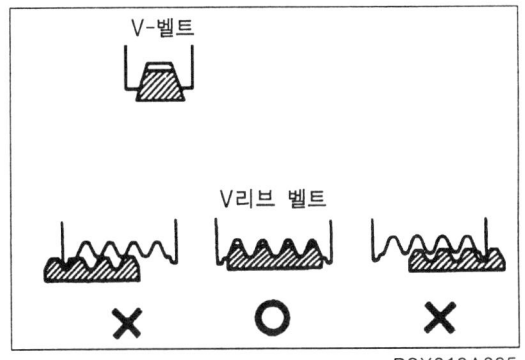

벨트 장력 조정
올터네이터 구동 벨트
1. 필요하면, 올터네이터 장착 볼트 Ⓐ 및 Ⓑ를 푼다.
2. 조정볼트 Ⓒ를 돌려서 벨트에 장력을 가한후 체결한다.

   체결토크
   - Ⓐ : 3.8~5.3 kg-m
   - Ⓑ : 1.9~2.6 kg-m

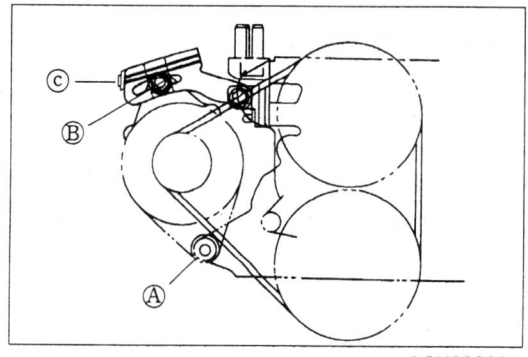

3. 벨트 장력이나 휨량을 재점검한다.

P/S 구동 벨트, P/S+A/C 구동 벨트
1. 필요시 P/S 오일 펌프의 볼트 Ⓐ, 너트 Ⓑ, 너트 Ⓒ를 푼다.
2. 조정 볼트 Ⓓ를 돌려서 벨트 휨량을 조정한다.
3. 볼트 Ⓐ와 너트 Ⓑ, Ⓒ를 체결한다.

   체결토크
   - Ⓐ : 3.7~5.5 kg-m
   - Ⓑ : 1.9~2.6 kg-m
   - Ⓒ : 3.2~4.7 kg-m

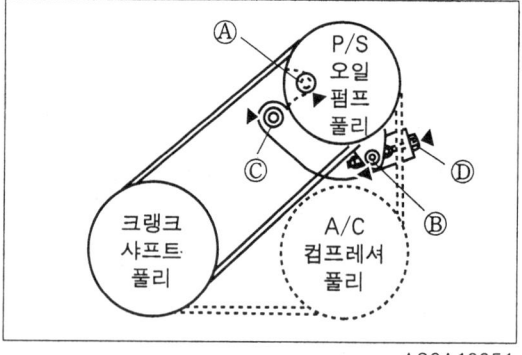

엔진 조정

점화시기 점검

1. 엔진을 난기시켜 정상 가동 온도 (2500~3000rpm에서 유온이 60℃이상, 냉각수온 80℃이상)로 올려 놓는다.
2. 모든 전기 부하를 끈다.
3. 타이밍 라이트를 No.1 하이텐션 코드에 연결한다.
4. 타이밍 라이트를 이용하여 점화시기(크랭크 샤프트 풀리 위의 타이밍 마크와 타이밍 벨트 커버위의 타이밍 마크가 일치하는 지점)를 점검한다.

점화시기 : 8°±5° (BTDC)

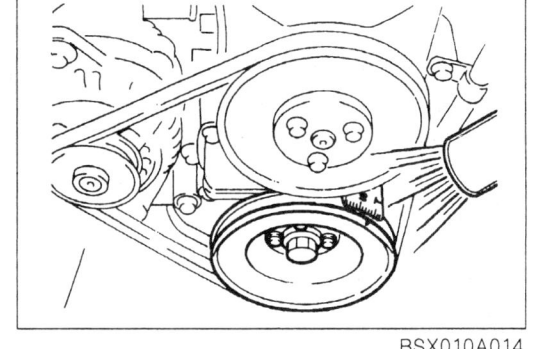

참고
점화시기가 자동 조정되므로 점화시기를 조정할 필요가 없다.

아이들 회전수 점검

1. 엔진을 난기시켜 정상 가동 온도 (2500~3000rpm에서 유온이 60℃이상, 냉각수온 80℃이상)로 올려 놓는다.
2. 모든 전기 부하를 끈다.
3. 자기 진단 커넥터에 타코미터를 연결한다.
   (O : RPM 단자)
4. 쿨링팬이 작동되지 않음을 확인한다.
5. 아이들 회전수를 점검한다.

아이들 회전수 : 800±50rpm

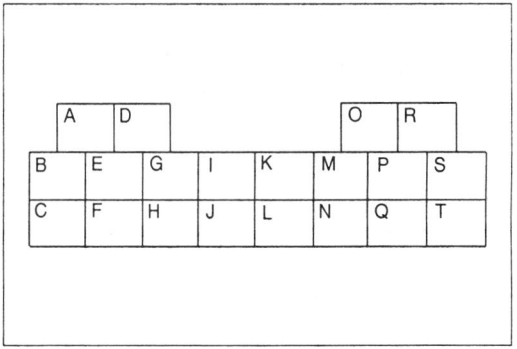

참조
아이들 회전수는 ISC밸브를 통해 ECU가 자동조정하는 시스템을 가지고 있으므로 아이들 회전수 조정이 필요하지 않다.

6. 아이들 회전수 및 점화시기가 사양과 다를 경우 다음 사항을 점검한다.
   1) 고장코드 출력 여부
   2) 아이들 상태에서 인테이크 매니폴드 진공압을 측정한다.

   진공압 : 480mmHg 이상

   규정압보다 낮을 경우에는 흡기 계통의 누기를 점검한다.

   3) 크랭크 앵글 센서의 장착 상태
      - 간극 : 1.0±0.5mm
      - 타켓 휠과 크랭크 앵글 센서의 중심선의 일치 여부

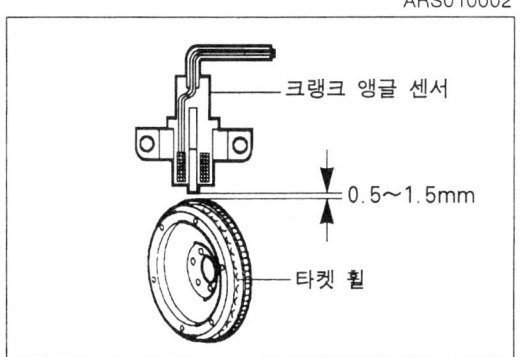

압축압력

엔진의 출력이 저하되거나 연비가 불량 또는 아이들 부조가 발생하면 다음 사항을 점검한다.
1. 점화 장치 (30장 참조)
2. 압축압력 : $13.6 kg/cm^2$-300rpm
3. 연료 장치 (22장 참조)

압축압력 점검

1. 바테리의 충전이 완전한가 점검하고 필요하면 재충전한다.
2. 엔진이 정상 작동 온도가 될때까지 난기시킨다.
3. 흡기계 온도를 내리기 위해 엔진을 정지시킨 후 약10분간 방치한다.
4. 모든 스파크 플러그를 분리한다.
5. 하이텐션 코드를 분리한다.
6. No.1 스파크 플러그 구멍에 압력게이지를 설치한다.
7. 악셀레이터 페달을 완전히 밟거나 스로틀 밸브를 완전히 연다.
8. 엔진을 크랭킹하고 압축압력을 측정한다.

항목	엔진 모델	T8D (1800cc)
압축압력 (kg/cm^2-rpm)	표준치	13.6 - 300
	기통간 차	2.0

9. 각 실린더에 대하여 점검한다.
10. 측정치가 한도이하 또는 기통간 차가 한도이상의 실린더가 있는 경우는 스파크 플러그 구멍으로 소량의 엔진오일을 주입하고 재측정한다.
11. 오일을 넣어도 압력이 높으면 피스톤링과 실린더 벽면이 마모, 손상된 것을 생각할 수 있다.
12. 오일을 넣어도 압력이 낮으면 밸브의 소손, 밸브의 불량, 개스킷에 의해 압축가스가 누기되는 것을 생각할 수 있다.
13. 하이텐션 코드를 연결한다.
14. 스파크 플러그를 체결한다.

체결토크 : 1.5~2.3 kg-m

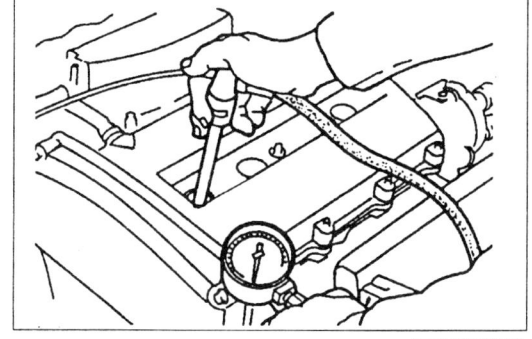

엔진 분리/장착

분리/장착

경고
연료 호스 제거시 연료의 비산을 막기 위해 연료 압력을 해제한다.(22장 참조)

1. 바테리 음극선을 분리한다.
2. 엔진 냉각수를 배출시킨다.
3. 장착은 분리의 역순으로 실시한다.
4. 장착후에는 냉각수 및 트랜스 액슬 오일, 엔진 오일 등을 적정량 채운다.
5. 엔진을 시동하고 냉각수 및 각종 오일의 누출 상태와 점화시기, 아이들 속도를 점검한다.
6. 도로 시험을 한 후 엔진 오일과 엔진 냉각수량을 재점검한다.

부속장치

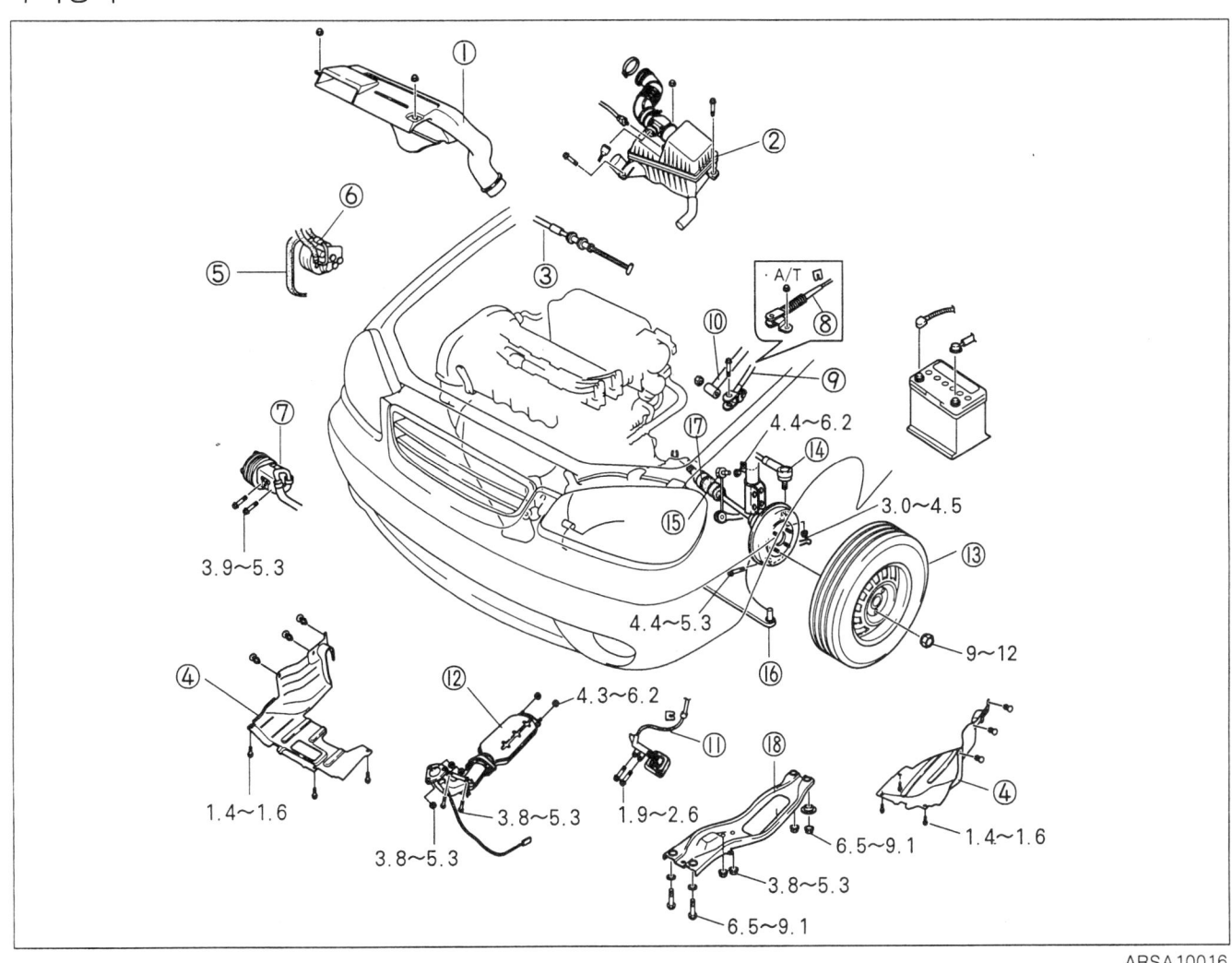

ARSA10016

1. 프레쉬 에어덕트
2. 에어 클리너 어셈블리 & 에어 인테이크 호스
3. 악셀 케이블
4. 언더 커버 & 사이드 커버
5. P/S & A/C 구동벨트
6. 파워 스티어링 펌프
7. 에어컨 컴푸레샤
8. 시프트 컨트롤 케이블 (A/T)
9. 시프트 컨트롤 로드 (M/T)
10. 익스텐션 바 (A/T)
11. 클러치 릴리스 실린더
12. 프론트 익죠스트 파이프
13. 휠 & 타이어
14. 타이로드 엔드
15. 스테빌 라이저 컨트롤 링크
16. 로어 볼 조인트
17. 드라이브 샤프트
18. 서브 프레임

10-11

분리시 참고 사항

타이로드 엔드
1. 코터 핀을 분리하고 볼 조인트 가장자리와 같이 되도록 너트를 푼다.
2. SST를 사용하여 너클 암과 타이로드 엔드를 분리한다.

▌참고
조립시 코터 핀을 신품으로 교환한다.

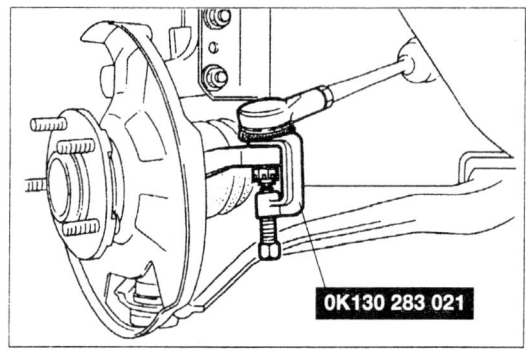

파워스티어링 펌프
1. 파워스티어링 펌프 고정 볼트 Ⓐ와 너트 Ⓑ, Ⓒ를 풀어 느슨하게 한다.
2. 조정볼트 Ⓓ를 돌려 벨트 장력을 제거한 후 구동벨트를 분리한다.
3. 볼트 Ⓐ와 너트 Ⓒ를 분리하고 파워스티어링 펌프를 분리한다.
4. 엔진 탈/부착시 방해 받지 않도록 한쪽으로 철사로 고정한다.

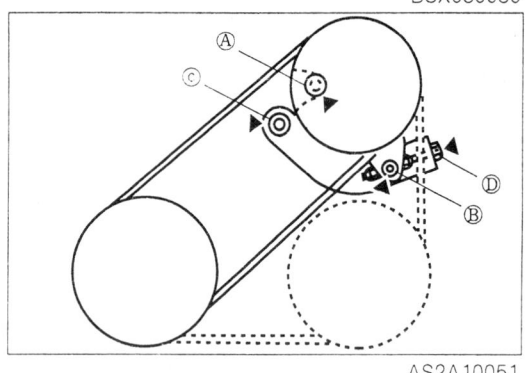

장착시 참고 사항

드라이브 샤프트
1. 드라이브 샤프트 조립시 클립을 신품으로 교환한다.
2. 클립의 열린 쪽을 위로 향하게 한 후 트랜스 액슬에 드라이브 샤프트를 밀어 넣는다.

P/S 펌프 & A/C 컴프레셔 구동벨트
1. P/S 펌프와 A/C 컴프레셔를 장착한다.
2. 조정 볼트 Ⓓ를 돌려 벨트 휨량을 조정한다.

    벨트 휨량
        신품 : 6.0~8.0 mm / 사용품 : 7.0~9.0 mm

3. 볼트 Ⓐ와 너트 Ⓑ,Ⓒ를 체결한다.

    체결토크
        Ⓐ : 3.7~5.5 kg-m
        Ⓑ : 1.9~2.6 kg-m
        Ⓒ : 3.2~4.7 kg-m

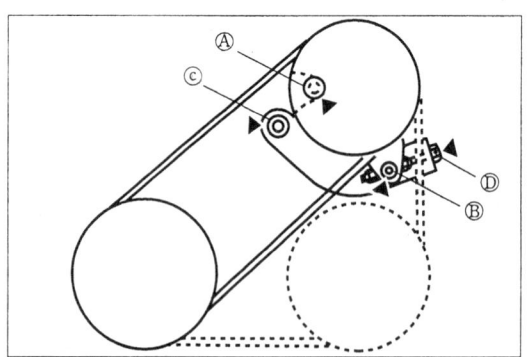

악셀 케이블
1. 악셀 케이블을 장착한 후 휨량을 측정한다.
2. 휨량이 올바르지 않을 경우 너트 Ⓐ를 돌려 휨량을 조정한다.

    케이블 휨량 : 1~3 mm

엔진 분리/장착

커넥터 및 하니스 류

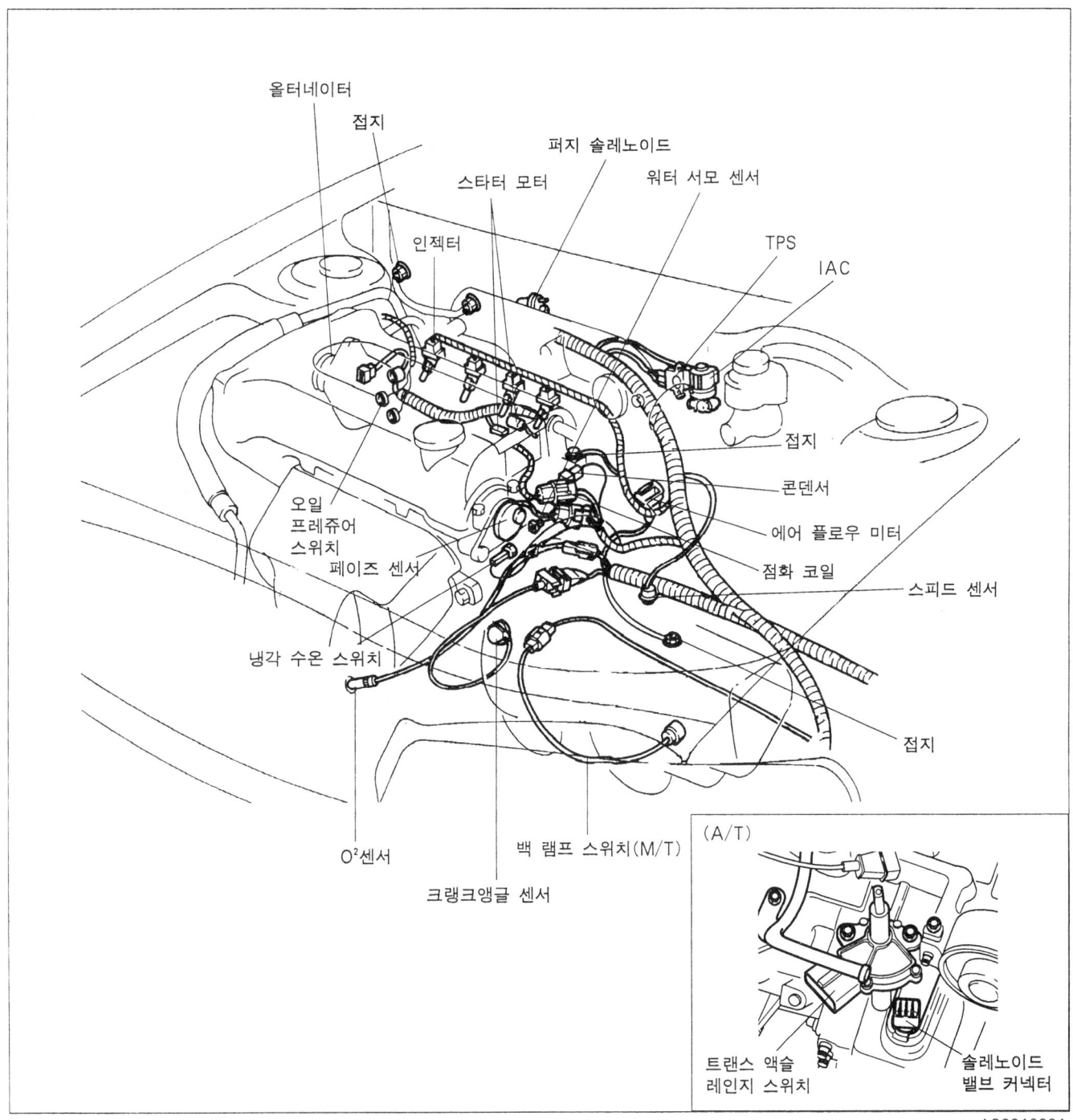

엔진 분리/장착

호스류

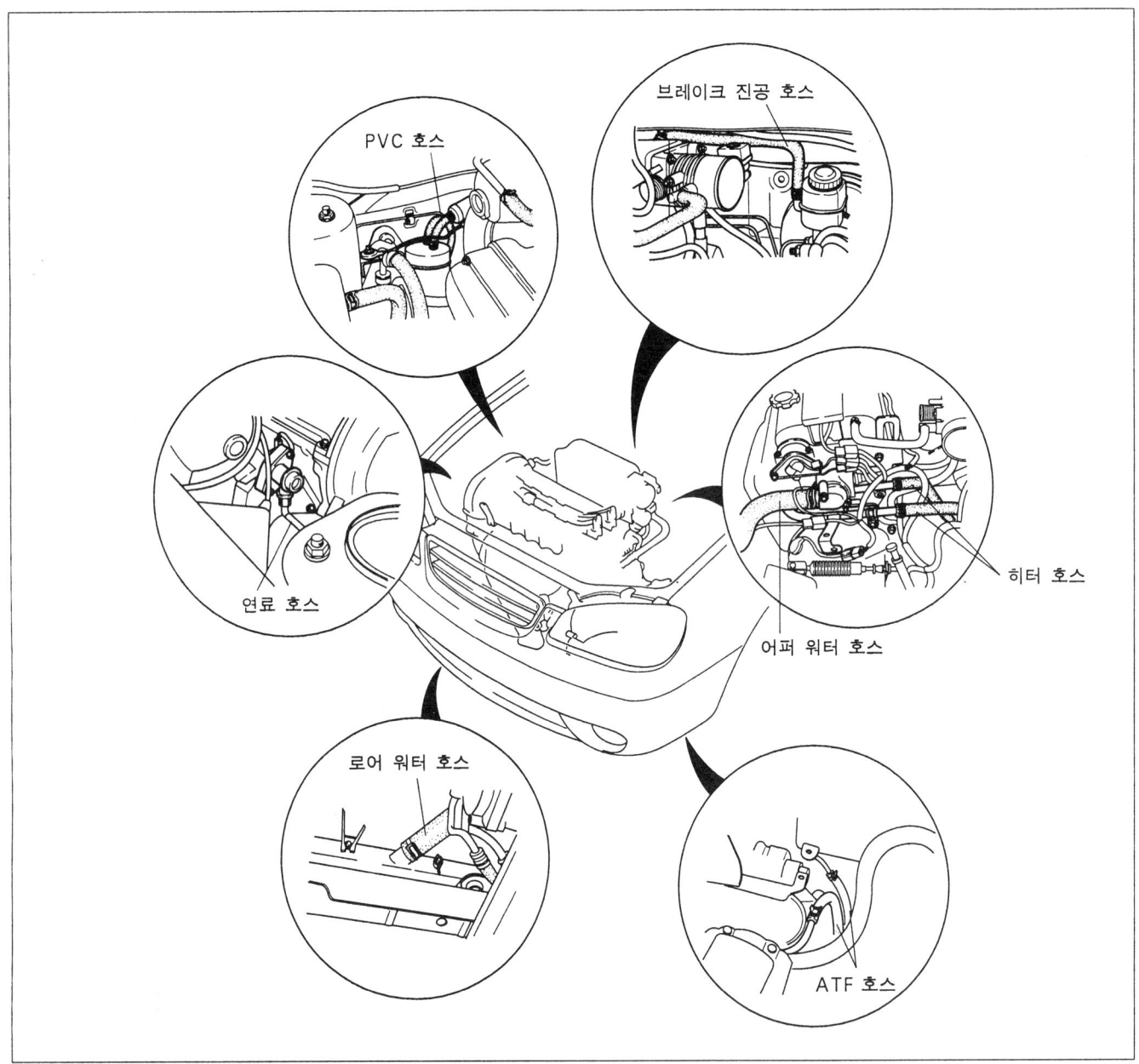

ARSA10017

경고
연료계 작업중에는 화기를 가까이 하지 않는다.

주의
- 연료 호스 분리시에는 헝겊을 씌워 연료의 비산을 방지한다.
- 연료 호스를 분리한 후 호스를 막아둔다.

엔진 마운팅류

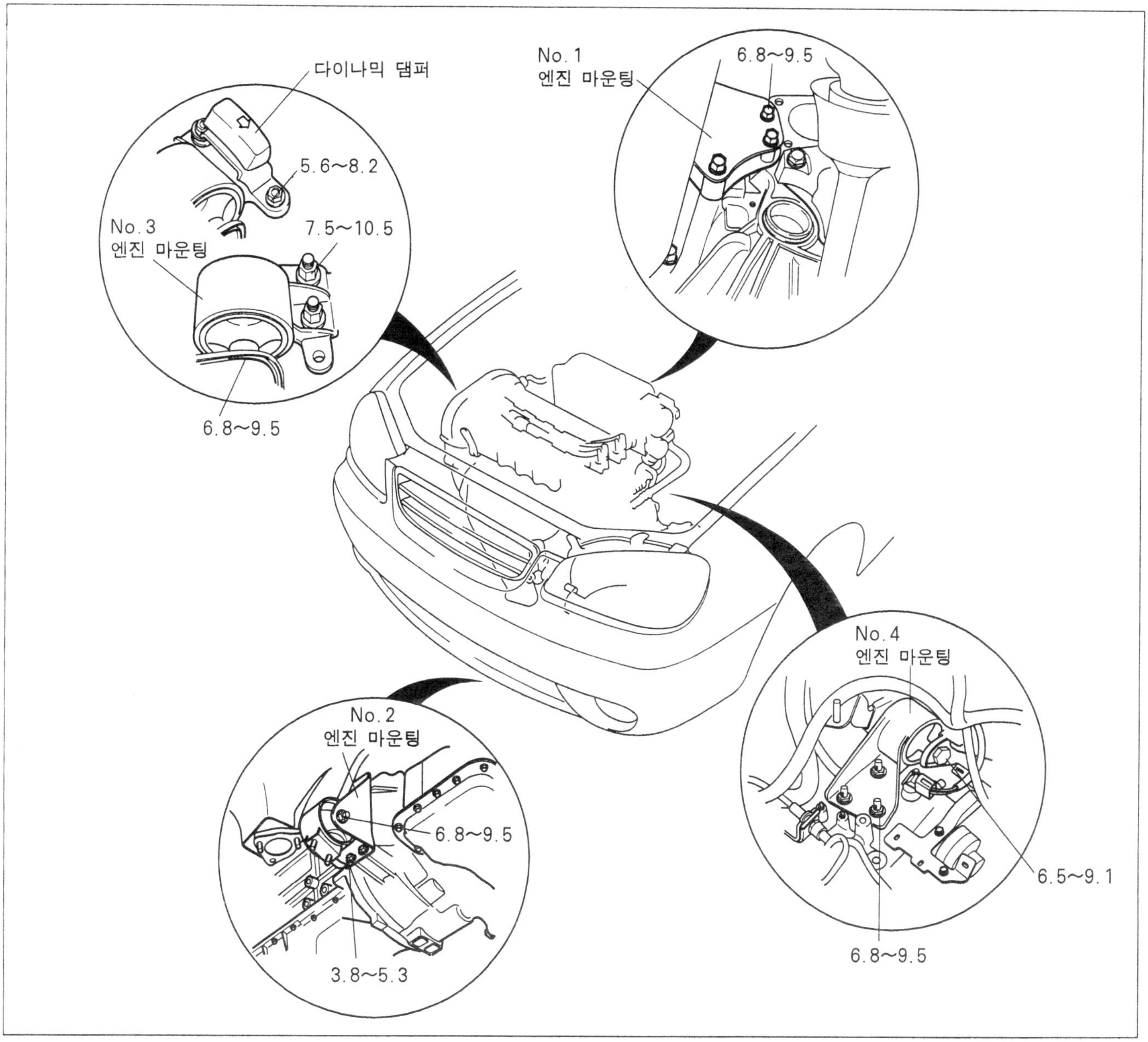

(그림: 다이나믹 댐퍼, No.1 엔진 마운팅, No.2 엔진 마운팅, No.3 엔진 마운팅, No.4 엔진 마운팅, 체결 토크 값 표시)

분리시 주의 사항

엔진 및 트랜스 액슬 어셈블리
1. 엔진 마운팅 멤버와 No.1엔진 마운팅을 분리한다.
2. 엔진 호이스트와 플로워 잭을 이용하여 엔진을 지지한다.
3. No.3 엔진 마운팅과 No.4엔진 마운팅을 분리한다.
4. 엔진룸의 다른 부품들을 손상시키지 않도록 주의하여 서서히 엔진 및 트랜스 액슬 어셈블리를 엔진룸 밑으로 내린다.

▮ 주의
엔진룸의 어떤 부품도 손상시키지 않도록 한다.

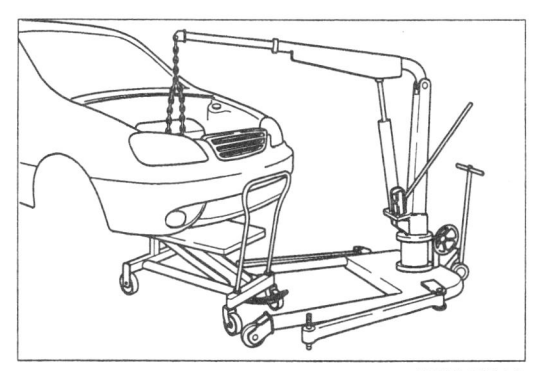

엔진 분리/장착

트랜스 액슬

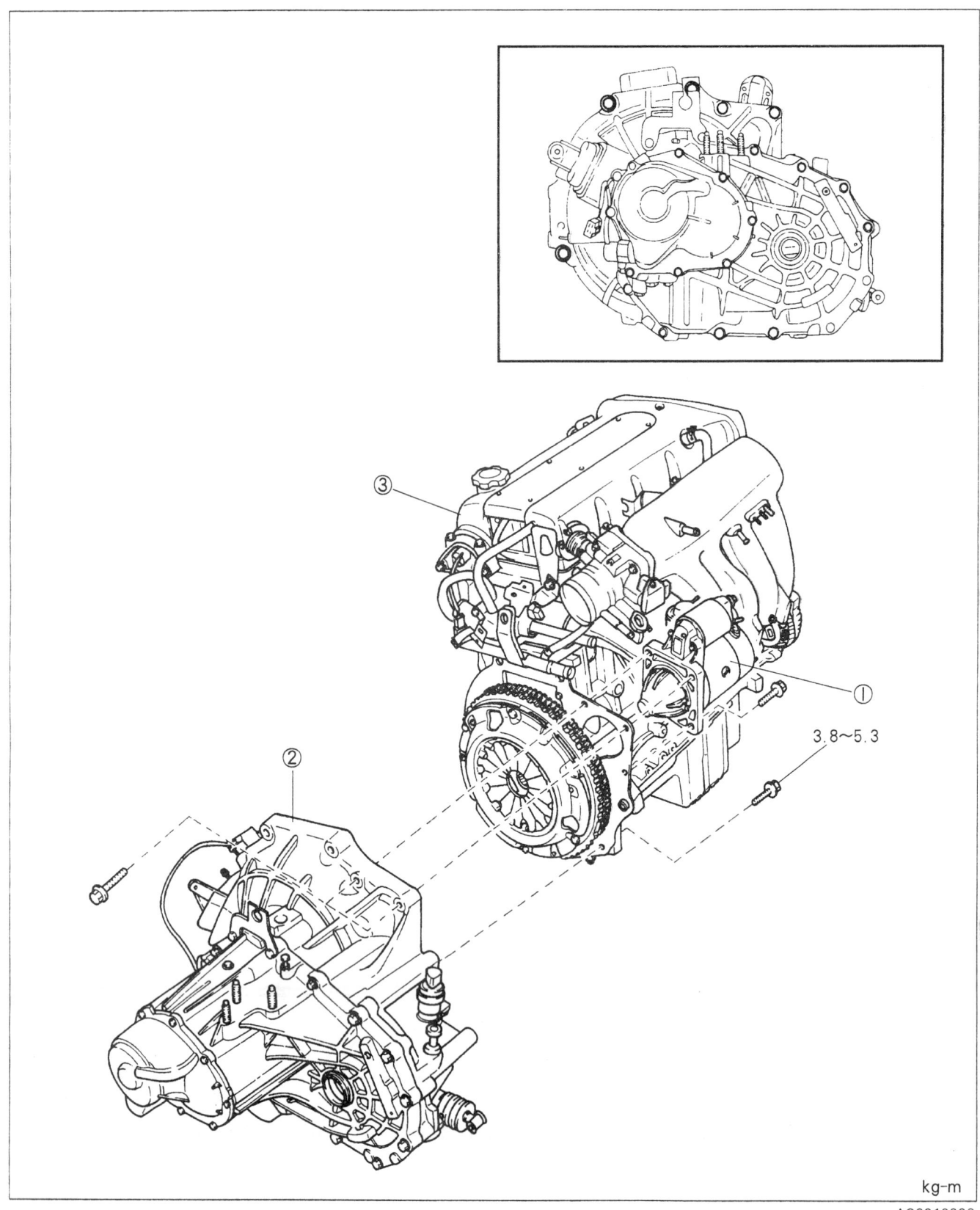

1. 스타터
2. 트랜스액슬
3. 엔진

kg-m

엔진 분리/장착

분리시 주의사항

오토 트랜스 액슬

1. 컨버터 하우징 악세스 커버를 분리한 후 드라이브 플레이트와 토크 컨버터의 장착너트를 푼다.
2. 크랭크 샤프트를 돌리면서 악세스 홀을 통하여 4개의 너트를 푼다.
3. 스타터 볼트와 트랜스 액슬 마운팅 볼트를 풀어 엔진에서 트랜스 액슬을 분리한다.

장착시 주의사항

트랜스 액슬

1. 엔진에 트랜스 액슬을 장착한다.
2. 트랜스 액슬 마운팅 볼트를 규정 토크로 조인다.

    체결 토크
    어퍼 볼트(4EA) : ①, ②, ③, ④
        9.1~11.9 kg-m
    로어 볼트(4EA) : ⑤, ⑥, ⑦, ⑧
        3.8~5.3 kg-m

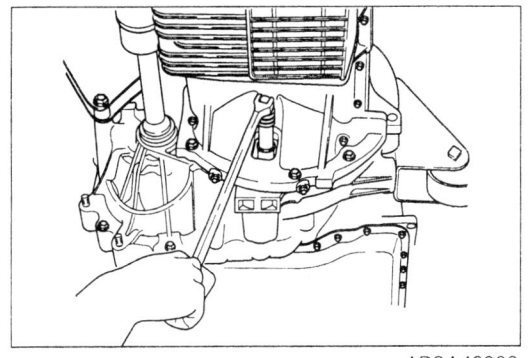

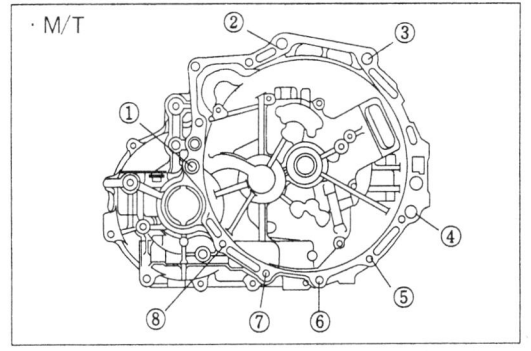

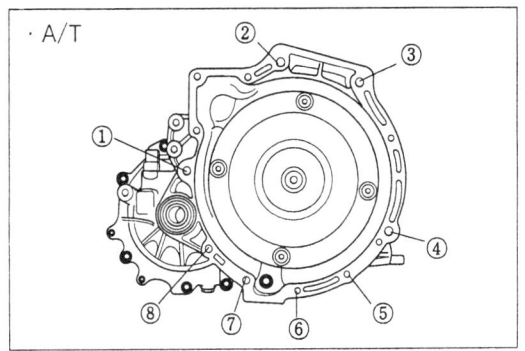

분해/점검/조립

1. 엔진 오일을 배출시킨다.
2. 그림과 같은 순으로 분해하고 조립은 분해의 역순으로 실시한다.

주의
분해시
- 지시하는 개소에 대해서는 올바른 특수공구(SST)를 사용하고, 안전에 유의하여 무리한 작업을 하지 않는다.
- 접합면, 습동면 등은 손상시키지 않도록 주의한다.
- 볼트, 너트를 풀 때에는 외측에서 대각선 방향으로 실시하며, 특별히 순서를 규정하고 있는 개소에서는 그 순서를 따른다.
- 실린더에서 분리된 모든 부품을 제자리에 재장착하기 위해 표시를 해둔다.
  (피스톤, 피스톤 링, 커넥팅 로드, 밸브 스프링, HLA등등)
- 타이밍 벨트의 수명이 단축되므로 벨트에 기름, 그리스, 그 외 약품을 부착시키지 않는다.
- 타이밍 벨트 코드가 파손될 우려가 있으므로 급격히 꺾지 않는다. (R30 이하)

조립시
- 볼트, 너트의 체결은 반드시 토크 렌치를 사용한다.
- 실린더 헤드 볼트, 커넥팅 로드의 각도 체결은 각도기에 의해 체결 각도를 확인한다.
- 볼트, 너트의 체결은 원칙으로 중심에서 외측으로 대각선 방향으로 2~3회로 나누어 서서히 체결한다. 특별히 순서를 규정하고 있는 개소에서는 그 순서를 따른다.
- 개스킷, 패킹, 볼트 실, O-링류는 신품으로 교환한다.
- 각 부품은 충분히 세정, 청소하여 압축 공기로 불고, 특히 오일 통로, 냉각수 통로는 막히지 않도록 한다.
- 습동면, 접합면은 손상되지 않도록 주의하고, 먼저 실런트 찌꺼기, 개스킷 조각 등을 완전히 제거한다.
- 습동면에는 오일 등을 충분히 도포한 후 조립한다.

분해시 참고사항
엔진 행거
1. 익죠스트 매니폴드를 분리한 후 엔진에 SST(0K9A1 120 001)를 장착한다.

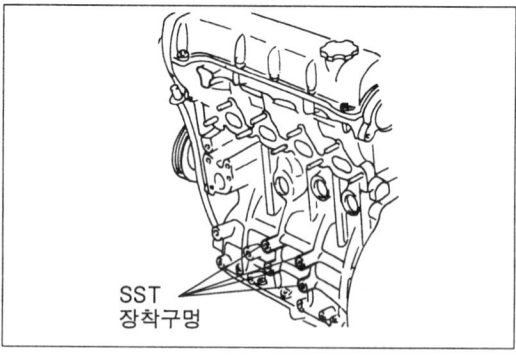

엔진 보조 장치

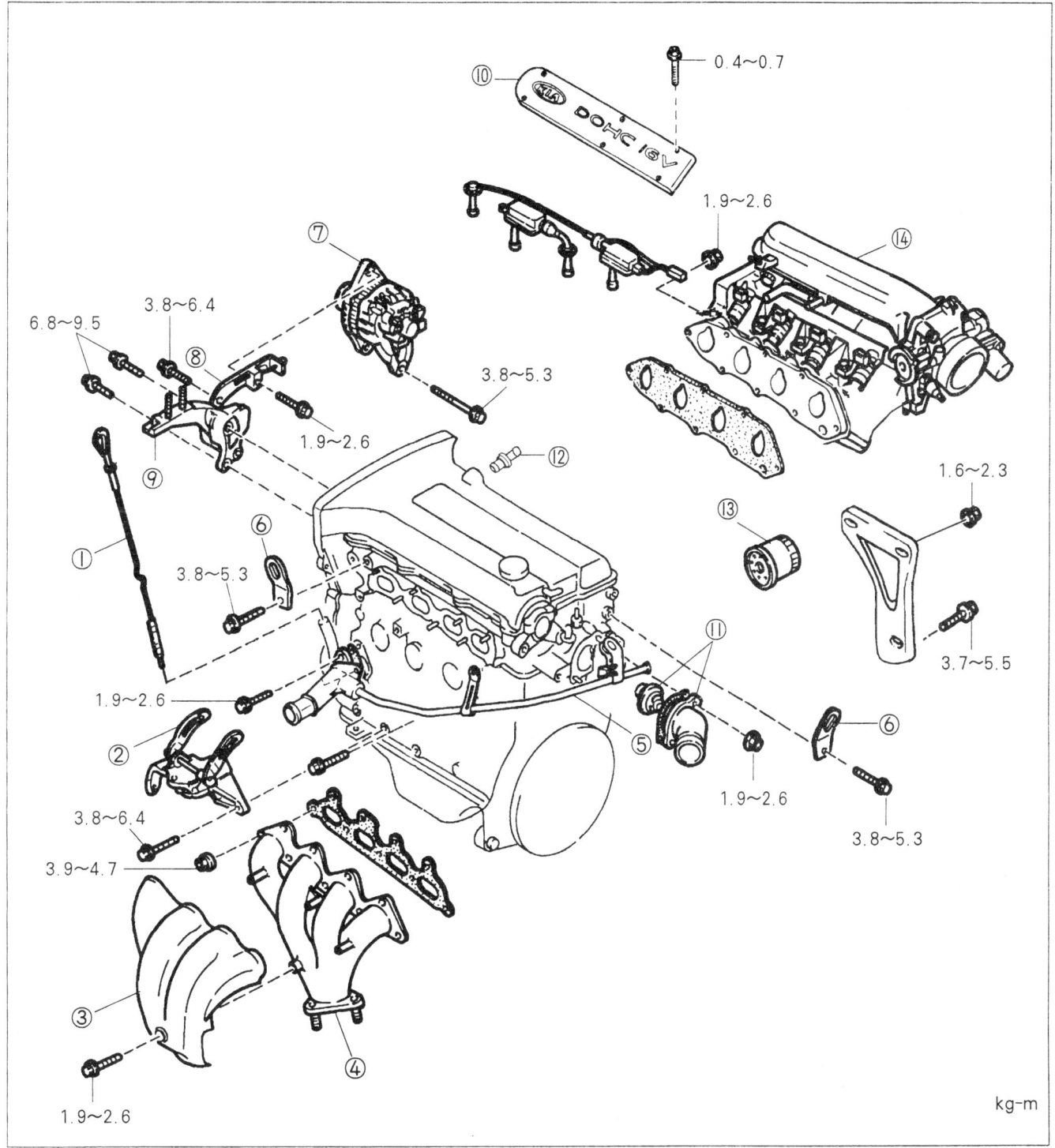

1. 오일 레벨 게이지
2. P/S 오일 펌프 브래킷
3. 익죠스트 매니폴드 인슐레이터
4. 익죠스트 매니폴드 어셈블리
5. 쿨런트 인렛 파이프와 바이패스 파이프
6. 프런트/리어 엔진 행거
7. 올터네이터
8. 올터네이터 브래킷
9. 엔진 마운트 브래킷
10. 센터 커버
11. 서모스탯과 서모스탯 커버
12. PCV 밸브 & 호스
13. 오일 필터
14. 인테이크 매니폴드 어셈블리

엔진 분해/점검/조립

타이밍 벨트

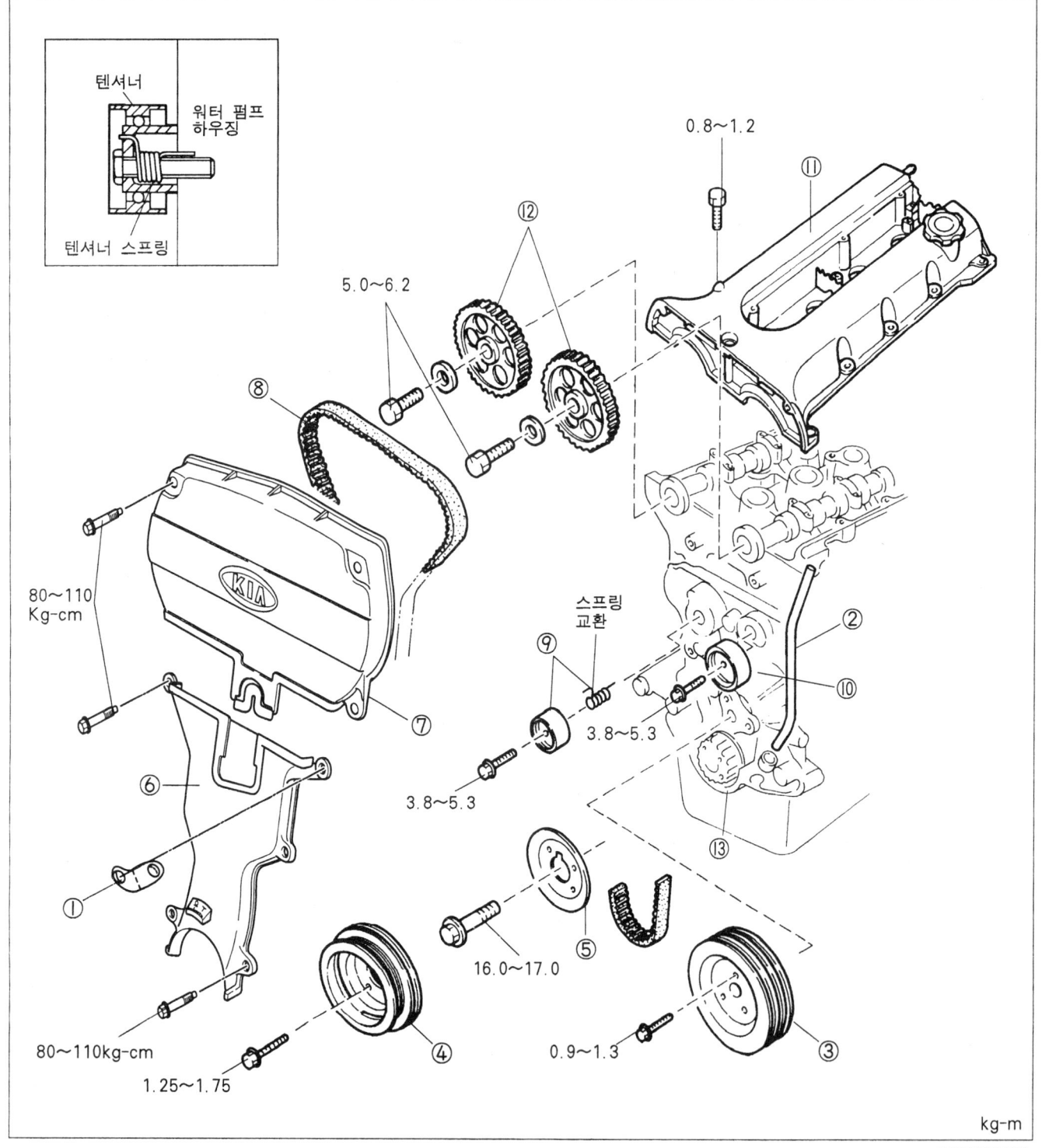

1. 오일 레벨 게이지 파이프 브래킷
2. 오일 레벨 게이지 파이프
3. 물펌프 풀리
4. 크랭크 샤프트 풀리
5. 타이밍 벨트 가이드 플레이트
6. 타이밍 벨트 커버 (하단)
7. 타이밍 벨트 커버 (상단)
8. 타이밍 벨트
9. 타이밍 벨트 텐셔너 및 스프링
10. 아이들러
11. 실린더 헤드 커버
12. 캠샤프트 풀리
13. 타이밍 벨트 풀리

엔진 분해/점검/조립

분리시 참고사항
크랭크 샤프트 풀리 (댐퍼 풀리)
1. 플라이 휠에 SST를 설치한 후 크랭크 샤프트 풀리를 분리한다.

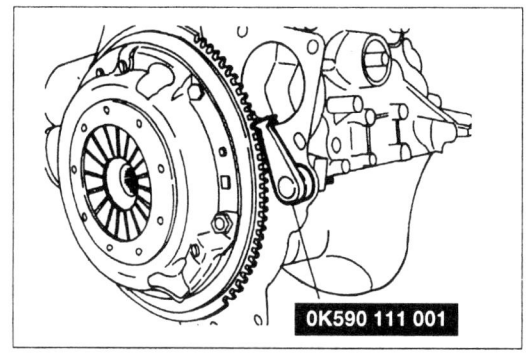

조립시 참고사항
캠 샤프트 풀리
1. I마크(흡기)와 E마크(배기)의 구멍에 다울 핀을 알맞게 끼워 캠 샤프트에 캠 샤프트 풀리를 조립한다.

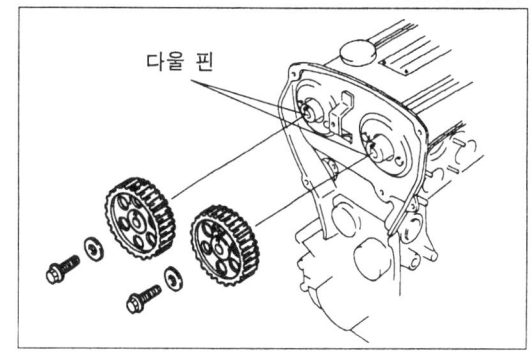

2. 캠 샤프트 풀리 록 너트를 체결한다.

   체결토크 : 5.0~6.2 kg-m

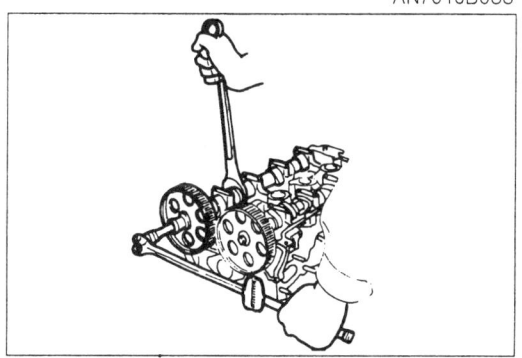

3. 그림과 같이 조립마크 (캠 샤프트 풀리 축)를 맞춘다.

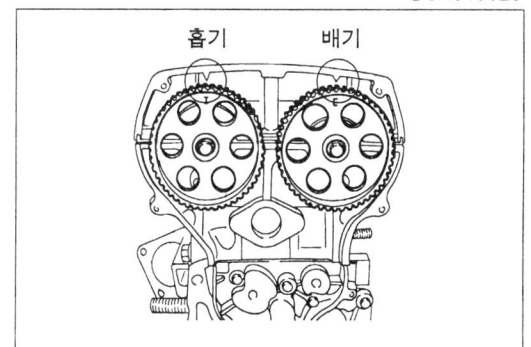

타이밍 벨트 풀리
1. 링 기어 브레이크(0K590 111 001)의 방향을 반대로 해 놓는다.
2. 크랭크 샤프트 키를 조립한다.
3. 크랭크 샤프트에 타이밍 벨트 풀리를 조립한다.

   체결토크 : 16.0~17.0 kg-m

4. 링 기어 브레이크(0K590 111 001)를 풀어 놓는다.
5. 타이밍 벨트 풀리와 펌프 바디 조립마크를 맞춘다.

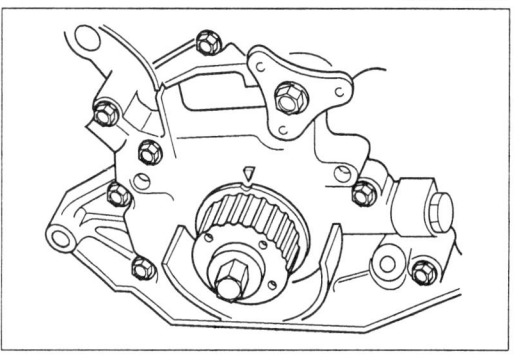

엔진 분해/점검/조립

타이밍 벨트 아이들러
1. 타이밍 벨트 아이들러 풀리를 조립한다.

   체결토크 : 3.8~5.3 kg-m

타이밍 벨트 텐셔너
1. 타이밍 벨트와 텐셔너 스프링을 조립한다.
2. 텐셔너 스프링을 충분히 확장시켜 가체결한다.

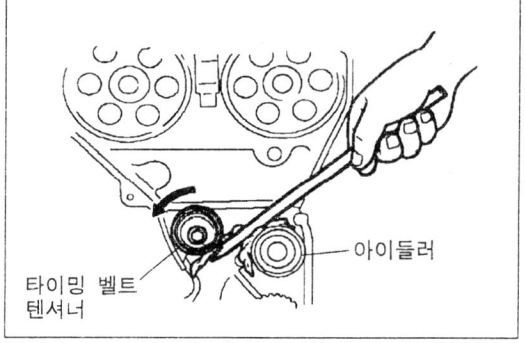

타이밍 벨트
1. 두 캠 샤프트 풀리에 텐션측이 이완되지 않도록 타이밍 벨트를 조립한다.

   주의
   - 타이밍 벨트를 재사용할 경우에는 타이밍 벨트 위에 표시되어 있는 회전 방향으로 조립한다.
   - 타이밍 벨트 구동부의 오염, 기름 부착 등을 제거한다.

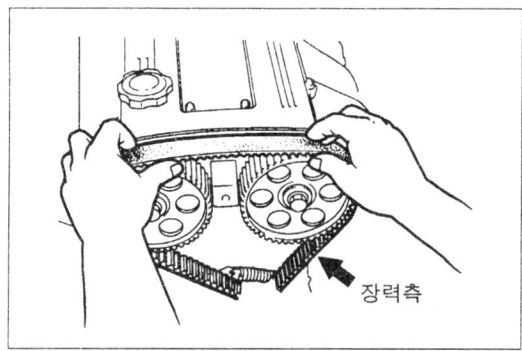

2. 텐셔너 로크 볼트를 푼다.
3. 크랭크 샤프트를 정 방향으로 2회전 시킨다.

   주의
   크랭크 샤프트는 절대로 역회전 시키지 않는다.

4. 결합 마크가 올바르게 조정되었는지 점검하고, 불량시에는 타이밍 벨트와 텐셔너를 분리하고 위에서 설명한 사항을 반복한다.

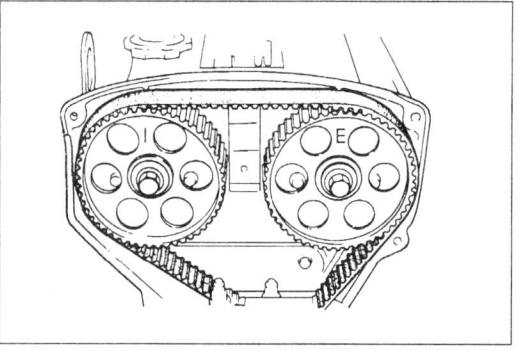

5. 크랭크 샤프트를 정방향으로 2회전 시켜 타이밍 벨트 크랭크 샤프트 풀리의 타이밍 마크와 오일 펌프 바디의 마크가 맞는지 확인한다.
6. 타이밍 벨트 텐셔너 로크 볼트를 체결한다.

   체결토크 : 3.8~5.3 kg-m

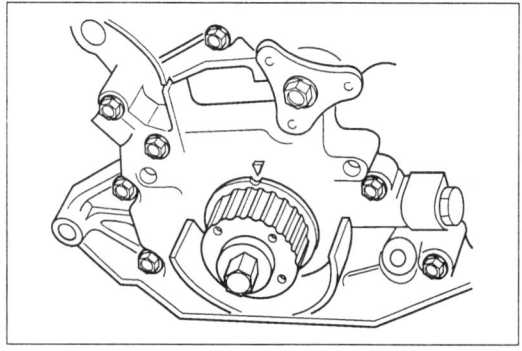

7. 타이밍 벨트 장력을 점검하고 장력이 불량할 때는 텐셔너 로크 볼트를 풀고서 3~5사항을 반복하며, 필요시에는 텐셔너 스프링을 교환한다.

   벨트 장력 : 9.0~11.5 mm

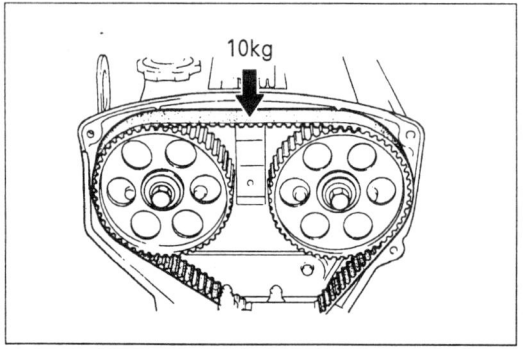

실린더 헤드

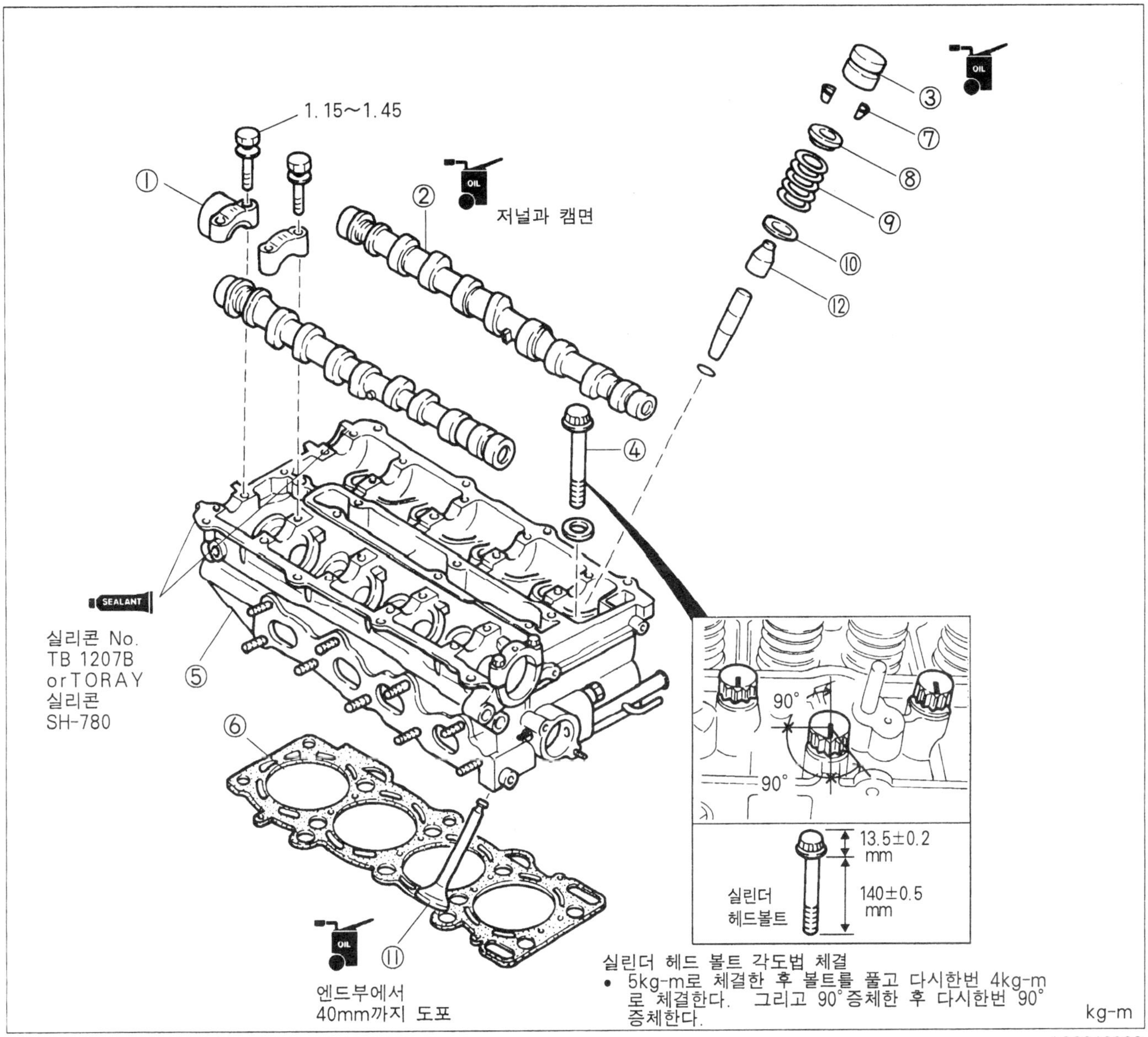

1.15~1.45
①
②
저널과 캠면
③
⑦
⑧
⑨
⑩
⑫
④
SEALANT
실리콘 No.
TB 1207B
or TORAY
실리콘
SH-780
⑤
⑥
90°
90°
13.5±0.2
mm
140±0.5
mm
실린더
헤드볼트
⑪
엔드부에서
40mm까지 도포
실린더 헤드 볼트 각도법 체결
• 5kg-m로 체결한 후 볼트를 풀고 다시한번 4kg-m
로 체결한다. 그리고 90°증체한 후 다시한번 90°
증체한다.
kg-m

AS2010008

1. 캠 샤프트 캡	5. 실린더 헤드	9. 밸브 스프링
2. 캠 샤프트	6. 실린더 헤드 개스킷	10. 로어 스프링 시트
3. HLA	7. 밸브 코터	11. 밸브
4. 실린더 헤드 볼트	8. 어퍼 스프링 시트	12. 밸브 실

참고사항

로커암 샤프트 어셈블리 및 실린더 헤드 볼트로 분리할때는 다음과 같은 순으로 분리한다.

①
⑤
⑨
⑧
④
②
⑥
⑩
⑦
③

AS2A10068

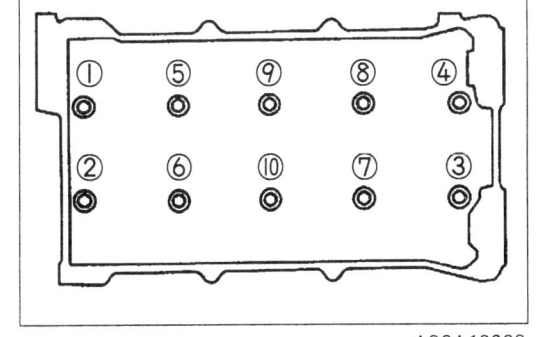

오일 펌프 및 오일팬

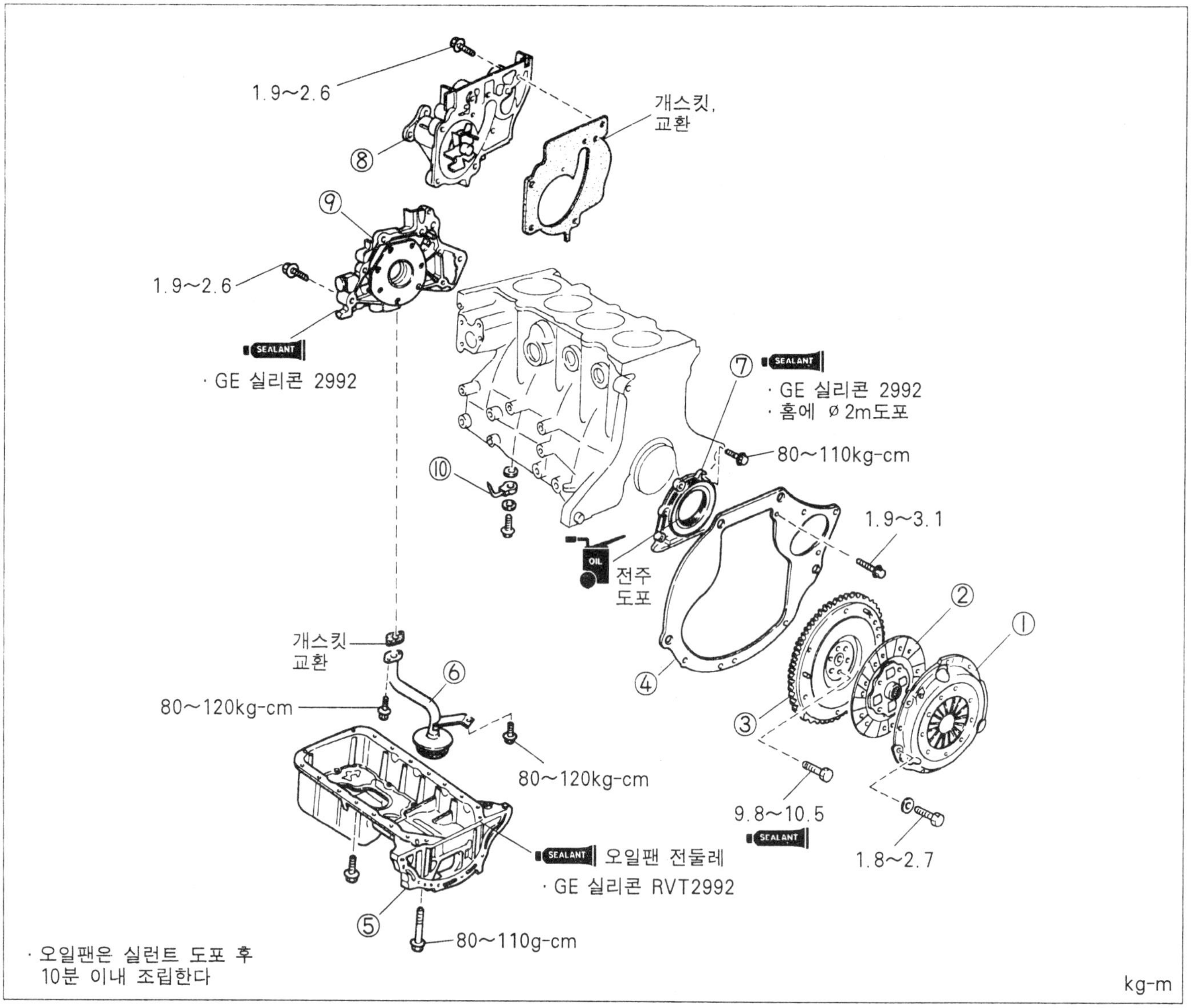

1.9~2.6
개스킷,
교환
⑧
⑨
1.9~2.6
SEALANT
· GE 실리콘 2992
⑦ SEALANT
· GE 실리콘 2992
· 홈에 ø 2m도포
80~110kg-cm
⑩
1.9~3.1
OIL
전주
도포
②
①
개스킷
교환
⑥
80~120kg-cm
④
③
80~120kg-cm
9.8~10.5
SEALANT
SEALANT 오일팬 전둘레
· GE 실리콘 RVT2992
1.8~2.7
⑤
80~110g-cm
· 오일팬은 실런트 도포 후
10분 이내 조립한다
kg-m

AS2010014

1. 클러치 커버
2. 클러치 디스크
3. 플라이 휠
4. 엔드 플레이트
5. 오일 팬
6. 오일 스트레이너
7. 리어 커버
8. 워터 펌프 어셈블리
9. 오일 펌프 어셈블리
10. 오일 제트

조립시 참고사항
오일 펌프

1. O-링에 엔진 오일을 도포한다.
2. 실런트(액상 실런트:GE SILICON2992)를 오일 펌프의 접촉 표면에 끊어진 곳이 없이 바른다.

주의
실런트가 오일 구멍에 들어가지 않도록 한다.

3. 오일 펌프를 조립한다.

체결토크 : 1.9~2.6 kg-m

체결볼트

BGX010023

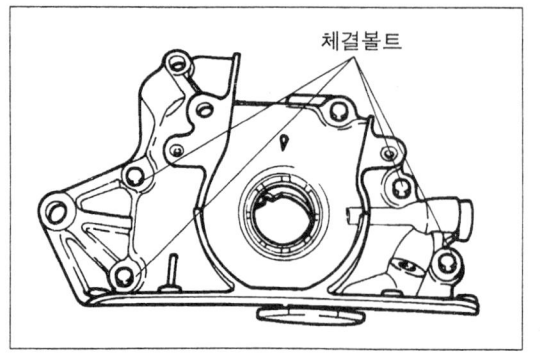

실린더 블록

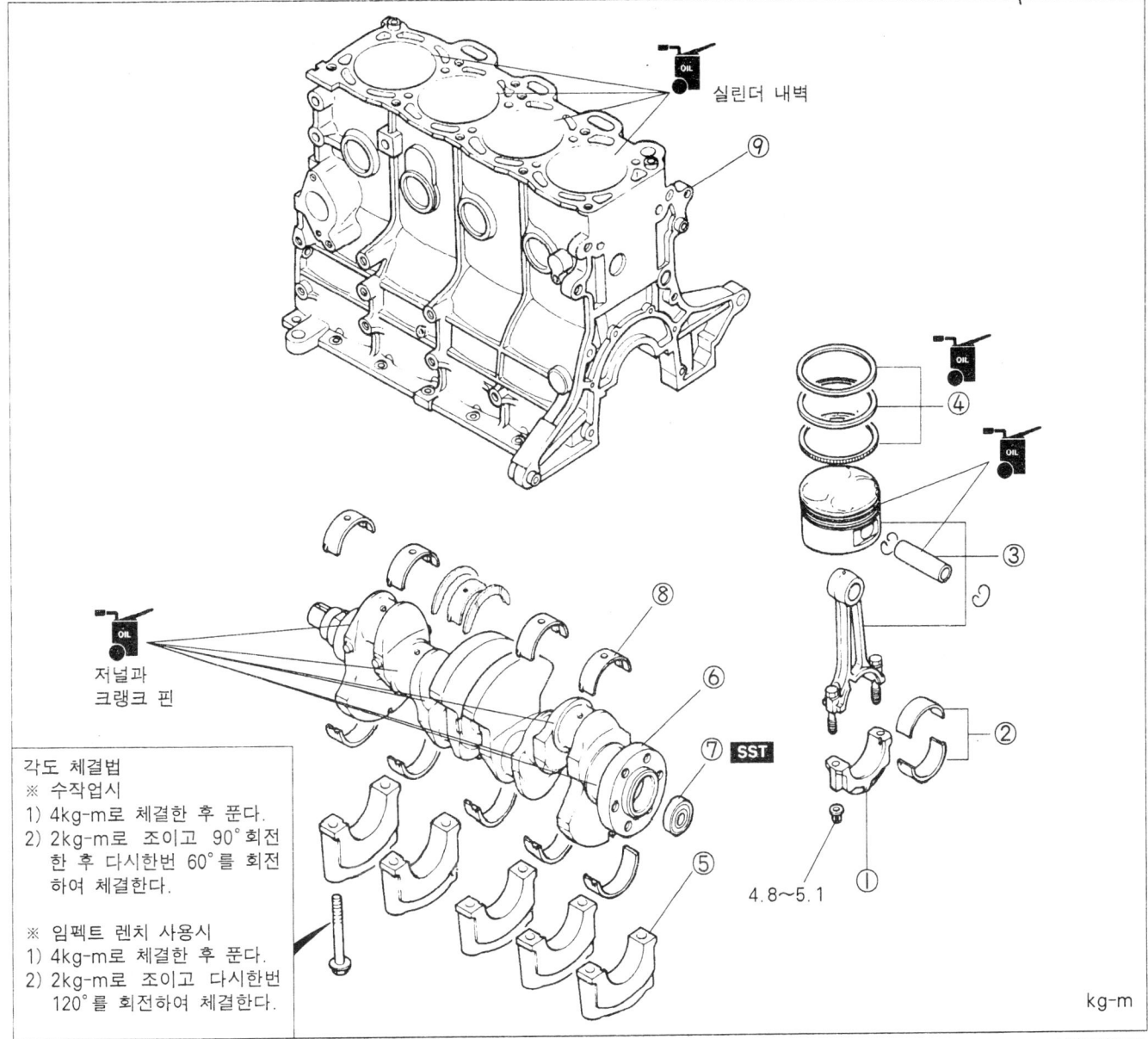

각도 체결법
※ 수작업시
1) 4kg-m로 체결한 후 푼다.
2) 2kg-m로 조이고 90°회전한 후 다시한번 60°를 회전하여 체결한다.

※ 임펙트 렌치 사용시
1) 4kg-m로 체결한 후 푼다.
2) 2kg-m로 조이고 다시한번 120°를 회전하여 체결한다.

1. 커넥팅 로드 캡
2. 커넥팅 로드 베어링
3. 커넥팅 로드와 피스톤
4. 피스톤 링
5. 메인 베어링 캡
6. 크랭크 샤프트
7. 파일럿 베어링
8. 메인 베어링
9. 실린더 블록

분해시 참고사항

커넥팅 로드와 캡

1. 커넥팅 로드를 분리하기 전에 베어링 및 커넥팅 로드, 크랭크 핀을 깨끗히 한 후 다음 사항을 점검한다.
   - 커넥팅 로드 사이드 간극 (10-28 참조)
   - 크랭크 핀 오일 간극 (10-28 참조)

메인 베어링 캡

1. 메인 베어링 캡을 분리하기 전에 베어링 및 메인 저널 캡을 깨끗히 한 후 다음 사항을 점검한다.
   - 크랭크 샤프트 엔드 플레이 (10-27 참조)
   - 메인 저널 오일 간극 (10-26 참조)

파일럿 베어링

1. SST를 사용하여 크랭크 샤프트에서 파일럿 베어링을 분리한다.

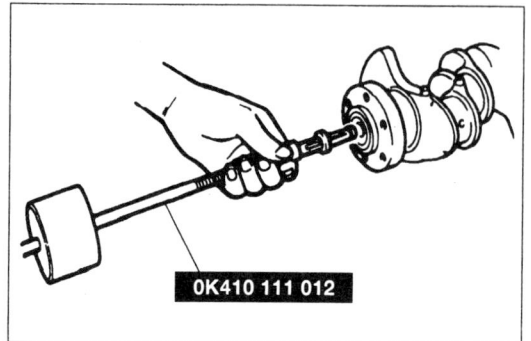

피스톤 링

1. 피스톤 링의 개구부가 그림과 같이 되도록 위치시킨다.

주의
"R" 마크가 위로 향하도록 피스톤 링을 설치한다.

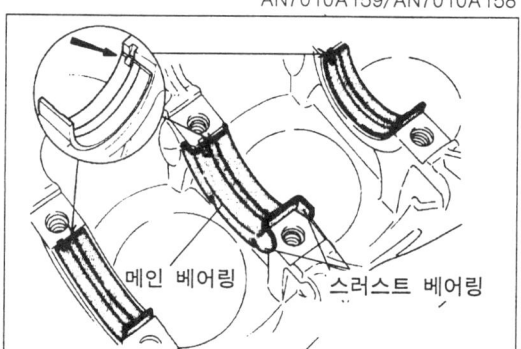

크랭크 샤프트

1. 크랭크 샤프트 설치 전 설명한 바와 같이 메인 베어링 오일 간극을 점검한다.
   1) 저널과 베어링에서 이물질 및 오일을 제거한다.
   2) 실린더 블록에 상부 메인 베어링을 장착한다.
   3) 실린더 블록에 크랭크 샤프트를 위치시킨다.
   4) 플라스티 게이지를 저널 위에 축방향으로 놓는다.

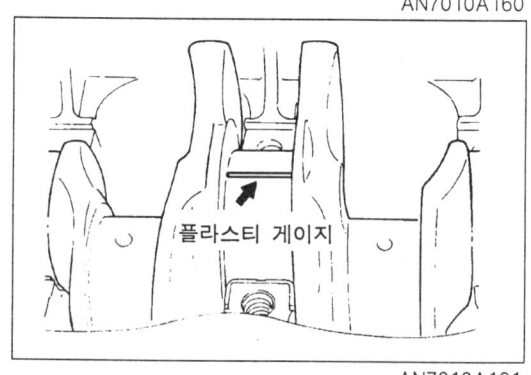

엔진 분해/점검/조립

5) 4.0kg-m로 체결한 후 풀고 2.0kg-m으로 재체결한 후 90°를 회전한 후 다시 한번 60°를 회전시켜 체결한다.
   메인 베어링 캡 볼트를 그림에 나타낸 순서대로 2~3 단계에 걸쳐서 체결한다.
   체결토크 : 5.5~6.0 kg-m

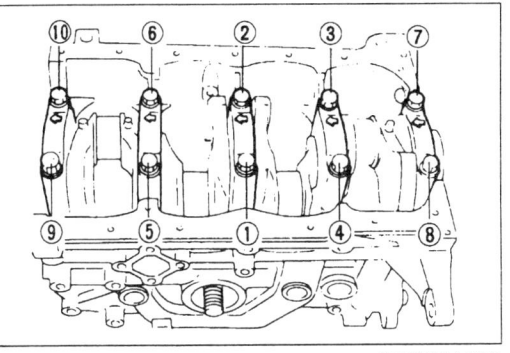

참고
※ 임펙트 렌치 사용시
1) 4kg-m로 체결한 후 푼다.
2) 2kg-m로 조이고 다시 한번 120°를 회전하여 체결한다.

주의
오일 간극 측정시 크랭크 샤프트를 돌리지 않는다.

6) 메인 베어링 캡을 분리하고, 각 저널에서 플라스틱 게이지를 측정한다. 오일 간극이 최대치를 초과하면 크랭크 샤프트를 연마하여 언더사이즈 메인 베어링을 사용한다.

오일 간극 : 0.031~0.049 mm
최대 : 0.08 mm

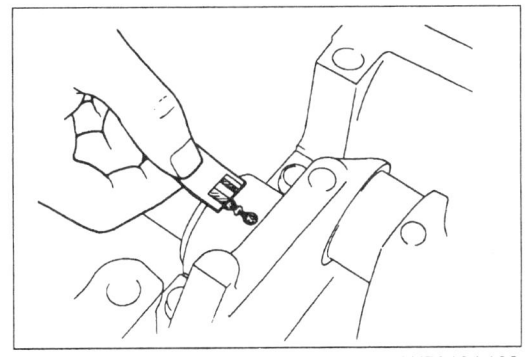

2. 충분한 양의 오일을 메인 베어링, 스러스트 베어링 및 메인 저널에 도포한다.
3. 캡 번호와 식별표시(←)에 따라 크랭크 샤프트와 메인 베어링 캡을 장착한다.

   4.0kg-m로 체결한 후 풀고 2.0kg-m으로 재체결한 후 90°를 회전한 후 다시 한번 60°를 회전시켜 체결한다.

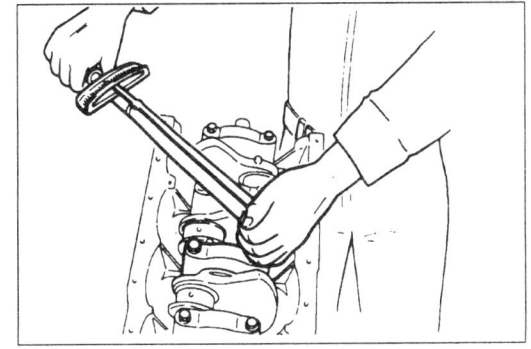

참고
※ 임펙트 렌치 사용시
1) 4kg-m로 체결한 후 푼다.
2) 2kg-m로 조이고 다시한번 120°를 회전하여 체결한다.

4. 크랭크 샤프트 엔드 플레이를 점검한다.
(mm)

구 분	TBD
엔드 플레이	0.08~0.282
최대	0.30

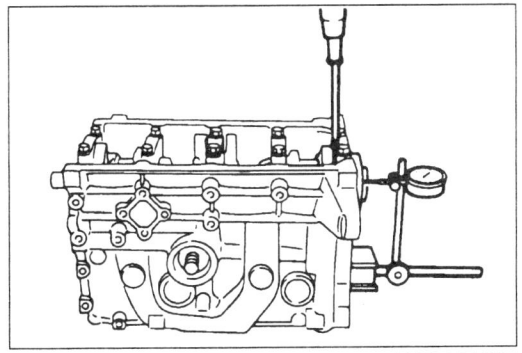

5. 엔드 플레이가 최대치를 넘으면 크랭크 샤프트를 연마하여 오버사이즈 스러스트 베어링을 장착하거나 크랭크 샤프트와 스러스트 베어링을 교환한다.

스러스트 베어링 두께 (mm)

오버 사이즈	TBD
표준	2.50~2.55
0.25	2.625~2.675
0.50	2.750~2.800
0.75	2.875~2.925

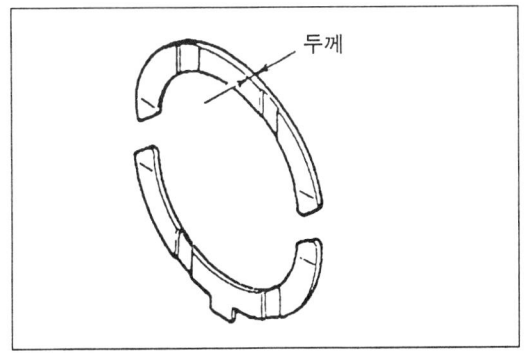

10-27

커넥팅 로드 캡

1. 메인 베어링과 같은 절차로 커넥팅 로드 베어링 오일 간극을 점검한다.

구 분	TBD
캡 체결토크(kg-m)	4.8~5.1
오일 간극 (mm)	0.020~0.050
최대 (mm)	0.10

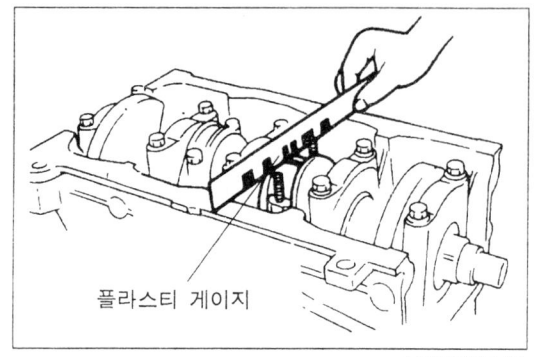

주의
커넥팅 로드 캡 장착시 캡과 커넥팅 로드상의 조립마크를 맞춘다.

2. 오일 간극이 최대치를 넘으면 언더사이즈 베어링을 사용하여 간극을 조정한다.

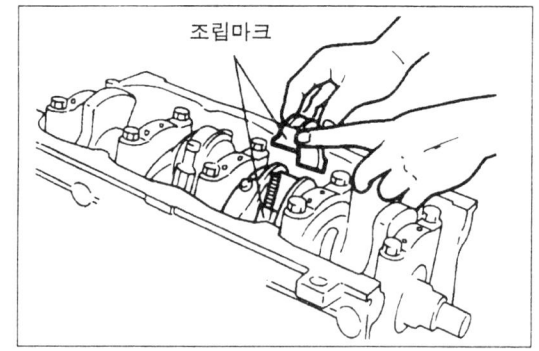

3. 캡을 장착하지 않고 각 커넥팅 로드의 측 간극을 점검한다.

(mm)

구 분	TBD
표준	0.110~0.262
최대	0.30

간극이 최대치를 넘으면 커넥팅 로드를 교환한다

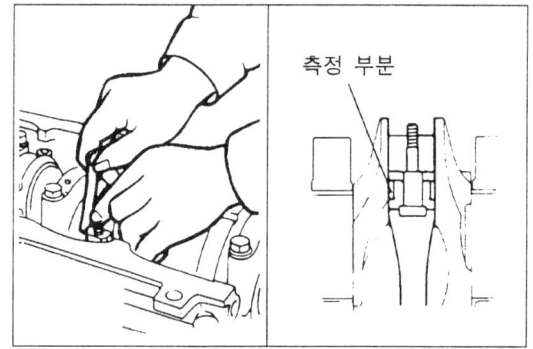

사양

엔진
사양

항목 \ 엔진 모델				TBD (1800cc)
형식				가솔린, 4 사이클
실린더 배치 및 수				직렬, 4 실린더
연소실 형식				펜트 루프형
밸브 시스템				DOHC, 벨트구동
배기량			(cc)	1793
내경 및 행정			(mm)	81.0×87.0
압축비				9.4:1
압축압력			(kg/cm²-rpm)	13.6-300
밸브 타이밍	흡기	개	(BTDC)	6°
		폐	(ABDC)	46°
	배기	개	(BBDC)	50°
		폐	(ATDC)	10°
밸브 간극	(mm)	흡기		0(무조정)
		배기		0(무조정)
아이들 속도 *1			(rpm)	800±50
점화시기			(BTDC)	8°±5°
점화순서				1-3-4-2

* 1. A/T - "P" 레인지 상태에 위치, M/T - 중립상태에 위치

특수공구

엔진
특수공구

번호	공구	용도	번호	공구	용도
0K130 990 007 엔진 스탠드		엔진 분해 및 조립시 사용	0K590 111 001 링기어 브레이크		엔진 회전 방지시 사용
0K710 101 002 엔진 스탠드 행거		엔진 분해 및 조립시 사용	0K993 120 001 밸브 스프링 리프터 암		밸브 분리 및 조립시 사용
0K201 120 011 밸브 가이드 리무버/인스톨러		밸브 가이드 분리 및 장착시 사용	0K710 110 010 피스톤 핀 분리 및 장착시 사용		피스톤 핀 분리 및 장착시 사용
0K993 120 004 밸브 스프링 리프터 피봇		밸브 분리 및 장착시 사용	0K410 111 012 베어링 풀러		파이롯트 베어링 분리시 사용
0K130 160 010 클러치 디스크 센터링 툴		클러치 디스크 장착시 사용	0K2CA 120 005I/0K2CA 120 005E 밸브 실 인스톨러		밸브 실 장착시 사용
0K130 283 021 볼 조인트 풀러		타이로드 엔드 분리시 사용	0K993 120 006 밸브 실 리무버		밸브 실 분리시 사용

윤활장치

고장진단 및 조치 ·································· 11- 3
오일 교환 ·································· 11- 4
오일 압력 ·································· 11- 4
오일 필터 ·································· 11- 5
오일 팬 분리/장착 ·································· 11- 6
오일 펌프 분리/장착 ·································· 11- 7
오일 펌프 분해/조립 ·································· 11- 8
사양 ·································· 11- 9
특수공구 ·································· 11- 9

고장진단 및 조치

고장 상황	예상 주요 원인	조 치
오일 과다 소모	· 오일 연소 (링의 마모, 벨브 가이드의 마모, 밸브실의 마모 또는 실린더 헤드 개스킷의 손상 등에 의해 연소실 내부로 오일이 들어감) · 오일 누유	교환 · 수리
오일 누유	· 드레인 플러그의 이완 · 오일팬과 실린더 블록의 실 불량 · 오일 펌프 바디, 실린더 헤드 커버의 손상 · 오일 펌프 바디, 실린더 헤드 커버 볼트, 오일팬 볼트, 리어 커버 볼트 이완 · 리어 커버 개스킷, 프런트 하우징 개스킷, 실린더 헤드 개스킷의 손상 · 각 부 오일 실 불량 · 오일 필터의 이완 · 오일 압력 스위치의 이완, 손상	· 재체결 · 수리 · 교환 · 재체결 · 교환 · 교환 · 재체결 · 재체결 또는 교환
오일 압력 저하	· 오일 부족 · 오일 누유 · 오일 기어 펌프 마모 또는 손상 · 플런저 마모, 스프링 쇠손 · 오일 스트레이너 막힘 · 메인 베어링, 커넥팅 로드 베어링 간극 불량	· 보충 · 교환 · 교환 · 교환 · 청소 · 10장 참조
엔진 회전중 워닝 램프 점등	· 오일 압력 저하 · 오일 압력 스위치 불량 · 전기장치 불량	· 상기 참조 · 교환 · 수리

오일 교환

1. 엔진을 정상작동 온도로 워밍업 시킨 후 정지시킨다.
2. 오일 필러 캡을 분리하고 오일팬에서 드레인 플러그를 분리한다.
3. 적당한 용기에 오일을 배출시킨다.

   주의
   엔진 오일이 고온이므로 배출시 주의한다.

4. 신품 개스킷을 사용하여 드레인 플러그를 체결한다.

   체결토크 : 3.0~4.2 kg-m

5. 규정 오일을 규정량 만큼 주입한다.

구 분	TBD
오일 사양	API 등급 분류 SG급 7.5W-30, 10W-30
오일량 (l)	3.6

6. 필러 캡을 장착하고 엔진을 회전시킨 후 오일량을 재점검하고 필요시 보충한다.

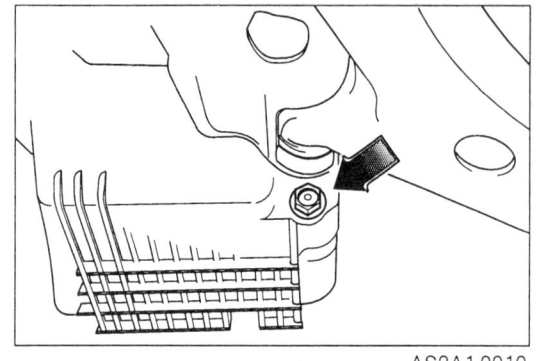

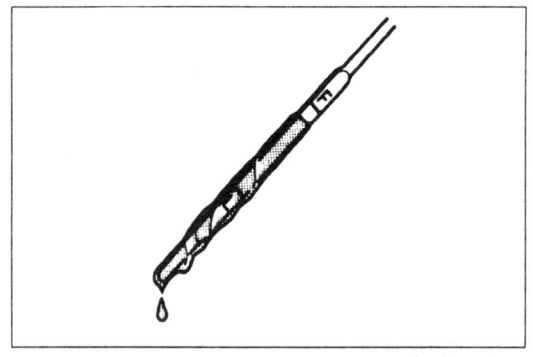

오일 압력

1. 오일 프레쥬어 스위치를 분리한다.

2. 오일 압력 스위치 장착 구멍에 SST를 설치한다.
3. 엔진을 정상 작동 온도로 워밍업 시킨다.
4. 엔진 rpm을 약 3000rpm으로 유지하고 게이지 값을 읽는다.

   오일 압력 : 3.0~4.0 kg/cm2

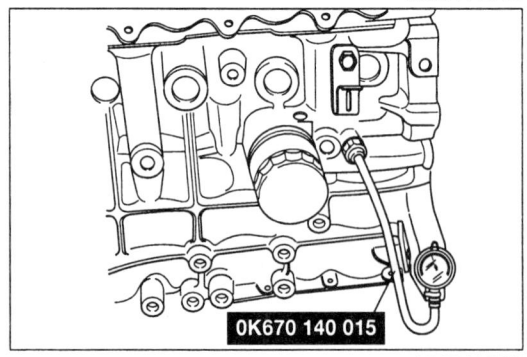

5. 압력이 규정치 보다, 낮을 때에는 각 부를 점검한다.
6. SST를 분리한 후 오일 압력 스위치를 장착한다.

   체결토크 : 1.2~1.8 kg-m

   참고
   - 오일 압력 스위치를 장착할 때는 스위치의 나사산 부에 실런트(쓰리본드 TB2741)를 도포한다.
   - 나사산 부 이외에는 실런트를 도포하지 않는다.

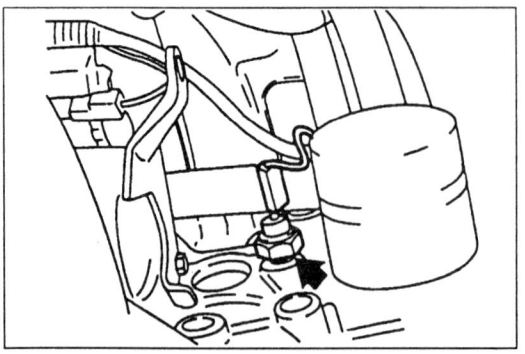

오일 필터

교환
1. 적당한 렌치를 사용하여 오일 필터를 분리한다.
2. 엔진 접촉면을 깨끗이 닦아낸다.
3. 신품 필터의 패킹 부위에 새로운 엔진 오일을 조금 도포한다.
4. 패킹이 접촉할 때까지 손으로 돌려 장착한다.
5. 필터 렌치를 사용하여 1과 1/6 회전시켜 체결한다.
6. 엔진을 회전시킨 후 누유를 확인한다.
7. 오일량을 확인하고 필요시 오일을 보충한다.

오일 필터 용량 : 0.2 l

오일 팬

분리/장착
1. 바테리 ⊖ 단자를 분리한다.
2. 엔진 오일을 배출시킨다.
3. 언더 커버와 사이드 커버를 분리한다.

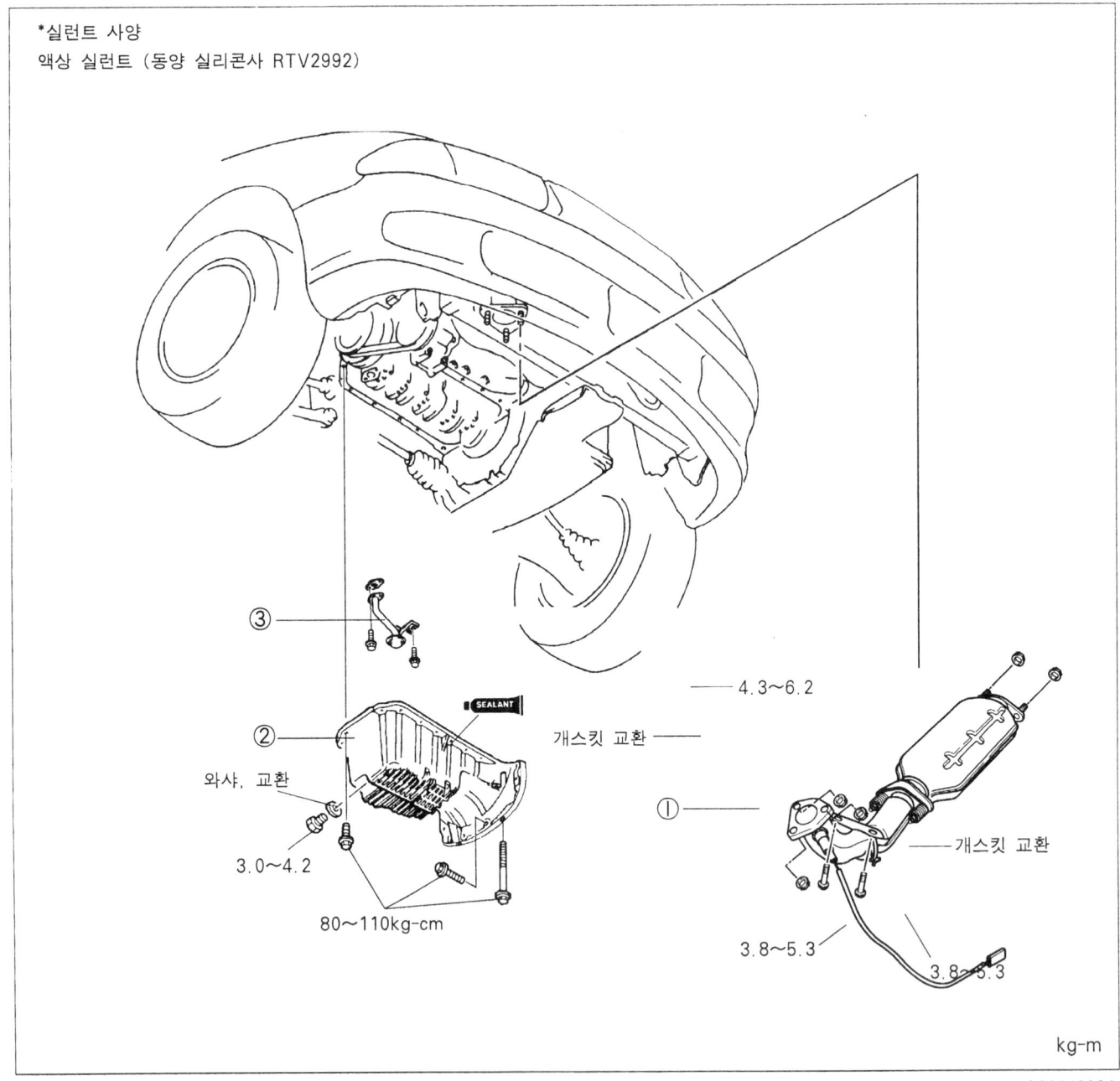

1. 프런트 익죠스트 파이프와 브래킷
2. 오일 팬
3. 오일 스트레이너

오일 펌프

분리/장착
1. 바테리의 ⊖ 단자를 분리한다.
2. 엔진 오일을 배출시킨다.
3. 구동 벨트를 분리한다.
4. 타이밍 벨트를 분리한다.
5. 그림에 나타난 순서대로 분리한다.
6. 분리의 역순으로 장착한다.

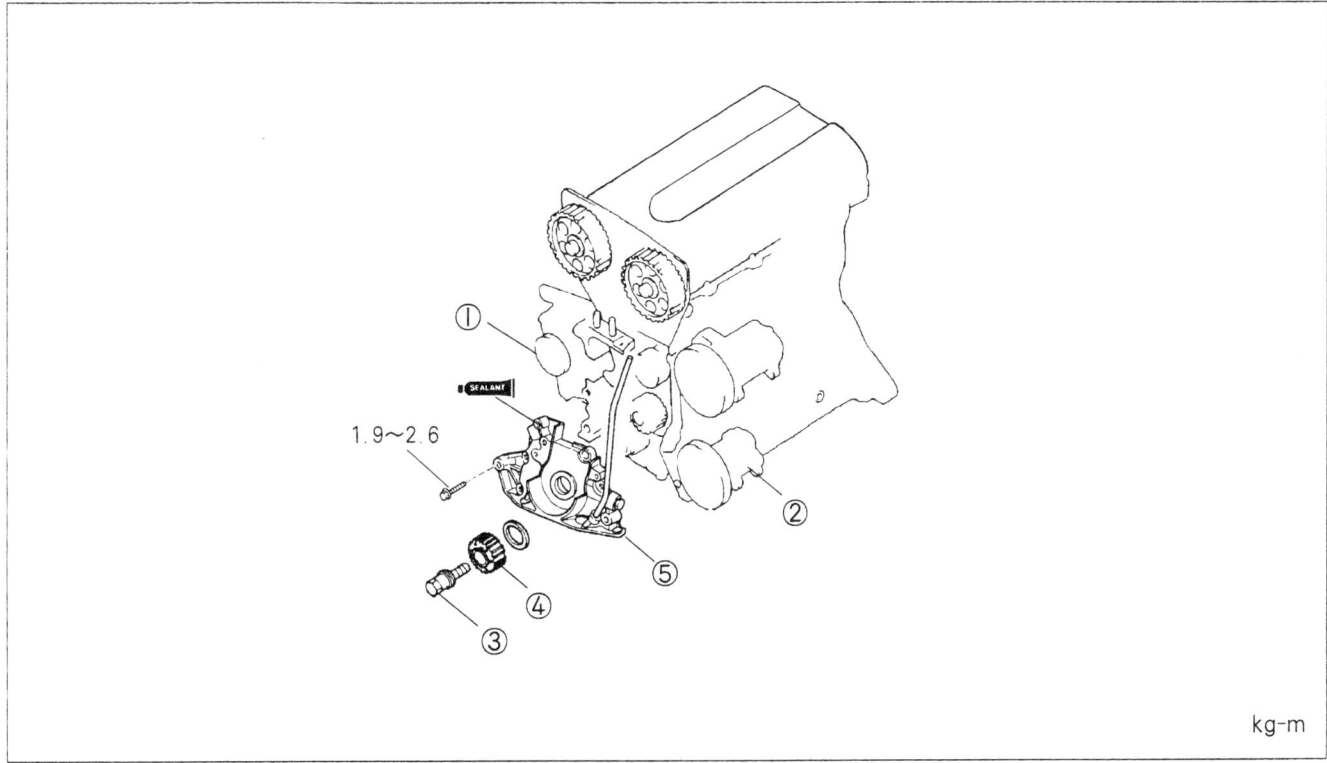

1. 올터네이터
2. 에어컨 컴프레서
3. 타이밍 벨트 풀리 록 볼트
4. 타이밍 벨트 풀리
5. 오일 펌프

윤활장치 오일 펌프

분해/조립
1. 그림과 같은 순으로 분해한다.
2. 조립은 분해의 역순으로 실시한다.

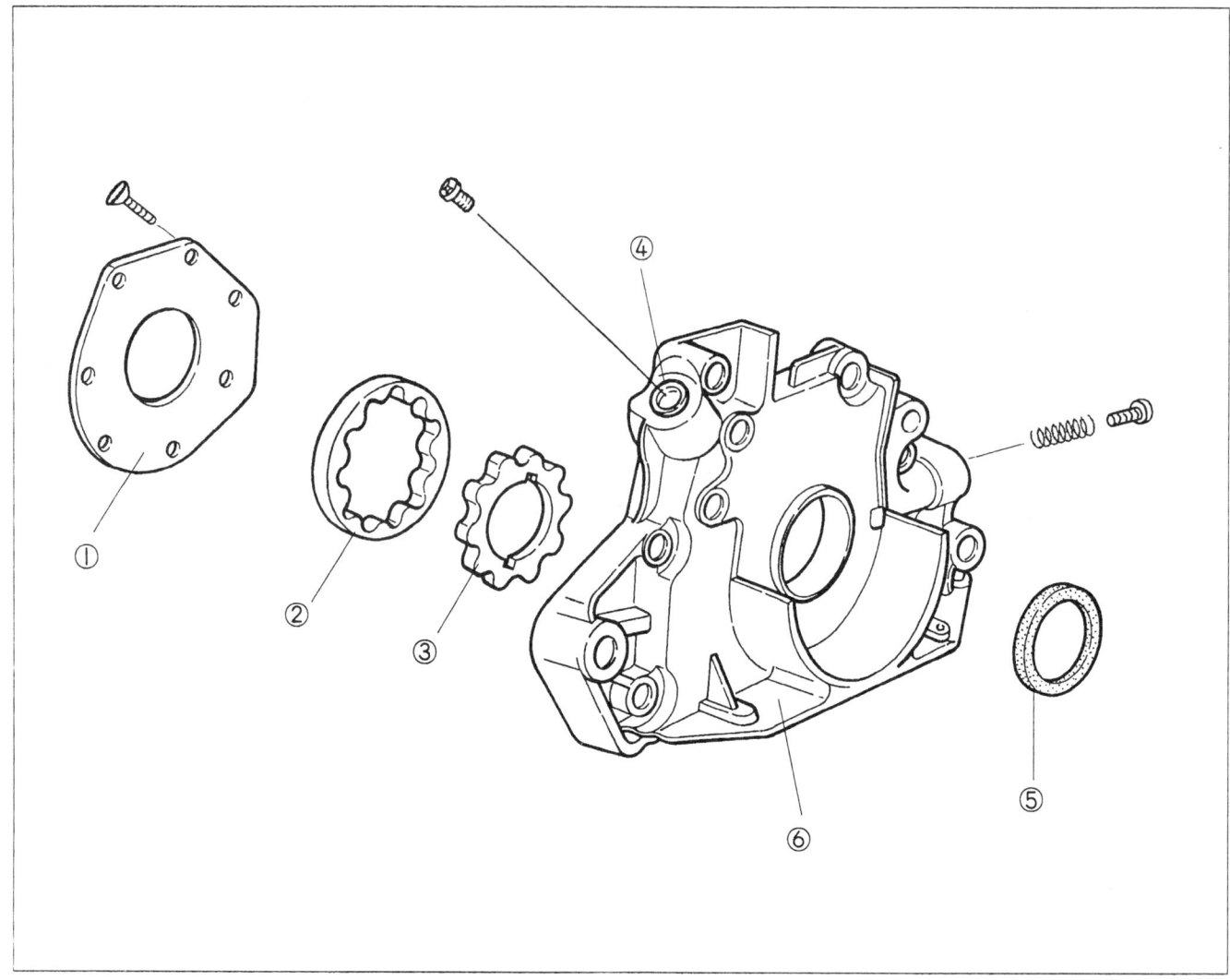

1. 펌프 커버
2. 아웃터 기어
3. 인너 기어
4. 프레쥬어 릴리프 밸브
5. 오일 실
6. 오일 펌프 바디

점검
1. 각 부품을 깨끗히 닦고 이물질등을 완전히 제거한다.
2. 모든 부품의 점검은 다음 표준값에 적합한지 점검하고 필요시 교환 또는 수리한다.

부 품	적용 엔진
	TBD
오일 펌프	
사이드 간극 (mm)	0.04~0.09
아웃터 기어 내경과 인너 기어 외경 간극 (mm)	0.18 Max
펌프 바디와 아웃터 기어 외경 간극 (mm)	0.3~0.376

11-8

사양

항 목	엔 진		TBD
오일 펌프	형식		듀오 센트릭 로터
	레귤레이터 개변압	(kg/cm²)	4.5~5.5
오일 필터	형식		전류여과, 여지식
	릴리프 밸브 개변압	(kg/cm²)	1.0
오일 압력 스위치 작동 압력		(kg/cm²)	3.0~4.0
오일 용량	전유량	(ℓ)	4.0
	오일팬 용량	(ℓ)	3.6
	오일 필터 용량	(ℓ)	0.2
엔진 오일			API 등급 분류 SG급 7.5W-30, 10W-30

특수공구

0K670 140 015 게이지, 오일 프레셔	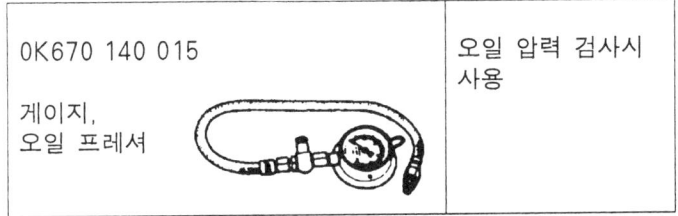	오일 압력 검사시 사용

냉각장치

고장진단 및 조치 12- 3
냉각수 12- 3
라디에이터/쿨링팬 12- 4
서모스탯 12- 5
쿨링팬 12- 6
사양 12- 7

고장진단 및 조치

고장상황	예상 주요 원인	조 치
오버 히트 (과열)	· 냉각수 부족 · 냉각수 누출 · 라디에이터 핀 막힘 · 라디에이터 캡 불량 · 쿨링 팬 불량 · 서머스탯 불량 · 냉각수 통로 막힘 · 워터 펌프 불량 · ECU 불량	· 보충 · 수리 · 청소 · 교환 · 수리 · 교환 · 청소 · 수리 또는 교환 · 21장 참조
부식	· 냉각수 내 불순물 혼입	· 교환

냉각수

검사
냉각수량과 상태
1. 냉각수가 라디에이터 주입구 부근까지 있는지 점검한다.
2. 리저브 탱크의 FULL과 LOW 사이에 있는지 점검한다.
3. 라디에이터 캡과 라디에이터 필러 목 주위에 녹 또는 물때가 쌓여 있는지 점검한다.
4. 냉각수에 오일이 혼입되어 있는지 점검한다.
5. 필요시 보충 또는 교환한다.

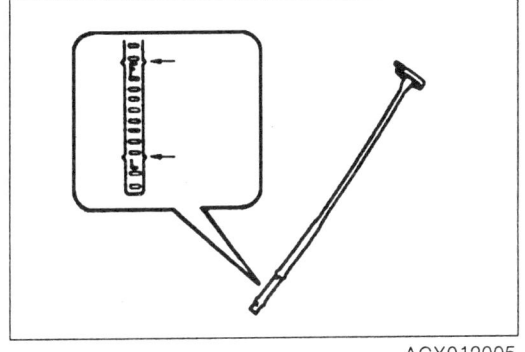

교환

경고
- 엔진이 뜨거울 때에는 라디에이터 캡을 열지 않는다.
- 라디에이터 캡을 분리 할때는 두꺼운 헝겊 등으로 감싼다.
- 뜨거운 냉각수를 배수 시킬때에는 주의한다.

1. 라디에이터 캡을 분리하고 드레인 플러그를 푼다.
2. 적당한 용기에 냉각수를 담는다.
3. 드레인 플러그를 잠근다.
4. 에틸렌 글리콜계의 냉각수를 적정량 채워넣는다.

냉각수 용량 리터

변속기 엔진	MTX	ATX
TBD	6.0	6.0

5. 라디에이터 캡이 없는 상태로 위쪽 라디에이터 호스가 뜨거울때까지 엔진을 가동시킨다.
6. 엔진을 아이들링 시키면서 라디에이터 주입구의 목까지 냉각수를 주입한다.
7. 라디에이터 캡을 장착한다.

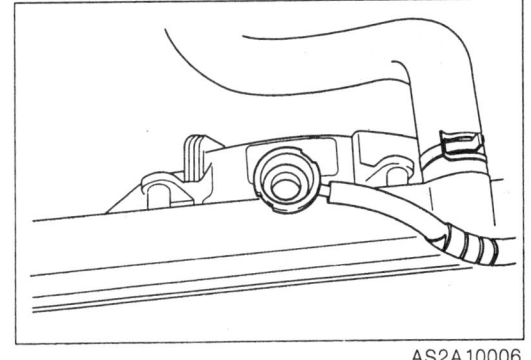

라디에이터/쿨링팬

분리/검사/장착

> **주의**
> 호스 상의 원위치에 호스 클램프를 위치시킨 다음 잘 맞도록 하기 위하여 큰 플라이어로 클램프를 가볍게 조인다.

1. 바테리 ⊖단자를 분리한다.
2. 냉각수를 배수시킨다.
3. 그림에 나타낸 순서대로 분리한다.
4. 분리의 역순으로 장착한다.

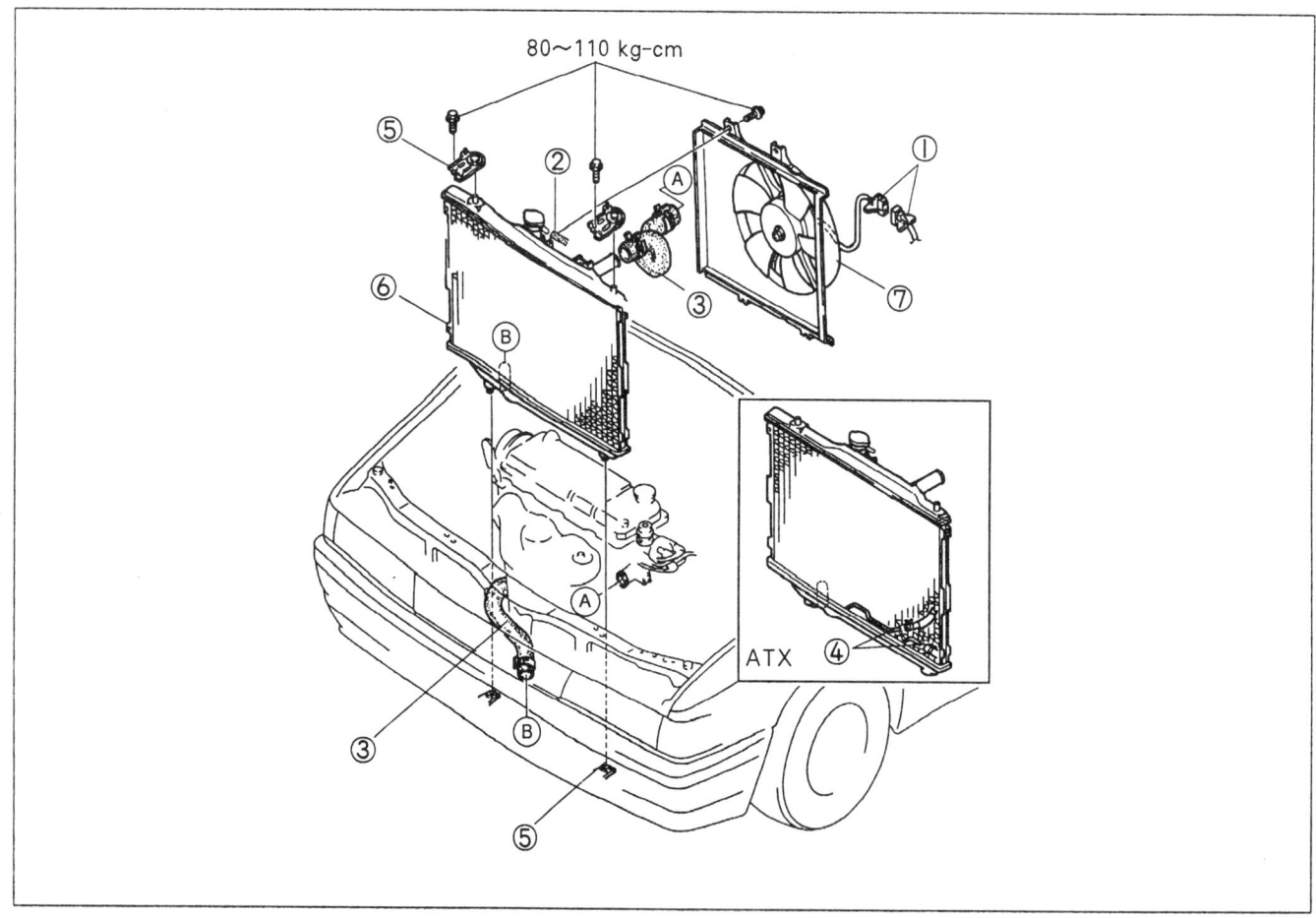

1. 쿨링팬 커넥터
2. 냉각수 리저버 호스
3. 라디에이터 호스
4. 오일 쿨러 호스 (ATX)
5. 라디에이터 브래킷
6. 라디에이터
7. 쿨링 팬 & 라디에이터 카울링 어셈블리

다음 사항을 점검하고 필요시에는 수리 또는 교환한다.
1. 균열, 손상, 누수
2. 핀의 구부러짐 (드라이버로 수정)
3. 라디에이터 주입구의 변형

장착 후에는 냉각수를 적정량 주입하고 엔진을 회전시켜 누수되는지 확인한다.

서머스탯

분리/점검/장착

주의
호스상의 원 위치에 호스 클램프를 위치시킨 다음 잘 맞도록 하기 위해 큰 플라이어로 클램프를 분리한다.

1. 바테리 ⊖단자를 분리한다.
2. 냉각수를 배수시킨다.
3. 그림과 같은 순으로 분리하고 장착은 분리의 역순으로 실시한다.
4. 장착 후 냉각수를 넣고 엔진을 시동 시키고 누수를 검사한다.

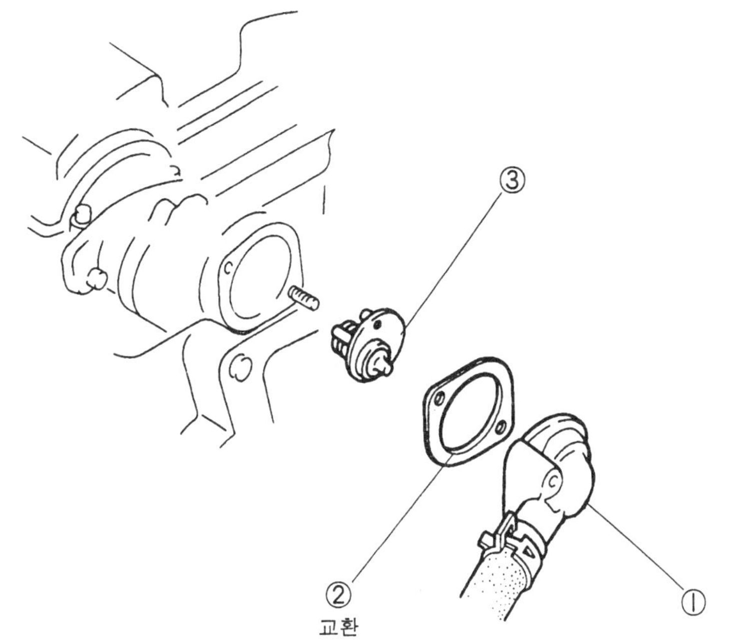

kg-m

1. 서머스탯 커버
2. 개스킷
3. 서머스탯

점검

1. 서머스탯 밸브의 밀폐 상태를 육안으로 검사한다.
2. 서머스탯과 서모미터를 물속에 넣는다.
3. 물을 서서히 가열시켜 다음 사항을 검사한다.

항목 　　　　　엔진형식	TBD
개시온도 　(℃)	86.5~89.5
전개온도 　(℃)	100
리프트 량(최소) (mm)	100℃에서 8

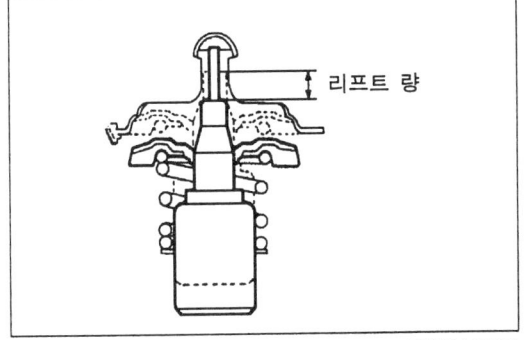
리프트 량

쿨링팬

쿨링팬 분리 및 장착은 12-4페이지 참조

시스템 점검
1. 자기진단 커넥터의 C/F 터미널을 접지시킨다.
2. 이그니션 스위치를 ON시킨 후 팬이 작동되는지 점검한다. 만약 팬이 작동되지 않으면 쿨링팬 구성품과 배선을 점검한다.
3. 필러 캡을 분리한 후 필러의 목에 온도계를 설치한다.
4. 엔진을 시동시킨다.
5. 냉각수 온도가 약 100℃에 도달할 때 쿨링팬이 회전하는지 점검하고 회전하지 않으면 워터서모 센서를 점검한다.

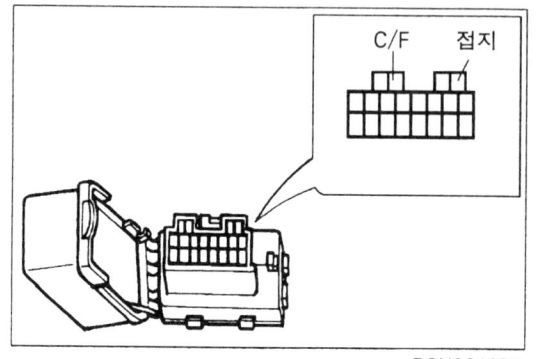

워터 서모 센서
점검/장착
1. 센서를 온도계와 함께 물속에 넣고 서서히 물을 가열시킨다.
2. 저항계로 센서의 저항을 측정한다.

냉각	저항 (kΩ)
-20℃	14.6~17.8
20℃	2.2~2.7
80℃	0.29~0.35

3. 규격과 다르면 워터서모 센서를 교환한다.
4. 장착시에는 신품 와샤를 사용하여 체결한다.

체결토크 : 2.5~3.0 kg-m

5. 워터 서모 센서 커넥터를 연결한 후 시동을 걸고 냉각수가 누수되는지 확인한다.

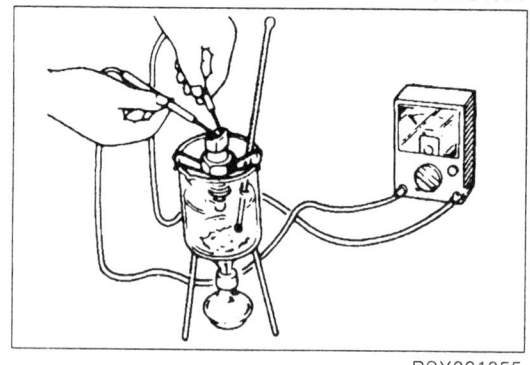

팬 릴레이
분리
1. 바테리 ⊖단자를 분리한다.
2. 메인 휴즈 박스에서 팬 릴레이를 분리한다.

▍참고
팬 릴레이는 엔진 룸 내 우측에 있는 메인 휴즈 박스에 장착 되어있다.

점검
1. 팬 릴레이의 통전을 점검한다.

터미널	통전
30-87	아니오
85-86	예

2. 터미널 B와 D사이에 바테리 전압을 가지고 터미널 A와 C 사이에 통전이 되는지 점검한다.
3. 만약 상기와 같이 되지 않으면 팬 릴레이를 교환한다.

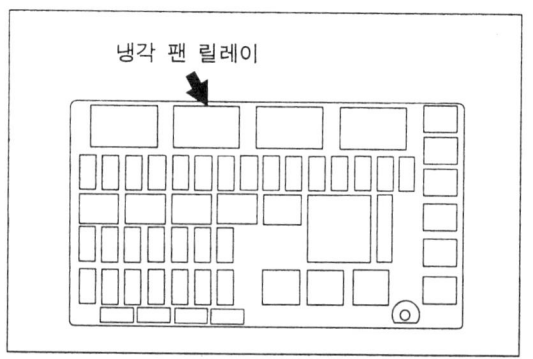

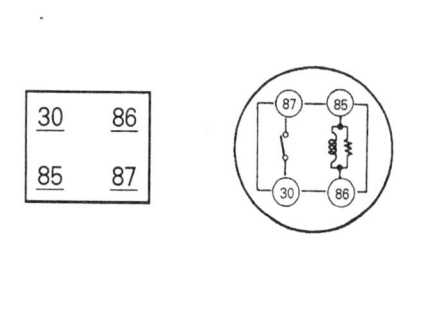

12-6

사양

항 목			TBD	
			MTX	ATX
서모스탯	형식		왁스식	
	개시온도	(℃)	86.5~89.5	
	전개온도	(℃)	100	
	열림량	(mm)	8	
냉각수 용량 (히터포함)		(ℓ)	6.0	

흡기 및 배기장치

흡기장치 · 20- 3
배기장치 · 20- 5

흡기장치

분리/장착
1. 그림에 나타난 순서대로 분리한다.
2. 모든 부품을 점검한 후, 필요하면 수리 또는 교환한다.
3. 장착은 분리의 역순으로 실시한다.

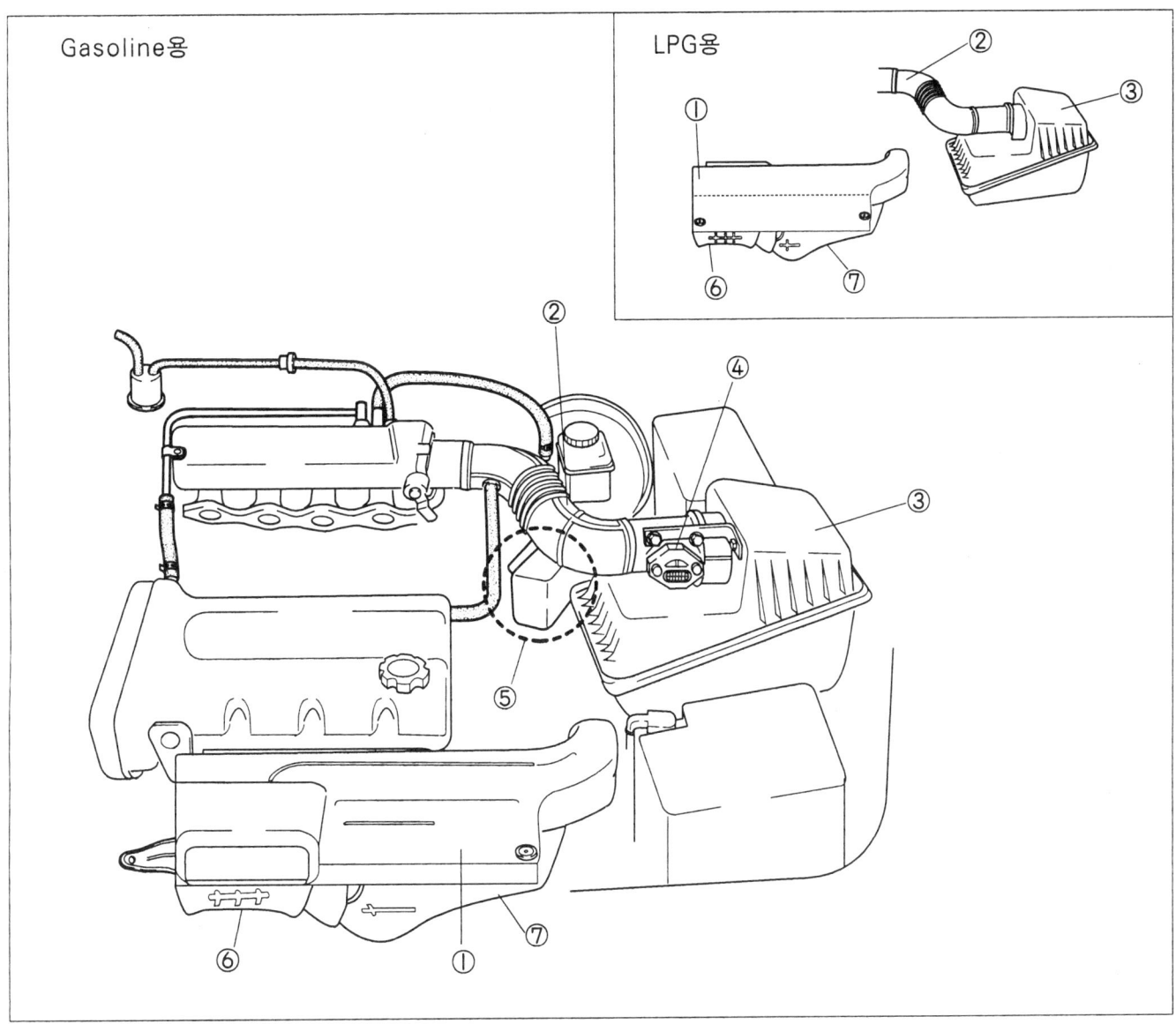

ARSA20001

1. 프레쉬 에어덕트
2. 에어 인테이크 호스 어셈블리
3. 에어클리너 어셈블리
4. 매스 에어 플로우 센서
5. 리조넌스 챔버
6. 리조넌스 챔버
7. 리조넌스 챔버

점검/조정

가속 케이블
1. 가속 페달을 완전히 밟고 스로틀 밸브가 완전히 열리는 지 점검한 후, 필요하면 너트 Ⓐ를 돌려 조정한다.
2. 가속 케이블의 휨량을 점검한다.

    휨량 : 4~7 mm

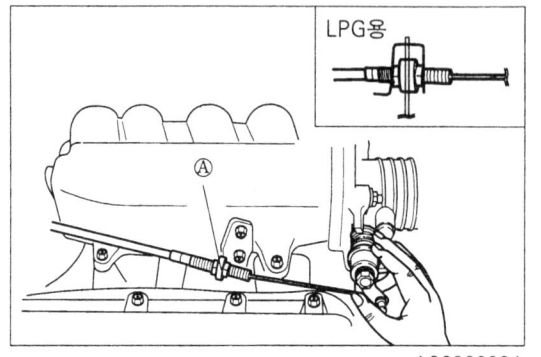

에어클리너 엘리먼트
1. 에어클리너 엘리먼트의 손상 또는 오염 등을 점검한 후, 필요하면 청소 또는 교환한다.

    ■ 참고
    압축 공기를 사용할 경우에는 에어클리너 엘리먼트 내측에서 외측으로, 위에서 아래로 공기를 불어 청소한다.

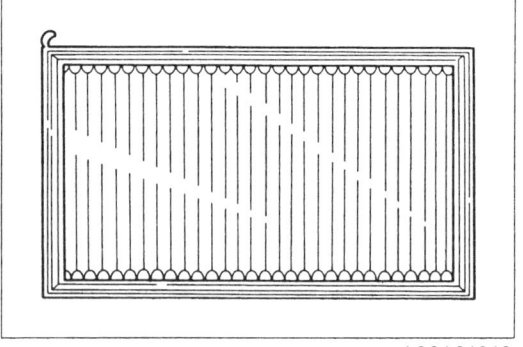

사양

항목	엔진	TED
에어클리너		
엘리먼트 형식		건식
가속 케이블		
휨량	(mm)	4~7

배기장치

분리/장착
1. 그림에 나타난 순서대로 분리한다.
2. 모든 부품을 점검한 후, 필요하면 수리 또는 교환한다.

■ 참고
장착은 분해의 역순으로 한다.

프런트 파이프 어셈블리는 아래의 순서로 조립한다.
① ⓐ부 가체결   ② ⓑ부의 가체결   ③ ⓐ부 완체결
④ ⓑ부의 파이프와 브래킷의 연결상태 확인
⑤ ⓑ부의 완체결

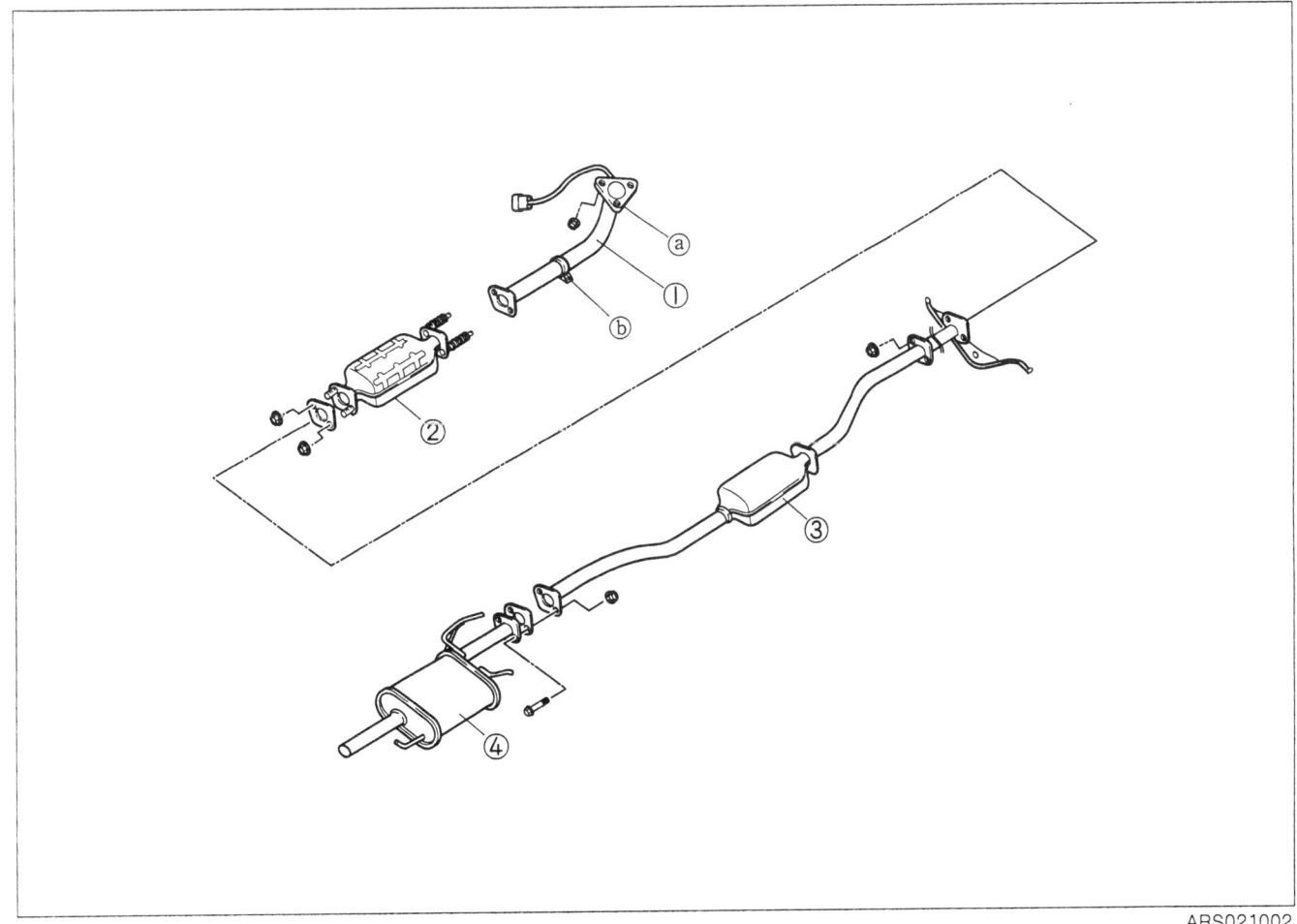

1. 프런트 파이프 어셈블리
2. 촉매 변환기
3. 프리 사일렌서 어셈블리
4. 메인 사일렌서 어셈블리

연료 및 배기가스 제어장치(T8D)

구성도	21A- 3
시스템도	21A- 4
배선도	21A- 5
엔진 조정	21A- 6
자기진단 기능	21A- 7
스위치 모니터 기능	21A- 8
단자 전압표	21A- 9
고장코드 일람표	21A- 11
고장코드	21A- 14
시스템 점검	21A- 37
연료 중지 제어 시스템, 에어컨 컷-오프 제어 시스템	21A- 39
에어 플로우 센서	21A- 40
스로틀 포지션 센서, 산소 센서	21A- 41
메인 릴레이	21A- 42
고장진단 가이드	21A- 43

21A

연료 및 배기가스 제어장치 구성도

구성도

BFD / TED

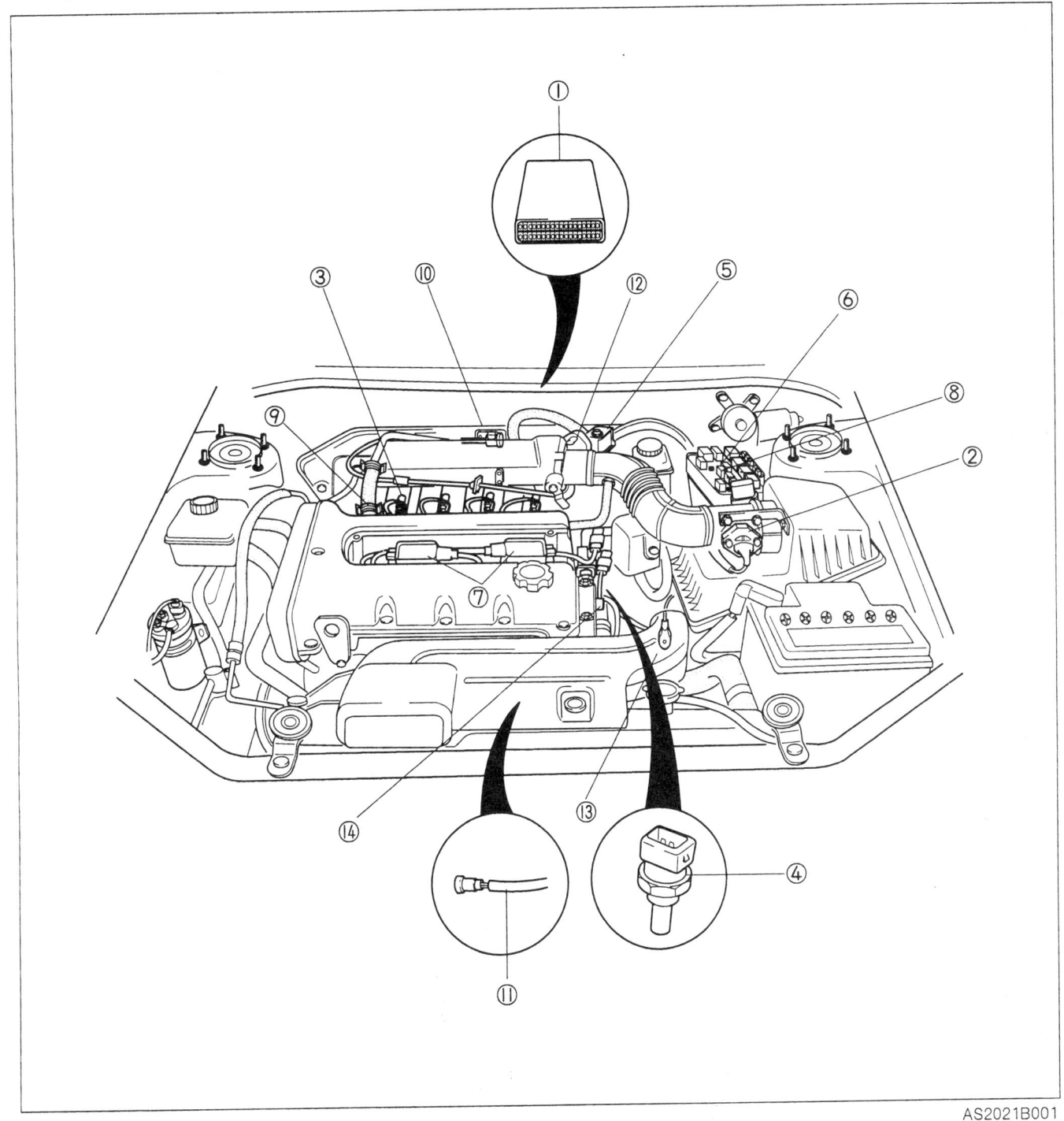

1. 엔진 컨트롤 유닛 (ECU)
2. 매스 에어 플로우 센서
3. 인젝터
4. 엔진 냉각수온 센서
5. ISC 밸브
6. 메인 릴레이
7. 점화 코일 어셈블리
8. 연료 펌프 릴레이
9. PCV 밸브
10. 캐니스터 퍼지 솔레노이드 밸브
11. 산소 센서
12. 스로틀 포지션 센서
13. 크랭크 앵글 센서
14. 캠 샤프트 포지션 센서

연료 및 배기가스 제어장치 시스템도

시스템도

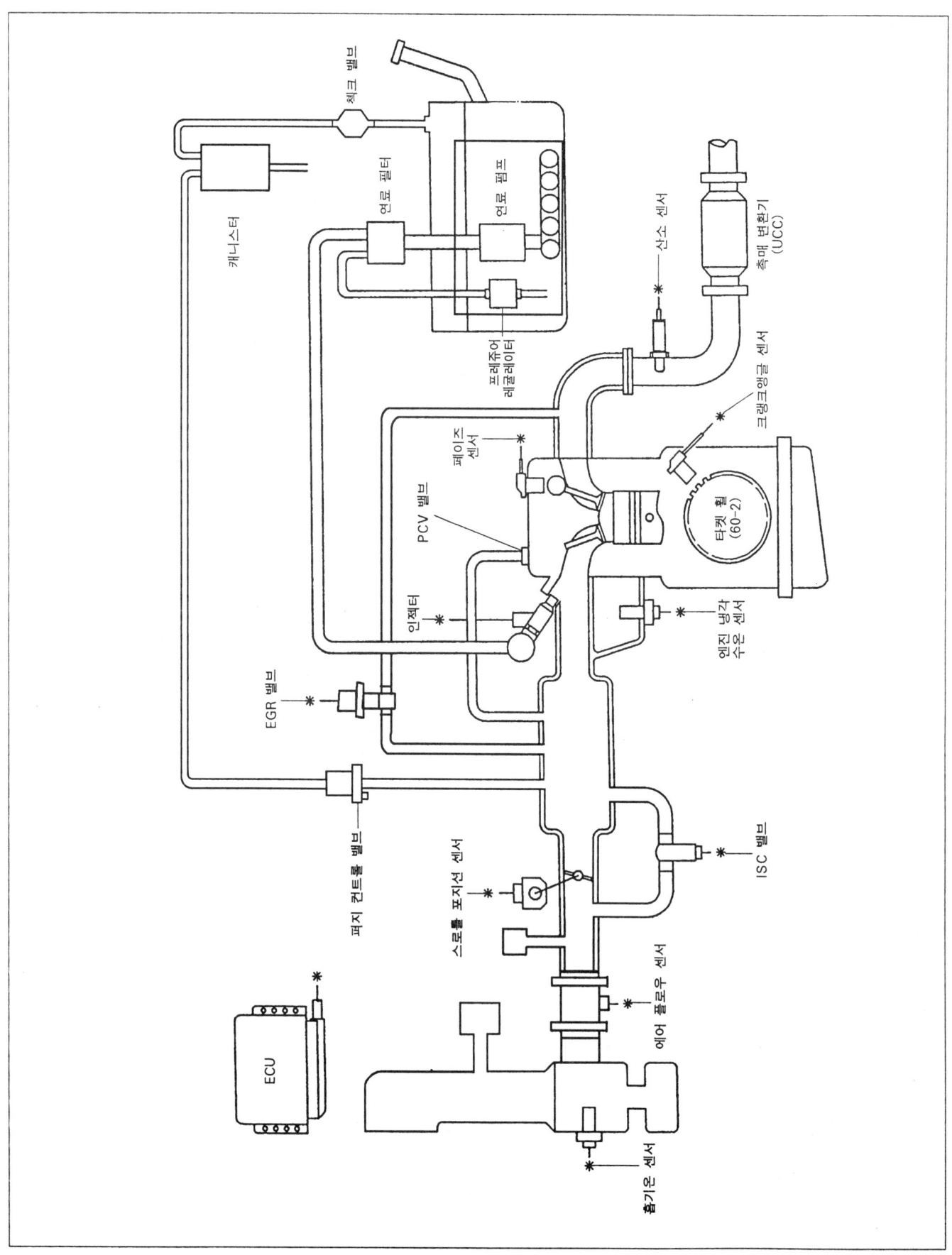

연료 및 배기가스 제어장치 배선도

배선도

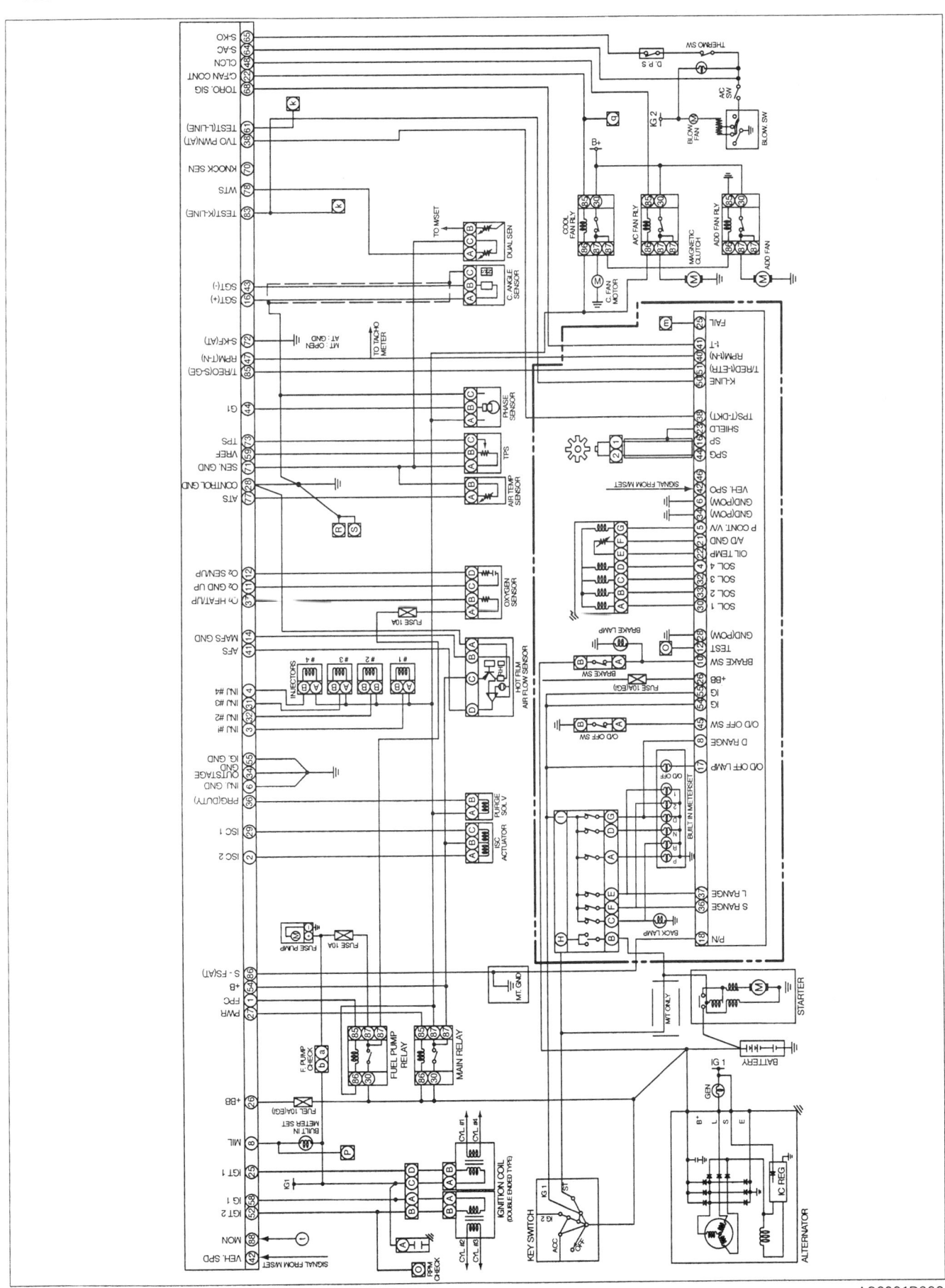

AS2021B006

엔진 조정

준비
1. 엔진을 난기시켜 정상 가동 온도(냉각수온 80℃이상)로 올려 놓는다.
2. 모든 전기 부하를 끈다.
3. 진단기기를 진단 커넥터에 연결한다.
4. 진단기기가 유도하는데로 점검한다.

점화시기
1. "준비"단계를 실행한다.(위 참고)
2. 진단기기에 표시되는 점화시기를 점검한다.

   점화시기 : 8°±5°

참고
- 크랭크샤프트 풀리의 백색마크를 점화시기 정렬마크(황색)와 일치되도록 조정한다.
- 진단기기를 사용하지 않을때에는 타이밍 라이트를 사용한다.

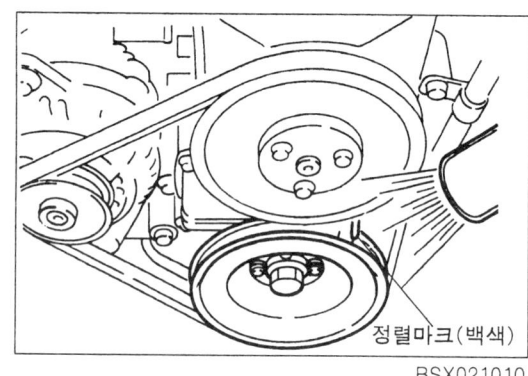

정렬마크(백색)

3. 사양과 일치하지 않으면 아래의 "점검 방법"을 실시한다.

공회전 속도
1. "준비"단계를 실행한다.
2. 주차 브레이크를 건다.
3. 공회전 속도가 사양내에 있는지 점검한다.

   공회전 속도(중립 혹은 P범위) : 800±50 rpm

주의
전동 냉각팬이 작동되지 않는 상태에서 공회전 속도를 측정한다.

4. 사양 범위를 넘으면 아래의 "점검 방법"을 실시한다.
5. 진단기기를 분리한다.

참고
진단기기를 사용하지 않을때에는 타코미터를 사용한다.

점검 방법
본 엔진은 공회전수 및 점화시기가 자동으로 제어되는 시스템으로 점화시기 및 공회전수가 사양을 벗어나면 다음의 방법으로 점검한다.

1. 진단기기를 사용하여 고장코드가 있는지 확인하고 이상이 있을시 조치한다.
2. 공회전시 부압이 480mmHg 이상인지 확인한다. 만일 이 값보다 작으면 흡기계의 누기를 점검한다.
3. 크랭크앵글 센서의 장착 상태가 아래와 같은지 점검한다. (틈새가 1.0±0.5mm인지 확인한다.)

자기진단 기능

개요
엔진 컨트롤 모듈(ECM)은 입·출력 되는 각종 센서(Sensor)/액튜에이터(Actuator)에 대한 자기진단을 실시하여 결함 유무에 대한 결과를 고장코드(Diagnostic trouble code)로 표출하며 진단기기를 이용하여 원인 규명할 수 있다.

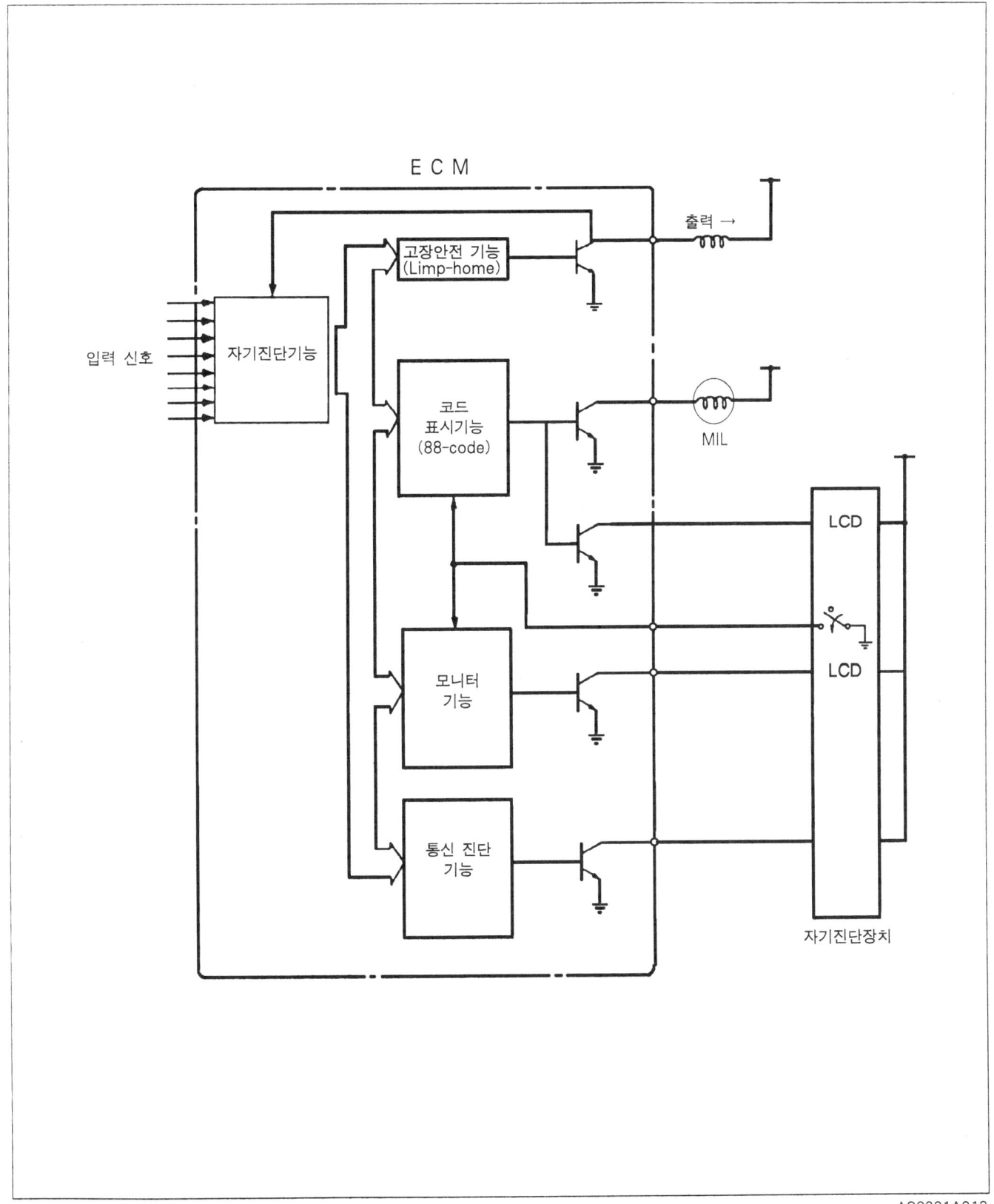

스위치 모니터 기능

스위치 점검

스위치	상태	
	0V	약 10V
A/C 스위치	A/C 스위치 ON, 블로워 스위치 ON	—
스로틀 포지션 센서	페달을 완전히 밟지 않았을 경우	페달을 완전히 밟거나 완전히 놓았을 때

점검 수순
전압계를 사용하여 진단 커넥터의 엔진 테스트 단자를 접지시킨 후, 엔진 모니터 단자 (T)와 B+ (B) 단자의 전압을 점검한다.

산소 센서 모니터 점검
점검 수순
1. 자기진단 기기를 진단 커넥터에 연결한다.
2. 점화 스위치를 ON 상태로 한다.
3. 산소 센서 모니터 점검을 선택한 후, 센서 출력값 및 듀티치를 점검한다.

■ 참고
듀티치는 엔진 완전 난기 상태에서 점검한다.

고장코드
1. 진단 커넥터의 엔진 테스트 단자(Q)와 접지 단자(S)를 통전시킨다.
2. 점화 스위치를 ON 상태로 한다.
3. 미터셋내의 엔진 체크 단자 (ENG. CHECK)의 점멸 횟수를 통해 고장코드를 읽는다.
4. 자기진단 기기를 사용할 경우에는 진단 커넥터에 연결시켜 고장코드를 읽는다.

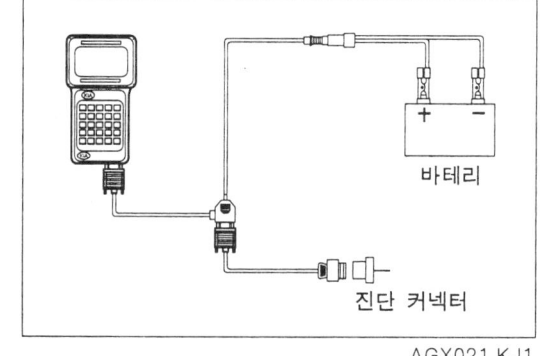

■ 참고
한가지 이상의 고장이 발생할 경우에는, 발생 순서에 따라 고장코드가 출력된다.

고장코드 소거방법
- 고장 수리후 ECM에 기억된 고장 코드를 소거할 경우에는 아래의 작업을 수행한다.

1. 진단기기 사용 안할 때
   이그니션 스위치 OFF 상태에서, 바테리 (-) 단자를 15초 이상 분리한 후 재연결시킨다.

■ 주의
오디오에 도난 방지 시스템이 장착되어 있으므로 바테리 분리시 반드시 비밀 코드를 확인한다.

2. 진단기기 사용시
   이그니션 스위치 ON 상태에서, 자기진단 기기를 사용하여 고장코드를 소거시킨다.

- 고장코드 소거후, 엔진 난기 상태에서 최소 5분정도 공회전 시킨후 고장코드가 나타나지 않는지 확인한다.

연료 및 배기가스 제어장치 배선도

단자 전압표(참고치)

V_B : 바테리 전압

단자	입력	출력	접속 부위	검사 조건	전압치
1		O	연료 펌프 릴레이	이그니션 스위치 ON	V_B
				공회전	0.5V 이하
2		O	ISC 밸브 (클로징 코일)	이그니션 스위치 ON	3~4V(Duty 출력)
				공회전	5~6V(Duty 출력)
3		O	인젝터 #1	이그니션 스위치 ON	V_B
				공회전	V_B
4		O	인젝터 #4	이그니션 스위치 ON	V_B
				공회전	V_B
6	O		접지(인젝터)	상시	0.5V 이하
8		O	경고등	이그니션 스위치 ON	0.5V 이하
				공회전	V_B
11	O		접지(산소센서)	상시	0.5V 이하
12		O	산소 센서	이그니션 스위치 ON	0.5V 이하
				공회전	0~1V(구형파)
14	O		접지(에어플로우 센서)	상시	0.5V 이하
16	O		크랭크앵글 센서 (CKP+)	이그니션 스위치 ON	2V 이하
				공회전	2~3V(구형파)
22		O	냉각팬 릴레이	팬 작동시	0.5V 이하
				팬 작동 안할 때	V_B
25		O	이그니션 코일 #1(DLI 코일)	이그니션 스위치 ON	V_B
				공회전	V_B
26	O		전원	상시	V_B
27		O	메인 릴레이	이그니션 스위치 ON	1V 이하
				이그니션 스위치 OFF	V_B
28	O		접지	상시	0.5V 이하
29		O	ISC 밸브(오프닝 코일)	이그니션 스위치 ON	9~11V(Duty 출력)
				공회전	8~10V(Duty 출력)
31		O	인젝터 #3	이그니션 스위치 ON	V_B
				공회전	V_B
32		O	인젝터 #2	이그니션 스위치 ON	V_B
				공회전	V_B
34	O		접지	상시	0.5V 이하
36		O	캐니스터 퍼지 밸브	이그니션 스위치 ON	V_B
				공회전시 퍼지 밸브 작동	10~12V(Duty출력)
				공회전시 퍼지 밸브 작동 안할 때	V_B
37		O	산소 센서 히터	이그니션 스위치 ON	0V
				공회전	0.5V 이하
38		O	냉각 수온/스로틀 개도 신호 (ATX)	이그니션 스위치 ON	2V 이하
				공회전	2V 이하(Duty 출력)
41	O		에어 플로우 센서	이그니션 스위치 ON	0.5V 이하
				공회전	0.5~1V 이하
42	O		차속 센서	차량 정지시 (IG ON)	V_B
				차량 운행시	약 5V(Pulse파형)
43	O		크랭크앵글 센서 접지 (CKP-)	이그니션 스위치 ON)	약 1.6V
				공회전	약 2.4V(구형파)

연료 및 배기가스 제어장치 단자 전압표

단자	입력	출력	접속 부위	검사 조건	전압치
44	O		페이즈 센서	이그니션 스위치 ON	0 혹은 5V
				공회전	4.3~4.6V
47		O	엔진 회전수 (ATX)	이그니션 스위치 ON	1V 이하
				공회전	8~9V(Duty 출력)
48		O	에어컨 컷 릴레이	에어컨 OFF	V_B
				에어컨 ON	0.5V 이하
52		O	이그니션 코일 #2 (DLI 코일)	이그니션 스위치 ON	V_B
				공회전	V_B
54	O		전원	이그니션 스위치 ON	V_B
				공회전	V_B
55	O		접지(이그니션)	상시	0.5V 이하
58	O		이그니션 전원 (IG 1)	이그니션 스위치 ON	V_B
				공회전	V_B
59		O	센서 전압	이그니션 스위치 ON	약 5V
				공회전	약 5V
61	O		진단 커넥터 (통신 단자)	이그니션 스위치 ON	V_B
				공회전	V_B
64	O		에어컨 선택 스위치	에어컨 스위치 ON	0V
				에어컨 스위치 OFF	5V
65	O		에어컨 컴프레셔 스위치	공회전시 에어컨 스위치 ON	0V
				공회전시 에어컨 스위치 OFF	5V
68		O	엔진 부하 신호 (ATX)	이그니션 스위치 ON	1V 이하
				공회전	2V 이하(Duty 출력)
71	O		접지(센서)	상시	0.5V 이하
72	O		MT/AT 절환 단자	상시 (MT)	5V
				상시 (AT)	0V
73	O		스로틀 포지션 센서	가속 페달 해제시	약 0.5V
				가속 페달 완전히 밟는다	약 4V
77	O		흡기온 센서	이그니션 스위치 ON(20℃)	약 2.5V
78	O		냉각 수온 센서	엔진 냉각 수온 20℃	약 2.5V
				엔진 난기후	1V 이하
83	O	O	진단 커넥터 (통신 단자)	이그니션 스위치 ON	V_B
				공회전	V_B
85	O		토크 리덕션 신호 (ATX)	이그니션 스위치 ON	약 5V
				공회전 (작동중)	5V 이하(Duty출력)
86	O		인히비터 스위치 (ATX)	P/N 범위	0V
				기타 범위	V_B

고장코드 일람표

자기 진단기기등을 사용하여 고장코드 번호를 검출한 후, "고장코드 일람표" 및 "고장진단"편을 참고하여 원인을 규명한다.

고장코드	항 목	판정 조건	결함 유형	복귀 조건	백업치	엔진경고등
P0335	크랭크앵글 센서 (P0335)	·크랭킹시 20mS이내에 전압 강하량이 1.5V 이상 ·전압 강하량이 최소 최대차가 0.2V 이상 ·센서신호 미입력시	—	센서신호 감지시	없음 - 간헐적인 고장은 감지않됨 - 테스트 단자 접지시에는 감지 않됨	점등
P0336	기준 마크	점화스위치 ON시 안정화 작업이 이루어져 크랭킹되나 2000rpm 이상에서 기준마크가 규정범위를 벗어남	기능 불량	한 사이클내에서 기준마크 2회 검출시	없음 - 피드백 학습제어 금지 - 아이들 속도 제어금지 (실제값 사용) - 아이들 속도 특성 곡선 학습치는 중간값 사용 - 학습공기요구량 금지 (실제값 사용)	
P0340	페이즈 센서	기준 마크 신호 정상시 엔진 회전수 600rpm 이상에서 캠축 100회전 동안 센서 신호 미입력	바테리측 단락 또는 하한값 미만	캠축 5회전 동안 페이즈 신호 정상	없음 (기통 판별 안됨)	점등
		기준 마크 신호 정상시 엔진 회전수 600rpm 이상에서 한 사이클 동안 2개 이상의 페이스 센서 신호 감지	접지측 단락 상한값 초과			
P0501	스피도미터 센서	2000rpm, 부하 3mS 이상에서 약 5초간 입력 신호가 없을 때	기능 불량	센시 신호 입력시	ECR 금지	점등
P0100	매스에어 플로우 센서	시동시가 아닌 조건에서 0.1초 이상 흡입공기량이 최소치 이하일때	접지측 단락 또는 하한값 미만	고장조건을 벗어날 때	-스로틀 포지션 센서 신호로 대체(스로틀 포지션센서 신호 고장시에는 기입력된 ECM맵 값으로 연료분사량 및 점화제어) -아이들 속도제어 및 각 학습 제어 중단(점화제어 제외)	점등
		시동시가 아닌 조건에서 0.1초 이상 흡입공기량이 최대치 이상일때	바테리측 단락 또는 상한값 초과			
P0115	엔진 냉각 수온 센서	냉각수온 140.3℃ 이상	접지측 단락 (상한값 초과)	고장조건을 벗어날 때	-ECM내에서 계산치에 의한 엔진 냉각수온 모델에 의해 증가한 후 80.25℃에 고정됨 -공회전 제어 및 피드백 학습	점등
		냉각수온 -35.25℃ 이하	바테리측 단락 (하한값 미만) 제어 중단			
		시동후 약 8분 경과후 냉각 수온이 45.2℃ 미만일 때	기능불량			
P0110	흡기온 센서	흡기온도 129.8℃ 이상	접지측 단락	고장 조건을 벗어날 때	-20.25℃	점등
		흡기온도 -35.25℃ 이하	바테리측 단락			
P0120	스로틀 포지션 센서	스로틀 밸브 개도가 105.41° 이상	바테리측 단락 또는 상한값 초과	고장조건을 벗어날 때	-스로틀 개도는 31°로 고정됨 -아이들 ON, OFF는 공기량을 통해 계산됨점등 -스로틀 밸브 완전 열림 (WOT) 신호는 부하 및 엔진 회전수로 계산됨 -대쉬포트 기능과 ISC 관련 제어 금지	점등
		스로틀 밸브 개도가 2.917° 이하	접지측 단락 또는 하한값 미만			

연료 및 배기가스 제어장치 고장코드 일람표

고장코드	항목	판정 조건	결함 유형	복귀 조건	백업치	엔진경고등
P0130	산소 센서	고장진단 조건 -엔진 난기후(냉각수온 70℃ 이상) 약 3분이상 경과 -매스에어플로우 센서 정상시 -부하 약 2.6mS 이상 고장진단 조건을 만족한 후 약 5초후 아래의 조건에서 고장코드가 출력됨		—	없음 (피드백 제어중단)	점등
		산소센서 전압이 0.4~0.6(V)에서 약3초간 변동이 없을 때	단선			
		약 0.8초간 산소센서 전압이 1.1V 이상일 때	바테리측 단락 또는 상한값 초과			
		약 1초이상 산소센서 전압이 0.1V 이하이며 피드백 보정치(Fr)가 1.4일 때	접지측 단락 또는 하한값 미만		없음 -피드백 제어중단 -피드백 보정치 최대값을 고장 발생 이전값으로 고정	
P0201 P0202 P0203 P0204	인젝터 1번 인젝터 2번 인젝터 3번 인젝터 4번	바테리측 단락	바테리측 단락 또는 상한값 초과	—	없음 (아이들 및 피드백 학습제어 금지 (최종값 사용))	점등
		접지측 단락, 단선	접지측 단락 또는 하한값 미만			
P0443	캐니스터 퍼지 솔레노이드 밸브	접지측 단락, 단선	접지측 단락 또는 하한값 미만	—	없음 -퍼지 제어 금지 -피드백 학습 금지 -퍼지학습은 실제값 사용	점등
		바테리측 단락	바테리측 단락 또는 상한값 초과			
P1505 P1506	IAC(오프닝 코일)	오프닝 코일		—	없음 -아이들 제어, 학습 금지 -각 조건별로 고정 듀티제어	점등
		바테리측 단락	바테리측 단락 또는 상한값 초과			
		접지측 단락, 단선	접지측 단락 또는 하한값 미만			

연료 및 배기가스 제어장치 고장코드 일람표

고장코드	항 목	판정 조건	결함 유형	복귀 조건	백업치	엔진경고등
P1127	피드백 학습불량 (공연비;곱셈보정)	피드백 학습(Fra)치가 최대값(1.219)이상	상한값 초과	고장조건을 벗어날 때		점등
		피드백 학습(Fra)치가 최소값(0.781)이하	하한값 미만			
P1123	피드백 학습불량 (공기유입;덧셈보정)	피드백 학습(Tra)치가 최대값(496㎲)이상	상한값 초과	고장조건을 벗어날 때		점등
		피드백 학습(Tra)치가 최소값(-496㎲)이하	하한값 미만			
P1508 P1507	ISC (클로징 코일)	바테리측 단락	바테리측 단락 또는 상한값 초과	—	없음 (각 조건별로 고정 듀티제어)	점등
		접지측 단락, 단선	접지측 단락 또는 하한값 미만, 단선			
P1780	ECM&TCU 통신 불량	바테리측 단락	—	—	—	점등
		접지측 단락, 단선				
P1673	냉각 팬 릴레이 불량	바테리측 단락	—	—	—	점등
		접지측 단락, 단선				
P0601 P0604	ECM 불량	ECM 기능 불량	—	—	—	점등
P0560	바테리 전압	바테리 전압이 16V 이상일 때	바테리측 단락 또는 상한값 초과	—	피드백 학습 및 아이들 요구 공기량 학습제어 금지, 최종값 사용	점등
		시동시가 아니고 약 3분후 바테리 전압이 10V 이하일 때	접지측 단락 또는 하한값 미만			
		바테리 전압 2.5V 이하	기능 불량			

고장코드

고장코드	P0335	크랭크 앵글 센서

원인
— 센서 신호선이 단선
— 센서 신호선이 접지측으로 합선
— 센서 신호선이 B+측으로 합선
— 센서 불량

점검항목
— 센서 신호선의 회로 점검

단계	점검		조치
1	센서 신호선(+)의 점검 -조건: 점화스위치 OFF후 센서 커넥터 분리 -점검: 센서 커넥터(A)-(B)사이의 저항측정 저항 : 약 10kΩ	예	다음 단계로 간다
		아니오	측정 저항이 0Ω 일때 : 센서 커넥터 (A)-ECM(16)사이 배선이 접지측으로 합선 측정 저항이 무한대일 때 : 센서 커넥터 (A)-ECM(16) 사이 배선이 단선
2	센서 신호선(-)의 점검 -조건: 점화스위치 OFF후 센서커넥터 분리 -점검: 센서커넥터 (B)-접지사이의 저항 측정 저항 : 0Ω	예	다음 단계로 간다
		아니오	센서 커넥터 (B)-ECM(43)사이 배선이 단선 ⇒ 배선을 수리 또는 교환한다
3	센서 신호선/접지선이 바테리측으로 합선되었는지 점검 -조건: 센서 커넥터 분리후 점화스위치 ON -점검: 센서 커넥터 (A)-ECM(16)사이 센서 커넥터 (B)-ECM(43)사이 전압이 B+ 인지 점검	예	센서 커넥터 (A)- B+측 사이 또는, 센서 커넥터 (B)- B+측 사이에서 합선 ⇒배선을 수리한다
		아니오	다음 단계로 간다
4	센서 단품 점검 -조건: 점화스위치 OFF후 센서커넥터 분리 -점검: 센서 단품 (A)-(B)사이의 저항 측정 저항 : 779 ~ 946Ω (20℃에서)	예	센서와 ECM사이 배선의 접촉불량 또는 커넥터 핀의 접촉불량임 ⇒핀, 배선, 커넥터를 점검한다.
		아니오	센서를 교환한다

고장코드	P0336	기준 마크 불량

원인
— 타켓 휠 조립 불량

점검항목
— 타켓 휠의 조립 상태 점검

단계	점검		조치
1	타켓휠과 크랭크앵글 센서간 간극이 정상인지 점검한다 간극 : 1.0±0.5mm	예	- 타켓휠의 마모정도를 육안점검후 필요하면 교환한다. - 타켓휠과 크랭크앵글 센서의 중심선이 일치하는지 점검한 후 다음 단계로 간다
		아니오	센서를 교환한다
2	타켓 휠을 교환한다		

연료 및 배기가스 제어장치 고장코드

고장코드	P0340	페이즈 센서(접지측 단락/상한값 초과)

원인
— 센서에 인가되는 전원선 단선
— 센서 신호선이 접지측으로 합선
— 센서 불량

점검항목
— B+ 전압 인가 여부 확인
— 센서 신호선이 접지측 합선
— 커넥터 접촉상태 점검

단계	점 검		조 치
1	센서 전원선이 단선되었는지 점검 -조건: 점화스위치 OFF후 센서커넥터 분리 -점검: 점화스위치 ON시 센서 커넥터(A)~접지사이의 전압 측정 전압(V): Vb	예	다음 단계로 간다
		아니오	센서 커넥터 (A)-메인릴레이(87) 사이 단선발생 ⇒ 배선을 수리 또는 교환한다
2	센서 신호선이 접지측으로 합선되었는지 점검 -조건: 점화스위치 OFF후 센서커넥터 분리 -점검: 센서 커넥터(B)-접지사이 저항이 0Ω인지 확인 또는 점화스위치 ON시 센서 커넥터(B)-접지사이 전압이 0V인지 확인	예	센서 커넥터 (B)-ECM(44)배선에서 접지측으로 합선 발생 ⇒ 배선을 수리 또는 교환한다
		아니오	다음 단계로 간다
3	센서 접지선이 단선되었는지 점검 -조건: 점화스위치 OFF후 센서커넥터 분리 -점검: 센서 커넥터 (C)-접지사이의 저항 측정 저항(Ω): 0	예	다음 단계로 간다
		아니오	센서 커넥터(C)-ECM(44)사이에서 단선 발생 ⇒ 배선을 수리 또는 교환한다
4	실린더헤드에 장착된 센서를 분리해 내고 캠샤프트축에 장착되어 있는지 확인한다	예	센서를 교환한다
		아니오	캠샤프트축을 분리하여 기통판별용 핀을 장착 조치한다

고장코드	P0340	페이즈 센서(바테리측 단락/하한값 미만)

원인
— 센서 신호선이 단선
— 센서 신호선이 B+측으로 합선
— 커넥터 접촉 저항 증가
— 센서 불량

점검항목
— 센서 신호선-ECM(44) 사이 통전 여부
— 센서 신호선이 B+측으로 합선
— 커넥터 접촉상태 점검

단계	점 검		조 치
1	센서 신호선의 통전 여부(단선 점검) -조건: 점화스위치 OFF후 센서커넥터 및 ECM 분리 -점검: 센서 커넥터(B)-ECM(44)사이의 저항 측정 저항: 0Ω	예	다음 단계로 간다
		아니오	센서 커넥터(B)-ECM(44)사이의 단선 발생 또는 단자 접촉 불량 ⇒ 배선을 수리 또는 교환한다
2	센서 신호선이 B+측으로 합선되었는지 점검 -조건: 점화스위치 OFF후 센서 커넥터 분리 ECM 연결후 -점검: 점화스위치 ON시 센서 커넥터(B)~접지사이의 전압이 5V인지 확인	예	다음 단계로 간다
		아니오	측정전압이 Vb일때: 센서커넥터 (B)-메인릴레이(87) 사이 합선 발생 ⇒ 배선을 수리 또는 교환한다
3	센서 접지선이 B+측으로 합선되었는지 점검 -조건: 점화스위치 OFF후 센서커넥터 분리 -점검: 점화스위치 ON시 센서 커넥터 (C)-접지사이의 전압이 Vb인지 확인	예	센서 커넥터(C)-ECM(19)사이에서 B+측으로 합선 ⇒ 배선을 수리 또는 교환한다
		아니오	센서를 교환한다

연료 및 배기가스 제어장치 고장코드

고장코드	P0501	스피드 미터 센서

원인
— 센서신호선 단선
— 센서신호선 접지측으로 합선
— 센서신호선 B+측으로 합선

점검항목
— 센서 신호선 단선 /단락

단계	점 검		조 치
1	신호선이 접지측으로 합선되었는지 점검 -조건: 점화스위치 OFF후 센서 분리 -점검: ECM 커넥터(42)-접지사이 저항이 0 Ω인지 점검 또는 점화스위치 ON시 ECM 커넥터(9)-접지사이 전압이 0V인지 점검	예	ECM(42)가 접지측으로 합선 발생 ⇒ 배선을 수리 또는 교환한다
		아니오	다음 단계로 간다
2	신호선의 통전 여부(단선 점검) -조건: 점화스위치 OFF후 컴비네이션 미터 & ECM 분리 -점검: ECM(42)~미터셋(Af) 사이의 저항 측정 저항 : 0Ω	예	다음 단계로 간다
		아니오	ECM(42)~미터 셋(Af) 사이의 단선을 점검한다
3	차속 신호 전압 점검 -조건: 변속레버 중립위치에 놓고 앞바퀴를 들어올림 -점검: 점화스위치 ON에서 앞바퀴를 서서히 돌리면서 ECM(42)~접지사이의 전압이 약 0.5↔5V(휠회전당 4개의 펄스값)으로 나타나는지 점검	예	ECM, 미터셋 및 스피도 미터 센서의 커넥터 접속상태가 정상인지 점검한다
		아니오	스피도미터 센서를 교환한다

연료 및 배기가스 제어장치 고장코드

고장코드	P0100	매스에어 플로우 센서 (접지측 단락/하한값 미만)

원인
— 센서에 전원 공급 안됨
— 센서 신호선이 단선
— 센서 신호선이 접지측으로 합선
— 흡기계에서 누기 발생
— 커넥터에 녹 등으로 인한 접촉 저항
— 센서 불량

점검항목
— 센서 전압 인가여부 확인
— 센서 신호선이 단선/합선 여부
— 흡기계의 공기 누설
— 커넥터 녹/접촉상태/핀 점검
— 센서 단품 불량

단계	점검		조치
1	흡기계 누기 점검 -점검: 에어플로우 센서와 스로틀바디사이에 공기 누설이 있는지 점검	예	다음 단계로 간다
		아니오	공기누설 부위를 수정한다
2	센서 전원선의 전압 점검 -조건: 점화스위치 OFF후 센서 커넥터 분리 -점검: 점화스위치 ON시 센서 커넥터(C)~ 접지사이의 전압 측정 전압(V): Vb	예	다음 단계로 간다
		아니오	센서커넥터(C)-메인릴레이(87)사이 배선이 단선 ⇒ 배선을 수리 또는 교환한다
3	센서 신호선 저항 점검 -조건: 점화스위치 OFF후 센서 커넥터 분리 -점검: 센서 커넥터(D)-접지사이의 저항측정 저항 : 10 kΩ	예	다음 단계로 간다
		아니오	측정저항이 무한대일때: 센서커넥터 (D)-ECM(41)사이 배선이 단선 ⇒ 배선을 수리 또는 교환한다. 측정저항이 0Ω일 때: 센서 커넥터 (D)-ECM(41)사이 배선이 접지측으로 합선 ⇒ 배선을 수리 또는 교환한다
4	센서 신호 전압 점검 -조건: 점화스위치 OFF후 센서 커넥터 연결 -점검: 아이들시 센서 커넥터(D)~접지 사이의 전압 확인 전압 : 약 0.5~1.0V	예	고장의 원인은 센서와 ECM 사이의 커넥터 접촉 불량임
		아니오	센서를 교환한다

고장코드	P0100	매스에어 플로우 센서 (바테리측 단락/상한값 초과)

원인
— 센서 신호선이 B+측으로 합선
— 커넥터 접촉저항 증가
— 센서 불량

점검항목
— 센서 신호선이 B+측으로 합선여부
— 커넥터 접촉상태 점검
— 센서 단품 불량 여부

단계	점검		조치
1	센서 신호선이 B+측으로 합선되었는지 점검 -조건: 점화스위치 OFF후 센서 커넥터 연결 -점검: 점화스위치 ON시 센서 커넥터(D)~ 접지사이의 전압이 5V이상인지 확인	예	센서커넥터 (A)-ECM(41)사이의 배선이 B+측으로 합선 ⇒ 배선을 수리 또는 교환한다
		아니오	다음 단계로 간다
2	센서 접지선의 통전 여부 -조건: 점화스위치 OFF후 센서 커넥터 분리 -점검: 센서 커넥터(B)-접지사이 저항이 0Ω인지 확인 또는 센서 커넥터(B)-접지사이 전압이 0V인지 확인	예	센서 커넥터 (B)-ECM(14)배선에서 접지측으로 합선 발생 ⇒ 배선을 수리 또는 교환한다
		아니오	다음 단계로 간다
3	센서 신호 전압 점검 -조건: 점화스위치 OFF후 센서 커넥터 분리 -점검: 아이들시 센서 커넥터 (D)~접지 사이의 전압 확인 전압: 약 0.9~1.1V	예	고장의 원인은 센서와 ECM 사이의 커넥터 접촉 불량임
		아니오	센서를 교환한다

고장코드	P0115	엔진 냉각 수온 센서 (기능 불량)

원인
— 센서 신호선이 B+측으로 합선
— 센서 신호선/ECM의 커넥터 핀 접촉 저항 증가
— 신호선 또는 접지선에서 단선 발생

점검항목
— 신호선과 전원측 합선
— 커넥터의 녹/접촉상태/핀 형태 점검
— 센서의 신호선/접지선에서 단선/합선 발생

단계	점 검		조 치
1	신호선의 통전 여부(단선 점검) -조건: 점화스위치 OFF후 센서 커넥터 및 ECM 분리 -점검: 센서 배선측 커넥터(A)-ECM(78) 사이의 저항 측정 저항(Ω): 0	예	다음 단계로 간다
		아니오	센서 배선측 커넥터(A)-ECM(78)사이의 단선/단락 발생 ⇒ 배선을 수리 또는 교환 한다
2	센서신호선의 전압 점검 -조건: 점화스위치 OFF후 센서 커넥터 분리 ECM 연결 -점검: 점화스위치 ON시 센서 커넥터(A)~접지사이의 전압 측정 전압(V): 5V	예	다음 단계로 간다
		아니오	센서 커넥터 (A)-ECM(78) 사이의 배선이 B+측으로 합선 ⇒ 배선을 수리 또는 교환한다
3	접지선의 통전 여부(단선 점검) -조건: 점화스위치 OFF후 센서 커넥터 및 ECM 분리 -점검: 센서 커넥터(B)~ECM(71) 사이의 저항 측정 저항(Ω): 0	예	다음 단계로 간다
		아니오	센서 커넥터(B)-ECM(71)사이의 단선/단락 발생 ⇒ 배선을 수리 또는교환한다 ■ 참고 접지선 단선시는 스로틀 포지션 센서의 고장코드(12)도 동시 표출됨
4	센서 단품의 점검 -점검: 수온센서의 저항치를 점검 | 수온(℃) | 저항치(kΩ) | | -20 | 16.52±1.6 | | 20 | 2.45±0.24 | | 80 | 0.322±0.32 |	예	센서 커넥터 청소 및 ECM 커넥터 연결 상태를 확인한다
		아니오	센서를 교환한다

연료 및 배기가스 제어장치 고장코드

고장코드	P0115	엔진 냉각 수온 센서 (바테리측 단락/하한값 미만)

원인
— 센서 신호선이 B+측으로 합선
— 센서 신호선/ECM의 커넥터 핀 접촉 저항 증가
— 신호선 또는 접지선에서 단선 발생

점검항목
— 신호선과 전원측 합선
— 커넥터의 녹/접촉상태/핀 형태 점검
— 센서의 신호선/접지선에서 단선/합선 발생

단계	점검		조치
1	센서 신호선의 전압 점검 -조건: 점화스위치 OFF후 센서커넥터 분리 ECM 연결후 -점검: 점화스위치 ON시 센서 커넥터(A)~접지사이의 전압 측정 전압 : 5V	예	다음 단계로 간다
		아니오	측정전압이 0V일 때: 센서 커넥터 (A)-ECM(78) 사이의 단선 발생 측정전압이 5V이상일 때: 센서 커넥터 (A)-ECM(78) 사이의 B+측으로 합선 발생 ⇒ 배선을 수리 또는 교환한다
2	접지선의 통전 여부(단선 점검) -조건: 점화스위치 OFF후 센서 커넥터 및 ECM 분리 -점검: 센서 커넥터(B)~ECM(71)사이의 저항 측정 저항 : 0Ω	예	다음 단계로 간다
		아니오	센서 커넥터(B)-ECM(71) 사이의 단선 발생 ⇒ 수리 또는 교환한다
3	센서 단품의 점검 -점검: 수온센서의 저항치를 점검 	수온(℃)	저항치(kΩ)
---	---
-20	16.52±1.6
20	2.45±0.24
80	0.322±0.32		예	센서 커넥터 청소 및 ECM 핀을 교정한다
		아니오	센서를 교환한다

고장코드	P0115	엔진 냉각 수온 센서 (접지측 단락/상한값 초과)

원인
— 센서 커넥터(A)와 접지사이 합선

점검항목
— 센서 신호선과 접지사이 합선
— 커넥터의 녹/접촉상태/핀 형태 점검

단계	점검		조치
1	센서 신호선의 접지측으로 합선되었는지 점검 -조건: 점화스위치 OFF후 센서 커넥터 분리 -점검: 센서 커넥터(A)~접지 사이의 저항이 0인지 확인 또는 점화스위치 ON시 센서 커넥터(A)-접지 사이의 전압이 0V인지 확인	예	센서 커넥터 (A)-ECM(78) 사이에서 접지측으로 합선 ⇒ 배선을 수리 또는 교환한다
		아니오	다음 단계로 간다
2	센서 단품의 점검 -점검: 수온센서의 저항치를 점검 	수온(℃)	저항치(kΩ)
---	---
-20	16.52±1.6
20	2.45±0.24
80	0.322±0.32		예	배선의 접촉불량을 점검한다
		아니오	센서를 교환한다

고장코드	P0110		흡기온 센서

원인
— 센서 신호선이 B+측으로 합선
— 센서 신호선/ECM의 커넥터 핀 접촉 저항 증가
— 신호선 또는 접지선에서 단선 발생

점검항목
— 신호선과 전원측 합선
— 커넥터의 녹/접촉상태/핀 형태 점검
— 센서의 신호선/접지선에서 단선/합선 발생

단계	점검		조치
1	센서 신호선의 전압 점검 -조건: 점화스위치 OFF후 센서커넥터 분리 ECM 연결후 -점검: 점화스위치 ON시 센서 커넥터(A)~접지사이의 전압 측정 전압 : 5V	예	다음 단계로 간다
		아니오	측정전압이 0V일 때: 센서 커넥터 (A)-ECM(77) 사이의 단선 또는 접지측 합선 발생 측정전압이 5V이상일 때: 센서 커넥터 (A)-ECM(77) 사이의 B+측으로 합선 발생 ⇒ 배선을 수리 또는 교환한다
2	접지선의 통전 여부(단선 점검) -조건: 점화스위치 OFF후 센서 커넥터 및 ECM 분리 -점검: 센서 커넥터(B)~ECM(71)사이의 저항 측정 저항 : 0Ω	예	다음 단계로 간다
		아니오	센서 커넥터(B)-ECM(71) 사이의 단선 발생 ⇒ 수리 또는 교환한다
3	센서 단품의 점검 -점검: 흡기온 센서의 저항치를 점검 | 흡기온(℃) | 저항치(kΩ) | | -20 | 1.5 | | 20 | 2.5 | | 80 | 0.603 |	예	센서 커넥터 청소 및 ECM 핀을 교정한다
		아니오	센서를 교환한다

연료 및 배기가스 제어장치 고장코드

| 고장코드 | P0120 | 스로틀 포지션 센서 (접지측 단락/하한값 미만) |

원인
— Vref.가 TPS에서 공급되지 않음
— 센서신호선이 접지측으로 합선
— 커넥터에 녹 등으로 인한 접촉저항
— 센서불량

점검항목
— Vref. 전압 인가 여부 확인
— 센서 신호선이 접지측 합선
— 커넥터 녹/접촉상태/핀 점검
— 센서 단품 불량

단계	점검		조치
1	Vref. 전압 점검 -조건: 점화스위치 OFF후 센서 커넥터 분리 -점검: 점화스위치 ON시 센서 커넥터(B)~접지사이의 전압 측정 전압(V): 5V	예	다음 단계로 간다
		아니오	센서 커넥터 (B)-ECM(59) 사이 단선 발생 ⇒ 배선을 수리 또는 교환한다
2	센서 신호선이 접지측으로 합선되었는지 점검 -조건: 점화스위치 OFF후 센서 커넥터 분리 -점검: 센서 커넥터(C)-접지사이의 저항이 약 0Ω인지 확인 또는 점화스위치 ON시 센서 커넥터(C)- 접지사이의 전압이 0V인지 확인	예	센서커넥터 (C)-ECM(73)배선에서 접지측으로 합선 발생 ⇒ 배선을 수리 또는 교환한다
		아니오	다음 단계로 간다
3	센서 신호 전압 점검 -조건: 점화스위치 OFF후 센서 커넥터 연결 -점검: 점화스위치 ON시 센서 커넥터 (C)~접지사이의 전압 확인 | 스로틀 밸브 | 전압 (V) | | 전폐 | 약 0.3~0.7 | | 전개 | 약 3.9~4.1 |	예	센서를 교환한다
		아니오	센서 커넥터(B) 또는 (C)와 ECM(59), (73) 사이의 접촉불량 ⇒ 접점을 청소 및 교정한다

고장코드	P0120	스로틀 포지션 센서 (바테리측 단락/상한값 초과)

원인
— 센서 신호선이 단선
— 센서 신호선이 B+측으로 합선
— 커넥터 접촉 저항 증가
— 센서불량

점검항목
— 센서 신호선과 ECM(73) 사이 통전 여부
— 센서 신호선이 B+측으로 합선
— 커넥터 접촉상태 점검
— 센서 단품 불량 여부

단계	점검		조치
1	Vref. 전압 점검 -조건: 점화스위치 OFF후 센서 커넥터 분리 ECM 연결후 -점검: 점화스위치 ON시 센서 커넥터(B)~접지사이의 전압 측정 전압 : 5V	예	다음 단계로 간다
		아니오	센서 커넥터 (B)-ECM(59) 사이 B+측으로 합선 발생 ⇒ 배선을 수리 또는 교환한다
2	센서 신호선의 통전 여부(단선 점검) -조건: 점화스위치 OFF후 센서 커넥터 및 ECM 분리 -점검: 센서 커넥터(C)-ECM(73)사이의 저항 측정 저항 : 0Ω	예	다음 단계로 간다
		아니오	센서 커넥터(C)-ECM(73)사이의 단선 발생 또는 단자 접촉불량 ⇒ 배선을 수리 또는 교환한다
3	센서 신호선이 B+측으로 합선되었는지 점검 -조건: 점화스위치 OFF후 센서 커넥터 분리 -점검: 점화스위치 ON시 센서 커넥터 (C)-접지사이의 전압이 Vb인지 측정	예	센서 커넥터(C)-ECM(73)사이에서 B+측으로 합선 ⇒ 배선을 수리 또는 교환한다
		아니오	다음 단계로 간다
4	센서 접지선이 B+측으로 합선되었는지 점검 -조건: 점화스위치 OFF후 센서 커넥터 분리 -점검: 점화스위치 ON시 센서 커넥터 (A)-접지사이의 전압이 Vb인지 측정	예	센서 커넥터(A)-ECM(71)사이에서 B+측으로 합선 ⇒ 배선을 수리 또는 교환한다
		아니오	다음 단계로 간다
5	센서 신호 전압 점검 -조건: 점화스위치 OFF후 센서 커넥터 분리 -점검: 점화스위치 ON시 센서 커넥터 (C)~접지사이의 전압 확인 	스로틀 밸브	전압 (V)
---	---
전폐	약 0.3~0.7
전개	약 3.9~4.1		예	센서를 교환한다
		아니오	센서 커넥터(B) 또는 (C)와 ECM(59), (73) 사이의 접촉불량 ⇒ 접점을 청소 및 교정한다

연료 및 배기가스 제어장치 고장코드

고장코드	P0130	산소 센서 (단선)

원인
- 센서 신호간의 합선
- 센서 신호선의 단선
- 센서불량

점검항목
- 대부분의 경우 센서 신호선의 합선으로 인한 고장이므로 중점적으로 검사한다
- 센서 신호 정상여부

단계	점검		조치
1	신호선의 점검 -조건: 점화스위치 OFF후 센서 커넥터 분리 -점검: 센서 커넥터 (A)-접지 사이의 저항 측정 저항 : 52 kΩ	예	3단계로 간다
		아니오	측정저항이 무한대일 때: 2 단계로 간다 측정저항이 0Ω일 때: 센서커넥터 (A)-ECM(12)사이 배선이 접지측으로 합선 ⇒ 배선을 수리 또는 교환한다
2	ECM 커넥터의 점검 -조건: 점화스위치 OFF후 센서 커넥터 분리 -점검: ECM 커넥터의 녹 및 접촉불량 교정 후 1단계 점검 반복	예	고장의 원인은 ECM 커넥터의 접촉 불량
		아니오	다음 단계로 간다
3	센서 신호의 점검 -조건: 엔진을 시동걸고 충분히 난기시킨다 -점검: ①산소센서의 출력전압이 100~900mV사이를 왕복하는지 점검한다 또는 ②KJ-1을 장착하고 센서데이터항목중 산소센서값이 100 ~ 900mV사이를 왕복하는지 점검한다	예	고장의 원인은 센서 커넥터의 접촉 불량
		아니오	센서를 교환한다

고장코드	P0130	산소 센서 (접지측 단락/하한값 미만)

원인
- 센서 신호간의 접지측으로 합선
- 센서불량

점검항목
- 센서 신호선의 접지측으로 합선 여부
- 센서 점검

단계	점검		조치
1	신호선이 접지측으로 합선되었는지 점검 -조건: 점화스위치 OFF후 센서 커넥터 분리 -점검: 센서커넥터 (A)-접지사이의 저항이 0Ω인지 확인	예	센서 커넥터 (A)-ECM(12)사이 배선이 접지측으로 합선 ⇒ 배선을 수리 또는 교환한다
		아니오	3단계로 간다
2	ECM 커넥터의 점검 -조건: 점화스위치 OFF후 센서 커넥터 분리 -점검: ECM 커넥터의 녹 및 접촉불량 교정 후 1단계 점검 반복	예	고장의 원인은 ECM 커넥터의 접촉 불량이었음
		아니오	다음 단계로 간다
3	센서 신호의 점검 -조건: 엔진을 시동걸고 충분히 난기시킨다 -점검: ①산소센서의 출력전압이 100~900mV사이를 왕복하는지 점검한다 또는 ②KJ-1을 장착하고 센서 데이터 항목중 산소센서값이 100~900mV사이를 왕복하는지 점검한다	예	고장의 원인은 센서 커넥터의 접촉 불량 ⇒ 수리한다
		아니오	센서를 교환한다

연료 및 배기가스 제어장치 고장코드

고장코드	P0130	산소 센서 (바테리측 단락/규정값 초과)

원인
— 센서 신호의 B+측으로 합선
— 센서불량

점검항목
— 센서 신호선의 B+측으로 합선 여부
— 센서 점검

단계	점 검		조 치
1	신호선의 전압점검 -조건: 점화스위치 ON시 -점검: 센서 커넥터 (A)~접지사이의 전압이 약 1.15V인지 확인	예	센서 커넥터 (A)-ECM(12)사이 B+측으로 합선 ⇒ 배선을 수리 또는 교환한다
		아니오	3단계로 간다
2	ECM 커넥터의 점검 -조건: 점화스위치 OFF후 센서 커넥터 분리 -점검: ECM 커넥터의 녹 및 접촉불량 교정 후 1단계 점검 반복	예	고장의 원인은 ECM 커넥터의 접촉 불량이었음
		아니오	다음 단계로 간다
3	센서 신호의 점검 -조건: 엔진을 시동걸고 충분히 난기시킨다 -점검: ①산소센서의 출력전압이 100~900mV사이를 왕복하는지 점검한다 또는 ②진단기기를 장착하고 센서 데이터 항목중 산소 센서값이 100~900mV사이를 왕복하는지 점검한다	예	고장의 원인은 센서 커넥터의 접촉 불량 ⇒ 수리한다
		아니오	센서를 교환한다

연료 및 배기가스 제어장치 고장코드

고장코드	P0201, P0202, P0203, P0204	인젝터 1,2,3,4 (단선/접지측 단락/하한값 미만)

원인
— 해당 기통 인젝터 배선이 단선
— 인젝터 단품 불량

점검항목
— 해당 기통 배선 점검
— 인젝터 단품 점검

단계	점검		조치
1	전원선의 전압 점검 -조건: 점화스위치 OFF후 해당 커넥터 인젝터 커넥터 분리 -점검: 점화스위치 ON시 해당 인젝터 커넥터 (A)-접지사이 전압 점검 전압(V): Vb	예	다음 단계로 간다
		아니오	해당 인젝터 커넥터(A)-메인 릴레이 (87)사이 배선 단선 ⇒ 배선을 수리 또는 교환한다
2	신호선의 통전 여부(단선 점검) -조건: 점화스위치 OFF후 센서 커넥터 및 ECM 분리 -점검: 1번인젝터:커넥터(B)~접지사이 　　　　2번인젝터:커넥터(B)~접지사이 　　　　3번인젝터:커넥터(B)~접지사이 　　　　4번인젝터:커넥터(B)~접지사이 저항 측정 저항: 0Ω	예	다음 단계로 간다
		아니오	1번 인젝터: 커넥터(B)-ECM(3) 사이 2번 인젝터: 커넥터(B)-ECM(32) 사이 3번 인젝터: 커넥터(B)-ECM(31) 사이 4번 인젝터: 커넥터(B)-ECM(4) 사이 단선 발생 ⇒ 배선을 수리 또는 교환한다
3	신호선이 접지측으로 합선되었는지 점검 -조건: 점화스위치 OFF후 해당 인젝터 분리 -점검: 해당 인젝터 커넥터(B)-접지사이 저항이 0Ω인지 점검 또는 점화스위치 ON시 해당인젝터 커넥터 (B)-접지사이 전압이 0V인지 점검	예	1번 인젝터: 커넥터(B)-ECM(3) 사이 2번 인젝터: 커넥터(B)-ECM(32) 사이 3번 인젝터: 커넥터(B)-ECM(31) 사이 4번 인젝터: 커넥터(B)-ECM(4) 사이 접지측으로 합선 발생 ⇒ 배선을 수리 또는 교환한다
		아니오	다음 단계로 간다
4	해당 인젝터 단품의 저항 점검 -조건: 점화스위치 OFF후 해당 인젝터 분리 -점검: 해당 인젝터의 단품(A)~(B)사이의 저항 점검 저항: 14.5Ω	예	다음 단계로 간다
		아니오	해당 인젝터를 교환한다
5	고장의 원인은 인젝터와 ECM 사이의 커넥터/핀의 접촉불량임 ⇒ 핀/커넥터 형상교정 및 청소한다		

연료 및 배기가스 제어장치 고장코드

고장코드	P0201, P0202, P0203, P0204	인젝터 1,2,3,4 (바테리측 단락/상한값 초과)

원인	점검항목
— 해당기통 인젝터 배선이 B+측으로 합선 — 인젝터 단품 불량	— 해당 기통 배선 점검 — 인젝터 단품 점검

단계	점검		조치
1	신호선이 B+측으로 합선되었는지 점검 -조건: 점화스위치 OFF후 해당 인젝터 분리 -점검: 점화스위치 ON시 해당 인젝터 커넥터 (B)-접지사이 전압 전압(V): Vb	예	1번 인젝터: 커넥터(B)-ECM(3) 사이 2번 인젝터: 커넥터(B)-ECM(32) 사이 3번 인젝터: 커넥터(B)-ECM(31) 사이 4번 인젝터: 커넥터(B)-ECM(4) 사이 B+측으로 합선 발생 ⇒ 배선을 수리 또는 교환한다
		아니오	다음 단계로 간다
2	해당 인젝터 단품의 저항 점검 -조건: 점화스위치 OFF후 해당 인젝터 분리 -점검: 해당 인젝터의 단품(A)~(B)사이의 저항 점검 저항 : 14.5Ω	예	다음 단계로 간다
		아니오	해당 인젝터를 교환한다
3	고장의 원인은 인젝터와 ECM사이의 커넥터/핀의 접촉 불량임 ⇒ 핀/커넥터 형상교정 및 청소한다		

연료 및 배기가스 제어장치 고장코드

고장코드	P0443	캐니스터 퍼지 솔레노이드 밸브 (단선)

원인
— 솔레노이드 밸브 배선이 단선
— 솔레노이드 밸브 단품 불량

점검항목
— 솔레노이드 밸브 배선 점검
— 솔레노이드 밸브 단품 점검

단계	점검		조치
1	전원선의 전압 점검 -조건: 점화스위치 OFF후 솔레노이드밸브 분리 -점검: 점화스위치 ON시 솔레노이드밸브 커넥터 (A)-접지사이 전압 점검 전압(V): Vb	예	다음 단계로 간다
		아니오	해당 솔레노이드 밸브커넥터(A)-메인릴레이(87)사이 배선 단선 ⇒ 배선을 수리 또는 교환한다
2	신호선의 통전 여부(단선 점검) -조건: 점화스위치 OFF후 솔레노이드밸브 및 ECM 분리 -점검: 솔레노이드 밸브커넥터(B)-ECM(36) 사이의 저항 측정 저항 : 0Ω	예	다음 단계로 간다
		아니오	솔레노이드 밸브커넥터(B)-ECM(36) 단선 발생 ⇒ 배선을 수리 또는 교환한다
3	신호선이 접지측으로 합선되었는지 점검 -조건: 점화스위치 OFF후 솔레노이드밸브 분리 -점검: 솔레노이드 밸브커넥터(B)-접지사이 저항이 0Ω인지 점검 또는 점화스위치 ON시 솔레노이드 밸브 커넥터(B)-접지사이 전압이 0V인지 점검	예	솔레노이드밸브커넥터(B)-ECM(36) 접지측으로 합선 발생 ⇒ 배선을 수리 또는 교환한다
		아니오	다음 단계로 간다
4	솔레노이드밸브 단품의 저항 점검 -조건: 점화스위치 OFF후 솔레노이드밸브 분리 -점검: 솔레노이드밸브의 단품(A)~(B)사이의 저항 점검 저항: 26Ω (약 20℃)	예	다음 단계로 간다
		아니오	솔레노이드 밸브를 교환한다
5	고장의 원인은 솔레노이드 밸브와 ECM사이의 커넥터/핀의 접촉불량 ⇒ 핀/커넥터 형상교정 및 청소한다		

연료 및 배기가스 제어장치 고장코드

고장코드	P0443	캐니스터 퍼지 솔레노이드 밸브 (바테리측 단락/상한값 초과)

원인	점검항목
— 솔레노이드 밸브 배선이 접지측으로 합선 — 솔레노이드 밸브 단품 불량	— 솔레노이드 밸브 배선 점검 — 솔레노이드 밸브 단품 점검

단계	점 검		조 치
1	신호선이 B+측으로 합선되었는지 점검 -조건: 점화스위치 OFF후 솔레노이드밸브 분리 -점검: 점화스위치 ON시 솔레노이드 밸브 커넥터(B)-접지사이 전압이 Vb인지 점검	예	솔레노이드밸브 커넥터(B)-ECM(36) 사이 B+ 측으로 합선 발생 ⇒ 배선을 수리 또는 교환한다
		아니오	다음 단계로 간다
2	솔레노이드 밸브 단품의 저항 점검 -조건: 점화스위치 OFF후 솔레노이드 밸브 분리 -점검: 솔레노이드 밸브의 단품(A)~(B)사이의 저항 점검 저항: 26Ω (약 20℃)	예	다음 단계로 간다
		아니오	솔레노이드 밸브를 교환한다
3	고장의 원인은 솔레노이드 밸브와 ECM 사이의 커넥터/핀의 접촉불량 ⇒ 핀/커넥터 형상교정 및 청소한다		

연료 및 배기가스 제어장치 고장코드

고장코드	P1505	IAC 솔레노이드 밸브 (오프닝 코일) (단선)
원인		**점검항목**
— 솔레노이드 밸브 배선이 단선 — 솔레노이드 밸브 단품 불량		— 솔레노이드 밸브 배선 점검 — 솔레노이드 밸브 단품 점검

단계	점검		조치
1	전원선의 전압 점검 -조건: 점화스위치 OFF후 솔레노이드밸브 분리 -점검: 점화스위치 ON시 솔레노이드밸브 커넥터 (B)-접지사이 전압 점검 전압(V): Vb	예	다음 단계로 간다
		아니오	해당 솔레노이드 밸브커넥터(B)-메인릴레이 (87)사이 배선 단선 ⇒ 배선을 수리 또는 교환한다
2	신호선의 통전 여부(단선 점검) -조건: 점화스위치 OFF후 솔레노이드밸브 및 ECM 분리 -점검: 솔레노이드 밸브커넥터(E)-ECM(29) 사이의 저항 점검 저항 : 0Ω	예	다음 단계로 간다
		아니오	솔레노이드 밸브 커넥터(C)-ECM(29) 단선 발생 ⇒ 배선을 수리 또는 교환한다
3	신호선이 접지측으로 합선되었는지 점검 -조건: 점화스위치 OFF후 솔레노이드 밸브 분리 -점검: 솔레노이드밸브커넥터(C)-접지사이 저항이 0Ω 인지 점검	예	솔레노이드밸브커넥터(C)-ECM(29) 접지측으로 합선 발생 ⇒ 배선을 수리 또는 교환한다
		아니오	다음 단계로 간다
4	솔레노이드밸브 단품의 저항 점검 -조건: 점화스위치 OFF후 솔레노이드밸브 분리 -점검: 솔레노이드 밸브의 단품(B)~(C)사이의 저항 점검 저항 : 16.5 ~ 18.5Ω(20℃)	예	다음 단계로 간다
		아니오	솔레노이드 밸브를 교환한다
5	고장의 원인은 솔레노이드 밸브와 ECM 사이의 커넥터/핀의 접촉불량 ⇒ 핀/커넥터 형상교정 및 청소한다		

연료 및 배기가스 제어장치 고장코드

고장코드	P1506	IAC 밸브 (오프닝 코일) (바테리 측 단락/상한값 초과)

원인
— 솔레노이드 밸브 배선이 B+측으로 합선
— 솔레노이드 밸브 단품 불량

점검항목
— 솔레노이드 밸브 배선 점검
— 솔레노이드 밸브 단품 점검

단계	점검		조치
1	신호선이 B+측으로 합선되었는지 점검 -조건: 점화스위치 OFF후 솔레노이드 밸브 분리 -점검: 점화스위치 ON시 솔레노이드 밸브 커넥터(C)- 접지사이 전압이 Vb인지 점검	예	솔레노이드 밸브 커넥터(C)-ECM(29) 사이 B+측으로 합선 발생 ⇒ 배선을 수리 또는 교환한다
		아니오	다음 단계로 간다
2	솔레노이드 밸브 단품의 저항 점검 -조건: 점화스위치 OFF후 솔레노이드 밸브 분리 -점검: 솔레노이드밸브의 단품(B)~(C) 사이의 저항 점검 저항 : 16.5 ± 18.5Ω(20℃)	예	다음 단계로 간다
		아니오	솔레노이드 밸브를 교환한다
3	고장의 원인은 솔레노이드 밸브와 ECM 사이의 커넥터/핀의 접촉불량 ⇒ 핀/커넥터 형상교정 및 청소한다		

연료 및 배기가스 제어장치 고장코드

고장코드	P1123, P1127	피드백 학습 불량치 (인젝터 불량/공기 유입) (하한값 미만)

원인
— 배기계 누기
— 연료압력 높거나 인젝터 누기
— 리조넌스 챔버 부피 불량
— 퍼지밸브 누설

점검항목
— 배기계 누기 점검
— 리조넌스 챔버 용량 점검
— 연료압력/인젝터 점검
— 센서신호점검

단계	점검		조치
1	배기계 누기 점검 -점검: 배기파이프를 통해 공기압 0.3 kg/cm²의 에어를 주입하면서 누기 확인	예	배기계에서 누기되는 부분을 수리한다
		아니오	다음 단계로 간다
2	리조넌스 챔버의 이물질이 있는지 점검한다	예	다음 단계로 간다
		아니오	리조넌스 챔버의 내부청소 또는 교환한다
3	퍼지밸브 누기 점검 -조건: 공회전시 퍼지 밸브 비작동시에 퍼지 밸브와 캐니스터 사이의 배선 분리 -점검: 퍼지밸브 입구에 손을 대어 부압 확인	예	퍼지밸브 누기를 수리한다
		아니오	다음 단계로 간다
4	엔진오일 레벨 점검 -점검: 엔진오일레벨 게이지가 최소와 최대 사이에 있는지 점검	예	다음 단계로 간다
		아니오	엔진 오일을 보충한 후 다음 단계로 간다
5	엔진오일 점검 -조건 : 엔진을 공회전시킨후 P.C.V밸브를 분리하고 호스와 구멍을 막음 -점검: 진단기기의 센서데이터 항목중 피드백 보정값이 P.C.V 밸브 분리시에 값이 올라가는지 확인	예	엔진오일이 연료와 섞이었음 ⇒ 오일과 오일 필터 교환
		아니오	다음 단계로 간다
6	연료라인의 압력점검 -조건: 공회전을 충분히 시킨후 서비스 밸브 캡 분리 -점검: 연료라인의 압력이 3.3 kg/cm²인지 점검	예	다음 단계로 간다
		아니오	연료 라인이 막혔는지 점검한다 -이상이 있으면 : 연료라인을 수리 또는 교환한다 -이상이 없으면 : 연료 펌프를 교환한다
7	연료라인의 유지압력 점검 -조건: 엔진시동후 중지후 5분후 -점검: 연료라인의 유지압력이 1.8 kg/cm² 이상인지 점검	예	다음 단계로 간다
		아니오	연료 펌프를 점검한다
8	인젝터의 연료누출을 점검한다	예	다음 단계로 간다
		아니오	인젝터를 교환한다
9	단자전압 점검 -조건: 점화스위치 ON -점검: ECM의 모든 신호 전압 점검 (특히 매스에어 플로우 센서, 스로틀 포지션 센서, 산소센서, 냉각수온 센서의 입력전압 중점 점검)	예	각 신호 전압 정상 ⇒ ECM을 교환한다
		아니오	이상 있는 센서 및 배선을 수리 또는 교환한다

연료 및 배기가스 제어장치 고장코드

고장코드	P1123, P1127	피드백 학습 불량치 (인젝터 불량/공기 유입) (상한값 초과)

원인
— 연료압력 낮음
— 흡기계 누기
— 센서 입력 신호 불량

점검항목
— 배기계 누기 점검
— 리조넌스 챔버 용량 점검
— 연료압력/인젝터 점검
— 센서신호점검

단계	점검		조치
1	흡기계 누기 점검 -점검: 에어클리너로부터 스로틀 바디사이의 호스사이의 조립상태, 누기 및 클램프 조임여부 확인한다	예	다음 단계로 간다
		아니오	새는 곳을 수정한다
2	부압호스 점검 -점검: 서지탱크의 부압호스가 빠져있는지 점검한다. (퍼지, ISC, PCV, 마스터 백등)	예	다음 단계로 간다
		아니오	새는 곳을 수정한다
3	퍼지밸브 누기 점검 -조건: 공회전시 퍼지 밸브비작동시에 퍼지밸브와 캐니스터사이의 배선 분리 -점검: 퍼지밸브입구에 손을 대어 부압 확인	예	퍼지밸브 관련장치를 수리한다
		아니오	다음 단계로 간다
4	연료라인의 압력점검 -조건: 공회전을 충분히 시킨후 서비스 밸브 캡 분리 -점검: 연료라인의 압력이 3.3 kg/cm²인지 점검	예	다음 단계로 간다
		아니오	연료 라인이 막혔는지 점검한다
5	연료라인의 유지압력 점검 -조건: 엔진시동 중지 후 5분후 -점검: 연료라인의 유지압력이 1.8 kg/cm² 이상인지 점검	예	다음 단계로 간다
		아니오	연료 펌프를 점검한다
6	배기계 누기 점검 -점검: 배기파이프를 통해 공기압 0.3 kg/cm²의 에어를 주입하면서 누기 확인	예	배기계에서 누기되는 부분을 수리한다
		아니오	다음 단계로 간다
7	단자전압 점검 -조건: 점화스위치 ON -점검: ECM의 모든 신호 전압 점검 (특히 매스에어 플로우 센서, 스로틀 포지션 센서, 산소센서, 냉각수온 센서의 입력전압 중점 점검)	예	각 신호 전압 정상 ⇒ ECM을 교환한다
		아니오	이상 있는 센서 및 배선을 수리 또는 교환한다

연료 및 배기가스 제어장치 고장코드

고장코드	P1507	IAC 밸브 (클로징 코일) (단선)

원인
— 솔레노이드 밸브 배선이 단선
— 솔레노이드 밸브 단품 불량

점검항목
— 솔레노이드 밸브 배선 점검
— 솔레노이드 밸브 단품 점검

단계	점검		조치
1	전원선의 전압 점검 -조건: 점화스위치 OFF후 솔레노이드 밸브 분리 -점검: 점화스위치 ON시 솔레노이드 밸브 커넥터 (B)-접지사이 전압 점검 전압(V): Vb	예	다음 단계로 간다
		아니오	솔레노이드 밸브 커넥터(B)-메인 릴레이(87) 사이 배선 단선 ⇒ 배선을 수리 또는 교환한다
2	신호선의 통전 여부(단선 점검) -조건: 점화스위치 OFF후 솔레노이드밸브 및 ECM 분리 -점검: 솔레노이드 밸브 커넥터(A)-ECM(2) 사이의 저항 점검 저항 : 0Ω	예	다음 단계로 간다
		아니오	솔레노이드 밸브 커넥터(A)-ECM(2) 단선 발생 ⇒ 배선을 수리 또는 교환한다
3	신호선이 접지측으로 합선되었는지 점검 -조건: 점화스위치 OFF후 솔레노이드 밸브 분리 -점검: 솔레노이드 밸브 커넥터(A)-접지사이 저항이 0Ω인지 점검 또는 점화스위치 ON시 솔레노이드 밸브 커넥터(A)-접지사이 전압이 0V인지 점검	예	솔레노이드 밸브 커넥터(A)-ECM(2) 접지측으로 합선 발생 ⇒ 배선을 수리 또는 교환한다
		아니오	다음 단계로 간다
4	솔레노이드밸브 단품의 저항 점검 -조건: 점화스위치 OFF후 솔레노이드 밸브 분리 -점검: 솔레노이드 밸브의 단품(A)~(B) 사이의 저항 점검 저항 : 14.5~16.5Ω (20℃)	예	다음 단계로 간다
		아니오	솔레노이드 밸브를 교환한다
5	고장의 원인은 솔레노이드 밸브와 ECM 사이의 커넥터/핀의 접촉불량 ⇒ 핀/커넥터 형상교정 및 청소한다		

연료 및 배기가스 제어장치 고장코드

고장코드	P1508	IAC 밸브 (클로징 코일) (바테리측 단락/상한값 초과)

원인
- 솔레노이드 밸브 배선이 B+측으로 합선
- 솔레노이드 밸브 단품 불량

점검항목
- 솔레노이드 밸브 배선 점검
- 솔레노이드 밸브 단품 점검

단계	점검		조치
1	신호선이 B+측으로 합선되었는지 점검 -조건: 점화스위치 OFF후 솔레노이드 밸브 분리 -점검: 점화스위치 ON시 솔레노이드 밸브 커넥터(A)-접지사이 전압이 Vb인지 점검	예	솔레노이드 밸브 커넥터(A)-ECM(2) 사이 B+측으로 합선 발생 ⇒ 배선을 수리 또는 교환한다
		아니오	다음 단계로 간다
2	솔레노이드 밸브 단품의 저항 점검 -조건: 점화스위치 OFF후 솔레노이드 밸브 분리 -점검: 솔레노이드 밸브의 단품(A)~(B) 사이의 저항 점검 저항 : 14.5~16.5Ω (20℃)	예	다음 단계로 간다
		아니오	솔레노이드 밸브를 교환한다
3	고장의 원인은 솔레노이드 밸브와 ECM 사이의 커넥터/핀의 접촉불량 ⇒ 핀/커넥터 형상교정 및 청소한다		

연료 및 배기가스 제어장치 고장코드

고장코드	P1780	토크 리덕션 신호 (AT만)

원인
— ECM(85) 단자와 EC-AT 컨트롤 유닛(51) 단자사이 배선이 접지측으로 합선

점검항목
— 관련 배선 점검

단계	점검		조치
1	ECM 및 EC-AT 컨트롤 유닛의 커넥터 접속 상태가 정상인지 점검한다	예	다음 단계로 간다
		아니오	수리 또는 교환한다
2	배선 점검 -조건: 점화스위치 ON -점검: ECM(85)와 EC-AT 컨트롤 유닛(51) 사이의 전압이 1.5V 이하인지 점검 정상 전압(V) : Vb (변속시 제외하고)	예	ECM(85)와 EC-AT 컨트롤 유닛(51) 사이의 배선이 접지측으로 합선 ⇒ 수리 또는 교환한다
		아니오	다음 단계로 간다
3	고장코드 소거후에도 고장코드가 재출력되는지 점검한다	예	ECM 또는 EC-AT 컨트롤 유닛을 교환한다
		아니오	고장의 원인은 ECM 또는 EC-AT의 접촉 불량임

연료 및 배기가스 제어장치 고장코드

고장코드	P1673		쿨링 팬 릴레이	
단계	점검		조치	
1	쿨링 팬 릴레이의 접속 상태가 정상인지 점검한다	예	다음 단계로 간다	
		아니오	수리 또는 교환한다	
2	릴레이 단품점검(통전여부) -조건: 점화스위치 OFF 릴레이 분리 -점검: 릴레이 (85)~(86) 사이의 저항 점검 저항 : 약 70~80Ω	예	다음 단계로 간다	
		아니오	릴레이를 교환한다	
3	신호선의 통전여부 점검 -조건: 점화스위치 OFF후 릴레이 및 ECM 분리 -점검: 릴레이 (85)~ECM(22) 사이 저항 점검 저항 : 0Ω	예	다음 단계로 간다	
		아니오	(85) 단자와 ECM (22) 단자간 배선의 단선을 점검한다	
4	신호선의 배선 점검 -조건: 점화스위치 ON시 -점검: ECM(22) 단자의 전압 점검 전압 : V_B	예	다음 단계로 간다	
		아니오	(85) 단자와 ECM (22) 단자간 배선이 접지측으로 합선 ⇒ 수리 또는 교환한다	
5	신호선의 배선 점검 -조건: 점화스위치 OFF후 릴레이 분리 -점검: IG ON시 퓨즈 박스측 (85) 단자의 전압 점검 전압 : 약 3V 이하	예	ECM을 교환한다	
		아니오	(85) 단자와 ECM (22) 단자간 배선이 B+측으로 합선 ⇒ 수리 또는 교환한다	

시스템 점검

PCV 밸브
점검
1. 엔진을 난기시켜 정상 작동 온도로 올려 놓고 공회전 시킨다.
2. 실린더 헤드 덮개에서 환기 호스와 함께 PCV 밸브를 분리한다.
3. PCV 밸브의 입구를 막는다.
4. 진공 상태가 느껴지는지 확인한다.
5. PCV 밸브를 분리한다.
6. Ⓐ 부분에 바람을 불어 넣어 Ⓑ 부분으로 바람이 나오는지 확인한다.
7. Ⓑ 부분에서 바람을 불어 넣을 때 Ⓐ 부분으로 바람이 나오지 않는지 확인한다.
8. 필요하면 PCV 밸브를 교환한다.
9. 연결된 호스 및 개스킷 등의 균열, 누설 및 손상을 점검한다.

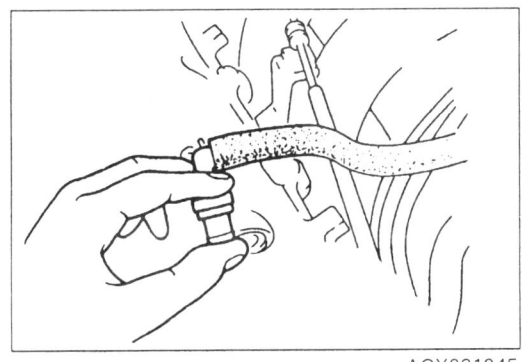

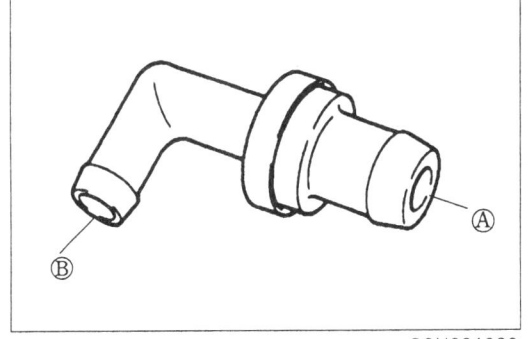

증발 배기가스 제어장치
장치 작동
1. 엔진을 정상 작동 온도로 난기시킨 후 공회전 시킨다.
2. 엔진을 공회전 상태로 둔다.
3. 솔레노이드 밸브의 작동 유무를 확인한다.
4. 솔레노이드 밸브가 작동되지 않는 것을 확인 후 솔레노이드 밸브에서 Ⓑ측 진공 호스를 분리하고 솔레노이드 밸브에서 진공 상태가 느껴지지 않은 것을 확인한다.
5. 정상이 아니면(진공 상태가 느껴지면)솔레노이드 밸브를 점검한다.

솔레노이드 밸브 (퍼지 제어)
1. 솔레노이드 밸브를 분리한다.
2. 솔레노이드 밸브에서 진공 호스를 분리한다.
3. 밸브를 통해 공기 흐름이 없는지 확인한다.
4. 솔레노이드 밸브 커넥터를 분리하고 그림과 같이 바테리 전압 (12V)을 공급한다.
5. 밸브를 통해 공기가 B에서 A로 흐르는지 확인한다.
6. 이상이 있으면(공기가 흐르지 않으면)솔레노이드 밸브의 저항을 측정한다.

저항 : 26Ω 이상 (20℃)

7. 사양을 벗어나면 솔레노이드 밸브를 교환한다.

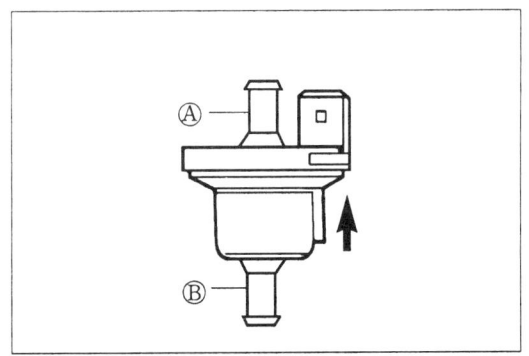

세퍼레이터

1. 왼쪽 트림을 분리한다.
2. 세퍼레이터를 분리한다.
3. 세퍼레이터의 손상 여부를 육안으로 점검한 후 필요하면 교환한다.

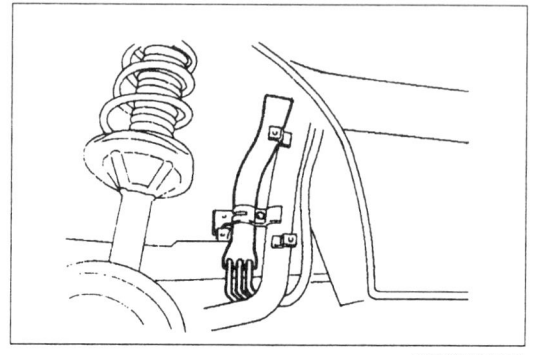

첵 밸브

1. 밸브를 분리한다.
2. 진공 펌프를 사용하여 밸브의 작동 상태를 점검한다.

A 부분에 약 37mmHg의 진공을 가해준다	공기 흐름
B 부분에 약 44mmHg의 진공을 가해준다	공기 흐름

3. 필요시 첵 밸브를 점검한다.

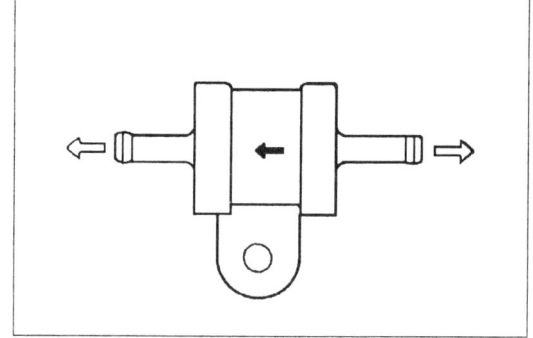

챠콜 캐니스터

1. 육안으로 손상 여부를 점검하고, 필요하면 챠콜 캐니스터를 교환한다.
2. 엔진을 충분히 난기시킨다.
3. 점화 스위치를 OFF 시킨 후, 브래킷으로 부터 당겨서, 캐니스터를 분리한다.
4. 그림과 같이 포트 C를 통하여 공기를 불어넣었을 때 (이 때 A는 막는다) 포트 B로 공기가 흐르는지 확인한다.
5. 필요시(공기가 흐르지 않으면) 캐니스터를 교환한다.

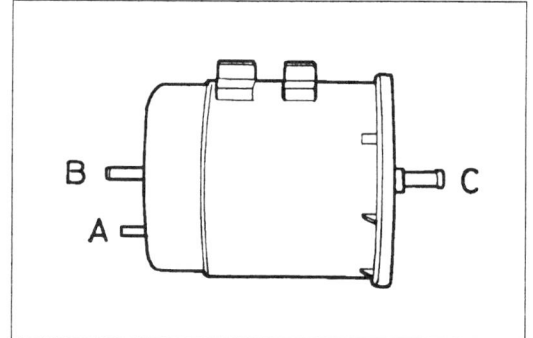

베이퍼 밸브

1. 그림과 같은 상태에서 포트 A로부터 공기가 나오는지 점검한다.

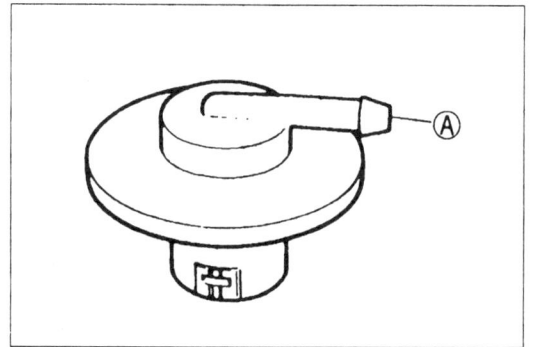

2. 그림과 같은 상태에서 포트 A로부터 공기가 나오지 않는것을 확인한다.
3. 사양을 벗어나면, 밸브를 교환한다.

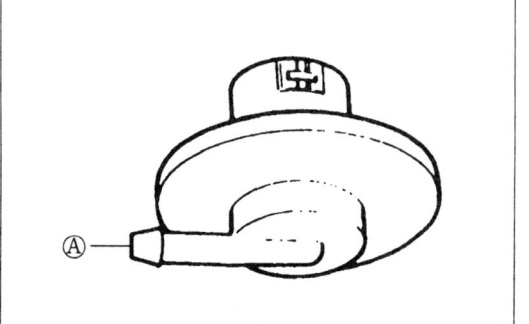

연료 중지 제어 시스템

개요
연비의 경제성을 위하여 감속시 또는 과속시에 인젝터에 의한 연료 분사가 중지된다.

점검
1. 자기 진단기기를 데이터 링크 커넥터에 접속 시킨다.
2. 엔진을 정상 온도로 난기시킨 후, 공회전 시킨다.

> **주의**
> 변속 상태가 중립 또는 P 영역에 있는지 확인한다.

> **참고**
> 진단 기기를 사용하지 않을 때에는 타코미터를 사용한다.

3. 자기 진단기기를 사용하여 인젝터 전압치가 정상인지 점검한다.

> **참고**
> ECM 17번—1번 인젝터
> ECM 34번—2번 인젝터
> ECM 16번—3번 인젝터
> ECM 35번—4번 인젝터

4. 엔진 속도를 4000rpm 정도까지 증가시킨 후 급격하게 가속 페달을 떼다.
5. 1500rpm 정도까지 감속시켰을 때 인젝터 전압이 12V 인지 점검한다.
6. 엔진 속도를 증가시킨 후, 최대 rpm을 초과하지 않는지 점검한다.

   최대 속도 : 약 6,700 rpm

에어컨 (A/C) 컷-오프 제어 시스템

개요
A/C 컷-오프 제어는 엔진 시동직 후 원활한 공회전과 가속 성능을 향상 시키는 제어시스템 이다.

점검
1. 점화 스위치를 ON 상태로 한다.
2. A/C 스위치와 블로워 스위치를 ON 상태로 한다.
3. 엔진을 시동 상태로 한 후, 시동직 후 약 10초간 A/C 이 정지 되는지 확인한다.
4. 스로틀 레버를 완전 개방 위치로 한다.
5. 스로틀 레버가 완전 개방된 직후 약 7초간 A/C이 정지 되는지 확인한다.
6. 규정을 벗어나면 아래 항목을 점검한다.
   - A/C 컷 릴레이
   - 스로틀 포지션 센서
   - ECM 48번 단자

에어 플로우 센서

점검

> **주의**
> - 에어 플로우 센서를 떨어뜨리거나 날카로운 물건에 닿지않게 하시오.
> - 에어 플로우 센서내의 센싱 일레멘트를 드라이버 등으로 건드리지 마시오.

1. 에어 플로우 센서 커넥터를 분리한다.
2. 에어 플로우 센서를 분리한다.
3. 센싱 일레멘트에 손상이 있나 육안으로 점검한다.
4. 엔진을 시동하고 아이들 상태로 둔다.
5. ECM (41)~(14) 사이의 단자 전압을 측정한다.
6. 사양에 맞지 않는 경우 세척 후 단자 전압을 재측정하여 확인하고 재차 사양에 맞지 않으면 에어 플로우 센서를 교환한다.

   사양 : 0.9~1.1V

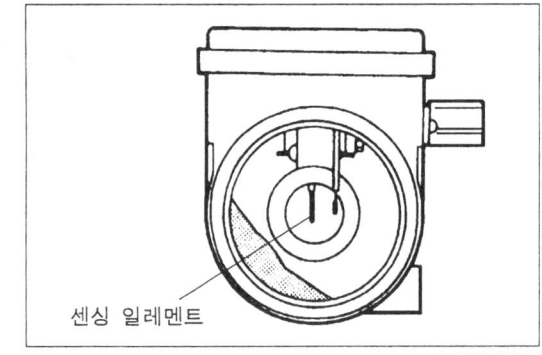

센싱 일레멘트

수온 센서

분리
1. 수온 센서 커넥터를 분리한다.
2. 수온 센서를 분리한다.

점검
1. 수온 센서를 온도계와 함께 물에 놓고 열을 서서히 가한다.
2. 저항계로 센서의 저항을 측정한다.

물	저항(kΩ)
-20℃	16.2±1.6
20℃	2.45±0.24
80℃	0.322±0.032

3. 사양에 맞지 않으면 수온 센서를 교환한다.

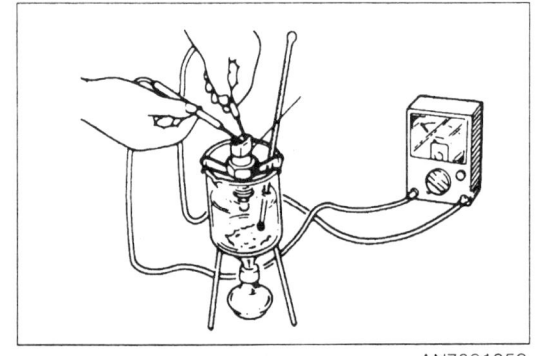

장착
1. 수온 센서를 장착한다.

   체결토크 : 2.5~3.0 kg-m

2. 수온센서 커넥터를 연결한다.
3. 엔진을 시동하고 냉각수의 누수를 점검한다.

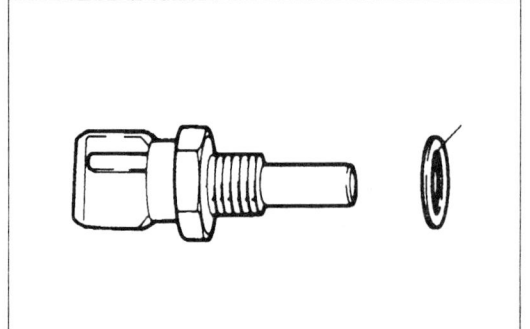

스로틀 포지션 센서

점검
1. 스로틀 밸브가 전폐 상태인지 점검한다.
2. 점화 스위치를 ON시킨다.
3. 스로틀 포지션 센서 단자 (A)~(C)사이에 전압계를 연결시킨다.
4. 악셀 페달을 최대로 밟아 스로틀 포지션 밸브를 전폐 상태로 둔다.
5. 사양과 벗어나면 스로틀 포지션 센서를 교환한다.

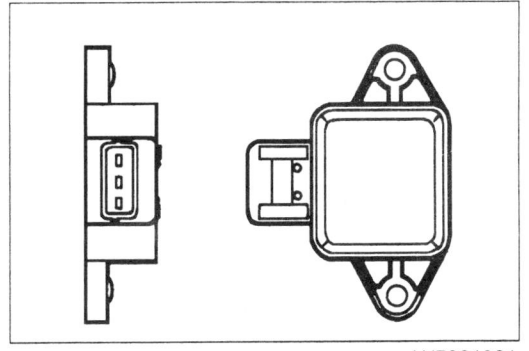

측정조건	전압(V)
전폐	0.3~0.7
전개	3.9~4.1

산소 센서

단자 전압 점검
1. 정상 작동 온도까지 엔진을 난기시키고 공회전 시킨다.
2. 산소 센서 단자를 분리한다.
3. 산소 센서와 접지 사이에 전압계를 연결한다.
4. 전압계가 약 0.55V를 지시할 때까지 엔진 rpm을 올린다.
5. 엔진 속도를 갑자기 여러번 올리고 내리고 한다.
   엔진 속도가 증가할 때 전압계가 0.5~1.0V를 가르키고 속도가 감소할 때 0~0.5V인가를 확인한다.
6. 사양치에 맞지 않으면 산소 센서를 교환한다.

산소센서 히터의 점검
1. 이그니션 스위치를 OFF로 한다.
2. 산소센서 단자를 분리한다.
3. 그림과 같이 산소센서 단자 사이에 저항계를 연결한다.
4. 히터의 저항을 측정한다.

   사양 : 약 6Ω (20℃ 에서)

5. 사양치 안에 있지 않으면 산소 센서를 교환한다.

교환
1. 산소 센서 커넥터를 분리한다.
2. 산소 센서를 분리한다.
3. 분리의 역순으로 조립한다.

   체결토크 : 5.0~6.0 kg·m

메인 릴레이

점검
1. 이그니션 스위치를 ON이나 OFF로 돌렸을때 메인 릴레이에서 접점 붙는 소리가 나는지 점검한다.
2. 메인 릴레이 86번 단자는 12V를 가하고 85번 단자는 접지시킨다.
3. 메인 릴레이 30번 단자와 87번 단자간의 통전을 점검한다.

고장진단 가이드

본장의 활용 방법

서론

대부분의 연료 및 배기장치는 전자제어 되므로 장치내의 문제, 특히 간헐적인 문제를 진단하는 것은 어렵다. 실제적인 검사를 하기전에 고장 상황에 대해 고객과 대화하면 간헐적으로 발생하는 문제에 대한 필요한 정보를 얻을 수 있다.
대화를 통해 문제가 무엇이며 어떤 상황에서 발생하였는지 알아낼 수 있다.

작업 순서

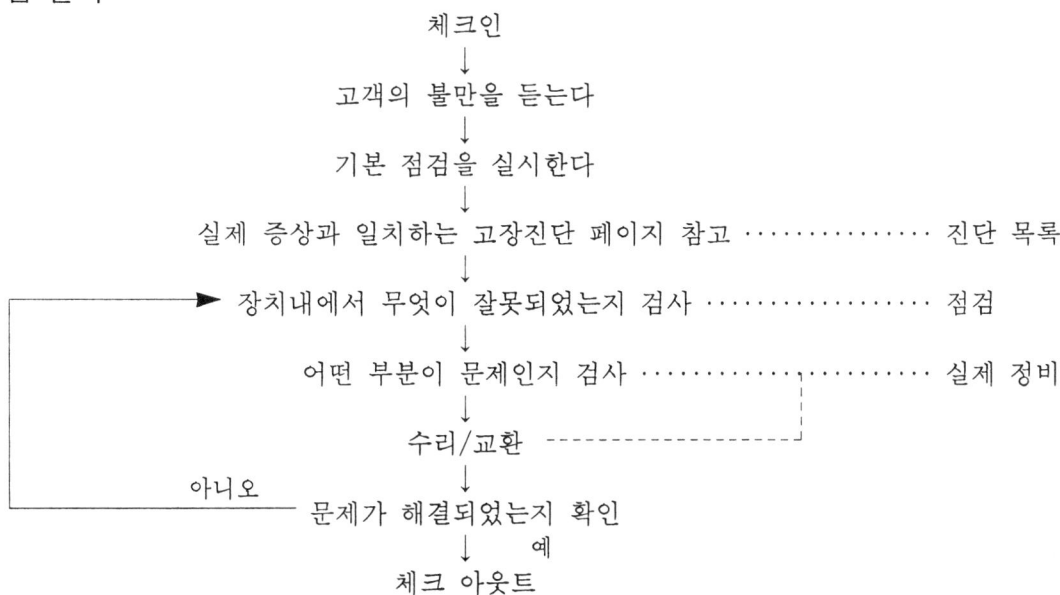

진단 목록

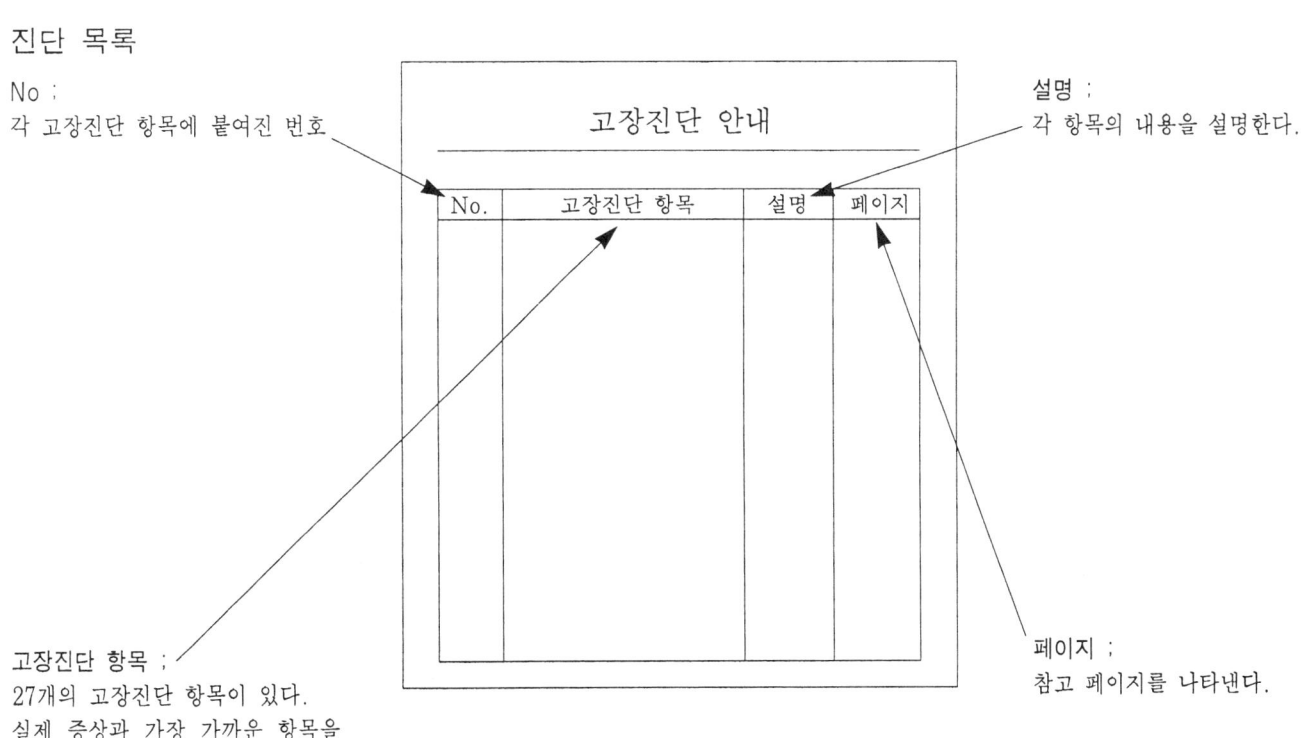

No :
각 고장진단 항목에 붙여진 번호

설명 :
각 항목의 내용을 설명한다.

고장진단 항목 :
27개의 고장진단 항목이 있다.
실제 증상과 가장 가까운 항목을 선택한다.

페이지 :
참고 페이지를 나타낸다.

고장진단표

6	정상적으로 크랭크 되었지만 시동이 어렵다 - 엔진이 냉각되었을 때
설 명	· 엔진은 정상적으로 크랭크 되었지만 시동전의 크랭크에 소요되는 시간이 과다함 · 바테리 상태 양호 · 워밍업 후 재시동 양호 · 아이들에서 엔진 정상 작동 [아이들 상태가 불량이면, "공회전 불량"을 참조 (고장진단 사례번호 : 8-12)]

[고장진단 힌트]
① 공기/연료 혼합기 과농
 · 에어플로우 미터
 · 에어클리너 엘레멘트 막힘
 · 공회전 속도 제어 불량

② 공기/연료 혼합기 희박
 · 연료 분사제어 기능불량 (냉각수 온도 보정)
③ 무화 상태 불량

단계	점검		조치
1	점화 스위치가 켜져 있을 때 자기진단 장치에 "00"이 나타나는지 확인한다	예	다음 단계로 간다
		아니오	기능 불량 코드번호가 나타난다 원인을 점검한다 ☞ 참고 페이지 21- ECM 13번 단자 전압 점검한다 ☞ 참고 페이지 21- 전압 : 9V (점화스위치 ON) 이상이 없으면 : ECM을 교환한다 이상이 있으면 : ECM - 자기진단 장치 사이 배선 점검한다

설명 :
증상을 더 자세히 설명한다. 실제 정비에 들어가기 전에 표와 실제 증상이 맞는지 확인한다.

고장진단 힌트 :
고장 가능 부분을 설명한다.

단계 :
고장진단의 순서이다. 순서대로 진행한다.

점검 :
고장 부분이 어디인지 빨리 결정하는 부분이다. 점검 과정에서 더 자세한 절차가 필요할 때는 "☞" 표시가 되어 있는 페이지를 참고한다.

정비 :
점검 후 실행하는 적절한 조치에 관한 부분이다.
"☞" 표시가 있는 참고 페이지에 정비 방법이 수록되어 있다.

주행성 설명
스텀블 (STUMBLE) : 가속시에 약간 덜컹거림
헤지테이션 (HESITATION) : 가속 페달을 밟은 직후 일시적 정체 현상 발생
서지 (SURGE) : 주행중에 계속적으로 약간 덜컹 거림

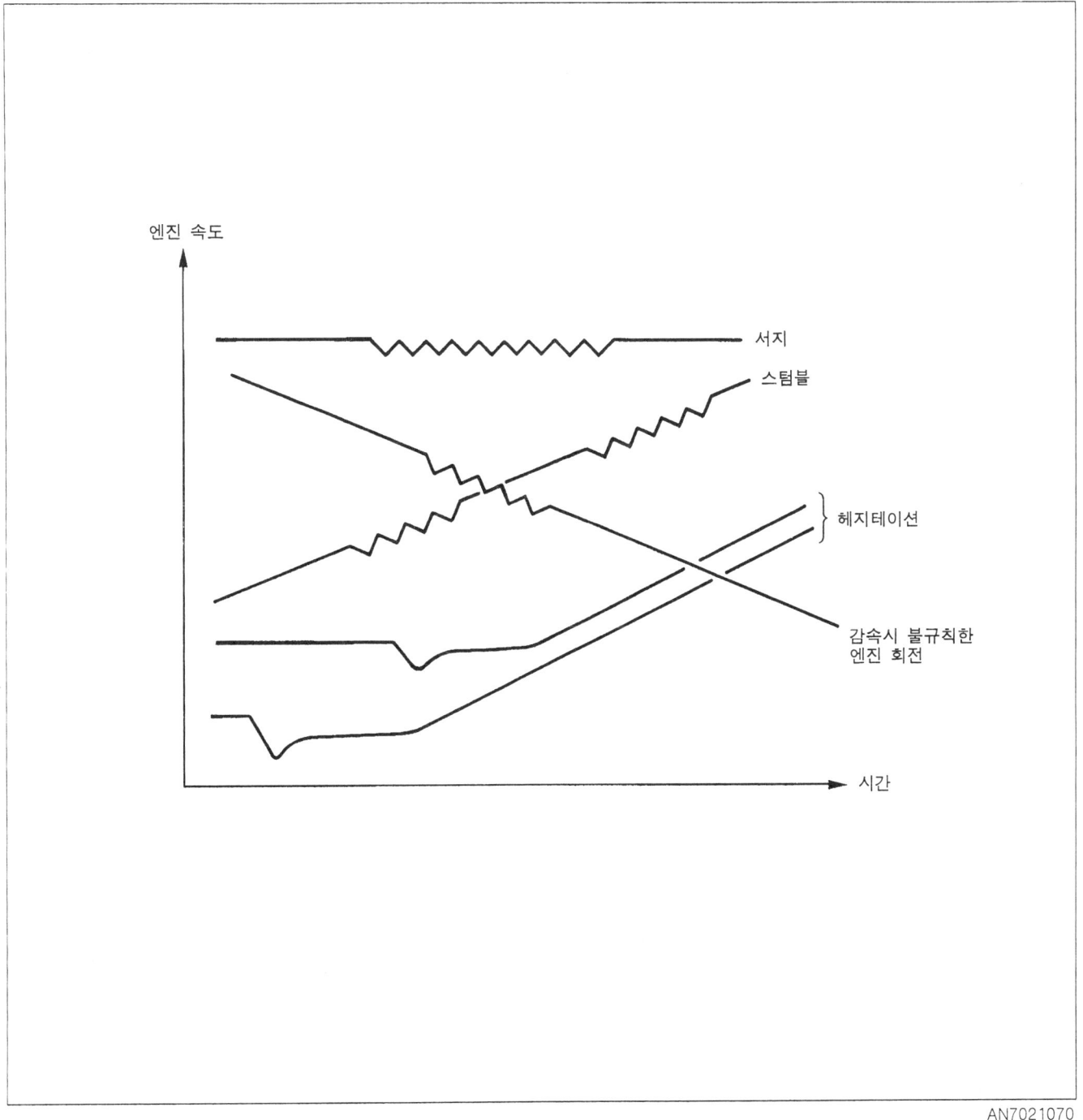

연료 및 배기가스 제어장치 고장진단 가이드

기본점검

고장진단을 수행하기 전에, 고장의 원인을 신속하고 효율적으로 밝혀내기 위해 기본점검을 실시한다.

단계	점검		조치

1	아래의 사항을 점검한 후 필요하면 보충(충전) 또는 교환한다
	
	· 바테리
	  - 엔진 정지시 바테리 전압이 11V 이상인지 점검한다(32그룹 참고)
	  - 케이블 및 단자 취부 상태
	· 냉각수
	· 엔진 오일		

2	엔진이 크랭킹 되는가?	예	다음 단계로 간다
		아니오	"고장진단 가이드"의 해당 고장사항을 수행한다
3	엔진이 시동 되는가?	예	다음 단계로 간다
		아니오	단계 7로 간다
4	에어클리너를 점검한다 에어클리너의 손상 및 오일 누적 여부를 육안 검사한다	예	다음 단계로 간다
		아니오	청소 또는 교환한다
5	공회전 속도를 점검한다 공회전 속도(rpm) : 800±50	예	다음 단계로 간다
		아니오	"고장진단 가이드"의 해당 고장사항을 수행한다
6	점화 시기를 점검한다 점화시기 (BTDC) : 8°±5°	예	"고장진단 가이드"의 해당 고장사항을 수행한다
		아니오	"점화장치(30A)"편을 참고한다
7	연료 압력을 점검한다 ■ 참고 연료 탱크에 연료가 충분히 있는지 점검한다 1) 통전 케이블을 사용하여 진단 커넥터의 F/P 단자와 B+ 단자를 통전시킨다 2) 점화 스위치를 ON 상태로 하여 연료 펌프를 작동시킨다	예	다음 단계로 간다
		아니오	"연료 장치(22그룹)"편을 참고한다
8	스파크 상태를 점검한다 1) 하이텐션 코드를 분리한 후, 크랭킹 상태에서 스파크가 튀는지 점검한다 ■ 주의 · 점검중 인젝터로 부터 과잉의 연료가 분사되는 것을 방지하기 위하여 1~2초 이상 크랭킹 시키지 않는다 · 반드시 절연된 플라이어를 사용한다	예	"고장진단 가이드"의 해당 고장사항을 수행한다
		아니오	"점화장치(30A그룹))"편을 참고한다

기본점검

고장진단 가이드

2	정상적으로 크랭킹은 되지만 시동이 안됨 (무연소)
설 명	· 정상적으로 크랭킹은 되지만 연소의 기미가 없다 · 바테리 정상 · 크랭킹시 스로틀 밸브는 완전 열림 상태가 유지되지 않음 · 연료는 정상 수준 · 타이밍 벨트 정상

[고장진단 힌트]
연소가 없기 때문에 엔진에 연료가 분사되지 않거나, 모든 실린더에서 점화도 일어나지 않는다

① 스파크가 없다
· 점화장치 불량
· 점화장치 구성 부품 기능 불량
② 연료 분사가 없다
· 연료 펌프가 작동하지 않음
· 인젝터가 작동하지 않음
③ 연료 라인 압력이 낮다
④ 엔진 압축 압력이 낮다

단계	점 검		조 치
1	하이텐션 코드 · 엔진 크랭킹 상태에서 하이텐션 코드에 강력한 파란 불꽃이 나타나는지 확인한다	예	단계 3으로 간다
		아니오	다음 단계로 간다
2	고장 코드 · 자기진단 기기등을 사용하여 고장코드가 출력되는지 점검한다	예	ECM을 점검한 후, 출력된 고장코드의 원인을 규명한다
		아니오	점화장치를 점검한다
3	점화시스템 DLI Coil의 저항을 점검한다 일차측 : $0.5\Omega \pm 10\%$ 이차측 : $14 \pm 1k\Omega$ ECM과 DLI Coil 사이의 배선을 점검한다	예	다음 단계로 간다
		아니오	이그니션 코일을 교환하거나 배선을 수리한다
4	하이텐션 코드 저항 : $16k\Omega/m$ 하이텐션 코드의 손상을 점검한다	예	다음 단계로 간다
		아니오	하이텐션 코드를 교환한다

단계	점검		조치
5	연료펌프 • 통전 케이블을 사용하여 진단 커넥터의 F/P 단자와 B+ 단자를 연결시킨다 • 이그니션 스위치 ON 상태에서 연료 펌프 작동음을 점검한다	예	이 상태에서 엔진이 시동되는지 점검한다 - 시동이 되면 연료 펌프 릴레이를 점검한다 - 시동이 되지않으면 단계 5로 간다
		아니오	다음 단계로 간다
6	연료펌프 • 단계 3과 같은 조건에서, 연료 펌프 커넥터의 A단자에 B+ 전압이 나타나는지 점검한다	예	연료 펌프 커넥터를 분리한 후, 통전이 되는지 점검한다
		아니오	연료 펌프 릴레이를 점검한다
7	인젝터 • 엔진을 크랭킹 시키면서 인젝터의 작동음을 점검한다	예	단계 10으로 간다
		아니오	다음 단계로 간다
8	인젝터 • 점화 스위치 ON 상태에서 인젝터 커넥터 B 단자에 B+ 전압이 나타나는지 점검한다	예	ECM 단자(3, 4, 31, 32번)를 점검한다
		아니오	ECM과 인젝터간 배선의 단선을 점검한다
9	인젝터 • 인젝터의 저항이 14.5Ω인지 점검한다	예	다음 단계로 간다
		아니오	인젝터를 교환한다
10	연료 라인 압력 • 통전 케이블을 사용하여 진단 커넥터의 F/P 단자와 B+ 단자를 연결시킨다. • 점화 스위치를 ON 상태에서 연료 압력이 사양을 만족하는지 점검한다 연료 라인 압력 (kgf/cm^2) : 3.2~3.5 AS2021B004/AS2021B005	예	다음 단계로 간다
		아니오	압력이 너무 높음 - 연료 리턴 라인(연료 필터의 리턴 라인~연료 공급 모듈의 "R"마크 파이프 사이)의 막힘을 점검한 후 정상이면 연료 공급 모듈을 교환한다. 압력이 너무 낮음 - 연료 공급 모듈의 최대 압력을 점검한 후 정상이면 연료 라인 또는 연료 필터의 막힘을 점검한다.

단계	점검		조치
11	엔진 압축 압력 · 엔진 압축 압력이 정상인지 점검한다 (참고 그룹 : 10)	예	다음 단계로 간다
		아니오	엔진 상태를 점검한다 - 피스톤, 피스톤 링 및 실린더 벽의 마모 - 실린더 헤드 개스킷의 마모 - 실린더 헤드의 변형 - 부적절한 밸브 시팅 - 가이드에 밸브 고착
12	점화 플러그 · 점화 플러그의 상태를 점검한다	예	다음 단계로 간다
		아니오	청소 또는 교환한다
13	크랭크 앵글 센서 · 크랭크 앵글 센서가 정상인지 점검한다	예	다음 단계로 간다
		아니오	수리 또는 교환한다
14	새로운 ECM을 사용한 후 상태가 좋아지는지 점검한다		

연료 및 배기가스 제어장치 고장진단 가이드

3	정상적으로 크랭킹 되지만 시동이 안된다 (부분 연소) - 엔진 냉간시
설 명	· 엔진은 정상적으로 크랭킹 되나 부분적으로만 연소되며 계속적인 작동은 안된다 · 바테리 정상 · 연료는 정상 수준

〔고장진단 힌트〕
① 공연비가 너무 농후함
  · 공기 유입 계통 불량
② 공연비가 너무 희박함
  · 연료 분사 제어 불량
  · 연료 라인 압력이 낮음
  · 흡입장치에서 공기 유입

③ 엔진 압축 압력 낮음

단계	점 검		조 치
1	고장 코드 · 자기진단 기기등을 사용하여, 고장 코드가 출력되는지 점검한다	예	ECM을 점검한 후, 출력된 고장코드의 원인을 규명한다
		아니오	다음 단계로 간다
2	하이텐션 코드 · 이그니션 스위치 OFF 상태에서 하이텐션 코드를 분리한다 · 엔진 크랭킹 상태에서 하이텐션 코드에 강력한 파란 불꽃이 나타나는지 확인한다	예	다음 단계로 간다
		아니오	이그니션 코일을 교환하거나 배선을 수리한다
3	연료 라인 압력 · 통전 케이블을 사용하여 진단 커넥터의 F/P 단자와 B+ 단자를 연결시킨다. · 점화 스위치를 ON 상태에서 연료 압력이 사양을 만족하는지 점검한다 연료 라인 압력 (kgf/cm^2) : 3.2~3.5	예	다음 단계로 간다
		아니오	압력이 너무 높음 - 연료 리턴 라인(연료 필터의 리턴 라인~연료 공급 모듈의 "R"마크 Pipe사이)의 막힘을 점검한 후 정상이면 연료 공급 모듈을 교환한다. 압력이 너무 낮음 - 연료 공급 모듈의 최대 압력을 점검한 후 정상이면 연료 라인 또는 연료 필터의 막힘을 점검한다.

연료 및 배기가스 제어장치 고장진단 가이드

단계	점 검		조 치
4	인젝터 • 점화 스위치 ON 상태에서 인젝터 커넥터 B 단자에 B+ 전압이 나타나는지 점검한다	예	ECM 단자(3, 4, 31, 32번)를 점검한다
		아니오	해당 배선 및 단품의 정상 유무를 확인한다
5	인젝터 • 인젝터의 저항이 14.5Ω인지 점검한다	예	다음 단계로 간다
		아니오	인젝터를 교환한다
6	ISC 밸브 • ISC 밸브와 ECM 사이의 단선점검 • ISC 밸브(B)단자에 12V 전원이 인가되는지 점검한다	예	다음 단계로 간다
		아니오	단선 또는 전압 불량시 : - 배선을 수리한다 ISC 밸브의 단품 저항 불량시 : - ISC 밸브를 교환한다
7	냉각 수온 센서 • 매스 에어 플로우 센서, 점화코일, 냉각 수온 센서 단자의 전압이 정상인지 확인한다	예	수리 또는 교환한다
		아니오	다음 단계로 간다
8	매스 에어 플로우 내부의 센서 • 엘리먼트가 오염되었는지 확인한다	예	매스 에어 플로우 센서를 교환한다
		아니오	다음 단계로 간다
9	냉각 수온 센서 커넥터를 분리시킨 경우에 시동이 되는지 확인한다	예	다음 단계로 간다
		아니오	냉각 수온 센서 점검 • 이상 없을 때 : 냉각 수온 센서와 ECM 사이의 배선점검 • 이상 있을 때 : 냉각수온 센서 교환
10	흡기 장치에 공기 유입이 발생하는지 점검한다	예	수리 또는 교환한다
		아니오	다음 단계로 간다
11	압축 압력 • 엔진 압축 압력이 정상인지 점검한다 　　　　　　　　(참고 그룹 : 10)	예	다음 단계로 간다
		아니오	엔진 상태를 점검한다 • 피스톤, 피스톤 링 및 실린더 벽의 마모 • 실린더 헤드 개스킷의 결함 • 실린더 헤드의 변형 • 밸브 시팅 부적절 • 가이드에 밸브 고착
12	점화 플러그 • 점화 플러그 상태가 정상인지 점검한다 　　점화 플러그 캡 : 0.8mm • 지나친 카본 퇴적 하이텐션 코드와의 접촉불량	예	다음 단계로 간다
		아니오	수리, 청소 또는 교환한다
13	새로운 ECM을 사용한 후 상태가 좋아지는지 점검한다		

연료 및 배기가스 제어장치 고장진단 가이드

4	정상적으로 크랭킹 되지만 시동이 안된다 (부분 연소) - 엔진 난기후
설 명	· 엔진은 정상적으로 크랭킹되나 부분적으로만 연소되며 운행후 열간 방치후에 계속적으로 작동 안됨 · 바테리는 정상 · 냉간시 시동은 정상

[고장진단 힌트]

① 공연비가 너무 농후함
  · 연료 분사 장치 고장 (냉각 수온 보정)
  · 인젝터 연료 누출

② 베이퍼 록
  · 엔진 정지후, 연료 라인에 압력이 유지되지 않음

단계	점 검		
1	고장 코드 · 자기진단 기기등을 사용하여, 고장 코드가 출력되는지 점검한다	예	연료를 적절한 제품으로 교환한다
		아니오	다음 단계로 간다
2	연료 라인 압력 · 통전 케이블을 사용하여 진단 커넥터의 F/P 단자와 B+ 단자를 연결시킨다 · 점화 스위치 ON 상태에서 연료 압력이 사양을 만족하는지 점검한다 연료 라인 압력 (kg/cm²) : 3.2~3.5 AS2021B004/AS2021B005	예	다음 단계로 간다
		아니오	압력이 너무 높음 - 연료 리턴 라인(연료 필터의 리턴 라인~연료 공급 모듈의 "R"마크 Pipe사이)의 막힘을 점검한 후 정상이면 연료 공급 모듈을 교환한다. 압력이 너무 낮음 - 연료 공급 모듈의 최대 압력을 점검한 후 정상이면 연료 라인 또는 연료 필터의 막힘을 점검한다.
3	연료 라인 압력 · 단계 2과 같은 조건에서, 점화 스위치 OFF 상태에서 연료 라인 압력이 유지되는지 점검한다. 연료 라인 압력(kg/cm²) 1.8 이상 (5분 동안)	예	단계 6으로 간다
		아니오	다음 단계로 간다

연료 및 배기가스 제어장치 고장진단 가이드

단계	점 검		조 치
3	냉각 수온 센서 커넥터를 분리시킨 경우에 시동이 되는지 확인한다	예	냉각수온 센서 점검 - 이상이 없을 때 : 냉각수온 센서와 ECM 사이의 배선 점검 - 이상이 있을 때 : 냉각 수온 센서 교환
		아니오	다음 단계로 간다
4	고장 코드 · 자기진단 기기등을 사용하여 고장 코드가 출력되는지 점검한다	예	ECM을 점검한 후, 출력된 고장 코드의 원인을 규명한다
		아니오	다음 단계로 간다
5	매스 에어 플로우 센서, 점화 코일, 냉각 수온 센서 단자의 전압이 정상인지 확인한다	예	수리 또는 교환한다
		아니오	연료를 다른 제품으로 교환한다
6	새로운 ECM을 사용한 후, 상태가 좋아지는지 점검한다	예	ECM을 교환한다
		아니오	연료를 다른 제품으로 교환한다

5	정상적으로 크랭킹 되지만 시동이 어렵다 - 상시		
설 명	· 정상적으로 크랭킹 되지만 시동이 될때까지 크랭킹에 소요되는 시간(5초 이상)이 과다하다 · 바테리는 정상		

[고장진단 힌트]
① 공연비가 너무 희박함
  · 연료 분사 제어 불량
  · 연료 라인 압력이 낮음
  · 흡입 장치에서 공기 유입
② 공연비가 너무 농후함
  · 에어클리너 엘리먼트의 막힘
  · 매스 에어 플로우 센서 작동 불량
③ 점화장치 불량

단계	점 검		조 치
1	고장 코드 · 자기진단 기기등을 사용하여, 고장 코드가 출력되는지 점검한다	예	ECM을 점검한 후, 출력된 고장코드의 원인을 규명한다
		아니오	다음 단계로 간다
2	공기 유입 · 공회전시 흡기 매니폴드의 진공 상태를 점검한다 진공 : 480mmHg 이상	예	다음 단계로 간다
		아니오	흡기 장치 부품의 공기 유입을 점검한다
3	에어클리너 · 에어 클리너 엘리먼트의 상태가 정상인지 점검한다	예	다음 단계로 간다
		아니오	에어 클리너 엘리먼트를 교환한다
4	ISC 밸브 · 크랭킹시 가속 페달을 스로틀 밸브가 1/4정도 열리게 밟았을 때 쉽게 시동이 되는지 점검한다	예	ISC 밸브를 점검한다
		아니오	다음 단계로 간다
5	연료 라인 압력 · 통전 케이블을 사용하여 진단 커넥터의 F/P 단자와 B+ 단자를 연결시킨다 · 점화 스위치 ON 상태에서 연료 압력이 사양을 만족하는지 점검한다 연료 라인 압력 (kg/cm²) : 3.2~3.5	예	다음 단계로 간다
		아니오	압력이 너무 높음 - 연료 리턴 라인(연료 필터의 리턴 라인~연료 공급 모듈의 "R"마크 파이프 사이)의 막힘을 점검한 후 정상이면 연료 공급 모듈을 교환한다. 압력이 너무 낮음 - 연료 공급 모듈의 최대 압력을 점검한 후 정상이면 연료 라인 또는 연료 필터의 막힘을 점검한다.

연료 및 배기가스 제어장치 고장진단 가이드

단계	점 검		조 치
6	ISC 밸브 · ISC 밸브와 ECM 사이의 단선 점검 · ISC 밸브 (B) 단자에 12V 전원이 인가되는지 점검	예	다음 단계로 간다
		아니오	원인을 규명한다
7	ECM 단자 전압 · 아래의 ECM 단자(엔진 냉각 수온, 매스 에어 플로우 센서, 점화코일 스로틀 포지션 센서) 전압이 정상인지 점검한다 (78, 41, 52, 25, 73번)	예	다음 단계로 간다
		아니오	단선 또는 전압 불량시 : 배선을 수리한다 ISC 밸브의 단선 저항 불량시 : - ISC 밸브를 교환한다
8	매스 에어 플로우 센서 내부의 엘레멘트가 오염되었는지 확인한다	예	청소 또는 교환한다
		아니오	수리 또는 교환한다
9	인젝터 · 점화 스위치 ON 상태에서 인젝터 커넥터 B 단자에 B+ 전압이 나타나는지 점검한다 · 점화 스위치 ON 상태에서 진단 커넥터의 연료 펌프 커넥터를 숏트시켜 연료 펌프를 작동시킨 후 시동이 되는지 확인한다	예	다음 단계로 간다
		아니오	연료 펌프 릴레이 또는 관련 배선을 점검한다
10	엔진 압축 압력 · 엔진 압축 압력을 점검한다 (참고 그룹 : 10)	예	다음 단계로 간다
		아니오	엔진 상태를 점검한다 - 피스톤, 피스톤 링 및 실린더 벽의 마모 - 실린더 헤드 개스킷의 마모 - 실린더 헤드의 변형 - 부적절한 밸브 시팅 - 가이드에 밸브 고착
11	점화 플러그 · 점화 플러그의 상태를 점검한다 점화 플러그 갭 : 0.8mm 탄소과다 침적여부 하이텐션 코드와의 접촉상태	예	다음 단계로 간다
		아니오	청소 또는 교환한다
12	새로운 ECM을 사용한 후, 상태가 좋아지는지 점검한다		

연료 및 배기가스 제어장치(BFD, TED) 고장진단 가이드

6	정상적으로 크랭킹 되지만 시동이 어렵다 - 엔진 냉간시
설 명	• 정상적으로 크랭킹은 되지만 시동이 될때까지 크랭킹에 소요되는 시간이 과다하다 • 바테리는 정상 • 엔진 난기후 재시동은 정상

[고장진단 힌트]
① 공연비가 너무 농후함
  • 에어클리너 엘리먼트 막힘
  • 공회전 속도 제어 불량

② 공연비가 너무 희박함
  • 연료 분사 조정 불량

단계	점 검		조 치
1	고장 코드 • 자기진단 기기등을 사용하여, 고장 코드가 출력되는지 점검한다	예	ECM을 점검한 후, 출력된 고장코드의 원인을 규명한다
		아니오	다음 단계로 간다
2	ECM 단자 전압 • 아래의 ECM 단자(점화 신호, 점화 코일, 매스 에어 플로우, 엔진 냉각 수온 센서) 전압이 정상인지 점검한다 (52, 25, 58, 41, 78번)	예	다음 단계로 간다
		아니오	원인을 규명한다
3	ISC 밸브 • 크랭킹시 가속 페달을 스로틀 밸브가 1/4정도 열리게 밟았을 때 시동이 쉽게 되는지 점검한다	예	ISC 밸브를 점검한다
		아니오	다음 단계로 간다
4	공기 유입 • 공회전시 흡기 매니폴드의 진공 상태를 점검한다 진공 : 480 mmHg 이상	예	다음 단계로 간다
		아니오	흡기장치 부품의 공기 유입을 점검한다
5	에어클리너 • 에어클리너 엘리먼트의 상태가 정상인지 점검한다	예	다음 단계로 간다
		아니오	에어클리너 엘리먼트를 교환한다
6	ISC 밸브 • ISC 밸브와 ECM 사이의 단선 점검 • ISC 밸브(B)단자에 12V 전원이 인가되는지 점검	예	다음 단계로 간다
		아니오	단선 또는 전압 불량시 : - 배선을 수리한다 ISC 밸브의 단선 저항 불량시 : - ISC 밸브를 교환한다

단계	점검		조치
7	연료 라인 압력 · 통전 케이블을 사용하여 진단 커넥터의 F/P 단자와 B+ 단자를 연결시킨다. · 점화 스위치를 ON 상태에서 연료 압력이 사양을 만족하는지 점검한다 연료 라인 압력 (kgf/cm²) : 3.2~3.5	예	다음 단계로 간다
		아니오	압력이 너무 높음 - 연료 리턴 라인(연료 필터의 리턴 라인~연료 공급 모듈의 "R"마크 Pipe사이)의 막힘을 점검한 후 정상이면 연료 공급 모듈을 교환한다. 압력이 너무 낮음 - 연료 공급 모듈의 최대 압력을 점검한 후 정상이면 연료 라인 또는 연료 필터의 막힘을 점검한다.
8	새로운 ECM을 사용한 후 상태가 좋아지는지 점검한다	예	ECM을 교환한다
		아니오	새로운 연료를 사용한다

연료 및 배기가스 제어장치 고장진단 가이드

7	정상적으로 크랭킹 되지만 시동이 어렵다 - 난기후		
설 명	• 엔진은 정상적으로 크랭킹되지만 주행 후 열간 방치후 시동이 될때까지 크랭킹에 소요되는 시간(5초 이상)이 과다하다 • 바테리는 정상 • 엔진 냉간시 시동은 정상		

〔고장진단 힌트〕
① 공연비가 너무 농후함
  • 연료 분사 조정 불량
  • 인젝터에서 연료 누출

② 베이퍼 록 현상
  • 엔진 정지후 연료 라인 압력이 유지되지 않음

단계	점검		조치
1	고장 코드 • 자기진단 기기등을 사용하여, 고장 코드가 출력되는지 점검한다	예	ECM을 점검한 후, 출력된 고장코드의 원인을 규명한다
		아니오	다음 단계로 간다
2	ECM 단자 전압 • 매스 에어 플로우 센서, 스로틀 포지션 센서, 점화코일, 냉각 수온 센서 단자 전압이 정상인지 확인한다	예	다음 단계로 간다
		아니오	원인을 규명한다
3	연료 라인 압력 • 통전 케이블을 사용하여 진단 커넥터의 F/P 단자와 B+ 단자를 연결시킨다. • 점화 스위치를 ON 상태에서 연료 압력이 사양을 만족하는지 점검한다 연료 라인 압력 (kgf/cm²) : 3.2~3.5	예	다음 단계로 간다
		아니오	압력이 너무 높음 - 연료 리턴 라인(연료 필터의 리턴 라인~연료 공급 모듈의 "R"마크 Pipe사이)의 막힘을 점검한 후 정상이면 연료 공급 모듈을 교환한다. 압력이 너무 낮음 - 연료 공급 모듈의 최대 압력을 점검한 후 정상이면 연료 라인 또는 연료 필터의 막힘을 점검한다.
4	새로운 ECM을 사용한 후 상태가 좋아지는지 점검한다	예	ECM을 교환한다
		아니오	새로운 연료를 사용한다

연료 및 배기가스 제어장치 고장진단 가이드

8	비정상적인 공회전 - 상시
설 명	· 공회전시, 모든 조건에서 엔진이 심하게 진동함

[고장진단 힌트]
① 공연비가 너무 회박함
  · 공기 유입
  · 연료 분사 조정 불량
  · 연료 라인 압력이 낮음
② 인젝터의 막힘 또는 비작동
③ 점화 플러그가 점화되지 않음
④ 엔진 압축 압력 낮음
⑤ ISC 밸브 기능불량
⑥ 스로틀 포지션 센서 또는 배선불량

단계	점 검		조 치
1	고장코드 · 자기진단 기기등을 사용하여, 고장 코드가 출력되는지 점검한다	예	ECM을 점검한 후, 출력된 고장 코드의 원인을 규명한다
		아니오	다음 단계로 간다
2	ECM 단자 전압 · 아래의 ECM 단자 전압이 정상인지 점검한다 - 엔진 냉각 수온 센서 : 78번 - 매스 에어 플로우 센서 : 41번 - 점화 코일 : 52, 58, 25번	예	다음 단계로 간다
		아니오	원인을 규명한다
3	공기 유입 · 공회전시 흡기 매니폴드의 진공이 정상인지 점검한다 진공 : 480 mmHg 이상	예	다음 단계로 간다
		아니오	흡기 장치 부품의 공기 유입을 점검한다
4	인젝터 · 인젝터 작동음을 점검한다	예	단계 8로 간다
		아니오	다음 단계로 간다
5	인젝터 · 인젝터 커넥터 B 단자에 B+ 전압이 나타나는지 점검한다	예	다음 단계로 간다
		아니오	ECM과 인젝터간의 배선을 점검한다

연료 및 배기가스 제어장치 고장진단 가이드

단계	점 검		조 치
7	스로틀 포지션 센서 공회전시 TPS(C)단자 전압이 0.3~0.7V 이내인지 점검한다	예	다음 단계로 간다
		아니오	스로틀 포지션 단품 또는 배선을 교환한다
8	에어클리너 · 에어클리너 엘리먼트의 상태가 정상인지 점검한다	예	다음 단계로 간다
		아니오	에어클리너 엘리먼트를 교환한다
9	엔진 압축 압력 · 엔진 압축 압력이 정상인지 점검한다 (참고그룹 : 10)	예	다음 단계로 간다
		아니오	엔진 상태를 점검한다 - 피스톤, 피스톤 링 및 실린더 벽의 마모 - 실린더 헤드 개스킷의 마모 - 실린더 헤드의 변형 - 부적절한 밸브 시팅 - 가이드에 밸브 고착
10	새로운 ECM을 사용한 후, 상태가 좋아지는지 점검한다		

연료 및 배기가스 제어장치 고장진단 가이드

9	공회전 속도 감소 / 비정상적인 공회전 - 엔진 난기전
설 명	· 엔진 난기중 공회전시 엔진 속도가 느려지거나 엔진이 과다하게 떨림

〔고장진단 힌트〕
① 흡입 공기량이 적다
· 매스 에어 플로우 센서 작동 불량
· 에어클리너 엘리먼트의 막힘
· ISC 제어 불량

② 연료 분사량이 적다
· 연료 분사 조절장치 불량

단계	점 검		조 치
1	고장코드 · 자기진단 기기등을 사용하여, 고장코드가 출력되는지 점검한다	예	ECM을 점검한 후, 출력된 고장코드의 원인을 규명한다
		아니오	다음 단계로 간다
2	공기 유입 · 공회전시 흡기 매니폴드의 진공 상태를 점검한다 진공 : 480mmHg 이상	예	다음 단계로 간다
		아니오	원인을 규명한다
3	에어 클리너 · 에어클리너 엘리먼트의 상태가 정상인지 점검한다	예	다음 단계로 간다
		아니오	흡기장치 부품의 공기 유입을 점검한다
4	ECM 단자 전압 · 아래의 ECM 단자 전압이 정상인지 점검한다 - 엔진 냉각 수온 센서 : 78번 - 매스 에어 플로우 센서 : 41, 14번	예	다음 단계로 간다
		아니오	에어클리너 엘리먼트를 교환한다
5	ISC 밸브 · ISC 밸브와 ECM 사이의 단선 점검 · ISC 밸브(B) 단자에 12V 전원이 인가 되는지 점검한다	예	다음 단계로 간다
		아니오	ISC 밸브를 점검한다 단선 또는 전압 불량시 : - 배선을 수리한다 ISC 밸브의 단품 저항 불량시 : - ISC 밸브를 교환한다
6	수온 센서의 저항이 정상인지 확인한다	예	다음 단계로 간다
		아니오	엔진 냉각 수온 센서를 교환한다
7	새로운 ECM을 사용한 후 상태가 좋아지는지 점검한다		

연료 및 배기가스 제어장치 고장진단 가이드

10	공회전 속도 감소 / 비정상적인 공회전 - 난기후
설 명	· 엔진 난기중의 엔진 회전은 정상이나 엔진 난기후 엔진이 과다하게 떨림

〔고장진단 힌트〕
① ISC 밸브의 기능 불량
② 공연비가 너무 회박함
  · 공기 유입
  · 연료 라인 압력이 낮다
③ 공연비가 너무 농후함
  · 연료 분사 조절장치 불량
④ 점화장치 불량
⑤ 엔진 압축 압력이 낮다

단계	점 검		조 치
1	고장코드 · 자기진단 기기등을 사용하여, 고장코드가 출력되는지 점검한다	예	ECM을 점검한 후, 출력된 고장코드의 원인을 규명한다
		아니오	다음 단계로 간다
2	ECM 단자 전압 · 아래의 ECM 단자 전압이 정상인지 점검한다 - 스로틀 포지션 센서 : 73번 - 점화 코일 : 52, 58, 25번 - 엔진 냉각 수온 센서 : 78번 - 매스 에어 플로우 센서 : 41번	예	다음 단계로 간다
		아니오	해당 배선을 수리한다
3	공기 유입 · 공회전시 흡기 매니폴드의 진공 상태를 점검한다 진공 : 480 mmHg 이상	예	다음 단계로 간다
		아니오	흡기장치 부품의 공기 유입을 점검한다
4	모니터 점검 · 에어클리너 엘리먼트의 상태가 정상인지 점검한다	예	다음 단계로 간다
		아니오	에어클리너 엘리먼트를 교환한다
5	ISC 밸브 · ISC 밸브와 ECM 사이의 단선점검 · ISC 밸브(B)단자에 12V 전원이 인가되는지 점검한다	예	다음 단계로 간다
		아니오	ISC 밸브를 점검한다 단선 또는 전압 불량시 : - 배선을 수리한다 ISC 밸브의 단품 저항 불량시 : - ISC 밸브를 교환한다

21A-62

연료 및 배기가스 제어장치 고장진단 가이드

단계	점 검		조 치
6	연료 라인 압력 • 통전 케이블을 사용하여 진단 커넥터의 F/P 단자와 B+ 단자를 연결시킨다. • 점화 스위치를 ON 상태에서 연료 압력이 사양을 만족하는지 점검한다 연료 라인 압력 (kgf/cm^2) : 3.2~3.5 연료 리턴 라인, "R"마크, 인젝터로, 연료 메인 라인, 연료필터, 연료공급 모듈 AS2021B004/AS2021B005	예	다음 단계로 간다
		아니오	압력이 너무 높음 - 연료 리턴 라인(연료 필터의 리턴 라인~연료 공급 모듈의 "R"마크 Pipe사이)의 막힘을 점검한 후 정상이면 연료 공급 모듈을 교환한다. 압력이 너무 낮음 - 연료 공급 모듈의 최대 압력을 점검한 후 정상이면 연료 라인 또는 연료 필터의 막힘을 점검한다.
7	수온 센서의 커넥터를 분리한 후 엔진 상태가 좋아지는지 확인한다	예	엔진 냉각 수온 센서를 교환한다
		아니오	다음 단계로 간다
8	인젝터 • 엔진이 공회전되는 동안의 인젝터의 작동음을 점검한다	예	단계 1로 간다
		아니오	다음 단계로 간다
9	인젝터 • 인젝터의 저항이 14.5Ω인지 점검한다	예	다음 단계로 간다
		아니오	인젝터를 교환한다
10	엔진 압축 압력 • 엔진 압축 압력이 정상인지 점검한다 (참고 그룹 :10)	예	다음 단계로 간다
		아니오	엔진 상태를 점검한다 - 피스톤, 피스톤 링 및 실린더 벽의 마모 - 실린더 헤드 개스킷의 마모 - 실린더 헤드의 변형 - 부적절한 밸브 시팅 - 가이드에 밸브 고착
11	새로운 ECM을 사용한 후, 상태가 좋아지는지 점검한다		

11 고속의 공회전 – 엔진 난기후

〔고장진단 힌트〕
다량의 흡입 공기 유입
① 스로틀 밸브 작동 불량
② 공회전 속도 조정 불량
  · ISC 밸브 고착
  · 냉각 수온 신호 부정확

단계	점 검		조 치
1	스로틀 밸브 · 가속 페달을 놓았을 때 스로틀 밸브가 완전히 닫히는지 점검한다	예	다음 단계로 간다
		아니오	스로틀 케이블을 점검한다 - 이상이 있으면 청소, 조정 또는 교환한다
2	고장코드 · 자기진단 기기등을 사용하여, 고장코드가 출력되는지 점검한다	예	ECM을 점검한 후, 출력된 고장코드의 원인을 규명한다
		아니오	다음 단계로 간다
3	수온 센서의 커넥터를 분리한 후 엔진 상태가 좋아지는지 확인한다	예	다음 단계로 간다
		아니오	ISC 밸브를 점검한다
4	PCV 호스 · PCV 호스를 막은 후 엔진 속도가 감소하는지 점검한다	예	PCV 밸브를 점검한다
		아니오	다음 단계로 간다
5	스로틀 포지션 센서 공회전시 TPS(C)단자 전압이 0.3~0.7V 이내인지 점검한다	예	다음 단계로 간다
		아니오	스로틀 포지션 센서 단품 또는 배선을 교환한다
6	ECM 단자 전압 · 아래의 ECM 단자 전압이 정상인지 점검한다 - 엔진 냉각수온 센서 : 78번 - 매스 에어 플로우 센서 : 41번 - 점화 코일 : 52, 58, 25번	예	ECM을 교환한다
		아니오	해당 배선을 수리한다

12		공회전 속도 감소 - A/C을 작동했을 때	
설 명		· 공회전 상태에서 A/C을 작동했을 경우에 엔진이 과다하게 떨림 · A/C, P/S 혹은 전기 부하는 정상적으로 작동됨	

단계	점 검		조 치
1	고장코드 · 자기진단 기기등을 사용하여, 고장코드가 출력되는지 점검한다	예	ECM을 점검한 후, 출력된 고장코드의 원인을 규명한다
		아니오	다음 단계로 간다
2	모니터 점검 · 자기진단 기기등을 사용하여 A/C 스위치와 듀얼 프레쥬어 스위치를 점검한다	예	다음 단계로 간다
		아니오	해당 배선을 수리한다
3	ISC 밸브 · 공회전 상태에서 ISC 밸브 커넥터를 분리했을 때 엔진 상태가 변하는지 점검한다	예	ECM을 교환한다
		아니오	ISC 밸브를 점검한다

13		시동직후 비정상적인 공회전	
설 명		· 시동은 정상적이나 시동 직후 엔진이 과다하게 떨림	

〔고장진단 힌트〕
① 연료 분사 조정 및 공회전 속도 조정 불량
· 시동 신호 미입력

단계	점 검		조 치
1	고장코드 · 자기진단 기기등을 사용하여, 고장코드가 출력되는지 점검한다	예	ECM을 점검한 후, 출력된 고장코드의 원인을 규명한다
		아니오	다음 단계로 간다
2	모니터 점검 · 자기진단 기기등을 사용하여 모니터 기능이 정상인지 점검한다	예	다음 단계로 간다
		아니오	해당 배선을 수리한다
3	ECM 단자 전압 · ECM 54번 단자 전압이 정상인지 점검한다	예	다음 단계로 간다
		아니오	해당 배선을 수리한다
4	새로운 ECM을 사용한 후, 상태가 좋아지는지 점검한다		

14 공회전시 속도 변화

설 명	· 공회전시 주기적인 엔진 속도의 증가 및 감소

〔고장진단 힌트〕
① 공회전시 연료 분사 중지 발생
② 연료 분사량이 일정치 않음
③ 흡기장치로 공기 유입
④ 점화 불량
⑤ 공연비가 너무 농후함
⑥ 엔진 압축 압력이 낮음

단계	점 검		조 치
1	고장코드 · 자기진단 기기등을 사용하여, 고장코드가 출력되는지 점검한다	예	ECM을 점검한 후, 출력된 고장코드의 원인을 규명한다
		아니오	다음 단계로 간다
2	공기 유입 · 공회전시 흡기 매니폴드의 진공 상태를 점검한다 진공 : 480 mmHg 이상	예	다음 단계로 간다
		아니오	흡기장치 부품의 공기 유입을 점검한다
3	인젝터 · 공회전 상태에서 각 인젝터의 작동음을 점검한다	예	단계 5로 간다
		아니오	다음 단계로 간다
4	인젝터 · 인젝터 커넥터 B 단자에 B+ 전압이 나타나는지 점검한다	예	인젝터 저항을 측정한다 - 정상이면, ECM과 인젝터간의 배선을 점검한다 - 정상이 아니면, 인젝터를 교환한다
		아니오	ECM과 인젝터간의 배선을 점검한다

연료 및 배기가스 제어장치 고장진단 가이드

단계	점 검		조 치
5	하이텐션 코드 • 공회전 상태에서 각 하이텐션 코드를 분리한 후, 각 실린더 별로 균등히 엔진 속도가 감소하는지 점검한다	예	공회전 상태에서 각 인젝터 커넥터를 분리한 후, 각 실린더 별로 균등하게 엔진 속도가 감소하는지 점검한다 - 정상이면, 단계 7로 간다 - 정상이 아니면, 인젝터의 연료 누출을 점검한다
		아니오	다음 단계로 간다
6	점화 플러그 • 점화 플러그의 상태가 정상인지 점검한다	예	엔진 압축 압력을 점검한다 - 정상이면, 인젝터를 교환한다 - 정상이 아니면, 엔진 각 상태를 점검한다
		아니오	수리, 청소 또는 교환한다
7	ECM 단자 전압 • 아래의 ECM 단자 전압이 정상인지 점검한다 - 스로틀 포지션 센서 : 73번 - EGR : 57번 - 엔진 냉각 수온 센서 : 78번 - 캐니스터 퍼지 솔레노이드 밸브 : 36번	예	다음 단계로 간다
		아니오	해당 배선을 수리한다
8	캐니스터 퍼지 솔레노이드 밸브 • 공회전시 솔레노이드 밸브의 작동 유무를 확인한다. • 솔레노이드 밸브가 작동되지 않는 것을 확인 후 ⓑ측 호스에 진공이 느껴지는지 점검한다.	예	캐니스터 퍼지 솔레노이드 밸브를 점검한다
		아니오	다음 단계로 간다
9	새로운 ECM을 사용한 후, 상태가 좋아지는지 점검한다		

15		공회전시 엔진 멈춤 - 상시	
설 명		· 엔진은 정상적으로 시동되지만 공회전시 모든 조건에서 과다한 진동 및 엔진 멈춤 발생	

[고장진단 힌트]
① 공연비가 너무 농후하거나 희박함
 · 인젝터의 막힘 또는 작동 불량
 · 연료 라인 압력이 낮음
 · 흡입 공기량이 적거나 공기가 유입됨

② 점화장치 불량

단계	점 검		조 치
1	공기 유입 · 공회전시 흡기 매니폴드의 진공이 정상인지 점검한다 진공 : 480 mmHg 이상	예	다음 단계로 간다
		아니오	흡입장치 부품의 공기 유입을 점검한다
2	에어클리너 · 에어클리너 엘리먼트의 상태가 정상인지 점검한다	예	다음 단계로 간다
		아니오	에어클리너 엘리먼트를 교환한다
3	고장코드 · 자기진단 기기등을 사용하여 고장코드가 출력되는지 점검한다	예	ECM을 점검한 후, 출력된 고장코드의 원인을 규명한다
		아니오	다음 단계로 간다
4	모니터 점검 · 자기진단 기기등을 사용하여 모니터 기능이 정상인지 점검한다	예	다음 단계로 간다
		아니오	해당 배선을 점검한다
5	ECM 단자 전압 · 아래의 ECM 단자 전압이 정상인지 점검한다 - EGR : 57번 - 매스 에어 플로우 센서 : 41,14,28번 - 엔진 냉각 수온 센서 : 78,71번	예	다음 단계로 간다
		아니오	해당 배선을 점검한다

연료 및 배기가스 제어장치 고장진단 가이드

단계	점 검		조 치
6	하이텐션 코드 • 하이텐션 코드를 분리한 후, 엔진 크랭킹 상태에서 하이텐션 코드에 강력한 파란 불꽃이 나타나는지 확인한다	예	다음 단계로 간다
		아니오	점화장치를 점검한다
7	인젝터 • 공회전 상태에서 각각의 인젝터의 작동음을 점검한다	예	단계 9로 간다
		아니오	다음 단계로 간다
8	인젝터 • 인젝터 커넥터 B 단자에 B+ 전압이 나타나는지 점검한다	예	인젝터 저항을 측정한다 - 정상이면, 다음 단계로 간다 - 정상이 아니면, 인젝터를 교환한다
		아니오	ECM과 인젝터간의 배선을 점검한다
9	점화 플러그 • 점화 플러그의 상태를 점검한다	예	다음 단계로 간다
		아니오	수리 또는 교환한다
10	EGR • EGR 장치를 점검한다	예	다음 단계로 간다
		아니오	수리 또는 교환한다
11	연료 라인 압력 • 통전 케이블을 사용하여 진단 커넥터의 F/P 단자와 B+ 단자를 연결시킨다. • 점화 스위치를 ON 상태에서 연료 압력이 사양을 만족하는지 점검한다 연료 라인 압력 (kgf/cm²) : 3.2~3.5	예	다음 단계로 간다
		아니오	압력이 너무 높음 - 연료 리턴 라인(연료 필터의 리턴 라인~연료 공급 모듈의 "R"마크 파이프 사이)의 막힘을 점검한 후 정상이면 연료 공급 모듈을 교환한다. 압력이 너무 낮음 - 연료 공급 모듈의 최대 압력을 점검한 후 정상이면 연료 라인 또는 연료 필터의 막힘을 점검한다.
12	새로운 ECM을 사용한 후, 상태가 좋아지는지 점검한다		

연료 및 배기가스 제어장치 고장진단 가이드

16	공회전시 엔진 멈춤 - 난기전
설 명	• 정상적으로 시동되지만 난기전 공회전시에 엔진이 심하게 떨리거나 멈춤 발생

[고장진단 힌트]
① 흡입 공기량이 적음
  • 공회전 속도 조정 불량
  • 에어클리너 엘리먼트 막힘
② 공연비가 너무 희박함
  • 흡입장치에서 공기 유입

단계	점 검		조 치
1	고장코드 • 자기진단 기기등을 사용하여 고장코드가 출력되는지 점검한다	예	ECM을 점검한 후, 출력된 고장코드의 원인을 규명한다
		아니오	다음 단계로 간다
2	모니터 점검 • 자기진단 기기등을 사용하여 모니터 기능이 정상인지 점검한다	예	다음 단계로 간다
		아니오	해당 배선을 점검한다
3	ECM 단자 전압 • 아래의 ECM 단자 전압이 정상인지 점검한다 - 엔진 냉각 수온 센서 : 78,71번 - 매스 에어 플로우 센서 : 41,14,28번	예	다음 단계로 간다
		아니오	해당 배선을 점검한다
4	공기 유입 • 공회전시 흡기 매니폴드의 진공이 정상인지 점검한다 진공 : 480 mmHg 이상	예	다음 단계로 간다
		아니오	흡기장치 부품의 공기 유입을 점검한다
5	에어클리너 • 에어클리너 엘리먼트의 상태가 정상인지 점검한다	예	다음 단계로 간다
		아니오	에어클리너 엘리먼트를 교환한다
6	ISC 밸브 • 공회전 상태에서 ISC 밸브 커넥터를 분리했을 때 엔진 상태가 변하는지 점검한다	예	다음 단계로 간다
		아니오	ISC 밸브를 점검한다
7	새로운 ECM을 사용한 후, 상태가 좋아지는지 점검한다		

연료 및 배기가스 제어장치 고장진단 가이드

17	공회전시 엔진 멈춤 - 난기후
설 명	· 난기중에 엔진 속도는 정상이나 난기후에는 비정상적으로 공회전되며 엔진 멈춤 현상 발생

〔고장진단 힌트〕
① 공연비가 너무 희박함
 · 흡입장치에서의 공기 유입
② 흡기되는 공기량이 적음
 · 공회전 속도 조절 불량

단계	점 검		조 치
1	공기 유입 · 공회전시 흡기 매니폴드의 진공 상태를 점검한다 진공 : 480 mmHg 이상	예	다음 단계로 간다
		아니오	흡기장치 부품의 공기 유입을 점검한다
2	ISC 밸브 · 공회전시 ISC 밸브 커넥터를 분리했을 때 엔진 상태가 변하는지 점검한다	예	다음 단계로 간다
		아니오	ISC 밸브를 점검한다
3	고장진단 가이드 10으로 간다		

연료 및 배기가스 제어장치 고장진단 가이드

17		시동직후 엔진 정지		
설 명		· 시동중 엔진 멈춤 현상		

[고장진단 힌트]
① 가속 페달을 밟을 때 실화 발생
· 공연비가 너무 농후하거나 회박함
· 점화장치 불량

② 시동에 필요한 엔진 토크의 부족
· 공연비가 너무 농후하거나 회박함
· 흡입 공기량이 적음
· 엔진 압축 압력이 낮음

단계	점 검		조 치
1	고장코드 · 자기진단 기기등을 사용하여 고장코드가 출력되는지 점검한다	예	ECM을 점검한 후, 출력된 고장코드의 원인을 규명한다
		아니오	다음 단계로 간다
2	모니터 점검 · 자기진단 기기등을 사용하여 모니터 기능이 정상인지 점검한다	예	다음 단계로 간다
		아니오	해당 배선을 점검한다
3	산소 센서 · 산소 센서를 분리한 후, 상태가 좋아지는지 점검한다	예	산소 센서를 점검한다
		아니오	다음 단계로 간다
4	ECM 단자 전압 · 아래의 ECM 단자 전압이 정상인지 점검한다 - 스로틀 포지션 센서 신호 : 73번 - 매스 에어 플로우 센서 신호 : 41번 - 엔진 냉각 수온 센서 신호 : 78번	예	다음 단계로 간다
		아니오	해당 배선을 점검한다
5	스로틀 케이블 · 스로틀 케이블의 작동이 원활한지 점검한다	예	다음 단계로 간다
		아니오	청소, 조정 혹은 교환한다

연료 및 배기가스 제어장치 고장진단 가이드

단계	점검		조 치
6	공기 유입 • 공회전시 흡기 매니폴드의 진공 상태를 점검한다 　진공 : 480 mmHg 이상	예	다음 단계로 간다
		아니오	흡입장치 부품의 공기 유입을 점검한다
7	에어클리너 • 에어클리너 엘리먼트의 상태가 정상인지 점검한다	예	다음 단계로 간다
		아니오	에어클리너 엘리먼트를 교환한다
8	연료 라인 압력 • 통전 케이블을 사용하여 진단 커넥터의 F/P 단자와 B+ 단자를 연결시킨다. • 점화 스위치를 ON 상태에서 연료 압력이 사양을 만족하는지 점검한다 　연료 라인 압력 (kgf/cm²) : 3.2~3.5	예	다음 단계로 간다
		아니오	압력이 너무 높음 - 연료 리턴 라인(연료 필터의 리턴 라인~연료 공급 모듈의 "R"마크 Pipe사이)의 막힘을 점검한 후 정상이면 연료 공급 모듈을 교환한다. 압력이 너무 낮음 - 연료 공급 모듈의 최대 압력을 점검한 후 정상이면 연료 라인 또는 연료 필터의 막힘을 점검한다.
9	엔진 압축 압력 • 엔진 압축 압력이 정상인지 점검한다	예	다음 단계로 간다
		아니오	엔진 상태를 점검한다 - 피스톤, 피스톤 링 및 실린더 벽의 마모 - 실린더 헤드 개스킷의 마모 - 실린더 헤드의 변형 - 부적절한 밸브 시팅 - 가이드에 밸브 고착
10	새로운 ECM을 사용한 후 상태가 좋아지는지 점검한다		

21A-73

19			감속시 엔진 정지	
설 명		· 감속중이거나 감속후 엔진이 불시에 정지한다		

〔고장진단 힌트〕
가속 페달을 놓았을 때 엔진 속도가 너무 급격히 떨어진다
① 공회전 속도 조정 불량   ③ 엔진 피드백 조정 불량
② 연료 분사 중지 제어 불량

단계	점 검		조 치
1	고장코드 · 자기진단 기기등을 사용하여 고장코드가 출력되는지 점검한다	예	ECM을 점검한 후, 출력된 고장코드의 원인을 규명한다
		아니오	다음 단계로 간다
2	스로틀 포지션 센서, ISC 밸브의 단자 전압 및 관련 배선을 점검한다	예	다음 단계로 간다
		아니오	해당 배선을 점검한다
3	산소 센서 · 산소 센서 커넥터를 분리한 후, 상태가 좋아지는지 점검한다	예	산소 센서를 점검한다
		아니오	다음 단계로 간다
4	ECM 단자 전압 · 아래의 ECM 단자 전압이 정상인지 점검한다 - ISC 밸브 : 2, 29 - 스로틀 포지션 센서 : 59, 71, 73	예	다음 단계로 간다
		아니오	해당 배선을 점검한다 원인을 점검하고 수리한다
5	단품의 커넥터 접촉 상태가 양호한가 점검한다 - 스로틀 포지션 센서, 에어 플로우 센서, 점화 코일, 인젝터, 크랭크 앵글 센서, 연료펌프 릴레이, ECM 등	예	다음 단계로 간다
		아니오	수리 또는 교환한다
6	새로운 ECM을 사용한 후, 상태가 좋아지는지 점검한다		

20 공회전시 엔진 정지 - A/C 작동시

설 명	· 공회전 상태에서 A/C 작동시 갑작스런 엔진의 정지

〔고장진단 힌트〕
① 아이들 속도 조정 불량
 · 스위치로부터 입력 신호 미입력
 · ISC 밸브의 고착

단계	점 검		조 치
1	고장코드 · 자기진단 기기등을 사용하여 고장코드가 출력되는지 점검한다	예	ECM을 점검한 후, 출력된 고장코드의 원인을 규명한다
		아니오	다음 단계로 간다
2	진단기기 점검 · 자기진단 기기등을 사용하여 A/C 스위치와 서모 스위치를 점검한다	예	다음 단계로 간다
		아니오	해당 배선을 수리한다
3	ECM 단자 전압 · 아래의 ECM 단자 전압이 정상인지 점검한다 - 이그니션 코일 : 25, 52번 - 엔진 냉각 수온 센서 : 78, 71번 - ISC 밸브 : 2, 29번	예	다음 단계로 간다
		아니오	해당 배선을 수리한다
4	ISC 밸브 · 공회전 상태에서 ISC 밸브 커넥터를 분리한 후 엔진 상태가 변하는지 점검한다	예	다음 단계로 간다
		아니오	ISC 밸브를 점검한다
5	새로운 ECM을 사용한 후 상태가 좋아지는지 점검한다		

연료 및 배기가스 제어장치 고장진단 가이드

21		간헐적인 엔진 급정지	
설 명	\multicolumn{3}{l	}{· 간헐적으로 엔진이 급정지한다 · 정지하기 전까지 엔진은 정상이다}

〔고장진단 힌트〕
① 간헐적으로 점화 또는 연료 분사가 안된다
 · 배선 및 커넥터의 접속 불량

단계	점 검		조 치
1	고장코드 · 자기진단 기기등을 사용하여 고장코드가 출력되는지 점검한다	예	ECM을 점검한 후, 출력된 고장코드의 원인을 규명한다
		아니오	다음 단계로 간다
2	ECM 단자 전압 · 아래의 ECM 단자 전압을 점검한 후 정상이면 각 배선 및 커넥터의 접속 상태가 정상인지 확인한다 - 메인 릴레이 : 54번 - 접지 (인젝션) : 6번 - 접지 (아웃 스테이지) : 34번 - 접지 (INJ) : 55번 - 접지 (IG) : 55번	예	고장진단 가이드 2번으로 간다
		아니오	해당 배선 및 커넥터를 수리 또는 교환한다

연료 및 배기가스 제어장치 고장진단 가이드

22	가속시에 헤지테이션 / 스텀블
설 명	· 가속 페달을 밟은 직후에 일시 정지하거나 가속중에 조금씩 덜컹거리는 느낌

〔고장진단 힌트〕
① 가속시 공연비가 희박함
· 연료 분사 조정 불량
· 흡기 계통으로 공기 유입
· 연료 라인 압력이 낮음
· 점화 진각 장치 불량

단계	점 검		조 치
1	고장코드 · 자기진단 기기등을 사용하여 고장코드가 출력되는지 점검한다	예	ECM을 점검한 후, 출력된 고장코드의 원인을 규명한다
		아니오	다음 단계로 간다
2	모니터 점검 · 자기진단 기기등을 사용하여 모니터 기능이 정상인지 점검한다	예	다음 단계로 간다
		아니오	해당 배선을 수리한다
3	산소 센서 · 산소 센서 커넥터를 분리한 후 상태가 좋아지는지 점검한다	예	산소 센서를 점검한다
		아니오	다음 단계로 간다
4	ECM 단자 전압 · 아래의 ECM 단자 전압이 정상인지 점검한다 - 스로틀 포지션 센서 : 71, 59, 73번 - 매스 에어 플로우 센서 : 41, 14, 28번 - 엔진 냉각 수온 센서 : 78, 71번	예	다음 단계로 간다
		아니오	해당 배선을 수리한다
5	스로틀 케이블 · 스로틀 케이블의 작동이 원활한지 점검한다	예	다음 단계로 간다
		아니오	청소, 조정 혹은 교환한다
6	에어덕트 · 에어덕트 및 에어 호스가 정확하게 조립되었는지 점검한다	예	다음 단계로 간다
		아니오	수리한다

연료 및 배기가스 제어장치 고장진단 가이드

단계	점검		조치
7	공기 유입 • 공회전시 흡기 매니폴드의 진공 상태를 점검한다 진공 : 480 mmHg 이상	예	다음 단계로 간다
		아니오	흡입장치 부품의 공기 유입을 점검한다
8	에어클리너 • 에어클리너 엘리먼트의 상태가 정상인지 점검한다	예	다음 단계로 간다
		아니오	에어클리너 엘리먼트를 교환한다
9	연료 라인 압력 • 통전 케이블을 사용하여 진단 커넥터의 F/P 단자와 B+ 단자를 연결시킨다. • 점화 스위치를 ON 상태에서 연료 압력이 사양을 만족하는지 점검한다 연료 라인 압력 (kgf/cm²) : 3.2~3.5	예	다음 단계로 간다
		아니오	압력이 너무 높음 - 연료 리턴 라인(연료 필터의 리턴 라인~연료 공급 모듈의 "R"마크 Pipe사이)의 막힘을 점검한 후 정상이면 연료 공급 모듈을 교환한다. 압력이 너무 낮음 - 연료 공급 모듈의 최대 압력을 점검한 후 정상이면 연료 라인 또는 연료 필터의 막힘을 점검한다.
10	배기장치 • 배기장치에 막힘이 없는지 점검한다	예	다음 단계로 간다
		아니오	수리 또는 교환한다
11	새로운 ECM을 사용한 후 상태가 좋아지는지 점검한다		

23	정속 주행중 서지			
설 명	· 항상 반복적인 엔진 속도 변화가 있다			

〔고장진단 힌트〕
① 공연비가 너무 희박하거나 농후함
　· 연료 분사 조정 불량　　　　　　　　　　　· 증발가스 제어장치 불량
　· 흡입장치내로 공기 유입　　　　　　　　　· 점화 진각장치 불량
　· 연료 라인 압력이 낮음

단계	점 검		조 치
1	고장코드 · 자기진단 기기등을 사용하여 고장코드가 출력되는지 점검한다	예	ECM을 점검한 후, 출력된 고장코드의 원인을 규명한다
		아니오	다음 단계로 간다
2	모니터 점검 · 자기진단 기기등을 사용하여 모니터 기능이 정상인지 점검한다	예	다음 단계로 간다
		아니오	
3	산소 센서 · 산소 센서 커넥터를 분리한 후 상태가 좋아지는지 점검한다	예	산소 센서를 점검한다
		아니오	다음 단계로 간다
4	ECM 단자 전압 · 아래의 ECM 단자 전압이 정상인지 점검한다 - 스로틀 포지션 센서 : 71, 59, 73번 - 매스 에어 플로우 센서 : 41, 14, 28번 - 엔진 냉각 수온 센서 : 78, 71번	예	다음 단계로 간다
		아니오	해당 배선을 수리한다
5	스로틀 케이블 · 스로틀 케이블의 작동이 원활한지 점검한다	예	다음 단계로 간다
		아니오	청소, 조정 혹은 교환한다

단계	점검		조치
6	공기 유입 • 공회전시 흡기 매니폴드의 진공 상태를 점검한다 진공 : 480 mmHg 이상	예	다음 단계로 간다
		아니오	흡입장치 부품의 공기 유입을 점검한다
7	에어클리너 • 에어클리너 엘리먼트의 상태가 정상인지 점검한다	예	다음 단계로 간다
		아니오	에어클리너 엘리먼트를 교환한다
8	연료 라인 압력 • 통전 케이블을 사용하여 진단 커넥터의 F/P 단자와 B+ 단자를 연결시킨다. • 점화 스위치를 ON 상태에서 연료 압력이 사양을 만족하는지 점검한다 연료 라인 압력 (kgf/cm^2) : 3.2~3.5	예	다음 단계로 간다
		아니오	압력이 너무 높음 - 연료 리턴 라인(연료 필터의 리턴 라인~연료 공급 모듈의 "R"마크 Pipe사이)의 막힘을 점검한 후 정상이면 연료 공급 모듈을 교환한다. 압력이 너무 낮음 - 연료 공급 모듈의 최대 압력을 점검한 후 정상이면 연료 라인 또는 연료 필터의 막힘을 점검한다.
9	배기장치 • 배기장치에 막힘이 없는지 점검한다	예	다음 단계로 간다
		아니오	수리 또는 교환한다
10	새로운 ECM을 사용한 후 상태가 좋아지는지 점검한다		

24 출력 부족 / 가속 부족

설 명	· 부하상태에서 주행 성능 불량 · 최고 속도가 떨어짐

〔고장진단 힌트〕
① 연관 장치 불량
   · 클러치의 미끄러짐
   · 브레이크의 끌림
   · 타이어 공기압 부족
   · 타이어 사이즈 불량
   · 과부하
② 흡입 공기량이 적음
   · 스로틀 밸브가 완전히 열리지 않음
   · 흡입장치 계통의 막힘
③ 공연비가 너무 희박하거나 농후함
   · 연료 라인 압력이 낮거나 높음
   · 연료 분사량 부족
④ 점화 불량
⑤ 엔진 압축 압력이 낮음

단계	점 검		조 치
1	다음사항을 점검한다 · 클러치의 미끄러짐 · 브레이크의 끌림 · 타이어 공기압 부족 · 타이어 사이즈 불량	예	다음 단계로 간다
		아니오	수리한다
2	스로틀 밸브 · 가속 페달을 완전히 밟았을 때 스로틀 밸브가 완전히 개방되는지 점검한다	예	다음 단계로 간다
		아니오	스로틀 케이블이 정확하게 장착되었는지 점검한다 - 정상이면, 스로틀 바디를 점검한다
3	고장코드 · 자기진단 기기등을 사용하여 고장 코드가 출력되는지 점검한다	예	ECM을 점검한 후, 출력된 고장코드의 원인을 규명한다
		아니오	다음 단계로 간다
4	모니터 점검 · 자기진단 기기등을 사용하여 모니터 기능이 정상인지 점검한다	예	다음 단계로 간다
		아니오	해당 배선을 수리한다
5	점화 플러그 · 점화 플러그의 상태가 정상인지 점검한다	예	다음 단계로 간다
		아니오	수리, 청소 또는 교환한다

연료 및 배기가스 제어장치 고장진단 가이드

단계	점 검		조 치
6	하이텐션 코드 · 하이텐션 코드의 저항이 정상인지 점검한다	예	다음 단계로 간다
		아니오	교환한다
7	점화 코일 · 점화 코일의 저항이 정상인지 점검한다 (참고 그룹 : 30A)	예	다음 단계로 간다
		아니오	교환한다
8	엔진 압축 압력 · 엔진 압축 압력이 정상인지 점검한다	예	다음 단계로 간다
		아니오	엔진 상태를 점검한다 - 피스톤, 피스톤 링 및 실린더 벽의 마모 - 실린더 헤드 개스킷의 마모 - 실린더 헤드의 변형 - 부적절한 밸브 시팅 - 가이드에 밸브 고착
9	공기 유입 · 공회전시 흡기 매니폴드의 진공을 측정한다 진공 : 480 mmHg 이상	예	다음 단계로 간다
		아니오	흡입장치 부품의 공기 유입을 점검한다
10	에어클리너 · 에어클리너 엘리먼트의 상태가 정상인지 점검한다	예	다음 단계로 간다
		아니오	에어클리너 엘리먼트를 교환한다
11	인젝터 · 공회전시 인젝터 작동음을 점검한다	예	단계 14로 간다
		아니오	다음 단계로 간다
12	인젝터 · 인젝터 커넥터 B 단자에 B+ 전압이 나타나는지 점검한다	예	인젝터 저항을 점검한다 저항 : 14.5Ω - 정상이면, ECM과 인젝터간의 배선을 점검한다 - 정상이 아니면, 인젝터를 교환한다
		아니오	ECM과 인젝터간 배선을 점검한다

연료 및 배기가스 제어장치 고장진단 가이드

단계	점검		조치
13	ECM 단자 전압 • 아래의 ECM 단자 전압이 정상인지 점검한다 - EGR : 57번 - 매스 에어 플로우 센서 : 41, 14, 28번 - 엔진 냉각 수온 센서 : 78, 71번	예	다음 단계로 간다
		아니오	해당 배선을 점검한다
14	연료 라인 압력 • 통전 케이블을 사용하여 진단 커넥터의 F/P 단자와 B+ 단자를 연결시킨다. • 점화 스위치를 ON 상태에서 연료 압력이 사양을 만족하는지 점검한다 연료 라인 압력 (kgf/cm²) : 3.2~3.5	예	다음 단계로 간다
		아니오	압력이 너무 높음 - 연료 리턴 라인(연료 필터의 리턴 라인~연료 공급 모듈의 "R"마크 Pipe사이)의 막힘을 점검한 후 정상이면 연료 공급 모듈을 교환한다. 압력이 너무 낮음 - 연료 공급 모듈의 최대 압력을 점검한 후 정상이면 연료 라인 또는 연료 필터의 막힘을 점검한다.
15	잔류 압력 • 엔진을 공회전 상태로 한 후, 점화 스위치 OFF 상태에서 연료 라인 압력이 유지되는지 점검한다 연료 라인 압력 : 1.8 kg/cm² 이상 (5분 동안)	예	다음 단계로 간다
		아니오	인젝터의 연료 누출을 점검한다
16	배기장치 • 배기장치의 막힘이 없는지 점검한다	예	다음 단계로 간다
		아니오	수리한다
17	새로운 ECM을 사용한 후 상태가 좋아지는지 점검한다		

연료 및 배기가스 제어장치 고장진단 가이드

25 감속시 엔진 회전상태 불량 / 역화 (BACK FIRE)

설 명	· 감속시 엔진 상태가 불량하며 배기장치에서 비정상적인 연소 발생

〔고장진단 힌트〕
① 공연비가 너무 농후함
 · 에어클리너 엘리먼트의 막힘
 · 연료 분사 조정 불량
 · 인젝터에서 연료 누유

단계	점 검		조 치
1	고장코드 · 자기진단 기기등을 사용하여 고장코드가 출력되는지 점검한다	예	ECM을 점검한 후, 출력된 고장코드의 원인을 규명한다
		아니오	다음 단계로 간다
2	모니터 점검 · 자기진단 기기등을 사용하여 모니터 기능이 정상인지 점검한다	예	다음 단계로 간다
		아니오	해당 배선을 수리한다
3	연료 분사 중지 · 감속시 연료 분사 중지가 되는지 점검한다	예	다음 단계로 간다
		아니오	ECM을 교환한다
4	잔류 압력 · 엔진을 공회전 상태로 한 후, 점화 스위치 OFF 상태에서 연료 라인 압력이 유지되는지 점검한다 연료 라인 압력 (kg/cm^2) : 1.8 (5분 동안)	예	다음 단계로 간다
		아니오	인젝터의 연료 누출을 점검한다
5	에어클리너 · 에어클리너 엘리먼트의 상태가 정상인지 점검한다	예	다음 단계로 간다
		아니오	에어클리너 엘리먼트를 교환한다
6	새로운 ECM을 사용한 후 상태가 좋아지는지 점검한다		

연료 및 배기가스 제어장치 고장진단 가이드

26	노 킹

설 명	· 날카로운 금속음과 함께 비정상적인 연소가 동반된다

〔고장진단 힌트〕
① 공연비가 너무 희박함
　· 연료 분사량 부적절
　· 가속시 연료 라인 압력 감소
② 엔진 과열
③ 엔진에 카본 침전
④ 점화시기가 너무 진각됨

단계	점 검		조 치
1	고장코드 · 자기진단 기기등을 사용하여 고장코드가 출력되는지 점검한다	예	ECM을 점검한 후, 출력된 고장코드의 원인을 규명한다
		아니오	다음 단계로 간다
2	모니터 점검 · 자기진단 기기등을 사용하여 모니터 기능이 정상인지 점검한다	예	다음 단계로 간다
		아니오	
3	ECM 단자 전압 · 아래의 ECM 단자 전압이 정상인지 점검한다 - EGR : 57번 - 매스 에어 플로우 센서 : 41, 14, 28번 - 엔진 냉각 수온 센서 : 78, 71번	예	다음 단계로 간다
		아니오	해당 배선을 수리한다
4	공기 유입 · 공회전시 흡기 매니폴드의 진공을 측정한다 　진공 : 480 mmHg 이상	예	다음 단계로 간다
		아니오	흡기장치 부품의 공기 유입을 점검한다
5	에어클리너 · 에어클리너 엘리먼트가 정상인지 점검한다	예	다음 단계로 간다
		아니오	에어클리너 엘리먼트를 교환한다

연료 및 배기가스 제어장치 고장진단 가이드

단계	점검		조치
6	엔진 압축 압력 • 공회전시 엔진 압축 압력이 정상인지 점검한다	예	다음 단계로 간다
		아니오	엔진 각 상태를 점검한다
7	연료 라인 압력 • 통전 케이블을 사용하여 진단 커넥터의 F/P 단자와 B+ 단자를 연결시킨다. • 점화 스위치를 ON 상태에서 연료 압력이 사양을 만족하는지 점검한다 연료 라인 압력 (kgf/cm^2) : 3.2~3.5 연료 리턴 라인, "R"마크, 인젝터로, 연료 메인 라인, 연료필터, 연료공급 모듈 AS2021B004/AS2021B005	예	다음 단계로 간다
		아니오	압력이 너무 높음 - 연료 리턴 라인(연료 필터의 리턴 라인~연료 공급 모듈의 "R"마크 Pipe사이)의 막힘을 점검한 후 정상이면 연료 공급 모듈을 교환한다. 압력이 너무 낮음 - 연료 공급 모듈의 최대 압력을 점검한 후 정상이면 연료 라인 또는 연료 필터의 막힘을 점검한다.
8	기통 판별 센서 • 기통 판별 센서가 정상인지 점검한다	예	캠축이 정확히 조립되었는지 확인한 후, 정상이면 다음 단계로 간다
		아니오	수리 또는 교환한다
9	냉각장치 • 냉각장치가 정상인지 점검한다	예	다음 단계로 간다
		아니오	수리 또는 교환한다 • 서모스탯 • 쿨링 팬 • 라디에이터
10	하이텐션 코드 • 하이텐션 코드가 정상인지 점검한다	예	점화 플러그를 점검한 후 정상이면 다음 단계로 간다
		아니오	점화장치를 점검한다
11	새로운 ECM을 사용한 후 상태가 좋아지는지 점검한다	예	ECM을 교환한다
		아니오	옥탄가가 높은 연료를 사용한다

연료 및 배기가스 제어장치 고장진단 가이드

27	연료 냄새		
설 명	· 차량 실내에서 연료 냄새가 난다		

〔고장진단 힌트〕
① 연료 계통 또는 증발 가스 제어장치의 손상 또는 연결 불량
② 증발가스 제어장치의 손상으로 인한 증발가스의 과다

단 계	점 검		조 치
1	연료 누출 · 연료 계통 또는 증발 가스 제어장치의 연료 누출 또는 손상을 점검한다	예	수리 혹은 교환한다
		아니오	다음 단계로 간다
2	고장코드 · 자기진단 기기등을 사용하여 고장코드가 출력되는지 점검한다	예	ECM을 점검한 후, 출력된 고장코드의 원인을 규명한다
		아니오	다음 단계로 간다
3	캐니스터 퍼지 솔레노이드 밸브 · 엔진을 충분히 난기시킨 후 스로틀 밸브가 열린 상태에서 솔레노이드 밸브의 호스에 진공이 느껴지는지 점검한다. · 공회전시 솔레노이드 밸브의 작동 유무를 확인한다. · 솔레노이드 밸브가 작동되지 않는 것을 확인 후 ⑱측 호스에 진공이 느껴지는지 점검한다.	예	단계 5로 간다
		아니오	동일한 조건에서 퍼지 솔레노이드 밸브의 작동음을 점검한다. - 정상이면, 진공 호스의 막힘 여부를 점검한다. - 정상이 아니면, 다음 단계로 간다.
4	캐니스터 퍼지 솔레노이드 밸브 · 캐니스터 퍼지 솔레노이드 밸브에 B+ 전압을 간한 후 밸브를 통해 공기가 흐르는지 점검한다.	예	ECM 36번 단자를 점검한다
		아니오	교환한다
5	새로운 ECM을 사용한 후 상태가 좋아지는지 점검한다		

| 28 | 오일 소모량 과다 |

〔고장진단 힌트〕
① PCV 장치 불량
② 엔진 불량 (오일 변동 또는 누출)

단계	점 검		조 치
1	PCV 장치 · PCV 밸브 및 벤틸레이션 호스의 손상 또는 막힘을 점검한다	예	수리 또는 교환한다
		아니오	다음 단계로 간다
2	벤틸레이션 호스 · 벤틸레이션 호스에 공기압이 느껴지는지 점검한다	예	다음 단계로 간다
		아니오	엔진 상태를 점검한다 · 오일 누출 · 밸브 실, 스템 및 가이드의 마모
3	PCV 밸브 · 공회전시 PCV 밸브에 진공이 느껴지는지 점검한다	예	엔진 상태를 점검한다 · 피스톤 링 홈의 마모 · 피스톤 링의 고착 · 피스톤 또는 실린더의 마모
		아니오	PCV 밸브를 교환한다

연료 및 배기가스 제어장치(BFD, TED) 고장진단 가이드

29 연료 과다 소비

〔고장진단 힌트〕
① 공연비가 너무 진함
 · 연료 라인 압력이 높음
② 차량에 고부하 작용
 · 타이어 공기압이 낮다
 · 부적절한 타이어 사용
 · 브레이크의 끌림
③ 연료 분사 중지 조정 불량
④ 높은 공회전 속도

단계	점검		조치
1	기타 요소 연관 장치가 정상인지 점검한다 · 타이어 공기압이 낮음 · 부적절한 타이어 사용 · 클러치 미끄러짐 · 브레이크의 끌림 · 배기장치가 막힘	예	다음 단계로 간다
		아니오	수리한다
2	흡기계 장치 · 공기 호스등 흡기계 장치가 정확히 연결되었는지 점검한다	예	다음 단계로 간다
		아니오	수리한다
3	에어클리너 · 에어클리너 엘리먼트 상태가 정상인지 점검한다	예	다음 단계로 간다
		아니오	에어클리너 엘리먼트를 교환한다
4	고장코드 · 자기진단 기기등을 사용하여 고장 코드가 출력되는지 점검한다	예	ECM을 점검한 후, 출력된 고장코드의 원인을 점검한다
		아니오	다음 단계로 간다
5	모니터 점검 · 자기진단 기기등을 사용하여 모니터가 정상적으로 작동하는지 점검한다	예	다음 단계로 간다
		아니오	해당 배선을 수리한다
6	ECM 단자 전압 아래의 ECM 단자 전압이 정상인지 점검한다 - 산소 센서 : 12번 - 매스에어 플로우 센서 : 41번 - 엔진 냉각수온 센서 : 78번 - 인젝터 : 3, 32, 31, 4번	예	다음 단계로 간다
		아니오	해당 배선 및 단품을 점검한다

단계	점검		조치
7	연료 분사 중지 장치 • 감속시 연료 분사가 중지되는지 점검한다	예	다음 단계로 간다
		아니오	ECM을 교환한다
8	연료 라인 압력 • 통전 케이블을 사용하여 진단 커넥터의 F/P 단자와 B+ 단자를 연결시킨다. • 점화 스위치를 ON 상태에서 연료 압력이 사양을 만족하는지 점검한다 연료 라인 압력 (kgf/cm²) : 3.2~3.5	예	다음 단계로 간다
		아니오	압력이 너무 높음 - 연료 리턴 라인(연료 필터의 리턴 라인~연료 공급 모듈의 "R"마크 파이프 사이)의 막힘을 점검한 후 정상이면 연료 공급 모듈을 교환한다. 압력이 너무 낮음 - 연료 공급 모듈의 최대 압력을 점검한 후 정상이면 연료 라인 또는 연료 필터의 막힘을 점검한다.
9	잔류 압력 • 엔진을 공회전 상태로 한 후, 점화 스위치 OFF 상태에서 연료 라인 압력이 유지되는지 점검한다 연료 라인 압력 (kg/cm²) : 1.8 이상(5분 동안)	예	다음 단계로 간다
		아니오	인젝터의 연료 누출을 점검한다
10	연료의 상태를 점검한다		

연료 및 배기가스 제어장치(T8D LPG)

사양 · 21B- 1
고장진단 및 조치 · 21B- 3
고장진단 가이드 · 21B-41
FBM 장치 · 21B-47
LPG 개요 · 21B-55
LPG 시스템 · 21B-62

21B

사양

항 목			제 원
믹서	전고(플랜지 저면에서 최상단부) (mm)		115.5
	입구 직경	내경(mm)	⌀63
		외경(mm)	⌀69
	스로틀 보어(mm)		⌀45
	벤츄리(mm)		⌀24
	노즐(mm)		⌀6 ~ ⌀11
	스로틀 밸브	전폐각	10° ±1°
		공회전시 개도	0.5° $^{+0.5°}_{-0°}$
		밸브 두께	1.5 mm
	스로틀 포지션 센서	전 저항치	1.6~2.4 kΩ (20°C 기준)
		공회전 SET치	0.2V ~ 0.465V
		정격 전압	DC 5V
	메인 듀티 솔레노이드	정격 전압	DC 13.5V
		코일 저항	20 ~ 20.2 Ω (20°C 기준)
		구동 주파수	20Hz
		최대 유량	120 ± 5 L/min
	슬로우 듀티 솔레노이드	정격 전압	DC 13.5V
		코일 저항	64.6 ~ 67.6 Ω (20°C 기준)
		구동 주파수	20Hz
	아이들 스피드 액츄에이터	정격 전압	DC 12V
		사용 듀티 범위	5 ~ 95%
		구동 주파수	250Hz
		최소 유량	1.9 m³/h
		최대 유량	68 m³/h
베이퍼라이저	1차실 압력(kg/cm²)		0.3 $^{+0.05}_{-0}$
	밸브 시트	1차(mm)	⌀5
		2차(mm)	⌀6.8
	다이어프램 스프링	1차	19mm일 때 12.7 ± 0.635kg
		2차	22.5mm일 때 232 ± 12g
	세컨드 록 솔레노이드	정격 전압	DC 12V
		코일 저항	19 ~ 21 Ω (20°C 기준)
	슬로우 컷 솔레노이드	정격 전압	DC 12V
		코일 저항	26 ~ 28 Ω (20°C 기준)

21B-2 연료 및 배기가스 제어장치 (T8D LPG) 사양

항 목			제 원
베이퍼라이저	LPG 입구경		ø6mm
	LPG 출구경		ø14mm
	냉각수 입구경(외경)		ø14mm
	냉각수 출구경(외경)		ø14mm
입력 센서	맵 센서	형식	피에조 전기식
		출력 전압	0 ~5V
	흡기 온도 센서	저항	2.22 ~ 2.817 kΩ (20°C 기준)
	엔진 냉각 수온 센서	저항	2.27 ~ 2.64 kΩ (20°C 기준)
	산소센서	형식	지르코니아센서

정비기준

항 목	제 원
점화 시기	BTDC 15° ± 5°
공회전 속도	800 ± 100 rpm

특수공구

공 구 명	형 상	용 도
하이스캔 프로 K2CA 089 HSP	KFW5232A	전자 제어 계통 점검

고장진단 및 조치
개요
모트로닉 시스템은 연료 분사 및 점화 시기를 전자적으로 제어하며 주요 제어기능은 아래와 같다.
- 연료 분사
- 엔진 쿨링 팬(고속, 저속)
- 점화 시기
- 아이들 스피드

ECM은
- 각종 입력 센서 신호를 감지, 마이크로프로세서를 통해 기입력된 프로그램을 이용하여 적절한 차량 상태 제어
- 자기학습(Adaptive)기능을 통하여 차량 갱년 변화 및 각 상태 변동을 지속적으로 보정함으로서 최적의 작동 조건을 유지
- 폐회로 제어(Closed Loop Control) 및 차량 상태 변동에 즉시 대응함으로써 배출가스를 저감시킴
- 차량 진단(On-Board Diagnostic)기능을 통해 각 센서의 신호를 지속적으로 관찰하여 고장발생시 고장코드 출력 및 미리 설정된 기본(Limp-home)값으로 대치하여 최소한의 주행을 보장하는 기능을 가지고 있다.

ECM은 아래의 입력 신호에 의해 차량의 주행 상태를 파악한 후 제어 기능을 통하여 출력 액츄에이터를 제어한다.

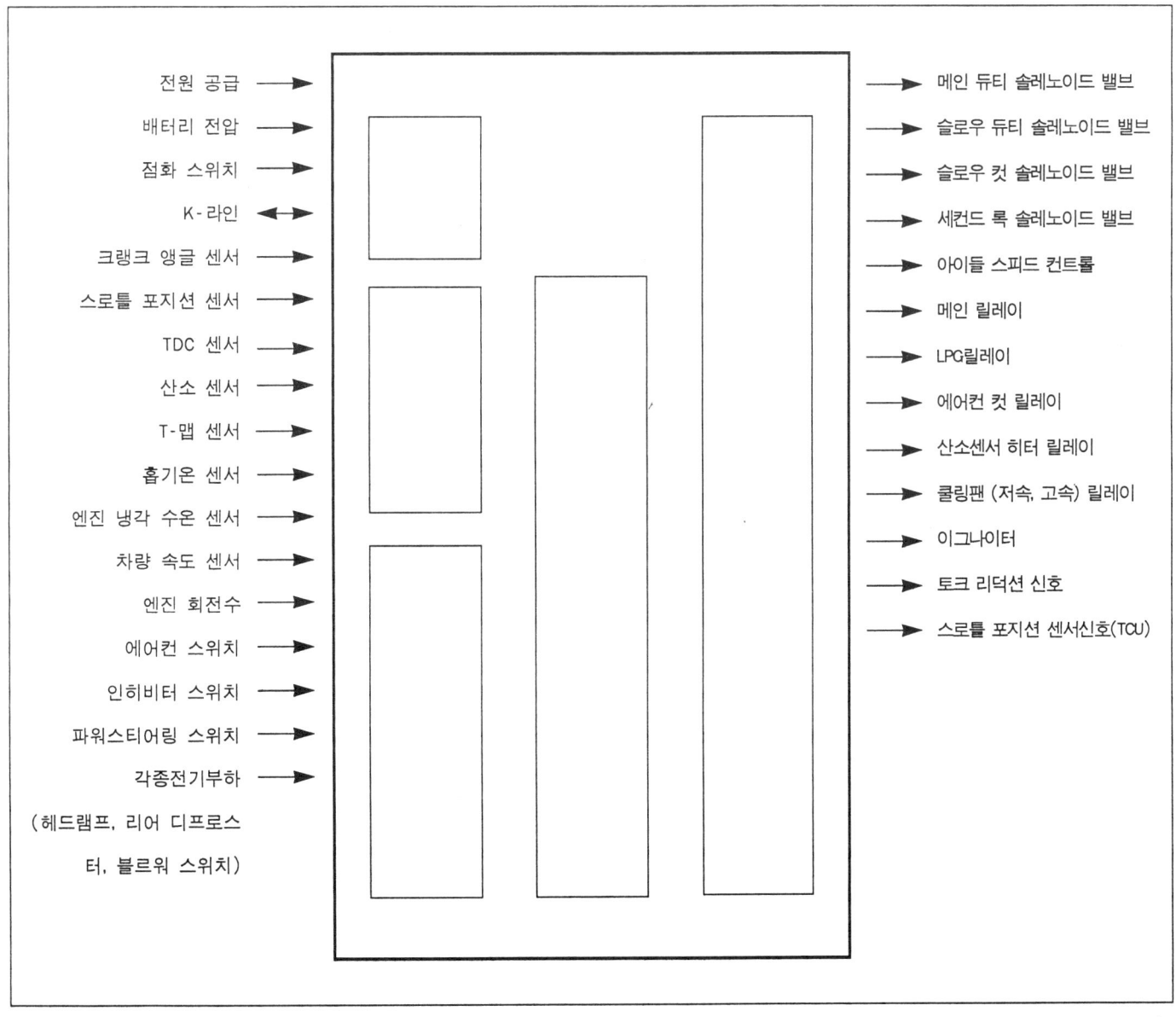

진단 커넥터

진단 커넥터 각 단자 배열 및 기능은 다음과 같다.

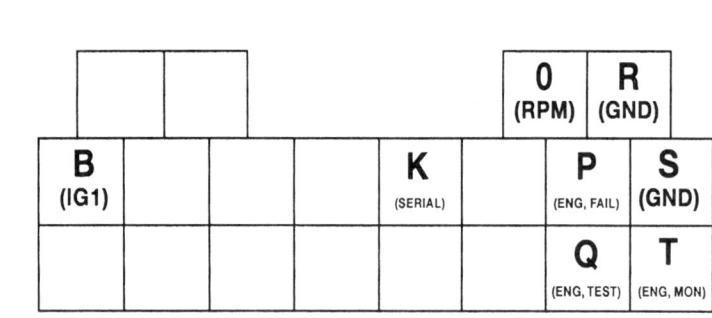

B : B+ 단자
K : 통신 단자
O : 엔진 속도(RPM) 단자
P : ECM 고장 검출 단자
T : ECM 모니터 단자
Q : ECM 점검 단자
R : 접지 단자
S : 접지 단자

단자 조합	기 능	비 고
K와 진단기기	직렬 통신	진단기기(파워스캔/KJ-1)와 직렬 통신하여 고장코드 출력, 센서데이터 출력, 고장코드 소거 기능 수행
O와 타코미터	엔진 속도(RPM) 신호	
Q와 S	아이들 속도 및 아이들 듀티값 점검	엔진 난기 후 전기 부하 OFF
Q와 S	고장코드 검출시 전압계 ⊕ 단자 - 진단 커넥터 B 단자 전압계 ⊖ 단자 - 진단 커넥터 P 단자	점화 스위치 ON 상태에서
T와 듀티 체크기	피드백 솔레노이드 밸브 듀티값 모니터 기능	점화 스위치 ON 상태에서

고장코드 출력
고장코드는 해당 자기진단 기기를 통하여 출력시킨다.

자기진단 기기
1. 점화 스위치 OFF 상태에서 그림과 같이 자기진단 기기를 연결시킨 후 점화 스위치 ON 상태에서 고장코드를 출력시킨다.

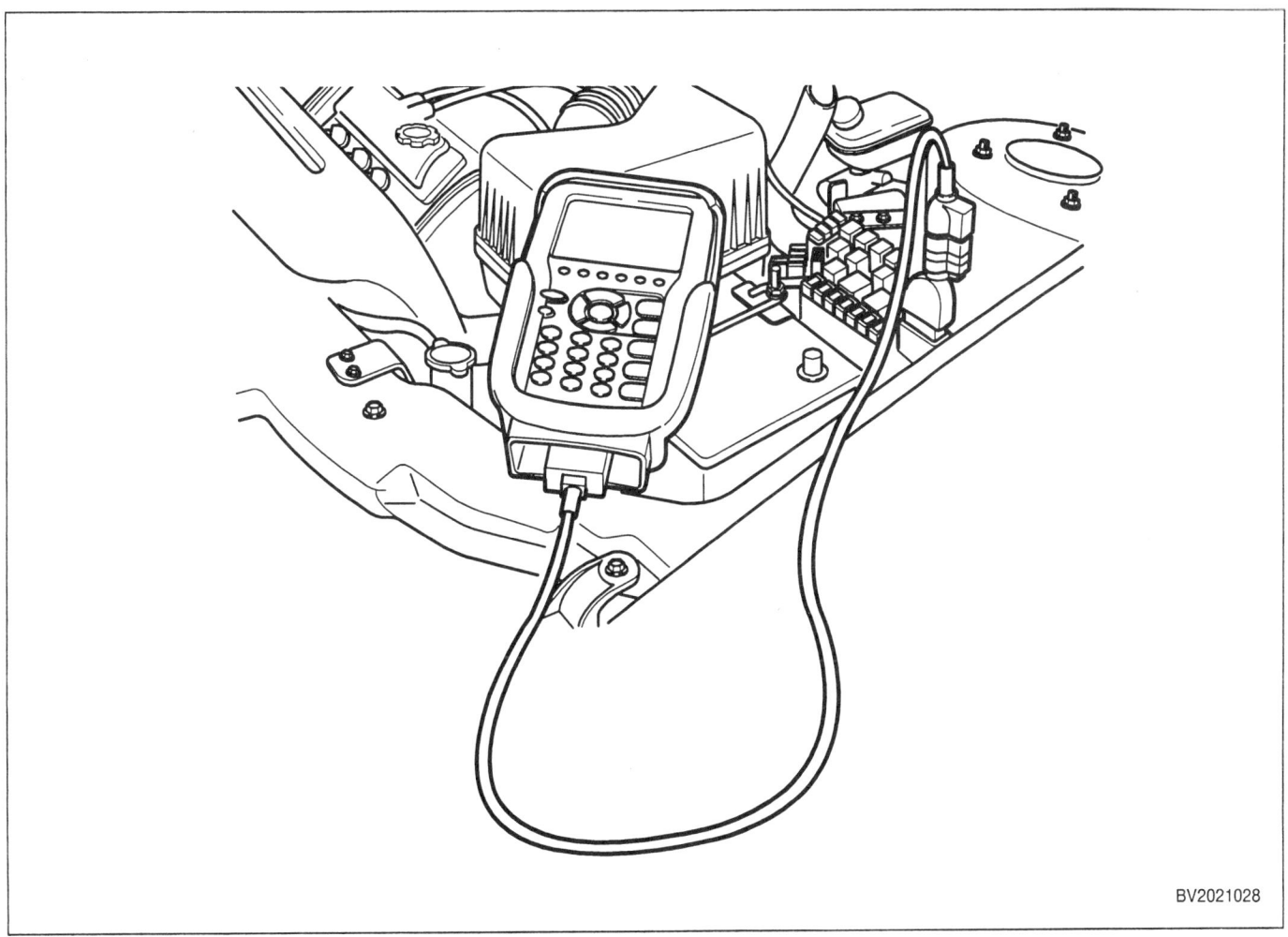

2. 전압계를 사용할 경우에는 진단 커넥터의 엔진 테스트 단자를 접지시킨 후 ⊕ 단자를 진단 커넥터 B 단자에 ⊖ 단자를 진단 커넥터 P 단자에 연결시켜 고장코드를 읽는다.

고장코드 소거 방법
- 고장 수리 후 ECM에 기억된 고장코드를 소거할 경우에는 아래의 작업을 수행한다.

1. 이그니션 스위치 ON 상태에서, 자기진단 기기를 사용하여 고장코드를 소거시킨다.

- 고장코드 소거 후, 엔진 난기 상태에서 최소 5분정도 공회전 시킨 후 고장코드가 나타나지 않는지 확인한다.

진단 및 점검 방법에 대한 설명

1. 각각의 고장코드에 대한 진단 및 점검 방법이 설명되어 있다.
2. ECM을 제외한 관련 단품과 와이어 하니스, 커넥터에 대한 점검이 정상이라면, 예상 원인을 ECM이라고 생각할 수 있다. 그러므로 단품, 배선, 커넥터에 문제가 없으면 ECM 점검 및 교환 방법을 참조한다.
3. "하니스 또는 커넥터 점검" 혹은 "ECM 점검 또는 교환"이란 항목이 모든 고장코드에 공통적으로 사용되고 있으며 아래와 같이 점검한다.

단선(Open Circuit)

이것은 하니스의 분리, 커넥터의 불완전한 체결, 커넥터 단자의 이탈 등의 이유로 발생할 수 있다.

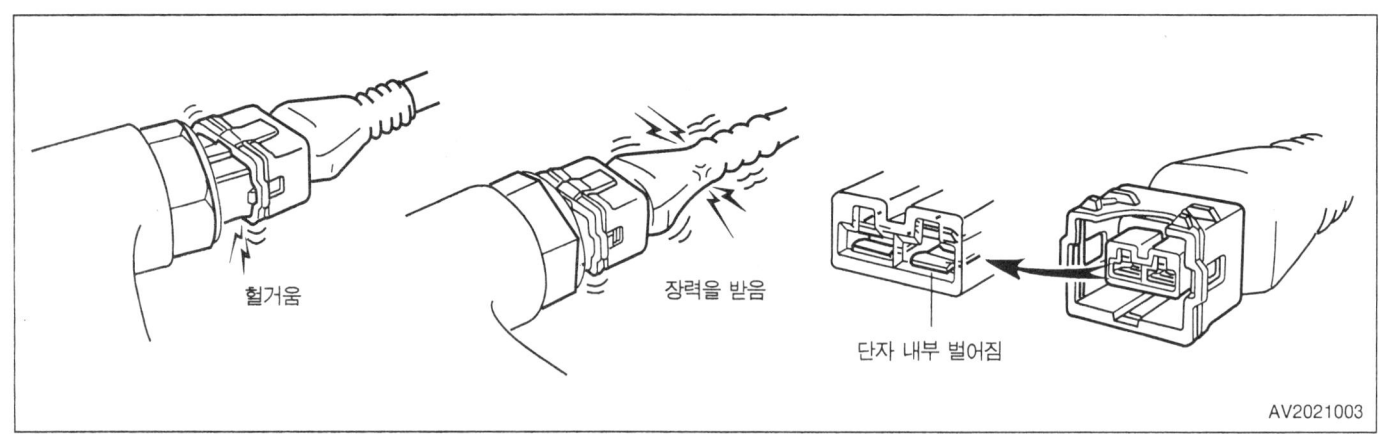

점검 포인트

1. 하니스 중간에서 단선 되는 경우는 극히 드물고 거의 대부분이 커넥터에서 발생한다. 센서나 액츄에이터 단품 커넥터 부분을 유심히 점검한다.
2. 불완전한 체결은 커넥터 단자의 녹, 단자 사이의 이물질, 커넥터 단자의 체결력 이완 등의 이유로 인해서 발생할 수 있다. 간단한 커넥터의 분리/재결합만으로 정상적으로 작동되도록 할 수 있다.
   그러므로 하니스나 커넥터 점검 후에 비정상을 발견하지 않았음에도 문제점이 없어졌다면 그 이유는 커넥터나 하니스에 있었다고 볼 수 있다.

단락(Short Circuit)

이것은 하니스와 차체 접지측 또는 전원선 쪽에 회로가 단락 됨으로서 발생할 수 있다.

점검 포인트

하니스와 차체 접지측이 단락되었다면 하니스가 차체 쪽으로 연결되어 있는지 또는 적절히 체결되어 있는지를 확실히 점검해 보아야 한다.

단선이나 단락에 대한 점검 방법을 아래 예를 참조하여 설명하겠다.

1. 단선 점검(Open Circuit)

   아래 그림과 같이 단선된 경우에는 "통전 점검" 또는 "전압 점검"을 수행할 수 있다.

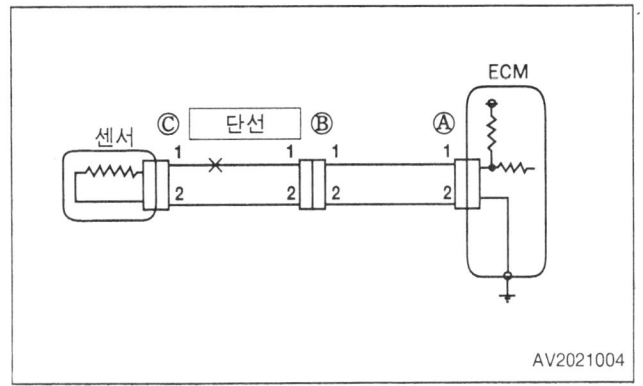

가) 통전 점검

   1) 아래 그림과 같이 A와 C의 커넥터를 분리하여 저항을 측정한다.
      A 커넥터 1번 단자와 C 커넥터 1번 단자 사이 ⇒ 통전 안됨(단선)
      A 커넥터 2번 단자와 C 커넥터 2번 단자 사이 ⇒ 통전 됨
      여기서 A 커넥터 1번 단자와 C 커넥터 1번 단자 사이가 단선되어 있음을 알 수 있다.

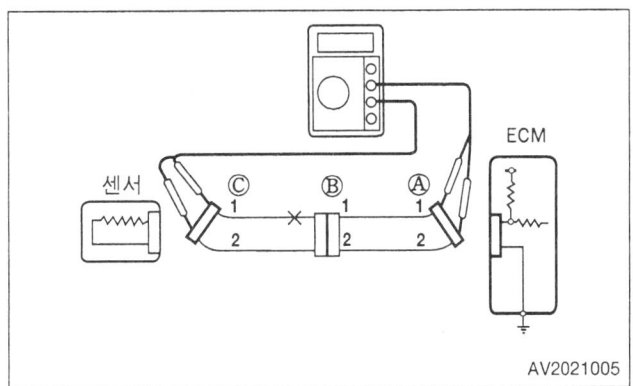

   2) 아래 그림과 같이 B 커넥터를 분리하여 A와 B, B와 C 사이의 저항을 측정한다.
      A 커넥터 1번 단자와 B 커넥터 1번 단자 사이 ⇒ 통전 됨
      B 커넥터 2번 단자와 C 커넥터 2번 단자 사이 ⇒ 통전 안됨(단선)
      여기서 B 커넥터 1번 단자와 C 커넥터 1번 단자 사이가 단선되어 있음을 알 수 있다.

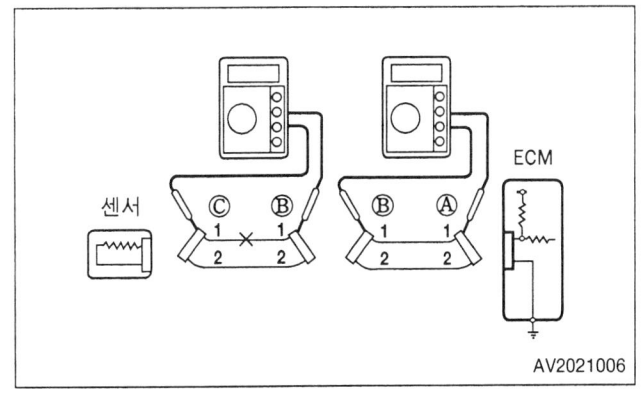

21B-8 연료 및 배기가스 제어장치 (T8D LPG) 고장진단 및 조치

나) 전압 점검

ECM측으로부터 전압을 인가 받은 회로 상에서는 전압 점검을 통하여 단선 여부를 확인할 수 있다.
아래 그림과 같이 각각의 커넥터가 연결된 상태에서 ECM 5V 출력 단자인 A 커넥터의 1번 단자, B 커넥터의 1번 단자와 차체 접지측 사이의 전압을 측정한다.
그 결과가 아래와 같다면 :
5V : A 커넥터의 1번 단자와 차체 접지측 사이
5V : B 커넥터의 1번 단자와 차체 접지측 사이
0V : C 커넥터의 1번 단자와 차체 접지측 사이
B 커넥터의 1번 단자와 C 커넥터의 1번 단자 사이가 단선되었음을 알 수 있다.

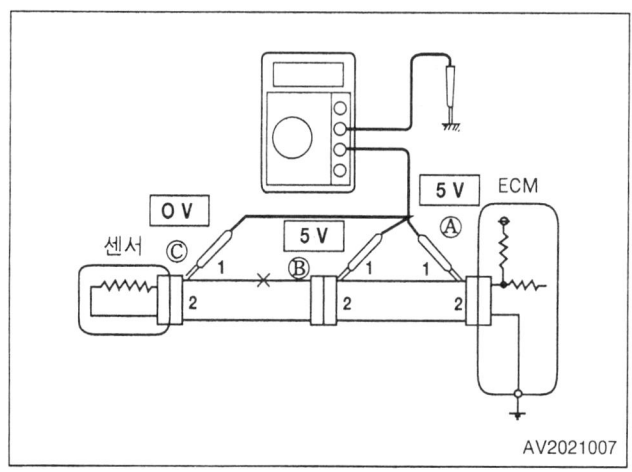

2. 단락 점검(Short Circuit)

아래 그림과 같이 접지측으로 단락되었다면 "접지측과의 통전 점검"에 의해 확인할 수 있다.

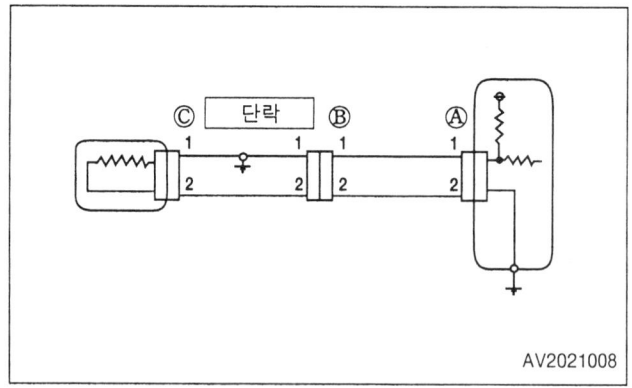

가) 접지측과의 통전 점검
1) 아래 그림과 같이 A와 C의 커넥터를 분리하여 A 커넥터의 1,2번 단자와 차체측 접지 사이의 저항을 측정한다.
A 커넥터 1번 단자와 차체측 접지 ⇒ 통전 됨(단락)
A 커넥터 2번 단자와 차체측 접지 ⇒ 통전 안됨
여기서 A 커넥터 1번 단자 C 커넥터 1번 단자 사이가 단락되어 있음을 알 수 있다.

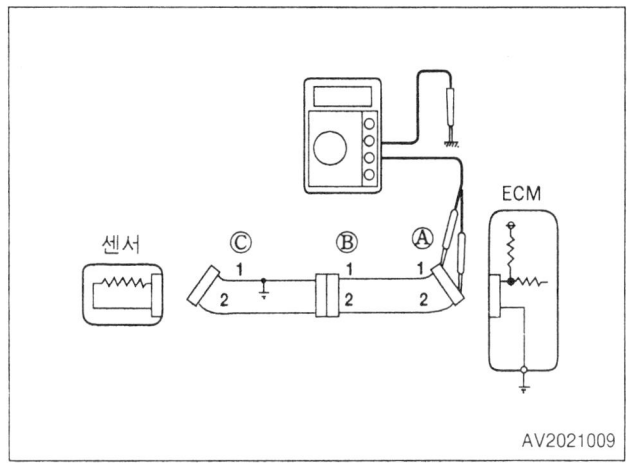

2) 아래 그림과 같이 B 커넥터를 분리하여 A 커넥터 1번 단자와 차체측 접지 사이, B 커넥터 1번 단자와 차체측 접지 사이의 저항을 측정한다.
A 커넥터 1번 단자와 차체측 접지 ⇒ 통전 안됨
B 커넥터 1번 단자와 차체측 접지 ⇒ 통전 됨(단락)
여기서 B 커넥터 1번 단자와 C 커넥터 1번 단자 사이가 단락되어 있음을 알 수 있다.

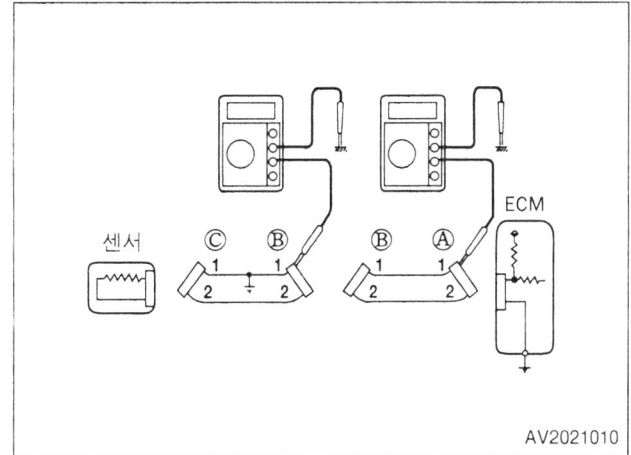

간헐적 고장에 대한 점검

커넥터 연결 부분의 상태를 확인한다.
- 체결 상태
- 커넥터 단자의 이탈/이완
- 단자 사이의 이물질/녹

고장이 감지되면 수리한다.
정상이면 진단기기를 이용하여 고장코드를 소거한 후 다시 한 번 고장코드가 발생하는지 점검한다.

ECM 점검 및 교환

먼저 ECM 접지 단자를 점검한다.
고장이 감지되면 수리한다.
정상이면, ECM 고장일 것으로 추측되므로 신품 ECM으로 교환하여 증상이 재현되는지 점검한다.

1) ECM측 접지 단자와 차체측 접지 단자 사이의 저항을 측정한다.

   저항 : 1Ω 이하

2) ECM 커넥터를 분리하여 ECM측과 하니스측 접지 단자의 파손 여부 및 체결력 등을 점검한다.

작업 전 주의사항

EMS(Engine Management System) 관련 고장 수리를 하기 전에, 일반사항을 준수하여 안전한 작업이 될 수 있도록 한다.

점화 스위치 OFF

아래의 작업을 하기 전에 반드시 점화 스위치를 OFF 상태로 한다.

1. 점검기기(자기진단 기기, 타이밍 라이트, 오실로스코프 등)를 연결할 때
2. 커넥터를 연결 또는 분리할 때
3. 저항계를 사용하여 저항을 측정할 때
4. 점화 계통 부품(점화 플러그, 점화 코일, 이그나이터 등)을 교환할 때

ECM 분리

ECM 고장 발생을 방지하기 위하여 아래와 같은 작업 수행시 반드시 ECM을 분리한다.

1. 약 80°C 이상에서 작업(도장 등)을 행할 때
2. 아크 용접을 행할 때

고압 전류

⚠ 경고

점화 계통에는 고압의 전류가 흐르고 있으므로 점화계통 부품(점화 코일, 이그나이터, 관련 배선 등) 수리시 주의한다.

연료 계통 수리

⚠ 경고

연료 계통 수리시 사고 방지를 위하여 연료 라인 내의 연료를 반드시 제거한 후 작업한다.

1. 시동을 건 후 LPG 스위치를 중립 위치로 한 후 (OFF시킨) 엔진이 정지할 때까지 공회전을 시킨다.
2. 봄베측 송출 밸브(적색, 황색)를 완전히 잠근다.

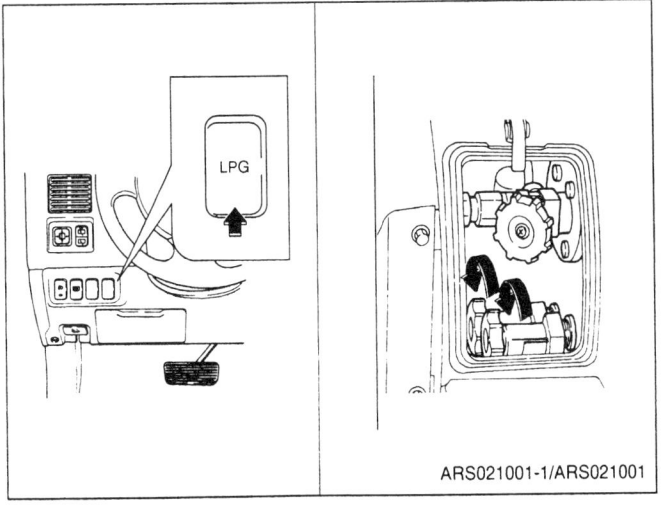

엔진 조정

⚠ 주의

엔진 조정 작업시 테스트 단자를 장시간(약 5분 이상) 접지시키지 말 것.

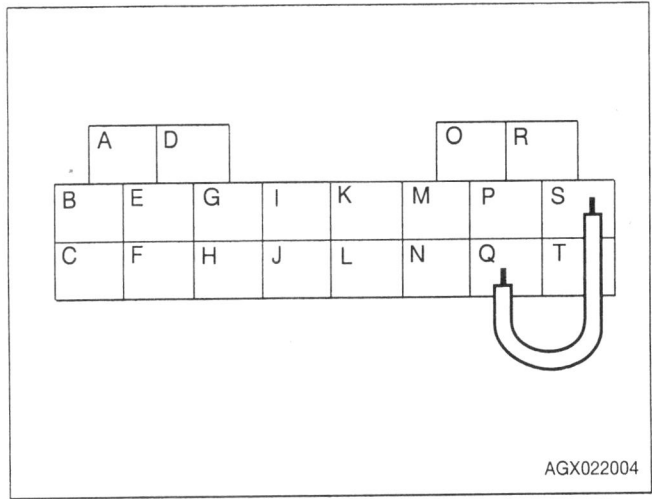

배선 및 커넥터 점검

전기 장치의 많은 고장 요인은 배선 및 컨넥터에서 유발된다. 이러한 고장은 다른 전기 장치의 간섭 및 기계적, 화학적 결함으로 인해 야기된다.

육안 점검

육안 점검을 통하여 커넥터의 풀림 및 과다한 장력 등을 점검한다.

접속 불량

핀 또는 소켓의 먼지, 이물질(산화 현상) 또는 전선의 연결 불량 등으로 커넥터의 접속 불량이 야기될 수 있다.

점검 수순

1. 전선을 가볍게 흔들면서 연결 상태를 확인한다.

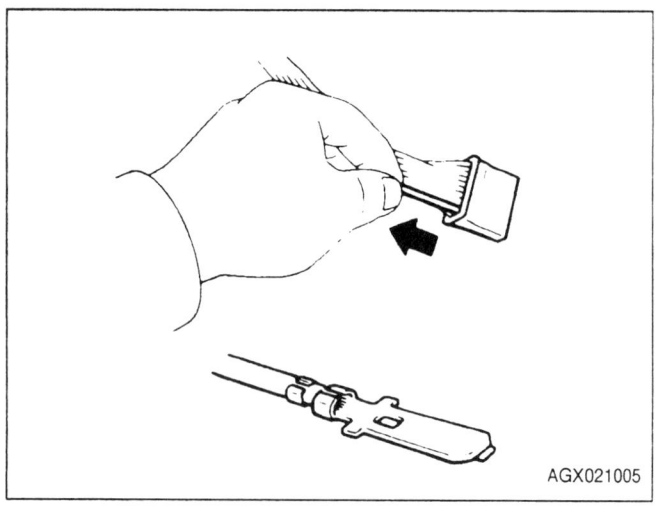

2. 먼지 제거제를 바른 후에 압축 공기 등으로 불어 낸다.
3. 점검용 숫 터미널을 사용하여 암 터미널의 연결 상태를 확인한다.

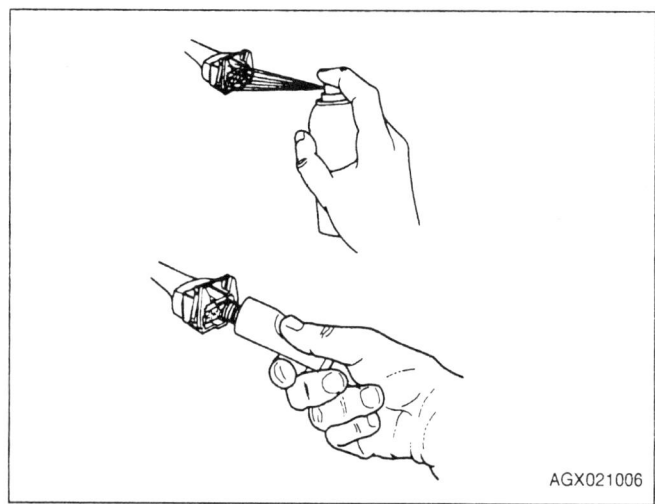

엔진 조정

준비

1. 엔진을 정상 온도(냉각 수온 80°C 이상)까지 난기 시킨다.
2. 모든 전기 부하(에어컨, 헤드 램프, 리어 디프로스터등)를 OFF시킨다.
3. 조향 핸들을 정방향으로 위치시킨 후 변속 레버를 "P(ATX) 또는 N(MTX)"에 위치시킨다.
4. 무부하 상태에서 엔진회전수가 800±100 rpm인지 확인한다.
5. 타이밍 라이트와 타코미터를 장착한다.
6. 통전 케이블을 사용하여 테스트 단자를 접지시킨다.

주의
테스트 단자를 장시간(약 5분 이상) 접지시키지 말 것.

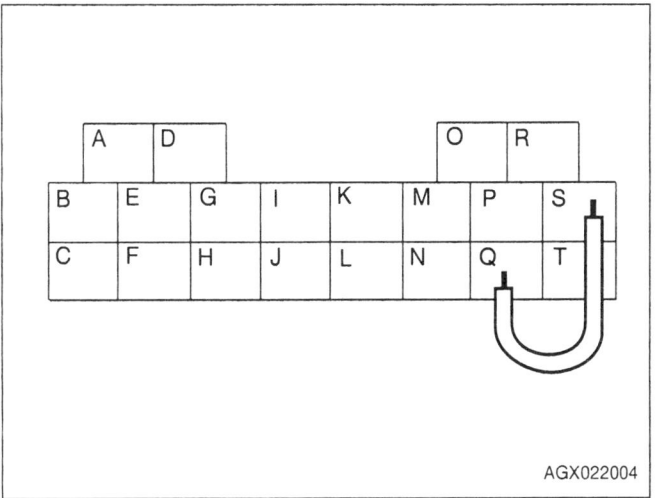

점화 시기

1. 「준비」 단계를 실시한다.
2. 타이밍 라이트로 타이밍과 크랭크 풀리의 정렬 마크(백색) 위치가 사양과 일치하는지 점검한다.

점화 시기 : 15°±5° (BTDC)

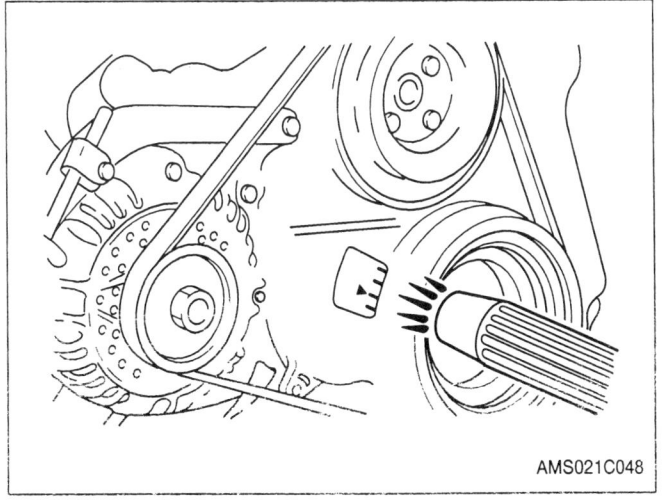

참조
본 엔진은 점화 시기가 자동으로 제어되는 시스템으로 점화 시기가 사양을 벗어나면 차량 조립 상태 및 배선의 체결 상태를 점검한다.

아이들 회전수 및 아이들 듀티 조정

1. 「준비」 단계를 실시한다.
2. 아이들 회전수가 사양과 일치하는지 점검한다.

아이들 회전수(rpm) : 800±100

참조
본 엔진은 아이들 회전수가 자동으로 제어되는 시스템으로 아이들 회전수가 사양을 벗어나면 다음 항목을 우선 점검한다.
a) 고장코드 유무
b) 아이들 상태에서 인테이크 매니폴드 진공압을 점거한다.
   진공압력 : 480mmHg이상
   규정값보다 작을 경우는 흡기 계통의 누기를 점검한다.
c) 크랭크 샤프트 포지션 센서 장착 상태를 점검한다.
   간극 : 0.95 ~ 1.7mm

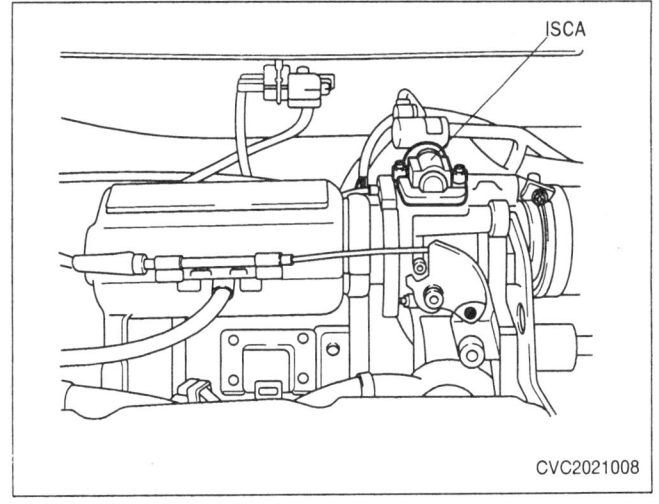

3. 듀티 체크기를 진단 커넥터의 "T" 단자에 연결한다.
4. 아이들시 피드백 솔레노이드 듀티비가 사양과 같은지 확인하고, 어긋나 있으면 아래와 같이 조정한다.

   아이들 듀티(%) : 50±5%

   ① 아이들 듀티값이 45% 이하일 때는 I.A.S를 반시계 방향(푸는 방향)으로 돌려서 조정한다.
   ② 아이들 듀티값이 55% 이상일 때는 I.A.S를 시계 방향(감는 방향)으로 돌려서 조정한다.
   ③ 아이들 듀티가 사양과 일치하는지 확인하고 어긋나 있으면 재차 위의 조정 순서로 조정한다.

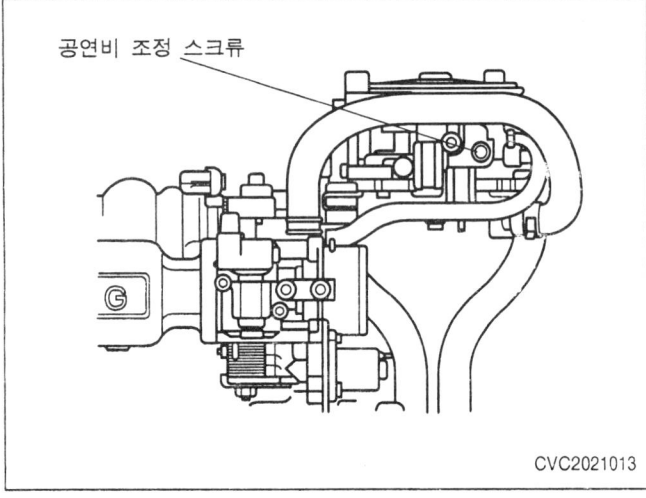

공연비 조정 스크류

5. 조정이 안될 경우 믹서의 SAS 조임 상태 및 슬로우 제트의 막힘 또는 풀림 상태를 확인한다.
6. 재차 아이들 회전수가 사양과 일치하는지 확인하고 어긋나 있으면 A.A.S를 재조정한다.

   아이들 회전수(rpm) : 800±100

7. 10초 이상 엔진을 안정시켜 (4)의 상태에 있는지 확인하고 어긋나 있으면 재조정한다.
8. 테스트 단자를 분리한다.
9. 배기가스 중 일산화탄소(CO)의 농도가 규정치 이하인지 확인한다.

   CO : 0.1% 이하

10. 엔진을 2000~3000 rpm으로 레이싱한 후 재확인한다.

고장진단 및 조치 **연료 및 배기가스 제어장치 (T8D LPG)** 21B-15

회로도

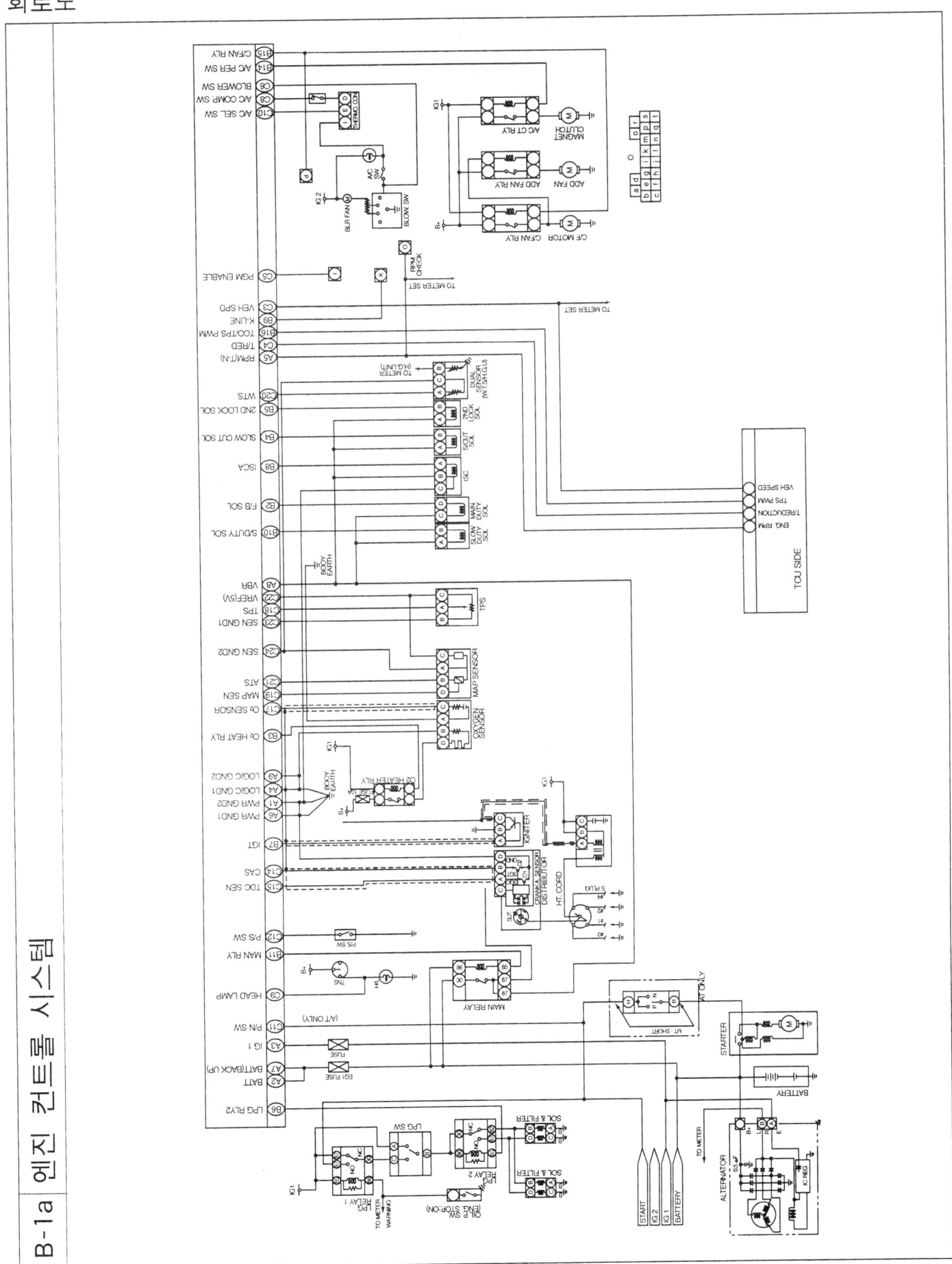

단자 전압표

(A)	(B)	(C)
1 2 3 4 5	1 2 3 4 5 6 7 8 9	1 2 3 4 5 6 7 8 9 10 11 12
6 7 8 9 10	10 11 12 13 14 15 16 17 18	13 14 15 16 17 18 19 20 21 22 23 24

커넥터 A

단자	기능	조건	입력, 출력 신호 형식	값
A1	전원 접지	상시	-	0 Ω
A2	배터리 전원	상시	-	B+
A3	배터리 전원	상시	-	B+
A4	로직 접지	IG1	-	0 Ω
A5	엔진 회전수	1000RPM	주파수	50Hz
		3000RPM	주파수	150Hz
A6	전원 접지	상시	-	0 Ω
A7	배터리 전원	상시	-	B+
A8	배터리 전원	IG ON	-	B+
A9	로직 접지	상시	-	0 Ω
A10	-	-	-	-

커넥터 B

단자	기능	조건	입력, 출력 신호 형식	값
B1	-	-	-	-
B2	메인 듀티 솔레노이드 밸브 제어	솔레노이드 ON	-	<0.5V
		솔레노이드 OFF	-	B+
B3	HO2S 히터 릴레이 제어	IG1 ON	-	B+
		시동	-	<0.5V
B4	슬로우 컷 솔레노이드 밸브 제어	솔레노이드 ON	-	<0.5V
		솔레노이드 OFF	-	B+
B5	세컨드 록 솔레노이드 밸브 제어	솔레노이드 ON	-	<0.5V
		솔레노이드 OFF	-	B+
B6	LPG 릴레이1 제어	LPG S/W ON	-	B+
		LPG S/W OFF	-	<0.5V
B7	이그나이터	공회전	펄스	<0.8V
B8	아이들 스피드 컨트롤	ON	-	<0.5V
		OFF	-	B+
B9	K 라인	-	-	-
B10	슬로우 듀티 솔레노이드 밸브 제어	솔레노이드 ON	-	<0.5V
		솔레노이드 OFF	-	B+
B11	메인 릴레이 제어	IG OFF	-	B+
		IG ON	-	<0.5V
B12	-	-	-	-
B13	-	-	-	-
B14	에어컨 컷 릴레이 제어	IG ON	-	B+
B15	쿨링 팬 릴레이 제어	IG ON	-	B+
B16	스로틀 포지션 센서 신호 TO TCU	-	-	-
B17	-	-	-	-

커넥터 C

단자	기능	조건	입력, 출력 신호 형식	값
C1	-	-	-	-
C2	-	-	-	-
C3	-	-	-	-
C4	토크 리덕션 신호	-	-	-
C5	-	-	-	-
C6	에어컨 스위치	스위치 ON	-	B+
		스위치 OFF	-	<0.5V
C7	-	-	-	-
C8	듀얼 압력 스위치	정상 압력	-	≥5V
		비정상	-	<0.5V
C9	헤드라이트	ON	-	≥8V
		OFF	-	<0.5V
C10	에어컨 센서 스위치	IG ON	-	>5V
C11	인히비터 스위치(A/T 차량)	스위치 ON	-	<0.5V
		스위치 OFF	-	B+
C12	파워 스티어링 스위치	스위치 ON	-	<0.5V
		스위치 OFF	-	5V
C13	-	-	-	-
C14	크랭크 앵글 센서	공회전	펄스	2~3V
C15	TDC 센서	공회전	펄스	4~5V
C16	-	-	-	-
C17	HO2S	농후	펄스	0.6~0.8V
		희박	펄스	0.2~0.4V
C18	TPS	공회전	-	0.4~0.8V
		WOT	-	3.6~4.0V
C19	흡입 공기량 센서(T-MAP)	IG ON	-	3.5~4V
		공회전	-	0.5~1.5V
C20	수온 센서	20℃	-	2.2~2.8V
		80℃	-	0.4~1.0V
C21	흡기온 센서 (T-MAP)	20℃	-	2.2~2.8V
		80℃	-	0.4~1.0
C22	TPS 전원	IG ON	-	5V
C23	TPS 접지	상시	-	0Ω
C24	HO2S 접지	상시	-	0Ω

고장코드 일람표

고장코드	항목	진단 항목	고장판정 조건	FAILSAFE
P0105	공기량 센서 (T-MAP)	전압	1.엔진 정지:공기량<118mbar,2048ms동안 2.엔진 회전:공회전>2048rpm& 부하>986mbar, 2048ms 동안 3.엔진 회전:TPS>38%&rpm>1984rpm& 부하<118mbar, 2048ms 동안 4.엔진 회전:공회전<2048rpm& 부하<125mbar, 2048ms 동안	1.부하=f(TPS, RPM) 2.A/F OPEN LOOP제어 3.연료학습 금지 4.대기압학습치=1041.4mbar

P0110	흡기온 센서 (T-MAP)	전압	1.입력전압<0.078V, 4096ms 동안
			2.입력전압>4.94V, 4096ms 동안
				1.WTS 정상:
				  만약 냉각수온<20℃, 공기온=냉각수온
				  그외 공기온=80℃
				2.WTS 고장:공기온=80℃

P0115	냉각 수온 센서 (WTS)	전압	1.입력전압<0.14V, 4096ms 동안 2.입력전압>4.86V, 4096ms 동안 3.KEY ON시 40℃ 이하이고 시동 후 130초 경과 후 KEY ON시보다 5℃이상 올라가지 않을 경우	1.KEY ON:WTS=ATS 2.WTS & ATS 동시고장:WTS=20℃ 3.시동이후:매4096ms마다 0.625℃ 씩 110℃ 까지 증가
P0120	스로틀 포지션 센서(TPS)	전압	1.스로틀개도>99.45%, MAP 센서가 정상, 부하<1041mbar, 입력전압>4.96V, 4096ms 동안 2.스로틀개도<1.17%, MAP 센서가 정상, 부하>103mbar, 입력전압<0.059V, 4096ms 동안	1.TPS개도=50% 2.쓰로틀 PWM=0% 3.WOT ON:부하>754.3mbar& rpm>1792mm 4.IDLE ON:부하<415.8mbar & rpm<2400rpm
P0130	산소 센서(O₂)	전압	1.입력전압>1398mV, 128초 동안 2.WTS>86℃ & rpm>1536rpm & 부하>397mbar&306mV<SO2<558mV,160초 동안 → 신호의 입력이 없을 경우	1.OPEN LOOP 제어 2.공연비 학습제어 금지(최종값 사용)
P0335	크랭크 각 센서 (SGT)	SIGNAL	SGC 센서의 신호가 4회 변화하는 동안 SGT의 신호 변화가 없는 경우	
P0340	NO.1 TDC 센서(SGC)	SIGNAL	SGT 신호가 변화하는 동안 SGC 신호의 변화가 없는 경우	SGC 최단 신호 후 아홉번째(9th) FALLING EDGE에서 실린더 판별시 1번 실린더로 판별
P0501	차속 센서	SIGNAL	rpm>2624rpm& 급격한 부하 변동이 없고 24576ms 동안 신호의 입력이 없는 경우	
P1230	슬로우 듀티 솔레노이드	작동 상태	IG ON & BATT>10V&단선, 접지단락 IG ON & BATT>10V& 전원단락	
P1124	슬로우 컷 솔레노이드	작동 상태	IG ON & BATT>10V&단선, 접지단락 IG ON & BATT>10V& 전원단락	
P1221	메인 듀티 솔레노이드	작동 상태	IG ON & BATT>10V&단선, 접지단락 IG ON & BATT>10V& 전원단락	
P1240	세컨드 록 솔레노이드	작동 상태	IG ON & BATT>10V&단선, 접지단락 IG ON & BATT>10V& 전원단락	
P0505	아이들 스피드 컨트롤 (ISC)	작동 상태	IG ON & BATT>10V&단선, 접지단락 IG ON & BATT>10V& 전원단락	ISA DUTY=50% 고정
P0601	ECU메모리 CHECK SUM		IG ON & ROM의 CHECK SUM ERROR발생	내부 고장, ECM 교환한다.

자기진단 항목 및 엑츄에이터 테스트항목

1) 자기진단 항목

순	항 목	조 건	정상 상태 참조치	단 위	범 위	비 고
1	산소 센서(B1/S1)	A/F 제어	0.1~0.9	V	0~1.275	
2	흡기압 센서(MAP) 공기량 센서(T-MAP)	IDLE WOT	25~35(300mb) 80~103(950~1000mb)	mmHg (kpa)	0~255	
3	흡기온 센서(T-MAP)	HOT IDLE	50~100	°C	-40~215	
4	스로틀 포지션 센서	IDLE WOT	0 70~100	%	0~100	
5	배터리 전압	ENG.RUN	12~16	V	8~6	
6	냉각 수온 센서	KEY ON HOT IDLE	-40~120 80~110	°C	-40~215	
7	엔진회전수	IDLE WOT	600~1000 600~6200	rpm	0~16383	
8	차속 센서	정지시 주행시	0 0~255	Km/h	0~255	
9	에어컨 스위치	-	-	ON/OFF	-	
10	에어컨 릴레이	-	-	ON/OFF	-	
11	변속 레버 스위치(인히비터 스위치)	-	-	-	-	
12	파워 스티어링 스위치	-	-	ON/OFF	-	
13	점화 시기	IDLE	10~20	°		BTDC:+ ATDC:-
14	공회전 학습 제어	IDLE NOT IDLE	20~40 20~55	%	0~100	
15	공회전 학습 제어	IDLE	-10~15	%	-50~50	
16	메인 듀티 솔레노이드	ENG. RUN	0~97.2	%	0~100	
17	슬로우 듀티 솔레노이드	ENG. RUN	0~97.2	%	0~100	
18	슬로우 컷 솔레노이드	-	-	ON/OFF	-	
19	공연비 보정 상태	-	-	-	-	
20	공연비 보정 제어	ENG. RUN	-50~50	%	-50~50	
21	공연비 학습 제어	ENG. RUN	-50~50	%	-50~50	

2) 액츄에이터 테스트 항목

순	항 목	조 건	비 고
1	메인 듀티 솔레노이드 밸브	50% 듀티(2회)	작동음 확인
2	슬로우 컷 솔레노이드 밸브	ON, OFF 2회	작동음 확인
3	메인 릴레이	ON, OFF 2회	작동음 확인
4	에어컨 컴프레셔 릴레이	ON, OFF 2회	작동음 확인
5	냉각팬 릴레이(HIGH/LOW)	ON, OFF 2회	작동음 확인
6	공회전 속도 밸브	ON, OFF 2회	작동음 확인
7	슬로우 듀티 솔레노이드 밸브	50% 듀티	작동음 확인

고장코드	P0105	공기량 센서(T-맵 센서)

작동원리 및 회로구성

흡기 매니폴드에 직접 장착된 T-맵 센서는 흡기 매니폴드의 부압의 변동을 전압 신호로 바꾸어 ECM에 전달한다. 맵 센서의 전압은 아이들시에는 0.5~1.5V(부압이 높음) 이하이고, 엔진 정지시나 스로틀 밸브의 전개시에는 3V 이상(부압이 낮음)이 된다. ECM으로 전달되는 전압에 따라 부하를 결정하여, 이 신호와 엔진회전수 신호를 바탕으로 기본적인 연료 분사와 점화 시기를 결정한다.

고장 판정 조건

고장코드	고장 판정 조건
P0105	- 엔진 정지시 부하가 118mbar 미만일 때 (2048ms 동안) - 엔진 운행시 ① 공회전 > 2048rpm & 부하 > 986mbar, 2048ms 동안 ② TPS > 38%, rpm < 1984rpm, 부하 < 118mbar, 2048ms 동안 ③ 공회전, rpm < 2048rpm, 부하 < 125mbar, 2048ms 동안

1	T-맵 센서 전원선을 점검한다.

준비 > 이그니션 스위치 OFF & T-맵 센서 커넥터 분리
　　　 이그니션 스위치 ON

점검 > T-맵 센서 단자(C)와 접지 사이의 전압을 점검한다.
　　　 전압 : 약 5V

　　예 ↓　　　　　　　　　아니오 > ECM 단자(C22)와 센서(C) 단자의 배선을 수리한다.

2	ECM 단자(C19)와 T-맵 센서 단자(D), ECM 단자(C24)와 T-맵 센서 단자(A)간의 단선/단락을 점검한다. (페이지 21B-6 참조)

　　예 ↓　　　　　　　　　아니오 > ECM 단자와 센서 단자의 배선을 수리한다.

3	T-맵 센서를 점검한다.

준비 > 엔진을 난기시킨다.

점검 > ECM (C19)번 단자와 접지 사이의 전압을 점검한다.
　　　 전압 : 0.5~1.5V

　　예 ↓　　　　　　　　　아니오 > T-맵 센서를 교환한다.

4	간헐적 고장 여부를 점검한다. (페이지 21B-10 참조)

고장코드	P0110	흡기온센서 (ATS)

작동원리

흡기온센서는 서미스터 방식으로 흡기온에 따라 저항값이 변화한다. 흡기온이 낮으면 서미스터의 저항값은 올라가고, 흡기온이 높아지면 서미스터의 저항값은 내려간다. ECM은 5V전원을 ECM 내부의 저항을 통해서 센서에 인가한다.
ECM은 센서의 전압을 측정하여 엔진의 흡기온을 계산한다.

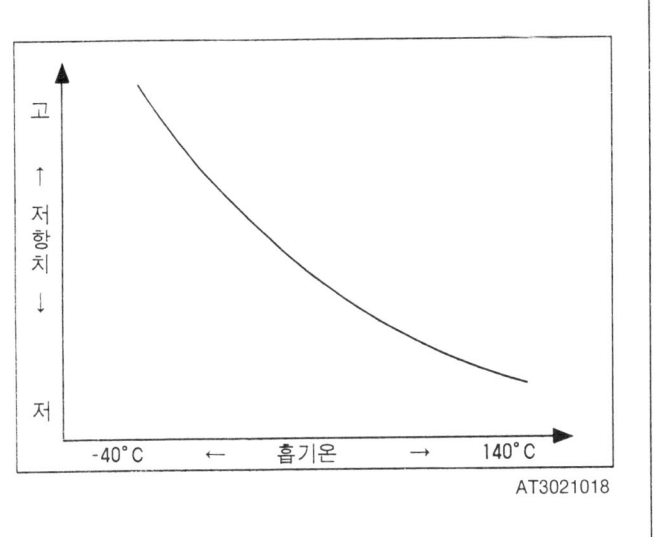

고장 판정 조건

고장코드	고장 판정 조건
P0110	입력전압 < 0.078V, 4096ms 동안 입력전압 > 4.94V, 4096ms 동안

림프 홈(백업) 기능

- 냉각 수온 센서 정상 : 냉각 수온이 20°C이하일 때 공기온 = 냉각 수온, 그외 공기온 = 80°C
- 냉각 수온 센서 비정상 : 공기온 = 80°C

1	흡기온 센서의 단품을 점검한다.

준비 > ① 이그니션 스위치 OFF
② 흡기온 센서의 커넥터 분리

점검 > 흡기온 센서의 단자(A)와 (B) 사이의 저항을 측정한다.

흡기온 ℃(℉)	저항(㏀)
20(68)	2.22~2.817

예 ↓   아니오 > 흡기온 센서를 교환한다.

2	ECM 단자(C21)~센서 단자(B), ECM 단자(C24)~센서 단자(A)간의 단선/단락을 점검한다. (페이지 21B-6 참조)

예 ↓   아니오 > 하니스 및 커넥터 수리/교환

3	간헐적 고장을 점검한다. (페이지 21B-10 참조)

| 고장코드 | P0115 | 엔진 냉각 수온 센서(WTS or ECT) |

작동원리

엔진 냉각 수온 센서는 프런트 헤드 실린더에 장착되어 있으며, 서미스터 방식으로 냉각 수온에 따라 저항값이 변화한다. 냉각 수온이 낮으면 서미스터의 저항값은 올라가고, 냉각 수온이 높아지면 서미스터의 저항값은 내려간다. ECM은 5V전원을 ECM 내부의 저항을 통해서 센서에 인가한다.
엔진이 냉간시에는 센서 전압은 높아지고 엔진이 워밍업된 후에는 전압은 낮아진다. ECM은 센서의 전압을 측정하여 엔진의 냉각 수온을 계산한다. ECM은 냉각 수온 신호를 감지하여 냉간시의 주행성 개선을 위해 연료 분사량을 늘려준다.

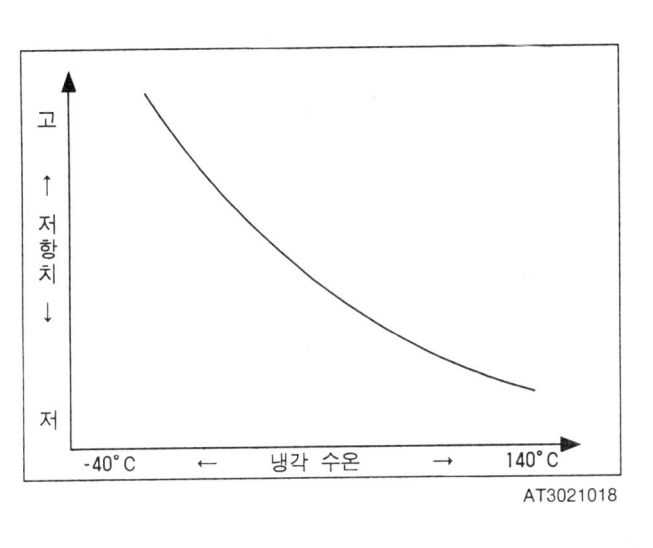

고장 판정 조건

고장코드	고장 판정 조건
P0115	입력전압 < 0.14V, 4096ms 동안 입력전압 > 4.86V, 4096ms 동안 KEY ON시 40°C 이하이고 시동 후 130초 경과 후 KEY ON시보다 5°C이상 올라가지 않을 경우

림프 홈(백업) 기능

- KEY ON : WTS = ATS
- 냉각 수온 센서 & 흡기온 센서 동시 고장 : 냉각 수온 센서 = 20°C
- 시동이후 : 매 4096ms마다 0.625°C씩 110°C까지 증가

21B-26 연료 및 배기가스 제어장치 (T8D LPG) 고장진단 및 조치

1	엔진 냉각 수온 센서의 단품을 점검한다.

준비 〉① 이그니션 스위치 OFF
　　　② 엔진 냉각 수온 센서의 커넥터 분리

점검 〉엔진 냉각 수온 센서의 단자(A)와 (C) 사이의
　　　저항을 측정한다.

냉각 수온 ℃(°F)	저항(kΩ)
20(68)	2.27~2.64

예 ↓　　　아니오 ▷ 엔진 냉각 수온 센서를 교환한다.

2	ECM 단자(C20)~센서 단자(A), ECM 단자(C24)~센서 단자(C)간의 단선/단락을 점검한다. (페이지 21B-6 참조)

예 ↓　　　아니오 ▷ 하니스 및 커넥터 수리/교환

3	간헐적 고장을 점검한다. (페이지 21B-10 참조)

고장코드	P0120	스로틀 포지션 센서(TPS)

작동원리 및 회로구성

스로틀 포지션 센서는 믹서에 장착되어 있으며 스로틀 밸브의 개도각(Opening Angle)을 감지하여 ECM에 신호를 보낸다. ECM은 이 신호로 엔진이 아이들 상태인지, 혹은 가감속 상태인지 인식할 수 있다.
센서 전압(Vref : 약 5V)을 ECM으로부터 인가받아 스로틀 밸브의 개도에 의한(저항의 변화) 전압의 변화량이 ECM측으로 입력된다. 입력 신호는 전폐 상태(IDLE)에서 약 0.4~0.8부터 전개 상태(WOT)에서 약 3.6~4.0V까지 선형적으로 변화한다.

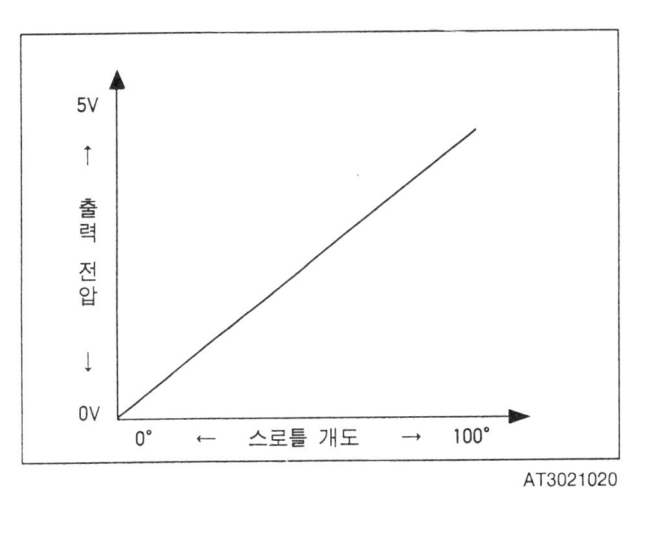

고장 판정 조건

고장코드	고장유형	고장 판정 조건
P0120	배터리측 단락	스로틀 밸브 개도 > 99.45%, MAP센서가 정상, 부하<1041mbar, 입력전압>4.96V, 4096ms동안
	접지측 단락/단선	스로틀 밸브 개도 < 1.17%, MAP센서가 정상, 부하>103mbar, 입력전압<0.059V, 4096ms동안

림프 홈(백업) 기능

- 스로틀 개도는 약 50%로 인식
- 부하가 약 754.3mbar이고 엔진회전수가 약 1792rpm 이상이면 스로틀 밸브 전개(WOT) 상태로 인식하고, 부하가 약 415.8mbar 이하이고 엔진회전수가 2400rpm 이하이면 스로틀 밸브 전폐(IDLE)상태로 인식

진단 및 점검 방법

| 1 | 스로틀 포지션 센서의 전원선의 전압을 점검한다. |

준비 〉이그니션 스위치 ON

점검 〉ECM (C22)번 단자와 접지간의 전압을 측정한다.
　　　전압 : 5V

예 ↓　　　아니오 〉 ECM 단자(C22)와 센서 단자(A) 사이의 배선을 수리한다.

| 2 | ECM (C23)번 단자~센서(B) 단자, ECM(C18)번 단자~센서(C) 단자간의 단선/단락을 점검한다. (페이지 21B-6 참조) |

예 ↓　　　아니오 〉 하니스 및 커넥터 수리/교환

| 3 | 스로틀 포지션 센서의 단품을 점검한다. |

준비 〉① 이그니션 스위치 "ON"

점검 〉ECM (C18)번 단자와 접지 사이의 전압을 측정한다.

	24~접지
전폐시	0.4V~0.8V
전개시	3.6~4.0V

힌트) 스로틀 개도각에 의해 전압치가 선형적으로 변한다.

예 ↓　　　아니오 〉 스로틀 포지션 센서 단품 교환

| 4 | 간헐적 고장 여부를 점검한다. (페이지 21B-10 참조) |

고장코드	P0130	산소 센서

작동원리

산소 센서는 배기 매니폴드 내에 있는 배기가스 중의 산소 농도를 검출한다. 농후한 공연비에 의해 배기가스 중에 산소의 양이 적으면, 센서는 낮은 전압(450mV 이하)을 발생한다. 희박한 공연비에 의해 산소의 양이 많으면 센서는 높은 전압(450mV 이상)을 발생한다. ECM은 산소의 농도를 감지하여 이 신호를 전압으로 바꾸는데, 센서는 농후-희박 스위치처럼 작동된다.

산소 센서는 모든 운전 상태에서 적절하게 작동되도록 히터를 장착한다. 이것은 항상 센서의 온도를 적절하게 유지시켜 시스템이 피드백으로 빨리 진입하게 해준다.

고장 판정 조건

고장코드	고장유형	고장 판정 조건
P0130	배터리측 단락	산소 센서 히팅 후 & 산소 센서 전압 > 1398mV, 128초동안
	단선, 접지측 단락	WTS > 86°C & 엔진회전수 > 1536rpm & 부하 > 397mbar & 306mV < 산소 센서 전압 < 558mV, 160초 동안 신호 입력 없을 때.

림프 홈(백업) 기능

- A/F Open loop 제어
- 다음의 학습 제어 중지
  ① 공연비 학습 제어

진단 및 점검 방법

1	진단기기로 고장코드 및 고장유형을 점검한다.

준비〉 이그니션 스위치 ON

점검〉 자기진단 커넥터에 진단기기를 연결하여서
고장코드 및 고장유형을 확인한다.

고장코드	고장유형	
P0130	간헐적	아니오
	지속적 배터리 단락	예
	지속적 접지측 단락	예

예 〉 지속적 고장

아니오 〉 간헐적 고장 (페이지 21B-10 참조) 또는 센서 조립 불량

2	산소 센서의 전압을 점검한다.

준비〉 엔진을 시동걸고 워밍업 시킨다.

점검〉 ① 산소 센서 단자(A)와 (C) 사이의
전압을 측정 한다.

운전 상태	전압
감속시	0.4V 이하
가속시	0.6V 이상

② 또는 진단기기로 센서 데이타가
100mV ~ 900mV 사이를 왕복
하는지 점검한다.

아니오

예 〉 간헐적 고장 (페이지 21B-10 참조)

3	ECM과 산소 센서간의 단선/단락을 점검한다. (페이지 21B-6 참조)

예

아니오 〉 하니스 및 커넥터 수리/교환

4	산소 센서를 교환한다.

고장코드	P0335	크랭크 앵글(SGT)

고장 판정 조건	
고장코드	고장 판정 조건
P0335	SGC센서 신호가 4회 변하는 동안 SGT 센서의 신호 변화가 없는 경우

진단 및 점검 방법

1	크랭크 앵글 센서 전원선의 전압을 점검한다.

준비 〉① 이그니션 스위치 OFF & 센서의 커넥터 분리
② 이그니션 스위치 ON

점검 〉크랭크 앵글 센서 배선측 단자(C)와 접지 사이의 전압을 점검한다.
전압 : 11~13V

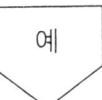    센서 (C) 단자와 메인 릴레이 사이의 배선을 점검한다.

2	ECM 단자(C14)~센서 단자(B), ECM 단자(A1, A6)~센서 단자(D)간의 단선/단락을 점검한다. (페이지 21B-6 참조)

   아니오〉 하니스 및 커넥터 수리/교환

3	간헐적 고장을 점검한 후 (페이지 21B-10 참조), 이상이 없으면 크랭크 앵글 센서를 점검하거나 교환한다.

고장코드	P0340	TDC센서 (SGC)

고장 판정 조건	
고장코드	고장 판정 조건
P0340	SGT 신호가 변화하는 동안 SGT 신호의 변화가 없는 경우

림프 홈(백업) 기능
SGC 최단 신호후 아홉번째(19th) falling-edge에서 실린더 판별시 1번 실린더로 판별

진단 및 점검 방법

1	TDC 센서 전원선의 전압을 점검한다.
	준비 ›① 이그니션 스위치 OFF & 센서의 커넥터 분리 ② 이그니션 스위치 ON 점검 ›TDC 센서 배선측 단자(C)와 접지 사이의 전압을 점검한다. 전압 : 11 ~ 13V

예 →

아니오 → 센서 (C) 단자와 메인 릴레이 사이의 배선을 점검한다.

2	ECM 단자(C15)~센서 단자(A), ECM 단자(A1, A6)~센서 단자(D)간의 단선/단락을 점검한다.

예 →

아니오 → 하니스 및 커넥터 수리/교환

3	간헐적 고장을 점검한 후 (페이지 21B-10 참조), 이상이 없으면 캠 샤프트 포지션 센서를 점검하거나 교환한다.

고장코드	P0501	차속 센서

작동원리 및 회로 구성

차속 센서는 오토 트랜스밋션 하우징에 장착되어 이것과 함께 회전하는 로터축의 매회전마다 4개의 펄스 신호를 출력한다. 이 신호는 미터셋 내에서 구형파로 변환되어 ECM에 전달된다. ECM은 이 펄스 신호의 주파수에 따라 차속을 결정한다.

판정조건 및 점검 항목

고장코드	고장유형	고장 판정 조건
P0501	신호 없음	엔진회전수 > 약 2624 rpm & 급격한 부하변동이 없고 24576ms 동안 차속 센서 신호의 입력이 없는 경우

진단 및 점검 방법

1	속도계를 점검한다.
점검 〉 차량을 주행하면서 미터셋 내의 속도계가 정상적으로 작동되는지 점검한다.	

예 ↓　　　　　아니오 〉 속도계 및 관련 배선을 수리한다.

2	ECM (C3)과 차속 센서간의 단선/단락을 점검한다. (페이지 21B-6 참조)

예 ↓　　　　　아니오 〉 하니스 및 커넥터 수리/교환

3	차속 센서의 전압을 점검한다.
준비 〉① 클러브 박스 분리　② 변속 레버를 N 레인지나 중립에 놓음 　　　③ 앞바퀴 한쪽을 들어올림　④ 이그니션 스위치 ON 점검 〉바퀴를 돌리면서 ECM 단자(C3)~접지 사이의 전압을 측정한다. 　　　전압 : 0V → 5V(펄스파)	

예 ↓　　　　　아니오 〉 차속 센서를 교환한다.

4	간헐적 고장 여부를 점검한다. (페이지 21B-10 참조)

고장코드	P1230	슬로우 듀티 솔레노이드 밸브

1	슬로우 듀티 솔레노이드 밸브 전원선을 점검한다.

준비 〉 엔진을 시동시킨다.

점검 〉 슬로우 듀티 솔레노이드 밸브 단자(A)와 접지사
이의 전압을 점검한다.
전압 : 12~14V

예

아니오 ▷ 슬로우 듀티 솔레노이드 밸브 단자(A)와 메인 릴레이 사이의 배선을 점검한다.

2	ECM 단자(B10)과 슬로우 듀티 솔레노이드 밸브 단자(B)간의 단선/단락을 점검한다.(페이지 21B-6 참조)

예

아니오 ▷ ECM (B10)와 슬로우 듀티 솔레노이드 밸브 단자(B)사이의 배선을 수리한다.

3	슬로우 듀티 솔레노이드 밸브를 점검한다.

준비 〉 이그니션 스위치 OFF & 슬로우 듀티 솔레노이드 밸브 커넥터 분리

점검 〉 슬로우 듀티 솔레노이드 밸브를 점검한다.

예

아니오 ▷ 슬로우 듀티 솔레노이드 밸브를 교환한다.

4	간헐적 고장 여부를 점검한다. (페이지 21B-10 참조)

고장코드	P1124	슬로우 컷 솔레노이드 밸브

1 슬로우 컷 솔레노이드 밸브 전원선을 점검한다.

준비 〉엔진을 시동시킨다.

점검 〉슬로우 컷 솔레노이드 밸브 단자(A)의 접지 사이
  의 전압을 점검한다.
  전압 : 12~14V

예 ↓

아니오 〉 슬로우 컷 솔레노이드 밸브 단자(A)와 메인 릴레이 사이의 배선을 점검한다.

2 ECM 단자(B4)와 슬로우 컷 솔레노이드 밸브 단자(B)간의 단선/단락을 점검한다. (페이지 21B-6 참조)

예 ↓

아니오 〉 슬로우 컷 솔레노이드 밸브 단자(B)와 ECM 단자(B4)사이의 배선을 점검한다.

3 슬로우 컷 솔레노이드 밸브를 점검한다.

준비 〉이그니션 스위치 OFF & 슬로우 컷 솔레노이드 밸브 커넥터 분리

점검 〉슬로우 컷 솔레노이드 밸브를 점검한다.

예 ↓

아니오 〉 슬로우 컷 솔레노이드 밸브를 교환한다.

4 간헐적 고장 여부를 점검한다. (페이지 21B-10 참조)

고장코드	P1221	메인 듀티 솔레노이드 밸브

1	메인 듀티 솔레노이드 밸브 전원선을 점검한다.

준비 〉 이그니션 스위치 ON

점검 〉 메인 듀티 솔레노이드 밸브 단자(C)와 접지 사이의 전압을 점검한다.
　　　　전압 : 12~14V

예 ↓　　　　　　　아니오 ▷ 메인 듀티 솔레노이드 밸브 단자(C)와 메인 릴레이 사이의 배선을 점검한다.

2	ECM 단자(B2)와 메인 듀티 솔레노이드 밸브 단자(D)간의 단선/단락을 점검한다. (페이지 21B-6 참조)

예 ↓　　　　　　　아니오 ▷ ECM 단자(B2)와 메인 듀티 솔레노이드 밸브 단자(D) 사이의 배선을 수리한다.

3	메인 듀티 솔레노이드 밸브를 점검한다.

준비 〉이그니션 스위치 OFF & 메인 듀티 솔레노이드
　　　　밸브 커넥터 분리

점검 〉메인 듀티 솔레노이드 밸브의 단자(C)와 (D)사이
　　　　의 통전을 점검한다.

예 ↓　　　　　　　아니오 ▷ 메인 듀티 솔레노이드 밸브를 점검한다.

4	간헐적 고장 여부를 점검한다. (페이지 21B-10 참조)

고장코드	P0505	ISC 밸브

작동원리 및 회로구성

ISC 밸브는 스로틀 바디에 장착되어 스로틀 밸브를 우회하는 공기가 ISC 밸브를 통하여 엔진에 유입된다. 이렇게 스로틀 밸브를 우회하는 공기량을 제어하여 전기 부하 작동시에 아이들 업 기능을 수행하고, 엔진의 목표 공회전수를 맞춘다.
ISC 밸브는 코일과 영구 자석으로 되어있는데, ECM에서 양 코일에 접지 신호를 보내어 제어한다. 이 제어 신호에 따라 로터 밸브는 회전하여 엔진에 유입되는 공기의 양이 제어된다.

판정 조건 및 점검 항목

고장코드	고장유형	고장 판정 조건
P0505	접지측 단락	ISC 밸브 작동 & 하한값 미만
	단선	ISC 밸브 작동 & 신호 없음
	배터리측 단락	ISC 밸브 작동 & 상한값 이상

| 1 | 진단기기로 고장코드 및 고장유형을 점검한다. |

준비〉 이그니션 스위치 ON

점검〉 자기진단 커넥터에 진단 기기를 연결하여
고장코드 및 고장유형을 확인한다.

고장코드	고장유형	
P0505	간헐적	예
	지속적	배터리 단락	아니오
	지속적	접지측 단락	아니오
	지속적	단선	아니오

예 〉 지속적 고장

아니오 〉 간헐적 고장 (페이지 21B-10 참조)

| 2 | ISC 밸브의 전원선의 전압을 점검한다. |

준비〉 ① 이그니션 스위치 OFF &
ISC 밸브 커넥터 분리
② 이그니션 스위치 ON

점검〉 ISC 밸브 배선측 커넥터 (B)단자와
접지 사이의 전압을 측정 한다.

전압: 11~13 V

예

아니오 〉 ISC 밸브 (B)단자와 메인 릴레이 사이의 배선을 수리한다.

| 3 | ECM과 ISC 밸브간의 단선/단락을 점검한다. (페이지 21B-6 참조) |

예

아니오 〉 하니스 및 커넥터 수리/교환

| 4 | ISC 밸브를 점검하거나 교환한다. |

고장코드	P1240	세컨드 록 솔레노이드 밸브

---

1 세컨드 록 솔레노이드 밸브 전원선을 점검한다.

준비 〉 이그니션 스위치 ON

점검 〉 세컨드 록 솔레노이드 밸브 단자(A)와 접지 사이의 전압을 점검한다.
　　　　전압 : 12~14V

　　　　　예　↓　　　　　　　　　　아니오 〉 세컨드 록 솔레노이드 밸브 단자(A)와 메인 릴레이 사이의 배선을 점검한다.

---

2 ECM 단자(B5)와 세컨드 록 솔레노이드 밸브 단자(B)간의 단선/단락을 점검한다. (페이지 21B-6 참조)

　　　　　예　↓　　　　　　　　　　아니오 〉 ECM 단자(B5)와 세컨드 록 솔레노이드 밸브 단자(B) 사이의 배선을 수리한다.

---

3 세컨드 록 솔레노이드 밸브를 점검한다.

준비 〉 이그니션 스위치 OFF & 세컨드 록 솔레노이드
　　　　밸브 커넥터 분리

점검 〉 세컨드 록 솔레노이드 밸브의 단자(A)와 (B)사이
　　　　의 통전을 점검한다.

　　　　　예　↓　　　　　　　　　　아니오 〉 세컨드 록 솔레노이드 밸브를 점검한다.

---

4 간헐적 고장 여부를 점검한다. (페이지 21B-10 참조)

고장진단 가이드

현 상	원 인			정 비
시동 불능	연료가 떨어짐			연료 보충
	조작 불량	LPG탱크의 취출 밸브 열림 여부 및 커플링의 연결 상태 점검		수정
	기능 불량	솔레노이드 밸브의 작동 불량		배선, 솔레노이드 밸브 스위치 점검
		ISCA 작동 불량		청소 및 교환
시동 난이	혼합 가스 농도 과다			쵸크를 완전히 연다. 액셀러레이터를 완전히 밟는다.
	기능 불량	솔레노이드 밸브의 작동 불량		수리 및 교환
		솔레노이드 밸브를 통한 누출		수리 및 교환
		진공 호스의 이탈, 노화, 손상		수리 및 교환
		솔레노이드 필터의 기능 불량		교환
엔진 부조	엔진 불량	연료 부족		보충
		솔레노이드 밸브의 작동 불량		수리 및 교환
		공회전 불량		ISC 점검
		각 다이어프램의 손상		교환
	공회전 불량	베이퍼라이저 공회전 조정 스크류 및 스로틀 밸브 개도 불량		조정
		베이퍼라이저 각 밸브의 작동 불량		밸브가 시트에 완전히 밀착하도록 조정
		믹서 취부 각부의 체결 불량		수정
		각 다이어프램의 손상		교환
		베이퍼라이저 내부에 이물질 축적		드레인 플러그를 풀어 제거 후 잠금
		진공 호스의 이탈, 노화, 손상		수정 및 교환
		ISC 내부 IC칩 불량		ISC 교환
		ISC의 이물질에 의한 밸브 고착		ISC 청소
	출력 부족	점화 시기 불량		수정
		가스량 과대	베이퍼라이저 각 밸브 불량	교환
			고압 다이어프램의 파손	교환
		가스량 부족	믹서의 혼합 조정 스크류 과도한 조임	조정
			필터의 막힘, 파이프 밸브 등이 이물질로 막힘	세척 및 교환
			저압 다이어프램 파손	교환
			저압 고무 호스가 굽혀져 꺾임	수정

21B-42 연료 및 배기가스 제어장치 (T8D LPG) 고장진단 가이드

현상

엔진 시동이 걸리지 않는다.

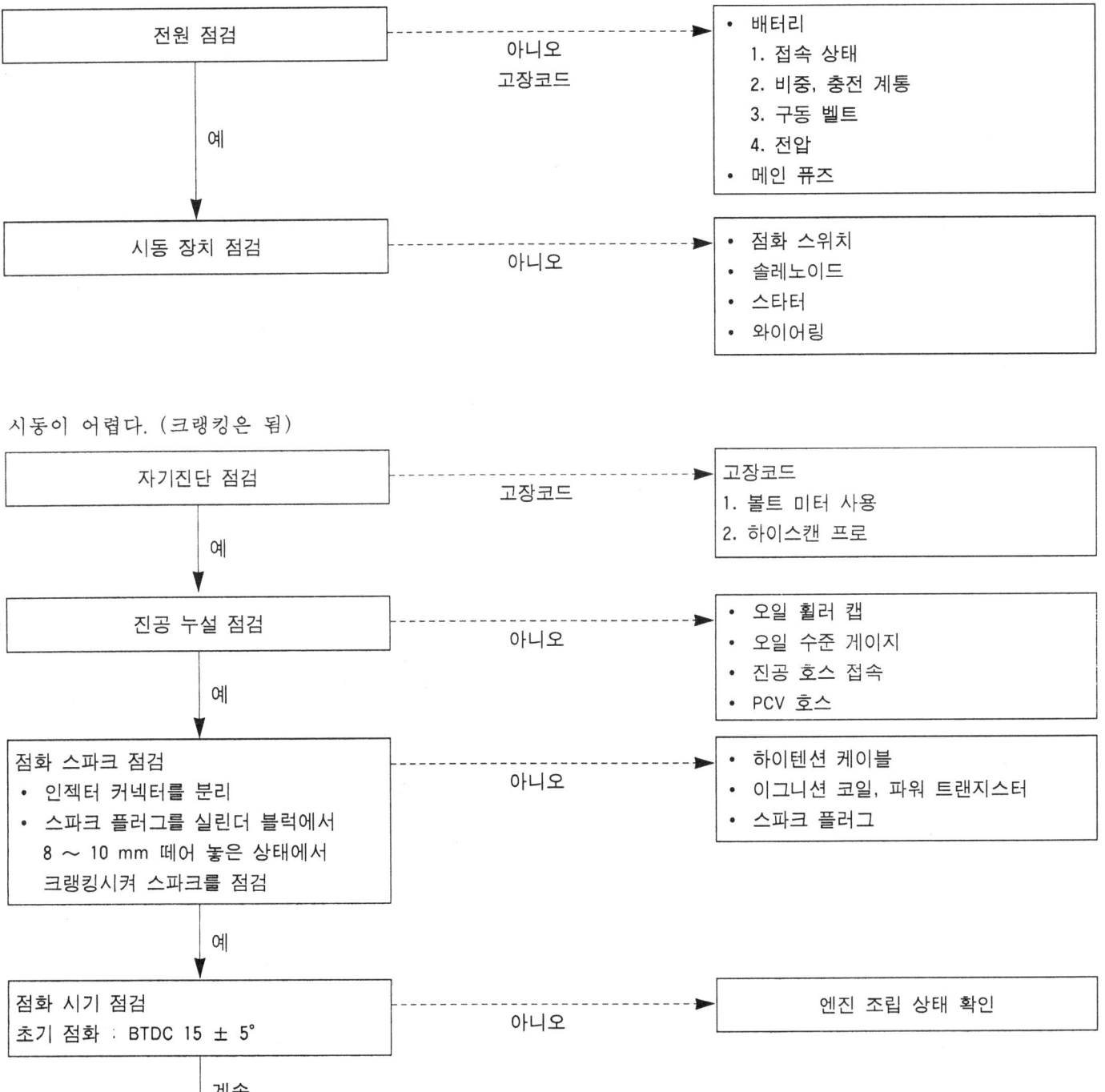

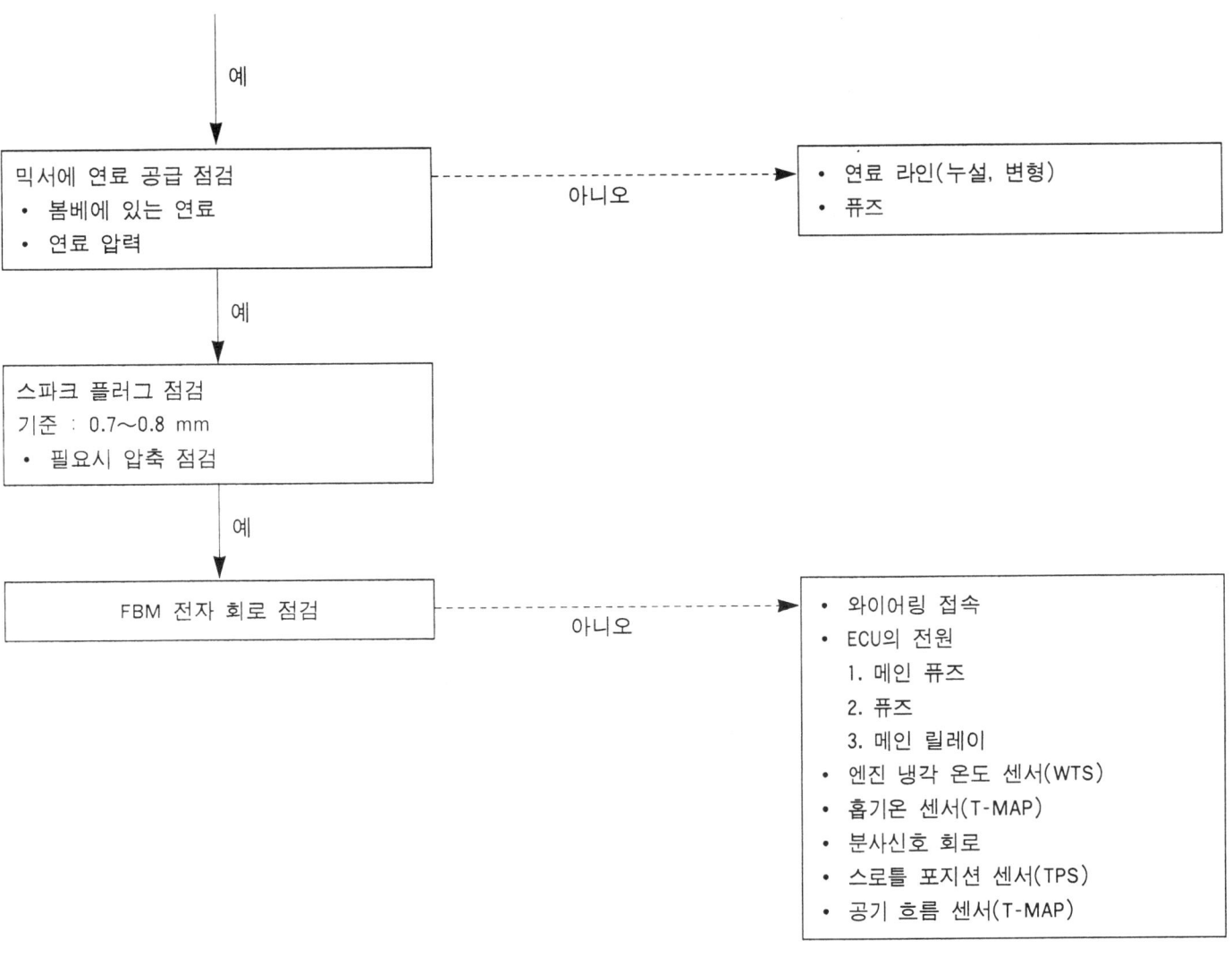

21B-44 연료 및 배기가스 제어장치 (T8D LPG) 고장진단 가이드

공회전이 불규칙하거나 엔진이 갑자기 정지한다.

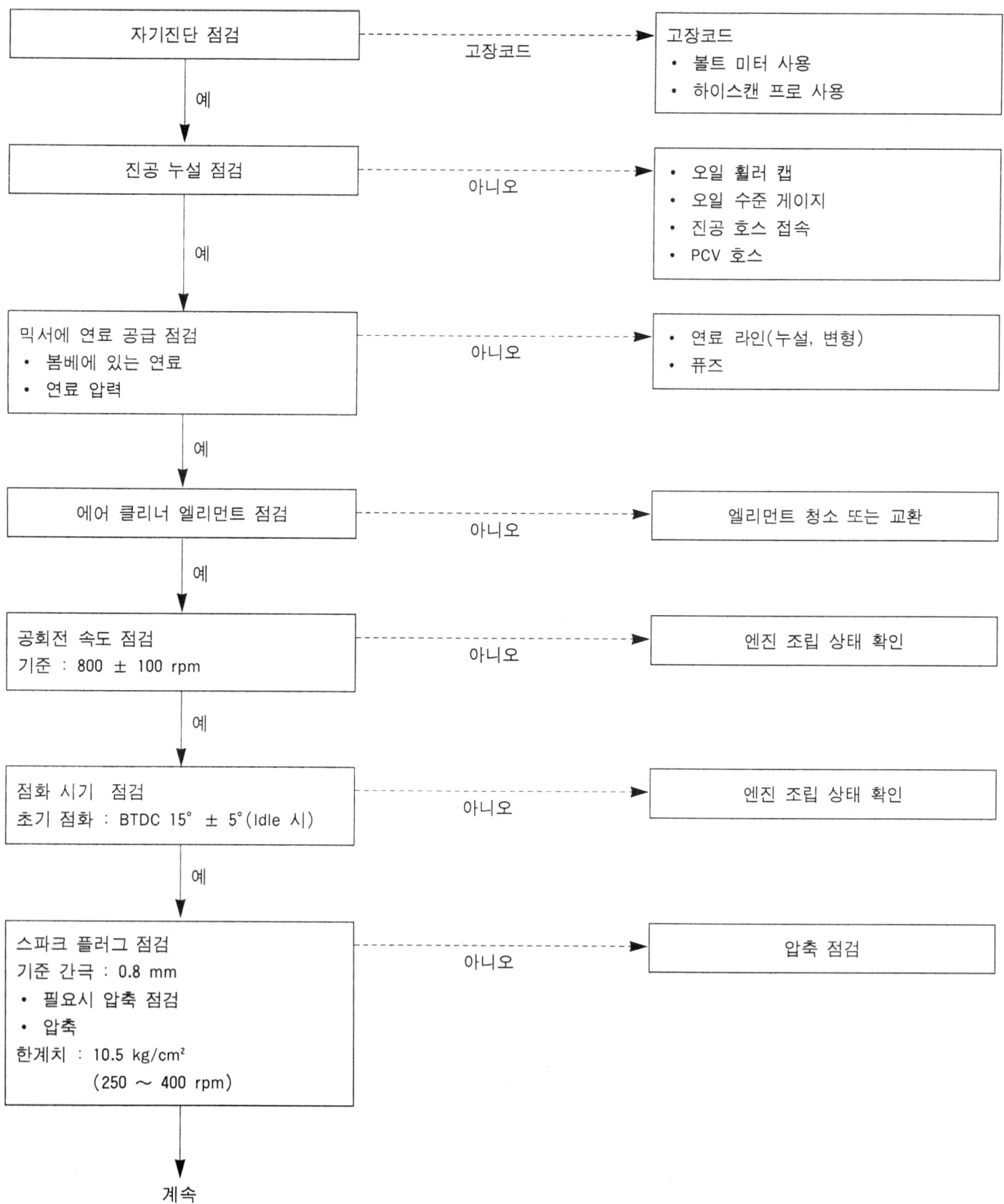

```
         │ 예
         ▼
┌─────────────────────┐              ┌──────────────────────┐
│  FBM 전자 회로 점검  │ ---- 아니오 ---▶ │ • 와이어링 접속        │
└─────────────────────┘              │ • ECU의 전원           │
                                     │   1. 메인 퓨즈          │
                                     │   2. 퓨즈              │
                                     │   3. 메인 릴레이        │
                                     │ • 엔진 냉각 온도 센서    │
                                     │ • 흡기온 센서           │
                                     └──────────────────────┘
```

엔진 부조가 일어나거나 가속력이 떨어진다.

```
┌─────────────────────┐              ┌──────────────────────┐
│ 클러치 또는 브레이크 점검 │ --- 아니오 ---▶ │ • 클러치 미끄럼        │
└─────────────────────┘              │ • 브레이크 끌림        │
         │ 예                                 └──────────────────────┘
         ▼
┌─────────────────────┐              ┌──────────────────────┐
│ 흡기 라인 내 진공 누설 점검 │ -- 아니오 --▶ │ • 오일 휠러 캡         │
└─────────────────────┘              │ • 오일 수준 게이지      │
         │ 예                                 │ • 호스 접촉            │
         ▼                                 │ • PCV 호스             │
                                     └──────────────────────┘
┌─────────────────────┐              ┌──────────────────────┐
│ 에어 클리너 엘리먼트 점검 │ -- 아니오 --▶ │ 엘리먼트 청소 또는 교환 │
└─────────────────────┘              └──────────────────────┘
         │ 예
         ▼
┌─────────────────────┐              ┌──────────────────────┐
│   자기진단 점검      │ ---- 아니오 ---▶ │ 고장코드              │
└─────────────────────┘              │ • 볼트 미터 사용       │
         │ 예                                 │ • 하이스캔 프로 사용    │
         ▼                                 └──────────────────────┘
┌─────────────────────────┐          ┌──────────────────────┐
│ 점화 스파크 점검           │ - 아니오 -▶ │ • 하이텐션 케이블      │
│ • 스파크 플러그를 실린더   │          │ • 점화 코일           │
│   블록에서 8 ～ 10 mm    │          └──────────────────────┘
│   떼어놓은 상태에서 크랭킹시켜 │
│   스파크를 점검            │
└─────────────────────────┘
         │ 예
         ▼
       계속
```

21B-46 연료 및 배기가스 제어장치 (T8D LPG) 고장진단 가이드

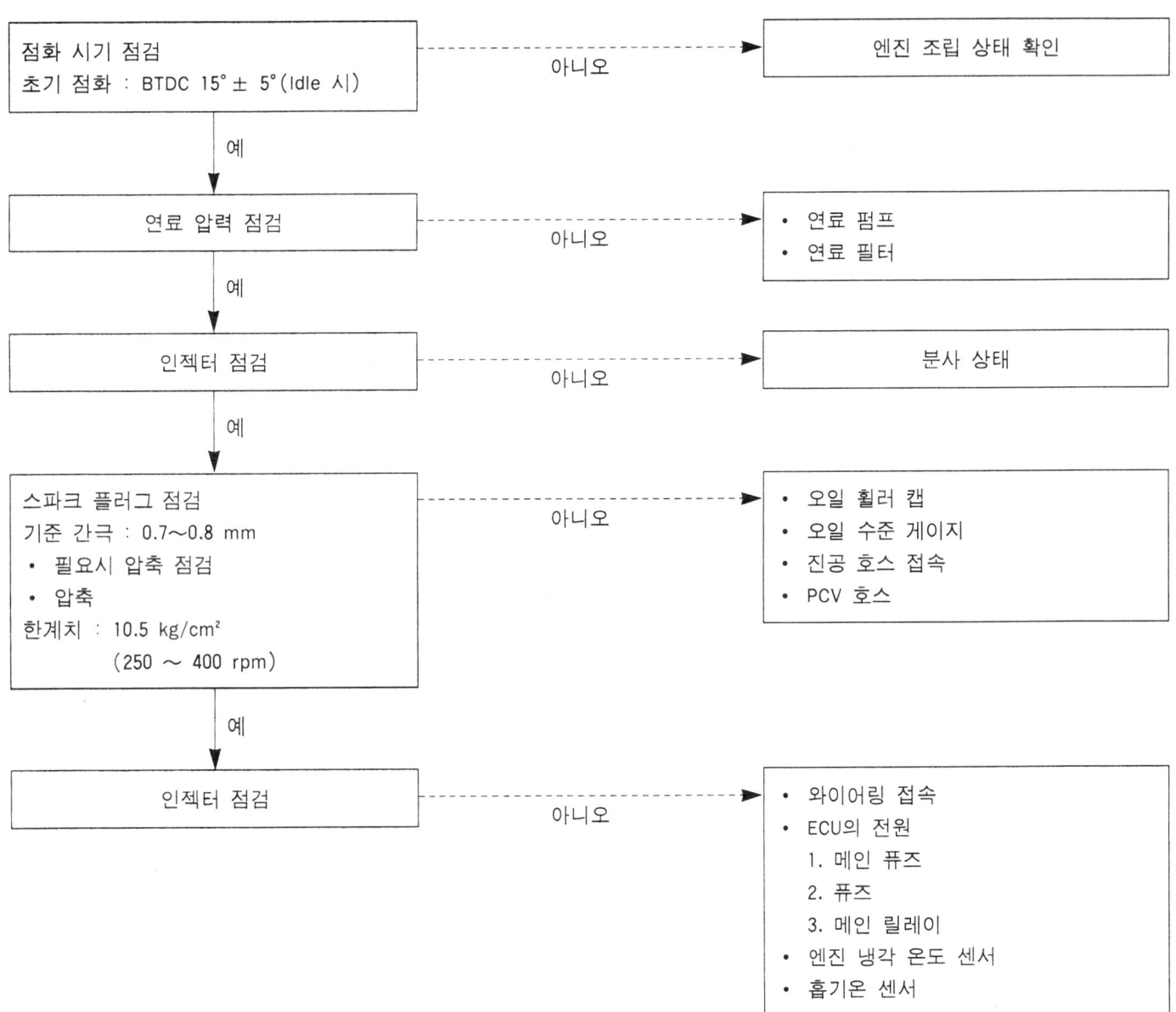

FBM 장치

일반사항

피드백 믹서 장치는 배출 가스를 최소한으로 줄이면서 적정한 공기 연료 혼합비를 공급해준다.
ECU는 여러 센서로부터 신호를 받아 믹서에 부착되어 있는 솔레노이드 밸브, 슬로우 컷 밸브를 적절히 작동시켜 공기-연료 혼합비를 조절해준다.

FBM 계통도

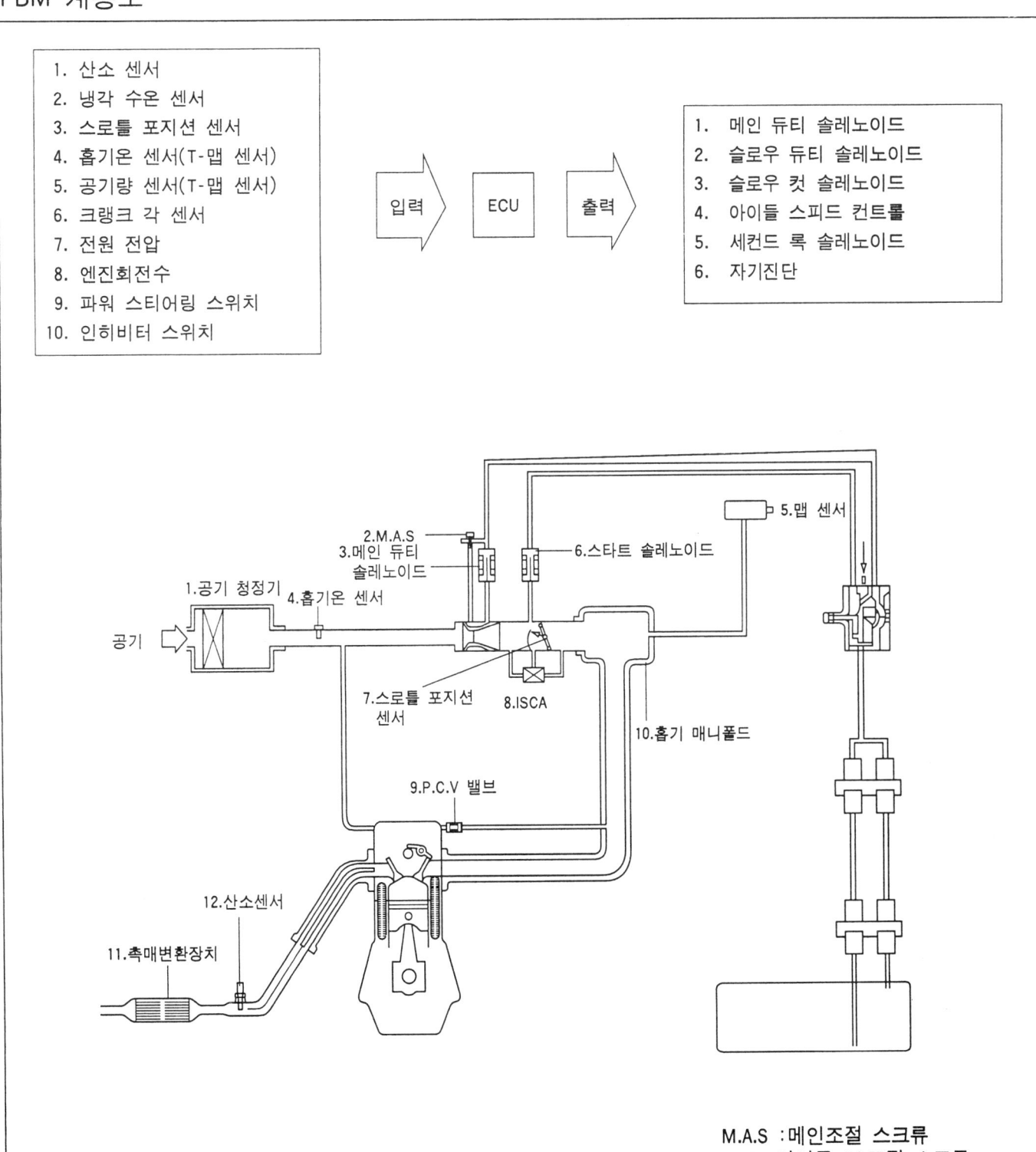

FBM 장치의 구성

ECU

ECU는 각종센서로부터 받은 정보를 기초로하여 여러가지 작동 조건의 이상적인 조건을 구해 해당되는 액츄에이터를 작동시켜 공기-연료 혼합 비율을 조절한다.

이 ECU는 마이크로프로세서(Micro-Processor), RAM(Random Access Memory), 입출력 단자들로 구성되어 있다.

EF31A020

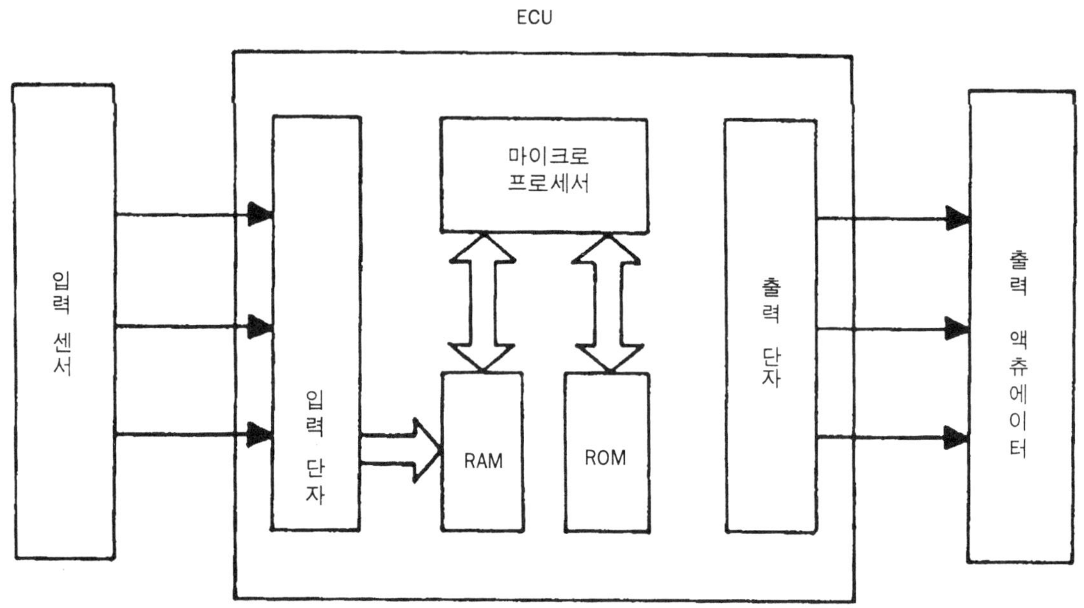

공기량 센서(T-맵 센서)

매니폴드 압력 센서는 흡기 매니폴드 내의 절대 압력을 측정하여 엔진에 흡입되는 공기량을 간접적으로 검출해내는 공기 유량 센서의 일종이다. T-맵 센서는 절대 압력에 비례하는 아날로그(Analog) 출력 신호를 ECU로 전달하고, 이 출력 신호는 ECU 내의 메모리 내에 설정된 데이터(맵핑값)에 따라 흡입되는 공기량으로 환산되어 흡입되는 공기에 대응하는 연료 제어에 이용한다.

출력 특성은 압력에 따른 출력 전압 변화가 선형적인 1차 곡선으로 나타나며, 압력 범위는 변동해도 출력전압은 0~5V 사이에서 존재한다.

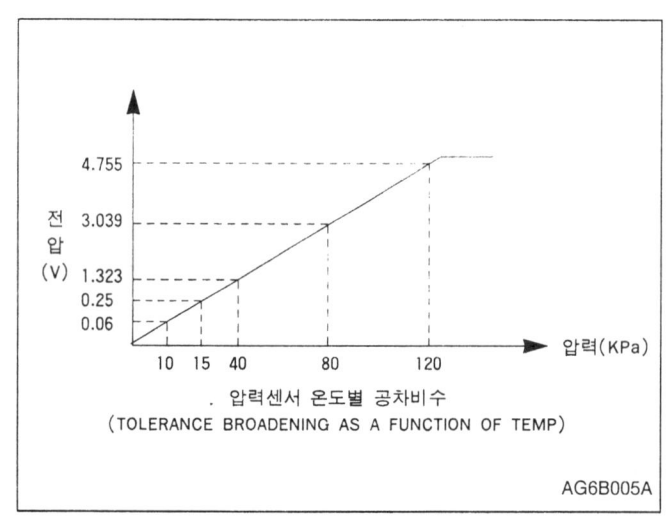

. 압력센서 온도별 공차비수
(TOLERANCE BROADENING AS A FUNCTION OF TEMP)

AG6B005A

스로틀 포지션 센서(Throttle Position Sensor)

스로틀 바디에 장착되어, 스로틀 밸브의 축과 같이 회전하는 가변 저항기로서 스로틀 밸브의 개도를 검출하기 위한 센서이다. 스로틀 포지션 센서의 출력 전압은 스로틀 밸브의 개도에 따라 변동하며, ECU는 스로틀 포지션 센서의 신호와 엔진회전수(rpm)를 기본으로하여 엔진 운전 모드(Mode)를 판정하여 연료량을 보정한다. 또한 스로틀 밸브의 개도 변화를 계산하여 가, 감속 상태를 검지한다.

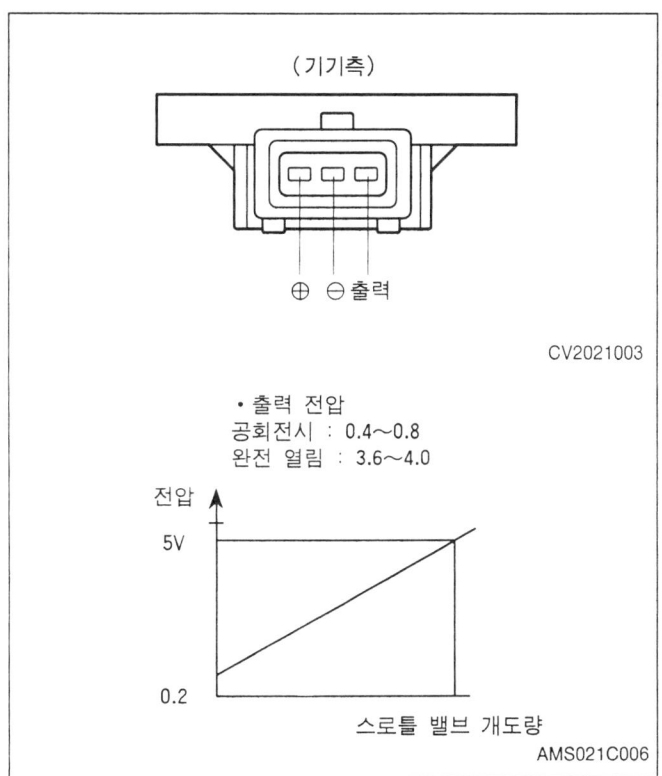

- 출력 전압
  공회전시 : 0.4~0.8
  완전 열림 : 3.6~4.0

엔진 냉각 수온 센서

냉각 수온 센서는 흡기 매니폴드의 냉각수 통로에 장착되어 있는 서미스터(Thermistor)이다. 이 센서에서 출력 전압을 ECU로 보내면 ECU는 엔진의 온도를 감지하여 그 온도에 적합한 연료 혼합을 공급할수 있도록 각 장치들을 제어해 준다.
ECU는 냉각 수온에 따른 시동시 기본 연료량 및 점화시기 결정, 시동시 기본 아이들 제어, 듀티량 제어, 냉각팬 제어 등에 사용한다.

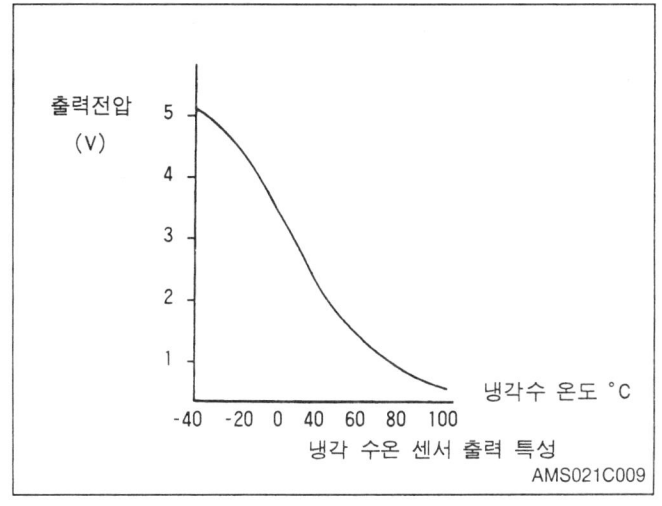

냉각 수온 센서 출력 특성

흡기온 센서(T-MAP 센서)

엔진에 흡입되는 공기의 질량은 온도 및 대기압에 따라 변하므로 체적 유량을 계측하는 방식에서는 이에 대한 공기의 질량 보정이 필요하다. 흡기온 센서는 흡입 공기 온도를 검출하는 부저항 특성을 가진 서미스터(Thermis)로서 ECU는 흡기온 센서의 출력 전압에 의한 흡기 온도를 감지하여 흡기 온도에 대응하는 연료량 보정, 점화시 연료량 보정, 점화 시기 보정, 아이들시 공기온 보상 등에 사용된다.

흡기온 센서 고장시 대처 기능(Limp-home)은 냉각 수온 센서가 정상일 때 냉각 수온이 26°C 이하인 경우, 흡기 온도는 냉각 수온 초기값으로 인식하며 그외는 흡기 온도를 87°C로 인식한다. 그리고 냉각 수온 센서가 동시 고장일 경우 흡기온 대처값은 87°C이다.

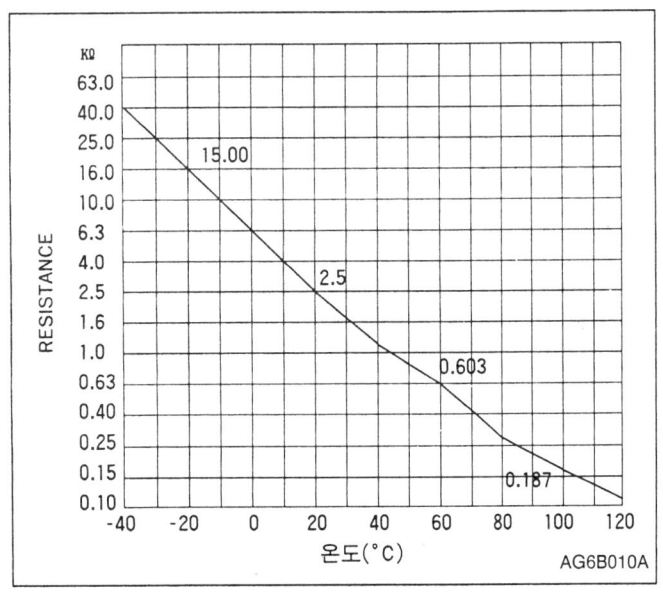

크랭크각 센서(Crank Angle Sensor)

크랭크각 센서는 각 실린더의 크랭크각(피스톤 위치)을 감지하여 이를 펄스 신호로 바꾸어 ECU에 입력한다. ECU는 이 신호에 입각해서 엔진 속도를 계산하고 연료 분사 시기와 점화 시기를 조절한다.

산소 센서(Oxygen Sensor)

1. 산소 센서는 배기 매니폴드(프런트 파이프)에 장착되어 있으며 고체 전극 산소 집중 셀(Solid Electrolyte Oxygen Conecntration Cell)의 원리를 채택하고 있다. 산소 집중 셀은 이론 공연비 주위에서 출력 전압이 급변하는 특성을 가지고 있다.

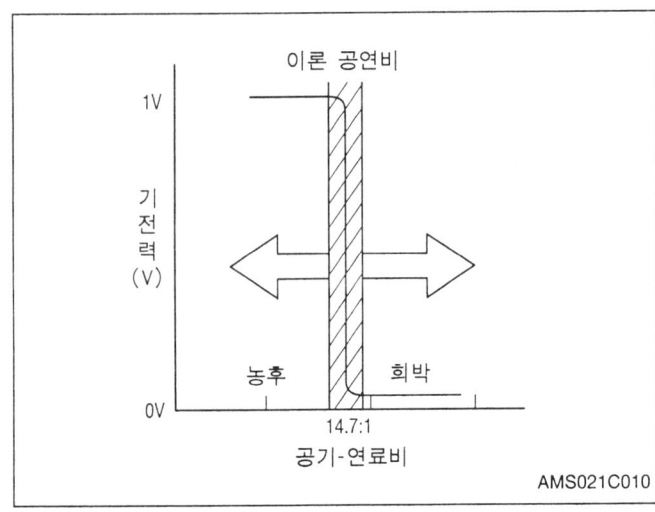

2. 산소 센서가 배기가스 중의 산소 농도를 감지해 ECU로 보내면 ECU에서는 이론 비율과 비교하여 혼합 비율이 농후 혹은 희박한가를 판단하여 3원 촉매의 정화율이 최상인 이론 공연비로 공기연료 혼합 비율을 조절해 주는 회로를 작동시킨다.

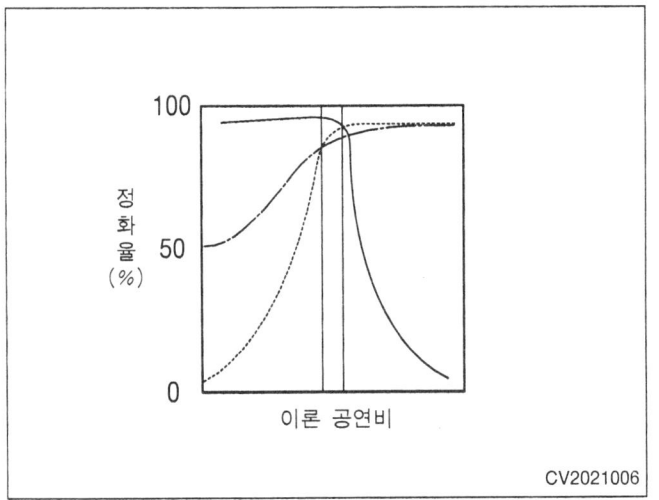

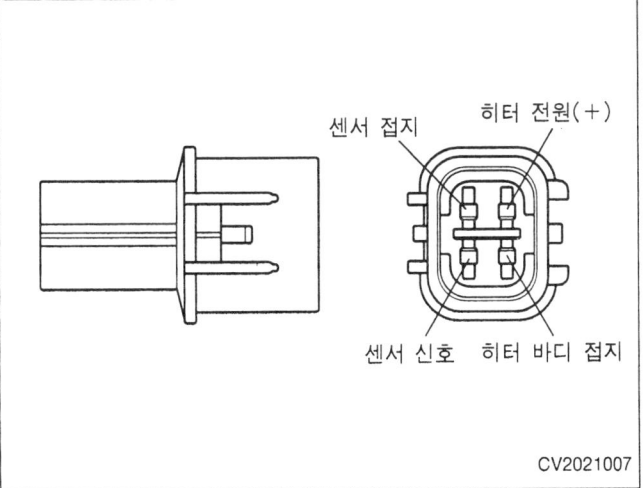

아이들 스피드 컨트롤(ISC)

1. 시동시, 공회전시 및 전기 부하시, 변속 부하시 아이들 보정을 행하는데 사용되며 ECU에 의하여 듀티 제어된다.
2. 공회전 속도를 제어하기 위해 TPS 개요, 냉각 수온, T-MAP값, 엔진회전수 등의 각종 입력 요소에 따라 ISC 기본 듀티량을 계산하고 각종 보정 제어, 피드백 제어 및 학습 제어등을 수행한다.
3. ISC를 제어하는 주파수는 250Hz이고 듀티 제어된다.
4. 공회전 상태에서 50±10%의 듀티로 제어하며 혼합기량을 변화시킨다.
   이때 엔진 워밍업후의 목표 회전수는 800±50rpm이다.
5. 커넥터 이탈시 및 와이어링 단선시는 듀티 50%위치에 ISC가 작동되어 엔진회전수가 약 2000 rpm까지 상승한다.

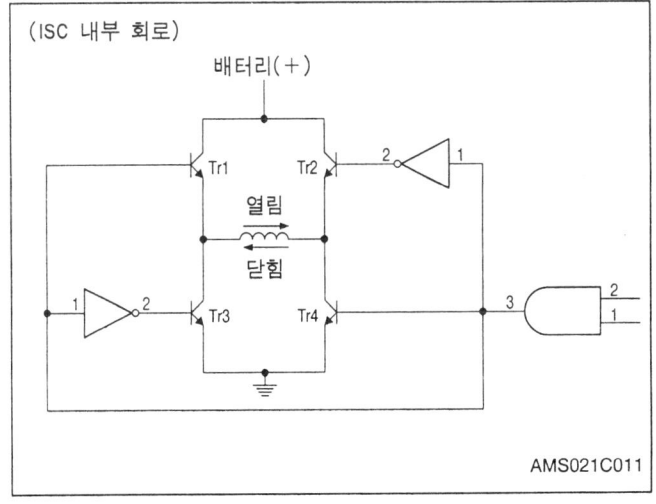

(ISC 내부 회로)

메인 듀티 솔레노이드

메인 듀티 솔레노이드는 믹서 바디에 장착되어 있으며, 산소 센서의 입력 신호에 의한 ECU의 희박, 농후 판단 상태에 따라 연료량 제어를 메인 듀티 솔레노이드의 듀티 제어로 연료-공기 혼합비를 조절한다. (피드백 솔레노이드라고 함)

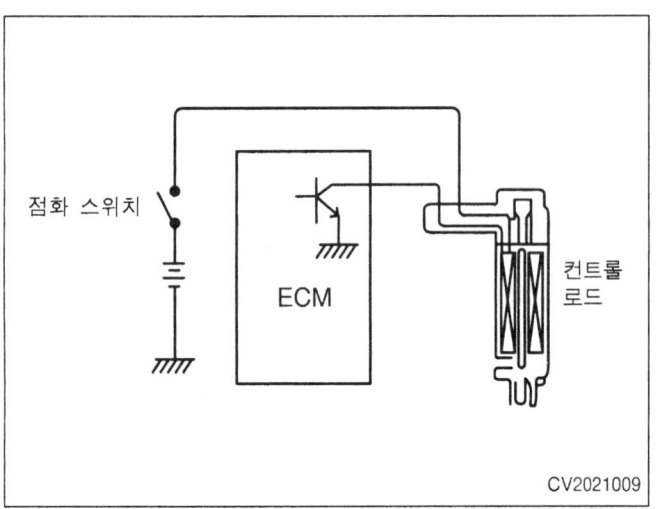

* 참고
듀티 사이클(Duty Cycle)은 규정시간 동안 ON 되는 시간 비율 (T2/T1 : 듀티 비율)을 변화시킴으로써 솔레노이드 밸브를 조절함을 말한다.

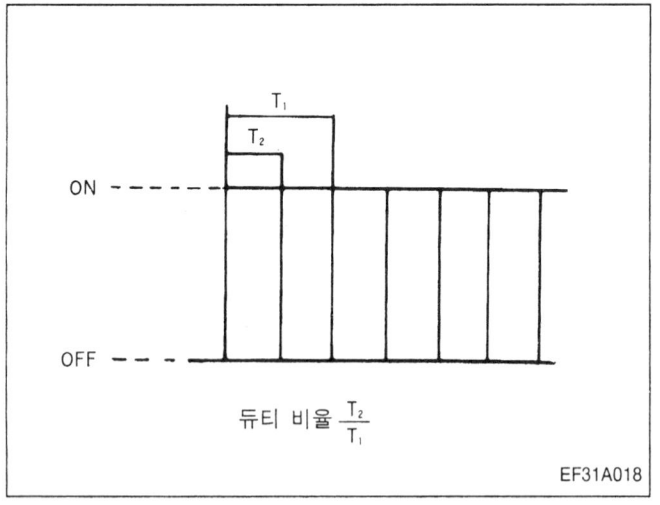

슬로우 컷 솔레노이드 및 2차 록 솔레노이드

1. 슬로우 컷 솔레노이드
   시동시 및 엔진 구동 중 ECU에 의해 제어되며, 베이퍼라이저의 1차실 연료를 슬로우 연료 라인을 통해 믹서로 연료를 공급해 준다. (ON/OFF제어)

2. 2차 록 솔레노이드
   베이퍼라이저의 2차 압력실에서 2차 밸브의 개폐를 제어하며, 시동성 개선 및 차량 충돌시 GAS누출 방지 역할을 한다.
   ON/OFF 제어를 하며, 크랭킹시 엔진회전수가 64 rpm이상 및 엔진 구동중 ON 작동되어 베이퍼라이저의 1차실에서 2차실로 연료가 공급된다.
   ON 조건 : 엔진 구동 중
   OFF 조건 : 감속 연료 차단
              or 화재 방지 연료 차단
              or 엔진 정지시

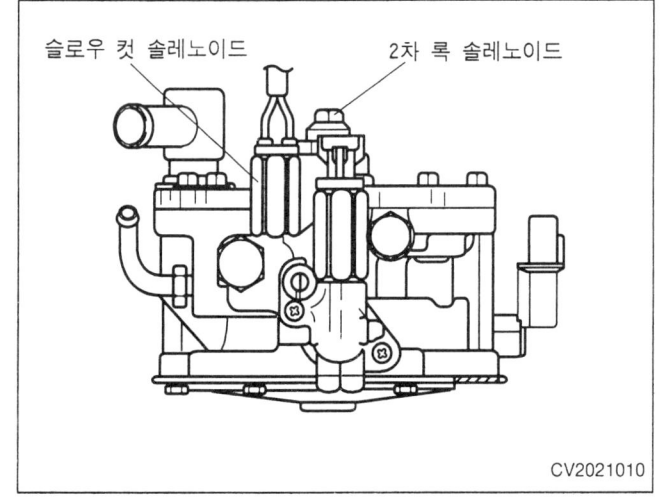

FBM 계통의 작동

1. 공기-연료 혼합 비율은 다음 2가지 작동 중 1가지 방법으로 조절된다.

1) 폐 회로 제어(Feed Back Control)

   엔진이 시동된 후의 공기-연료 비율은 산소 센서의 신호를 토대로 한 피드백 컨트롤에 의해 조절된다. 산소 센서의 출력 전압은 이론 공연비점 부근에서 급속히 변화하므로 ECU는 산소 센서의 출력 신호를 감지하여 메인 듀티 솔레노이드를 적절히 제어하여 이론 공연비가 되도록 한다.

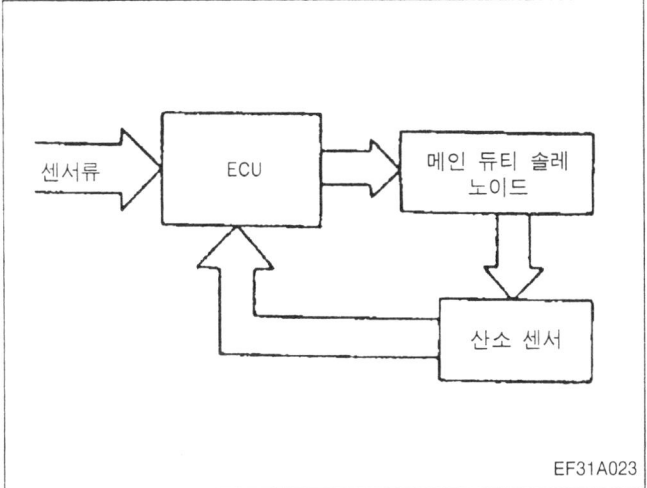

2) 개방 회로 제어(No Feedback Control)

   엔진의 시동, 워밍업, 고부하 작동, 감속시에는 공연비가 개방 회로에 의해 조절된다. 이 때는 엔진 속도, 냉각 수온, 스로틀 밸브 개방각에 맞는 임의 값(ECU의 ROM안에 내장된 수치)에 의해 조절된다. 감속시 연비 향상과 촉매의 과열을 방지하기 위해서 연료의 흐름을 제한한다.

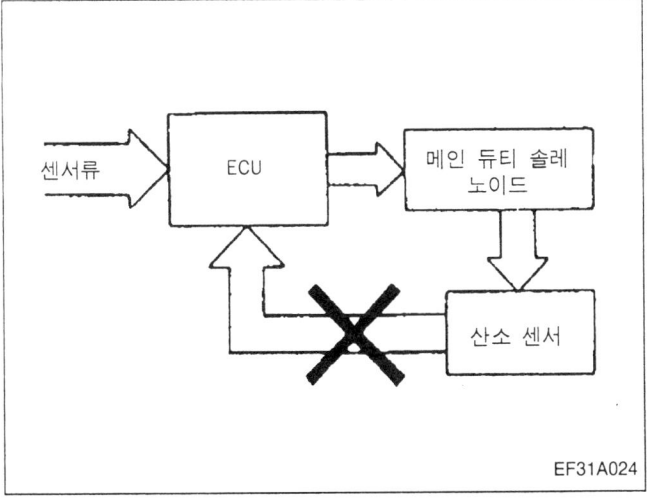

자기진단

고장코드의 기억은 배터리에 의해 직접 백업(back up)되어 점화 스위치를 OFF시키더라도 고장진단 결과는 기억된다. 그러나 배터리 터미널 혹은 ECU 커넥터를 분리시키면 기억된 고장진단 코드는 지워진다.

주의

- 점화 스위치를 ON한 상태에서 센서의 커넥터를 분리시키면 고장진단 코드가 기억된다. 이런 경우 배터리의 터미널을 15초 이상 분리시키면 고장진단 기억이 지워진다.

센서 및 액츄에이터 터미널 점검표

항목	커넥터	점검 단자	측정 범위
스로틀 포지션 센서 (TPS)	(1 2 3)	2-1 2-1 3-2	0.71 kΩ - 2.4 kΩ at close throttle 2.2 kΩ - 3.4 kΩ at wide open 1.6 Ω - 2.4 kΩ terminal 1 : signal terminal 2 : ground terminal 3 : power supply(5V)
냉각 수온 센서 & 게이지(WTS)	(1 2 3)	1-3 1-3 1-3 1-3	13.44 kΩ - 16.83 kΩ at -20℃ 2.27 kΩ - 2.64 kΩ at 20℃ 0.307 kΩ - 0.329 kΩ at 80℃ 0.1389 kΩ - 0.1445 kΩ at 110℃
T-MAP 센서	(1 2 3 4)	3-4 3-4 3-4	11.732 kΩ - 19.543 kΩ at -20℃ 2.22 kΩ - 2.817 kΩ at 20℃ 0.164 kΩ - 0.214 kΩ at 100℃ terminal 1 : signal(MAP) terminal 2 : power supply(5V) terminal 3 : signal(ATS) terminal 4 : GND
산소 센서(O₂)	(1 2 / 3 4)	1-2	MAX 50 kΩ terminal 1 : sensor + terminal 2 : sensor GND terminal 3 : heater + terminal 4 : heater GND

아이들 스피드 컨트롤(ISC)	(1 2 3)	1-2	절대 측정하지 말 것
			・power supply을 단자 1 or 3에 연결시 내부 Circuit fail 될 수 있음
			・insulation tester기로 단품 저항 측정시 내부 Circuit fail 될 수 있음
			
			58 kΩ - 60 kΩ at 20℃ (only 참조치)
			・Coil resistance : 40.4±2.5 Ω at 20℃
			  (built-in IC 때문에 측정 불가)
			  70ms/hr, 250Hz
			
			terminal 1 : GND
			terminal 2 : power supply(12V)
			terminal 3 : ECU duty control

메인 듀티 & 슬로우 듀티 솔레노이드 밸브	(1 2 / 3 4)	1-2 (S/DUTY) 3-4 (M/DUTY)	64.6 Ω - 67.6 Ω at 20℃ ・10L/min, 20Hz 20 Ω - 20.2 Ω at 20℃ ・150L/min, 20Hz
메인 릴레이	(1 2)	1-2	80-90 Ω at 20℃
슬로우 컷 솔레노이드 밸브	(1 2)	1-2	26-28 Ω at 20℃

LPG 개요

LPG는 액화 석유 가스(Liquefied Petroleum Gas)의 머리 글자를 딴 약칭이다. LPG는 가스점이나 원유를 정제하는 도중에 나오는 산물의 하나로 프로판, 부탄을 주성분으로 하여 프로필렌, 부틸렌 등이 다소 포함된 혼합물이다. GAS는 냉각이나 가압에 의해 쉽게 액화하고 또한 역으로 가열이나 감압에 의해 기화하는 특성이 있어 습한 가스(Wet Gas)라고도 한다. 또한 기체화한 LPG는 공기의 약 1.5~2배 정도 무겁고 보통 LPG는 가압(액화)된 상태로 고압용기에 저장되어 있다.

색과 냄새

순수한 LPG는 무색, 무취, 무미하나 다량을 흡입하게 되면 마취되는 수가 있다. 보통 LPG는 가스 누출의 위험을 방지할 수 있도록 극소량의 착취제(방향제)를 첨가하여 독특한 냄새를 발하게 하는데, 공업 용도를 제외한 LPG의 누출은 누출된 LPG밀도가 부피의 1/200을 초과 하였을 때 냄새에 의해 감지될 수 있어야 한다. 또한 LPG탱크 표면에 적색 글씨로 LPG라고 표시되어 있다.

비중

액체와 기체에서의 비중

LPG의 비중은 액체와 기체의 두 가지가 있다. 액체의 비중은 4℃의 물을, 기체의 비중은 0℃, 1기압의 공기를 각각 기준으로 했을 때의 값이며, 액체 프로판의 비중은 0.51, 기체 프로판의 비중은 1.52이며 액체 노말부탄은 0.58, 기체 노말부탄은 2.01이다.
따라서 액체 LPG는 물보다 가벼우나 기체 LPG는 공기보다 1.5~2.0배 무겁다. 이에 비해 도시가스와 메탄가스는 공기보다 가벼워 누출될 때에는 대기에 분산되나 LPG는 공기보다 무겁기 때문에 아래로 내려앉아 예기치 않은 폭발이 일어날 경우 아주 위험하게 된다.

비중과 부피

비중이 알려진 액체의 무게는 부피로 계산되어 질 수가 있다. 예를 들면 액체 프로판의 비중이 0.51이고 노말부탄이 0.58이면 LPG 1l는 0.5kg(1kg=약 2l)이 되며 노말부탄의 1l는 0.6kg(1kg=약 1.7l)이 된다. 따라서 카트리지 타입의 탱크 용적이 계산되어질 수 있게 된다.

비중과 온도

온도에 의존하는 비중은 온도가 올라가게 되면 팽창계수가 증가됨으로 인해 낮아지게 된다. 따라서 실린더에 충전되는 LPG의 부피는 법령에 의해 명확하게 규정되어 있는데, 이것은 다른 액체와는 달리 LPG는 비중과 부피가 온도 변화에 따라 크게 변하기 때문이다.
예를 들면 15℃ 액체 프로판 1l는 50℃에서 약 1.15l로 팽창된다. 따라서 이러한 성질을 반드시 인식하여 여분의 LPG를 탱크에 충진하는 것을 피해야 한다.

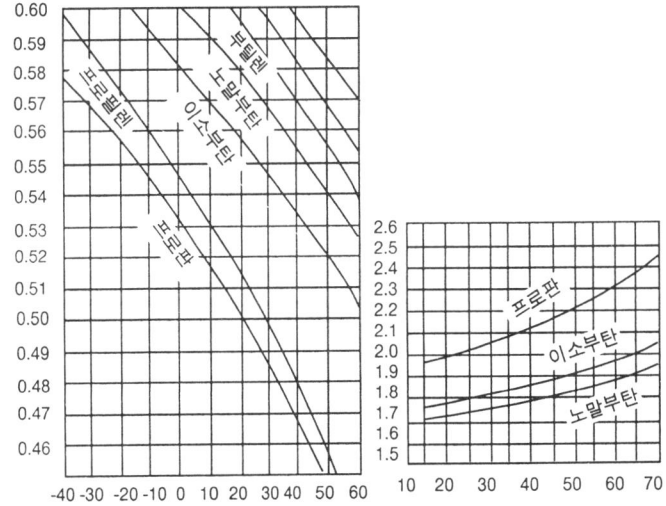

비점

- 비점

 LPG의 비점은 760 mmHg의 대기압에서 기체의 상(phase)으로 전이하는 온도를 말하며 이 온도 이상이 되면 증기압이 760 mmHg를 초과하게 되어 이 압력에 견디는 실린더(용기)가 필요하게 된다. 프로판과 노말부탄의 비점은 -42.1℃와 -0.5℃로써 LPG의 비점은 가솔린의 비점(35~232℃)보다 훨씬 더 낮다.

- 액체 LPG는 기화할 때 약 240배 팽창한다. 따라서 적은 양의 액체 LPG가 누출되더라도 큰 부피의 가스로 팽창되기 때문에 매우 위험하게 된다. 그러므로 용기에 충전하는 경우 일정한 공간을 남겨둘 필요가 있다.

기체와 액체의 평형

LPG 실린더의 윗부분에는 기체 LPG가, 아랫부분에는 액체 LPG가 있어 각 분자들은 그들의 운동에 의해 일부는 액체로, 일부는 기체로 되어지기도 한다. 이러한 분자들의 움직임은 실린더 벽면에 부딪히는 충돌에 의해서 일정한 압력을 일으키게 되며 따라서 일정 온도에 대해 평형을 유지하게 된다. 평형을 유지하는 이러한 압력을 증기압이라 한다.

증기압

LPG의 증기압은 온도와 구성 성분(LPG의 여러 가스 부피)에 의해 결정되어진다. 증기압은 연료를 압송하는 중요한 역할을 하며 LPG 차량에서는 연료 펌프가 불필요하게 된다. 또한, 온도와 증기압의 관계는 다음과 같다.

1. 온도가 높게 되면 압력도 높다.
2. 프로판 성분이 많으면 압력이 높게 된다.
3. 액체량의 다소는 압력에 영향을 주지 않는다.

또한 LPG의 증기압은 프로판과 부탄의 혼합 비율 및 온도에 따라 변화한다.

증기압이 연료 펌프의 구실을 한다는 것은 다시 말해서 증기압에 의해 LPG가 용기내에서 밀려나 액면이 낮아지면 공간이 커지게 되며 증기압이 낮아 지게 되고 그렇게 되면 또다시 증기는 포화 증기로 되어 LPG를 밀어내게 된다. 이러한 현상이 끊임없이 되풀이 되면서 LPG는 자체 증기압에 의해 연료인 LPG를 자동으로 압송하게 되어 있다.

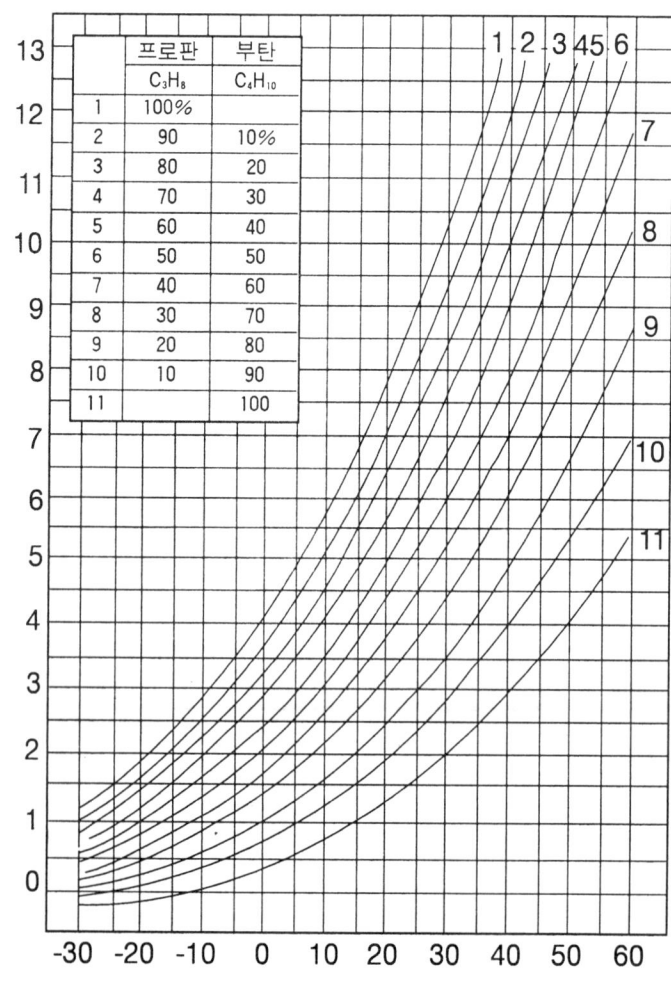

잠열

냉장고는 암모니아나 프레온 가스같은 것이 증발할 때 주위의 열을 빼앗는 성질을 이용하고 있다. 또한 알코올이나 가솔린을 손으로 만지면 열을 빼앗기기 때문에 서늘하게 느껴지는데 이처럼 모든 액체가 기화하기 위해서는 열이 필요하게 되는데 이 열을 잠열 또는 기화열이라 한다.

프로판의 잠열을 107.1 Kcal/kg이고 노말부탄은 91.5 Kcal/kg이며 LPG가 기화하기 위해서는 액체 온도에 해당하는 기화열이 빼앗기게 되므로 액체 온도는 내려가게 되고 따라서 증기압도 낮아지게 된다. 그러므로 LPG가 다량으로 기화하는 베이퍼라이저에서는 이 증발 잠열에 의해 주위로부터 열을 빼앗아 동결할 위험이 있기 때문에 엔진의 냉각수(온도)를 베이퍼라이저에 순환시키고 있다.

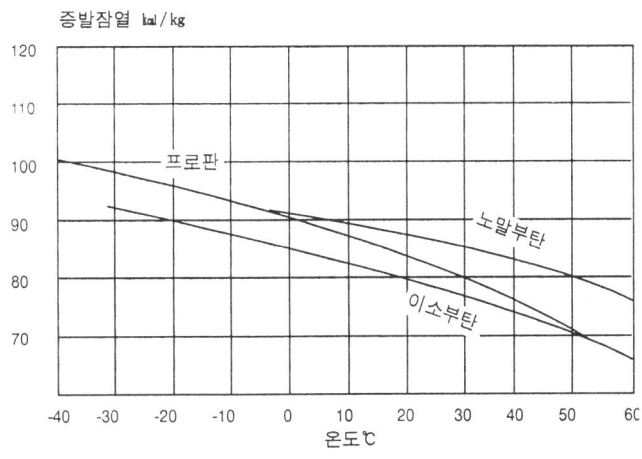

증발 잠열 곡선

액화 및 기화

프로판 또는 부탄을 액화시키기 위해서는 상온에서 가스의 압력을 그 온도에서의 증기압 이상으로 상승시키거나 상압에서 가스의 온도를 그 압력에서의 비점 이하로 하강시켜야 한다. 전자를 가압 액화라 하며 일반적으로 가정에서 사용하는 용기는 물론, 저장 탱크, 탱크 로리 등에 저장된 가스는 대부분 가압 액화된 LPG이다. 또한 후자를 냉각 액화라 하는데, 외항 선박의 대형 수송용 탱크에 저장된 가스는 냉각 액화된 LPG인 경우가 많다. 프로판 또는 부탄을 액화하면 그 부피는 약 250분의 1로 줄어든다. 따라서 액체 상태로 저장하거나 운반하면 작은 용기에 대량의 가스를 저장할 수 있게 되므로 취급상 편리하게 되는 것이다.

팽창

액체 상태인 LPG의 온도를 상승시키면 부피가 늘어난다. LPG의 부피 팽창률은 물의 15~20배, 금속류의 약 100배가 된다. 용기에 규정 질량의 프로판을 충전할 경우 60℃에 달하게 되면 용기 내부가 완전히 액체로 차게 된다. 따라서 규정 질량 이상으로 과충전하게 되면 60℃ 이하의 비교적 낮은 온도에서 액체로 충만하게 되어 그 이상 가열되면 용기가 파열하게 된다. 용기에 LPG를 85% 이상 충전하지 못하도록 하는 것은 이러한 이유 때문이다.

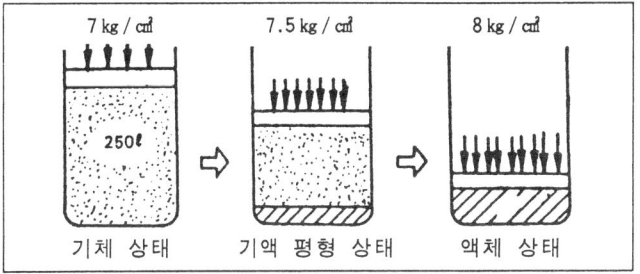

15℃에서의 가압 액화(프로판의 경우)

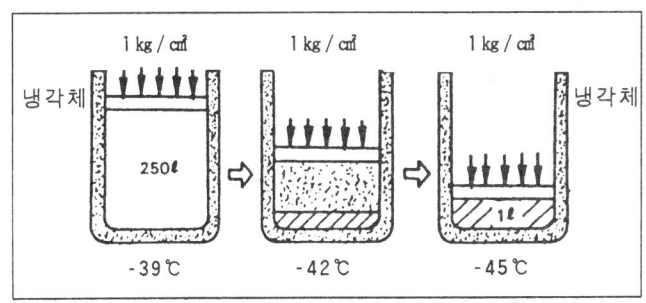

1 kg/cm²에서의 냉각 액화(프로판의 경우)

액화 프로판의 액팽창
(법령에 정해진 식에 따라 충전할 경우)

옥탄가

LPG의 옥탄가는 매우 높아 자동차의 연료로서 가솔린보다 우수하다. 옥탄가는 리서치(Research) 옥탄가, 모터(Motor) 옥탄가가 있다.

옥탄가가 높다고 하는 것은 노킹을 일으키지 않고 고압축비 엔진을 구동시킬 수 있다는 것이며, 다시 말하면 엔진의 열효율을 높여서 출력을 증가시킬 수 있다는 것이다. 프로판은 가솔린보다 약 10%정도 더 높다.

화학 반응

LPG는 프로판이나 부탄같이 포화 탄화수소의 화합물이므로 화학 반응이 거의 없는 매우 안정된 화합물이지만 가솔린처럼 용해성이 있으며 특히 천연고무나 페인트를 용해시키기 때문에 기구의 설치나 배관을 시공할 때에는 반드시 LPG에 침식되지 않는 재료〈LPG 전용 씰(SEAL)〉를 선택하도록 평소부터 각별히 유의하여야 한다.

또한 프로필렌, 부틸렌은 산소나 기타 화합물과 결합하기 쉽고 타르나 고무와 같은 물질을 생성하여 고장의 원인이 될 뿐 아니라 침식성이 강하기 때문에 함유량이 적도록 하여야 한다.

안정성

LPG는 다른 가연성 가스에 비하여 무독성이며 가스로 사용하기 때문에 완전 연소가 가능하므로 대기오염이라는 공해 문제에 절대로 안전하다고 할 수 있다. 그러나 LPG는 1/250로 압축된 고압 가스이므로 사용 중 새어 나올 수 있을 뿐 아니라 만약 새어 나오면 약 250배의 가스체로 팽창하고 공기보다 무겁기 때문에 낮은 지면에 고여서 내려 앉게 됨으로써 위험성을 초래하게 된다는 것이 최대의 결점이라 하겠다. 따라서 현재 사용하고 있는 LPG 용기를 비롯한 각종 기구의 품질이나 안전 장치가 고압 가스 안전관리법에 의하여 엄격히 규제되어 있으므로 안전 장치가 고압 가스 취급여하에 따라 가스가 새어 나오는 것을 충분히 방지할 수 있기 때문에 오히려 가솔린의 경우보다 안정성이 높다고 할 수 있다.

자동차용 연료로서의 LPG

일반적으로 자동차에 사용되는 연료로서 LPG를 선택할 경우의 기준은 대체로 다음과 같다.
1. 적당한 증기압을 갖고 있을 것.
2. 불포화 탄화수소를 함유하지 않은 것.
3. 가급적 불순물이 함유되지 않을 것.

여기서 적당한 증기압은 엔진이 작동하는데 요구되는 휘발성과 관계가 있다. 즉 LPG 자동차는 자체 압력에 의해 LPG가 공급되기 때문에 연료 펌프가 사용되지 않아 겨울철의 혹한시와 같은 경우 시동할 수 없을 정도의 낮은 증기압으론 연료의 공급이 잘 이루어지지 않기 때문에 계절에 따라 프로판과 부탄의 혼합 비율을 변경하여 필요한 증기압을 확보하여야 한다.

최근의 엔진은 용기내의 압력이 0.7 kg/cm^2 정도면 충분히 시동될 수 있도록 설계되어 있어 온도가 가장 많이 내려가는 겨울철 새벽에도 안정성을 고려하여 2 kg/cm^2 정도의 압력만 있으면 문제가 없다.

이 조건을 충족시키기 위하여 이를테면 겨울철에는 일반적으로 사용되는 100% 부탄의 LPG를 사용하지 말고 부탄 70%에 프로판 30%를 혼합한 LPG를 사용하면 된다. 다음은 월별에 대한 LPG의 혼합 비율을 나타낸 것이다.

LPG의 월별 혼합 비율

월	혼합비(%) 프로판	부탄	월	혼합비(%) 프로판	부탄
1	30	70	7	0	100
2	30	70	8	0	100
3	20	80	9	20	80
4	10	90	10	20	80
5	0	100	11	25	75
6	0	100	12	30	70

일반적으로 유전 가스에서 분리한 LPG나 정유소의 증류 가스(Topping Gas)는 거의 불포화 탄화수소를 함유하고 있지 않으므로 자동차용에 적합하다. 그러나, 정유소의 크래킹 가스나 석유 화학 공장에서 부산물로 생산되는 LPG는 올레핀류가 많이 함유되어 바람직하지 못하다. 미국에서는 자동차에 대한 올레핀계 프로필렌의 양을 5% 또는 그 이하로 제한하고 있는데 올레핀계 탄화수소가 너무 많게 되면 서비스 옥탄가가 감소되며 엔진의 성능도 떨어지게 된다. 올레핀계 프로필렌과 부틸렌은 반응성이 높으며 쉽게 중화가 일어나 타르나 고무와 같은 물질을 생성한다. 이러한 물질은 베이퍼라이저의 고장과 다이아프램의 부식, 그리고 그것이 내구성을 감소시키는 원인이 되며 또한 습기나 황화합물과 같은 불순물은 배기물은 배기가스에서 SO_2(이산화황)를 생성할 뿐 아니라 LPG 계통을 부식시키게 된다. 따라서 LPG는 품질을 선택하는 문제가 아니며 이것을 간단하게 식별하는 방법으로서는 일정 거리를 주행할 때마다 LPG 연료장치의 베이퍼라이저가 더워져 있을 때 그의 밑 부분에 있는 드레인 콕크를 개방하여 거기에서 유출되는 불순물을 보면 타르 성분이나 고무질의 함유여부를 가려낼 수 있다.

LPG의 취급주의

1. LPG는 고압 가스로서 고압 용기 내에서는 항상 대기압의 5.6배나 되는 압력이 가해져서 액체로 저장되어 있다.
2. 큰 압력이 작용하고 있는 밸브를 열게 되며 또한 아무리 작은 틈새라도 용이하게 새어 나갈 위험성이 높다.
3. 액체 LPG는 쉽게 기화하여 가스로 되며 이때 액체의 약 250배로 크게 팽창한다.
4. 기화된 LPG는 공기보다 약 2배 정도 무거우며 낮은 지면에 고여서 이동한다.
5. 기화된 LPG는 인화하기 쉽고 인화된 경우에는 폭발하기 쉽다.
6. LPG의 화재사고는 이상과 같은 이유에 의하여 가스가 새어나오는 것이 원인이 되어 발생한다.
7. LPG는 고압 가스로써의 취급을 신중하게 한다면 가솔린과 조금도 다른점이 없고 오히려 안전하다. 이상과 같은 사항을 철저히 주의하고 LPG를 취급하면 안전성에 있어서는 염려할 것이 없는 것으로 안심하고 사용할 수 있다.

엔진 시동전의 점검(일상 점검)

1. LPG 용기의 정위치 고정여부 및 고정용 볼트 조임 상태 점검.
2. 녹색 핸들의 충진 밸브는 충진시 이외에는 항상 잠겨있는지 확인.
3. 적색 핸들의 액출 밸브는 서서히 완전하게 전부 열어 놓았는지 확인.
4. 배관용 파이프나 고압 고무 호스 및 기구와의 접합부나 연결부에서 가스 노출 여부를 비눗물 같은 검지액을 사용하여 정밀 조사를 실시해야 한다. LPG 용기로부터 실린더까지 이르는 연료 공급계통의 접합부나 연결부에는 규정된 씰링과 토크 조임을 해야 하며 과도한 조임은 누설의 위험이 있다.
5. 냉각수의 점검
6. 베이퍼라이저의 드레인 콕크 잠금 유무
7. 전기 배선과 전기 접점부, 연결부의 이상 유무
8. 연료 계통에서 가스의 누설이 있을 경우 연료 봄베의 액출 밸브를 완전히 잠그고 배관 내에 들어 있는 LPG를 모두 사용한 다음, 분해 점검 또는 교환한다.
9. 서비스 공구의 정위치 고정여부
10. 타이어 공기압 점검

엔진의 시동

1. 점화 스위치를 ON으로 할 때 연료 선택 스위치가 장착된 차량은 그 스위치가 LPG 위치에 맞추어져 있는가 확인한다.
2. 시동되면 반드시 워밍업한 다음 출발해야 하며 이것은 베이퍼라이저에서 LPG를 기화시킬 때 열의 부족을 방지하기 위한 것으로써 냉각수 온도가 약 40℃ 이상으로 더워질 때까지, 즉 겨울철에 최저 평균기온 -5℃ 이하의 경우는 약 5분간, 평상시는 3분간 정도 워밍업하는 것이 바람직하다.
3. 워밍업이 충분치 않으면 냉각수의 온도가 낮은 경우 차량 출발이 어렵고 악셀레이터를 힘껏 밟더라도 가속되지 않거나 또는 엔진이 정지되는 경우가 있게 된다.
4. 겨울철 최저 평균기온 -5℃이하의 경우는 프로판이 30%정도 혼합된 LPG를 사용하지 않으면 시동이 곤란하게 된다. 평상시 사용되는 LPG는 증기압이 낮은 부탄(0℃에서 약 0.5 kg/cm²) 100%의 연료이므로 증기압이 높은 프로판(0℃에서 약 3.5 kg/cm²)을 혼합하여야 한다.
5. 오토 초우크 차량에서는 한냉시 오토 초우크 노브를 당기면 시동에 적절한 스로틀 밸브 열림이 이루어져 시동이 용이해지므로 오토 초우크 노브를 당긴 상태에서 시동을 건다.

사고 발생시 조치

1. 운행 중 가스 냄새가 유난히 나거나 기타의 이상이 있을 때는 즉시 정차하여 동승자를 하차시킨 다음 신속히 용기의 액출 밸브를 잠그고 나서 가스가 새어 나오는 곳을 점검하거나 기타의 조치를 취하여야 한다. 또 가스가 새어나오는 것을 점검하거나 대처하기 위해서 항상 필요한 검사용구나 공구 또는 응급조치에 필요한 검지액이나 시일 테이프 따위를 휴대한다.
2. 운행 중 가스가 새어나오고 있을 경우에는 첫째로 당황하지 말것이며, 냉정하고 침착하게 대처하여 우선 부근의 불을 끈 다음 신속히 용기의 액출 밸브를 확실히 잠그고 나서 필요한 조치를 강구한다. 필요시 자동차를 안전한 장소에 옮겨 놓고 감시를 부탁한 다음 가까운 경찰서나 소방소에 즉시 연락하여야 한다.
3. 어떠한 원인이든지 용기 내의 압력이 상승하여 안전 밸브에서 가스가 방출되는 경우에는 용기의 액출 밸브를 신속히 잠근 다음 용기 외면에 물을 끼얹어 냉각시키는 동시에 부근의 불을 끄고 환기를 하도록 한다.
4. 용기의 안전 밸브가 용기 윗부분에 위치하고 있는 한 화염속에 쌓여 있더라도 절대 폭발할 염려가 없기 때문에 위의 조치를 취하고 나서는 부근의 가연성 물질을 신속히 제거하도록 하는 것이 최선책이라 할 수 있다. 또 포말 소화기를 사용하는 것도 바람직하며 다량의 물을 사용하여 용기를 냉각시키며 조치하는 것도 좋은 방법이다.

5. 만약 충돌 같은 중대 사고가 발생하여 용기의 충진 밸브나 액출 밸브를 손상시켰을 경우는 일시에 다량의 가스가 방출되어 대화재의 위험성이 크므로 항상 안전 운전에 유의하여야 한다.
   또한 화재의 위험성은 가솔린의 경우 같은 것이지만 LPG는 기체이므로 눈에 보이지 않는다는 것과 바람에 의하거나 또는 하수도 같은 곳을 따라 흐르고 더구나 공기보다 무거운 가스이기 때문에 지면에 고이는 성질이라는 것을 감안한다면 방출되었을 경우의 위험성은 대단히 클것이라는 점을 염두에 두고 운전에 임하여야 한다.

점검상의 유의사항

1. 성냥, 라이터, 촛불 같은 화기 또는 담배를 피우며 점검하는 행위는 절대 금하며 가스가 새어 나오는 곳의 점검시는 반드시 비눗물 같은 검지액을 사용하여야 한다.
2. 점검 결과에 의해서나 또는 정기 분해 정비를 실시하는 경우 배관내의 LPG는 완전히 사용된 후 실시하여야 하며 기술적으로 분해 정비에 자신이 없는 경우에는 전문 수리 센터에 의뢰하는 것이 바람직하다.
3. 고압 배관부의 조인트를 비롯한 커넥터나 기타 부분에서 가스가 새어 나오는 경우에는 반드시 LPG의 내용성 재료로 되어 있는 시일 테이프(Seal Tape)같은 것을 사용해야 하며, 또 그러한 것을 사용하는 부분은 반드시 깨끗이 청소하고 시일 재료를 그 부분에 꼭 알맞은 것을 사용해야 한다.
   더구나 시일 재료라 하더라도 이것을 외부에서 바르는 것, 특히 페인트, 광명단, 퍼티(빠데) 또는 삼베 따위는 LPG가 용해시키는 성질이 있기 때문에 무용지물이 될 뿐 아니라 오히려 대단히 위험한 결과를 초래하게 되므로 주의하여야 한다.

LPG 차량의 특성

장점

1. LPG 가격이 저렴
2. 엔진 특히 연소실에 카본(탄소)의 부착이 없어 스파크 프러그의 수명이 연장됨.
3. 엔진 오일이 가솔린에 의해 회석되지 않으므로 실린더의 마모가 적고 오일 교환 기간이 연장됨.
4. 가솔린에 비해 쉽게 기화되므로 연소가 균일하여 엔진 소음이 적음.
5. 배기 상태에서 냄새가 없으며 일산화탄소의 함유량이 적고 매연이 없으므로 위생적임.
6. 기체 연료이므로 열에 의한 베이퍼 록, 퍼콜레숀 등이 발생하지 않음.

단점

1. 증발 잠열로 인한 동절기 시동이 난이함.
2. 연료의 취급과 공급 절차가 복잡하고 보안성에 다소 문제가 있을 수 있음.
3. 베이퍼라이저 내의 타르 배출이나 믹서 및 ISC의 청소를 수시로 할 필요가 있음.

LPG 시스템
베이퍼라이저
일반사항

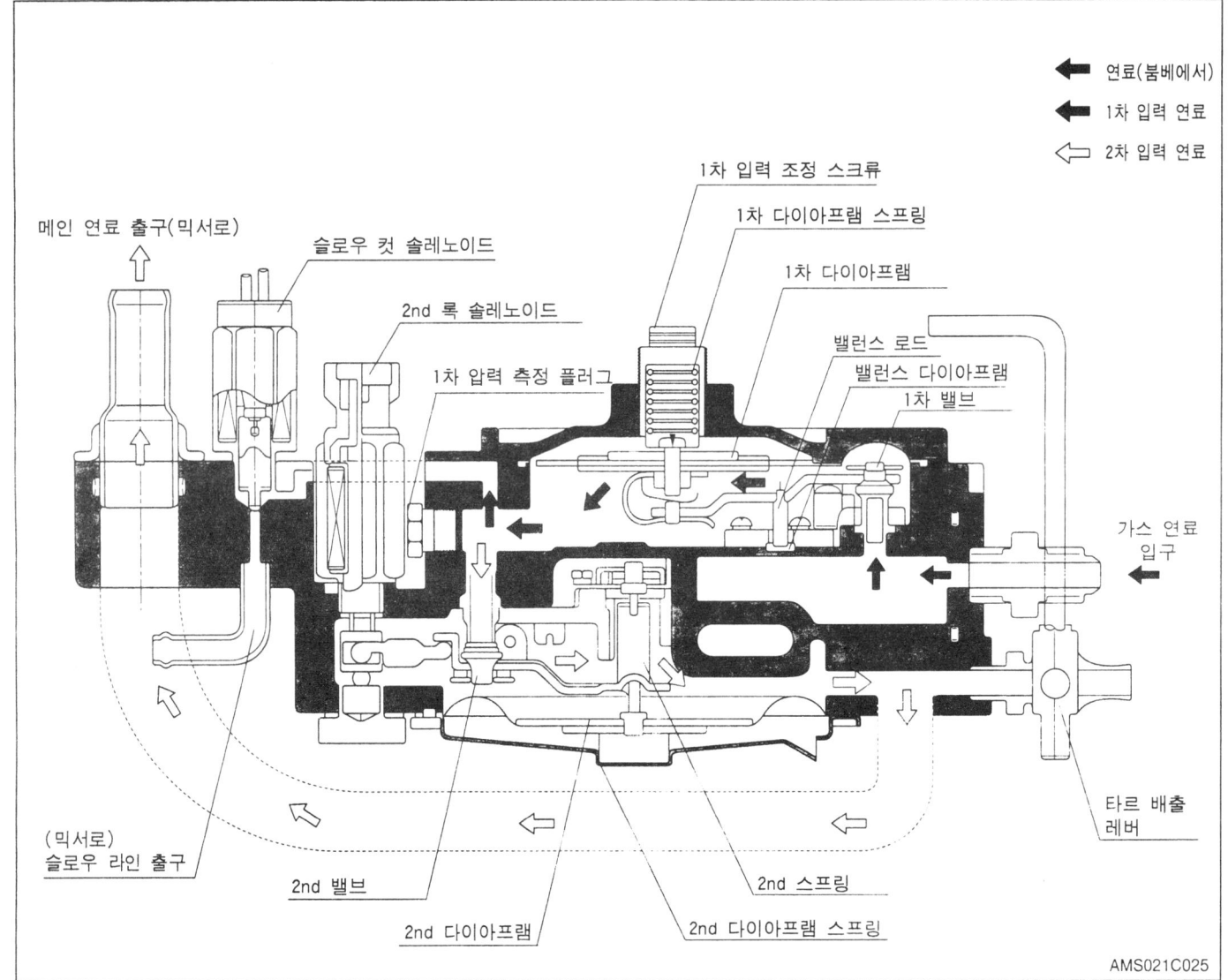

LPG 차량은 봄베 내에 포함되있는 기체 연료만을 사용하면 혹한시의 시동성을 대폭 향상 시킬수 있으나 고속영역에서는 필요로 하는 연료량에 비하여 LPG 봄베 내의 액체 연료가 기체 연료로의 상변화가 순간순간 곧바로 따라 주지 못하기 때문에 차량의 출력이 일정치 않아 운전성이 나쁘거나 정상 주행이 불가능하게 된다. 베이퍼라이저는 이러한 문제점을 없애기 위해 액체를 냉각수로 예열시켜 소정의 압력을 지닌 기체 LPG 전환시키는 장치이며 2차 록 솔레노이드 밸브, 슬로우 컷 솔레노이드 밸브, 1차 실, 2차 실로 구성되어 있다.

1. 2차 록 솔레노이드
   2차 록 솔레노이드(2nd Lock Solenoid)는 엔진 회전시에 2차 밸브를 열어 연료를 공급하고, 엔진 정지시에는 2차 밸브를 닫아 연료를 차단시키는 역할을 한다. 2차 록 솔레노이드 엔진 컨트롤 유닛(ECU)에 의해 ON/OFF 제어된다. 컨트롤 유닛은 엔진 회전 신호 검출시 2차 록 솔레노이드 ON하고, 엔진 정지시에는 솔레노이드를 OFF시킨다. 엔진 정지시에 2차 록 솔레노이드를 OFF시키면 솔레노이드 선단의 레버가 2차 밸브 레버를 위로 올려 2차 밸브 시트에 밸브를 밀착시켜 가스 누출을 방지하고 연료를 차단한다. 엔진 회전시에 2차 록 솔레노이드를 ON 시키면 2차 밸브 레버의 잠김이 해제되고 엔진 부압에 의해 2차 다이아프램이 위쪽으로 올라가, 2차 밸브를 열고 연료를 유입시키게 된다.

2. 1차실

   LPG 봄베로부터 나온 연료는 고압이기 때문에 연료량의 제어가 곤란하여 분출량이 크고, 공연비가 너무 농후(RICH)하게 되므로 사용이 곤란하다. 따라서 1차 실은 연료의 압력을 연료의 소비량, 출력의 관점에서 두가지를 만족시킬 수 있도록 1차실 내에 있는 1차압 조절 기구를 갖고 있으며 약 $0.3\ kg/cm^2$으로 감압하는 기능을 갖고 있다.

   LPG 봄베로부터 나온 연료는 솔레노이드 & 필터를 통해 베이퍼라이저의 입구까지 봄베압으로 유입되고, 베이퍼라이저로 들어온 연료(약 $7 \sim 10\ kg/cm^2$)는 1차 밸브 시트(Seat)사이에서 1차실로 들어와 감압된다. (약 $0.3\ kg/cm^2$)

   연료의 유입이 계속되고 1차실 압력이 $0.3\ kg/cm^2$보다 높아지면 1차 다이아프램은 상부로 올라간다. 이 때 다이아프램에 연결된 후크가 1차 밸브 레버를 위로 끌어당겨 1차 밸브를 닫아 연료의 유입을 차단해준다.

   연료가 소비되어 1차실로 연료 압력이 $0.3\ kg/cm^2$ 이하가 되면 1차 다이아프램 스프링의 힘이 연료압보다 커지고 1차 다이아프램은 아래로 내려간다. 이때 다이아프램에 고정되어 있는 후크가 1차 밸브 레버를 아래로 밀어 1차 밸브를 열어준다.

   상기와 같은 작동이 계속적으로 반복되어 1차실 압력은 항시 약 $0.3\ kg/cm^2$로 유지된다.

3. 2차실

   연료가 믹서에 들어오는 공기량에 관계없이 믹서로 유출되는 것을 방지하기 위해 2차실 압력을 거의 대기압으로 감압하는 작용을 한다.

   1차실에서 $0.323 \pm 0.025\ kg/cm^2$의 압력으로 조정된 연료는 2차 밸브와 밸브 시트 사이를 통해 2차실로 들어가서 거의 대기압 수준으로 감압된다.

   엔진이 회전하고 있을 때 믹서의 벤츄리부에서 발생한 부압에 의해 2차 다이아프램은 상방향으로 올라간다. 동시에 2차 다이아프램과 연동하는 2차 밸브 레버도 올라가서 2차 밸브를 열고 연료를 유입시킨다.

   엔진을 정지(시동 KEY OFF시)하게 되면 2차 록 솔레노이드가 2차 밸브를 닫으므로 연료 유입을 차단한다.

4. 슬로우 컷 솔레노이드

   슬로우 컷 솔레노이드는 시동시에 통전되어 연료라인을 열어주어 연료를 추가 공급해준다.

   엔진 시동이 걸린후 크랭킹 신호가 OFF되어도 솔레노이드 밸브도 계속 ON되어 슬로우 연료라인에 연료를 공급해준다.

5. 1차 압력 밸런스 기구

   봄베 내의 LPG 연료 압력이 일정한 경우에 1차실의 압력은 1차 다이어프램과 다이어프램 스프링에 의해 일정하게 유지되나, 봄베 내의 압력은 외기 온도나 연료 조성에 의해 변동되기 때문에 1차 압력에 영향을 주므로 이를 방지하기 위하여 밸런스 다이어프램과 밸런스 로드로 구성되는 1차 압력 균형 기구가 있다. 봄베 압력이 높게 되면 다이어프램에 걸리는 압력도 높게 되어 밸런스 로드를 통하여 1차 밸브 레버가 밀려올라가므로 1차 밸브가 닫히는 쪽으로 작동되어 연료 통로가 좁아진다.

   반대로 봄베의 압력이 낮아지면 다이어프램이 반대로 작동되어 1차실의 압력이 항상 일정하게 유지되게한다.

베이퍼라이저의 기밀 점검

주의
- 베이퍼라이저를 분해 조립한 후에는 필히 기밀 점검을 행해야 한다.

엔진의 시동을 걸고 베이퍼라이저의 접합부, 파이프 접속부에 비눗물을 도포하여 누설을 점검한다.

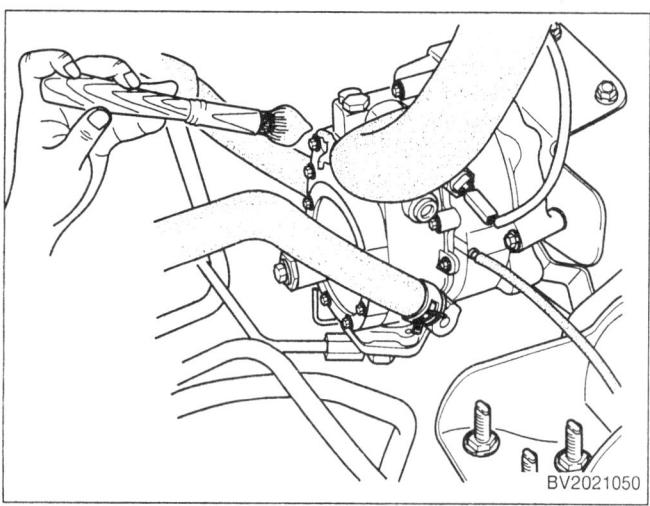

1차실 압력 조정

1. LPG 스위치를 OFF 시키고 엔진이 정지할 때까지 공회전시켜 파이프 내의 연료를 제거시킨다.

주의
- LPG의 누출을 방지하기 위해서 이 작업을 필히 행해야 한다.

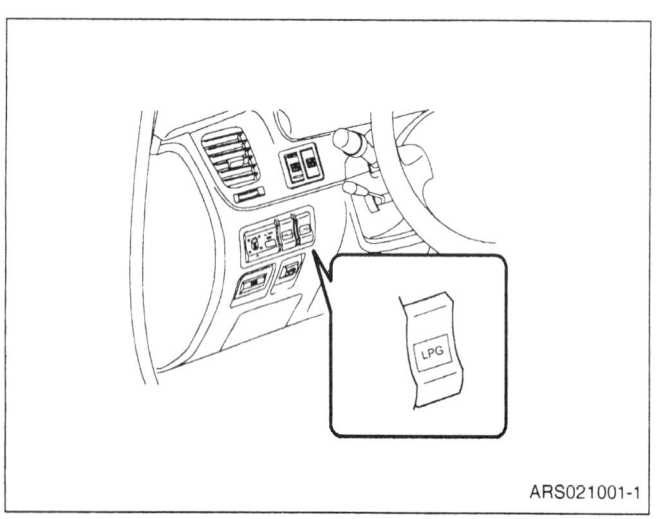

2. 1차 압력 배출구의 플러그를 탈거하고 그곳에 압력계를 장착한다.
3. LPG 스위치를 ON시키고 엔진의 시동을 건다.
4. 이때 압력계의 지침이 규정치 이내에 있는가를 점검한다.

1차압력 : 0.323 ±0.025 kg/cm²

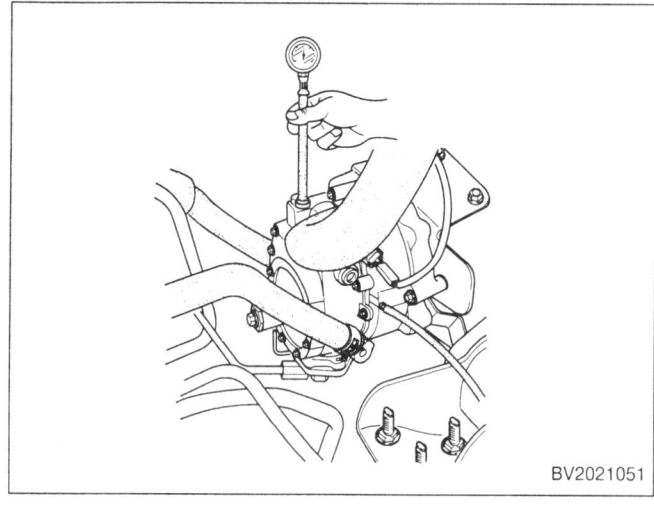

5. 압력이 규정치를 벗어나면 압력 조정 스크류를 돌려 압력을 조정한다.

시계 방향 회전시 : 1차 압력 상승
반시계 방향 회전시 : 1차 압력 저하

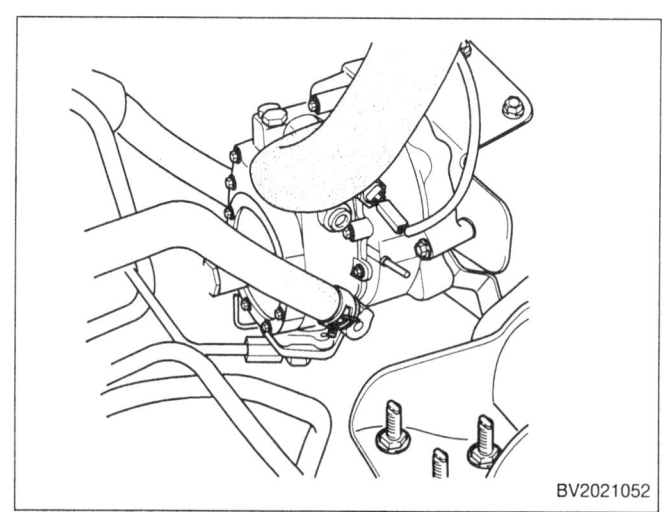

타르의 청소

냉각수가 충분히 더워진 후 (타르 등이 굳지 않은 상태에서) 드레인 콕크를 열고 타르를 배출시킨다.

주의
- 타르를 배출시킨 후 필히 드레인 콕크를 닫아야 한다. 만일 닫지 않으면 가스가 그 곳을 통해서 누출된다.

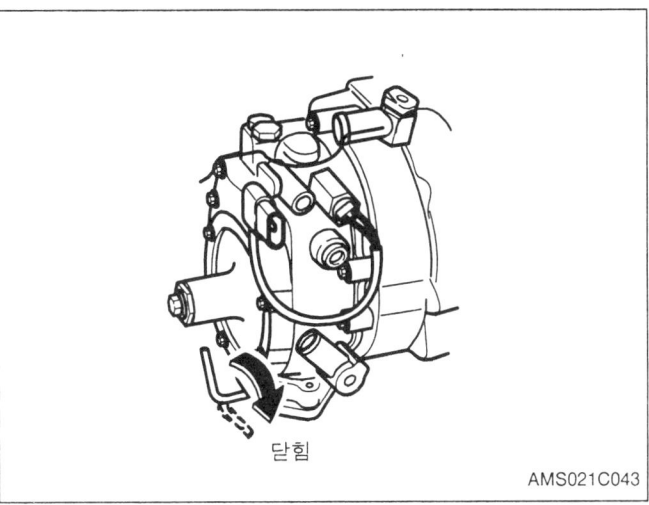

탈거

1. LPG 스위치를 OFF시키고 엔진이 정지할 때까지 공회전시키면서 파이프 내의 연료를 제거한다.
2. 냉각수를 배출시킨다.
3. 베이퍼라이저에 연결되 있는 고압 파이프와 저압 호스, 워터 호스를 탈거한다.
4. 워터 호스와 진공 호스를 탈거한다.
5. 장착 볼트를 풀고 베이퍼라이저를 탈거한다.

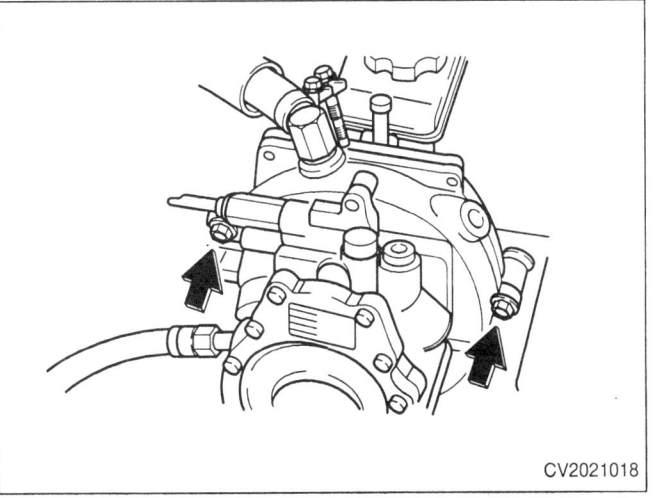

분해

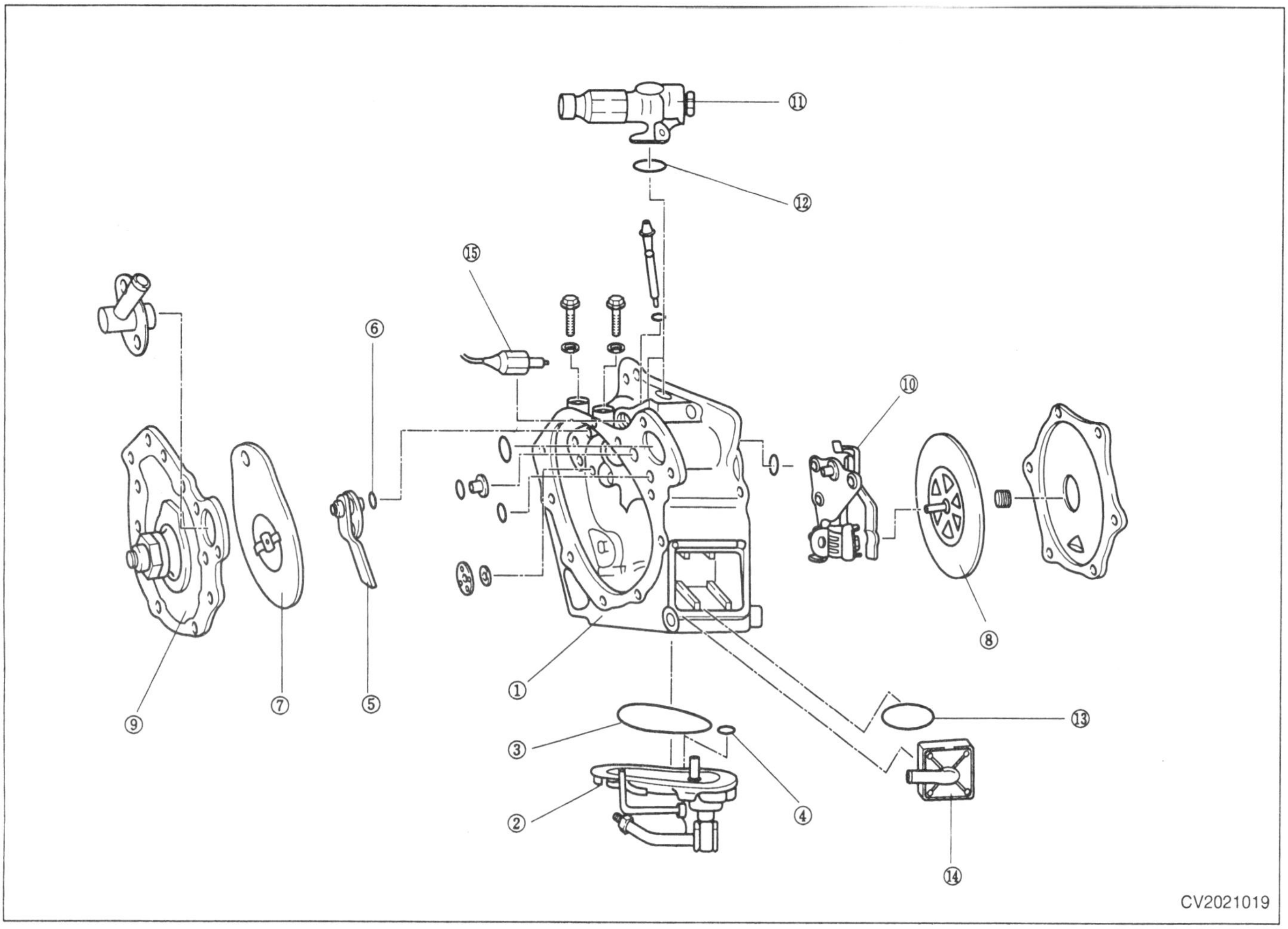

(1) 바디 어셈블리
(2) 연료 커버
(3) O-링(커버부)
(4) O-링(드레인 콕부)
(5) 1차 밸브
(6) O-링(밸브부)
(7) 1차 다이어프램
(8) 2차 다이어프램
(9) 베이퍼라이저 커버
(10) 2차 밸브
(11) 2차 록 하우징
(12) O-링(록부)
(13) O-링(온수 커버부)
(14) 커버
(15) 슬로우 컷 솔레노이드

1차실의 분해
1. 10개의 장착 볼트를 풀고 프런트 커버를 탈거한다.

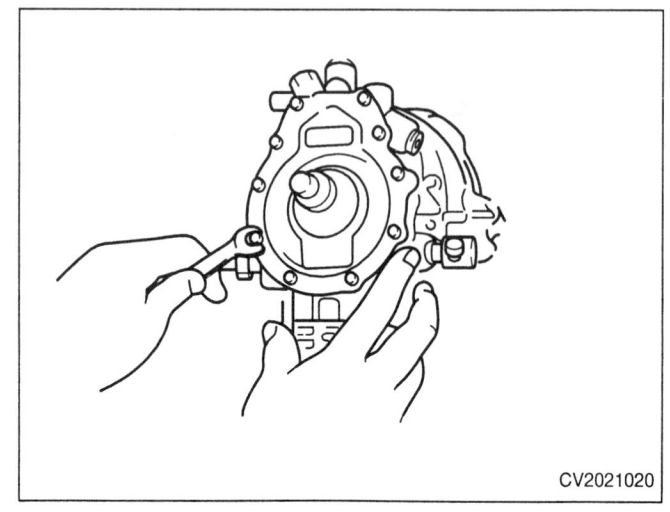

2. 1차 다이어프램을 탈거한다.

> **주의**
> - 1차 다이어프램은 1차 다이어프램 내측이 후크에 의해 1차 밸브 레버에 걸려있으므로 때문에 무리한 힘을 가하지 않도록 주의한다.

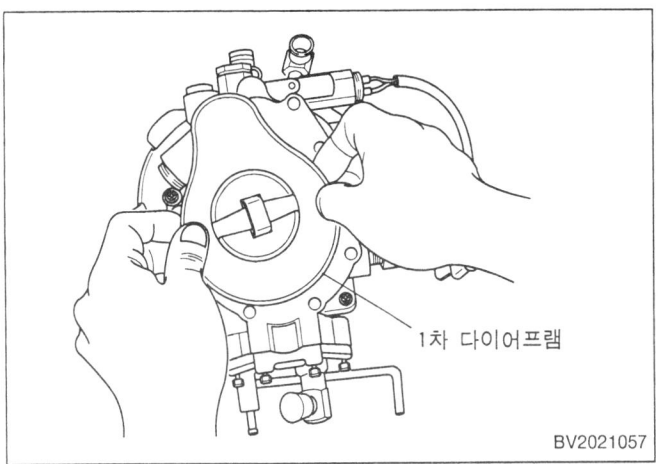

3. 2개의 장착 피스를 풀고 1차 밸브와 1차 밸브 레버를 탈거한다.

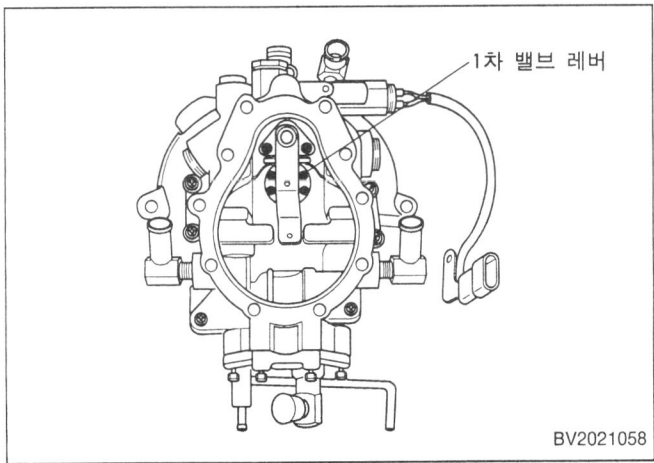

4. 4개의 장착 피스를 풀고 커버와 밸런스 다이어프램을 탈거한다.

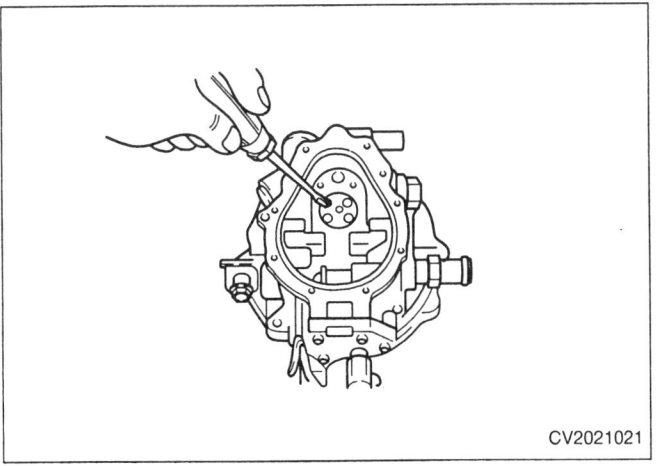

5. 각 연료 통로 및 작은 구멍이 막히지 않았는지 점검한다.

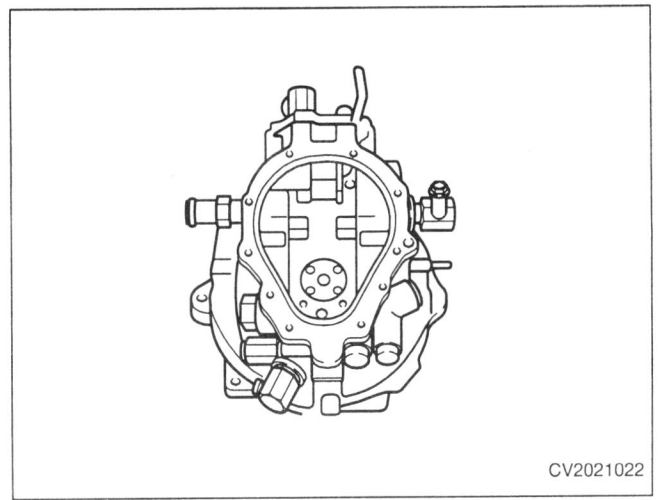

6. LPG 고압 가스 입구를 탈거하고 필터가 막히지 않았는지 점검한다.

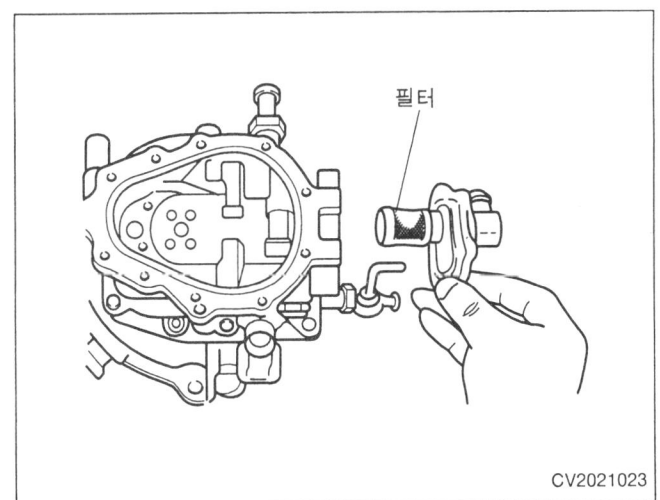

2차실 분해
1. 피스를 풀고 프런트 커버 및 다이어프램을 탈거한다.
2. 2차 밸브와 2차 밸브 레버를 탈거한다.

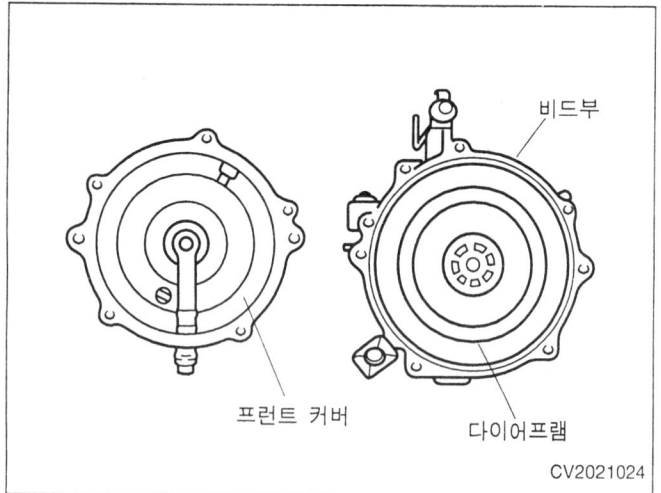

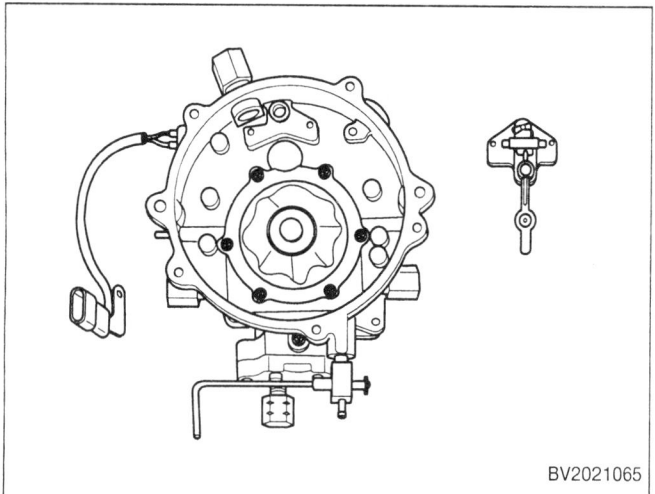

3. 진공 록크 다이어프램을 탈거한다.

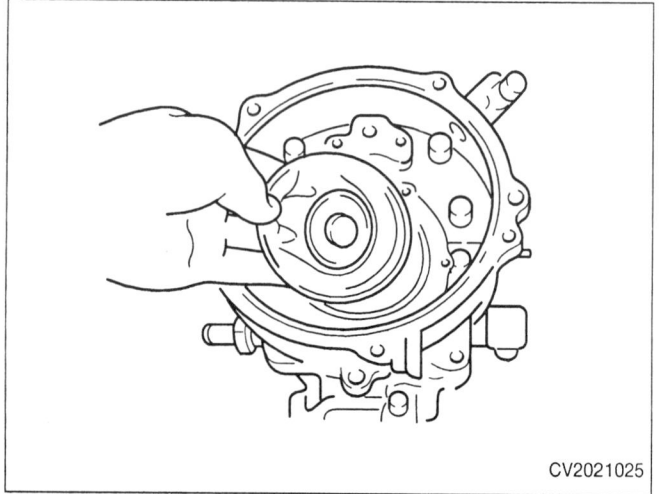

점검
1차 다이어프램 점검
1. 1차 다이어프램의 파손, 손상을 점검한다.

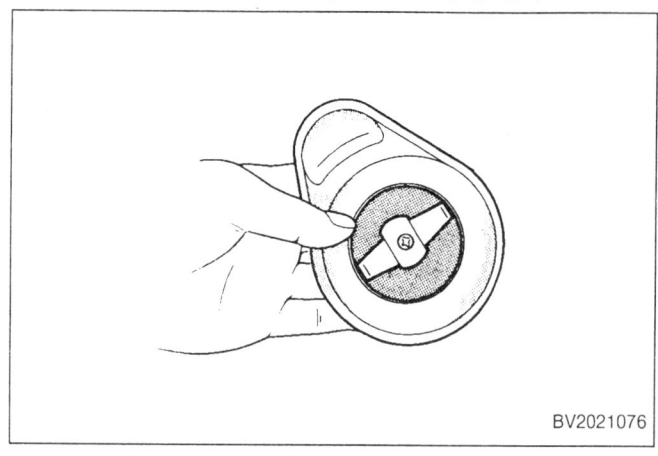

2. 1차 밸브 및 밸브 시트 점검
   1) 밸브 및 밸브 시트 표면의 단층 마모 혹은 손상을 점검한다.
   2) O-링의 파손, 손상을 점검한다.

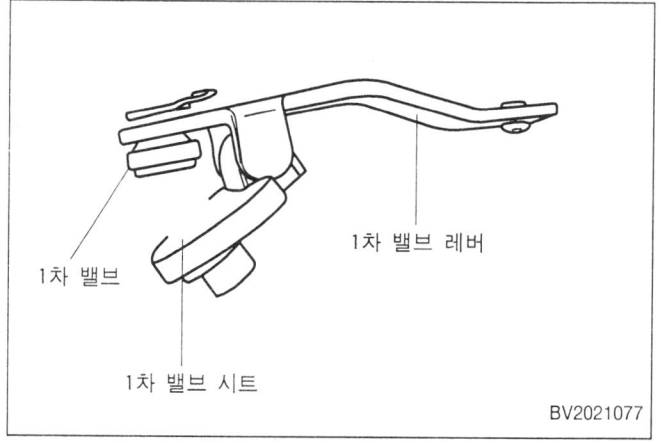

3. 1차 밸브 레버 점검 및 조정
   1) 그림과 같이 베이퍼라이저 세트 게이지를 규정치로 일치시키고 1차 밸브 레버와 게이지의 선단이 정확히 일치했는지 확인한다.

   "A" 거리 : 13.6~14.1 mm

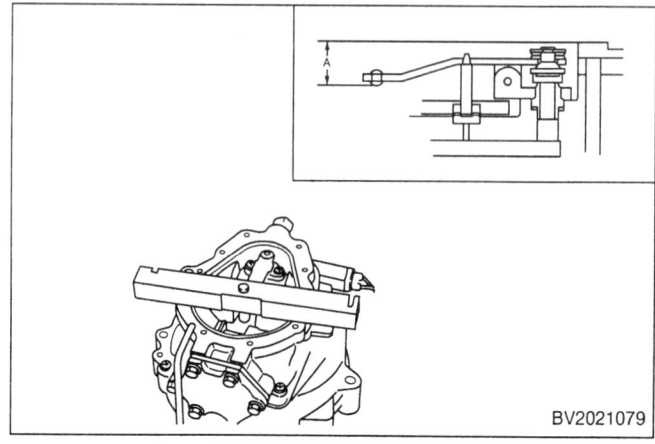

2) 규정치를 벗어나면 베이퍼라이저 세트 게이지 끝부위의 홈에 1차 밸브 레버를 집어넣고 1차 밸브 레버를 구부려 조정한다.

주의
* 신중히 조정하여 레버가 기울지 않도록 해야 하며 구부릴 때 밸브에 힘을 가하지 않도록 주의해서 작업한다.

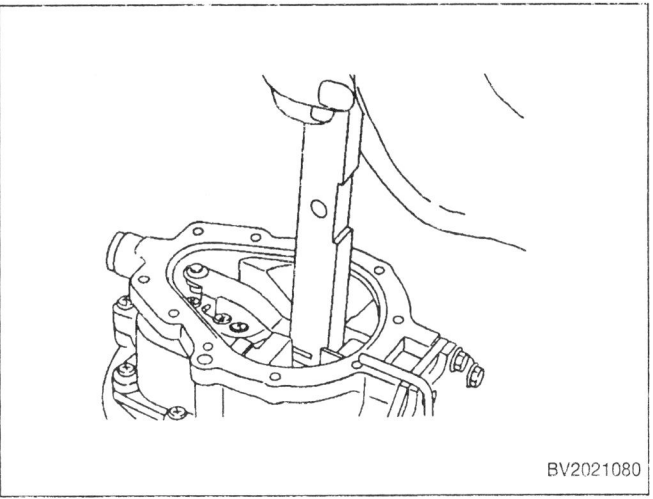

4. 2차 다이어프램 점검
   1) 2차 다이어프램에 타르 등이 고착되었거나 손상되지 않았는지 점검한다.

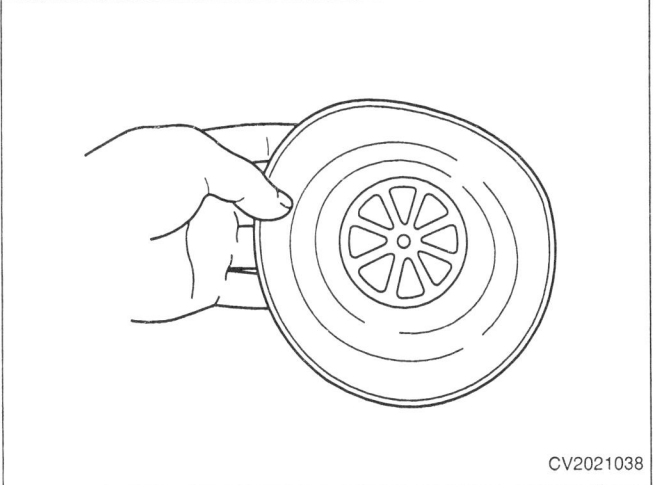

5. 2차 밸브 및 밸브 시트 점검
   1) 밸브와 밸브 시트면이 단층 마모나 손상되지 않았는지 점검한다.
   2) O-링의 손상을 점검한다.

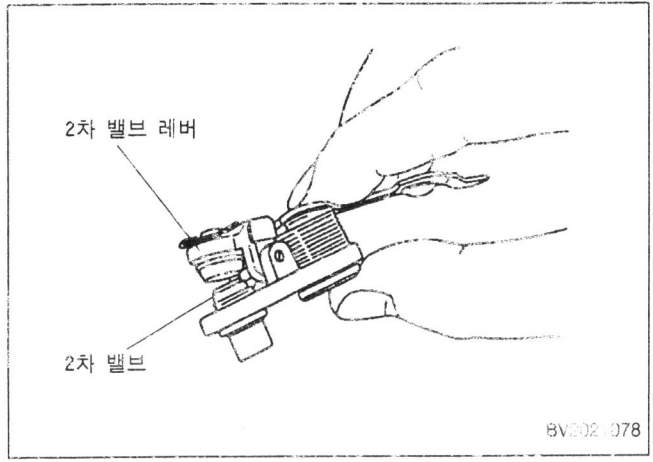

6. 2차 밸브 레버 점검
   1) 레버의 앞끝 윗면에서 2차 커버 장착면까지의 높이를 측정한다.

   높이 : 8.5 ± 0.5 mm

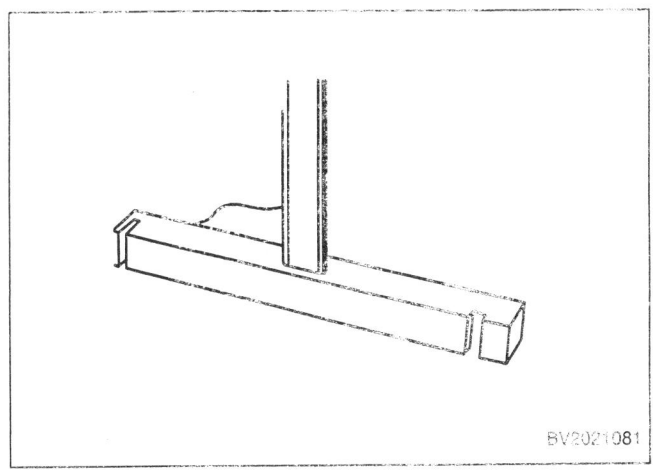

   2) 측정 결과가 규정치를 벗어나면 베이퍼라이저 세트 게이지 끝부위에 있는 홈을 사용하여 2차 밸브 레버를 구부려 조정한다.

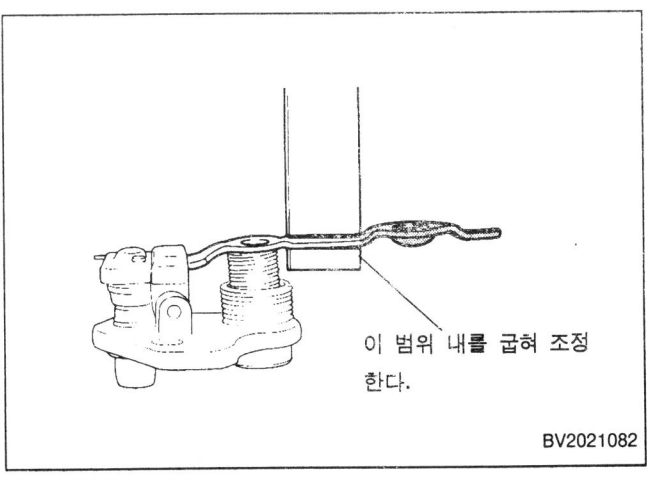

이 범위 내를 굽혀 조정한다.

주의
- 레버를 구부려 조정할 때는 베이퍼라이저 세트 게이지를 그림에 표시된 레버의 위치에 끼우고 레버의 ⌴ 부분만을 구부려 조정한다.
- 신중히 조정해야 하며 레버를 비틀거나 2차 밸브 시트부에 힘을 가해서는 안된다.

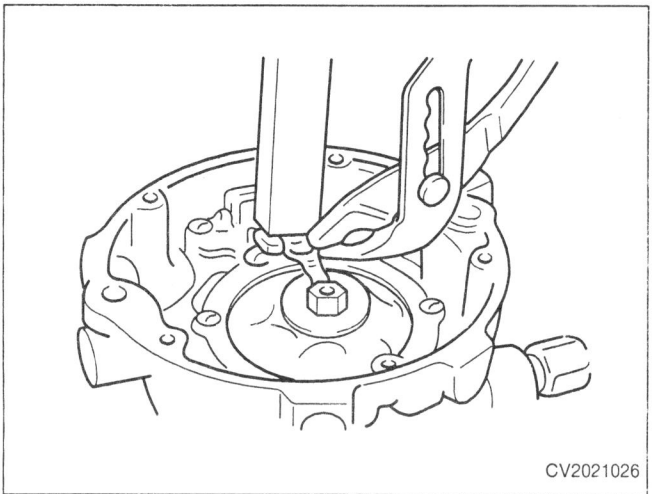

7. 진공 록크 다이어프램 점검
   1) 진공 록크 다이어프램에 타르 등이 고착되었는지 그리고 손상되지 않았는지를 점검한다.

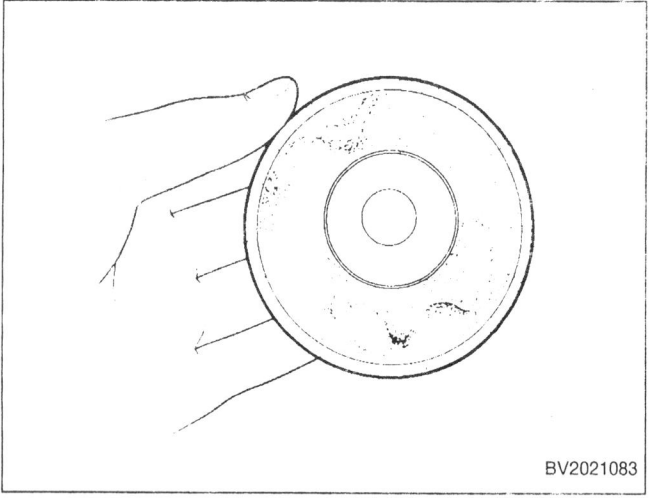

조립
1. 2차 실의 조립
   1) 진공 록크 다이어프램을 점검한다.

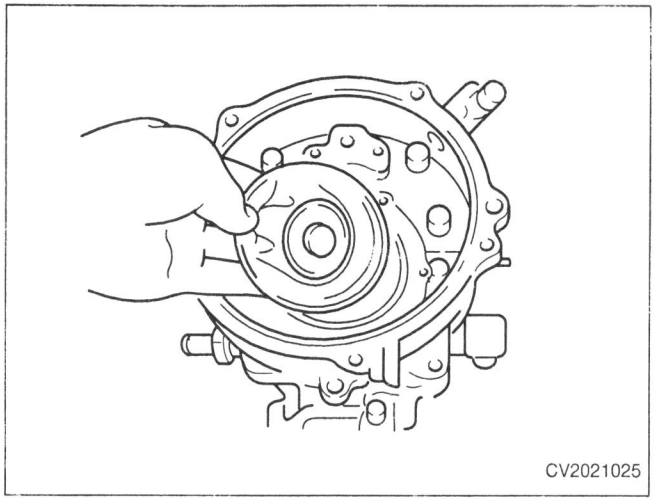

   2) 2차 밸브 및 2차 밸브 레버를 조립한다.

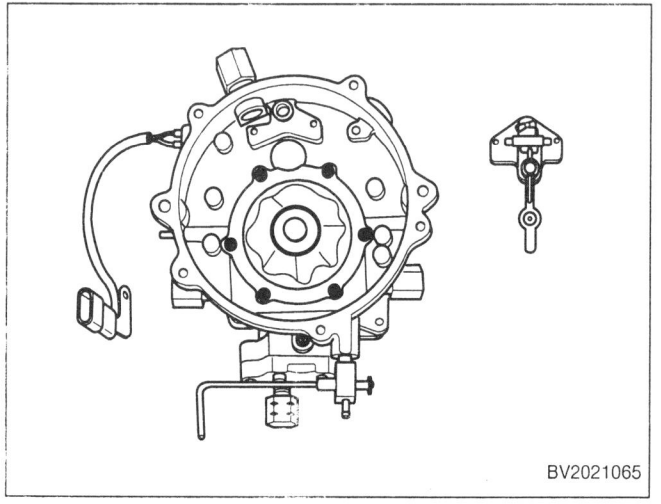

   3) 다이어프램을 장착하고 프론트 커버를 피스에 장착한다.

주의
- 다이어프램의 비드(Beed)부가 비드홈에 정확히 들어가도록 커버를 장착한다.

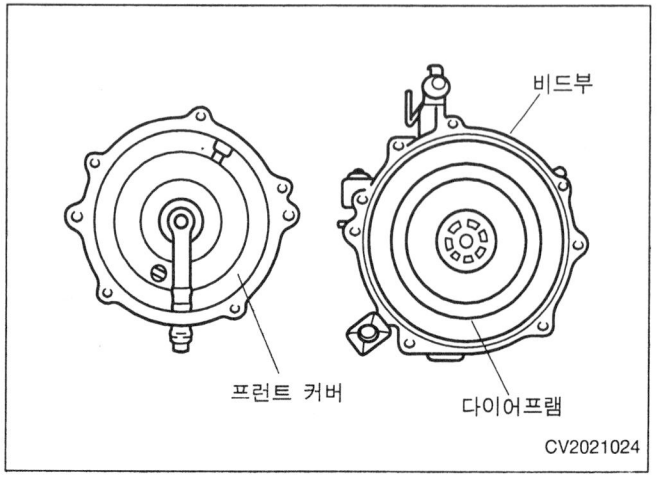

2. 1차 실의 조립
   1) 커버와 밸런스 다이어프램을 장착한다.

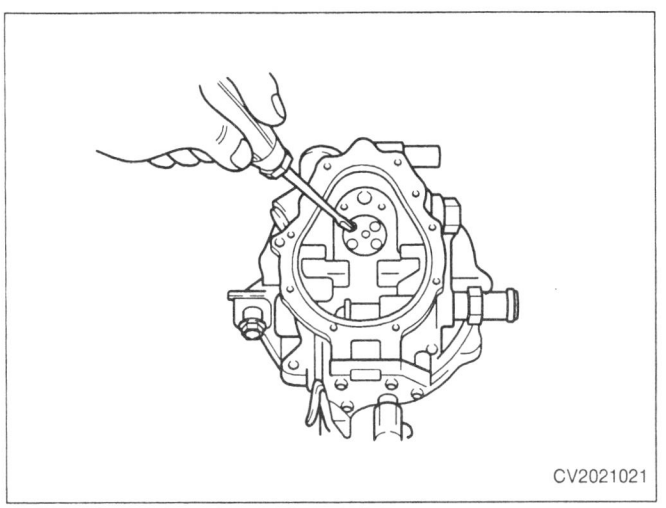

   2) 1차 밸브와 1차 밸브 레버를 2개의 피스로 조립한다.

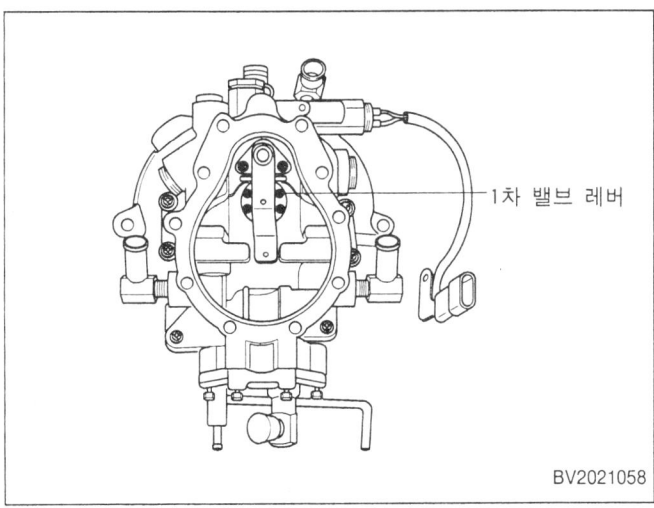

1차 밸브 레버

   3) 1차 다이어프램을 조립한다.

   ✏ 주의
   • 다이어프램의 비드부가 비드홈에 정확히 들어가도록 조립한다.

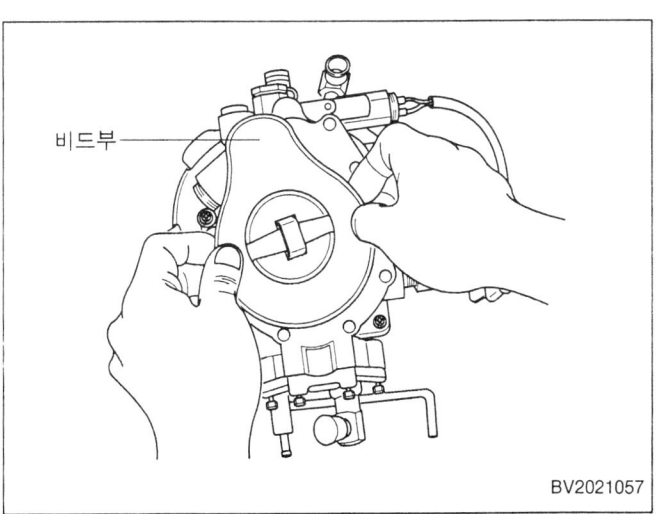

비드부

   4) 프런트 커버를 10개의 볼트로 장착한다.

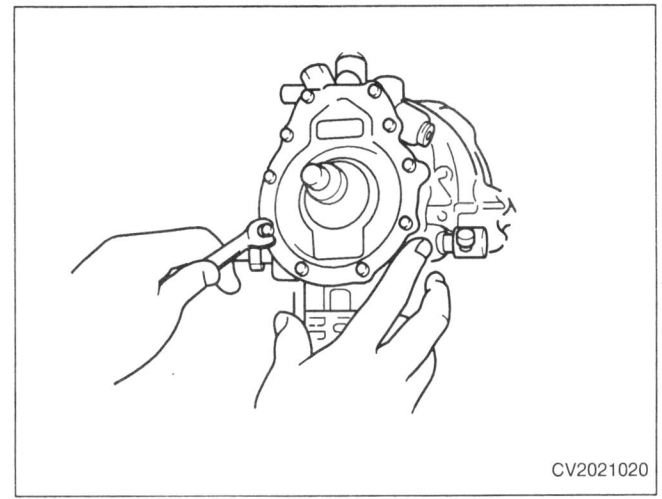

믹 서
일반사항

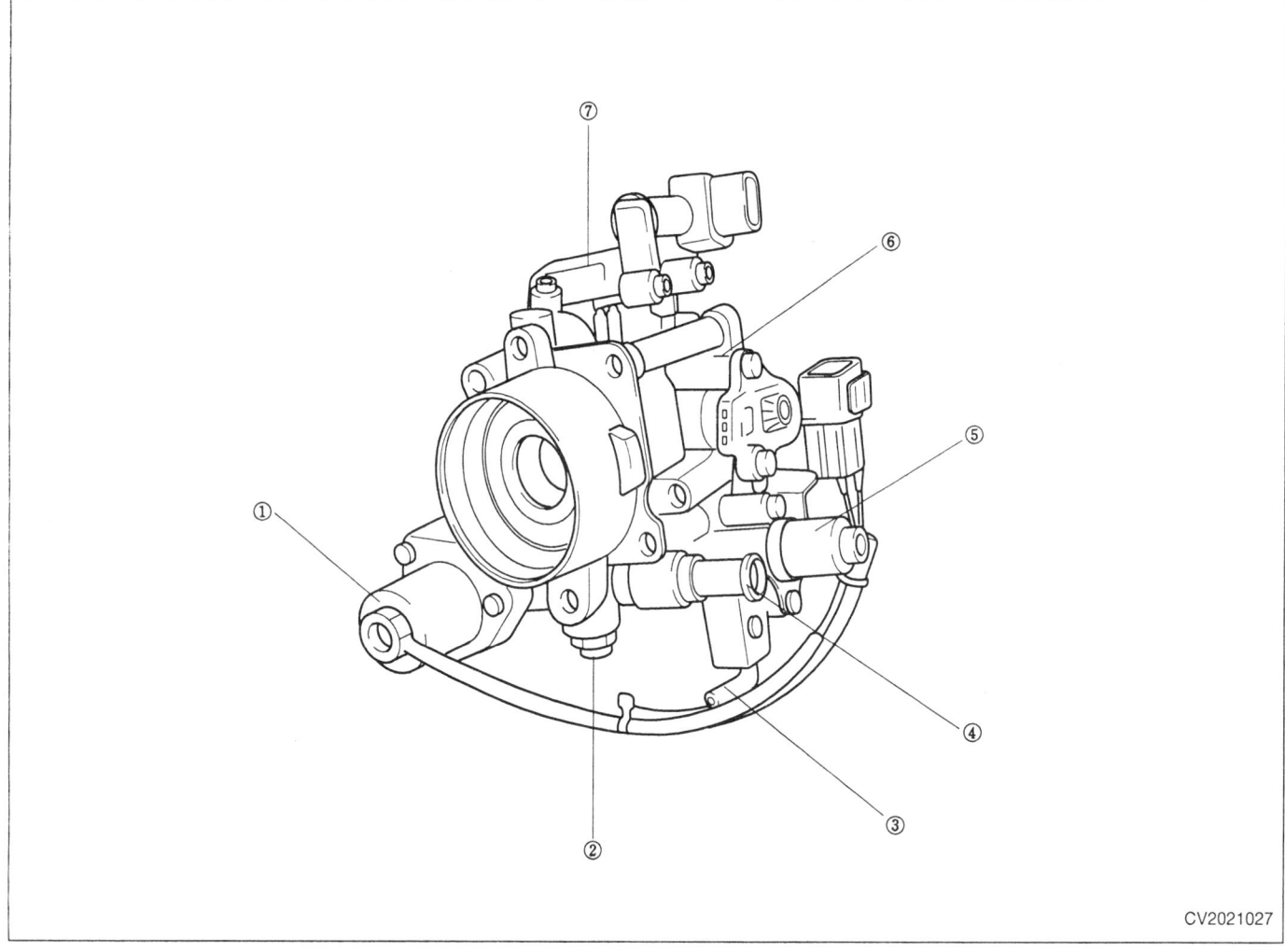

(1) 메인 듀티 솔레노이드
(2) 메인 조정 스크류
(3) 슬로우 연료 라인(입구)
(4) 메인 연료 라인(입구)
(5) 슬로우 듀티 솔레노이드
(6) 스로틀 위치 센서
(7) 아이들 스피드 컨트롤(ISC)

믹서는 베이퍼라이저에서 기화된 연료를 공기와 혼합하여 연소에 가장 적합한 혼합기를 연소실에 공급하는 역할을 한다. 연료 제어는 주조정 스크류(MAS)와 메인 듀티 솔레노이드에 의해 정해지며 각 센서의 신호에 따라 ECU에 의해 구동된다.

1. 메인 조정 스크류(Main Adjust Screw)
   메인 조정 스크류는 연료 유량을 변화시키기 위한 것으로 가솔린 차에서 메인 제트 크기를 변화시키는 것과 같다.
   임의로 조정할 때 공연비 제어가 불량해지거나 연료의 소모 또는 엔진 출력 저하의 원인이 된다.

2. 메인 듀티 솔레노이드
   메인 듀티 솔레노이드는 믹서의 메인 연료 라인에 설치되어 있으며 엔진 ECU의 듀티 신호를 받아 보조 연료 통로를 개폐한다.

   배기 머플러에 장착된 산소 센서의 신호를 근거로 엔진 ECU는 메인 듀티 사이클을 변경시켜 공기-연료 혼합비를 제어한다.

   듀티값이 낮을 때 : 메인 듀티 솔레노이드의 ON 시간이 짧아 공연비가 희박하게 된다.
   듀티값이 높을 때 : 메인 듀티 솔레노이드의 ON 시간이 길어 공연비가 농후하게 된다.

   - 엔진 ECU는 산소 센서의 신호를 받아서 엔진 상태(공연비)를 파악, 공연비가 농후하다고 판단될 경우 듀티값을 낮게 제어하고, 공연비가 희박하다고 판단될 때는 듀티값을 높게 제어한다.

3. 슬로우 듀티 솔레노이드
   슬로우 듀티 솔레노이드는 베이퍼라이저의 1차 실로 부터 연료를 공급 받으며, 시동시 각종 부하시 부족한 연료를 믹서에 공급하여 엔진이 최적의 공연비가 될 수 있도록 엔진 ECU의 신호에 따라 ON/OFF 듀티 제어하여 보조 연료 통로를 개폐한다.

4. 아이들 스피드 컨트롤(ISC)
   엔진 공회전시 아이들 회전수 안정성을 확보하기 위해 믹서의 스로틀 밸브를 바이패스하는 통로에 설치되어 혼합기(공기+연료)양을 제어한다.
   엔진 냉각 시동시, 전기 부하, 파워 스티어링, 에어컨 부하 ON시, 엔진 부하에 따른 아이들 회전수 저하를 엔진 ECU에서 감지하여 아이들 스피드 컨트롤을 구동하여 혼합기 보정을 하여 아이들 회전수가 보상되도록 제어하는 전자 제어식 보상장치이다. (듀티 제어함)

장착 상태에서의 점검

1. 링크 점검
   1) 각 링크의 조립 상태 및 링크 결합부의 유격을 점검한다.
   2) 스로틀 밸브 샤프트에 유격이 없는지 점검한다.
   3) 액셀러레이터를 끝까지 밟았을 때 스로틀 밸브가 완전히 열리고 페달을 놓았을 때 완전히 닫히는지 점검한다.

2. 액셀러레이터 링케이지
   1) 액셀러레이터 케이블의 유격을 점검한다.

   액셀러레이터 케이블 유격 : 1 ~ 3 mm

   2) 규정치를 벗어나면 조정 너트를 조정한다.

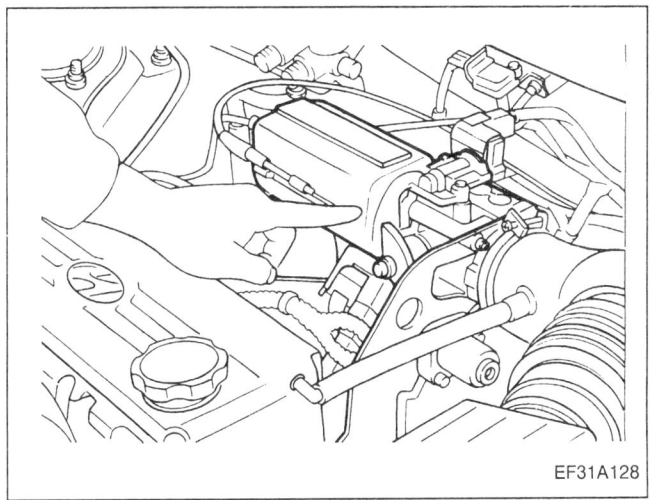

구성부품

(1) 바디 어셈블리
(2) 메인 듀티 솔레노이드
(3) 슬로우 듀티 솔레노이드
(4) 아이들 스피드 컨트롤(ISC)
(5) 스로틀 포지션 센서(TPS)
(6) 스로틀 레버
(7) 리턴 스프링
(8) 리테이너
(9) 칼라
(10) 스로틀 밸브
(11) 샤프트
(12) O-링
(13) O-링

탈거

1. 배터리 접지 케이블을 분리시킨다.
2. 에어클리너를 탈거한다.
3. 아이들 스피드 컨트롤(ISC) 커넥터 및 솔레노이드 밸브 커넥터를 탈거한다.
4. 액셀러레이터 케이블 및 쵸크 케이블을 믹서에서 분리시킨다.
5. 믹서에서 연료 호스를 탈거한다.

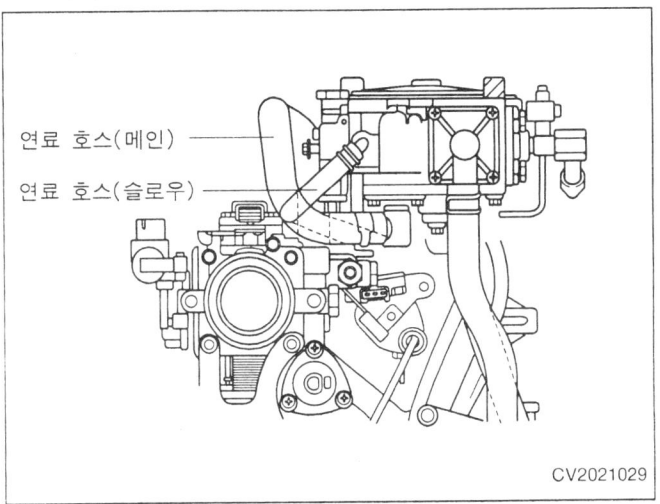

6. 믹서 고정 볼트 4개를 탈거한 후 믹서를 흡기 매니폴드로부터 탈거한다.

주의
- 탈거시 볼트의 손상에 주의한다.

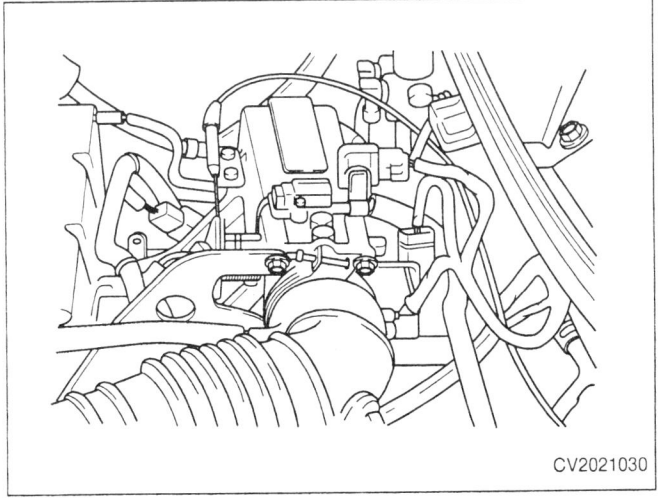

7. 연료 호스를 탈거한 후 메인 듀티 솔레노이드 및 슬로우 듀티 솔레노이드를 탈거한다.

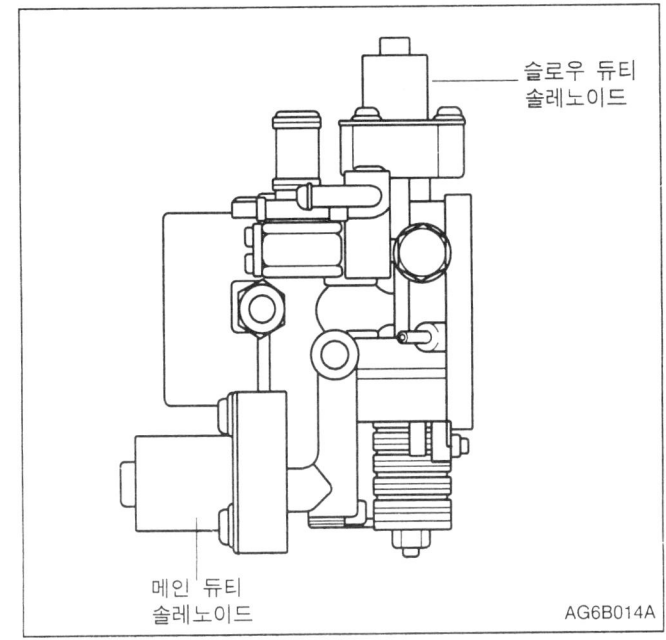

점검

1. 시각 점검
   믹서의 각부에 타르에 의한 막힘이 없는지 점검한다.

   주의
   - 세정액은 지정된 것을 사용해야 한다.
   - 세정 시간은 15분 이내로 하고 이물질 및 세정액을 완전히 제거한다.

2. 메인 듀티 솔레노이드
   1) 실차 점검
      엔진 회전 중 메인 듀티 솔레노이드의 작동음이 있는지 확인한다.

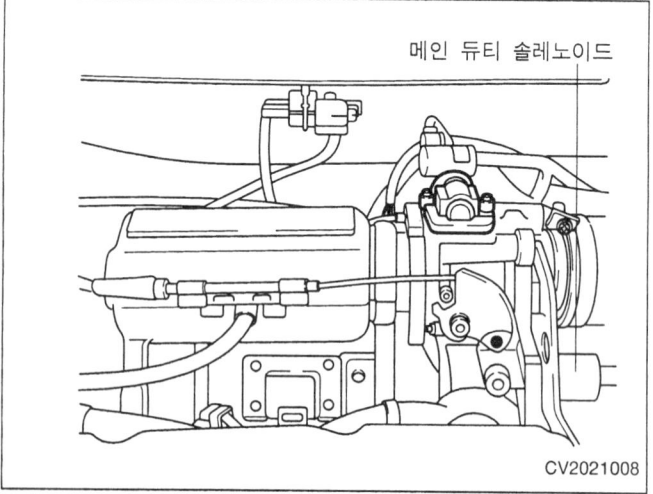

   2) 단품 점검
      ⓐ 메인 듀티 솔레노이드의 ①, ② 커넥터에 전압을 가하고 ③으로 공기를 넣었을 때 공기가 통하면 정상이다.
      ⓑ 공기가 통하지 않으면 연료 통로에 타르 등이 고착되지 않았는지 확인한다.
      ⓒ ①-②번 단자 저항 측정시 20±1.0Ω 범위 이내면 양호하다.

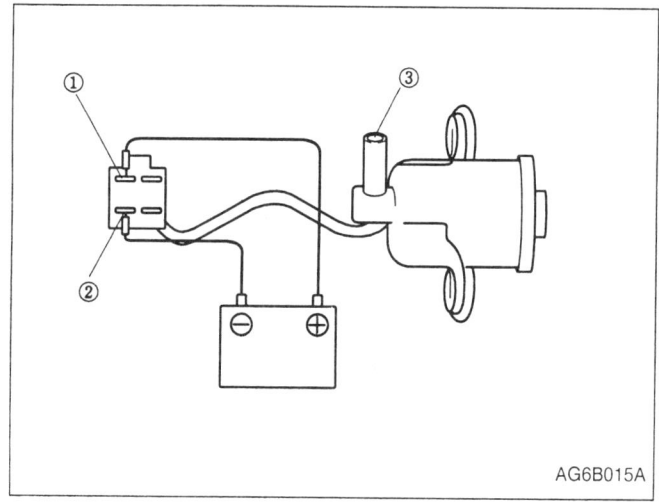

3. 슬로우 듀티 솔레노이드
   1) 단품 점검
      ⓐ 슬로우 듀티 솔레노이드의 ①, ② 커넥터에 배터리 전압을 가하고 ③으로 공기를 넣었을 때 공기가 통하면 정상이다.
      ⓑ 공기가 통하지 않으면 연료 통로에 타르 등이 고착되지 않았는지 확인한다.
      ⓒ ①-②번 단자 저항 측정시 66±1.5Ω 범위 이내면 양호하다.

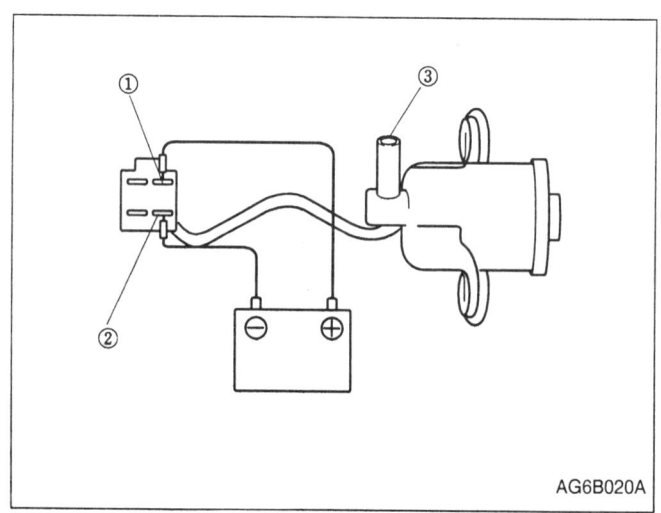

4. 스로틀 포지션 센서
   1) 점검
      ⓐ TPS의 커넥터를 분리시키고 스로틀 밸브를 개폐하면서 ①과 ③사이의 저항치를 측정한다.

   스로틀 포지션 센서 저항 :
   0.2(전폐)~4.4(전개) kΩ

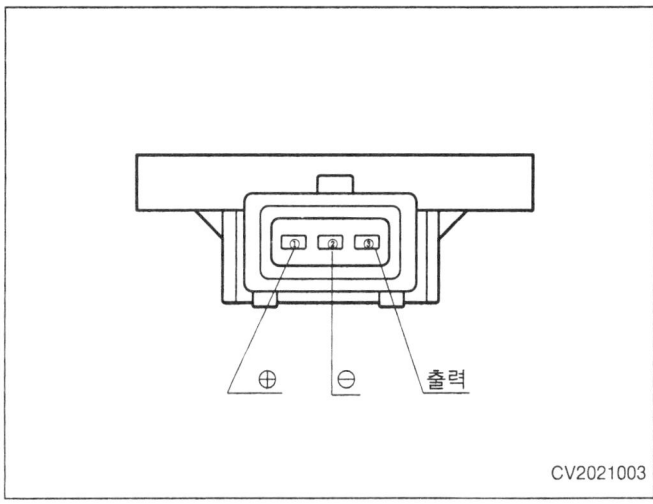

장착
탈기의 역순으로 장착한다.

* 참고
부품별 조임토크

믹서 장착 볼트 : 1.9 ~ 2.6 kg-m

주의
- 와셔, O-링, 패킹, 개스킷류는 신품으로 교환한다.

연료장치

- 개요 ··· 22- 3
- 작업전 주의사항 ···························· 22- 4
- 시스템 점검 ································ 22- 5
- 연료 펌프 ·································· 22- 6
- 프레쥬어 레귤레이터 ······················· 22- 7
- 인젝터 ······································ 22- 8
- 연료 라인의 퀵 커넥터 분해/조립 ·········· 22-10
- 사양 ··· 22-11
- 특수공구 ···································· 22-11

연료장치 개요

개요

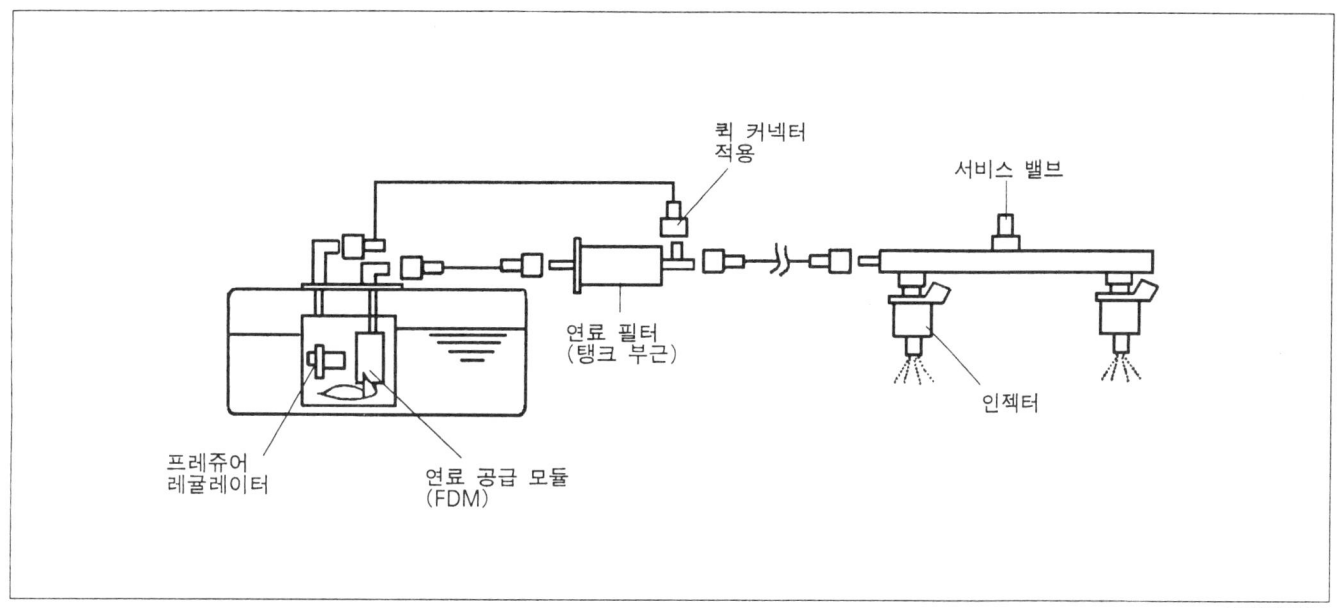

종래의 연료 시스템은 엔진으로 부터 여분의 연료를 연료 탱크로 리턴하는 반면, S-II의 연료 시스템은 리턴 라인을 폐지하여 필요한 양만큼 연료를 엔진으로 공급시키는 리턴리스(Returnless) 연료 시스템을 채용하고 있다. 리턴리스(Returnless) 연료 시스템을 채용한 주목적은 연료 탱크 내부의 온도가 상승되는 것을 줄임으로써 증발되는 연료가스의 양을 줄이기 위함이다.

구성부품
① 연료 공급 모듈
   기존의 연료 펌프 어셈블리 기능을 하는 것으로 연료 탱크 내부에 설치되어 있고, 연료 잔량이 적을 때에도 연료 공급에 안정성을 확보하여 무효 연료 잔량을 저감한다.
② 프레쥬어 레귤레이터
   연료 공급 모듈 내부에 설치되어 있으며, 인젝터로 공급되는 연료압을 3.3 kg/cm² 으로 유지한다.
③ 연료 필터
   연료 탱크 부근에 위치한 연료 필터는 기존의 필터와 동일한 기능을 수행한다.
④ 퀵 커넥터
   연료 튜브의 분리/장착을 쉽게 할 수 있는 퀵 커넥터가 적용되어 서비스성을 향상시켰다.
⑤ 서비스 밸브
   리턴리스 연료 시스템을 채용하면서 신설된 부품으로서, 디스트리뷰션 파이프에 위치한다. 리턴 라인이 없으므로 차량 제조시나 연료 계통의 라인을 전부 교체할 때 시동에 장시간 소요되므로(20초 내외) 이 밸브를 이용하여 연료 라인의 공기빼기 작업을 해주어야 한다.

※ 공기빼기 작업
1. 시동을 건다

   참고
   시동은 안걸리지만 연료 라인의 압력은 찬다.

2. 디스트리뷰션 파이프내에 있는 서비스 밸브의 캡을 뺀다.
3. 서비스 밸브의 홈을 드라이버 등으로 눌러 공기를 뺀다.

   경고
   연료 라인의 연료 누출에 대비하여 헝겊을 사용한다.

작업전 주의사항

연료 압력 해제 및 연료장치 수리

경고
- 연료 라인 작업에 앞서 반드시 연료 압력 해제 수순을 행한다.
- 연료 증기는 인화의 위험이 높으므로 작업시 불꽃이나 화기를 멀리한다.
- 연료 라인의 연료 누출로 인한 화재에 주의한다.
- 연료는 피부 및 눈 부위에 염증을 유발할 수 있으므로 주의한다.

연료 압력 해제 수순
연료 장치내의 연료는 엔진이 작동중이 아닐 때에도 고압의 상태에 있다.

A) 연료 압력 제거 (연료 라인 분해전)
1. 연료 펌프 릴레이 커넥터를 분리한다.
2. 엔진을 시동한다.
3. 엔진 정지후 점화 스위치를 OFF 상태로 한다.
4. 연료 펌프 릴레이를 재접속한다.

B) 연료 누출 방지
1. 연료 라인 호스 분리시에는, 연료 누출에 대비하여 헝겊을 사용한다.
2. 분리후 호스를 막는다.

연료 주입
수리나 점검을 위하여 연료 라인 압력을 방출한 후에는 처음 시동시의 과다한 크랭킹을 막기 위하여 연료장치에 연료를 미리 공급해 주어야 한다.
1. 통전 케이블을 사용하여, 진단 커넥터의 F/P와 B+ 단자를 통전시킨다.
2. 약 10초동안 점화 스위치를 ON 시킨후, 연료 누출 여부를 점검한다.
3. 점화 스위치를 OFF 상태로 한 후, 통전 케이블을 분리한다.

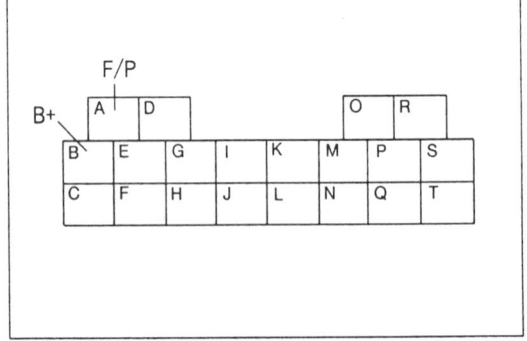

AGX022004

시스템 점검

연료라인 압력 및 유지압력 점검

▐ 경고
연료 라인의 작업을 행하기 전에 작업전 주의사항에 준하여 연료 압력을 제거한다.

1. 바테리 (-) 단자를 분리한다.
2. 디스트리뷰션 파이프내에 위치한 서비스 밸브의 캡을 뺀다. 서비스 밸브에 특수공구(0K2A1 131 AA1)를 사용하여 연료압력 게이지를 접속시킨다.
3. 바테리 (-) 단자를 연결한다.
4. 통전 케이블을 사용하여 진단 커넥터의 F/P 단자와 B+ 단자를 통전시킨다.
5. 점화 스위치를 약 10초간 ON 상태로 하여, 연료 펌프를 구동시킨다.
6. 점화 스위치를 OFF 상태로 한 후, 통전 케이블을 분리한다.
7. 약 5분후의 연료 라인 유지 압력을 점검한다.

   연료 라인 유지 압력 : 1.8 kg/cm² 이상

8. 사양을 벗어나면, 아래 사항을 점검한다.
   · 연료 펌프 유지 압력
   · 프레쥬어 레귤레이터 유지 압력
   · 인젝터의 연료 누출

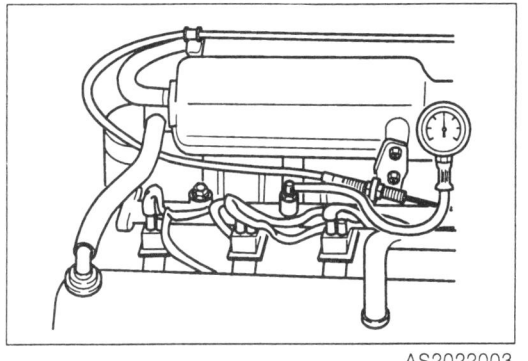

AS2022003

9. 통전 케이블을 사용하여 진단 커넥터의 F/P 단자와 B+ 단자를 통전시킨 후, 점화 스위치를 ON 상태로 한다.
10. 연료 라인 압력을 점검한다.

    연료 라인 압력 : $3.3^{+0.2}_{-0.1}$ kg/cm² (3.2~3.5kg/cm²)

11. 사양을 벗어나면, 아래 사항을 점검한다.

    압력이 너무 높음 : 연료 리턴 라인(연료 필터의 리턴 라인 ~연료 공급 모듈의 "R" 마크 파이프 사이)의 막힘을 점검한 후 정상이면 연료 공급 모듈을 교환한다.
    압력이 너무 낮음 : 연료 공급 모듈의 최대 압력을 점검한 후 정상이면 연료라인 또는 연료 필터의 막힘을 점검한다.

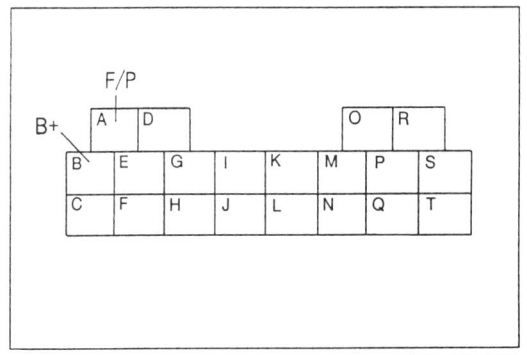

AGX022004

연료 펌프

연료 펌프 릴레이
작동음 점검
1. 스타터 작동시 연료 펌프 릴레이 작동음을 점검한다.

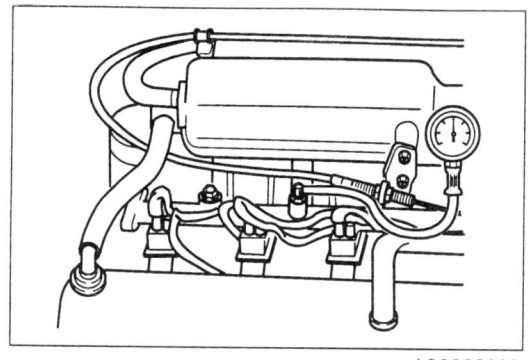

통전 점검
1. 저항계를 사용하여 릴레이 각 단자의 통전을 점검한다.

①—② 단자	③—⑤ 단자
B+ 전압을 가할 때	통전
—	비통전

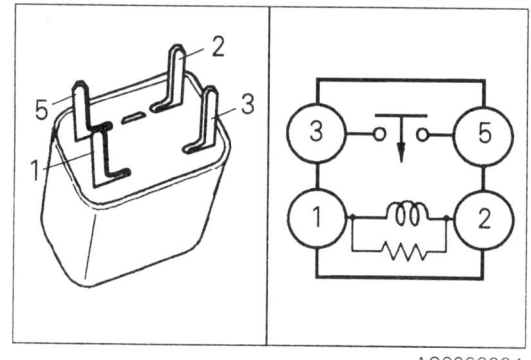

연료 펌프
연료 펌프 최대 압력
1. 바테리 (−) 단자를 분리한다.
2. 리어 시트를 분리한다.
3. 연료 탱크의 메인 호스에 연료 압력 게이지를 접속한다.
4. 바테리 (−) 단자를 연결한다.
5. 통전 케이블을 사용하여 진단 커넥터의 F/P 단자와 B+ 단자를 통전시킨다.

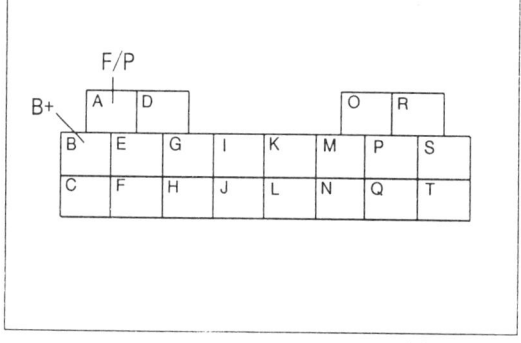

6. 점화 스위치를 ON 상태로 하여 연료 펌프를 구동시킨다.
7. 연료 펌프 최대압을 측정한다.

   연료 펌프 최대압 : 4.5~6.5 kg/cm²

8. 점화 스위치를 OFF 상태로 한 후, 통전 케이블을 분리한다.
9. 사양을 벗어나면 연료 펌프를 교환한다.

통전 시험
1. 저항계를 사용하여 연료 펌프 커넥터 C 및 D 단자(연료 펌프측)의 통전을 점검한다.
2. 통전이 되지 않으면, 연료 펌프를 점검한다.

프레쥬어 레귤레이터

연료 라인 점검

경고
연료 라인의 작업을 행하기 전에 작업전 준비 사항에 준하여 연료 압력을 제거한다.

1. 바테리 (-) 단자를 분리한다.
2. 디스트리뷰션 파이프내에 위치한 서비스 밸브의 캡을 뺀다.
3. 서비스 밸브에 연료압력 게이지를 접속시킨다.
4. 바테리 (-) 단자를 연결한다.
5. 엔진을 공회전 상태로 한다.
6. 연료 라인 압력을 점검한다.

   연료 라인 압력 : $3.3 \pm ^{0.2}_{0.1}$ kg/cm² (3.2~3.5kg/cm²)

7. 사양을 벗어나면 프레쥬어 레귤레이터를 교환한다.

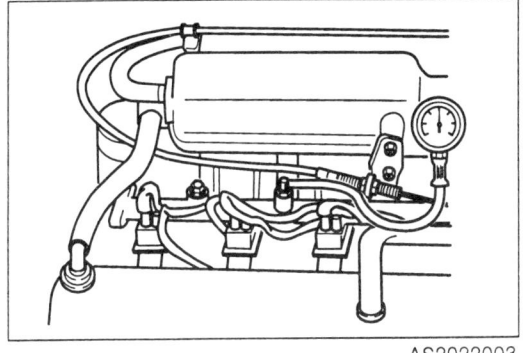

유지 압력

경고
연료 라인의 작업을 행하기 전에 작업전 준비 사항에 준하여 연료 압력을 제거한다.

1. 바테리 (-) 단자를 분리한다.
2. 디스트리뷰션 파이프내에 위치한 서비스 밸브의 캡을 뺀다.
3. 서비스 밸브에 연료 압력 게이지를 접속 시킨다.
4. 바테리 (-) 단자를 접속시킨다.
5. 통전 케이블을 사용하여, 진단 커넥터의 F/P 단자와 B+ 단자를 통전시킨다.
6. 점화 스위치를 약 10초간 ON 상태로 하여, 연료 펌프를 구동시킨다.
7. 점화 스위치를 OFF 상태로 한 후, 통전 케이블을 분리한다.
8. 약 5분후에 유지 압력을 점검한다.

   유지 압력 ; 1.8 kg/cm² 이상

9. 사양을 벗어나면 프레쥬어 레귤레이터를 교환한다.

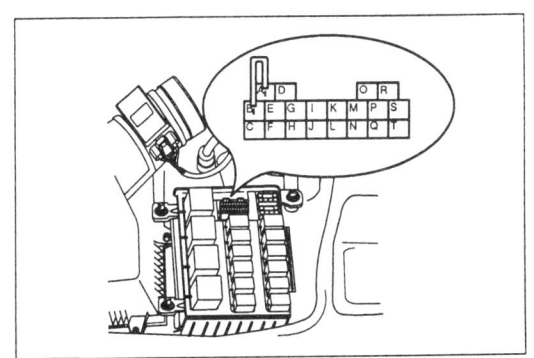

인젝터

점검

작동 점검
1. 엔진을 난기시킨 후 공회전 시킨다.
2. 스크루 드라이버와 사운드 스코프를 사용하여 각 인젝터의 작동음을 점검한다.
3. 작동음이 들리지 않을 경우에는 인젝터의 저항을 측정한다.
4. 인젝터의 저항이 정상이면, 인젝터로의 배선 및 ECU 단자 전압을 측정한다.(참고 그룹 : 21A)
   T8D 엔진 : 3, 32, 31, 4

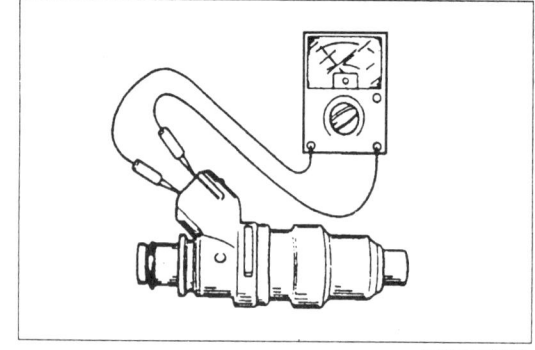

인젝터 저항
1. 인젝터 배선을 분리한 후 저항계를 사용하여, 인젝터 저항을 측정한다.

   저항 : 14.5Ω (20℃)

2. 사양을 벗어나면, 인젝터를 교환한다.

참고사항
1. 새 O-링을 사용한다.
2. 조립전에 소량의 엔진 오일을 O-링에 바른다.
3. 연료 공급 파이프에 연료가 침전 되었는지 점검한 후에 필요하면 엔진 오일로 청소한다.

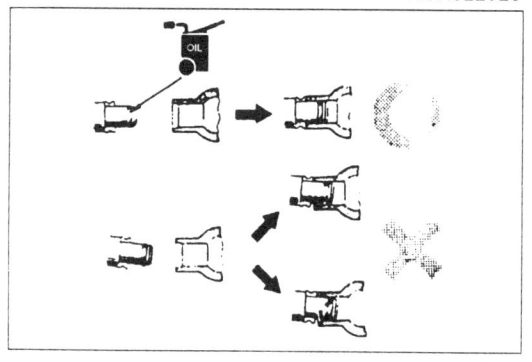

연료 누출 점검
1. 연료 공급 파이프와 인젝터를 분리한다.
2. 철사등을 사용하여 인젝터를 공급 파이프에 고정시킨다.

> **주의**
> 인젝터를 공급 파이프에 단단히 고정시켜 인젝터가 움직이지 않게한다.

> **경고**
> 연료를 다룰때는 극히 주의하여야 한다. 작업중에는 반드시 불꽃등 화기를 멀리한다.

3. 통전 케이블을 사용하여 진단 커넥터의 F/P 단자와 B+ 단자를 통전시킨다.
4. 점화 스위치를 ON 상태로 한다.

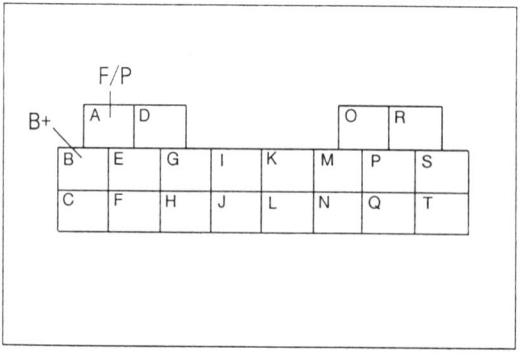

5. 인젝터를 약 60°정도 기울이고 인젝터 노즐에서 연료가 새지 않는지 확인한다.
6. 연료가 누출되면 인젝터를 교환한다.

▌ 참고
방울/2분은 정상 상태이다.

7. 점화 스위치를 OFF 상태로 한 후, 통전 케이블을 분리한다.

분사량 점검
1. 연료 공급 파이프와 인젝터를 분리한다.
2. 철사등을 사용하여 인젝터를 공급 파이프에 고정시킨다.

▌ 주의
인젝터를 공급 파이프에 단단히 고정시켜 인젝터가 움직이지 않게 한다.

▌ 경고
연료를 다룰 때는 극히 주의하여야 한다. 작업 중에는 반드시 불꽃등 화기를 멀리한다.

3. 바테리 전압을 인젝터에 가한 후, 분사량을 점검한다.

   분사량 :   TED : 210 cc/분

4. 사양을 벗어나면 인젝터를 교환한다.

▌ 참고
분사량은 연료의 휘발, 연료의 온도 등에 영향을 받으므로 상기값은 이를 참고하고 약 ±4%의 오차를 갖는다.

연료 라인의 퀵 커넥터 분해/조립

조립
퀵 커넥터를 상대측 파이프와 같은 선상에 위치시킨 다음 A 방향으로 록 될때("딸깍"음이 날때)까지 밀어 넣는다. (약 4.5~7kgf)

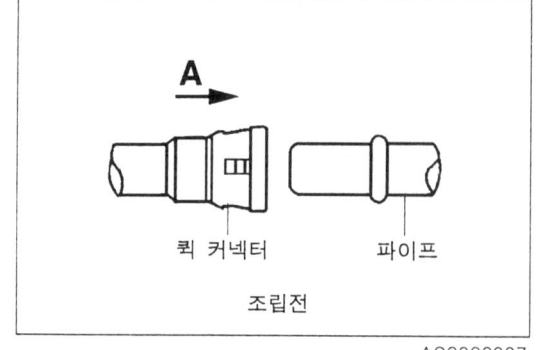
조립전

검사
위의 조립 실시 후 B 방향으로 퀵 커넥터를 당겨서 (7kg~10kgf) 빠지지 말 것.

■ 주의
록 손잡이를 누르지 말 것.

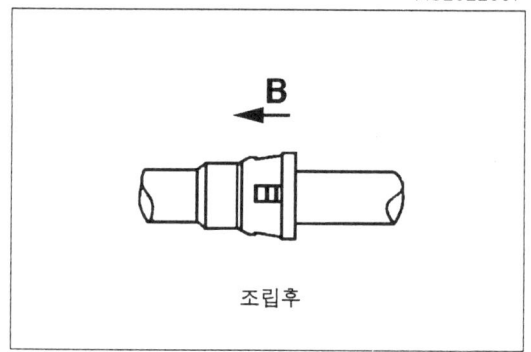
조립후

분해
1. 퀵 커넥터를 A 방향으로 밀어준다.(이동량 : 0~2mm)
2. 록 손잡이(X) 양쪽을 손가락으로 누르면서 "B 방향"으로 당기면서 분리한다.

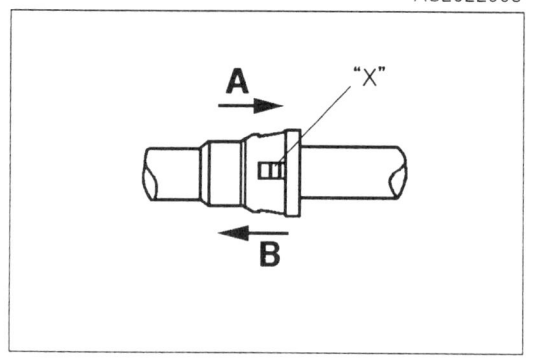

■ 주의
무리하게 힘을 가하지 않는다.

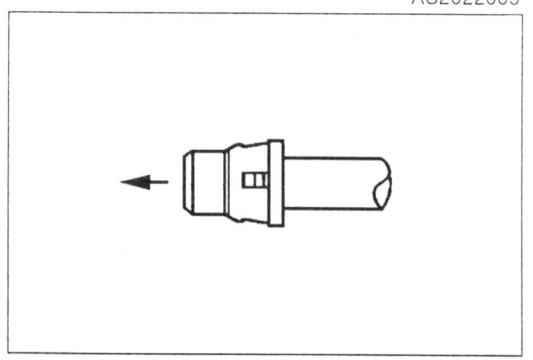

사양

항목		엔진	T8D 엔진
연료 펌프 최대 토출압		(kg/cm²)	4.5~6.5
연료 필터 형식	저압측		나일론 엘리먼트 (연료펌프내)
	고압측		종이 엘리먼트
프레쥬어 레귤레이터 조정 압력		(kg/cm²)	3.3
인젝터 형식			고저항식
저항		(Ω)	14.5
연료 탱크 용량		(l)	50

특수공구

0K2A1 131 AA1 연료 압력 게이지	연료 압력 측정용

점화장치(T8D)

고장진단 및 조치 ·························· 30- 3
이그니션 코일 ···························· 30- 4
스파크 플러그 ···························· 30- 7
하이텐션 코드 ···························· 30- 8
사양 ·· 30- 8

30A

점화장치 이그니션 코일

고장진단 및 조치

고장 상황	예상 주요 원인	조 치
스타터 모터가 작동되면서 시동이 안됨	· 점화시기 불량	· 점화시기 조정
	· 점화가 안됨 · 이그니션 코일 불량	· 점검 및 교환
	· 하이텐션 코드 불량	· 점검 및 교환
	· 점화 관련 배선 분리 또는 손상	· 배선 검사
아이들 부조	· 스파크 플러그 불량	· 점검 및 교환
	· 점화 관련 배선 손상	· 점검
	· ECU 불량	· 21장 참조
	· 점화 불량 · 이그니션 코일 불량	· 점검 및 교환
	· 하이텐션 코드 불량	· 점검 및 교환
엔진이 울컥거리고 가속 불량	· 스파크 플러그 불량	· 점검 및 교환
	· 점화관련 배선 손상	· 점검
	· ECU 불량	· 21A장 참조
엔진 역화 (Backfires)	· ECU 불량	· 21A장 참조
엔진 과열 (오버 히트)	· ECU 불량	· 21A장 참조

이그니션 코일

TBD 엔진
BFD/TED 엔진의 점화장치는 점화진각 범위 및 배전 전압 범위 확대, 전파잡음 저감을 위하여 DLI(Distributorless Ignition) 방식을 사용하고 있다.
이그니션 코일을 장착하여 ECU(Engine Control Unit)가 이그니션 코일을 구동(고전압 발생 및 배전)하여 연소실내의 스파크 플러그를 통하여 연소시키는 방식이다.
또한 필요시에 필요 기통으로 배전시키기 위하여 피스톤의 위치와 기통을 판별하는 페이즈(PHASE) 센서가 부착되어 있다.

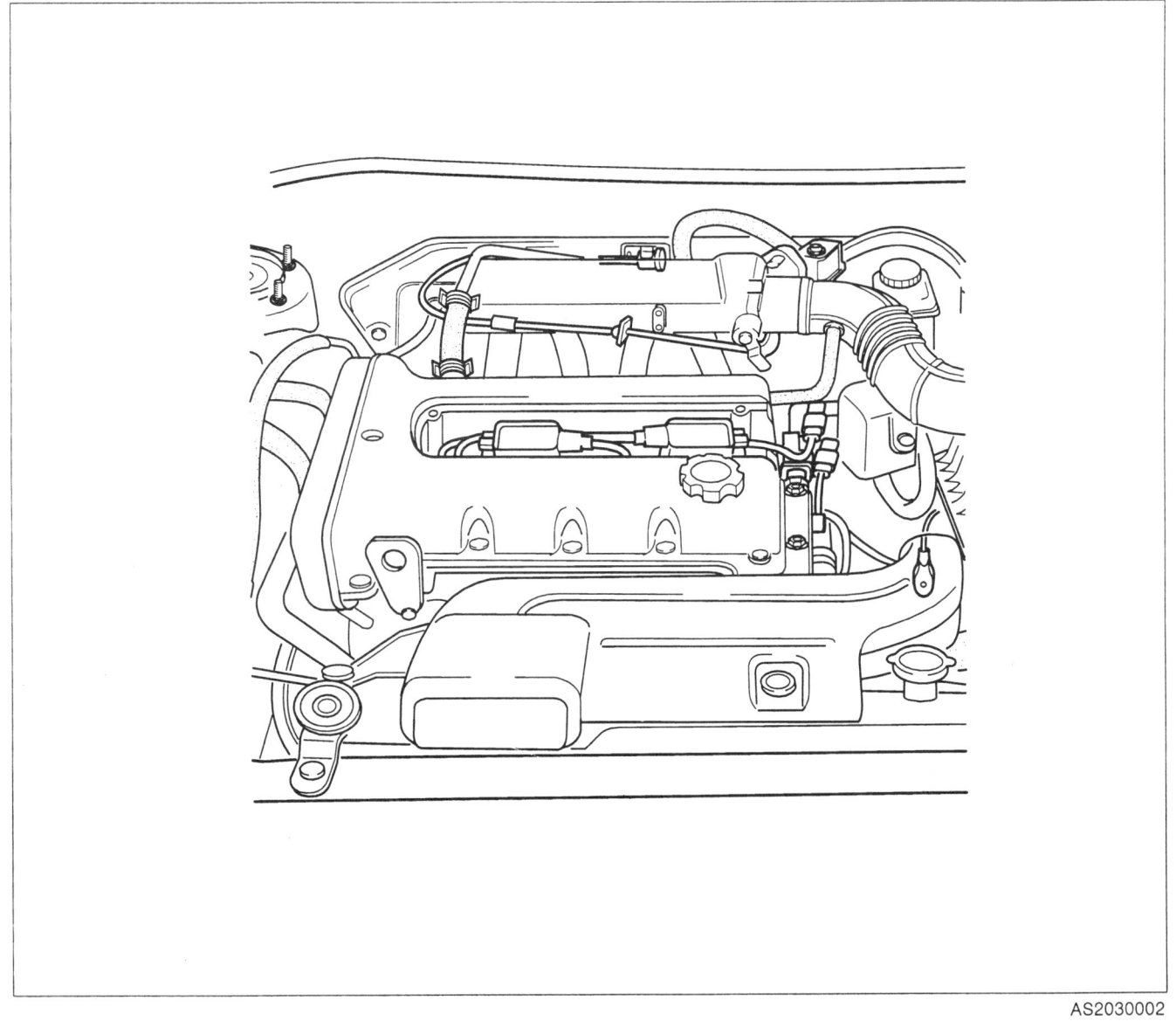

AS2030002

- TBD 차량에는 Double - Ended 코일 2개를 실린더 헤드 커버의 상단에 부착되어 있다.
- 페이즈 센서는 배기 캠샤프트 뒷쪽에 부착되어 있다.

점검

이그니션 코일의 전압점검

1. 이그니션 코일 커넥터를 분리한다.
2. 이그니션 스위치를 "ON" 시킨다.
3. 이그니션 코일 커넥터에서 "B"(W/R)단자 전압을 측정한다.(BFE)
   이그니션 커넥터에서 "A, C"(W/R)단자 전압을 측정한다. (BFD, TED)

   전압 : 12V 부근

4. 규정 전압이 출력되지 않을 때는 메인 휴즈 및 이그니션 스위치, 와이어 하니스를 점검한다.

이그니션 코일 저항

1. 저항계를 사용하여 1차 코일의 저항을 측정한다.
   저항값이 규정치 내에 들지 않으면 코일을 교환한다.

   1차 코일 저항값 : $0.45 \sim 0.55 \, \Omega$ (20℃ 에서)

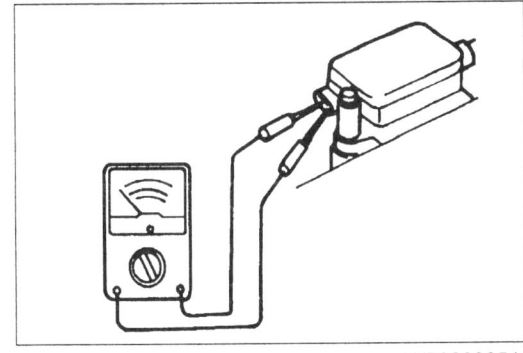

2. 저항계를 사용하여 2차 코일의 저항을 측정한다.
   저항값이 규정치 내에 들지 않으면 코일을 교환한다.

   2차 코일 저항값 : $13 \sim 15 \, k\Omega$ (20℃ 에서)

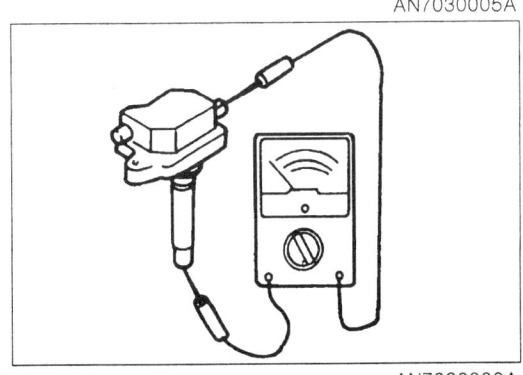

분리/장착
BFE 차량
1. 바테리 ⊖ 터미널을 분리한다.
2. 하이텐션 코드를 분리한다.
3. 이그니션 코일 커넥터를 분리한다.

4. 하이텐션 코드를 분리한다.
5. 이그니션 코일 커넥터를 분리한다.
6. 이그니션 코일 체결 볼트를 풀고서 이그니션 코일을 분리한다.
   장착은 분리의 역순으로 실시한다.

   이그니션 코일 체결토크 : 70~100 kg-cm

   센터 플레이트 커버 체결토크 : 80~120 kg-cm

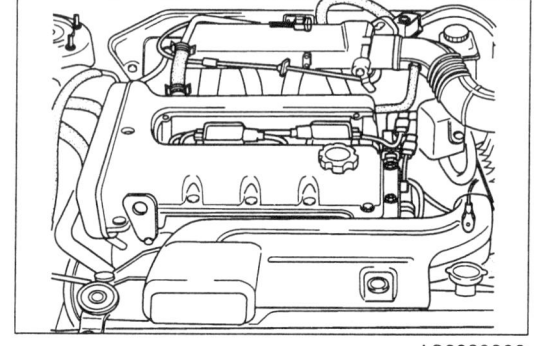

AS2030002

스파크 플러그

분리/장착

1. 바테리 ⊖ 터미널을 분리한다.
2. 실린더 헤드의 센터 플레이트 커버를 분리한다.
3. 하이텐션 코드를 조심스럽게 분리한다.
4. 스파크 플러그 구멍으로 먼지 또는 이물질이 들어가는 것을 방지하기 위하여 압축 공기로 플러그 구멍 주위를 깨끗히 불어낸다.

> **참고**
> TBD 차량은 2, 4번 하이텐션 코드 분리시 이그니션 코일을 분리한다.

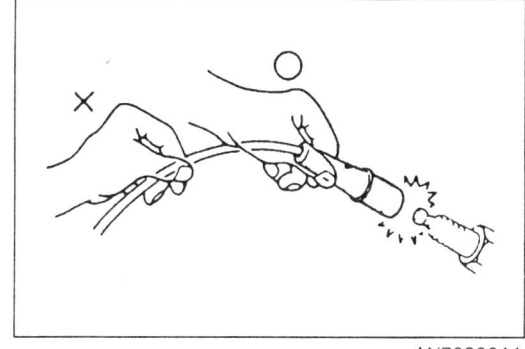
AN7030011

5. 스파크 플러그 소켓을 사용하여 분리한다.

> **주의**
> 소켓을 스파크 플러그 위에 직각으로 장착한다.

6. 스파크 플러그 장착시에는 스파크 플러그 나사부에 안티 서지 콤파운드 또는 몰리브덴유를 도포한다.
7. 스파크 플러그를 규정 토크로 체결한다.

   스파크 플러그 체결토크 : 2.5~3.0 kg-m

점검

1. 스파크 플러그를 분리한다.
2. 스파크 플러그에 하이텐션 코드를 끼운다.
3. 절연된 플라이어를 사용하여 스파크 플러그를 잡고 차체에서 약 5~10mm를 유지한다.
4. 엔진을 크랭크 시켜 플러그에서 강한 청색 불꽃이 튀는지 확인한다.

> **참고**
> 불꽃이 튀지 않을때는 스파크 플러그를 교환한다.

5. 다음 사항을 점검하고 필요시에는 스파크 플러그를 교환한다.
   - 절연체 파손의 유무 (애자부 균열 여부)
   - 전극의 소모상태
   - 카본의 침적
     청소는 플러그 클리너 또는 와이어 브러쉬로 윗부분의 애자도 함께 청소한다.
   - 개스킷 손상, 파손
   - 그을린 상태

   스파크 플러그 간극 : 0.7~0.8 mm

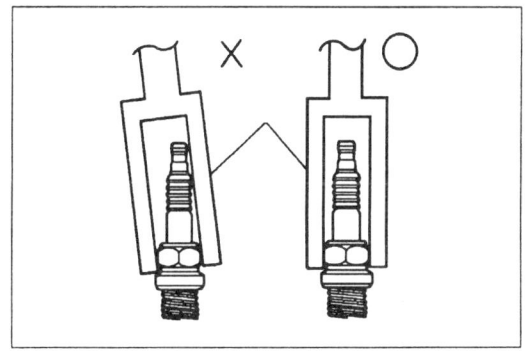
AN7030012

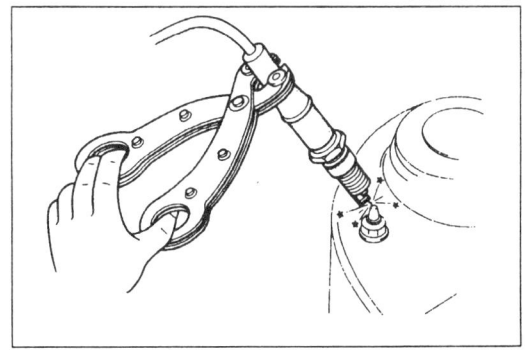
AN7030013

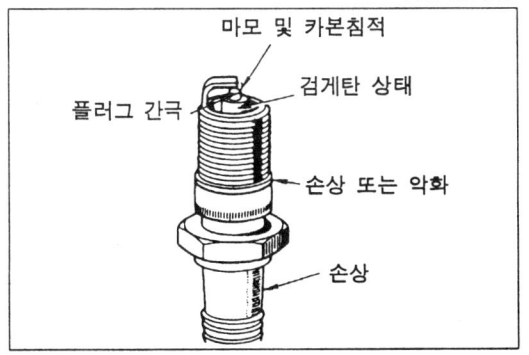
AN7030014

하이텐션 코드

1. 하이텐션 코드의 저항을 측정한다.

    표준저항 : 16kΩ / 1m당

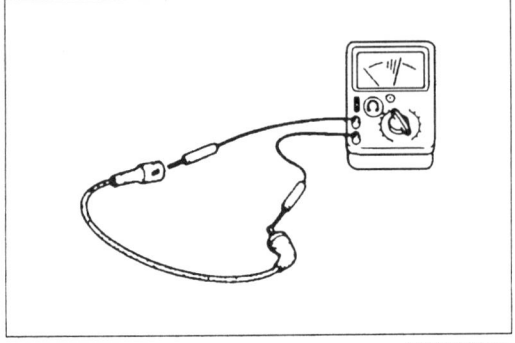

사양

항목 \ 엔진형식			T8D
아이들링 회전수		(rpm)	800±50
이그니션 코일	형식		Double-Ended
	1차 저항	(Ω)	0.45~0.55 (20℃에서)
	2차 저항	(kΩ)	13~15kΩ (20℃에서)
하이텐션 코드		(kΩ)	16/1m당
스파크 플러그 간극		(mm)	0.7~0.8
스파크 플러그 형식			BPR5EY

체결토크

(kg-m)

항목 \ 엔진형식	BFE
이그니션 코일	0.7~1
스파크 플러그	2.5~3.0
실린더 헤드 센터 플레이트 커버	0.8~1.2

점화장치(T8D LPG)

개요 · 30B- 3
고장진단 및 조치 · 30B- 4
차상점검 · 30B- 5
스파크 플러그 · 30B- 6
하이텐션 코드 · 30B- 6
점화코일 어셈블리 · · · · · · · · · · · · · · · · · · 30B- 7
디스트리뷰터 · 30B- 8
사양 · 30B- 9

점화장치 개요

개요

구조도

TBD(LPG) 점화장치는 디스트리뷰터내에 설치되어 있는 포토 다이오드가 디스트리뷰터 샤프트에 의해 회전하는 80개의 홈(크랭크 앵글 센서용)이 파져있는 디스크가 회전할 때 발광 다이오드가 방출한 빛이 홈을 통과하여 포토 다이오드에 도달할 때 이를 감지하도록 구성되어 있다. 구성 요소는 이그나이터, 점화 코일 어셈블리, 디스트리뷰터, 하이텐션코드 및 스파크 플러그 등으로 이루어져 있다.

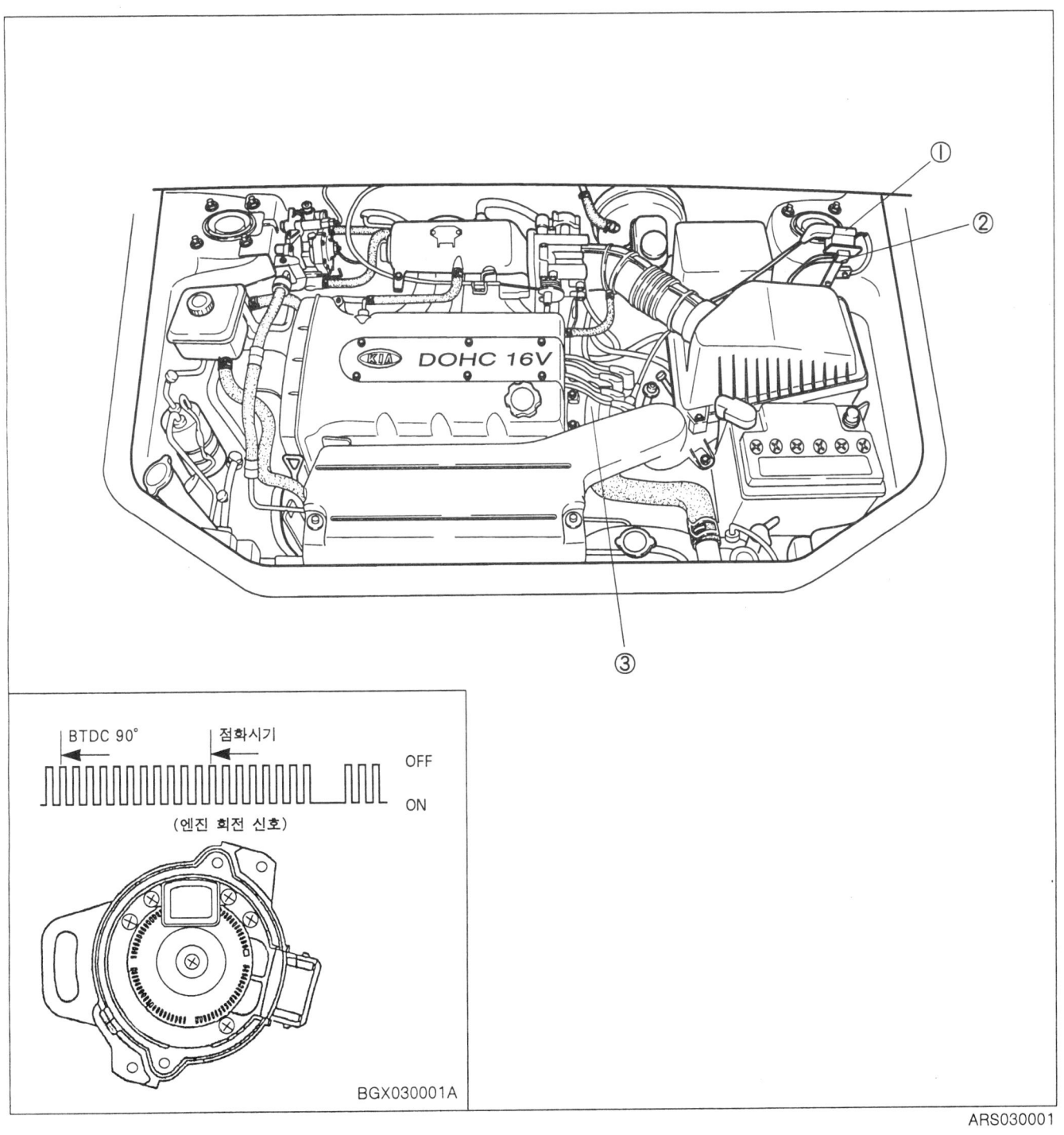

1. 점화 코일 어셈블리
2. 이그나이터
3. 디스트리뷰터

고장진단 및 조치

문제	예상원인	조치
스타터 모터가 작동되면서 시동이 안됨	점화시기 불량	점화시기 조정
	점화가 안됨	
	점화 코일 불량	점검 및 교환
	디스트리뷰터 불량	점검 및 교환
	하이텐션 코드 불량	점검 및 교환
	이그나이터 불량	점검 및 교환
	점화 관련 배선 손상	배선 검사
아이들 부조	스파크 플러그 불량	점검 및 교환
	점화 관련 배선 손상	점검
	점화시기 불량	점화시기 조정
	ECM 불량	21장 참조
	점화 불량	
	점화 코일 불량	점검 및 교환
	디스트리뷰터 불량	점검 및 교환
	하이텐션 코드 불량	점검 및 교환
	이그나이터 불량	점검 및 교환
엔진이 울컥거리고 가속 불량	스파크 플러그 불량	점검 및 교환
	점화 관련 배선 손상	점검
	점화시기 불량	점화시기 조정
	ECM 불량	21A장 참조
엔진 역화 (BACKFIRES)	ECM 불량	21A장 참조
	점화시기 불량	점화시기 조정
엔진 과열 (오버 히트)	점화시기 불량	점화시기 조정
	ECM 불량	21A장 참조

차상점검

스파크(불꽃) 테스트
1. 스파크 플러그에서 하이텐션 코드를 분리한다.
2. 스파크 플러그를 분리한다.
3. 각 하이텐션 코드에 스파크 플러그를 끼운다.
4. 절연된 플라이어를 사용하여 스파크 플러그를 잡고 차체에서 5~10mm를 유지시킨다.
5. 엔진을 크랭크시켜 스파크 플러그에서 강한 청색 불꽃이 튀는지 확인한다.

만약 불꽃이 튀지 않으면 아래 상황과 같이 점검한다.

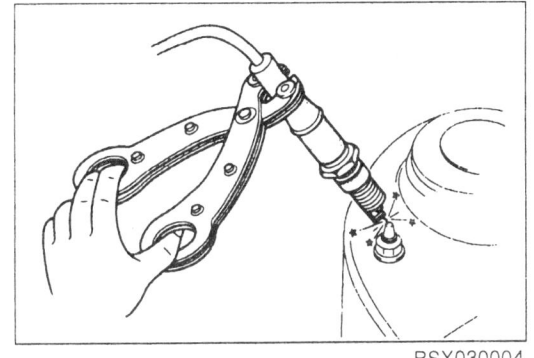

T8D DOHC (LPG) 장착차량

단계	점검		조치
1	이그니션 코일 및 디스트리뷰터 컨넥터 접속 상태는 정상인지 점검한다	예	다음 단계를 점검한다
		아니오	컨넥터를 확실히 접속시킨다
2	하이텐션 코드의 저항값이 정상인지 점검한다 저항값 : 16kΩ/m당	예	다음 단계를 점검한다
		아니오	하이텐션 코드를 교환한다
3	이그니션 코일에 전원이 공급되는지 점검한다 1. 이그니션 스위치를 ON 시킨다 2. 이그니션 코일 ⊕ 단자에 전원이 공급되는지 점검한다	예	다음 단계를 점검한다
		아니오	이그니션 스위치와 이그니션 코일, ECU 간의 배선을 점검한다
4	이그니션 코일의 저항값이 정상인지 점검한다 저항값 1차측 : 0.81~0.99Ω (20℃에서)	예	다음 단계를 점검한다
		아니오	이그니션 코일을 교환한다
5	디스트리뷰터 에어 갭(로터와 디스트리뷰터 캡과의 간극)이 정상인지 점검한다	예	다음 단계를 점검한다
		아니오	디스트리뷰터 캡 및 로터 교환
6	ECM이 정상인지 점검한다 (21장 참조)	예	시스템 정상임
		아니오	ECU를 교환한다

스파크 플러그

분리/장착
1. 바테리 ⊖ 터미널을 분리한다.
2. 하이텐션 코드를 조심스럽게 분리한다.
3. 스파크 플러그 구멍으로 먼지 또는 이물질이 들어가는 것을 방지하기 위하여 압축 공기로 플러그 구멍 주위를 깨끗이 불어낸다.
4. 스파크 플러그 소켓을 사용하여 분리한다.

■ 주의
소켓을 스파크 플러그 위에 직각으로 장착한다.

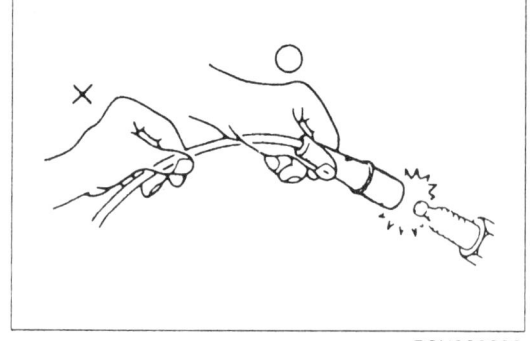

5. 스파크 플러그 장착시에는 스파크 플러그 나사부에 안티 서지 컴파운드 또는 몰리브덴유를 도포한다.
6. 스파크 플러그를 규정토크로 체결한다.

스파크 플러그 체결토크 : 1.5~2.3 kg-m

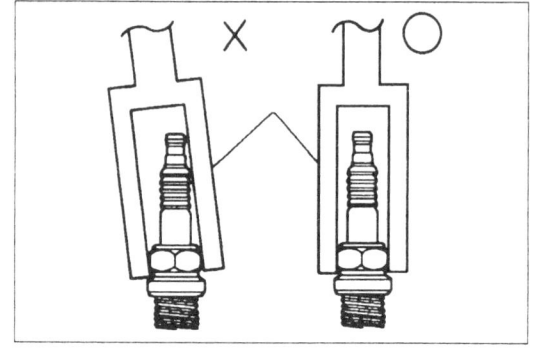

점검
1. 스파크 플러그를 분리한다.
2. 스파크 플러그에 하이텐션 코드를 끼운다.
3. 절연된 플라이어를 사용하여 스파크 플러그를 잡고 차체에서 5~10mm를 유지한다.
4. 엔진을 크랭크 시켜 스파크 플러그에서 강한 청색 불꽃이 튀는지 확인한다.

■ 참고
불꽃이 튀지 않을 때는 스파크 플러그를 교환한다.

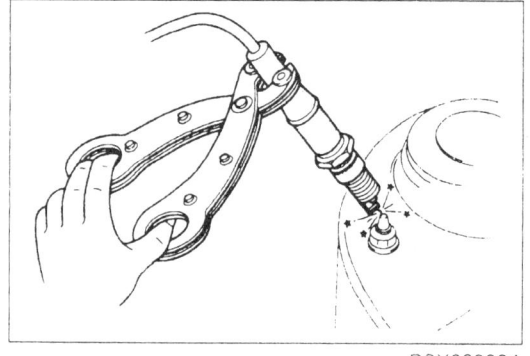

5. 다음 사항을 점검하고 불량시에는 스파크 플러그를 교환한다.
   · 절연체 파손의 유무 (애자부 균열 여부)
   · 전극의 소모 상태
   · 카본의 침적
     청소는 플러그 클리너 또는 와이어 브러쉬로 윗부분의 애자도 함께 청소한다.
   · 개스킷의 손상, 파손
   · 그을린 상태

스파크 플러그 간극 :
   T8D DOHC(LPG) 엔진 : 0.7~0.8mm

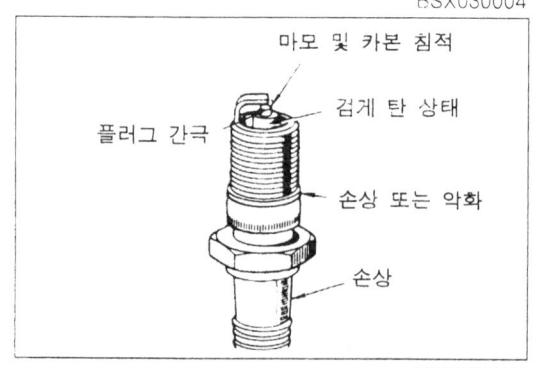

하이텐션 코드

하이텐션 코드의 저항을 측정한다.

표준 저항 : 16kΩ/1m당

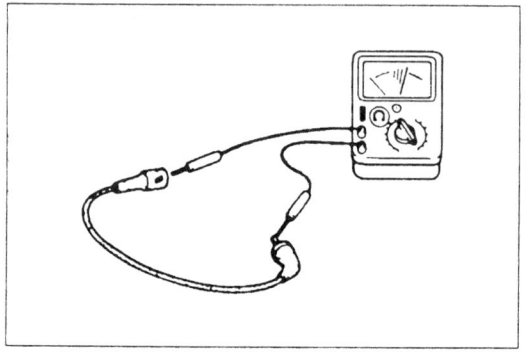

점화코일 어셈블리

점검
스파크 점검
1. 디스트리뷰터측 코일 와이어를 분리한다.
2. 절연 플라이어를 사용하여 접지면으로 부터 5~10mm 를 유지한다.
3. 엔진을 크랭크시켜 강한 청색 불꽃이 튀는지 점검한다.

4. 불꽃이 튀지 않을 때는 점화 스위치 ON 상태에서 전압을 측정한다.

   전압(V): 약 12

5. 전압이 사양을 벗어날 경우에는 메인퓨즈, 점화 스위치 및 배선을 점검한다.

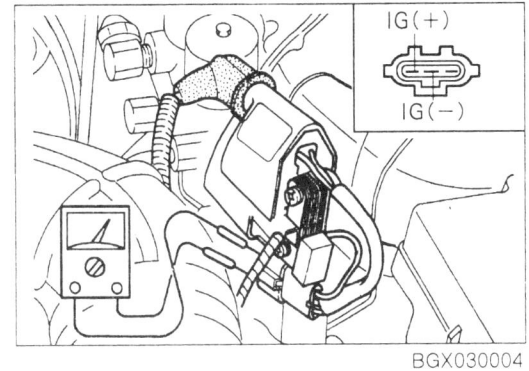

1차 코일 저항
1. 저항계를 사용하여 1차 코일 저항을 측정한다.
   사양을 벗어나면 점화 코일 어셈블리를 교환한다.

   1차 코일 저항(Ω): 2.1±10%(약 20℃에서)

디스트리뷰터

분리/장착

1. 바테리 ⊖단자를 분리한 후 그림과 같은 순서로 분리한다.
2. 각 단품을 점검한 후 필요하면 교환한다.
3. 장착은 분리의 역순으로 실시한다.

BGX030005

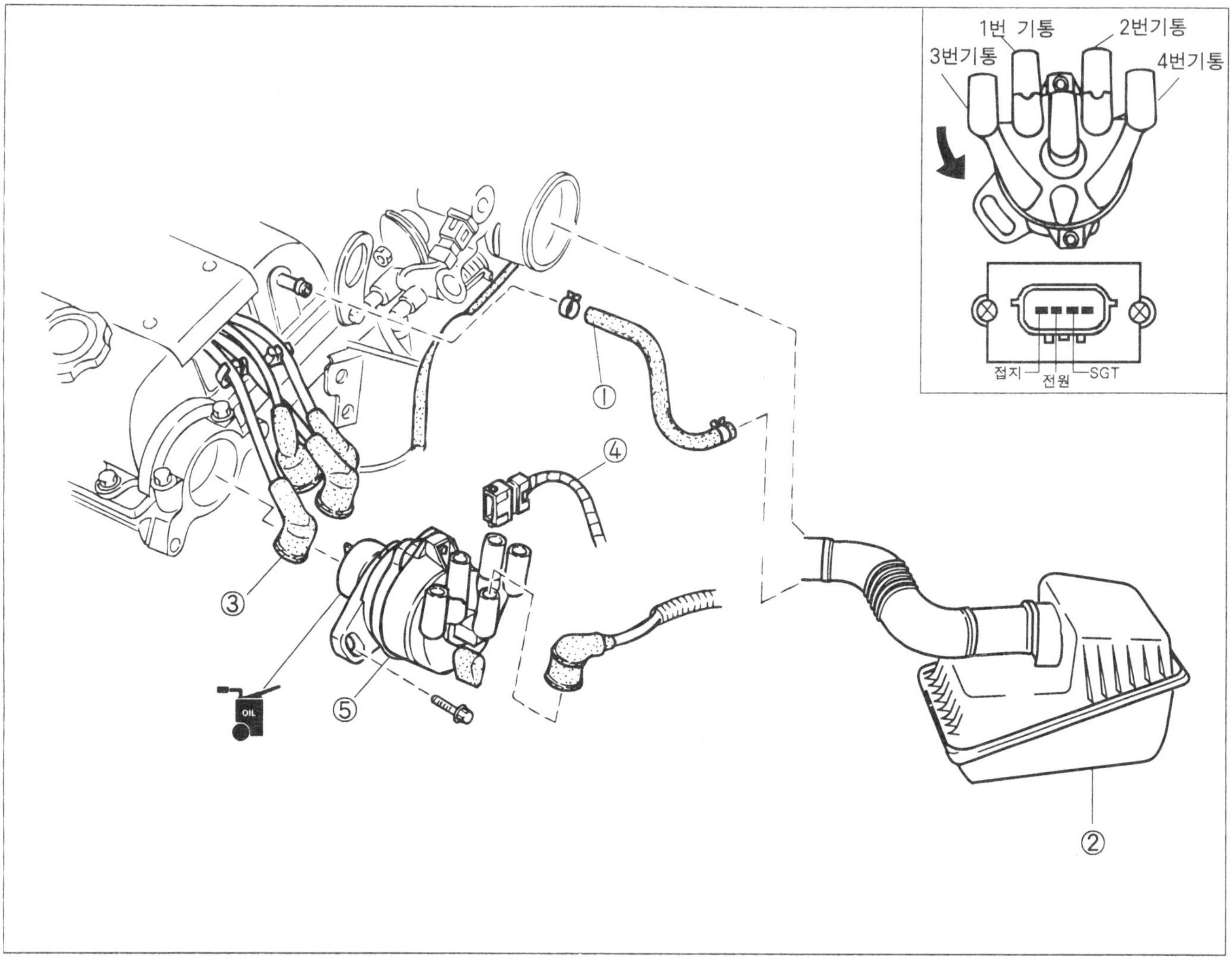

1. 에어호스
2. 에어클리너 어셈블리
3. 하이텐션 코드
4. 커넥터
5. 디스트리뷰터

점검

캡 및 로터

1. 마모, 손상 및 오염 유무를 점검한다.

BGX030006

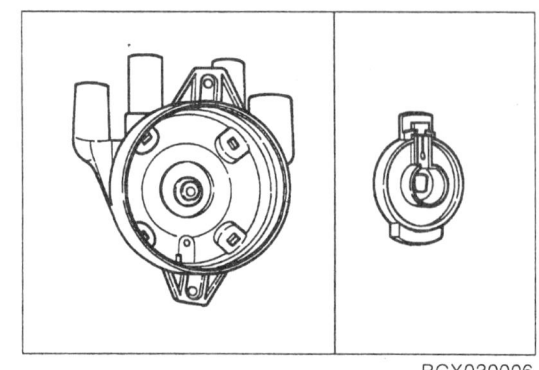

사양

서비스 사양

항목	엔진 형식		T8D DOHC (LPG)
아이들 회전수		(rpm)	750~850
점화시기		(BTDC)	15°±1°
이그니션 코일	1차 저항	(Ω)	0.81~0.99
하이텐션 코드		(kΩ)	16/m 당
스파크 플러그	형식		BKR6ES
	간극	(mm)	0.7~0.8
점화 순서			1-3-4-2

시동장치

고장진단 ······································ 31- 3
사양 ·· 31 -6

시동장치 고장진단

배선도

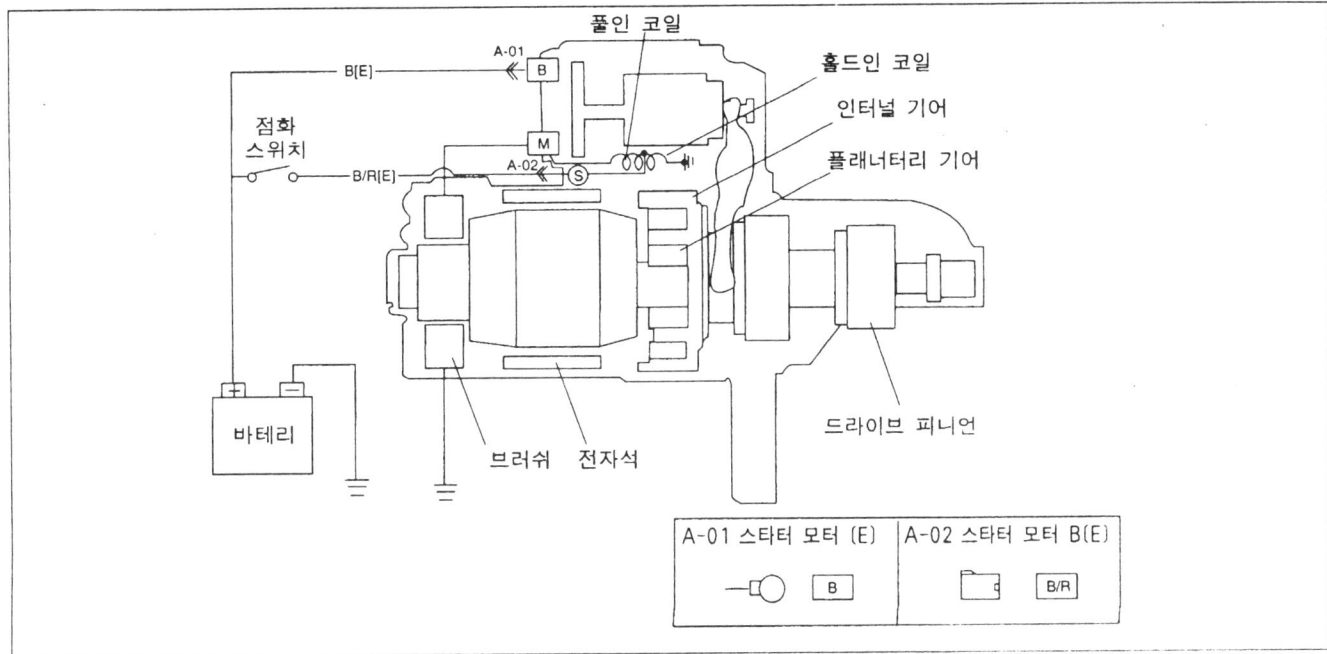

차상점검

풀인 전압

1. 바테리 전압을 점검한다.

    전압 : 12.4V 이상

2. 엔진을 시동시킨 후 스타터가 원활하게 회전하는지 점검한다.
3. 스타터가 회전하지 않을 때에는 엔진을 시동시키면서 S 단자 전압을 점검한다.

    전압 : 8V 이상

- 8V 이상 : 스타터 단품 점검
- 8V 이상 : 배선(메인휴즈, 점화스위치 및 인히비터 스위치(ATX만) 점검

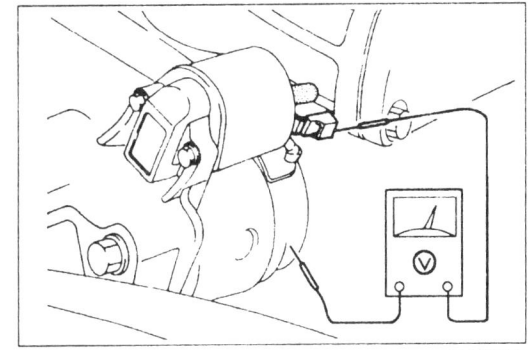

마그네틱 스위치

풀인 코일

참고
- 바테리 ⊖ 단자를 분리한다.
- 스타터 모터의 M 단자를 분리한다.

1. S 단자와 M 단자간이 통전되는지 점검한다.
2. 통전되지 않으면 마그네틱 스위치를 교환한다.

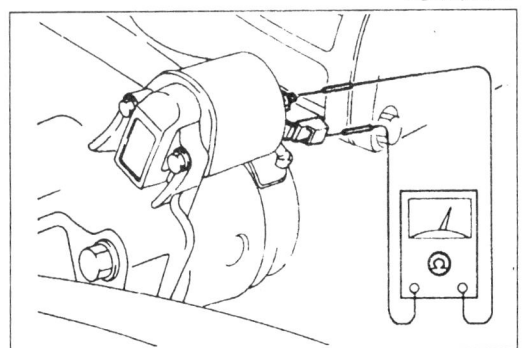

홀드인 코일

1. S 단자와 스위치 몸체간이 통전되는지 점검한다.
2. 통전되지 않으면 마그네틱 스위치를 교환한다.

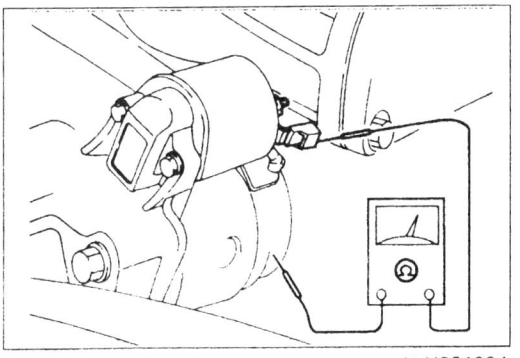

시동장치 고장진단

1. 스타터 모터가 작동되지 않으면서 크랭크도 되지 않을 때

단계	점검		조치
1	바테리를 충분히 충전한 후 엔진이 크랭크 되는가?	예	충전 장치를 점검한다
		아니오	다음 단계를 점검한다
2	"B" 터미널에서 바테리 전압이 나오는가?	예	다음 단계를 점검한다
		아니오	와이어 하니스를 점검한다
3	키 스위치를 "ST" 상태로 놓고 "S" 터미널에서 바테리 전압이 나오는가?	예	마그네틱 스위치를 점검한다 필드 코일을 점검한다 아마츄어를 점검한다
		아니오	인히비터 스위치(ATX차)를 점검한다 (42A, 42B 그룹 참조) 키 스위치를 점검한다 와이어 하니스를 점검한다 (61그룹 참조)

2. 스타터 모터가 스핀하면서 크랭크도 되지 않을 때

단계	점검		조치
1	드라이브 피니언이 크랭킹 하는 동안 바깥쪽으로 끌리는가? (바깥쪽으로 끌릴 때 "딸깍" 소리가 들린다)	예	스타터를 분리하고서 플라이 휠 링 기어와 스타터의 드라이브 피니언 기어를 점검한다
		아니오	마그네틱 스위치를 점검한다 필드 코일을 점검한다

시동장치 고장진단

3			크랭크가 천천히 돌 때	
단계	점검		조치	
1	바테리를 충분히 충전한 후 엔진이 정상적으로 크랭크 되는가?	예	충전 장치를 점검한다	
		아니오	다음 단계를 점검한다	
2	스타터 케이블 연결 부위가 부식 또는 헐거운지 점검한다 BSX031005	예	수리 또는 교환한다	
		아니오	스타터에 충격을 가한 후 점검한다 (브러쉬, 아마츄어 등)	

31-5

분리/장착

1. 바테리 ⊖ 단자를 분리한 후 그림의 순서대로 분리한다.
2. 부품을 점검한 후 필요하면 수리 또는 교환한다.
3. 장착은 분리의 역순으로 실시한다.

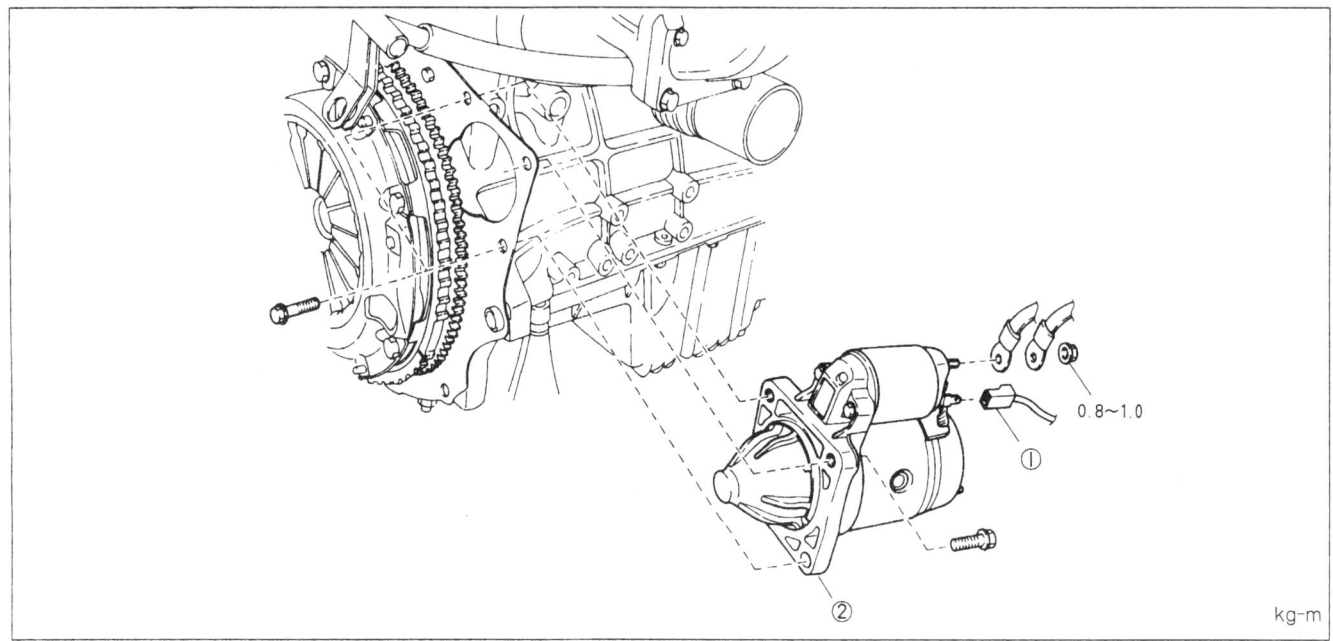

kg-m

1. 커넥터　　　　　　　　　　2. 스타터

점검

무부하 점검

1. 바테리와 전류계를 그림과 같이 스타터에 연결시킨다.
2. 피니와 기어가 돌출된 상태에서 스타터가 부드럽고 안정된 상태로 회전하는지 점검한다.
3. 전류계를 통하여 규정 전류값을 확인한다.

전류 : 최대60A(11.5V, 5200rpm 이상에서)

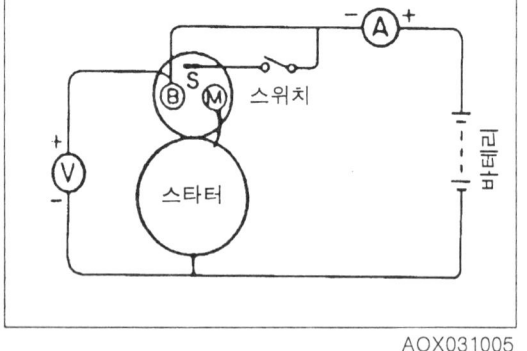

사양

항목	엔진 형식		T8D
스타터	형식		전자 압입식
	출력	(V-kw)	12~0.9

31-6

충전장치

고장진단 · 32- 3
바테리 · 32- 5
올터네이터 · 32- 6
사양 · 32- 6

충전장치 고장진단

고장진단

찾아보기

번호	고장 상황	페이지
1	충전이 안될 때	32-3
2	엔진이 회전하는 동안 올터네이터 워닝 램프가 점등될 때	32-4
3	바테리가 방전될 때	32-4

현상 및 고장진단

1	충전이 안될 때		
단계	점검		조치
1	바테리 전압을 측정한다 표준 : 12.4V 부근	예	다음 단계를 점검한다
		아니오	바테리를 점검한다
2	엔진을 스타트 한 후 올터네이터 경고등이 소등 되는지 확인한다	예	단계 4를 점검한다
		아니오	다음 단계를 점검한다
3	올터네이터 터미널에 전압이 정상인지 점검한다 | 터미널 | IG : ON (V) | 아이들(V) | | B | 12V 부근 | 14.1~14.7 | | L | 1V 부근 | 14.1~14.7 | | S | 12V 부근 | 14.1~14.7 | BSX032007	예	바테리와 터미널 B 사이의 와이어 하니스를 점검한다
		아니오	와이어 하니스를 점검한다 올터네이터를 교환한다
4	1. 전류계를 터미널 B와 하니스 사이에 연결한다 2. 엔진을 회전 시킨다 3. 엔진 회전수를 2500~3000rpm으로 한다 4. 무부하 상태(블로어, 헤드램프, 리어 디프로스터 등 모든 전장품을 OFF한 상태)에 비교하여 부하상태 (어느것 하나의 전장품을 ON으로 한 상태)의 전류치는 크게 되는가?	예	충전장치 정상
		아니오	다음 단계를 점검한다
5	구동 벨트 장력이 정상인지 점검한다 (32-6 참조)	예	올터네이터를 교환한다
		아니오	구동벨트 장력을 조정한다

2 엔진이 회전하는 동안 올터네이터 워닝 램프가 점등될 때

단계	점검		조치
1	아이들 상태에서 바테리 전압이 정상인지 점검한다 표준 : 14.1~14.7V	예	올터네이터 "L" 터미널과 워닝램프 사이의 와이어 하니스를 점검한다
		아니오	충전장치를 점검한다

3 바테리가 방전될 때

단계	점검		조치
1	0.01V를 읽을 수 있는 디지탈 볼트 미터를 바테리의 오픈 회로 전압을 측정한다	예	다음 단계를 점검한다
		아니오	2시간 정도 급속 충전한 후 전압을 재측정하고, 측정치가 12.4V 이하이면 바테리를 교환한다
2	바테리 부하 테스터를 사용하여 바테리 부하 테스트를 한다 부하 테스트 	바테리	부하 (A)
---	---
PT40-24DL	150	 급충전 완료 직전(약 15초) 전압을 점검할 때 규정 전압보다 높은가? 바테리 전압 	바테리 온도 (℃)	최소 전압 (V)
---	---
21	9.6
15	9.5
10	9.4
4	9.3
-1	9.1
-7	8.9
-12	8.7
-18	8.5		예	다음 단계를 점검한다
		아니오	바테리 교환
3	바테리의 오픈 회로 전압을 측정한다 표준 : 12.4 부근	예	바테리 양호
		아니오	12.4V 이하시는 바테리 충전

바테리

점검
1. 단자의 체결부가 이완되었는지 점검한다.
2. 바테리 케이블이 부식 또는 쇠손되었는지 점검한다.
3. 필요시에는 단자를 깨끗이 닦고 그리스를 도포한다.
4. ⊕ 단자 보호용 러버 프로텍터를 점검한다.

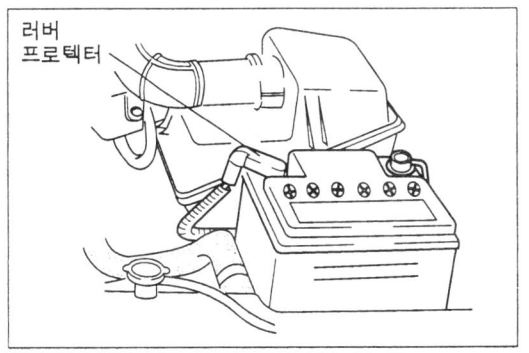

전해액 수준
1. 전해액 수준이 어퍼 레벨과 로어 레벨선 사이에 있는지 점검한다.
2. 부족한 경우에는 증류수를 어퍼 레벨까지 보충한다.

> **주의**
> 증류수를 과보충 하지 않도록 주의한다.

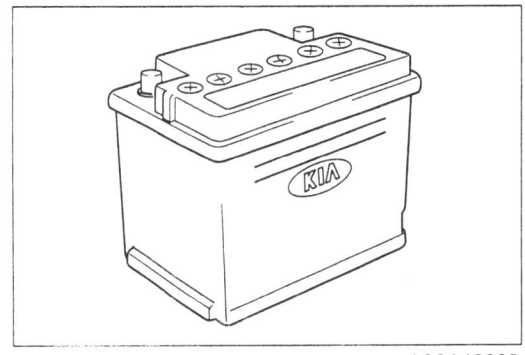

비중
1. 비중계를 사용하여 전해액의 비중을 측정한다.

   표준 : 1.280 (25℃에서)

2. 비중이 표준치 이하일 때는 바테리를 재충전 한다.

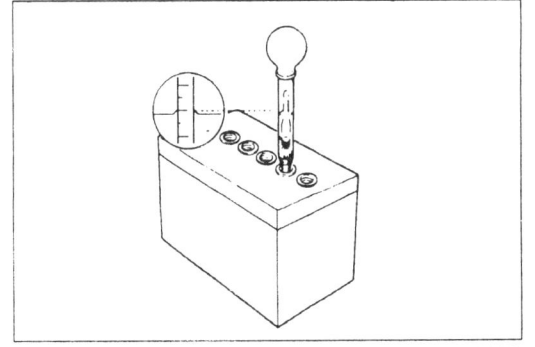

급속 충전
차량에서 바테리를 탈착한 후 벤트 플러그를 분리하고서 급속 충전을 실시한다.

> **주의**
> - 바테리의 점검 또는 재충전 하기전 모든 전원을 "OFF"하고 엔진을 정지시킨다.
> - ⊖ 단자는 제일 먼저 떼어놓고, 조립시에는 ⊕ 단자를 연결후 ⊖ 단자를 연결한다.
> - 급속 충전시 바테리의 과열을 방지하기 위하여 물을 담은 용기의 가운데에 바테리를 넣고 실시한다.

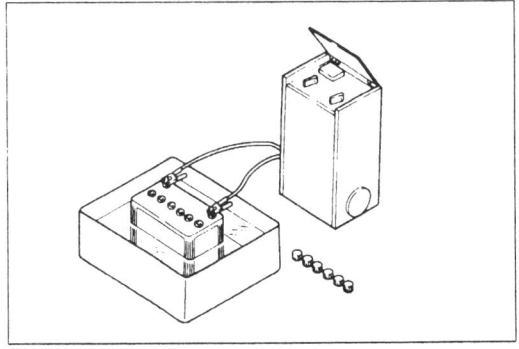

올터네이터

분리/장착

1. 바테리 ⊖ 단자를 분리한다.
2. "B" 단자 너트를 분리한다.
3. "B" 단자 배선을 분리한다.
4. 올터네이터 커넥터를 분리한다.
5. 어저스트 볼트를 분리한다.
6. 올터네이터 볼트를 분리한다.
7. 올터네이터 풀리에서 구동벨트(V-립 벨트)를 분리한다.
8. 차량에서 올터네이터를 분리한다.
9. 장착은 분리의 역순으로 실시한다.
10. V-립 벨트의 장력과 처짐량을 조정한다.

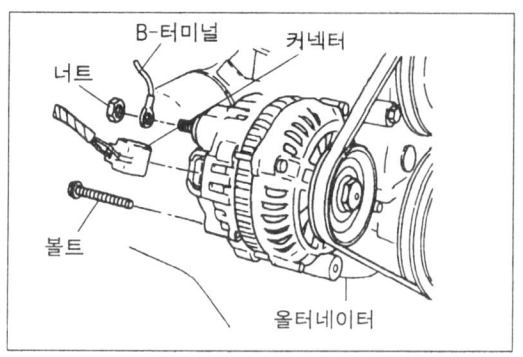

구 분	신품			구품		
	BFE	BFD	TED	BFE	BFD	TED
처짐량 (mm)	5.5~7.0	←		6.0~7.5	←	

체결토크 :
볼트 Ⓐ : 1.9~2.6 kg-m
장착볼트 Ⓑ : 3.8~5.3 kg-m

주의

- 바테리를 역으로 접속하지 않는다. (렉티파이어가 손상된다.)
- 올터네이터 "B" 단자에는 항상 바테리의 전압이 걸려 있으므로 주의하여 작업한다.
- 엔진 시동중에 "L" 및 "B" 단자를 접지시키지 않는다.
- IC 레귤레이터의 배선 "L", "S" 커넥터를 분리할 때는 엔진을 시동하지 않는다.

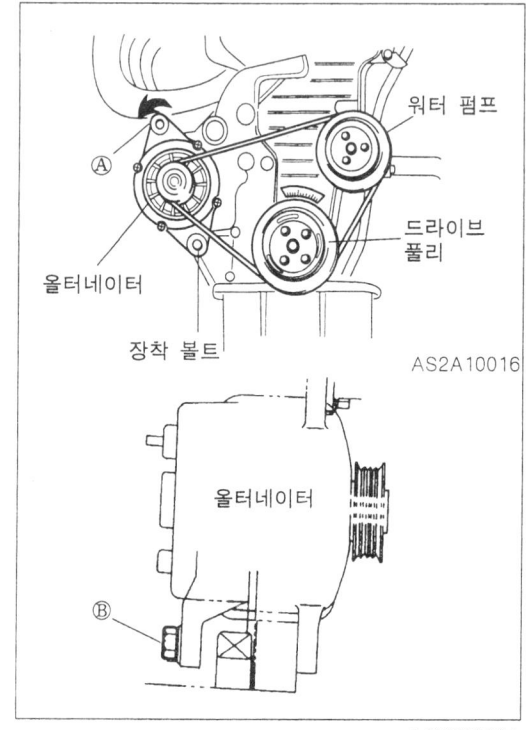

사양

서비스 사양

항목	엔진 형식	T8D
바테리	전압 (V)	12, 음극 접지
	형식	PT40-24GL
	용량 (20시간율) (Ah)	48
	비중 (25℃에서)	1.280
올터네이터	형식	AC 교류
	출력 (V-A)	12—90
←	레귤레이터 형식	트랜지스터 사용 (IC 레귤레이터 내장)
	레귤레이터 전압 (V)	14.1~14.7

클러치

구성도	40- 3
고장진단 및 조치	40- 4
차상점검	40- 5
클러치 페달	40- 6
공기빼기	40- 8
마스터 실린더	40- 9
릴리스 실린더	40-12
클러치와 플라이 휠	40-14
사양	40-17

40

클러치 구성도

구성도

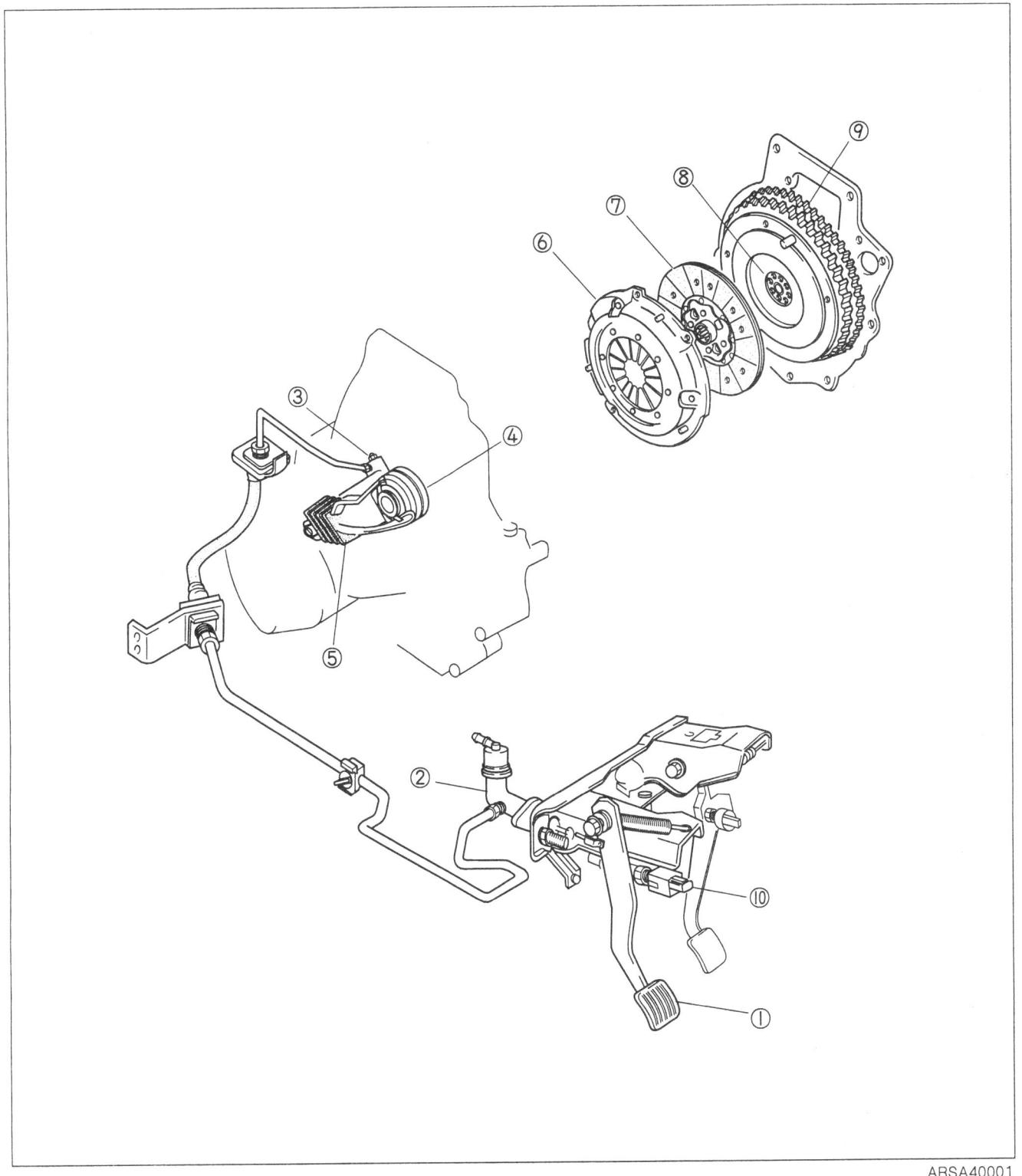

1. 클러치 페달
2. 클러치 마스터 실린더
3. 클러치 릴리스 실린더
4. 릴리스 베어링
5. 클러치 릴리스 포크
6. 클러치 커버
7. 클러치 디스크
8. 파이롯트 베어링
9. 플라이 휠
10. 클러치 스위치

고장진단 및 조치

고장상황	예상주요원인	조치
미끄러짐	• 접촉면의 과도한 마모 • 접촉면 경화 또는 오일 부착 • 클러치 커버 변형 • 다이아프램 스프링 손상 및 소손 • 클러치 페달 유격 과도 • 클러치 페달의 고착	• 교환 • 수리 또는 교환 • 수리 또는 교환 • 교환 • 조정 • 수리 또는 교환
단절 불량	• 클러치 디스크의 손상 및 런 아웃 과대 • 클러치 디스크 스플라인 마모 및 녹 발생 • 클러치 디스크에 오일 부착 • 다이아프램 스프링 소손 • 클러치 페달의 조정 불량 • 클러치 액의 부족 • 클러치 액의 누설	• 교환 • 교환 또는 녹 제거 • 수리 또는 교환 • 교환 • 조정 • 보충 • 수리 및 보충
발진시 떨림	• 접촉면의 오일 부착 • 토션 스프링 쇠손 • 접촉면 경화 또는 변형 • 페이싱 리벳 이완 • 클러치 커버의 과도한 뒤틀림 • 플라이 휠의 표면 경화 또는 뒤틀림 • 엔진 마운트 이완 또는 고무 손상	• 청소 또는 교환 • 교환 • 수리 또는 교환 • 교환 • 교환 • 수리 또는 교환 • 수리 또는 교환
클러치 페달 작동 불원활	• 페달 축의 윤활 불량	• 수리 또는 교환
이음	• 릴리스 베어링 손상 • 릴리스 베어링 슬리브 윤활 불량 • 릴리스 포크 미끄럼부 마모 • 토션 스프링 쇠손 • 파이롯트 베어링 마모 혹은 손상 • 크랭크 축 엔드 플레이 과도	• 교환 • 윤활 또는 교환 • 교환 • 교환 • 교환 • 조정

차상정비

액 양 점검
1. 브레이크 리저브 탱크의 액 양을 점검한다. 액 수준이 "MIN" 표시에 근접 또는 바로 아래있을 경우 순정액을 "MAX" 표시까지 보충한다.

참고
클러치 액은 브레이크 리저브 탱크에서 공용으로 사용하고 있다.

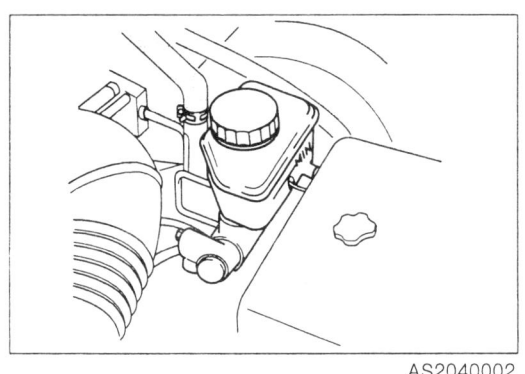

점검 및 조정

클러치 페달높이
점검
페달 패드 상면의 중앙에서 대쉬 패널까지 거리를 측정한다.

표준 페달 높이 : 223~228 mm

조정
1. 클러치 스위치의 커넥터를 분리한다.
2. 록 너트 Ⓐ를 풀고 클러치 스위치 Ⓑ를 돌려 높이를 조정한다.
3. 조정을 마친후 록 너트 Ⓐ를 체결한다.

체결토크 : 1.4~1.8 kg-m

페달유격

점검
유압이 느껴질 때까지 페달을 손으로 가볍게 누른다.

페달유격 : 3~5 mm

조정
1. 록 너트 Ⓒ를 풀고 푸시로드 Ⓓ를 돌려 유격을 조정한다.
2. 클러치 페달을 완전히 눌렀을 때 페달에서 카펫트 까지의 높이를 측정한다.

표준 페달 높이 : 50.6 mm

3. 록 너트를 체결한다.

체결토크 : 1.2~1.7 kg-cm

4. 조정후 페달높이를 점검한다.

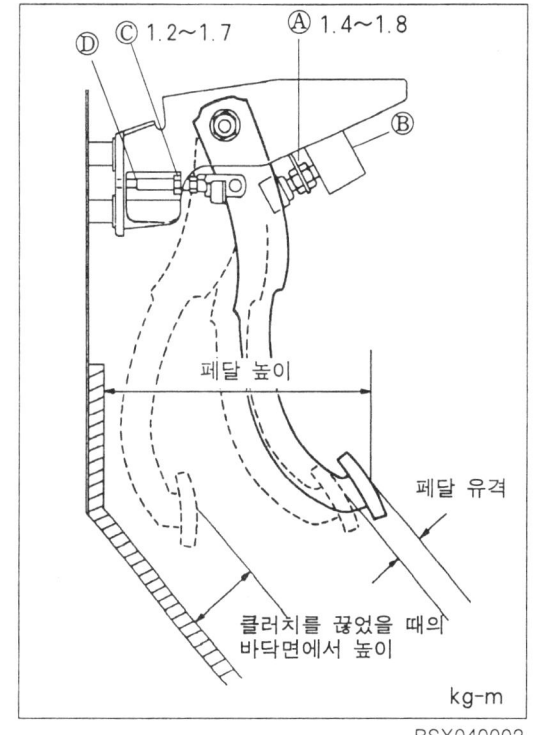

클러치 페달

구성도

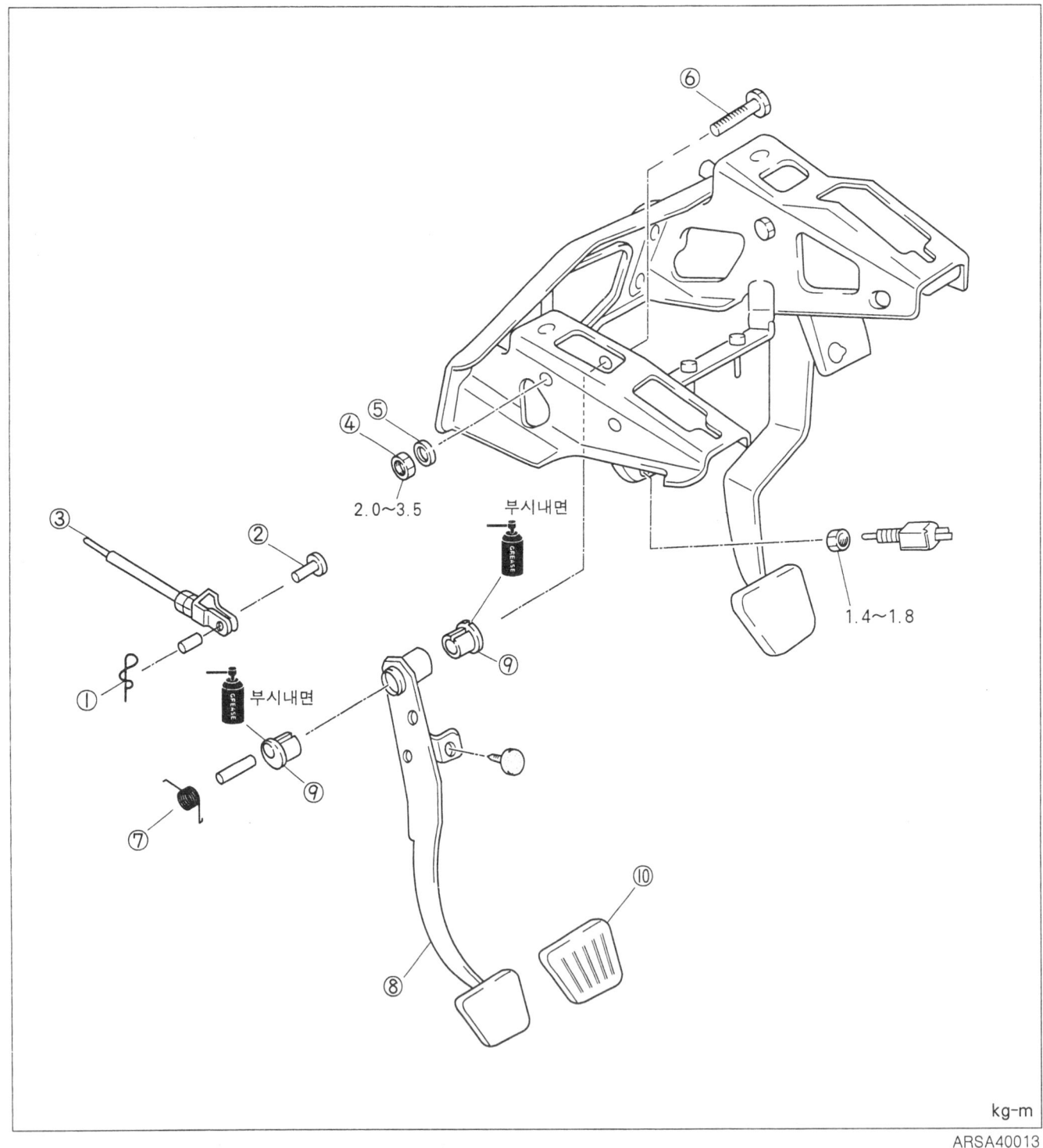

1. 코터 핀
2. 핀
3. 푸시로드
4. 너트
5. 스프링 와셔
6. 볼트
7. 어시스트 스프링
8. 클러치 페달
9. 부싱
10. 페달 패드

점검
다음 부품을 점검한다. 필요하면 교환한다.
1. 부싱의 마모 및 손상
2. 클러치 페달의 휨 또는 비틀림
3. 페달 패드의 마모 또는 손상

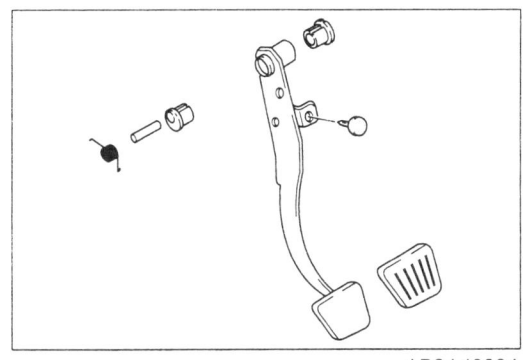

4. 리턴 스프링의 약화

■ 주의
부싱과 습동부에는 그리스를 도포한다. (리튬 그리스 도포)

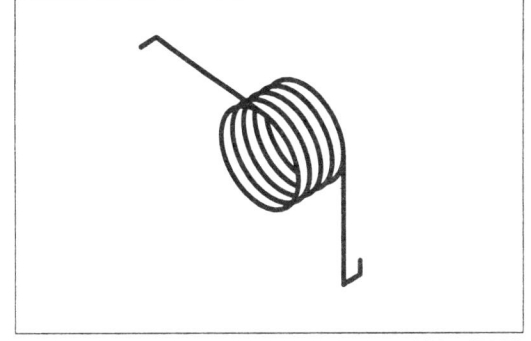

장착
1. 장착은 분리시의 역순으로 장착한다.
2. 부싱과 피봇 포인트에 리튬 그리스를 도포한다.
3. 클러치 페달 자유 유격을 조정한다.

푸시로드
푸시로드를 장착한다.

  체결토크 : 1.2~1.7 kg-m

클러치 페달
클러치 페달을 조립한다.

  체결토크 : 2.0~3.5 kg-m

공기빼기

경고
클러치 마스터 실린더 분해 조립후, 수리하기 위해 파이프를 분리할 때 클러치 유압장치에 스며든 공기를 제거해야 한다.

참고
- 공기를 빼는 동안 브레이크 리저브 탱크의 액은 3/4 이상의 수준을 유지해야 한다.
- 클러치 액은 페인트 칠된 표면을 손상시키기 때문에 용기나 헝겊을 사용해서 액을 받는다. 액이 페인트 칠이된 표면에 묻게 되면 즉시 닦아낸다.

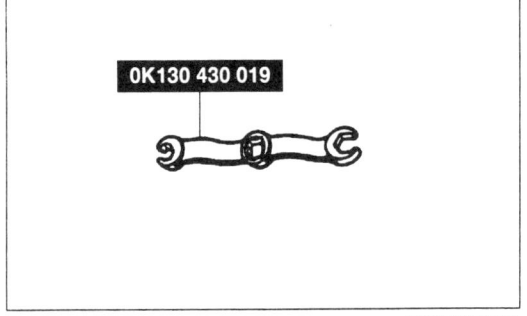

1. 차량을 들어올린 후 운전석 측 휠 스프레쉬 쉴드를 분리한다.
2. 클러치 릴리스 실린더에서 블리더 캡을 분리하고 블리더 플러그에 비닐 호스를 끼운다.
3. 비닐 호스의 반대 끝을 용기속에 집어넣는다.
4. 클러치 페달을 여러차례 천천히 펌프질 한다.
5. 클러치 페달을 누르고 있는 동안 SST를 사용하여 블리더 나사를 풀어 유체와 공기가 빠져나가게 한다.
6. 액에서 공기 거품이 없어질 때까지 4항과 5항을 반복한다.

체결토크 : 60~90 kg-cm

7. 클러치 작동이 정확한지 점검한다.

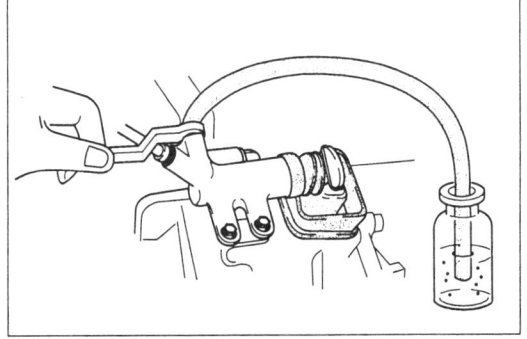

클러치 마스터 실린더

마스터 실린더

분리

1. 그림과 같은 순으로 분리하고 조립시는 분리의 역순으로 실시한다.

   참조
   - 분리시 퓨즈 박스가 간섭될 때에는 다음과 같이 한다.
   - 고장진단 커넥터를 분리한 후 볼트 및 록 탭을 분리한 후 퓨즈 박스를 분리한다.

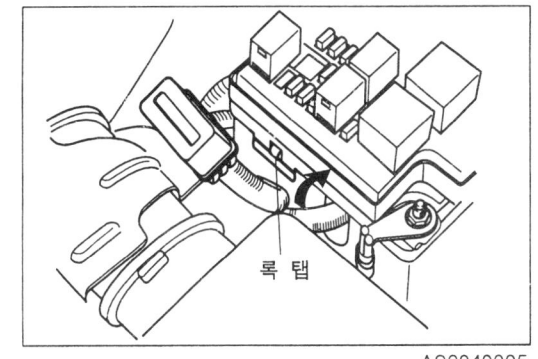
록 탭

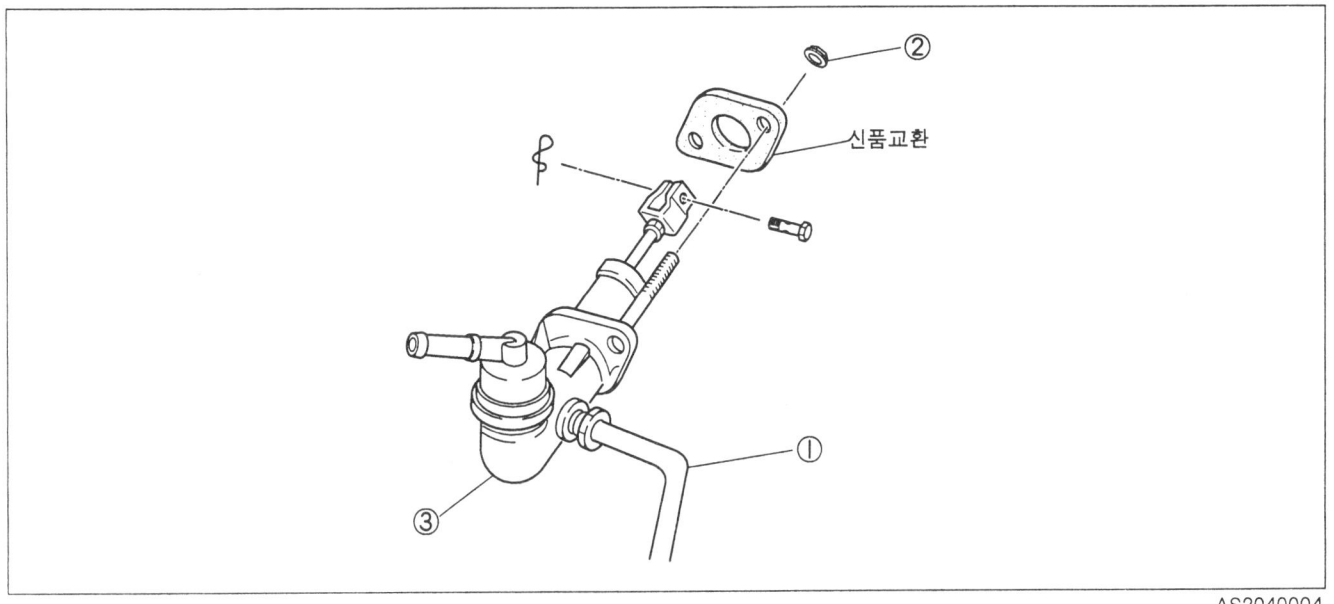
신품교환

1. 클러치 파이프   2. 너트   3. 마스터 실린더

클러치 파이프
SST를 사용하여 클러치 파이프를 분리한다.

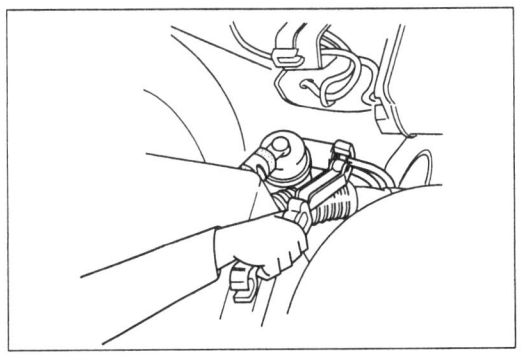

주의
클러치 액은 페인트 칠된 표면을 손상시키기 때문에 용기나 헝겊을 사용해서 액을 받는다. 액이 페인트 칠이 된 표면에 묻게되면 즉시 닦아낸다.

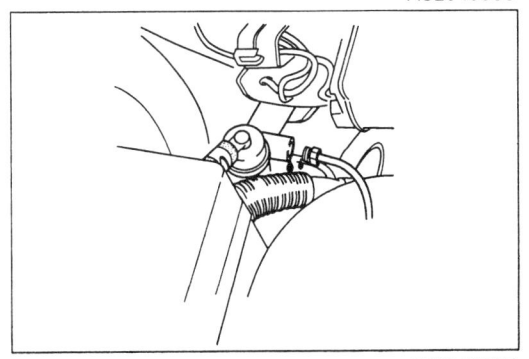

클러치 마스터 실린더

분해/조립
1. 분해시 그림의 번호 순서대로 분해한다.
2. 오물이나 먼지가 전혀 없는 깨끗한 곳에서 분해하고 조립한다.
3. 클러치 액을 사용하여 내부 부품을 닦는다.
4. 분해의 역순으로 조립한다.

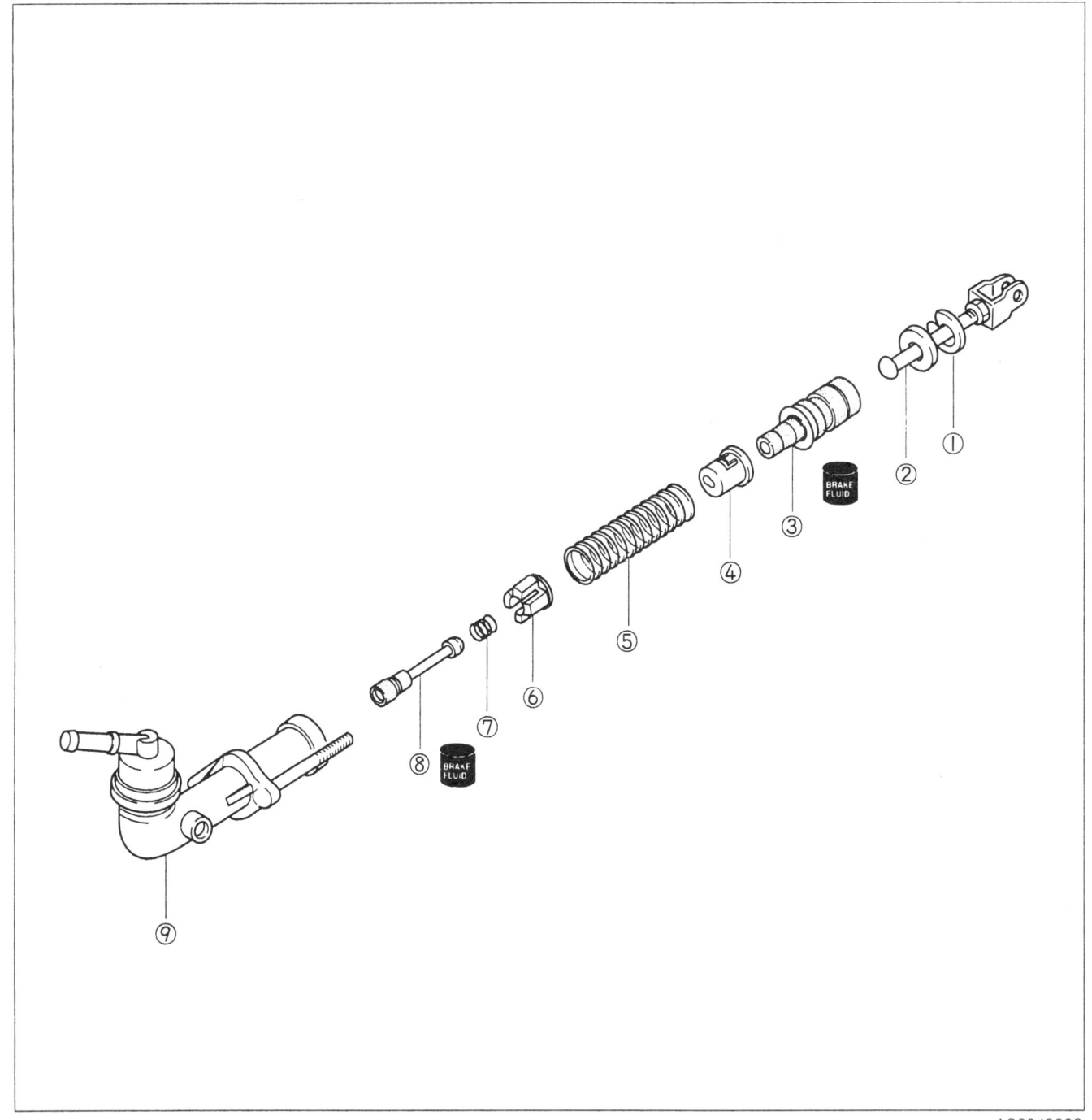

AS2040008

1. 스냅링
2. 푸시로드
3. 피스톤
4. 피스톤 스토퍼
5. 스프링
6. 밸브 스토퍼
7. 스프링
8. 밸브 어셈블리
9. 바디

클러치 마스터 실린더

1. 스냅링을 분리한다.

   참고
   푸시로드를 누르면서 스냅링 플라이어를 이용하여 스냅링을 분리한다.

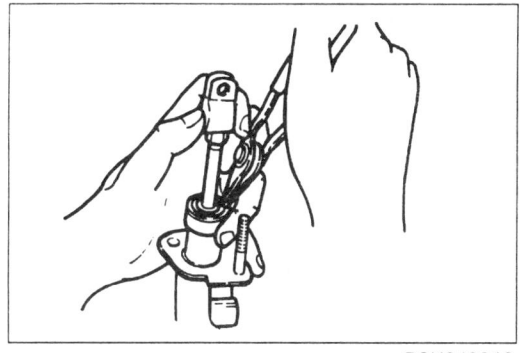

2. 피스톤 스토퍼의 클립 부위를 공구를 사용하여 푼다.

   주의
   분리시 스프링이 튀어나갈 수 있으므로 스프링이 튀지않게 한다.

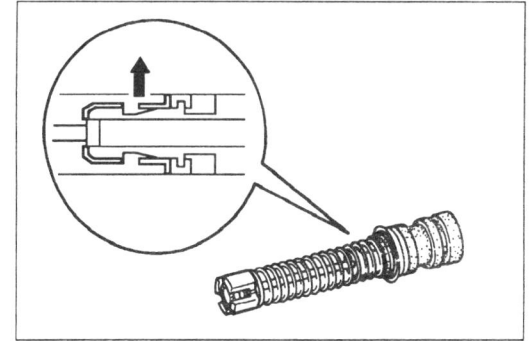

   경고
   - 조립전에 모든 부품을 세척한다.
   - 배출된 브레이크 액(클러치 액)은 재사용하지 않는다.
   - 피스톤 등 내부 부품에 클러치 액을 바른다.
   - 필요시 부품을 교환한다.

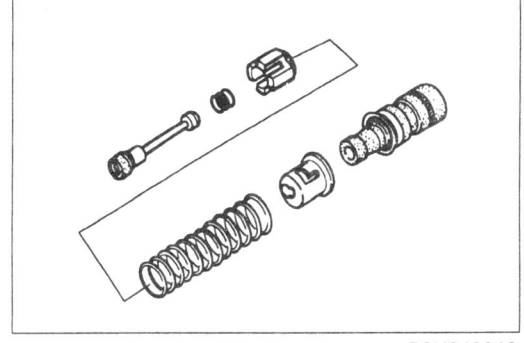

3. 피스톤 스토퍼의 클립 부위를 공구로 눌러 피스톤이 빠지지 않게 피스톤과 스토퍼를 조립한다.

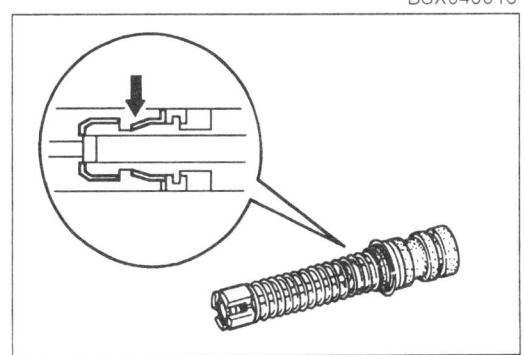

릴리스 실린더

주의
클러치 액은 페인트된 부품의 표면을 손상시키기 때문에 적당한 용기나 헝겊을 작업전에 준비하고, 만약 페인트된 표면에 클러치 액이 묻었을 때 즉시 걸레로 닦아낸다.

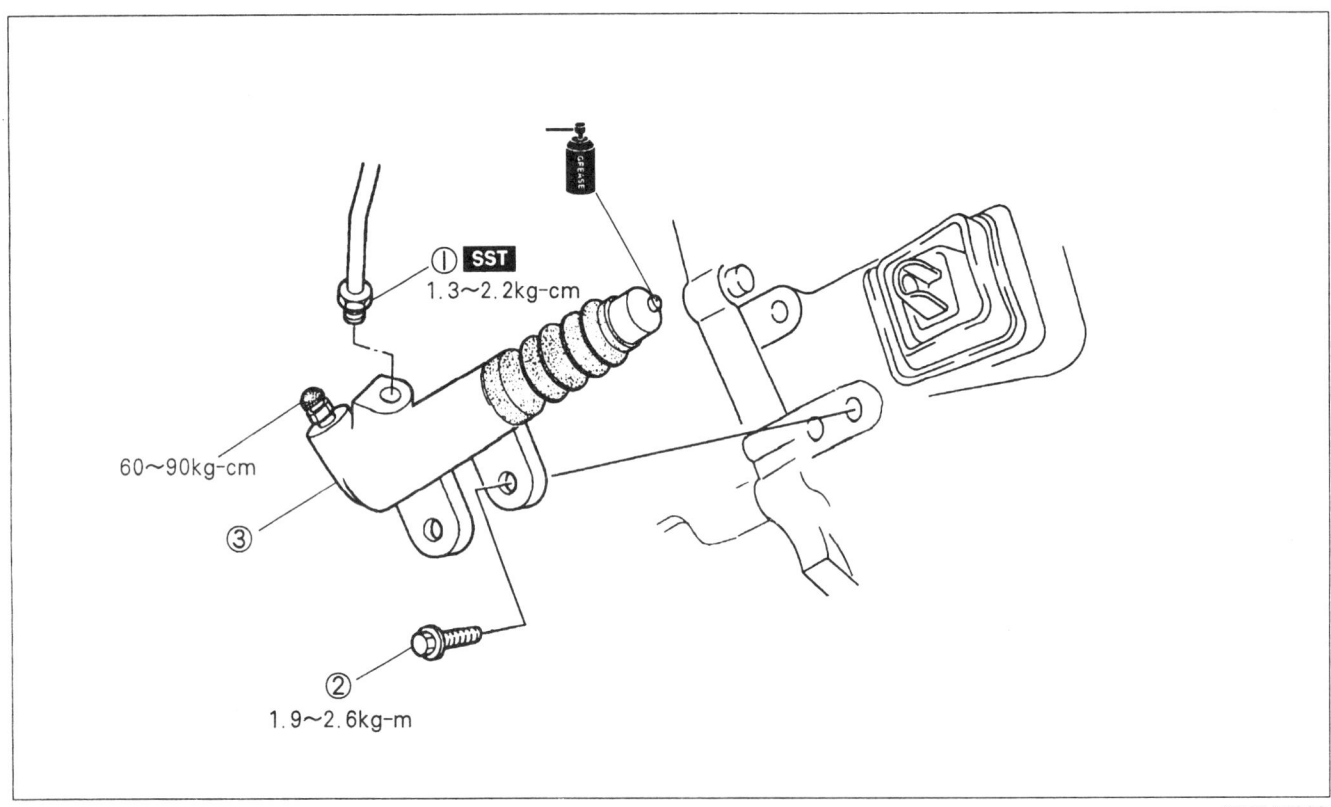

1. 클러치 파이프 2. 볼트 3. 클러치 릴리스 실린더

분리
클러치 파이프

주의
클러치 파이프 분리후, 클러치 파이프를 막아 클러치 액이 새는것을 방지한다.

SST를 사용하여 클러치 파이프를 분리한다.

장착
클러치 파이프
SST를 사용하여 클러치 파이프를 체결한다.

체결토크 : 1.3~2.2 kg-cm

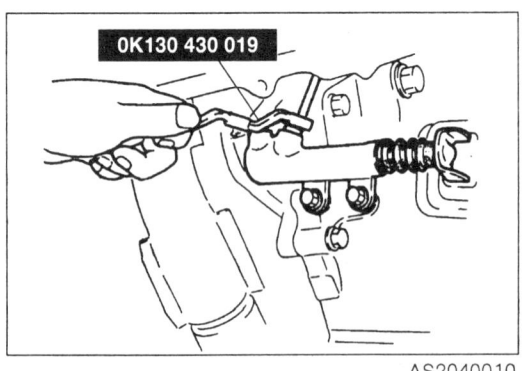

클러치 릴리스 실린더

분해/조립

주의
- 분해된 부품은 솔벤트로 깨끗이 닦은 후 압축 공기로 불어낸다. (고무제품 제외)
- 조립전 부품에 이물질이 없음을 확인한다.
- 실린더 내부, 피스톤 및 컵에 클러치 액을 바른다.

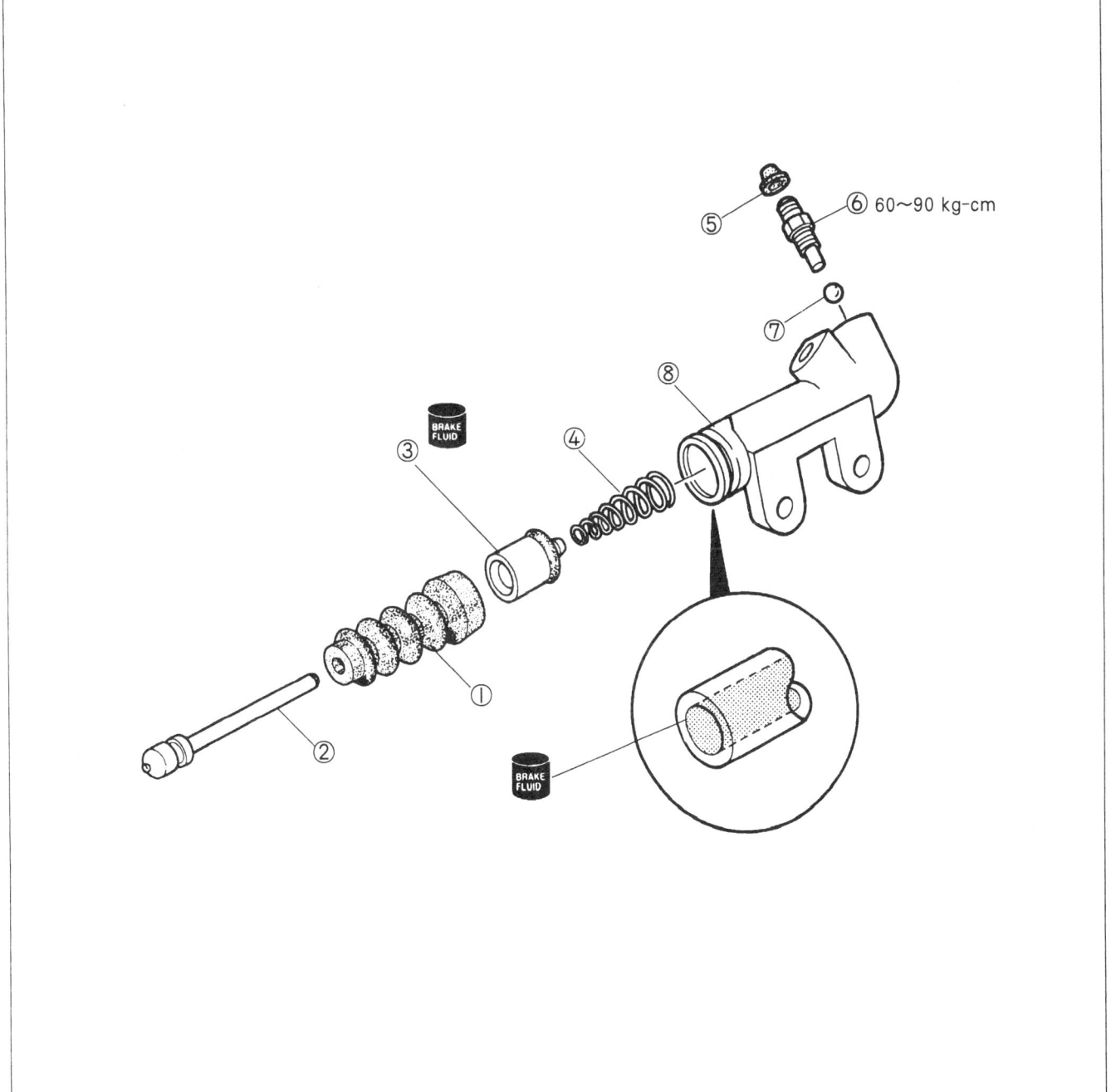

1. 부트
2. 푸시로드
3. 피스톤과 컵
4. 스프링
5. 블리더 컵
6. 블리더 스크루
7. 스틸 볼
8. 릴리스 실린더 본체

클러치 및 플라이 휠

참고
- 클러치 파이프와 함께 클러치 릴리스 실린더를 분리한다.
- 필요치 않는 경우에는 파일롯트 베어링을 분리하지 않는다.

1. 그림과 같은 순으로 분리한다. (트랜스액슬 분리 41장 참조)
2. 분리의 역순으로 장착한다.

주의
- 클러치 디스크와 함께 플라이 휠 샤프트 조립시 잔류 그리스를 닦아 주어야 한다.
- 릴리스 베어링을 트랜스 미션 노즈부 조립시 잔류 그리스를 닦아 주어야 한다.

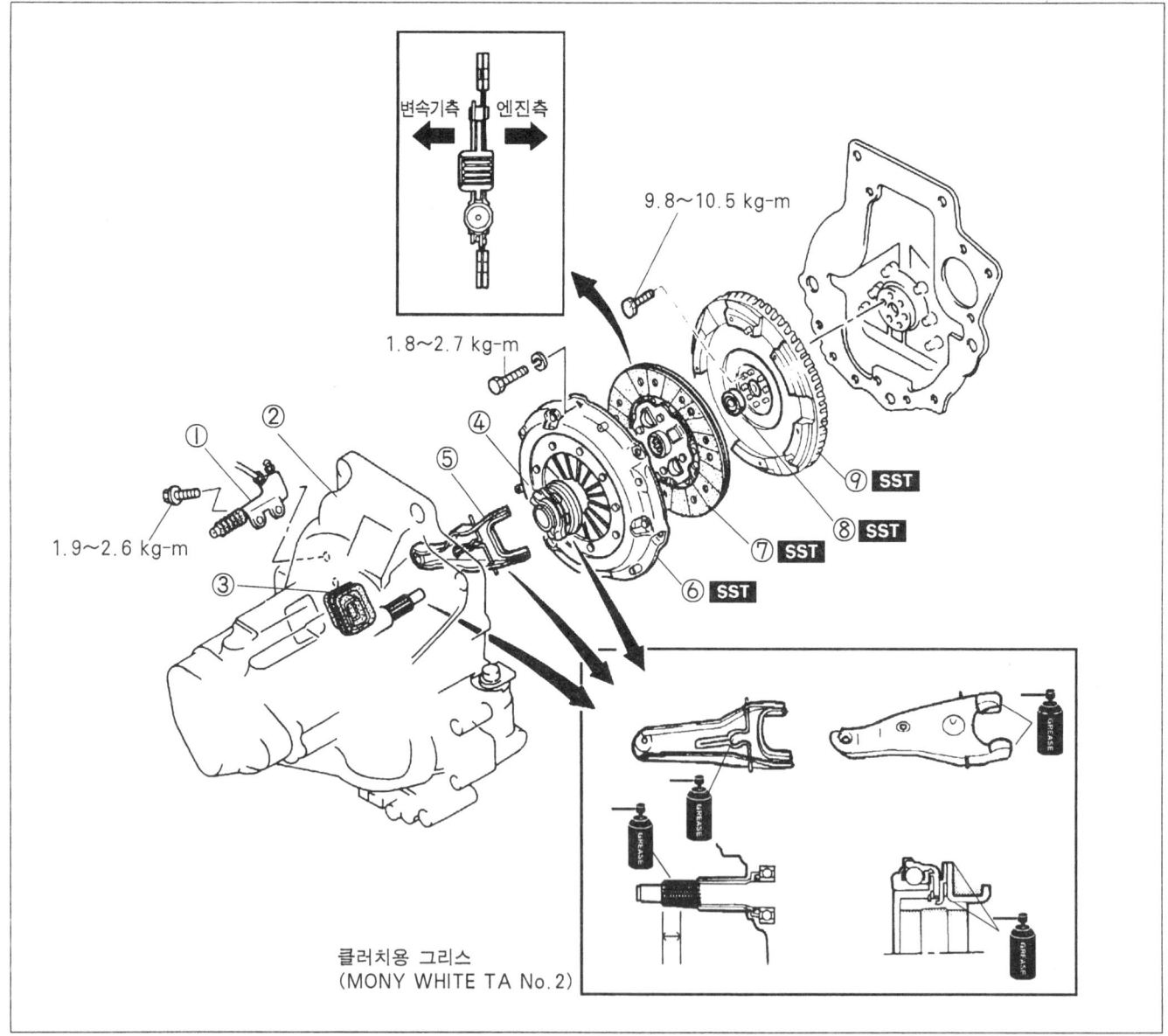

1. 클러치 릴리스 실린더
2. 트랜스액슬
3. 부트
4. 릴리스 베어링
5. 클러치 릴리스 포크
6. 클러치 커버
7. 클러치 디스크
8. 파이롯트 베어링
9. 플라이 휠

점검
릴리스 베어링

> 참고
> 릴리스 베어링은 그리스 봉입 타입으로 솔벤트 등으로 세척하지 않는다.

릴리스 칼라를 손으로 스러스트 방향으로 눌러서 회전시켜, 회전이 원활하지 못함, 이음에 대해서 점검하고 이상이 있을 때는 교환한다.

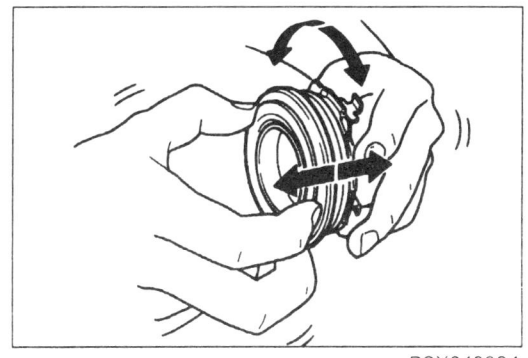

파이롯트 베어링
1. 전후 방향으로 힘을 가한 상태로 좌우로 돌려 베어링 작동이 원활한지 점검한다.

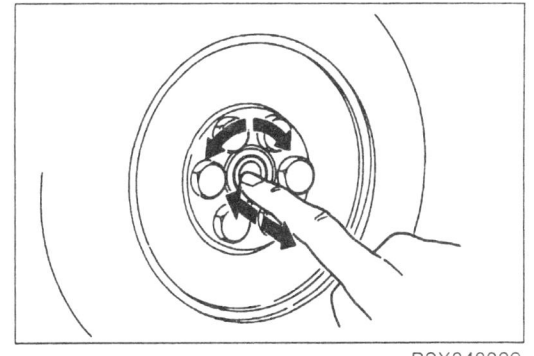

2. 필요시 SST를 사용해 파이롯트 베어링을 분해한다.

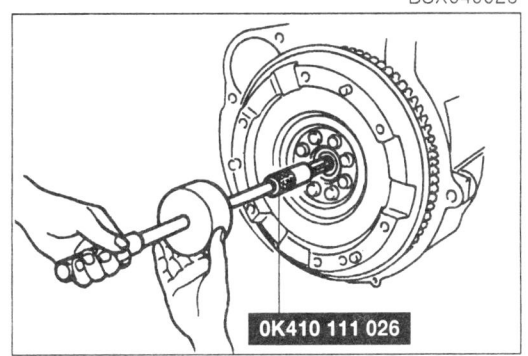

플라이 휠

> 참고
> 플라이 휠 분리 후 크랭크샤프트 리어 오일실 부위 오일의 누유를 확인하고 필요시 리어 오일실을 교환한다.

1. SST를 사용하여 플라이 휠의 회전을 방지한다.
2. 그림의 번호순으로 볼트를 푼다.

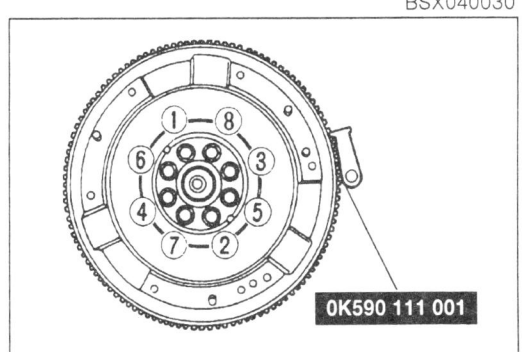

장착
파이롯트 베어링

> 참고
> 파이롯트 베어링 장착시 플라이 휠과 단차가 없이 조립한다.

1. 파이프를 사용하여 새로운 파이롯트 베어링을 조립한다.

베어링 외경 : 35mm

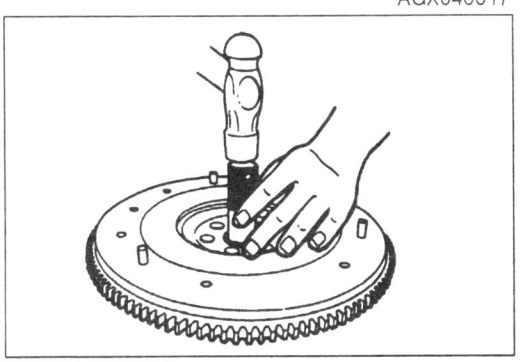

플라이 휠

1. 볼트를 깨끗이 닦고, 나사의 부위에 실런트를 바른다.
2. 플라이 휠 및 SST를 장착한다.
3. 그림의 번호순으로 볼트를 체결한다.

   체결토크 : 9.8~10.5 kg-m

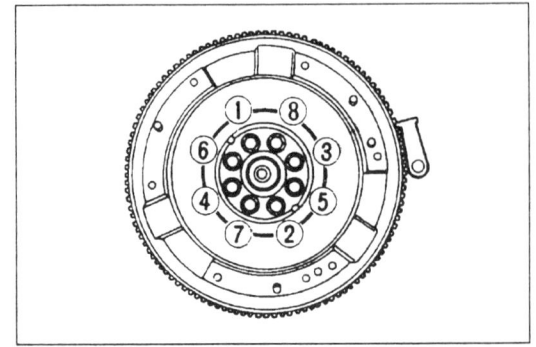

클러치 커버

1. SST를 장착한다.
2. 플라이 휠의 록 핀과 커버의 홀과 일치시켜 커버를 장착한다.
3. 클러치 커버 볼트를 그림의 번호순으로 점차적으로 체결토크까지 체결한다.

   체결토크 : 1.8~2.7 kg-m

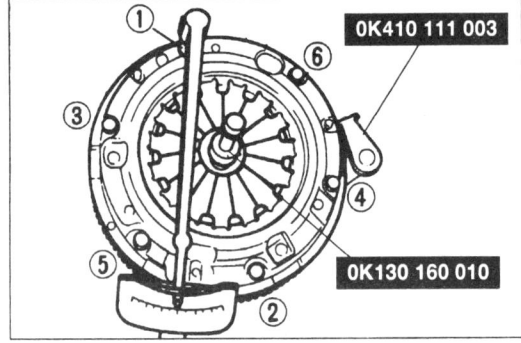

사양

서비스 사양

항목	엔진 형식		T8D DOHC
클러치 컨트롤			하이드로릭 타입
클러치 커버	형식		다이아프램 스프링식
	장착 하중	kg	445
클러치 디스크	외경	mm	225
	내경	mm	150
	두께	압력판측 mm	3.5
		플라이 휠측 mm	3.5
클러치 페달	형식		서스펜드
	페달비		6.40
	최대 행정		132
	높이		223~228
마스터 실린더	내경	mm	15.87
릴리스 실린더	내경	mm	19.05
클러치 액			SAE J1703 또는 FMVSS 116 DOT-3
플라이 휠			
런 아웃 한계		mm	0.2

특수공구

번호	공구명	용도
0K130 160 010	클러치 디스크 센터링 툴	클러치 디스크를 플라이 휠의 중앙에 위치
0K130 430 019	플레어 너트 스패너	클러치 파이프 분리
0K410 111 012	베어링 풀리	파이롯트 베어링 분리
0K590 111 001	링기어 브레이크	플라이 휠의 회전을 방지

수동 변속기(BFE, BFD)

개요	41A- 3
고장진단 및 조치	41A- 4
트랜스 액슬 오일	41A- 5
분리/장착	41A- 6
분해/조립	41A- 8
심 선택	41A-17
디퍼런셜	41A-21
변속장치	41A-23
사양	41A-24
특수공구	41A-25

41A

수동 변속기 개요

개요

단면도

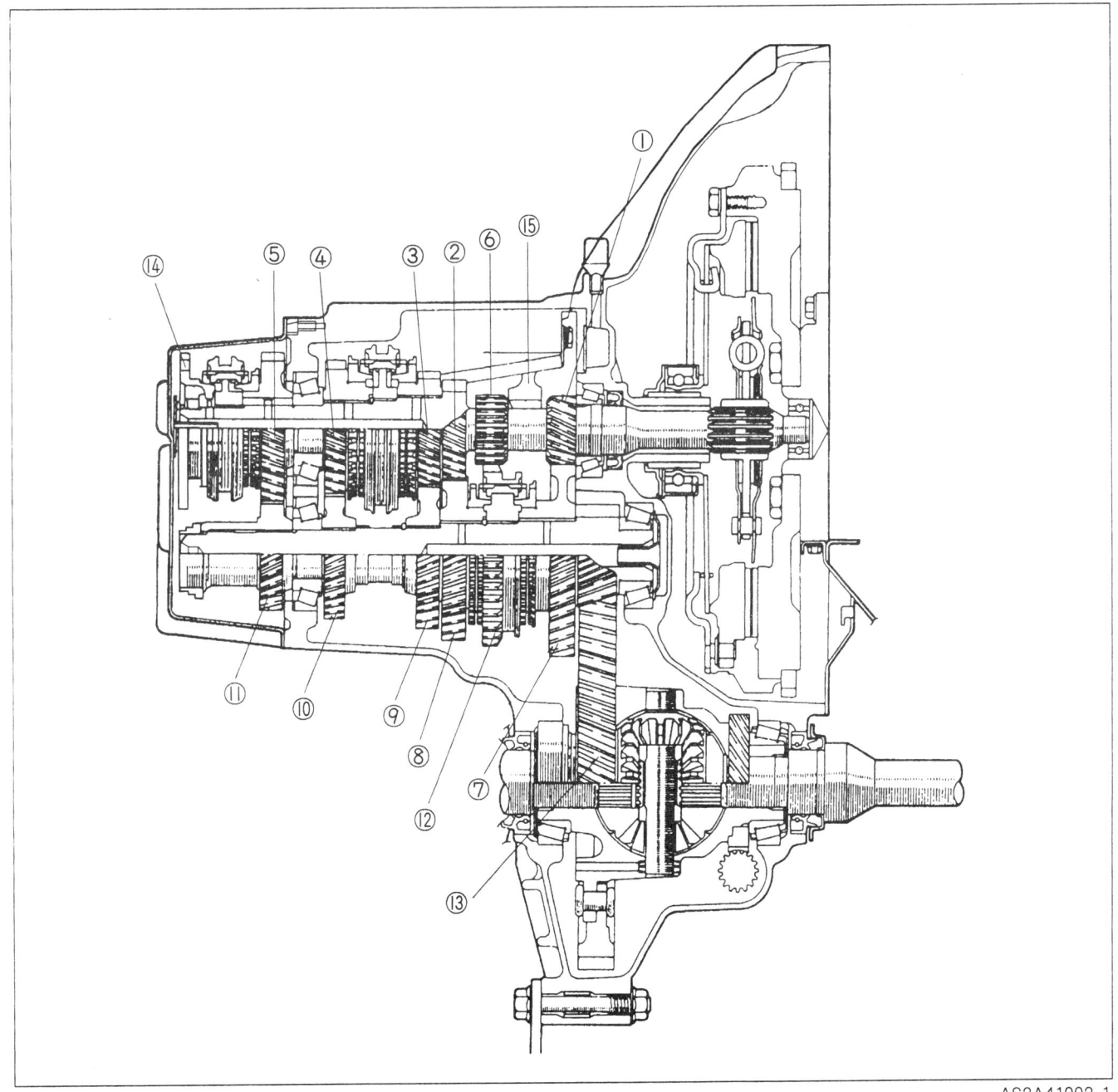

1. 프라이머리 1단 기어
2. 프라이머리 2단 기어
3. 프라이머리 3단 기어
4. 프라이머리 4단 기어
5. 프라이머리 5단 기어
6. 프라이머리 후진기어
7. 세컨더리 1단 기어
8. 세컨더리 2단 기어
9. 세컨더리 3단 기어
10. 세컨더리 4단 기어
11. 세컨더리 5단 기어
12. 세컨더리 리버스 기어
13. 디퍼런셜 기어
14. 리버스 싱크로 콘
15. 리버스 아이들 기어

고장진단 및 조치

고 장 상 황	예상 주요 원인	조 치
변속 레버가 부드럽게 움직이지 않거나 조작이 곤란하다	· 변속 레버 볼 고착 · 체인지 컨트롤 로드 조인트 고착 · 컨트롤 로드 굽음	· 교환 · 교환 · 교환
변속 레버의 유격과다	· 컨트롤 로드 부싱 마모 · 기어 변속 레버 볼 스프링 파손 · 기어 변속 레버 볼 마모	· 교환 · 교환 · 교환
변속 곤란	· 컨트롤 로드 굽음 · 트랜스액슬 컨트롤에 그리스 없음 · 오일 부족 · 오일 변질 · 시프트 포크 또는 시프트 로드의 마모 또는 유격 · 싱크로나이저 링 마모 · 기어의 싱크로나이저 콘 마모 · 싱크로나이저 링과 기어 콘의 접촉 불량 · 기어의 과도한 세로 방향 유격 · 베어링 마모 · 싱크로나이저 키 스프링 파손 · 프라이머리 샤프트 기어 베어링 프리로드 과도	· 교환 · 그리스 주유 · 오일 보충 · 규정 오일로 교환 · 교환 · 교환 · 교환 · 교환 · 교환 · 교환 · 교환 · 조정
기어빠짐	· 변속 컨트롤 로드 굽음 · 변속 컨트롤 로드 부싱 마모 · 변속 레버 볼 스프링 파손 · 익스텐션 바 장착 불량 · 시프트 포크 마모 · 클러치 허브 마모 · 클러치 허브 습동면 마모 · 양변속 기어의 기어 습동면 마모 · 각 변속 기어의 기어 습동면 마모 · 컨트롤 엔드의 강철 습동 홈 마모 · 강철 볼 압축 스프링 쇠손 · 스러스트 간극 과다 · 베어링 마모 · 엔진 마운트 장착 불량	· 교환 · 교환 · 교환 · 조임 · 교환 · 교환 · 교환 · 교환 · 교환 · 교환 · 교환 · 교환 · 교환 · 조임
이음	· 오일 부족 · 오일 변질 · 베어링 마모 · 기어나 샤프트의 습동면 마모 · 기어 백래시 과다 · 기어 이 손상 · 기어의 이물질 부착 · 디퍼런셜 기어 손상이나 백래시 과다	· 오일 보충 · 규정 오일로 교환 · 조정 또는 교환 · 교환 · 교환 · 교환 · 교환 · 조정 또는 교환

수동 변속기 트랜스 액슬 오일

트랜스 액슐 오일

점검
1. 차를 평평한 곳에 주차시킨다.
2. 오일 레벨 플러그와 와샤를 분리한다.
3. 오일 주입구의 입구 가까이에 오일이 있는지 오일량을 점검한다.
4. 필요시 오일 주입구를 통해 오일을 보충한다.

교환
1. 오일 레벨 플러그와 와샤를 분리한다.
2. 드레인 플러그와 와샤를 분리한 후 오일을 알맞는 용기에 배출 시키고, 신품 와샤와 드레인 플러그를 체결한다.

    체결토크 : 4.0~6.0 kg-m

3. 오일 주입구를 통해 규정 오일을 규정량 만큼 넣는다.

    규정오일
    등급 : API 서비스 GL-4
    점도 : SAE 75W-90
    용량 : 2.7 ℓ

4. 오일량을 점검한다.
5. 신품 와샤와 오일 레벨 플러그를 체결한다.

    체결토크 : 4.0~6.0 kg-m

6. 트랜스 액슐 오일이 작동 온도가 될때까지 충분히 시동시키고 누유되는지 점검한다.

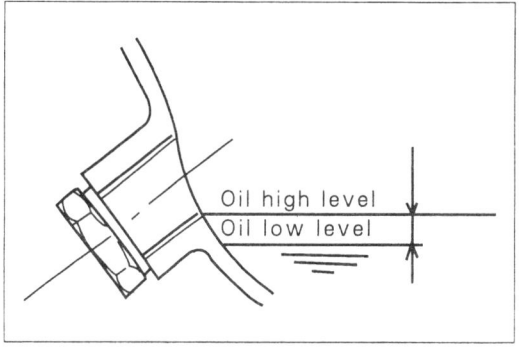

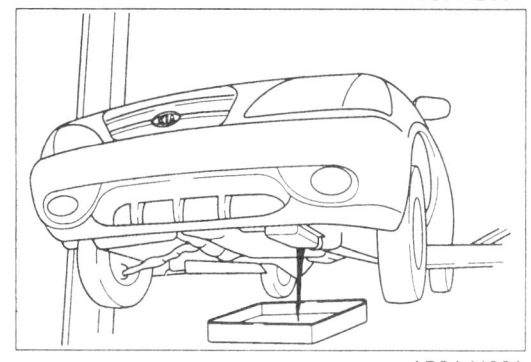

수동 변속기 분리/장착

분리/장착

1. 바테리 ⊖단자를 분리한다.
2. 차량을 리프트에 올린 후 트랜스 액슬 오일을 적당한 용기에 받는다.
3. 그림과 같은 순으로 분리한다.
4. 분리시에는 반드시 분리시 참고 사항을 참조한다.
5. 장착은 분리의 역순으로 실시한다.

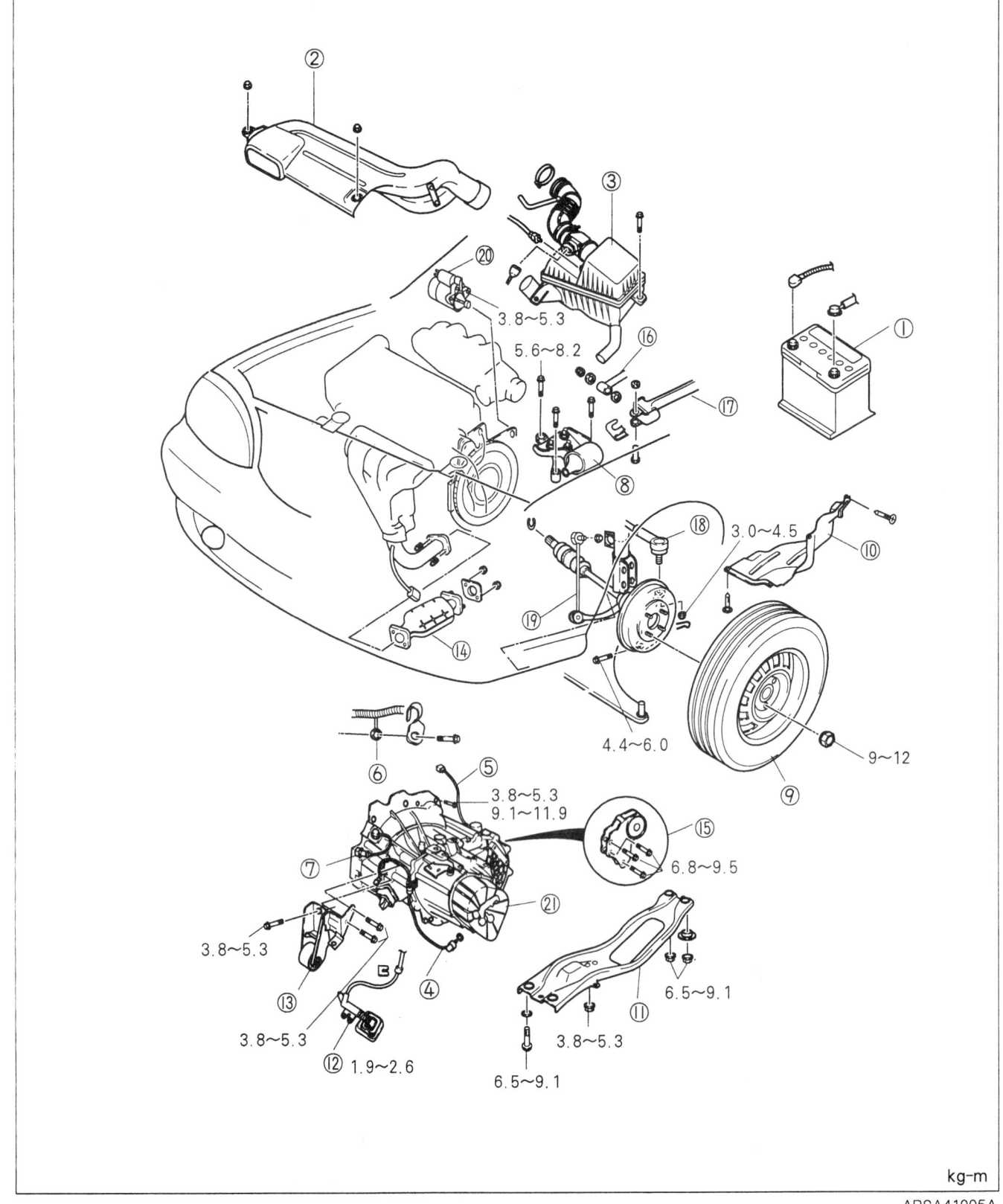

kg-m

ARSA41005A

41-6

수동 변속기 분리/장착

1. 바테리
2. 프레쉬 덕트
3. 에어크리너 어셈블리
4. 백업 스위치 컨넥터
5. 스피드 센서 컨넥터
6. 접지
7. 크랭크 샤프트 포지션 센서
8. 엔진 마운트 No.4
9. 휠 및 타이어
10. 스플리쉬 쉴드
11. 엔진 마운팅 멤버
12. 클러치 릴리스 실린더
13. 엔진 마운트 No.2
14. 카탈리스틱 컨버터
15. 엔진 마운트 No.1
16. 익스텐션 바
17. 체인지 컨트롤 로드
18. 타이로드 엔드
19. 스테빌라이저 컨트롤 링크
20. 스타터 모터
21. 트랜스액슬

분리시 참고사항

타이로드
1. 타이로드 엔드 스터드에서 분할핀을 뽑은 후 너트가 스터드 끝단에 일치할 때까지 푼다.

주의
스터드의 산이 손상되지 않도록 너트를 가체결한다.

2. SST (0K130 283 021)를 사용하여 너클에서 타이로드 엔드를 분리한다.

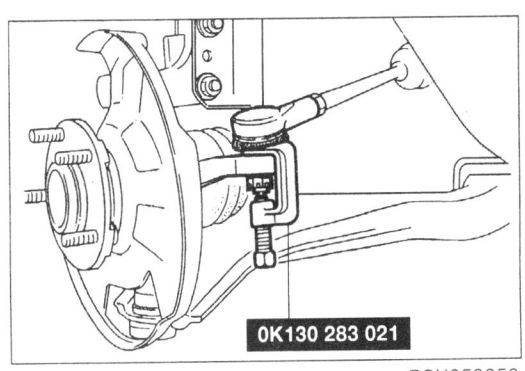

엔진 마운팅 멤버
1. 엔진 마운팅 멤버를 분리하기 전에 SST (0K201 170 AA0)를 사용하여 엔진을 지지한다.
2. 엔진 마운팅 멤버를 분리한다.

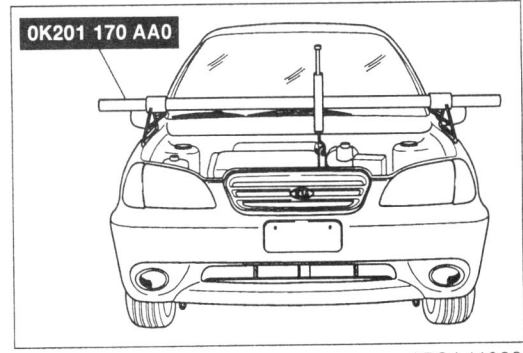

드라이브샤프트
1. 드라이브 샤프트를 트랜스액슬로부터 분리한다.
2. 드라이브 샤프트를 분리한 후 디퍼런셜 사이드 기어에 SST (0K201 270 014)를 설치한다.

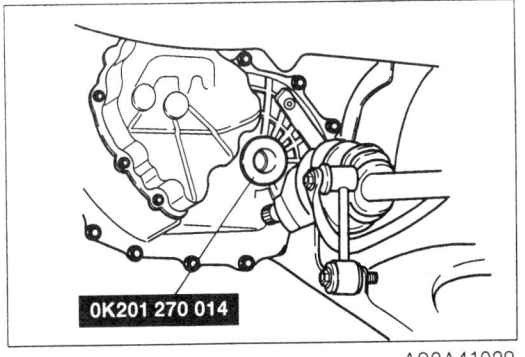

분해/조립

> 참고
> 1. 분해 전에 증기세척기나 솔벤트로 트랜스 액슬 케이스를 깨끗이 닦는다.
> 2. 분해된 부품과 (볼 베어링, 클러치 릴리스 실린더, 고무 제품은 제외) 표면을 솔벤트로 닦고 압축공기로 건조시킨다. 또한 압축공기로 구멍과 통로를 세척한 후 막힌 곳이 없나 확인한다.
> 3. 압축공기를 사용 할 때에는 보안경을 착용한다.

5단/후진 기어 및 하우징 부품

1. 그림과 같은 순으로 분리하고 분해시 참고 사항을 참조한다.
2. 조립은 분해의 역순으로 실시한다.

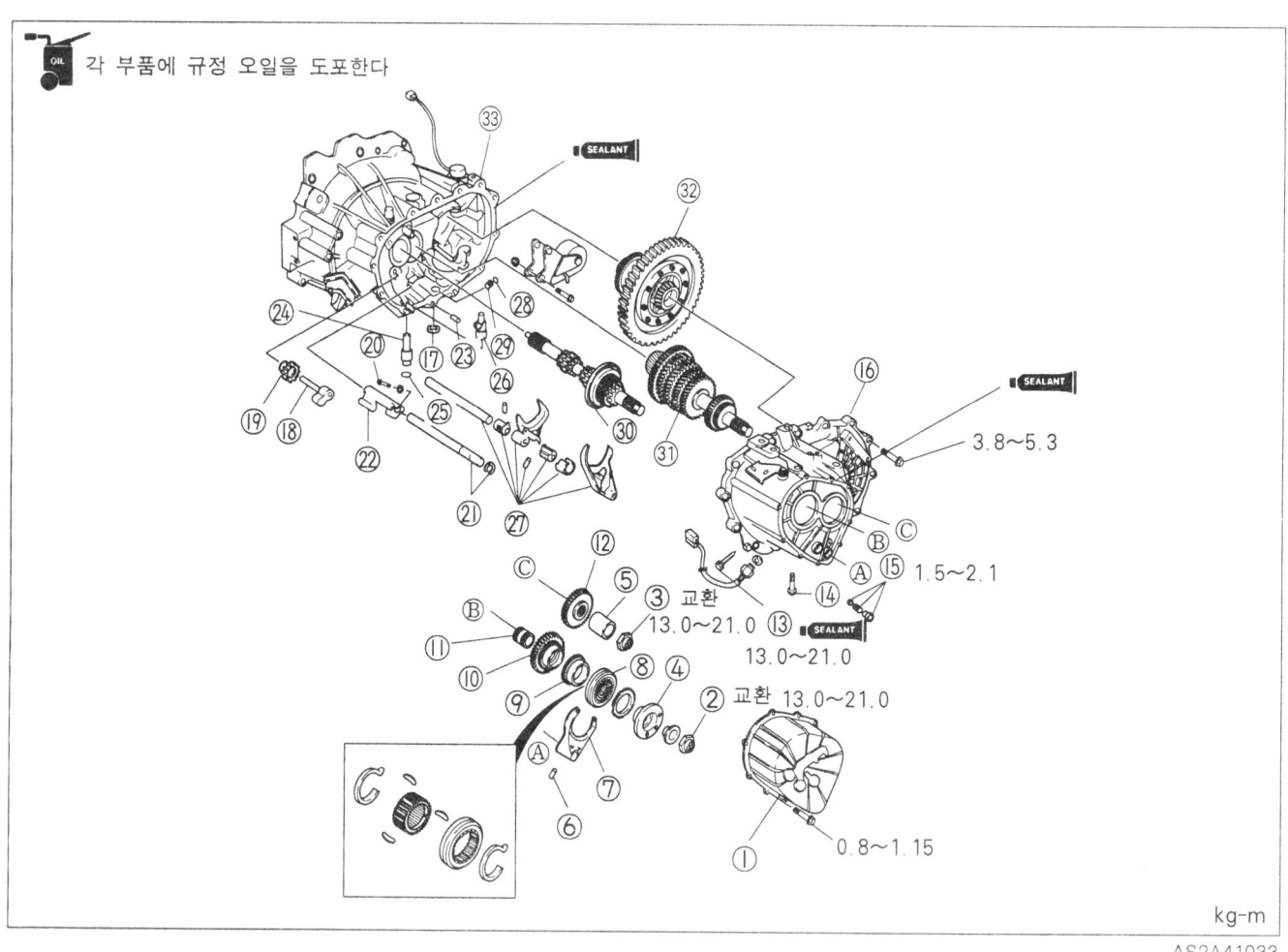

1. 리어 커버
2. 록 너트
3. 록 너트
4. 클러치 리버스 콘
5. 스페이서
6. 핀
7. 시프트 포크
8. 클러치 허브 어셈블리
9. 싱크로나이저 링
10. 5단 기어
11. 기어 슬리브
12. 세컨더리 5단 기어
13. 록 볼트
14. 가이드 볼트
15. 록 너트, 볼, 스프링
16. 트랜스액슬 케이스
17. 마그네트
18. 리버스 아이들 샤프트
19. 리버스 아이들 기어
20. 록 볼트
21. 시프트 로드(5단 및 리버스)와 클립
22. 게이트
23. 핀
24. 크랭크 레버 샤프트
25. O-링
26. 크랭크 레버 어셈블리
27. 시프트 포크와 시프트 로드 어셈블리
28. 스틸 볼
29. 스프링
30. 프라이머리 샤프트 기어 어셈블리
31. 세컨더리 샤프트 기어 어셈블리
32. 디퍼런셜 어셈블리
33. 클러치 하우징

수동 변속기 분해/조립

분해시 참고사항
트랜스 액슬
1. 트랜스 액슬을 분해하기 위하여 SST (0K130 990 007/0K130 175 011A)에 트랜스 액슬을 장착한다.

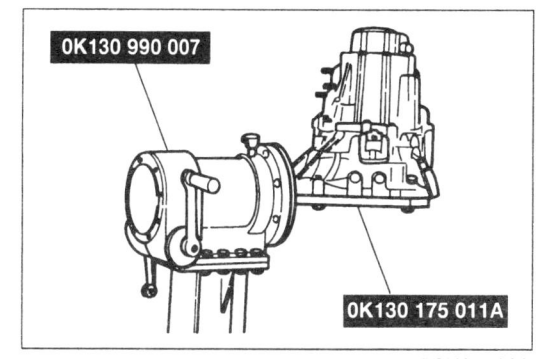

록 너트
1. SST (0K201 323 021)를 프라이머리 샤프트에 장착한 후 록 너트를 분리한다.

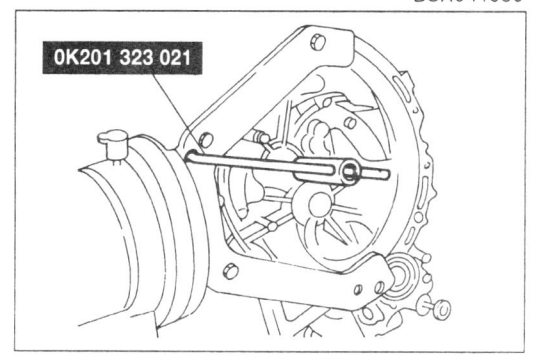

조립시 참고사항
시프트 포크 및 샤프트 로드 어셈블리
1. 리버스 레버 샤프트의 중간에 스프링을 끼우고 거기에 스틸볼을 장착한 후 스틸 볼에 스크레이퍼 나이프를 대고 샤프트 로드 어셈블리를 조립한다.
2. 스크레이퍼 나이프를 분리한다.

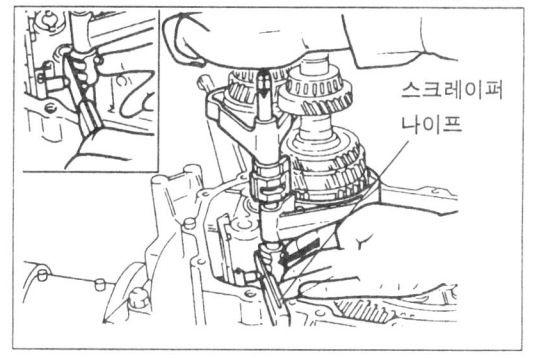

클러치 하우징 및 트랜스 액슬 케이스의 구성요소

주의
필요한 경우가 아니면 오일 실을 분리하지 않는다.

1. 그림과 같은 순으로 분리한다.
2. 분리시에는 반드시 분리 참고 사항을 참조한다.
3. 조립은 분리의 역순으로 실시한다.

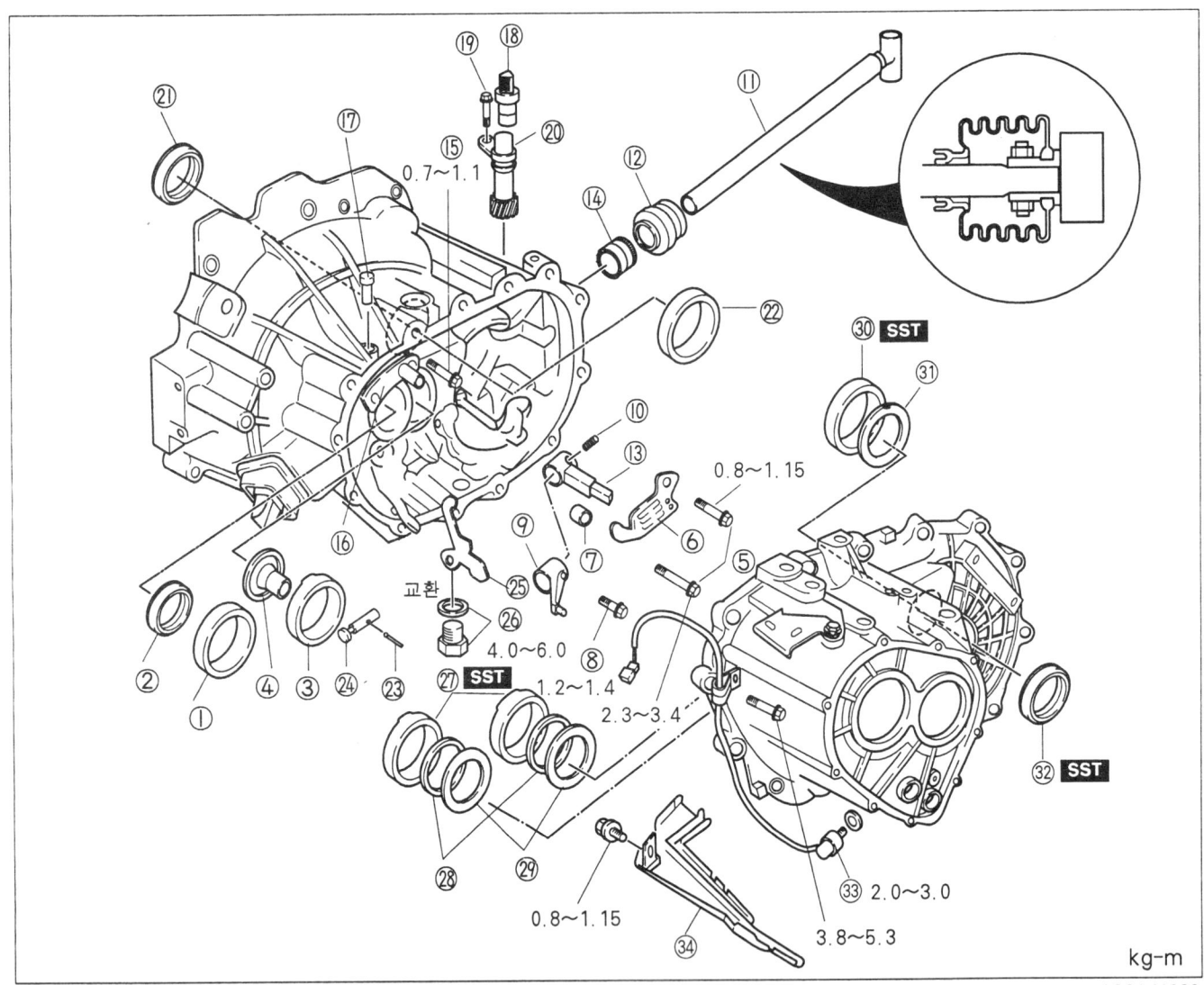

kg-m

1. 베어링 아웃터 레이스
2. 오일 실
3. 베어링 아웃터 레이스
4. 펀넬
5. 볼트
6. 가이드 플레이트
7. 파이프
8. 볼트
9. 체인지 암
10. 롤 핀
11. 체인지 로드
12. 부트
13. 셀렉터
14. 오일 실
15. 볼트
16. 브리더 커버
17. 브리더
18. 스피드 센서
19. 볼트
20. 스피도 미터 드리븐 기어
21. 오일 실
22. 베어링 아웃터 레이스
23. 롤 핀
24. 리버스 레버 샤프트
25. 리버스 레버
26. 드레인 플러그와 와셔
27. 베어링 아웃터 레이스
28. 다이어프램 스프링
29. 어저스트 심
30. 베어링 아웃터 레이스
31. 어저스트 심
32. 오일 실
33. 백 업 램프 스위치
34. 오일 패시지

수동 변속기 분해/조립

분해시 참고사항

베어링 아웃터 레이스 (프라이머리 샤프트 측)
1. SST (0K130 170 012)를 사용하여 베어링 아웃터 레이스를 분리한다.

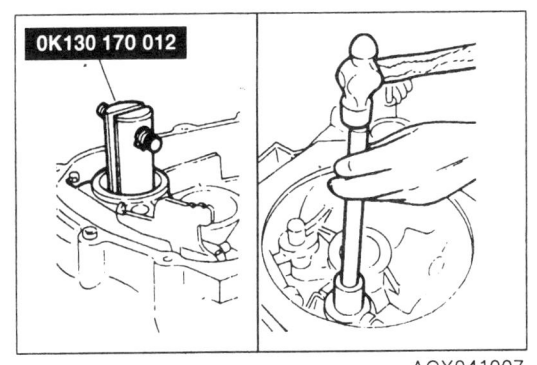

베어링 아웃터 레이스 (디퍼런셜 측)
1. 베어링 아웃터 레이스에 SST (0K130 170 012)를 설치한 후 베어링 아웃터 레이스를 분리한다.

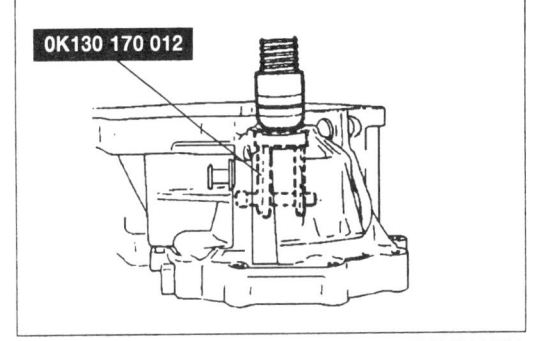

조립시 참고사항

트랜스 액슬 케이스 오일실 (디퍼런셜 측)
1. SST (0K201 170 AA1)를 사용하여 오일 실을 조립한다.

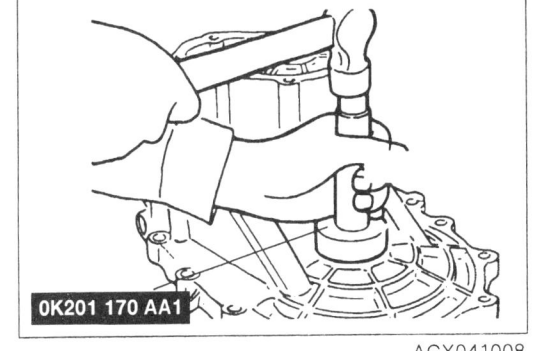

수동 변속기 분해/조립

프라이머리 샤프트/세컨더리 샤프트 어셈블리

1. 그림과 같은 순으로 분리하고 조립은 분리의 역순으로 실시한다.
2. 분해 및 조립시에는 참조 사항을 참고한다.
3. 분해 후 다음 사항을 점검한다. (41-13참고)

■ 주의
분해하기 전과 조립 후에는 모든 기어의 사이드 간극을 측정한다.

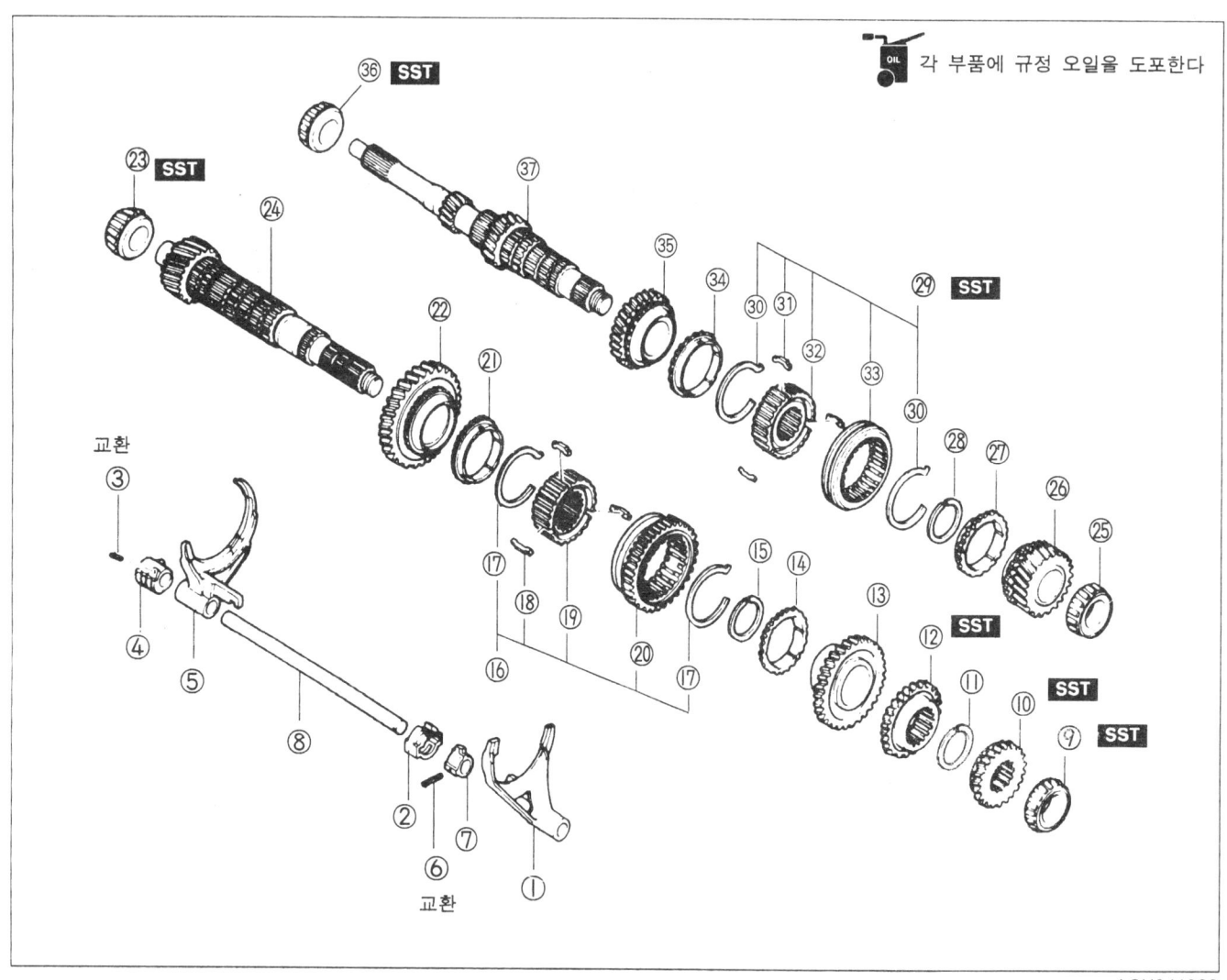

각 부품에 규정 오일을 도포한다

1. 시프트 포크 (3단과 4단기어)
2. 인터록 슬리브
3. 롤핀
4. 컨트롤 엔드
5. 시프트 포크(1단과 2단기어)
6. 롤핀
7. 컨트롤 레버
8. 컨트롤 로드
9. 베어링 아웃터 레이스
10. 세컨더리 4단기어
11. 리테이닝 링
12. 세컨더리 3단기어
13. 2단 기어
14. 싱크로 나이저 링
15. 리테이닝 링
16. 클러치 허브 어셈블리
17. 싱크로나이저 스프링
18. 싱크로나이저 키
19. 클러치 허브
20. 클러치 허브 슬리브 (후진 기어)
21. 싱크로나이저 링
22. 1단 기어
23. 베어링 인너 레이스
24. 세컨더리 샤프트
25. 베어링 인너 레이스
26. 4단 기어
27. 싱크로나이저 링
28. 리테이닝 링
29. 클러치 허브 어셈블리 (3단과 4단)
30. 싱크로나이저 링
31. 싱크로나이저 키
32. 클러치 허브
33. 클러치 허브 슬리브
34. 싱크로나이저 링
35. 3단 기어
36. 베어링 인너 레이스
37. 프라이머리 샤프트

프라이머리 샤프트 사이드 간극

1. 3단 기어와 2단 기어 사이의 간극을 측정한다.

    간극 : 0.05~0.20mm
    최대 : 0.25mm

2. 4단 기어와 베어링 인너 레이스 사이의 간극을 측정한다.

    간극 : 0.170~0.360mm
    최대 : 0.415mm

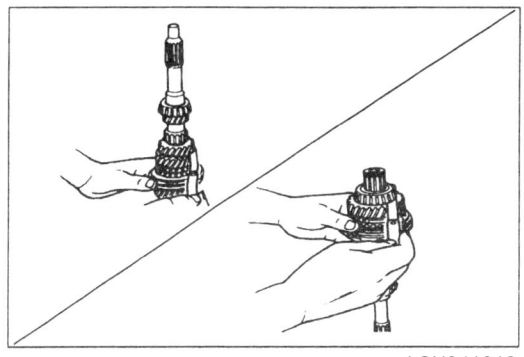

세컨더리 샤프트 사이드 간극

1. 1단 기어와 디퍼런셜 드라이브 기어 사이의 간극을 측정한다.

    간극 : 0.05~0.28mm
    최대 : 0.33mm

2. 2단 기어와 세컨더리 3단 기어 사이의 간극을 측정한다.

    간극 : 0.180~0.450mm
    최대 : 0.505mm

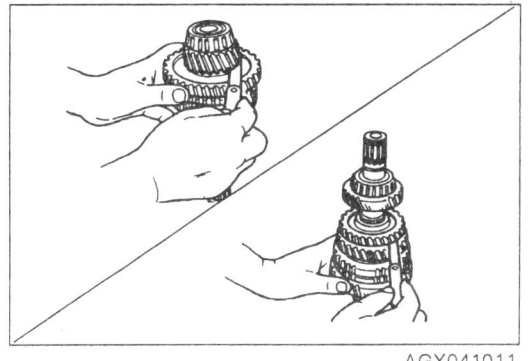

분해시 참조사항

프라이머리 샤프트
베어링 인너 레이스 (4단 기어 엔드)
1. 리테이닝 링을 분리한 후 SST (0K930 175 AA0)를 사용하여 베어링 인너 레이스를 분리한다.

클러치 허브 어셈블리 (3단/4단)
1. 리테이닝 링을 분리한 후 SST (0K130 175 008)를 사용하여 클러치 허브 어셈블리를 분리한다.

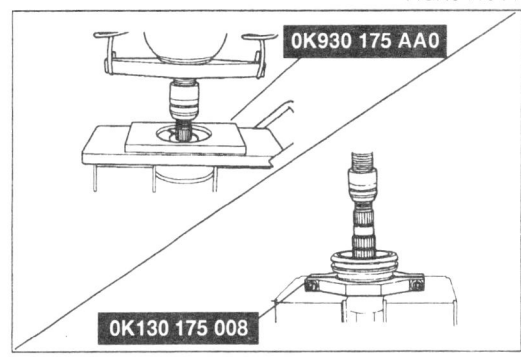

세컨더리 샤프트
베어링 인너 레이스 (세컨더리 4단 기어 엔드)
1. SST (0K130 175 008)를 사용하여 베어링 인너 레이스와 세컨더리 2단 기어를 분리한다.

3단 기어와 2단 기어
1. SST (0K130 175 008)를 사용하여 3단 기어와 2단 기어를 분리한다.

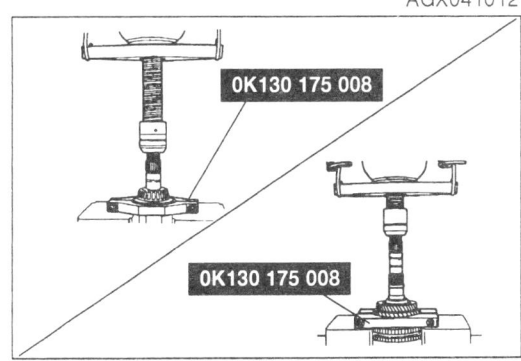

베어링 인너 레이스
1. SST (0K930 175 AA0)를 사용하여 베어링 인너 레이스를 분리한다.

주의
축이 떨어지지 않도록 한손으로 잡아준다.

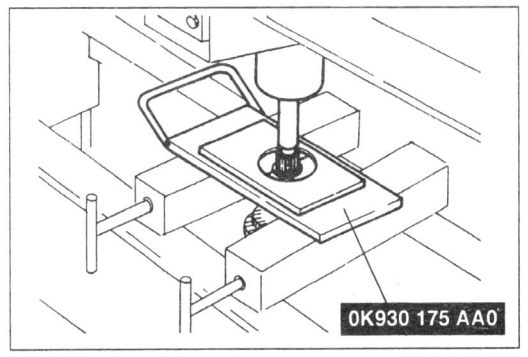

수동 변속기 분해/조립

점검
싱크로나이저 링
1. 싱크로나이저 링을 기어에 똑바로 대고 둘레의 길이방향으로 하여 싱크로나이저 링과 기어의 측면 사이드 간극을 측정한다.

   표준 간극 : 1.5mm
   최소치   : 0.8mm

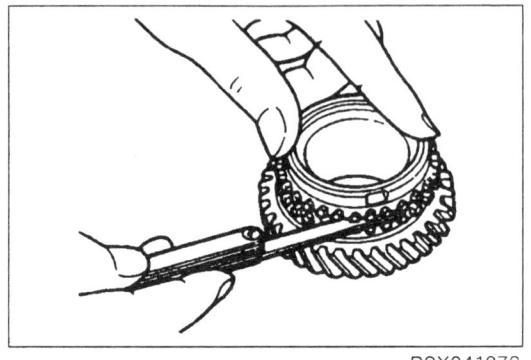

리버스 아이들 기어 및 리버스 레버
1. 기어 치면의 손상, 마모 및 균열을 점검한다.
2. 리버스 아이들 기어와 리버스 레버 사이의 간극을 측정한다.

   간극 : 0.28~0.3mm
   최소 : 0.5mm

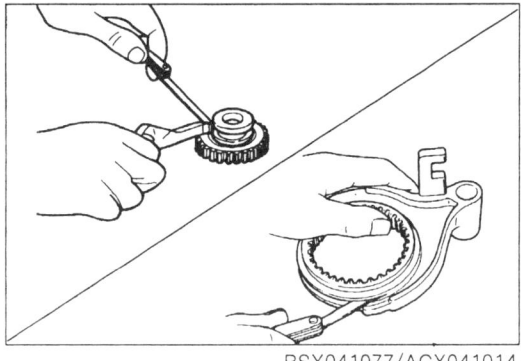

클러치 허브 슬리브
1. 슬리브와 시프트 포크 사이의 간극을 측정한다.

   간극 : 0.2~0.458mm
   한계 : 0.5mm

프라이머리 샤프트
1. 샤프트 런 아웃트를 점검한다.

   ■ 참고
   샤프트 기어의 교환시에는 베어링 프리로드를 조정 하여야 한다. (41-15참조)

   런 아웃트 : 0.05mm

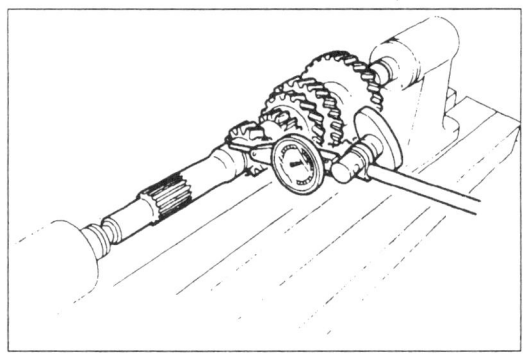

2. 스플라인 손상과 마모, 기어의 손상과 마모 등을 점검한다.

세컨더리 샤프트

   ■ 참고
   샤프트 기어의 교환시에는 베어링 프리로드를 조정 하여야 한다. (41-15참조)

1. 샤프트의 런 아웃트를 점검한다.

   런 아웃트 : 0.015mm

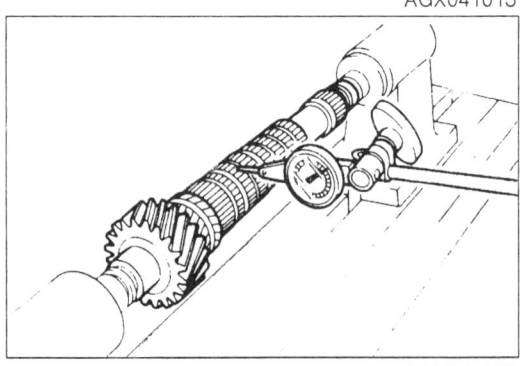

2. 샤프트와 기어 사이의 오일 간극을 측정한다.

   표준 : 0.03~0.08mm

41-14

조립시 참조사항

싱크로나이저 키

1. 싱크로나이저 키 크기는 다음과 같다.

구 분	①	②
1단 / 2단	19.00	4.25
3단 / 4단	17.00	4.25
5단 / 후진		

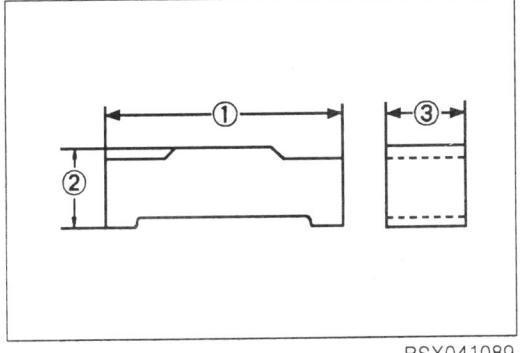

프라이머리 샤프트

1. SST (0K900 175 AA0)를 사용하여 신품 베어링 인너 레이스를 조립한다.
2. SST (0K130 175 008)를 사용하여 싱크로나이저 링 및 4단 기어, 베어링 인너 레이스를 조립한다.

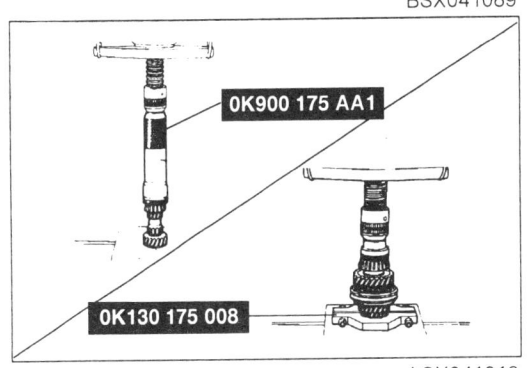

3. SST (0K900 175 AA1)를 사용하여 신품 베어링과 인너 레이스를 조립한다.
4. 싱크로나이저 링의 형상을 우측 그림과 같다.

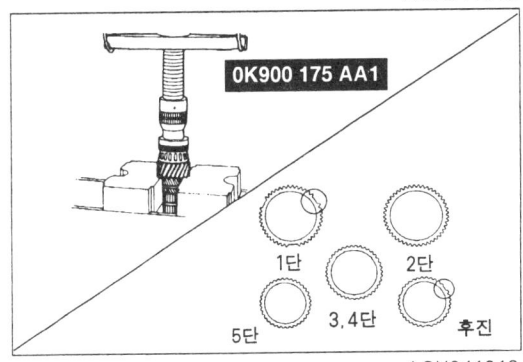

세컨더리 샤프트

1. SST (0K900 175 AA1)를 사용하여 클러치 허브 어셈블리 (후진 기어)를 압입한다.
2. 싱크로나이저 링과 2단 기어를 조립한 후 SST (0K900 175 AA1)를 사용하여 3단 기어를 조립한다.

   압입력 : 90~110 kg/cm²

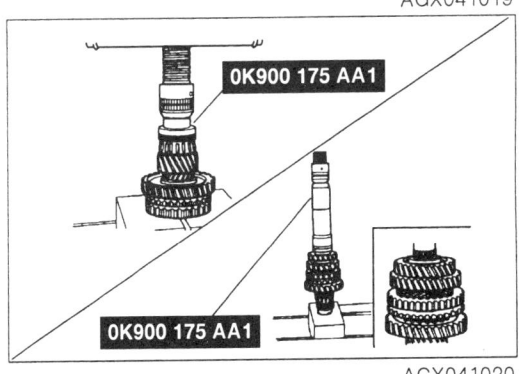

3. SST (0K900 175 AA1)를 사용하여 4단 기어와 신품 베어링 인너 레이스를 조립한다.

   압입력 : 90~110kg/cm²

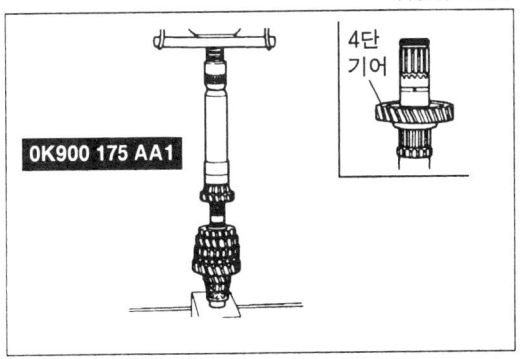

심 선택

베어링 프리로드를 조정하고 다음과 같이 심을 선택한다.

프라이머리 샤프트 어셈블리
1. 프라이머리 샤프트 어셈블리를 클러치 하우징에 끼운다.
2. 트랜스액슬 케이스를 클러치 하우징에 장착하고, 볼트를 규정토크로 체결한다.

   체결토크 : 3.8~5.3kg-m

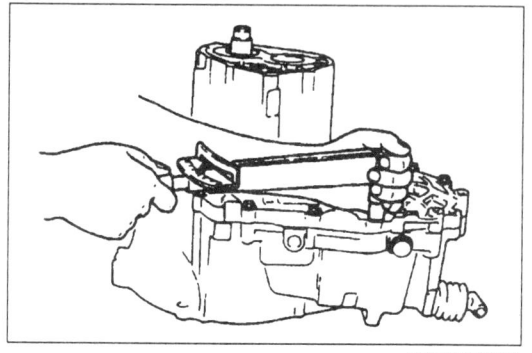

3. 다이얼 인디게이터를 트랜스액슬 행거위에 올려놓고 프라이머리 샤프트의 상하 유동량을 측정한다.

   간극 : 0.05mm

4. 아래에서 얇은 쪽에 가장 근사한 심을 선택한다.

   조정용 심 두께 : 0.3, 0.4, 0.5mm

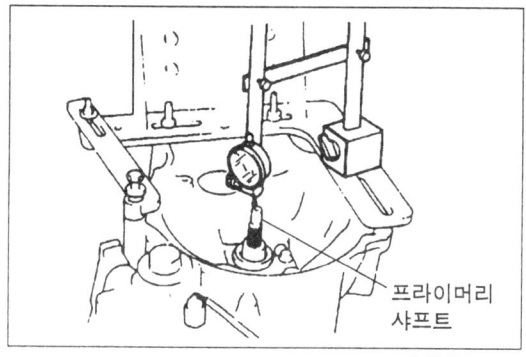

세컨더리 샤프트 베어링 프리로드
1. 퍼널과 베어링 아웃터 레이스를 클러치 하우징에 장착한다.
2. 세컨더리 샤프트를 클러치 하우징에 끼운다.

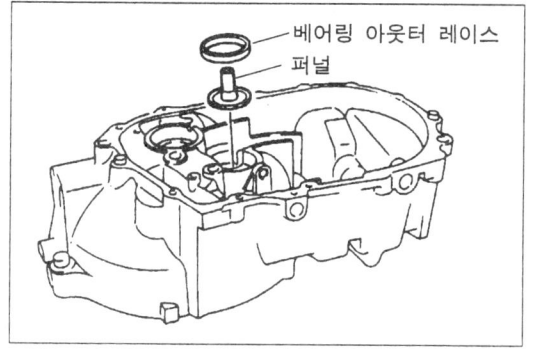

3. 세컨더리 샤프트 베어링 아웃터 레이스를 트랜스액슬 케이스에 장착한다.
4. 트랜스액슬 케이스를 클러치 하우징에 장착하고, 볼트를 규정 토크로 체결한다.

   체결토크 : 3.8~5.3kg-m

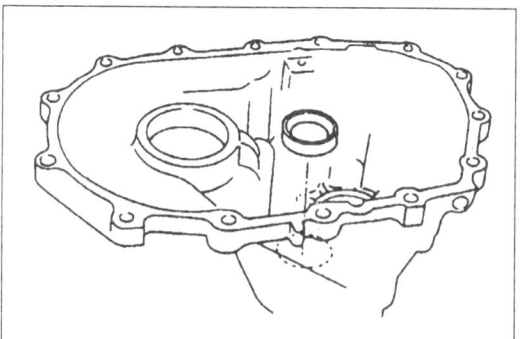

5. 다이얼 인디게이터를 트랜스액슬 케이스 위에 올리고 세컨더리 샤프트 축방향 유격을 측정한다.

   간극 : 0.03~0.08mm

6. 심을 다음과 같이 선택한다.
   (a) 상하 유동량 0.03mm를 더한다.
   (b) 상하 유동량 0.08mm를 더한다.
   (c) (a)에서 (b)까지 범위중에서 가장 두꺼운 심을 선택한다.

수동 변속기 심 선택

보기: 0.22mm
　　　0.22mm + 0.03mm = 0.25mm
　　　0.22mm + 0.08mm = 0.30mm
범위: 0.25mm~0.30mm
　　　0.30mm의 것을 선택한다.

조정용 심 두께　　　　　　　　　　　　　　　mm

0.20	0.25	0.30	0.35
0.40	0.45	0.50	

디퍼런셜

1. 베어링 아웃터 레이스를 클러치 하우징에 장착한다.
2. 디퍼런셜 어셈블리를 클러치 하우징에 끼운다.

참고
그림상에 나타난 간극이 없어질 때까지 Ⓐ와 Ⓑ를 돌려 준다.

3. 트랜스액슬 케이스 사이드 베어링 아웃터 레이스를 SST (0K900 175 A03)에 장착한다.

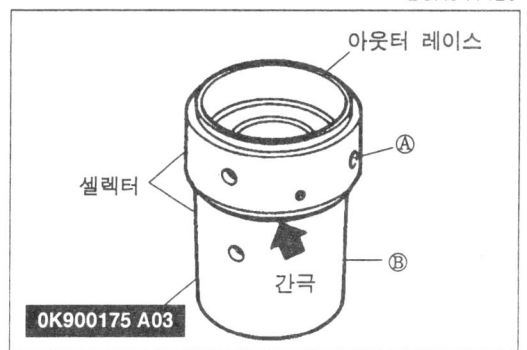

4. SST (0K130 175 A02)를 그림과 같이 위치시킨다.

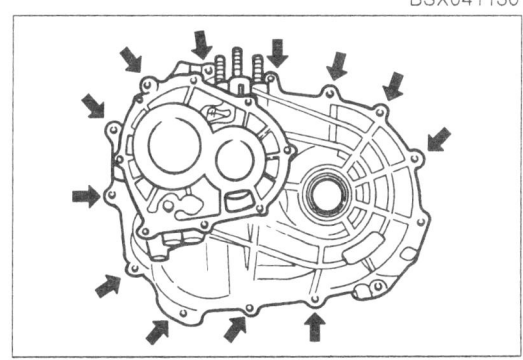

5. SST (0K130 191 A07)를 규정토크로 체결한다.

　　체결토크 : 3.8~5.3 kg-m

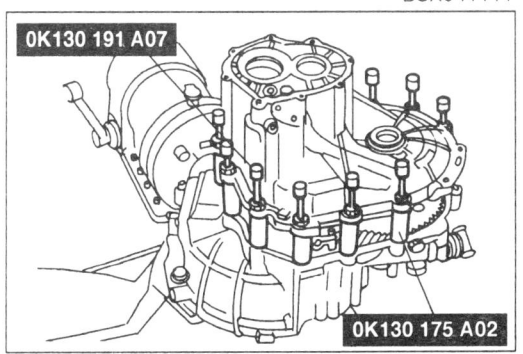

수동 변속기 심 선택

> **참고**
> SST (0K900 175 A03)가 움직이지 않을 때까지 바를 돌려준다.

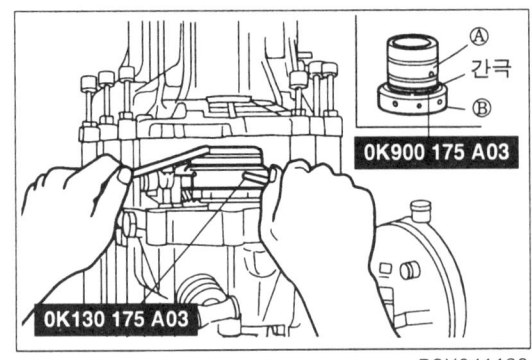

6. 베어링을 위치시킬 때 셀렉터의 Ⓐ와 Ⓑ에 바를 설치한 다음, 셀렉터를 돌려, 간격을 넓힌다.
7. 틈새가 없어질 때까지 반대 방향으로 돌린다.

8. 트랜스액슬 케이스를 통해 SST (0K130 190 A05/0K130 322 020)를 디퍼런셜 피니언 기어에 장착한다.

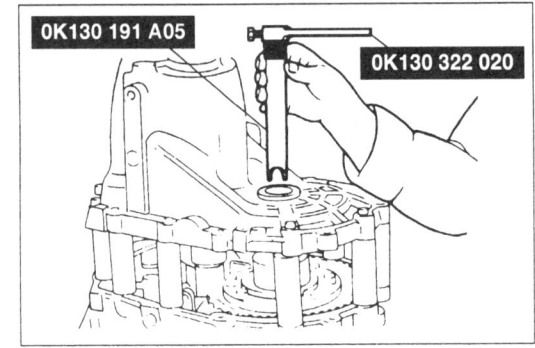

9. 스프링 저울을 사용하여 SST (0K130 322 020)를 돌린다. 일정 프리로드를 얻을 때까지 바를 이용하여 SST (0K900 175 A03)를 조정한다.

   프리로드 : 14~20 kg-cm
   풀 스케일 : 1.4~2.0 kg

10. SST (0K130 322 020)를 분리한다.

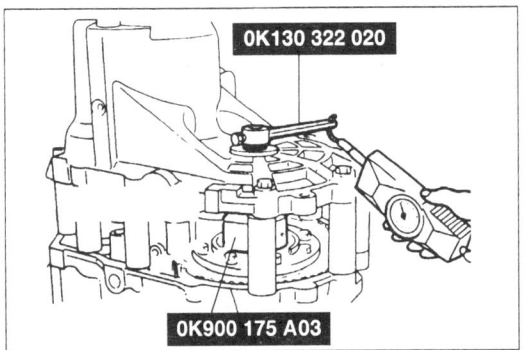

11. SST (0K900 175 A03)의 전체 둘레의 간극을 측정한다.
12. 표를 참고하여 셀렉터에서 측정된 최대 간극에서 가장 가까운 두께의 심을 선택한다.

조정용 심 두께   mm

0.20	0.25	0.30	0.35
0.40	0.45	0.50	0.55
0.60	0.65	0.70	0.75
0.80	0.85	0.90	

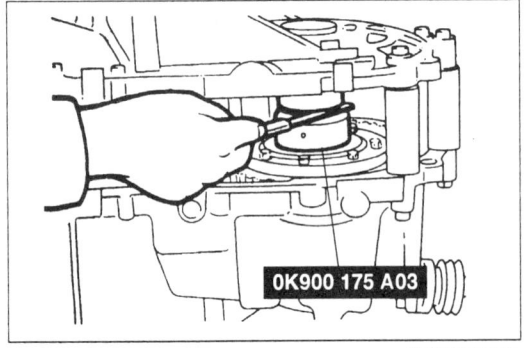

13. SST (0K130 191 A07)를 분리한다.
14. 트랜스액슬 케이스와 SST (0K130 175 A02)를 분리한다.

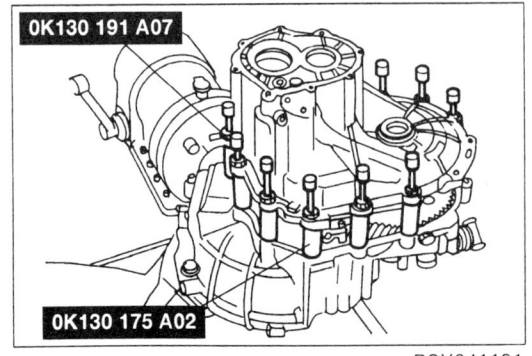

디퍼런셜

분해/조립
1. 그림과 같은 순으로 분해하고, 조립은 분해의 역순으로 실시한다.
2. 분해 및 조립시에는 참조 사항을 참고한다. (41-20참고)

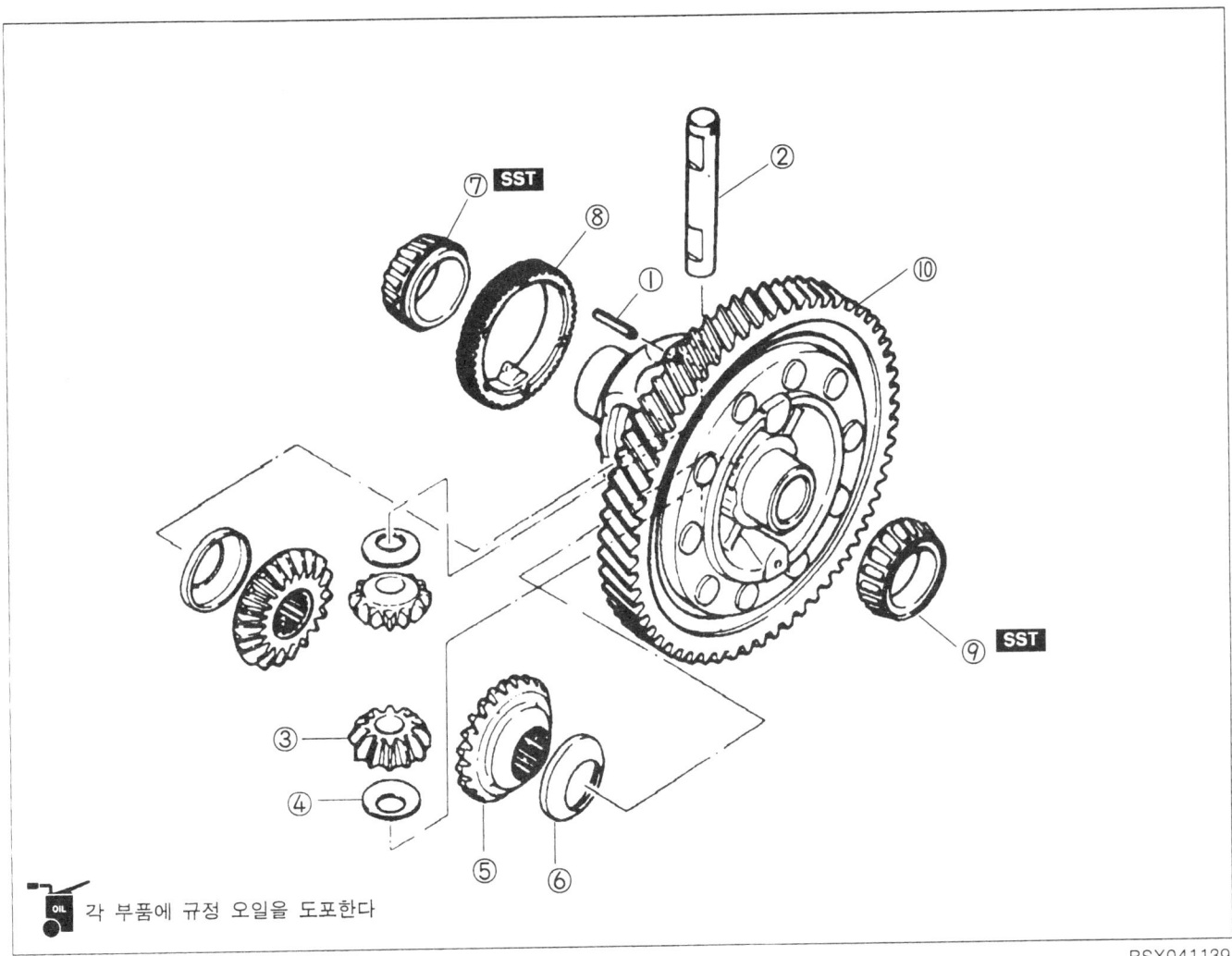

각 부품에 규정 오일을 도포한다

BSX041139

1. 롤 핀
2. 피니언 샤프트
3. 피니언 기어
4. 스러스트 와샤
5. 사이드 기어
6. 스러스트 와샤
7. 베어링
8. 스피도미터 드라이브 기어
9. 베어링
10. 디퍼런셜 케이스/링 기어 어셈블리

15. 베어링 아웃터 레이스를 SST (0K900 175 A03)에서 분리한다.
16. 선택한 심과 베어링 아웃터 레이스를 트랜스액슬 케이스에 장착한다.

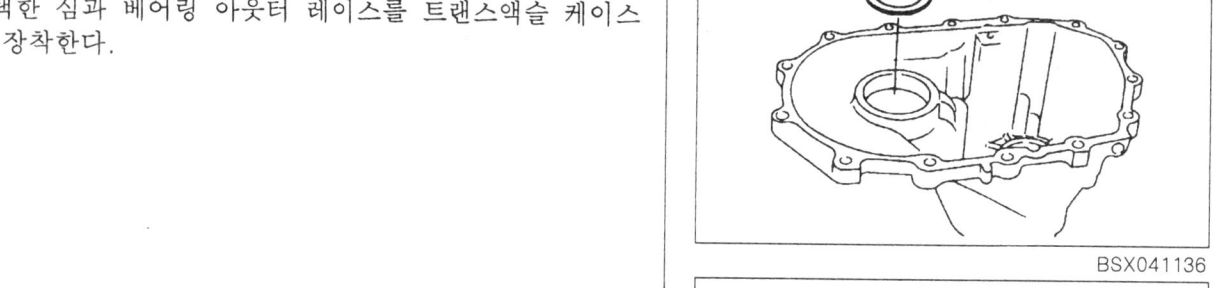

베어링 프리로드 (디퍼런셜)

프리로드를 다음과 같이 측정한다.
1. 디퍼런셜 어셈블리를 클러치 하우징에 끼운다.

2. 트랜스액슬 케이스를 클러치 하우징에 장착한다.

   체결토크 : 3.8~5.3 kg-m

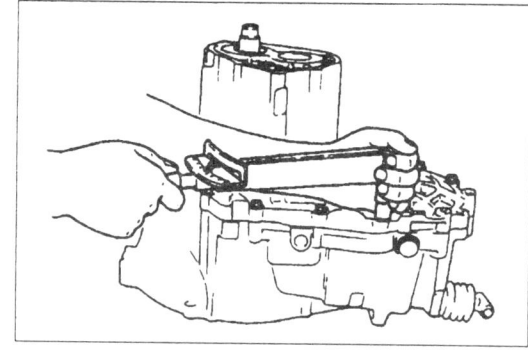

3. 트랜스액슬 케이스를 통해 SST (0K130 191 A05)를 디퍼런셜 사이드 기어에 장착한다.

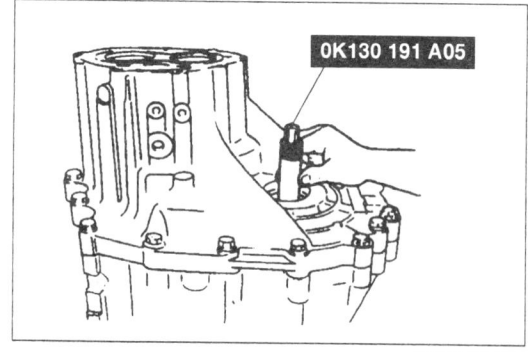

4. 베어링 프리로드를 측정한다.

   프리로드 : 14~20 kg-cm
   풀 스케일 : 1.4~2.0 kg

5. 측정치가 범위를 벗어나면, 베어링 프리로드를 재조정한다.
6. SST (0K130 322 020/0K130 191 A05)를 분리한다.
7. 트랜스액슬 케이스와 디퍼런셜 어셈블리를 분리한다.

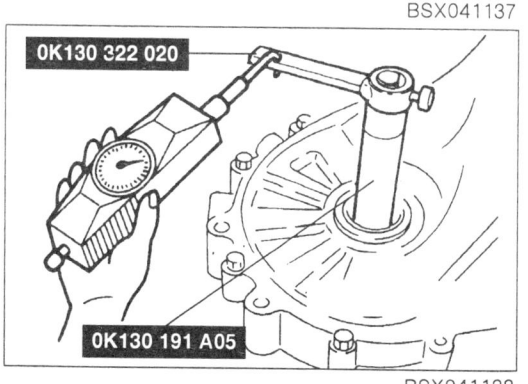

분리시 참조사항
사이드 베어링 인너 레이스

> **주의**
> 디퍼렌셜 케이스가 쓰러지지 않도록 주의한다.

1. SST (0K930 175 AA0/0K930 175 AA0)를 사용하여 사이드 베어링 인너 레이스를 (링 기어 반대측)분리한다.

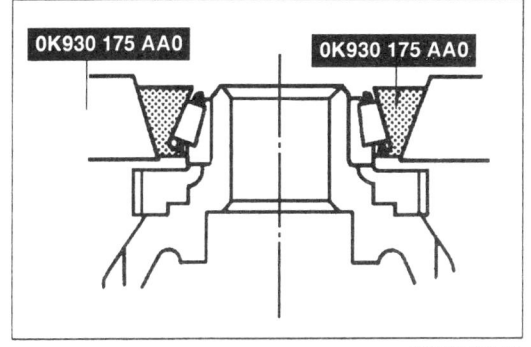

사이드 베어링 인너 레이스 (링 기어측)

> **참고**
> 바이스의 보호판을 사용한다.

1. SST (0K670 990 AA0)를 사용하여 사이드 베어링 인너 레이스를 분리한다.

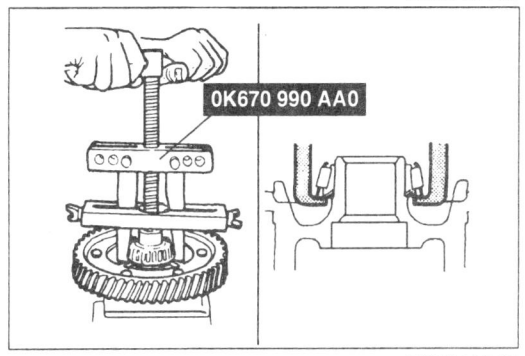

조립시 참조사항
사이드 베어링 인너 레이스
1. 스피도미터 드라이브 기어를 장착한 후 SST (0K900 175 AA1)와 프레스를 사용하여 신품 사이드 베어링 인너 레이스를 장착한다.

   압입력 : 70~90kg/cm²

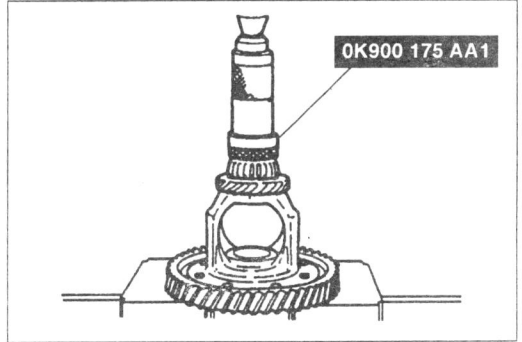

사이드 베어링 인너 레이스(링 기어 측)
1. SST (0K900 175 AA1)와 프레스를 사용하여 신품 사이드 인너 레이스를 장착한다.

   압입력 : 70~90 kg/cm²

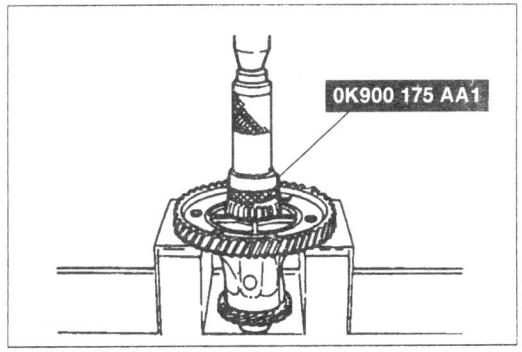

수동 변속기 변속장치

변속장치

분해/조립
1. 그림에 나타낸 순서대로 분해한다.
2. 모든 부품을 점검하고 필요하면 수리 또는 교환한다.
3. 조립시 참고사항을 참조하여 분해시의 역순으로 조립한다.

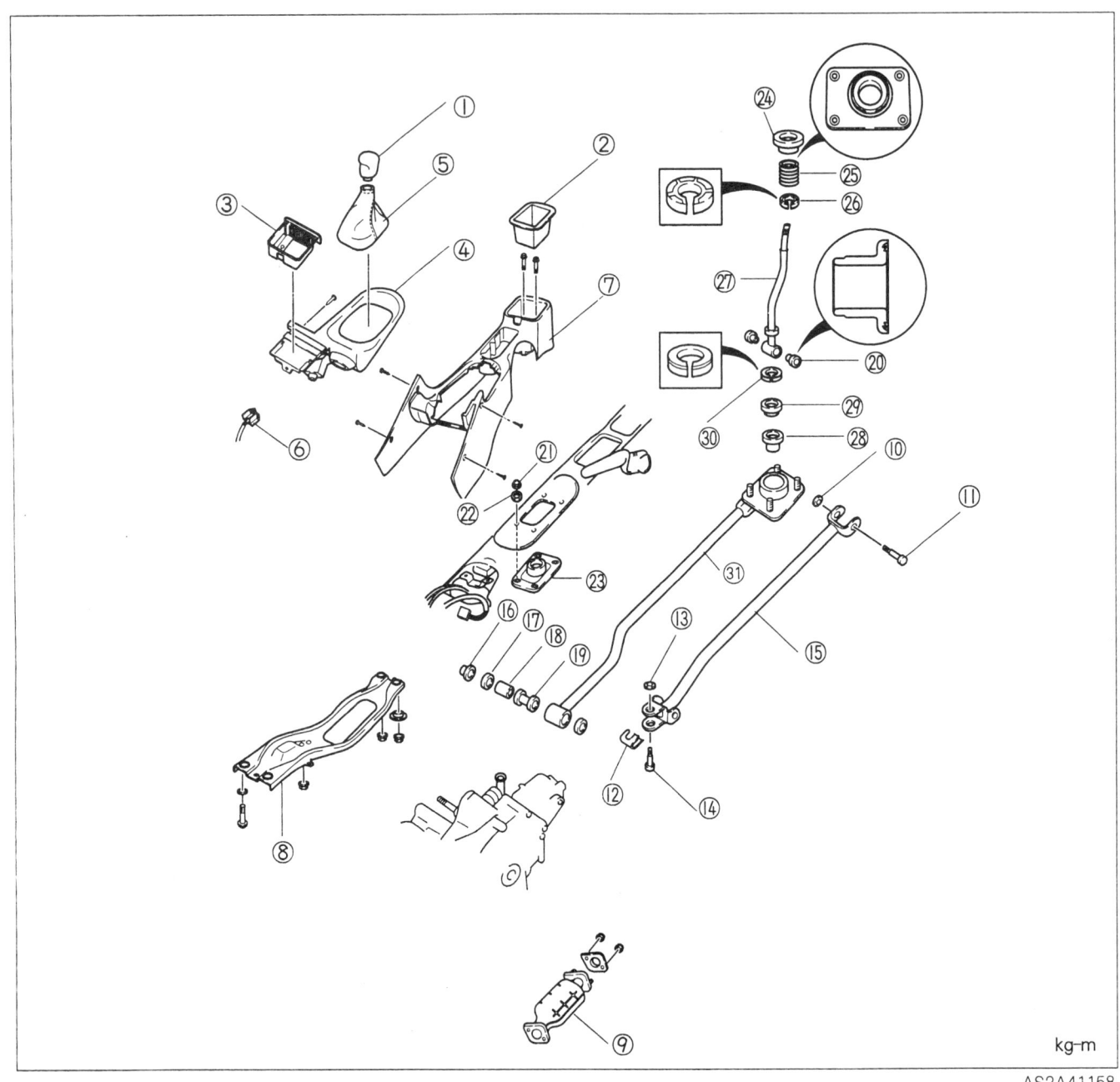

1. 체인지 노브
2. 소물함
3. 앞 재떨이
4. 앞 콘솔
5. 부트
6. 시가 라이터 컨넥터
7. 뒤 콘솔
8. 엔진 마운팅 멤버
9. 카탈리스틱 컨버터
10. 너트
11. 볼트
12. 클립
13. 너트
14. 볼트
15. 컨트롤 로드
16. 너트
17. 와셔
18. 스페이서
19. 러버 부쉬
20. 부싱
21. 너트
22. 와셔
23. 인슐레이터
24. 마운팅 부트
25. 스프링
26. 상부볼 받침대
27. 기어 변속 레버
28. 부트
29. 홀더
30. 하부볼 받침대
31. 익스텐션바

kg-m

수동 변속기 사양

사양

항목		엔진형식	TB DOHC(STC)
트랜스액슬 컨트롤			플로어 시프트
동기 물림식			전진 : 동기 물림식 후진 : 선택 습동식
기어비	1단		3.307
	2단		1.833
	3단		1.310
	4단		1.030
	5단		0.795
	후진		3.166
파이널 기어비			4.105
오일	등급		API 서비스 GL-4
	점도		SAE 75W-90
	용량	(l)	2.7

41-23

특수공구

공구번호 / 명칭	용도	공구번호 / 명칭	용도
0K201 170 AA0 엔진 서포트	트랜스액슬 분리시 엔진 지지 시 사용	0K130 175 011A 트랜스액슬 행거	트랜스액슬 분해, 조립시 사용
0K130 990 007 엔진 스탠드	트랜스액슬 분해, 조립시 사용	0K201 323 021 프라이머리 샤프트 홀더	록 너트 분리 및 체결시 샤프트 회전 방지용
0K130 170 012 베어링 리무버	베어링 아웃터 레이스 분리시 사용	0K130 175 008 팬 풀리 보스 풀러	기어 및 베어링 분리시 사용
0K670 990 AA0 베어링 풀러 세트	베어링 분리시 사용	0K130 283 021 볼 조인트 풀러	타이로드 엔드 분리시 사용
0K201 170 AA1 오일 실 인스톨러	오일 실 조립시 사용	0K930 175 AA0 베어링 리무버 세트	베어링 분리시 사용
0K900 175 AA0 심 셀렉터 세트	베어링 프리로드 조정시 사용	0K130 322 020 어태치먼트	프리로드 측정시 사용
0K900 175 AA1 베어링 인스톨러 세트	베어링 조립시 사용		

자동 변속기

개요 ································· 42- 3
차상 점검 ····························· 42-19
기계장치 시험 ························· 42-26
주행실험 ······························ 42-33
분리/장착 ····························· 42-52
사양 ·································· 42-56

개요

오토 트랜스 액슬
단면도

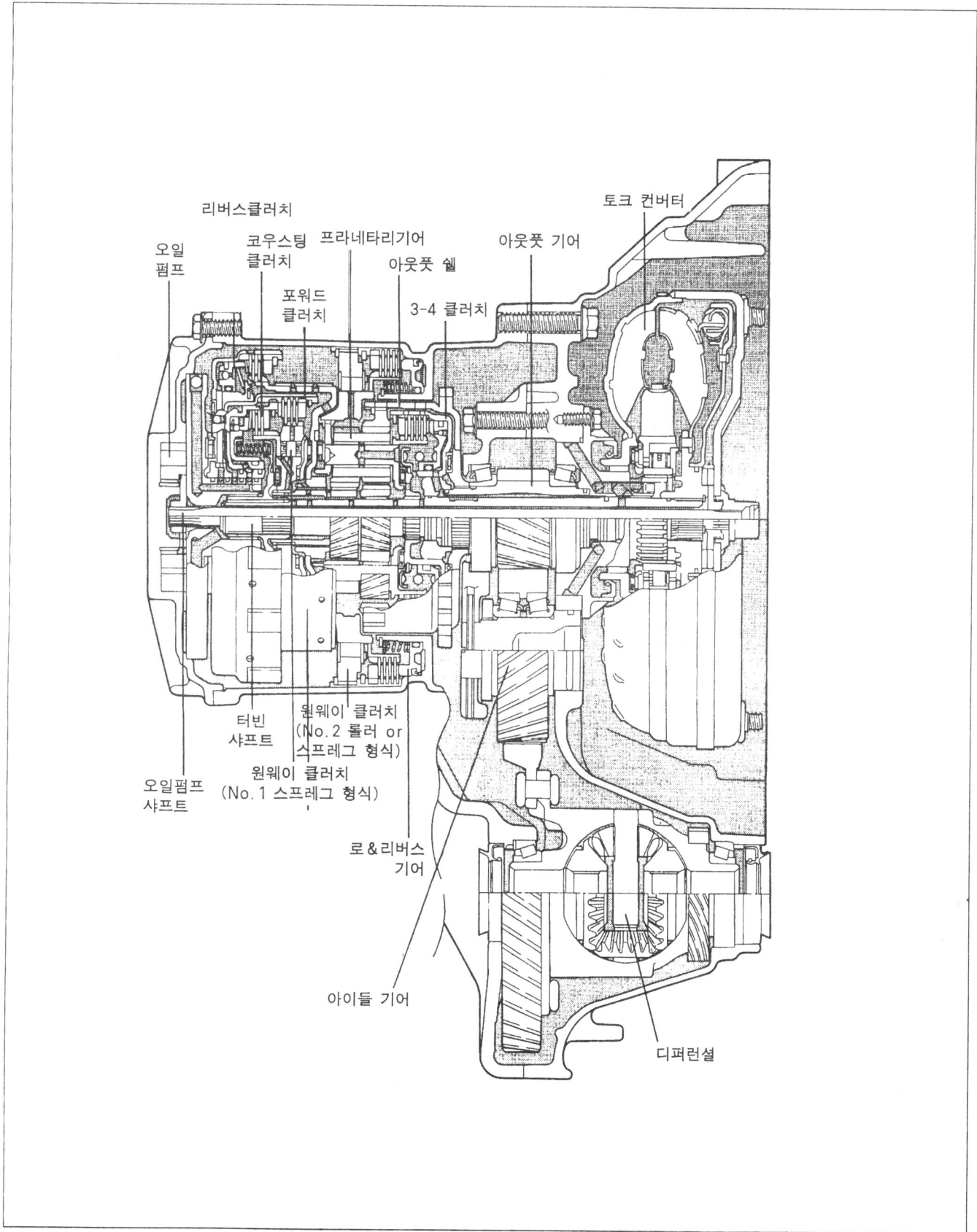

자동 변속기 개요

동력 전달도

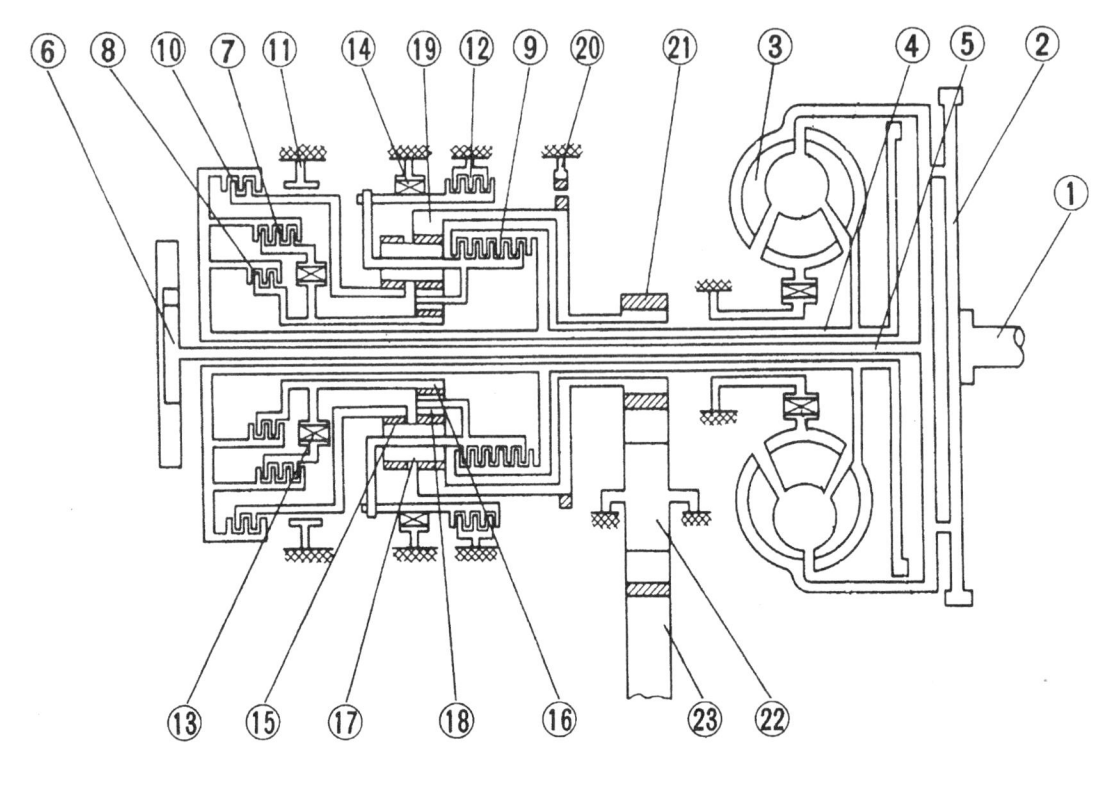

1. 크랭크 샤프트
2. 드라이브 플레이트
3. 토크 컨버터
4. 터빈 샤프트
5. 오일 펌프 샤프트
6. 오일 펌프
7. 전진 클러치
8. 코우스팅 클러치
9. 3-4 클러치
10. 리버스 클러치
11. 2-4 브레이크 밴드
12. 로 & 리버스 브레이크
13. 원 웨이 클러치1
14. 원 웨이 클러치2
15. 라지 선 기어
16. 스몰 선 기어
17. 롱 피니언 기어
18. 숏 피니언 기어
19. 인터널 기어
20. 파킹 기어
21. 아웃풋 기어
22. 아이들러 기어
23. 링기어

자동 변속기 개요

기어의 위치와 작동

렌지	O/D OFF 스위치 작동	기어 위치		포워드 클러치	코우스팅 클러치	3-4 클러치	리버스 클러치	2-4 브레이크 밴드 작동	2-4 브레이크 밴드 해제	로 & 리버스 클러치	원웨이 클러치 1	원웨이 클러치 2
P	—	—										
R	—	—					O			O		
N	—	약 4km/h 이하										
		약 5km/h 이상										
D	OFF	1GR		O							O	O
		2GR		O				O			O	
		3GR	온간시 5km/h 이하	O	O	O			O		O	
			냉간시 5km/h 이상	O	O	O		X	O		O	
		4GR		O		O					◎	
	ON	2GR		O				O			O	
		3GR	온간시 5km/h 이하	O	O	O			O		O	
			냉간시 5km/h 이상	O	O	O		X	O		O	
2	—	2GR		O	O			O			O	
1	—	1GR		O	O					◎	O	

O : 정상작동 상태
X : 유압이 서보에 가해지나 압력차 때문에 밴드를 작동시키지는 못함.
◎ : 동력전달이 안됨

솔레노이드 밸브 작동표

렌지	O/D OFF 스위치 상태	기어 위치		솔레노이드 A	솔레노이드 B	솔레노이드 C
P	—	—				O
R	—	—		O		
N	—	약 4km/h 이하				O
		약 5km/h 이상		O		
D	OFF	1GR			O	O
		2GR		O	O	O
		3GR	온간시 5km/h 이하			
			냉간시 5km/h 이상	O		
		4GR		O		O
	ON	1GR			O	O
		2GR		O	O	O
		3GR	온간시 5km/h 이하			
			냉간시 5km/h 이상	O		
2	—	2GR		O	O	
1	—	1GR			O	

O : 솔레노이드 작동

자동 변속기 개요

ATF의 흐름
오토 트랜스 액슬 케이스

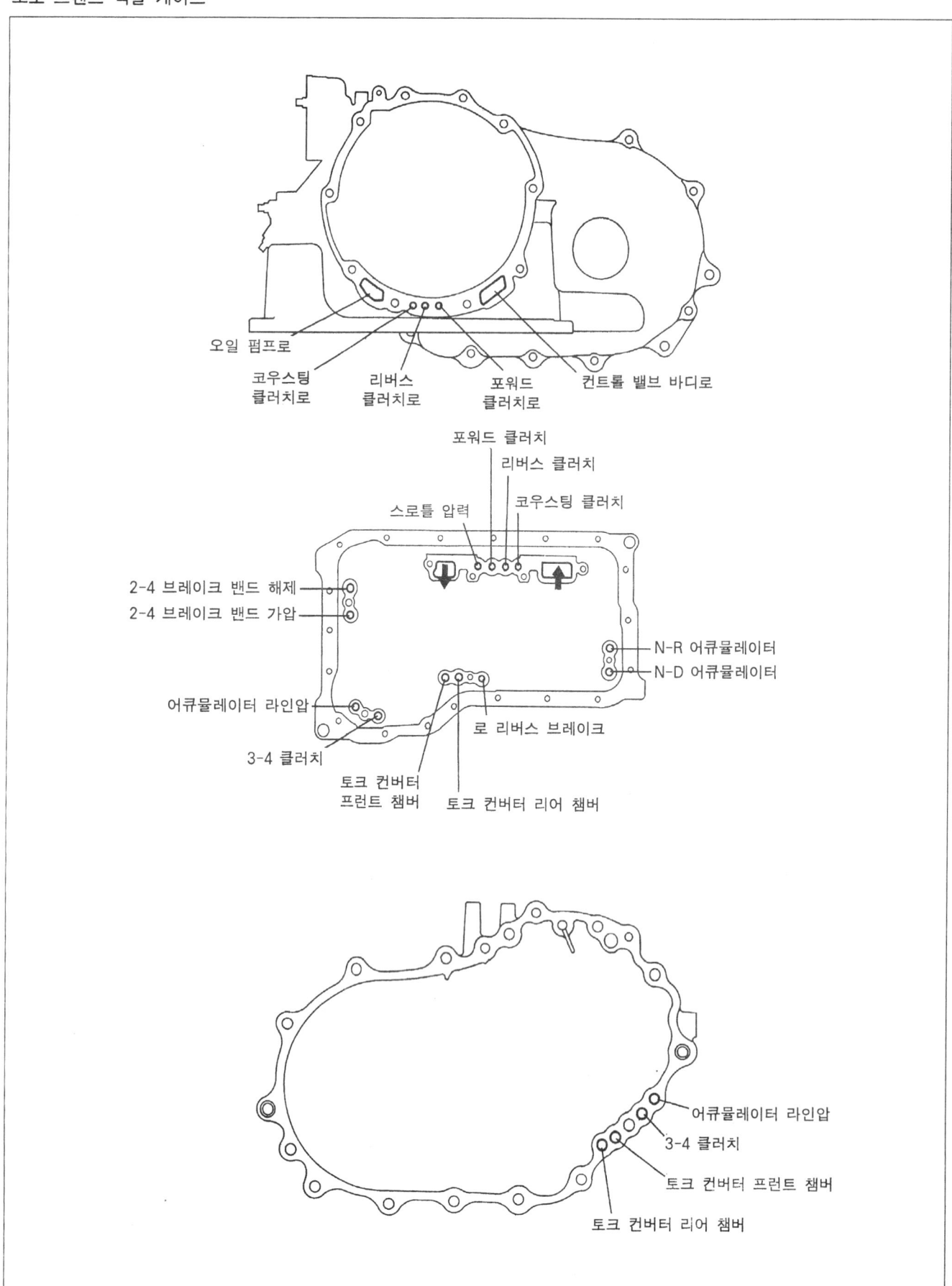

자동 변속기 개요

클러치 하우징

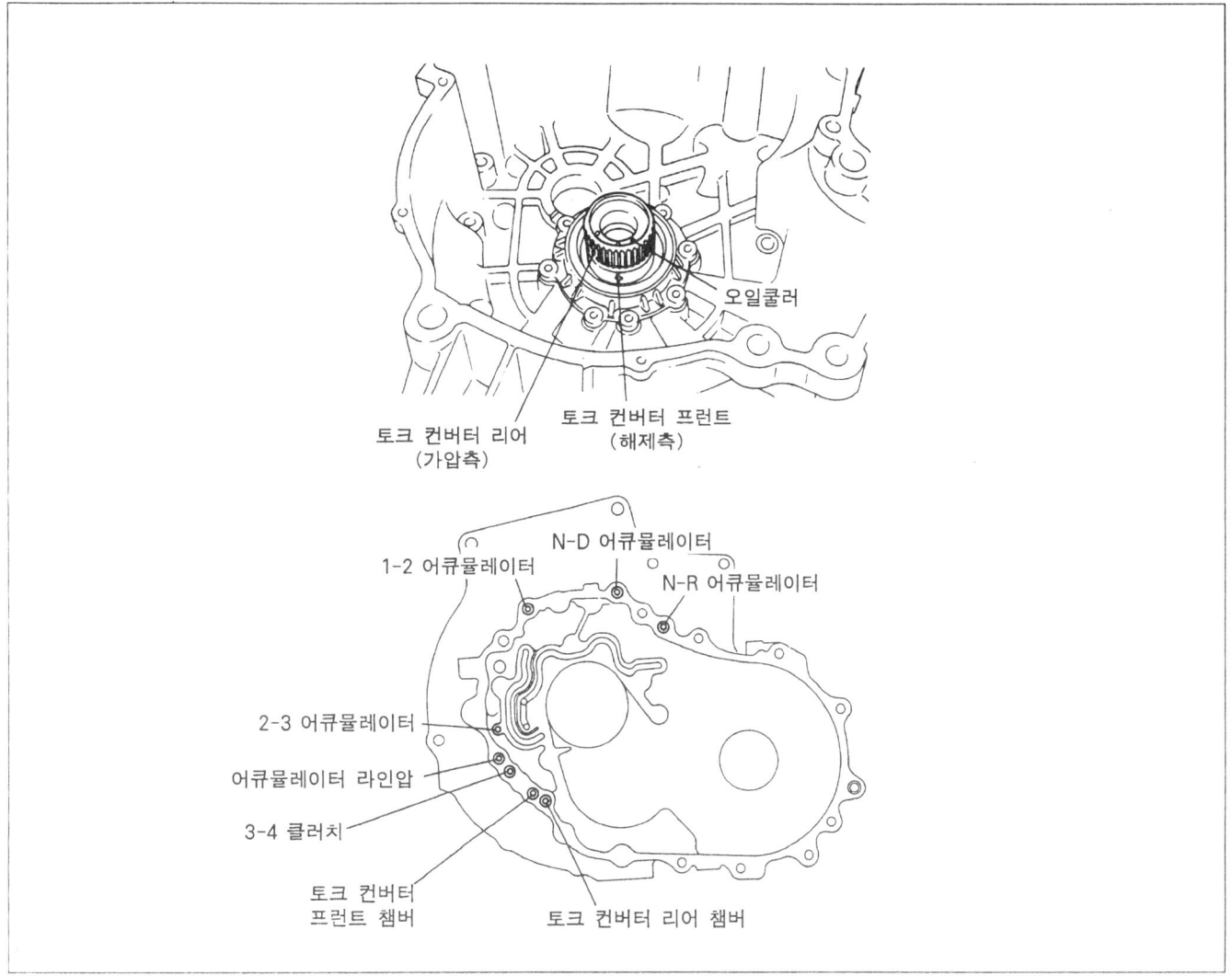

자동 변속기 개요

오일 펌프

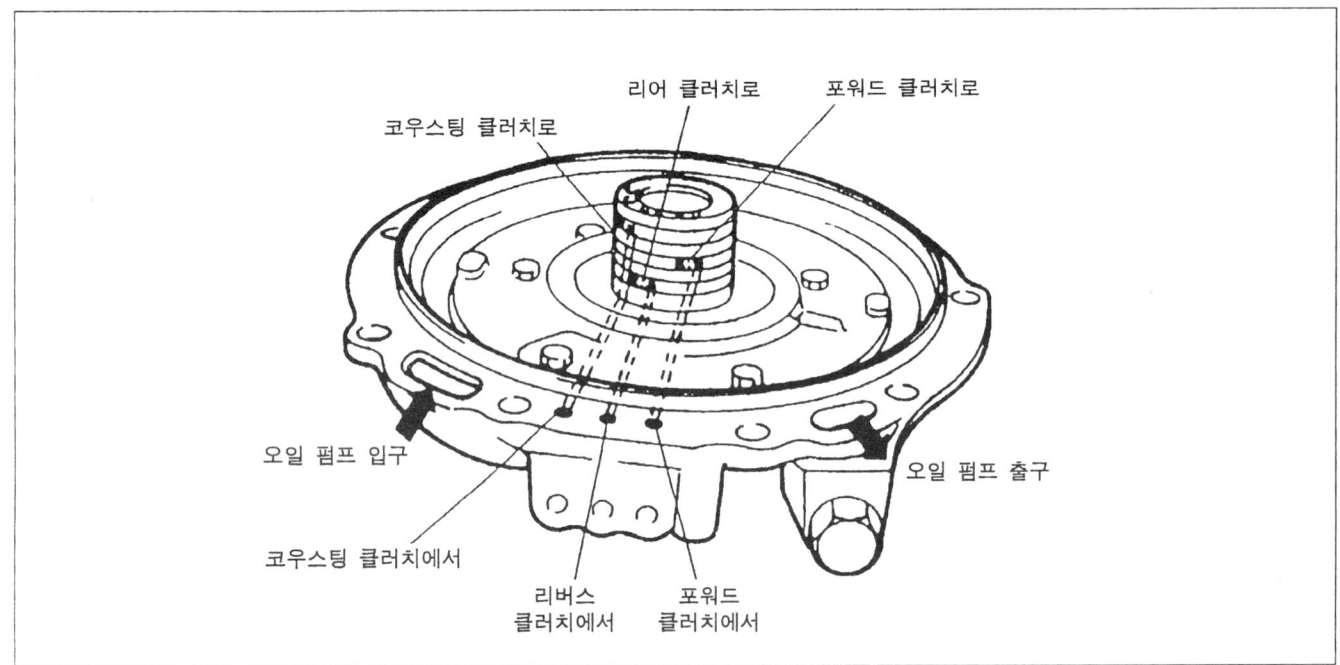

자동 변속기 개요

유압회로

P 렌지

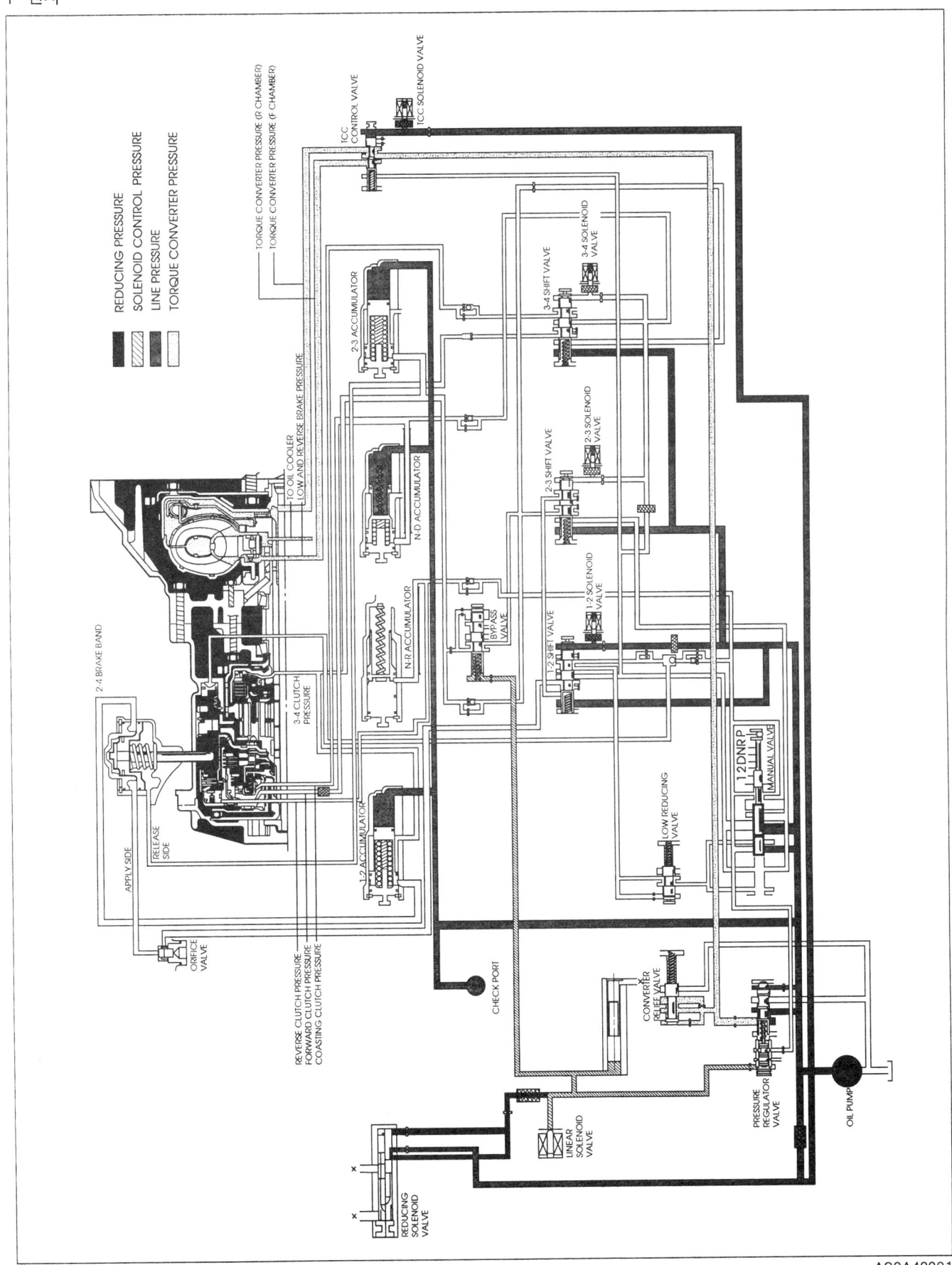

자동 변속기 개요

R 렌지

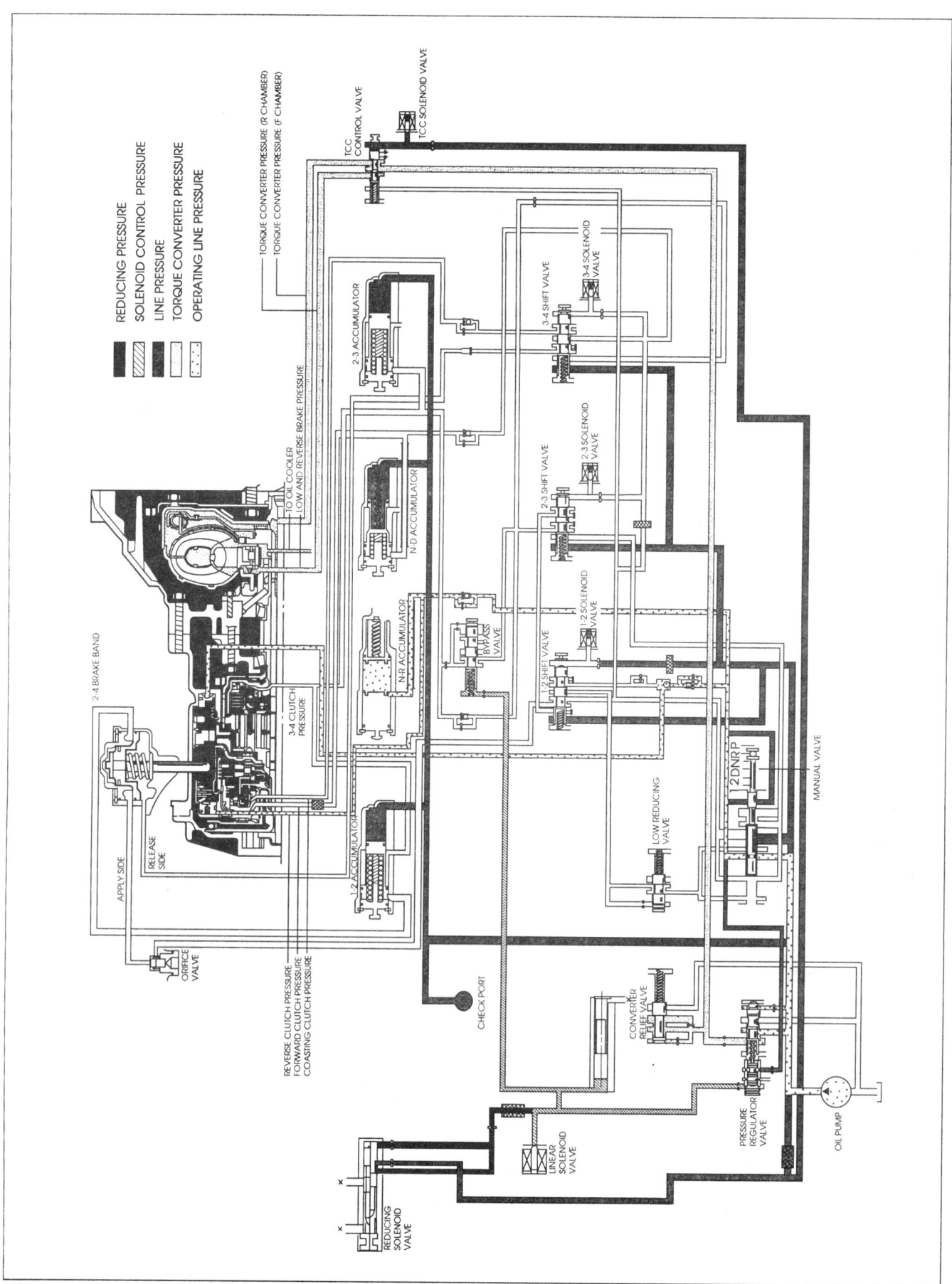

자동 변속기 개요

N 렌지

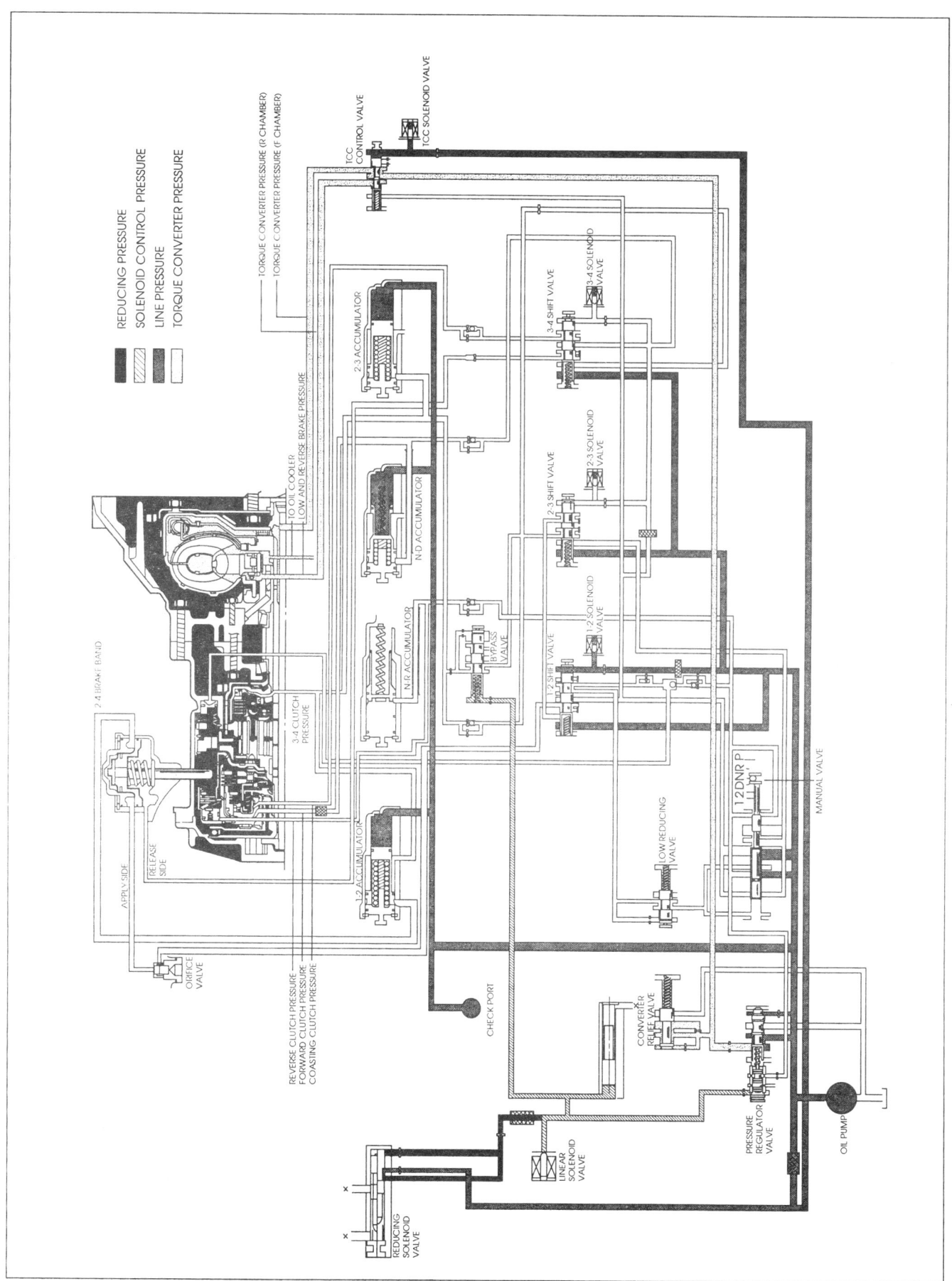

자동 변속기 개요

D 렌지 : 1단

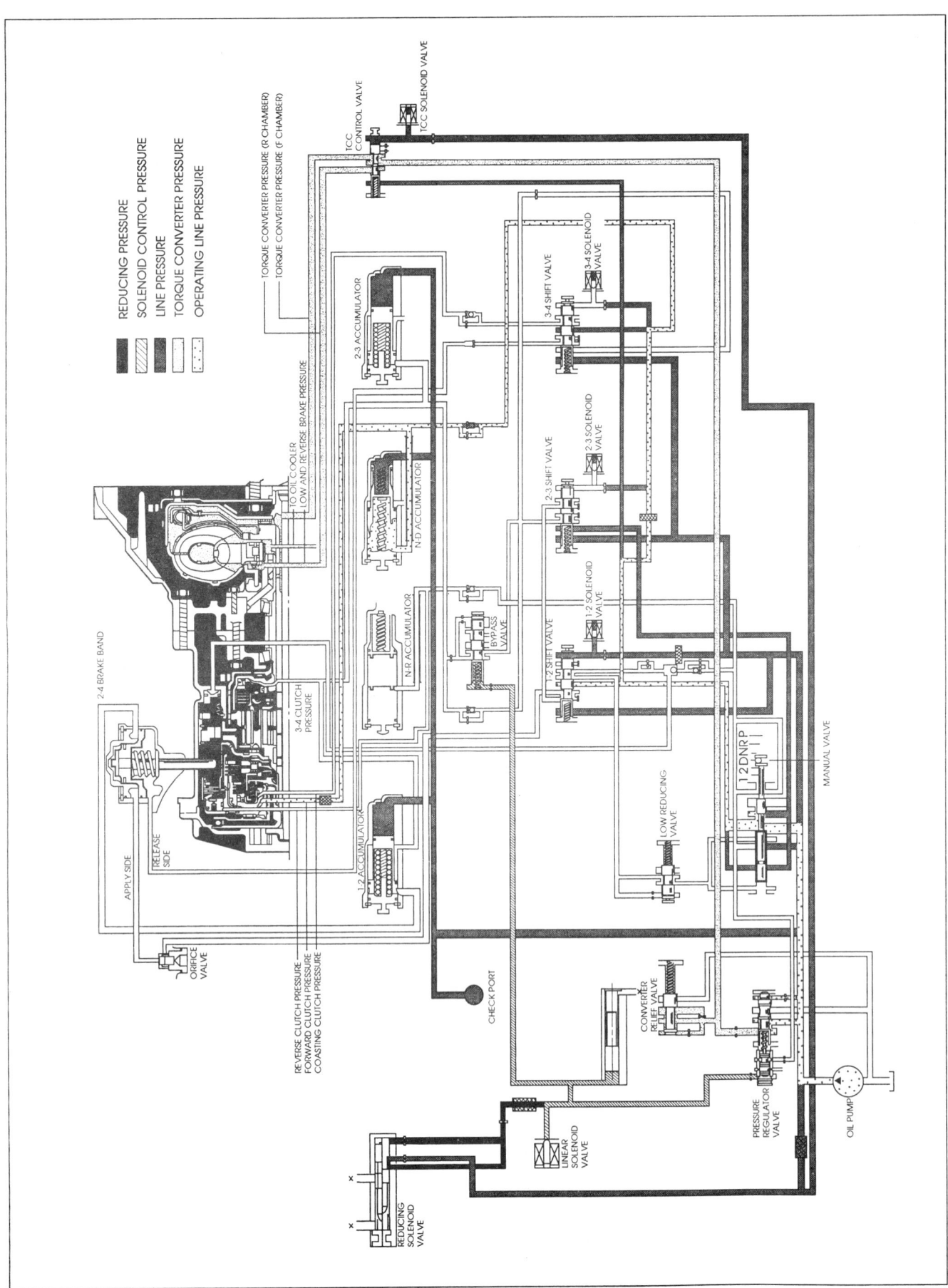

자동 변속기 개요

D 렌지 : 2단

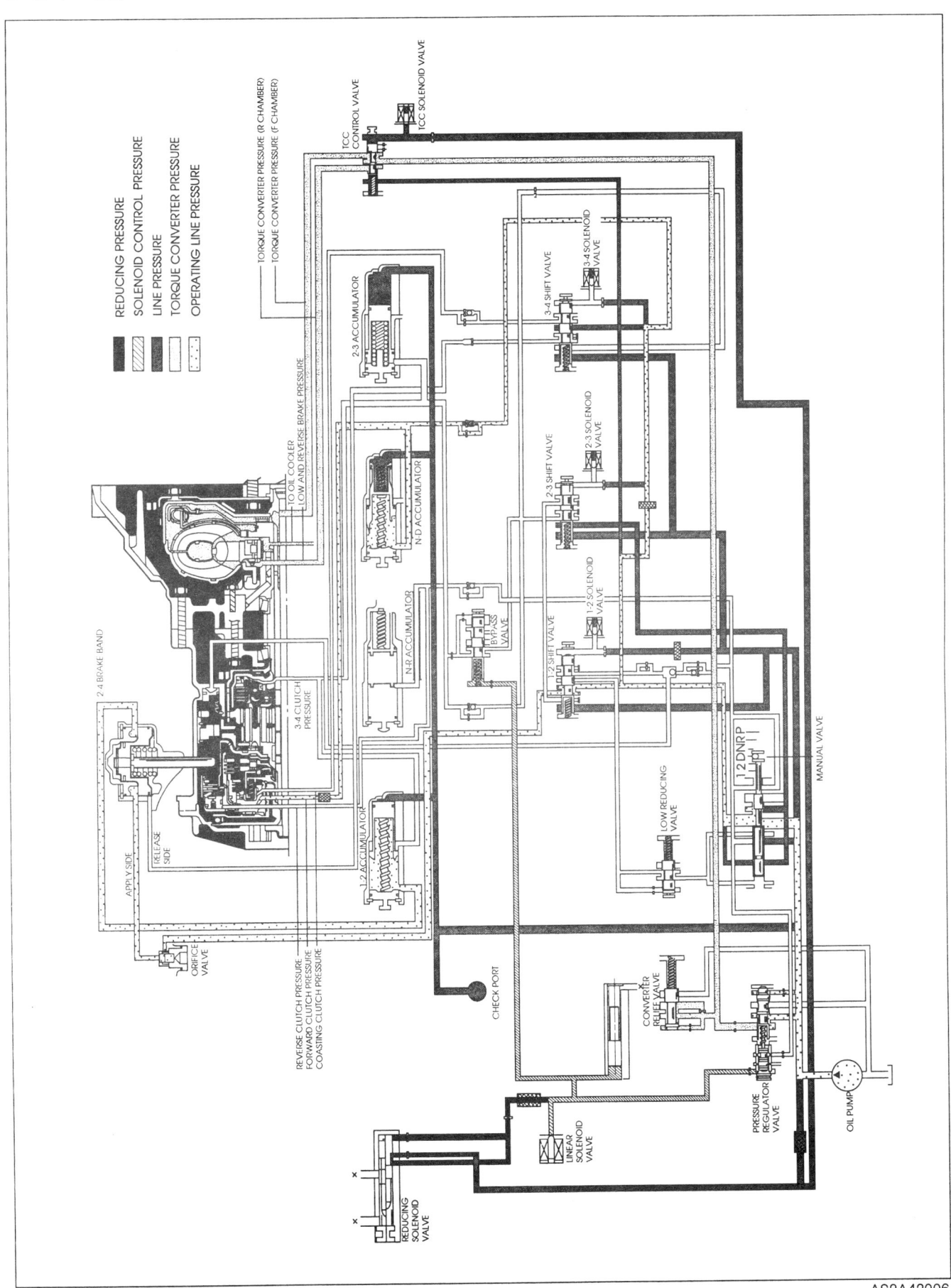

자동 변속기 개요

D 렌지 : 3단

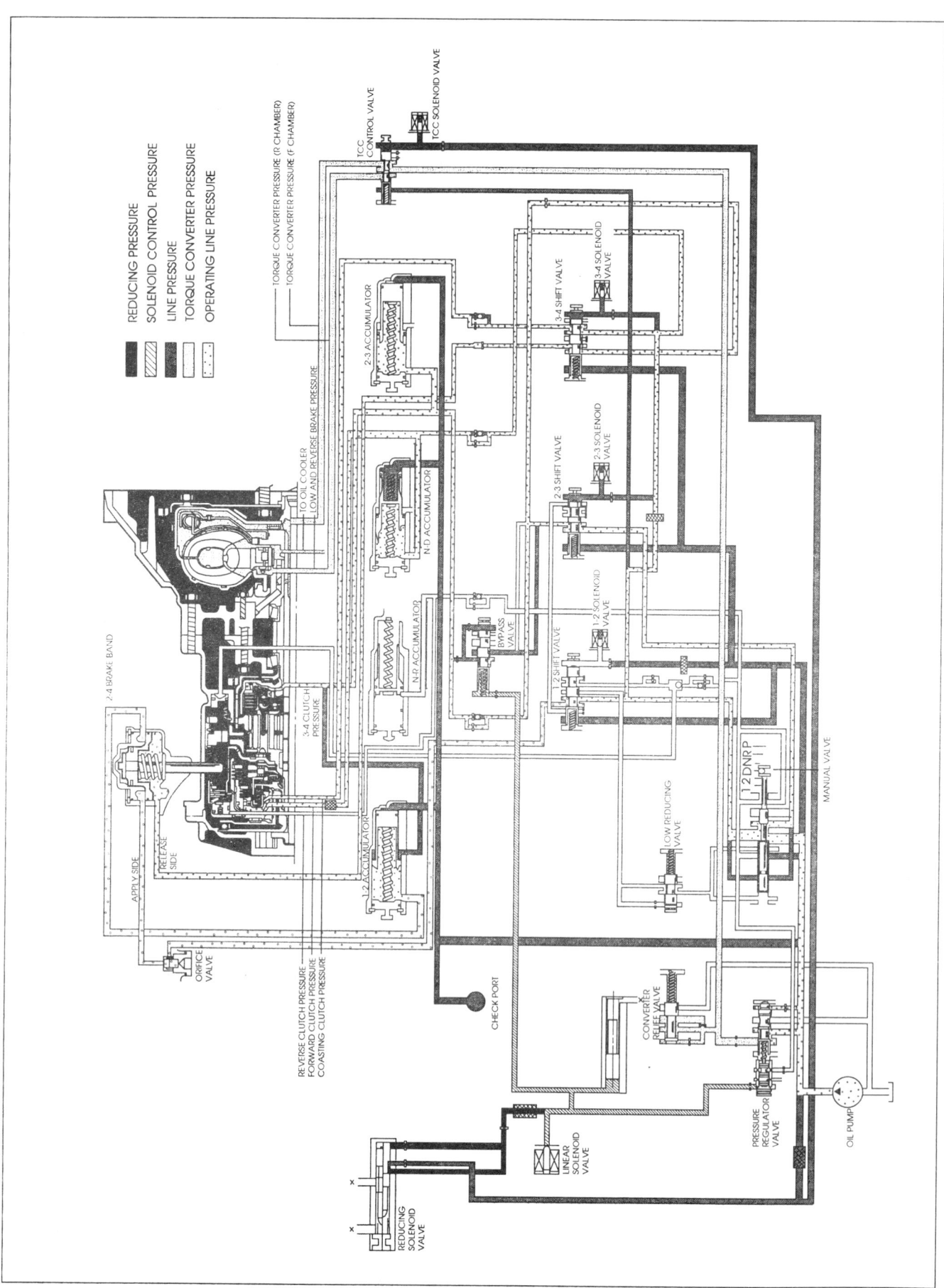

자동 변속기 개요

D 렌지 : O/D 기어 토크 컨버터 클러치 OFF

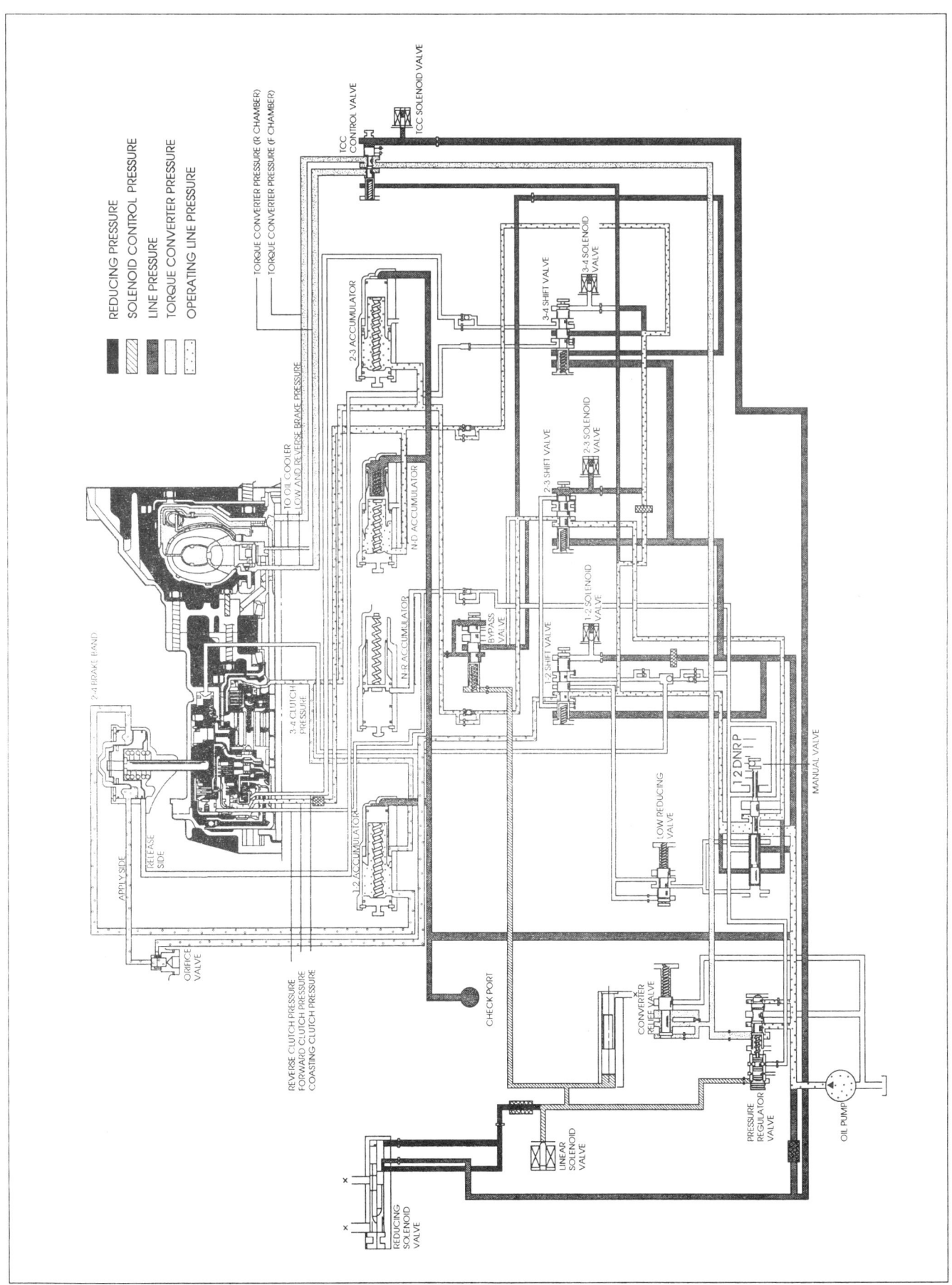

자동 변속기 개요

D 렌지 : ON

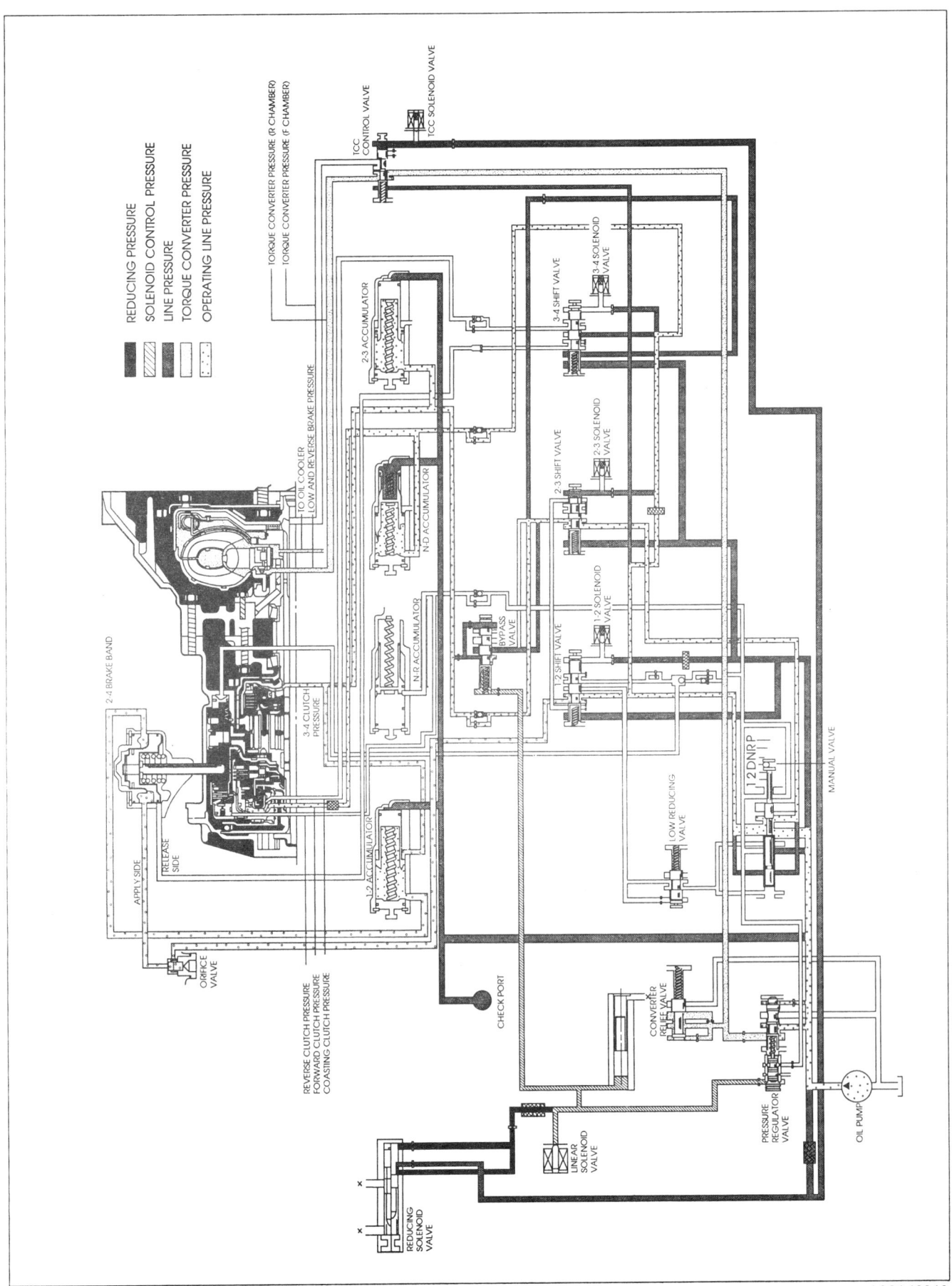

자동 변속기 개요

2단 기어

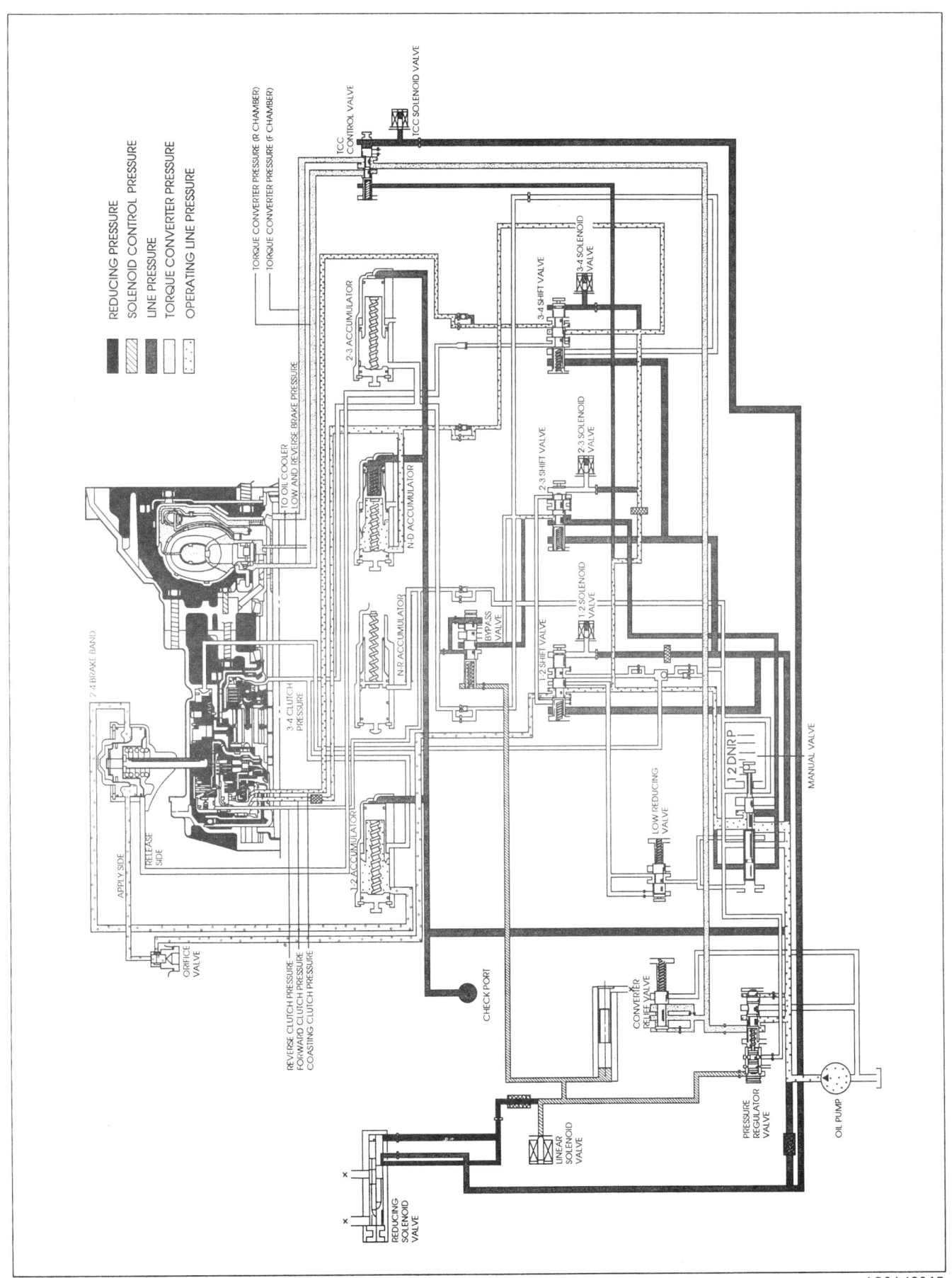

자동 변속기 개요

1단 기어

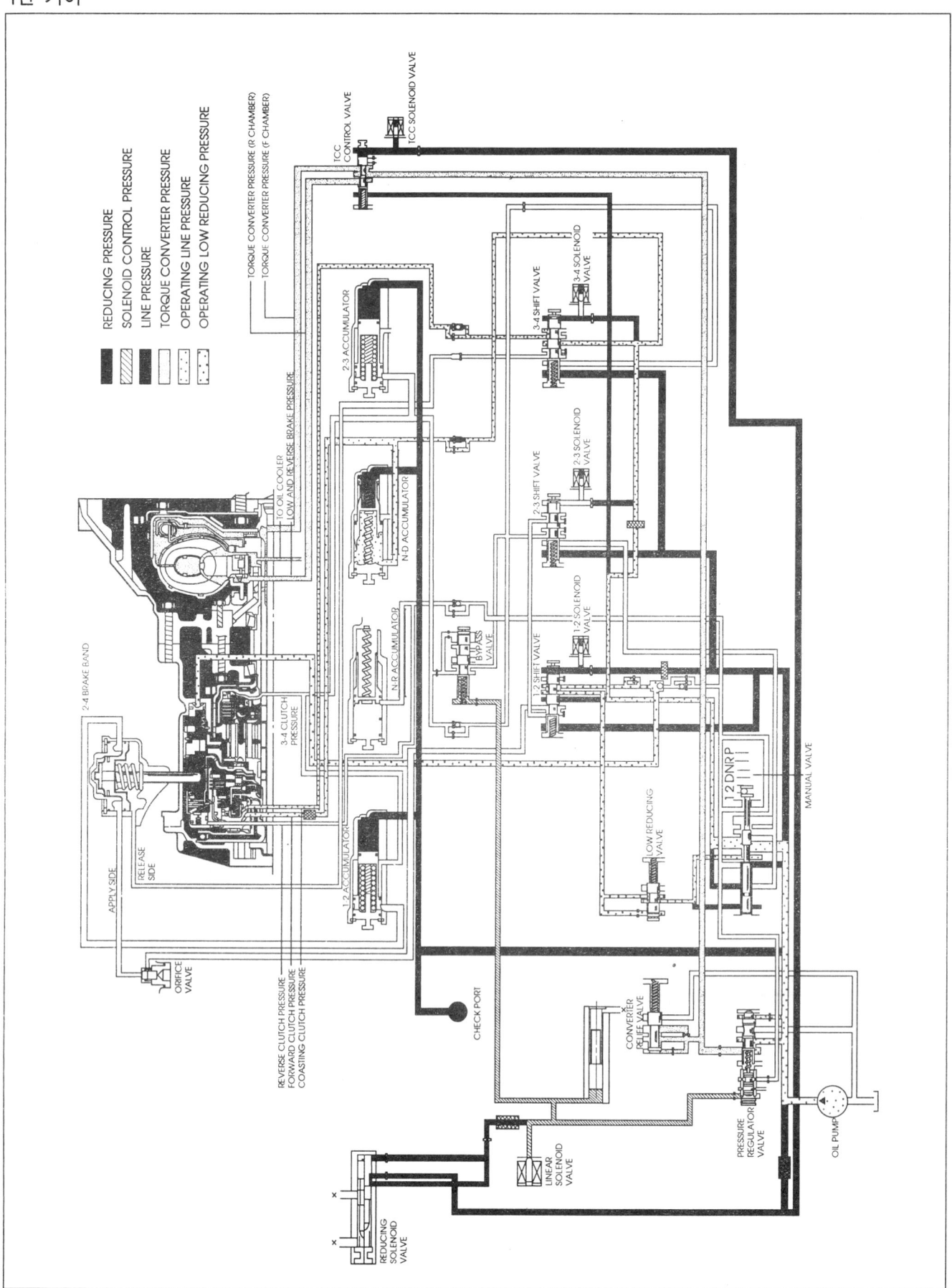

차상점검

오토 트랜스액슬(전기 시스템)
O/D 스위치
작동점검
1. 이그니션 스위치를 ON한다.
2. O/D OFF인디게이터 램프가 점등되지 않았는지 점검하고 O/D OFF스위치를 누른 후 인디게이터가 점등되는지 점검한다.
3. 만약 O/D OFF인디게이터 램프가 점등되지 않으면 전압 테스트를 실시한다.

전압점검
1. 언더커버를 분리한다.
2. 이그니션 스위치를 ON한다.
3. O/D OFF 커넥터에서 전압을 측정한다.

위치	단 자	
	a	b
비작동(V)	B+	0
작동(V)	0	0

B+ : 바테리 전압

4. 만약 단자전압이 규정치를 벗어나면 통전점검을 실시한다.

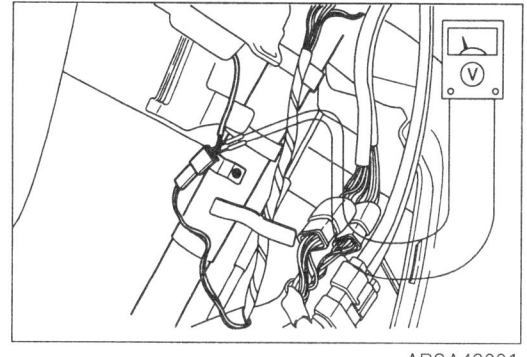

ARSA42001

통전점검
1. 바테리 음극선을 분리한다.
2. O/D 스위치 커넥터를 분리한다.
3. O/D 스위치 H-02에서 통전점검을 실시한다.

위치	단 자	
	1	4
비작동		
작동	O—	—O

O—O : 통전

4. 만약 규정치를 벗어나면 체인지 레버를 교환한다.

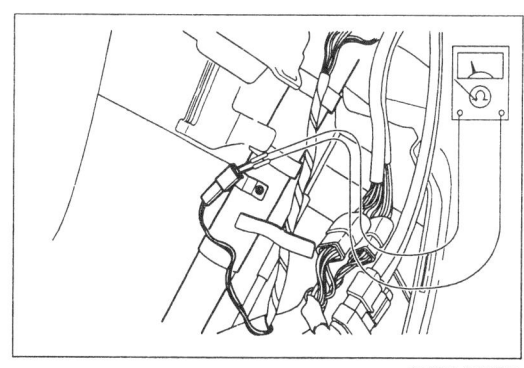

ARSA42002

자동 변속기 차상점검

트랜스 액슬 렌지 스위치(인히비터 스위치)
작동 점검
1. 점화 스위치를 START위치로 변속레버를 P및 N렌지 위치로 했을때만 시동모터가 회전하는지 확인한다.
2. 점화 스위치를 ON위치로 하여 R렌지로 변속할 때 후진등이 점등되는지 점검한다.
3. 원활히 작동되지 않으면 트랜스 액슬 렌지 스위치를 점검한다.

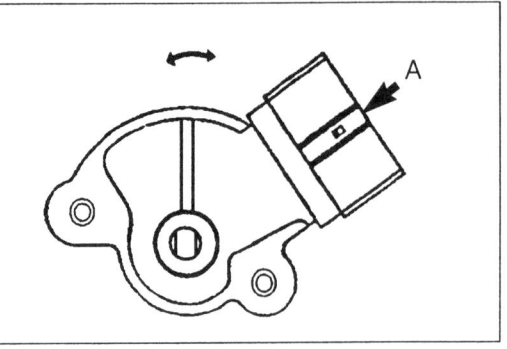

통전 점검
1. 바테리 음극선을 분리한다.
2. 트랜스 액슬 렌지 스위치 커넥터를 분리한다.
3. 트랜스 액슬 렌지 스위치에서 통전 점검을한다.

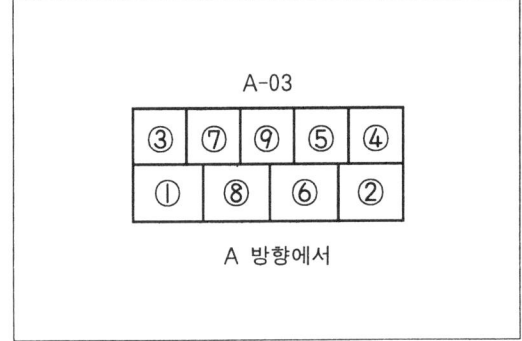

No.	P	R	N	D	2	1
1	O		O			
2	O		O			
3	O	O	O	O	O	O
4	O					
5		O				
6						
7				O		
8					O	
9						O

4. 만약 사양을 벗어나면 트랜스 액슬 스위치를 교환한다.

ATF온도 센서
저항 점검
1. 에어클리너 어셈블리를 분리한다.
2. 커넥터 H-03의 5번과 8번 단자 사이에 저항계를 접속한다.
3. ATF온도를 높이는 동안 (차량을 운행시키는 동안)저항을 측정한다.

ATF온도(℃)	저항(㏀)
-20	146.67~189.12
0	56.757~70.225
20	24.461~29.205
40	11.536~13.352
60	5.8719~6.6124
80	3.1902~3.5064
100	1.8336~1.9721
120	1.1068~1.1674
140	0.69439~0.72580
150	0.55466~0.56950

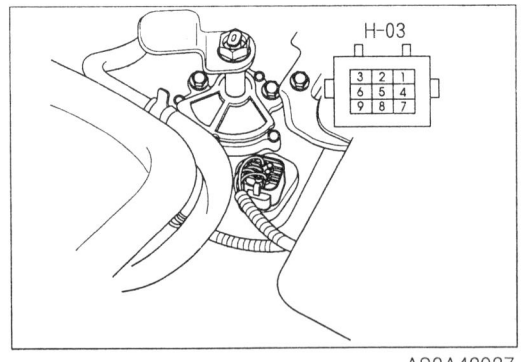

4. 위에 표와 같이 저항이 떨어지는지 확인한다.
5. 만약 필요시 ATF온도센서와 커넥터 배선을 교환한다.

인풋/터빈 스피드 센서
저항점검
1. 바테리 음극선을 분리한다.
2. 에어클리너 어셈블리를 분리한다.
3. 인풋/터빈 스피드 센서 커넥터를 분리한다.
4. 단자1번과 2번단자 사이의 저항을 측정한다.

   저항 : 300~400 Ω (20℃에서)

5. 만약 정확하지 않으면 인풋/터빈 스피드 센서를 교환한다.

   체결토크 : 80~110 kg-cm

6. 에어 클러너 어셈블리를 장착한다.
7. 바테리 음극선을 끼운다.

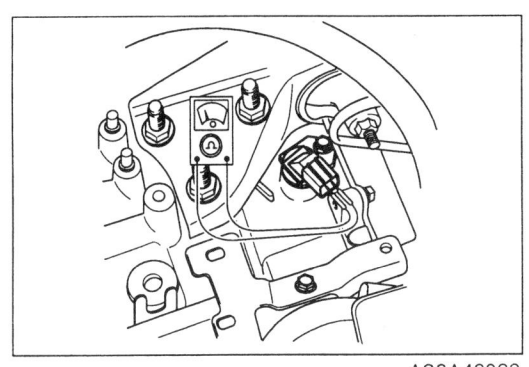

솔레노이드 밸브
저항점검
1. 솔레노이드 밸브 커넥터를 분리한다
2. 각 단자와 접지 사이의 저항을 측정한다.

   저항 14~18 Ω

   참조
   a) 2 : 토크 컨버터 클러치 솔레노이드
   b) 3 : 시프트 솔레노이드 밸브 A
   c) 6 : 시프트 솔레노이드 밸브 B
   d) 9 : 시프트 솔레노이드 밸브 C

3. 만약 정확하지 않으면 배선의 단선과 단락을 점검한 후 필요시 솔레노이드 밸브를 교환한다.

통전점검
1. TCU에서 55핀 커넥터를 분리한다.
2. 단자 H-01/30, H-01/33, H-01/32, H-01/4와 접지 사이의 통전을 점검한다.
3. 만약 정확하지 않으면 배선의 단선 및 단락을 점검한다.

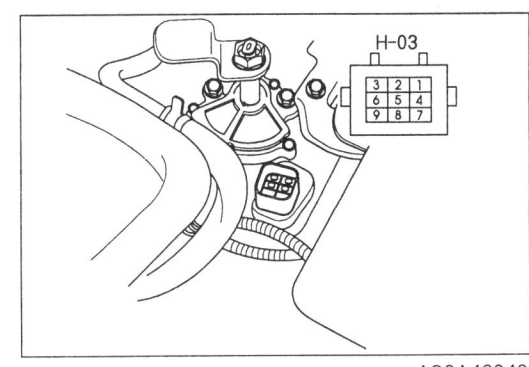

린니어 솔레노이드 밸브
저항점검
1. 솔레노이드 밸브 커넥터를 분리한다.
2. 단자 7과 접지 사이의 저항을 측정한다.

   저항 : 4.1~5.1 Ω

3. 만약 정확하지 않으면 배선의 단선 또는 단락을 점검한다.
   또한 필요시 린니어 솔레노이드를 교환한다.
4. 솔레노이드 밸브 커넥터를 연결한다.

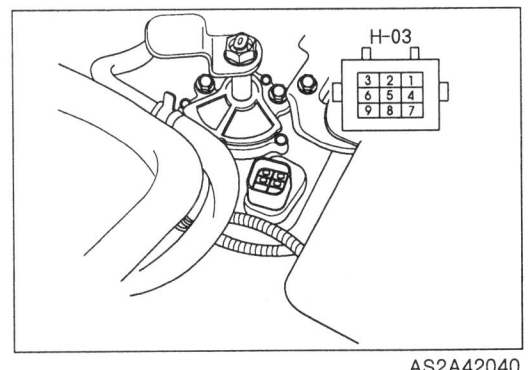

자동 변속기 차상점검

오토 트랜스 액슬 (기계적인 장치)
트랜스 액슬 오일

■ 주의
평탄한 곳에 차량을 주차시킨다.

1. 주차 브레이크를 걸고 차량이 구르지 않도록 바퀴를 고임목으로 고정한다.
2. 오토 트랜스 액슬 오일의 온도가 (60~70℃)에 도달 할 때까지 엔진을 난기시킨다.
3. 엔진이 아이들링 하는 동안 변속레버를 P에서 1로 2~3 차례(각 레이지에서 3초 이상 정지 후)변속한다.
4. 엔진을 계속 아이들한다.
5. 변속레버를 P로 변속한다.
6. ATF위치가 난기시(65℃) 범위내에 있는지 확인한다. 필요시 ATF를 보충한다.

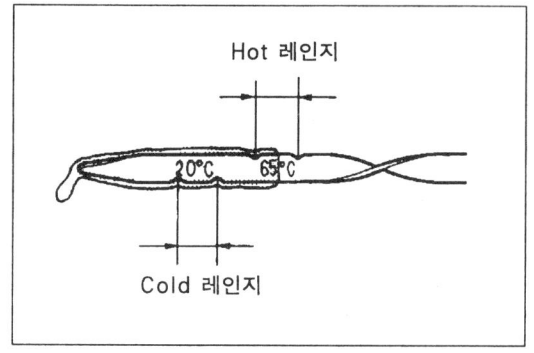

액 상태

■ 참고
오토 트랜스 액슬 오일 상태를 주의 깊게 관찰하여 오토 트랜스 액슬을 분해해야 할지를 결정한다.
ATF가 혼탁하고 광택이 나면 구동판들이 소착되었음을 표시한다.

1. ATF의 변색을 점검한다.

■ 참고
〈ATF 상태〉
1) 맑은 분홍색 : 정상상태
2) 어둡거나 검은색(마모된 부스러기가 묻혀나옴)
   : 파워 트레인 부품의 마모
3) 우유빛 분홍색 : 물 오염
4) 연한 또는 진한 갈색 (산화)
   : 과열 또는 ATF가 오래됨

2. ATF의 모든 이상한 냄새를 확인한다.

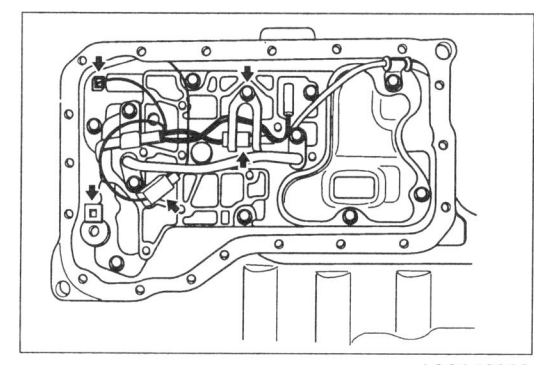

교환
일반적인 방법
1. 오토 트랜스 액슬 드레인 플러그 밑에 적당한 용기를 받쳐 놓는다.
2. 드레인 플러그를 풀고 ATF를 완전히 배출시킨다.
3. 규정토크로 드레인 플러그를 체결한다.
4. ATF레벨 게이지를 분리하고 규정 ATF넣는다.

   ATF형식
   SK ATF SP-Ⅲ
   용량 : 5.4 l

■ 주의
Hot 레인지 이상으로 주입하지 않는다.

5. ATF량을 확인한다.

ATF교환기 이용방법

1. 규정 ATF를 ATF교환기에 주입한다.
2. 라디에이터에서 ATF인렛 호스와 아웃렛 호스를 분리한다.

AS2A42063

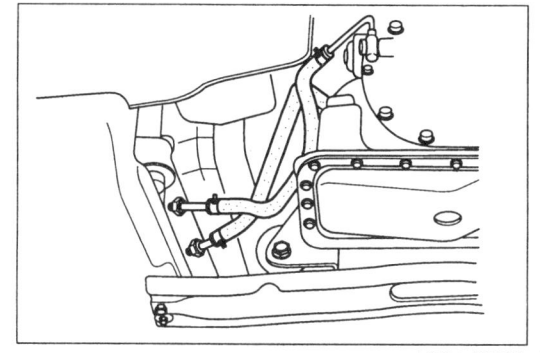

3. ATF인렛 호스와 아웃렛 호스를 ATF 교환기에 접속한다.
4. 엔진을 시동시킨다.
5. 엔진이 아이들 하는 동안 ATF를 교환한다. (ATF교환기 제작업체의 사용 설명서 참조)
6. ATF량을 점검한다.

AS2A42064

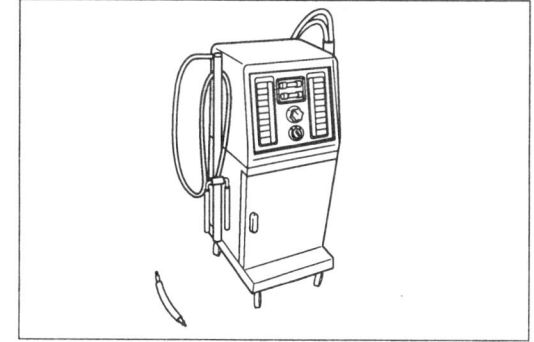

오일 누유

다음에 나타난 곳에서 ATF 누유를 점검하고 필요시 수리 혹은 교환한다.

1. 개스킷, O-링, 플러그
2. 오일 호스, 오일 파이프 연결부
3. 오일쿨러

BSX042082

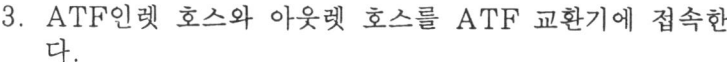

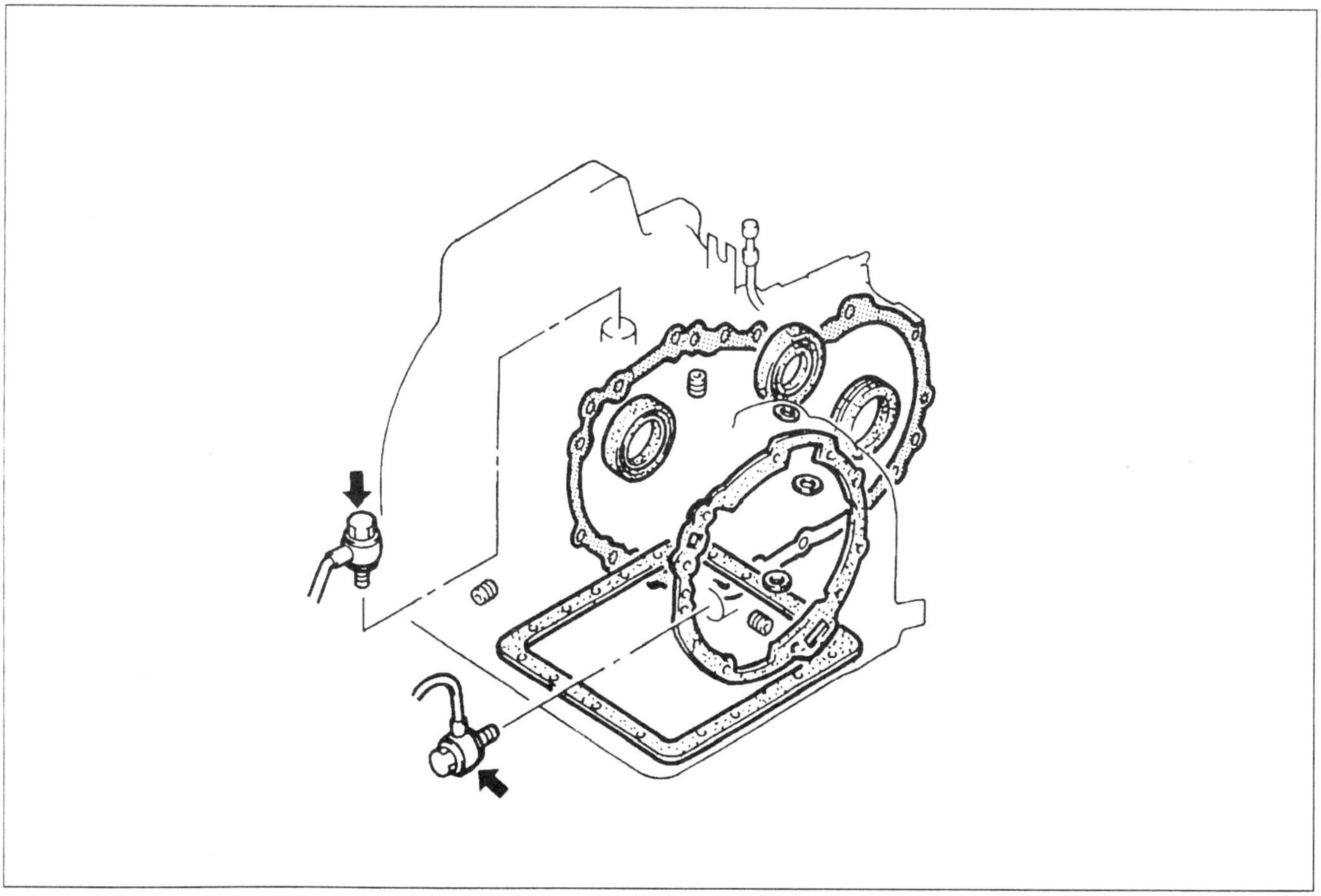

오일실

분리 및 교환
1. 드라이브 샤프트를 분리한다. (50장 참조)
2. 스쿠르 드라이버를 이용하여 오일실을 교환한다.
3. SST를 사용하여 트랜스 액슬 케이스내에 신품 오일 실을 장착한다.

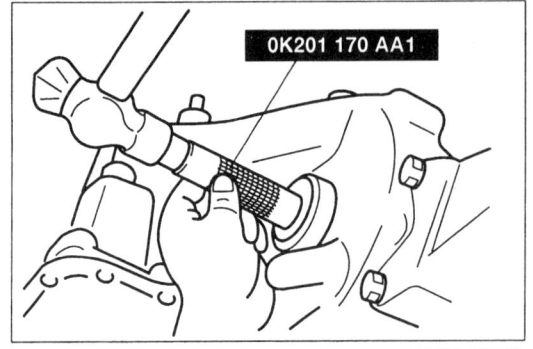

컨트롤 밸브 바디

분리

> **참조**
> 분리하기 전에 솔벤트 또는 스팀으로 트랜스 액슬 케이스 부를 깨끗이 닦는다.

1. SST를 사용하여 엔진을 지지한다.
2. 차량을 들어 올린 후 안전 스탠드로 지지한다.
3. 적당한 용기내에 ATF를 받아낸다.
4. 엔진 밑에 설치되어 있는 커버를 분리한다.

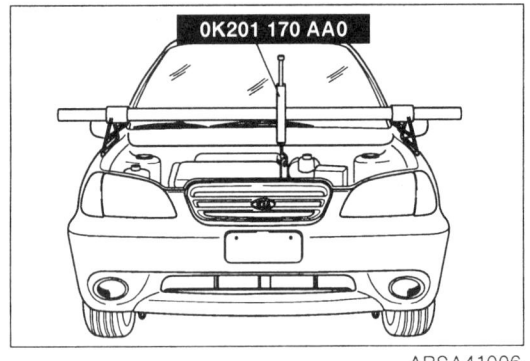

5. 엔진 마운팅 멤버를 분리한다.

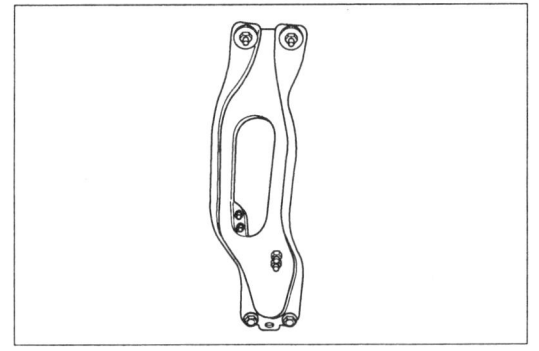

6. 오토 트랜스 밋션의 오일팬과 개스킷을 분리한다.
7. 모든 전기 커넥터를 분리하고, 8개 볼트를 푼 후 컨트롤 밸브 바디를 분리한다.

장착
1. 컨트롤 밸브 바디를 장착한다.

   볼트 길이(헤드 밑에서 측정)
   A : 30mm
   B : 50mm

   체결 토크 : 80~110 kg-cm

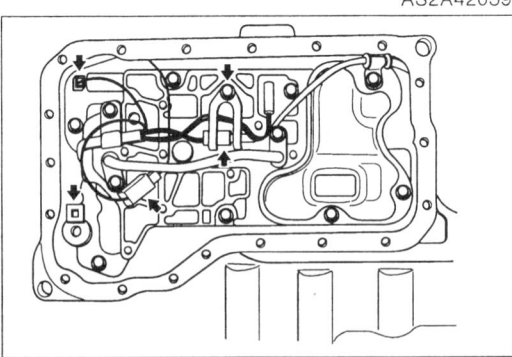

2. 오일 스트레이너를 장착한다.

   체결 토크 : 80~110kg-cm

3. 커넥터를 연결한다.
4. 신품 개스킷을 장착한 후 오일팬을 장착한다.

   체결 토크 : 85~110 kg-cm

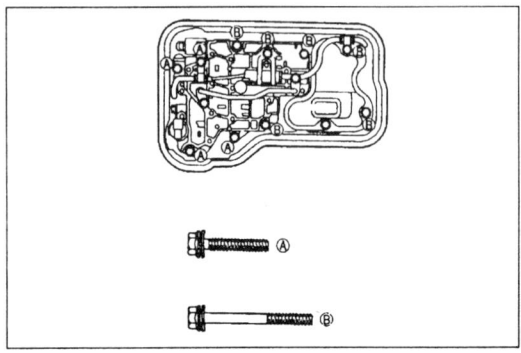

5. 엔진 마운팅 멤버를 장착한다.

   체결 토크 : 85~110 kg-cm

6. 엔진 밑에 설치되어 있는 커버를 장착한다.
7. 엔진으로 부터 SST를 분리한다.
8. ATF를 주입한 후 아이들 시켜서 누유되는지 점검한다.
9. 차량을 운행하면서 정확하게 변속되는지 점검한다.

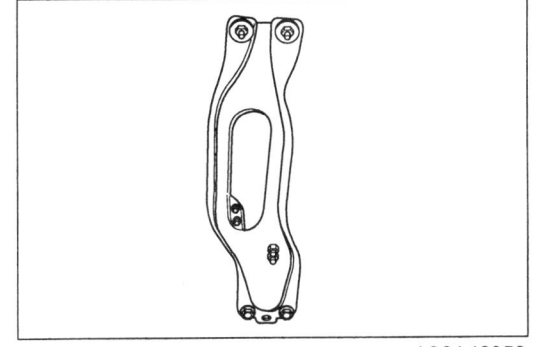

오일쿨러
1. 그림과 같은 순으로 분리하면 장착은 분리의 역순으로 한다.

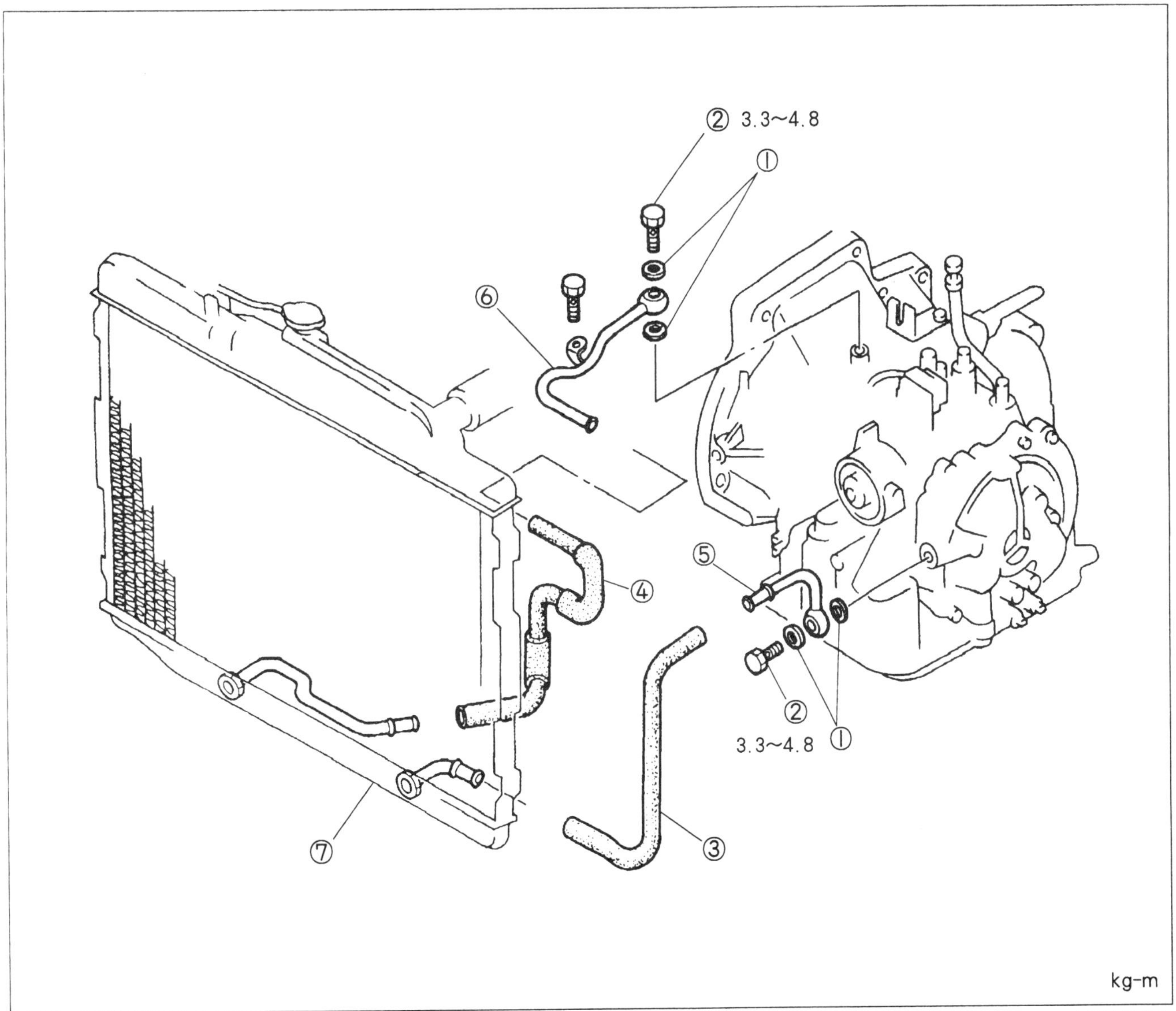

kg-m

1. 와셔
2. 커넥터 볼트
3. 인렛 ATF쿨러 호스
4. 아웃렛 ATF쿨러 호스
5. 인렛 ATF쿨러 파이프
6. 아웃렛 ATF쿨러 파이프
7. 라디에이터

기계장치 시험

스톨 시험
이 시험에서는 마찰 요소들의 슬립 또는 유압 부품의 기능 불량이 있는가 확인한다.

준비

> **경고**
> 엔진이 뜨거운 동안 라디에이터 캡을 열지 마시오.
> 라디에이터 캡을 분리할 때는 두꺼운 헝겊으로 감싼다.

1. 주차 브레이크를 작동시킨 후 앞.뒤 바퀴에 고임목을 설치한다.
2. 엔진을 충분히 난기하여 ATF 온도를 작동 수준 (60~70℃) 까지 올린다.
3. 테스트 하기전에 냉각수, 엔진오일, ATF 수준을 점검하고 필요시 양을 조절한다.

자동 변속기 기계장치 시험

순서

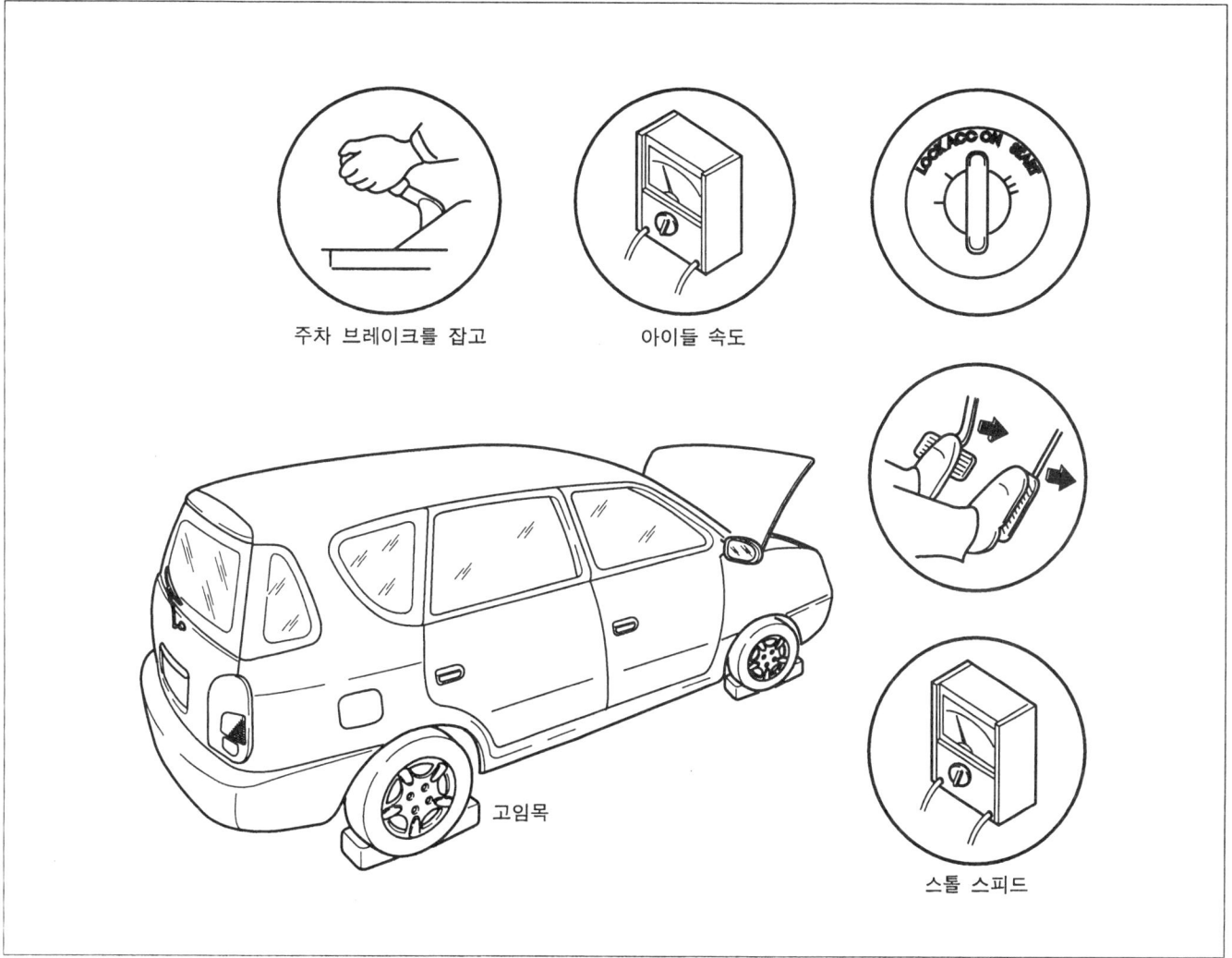

1. 데이터 링크 커넥터에 타코미터(또는 진단기기)를 연결한다.(O단자와 R단자)
2. 엔진을 가동시키고 P범위에서 아이들 속도를 점검한다.

   아이들 속도 : 800 ± 50 rpm   (주차 브레이크를 작동시킨 상태)

3. 변속 레버를 R 위치로 한다.

   주의
   있을 수 있는 트랜스 액슬 손상을 피하기 위하여 단계4→단계 5는 5초 이내에 실행해야 한다.

4. 왼발로 브레이크를 강하게 밟고 오른발로 부드럽게 가속 페달을 밟는다.
5. 엔진속도가 더이상 증가하지 않을때 재빨리 엔진속도를 읽고 가속 페달을 푼다.

   주의
   최소 1분간의 아이들링은 ATF를 냉각시키고 오일의 손상을 막기위해 실시한다.

6. 변속 레버를 "N" 위치로 하고 최소 1분 동안 엔진을 아이들 시킨다.

자동 변속기 기계장치 시험

경고
각 스톨 테스트 사이에 충분한 냉각시간이 있어야 한다.

7. 같은 방법으로 다른 범위에서 스톨 테스트를 행한다.
   (1) D 범위
   (2) 2 범위
   (3) 1 범위

   엔진 스톨 스피드   : 2,200~2,500 rpm

참고
스톨 테스트는 타코미터 대신에 자기진단기기를 사용하여 실시할 수 있다.

   드럼 스톨 스피드 표시 : 0 rpm

스톨 테스트 평가

조 건		예 상 원 인	
규정치 이상	모든 범위	부족한 라인 압력	오일 펌프 손상
			오일펌프, 컨트롤 밸브, 트랜스 액슬 케이스로 부터 누유
			압력 조절 밸브 고착
	전진범위	전진 클러치 슬립핑	
		원-웨이 클러치 1 슬립핑	
	"D" 범위	원-웨이 클러치 2 슬립핑	
	"2", "1" 범위	코우스팅 클러치 슬립핑	
	D(O/D OFF), 2범위	2-4 브레이크 슬립핑	
	"R", "1"	2-4 브레이크 밴드 슬립핑	
	"R"범위	로우 & 리버스 브레이크 슬립핑	
		후진 클러치 슬립핑	
		로우 & 리버스 브레이크 혹은 후진 클러치에 문제가 있는가 주행 테스트로 결정한다.	
		a) "1" 범위에서 엔진 브레이크가 걸리는가 .... 후진클러치	
		b) "1" 범위에서 엔진 브레이크가 걸리지 않는가 .... 로우 & 리버스 브레이크	
규정치 범위		트랜스 액슬내의 모든 기능 부품이 정상적으로 작동중	
규정치 이하		엔진 떨림	
		토크 컨버터 내의 원웨이 클러치 슬립핑	

자동 변속기 기계장치 시험

시간지연 시험
엔진을 아이들링 하면서 변속 레버로 변속하면 충격이 느껴지기 전에 시간 경과 또는 시간 지연이 발생한다. 이 단계에서는 N-D, 1-2 및 N-R 어큐뮬레이터, 전진 및 원웨이 클러치, 2-4 브레이크 밴드 및 로우 & 리버스 브레이크 리버스 클러치의 각 상태에서 시간 지연을 측정한다.

준비
스톨 테스트에 표시된 준비순서를 실시한다.

순서

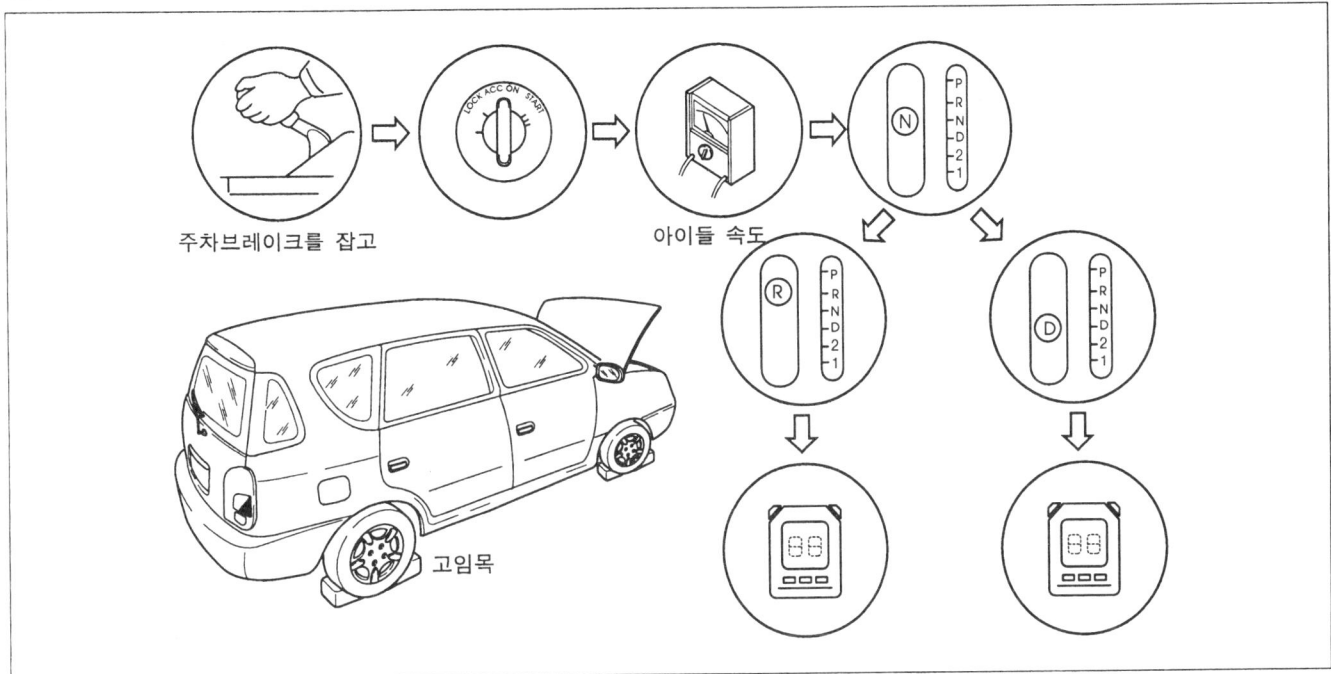

ARSA42015

1. 엔진을 시동하고 P범위에서 아이들 속도를 점검한다.

   아이들 속도 : 800 ± 50 rpm

2. N 범위에서 D범위로 변속한다.
3. 스톱워치로 변속할때 부터 충격이 느껴질 때 까지의 시간을 측정한다.

   ▌주의
   최소 1분간의 아이들링은 ATF를 냉각시키고, 오일의 손상을 막기위해 실시한다.

4. 변속 레버를 "N" 위치로 하고 최소 1분 동안 엔진을 아이들링 시킨다.

   ▌참고
   각 테스트마다 3번 측정하고 평균값을 낸다.

5. 같은 방법으로 다음과 같은 변속 시험을 행한다.

   (1) N→D 범위
   (2) N→2 범위
   (3) N→R 범위

   시간지연 : N→D 범위 .... 0.5~0.6초
   　　　　　　N→R 범위 .... 0.6~0.7초

시간지연 테스트 평가

조 건		예 상 원 인
N→D 변속	규정치 이상	불충분한 라인압력 전진 클러치 슬립핑 원웨이 클러치 1 슬립핑 원웨이 클러치 2 슬립핑
	규정치 이하	N/D 어큐뮬레이터 원활히 작동하지 않음 과도한 라인압력
N→2 변속	규정치 이상	불충분한 라인압력 전진 클러치 슬립핑 2-4 브레이크 밴드 슬립핑 원웨이 클러치 1 슬립핑
	규정치 이하	1-2 어큐므레이터 원활히 작동하지 않음 과도한 라인압력
N→R 변속	규정치 이상	불충분한 라인압력 로우&리버스 브레이크 슬립핑 후진 클러치 슬립핑
	규정치 이하	N-R 어큐므레이터 원활히 작동하지 않음 과도한 라인압력

자동 변속기 기계장치 시험

라인압력 테스트
이 테스트에서는 유압 구성 부품들의 검사와 오일 누유를 위한 점검의 수단으로 라인 압을 측정한다.

준비
1. 스톨 테스트에 표시된 준비순서를 실시한다.
2. 타코미터를 엔진에 연결한다.
3. SST를 라인 압력 검사 구멍에 연결한다.(사각 머리 플러그 L)

순서

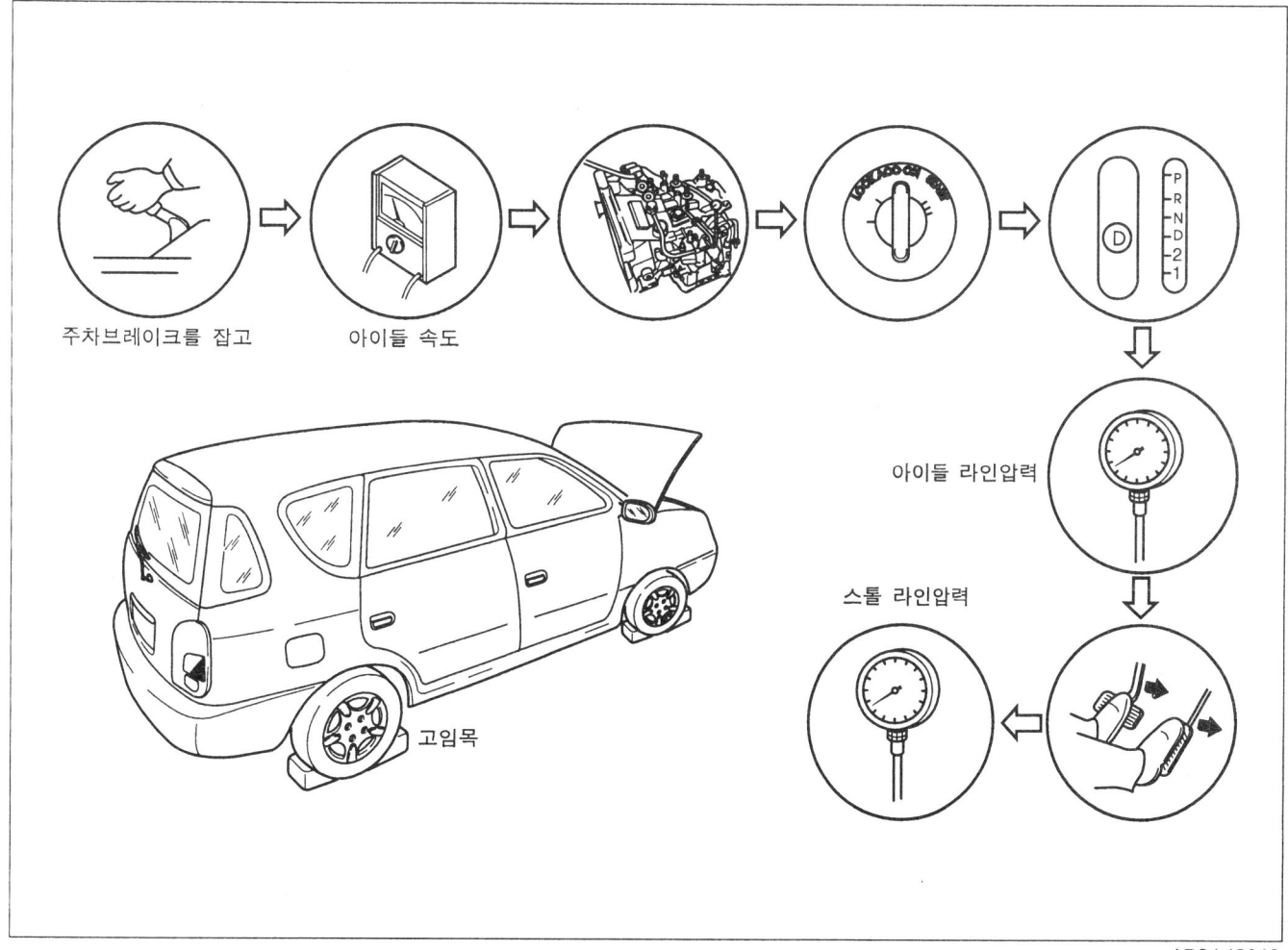

1. 엔진을 시동시키고 범위 P에서 아이들 속도를 확인한다.

    아이들 속도 : 800 ± 50 rpm

2. 변속 레버를 D범위로 하고 아이들에서 라인압을 읽는다.

자동 변속기 기계장치 시험

> **주의**
> 최소 1분간의 아이들링을 ATF를 냉각시키고 오일의 손상을 막기위해 실시한다.

5. 변속 레버를 "N" 위치로 하고 최소 1분동안 엔진을 아이들 시킨다.
6. 각 범위에서 같은 방법으로 아이들과 엔진 스톨 속도에서 라인 압력을 읽는다.

규정라인 압력

범 위	라인 압력 (kg/cm^2)	
	아이들	스톨
D, 2, 1	4.0~9.0	8.0~13
R	5.0~10	14~19

7. 점검 구멍에 새로운 사각머리 플러그를 장착한다.

   체결토크 : 50~100 kg-cm

라인압력 테스트 평가

라 인 압 력	예 상 원 인
모든 위치에서 저압	오일 펌프 손상 오일 펌프, 콘트롤 밸브 바디 혹은 트랜스액슬 케이스에서 누유 압력 조절 밸브 고착 린니어 솔레노이드 밸브 고착
범위 D와 2에서만 저압	전진 클러치의 유압회로로 부터 누유
범위 R에서만 저압	로우 & 리버스 브레이크 유압회로로 부터 누유 또는 리버스 클러치
규정치 보다 높음	린니어 솔레노이드 밸브 고착 압력 조절 밸브 고착

> **주의**
> 상기의 라인 압력 점검시 차량 상태는 차량내 기구(ex : 에어컨, 램프 등등)를 모두 켜지않고, 단지 엔진 시동만을 켠 상태로 점검 평가시의 규정 압력이다.

자동 변속기 주행실험

주행실험

> **주의**
> 정상 ATF 조작온도 (60°~70℃)에서 실험을 실시한다.

이 단계는 각 변속 범위에서 문제점을 검사하기 위해 실시한다. 테스트시 문제점이 있으면 전자 시스템 구성 부품 또는 기계 부품에 대해 조정 또는 교환한다.

변속 포인트, 변속 패턴, 변속 쇼크
1. 변속 레버를 D레인지로 위치한다.
2. 스로틀 밸브를 반개 또는 전개하여 차량을 가속한다.
3. 1-2, 2-3 및 3-O/D의 상.하향 변속과 록업이 있는가 확인한다.

> **참고**
> - 냉각수 온도가 65℃ 이하 일때는 록업이 없다.
> - 브레이크 페달을 밟았을때는 록업이 없다.

4. 차량 속도를 감속하고 3단과 4단에서 엔진 브레이크를 느끼는지 확인한다.
5. 차량을 운행하면서 록업이 작동되는지 점검한다.

D렌지 (파워 모드)

1. O/D 스위치를 OFF에서 ON으로 한다.
2. 급가속하여 스로틀 밸브를 반개 또는 전개시켜 주행하면서 아래 그래프와 같이 상향, 하향 변속되는지 확인한다.

D 렌지

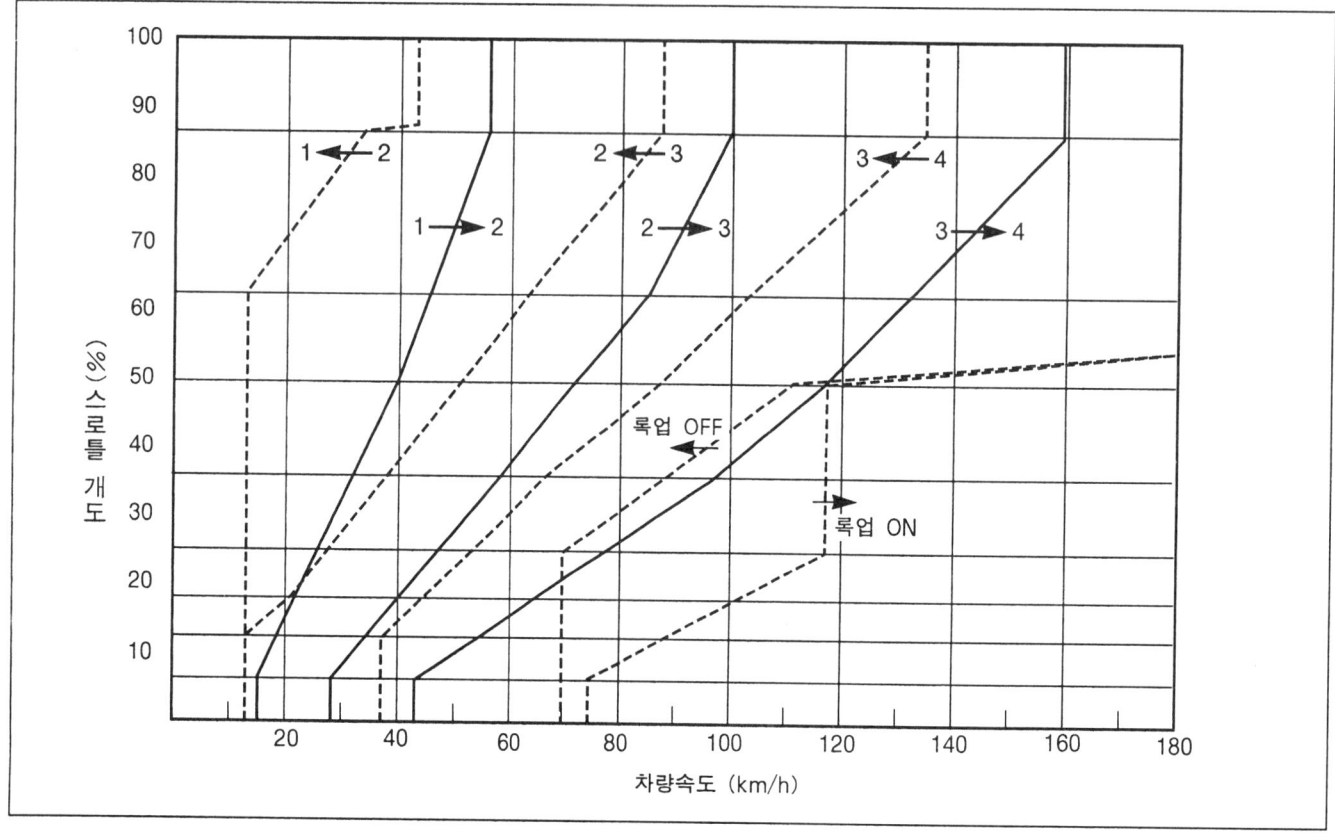

자동 변속기 주행실험

D 렌지 (이코노 모드)

1. O/D 스위치를 OFF에서 ON으로 한다.
2. 급가속하여 스로틀 밸브를 반개 또는 전개시켜 주행하면서 아래 그래프와 같이 상향, 하향 변속되는지 점검한다.

D 렌지

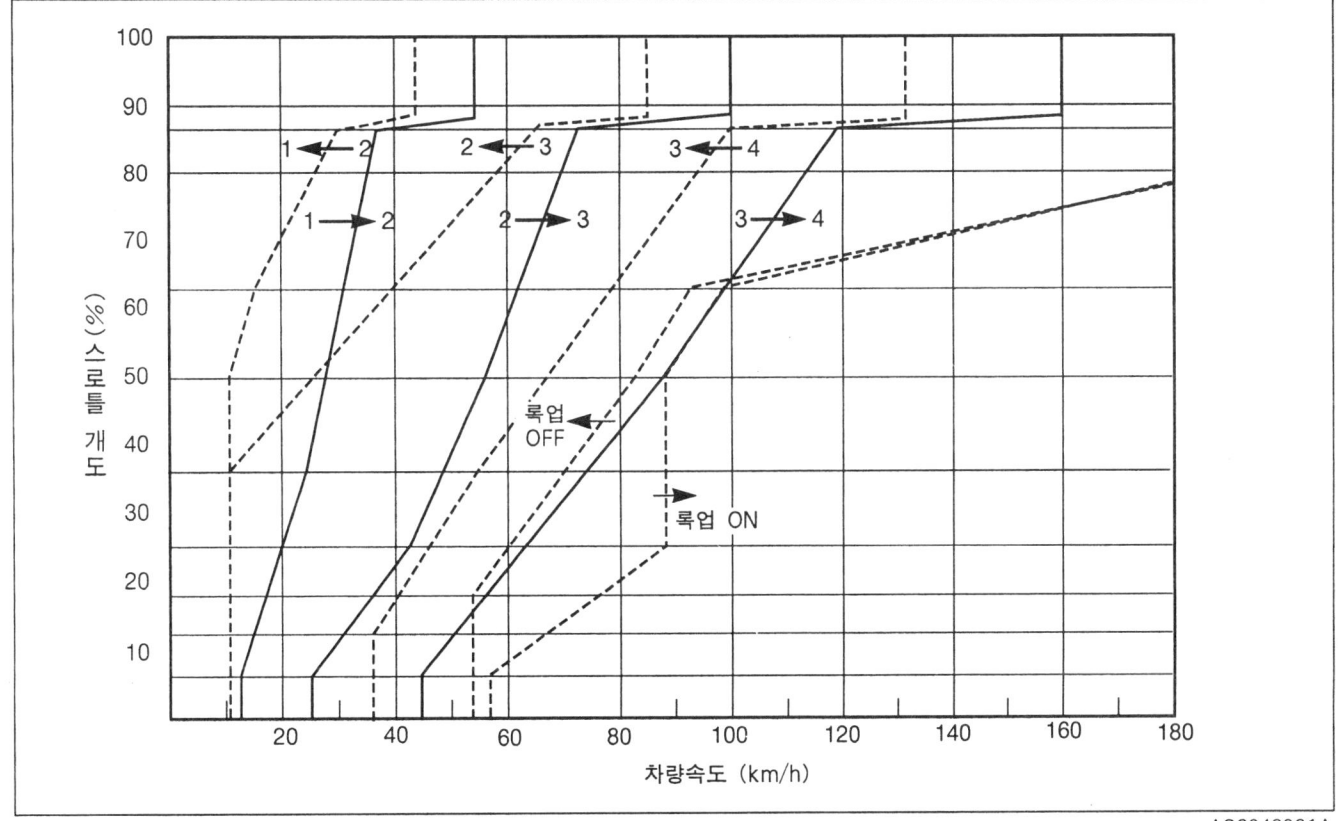

AS2042021A

자동 변속기 주행실험

자기진단 기능
고장진단 코드
점검절차
1. 진단기기를 데이터 링크 커넥터에 접속시킨다.
2. 이그니션 스위치를 ON시킨다.
3. 고장코드를 점검한다.
4. 만약 고장코드가 나타나면 고장코드의 번호를 이용하여 원인을 점검한다.

수리 후 절차
1. 진단기기를 사용하여 기억된 고장코드를 지운다.
2. 데이터 링크 커넥터에서 진단기기를 분리한다.
3. 차량을 50km/h로 주행하고 악세페달을 완전히 밟고서 킥 다운을 실시한다. 그리고 차량을 서서히 정지시킨다.
4. 데이터 링크 커넥터에 진단기기를 접속시킨다.
5. 이그니션 스위치를 ON시킨다.
6. 고장코드가 나타나지 않는가 확인한다.
7. 데이터 링크 커넥터에서 진단기기를 분리한다.

고장코드

코드번호	기능불량 부위	참고 페이지
P0712 / 70	ATF센서 전압 낮음	42-39
P0713 / 70	ATF 센서 전압 높음	42-39
P0717 / 66	터빈 속도	42-40
P0727 / 69	엔진속도 신호	42-41
P0743 / 63	록업 솔레노이드 밸브	42-42
P0748 / 64	린니어 솔레노이드 밸브	42-43
P0753 / 60	No.1솔레노이드 밸브	42-44
P0758 / 61	No.2솔레노이드 밸브	42-45
P0763 / 62	No.3솔레노이드 밸브	42-46
P1121 / 12	ECU에서 스로틀 포지션 센서	42-47
P1500 / 06	차량속도	42-48
P0604 / 90	TCU	42-48
P1780 / 65	토크 리덕션 시그널	42-49
P1800 / 59	ECU에서 엔진 토크 시그널	42-49

■ 참고
P1800 / 59 (P1800 : P코드, 59 : 88코드)

자동 변속기 주행실험

고장코드	P0712/70	ATF 센서 (낮음)
	P0713/70	ATF 센서 (높음)

가능한 원인	1. ATF센서의 고장 2. TCU와 ATF센서 사이의 커넥터 및 배선손상		
단계	점 검		조 치
1	ATF센서와 TCU사이의 커넥터의 연결상태가 정상인가?	예	다음 단계로 간다
		아니오	커넥터 수리 또는 교환

2	TCU의 H-01/22에서 단자 전압을 측정한다.
	
	표준전압
	    ATF온도 20℃ : 약 4.0V 부근
	    ATF온도 130℃ : 약 1.5V 부근
	
	단자 전압이 정상인가?
		예	단계 5로 간다

		아니오	다음 단계로 간다
3	다음처럼 단자 H-01/21과 H-01/22단자 사이에서 ATF의 저항을 측정한다. ATF 온도 20℃ : 약 24.461~29.205 kΩ ATF 온도 60℃ : 약 4.29~5.61 kΩ ATF 온도 80℃ : 약 3.05~3.6 kΩ	예	단계 5로 간다
		아니오	ATF 센서 교환 42-20 참조
4	ATF센서와 TCU사이의 커넥터와 배선이 정상인가?	예	다음 단계로 간다
		아니오	커넥터와 배선수리
5	고장코드를 지운 후 고장코드가 나타나는가?	예	TCU 교환
		아니오	간헐적인 배선의 접촉불량인지 정밀하게 배선을 점검한다

자동 변속기 주행실험

고장코드	P0717/66		터빈속도	
가능한 원인	1. 터빈 스피드 센서의 고장 2. TCU와 터빈 스피드 센서 사이의 커넥터 및 배선 손상			
단계	점검		조치	
1	터빈스피드 센서와 TCU사이의 커넥터의 연결 상태가 정상인가?	예	다음 단계로 간다	
		아니오	커넥터 수리 또는 교환	

2	TCU의 H-01/44와 H-01/16단자에서 단자전압을 측정한다.
	
	표준전압
	  엔진회전 중(P, N렌지) : 2.5~2.6V
	  이그니션 스위치 ON : 2.2~2.3V
	
	단자 전압이 정상인가?
		예	단계 6로 간다	

		아니오	다음 단계로 간다	
3	다음처럼 단자 H-01/44과 H-01/16단자 사이에서 터빈 센서의 저항을 측정한다. 1. 바테리 음극선을 분리한다. 2. TCU 커넥터를 분리한다. 저항이 표준사이에 있는가? 표준저항 : 300~420Ω	예	단계 6로 간다	
		아니오	다음 단계로 간다	
4	터빈 스피드 센서에서 저항을 측정한다. 1. 바테리 음극선을 분리한다. 2. 에어 클리너 어셈블리를 분리한다. 3. 저항을 측정한다. 표준저항 : 300~420Ω 저항이 표준사이에 있는가?	예	다음 단계로 간다	
		아니오	터빈 스피드 센서를 교환한다	
5	TCU와 터빈 스피드 센서사이의 배선과 커넥터가 정상인가?	예	다음 단계로 간다	
		아니오	커넥터와 배선을 수리	
6	고장코드를 지운 후 고장코드가 나타나는가?	예	TCU 교환	
		아니오	간헐적인 배선의 접촉불량인지 정밀하게 배선을 점검한다	

자동 변속기 주행실험

고장코드	P0727/69		엔진 속도 신호	
가능한 원인	1. TCU와 ECU 사이의 커넥터 또는 배선의 불량			
단계	점 검		조 치	
1	고장코드 P0501가 나타나는가?	예	수리(21장 참조)	
		아니오	다음 단계로 간다.	
2	ECU와 TCU사이의 커넥터의 연결상태가 정상인가?	예	다음 단계로 간다.	
		아니오	커넥터 수리 또는 교환	
3	ECU의 B-1e/47에서 단자전압을 측정한다. 표준전압 　아이들시 : 약 8.0V(듀티 40%)	예	단계 5로 간다	
		아니오	다음 단계로 간다.	
4	ECU와 TCU사이의 커넥터와 배선이 정상인가?	예	다음 단계로 간다.	
		아니오	커넥터와 배선수리	
5	고장코드를 지운 후 고장코드가 나타나는가?	예	TCU 교환	
		아니오	간헐적인 배선의 접촉 불량인지 정밀하게 배선을 점검한다	

자동 변속기 주행실험

고장코드	P0743/63	록업 솔레노이드 밸브		
가능한 원인	1. 배선의 단선 또는 단락			
단계	점 검		조 치	
1	록업 솔레노이드 밸브와 TCU사이의 커넥터의 연결상태가 정상인가?	예	다음 단계로 간다.	
		아니오	커넥터 수리 또는 교환	

2	TCU의 H-01/4에서 단자전압을 측정한다.
	
	표준전압
	   솔레노이드 ON : B+
	   솔레노이드 OFF : 0V
		예	단계 6으로 간다.	

		아니오	다음 단계로 간다.	
3	다음처럼 단자 H-01/4과 접지사이에서 록업 솔레노이드 밸브의 저항을 측정한다. 1. 바테리 음극선을 분리한다. 2. TCU의 커넥터를 분리한다. 3. 저항을 측정한다. 표준저항 : 14~18 Ω 저항이 표준치에 있는가?	예	단계 6으로 간다.	
		아니오	다음 단계로 간다.	
4	솔레노이드 커넥터를 분리하고서 저항을 측정한다. 1. 바테리 음극선을 분리한다. 2. 솔레노이드 커넥터를 분리한다. 3. 저항을 측정한다. 표준저항 : 14~18 Ω 저항이 표준치에 있는가?	예	다음 단계로 간다.	
		아니오	록업 솔레노이드 밸브 교환	
5	록업 솔레노이드 밸브와 TCU사이의 커넥터와 배선이 정상인가?	예	다음 단계로 간다.	
		아니오	커넥터와 배선수리	
6	고장코드를 지운 후 고장코드가 나타나는가?	예	TCU교환	
		아니오	간헐적인 배선의 접촉불량인지 정밀하게 배선을 점검한다.	

자동 변속기 주행실험

고장코드	P0748/64	린 니어 솔레노이드 밸브		
가능한 원인	1. 배선의 단선 또는 단락			

단계	점검		조치	
1	린 니어 솔레노이드 밸브와 TCU사이의 커넥터의 연결상태가 정상인가?	예	다음 단계로 간다.	
		아니오	커넥터 수리 또는 교환	
2	다음처럼 단자 H-01/5과 접지사이에서 린 니어 솔레노이드 밸브의 저항을 측정한다. 1. 바테리 음극선을 분리한다. 2. TCU의 커넥터를 분리한다. 3. 저항을 측정한다. 표준저항 : 4.1~5.1Ω 저항이 표준치에 있는가?	예	단계 5로 간다	
		아니오	다음 단계로 간다.	
3	솔레노이드 커넥터를 분리하고서 저항을 측정한다. 1. 바테리 음극선을 분리한다. 2. 솔레노이드 커넥터를 분리한다. 3. 저항을 측정한다. 표준저항 : 4.1~5.1Ω 저항이 표준치에 있는가?	예	다음 단계로 간다.	
		아니오	린 니어 솔레노이드 밸브 교환	
4	린 니어 솔레노이드 밸브와 TCU사이의 커넥터와 배선이 정상인가?	예	다음 단계로 간다.	
		아니오	커넥터와 배선 수리	
5	고장코드를 지운 후 고장코드가 나타나는가?	예	TCU교환	
		아니오	간헐적인 배선의 접촉불량인지 정밀하게 배선을 점검한다.	

자동 변속기 주행실험

고장코드	P0753/60	솔레노이드 밸브 A	
가능한 원인	1. 배선의 단선 또는 단락		
단계	점검		조치
1	솔레노이드 밸브 A와 TCU사이의 커넥터의 연결상태가 정상인가?	예	다음 단계로 간다.
		아니오	커넥터 수리 또는 교환
2	TCU의 H-01/30에서 단자전압을 측정한다. 표준전압 　솔레노이드 ON : B+ 　솔레노이드 OFF : 0V	예	단계 6로 간다
		아니오	다음 단계로 간다.
3	다음처럼 단자 H-01/30과 접지 사이에서 솔레노이드 밸브A의 저항을 측정한다. 1. 바테리 음극선을 분리한다. 2. TCU의 커넥터를 분리한다. 3. 저항을 측정한다. 표준저항 : 14～18 Ω 저항이 표준치에 있는가?	예	다음 단계로 간다.
		아니오	린 니어 솔레노이드 밸브 교환
4	솔레노이드 커넥터를 분리하고서 저항을 측정한다. 1. 바테리 음극선을 분리한다. 2. 솔레노이드 커넥터를 분리한다. 3. 저항을 측정한다. 표준저항 : 14～18 Ω 저항이 표준치에 있는가?	예	다음 단계로 간다.
		아니오	솔레노이드 밸브 A 교환
5	솔레노이드 밸브A와 TCU사이의 커넥터와 배선이 정상인가?	예	다음 단계로 간다.
		아니오	커넥터와 배선 수리
6	고장코드를 지운 후 고장코드가 나타나는가?	예	TCU교환
		아니오	간헐적인 배선의 접촉불량인지 정밀하게 배선을 점검한다.

자동 변속기 주행실험

고장코드	P0748/61	솔레노이드 밸브 B		
가능한 원인	1. 배선의 단선 또는 단락			
단계	점검		조치	
1	솔레노이드 밸브B와 TCU사이의 커넥터의 연결상태가 정상인가?	예	다음 단계로 간다.	
		아니오	커넥터 수리 또는 교환	

2	TCU의 H-01/33에서 단자 전압을 측정한다.
	
	표준전압
	  솔레노이드 ON : B+
	  솔레노이드 OFF : 0V
		예	단계 6로 간다	

		아니오	다음 단계로 간다.	
3	다음처럼 단자 H-01/33과 접지 사이에서 솔레노이드B의 저항을 측정한다. 1. 바테리 음극선을 분리한다. 2. TCU의 커넥터를 분리한다. 3. 저항을 측정한다. 표준저항 : 14~18Ω 저항이 표준치에 있는가?	예	다음 단계로 간다.	
		아니오	린니어 솔레노이드 밸브 교환	
4	솔레노이드 밸브 커넥터를 분리하고서 저항을 측정한다. 1.바테리 음극선을 분리한다. 2.솔레노이드 커넥터를 분리한다. 3.저항을 측정한다. 표준저항 : 14~18Ω 저항이 표준치에 있는가?	예	다음 단계로 간다.	
		아니오	솔레노이드 밸브 B 교환	
5	솔레노이드 밸브B와 TCU사이의 커넥터와 배선이 정상인가?	예	다음 단계로 간다.	
		아니오	커넥터와 배선 수리	
6	고장코드를 지운 후 고장코드가 나타나는가?	예	TCU교환	
		아니오	간헐적인 배선의 접촉불량인지 정밀하게 배선을 점검한다.	

자동 변속기 주행실험

고장코드	P0763/62	솔레노이드 밸브 C	
가능한 원인	1. 배선의 단선 또는 단락		
단계	점 검		조 치
1	솔레노이드 밸브C와 TCU사이의 커넥터의 연결상태가 정상인가?	예	다음 단계로 간다.
		아니오	커넥터 수리 또는 교환
2	TCU의 H-01/32에서 단자전압을 측정한다. 표준전압 　　솔레노이드 ON : B+ 　　솔레노이드 OFF : 0V	예	단계 6로 간다
		아니오	다음 단계로 간다.
3	다음처럼 단자 H-01/32와 접지 사이에서 솔레노이드C의 저항을 측정한다. 1. 바테리 음극선을 분리한다. 2. TCU의 커넥터를 분리한다. 3. 저항을 측정한다. 　　표준저항 : 14~18Ω 저항이 표준치에 있는가?	예	단계 6로 간다
		아니오	다음 단계로 간다.
4	솔레노이드 밸브 커넥터를 분리하고서 저항을 측정한다. 1. 바테리 음극선을 분리한다. 2. 솔레노이드 커넥터를 분리한다. 3. 저항을 측정한다. 　　표준저항 : 14~18Ω 저항이 표준치에 있는가?	예	다음 단계로 간다.
		아니오	솔레노이드 밸브 C 교환
5	솔레노이드 밸브B와 TCU사이의 커넥터와 배선이 정상인가?	예	다음 단계로 간다.
		아니오	커넥터와 배선 수리
6	고장코드를 지운 후 고장코드가 나타나는가?	예	TCU교환
		아니오	간헐적인 배선의 접촉불량인지 정밀하게 배선을 점검한다.

자동 변속기 주행실험

고장코드	P1121/12		TPS 신호	
가능한 원인	1. TCU와 ECU사이의 커넥터 또는 배선의 불량			
단 계	점 검		조 치	
1	고장코드 P0123가 나타나는가?	예	수리 (21장 참조)	
		아니오	다음 단계로 간다	
2	ECU와 TCU사이의 커넥터의 연결 상태가 정상인가?	예	다음 단계로 간다	
		아니오	커넥터 수리 또는 교환	

3	ECU의 B-1e/38에서 단자 전압을 측정한다.
	
	표준전압
	   아이들시 : 약 듀티 8~10% 부근
	   스로틀 밸브 완전 개방시 : 약 듀티 82~92% 부근
		예	단계 5로 간다	

		아니오	다음 단계로 간다.	
4	ECU와 TCU사이의 커넥터와 배선이 정상인가?	예	다음 단계로 간다.	
		아니오	커넥터와 배선수리	
5	고장코드를 지운 후 고장코드가 나타나는가?	예	TCU 교환	
		아니오	간헐적인 배선의 접촉불량인지 정밀하게 배선을 점검한다.	

자동 변속기 주행실험

고장코드	P1500/06		차량속도
가능한 원인	1. 차속센서의 고장 2. TCU와 미터세트 사이의 커넥터 및 배선 손상 3. 차속센서와 미터세트 사이의 커넥터 및 배선 손상		

단계	점 검		조 치
1	미터세트와 TCU사이의 커넥터의 연결상태가 정상인가?	예	다음 단계로 간다.
		아니오	커넥터 수리 또는 교환
2	TCU의 H-01/42에서 단자 전압을 측정한다. 표준전압 　이그니션 스위치 ON시 : 0V 　차량 운행시　　　　　: 0V~B+ 단자 전압이 정상인가?	예	단계 4로 간다.
		아니오	다음 단계로 간다.
3	미터세트와 TCU사이의 커넥터와 배선이 정상인가?	예	다음 단계로 간다.
		아니오	커넥터와 배선 수리
4	고장코드를 지운 후 고장코드가 나타나는가?	예	TCU 교환
		아니오	간헐적인 배선의 접촉불량인지 정밀하게 배선을 점검한다.

고장코드	P0604/90		TCU
가능한 원인	1. TCU 고장 2. 출력장치 배선의 회로손상		

단계	점 검		조 치
1	배선의 커넥터를 확인한다 커넥터의 접속 상태가 정상인가?	예	다음 단계로 간다.
		아니오	커넥터 수리 또는 교환

자동 변속기 주행실험

고장코드	P1780/65	토크 리덕션 시그널	
가능한 원인	1. TCU와 ECU 사이의 커넥터와 배선의 손상		
단계	점검		조치
1	ECU와 TCU 사이의 커넥터의 연결 상태가 정상인가?	예	다음 단계로 간다.
		아니오	커넥터 수리 또는 교환

2	TCU의 H-01/51에서 단자 전압을 측정한다.
	
	표준전압
	  이그니션 스위치 ON시 : 약 4.7V
	  아이들 시 : 약 4.7V
	
	단자 전압이 정상인가?
		예	단계 4로 간다.

		아니오	다음 단계로 간다.
3	ECU와 TCU 사이의 커넥터와 배선이 정상인가?	예	다음 단계로 간다.
		아니오	커넥터와 배선 수리
4	고장 코드를 지운 후 고장 코드가 나타나는가?	예	TCU 또는 ECM 교환
		아니오	간헐적인 배선의 접촉불량인지 정밀하게 배선을 점검한다.

고장코드	P1800/59	엔진 토크	
가능한 원인	1. TCU와 ECU 사이의 커넥터와 배선의 손상		
단계	점검		조치
1	ECU와 TCU 사이의 커넥터의 연결 상태가 정상인가?	예	다음 단계로 간다.
		아니오	커넥터 수리 또는 교환

2	TCU의 H-01/41에서 단자 전압을 측정한다.
	
	표준전압
	  이그니션 스위치 ON시 : 약 0.6V
	  아이들 시 : 약 1.7V : 약 듀티 5~10%
	
	단자 전압이 정상인가?
		예	단계 4로 간다.

		아니오	다음 단계로 간다.
3	ECU와 TCU 사이의 커넥터와 배선이 정상인가?	예	다음 단계로 간다.
		아니오	커넥터와 배선 수리
4	고장 코드를 지운 후 고장 코드가 나타나는가?	예	TCU 교환
		아니오	간헐적인 배선의 접촉불량인지 정밀하게 배선을 점검한다.

자동 변속기 주행실험

트랜스 액슬 컨트롤 유닛(TCU)
단자 전압 표

단자	입력	출력	신호	접속	점검 조건		전압(V)
H-01/1	-	-	-	-	-		-
H-01/2	-	-	-	-	-		-
H-01/3	-	-	-	-	-		-
H-01/4		●	록업 솔레노이드 밸브	록업 솔레노이드 밸브	록업시		B+
					해제시		0
H-01/5		●	린 니어 솔레노이드 밸브	린 니어 솔레노이드 밸브	아이들시		듀티 약 60%
H-01/6	-	-	TCU접지	접지	-		0
H-01/7	-	-	-	-	-		-
H-01/8	●		D 렌지	인히비터 스위치	D 렌지		B+
					기타		0
H-01/9	-	-	-	-	-		-
H-01/10	●		브레이크	브레이크 스위치	브레이크 페달 해제시		0
					브레이크 페달 작동시		B+
H-01/11	-	-	-	-	-		-
H-01/12			테스트		테스트 단자 접지시		0
					테스트 단자 미 접지시		B+
H-01/13	-	-	-	-	-		-
H-01/14	-	-	-	-	-		-
H-01/15	-	-	-	-	-		-
H-01/16	●		터빈센서	터빈센서	이그니션 스위치ON		2.2~2.3
					아이들		2.5~2.6
H-01/17		●	O/D인디게이터 램프	O/D인디게이터 램프	이그니션 스위치ON	O/D OFF모드	0
						기타	B+
H-01/18	●		P 또는 N 렌지	인히비터 스위치	이그니션 스위치ON	P 또는 N렌지 이외	B+
						P 또는 N렌지	0
H-01/19	-	-	-	-	-		-
H-01/20	-	-	-	-	-		-
H-01/21	-	-	ATF	ATF센서 접지	-		0
H-01/22	●		ATF	ATF센서	이그니션 스위치ON	ATF온도 20℃	5.0부근
						ATF온도 130℃	1.5부근
H-01/23	-	-	터빈센서	쉴드접지	-		0
H-01/24	-	-	-	-	-		-
H-01/25		●	페일(fail)	데이터 링크 커넥터 "m"	고장시		0~B+
					고장이 없을 때		B+
H-01/26	-	-	파워공급	바테리	-		B+
H-01/27	-	-	-	-	-		-
H-01/28	-	-	TCU접지	접지	-		0
H-01/29	-	-	-	-	-		-
H-01/30		●	솔레노이드 밸브 A	솔레노이드 밸브 A	솔레노이드 작동표 참조		B+
							0
H-01/31	-	-	-	-	-		-

자동 변속기 주행실험

단자	입력	출력	신호	접속	점검 조건		전압(V)
H-01/32		●	솔레노이드 밸브 C	솔레노이드 밸브 C	솔레노이드 작동표 참조		B+
							0
H-01/33		●	솔레노이드 밸브 B	솔레노이드 밸브 B	솔레노이드 작동표 참조		B+
							0
H-01/34	-	-	TCU접지	접지	-		0
H-01/35	-	-	-	-	-		-
H-01/36	●		2렌지	인히비터 스위치 (2렌지)	아이들	2렌지	B+
						기타	0
H-01/37	●		1렌지	인히비터 스위치 (1렌지)	아이들	1렌지	B+
						기타	0
H-01/38	●		TPS시그널	ECU 38번 단자	IG ON	전폐시	듀티 10%
					아이들	전개시	듀티 90%
H-01/39	-	-	-	-	-		-
H-01/40	●		엔진rpm	ECU 47번 단자	아이들		8.0 부근 (듀티 40%)
H-01/41	●		토크 리덕션	ECU 68번 단자	이그니션 스위치 ON		약 0.6
					아이들		약 1.7
H-01/42	●		차속센서	차속센서	이그니션 스위치 ON		0 또는 B+
					운행중		0 또는 B+
H-01/43	-	-	-	-	-		-
H-01/44	-	-	터빈센서 접지	터빈센서 접지	-		0
H-01/45	●		O/D스위치	O/D스위치	이그니션 스위치 ON	O/D OFF스위치 누름	0
						O/D OFF스위치 해제	B+
H-01/46	-	-	-	-	-		-
H-01/48	-	-	-	-	-		-
H-01/49	-	-	-	-	-		-
H-01/50		●		데이터링크 커넥터 "k"	이그니션 ON시		8.0~8.5
					아이들시		9~10
H-01/51		●	토크 리덕션	ECU 85번 단자	이그니션 스위치 ON		약 4.7부근
					아이들		약 4.8부근
H-01/52	-	-	-	-	-		-
H-01/53	-	-	-	-	-		-
H-01/54	-	-	파워공급	이그니션 스위치	이그니션 스위치 ON		B+
					이그니션 스위치 OFF		0
H-01/55	-	-	파워공급	이그니션 스위치	이그니션 스위치 ON		B+
					이그니션 스위치 OFF		0

자동 변속기 주행실험

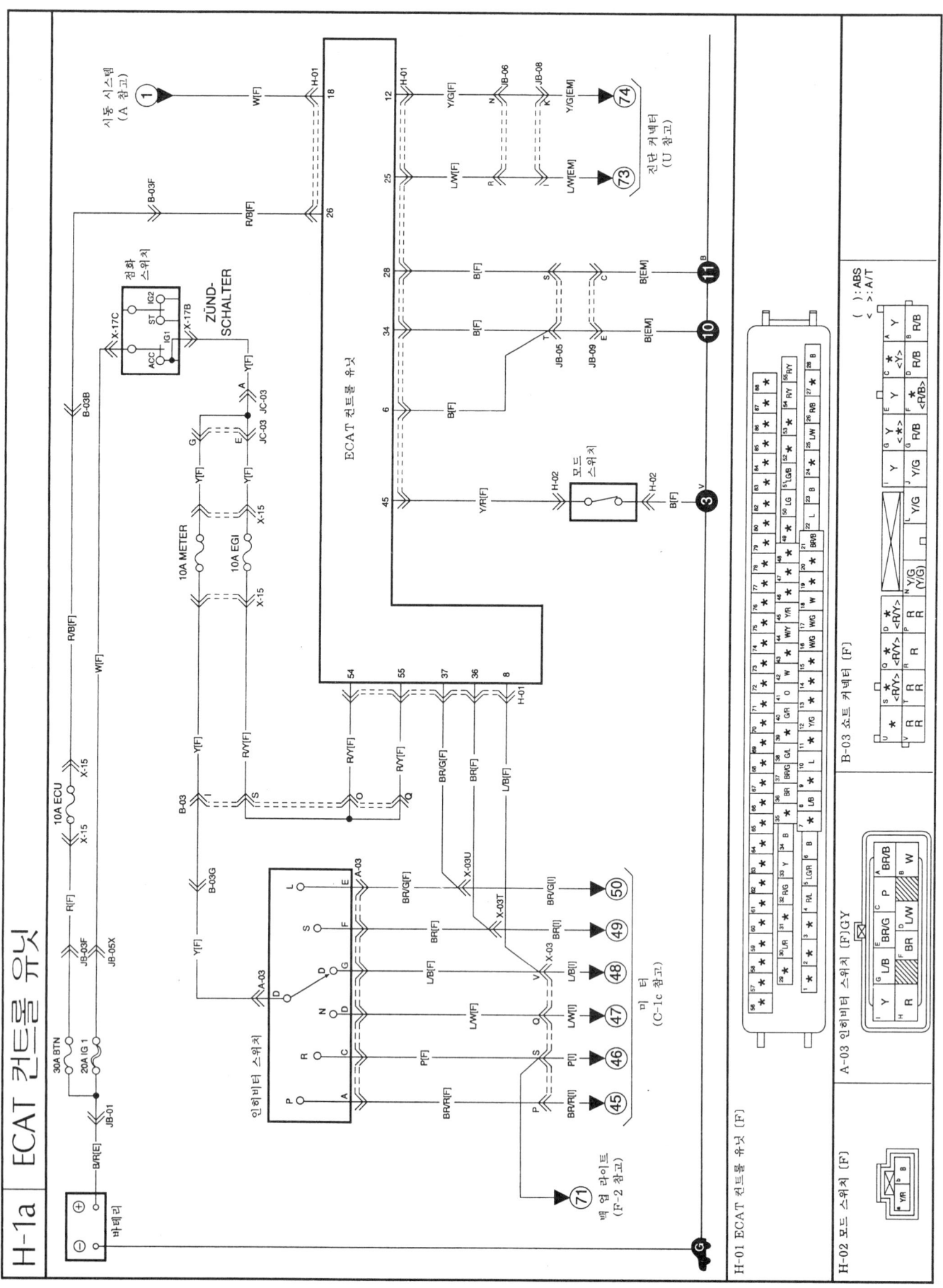

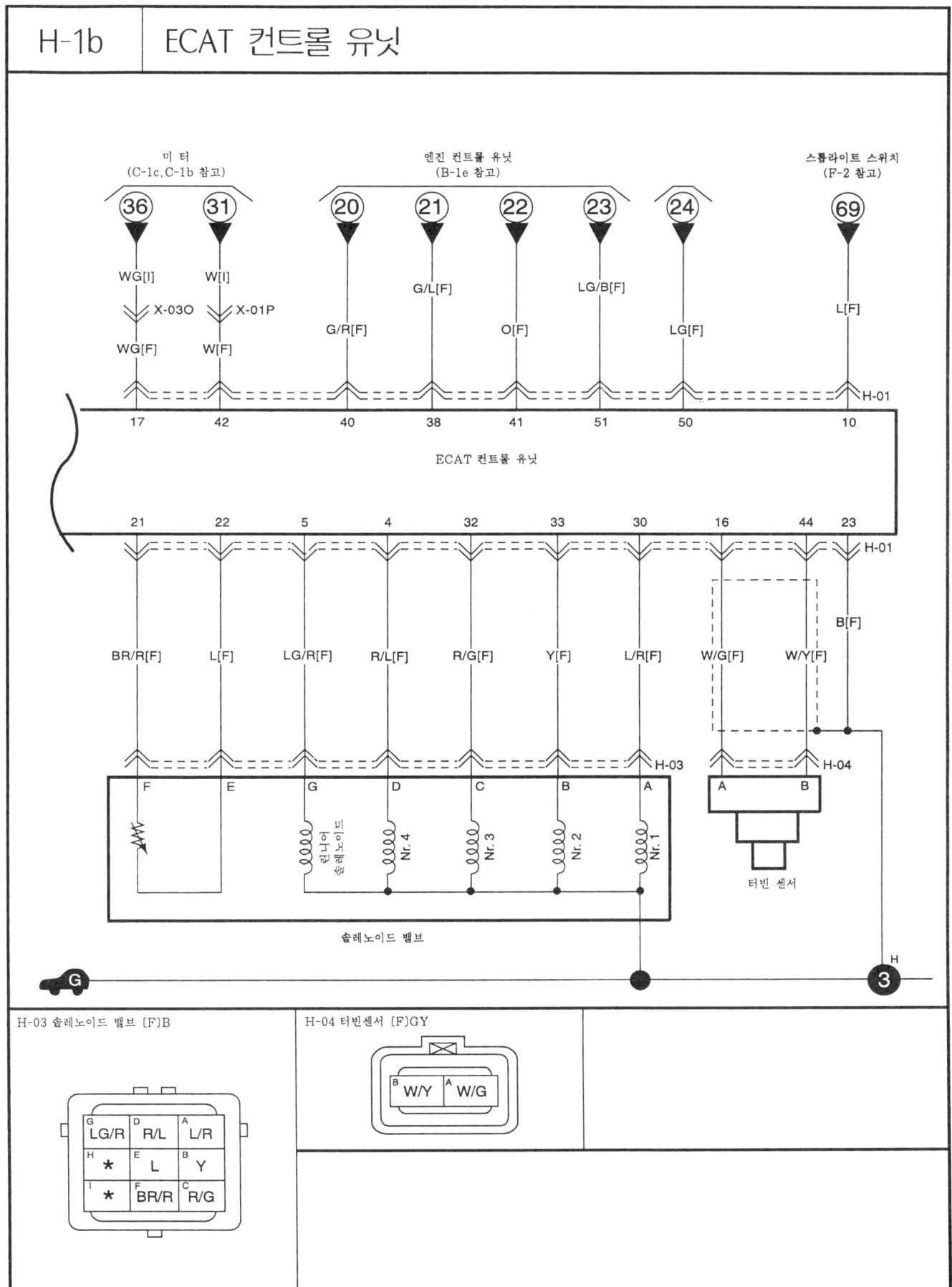

자동 변속기 분리/장착

분리/장착

트랜스 액슬
분리
1. 바테리 음극선을 분리한다.
2. 차량을 들어 올리고 안전 스탠드로 지지한다.
3. 적당한 용기에 ATF를 배유시킨다.
4. 분리시 참고사항을 참조해서 그림에 나타난 순서대로 분리한다.
5. 장착시 참고사항을 참조해서 그림의 역순으로 장착한다.

주의
오일팬을 분리하기 전에 오토 트랜스 액슬을 뒤집지 마시오.

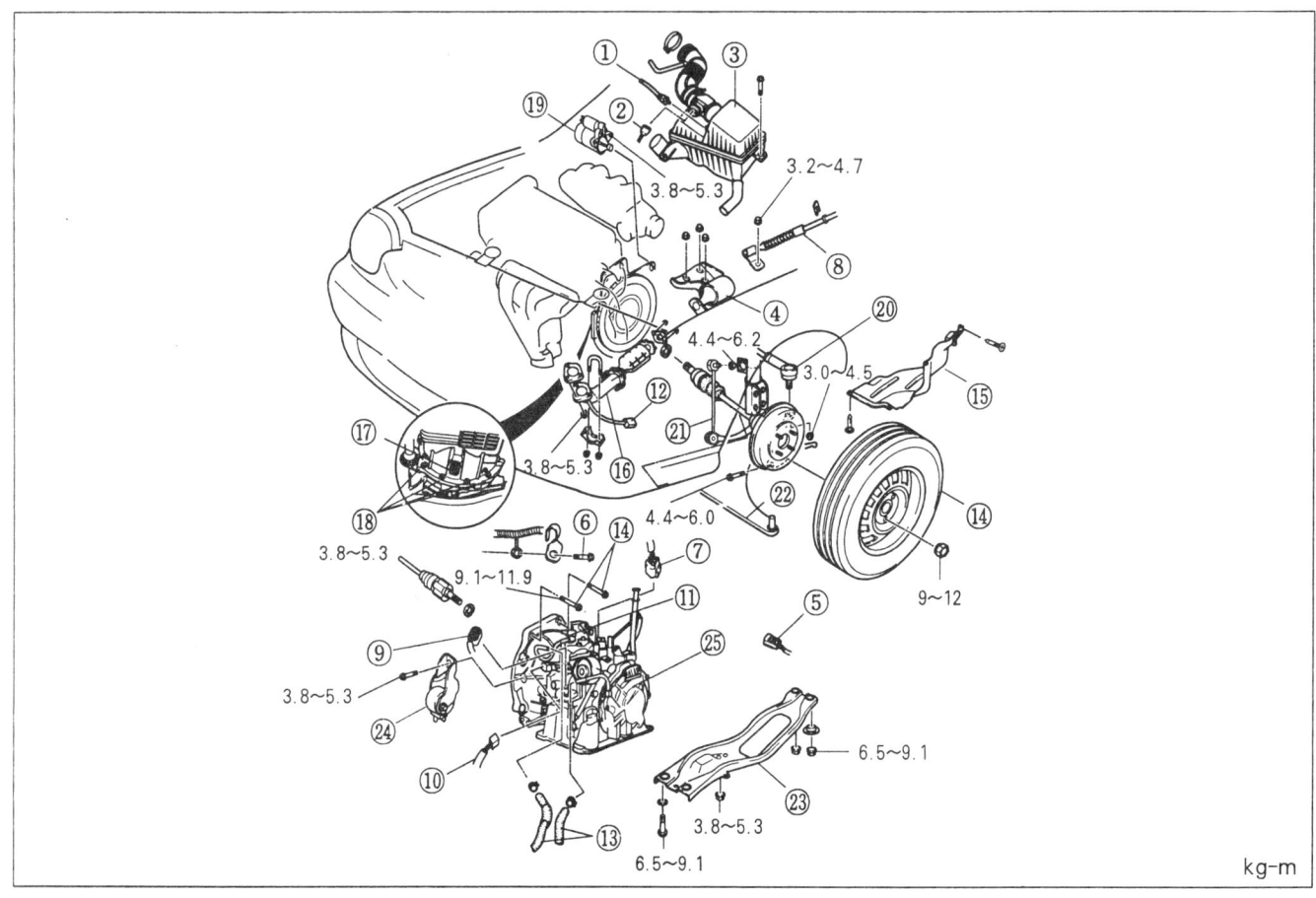

1. 흡기온 센서 커넥터
2. MAF센서 커넥터
3. 에어클리너 어셈블리
4. No.4 엔진 마운팅
5. 터빈스피드 센서 커넥터
6. 접지
7. 차속센서 커넥터
8. 셀렉터 케이블
9. 솔레노이드 밸브 커넥터
10. 트랜스 액슬 렌지 스위치 커넥터
    (인히비터 스위치 커넥터)
11. 크랭크 샤프트 포지션 센서
12. 산소센서 커넥터
13. ATF쿨러 호스
14. 휠 및 타이어
15. 스플래쉬 쉴드
16. 캐탈릭 컨버터
17. 악세스 커버
18. 트랜스액슬 마운팅 볼트
19. 스타터
20. 타이로드 엔드
21. 스테빌라이저 컨트롤 링크
22. 로어 암 볼조인트
23. 엔진 마운팅 멤버
24. No.2 엔진 마운팅
25. 오토 트랜스 액슬

자동 변속기 분리/장착

분리시 참고사항
엔진 마운팅 멤버
1. 엔진 마운트 멤버를 분리하기 전에 SST(엔진 서포트)를 사용하여 엔진을 매단다.

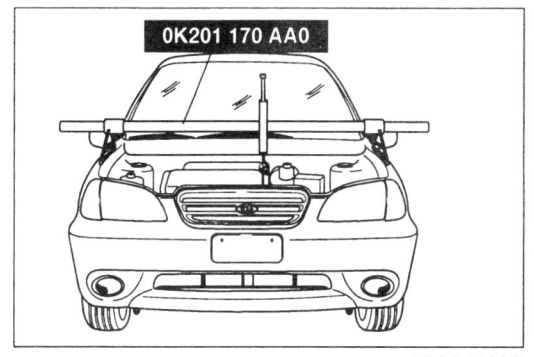

드라이브 샤프트

■ 주의
볼 조인트 더스트 부트의 손상에 주의한다.

1. 로어 암 볼 조인트로 부터 크린치 볼트를 분리한다.
2. 너클로 부터 로어 암을 아래로 당겨서 분리한다.

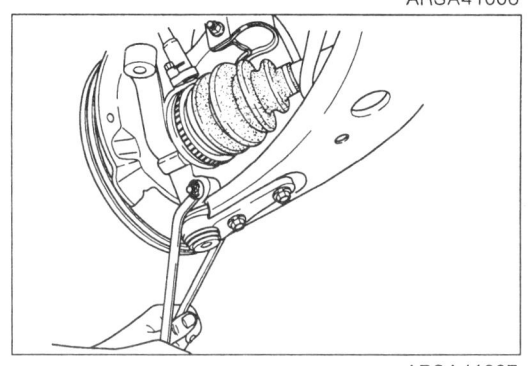

■ 주의
오일 실을 손상시키지 않도록 주의한다.

3. 샤프트와 오토 트랜스 액슬 케이스에 바를 끼워서 트랜스 액슬로 부터 왼쪽 드라이브 샤프트를 분리한다.

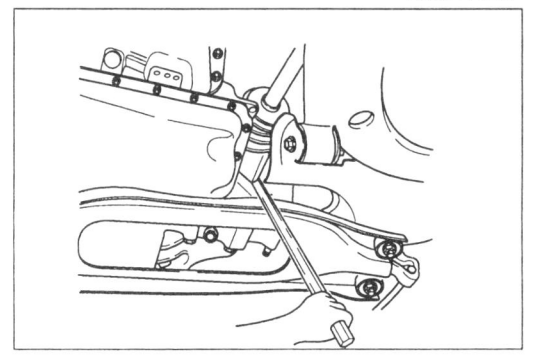

4. 디퍼런셜 사이드 기어 측에 SST(디퍼런셜 사이드 기어 홀더)를 끼운다.

■ 주의
디퍼런셜 기어 정렬을 위해 반드시 SST를 사용한다.

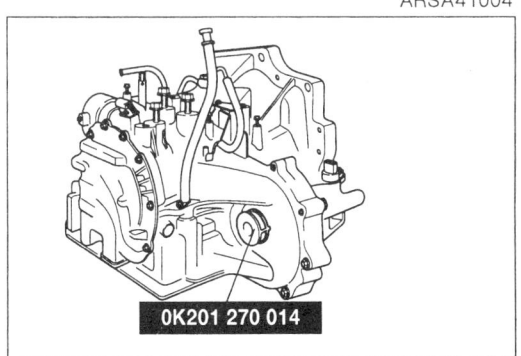

토크 컨버터와 드라이브 플레이트
1. 컨버터 하우징 악세스 커버를 분리한 후 드라이브 플레이트와 토크 컨버터의 장착너트를 푼다.
2. 크랭크 샤프트를 돌리면서 악세스 홀을 통하여 4개의 너트를 푼다.

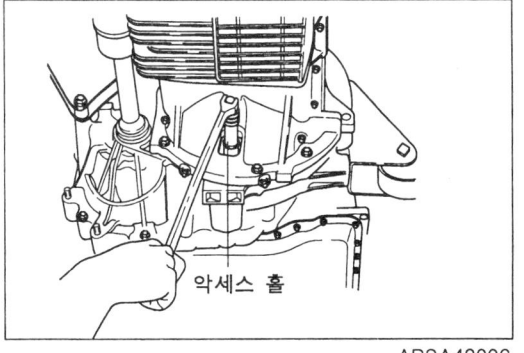

악세스 홀

자동 변속기 분리/장착

오토 트랜스 본체

> **경고**
> 오토 트랜스 액슬 본체가 잭으로부터 떨어지지 않도록 주의한다.

1. 오토 트랜스 액슬의 본체를 잭으로 지지한다.
2. 오토 트랜스 액슬 마운팅 볼트를 분리한다.
3. 오토 트랜스 액슬을 분리한다.

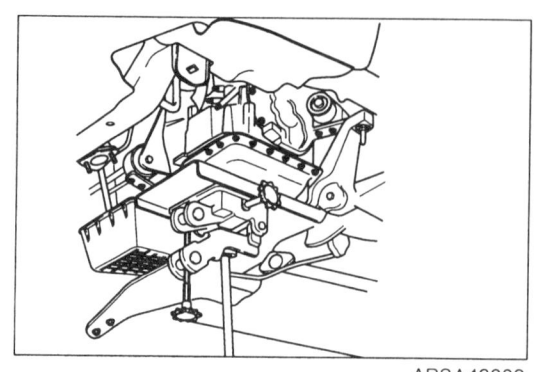

장착시 참고사항
오토 트랜스 액슬 본체

> **주의**
> 오토 트랜스 액슬이 잭으로 부터 떨어지지 않도록 주의한다.

1. 오토 트랜스 액슬을 잭 위에 올려 놓는다.

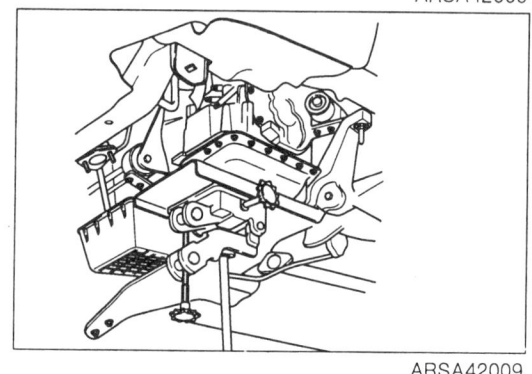

2. 엔진에 오토 트랜스 액슬을 장착한다.

   체결토크 : 5.6~8.2 kg-m

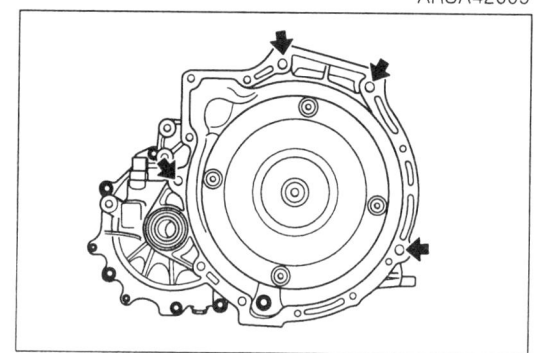

토크 컨버터와 드라이븐 플레이트
1. 악세스 홀을 통하여 드라이브 플레이트와 토크 컨버터의 체결 너트 4개를 장착한다.
2. 크랭크 샤프트 풀리를 돌리면서 너트를 체결한다.

   체결토크 : 3.5~5.0 kg-m

드라이브 샤프트

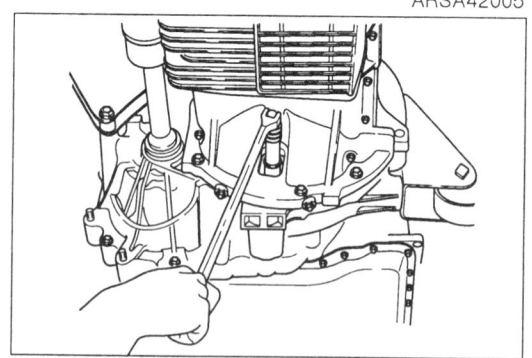

> **주의**
> - 오일 실을 손상시키지 않도록 한다.
> - 장착 후 프론트 허브를 바깥쪽으로 당겨서 드라이브 샤프트가 고정되는가 확인한다.

1. 드라이브 샤프트와 조인트 샤프트 끝단의 클립을 새것으로 교환한다.
2. 크립의 홈이 위쪽으로 향하도록 하여 드라이브 샤프트를 디퍼런셜 측으로 밀어 넣는다.

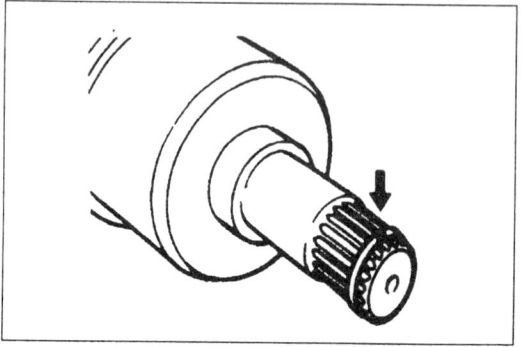

자동 변속기 분리/장착

체인지 레버
1. 바테리 음극선을 분리한다.
2. 그림과 같은 순으로 분리한다.
3. 필요시 모든 부품을 점검, 수리 혹은 교환한다.
4. 장착은 장착시 참고사항을 참조하여 분리의 역순으로 장착한다.

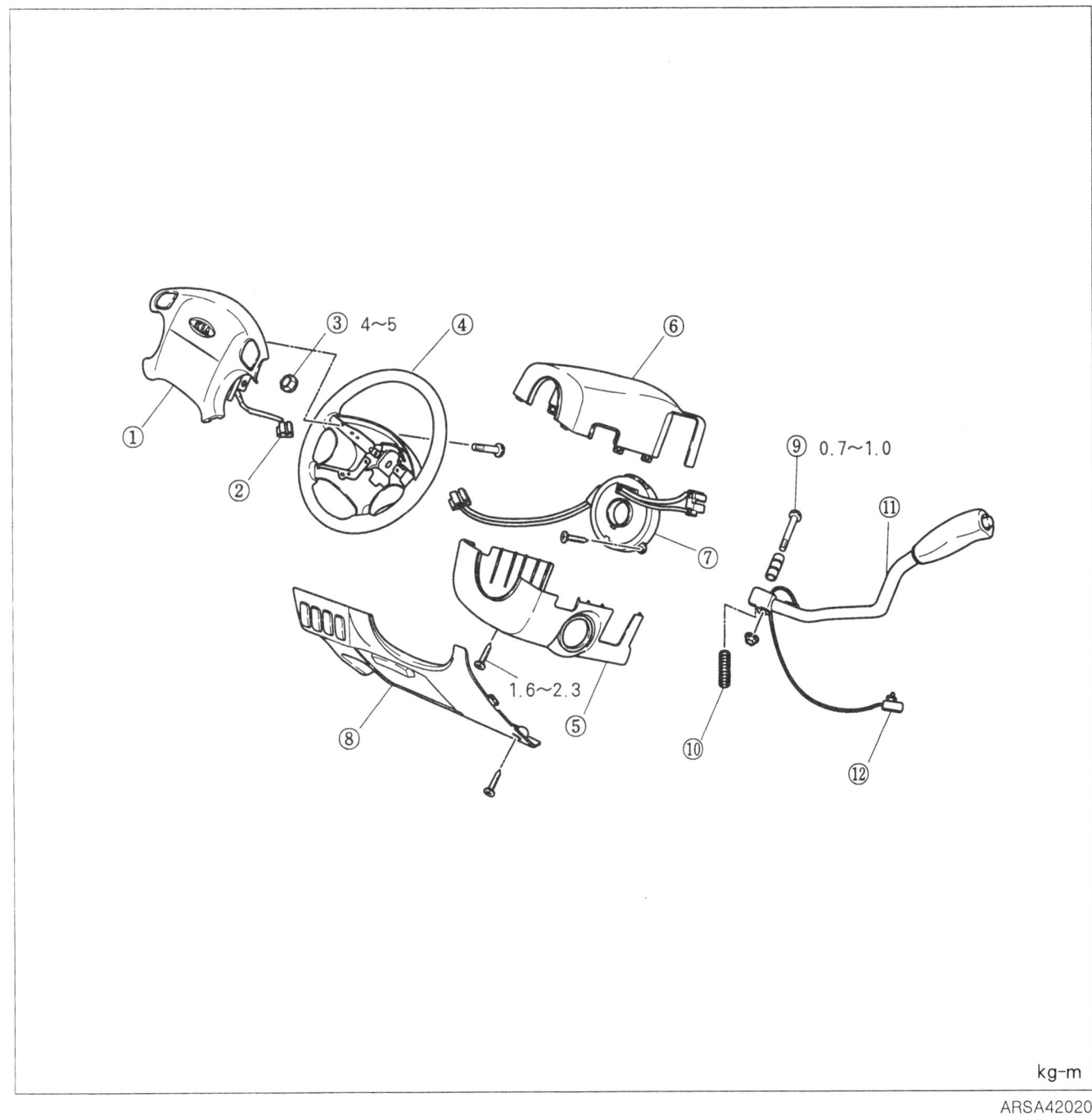

kg-m
ARSA42020

1. 에어백 모듈	7. 클릭 스프링
2. 에어백 모듈 커넥터	8. 언더 커버
3. 리테이닝 너트	9. 볼트
4. 스티어링 휠	10. 리턴 스프링
5. 어퍼 컬럼	11. 체인지 레버
6. 로워 컬럼	12. O/D 스위치 커넥터

자동 변속기 사양

사양

항목	트랜스액슬	F4A-EL
		TB DOHC
토크 컨버터 스톨 토크 비		2.08 : 1
기어비	1단	2.800
	2단	1.540
	3단	1.000
	OD	0.700
	후진	2.333
파이널 기어비		3.833
구동판 / 피동판의 수	전진 클러치	3/3
	코우스팅 클러치	2/2
	3-4 클러치	4/4
	리버스 클러치	2/2
	로 & 리버스 브레이크	4/4
ATF	형식	SK ATF SP-III
	용량 (l)	5.4

특수공구

0K201 170 AA0 엔진 서포트	트랜스액슬 분리시 엔진 지지 시 사용	0K201 170 AA1 오일 실 인스톨러	오일 실 조립시 사용
0K201 270 014 디퍼런셜 사이드 기어 홀더	트랜스액슬 분해시 디퍼런셜 기어 정렬용	0K2CA 089 HSP 하이-스캔 프로	고장진단 체크용

앞·뒤 차축

개요	50- 3
고장진단 및 조치	50- 4
프런트 액슬	50- 5
리어 액슬	50-10
드라이브 샤프트	50-15
사양	50-23
특수공구	50-23

앞·뒤 차축 개요

개요

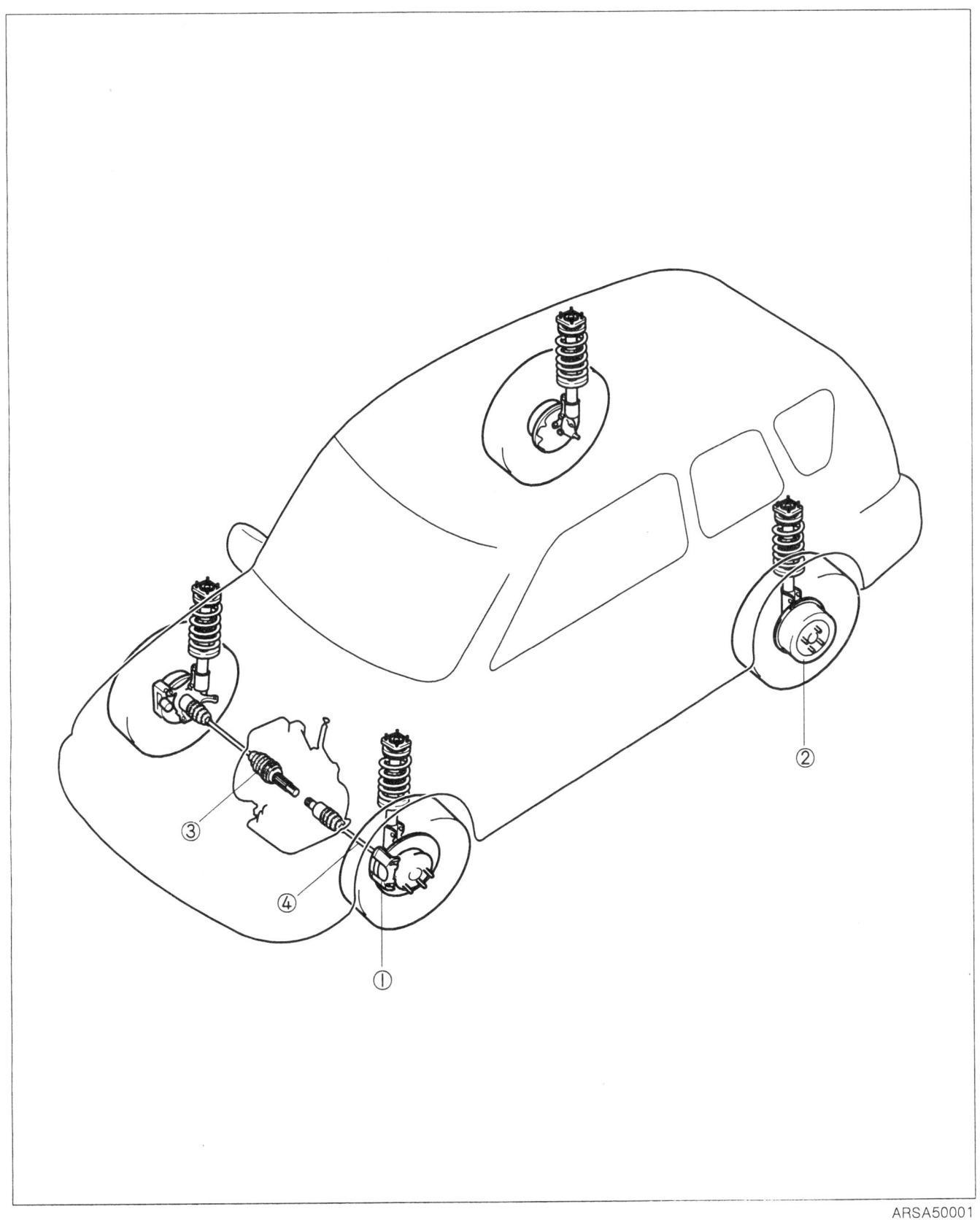

1. 프런트 액슬
2. 리어 액슬
3. 조인트 샤프트
4. 드라이브 샤프트

고장진단 및 조치

프런트 액슬

고장상황	예상주요원인	조치
핸들의 진동	· 휠 베어링 마모, 손상 · 과도한 휠 베어링 유격	· 교환 · 체결, 교환
핸들이 치우친다	· 휠 베어링 마모, 손상 · 과도한 휠 베어링 유격	· 교환 · 체결, 교환
과도한 핸들 유격	· 과도한 휠 베어링 유격	· 체결, 교환
이음	· 드라이브 샤프트, 조인트 샤프트의 휨 · 휠 베어링 마모, 손상 · 드라이브 샤프트, 조인트 샤프트 스프라인의 마모 · 조인트나 드라이브 샤프트의 스프라인에 그리스 불충분 · 드라이브 샤프트 트리포드 조인트 마모	· 교환 · 교환 · 교환 · 보충, 교환 · 교환
부트에서 그리스 누유	· 손상, 찢겨진 부트 · 부트 밴드 오조립 · 과다한 그리스	· 교환 · 교환 · 수리

리어 액슬

고장상황	예상주요원인	조치
핸들의 진동	· 휠 베어링 마모, 손상 · 과도한 휠 베어링 유격	· 교환 · 체결, 교환
핸들이 치우친다	· 휠 베어링 마모, 손상 · 과도한 휠 베어링 유격	· 교환 · 체결, 교환
과도한 핸들 유격	· 과도한 휠 베어링 유격	· 체결, 교환
이음	· 베어링 하우징의 휨 · 휠 베어링 마모, 손상	· 교환 · 교환

프런트 액슬

1. 그림의 순서대로 분리한다.
2. 장착은 분리의 역순으로 행한다.
3. 장착후 프런트 휠 얼라인먼트를 검사한다.

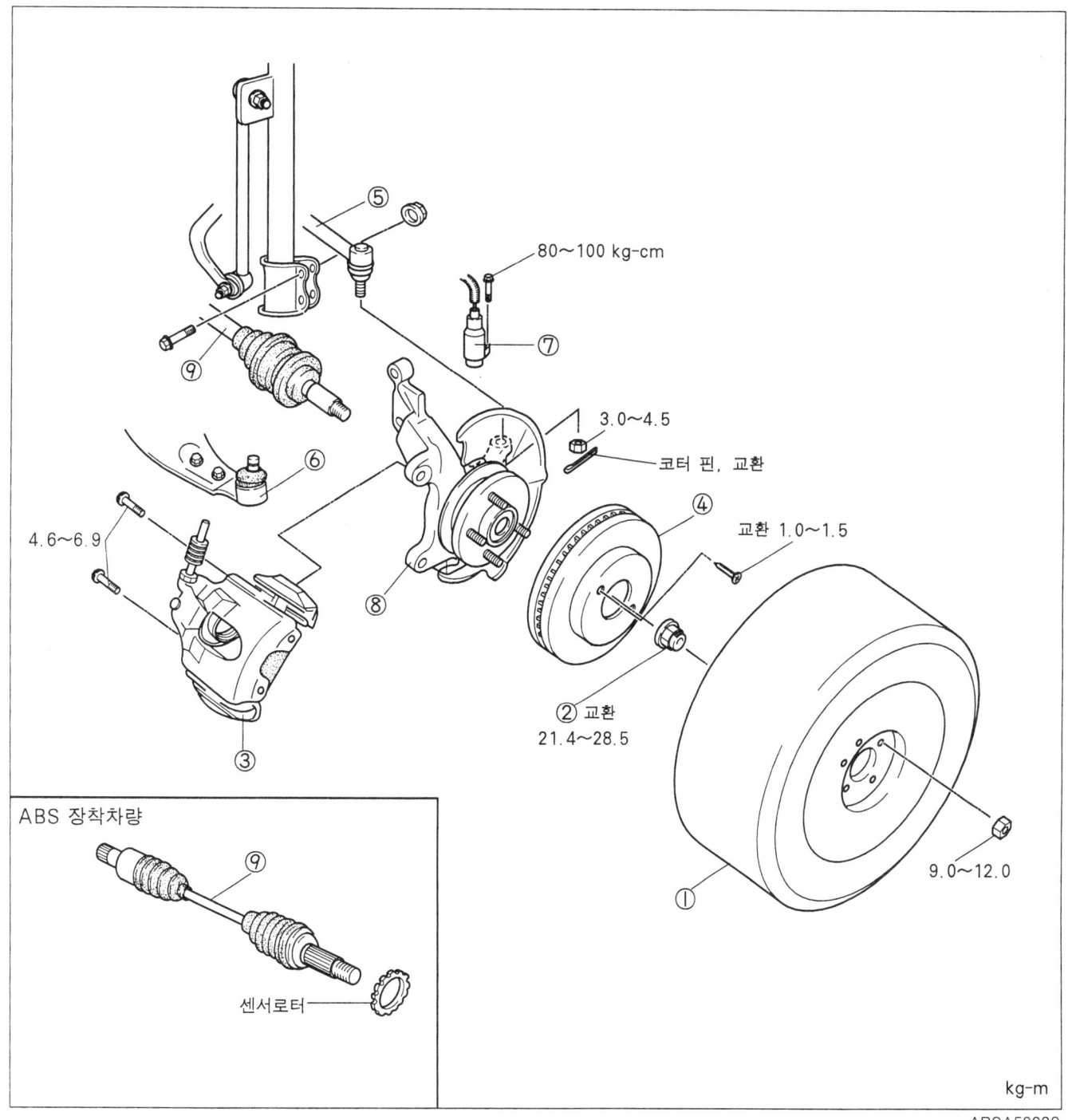

1. 휠과 타이어
2. 록 너트
3. 브레이크 캘리퍼 어셈블리
4. 디스크 로터
5. 타이로드 엔드
6. 로어암 볼 조인트
7. 휠 스피드 센서
8. 너클, 휠 허브와 더스트 커버

분해

1. 그림의 순서대로 분리한다.
2. 조립은 분해의 역순으로 행한다.

분해도

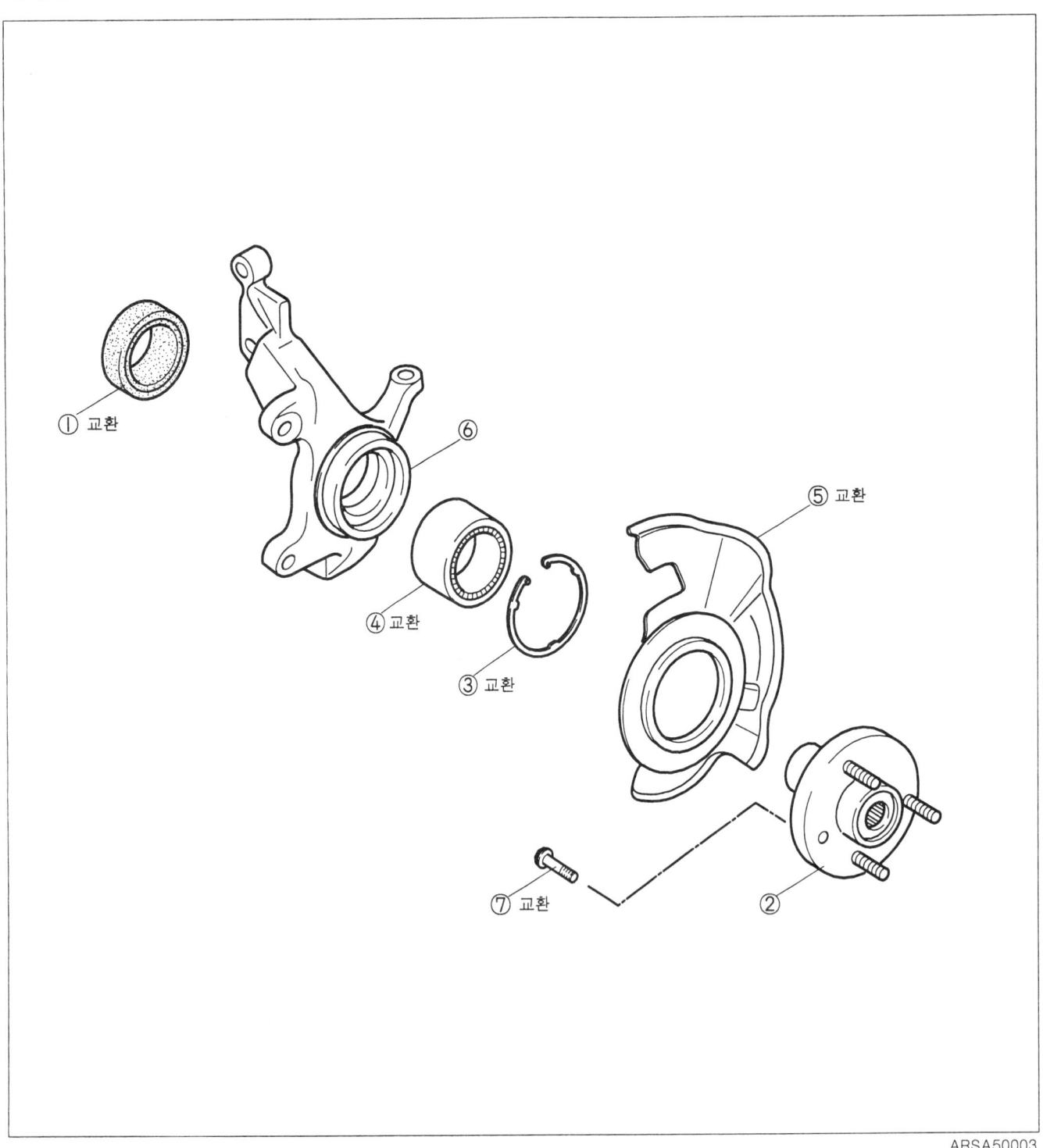

1. 오일 실
2. 허브 휠
3. 리테이닝 링
4. 휠 베어링
5. 더스트 커버
6. 너클
7. 허브 볼트

차상정비

휠 베어링

1. 휠과 타이어를 분리한다.
2. 플랙시블 호스를 분리하여 브레이크 액을 빼낸후 캘리퍼를 로프등으로 매단다.
3. 디스크 플레이트를 분리한다.
4. 다이얼 게이지를 휠 허브에 놓는다. 휠 허브를 축방향으로 밀고 당기면서 휠 베어링 유격을 측정한다.
5. 만일 베어링 유격이 사양치를 초과하면 록 너트 토크를 검사하거나 조정하고 필요하면 휠 베어링을 교환한다.

축 방향 베어링 유격 : 0.06~0.08 mm

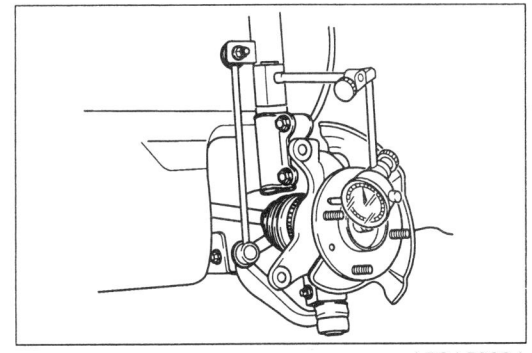

타이로드 엔드

■ 주의
더스트 부트를 손상시키지 않는다.

1. 너트를 풀고 SST를 사용하여 타이로드 엔드를 떼어낸다.

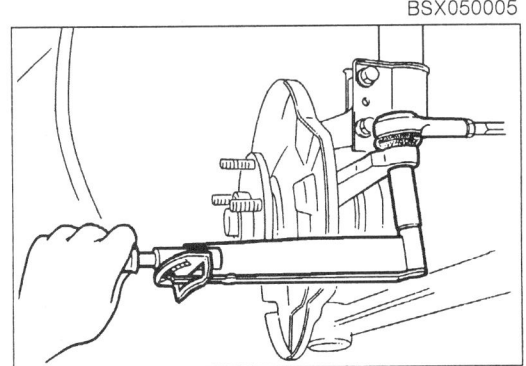

2. 너트를 장착하고 새로운 코터 핀으로 잡아둔다.

체결토크 : 3.0~4.5 kg-m

록 너트

새로운 록 너트를 장착하고 그림과 같이 코오킹한다.

체결토크 : 24.0~32.5 kg-m

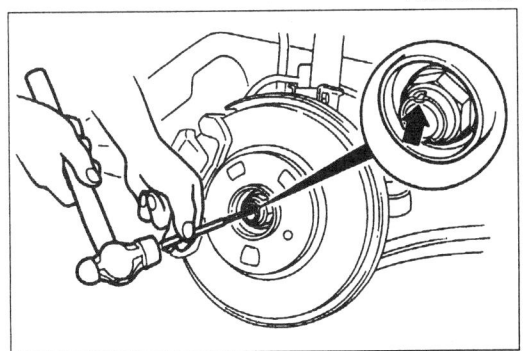

분리

프런트 휠 허브 어셈블리
SST를 사용하여 프런트 휠 허브 어셈블리를 분리한다.

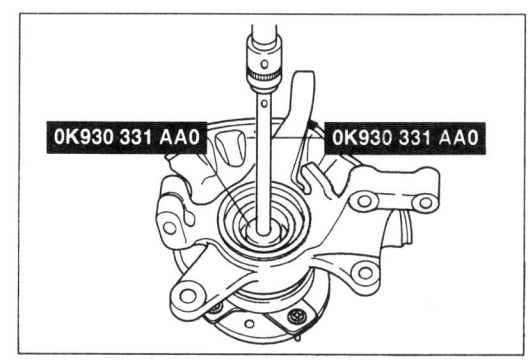

> **참고**
> 만일 베어링 인너 레이스가 프런트 휠 허브 어셈블리에 남아 있으면 약 0.5mm 남을때까지 베어링 인너 레이스를 그라인더로 갈아낸다.
> 그리고 정을 사용하여 분리한다.

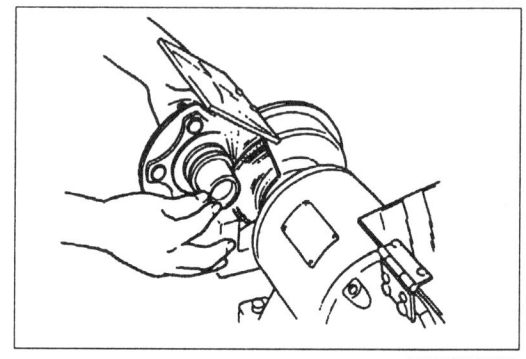

휠 베어링
범용공구를 사용하여 휠 베어링을 분리한다.

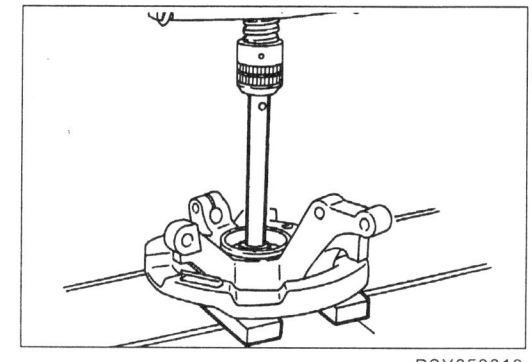

조립
범용공구를 사용하여 새로운 더스트 커버를 조립한다.

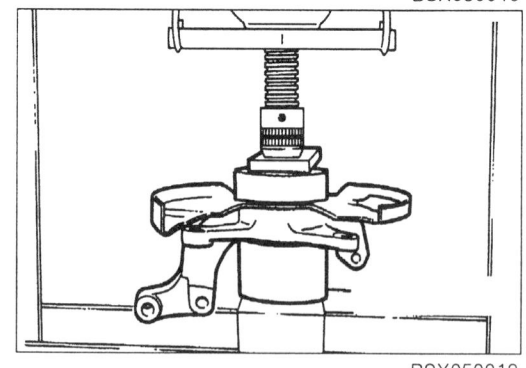

휠 베어링
범용공구를 사용하여 새로운 휠 베어링을 조립한다.

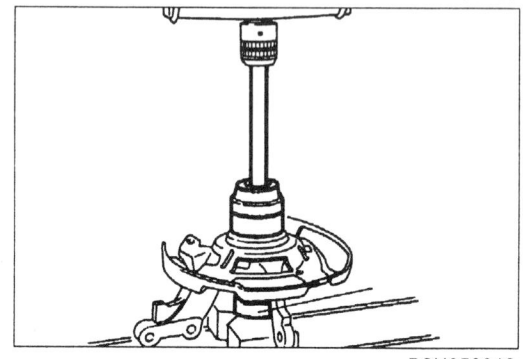

프런트 휠 허브 어셈블리

프레스를 사용하여 프런트 휠 허브 어셈블리를 조립한다.

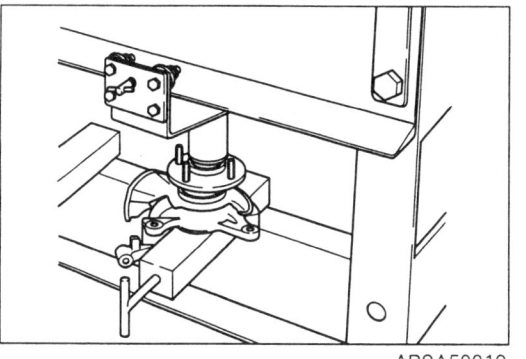

리어 액슬 (드럼 브레이크 방식)

분리
1. 그림의 순서대로 분리한다.
2. 장착은 분리의 역순으로 행한다.

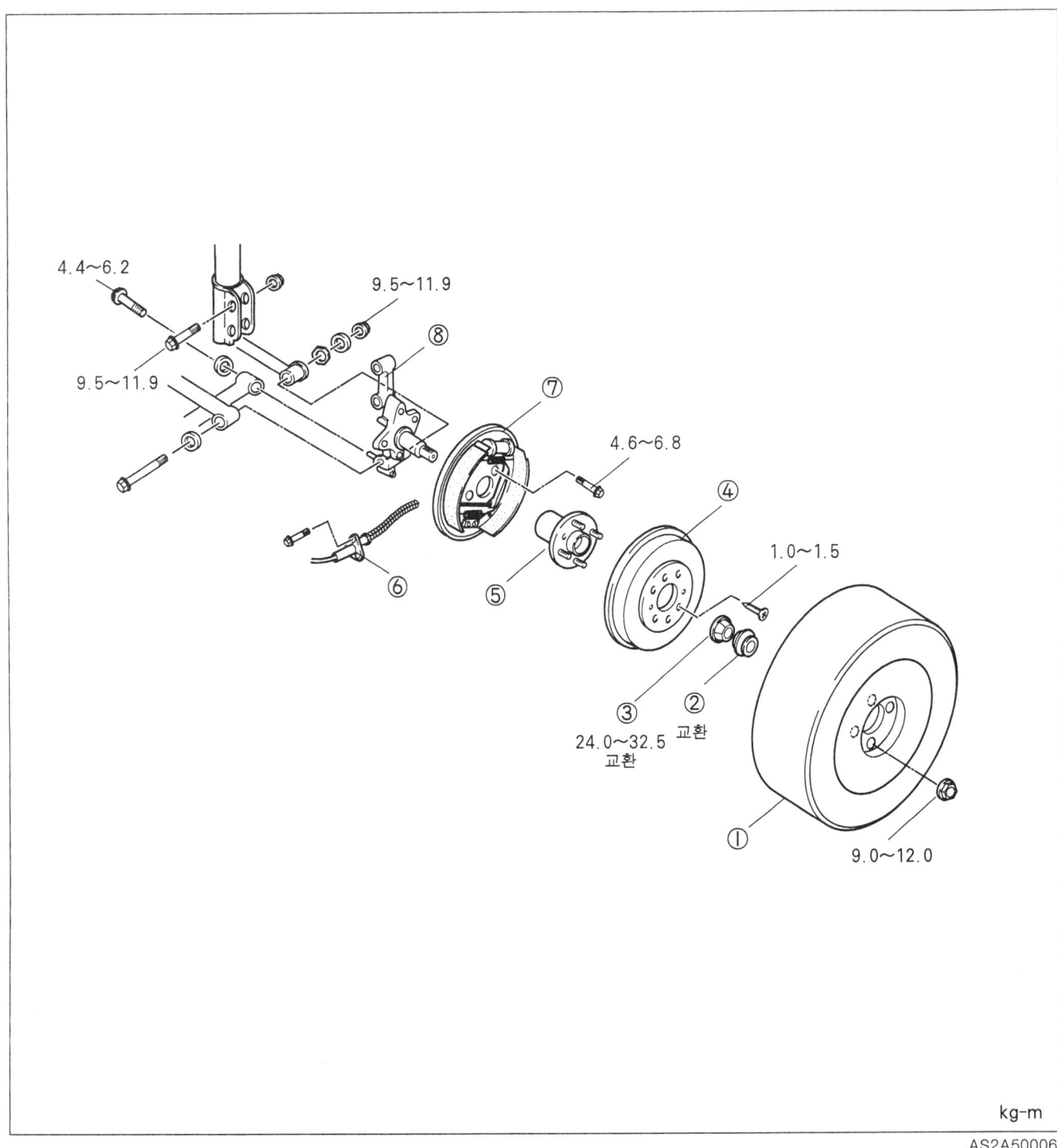

kg-m

1. 휠과 타이어
2. 허브 캡
3. 록 너트
4. 브레이크 드럼
5. 허브 베어링
6. 주차 브레이크 케이블
7. 리어 브레이크 어셈블리
8. 리어 스핀들

앞·뒤 차축 리어 액슬 (드럼 브레이크 방식)

차상정비

휠 베어링

1. 휠과 타이어를 분리한다.
2. 다이얼 게이지를 브레이크 드럼에 놓는다. 리어 브레이크 어셈블리를 축방향으로 밀고 당기면서 휠 베어링 유격을 측정한다.
3. 만일 베어링 유격이 사양치를 초과하면 록 너트 토크를 검사하거나 재체결하고 필요하면 휠 베어링을 교환한다.

축 방향 베어링 유격 : 0.01~0.03 mm

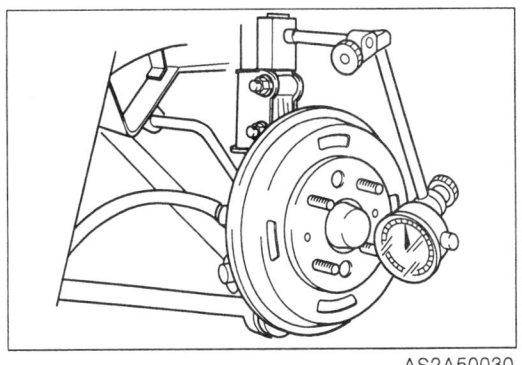

브레이크 파이프

▣ 주의
브레이크 파이프를 분리한 후 브레이크 액이 새지 않도록 막아 놓는다.

1. SST를 사용하여 브레이크 파이프를 분리한다.

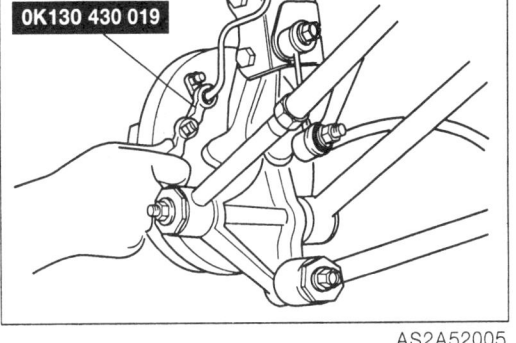

2. SST를 사용하여 브레이크 파이프를 체결한다.

체결토크 : 1.3~1.8 kg-m

록 너트
새로운 록 너트를 장착하고 그림에 나타난 것처럼 코오킹한다.

체결토크 : 24.0~32.5 kg-m

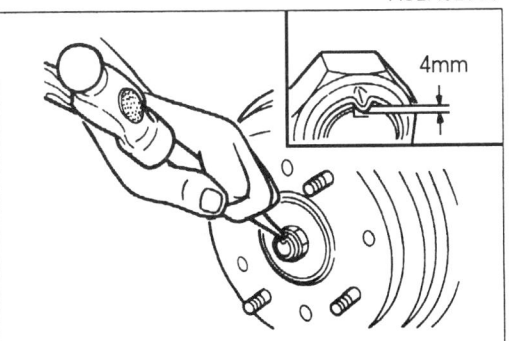

분해

1. 그림의 순서대로 분해한다.
2. 조립은 분해의 역순으로 실시한다.

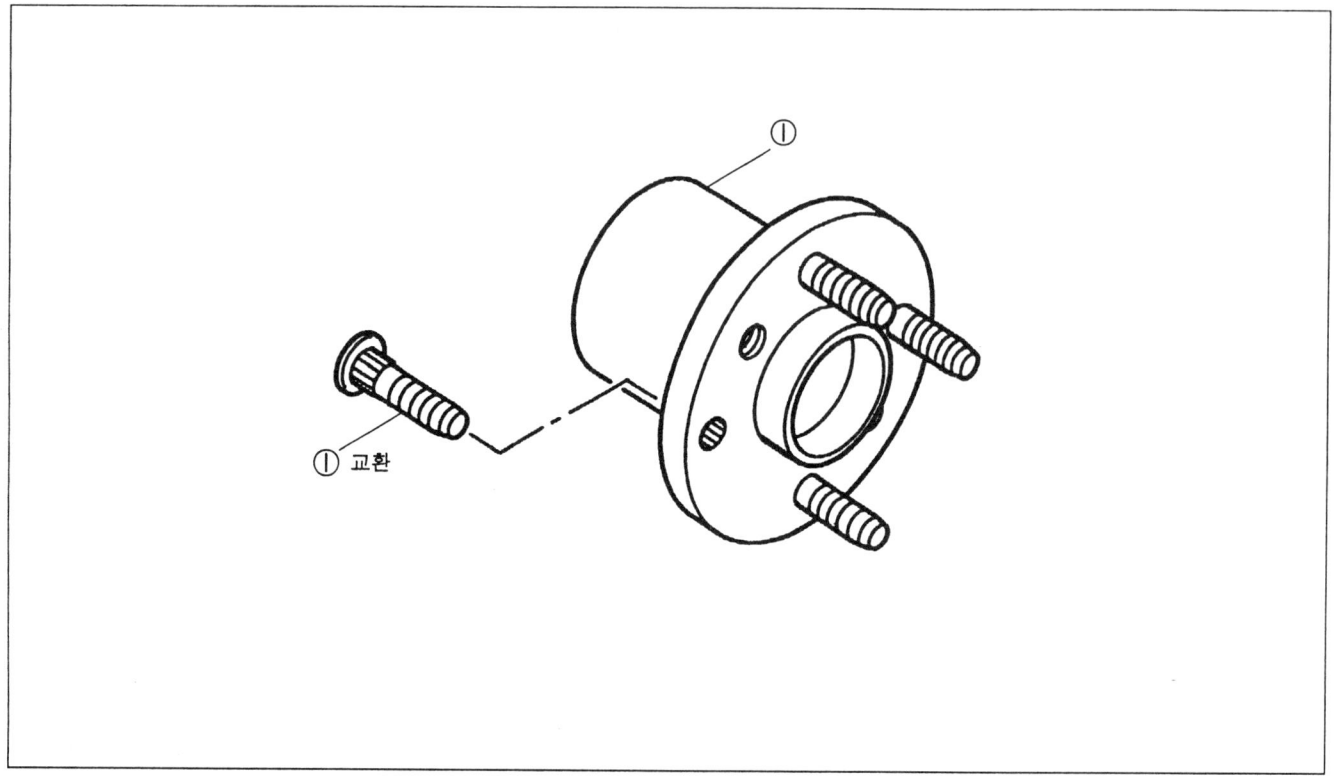

1. 허브 볼트　　　　　　　　　　　　2. 허브 베어링 어셈블리

허브 볼트

주의
- 필요하지 않으면 허브 볼트는 분리하지 않는다.
- 분리한 허브 볼트는 재사용하지 않는다.
- 허브 볼트 분해 조립시 베어링에 손상이 없도록 한다.

1. 프레스를 사용하여 허브 볼트를 분리한다.

2. 새로운 허브 볼트를 압입한다.

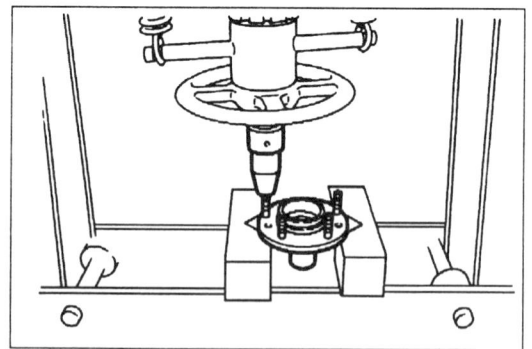

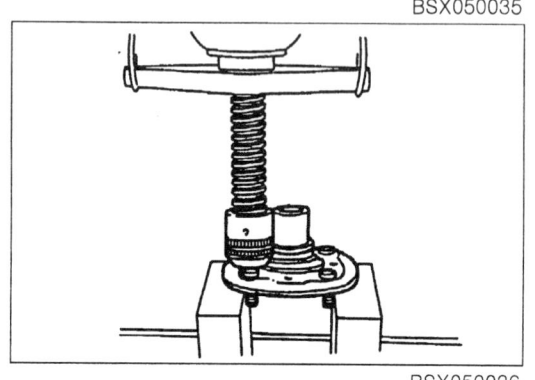

리어 액슬 (디스크 브레이크 방식)

분리
1. 그림의 순서대로 분리한다.
2. 장착은 분리의 역순으로 행한다.

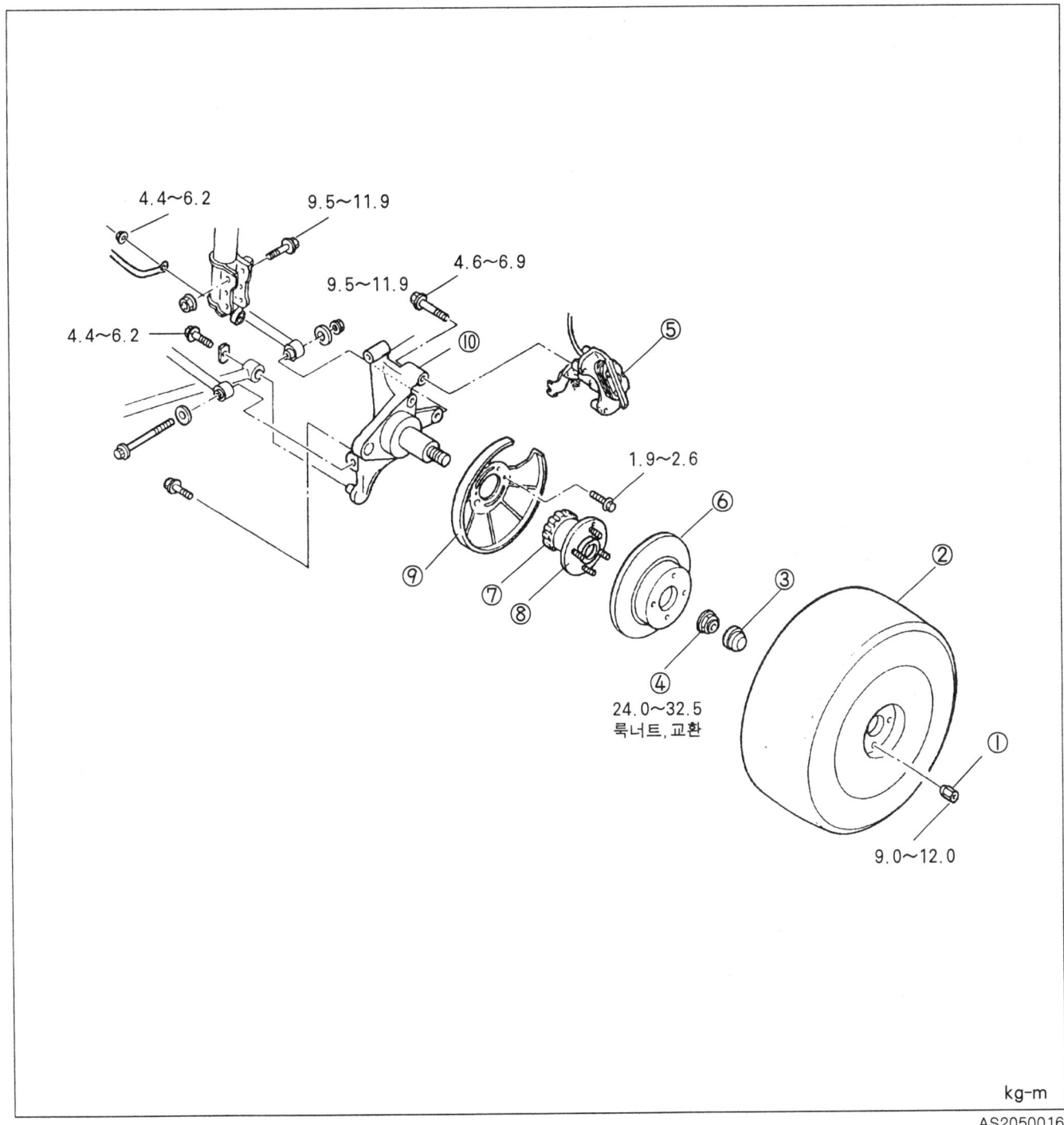

1. 너트
2. 휠과 타이어
3. 허브 캡
4. 록 너트
5. 브레이크 캘리퍼 어셈블리
6. 디스크 플레이트
7. 센서 로터
8. 허브 베어링 어셈블리
9. 더스트 커버
10. 리어 스핀들

앞·뒤 차축 리어 액슬(디스크 브레이크 방식)

차상정비

휠 베어링

1. 휠과 타이어를 분리한다.
2. 브레이크 캘리퍼 어셈블리를 분리한다.
3. 다이얼 게이지를 휠 허브에 놓는다. 휠 허브를 손으로 축 방향으로 밀고 당기면서 휠 베어링 유격을 측정한다.
4. 베어링 유격이 사양을 초과하면 록 너트 토크를 검사하거나 조정하고 필요시 휠 베어링을 교환한다.

런 아웃트 량 : 0.05 mm

록 너트
새로운 록 너트를 장착하고 코오킹한다.

체결토크 : 24.0~32.5 kg-m

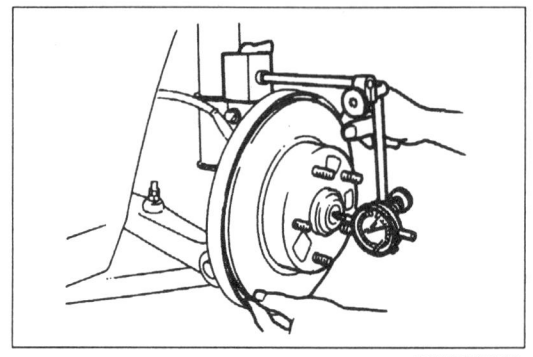
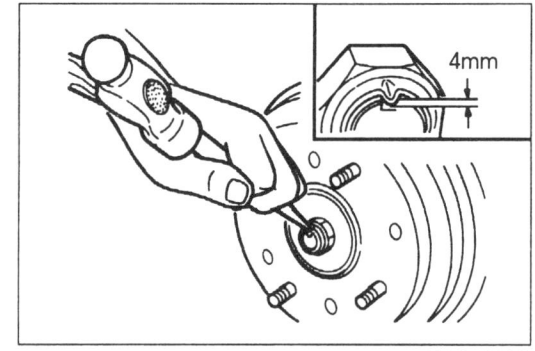

분해

1. 그림의 순서대로 분해한다.
2. 조립은 분해의 역순으로 실시한다.
3. 분해/조립시 주의사항은 페이지 50-12를 참조한다.

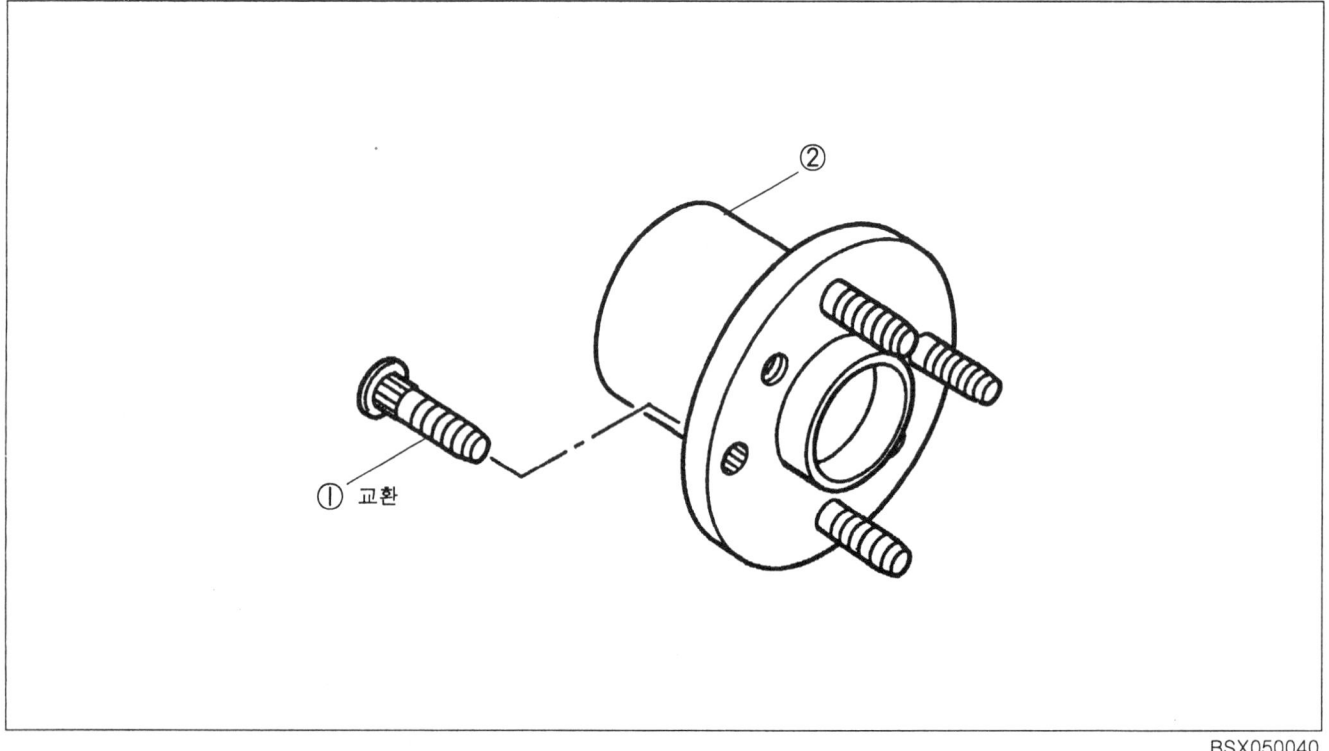

1. 허브 볼트
2. 허브 베어링 어셈블리

센서 로터
분리
SST를 이용하여 센서 로터를 분리한다.

■ 경고
　분리한 센서 로터는 다시 사용하지 않는다.

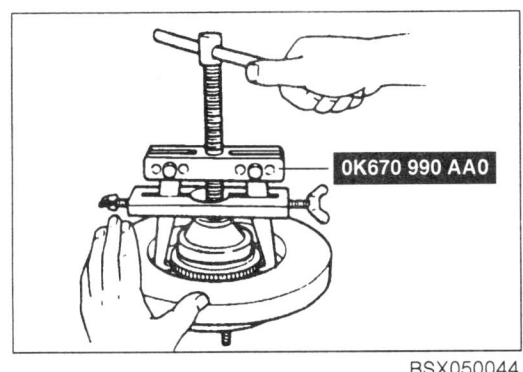

드라이브 샤프트

차상점검
부트
1. 부트의 균열, 손상, 누유 및 밴드의 풀림을 점검한다.
2. 손상이 발견된 경우에는 부트를 교환한다.

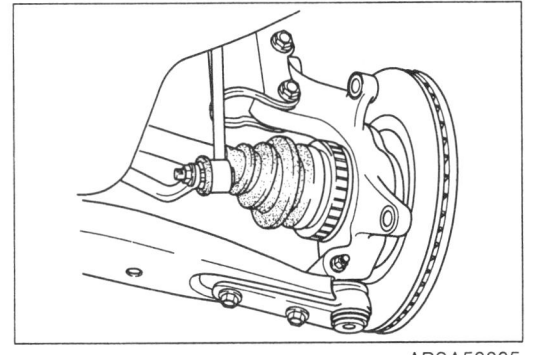

스플라인, 조인트의 풀림
1. 드라이브 샤프트를 손으로 돌리면서 스플라인부와 조인트의 풀림을 점검한다.
2. 손상이나 조인트의 풀림이 발견될 경우에는 교환 또는 수리한다.

굽음, 균열
1. 샤프트의 굽음 또는 균열을 점검한다.
2. 필요하면 교환한다.

분리

> **참고**
> 분리하기전 트랜스액슬 오일을 누출시킨다.

1. 그림의 순서대로 분리한다.
2. 장착은 분리의 역순으로 실시한다.

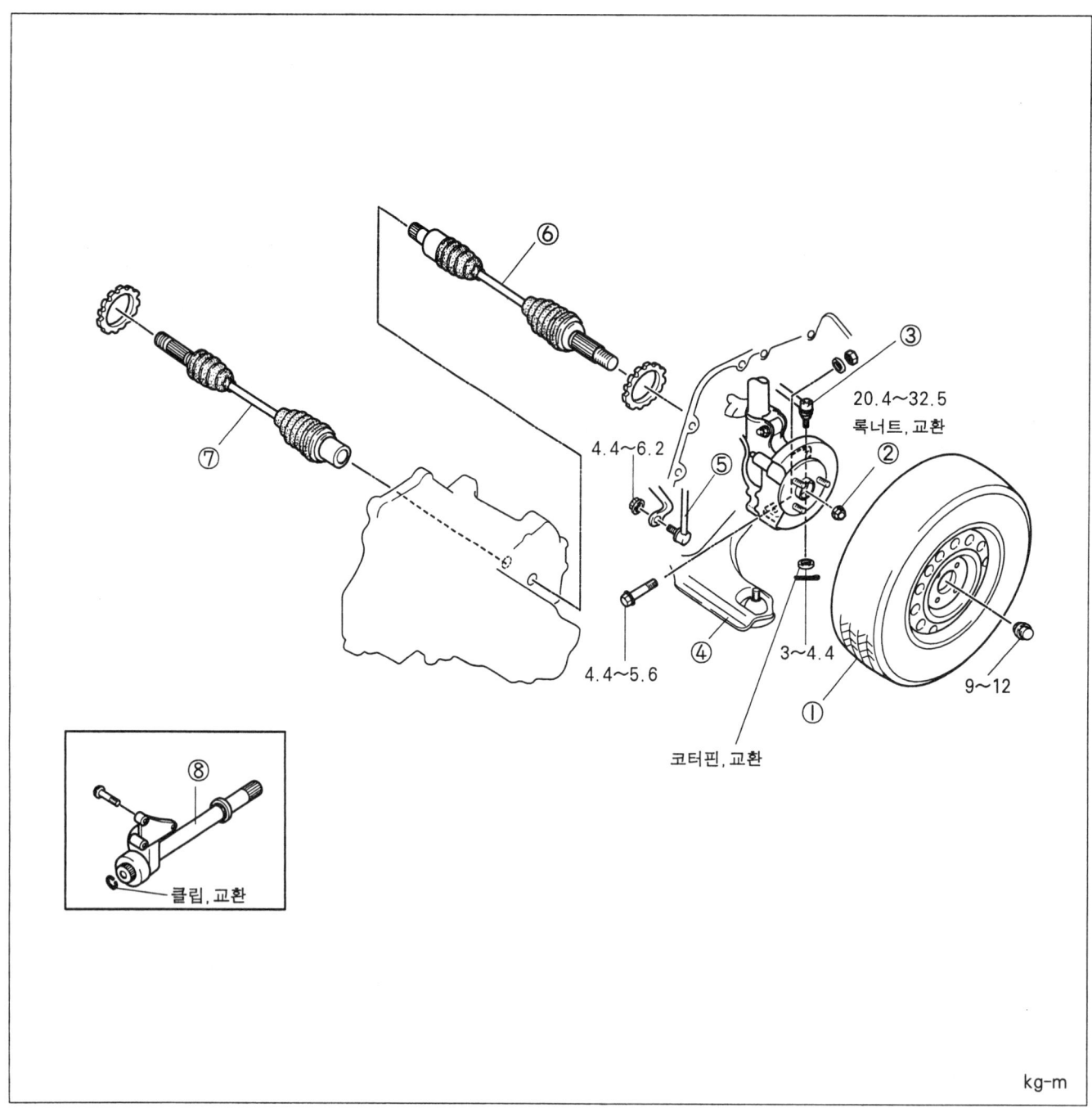

kg-m

ARSA50006

1. 휠과 타이어
2. 록 너트
3. 타이로드 엔드
4. 로어 볼 조인트
5. 컨트롤 링크
6. 좌측 드라이브 샤프트
7. 우측 드라이브 샤프트
8. 조인트 샤프트

앞·뒤 차축 드라이브 샤프트

타이로드 엔드

■ 주의
더스트 부트를 손상시키지 않는다.

너트를 풀고 SST를 사용하여 타이로드 엔드를 분리한다.

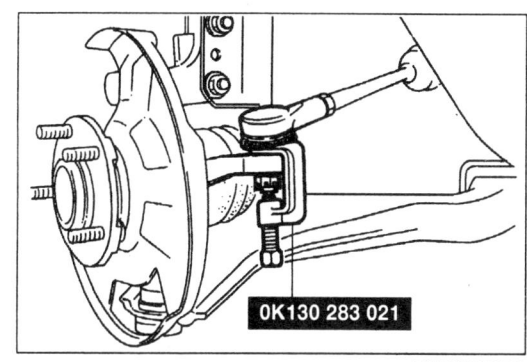

드라이브 샤프트

■ 주의
더스트 커버나 오일 실을 손상시키지 않는다.

드라이브 샤프트를 트랜스액슬에서 분리한다.

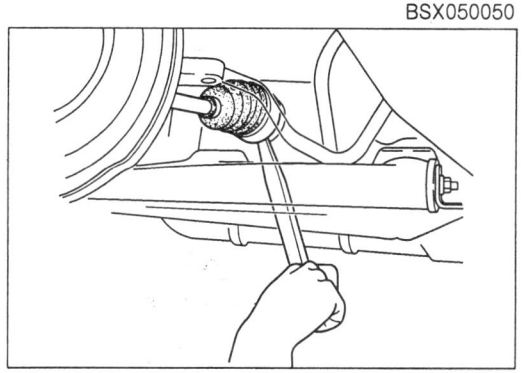

■ 참고
- 만일 드라이브 샤프트가 프런트 휠 허브에 물려 분리되지 않으면 너트를 샤프트의 끝단과 같이 되도록 장착한다.
- 드라이브 샤프트를 분리하기 위하여 동으로된 망치로 너트를 가볍게 두드린다.

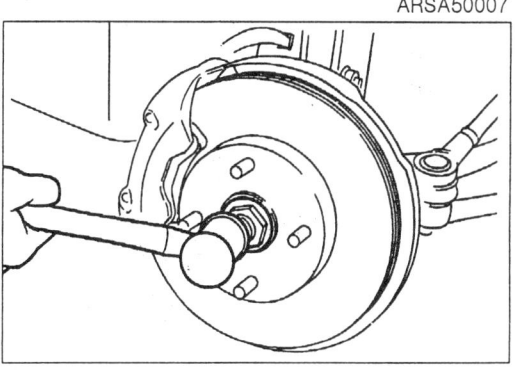

50-17

앞·뒤 차축 드라이브 샤프트

개요
1. 프런트 액슬 드라이브 샤프트는 프런트 액슬에서 프런트 휠로 동력을 전달한다.
2. 각 드라이브 샤프트의 양끝은 등속(Constant velocity) 조인트 방식으로, 액슬측(디퍼런셜측) 조인트는 트리포드 조인트(Tripod joint) 방식을 채택하였다.

분해

> **주의**
> - 조인트를 동판 같은 보호제와 같이 바이스에 고정시킨다.
> - 작업중 먼지나 다른 이물질이 조인트에 들어가지 않도록 주의한다.
> - 휠측 볼 조인트는 분해하지 않는다.
> - 조인트가 분해되지 않는 한 세척하지 않는다.

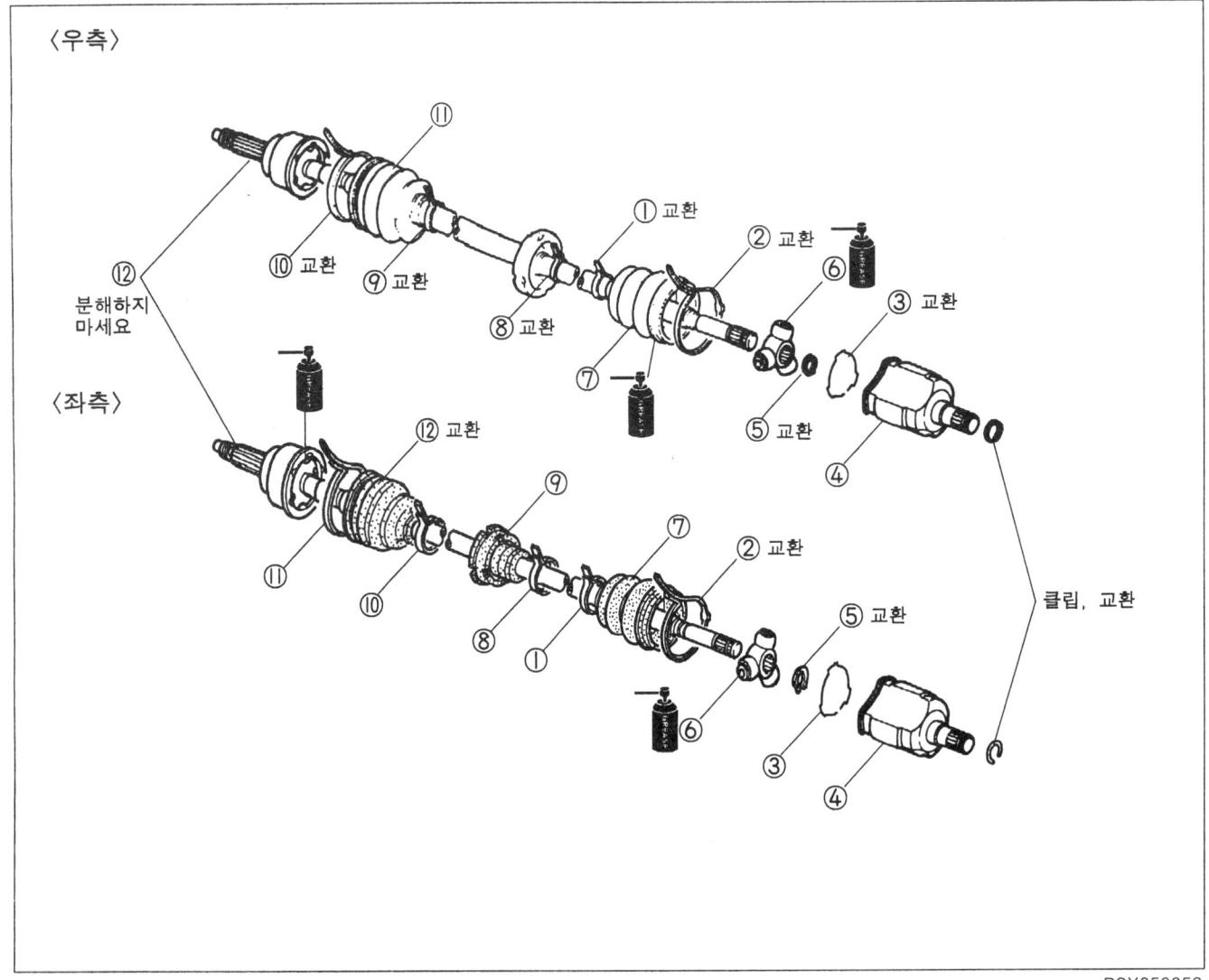

1. 부트 밴드
2. 부트 밴드
3. 스톱퍼 링
4. 트리포드 하우징
5. 스냅 링
6. 트리포드 조인트(Tripod joint)
7. 부트
8. 밴드
9. 부트 밴드
10. 부트 밴드
11. 부트
12. 샤프트와 볼 조인트 어셈블리

앞·뒤 차축 드라이브 샤프트

주의
바이스 작업시 보호판을 사용한다.

참고
- 조인트부가 축 방향으로 부드럽게 움직이는지 점검한다.
- 부트나 밴드의 손상 유무를 점검한다.
- 이상이 있으면 부품을 교환한다.

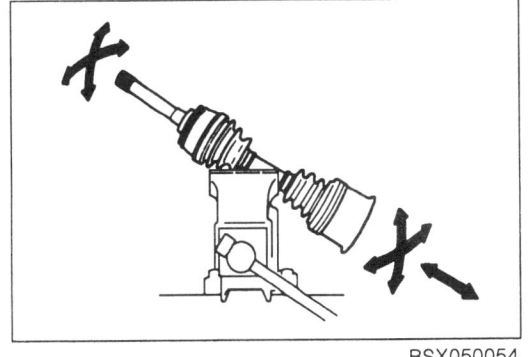

BSX050054

부트 밴드
1. 부트 벨트공구를 사용하여 클로우딩 훅크를 들어 올린 후 부트 밴드를 분리한다.
2. 커너를 사용하여 부트 밴드를 자른 후 부트 밴드를 분리한다.

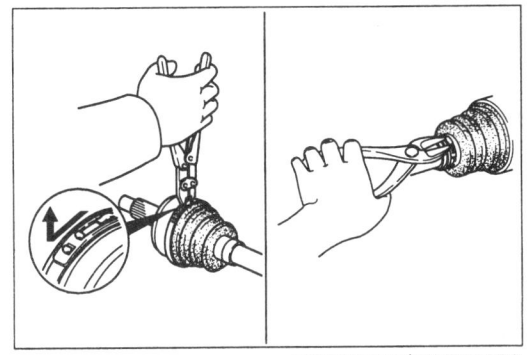

EN7A50005/EN7A50006

3. 재조립을 위하여 트리포드 하우징과 샤프트에 표시를 해 놓는다.
4. 스토퍼 링을 분리한다.

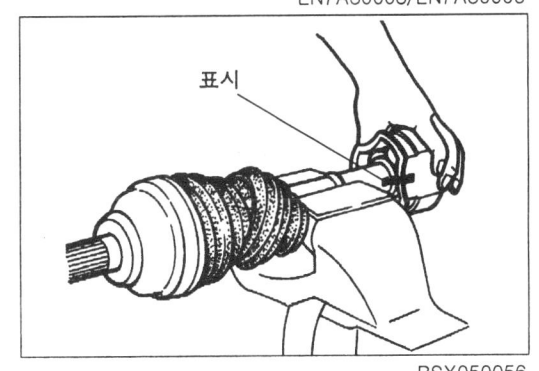

표시

BSX050056

5. 재조립을 위하여 샤프트와 트리포드 조인트에 표시를 해 놓는다.
6. 스냅링 플라이어로 스냅링을 분리한다.

주의
베어링을 손상시키지 않는다.

7. 바와 망치로 샤프트에서 트리포드 조인트를 분리한다.
8. 부트에 손상을 주지않기 위하여 테이프로 샤프트의 스플라인을 감싼다. 부트를 분리한다.

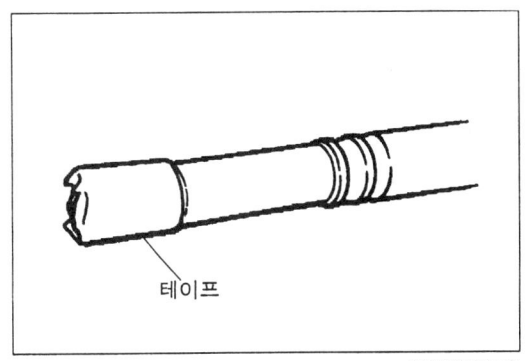

테이프

BSX050058

부트

1. 부트의 손상 방지를 위해 샤프트 스플라인 부위를 테입으로 감싼다.

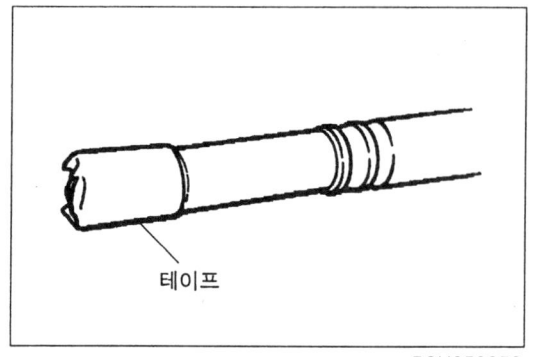

참고
휠측과 디퍼런셜측의 부트를 구별한다.

mm

구분	직경	
휠측 Ⓑ	85.5	95.5
디퍼런셜측 Ⓐ	82.8	89

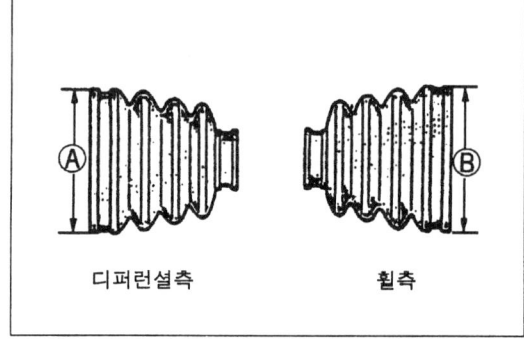

2. 부트를 샤프트에 가장착한다.

주의
베어링에 손상을 입히지 않는다.

3. 표시를 일치시키고 망치를 사용하여 트리포드 조인트를 조립한다.
4. 스냅링 플라이어로 스냅링을 조립한다.

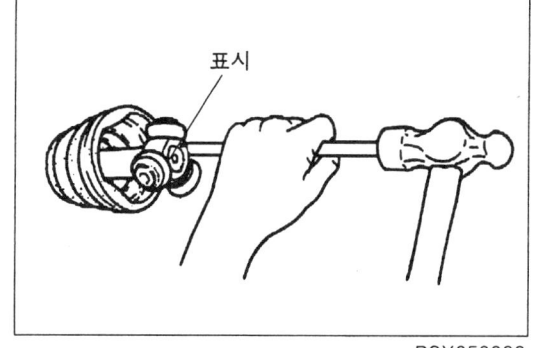

5. 트리포드 조인트, 트리포드 하우징, 부트에 그리스를 도포한다. 트리포드 하우징을 장착한다.
6. 만일 휠측 부트가 분리되었으면 그리스를 채워넣는다.

그리스 충진량 (몰리덱스 2번)	TBDOHC
디퍼런셜 측 : 140g (MNK)	140g
휠측 : 100g (몰리렉스 2번)	130g

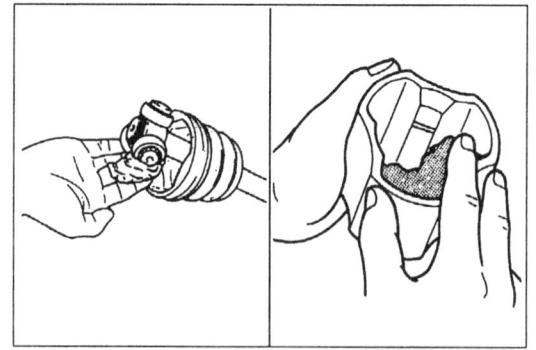

주의
- 부트는 손상을 입거나 꼬이지 않도록 한다.
- 부트내의 공기를 밖으로 배출시키기 위하여 부트의 끝단을 조심스럽게 조금 올린다.

7. 부트를 장착한다.

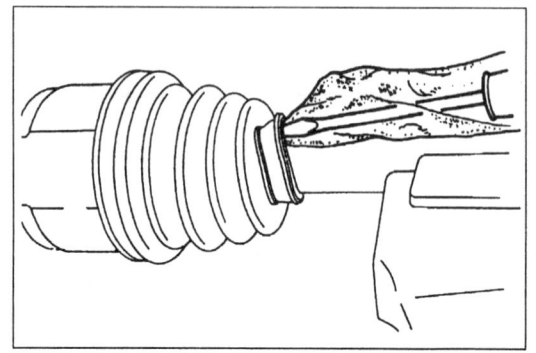

8. 드라이브 샤프트의 길이를 측정한다.

mm

구 분	표준길이	
	우	좌
M/T	635.7	630
A/T	↑	638

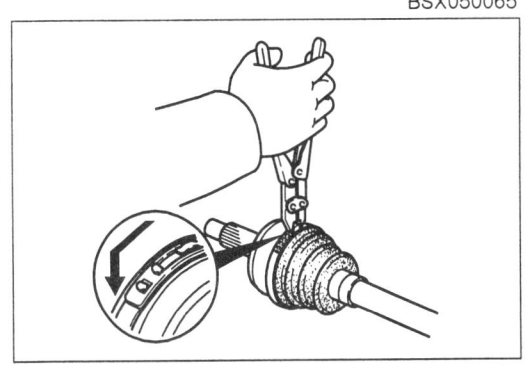

참고
- 항상 새로운 밴드를 사용한다.
- 밴드는 드라이브 샤프트의 회전방향의 반대방향으로 조립되어야 한다.

9. 부트 밴드 툴을 사용하여 부트 밴드의 클로우징 훅크부에 밴드를 입부위에 설치한다.
10. 클로우징 훅크와 함께 들어올려 확실하게 건다.

11. 그림과 같이 부트 밴드가 걸려 있는지 확인한다.

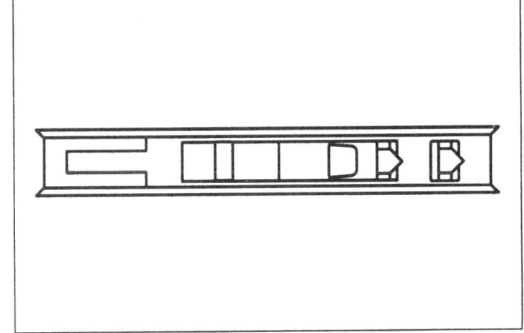

장착
드라이브 샤프트

주의
더스트 커버나 오일 실을 손상시키지 않는다.

신품의 클립을 엔드 갭이 위쪽으로 향하게 하여 조립한다.

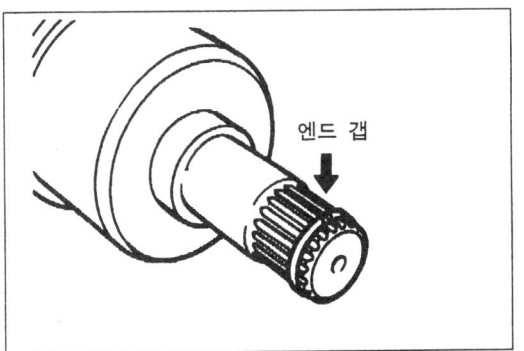

타이로드 엔드

주의
더스트 부트를 손상시키지 않는다.

너트를 장착하고 새로운 코터 핀으로 고정시킨다.

체결토크 : 3.0~4.5 kg-m

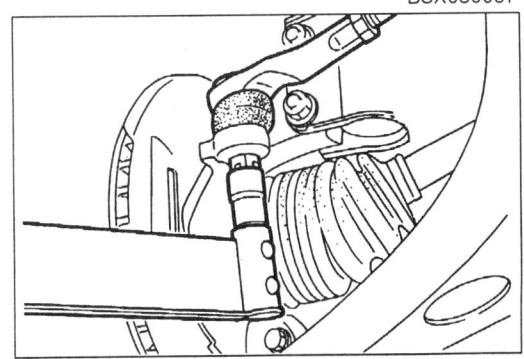

록 너트
새로운 록 너트를 장착하고 그림에 나타난 것처럼 코킹한다.

체결토크 : 20.4~32.5 kg-m

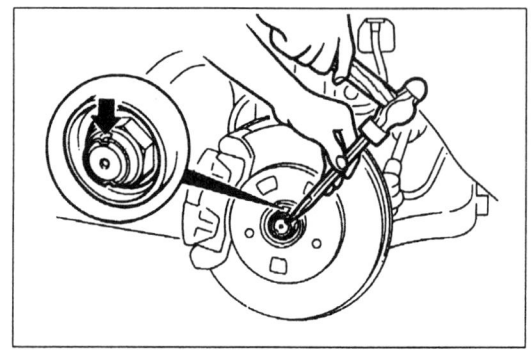

사양

항목		형식		MT	AT
드라이브 샤프트	조인트 형식	안쪽		트리포드 조인트	
		바깥쪽		볼 조인트	
	조인트 길이 (mm)	좌측		630	638
		우측		635.7	635.7
	샤프트 경 (ϕ)	우측		24	
		좌측		24	
	잇수	좌측	BJ측	28	28
			TJ측	28	24
		우측	BJ측	28	28
			TJ측	28	28
프런트 액슬	축 방향 베어링 유격			0.06~0.08	
리어 액슬	축 방향 베어링 유격 (mm)	드럼 브레이크 형식		0.01~0.03	
		디스크 브레이크 형식		↑	

특수공구

0K130 283 021 볼 조인트 풀리	볼 조인트 분해용	0K130 430 019 플레어 너트 스패너	플레어 너트 분해, 조립용
0K670 990 AA0 베어링 풀러 셋트	센서 로터 분리용	0K993 331 016 오일 실 인스톨러	오일 실 조립용
0K930 331 AA0 휠 허브 풀러	휠 허브 분리용		

조향장치

매뉴얼 스티어링 ······································ 51- 3
파워 스티어링 ·· 51-12
사양 ·· 51-22
특수공구 ·· 51-22

매뉴얼 스티어링

개요

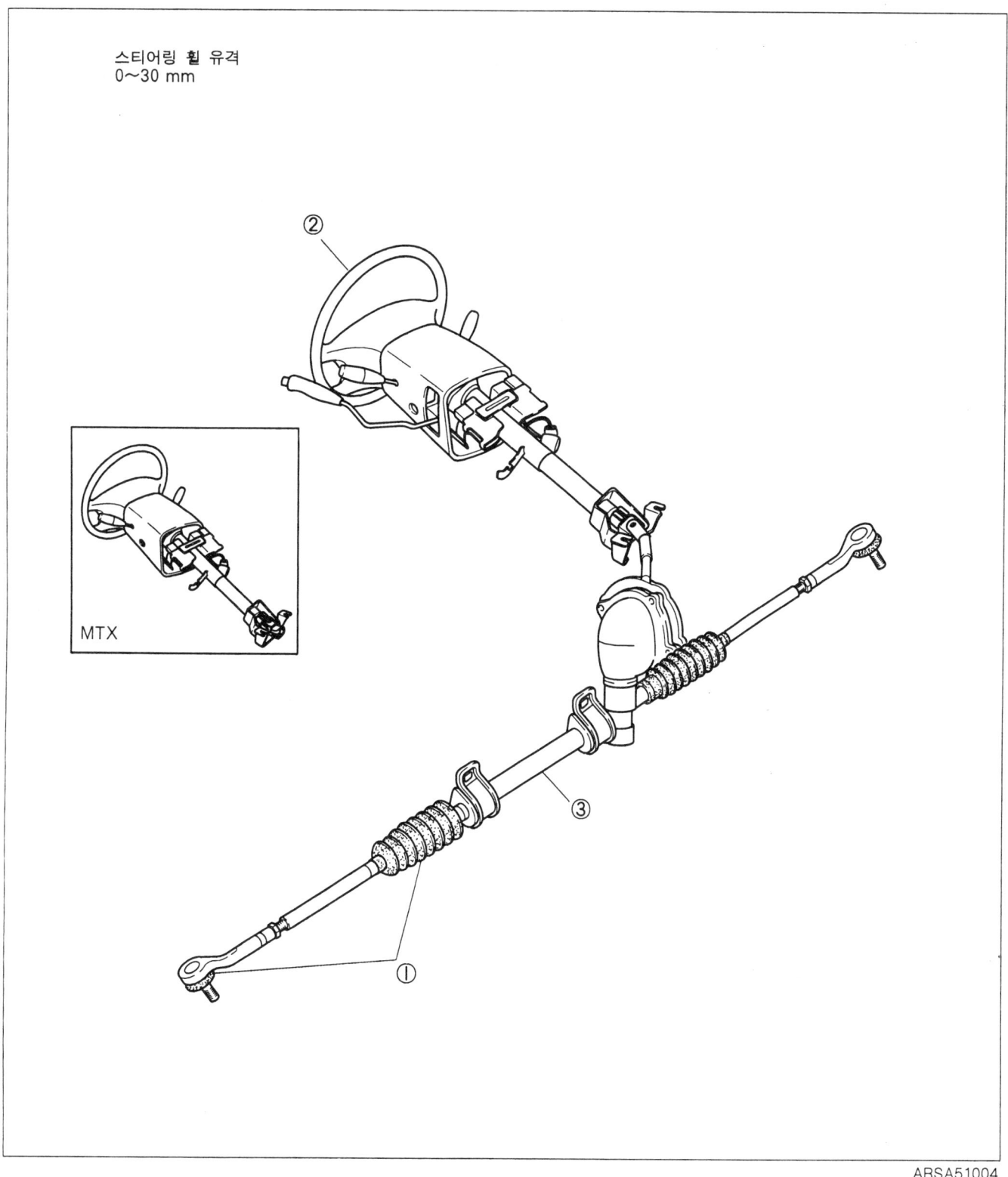

스티어링 휠 유격
0~30 mm

MTX

1. 부트
2. 스티어링 휠 & 컬럼
3. 스티어링 기어 & 링키지

고장진단 및 조치

고장상황	예상주요원인	조치
조향력 과대	· 타이어 공기 압력 부족 · 과도하게 불균일한 타이어 마모 · 윤활 부족 타이로드 엔드 부트 손상으로 이물질 유입 · 타이로드 볼 조인트의 비정상적 마모, 손상 또는 고착 · 스티어링 기어 손상 · 스티어링 컬럼 인터미에이트 샤프트 조인트의 휨 · 로어 컨트롤 암 볼 조인트의 마찰 과대 · 스티어링 랙의 프리로드 불량 · 스티어링 랙 부시의 마모 또는 손상 · 스티어링 기어의 윤활유 소진	· 타이어 공기 압력 조정 · 타이어 교환 · 급유 또는 타이로드 엔드 부트 교환 · 타이로드 볼 조인트 교환 · 스티어링 기어 교환 · 인터미에이트 샤프트 교환 · 급유 또는 로어 컨트롤 암 교환 · 스티어링 랙 프리로드 조정 · 스티어링 랙 부시 교환 · 스티어링 기어 급유
스티어링 휠이 한쪽으로 치우침	· 프런트 휠 베어링의 프리로드 조정 불량 · 휠 얼라인먼트 불량 · 타이어 공기 압력 불량 · 불균일한 타이어 마모 · 프런트 스프링 쇠손 · 브레이크 끌림 · 타이로드 손상 · 스티어링 너클 암 손상 · 로어 컨트롤 암 또는 스태빌라이저 부시 마모, 손상 · 로어 컨트롤 암 휨 또는 이완	· 휠 베어링 프리로드 조정 · 휠 얼라인먼트 조정 · 타이어 공기 압력 조정 · 타이어 교환, 얼라인먼트 점검 · 프런트 스프링 교환 · 브레이크 조정 · 타이로드 교환 · 스티어링 너클 암 교환 · 로어 컨트롤 암 또는 스태빌라이저 수리 또는 교환 · 로어 컨트롤 암 교환 또는 조임
주행 불안정	· 프런트 휠 베어링의 프리로드 조정 불량 · 휠 베어링 마모 · 타이로드 엔드나 볼 조인트의 마모 또는 손상 · 스티어링 기어 마운팅 러버 균열 또는 마모 · 휠 얼라인먼트 불량 · 타이어 공기 압력 불량 · 로드 휠의 뒤틀림 또는 불균형 · 프런트 스프링 쇠손 · 쇼크 압소버 고장 · 로어 컨트롤 암 또는 스태빌라이저 부시 마모, 손상 · 스티어링 랙의 프리로드 불량 · 스티어링 랙 부시의 마모 또는 손상	· 휠 베어링 프리로드 조정 · 휠 베어링 교환 · 타이로드나 볼 조인트 교환 · 스티어링 기어 조임 또는 마운팅 러버 교환 · 휠 얼라인먼트 조정 · 타이어 공기 압력 조정 · 로드 휠 수리 또는 교환 · 프런트 스프링 교환 · 쇼크 압소버 교환 · 로어 컨트롤 암 또는 스태빌라이저 수리 또는 교환 · 스티어링 랙 프리로드 조정 · 스티어링 랙 부시 교환

조향장치 매뉴얼 스티어링

고장상황	예상주요원인	조치

스티어링 휠 진동	· 프런트 휠 베어링의 프리로드 조정 불량
	· 휠 베어링 마모
	· 타이로드 엔드나 볼 조인트의 마모 또는 손상
	· 스티어링 기어 마운팅 인슐레이터 이완
	  또는 열화
	· 휠 얼라인먼트 불량
	· 타이어 공기 압력 불량
	· 프런트 타이어의 불균일한 마모 또는 부적합
	· 로드 휠의 뒤틀림 또는 불균형
	· 쇼크 압소버 이완, 고장
	· 로어 컨트롤 암 또는 스태빌라이저 부시 마모, 손상
	· 스티어링 랙의 프리로드 불량
	· 스티어링 랙 부시의 마모 또는 손상
		· 휠 베어링 프리로드 조정
		· 휠 베어링 교환
		· 타이로드나 볼 조인트 교환
		· 스티어링 기어 조임 또는 마운팅
		  인슐레이터 교환
		· 휠 얼라인먼트 조정
		· 타이어 압력 조정
		· 타이어 교환, 얼라인먼트 점검
		· 로드 휠 수리 또는 교환
		· 쇼크 압소버 조임 또는 교환
		· 로어 컨트롤 암 또는 스태빌라이저
		  수리 또는 교환
		· 스티어링 랙 프리로드 조정
		· 스티어링 랙 부시 교환

스티어링 휠 유격 과다	· 프런트 휠 베어링의 프리로드 조정 불량
	· 휠 베어링 마모
	· 로어 컨트롤 암 부시의 손상이나 마모
	· 타이로드 엔드나 볼 조인트의 마모 또는 손상
	· 스티어링 컬럼 인터미디에이트 샤프트 조인트의
	  이완 또는 마모
	· 스티어링 기어 마운팅 러버 이완
	  또는 열화
	· 스티어링 랙의 프리로드 불량
	· 스티어링 랙 부시의 마모 또는 손상
		· 휠 베어링 프리로드 조정
		· 휠 베어링 교환
		· 로어 컨트롤 암 교환
		· 타이로드나 볼 조인트 교환
		· 인터미디에이트 샤프트 조임
		  또는 교환
		· 스티어링 기어 조임 또는 마운팅
		  러버 교환
		· 스티어링 랙 프리로드 조정
		· 스티어링 랙 부시 교환

스티어링 시스템 소음	· 타이로드 엔드 볼 조인트의 이완 또는 손상
	· 스티어링 기어 마운팅 러버 이완
	  또는 열화
		· 타이로드나 볼 조인트 조임
		  또는 교환
		· 스티어링 기어 조임 또는 마운팅
		  러버 교환

점검 및 조정
스티어링 휠 유격

엔진 시동을 끄고 휠을 직진 상태로 한 후 휠에 저항이 느껴질 때까지 스티어링 휠을 좌우로 돌린다. 유격은 휠의 그림 부분에서 30mm를 초과해서는 안된다.
과대한 유격은 스티어링 컬럼 인터미디에이트 샤프트 유니버셜 조인트의 마모, 타이로드 엔드 또는 볼 조인트의 마모, 부적절한 스티어링 기어의 프리로드를 나타낸다.
스티어링 컬럼 조인트를 점검하기 위해서는 플로어 보드의 로어 조인트를 잡거나 느끼면서 유격 점검을 반복한다. 스티어링 휠과 플로어 보드의 피니언 샤프트에 클램프되는 로어 조인트 사이의 유격은 스티어링 컬럼 어셈블리에서 존재한다.
지면에서 양측의 휠을 들어올려서 타이로드를 점검한다. 각 휠의 흔들림을 점검한다. 프런트 휠 베어링이 정확하게 조정되어 있는지 확인하기 위하여 휠을 수직방향으로 점검한 후 스티어링 컬럼 로어 조인트를 차량 내부에서 보조자가 잡은 상태로 수평 방향으로 휠을 점검한다. 수평 방향의 흔들거림이 있으면 타이로드 엔드의 유격 또는 스티어링 너클에 결합되는 부분의 조립 이완을 점검한다.
타이로드 엔드에서 유격이 발견되지 않으면 수평 방향의 흔들거림은 타이로드 및 볼 조인트의 마모 또는 스티어링 기어 랙과 피니언 사이의 과대한 기어 유격에 의한 것이다. 어떠한 경우이든 스티어링 기어를 분리, 조정, 수리 또는 교환해야 한다.

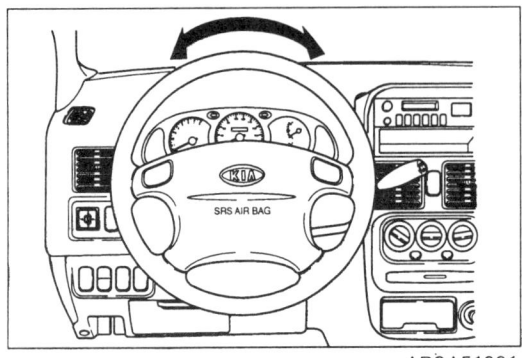

ARSA51001

스티어링 휠 조향력

1. 휠을 지면에서 들어올리고 스티어링의 움직임에 방해가 되지않는 범위에서 로어 컨트롤 암의 하부의 가능한 한 휠에 가까운 부분에 안전 스탠드를 지지한다.
2. 스티어링 휠을 적어도 5회 완전히 좌우 회전시킨 후 휠을 직진상태로 한다.
3. 스티어링 휠의 외주에 스프링 저울을 걸고 스티어링 휠을 1회 회전시켜서 조향력을 측정한다.

■ 주의
정확하게 측정하기 위하여 스프링 저울을 휠 외주의 직진 방향으로 잡아당긴다.

4. 휠이 직진 상태에서 어느 방향이든 완전히 1회전하는데 필요한 조향력은 0.5~2.0 kg-m 이어야 한다.
5. 조향력이 과대하면 프런트 서스펜션과 스티어링 링키지 부품의 휨 또는 손상을 점검하거나 스티어링 기어의 프리로드가 과대한지 점검한다.

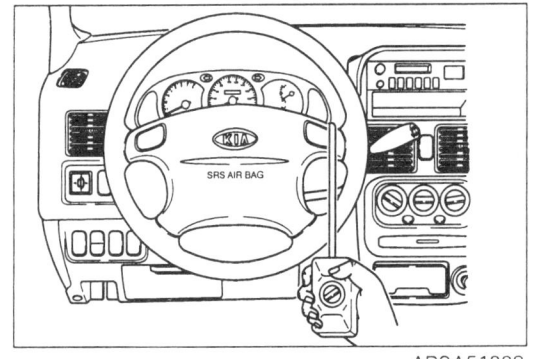

ARSA51003

타이로드 엔드
분리
1. 휠 및 타이어 어셈블리를 분리한다.
2. 타이로드 엔드 스터드에서 커터 핀을 뽑은 후 너트가 스터드 끝단에 일치할 때까지 푼다.

■ 주의
스크루의 산이 손상되지 않도록 가체결한다.

3. SST를 사용하여 스티어링 너클에서 타이로드 엔드를 분리한다.

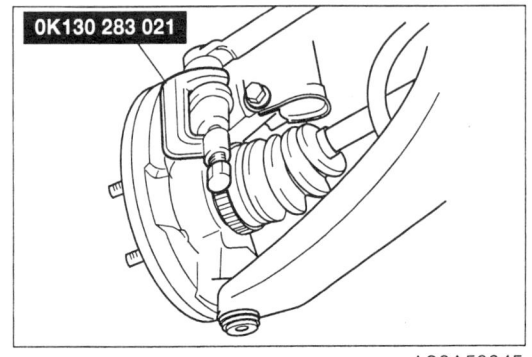

AS2A50045

조향장치 매뉴얼 스티어링

분해/조립
1. 바테리 ⊖ 단자를 분리한다.
2. 차량을 직진 상태로 놓는다.

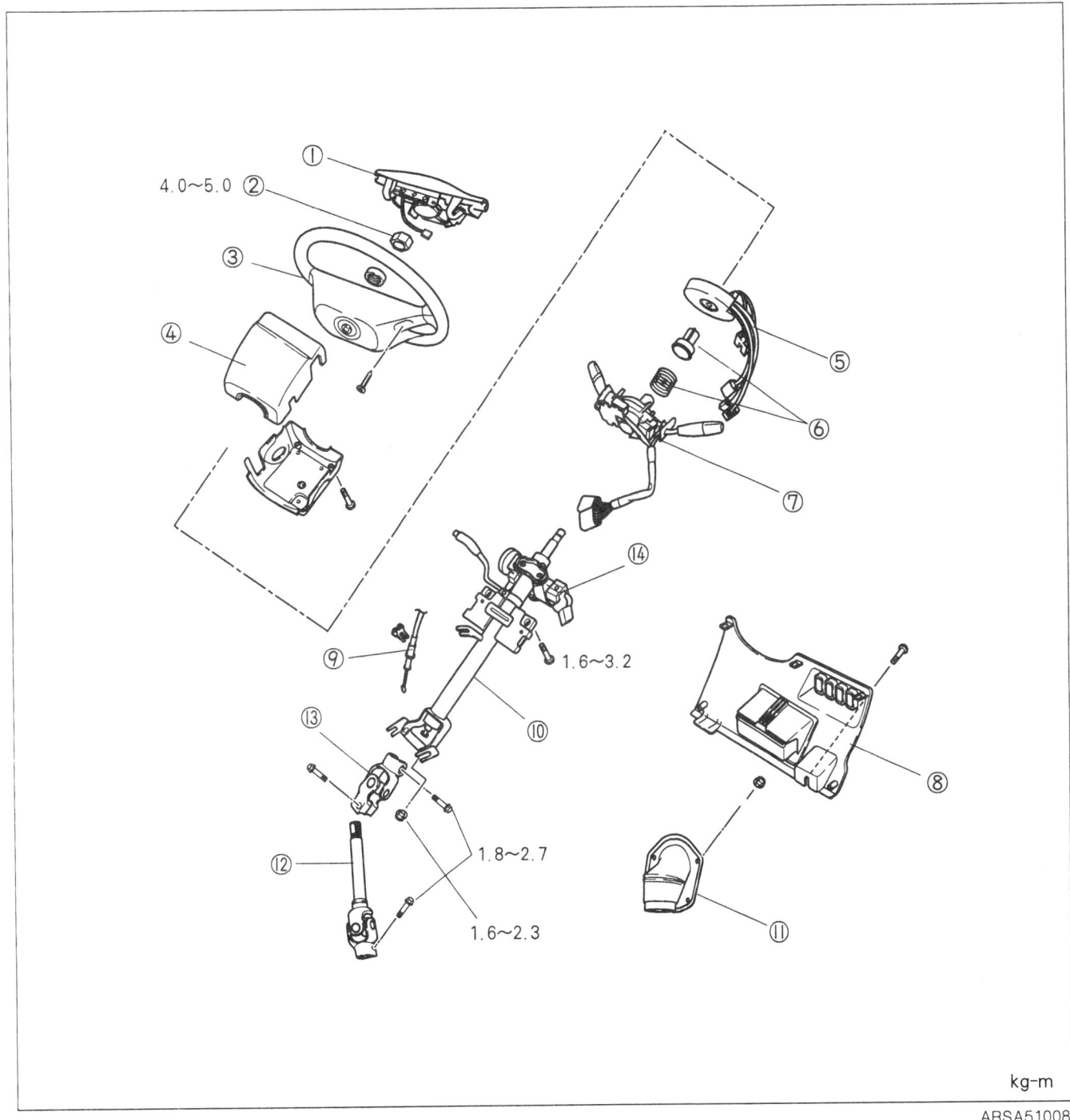

1. 혼 캡(또는 에어백 모듈)
2. 록 너트
3. 스티어링 휠
4. 컬럼 커버
5. 클럭 스프링(에어백 장착차)
6. 캔슬 캠 및 스프링
7. 컴비네이션 스위치
8. 언더 커버
9. 셀렉터 케이블(ATX 장착차)
10. 스티어링 샤프트 어셈블리
11. 더스트 커버
12. 인터미디에이트 샤프트
13. 유니버셜 조인트
14. 스티어링 록 어셈블리

스티어링 기어 & 링키지
분리/장착
1. 차량 앞 부분을 들어 올린 후 안전 스탠드로 지지한다.
2. 그림과 같은 순으로 분리한다.
3. 장착은 분리의 역순으로 실시한다.
4. 장착 후에는 토우인을 반드시 조정한다.

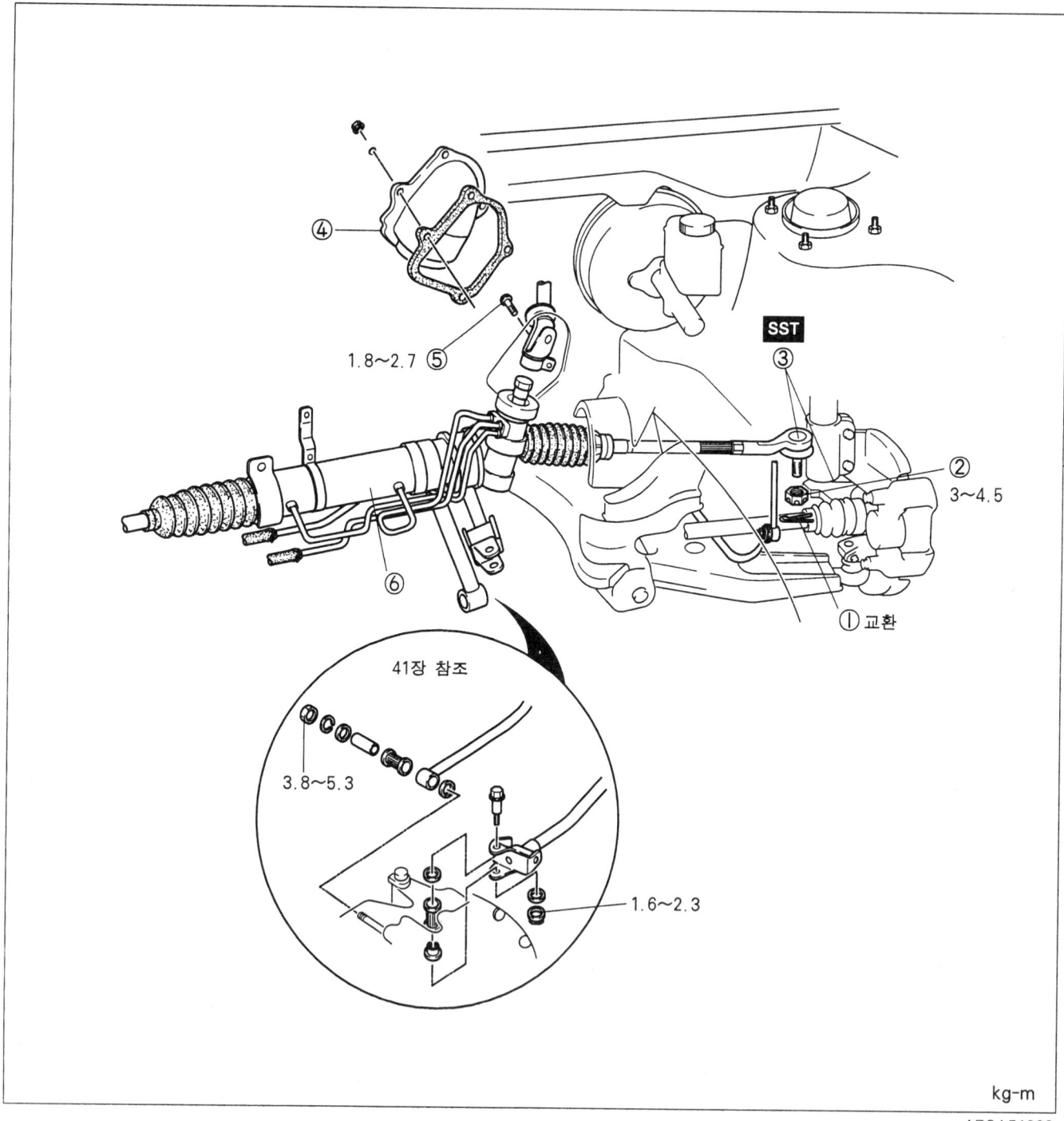

kg-m

1. 코터 핀
2. 너트
3. 스티어링 너클
4. 더스트 커버
5. 고정 볼트 (인터미디에이트 샤프트/피니언 샤프트)
6. 스티어링 기어 & 링키지

스티어링 기어 & 링키지
차량의 오른쪽에서 스티어링 기어를 분리한다.

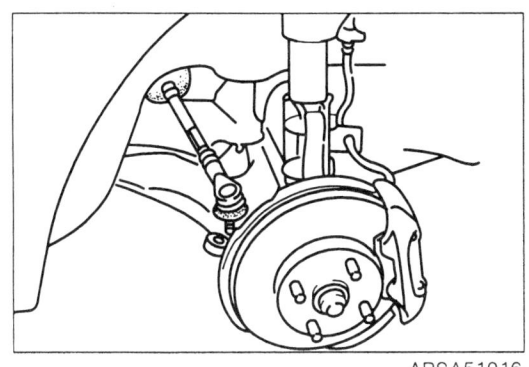

너트
그림과 같은 순으로 스티어링 기어 마운팅 너트를 체결한다.

체결토크 : 3.8~5.3 kg-m

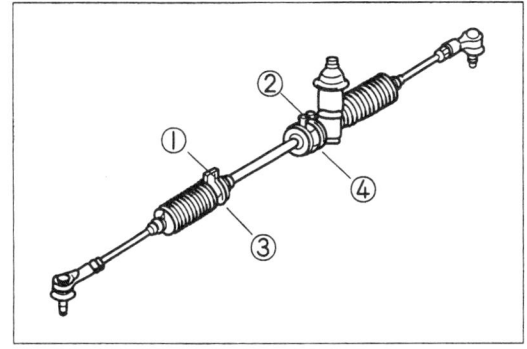

고정 볼트 (인터미디에이트 샤프트, 피니언 샤프트)
1. 인터미디에이트 샤프트와 피니언 샤프트 볼트를 푼 후 인터미디에이트 샤프트를 위쪽으로 움직인다.
2. 인터미디에이트 샤프트와 피니언 샤프트를 끼운 후 볼트를 규정토크로 체결한다.

규정 토크 : 1.8~2.7 kg-m

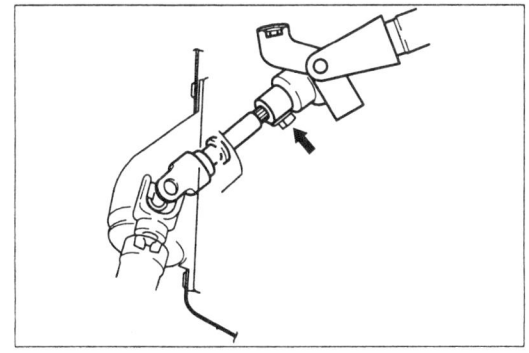

분해/조립

1. 그림에 나타난 순서대로 분해한다.
2. 모든 부품을 점검하고 필요시 교환한다.
3. 조립을 분해시의 역순으로 조립한다.

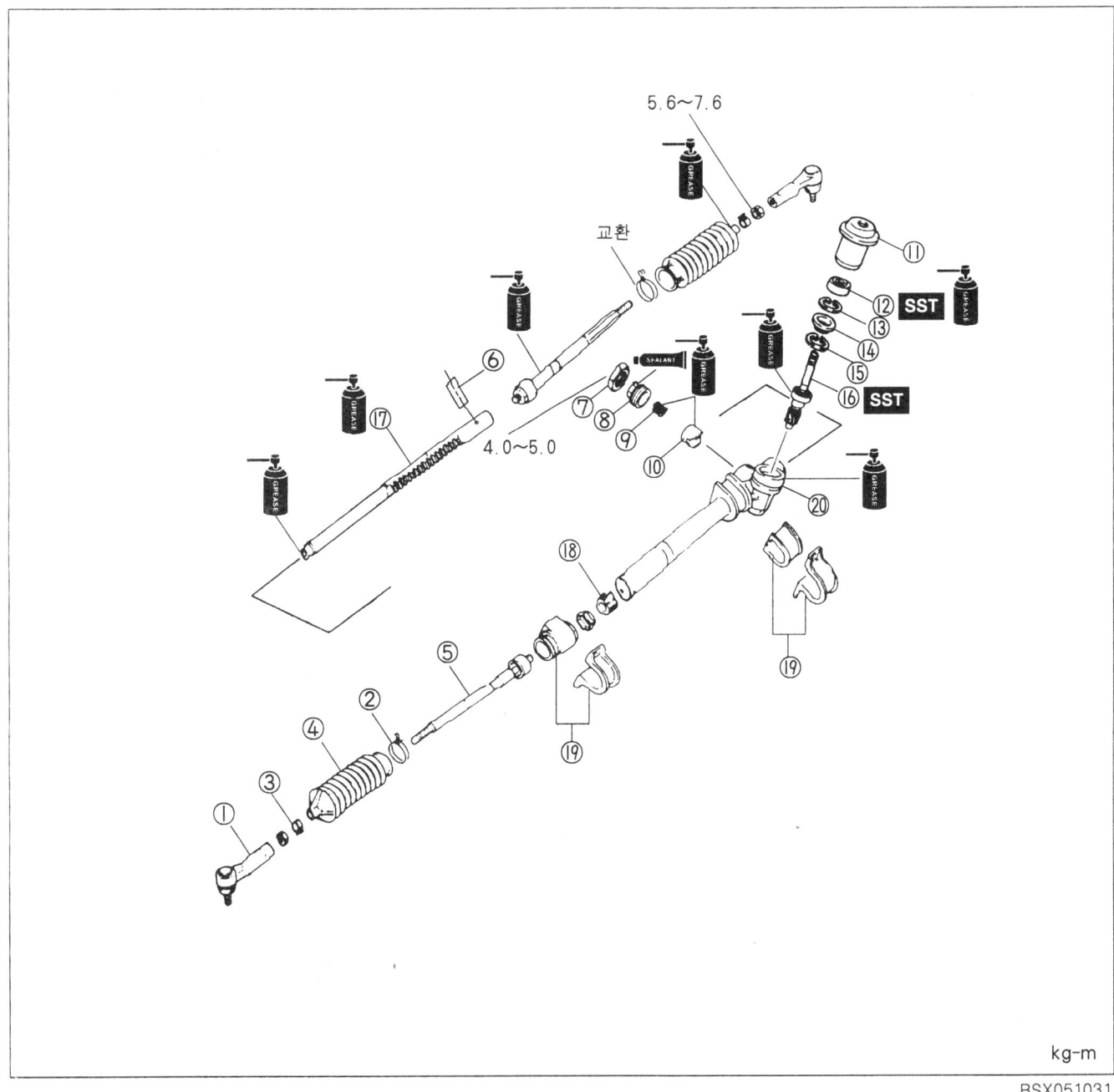

1. 타이로드 엔드
2. 부트 와이어
3. 부트 클립
4. 부트
5. 타이로드
6. 핀
7. 록 너트
8. 어저스트먼트 커버
9. 스프링
10. 프레쥬어 패드
11. 피니언 프로텍터
12. 오일 실
13. 스냅링 (리테이너 링)
14. 스냅링
15. 스냅링
16. 피니언 기어
17. 랙
18. 부싱
19. 마운팅 브래킷 & 마운팅 러버
20. 기어 하우징

조립

오일 링
그림과 같이 SST를 사용하여 오일 실을 압입한다.

■ 참고
조립하기 전에 오일 실에 일반 그리스를 도포한다.

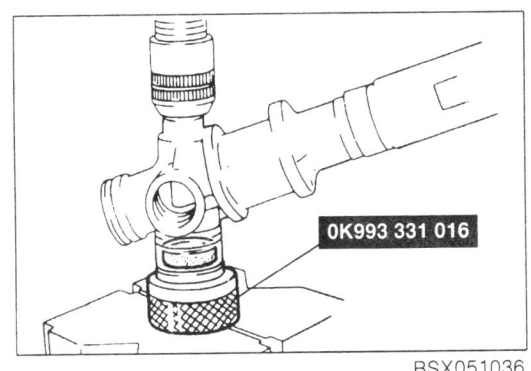

피니언 프로텍터
그림과 같이 SST를 사용하여 기어 하우징에 피니언 프로텍터를 압입한다.

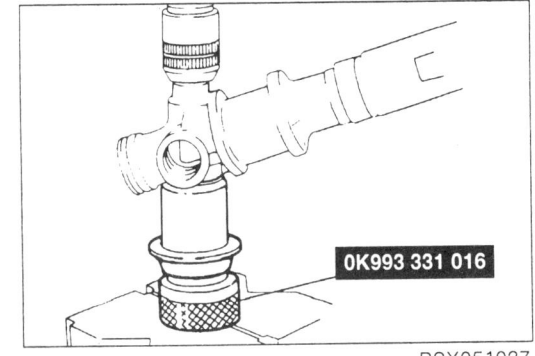

어저스트 커버 & 록 너트
1. 어저스트 커버를 45~65 kg-cm의 토크로 체결한 후에 약 5~35° 정도 풀고서 록 너트를 꼭 체결한다.

   록 너트 체결토크 : 4~5 kg-m

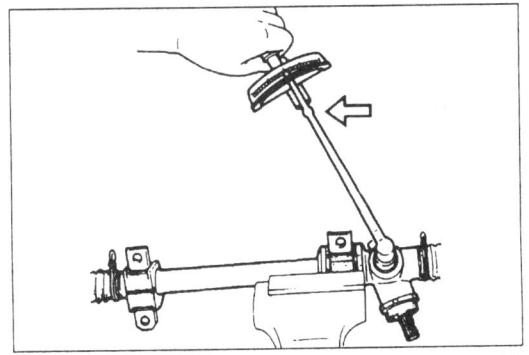

2. SST를 사용하여 피니언 토크를 측정한다.

   피니언 토크 :
   · 중앙 위치에서 ±90° : 9~13 kg-cm
     스프링 저울값 : 900~1300g
   · 기타 위치 : 15 kg-cm
     스프링 저울값 : 500g 또는 이하

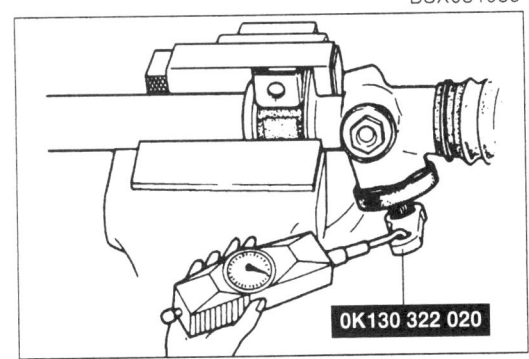

파워 스티어링

개요

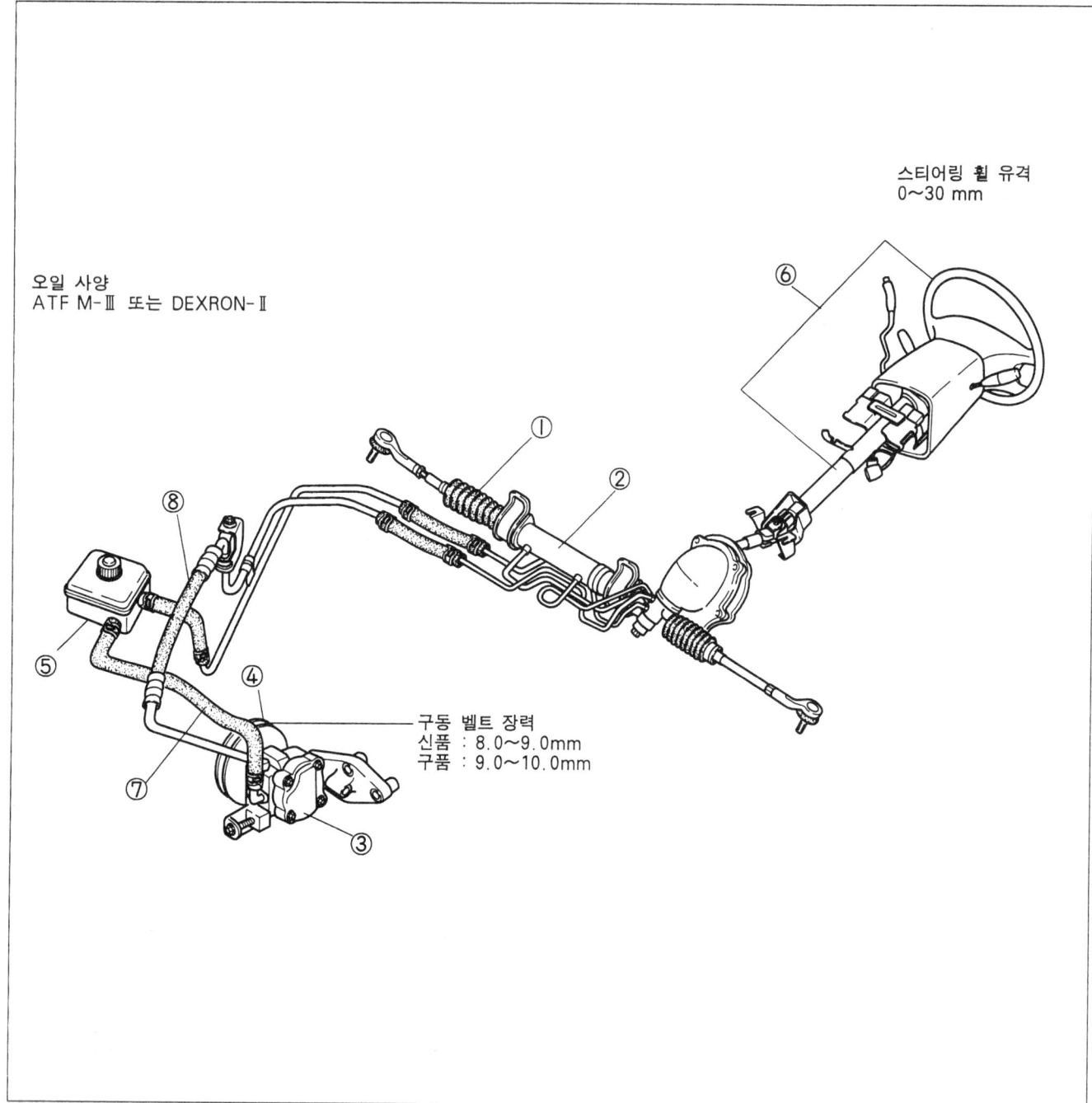

1. 부트
2. 스티어링 기어 & 링키지
3. 파워 스티어링 오일 펌프
4. 구동벨트
5. 리저브 탱크
6. 스티어링 휠 & 컬럼
7. 흡입 호스
8. 고압 호스

조향장치 파워 스티어링

고장진단 및 조치

고장상황	예상주요원인	조치
스티어링 휠의 움직임이 무겁다	· 파워 스티어링 벨트의 이완 또는 손상 · 파워 스티어링 액 부족 또는 공기 유입 · 호스의 찌그러짐 또는 비틀림 · 파이프의 찌그러짐 · 파워 스티어링 액의 누출 · 액의 압력이 낮음 · 타이어 공기 압력 부족 · 휠 얼라인먼트 조정 불량 · 스티어링 기어 링키지의 작동이 원활치 못함 · 스티어링 컬럼과 타부품의 간섭	· 파워 스티어링 벨트 조정 또는 교환 · 액 보충 또는 공기빼기 · 호스 교환 · 파이프 교환 · 누출 수리 또는 누출 부품 교환 · 파워 스티어링 펌프 또는 기어의 수리 또는 교환 · 타이어 공기 압력 조정 · 휠 얼라인먼트 조정 · 스티어링 기어 링키지 수리 또는 교환 · 스티어링 컬럼 수리 또는 교환
스티어링 휠의 복귀 불량	· 타이어 공기 압력 부족 · 휠 얼라인먼트 조정 불량 · 스티어링 기어 링키지의 작동이 부드럽지 못함 · 스티어링 기어의 고장	· 타이어 공기 압력 조정 · 휠 얼라인먼트 조정 · 스티어링 기어 링키지 수리 또는 교환 · 스티어링 기어 교환
조향력이 일정치 않다	· 파워 스티어링 벨트 이완 · 스티어링 컬럼 고장 또는 장착 볼트 이완 · 조향 링키지가 부드럽게 작동하지 않는다 · 스티어링 기어의 불량	· 파워 스티어링 벨트 조정 · 스티어링 컬럼 수리 또는 조임 · 스티어링 링키지 수리 또는 교환 · 스티어링 기어 교환
스티어링 휠의 치우침	· 타이어 공기 압력 부족 · 프리로드 조정 불량 또는 휠 베어링 마모 · 휠 얼라인먼트 조정 불량 · 스티어링 기어의 고장	· 타이어 공기 압력 조정 · 휠 베어링 조정 또는 교환 · 휠 얼라인먼트 조정 · 스티어링 기어 교환
파워 스티어링 액의 누출	· 호스 커플링에서의 문제 · 호스의 손상 또는 막힘 · 파워 스티어링 액 리저브 탱크의 손상 · 오버 플로우 · 파워 스티어링 펌프의 고장 · 스티어링 기어의 기능 불량	· 호스 커플링 수리 또는 교환 · 호스 교환 · 리저브 탱크 교환 · 공기빼기 또는 액량 조정 · 파워 스티어링 펌프 교환 · 스티어링 기어 교환
이음	· 파워 스티어링 펌프의 이완 · 스티어링 기어 이완 · 파워 스티어링 펌프 브래킷 이완 · 파워 스티어링 펌프 풀리 너트 이완 · 벨트의 이완 또는 조임 과다 · 공기 유입 · 스티어링 기어의 고장 · 파워 스티어링 펌프 고장 · 스티어링 컬럼 또는 압력 호스 주위의 간섭 · 스티어링 링키지의 이완 또는 교환	· 파워 스티어링 펌프 조임 · 스티어링 기어 조임 · 파워 스티어링 펌프 브래킷 조임 · 파워 스티어링 펌프 풀리 너트 조임 · 파워 스티어링 펌프 벨트 조정 · 공기빼기 · 스티어링 기어 교환 · 파워 스티어링 펌프 교환 · 간섭 제거 스티어링 컬럼/호스 수리 또는 교환 · 스티어링 링키지의 조임, 조정 또는 교환

점검 및 조정
파워 스티어링 압력 테스트

■ 주의
- 시스템이 정상 작동할 수 있도록 파워 스티어링 시스템 게이지의 밸브가 열려 있는지 확인한다.
- 스티어링 휠을 회전시킨 상태에서 한번에 10초이상 방치하지 않는다.

1. 고압 파이프를 분리하고 어댑터를 사용하여 파워 스티어링 시스템 게이지를 부착한다. 어댑터를 4~6 kg-m 힘으로 체결한다.
2. 파워 스티어링 액 탱크에 온도계를 끼운다.
3. 다음의 절차에 따라 시스템의 공기를 뺀다.
   1) 저장 탱크내의 스티어링 액 레벨을 점검하고 필요시 액을 보충한다.
   2) 차량을 들어올리고 지지한다.
   3) 스티어링 휠을 좌우로 끝까지 10회 돌린다.
   4) 액의 레벨을 재점검하고 액이 감소했으면 액을 보충한다.
   5) 액의 레벨이 안정될 때까지 3)과 4)단계 작업을 반복한다.
   6) 엔진 시동을 걸고 아이들링 상태로 한다.
   7) 스티어링 휠을 좌우로 끝까지 10회 돌린다.
   8) 스티어링 액에서 기포 발생이 없는지를 확인한다. 기포 발생시는 시스템 내에서 계속 공기가 있는것이므로 2)~7) 단계 작업을 반복한다.

■ 주의
계속 기포가 발생하면 시스템의 공기 누설을 점검한다.

4. 파워 스티어링 액의 온도를 점검한다. 온도가 50℃~60℃ 범위에 있지 않으면 규정 온도에 도달할 때까지 스티어링 휠을 좌우로 돌린다.

■ 주의
- 작동 압력을 읽기 위해서 파워 스티어링 시스템 게이지의 밸브를 잠시동안 잠근다.
- 15초 이상 밸브를 잠근 상태로 두지 않는다.

5. 파워 스티어링 시스템 게이지의 밸브를 잠그고 엔진 속도를 1000~1500rpm 까지 증가시키면서 파워 스티어링 펌프의 토출압을 측정한다. 규정 압력은 75~80 kg/cm² 이다.
   - 압력이 규정치 내에 있으면 나머지 시험 절차를 계속한다.
   - 압력이 낮으면 파워 스티어링 펌프를 교환하거나 찌그러진 파이프가 있는지 확인하고 필요시 수리 또는 교환한다.

6. 파워 스티어링 시스템 게이지의 밸브를 열고 엔진 속도를 1000~1500rpm까지 증가시킨다.

■ 주의
스티어링 휠을 회전시킨 상태에서 한번에 15초 이상 방치하지 않는다.

7. 스티어링 휠을 우측 또는 좌측 끝까지 돌리고 압력을 측정한다.
8. 파워 스티어링 시스템 게이지와 어댑터를 분리한다. 고압 라인을 재연결하고 1.6~2.4 kg-m 힘으로 체결한다.
9. 온도계를 제거하고 3단계에서 설명한대로 시스템 내의 공기를 뺀다.

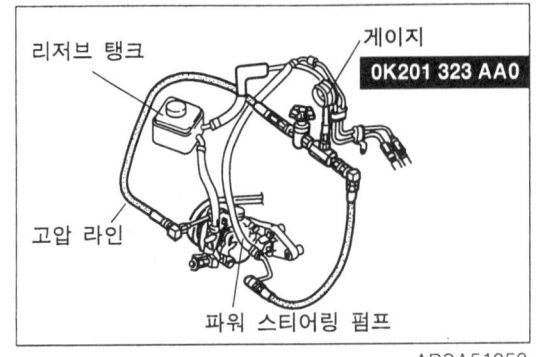

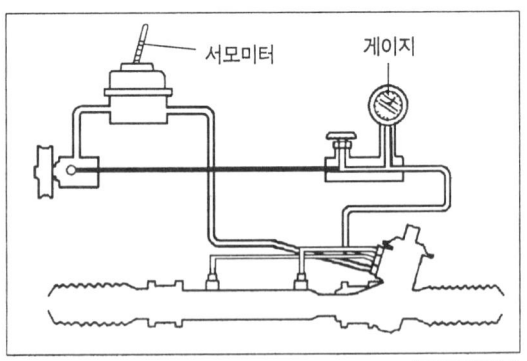

조향장치 파워 스티어링

스티어링 휠 조향력
1. 파워 스티어링 액 탱크에 온도계를 넣는다.

   주의
   스티어링 휠을 회전시킨 상태에서 한번에 10초 이상 방치하지 않는다.

2. 엔진 시동을 걸고 액온이 50℃~60℃에 도달할 때까지 스티어링 휠을 좌우로 수회 돌린다.
3. 차량을 수평한 장소에 놓고 스티어링 휠을 직진 상태로 놓는다.
4. 스프링 저울을 스티어링 휠의 림에 걸고 휠을 완전히 1회 전하는데 필요한 힘을 측정한다. 조향력은 3.5kg 이하 이어야 한다.

   주의
   정확한 측정을 위해서 스프링 저울을 스티어링 휠의 직선 방향을 잡아당긴다.

5. 조향력이 규정치보다 크면 스티어링 액의 부족 및 누출, 시스템 내의 공기 유입, 파워 스티어링 펌프의 압력, 스티어링 기어의 압력 및 타이어 공기압을 점검한다.
6. 온도계를 제거한다.

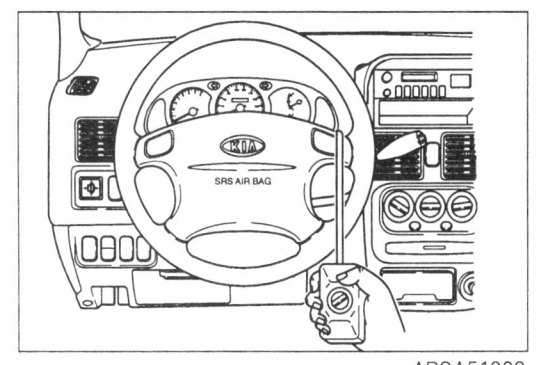

파워 스티어링 액의 양 점검 및 보충
1. 파워 스티어링 액의 양을 점검한다. 필요시 액이 F와 L 표시 사이에 있도록 액을 보충한다.

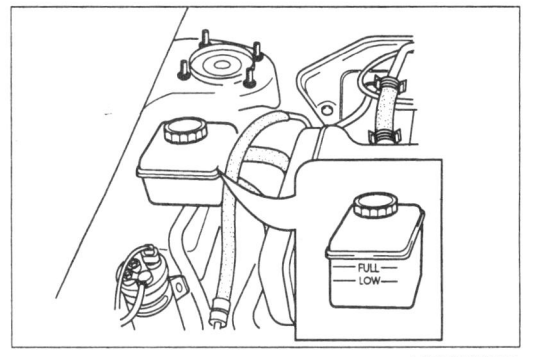

2. 정상 작동 온도에 도달할 때까지 엔진을 작동시키고 스티어링 휠을 좌우 끝까지 10회전 시킨다.
3. 스티어링 휠을 직진 상태로 하고 엔진을 정지시킨다.
4. 스티어링 액의 양을 점검하고 액이 F와 L 표시 사이에 있도록 액을 보충한다.

공기빼기
1. 스티어링 액의 양을 점검한다.
2. 차량을 들어올리고 지지한다.
3. 엔진 시동을 걸지 않은 상태에서 스티어링 휠을 좌우 끝까지 수회 회전시킨다.
4. 액의 양을 재점검하고 감소했으면 액을 보충한다.
5. 액의 양이 안정될 때까지 2와 3번 작업을 반복한다.
6. 엔진 시동을 걸고 아이들링 상태로 한다.
7. 스티어링 휠을 좌우 끝까지 수회 회전시킨다.
8. 스티어링 액에서 기포 발생이 없는지, 액의 양이 저하하지 않았는지 확인한다.
9. 필요시 액을 보충하고 7과 8번 작업을 반복한다.

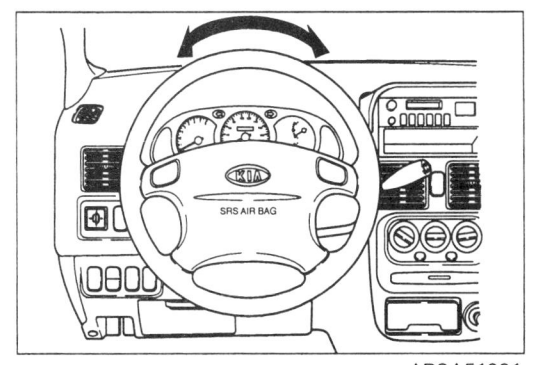

51-15

오일 누설 점검

엔진을 회전시킨 후 유압이 발생된 상태에서 핸들을 좌·우로 충분히 몇회 회전시키고 오일 누설이 있는지 점검한다.

주의
핸들을 회전시킨 상태에서 15초 이상 유지하지 않는다.

참고
액 누설이 발생할 가능성이 있는 부위는 그림의 화살표와 같다.

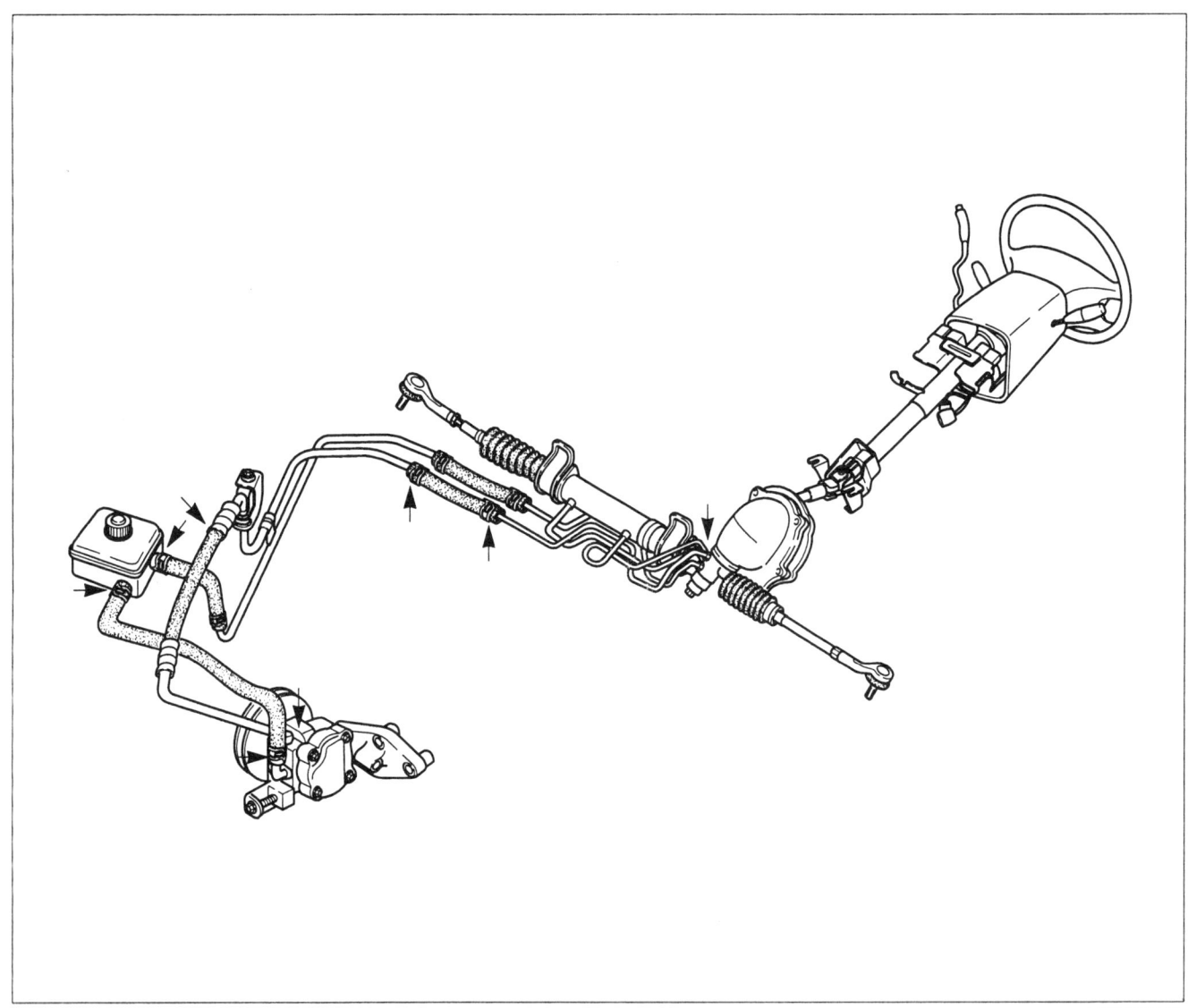

ARSA51005

스티어링 기어와 링키지

분리/장착
1. 휠 너그 너트를 푼다.
2. 차량 앞부분을 들어 올린 후 안전 스탠드로 지지한다.
3. 타이어를 분리한다.
4. 그림과 같은 순서로 탈착하며, 탈착 참고사항을 참고한다.
5. 장착은 탈착의 역순으로 실시한다.
6. 장착한 후 스티어링 장치에서 공기를 뽑고 필요시에는 토우인을 조정한다.

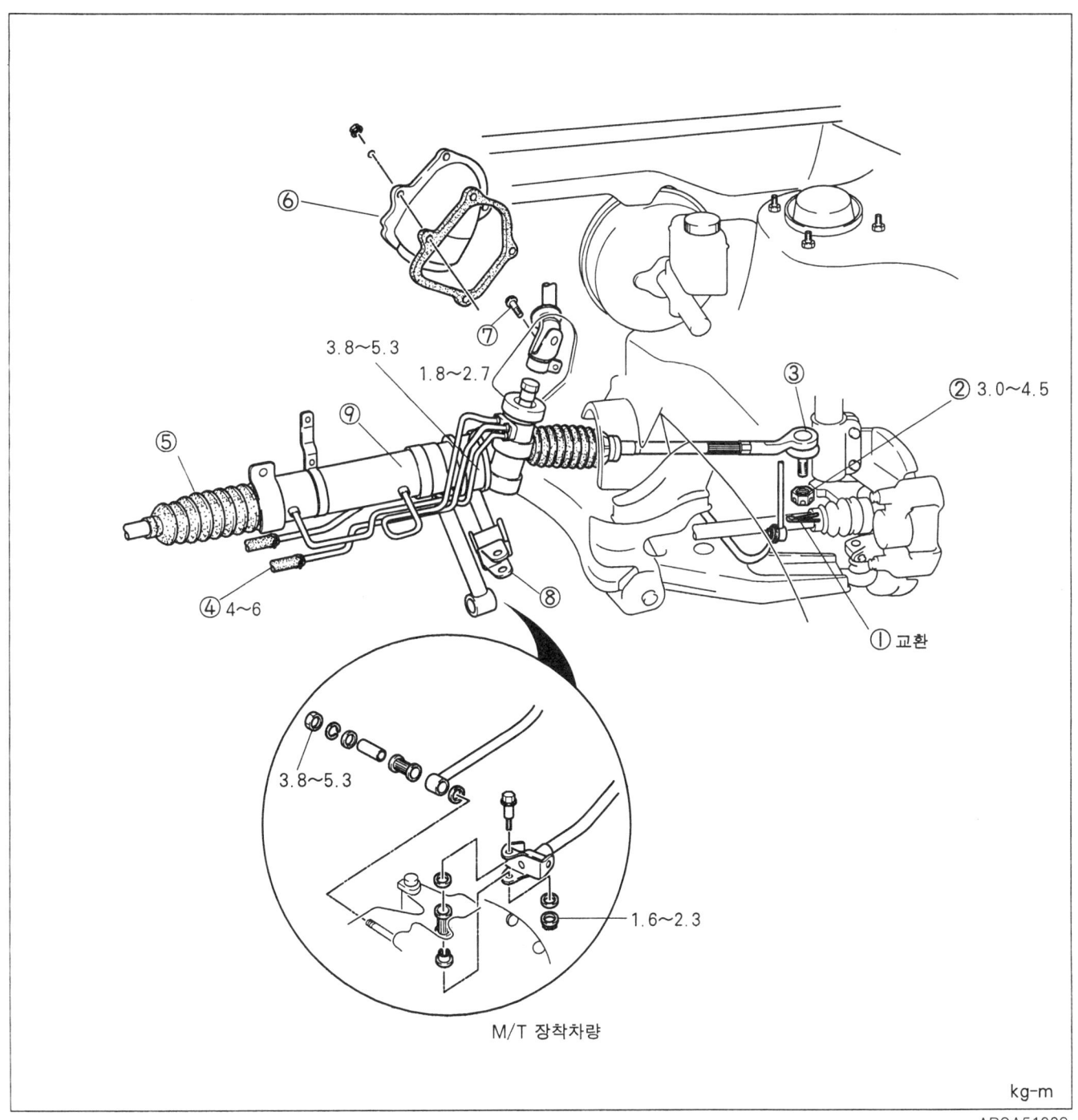

참고
프레쥬어 파이프와 리턴 호스를 분리할 때는 파워 스티어링 액이 누설될 수 있으므로 적당한 용기에 받아 놓는다.

조향장치 파워 스티어링

분해/점검/조립
1. 그림과 같은 순서로 분해한다.
2. 조립은 분해의 역순으로 실시하며, 조립 참고사항을 참고한다.

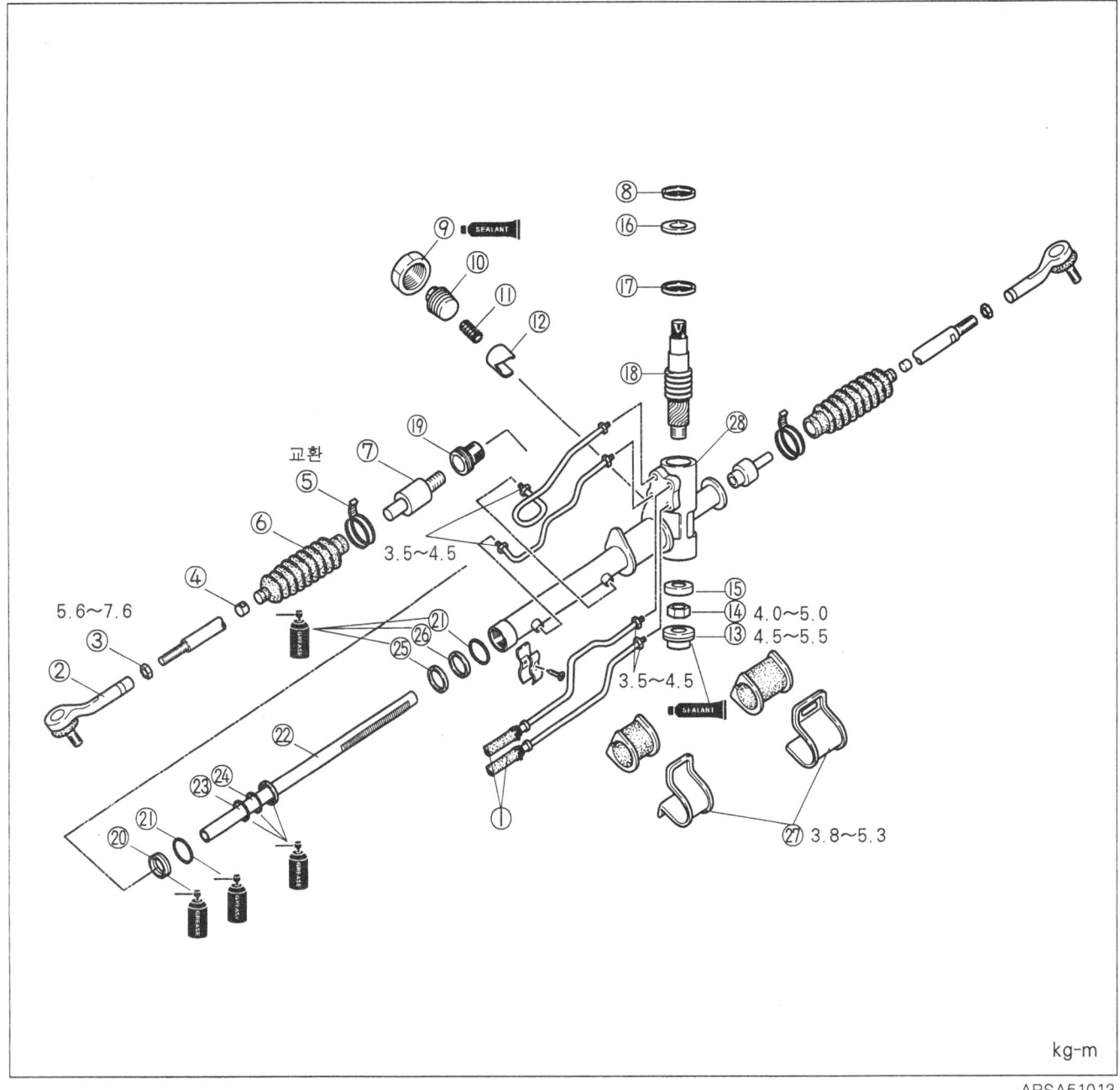

kg-m

ARSA51013

1. 오일 파이프
2. 타이로드 엔드
3. 록 너트
4. 부트 밴드
5. 부트 와이어
6. 부트
7. 타이로드
8. 스냅링
9. 요크 록 너트
10. 요크 플러그
11. 스프링
12. 서포트 요크
13. 피니언 플러그
14. 록 너트
15. 베어링
16. 오일 실
17. 인풋 샤프트 부시
18. 피니언 샤프트 어셈블리
19. 랙 부시
20. 로드 실
21. O-링
22. 스티어링 랙
23. 리테이닝 링
24. O-링
25. 로드 실
26. 인너 가이드
27. 브래킷
28. 기어 박스

분해 참고사항
오일 실 및 인너 가이드
범용공구를 사용하여 실린더 사이드 쪽으로 오일 실과 인너 가이드를 분리한다.

■ 주의
오일 실을 재사용하지 않는다.

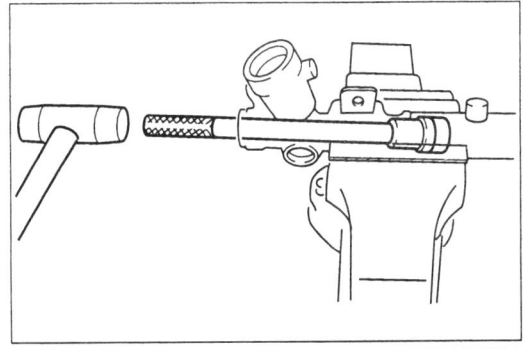

어저스팅 커버
1. 어저스팅 커버에 실런트를 도포한 후에 110 kg-cm 정도의 토크로 가체결한다.
2. 랙을 3회정도 전후로 움직인 후 어저스팅 커버를 헐겁게 푼다.
3. 규정 토크로 어저스팅 커버를 재체결한 후 어저스팅 커버를 약 0~40° 정도 푼다.

체결토크 : 45~55 kg-cm

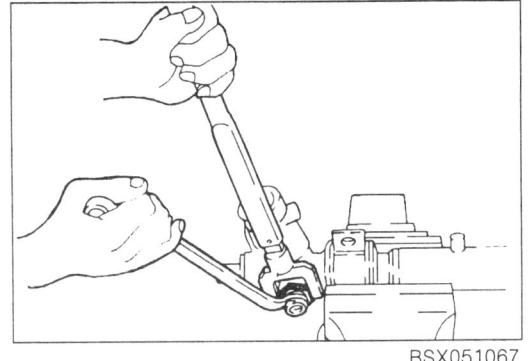

4. SST를 사용하여 록 너트를 체결한다.
5. SST와 스프링 저울을 사용하여 피니언 토크를 측정한다.

피니언 토크 :
- 중앙 위치에서 ±90° : 10~14 kg-cm
  스프링 저울값 : 1.0~1.4 kg
- 기타 위치 : 17 kg-cm
  스프링 저울값 : 1.7 kg

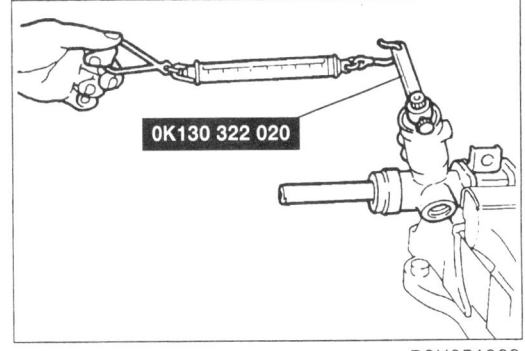

실린더 누기 점검
1. 기어 하우징의 실린더 부위에 범용공구를 조립한다.
2. 배큠 펌프를 400mmHg의 진공을 형성시킨 후 약 30초 동안 유지되는지 점검한다.
3. 만약 누기가 될 경우에는 오일 실을 교환한다.

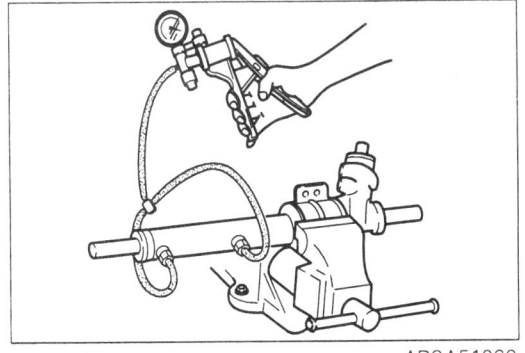

파워 스티어링 오일 펌프

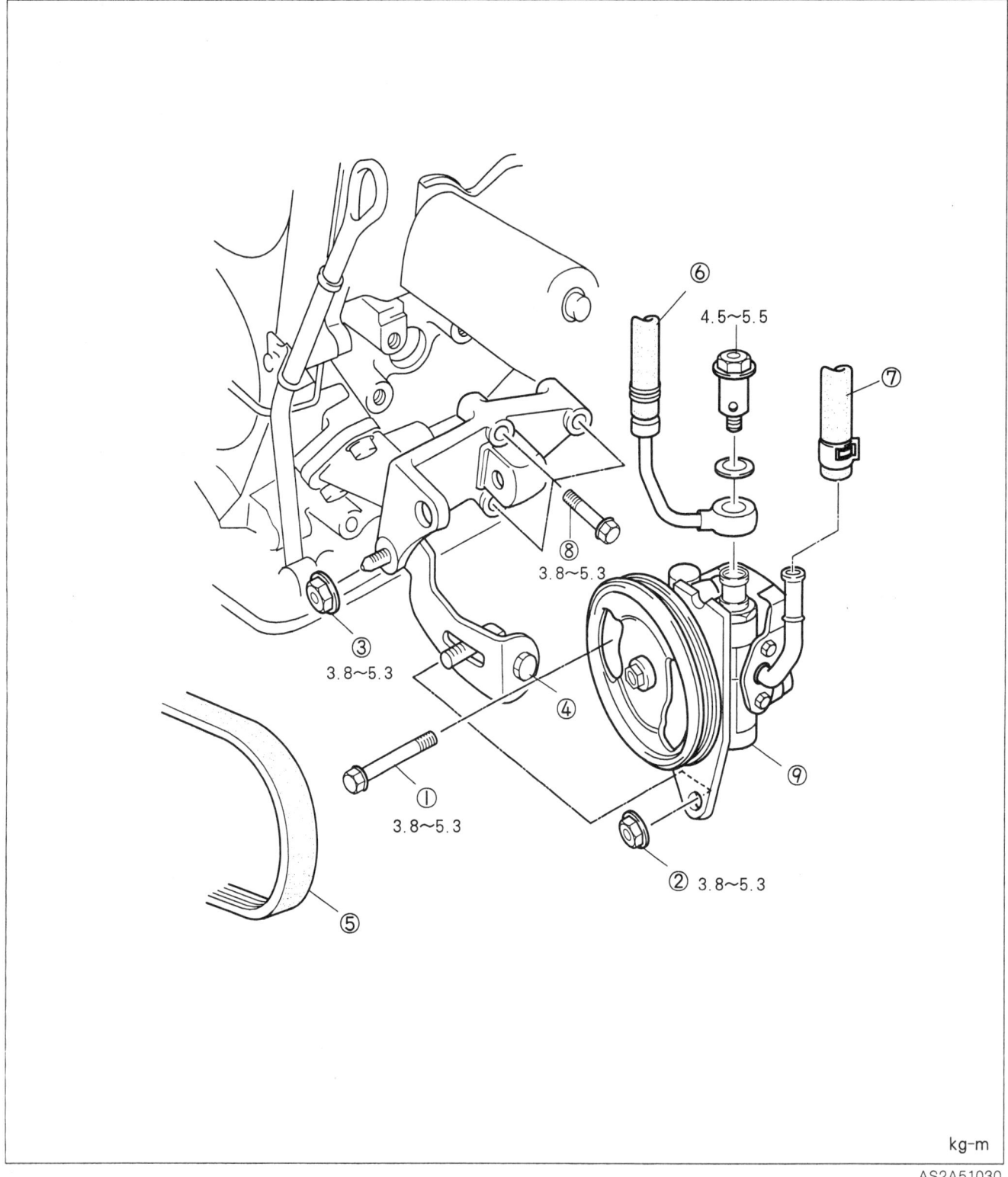

1. 볼트
2. 너트
3. 너트
4. 어저스팅 볼트
5. 구동 벨트
6. 프레쥬어 호스
7. 석션 호스
8. 볼트
9. 파워 스티어링 오일 펌프 어셈블리

조향장치 파워 스티어링

분해/조립
1. 다음의 절차는 O-링의 교환을 보여준다. 다른 부품에서 문제가 발견되면, 오일 펌프 어셈블리를 교환한다.
2. 그림에 나타낸 순서대로 분해한다.
3. 모든 부품을 점검하고 필요시 교환한다.
4. 조립은 분해시의 역순으로 한다.

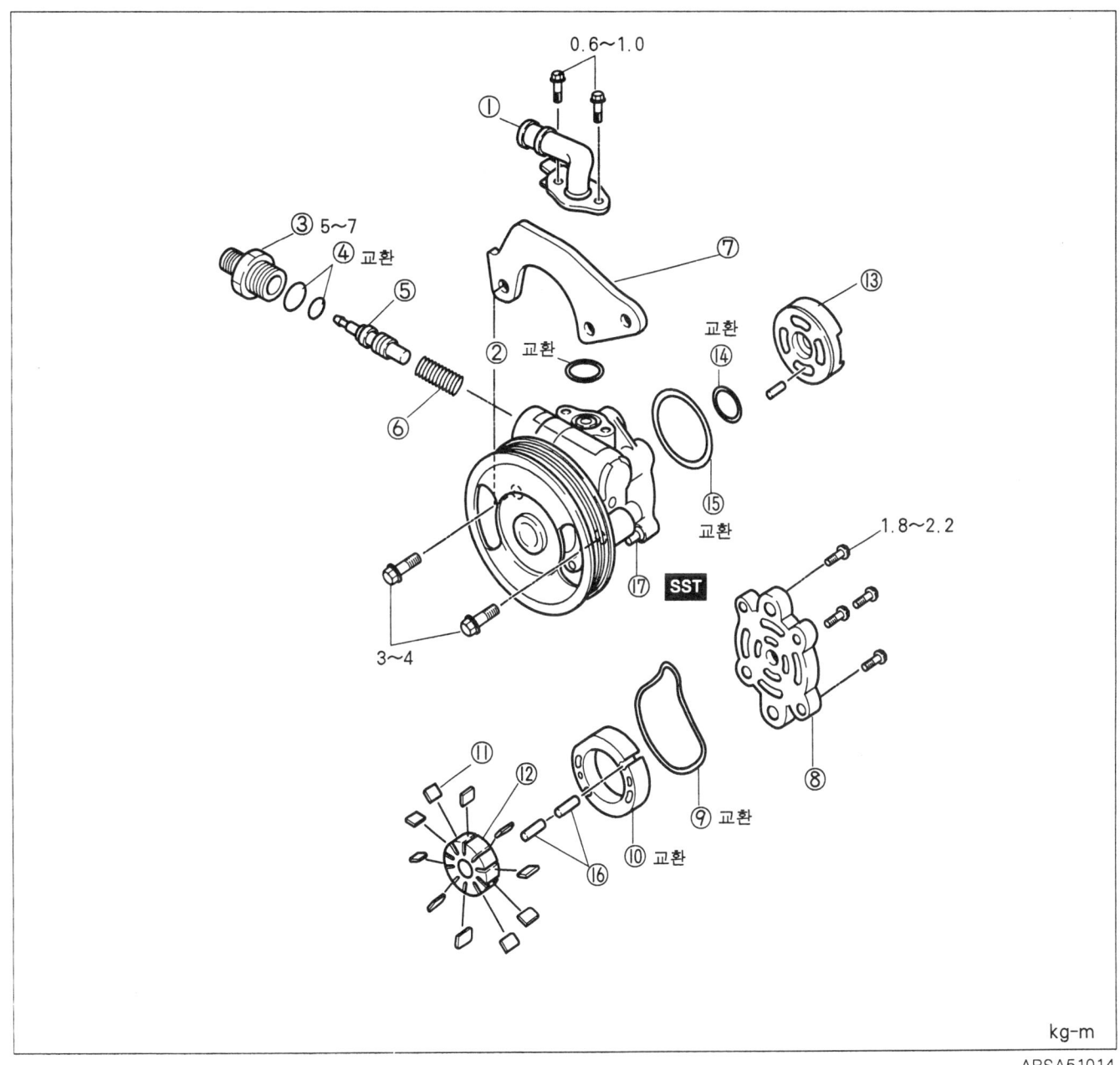

kg-m

1. 흡입 파이프
2. O-링
3. 커넥터
4. O-링
5. 컨트롤 밸브
6. 스프링
7. 브래킷
8. 펌프 바디 (리어)
9. O-링
10. 캠 링
11. 베인
12. 로터
13. 사이드 플레이트
14. O-링
15. O-링
16. 핀
17. 펌프 바디 (프런트)

사양

항목		형식	매뉴얼 스티어링	파워 스티어링
스티어링 휠	외경	mm	380	
	최대 회전수		3.93	3.09
스티어링 샤프트 & 조인트	형식		콜랩시블	
	조인트 형식		십자 조인트 (2개)	
	틸트 스트록	mm	Non Tilt	
스티어링 기어	형식		랙 & 피니언	
	기어비		∞ (무한대)	
	랙 스트록	mm	140	
오일	용량	l	—	0.6
	형식		—	ATF M-Ⅲ 또는 DEXRON-Ⅱ

특수공구

0K130 283 021 풀러, 볼 조인트	타이로드 엔드 분해, 조립시 사용	0K130 322 020 어태치먼트	피니언 프리로드 측정시 사용
0K993 331 016 인스톨러	오일 실 조립시 사용	0K201 323 AA0 게이지 셋	오일 압력 측정시 사용

제동장치

개요	52- 3
고장진단 및 조치	52- 4
공기빼기, 브레이크 유압라인	52- 5
브레이크 페달	52- 6
마스터 실린더	52- 8
파워 브레이크 유닛	52-10
프런트 브레이크	52-13
리어 브레이크	52-15
주차 브레이크	52-19
앤티록 브레이크 시스템	52-23
사양	52-50
특수공구	52-50

제동장치 개요

개요

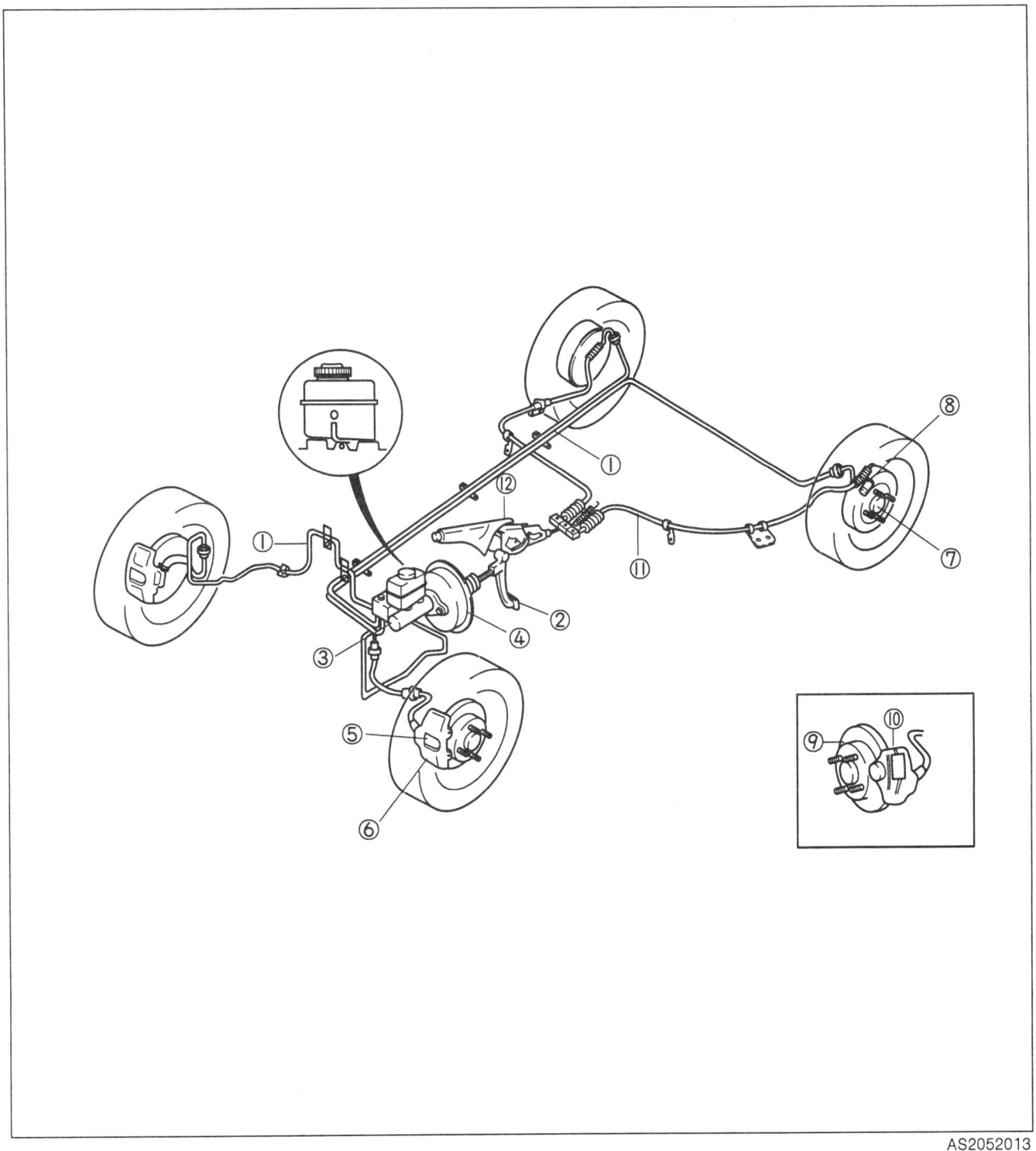

1. 브레이크 유압 라인
2. 브레이크 페달
3. 마스터 실린더
4. 마스터 배큠
5. 프런트 브레이크 (디스크)
6. 캘리퍼
7. 리어 브레이크 (드럼)
8. 휠 실린더
9. 리어 브레이크 (디스크)
10. 캘리퍼
11. 주차 브레이크 케이블
12. 주차 브레이크 레버

고장진단 및 조치

고장상황	예상주요원인	조치
제동 불량	· 브레이크 액 누출 · 파이프내 공기 혼입 · 패드 또는 라이닝 마모 · 패드 또는 라이닝에 브레이크 액, 그리스 또는 물 부착 · 패드 또는 라이닝 표면 경화, 접촉 불량 · 디스크 브레이크 피스톤의 작동 불량 · 마스터 실린더 또는 휠 실린더의 작동 불량 · 파워 브레이크 유닛의 작동 불량 · 첵 밸브 (진공 호스)의 작동 불량 · 진공 호스의 손상 · 플렉시블 호스의 노화	· 수리 · 공기 빼냄 · 교환 · 소제 또는 교환 · 연마 또는 교환 · 교환 · 수리 또는 교환 · 수리 또는 교환 · 교환 · 교환 · 교환
편 제동	· 패드 또는 라이닝 마모 · 패드 또는 라이닝에 브레이크 액, 그리스 또는 물 부착 · 패드 또는 라이닝의 표면경화, 접촉불량 · 디스크 또는 라이닝의 비정상적인 마모 또는 비틀림 · 오토 어드저스터의 작동 불량 · 배킹 플레이트 장착 볼트의 이완 또는 변형 · 휠 실린더의 작동 불량 · 휠 얼라인먼트의 조정불량 · 타이어 공기압 불균등	· 교환 · 소제 또는 교환 · 연마 또는 교환 · 수리 또는 교환 · 수리 또는 교환 · 체결 · 수리 또는 교환 · 54장 참조 · 53장 참조
브레이크가 해제되지 않음	· 브레이크 페달의 유격이 없음 · 푸시로드 간극의 조정불량 · 마스터 실린더 리턴 포트의 막힘 · 슈의 원위치 불량 · 휠 실린더의 원위치 불량 · 디스크 브레이크의 피스톤 실 기능불량으로 원위치 불량 · 디스크 플레이트의 과도한 마모 · 휠 베어링 프리로드의 조정 불량	· 조정 · 조정 · 청소 · 청소 또는 교환 · 교환 · 교환 · 50장 참조
페달 행정이 과도함	· 페달 유격의 조정 불량 · 라이닝의 마모 · 파이프내에 공기 혼입	· 조정 · 교환 · 공기 빼냄
제동시 비정상적 소음 또는 진동	· 패드 또는 라이닝의 마모 · 패드 또는 라이닝 표면의 쇠손 · 브레이크가 해제되지 않음 · 디스크 플레이트 접촉표면에 이물질 또는 긁힘 · 배킹 플레이트 또는 캘리퍼 장착볼트의 이완 · 디스크 또는 드럼 접촉 표면의 손상 · 패드 또는 라이닝의 접촉 불량 · 각 습동부에 그리스 부족	· 교환 · 연마 또는 교환 · 수리 · 청소 · 체결 · 교환 · 수리 또는 교환 · 그리스 도포
주차 브레이크 작동 불량	· 과도한 레버 행정 · 브레이크 케이블 고착 또는 손상 · 라이닝에 브레이크 액 또는 오일 부착 · 라이닝 표면의 경화 또는 접촉 불량	· 조정 · 수리 또는 교환 · 소제 또는 교환 · 연마 또는 교환

공기빼기

1. 차를 들어올리고 안전 스탠드로 지지한다.

   주의
   공기빼기를 하는 동안 브레이크 액이 리저브 탱크안에 3/4정도 계속 있어야 한다.

2. 브리더 캡을 분리하고 브리더 프러그에 비닐호스를 연결한다.

3. 비닐호스의 다른쪽 끝은 깨끗한 용기내에 위치시킨다.
4. 한 작업자가 브레이크 페달을 수회 밟고, 밟은 상태를 유지한다.
5. 다른 작업자는 브리더 스크루를 풀어서 브레이크 액을 빼어내고 SST를 사용하여 스크루를 다시 체결한다.

   주의
   - 두사람이 서로 호흡을 잘 맞춘다
   - 브리더 스크루가 다시 체결될 때까지 페달을 밟은 상태로 있는다.

6. 4, 5항의 작업을 공기 방울이 나오지 않을 때까지 반복한다.
7. 브레이크 작동이 잘 되는지 검사한다.
8. 브레이크 액이 누출되지 않는지 확인한다.
   주변에 흩어진 브레이크액을 걸레로 닦아낸다.
9. 공기빼기 작업후에 브레이크 액을 리저브 탱크의 규정 레벨까지 보충한다.

   체결토크 : 60~90 cm

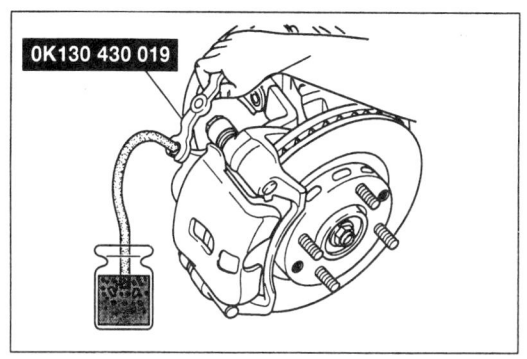

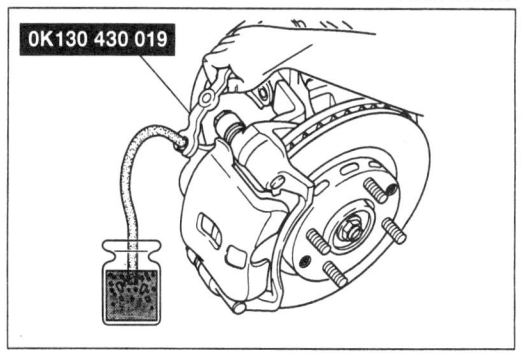

브레이크 유압 라인

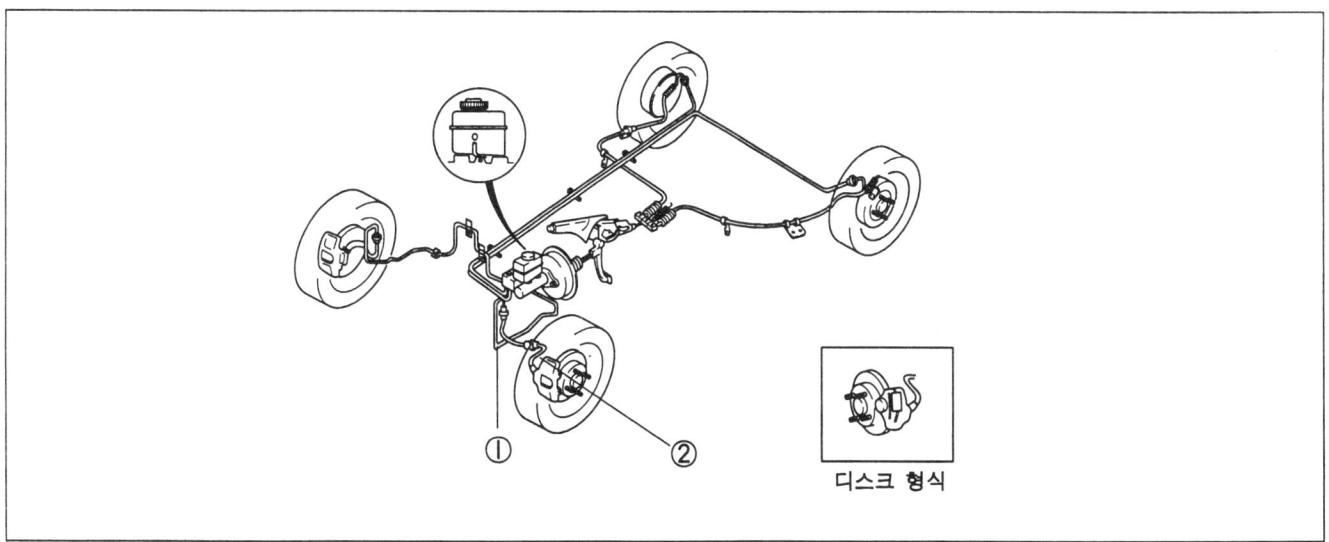

1. 브레이크 파이프
2. 플렉시블 호스

브레이크 페달

차상검사
브레이크 페달 높이

검사
페달 패드 상면의 중앙에서 대쉬 패널까지의 거리가 표준치에 있는지 점검한다.

　페달 높이 : 193~196 mm

조정
1. 스톱라이트 스위치 커넥터를 분리한다.
2. 록 너트 ⓑ를 풀고 스위치 ⓐ가 페달에 닿지 않을 때까지 스위치 ⓐ를 돌린다.
3. 록 너트 ⓓ를 풀고 브레이크 페달의 높이를 조정하기 위하여 로드 ⓒ를 돌린다.
4. 스톱라이트 스위치를 페달에 닿을 때까지 (스톱 스위치 볼트부와 페달 스톱퍼 간극 약 0.1~1.0mm) 체결하고 1/2회전 푼다. 록 너트 ⓑ와 ⓓ를 체결한다.

　체결토크 : 1.4~1.8 kg-m

5. 스톱라이트의 작동을 확인한다.

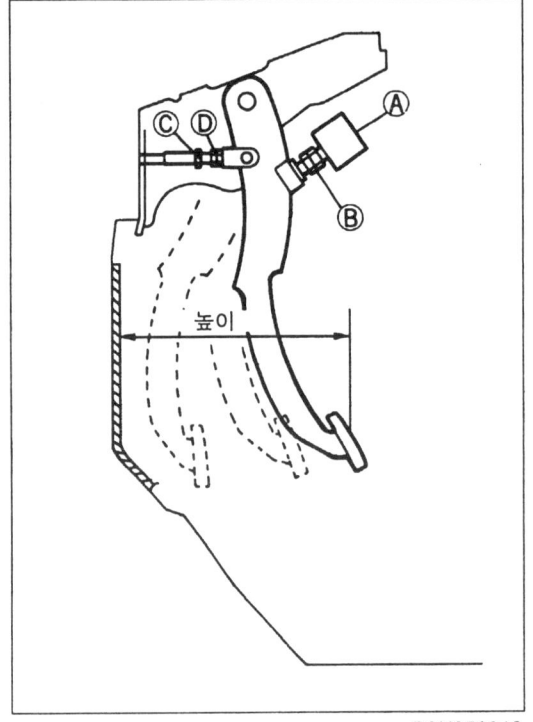

페달 유격

검사
1. 시스템에서 진공을 제거하기 위하여 페달을 수회 밟는다.
2. 손으로 페달을 부드럽게 누르고(약 2kg) 유격을 검사한다.

　페달 유격 : 4~7 mm

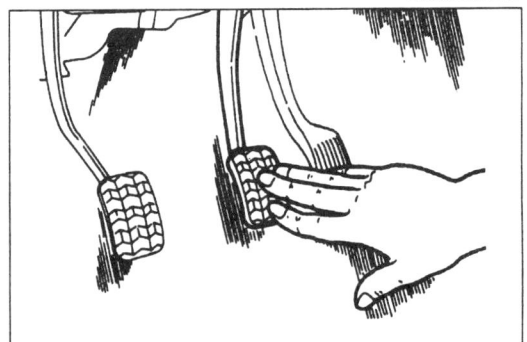

조정
1. 록 너트 D를 풀고 로드 C를 돌려서 유격을 조정한다.
2. 페달 높이와 스톱라이트 작동을 확인한다.

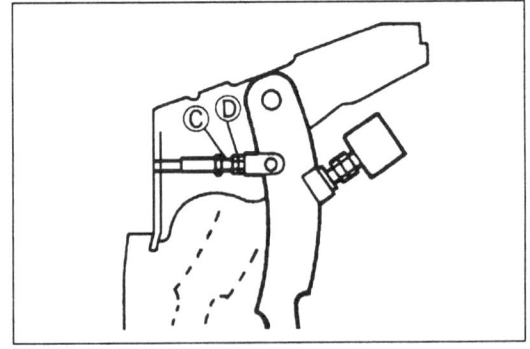

페달과 플로어 간극

검사
페달을 답력 60kg 으로 밟았을때 마루판과 페달 패드 상면 중앙과의 간극이 표준치에 있는가 점검한다.

　페달과 플로어 간극 : 70 mm

간극이 표준치 이하이면 다음 문제를 점검한다.
1. 브레이크 시스템 내의 공기
2. 오토 어저스트 불량 (리어 드럼 브레이크)
3. 슈 혹은 패드의 마모

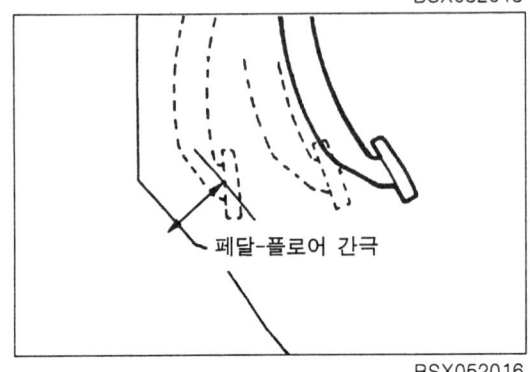

분리/검사/장착

1. 그림에 나타난 순서대로 분리한다.
2. 모든 부품을 검사하고 필요시 수리나 교환을 한다.
3. 장착은 분리의 역순으로 한다.
4. 장착후 필요시 페달높이와 유격을 점검하고 조정한다.

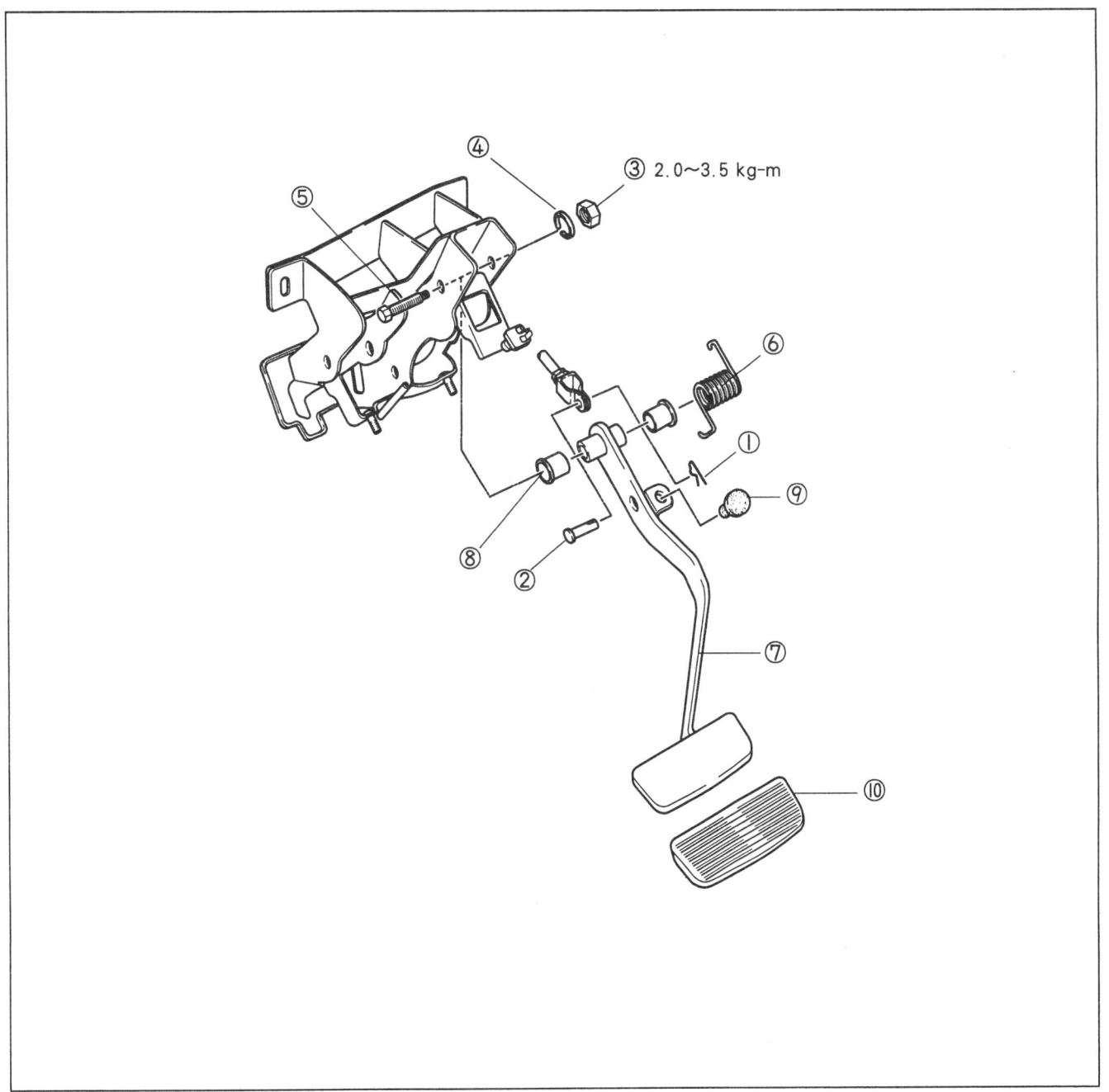

1. 스프링 클립
2. 크레비스 핀
3. 너트
4. 로크 와셔
5. 볼트
6. 리턴 스프링
7. 페달
8. 부싱
9. 스톱퍼 러버
10. 패드

마스터 실린더

분리/장착
1. 분리시 참고사항을 참조하여 그림에 나타난 순서대로 분리한다.
2. 장착시 참고사항을 참조하여 분리의 역순으로 장착한다.
3. 장착후 브레이크 액을 보충, 공기빼기 작업과 액의 누출을 점검한다.

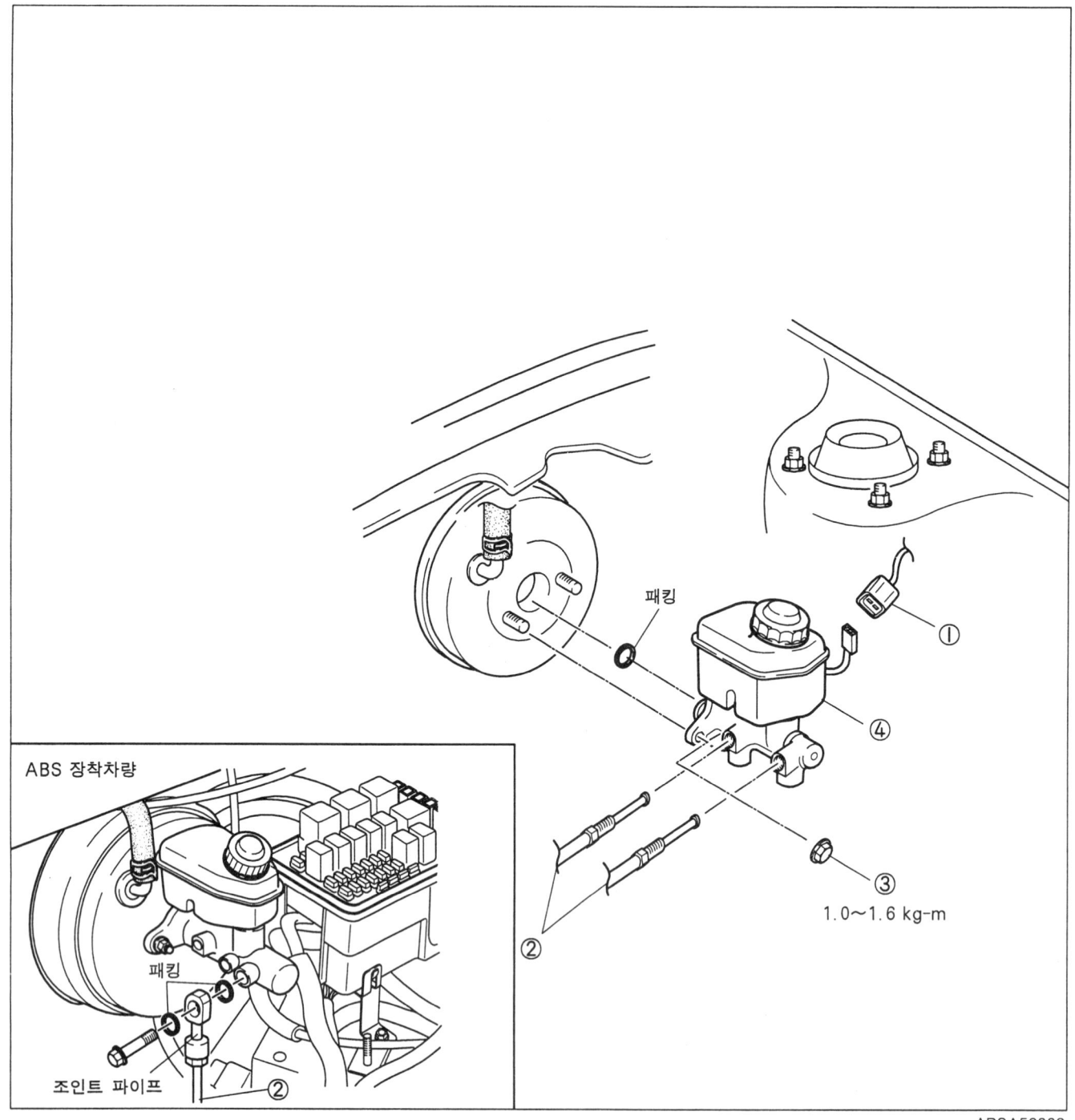

1. 커넥터
2. 브레이크 파이프
3. 너트
4. 마스터 실린더

분해시 참고사항
브레이크 파이프
SST를 사용하여 마스터 실린더로 부터 브레이크 파이프를 분리한다.

주의
- 도장면에 브레이크 액을 흘리지 않도록 주의한다.
- 브레이크 액을 흘렸을 경우에는 즉시 청소한다.

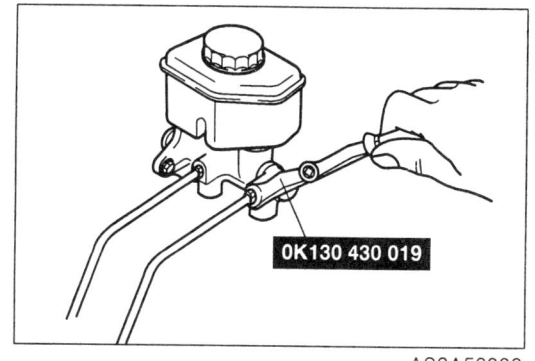

조립시 참고사항
마스터 실린더
피스톤과 푸시로드 간극
1. 마스터 실린더에 개스킷을 끼운다.
2. 개스킷 위에 SST를 올려놓은 다음 조정볼트가 푸시로드 구멍 바닥에 살며시 닿을 때까지 조정볼트를 돌린다.

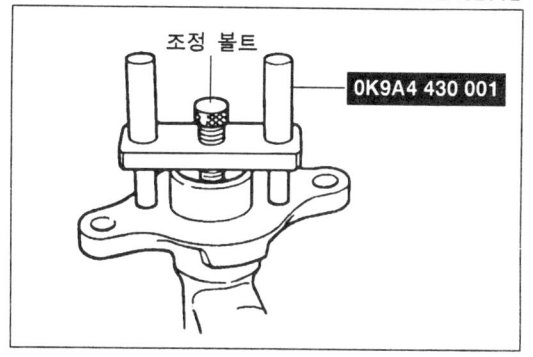

3. 2단계에서 사용된 SST를 거꾸로 하여 마스터 백 위에 올려 놓는다.
4. 조정볼트와 푸시로드 간의 간극을 측정한다. 만약 0mm를 초과하면 푸시로드 록 너트를 풀고, 푸시로드를 돌려 간극을 조정한다.

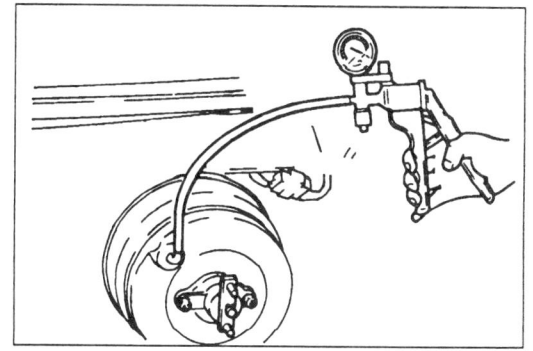

5. 참고
   - 위 조정을 통하여 간극이 표준치를 만족하는지 확인한다.

   푸시로드와 피스톤 간극 : 0.1~0.4mm

   - 조정시에는 푸시로드가 나올 수 있도록 브레이크 페달을 밟는다.

6. SST를 사용하여 브레이크 파이프를 조립한다.

   체결토크 : 1.3~2.2 kg-m

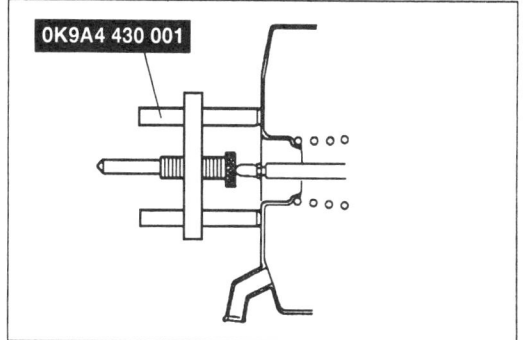

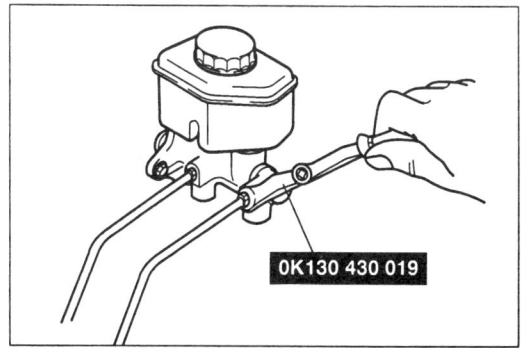

파워 브레이크 유닛

차상 점검
파워 브레이크 유닛의 작동점검

단계 1
1. 엔진 정지 상태로 수회 페달을 밟는다.
2. 페달을 밟은 상태로 엔진을 시동한다.
3. 엔진 시동직후 페달이 약간 내려가면 양호하다.

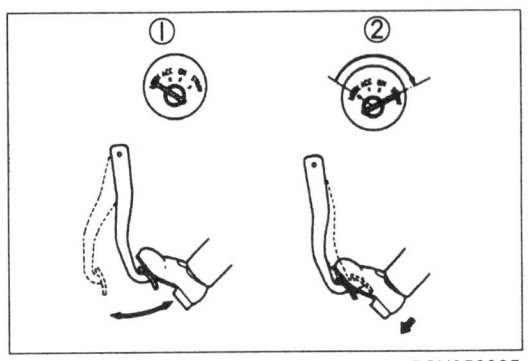

단계 2
1. 엔진을 시동한다.
2. 1~2분간 회전 시킨 후 엔진을 정지한다.
3. 보통의 브레이크 답력으로 페달을 밟는다.
4. 1회째 페달 스트록이 길고 차후의 스트로크가 짧아지면 양호하다.
5. 문제점이 발생하면 첵 밸브나 진공 호스의 손상을 점검하고 장착을 검사한다. 필요시 수리하고 다시한번 검사한다.

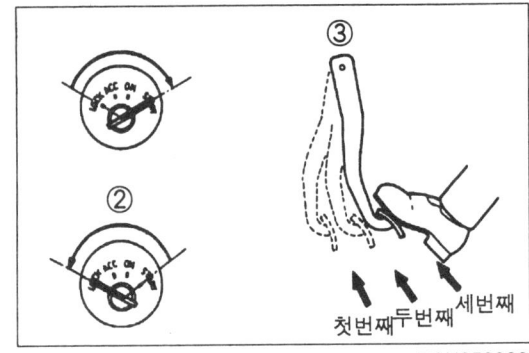

단계 3
1. 엔진을 시동한다.
2. 보통의 답력으로 페달을 밟는다.
3. 그 상태로 엔진을 정지한다.
4. 약 30초간 페달을 밟은 상태를 유지한다.
5. 이때 페달 높이가 변화하지 않으면 양호하다.
6. 문제점이 발생하면 첵 밸브나 진공 호스의 손상을 점검하고 연결 상태를 점검한다. 필요시 수리하고 다시한번 검사한다.

만일 위 3가지 단계를 시행한 후에도 문제점의 본질이 명확하지 않으면 "테스터를 이용한 방법"으로 더 정밀한 검사를 한다.

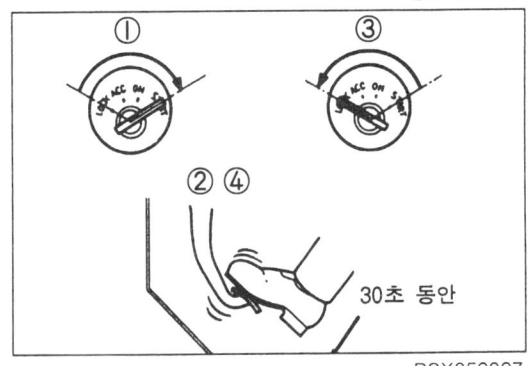

테스터를 사용하는 점검 방법
압력 게이지, 배큠 게이지, 답력계를 그림에 보인것과 같이 접속하고 압력 게이지에서 공기빼기를 행한 후 다음 순서로 점검한다.

■ **참고**
상용되는 게이지와 답력계를 사용한다.

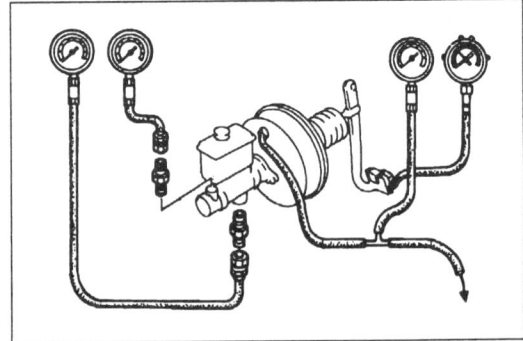

a) 진공 손실을 점검
무부하 기밀 점검
1. 엔진을 시동한다.
2. 배큠 게이지가 500mmHg에 달하면 엔진을 정지 시킨다.
3. 15초 동안 배큠 게이지를 관찰한다. 게이지가 475~500mmHg 를 나타내면 양호하다.

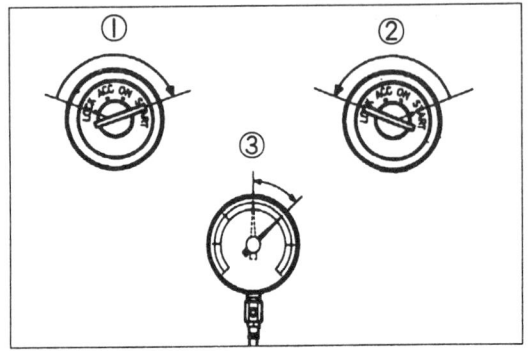

부하시 기밀 점검
1. 엔진을 시동한다.
2. 브레이크 페달을 20kg으로 밟는다.
3. 페달을 밟은 상태에서 배큠 게이지가 500mmHg에 달하면 엔진을 정지시킨다.
4. 15초 동안 배큠 게이지를 관찰한다.
   게이지가 475~500mmHg를 나타내면 양호하다.

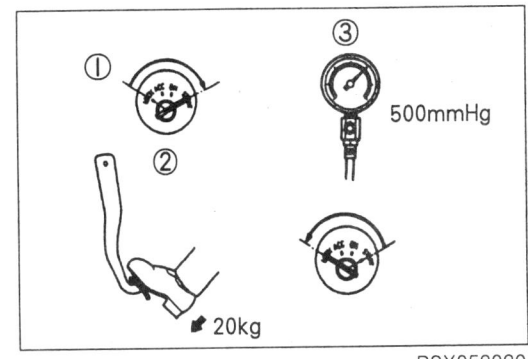

b) 유압 작동 점검
1. 엔진 정지상태 즉, 배큠치가 0일때 답력과 액압의 관계가 표준치 내에 있다면 양호하다.

답 력 (kg)	액 압 (kg/cm²)
20	12

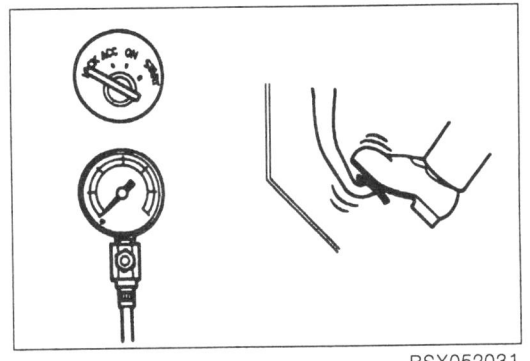

배력 작동 점검
1. 엔진을 시동하고 배큠이 500mmHg에 도달할때 브레이크 페달을 밟는다.
   이때 답력과 액압의 관계가 표준치 내에 있으면 양호하다.

답 력 (kg)	액 압 (kg/cm²)
20	72

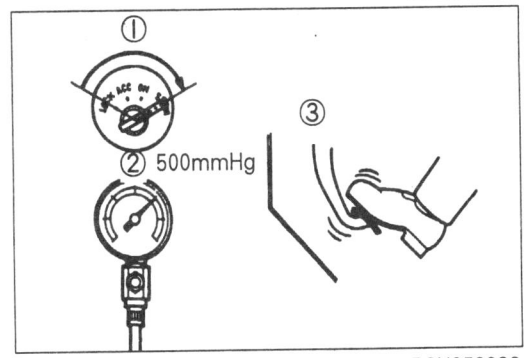

첵 밸브
점검
1. 엔진 측에서 배큠 호스를 분리한다.

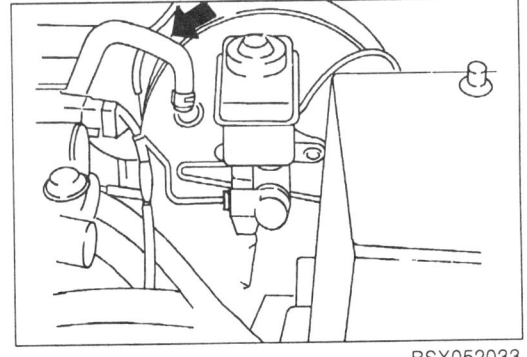

2. 엔진 쪽에서 호스에 흡입 압력을 가하여 공기가 엔진 쪽으로만 흐르는지 점검한다. 공기가 양쪽 방향으로 통과하거나 전혀 통과하는 기색이 없으면 호스와 함께 첵 밸브를 교환한다.

■ 주의
첵 밸브가 나쁘면 밸브와 함께 호스를 교환한다.

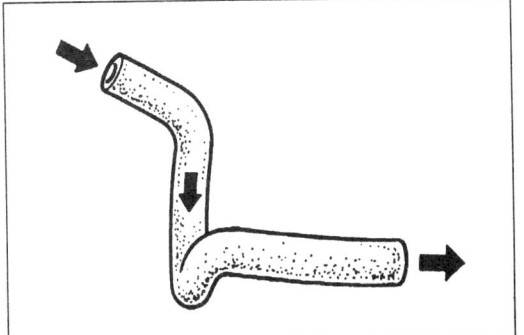

제동장치 파워 브레이크 유닛

분리/장착
1. 그림에 나타난 순서대로 분리한다.
2. 분리의 역순으로 장착한다.

주의
장착후 다음의 단계를 밟는다.
- 브레이크액을 보충하고 공기빼기 작업을 한다.
- 누출을 대비하여 모든 부품을 점검한다.
- 브레이크 페달을 점검하고 조정한다.
- 단품에 대하여 차상 점검한다.

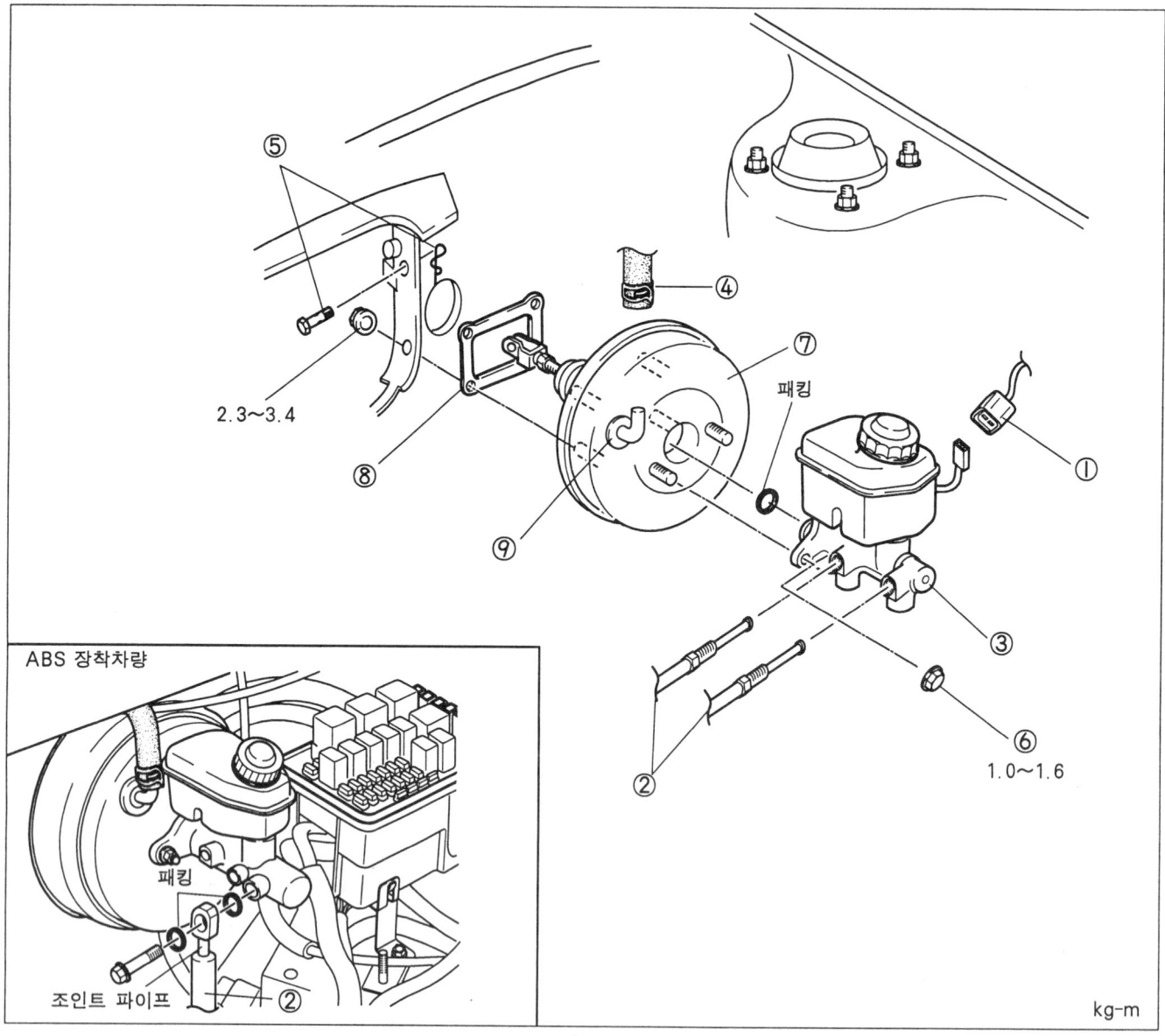

1. 커넥터
2. 브레이크 파이프
3. 마스터 실린더 어셈블리
4. 배큠 호스
5. 스프링 클립과 크레비스 핀
6. 너트
7. 마스터 배큠
8. 개스킷
9. 첵 밸브

52-12

프런트 브레이크 (디스크)

차상점검
디스크 패드 점검

> **참고**
> 주행중 이음이 발생할 경우에는 패드 마모 인디게이터가 플레이트 디스크와 접촉하는지 점검한 후 필요하면 디스크 패드를 교환한다.

1. 차량의 앞부분을 들어 올리고 안전 스탠드로 지지한다.
2. 휠을 분리한 후 디스크 패드의 두께를 점검한다.

   두께 : 최소 2.5~1.5 mm (경고음 발생)

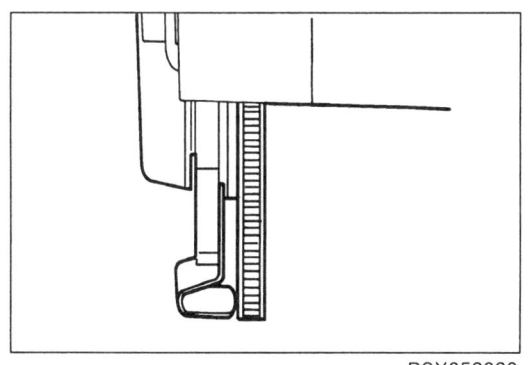
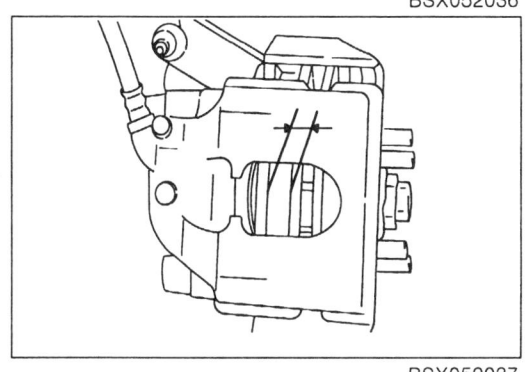

분리/장착
디스크 패드 및 캘리퍼
1. 그림에 나타난 순서대로 분리한다.
2. 분리의 역순으로 장착한다.

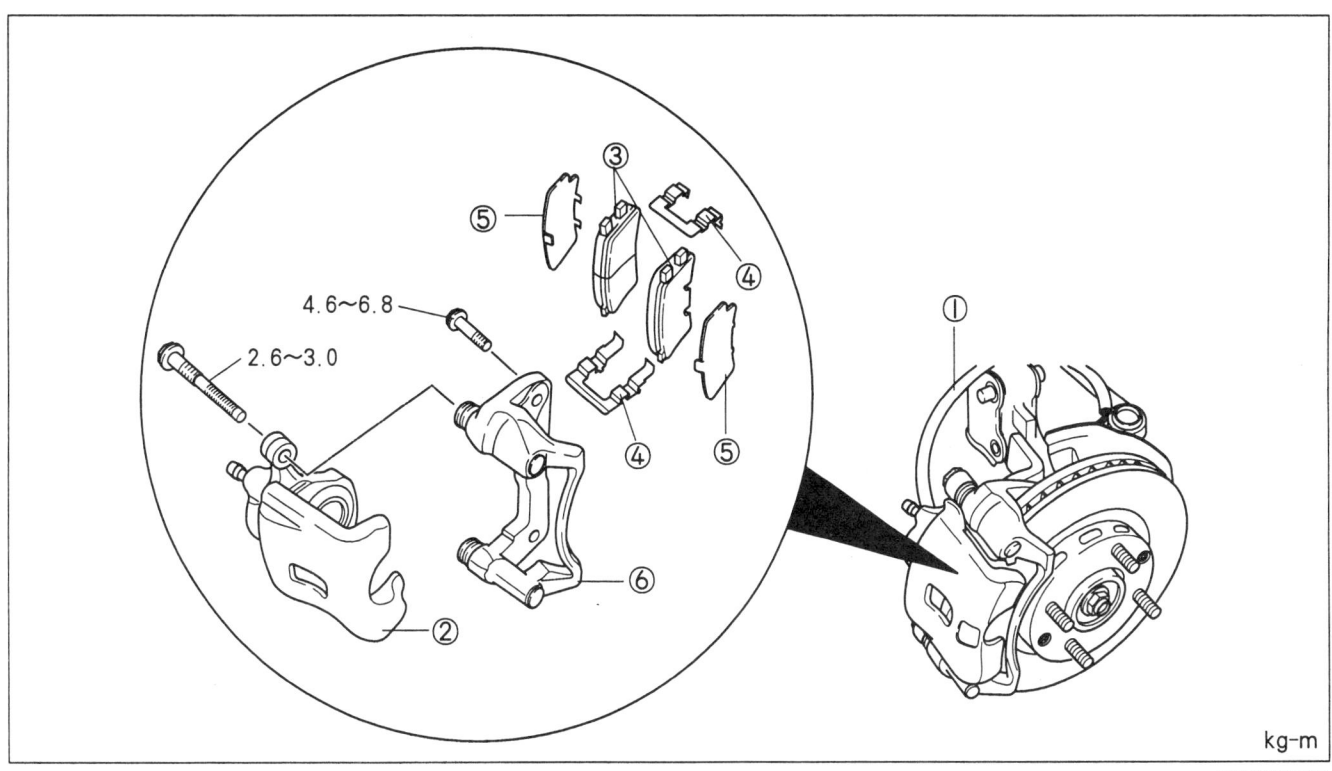

kg-m

| 1. 플렉시블 호스 | 3. 디스크 패드 | 5. 심 |
| 2. 캘리퍼 | 4. 가이드 플레이트 | 6. 서포팅 플레이트 |

장착시 참고사항

디스크 패드

1. SST를 사용하여 피스톤을 안쪽으로 민 후, 디스크 패드를 장착한다.

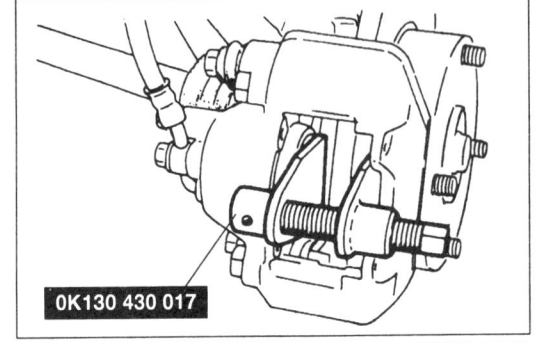

점검

디스크 패드

1. 면에 기름이나 그리스가 있나 검사하고 비정상적 마모, 균열, 과열에 의한 변질, 손상등을 점검한다.
2. 라이닝의 두께를 측정한다.

    표준두께 : 10 mm
    최소   : 2.5~1.5 mm

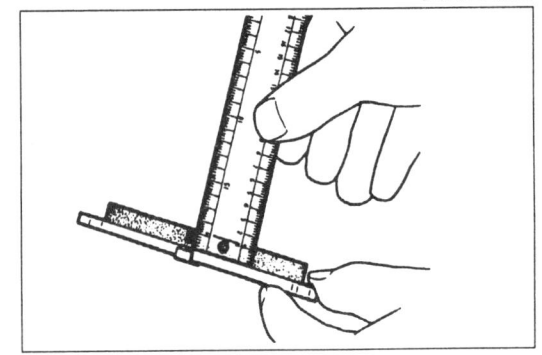

디스크 플레이트

1. 디스크 플레이트의 두께를 측정한다.

    표준 : 24 mm
    최소 : 22 mm

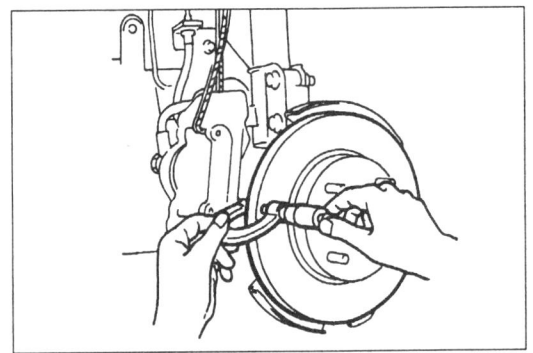

2. 디스크 패드의 접촉면의 중앙의 런아웃을 측정한다.

    런 아웃 : 최대 0.06 mm

    주의
    - 휠 베어링 풀림이 없을 것.
    - 측정위치는 디스크 플레이트 습동면의 중앙이다.

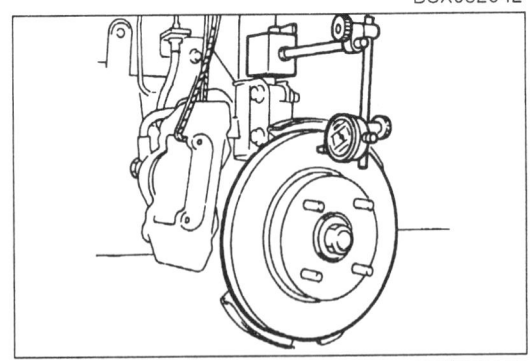

장착

주의
장착후 아래 단계를 수행한다.
- 브레이크 액을 보충한 후 공기빼기를 실시한다.
- 액 누설 유무를 확인한다.
- 브레이크 페달을 수회 밟은 후, 휠 회전시 브레이크가 과도하게 끌리지 않는지 점검한다.

리어 브레이크 (드럼)

차상 점검
1. 차량의 뒤쪽을 들어올리고 안전 스탠드로 지지한다.
2. 휠을 분리한다.
3. 브레이크 드럼을 분리한다.
4. 남아있는 라이닝의 두께를 확인한다.

   두께 : 최소 1.0 mm

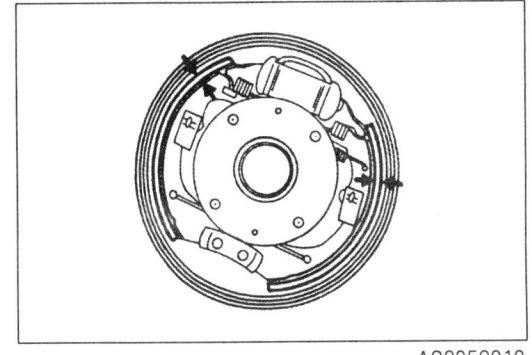

분리/검사/장착
1. 분리시 참고사항을 참조해서 그림에 나타난 순서대로 라이닝을 분리한다.
2. 장착시 참고사항을 참조해서 분리의 역순으로 장착한다.

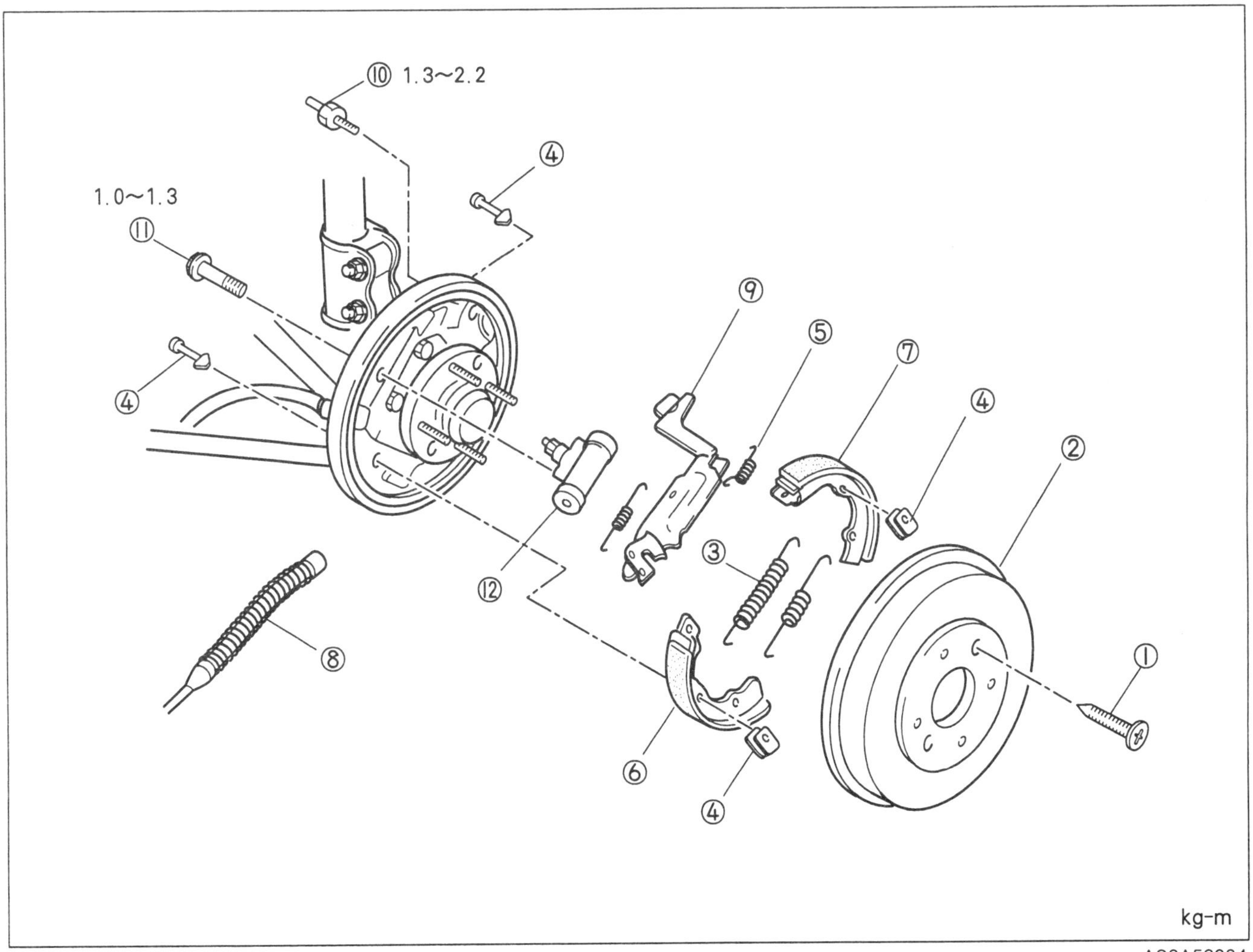

kg-m

1. 스크루
2. 브레이크 드럼
3. 리턴 스프링
4. 홀드 핀과 스프링
5. 앤티-래틀 스프링
6. 브레이크 슈 (리딩)
7. 브레이크 슈 (트레일링)
8. 주차 브레이크 케이블
9. 오퍼레이팅 레버 조립체
10. 브레이크 파이프
11. 볼트
12. 휠 실린더 조립체

분리시 참고사항
브레이크 파이프
SST를 사용하여 휠 실린더로 부터 브레이크 파이프를 분리 혹은 연결한다.

체결토크 : 1.3~2.2 kg-m

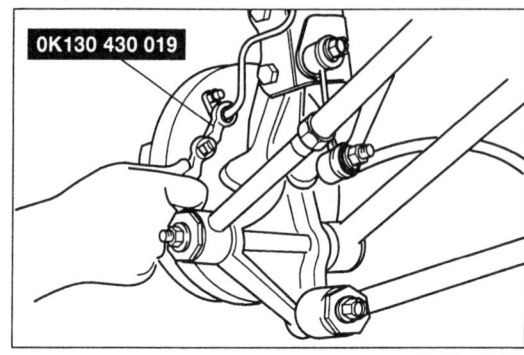

리어 브레이크 (디스크)

차상점검

디스크 패드

1. 차량의 뒤쪽 부분을 올리고 안전 스탠드로 지지한다.
2. 휠을 분리한다.
3. 남아있는 패드의 두께를 확인한다.

두께 : 최소 1.0 mm

AS2A52015

분리/장착

캘리퍼 및 디스크 패드

1. 차량의 뒷부분을 올리고 안전 스탠드로 지지한다.
2. 휠을 분리한다.
3. 그림에 나타난 순서대로 분리한다.
4. 그림의 역순으로 장착한다.
5. 그림을 참조해서 모든 너트와 볼트를 규정 토크값으로 체결한다.

ARSA52013

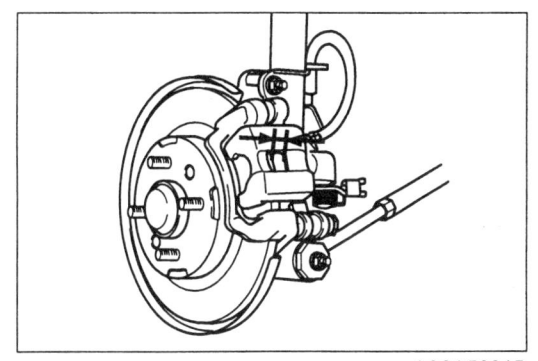

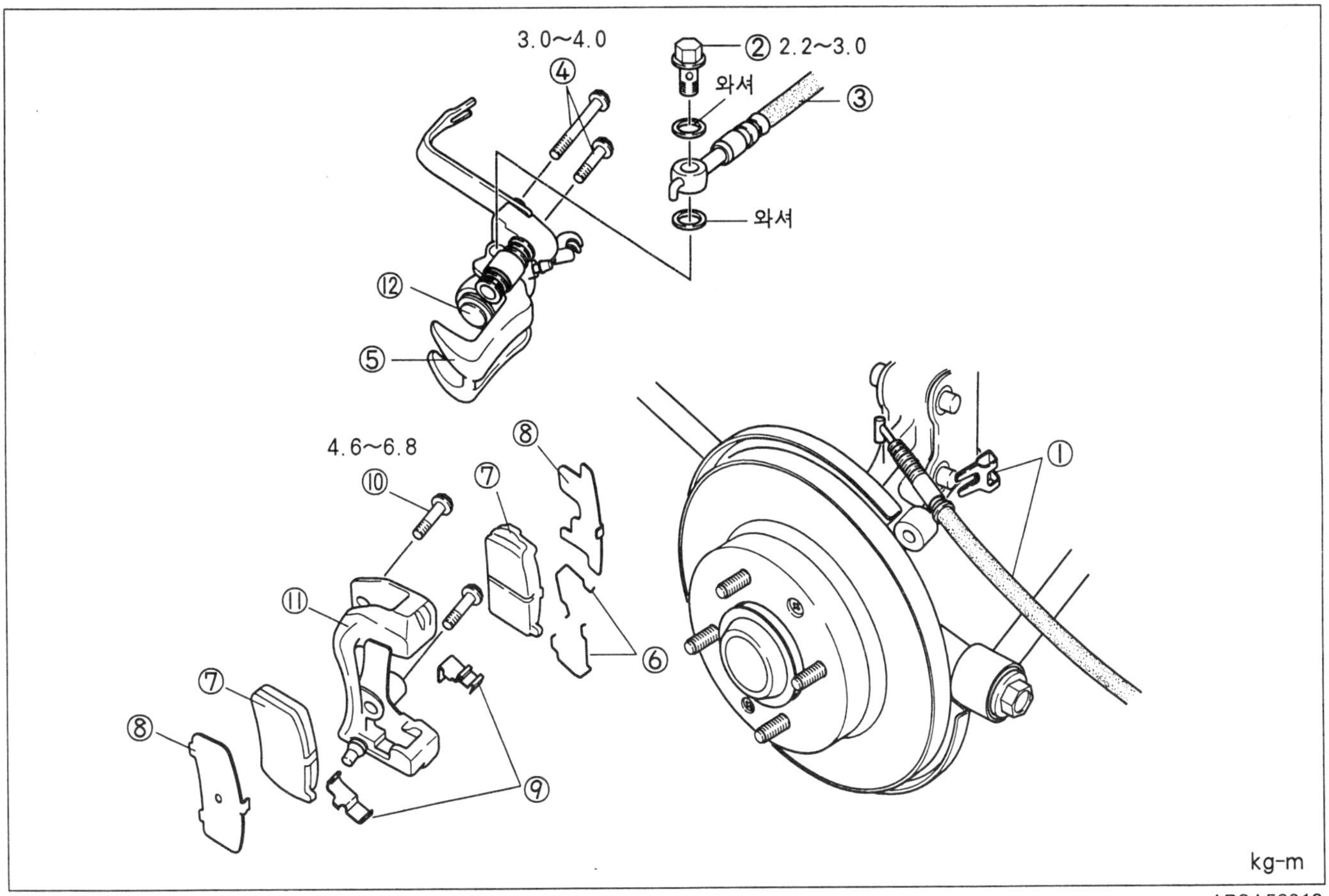

1. 주차 케이블, 클립
2. 연결 볼트
3. 브레이크 호스
4. 록 볼트
5. 캘리퍼
6. V-스프링
7. 디스크 패드
8. 심
9. 가이드 플레이트
10. 볼트
11. 마운팅 서포트

점검
다음 사항을 점검하고 필요시 부품을 수리 혹은 교환한다.

디스크 패드 조립체
1. 면에 오일 혹은 그리스
2. 비정상적 마모 혹은 균열
3. 과열에 의한 변형 혹은 손상
4. 남아있는 라이닝 두께

   규정치 두께 : 8 mm
   최소   : 1.0 mm

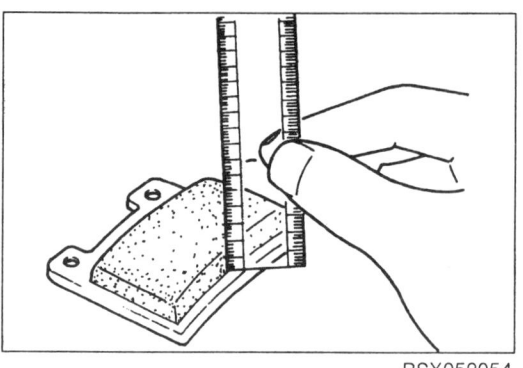

디스크 플레이트
1. 런 아웃트

   런 아웃트 : 최대 0.1 mm

   주의
   - 휠 베어링 풀림이 없어야 한다.
   - 측정 위치는 디스크 패드 접촉면의 중앙이다.

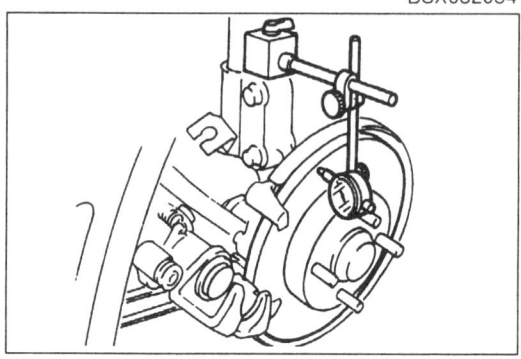

2. 마모 혹은 손상

   두께
   표준 : 10 mm
   최소 : 8 mm

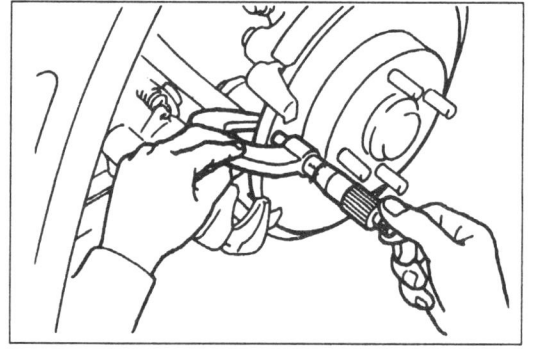

장착

주의
캘리퍼 장착시 캘리퍼내의 피스톤이 나와있을 경우 SST를 이용하여 피스톤을 회전시켜 집어 넣은후 디스크 패드를 장착한다.

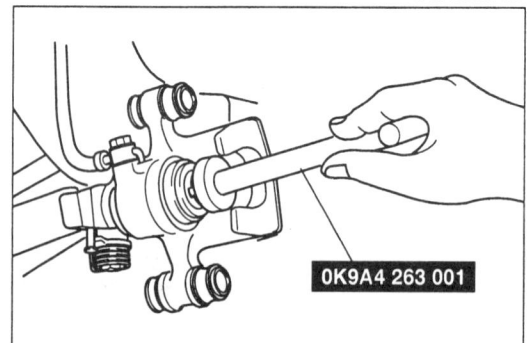

장착후
1. 브레이크 액을 보충하고 공기빼기 작업을 한다.
2. 주차 브레이크 레버 스트록을 조정한다.
3. 브레이크 페달을 수회 밟고 손으로 휠을 돌리는 동안 리어 브레이크가 과도하게 끌리지 않는가를 점검한다.

주차 브레이크 시스템

고장진단 및 조치

고장상황	예상주요원인	조치
브레이크가 해제되지 않는다	· 파크 브레이크 케이블의 원위치 불량 또는 조정 불량	· 수리 또는 조정
파킹 브레이크가 잘 잡히지 않는다	· 파킹 브레이크 케이블 헐거움 · 브레이크 케이블 고착 또는 손상 · 패드 혹은 라이닝에 브레이크 액 또는 오일이 묻음 · 패드/라이닝 표면 경화 또는 접촉 불량	· 조정 · 수리 또는 교환 · 청소 또는 교환 · 연마 또는 교환

주차 브레이크 (레버 형식)

검사
주차 브레이크 레버를 10kg의 힘으로 당겼을때 스트로크가 사양치 안에 있는지 점검한다.

   스트로크 : 5~7노치 (165mm)

조정
1. 조정하기 전에 엔진을 시동시키고 차량을 뒤로 움직이면서 브레이크 페달을 수회 밟는다.
2. 엔진을 정지시킨다.
3. 스크류를 풀어 주차 브레이크 레버 덮개를 분리한다.
4. 주차 케이블 앞쪽에 있는 조정 너트를 돌린다.
5. 조정후에 다음 사항을 검사한다.
   (1) 이그니션 스위치를 ON상태에 놓고 주차 브레이크 레버를 한노치 당겨서 주차 브레이크 경고등이 점등되나 점검한다.
   (2) 리어 브레이크가 끌리지 않나 확인한다.

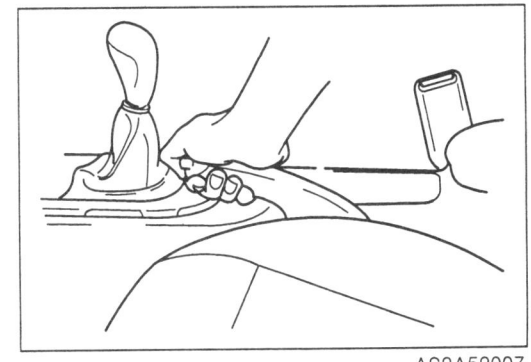
AS2A52007

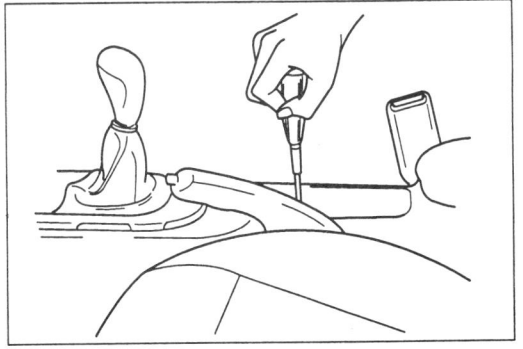
AS2A52008

주차 브레이크 케이블 및 레버
분리/검사/장착

> **주의**
> - 파킹 브레이크 레버 스트로크를 조정한다.
> - 브레이크 페달을 수회 밟은 후 휠을 돌리는 동안 리어 브레이크가 끌리지 않나 점검한다.
> - 장착후 이그니션 스위치를 ON에 놓고 레버를 한노치 당겼을 때 주차 브레이크 경고등이 점등되는지 점검한다.

1. 그림에 나타난 순서로 케이블을 분리한다.
2. 육안으로 각 부분을 점검하고 필요시 교환한다.
3. 장착은 분리의 역순으로 한다.

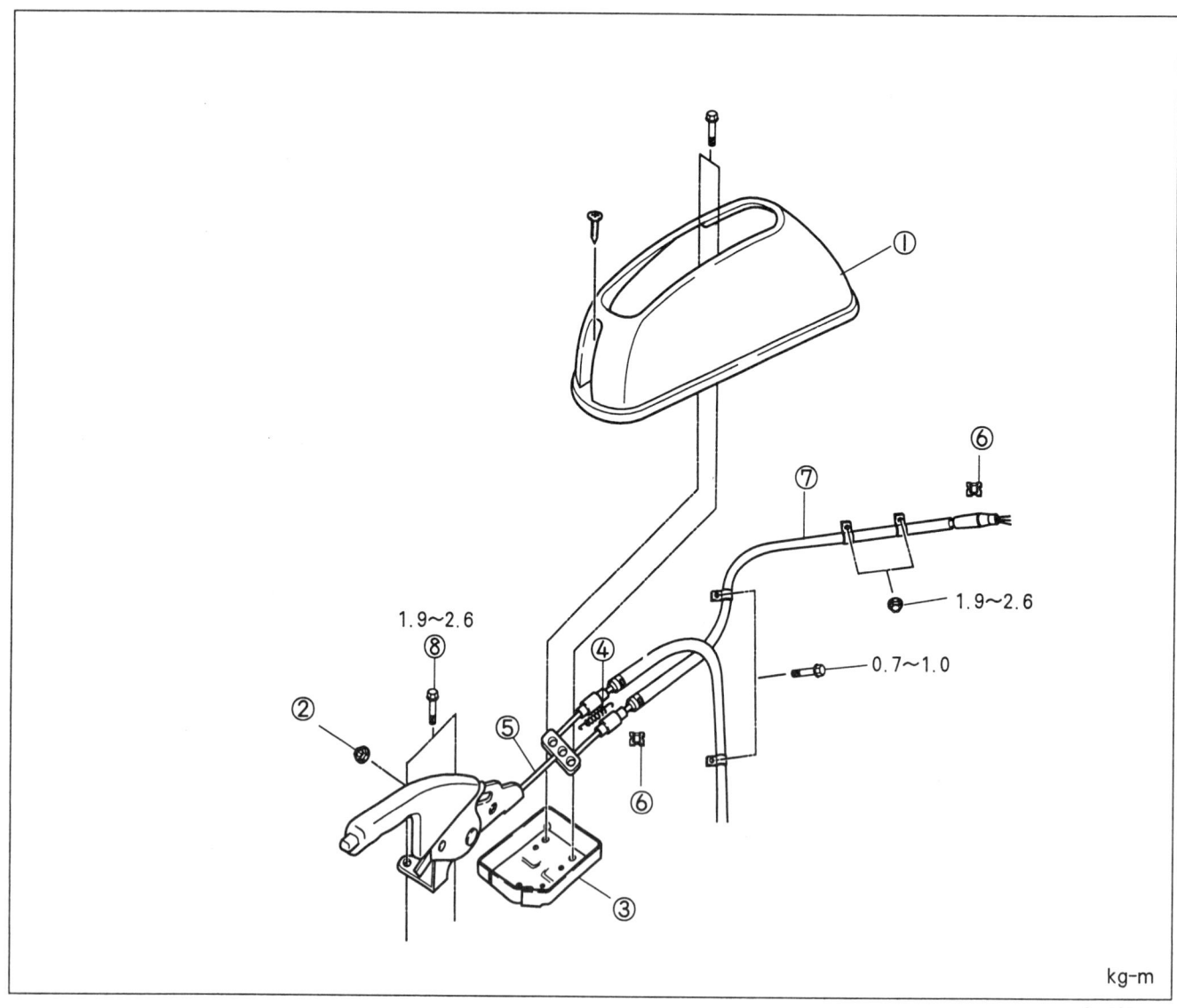

1. 파킹 커버
2. 조정 너트
3. A/B 유닛 브래킷
4. 리턴 스프링
5. 프런트 파킹 케이블
6. 리테이닝 클립
7. 리어 파킹 케이블
8. 볼트

앤티록 브레이크 시스템(ABS)

개요
안티록 브레이크 시스템(Antilock Brake System : ABS)는 각 도로 조건에 따른 과도한 제동력으로 인한 휠의 잠김 현상을 방지한다.

ABS의 주 기능은,
- 제동시 휠의 잠김현상 방지를 통한 차량의 조향 안정성 확보 및 제동거리 단축

전륜은 각 바퀴를 독립적으로 제어하고 후륜은 셀렉트 로우(Select Low : 먼저 슬립이 일어나는 쪽을 기준으로 유압을 제어) 식으로 제어하는 4센서 3채널 방식이 채택된다.

구조도

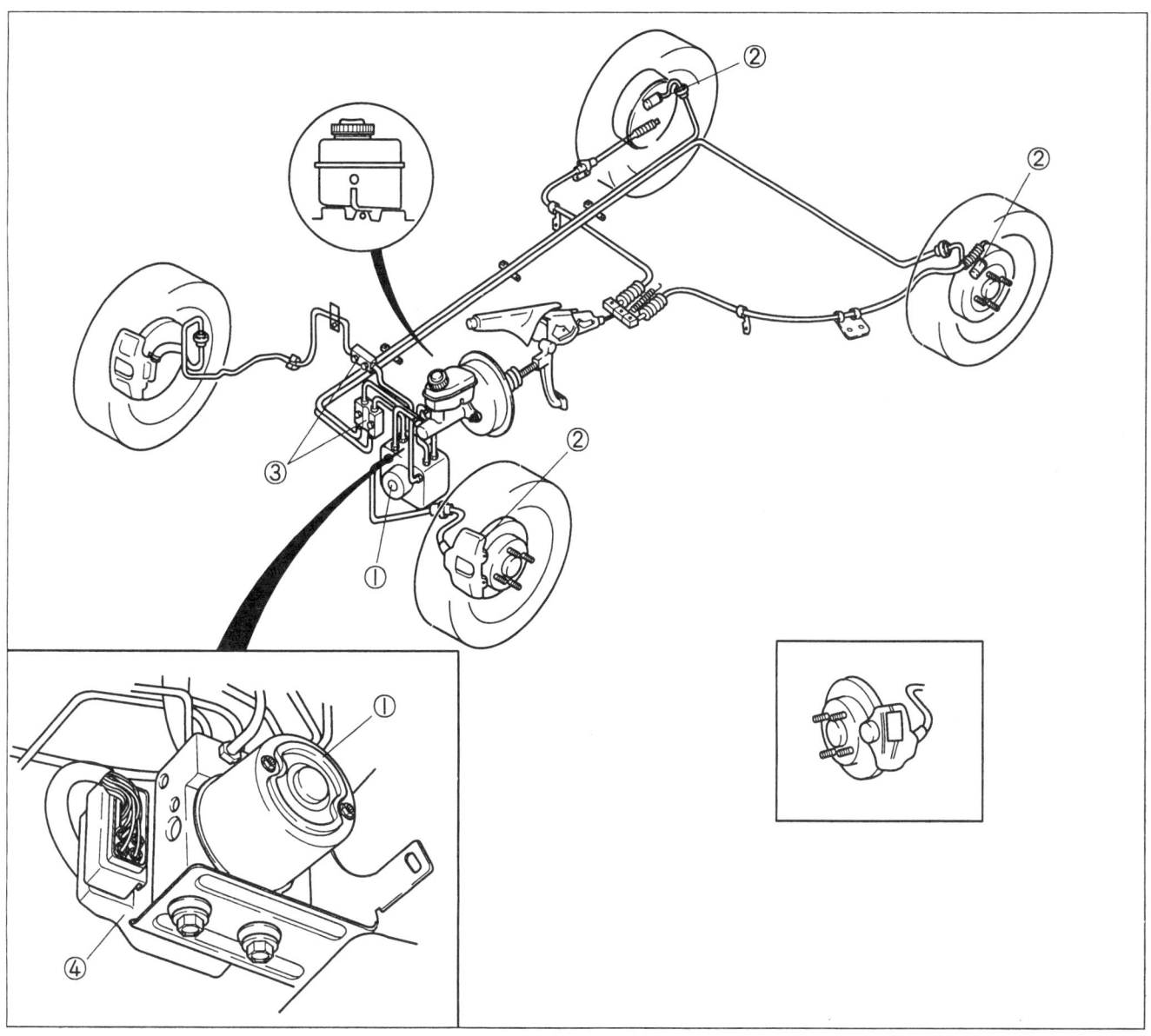

1. HCU
2. 휠 스피드 센서
3. 조인트 파이프
4. ABS 컨트롤 유닛

제동장치 앤티록 브레이크 시스템(ABS)

배선도

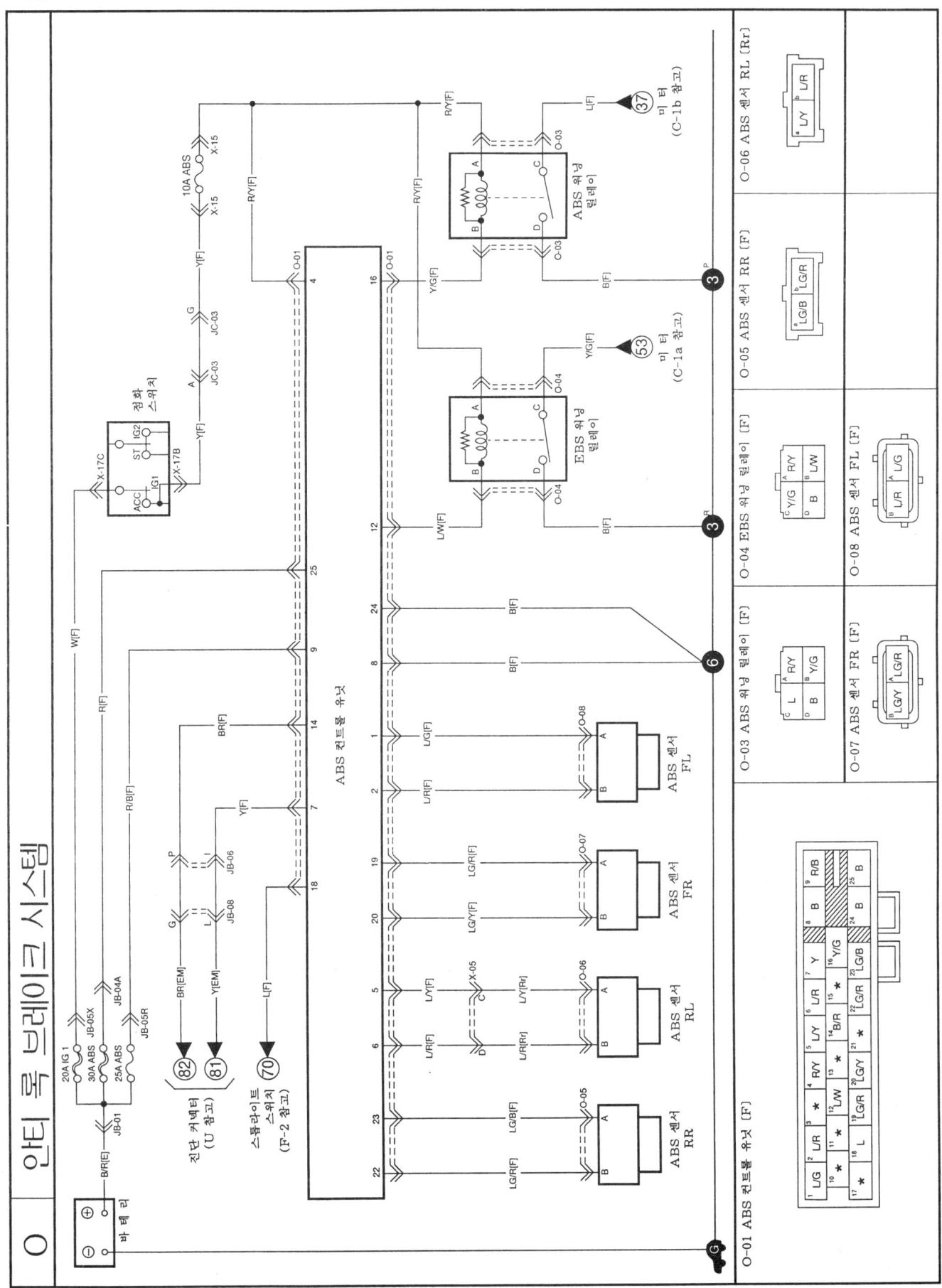

구조 및 작동
작동 형태
HECU(ABS용)에 의해 휠의 잠김 현상이 감지되기 전까지 제동은 일반 브레이크 상태로 작동된다.

일반 브레이크 작동시에는 각 솔레노이드 밸브는 작동하지 않으며 인렛 밸브는 NO(Normal Open)형이고, 아웃렛 밸브는 NC(Normal Closed) 방식이다.
휠의 잠김 상태가 감지되면 일반 브레이크에서 ABS 제동상태로 변형된다.

ABS가 작동되면 HECU(ABS용)에 의해 작동되는 하이드로릭 유닛이 각 밸브의 유압 상태를 압력 유지, 감압 및 증압의 3단계로 제어한다.

HECU(ABS용)는 휠 스피드 센서를 통해 각 휠 속도와 감속율을 감지한다. 브레이크가 작동되면, 휠 속도는 감속되며 휠 속도와 차량 속도 증가율 간에 차가 발생한다. 만약 임의의 휠 감속율이 예상치(A점)를 초과하면 HECU(ABS용)는 해당 휠의 잠김이 발생했다고 판별, 아웃렛 솔레노이드 밸브를 열어 브레이크 액압을 낮춘다. 액압 해제를 통해 해당 휠은 잠김력에서 벗어나며(B점), 휠 속도가 C점에 도달하면 HECU(ABS용)는 아웃렛 밸브를 다시 닫아 액압을 증가시킨다.

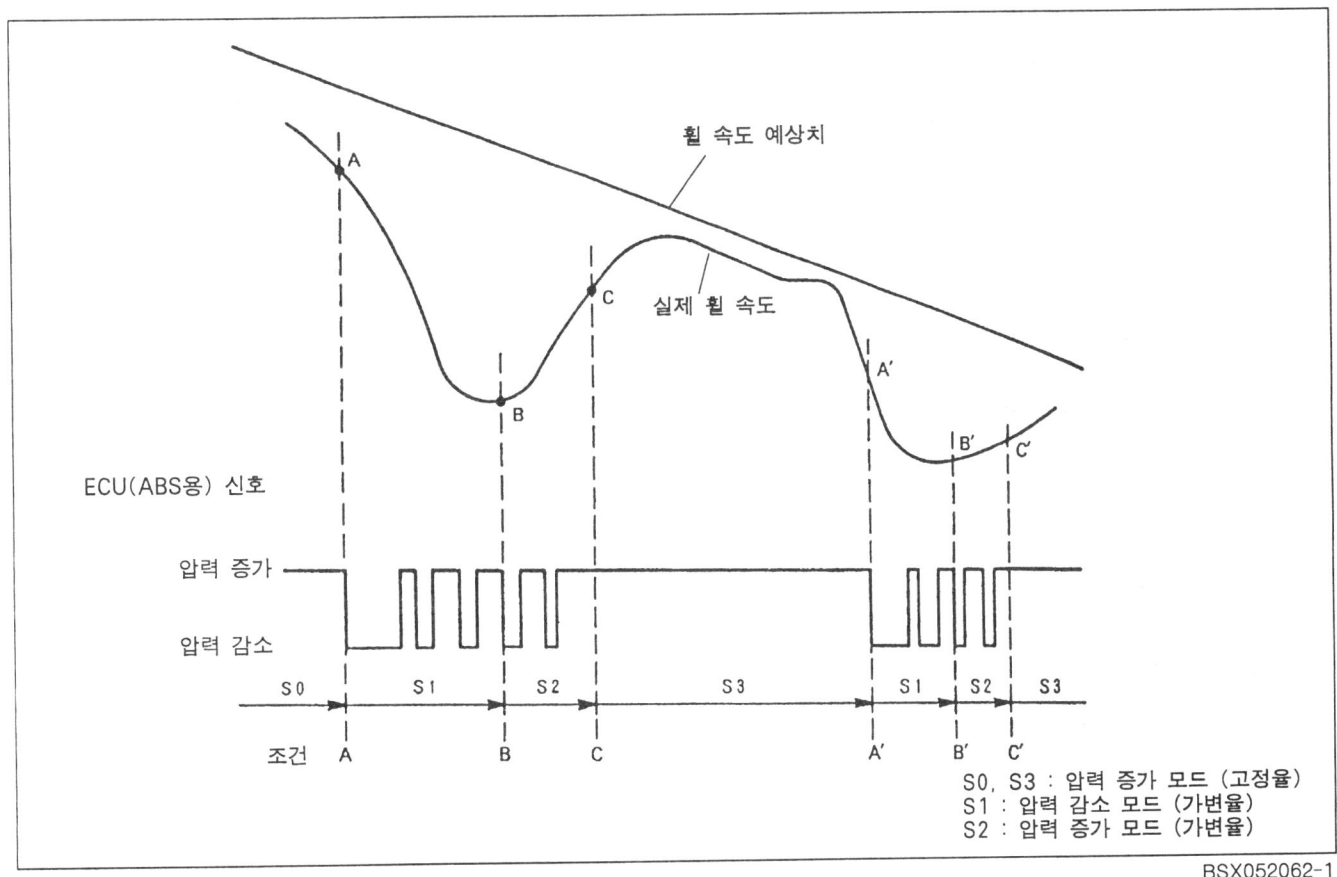

ABS 장착 차량에 있어서 아래와 같은 현상이 발생할 경우가 있으나, 그것은 ABS가 정상으로 작동하고 있는 표시이다.

현 상	내 용
모터의 작동 음	ABS 하이드로릭 유닛의 작동시 미세한 음이 발생하는 경우가 있음
현가 장치로부터의 음	ABS 작동중에는 브레이크가 3단계의 작동을 반복하므로 현가장치로부터 음 발생을 느낄 수 있는 경우가 있음
브레이크 페달의 진동	ABS 작동시에는 브레이크 페달에 약간의 진동 (Kick Back) 현상이 발생함

제동장치 앤티록 브레이크 시스템(ABS)

작동 원리
1. 일반 브레이크 작동시 (ABS 비작동)

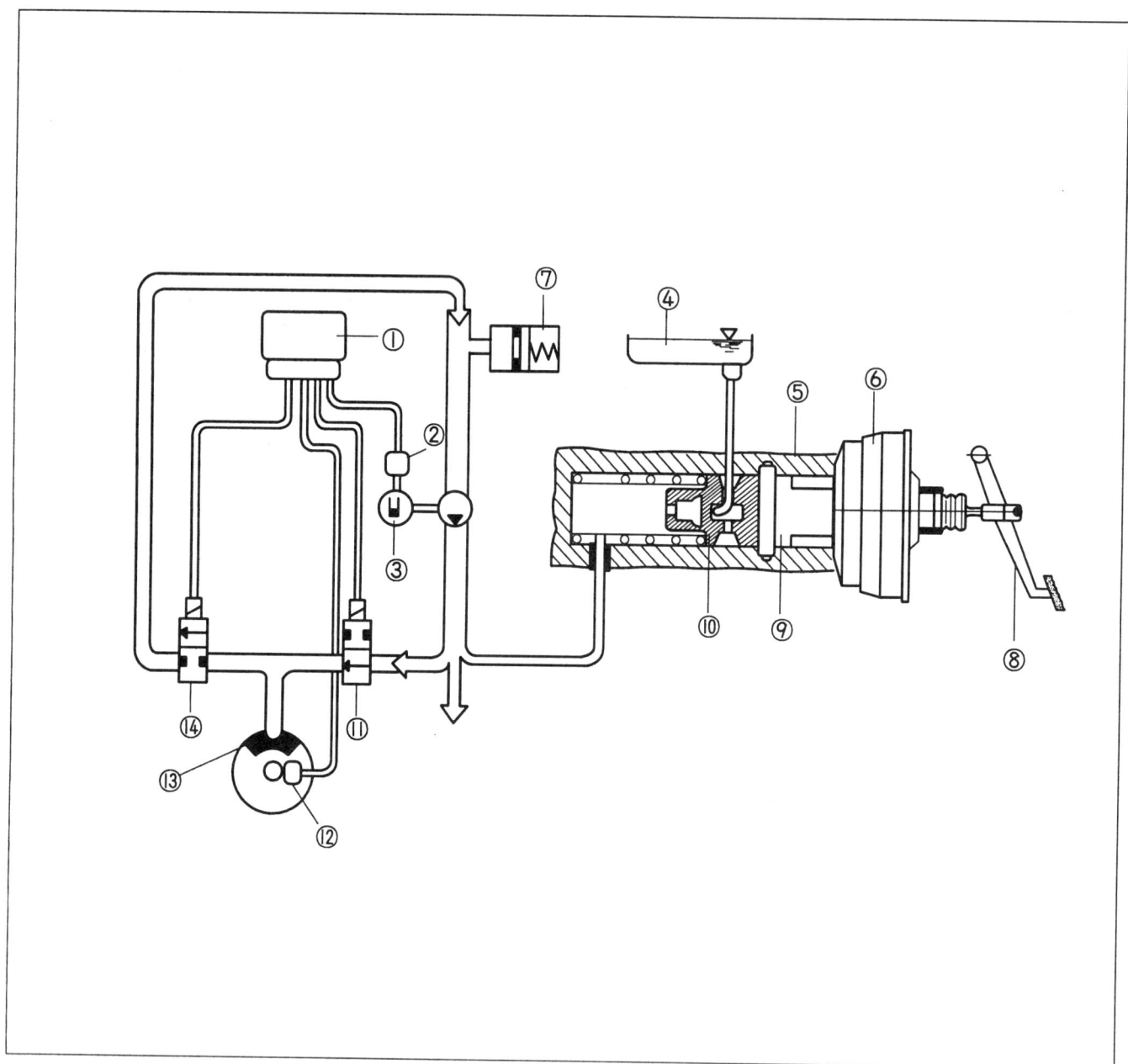

1. ECU(ABS용)
2. 모터 센서
3. 모터 펌프 유닛
4. 브레이크 리저브 탱크
5. 마스터 실린더
6. 마스터 배큠(Master Vaccum)
7. 프레쥬어 어큐뮬레이터(Pressure Accumulator)
8. 브레이크 페달
9. 일차 피스톤
10. 센트럴 밸브 (Central Valve)
11. 인렛 밸브
12. 휠 스피드 센서
13. 캘리퍼
14. 아웃렛 밸브

브레이크 페달을 밟았을 경우 유압은 파워 브레이크 유닛에 의해 증압된 후 마스터 실린더의 센트럴 밸브(Central Valve)를 닫아 브레이크 유압로상에 압력을 형성 시킨다. 이때 솔레노이드 인렛 밸브는 열리고 아웃렛 밸브는 닫히게 되며 마스터 실린더로 부터의 유압이 휠 실린더로 전달된다.

2. ABS 작동시
2.1 압력 유지 상태

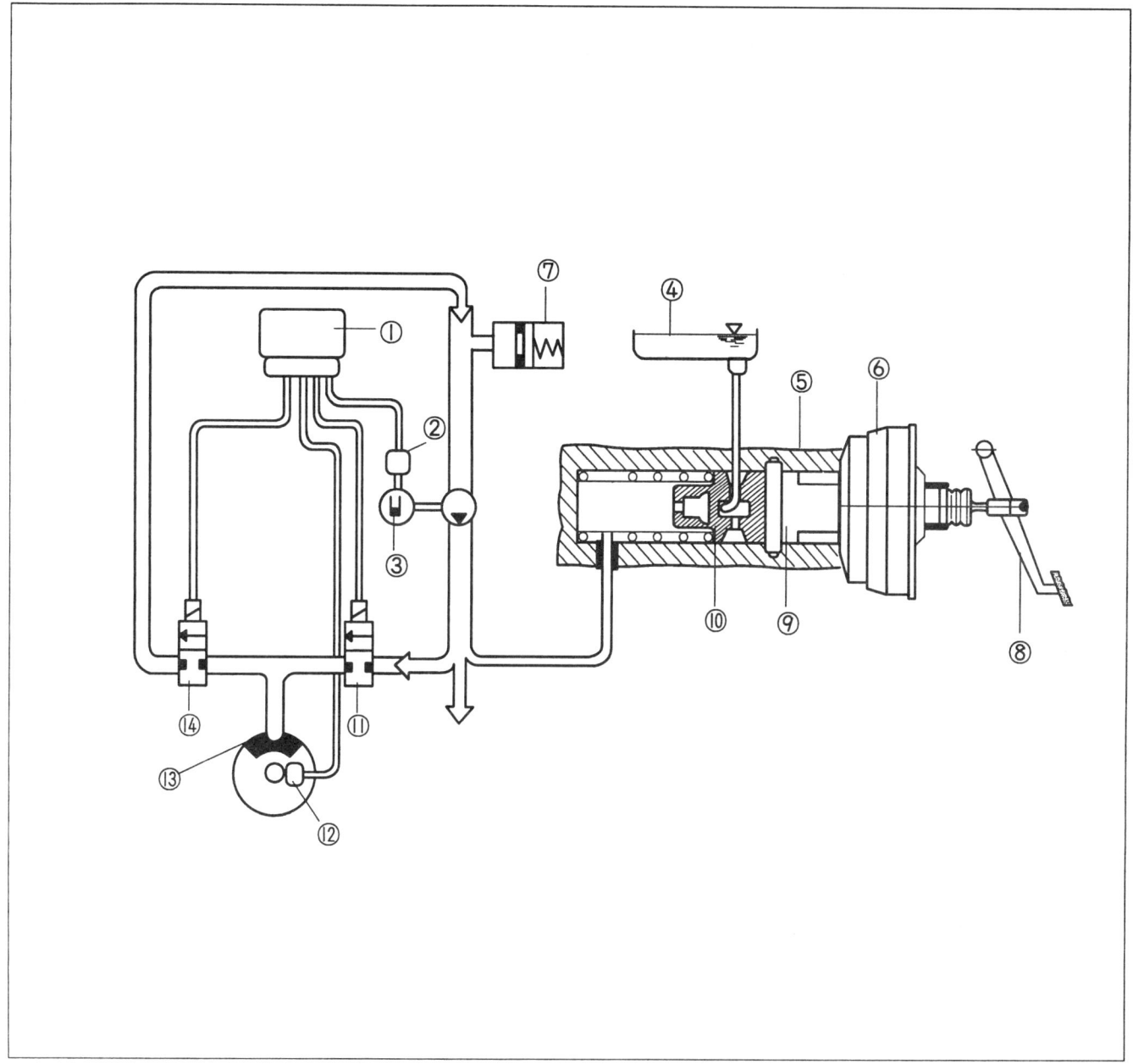

1. ECU (ABS용)
2. 모터 센서
3. 모터 펌프 유닛
4. 브레이크 리저브 탱크
5. 마스터 실린더
6. 마스터 배큠(Master Vaccum)
7. 프레쥬어 어큐뮬레이터
8. 브레이크 페달
9. 일차 피스톤
10. 센트럴 밸브
11. 인렛 밸브
12. 휠 스피드 센서
13. 캘리퍼
14. 아웃렛 밸브

HECU(ABS용)는 과도한 유압 증가로 인한 휠의 잠김 현상을 감지한 후 인렛 밸브를 닫아 더 이상의 유압 증가를 방지한다.

2.2 감압 상태

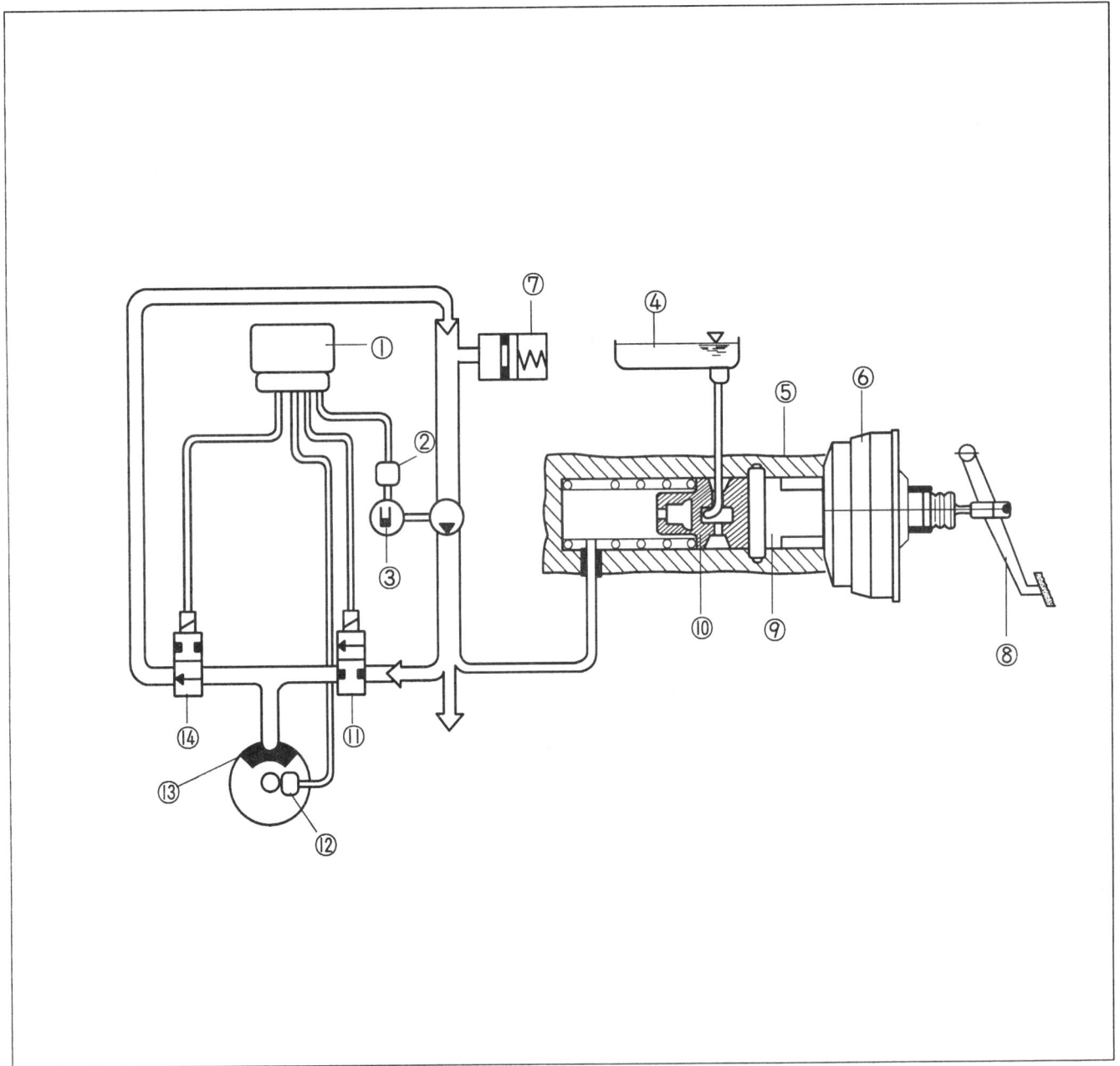

1. ECU (ABS용)
2. 모터 센서
3. 모터 펌프 유닛
4. 브레이크 리저브 탱크
5. 마스터 실린더
6. 마스터 배큠(Master Vaccum)
7. 프레쥬어 어큐뮬레이터
8. 브레이크 페달
9. 일차 피스톤
10. 센트럴 밸브
11. 인렛 밸브
12. 휠 스피드 센서
13. 캘리퍼
14. 아웃렛 밸브

휠의 잠김 현상이 계속될 경우에 HECU(ABS용)는 아웃렛 밸브를 열어 브레이크 액을 프레쥬어 어큐뮬레이터로 순환시켜 압력을 낮추는 작용을 한다. 감압 작용은 잠김 현상이 발생되는 휠에 국한되어 작용된다.

2.3 증압 상태

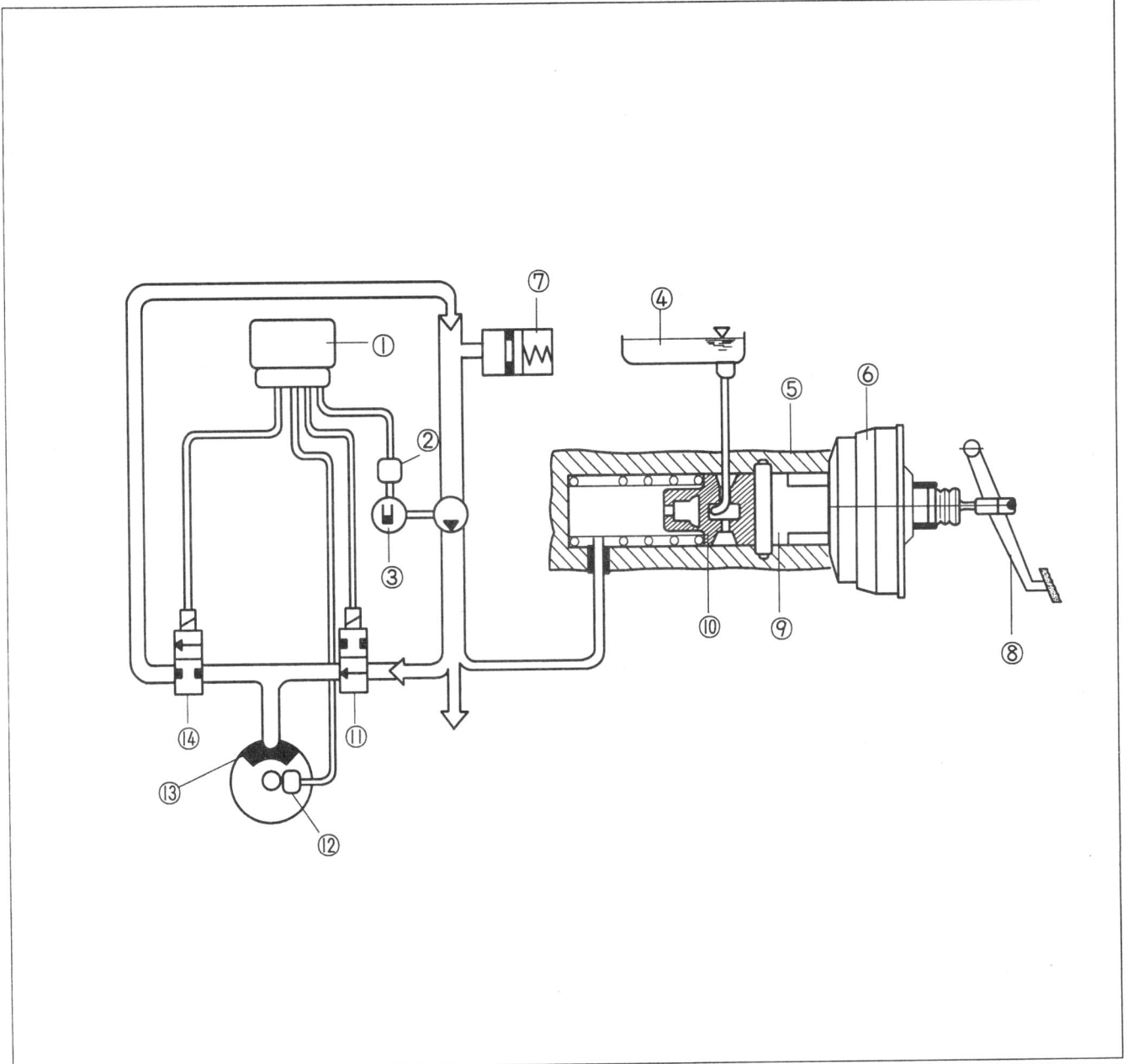

1. ECU (ABS용)
2. 모터 센서
3. 모터 펌프 유닛
4. 브레이크 리저브 탱크
5. 마스터 실린더
6. 마스터 배큠(Master Vaccum)
7. 프레쥬어 어큐뮬레이터
8. 브레이크 페달
9. 일차 피스톤
10. 센트럴 밸브
11. 인렛 밸브
12. 휠 스피드 센서
13. 캘리퍼
14. 아웃렛 밸브

휠이 잠김 현상을 벗어나 정상 속도가 되면, HECU(ABS용)는 솔레노이드 밸브의 작동을 중지시켜 일반 브레이크 작동 상태로 복원시킨다.

유압도

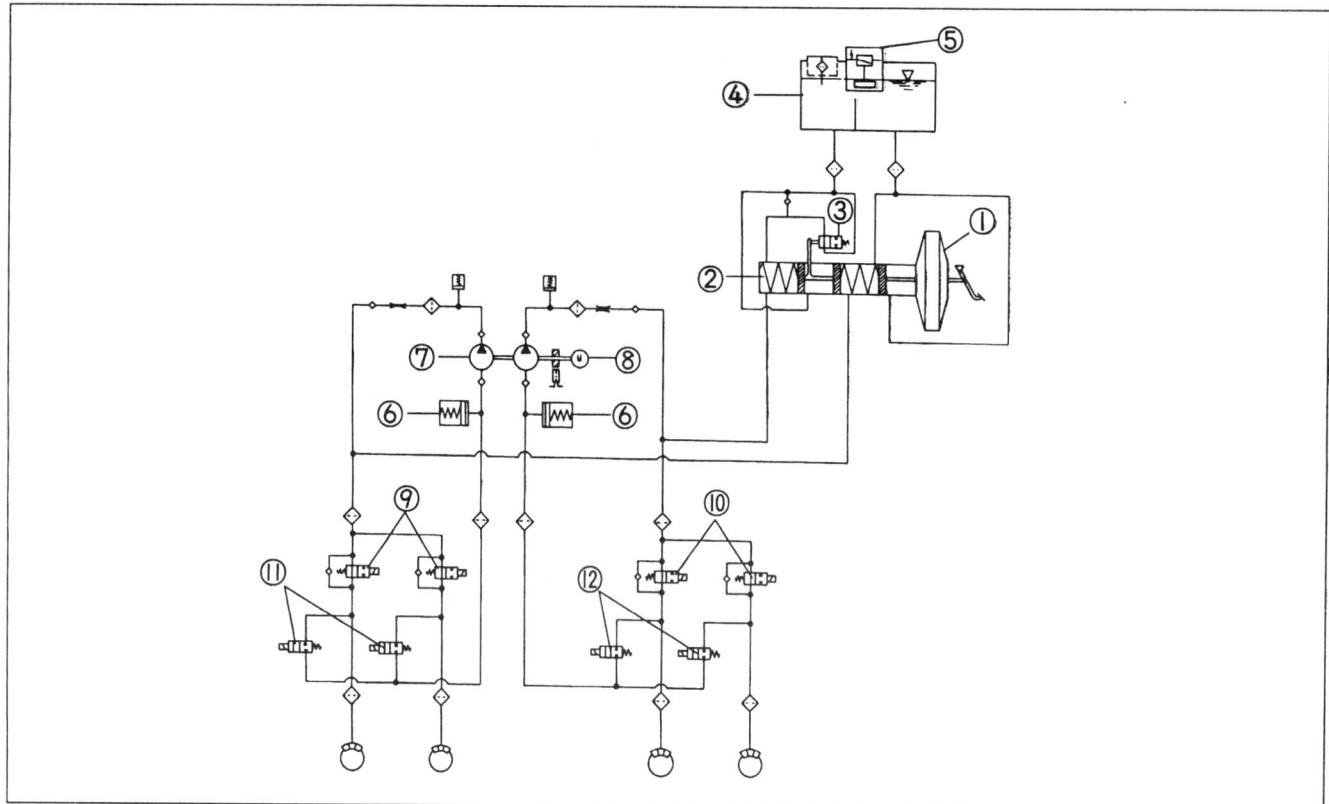

BSX052064

1. 마스터 배큠
2. 마스터 실린더
3. 센트럴 밸브
4. 리저브 탱크
5. 오일 레벨 센서
6. 로우 프레쥬어 어큐뮬레이터
7. 펌프 유닛
8. 모터
9. 인렛 밸브 (NO)
10. 인렛 밸브 (NO)
11. 아웃렛 밸브 (NC)
12. 아웃렛 밸브 (NC)

HECU (ABS용)
HECU(ABS용)는 다음과 같은 기능을 수행한다.
- ABS 제어
- 차량 속도 산출
- 모든 전자 부품을 모니터링
- 자기진단 기능 : 고장번호 기억, 2개의 독립된 마이크로 프로세서에 의한 HECU 자기진단 및 고장발생시 Fail-Safe 기능 수행

HECU는 각 휠의 잠김 상태를 연속적으로 점검하여 잠김이 발생시 각 밸브를 조절하여 브레이크 액압을 조절한다. 또한 HECU는 각 부품들이 적절하게 작동하는지 점검하여 고장 발생시 ABS 작동을 중지하고 일반 브레이크 상태로 전환시킨다.

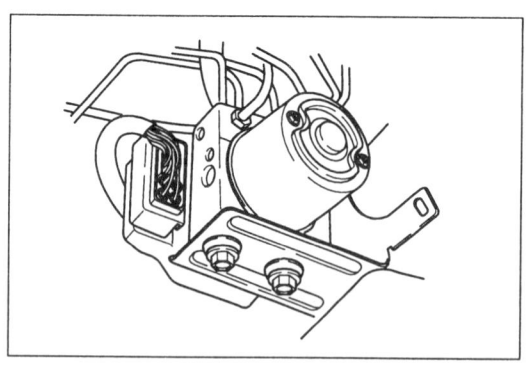

ARSA52002

스피드 센서

구조

스피드 센서는 차륜의 회전 상태를 감지하며 영구자석과 픽업 코일(Pickup Coil)로 구성되어 있다. 전륜은 드라이브 샤프트에 후륜은 리어 허브 스핀들에 장착되어 있다.(참고 그룹 : 51)

스피드 센서 체결토크 :
  프런트 : 1.9~2.6 kg-cm
  리 어 : 80~100 kg-cm

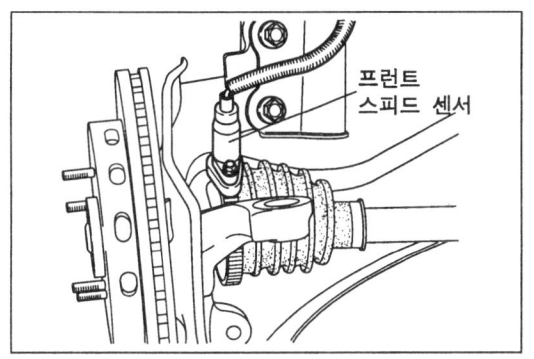
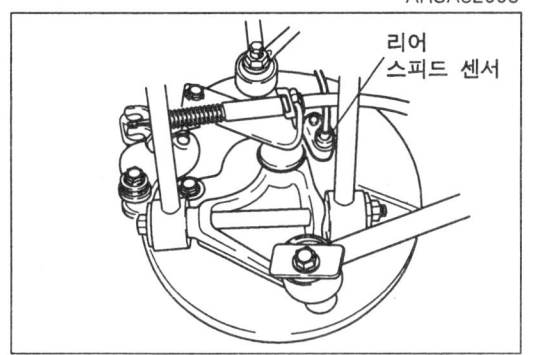

작동

센서 로터의 이빨이 센서의 자장을 변화시키므로 교류 전압이 발생하며 이 전압은 회전 속도에 비례하여 주기가 변하기 때문에, 이 시간당 주기를 검출하므로써 차륜의 속도를 감지한다.

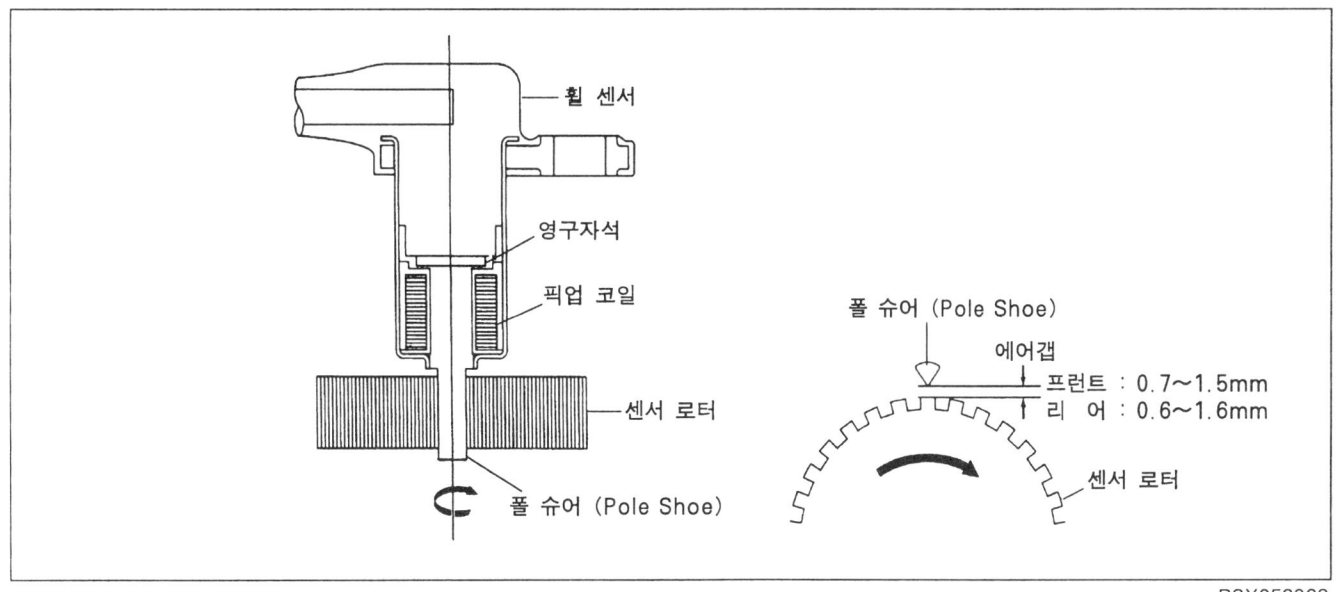

ABS 경고등

ABS 경고등은 계기판에 부착되어 있으며 점화 스위치 ON 상태에서 약 3초간 점등후 소등된다.
경고등이 소등되지 않거나 운행중 간헐적 또는 지속적으로 켜지는 경우는 ABS 장치에 결함이 있음을 나타낸다.
ABS 장치의 결함의 경우에는 ABS는 작동되지 않고 일반 브레이크 장치가 작동된다.

하이드로닉 컨트롤 유닛 (HCU)

HCU는 모터 센서가 내장된 모터 펌프 어셈블리와 ABS 압력 제어용 밸브 블록으로 구성되어 있다.
모터 센서는 모터에 내장되어 있으며 센서의 출력 신호는 HECU(ABS용)로 보내져 모터 펌프 어셈블리의 작동 상태를 나타낸다.

참고
프런트 브레이크 파이프 직경 : 12 mm
리어 브레이크 파이프 직경 : 10 mm

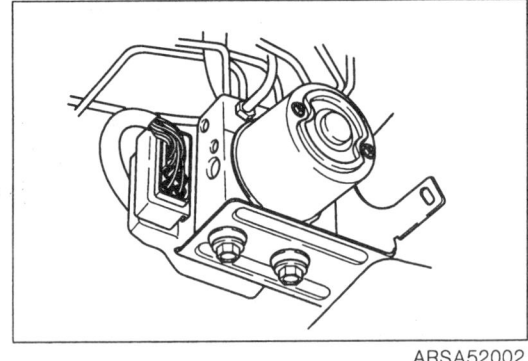

모터 펌프는 왕복 2계통 펌프이며 휠 계통에 충분한 압력을 전달하는 역할을 하며 밸브 블록은 각각의 휠 실린더의 액압을 제어한다.

고장진단 및 조치

자기진단 순서

1. 이그니션 스위치를 OFF상태에서 엔진룸에 있는 진단 커넥터에 Hi/Scan pro를 연결한다.
2. 이그니션 스위치를 ON상태로 하고 고장코드를 확인한다.
3. 고장코드가 검출이되면 고장코드 일람표를 이용하여 고장부위를 확인한 후 고장진단 수순에 의해 수리한다.
4. 수리후에는 수리 후 절차를 실행한 후 고장코드가 나타나지 않는지 확인한다.

참조
만약 Hi/Scan pro가 비치되어 있지않으면 ABS 경고등을 이용하여 점멸코드로 확인한다.
a) 이그니션 스위치 OFF 상태에서 엔진룸내에 있는 진단 커넥터의 "h"단자와 "s"단자를 접지시킨다.
b) 이그니션 스위치를 ON 시킨다.

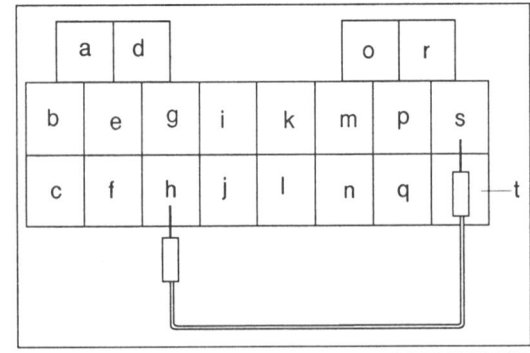

c) 고장코드는 코드번호가 작은순으로 나타난다.
d) 저장된 고장코드는 전부 출력된후 다시 처음부터 반복하여 출력한다.
　A : 0.1초
　　· 이그니션 스위치 ON시 0.1초동안 ABS 워닝 램프가 점등한다. 이것은 고장코드가 아니다.
　B : 4초
　C : 0.5초
　D : 1.5초

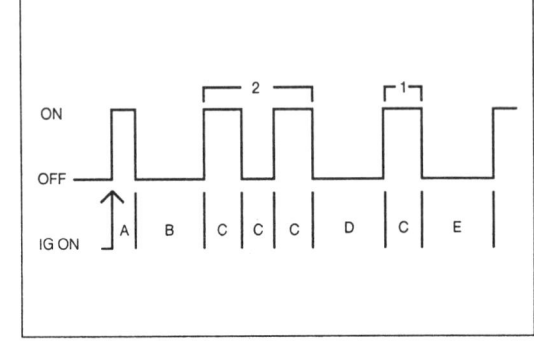

제동장치 앤티록 브레이크 시스템(ABS)

E: 2.5초 또는 4초
- 고장코드사이의 반복점등시간은 4초간이다.
- 고장코드가 몇개있는 경우 코드 사이의 점등 시간은 2.5초간이다.

e) 정상코드
   F: 0.25초
   - 만약 시스템이 정상적으로 작동하면 워닝램프는 매 0.25씩 점등과 점멸을 반복한다.

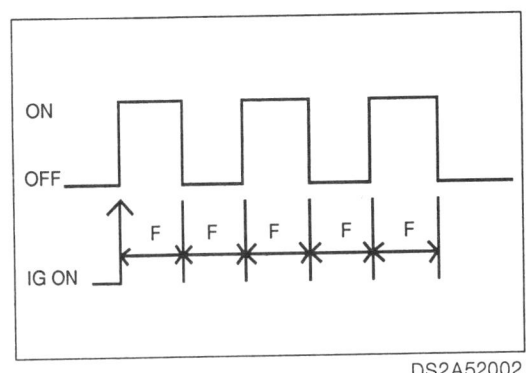

수리후 절차
1. 수리후에는 Hi/Scan pro를 이용하여 ABS컨트롤 유닛에 기억되어 있는 모든 고장코드를 제거한다.
2. 고장코드가 검출되지 않는 것을 확인한다.
3. 진단 커넥터에서 Hi/Scan pro를 분리한다.

참조
만약 Hi/Scan pro가 비치되어 있지 않으면 다음과 같은 방법으로 ABS 컨트롤 유닛내에 기억되어 있는 고장코드를 제거한다.

a) 이그니션 OFF 상태에서 엔진룸에 있는 진단 커넥터 "h"단자와 "s" 단자를 접지시킨다.
b) 이그니션 스위치를 ON 시킨다.
c) 우측 그림과 같은 시간으로 브레이크 스위치를 8회이상 변화를 시킬때 고장코드가 제거된다.
d) 최초 브레이크 스위치 입력변화 (ON→OFF)가 3초 이내로 되지 않는 경우 또는 2회째 이후 브레이크 스위치 입력변화가 1초이내에 되지 않는 경우는 고장 코드 모드인채로 있다. 또한 차속 ≧10km 경우는 통상 ABS모드로 이동한다.
e) 고장코드 제거 완료후 고장이 계속 나타나는 경우에는 ABS 워닝램프는 연속 점등되고 고장이 없으면 정상 모드로 점등된다.

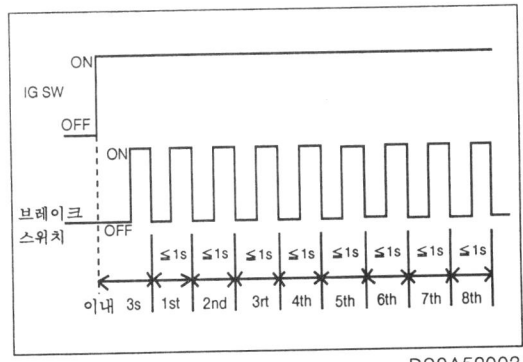

고장코드 소거 방법
ECU(ABS용)는 자동적으로 고장코드 소거 기능을 가지고 있으며 다음의 단계로 작동된다.
1. 결함코드 출력은 정상적으로 이루어져야 하며 저장된 코드는 모두 출력되어야 한다.
2. Hi/Scan pro의 점검항목 선택중 4번 결함코드 소거 항목에서 ENTER(엔터) 키를 누른다.

고장진단 및 조치 활용법

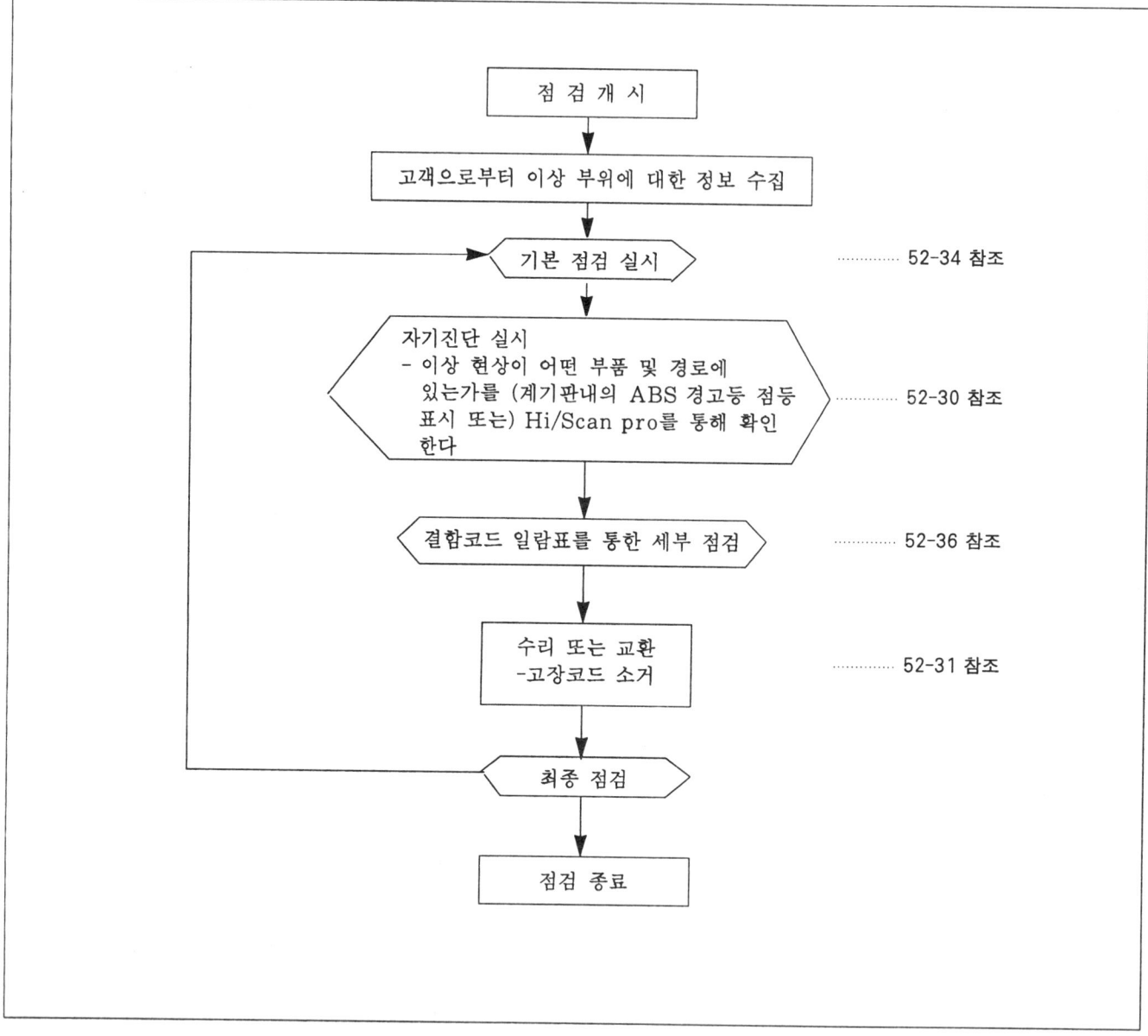

작업전 주의사항

1. ABS 시스템의 수리 혹은 진단 전에 시스템 손상 방지를 위하여 아래의 사항을 준수한다.

   - 각 단품(HECU(ABS용), HCU 어셈블리등) 커넥터의 분리 및 접속은 점화 스위치 OFF 상태에서 행한다.
   - 수리 항목으로 지정되지 않은 부품들의 고장시에는 반드시 어셈블리로 교환한다.
   - 전기 아크 용접기등으로 용접 작업을 할 때에는 반드시 각 단품(HECU(ABS용), HCU 어셈블리) 커넥터를 분리한다.

2. 브레이크 액을 도장면, 배선, 케이블 및 커넥터등에 묻지 않도록 한다. 브레이크 액은 도장면 또는 커넥터 등에 손상을 주므로 헝겊과 물을 사용하여 제거한다.

공기빼기

유압 라인에 대한 작업(브레이크 파이프 분리)이 끝난 후에는 다음사항에 주의하여 공기빼기를 행한다. (참고 페이지 : 52-5)

1. 리저브 탱크의 액이 공기빼기 작업 동안에 MAX 표시까지 유지하도록 한다.
2. 공기빼기를 다음과 같은 순서로 행한다.

   전륜 우측, 전륜 좌측
   후륜 우측, 후륜 좌측

   공기빼기가 끝난후에는 완벽을 기하기 위해 전륜 우측, 좌측의 공기빼기를 재실시한다.

3. 공기빼기를 할 때에는 페달을 적어도 10회 이상 밟아준다. 페달을 밟은 상태에서 마스터 실린더가 다시 채워질 수 있도록 3초이상 기다린다.
4. 브레이크 액이 분출되는 것을 방지하기 위해 리저브 탱크 캡을 공기빼기 작업전에 설치한다.
5. 차량의 한쪽만 잭이나 리프트로 들어 올리지 않는다.

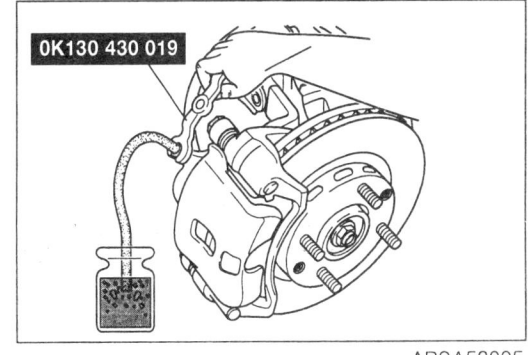

ARSA52005

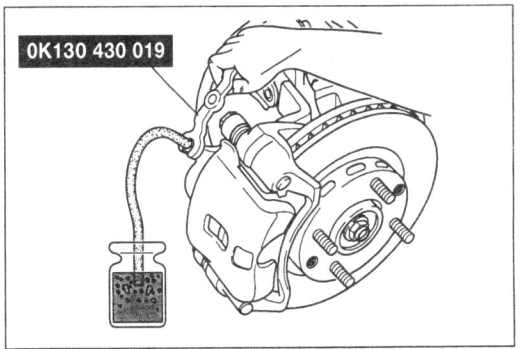

ARSA52005

기본 점검
육안 점검

단계	점 검		조 치
1	주차 브레이크의 작동이 원활한가 점검한다	예	다음 단계로 간다
		아니오	- 레버 또는 케이블을 수리 혹은 교환한다 - 주차 브레이크 스위치를 점검한다 - 기능 점검을 실시한다
2	브레이크 리저브 탱크의 액 수준이 "MAX"와 "MIN" 사이에 있는지 점검한다	예	다음 단계로 간다
		아니오	브레이크 액을 보충한다
3	모든 유압 라인에서 브레이크 액이 누유되는지 점검한다	예	해당부품을 교환한다
		아니오	다음 단계로 간다
4	각 휴즈 상태가 정상인지 점검한다 - 개방 및 단락 유무 - 접속 상태	예	다음 단계로 간다
		아니오	교환
5	아래 부품의 커넥터가 정상적으로 접속되어 있는지 점검한다 - 휠 스피드 센서 - HECU(ABS용) - 하이드로닉 컨트롤 유닛 - 브레이크 액 리저브 탱크 - 스톱램프 스위치등 - ABS 워닝 모듈	예	기능 점검을 실시한다
		아니오	- 재접속 한다 - 수리 혹은 교환한다

제동장치 앤티록 브레이크 시스템(ABS)

기능 점검

단계	점 검		조 치
	육안 점검을 실시한다		
1	점화 스위치 ON 상태에서 ABS 경고등이 2~4 초간 점등되는지 점검한다	예	다음 단계로 간다
		아니오	해당 세부점검 사항으로 간다
2	주차 브레이크 해제시에 브레이크 경고등이 소등되는지 점검한다	예	다음 단계로 간다
		아니오	- 브레이크 액 수준을 점검한다 - 브레이크 파이프, 호스, 휠 실린더, 실 및 마스터 실린더의 누유를 점검한다
3	진단기기를 사용하여 결함코드가 출력되는지 점검한다 (참고 페이지 : 52-36)	예	해당 세부 점검사항으로 간다
		아니오	다음 단계로 간다
4	차량을 주행시킨 후 단계 3의 점검을 재실시하여 고장코드가 출력되는지 점검한다	예	해당 세부 점검사항으로 간다
		아니오	- 각 커넥터 및 하니스 접속 상태를 점검한다 - 시스템 정상

고장코드 일람표

고장코드	고장 부위	예상 원인
00	정상	-
11	밸브 릴레이 회로 단선	·퓨즈박스와 ABS 컨트롤 유닛 사이의 단선
12	밸브 릴레이 회로 단락	·퓨즈박스와 ABS 컨트롤유닛 사이의 단락
13	모터 릴레이 회로 단선	·퓨즈박스와 ABS 컨트롤 유닛 사이의 단선
14	모터 릴레이 회로 단락	·퓨즈박스와 ABS 컨트롤유닛 사이의 단락
21	밸브(IFR)	·퓨즈박스와 ABS 컨트롤 유닛 사이의 단선 또는 단락 ·밸브불량
22	밸브(OFR)	
23	밸브(IFL)	
24	밸브(OFL)	
25	밸브(IRR)	
26	밸브(ORR)	
27	밸브(IRL)	
28	밸브(ORL)	
31	휠 스피드 센서 (FR)	·휠 스피드 센서와 ABS 컨트롤 유닛사이의 배선 단락 또는 단선 ·휠 스피드 센서의 헐거움으로 인한 신호 불량 ·과도한 에어캡
32	휠 스피드 센서 (FL)	
33	휠 스피드 센서 (RR)	
34	휠 스피드 센서 (RL)	
35	휠 스피드 센서 이음 (FR)	
36	휠 스피드 센서 이음 (FL)	
37	휠 스피드 센서 이음 (RR)	
38	휠 스피드 센서 이음 (RL)	
41	과잉 전류 공급	·과잉전류 또는 전압부족
49	ABS 컨트롤 유닛 내부 고장	·내부회로 이상 또는 연결상태불량
51	모터하니스 단선 또는 모터 고착	·펌프모터 고장 ·퓨즈박스와 ABS 컨트롤 유닛 사이의 단선

HECU(ABS용) 점검
단자 전압표

(B^+:바테리 전압)

단 자	신 호	접 지	측정조건	측정값
O-01- 1	휠스피드센서(FL)	휠스피드센서(+)	이그니션 스위치 OFF	1.0~1.3kΩ
O-01- 2	휠스피드센서(FL)	휠스피드센서(-)		
O-01- 3	공단자	-	-	-
O-01- 4	전원공급	이그니션스위치	이그니션 스위치 ON	B^+
			이그니션 스위치 OFF	0V
O-01- 5	휠스피드센서(RL)	휠스피드센서(+)	이그니션 스위치 OFF	1.0~1.3kΩ
O-01- 6	휠스피드센서(RL)	휠스피드센서(-)		
O-01- 7	K-라인	진단 커넥터(H단자)	이그니션 스위치 ON	B^+
O-01- 8	접지	접지	항상	0V
O-01- 9	전원공급	바테리	항상	B^+
O-01-10	공단자	-	-	-
O-01-11	공단자	-	-	-
O-01-12	전원공급	EBS 워닝 릴레이	이그니션 스위치 ON	B^+
			이그니션 스위치 OFF	0V
O-01-13	공단자	-	-	-
O-01-14	L-라인	진단 컨넥터(I단자)	이그니션 스위치 ON	B^+
O-01-15	공단자	-	-	-
O-01-16	ABS워닝램프	ABS 워닝 램프	워닝램프 OFF	0V
			워닝램프 ON	B^+
O-01-17	공단자	-	-	-
O-01-18	브레이크	브레이크 스위치	브레이크 페달 해제	0V
			브레이크 페달 밟음	B^+
O-01-19	휠스피드센서(FR)	휠스피드센서(+)	이그니션 스위치 OFF	1.0~1.3kΩ
O-01-20	휠스피드센서(FR)	휠스피드센서(-)		
O-01-21	공단자	-	-	-
O-01-22	휠스피드센서(RR)	휠스피드센서(+)	이그니션 스위치 OFF	1.0~1.3kΩ
O-01-23	휠스피드센서(RR)	휠스피드센서(-)		
O-01-24	접지	접지	항상	0V
O-01-25	전원공급(ABS모터)	바테리	항상	B^+

세부점검 A

고장코드: 11	· 밸브 릴레이 회로 단선
12	· 밸브 릴레이 회로 단락

점검포인트	· ABS 퓨즈(30A) · 퓨즈박스에서 ABS 컨트롤 유닛까지 배선 단선 또는 단락.

단계	점 검		조 치
1	커넥터와 커넥터 핀의 연결 상태는 정상인가?	예	다음단계로간다
		아니오	커넥터수리 또는 교환
2	O-01-9 단자에서 ABS 컨트롤 유닛 단자 전압을 측정한다. **표준전압**: 바테리 전압	예	5단계로 간다.
		아니오	다음단계로 간다
3	-바테리 ⊖ 단자를 분리한다. -ABS 컨트롤 유닛 커넥터를 분리한다. -O-01-24 또는 O-01-8 과 접지 사이에 통전 되는지 점검한다.	예	다음단계로 간다.
		아니오	커넥터와 배선 수리 또는 교환
4	퓨즈박스와 ABS 컨트롤 유닛사이의 배선 및 커넥터는 정상인가?	예	다음단계로 간다.
		아니오	커넥터와 배선수리 또는 교환
5	고장코드를 지운후 고장코드가 나타나는가?	예	ABS 컨트롤 유닛 교환
		아니오	간헐적인 배선의 접촉불량인지 정밀하게 배선을 점검한다.

세부점검 A

고장코드:	13	· 모터 릴레이 회로 단선
	14	· 모터 릴레이 회로 단락
	51	· 모터 하니스 단선 또는 모터 고착

점검 포인트	· ABS 퓨즈(30A) · 퓨즈박스에서 ABS 컨트롤 유닛까지 배선 단선 또는 단락. · 모터고착

단계	점 검		조 치
1	커넥터와 커넥터 핀의 연결 상태는 정상인가?	예	다음단계로간다
		아니오	커넥터수리 또는 교환
2	O-01-25 단자에서 ABS 컨트롤 유닛 단자 전압을 측정한다. 표준전압: 바테리 전압	예	5단계로 간다.
		아니오	다음단계로 간다
3	-바테리 ⊖ 단자를 분리한다. -ABS 컨트롤 유닛 커넥터를 분리한다. -O-01-24 또는 O-01-8 과 접지 사이에 통전 되는지 점검한다.	예	다음단계로 간다.
		아니오	커넥터와 배선 수리 또는 교환
4	퓨즈박스와 ABS 컨트롤 유닛사이의 배선 및 커넥터는 정상인가?	예	다음단계로 간다.
		아니오	커넥터와 배선수리 또는 교환
5	고장코드를 지운후 고장코드가 나타나는가?	예	ABS 컨트롤 유닛 교환
		아니오	간헐적인 배선의 접촉불량인지 정밀하게 배선을 점검한다.

세부점검 A

고장코드: 21/ 22/ 23/ 24/ 25/ 26/ 27/ 28	· 밸브(IFR) · 밸브(OFR) · 밸브(IFL) · 밸브(OFL)	· 밸브(IRR) · 밸브(ORR) · 밸브(IRL) · 밸브(ORL)
점검포인트	· ABS 퓨즈(30A) · 퓨즈박스에서 ABS 컨트롤 유닛까지 배선 단선 또는 단락.	

단계	점 검		조 치
1	커넥터와 커넥터 핀의 연결 상태는 정상인가?	예	다음단계로간다
		아니오	커넥터수리 또는 교환
2	O-01-25 단자에서 ABS 컨트롤 유닛 단자 전압을 측정한다. 표준전압: 바테리 전압	예	5단계로 간다.
		아니오	다음단계로 간다
3	-바테리 ⊖ 단자를 분리한다. -ABS 컨트롤 유닛 커넥터를 분리한다. -O-01-24 또는 O-01-8과 접지 사이에 통전 되는지 점검한다.	예	다음단계로 간다.
		아니오	커넥터와 배선 수리 또는 교환
4	퓨즈박스와 ABS 컨트롤 유닛사이의 배선 및 커넥터는 정상인가?	예	다음단계로 간다.
		아니오	커넥터와 배선수리 또는 교환
5	고장코드를 지운후 고장코드가 나타나는가?	예	ABS 컨트롤 유닛 교환
		아니오	간헐적인 배선의 접촉불량인지 정밀하게 배선을 점검한다.

제동장치 앤티록 브레이크 시스템(ABS)

세부점검 A

고장코드: 31/ 32/ 33/ 34/ 35/ 36/ 37/ 38	· 휠 스피드 센서(FR) · · · · 31, 35 · 휠 스피드 센서(FL) · · · · 32, 36 · 휠 스피드 센서(RR) · · · · 33, 37 · 휠 스피드 센서(RL) · · · · 34, 38
점 검 포 인 트	· 휠 스피드 센서에서 ABS 컨트롤 유닛까지의 배선 단선 또는 단락 · 휠 스피드 센서 고장 · 휠 스피드 센서와 로터 손상

단계	점 검		조 치
1	커넥터와 커넥터 핀의 연결 상태는 정상인가?	예	다음단계로간다
		아니오	커넥터수리 또는 교환
2	다음 사항을 점검한다 1) 스피드 센서와 로터 사이의 에어갭 간극: 　프런트: 0.7~1.5mm 　리 어: 0.2~1.0mm 2) 로터의 손상 3) 휠 스피드 센서 손상 4) 휠 스피드 센서 커넥터의 변형, 녹, 연결상태	예	5단계로 간다.
		아니오	다음단계로 간다
3	-이그니션 스위치 OFF 상태에서 　휠 스피드 센서 커넥터를 분리한다 -저항을 측정한다 | 고장코드 | 단 자 | 표준저항 | | 31, 35 | O-07-1, 2 | | | 32, 36 | O-08-1, 2 | 1.0~1.3kΩ | | 33, 37 | O-05-1, 2 | | | 34, 38 | O-06-1, 2 | | 저항이 규정치 이내인가?	예	다음단계로 간다.
		아니오	커넥터와 배선 수리 또는 교환
4	-이그니션 스위치 OFF 상태에서 　휠 스피드 센서 커넥터를 분리한다 -저항을 측정한다 | 고장코드 | 단 자 | 표준저항 | | 31, 35 | O-01-19, 20 | | | 32, 36 | O-01- 1, 2 | 1.0~1.3kΩ | | 33, 37 | O-01-22, 23 | | | 34, 38 | O-01- 5, 6 | | 저항이 규정치 이내인가?	예	다음단계로 간다.
		아니오	1.3kΩ또는 이상: 배선단선 수리 또는 교환 1kΩ 이하: 배선 단락 수리 또는 교환
5	고장코드를 지운후 고장코드가 나타나는가?	예	ABS 컨트롤 유닛 교환
		아니오	간헐적인 배선의 접촉불량인지 정밀하게 배선을 점검한다.

제동장치 앤티록 브레이크 시스템(ABS)

세부점검 A

고장코드: 41	과잉 전압 공급

점검포인트	· 올터네이터 고장 · 바테리 불량 · 퓨즈박스에서 ABS컨트롤 유닛 까지의 배선 단락

단계	점 검		조 치
1	올터네이터 및 바테리를 점검한다	예	다음단계로간다
		아니오	수리 또는 교환 32장 참조, 충전 장치
2	커넥터와 커넥터 핀의 연결상태는 정상인가?	예	다음단계로 간다.
		아니오	커넥터 수리 또는 교환
3	O-01-9, O-01-25와 O-01-4 단자에서 ABS 컨트롤 유닛 단자 전압을 측정한다 | 단자 | 조건 | 표준저항 | |---|---|---| | O-01-4 | IG ON | B^+ | | | IG OFF | 0V | | O-01-9 | 항상 | B^+ | | O-01-25 | 항상 | B^+ |	예	다음단계로 간다
		아니오	커넥터와 배선 수리 또는 교환
4	1) 바테리 ⊖ 단자를 분리한다 2) ABS 컨트롤 유닛 커넥터를 분리한다 3) O-01-24또는 O-01-8과 접지 사이의 통전 상태를 점검한다	예	다음단계로 간다.
		아니오	커넥터와 배선수리 또는 교환
5	고장코드를 지운후 고장코드가 나타나는가?	예	ABS 컨트롤 유닛 교환
		아니오	간헐적인 배선의 접촉불량인지 정밀하게 배선을 점검한다.

제동장치 앤티록 브레이크 시스템(ABS)

세부점검 A

고장코드: 49	ABS 컨트롤 유닛 내부 고장

점검포인트	· ABS 컨트롤 유닛	

단계	점 검		조 치
1	ABS 컨트롤 유닛	아니오	교환

세부점검 A

분리 및 장착
하이드로닉 컨트롤 유닛(HCU) 어셈블리

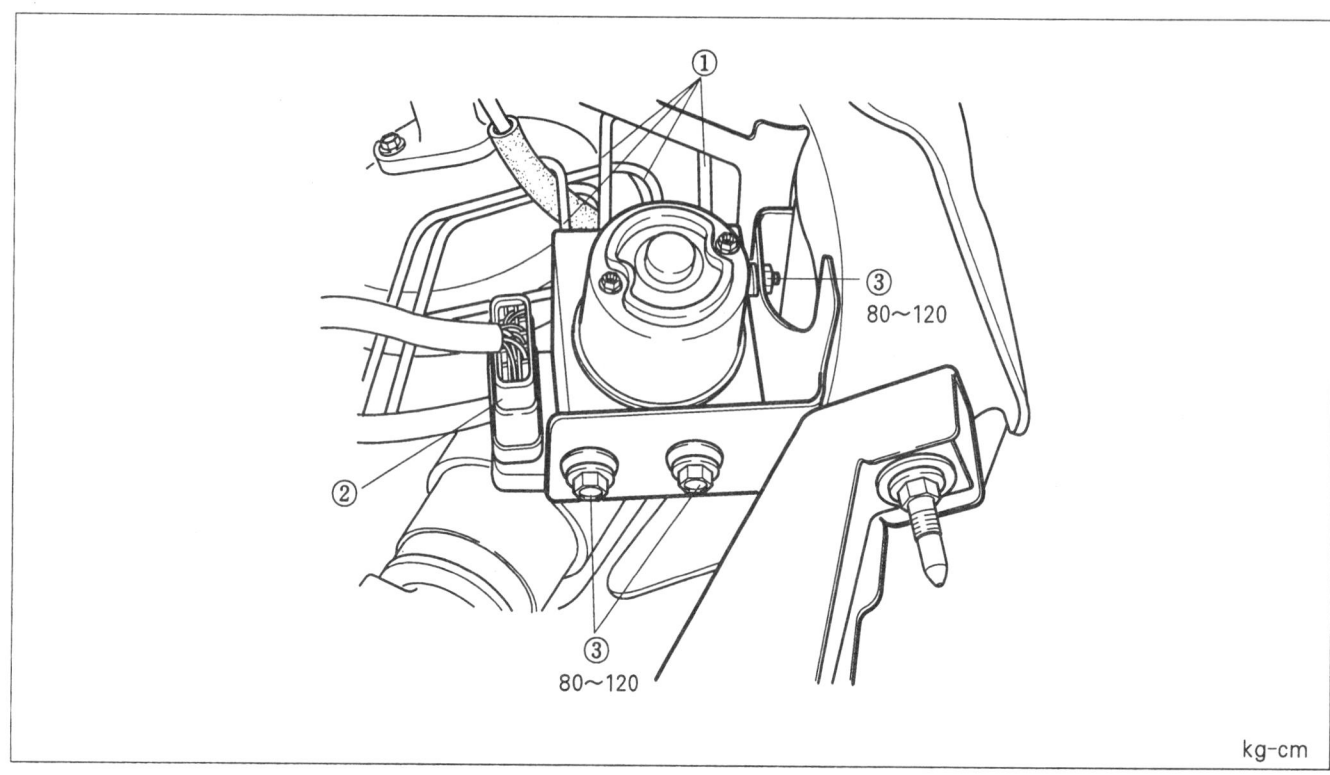

1. 브레이크 파이프
2. 커넥터
3. 볼트 및 너트

분리
1. 바테리 ⊖ 단자를 분리한다.
2. 로크 핀을 당긴 후 커넥터를 분리한다. (사진참조)
3. 하이드로닉 컨트롤 유닛 커넥터와 펌프 모터 커넥터를 분리한다.
4. 각 브레이크 파이프를 분리한다.
5. 너트를 분리한 후 하이드로닉 컨트롤 유닛을 분리한다.

주의
HCU를 분해 조립하지 말 것. 분해 조립시 재사용 불가함.

장착
분리의 역순으로 장착한다.

휠 스피드 센서(프런트)

BSX052090

BSX052091

BSX052092

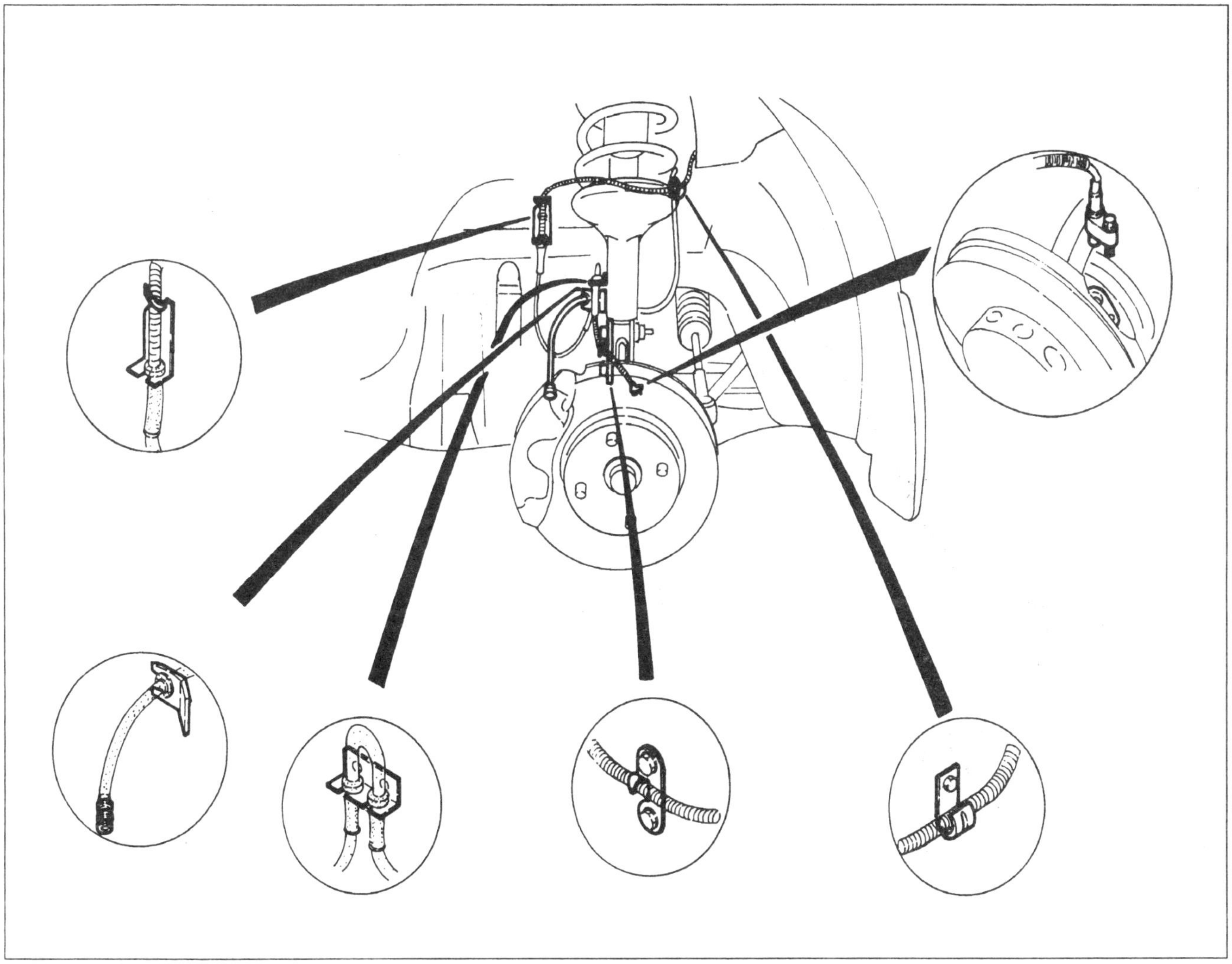

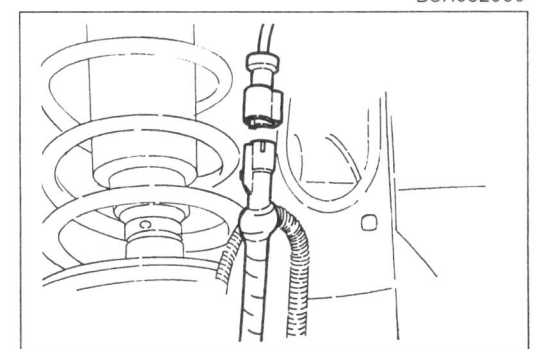

분리

1. 바테리 ⊖ 단자를 분리한다.
2. 트림을 분리한 후, 휠 스피드 센서 및 커넥터를 분리한다.

점검

1. 휠 스피드 센서의 저항을 측정한다.

   저항 : 1.0~1.3kΩ

2. 필요하면 휠 스피드 센서를 교환한다.

장착

1. 분리의 역순으로 장착한다.

   휠 스피드 센서 체결토크 : 80~100 kg-cm

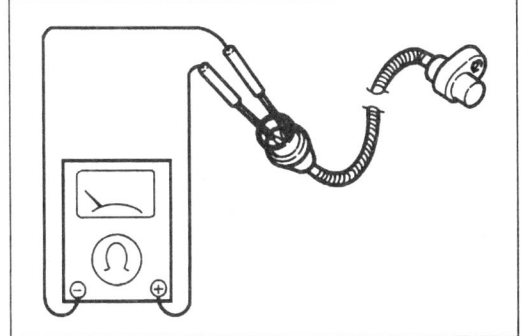

휠 스피드 센서(리어)

BSX052093

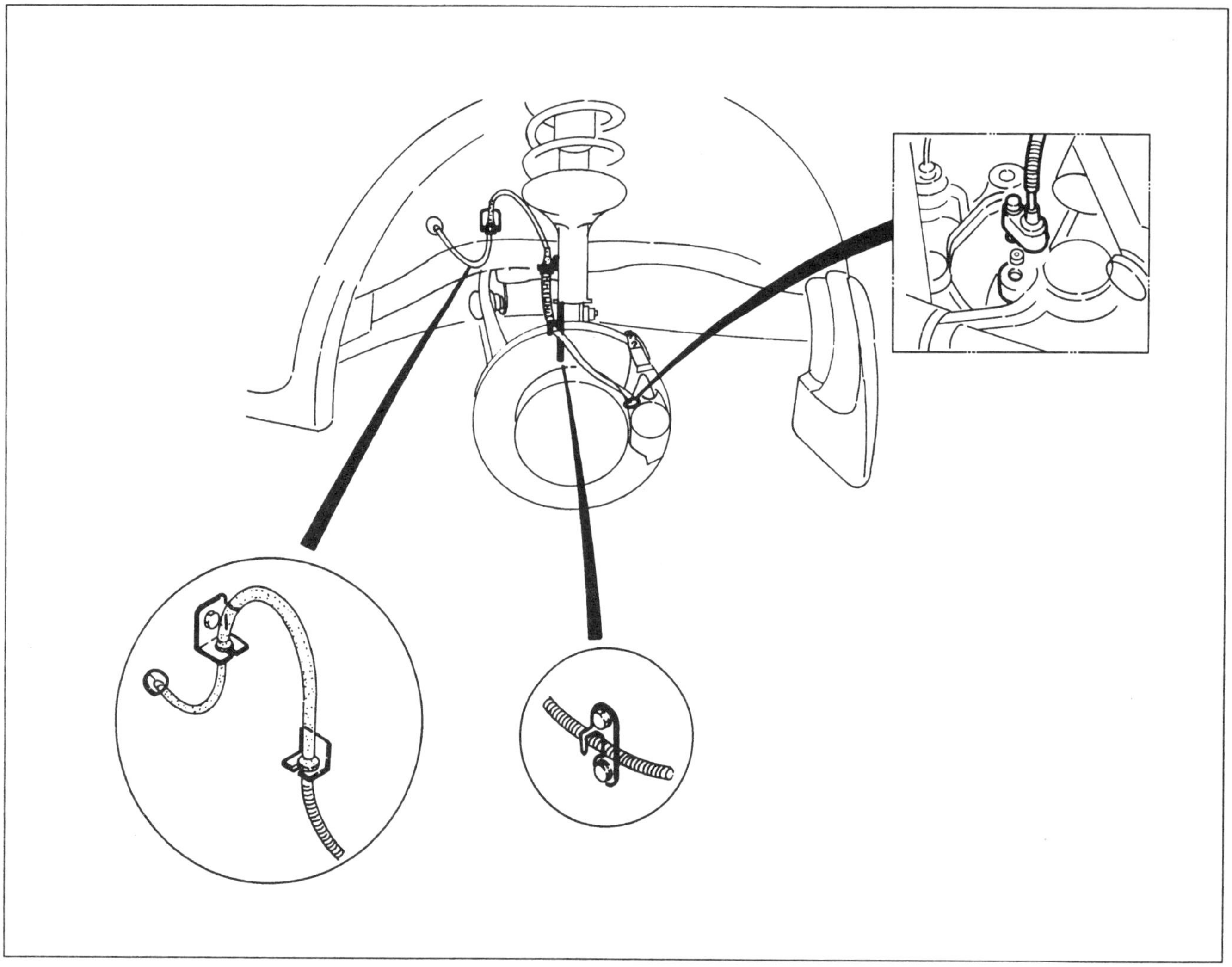

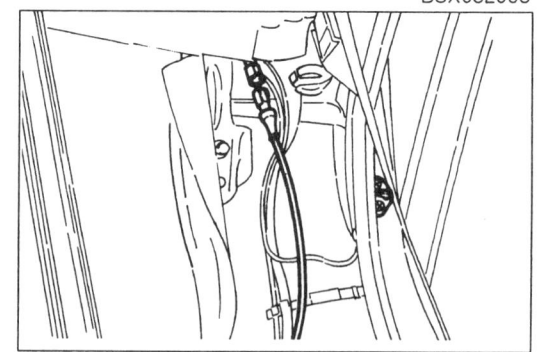

분리

1. 바테리 ⊖ 단자를 분리한다.
2. 리어 시트를 분리한 후, 휠 센서 커넥터를 분리한다.
3. 휠 센서를 분리한다.

BSX052094

점검

1. 휠 스피드 센서의 저항을 측정한다.

   저항 : 1.0~1.3 kΩ

2. 필요하면 휠 스피드 센서를 교환한다.

BSX052095

장착

1. 분리의 역순으로 장착한다.

   휠 스피드 센서 체결토크 : 80~100 kg-cm

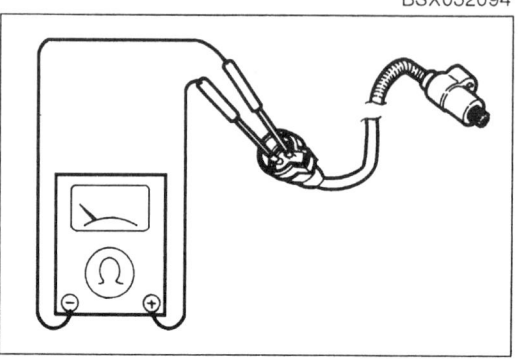

센서 로터

점검

프런트 센서 로터
1. 로터의 손상등을 육안으로 점검한다.
2. 로터와 센서 간극이 규정치를 만족하는지 점검한다.

   간극 : 0.7~1.5 mm

3. 필요하면, 센서 로터를 교환한다.

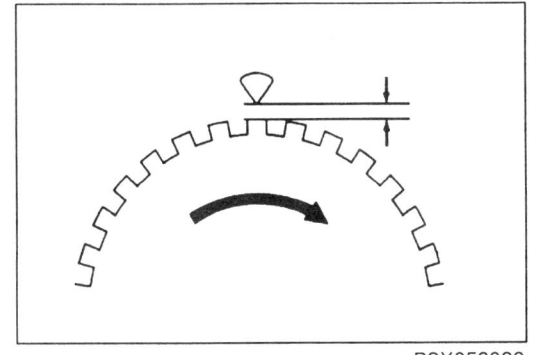

분리/장착
1. 차량으로부터 드라이브 샤프트 어셈블리를 분리한다. (참고 : 50그룹)
2. SST를 사용하여 센서 로터를 분리한다.

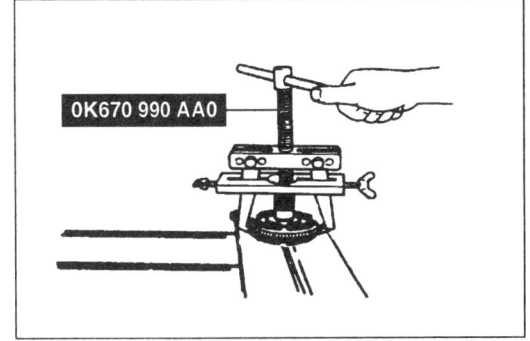

3. 범용공구를 사용하여 센서 로터를 장착한다.

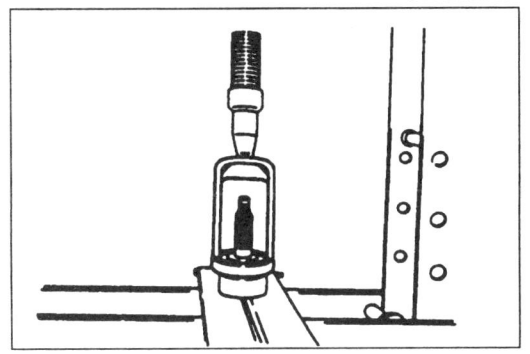

리어 센서 로터
1. 로터의 손상등을 육안으로 점검한다.
2. 로터와 센서 간극이 규정치를 만족하는지 점검한다.

   간극 : 0.6~1.6 mm

3. 필요하면, 센서 로터를 교환한다.

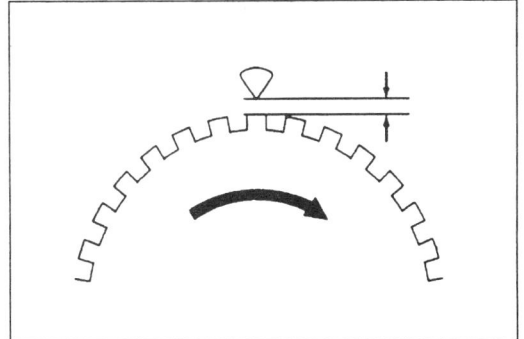

분리/장착
1. 차량으로부터 리어 휠 허브 어셈블리를 분리한다. (참고 : 50그룹)
2. SST를 사용하여 센서 로터를 분리한다.

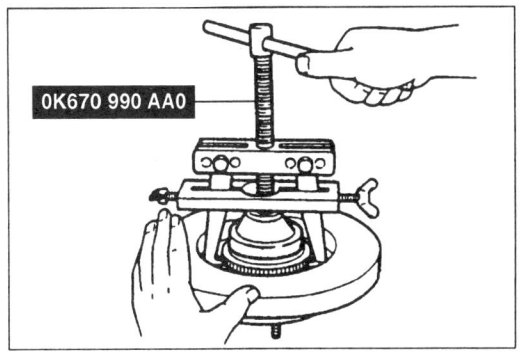

3. 범용공구를 사용하여 센서 로터를 장착한다.

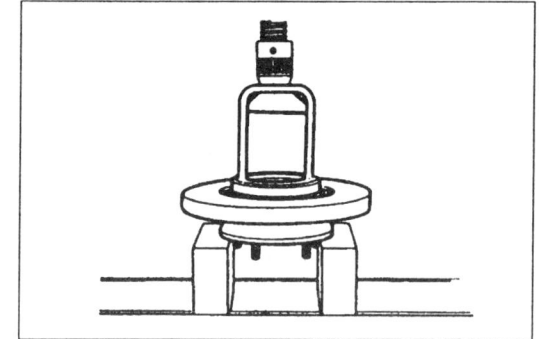

사양

항목		사 양
브레이크 페달	형식	현가식
	페달 레버 비	4.12 : 1
	최대 스트로크 mm	135
마스타 실린더	형식	텐덤 (레벨 센서 부착)
	실린더 내경 mm	CBS: 22.28, ABS: 23.8
프런트 디스크 브레이크	형식	벤티레이트 디스크
	실린더 보어	54
	패드 칫수(면적×두께) mm²×mm	3750×11.5
	디스크 플레이트 칫수 (외경×두께) mm	258×24
리어 드럼	형식	리딩 - 트레일링
	휠 실린더 내경 mm	19.05
	라이닝 칫수 (폭×길이×두께) mm	35×174.5×5
	드럼 내경 mm	228
리어 디스크 브레이크	형식	솔리드 디스크
	실린더 보어 mm	34
	패드 칫수(면적×두께) mm²×mm	1542×10
	디스크 플레이트 칫수 (외경×두께) mm	261×10
파워 브레이크 유닛	형식	배력식
	외경 mm	245
브레이크 액		FMVSS 116 : DOT-3, DOT-4, SAE : J1703
주차 브레이크	형식	기계식
	작동 시스템	사이드 레버

특수공구

0K130 430 019 플레어 너트 렌치	브레이크 파이프 분리, 조립용	0K9A4 430 001 조정 게이지	푸시로드 간극 조정용
0K130 430 017 디스크 브레이크 익스팬드 툴	디스크 패드 조립용	0K9A4 263 001 브레이크 피스톤 렌치	브레이크 캘리퍼 피스톤 조정용
0K670 990 AA0 베어링 인스톨러 셋	센서 로터 분리용	K2CA 089 HSP	고장진단 코드에 사용

휠 및 타이어

고장진단 및 조치 ·································· 53- 3
점검 및 조정 ···································· 53- 4
분리/장착 ······································ 53- 6
사양 ·· 53- 7

고장진단 및 조치

고장상황	예상주요원인	조치
과도하거나 불규칙적인 타이어의 마모	·부적절한 타이어 압력 ·휠의 불균형 ·타이어 회전 불량 ·가혹한 주행 ·토우인 부적절 ·제동기능 불량	·조정 ·조정 ·조정 ·주행법 습득 ·54장 참고 ·52장 참고
타이어의 조기 마모	·타이어 압력 과도 ·타이어 압력 부족시 고속 주행	·조정 ·조정
타이어의 삐걱거림	·타이어 압력 부적절 ·타이어 노화	·조정 ·교환
도로 이음 및 차체 진동	·타이어 압력 부족 ·휠의 불균형 ·휠 또는 타이어 손상 ·타이어의 불규칙한 마모	·조정 ·조정 ·수리 또는 교환 ·교환
스티어링 휠 진동	·타이어의 불규칙한 마모 ·휠의 불균형 또는 손상 ·타이어 손상 ·타이어 압력 불균형 ·러그 볼트 이완	·교환 ·교환 또는 조정 ·교환 ·조정 ·체결
브레이크 편제동	·타이어 압력 불균형 ·브레이크 시스템 결함	·조정 ·52장 참고
스티어링 휠의 복원성 불량	·타이어 압력 부정확 ·불규칙한 타이어 마모 (좌우 차이) ·타이어 압력 불균형 ·서로 다른 형식의 타이어 혼용 ·러그 볼트 체결 불량	·조정 ·교환 ·조정 ·교환 ·체결
주행 불안정	·타이어 압력 불균형 ·휠의 손상 및 불균형 ·러그 볼트 이완	·조정 ·수리 또는 조정 ·체결
스티어링 휠 유격 과도	·러그 볼트 이완 ·프런트 휠 베어링 프리로드 조정 불량	·체결 ·50장 참고

점검 및 조정

공기 압력
공기 압력 게이지를 사용하여 스페어 타이어를 포함하여 모든 타이어의 공기 압력을 점검한다.

공기압 표

타이어 규격	공기압 kgf/cm²(psi)	
	전륜	후륜
185/65 R14 85H	2.1 (30)	

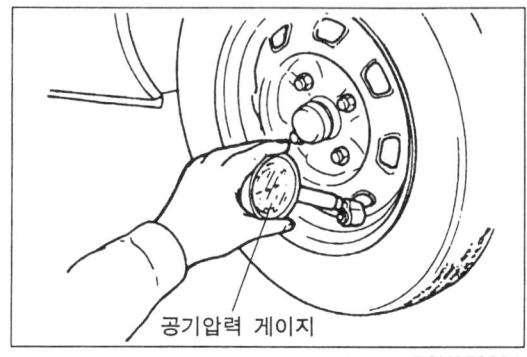
공기압력 게이지

공기 누설
에어 밸브에서 공기 누설이 없는지 확인한다.

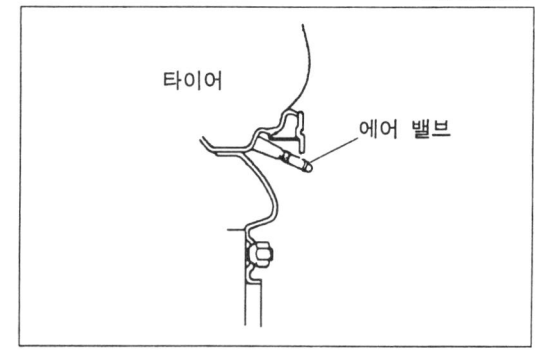
타이어, 에어 밸브

타이어 마모
1. 타이어 잔류 홈을 점검한다.

   마모 한도 : 1.6 mm

2. 마모 인디게이터가 노출된 것은 교환한다.
3. 편마모가 있는 것은 결함 원인을 규명한 후 교환한다.

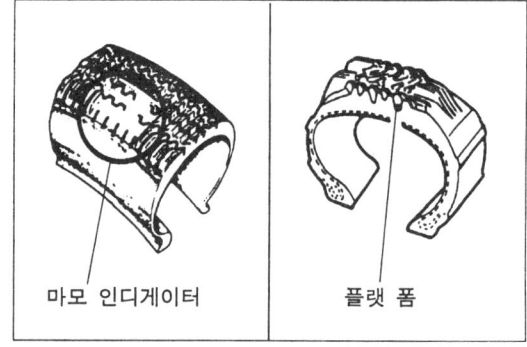
마모 인디게이터, 플랫 폼

검사 (타이어 및 휠)
타이어의 균열, 손상, 이물(금속편, 침, 돌) 및 휠의 균열, 변형, 손상등이 있을 때에는 교환한다.

휠 및 타이어 런 아웃트
1. 차량을 안전 스탠드로 지지한다.
2. 다이얼 게이지를 설치한 후 타이어를 한바퀴 완전히 돌려 런 아웃트를 측정한다.

   런 아웃트 : 휠 1.0 mm
   　　　　　　타이어 1.5 mm

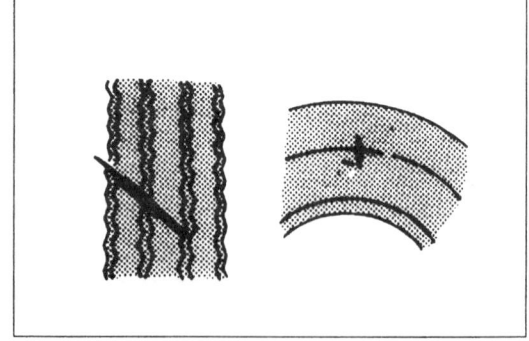

> **참고**
> 휠 체결 상태 및 베어링의 덜거덕 거림을 점검한 후 휠과 타이어를 회전시켜서 측정한다.

3. 필요시에는 휠을 교환한다.

불규칙한 타이어 마모

그림과 같이 타이어 이상 마모시에는 예상 주요원인과 조치사항을 참고한다.

마모 상태	예상 주요 원인	조치
양측면 마모 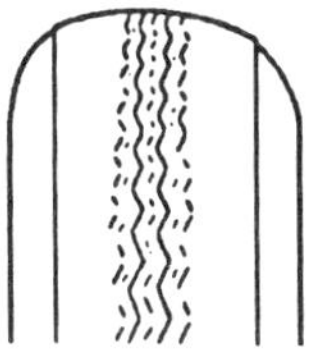 BSX053005	• 공기압 부족 (양측면 마모) • 가혹한 코너링 • 타이어 위치 교환 부적절	• 공기압 측정 후 조정 • 적절한 속도 • 타이어 위치 교환
중앙 마모 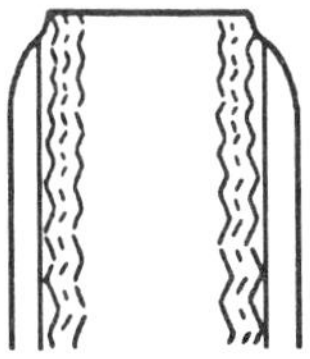 BSX053006	• 공기압 과대 • 타이어 위치 교환 부적절	• 공기압 측정 후 조정 • 타이어 위치 교환
이상 마모 (거칠게 일어남) 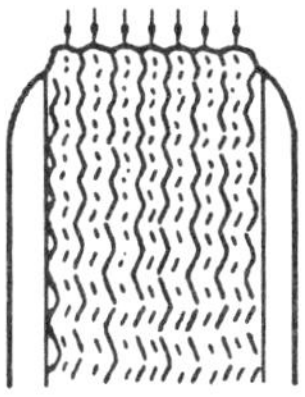 BSX053007	• 토우인(Toe-in) 조정 불량	• 토우인 조정
불규칙한 마모 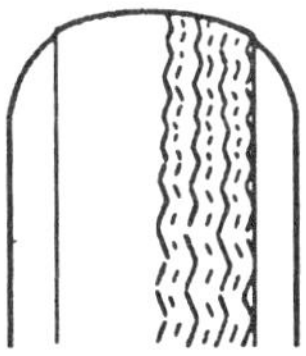 BSX053008	• 캠버 또는 캐스터 불량 • 서스펜션 불량 • 휠 밸런스 불량 • 타이어 위치 교환 부적절	• 액슬 및 서스펜션 수리 또는 교환 • 서스펜션 수리 또는 교환 • 밸런스 조정 • 타이어 위치 교환

휠 및 타이어 분리/장착

분리/장착

휠에서 타이어 탈착시 주의
1. 타이어 비드부, 림의 비드 안착부, 귀부에 손상을 입히지 않는다.
2. 휠의 림 귀부, 타이어의 비드부에는 비눗물을 바른다. (조립을 용이하게 하기 위함)
3. 림의 귀부와 타이어 비드부에 녹, 먼지 찌꺼기, 흙 등을 와이어 브러시, 샌드 페이퍼, 헝겊 등으로 제거한다.
4. 알루미늄 휠의 경우는 필히 헝겊을 사용하고 와이어 브러시, 샌드 페이퍼는 사용하지 않는다.
5. 트레드에 끼인 돌, 유리, 침등을 제거한다.
6. 에어 밸브는 올바르게 조립한다.

1. 휠과 허브 접촉면을 깨끗히 닦는다.
2. 규정 토크로 러그 너트를 체결한다.

   체결토크 : 9~12 kg-m

■ 참고
- 러그 너트 및 휠에는 오일을 도포하지 않는다.
- 오일 도포시에는 러그 너트 이완 및 체결력 미약의 원인이 될 수 있다.

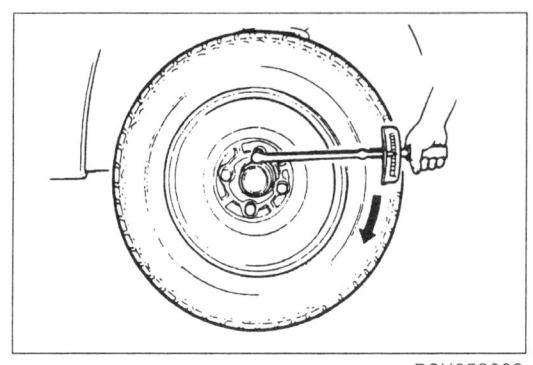

타이어 위치 교환

타이어 수명을 연장함과 동시에 마모의 균일화를 위해 매 10,000 km 마다 타이어 위치 교환을 한다.

■ 주의
- 전륜에는 마모가 적고 손상이 없는 타이어를 장착한다.
- 타이어 위치 교환 후 공기압은 지정 공기압으로 한다.

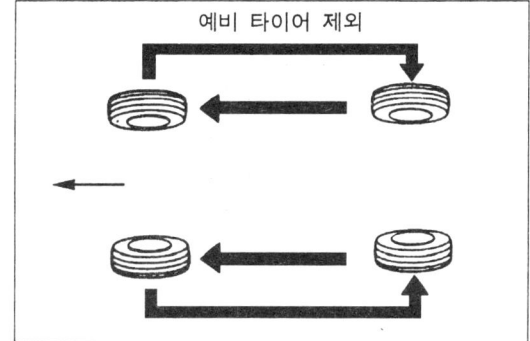

휠 밸런스

휠 밸런스가 틀려있는 경우 또는 타이어를 수리한 때에는 반드시 휠 밸런스가 표준치가 되도록 한다.

   휠 밸런스 량 : 60g 이하 (림의 귀부에서)

■ 참고
- 휠의 내측 또는 외측에 밸런스 웨이트를 2개 이상 사용하지 않는다.
- 총 무게가 100g을 넘으면 휠 타이어를 다시 끼워 밸런스를 조정한다.
- 밸런스 웨이트를 장착하였을 때 휠면에서 1mm 이상 돌출되지 않도록 한다.
- 알루미늄 휠에는 규정의 알루미늄 휠 밸런스 웨이트를 사용한다.

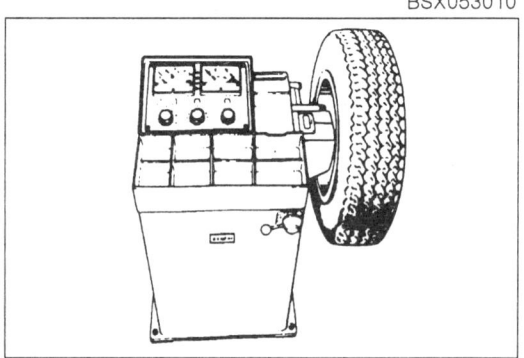

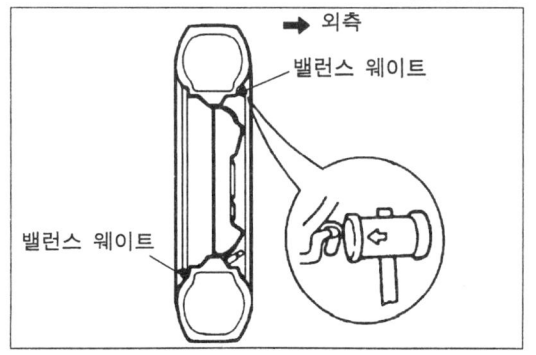

사양

휠 및 타이어 크기

항 목		크 기
휠	사이즈	14X5 1/2JJ
	오프셋 (mm)	45
	피치 원주 직경 (mm)	φ114.3
	재질	스틸 / 알루미늄
타이어	사이즈	185/65 R14 85H
	공기 압력 kgf/cm² (psi)	2.1 (30)

체결토크

항 목	토크 (kg-m)
러그 너트	9~12

현가장치

개요 · 54- 3
고장진단 및 조치 · 54- 5
휠 얼라인먼트 · 54- 6
프런트 현가장치 · 54- 9
리어 현가장치 · 54-16
사양 · 54-22
특수공구 · 54-22

개요

프런트 현가장치

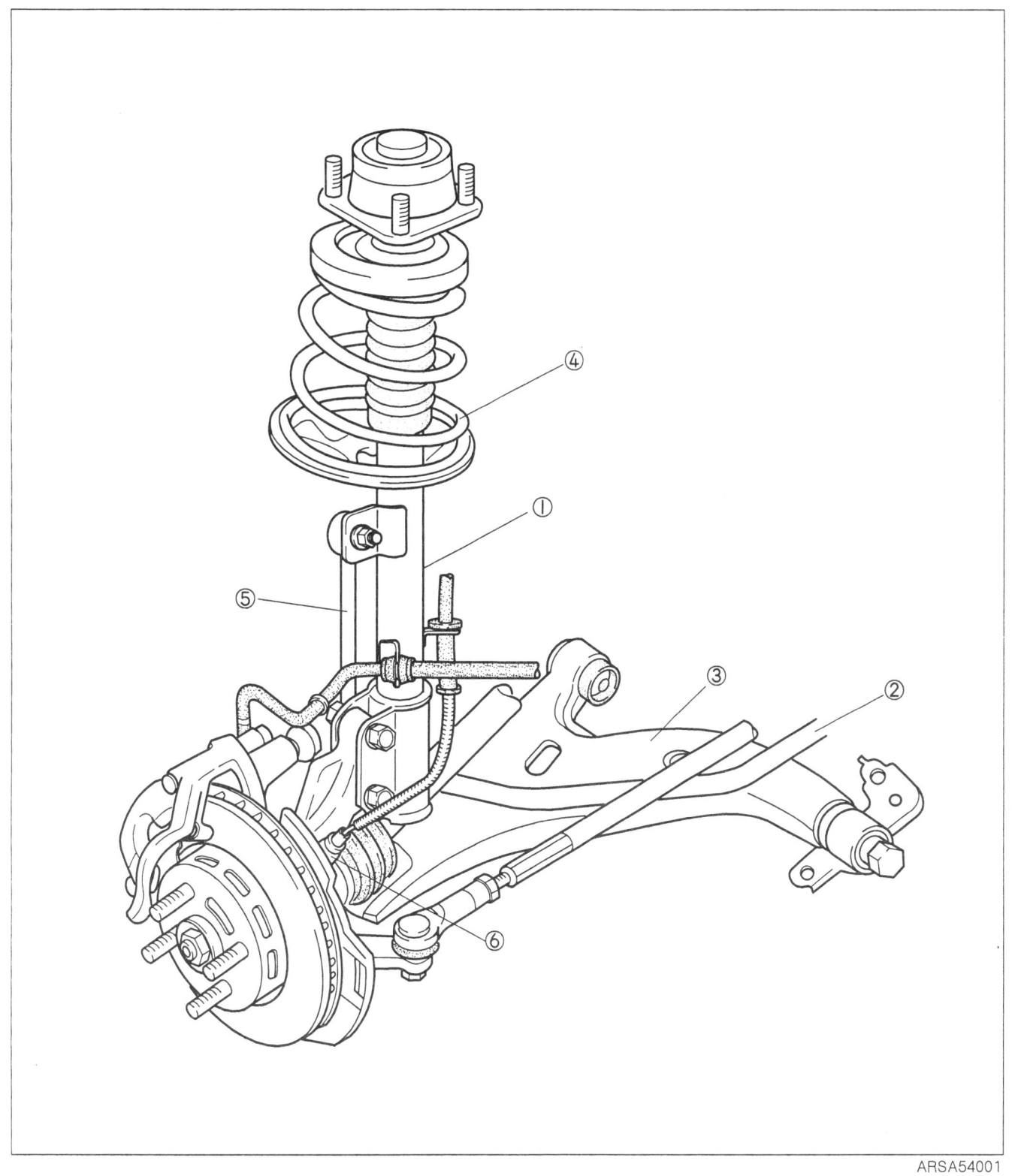

1. 프런트 쇼크 압소버
2. 프런트 스태빌라이저
3. 프런트 로어 암
4. 스프링
5. 컨트롤 링크
6. 프런트 휠 스피드 센서

리어 현가장치

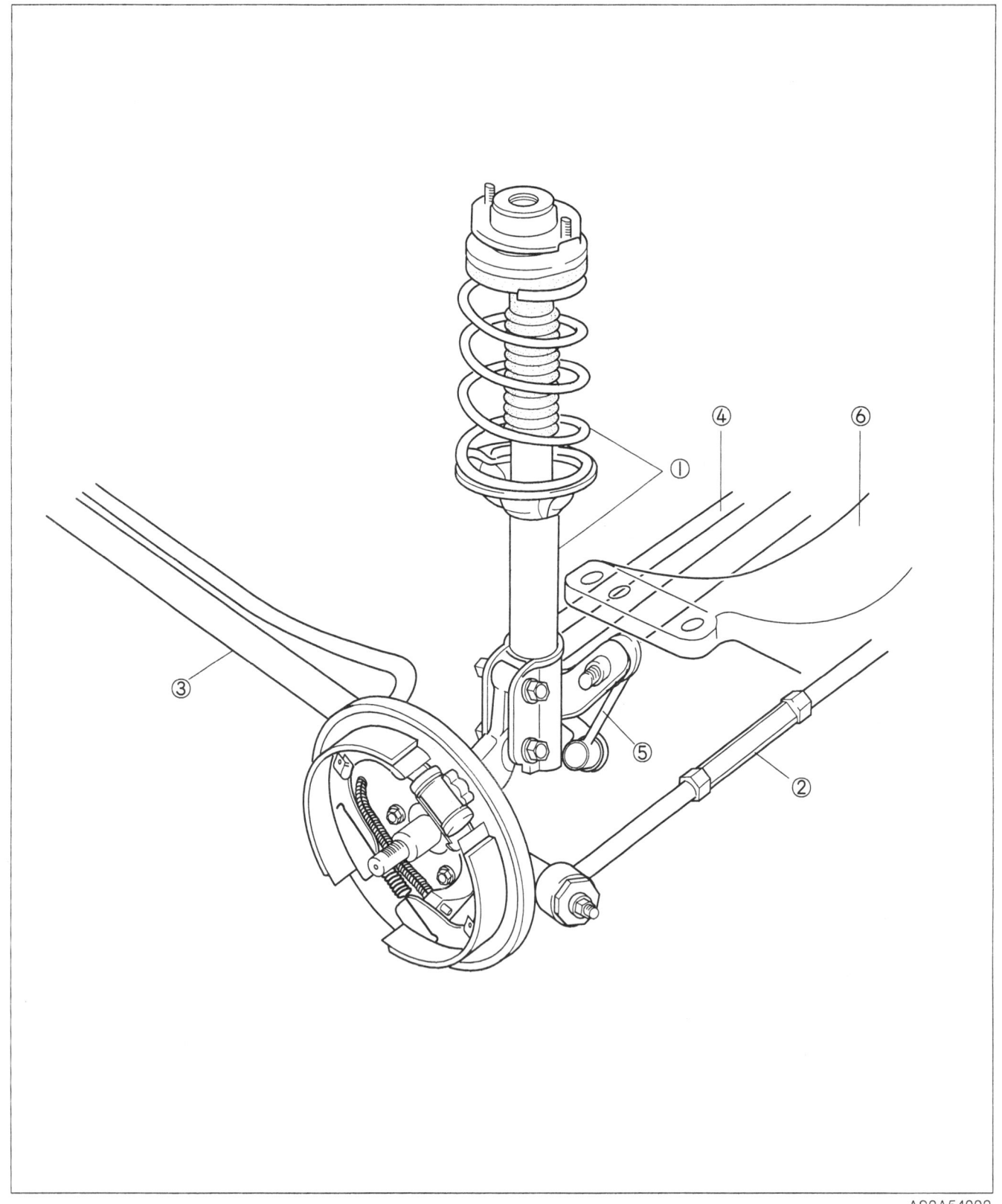

1. 리어 쇼크 압소버 & 스프링
2. 래터럴 링크
3. 트레일링 링크
4. 리어 스태빌라이저
5. 리어 컨트롤 링크
6. 리어 크로스 멤버

고장진단 및 조치

고장상황	예상주요원인	조치
차체 롤링	· 스태빌라이저의 쇠손 · 스태빌라이저 부싱의 마모, 쇠손 · 로어암 부싱의 마모, 쇠손 · 쇼크 압소버 기능불량	· 교환 · 교환 · 교환 · 교환
승차감이 나쁘다	· 코일 스프링 쇠손 · 쇼크 압소버 기능불량	· 교환 · 교환
서스펜션에서 이음	· 로어암 볼 조인트의 윤활불량, 마모 · 주위 각 장착부의 이완 · 쇼크 압소버 기능불량 · 스태빌라이저 부싱의 마모, 쇠손 · 로어암 부싱의 마모, 쇠손	· 교환, 윤활 · 체결 · 교환 · 교환 · 교환
주행 불안정	· 코일 스프링 쇠손 · 쇼크 압소버 불량 · 로어암 부싱의 마모, 쇠손 · 스태빌라이저 부싱의 마모, 쇠손 · 휠 얼라인먼트 조정불량 · 로어암 볼 조인트 손상 · 스티어링 시스템 불량 · 휠 변형, 언밸런스	· 교환 · 교환 · 교환 · 교환 · 조정 · 교환 · 51장 참조 · 53장 참조
핸들의 조작력이 무겁다	· 로어암 볼 조인트 윤활불량 마모 · 휠 얼라인먼트 조정불량 · 스티어링 시스템 불량 · 휠 변형, 언밸런스	· 윤활, 교환 · 조정 · 51장 참조 · 53장 참조
핸들이 치우친다	· 코일 스프링 쇠손 · 스태빌라이저 부싱의 마모, 쇠손 · 로어암 부싱의 마모, 쇠손 · 로어암 볼 조인트 손상 · 휠 얼라인먼트 조정불량 · 스티어링 시스템 불량 · 브레이크 시스템 불량 · 휠변형, 언밸런스	· 교환 · 교환 · 교환 · 교환 · 조정 · 51장 참조 · 52장 참조 · 53장 참조
핸들이 떨림	· 로어암 볼 조인트 손상 · 쇼크 압소버 불량 · 쇼크 압소버 장착부 이완 · 로어암 부싱의 마모, 쇠손 · 스태빌라이저 부싱의 마모, 쇠손 · 휠 얼라인먼트 조정불량 · 휠 베어링 마모, 손상 · 스티어링 시스템 불량 · 휠 변형, 언밸런스	· 교환 · 교환 · 체결 · 교환 · 교환 · 조정 · 교환 · 51장 참조 · 53장 참조
핸들 복원이 안됨	· 로어암 볼 조인트 고착, 손상 · 휠 얼라인먼트 조정불량 · 스티어링 시스템 불량 · 휠 변형, 언밸런스	· 교환 · 조정 · 51장 참조 · 53장 참조

휠 얼라인먼트

점검
1. 타이어 공기압을 점검하고 필요시 적정 공기압으로한다.
2. 프런트 휠 베어링 유격을 점검하고, 필요시 베어링을 교환한다.
3. 휠과 타이어 런 아웃을 점검한다.
4. 볼 조인트와 스티어링 링키지의 과도한 헐거움을 점검한다.
5. 차량은 평지에 있어야 하고 차량에 짐이나 사람이 없어야 한다.
6. 쇼크 압소버의 작동상태를 점검하기 위하여 차량을 흔들어 본다.

프런트 휠 얼라인먼트
사양

항 목				사 양
휠 얼라인먼트	프런트	최대 스티어링 각도	안쪽	39°30′
			바깥쪽	32°30′
		토우	편륜	-2′52″±10′
			185/65 R14	-1±3 mm
		캠버각		0°± 30′
		캐스터각		2°27′± 45′
		킹핀각		12°35′

참고 : 휠 얼라인먼트는 공차시 기준임

조정
최대 스티어링 각
1. 왼쪽, 오른쪽 타이-로드 록 너트를 풀고 타이-로드를 균등하게 돌린다.

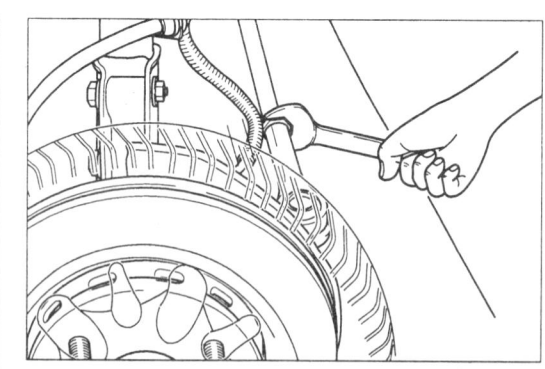

2. 타이-로드 록 너트를 체결한다.

   체결토크 : 5.6~7.6 kg-m

3. 스티어링 각을 조정한 후에 토우-인을 조정한다.
4. 돌리는 각도를 조정한 후에 토우-인을 조정하고 점검한다.

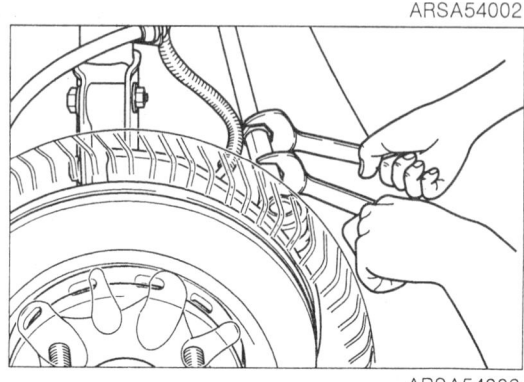

캠버와 캐스터
1. 차량의 앞쪽을 들어올리고 안전 스탠드로 지지한다.
2. 마운팅 블록 너트를 분리한다.

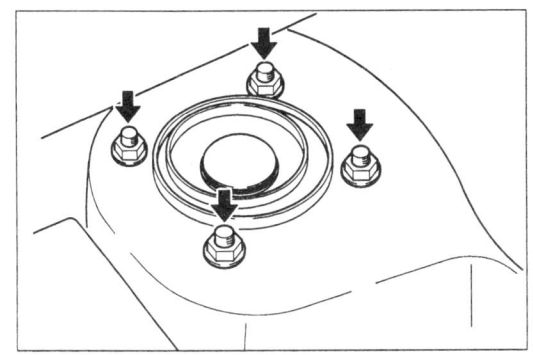

3. 마운팅 블록을 아래쪽으로 밀어내고 원하는 위치로 돌린다.

위 치	캐스터 각	
	캠버각	캐스터 각
A	0°	32'24"
B	11'35"	32'24"
C	11'35"	0°

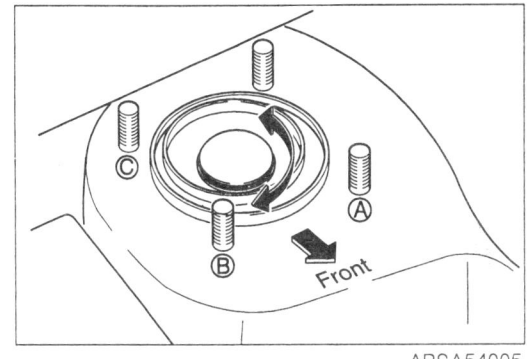

4. 마운팅 너트를 장착하고 규정된 토크 값으로 체결한다.

   체결토크 : 3.8~5.3 kg-m

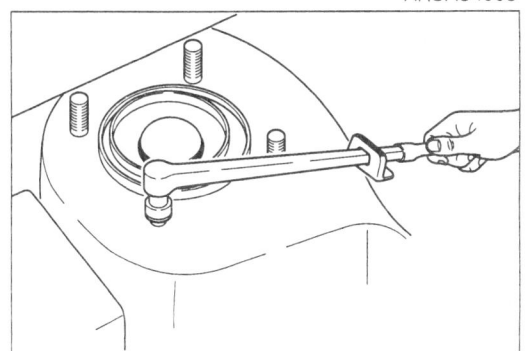

토우
1. 왼쪽, 오른쪽 타이-로드 록 너트를 풀고 타이-로드를 균등하게 돌린다.

   주의
   타이-로드(양쪽)를 한바퀴 돌리면 토우-인이 약 6mm 변한다.

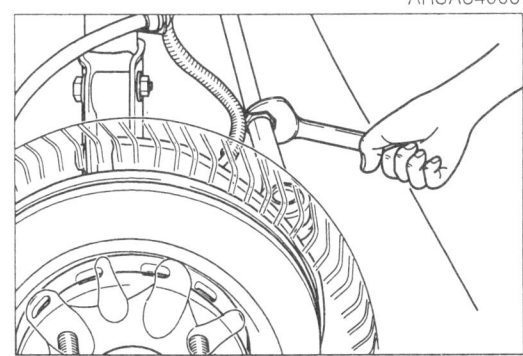

2. 타이-로드 록 너트를 체결한다.

   체결토크 : 5.6~7.6 kg-m

리어 휠 얼라인먼트
사양

항 목			사 양
휠 얼라인먼트	리어	캠버	-1°30′±30′
		토우 편륜	9′16″±10′
		185/65R14	3.2±3mm

참고 : 휠 얼라인먼트는 공차시 기준임

조정
토우
1. 래터럴 링크 록 너트를 푼다.
2. 래터럴 링크 조정 너트를 돌려 토우 값을 조정한다.

■ 참고
조정 너트가 360° 회전하면 3mm 이동된다.

3. 조정후 래터럴 록 너트를 체결한다.

체결토크 : 11.8~16.0 kg-m

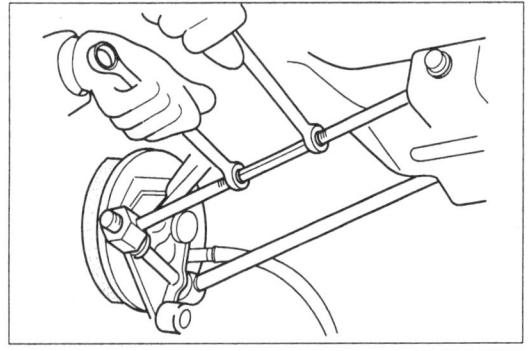
AS2A54003

프런트 현가장치

프런트 쇼크 압소버와 스프링
분리/장착
1. 차량의 앞쪽을 들어올리고 안전 스탠드로 지지한다.
2. 휠을 분리한다.
3. 그림에 나타난 순서대로 분리한다.
4. 장착시 참고사항을 참조하여 분리의 역순으로 장착한다.
5. 장착후 프런트 휠 얼라인먼트를 측정하고 필요시 조정한다. (54-6 참조, 프런트 휠 얼라인먼트)

주의
차량을 내린후 규정 토크로 쇼크 압소버 로어 볼트를 다시 체결한다.

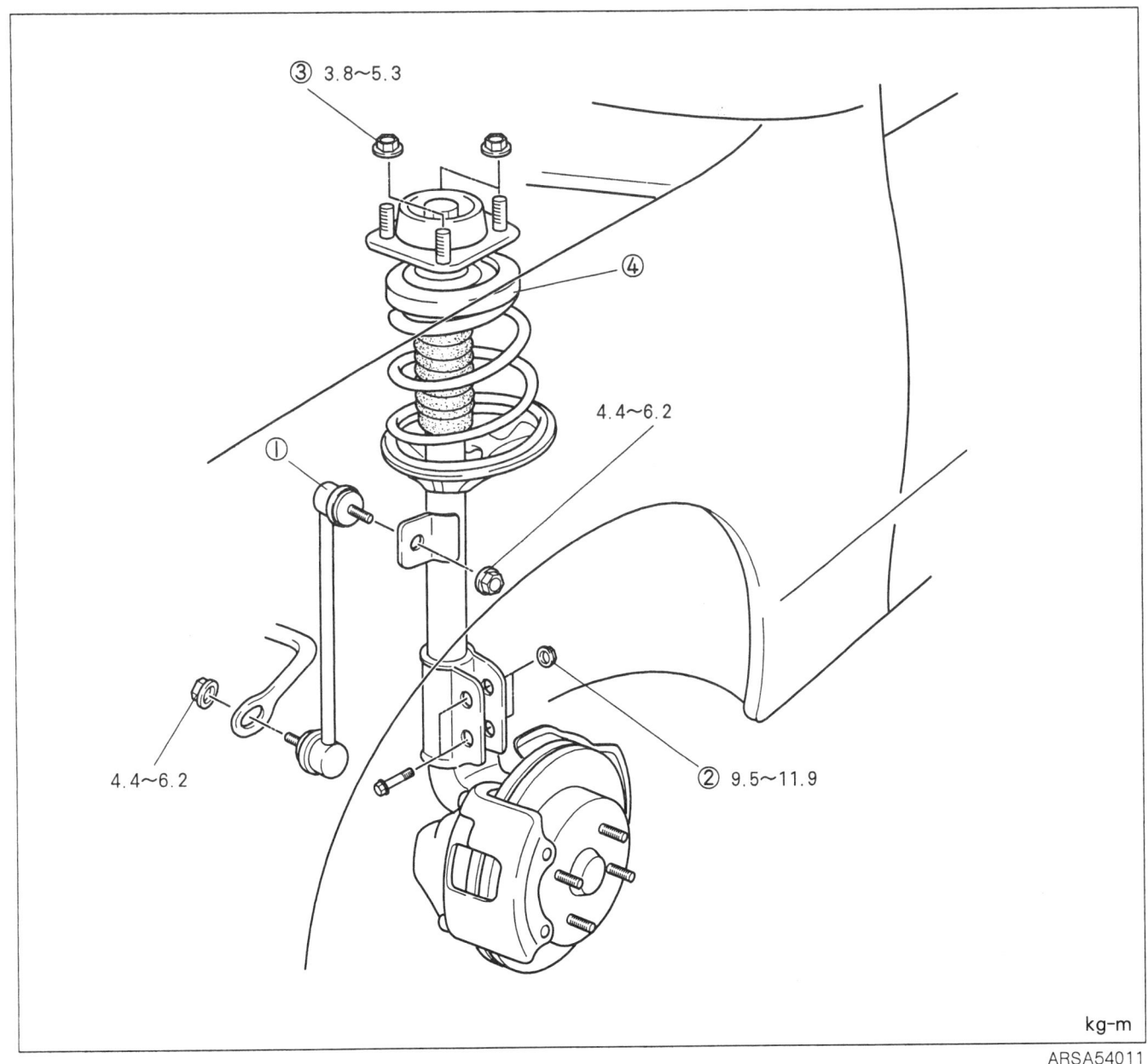

kg-m

1. 컨트롤 링크
2. 너트
3. 너트
4. 쇼크 압소버 어셈블리

현가장치 프런트 현가장치

분해/검사/조립
1. 분해시 참고사항을 참조해서 그림에 나타난 순서대로 분해한다.
2. 육안으로 각 부품을 검사하고 필요시 교환한다.
3. 조립시 참고사항을 참조해서 분해의 역순으로 조립한다.

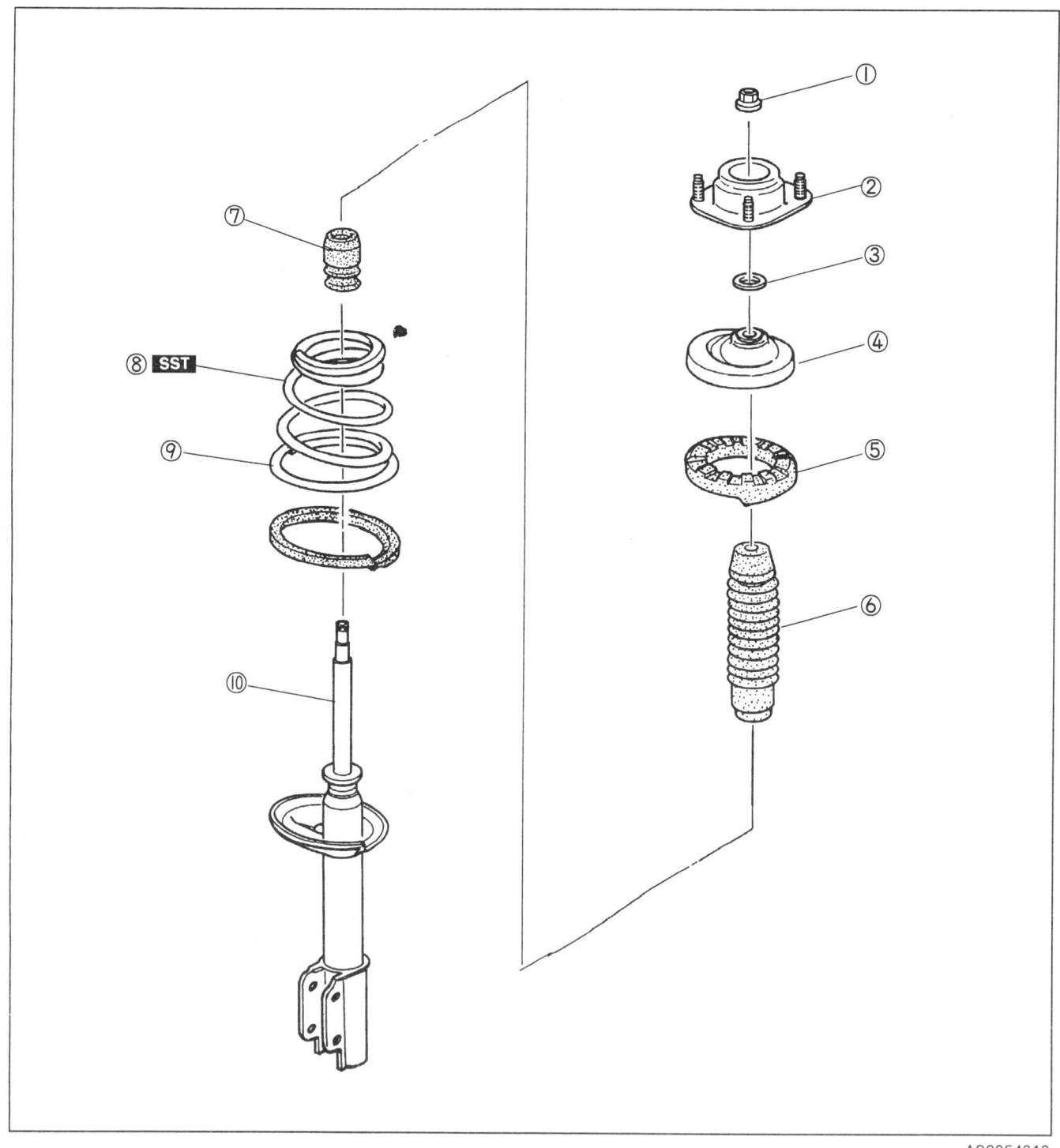

1. 피스톤 로드 너트
2. 마운팅 블록
3. 스트럿 베어링
4. 어퍼 스프링 시트
5. 러버 스프링 시트
6. 더스트 부트
7. 바운드 스톱퍼
8. 코일 스프링
9. 로어 스프링 시트
10. 쇼크 압소버

분해시 참고사항
피스톤 로드 너트
1. 바이스에 마운팅 블록을 고정시킨다.

> **주의**
> 바이스에 보호판을 사용한다.

2. 피스톤 로드 너트를 수회 돌려서 푼다. 분해는 하지 않는다.

> **주의**
> 너트는 분리하지 않는다.

3. 코일 스프링을 SST를 사용하여 압축시킨다.
4. 피스톤 로드 너트를 분리한다.
5. 코일 스프링을 분리한다.

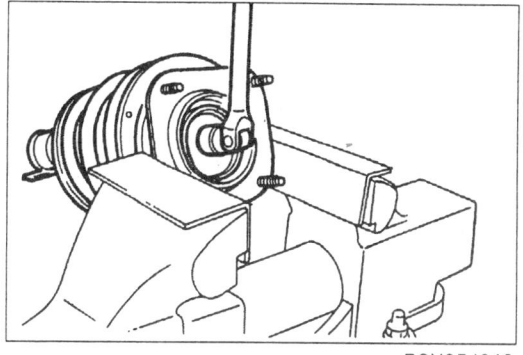
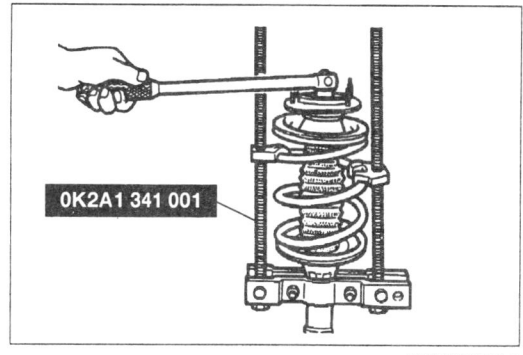

조립시 참고사항
피스톤 로드 너트
1. 바이스에 쇼크 압소버를 고정시킨다.

> **주의**
> 바이스에 보호판을 사용한다.

2. SST를 사용하여 코일 스프링을 압축시킨다.
3. 코일 스프링 끝단을 로어 시트에 맞추면서 코일 스프링을 장착한다.
4. 바운드 스톱퍼를 장착한다.
5. 바운드 스톱퍼와 어퍼 스프링 시트 접촉면에 고무 윤활제를 도포한다.
6. 러버 스프링 시트와 어퍼 스프링 시트를 장착한다.
7. 스러스트 베어링을 장착한다.
8. 마운팅 블록을 장착한다.
9. 마운팅 블록 너트를 가체결한다.
10. 조심스레 풀어서 SST를 분리한다.

> **주의**
> 코일 스프링이 어퍼와 로어 시트에 정확히 안착되었나 확인한다.

11. 마운팅 블록을 바이스에 고정시킨다.
12. 규정 토크로 피스톤 로드 너트를 체결한다.

　체결토크 : 9.1~11.9 kg-m

13. 너트 위에 캡을 장착한다.

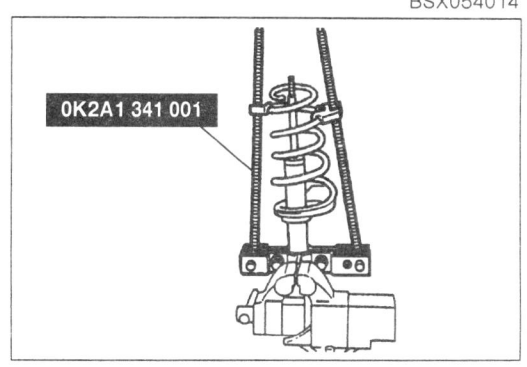
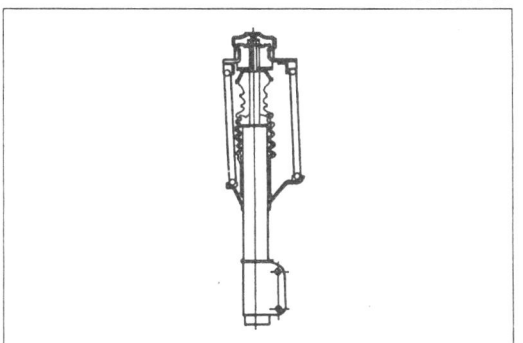
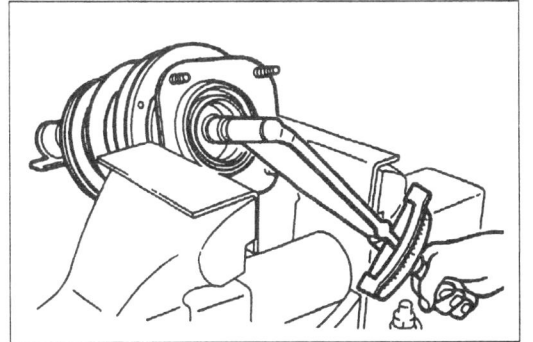

프런트 로어암
분리/검사/장착
1. 차량 앞부분을 들어올리고 안전 스탠드로 지지한다.
2. 휠을 분리한다.
3. 분리시 참고사항을 참조해서 그림에 나타난 순서대로 분리한다.
4. 장착시 참고사항을 참조해서 분리의 역순으로 장착한다.
5. 육안으로 각 부분을 점검하고 필요시 교환한다.
6. 장착후, 프런트 휠 얼라인먼트를 측정하고 필요시 조정한다.

■ 주의
차량을 내린후 로어암 볼트와 너트를 규정 토크로 다시 체결한다.

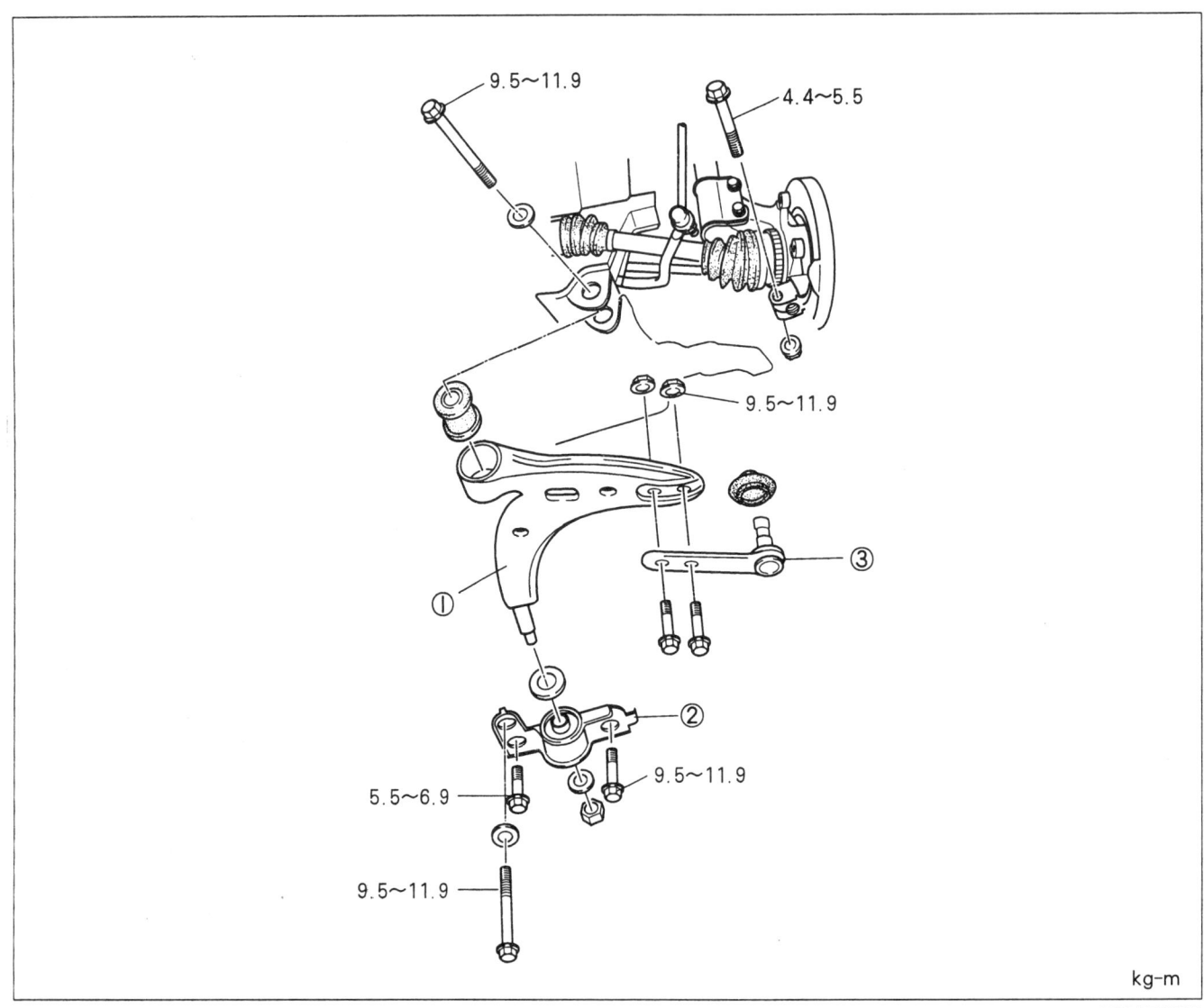

1. 컨트롤 암
2. 로어 암 마운팅
3. 로어 암 볼 조인트

검사
로어 암 볼 조인트
다음을 점검하고 필요시 볼 조인트를 교환한다.
SST를 볼 스터드에 장착하고 스프링 저울로 토크를 측정한다.

작동 토크 : 20~35 kg-cm
스프링 저울값 : 2.0~3.5 kg
(볼 스터드가 회전하는 동안)

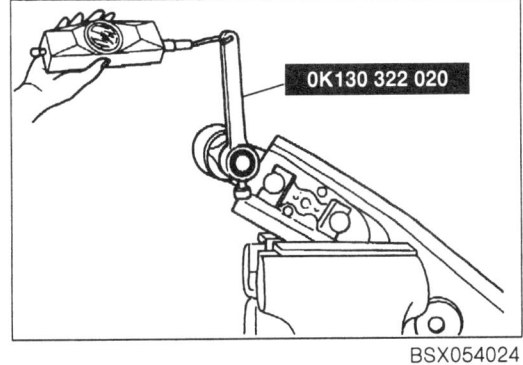

프런트 스태빌라이저

분리/검사/장착

1. 차량의 앞부분을 들어 올리고 안전 스탠드로 지지한다.
2. 휠을 분리한다.
3. 언더 커버를 분리한다.
4. 분리시 참고사항을 참조해서 그림에 나타난 순서대로 분리한다.
5. 장착시 참고사항을 참조해서 분리의 역순으로 장착한다.
6. 육안으로 각부분을 검사하고 필요시 교환한다.

■ 주의
차량을 내린후 규정 토크로 스태빌라이저 브래킷 너트를 다시 체결한다.

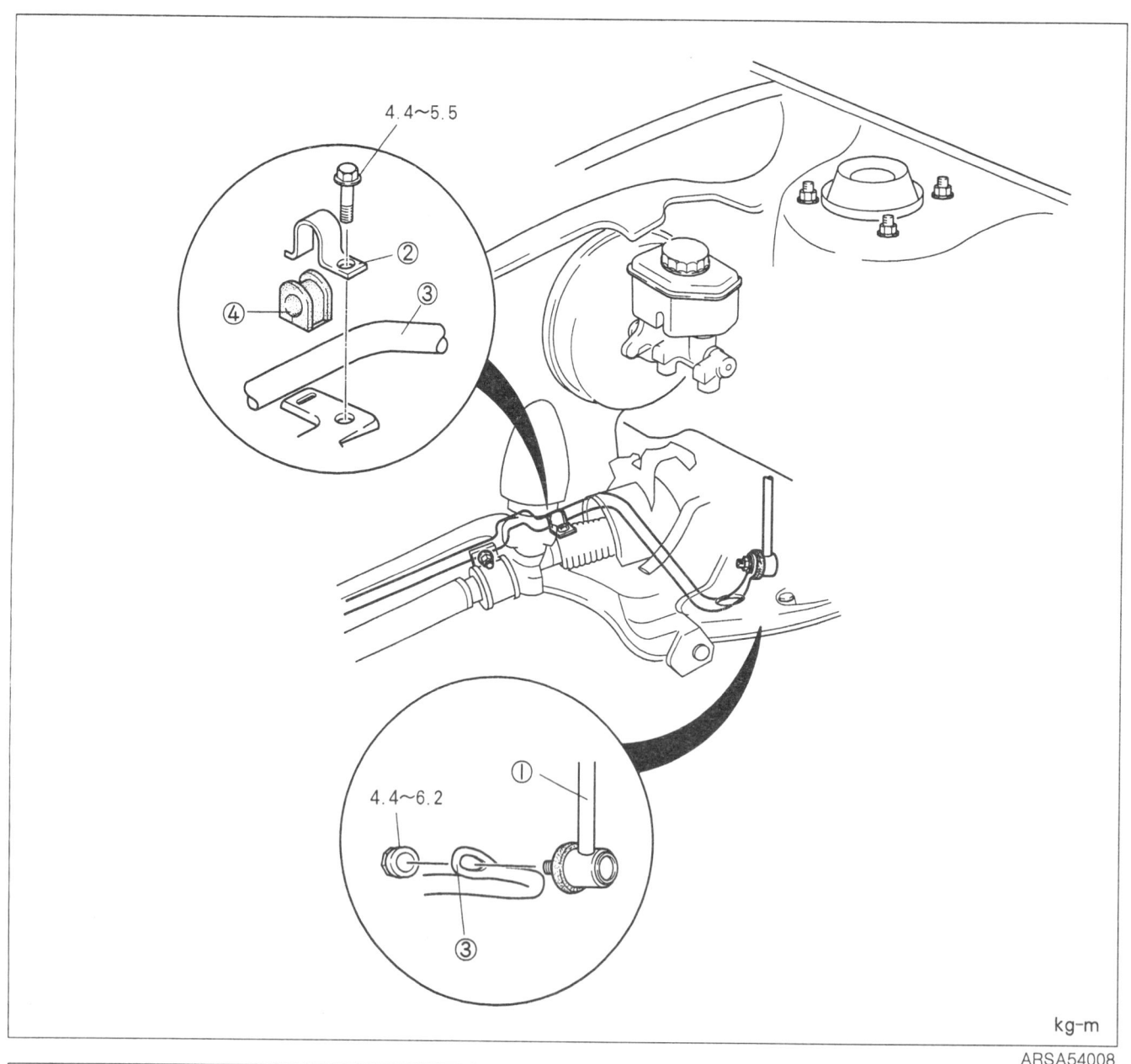

1. 스태빌라이저 컨트롤 링크
2. 스태빌라이저 브래킷
3. 스태빌라이저 바
4. 스태빌라이저 부싱

분리시 참고사항
스태빌라이저
1. 컨트롤 링크에서 스태빌라이저를 분리한다.
2. 스태빌라이저 브래킷을 분리한다.
3. 엔진을 SST로 지지하고 크로스 멤버 마운팅 볼트를 분리한다.
4. 크로스 멤버를 서서히 내리고 크로스 멤버로부터 스태빌라이저를 분리한다.

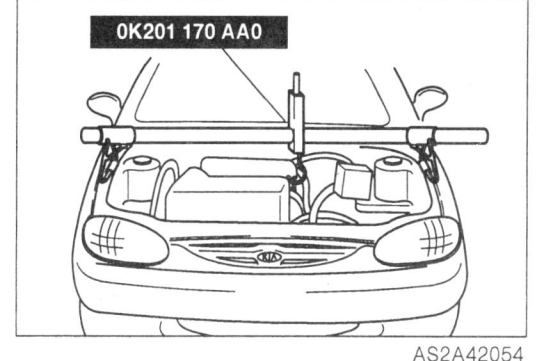

장착시 참고사항
스태빌라이저 부싱
스태빌라이저 바에 표시되어 있는 장착 표시에 맞추어 부싱을 정렬시킨다.

> 참고
> 장착 표시
> 오른쪽 (RH):백색 (5mm)
> 왼쪽 (LH):백색 (10mm)

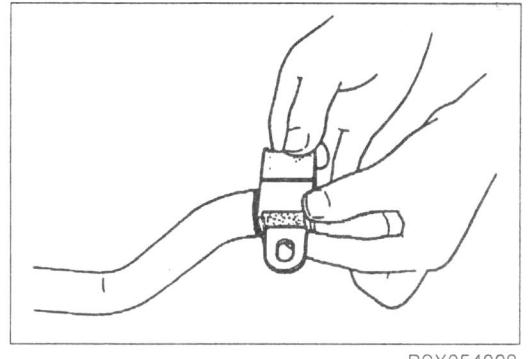

스태빌라이저 바
1. 컨트롤 링크 하단에 스태빌라이저 바를 너트로 장착한다.

    체결토크 : 4.4~6.2 mm

2. 로어 암을 장착하고 규정토크로 마운팅 볼트를 체결한다.

    체결토크 : 9.5~11.9 kg-m

리어 현가장치

리어 쇼크 압소버 & 스프링
분리/장착
1. 차량의 뒷부분을 들어올리고 안전 스탠드로 지지한다.
2. 휠을 분리한다.
3. 그림에 나타난 순서대로 분리한다.
4. 분리의 역순으로 장착한다.
5. 장착후 필요시 리어휠 얼라인먼트를 측정한다.

■ 주의
차량을 내린후 규정 토크로 스태빌라이저 브래킷 볼트를 다시 체결한다.

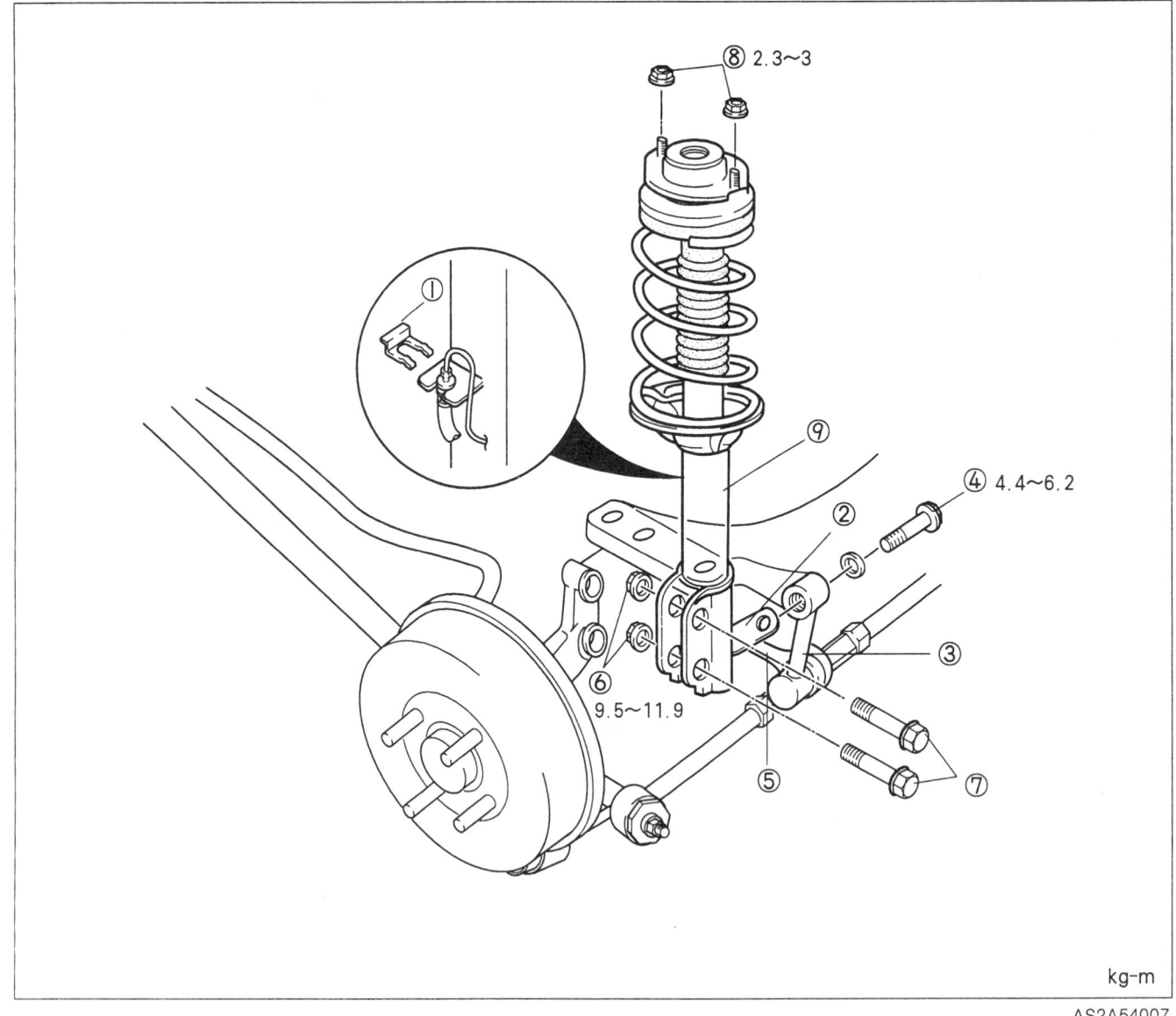

kg-m

1. 클립
2. 스태빌라이저 브래킷
3. 컨트롤 링크
4. 볼트
5. 스태빌라이저 바
6. 너트
7. 볼트
8. 너트
9. 쇼크 압소버 어셈블리

분해/조립/검사

1. 분해시 참고사항을 참조하여 그림에 나타난 순서대로 분해한다.
2. 육안으로 각 부품을 검사하고 필요시 교환한다.
3. 조립은 조립시 참고사항을 참조하고 분해의 역순으로 조립한다.

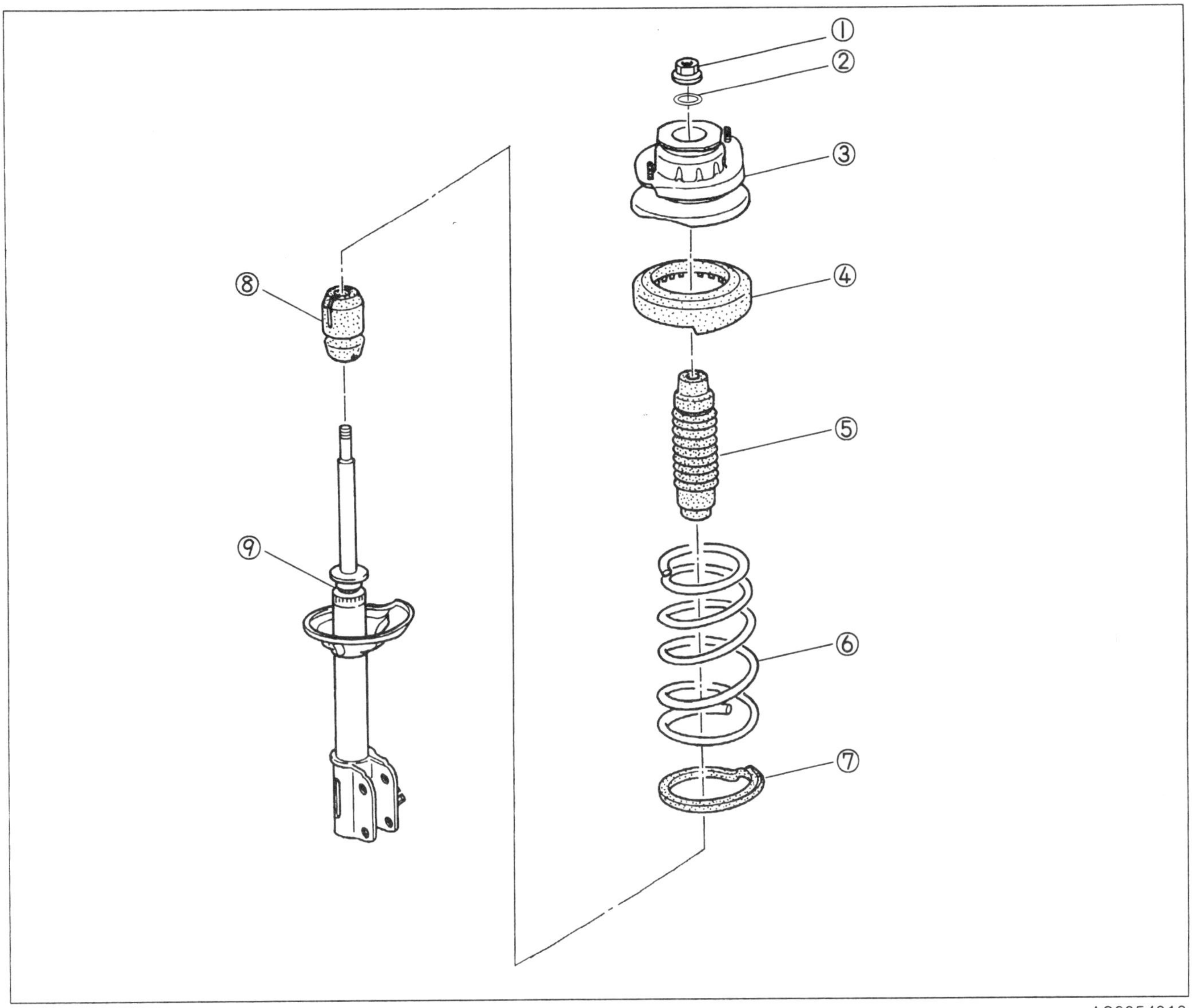

AS2054012

1. 너트	4. 어퍼 스프링 시트	7. 로어 스프링 시트
2. 와셔 스프링	5. 더스트 부트	8. 바운드 스톱퍼
3. 마운팅 블록	6. 코일 스프링	9. 쇼크 압소버

분해시 참고사항

피스톤 로드 너트 & 와셔

1. 바이스에 마운팅 블록을 고정시킨다.

주의
바이스에 보호판을 사용한다.

2. 피스톤 로드 너트를 수회돌려 푼다. 분리하지 않는다.

주의
너트를 분리하지 않는다.

BSX054032

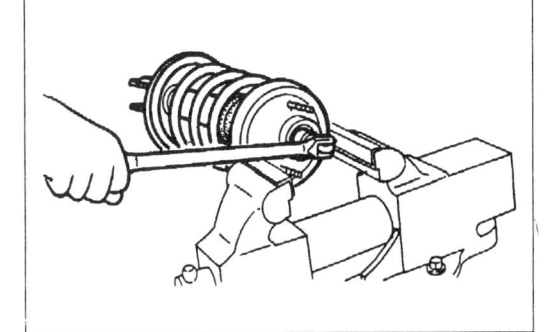

3. SST를 사용하여 코일 스프링을 압축한다.
4. 피스톤 로드 너트를 분리한다.
5. 코일 스프링을 분리한다.

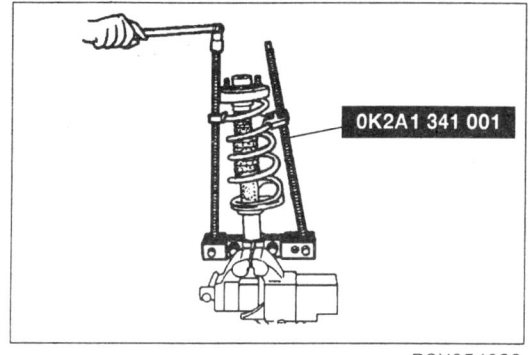

조립시 참고사항
피스톤 로드 너트 와셔
1. 바이스에 쇼크 압소버를 고정시킨다.

■ 주의
바이스에 보호판을 사용한다.

2. 로어 스프링 시트를 장착시킨다.
3. 코일 스프링 끝단을 로어 시트에 맞추면서 코일 스프링을 장착한다.
4. SST를 사용하여 코일 스프링을 압축한다.
5. 바운드 스톱퍼와 스톱퍼 시트를 장착한다.

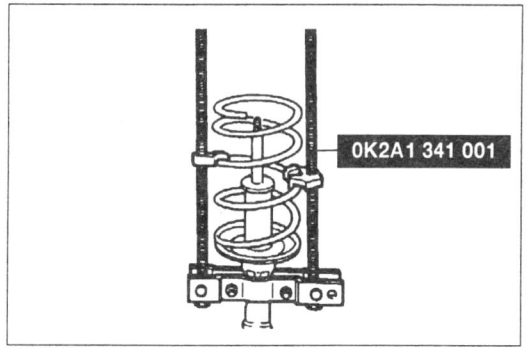

6. 마운팅 블록을 장착한다.
7. 피스톤 너트를 가체결한다.
8. 조심스레 풀어서 SST를 분리한다.

■ 주의
코일 스프링이 마운팅 블록과 로어 스프링 시트에 올바르게 안착 되었나 확인한다.

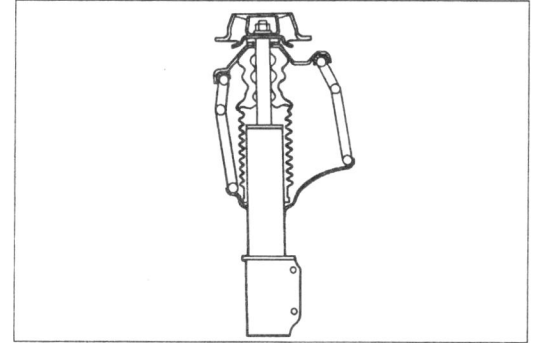

9. 바이스에 마운팅 블록을 고정시킨다.
10. 리테이너와 와셔를 장착한다.
11. 피스톤 로드너트 너트를 규정 토크로 체결한다.

  체결토크 : 9.1~11.9 kg-m

12. 너트위에 캡을 장착한다.

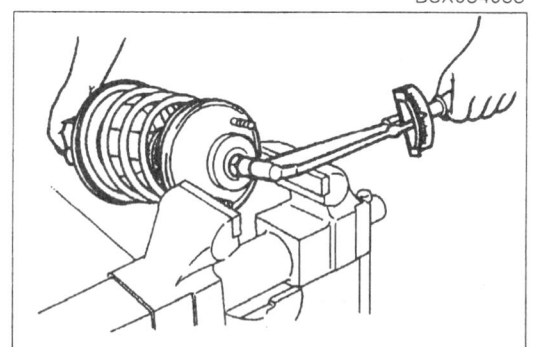

래터럴 링크 & 트레일링 링크

분리/검사/장착

1. 차량의 뒷부분을 들어올리고 안전 스탠드로 지지한다.
2. 휠을 분리한다.
3. 그림에 나타난 순서대로 분리한다.
4. 장착시 참고사항을 참조해서 분리의 역순으로 장착한다.
5. 육안으로 각 부품을 점검하고 필요시 교환한다.
6. 장착후 리어 휠 얼라인먼트를 측정하고 필요시 조정한다.

■ 주의
차량을 내린후 규정 토크로 래터럴 링크, 트레일링 링크의 마운팅 볼트와 너트를 다시 체결한다.

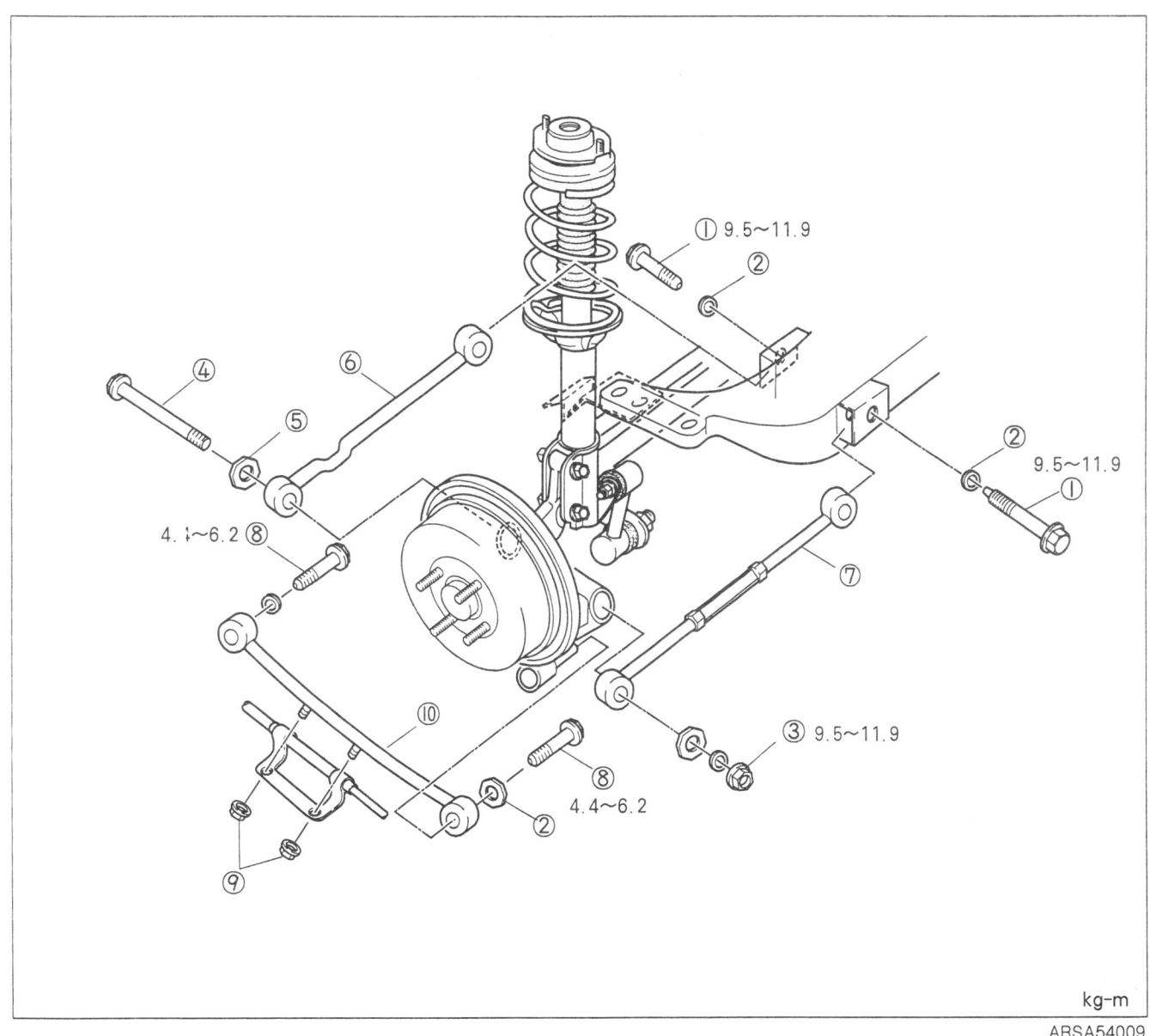

kg-m
ARSA54009

1. 볼트
2. 와셔
3. 래터럴 링크 너트, 와셔
4. 래터럴 링크 볼트
5. 와셔
6. 래터럴 링크(프런트)
7. 래터럴 링크(리어)
8. 트레일링 링크 볼트
9. 파킹 브레이크 케이블 너트
10. 트레일링 링크

리어 스태빌라이저

분리/검사/장착
1. 차량의 뒷부분을 들어올리고 안전 스탠드로 지지한다.
2. 휠을 분리한다.
3. 그림에 나타난 순서대로 분리한다.
4. 분리의 역순으로 장착한다.
5. 육안으로 각 부품을 점검하고 필요시 교환한다.

주의
차량을 내린후 스태빌라이저의 컨트롤 링크 브래킷 볼트를 규정 토크로 다시 체결한다.

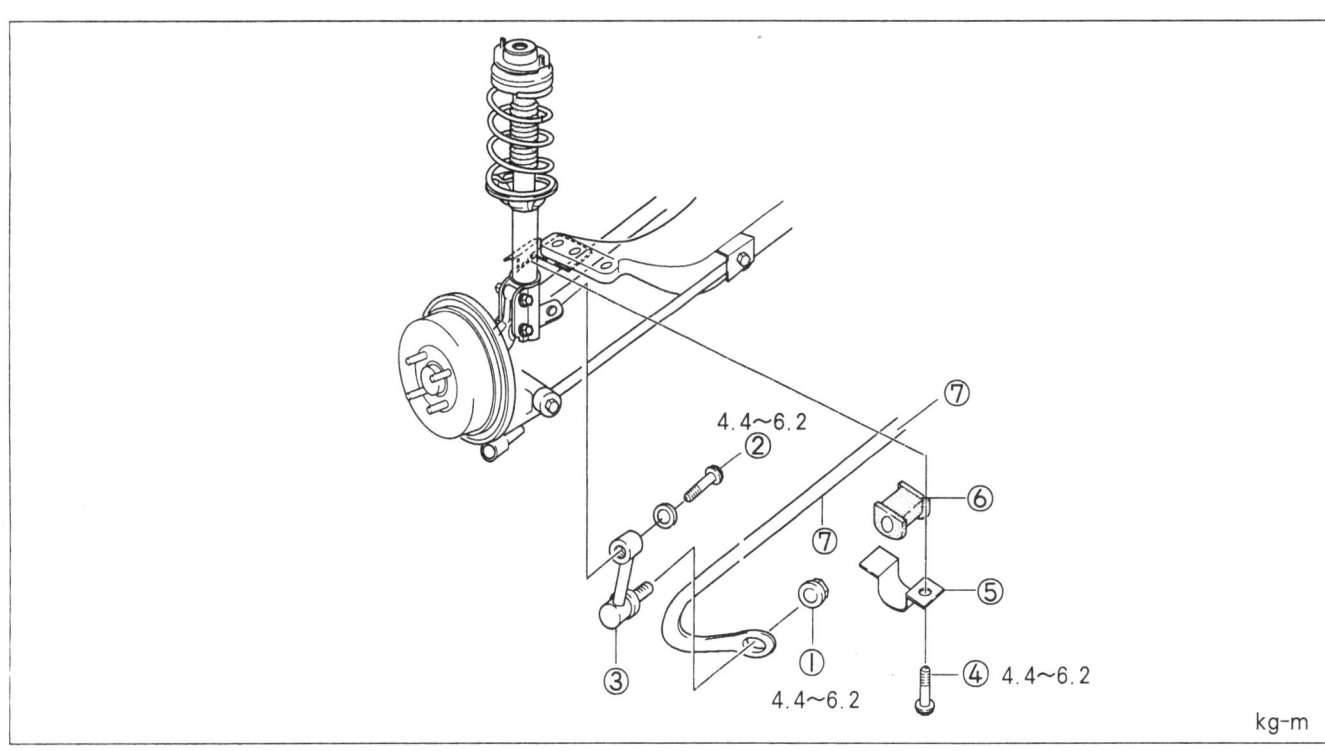

1. 스태빌라이저 컨트롤 링크 너트
2. 스태빌라이저 컨트롤 링크 볼트
3. 스태빌라이저 컨트롤 링크
4. 볼트
5. 스태빌라이저 브래킷
6. 스태빌라이저 부싱
7. 스태빌라이저 바

장착시 참고사항
스태빌라이저 부싱
스태빌라이저 바에 표시되어 있는 장착 표시에 맞추어 부싱을 정렬시킨다.

참고
장착표시
  오른쪽(RH) : 백색 (10mm)
  왼쪽 (LH) : 백색 (5mm)

스태빌라이저 컨트롤 링크
스태빌라이저 컨트롤 링크를 컨트롤 링크 브래킷에 너트로 장착한 후 스태빌라이저 바를 컨트롤 링크에 너트로 체결한다.

체결토크 : 4.4~6.2 kg-m

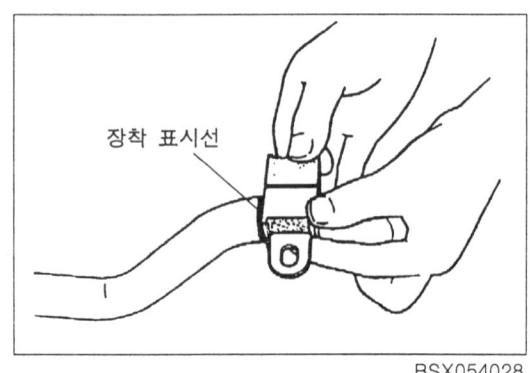

리어 크로스 멤버
분리/장착
1. 차량을 들어올리고 안전 스탠드로 지지한다.
2. 휠과 타이어를 분리한다.
3. 브레이크 파이프 홀더를 분리한다.
4. 그림에 나타난 순서대로 분리한다.
5. 모든 부품을 검사하고 필요시 수리나 교환한다.
6. 분해의 역순으로 장착한다.
7. 장착후 리어 휠 얼라인먼트를 점검하고 필요시 조정한다.

주의
장착시 래터럴 링크, 트레일링 링크 그리고 스태빌라이저 바와 컨트롤 링크 볼트와 너트를 가체결한다.
차량을 내리고 규정 토크로 모든 볼트와 너트를 체결한다.

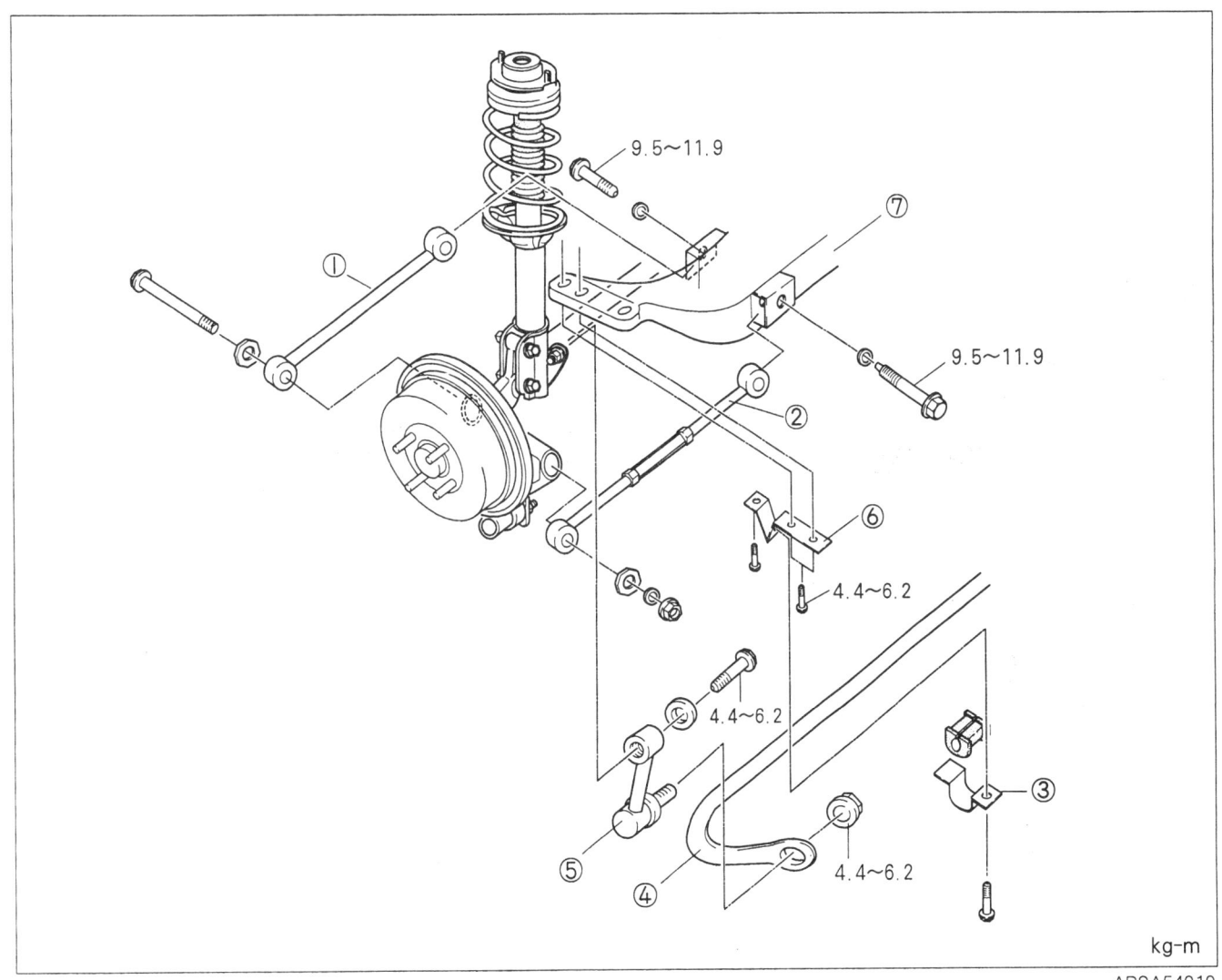

kg-m

1. 래터럴 링크(프런트)
2. 래터럴 링크(리어)
3. 스태빌라이저 브래킷
4. 스태빌라이저 바
5. 컨트롤 링크
6. 리어 크로스 멤버 브래킷
7. 리어 크로스 멤버

사양

항 목			사 양
현가장치 형식			스트러트
쇼크 압소버			유압 복동식
스태빌라이저	형식		토션바
	직경 mm	프런트	ø 17
		리어	ø 13
휠 얼라인먼트	프런트	토우 편륜	-2′52″±10′
		185/65 R14	-1±3 mm
		캠버 각	0°±30′
		캐스터 각	2°27′±45′
		킹핀 각	12°35′
	리어	토우 편륜	9′16″±10′
		185/65 R14	3.2±3 mm
		캠버	-1°30′±30′

* 휠 얼라인먼트는 공차시 기준임

특수공구

0K201 170 AA0 엔진 서포트	엔진 지지용	0K2A1 341 001 코일 스프링 컴프레서	코일 스프링 분쇄 조립용
0K201 322 020 어태치먼트	프리로드 측정시 사용		

바디

바디 구조 · 60- 3
본네트 · 60- 5
휴엘 필러 리드 · 60- 7
프런트 범퍼 · 60- 8
리어 범퍼 · 60- 9
프런트 도어 · 60-10
리어 도어 · 60-11
백 도어 · 60-12
실내등 · 60-14
외장램프 · 60-15
혼 · 60-17
윈드실드 와이퍼 및 와셔 · · · · · · · · · · · · · · · · · · 60-18
리어 와이퍼 및 와셔 · 60-20
윈드 실드 글라스 · 60-22
백 윈도우 글라스 · 60-26
인스트루먼트 패널 · 60-29
시트 · 60-30
시트 벨트 · 60-31
도어 미러 · 60-32
파워 도어 록 시스템 · 60-33
파워 윈도우 시스템 · 60-34
바디 치수 · 60-35

바디 구조

구성도 (외장)

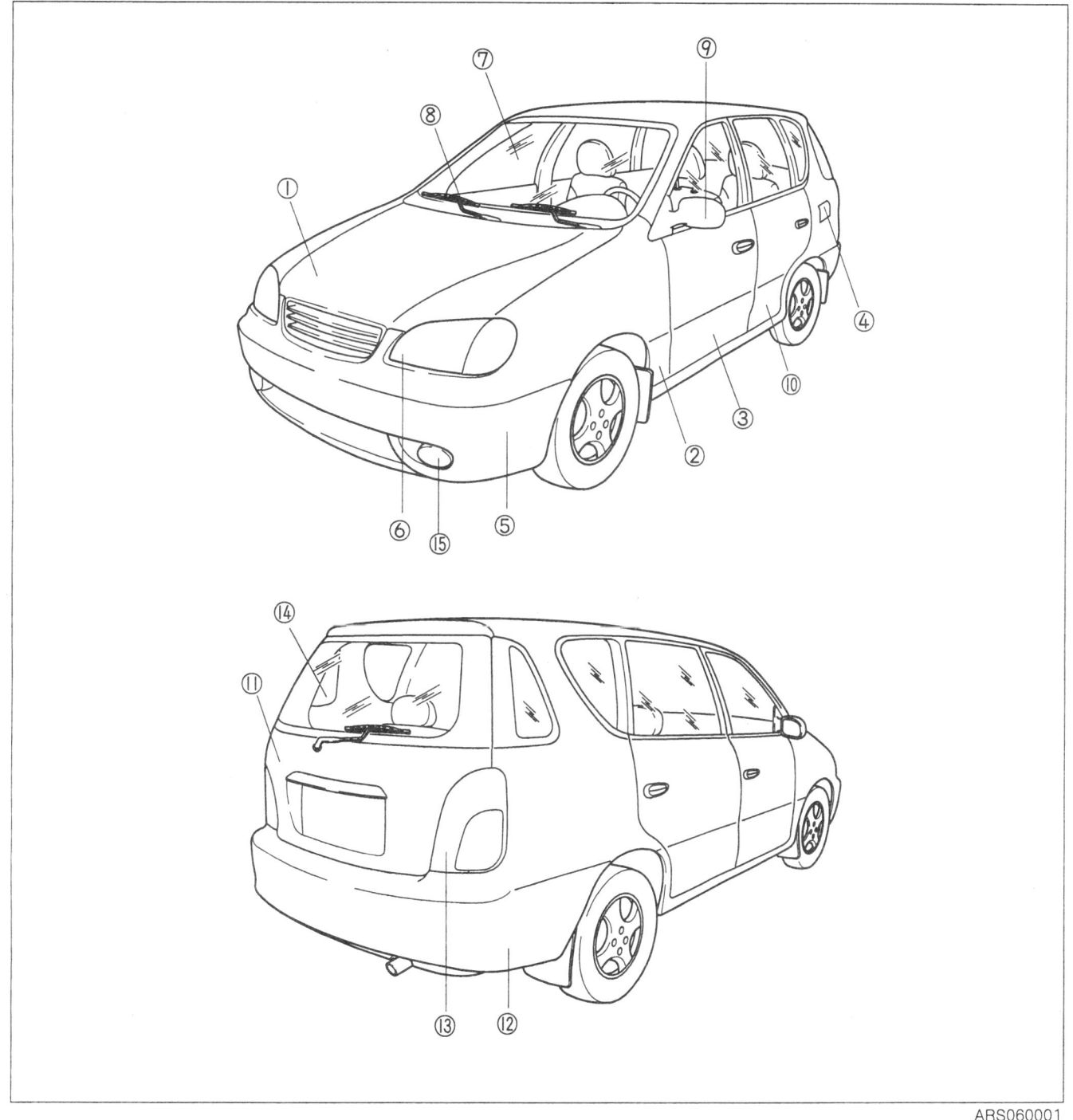

1. 본네트
2. 프런트 휀더 패널
3. 프런트 도어
4. 연료 캡
5. 프런트 범퍼
6. 헤드 램프 & 컴비네이션 램프
7. 프런트 윈드실드 글래스
8. 윈드실드 와이퍼
9. 도어 미러
10. 리어 도어
11. 백 도어
12. 리어 범퍼
13. 리어 컴비네이션 램프
14. 백 윈드실드 글래스
15. 프런트 포그램프

구성도 (인테리어)

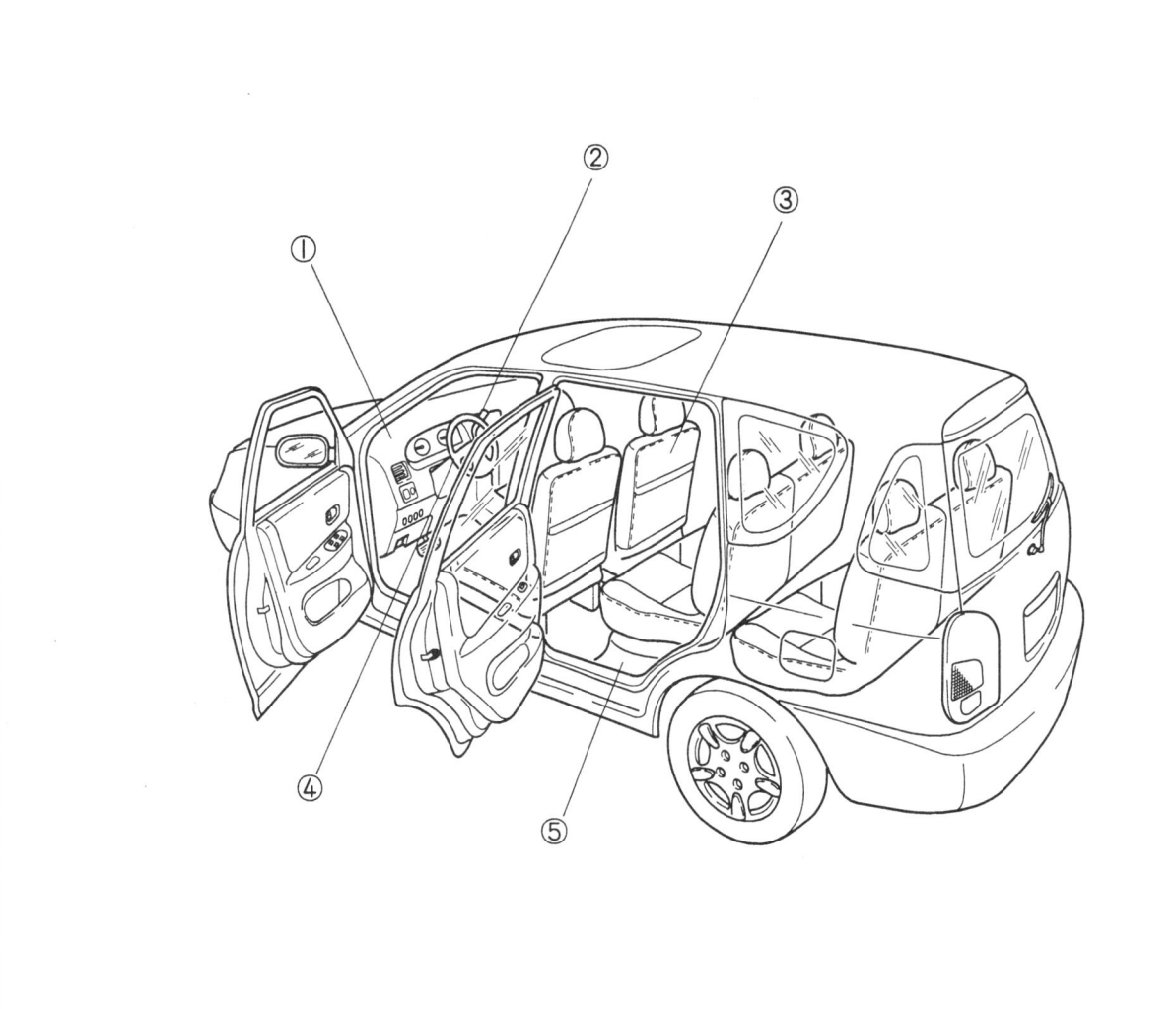

1. 인스트루먼트 패널
2. 변속 레버
3. 시트
4. 스티어링 휠
5. 플로어 매트

본네트

분리 및 장착
1. 와셔 호스를 먼저 분리한다.
2. 그림과 같은 순서대로 분리한다.
3. 장착은 분리시의 역순으로 행한다.

주의
본네트 분리시 위험하므로 2인이 작업한다.

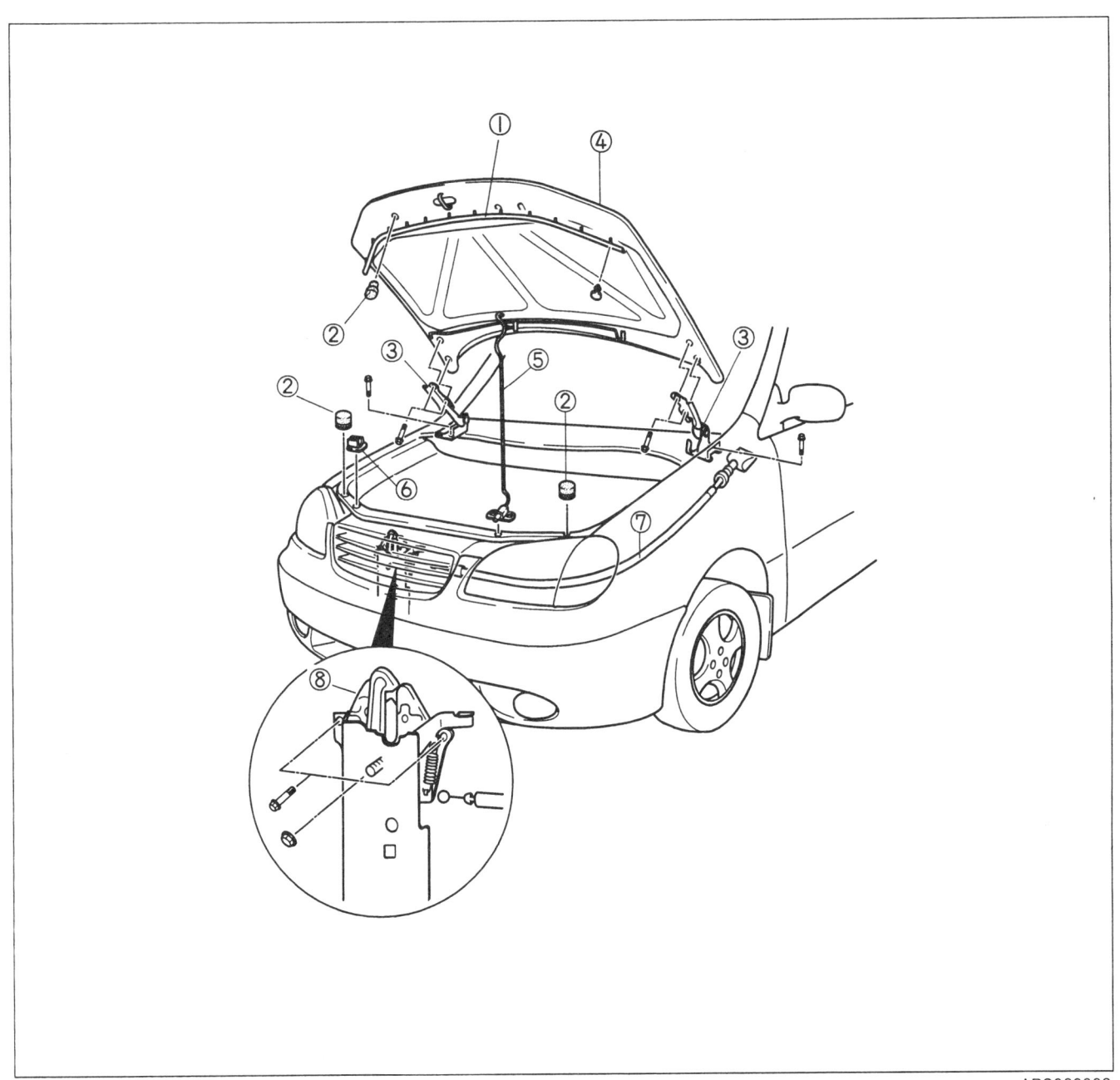

1. 디플렉터
2. 쿠션 러버
3. 본네트 힌지
4. 본네트
5. 본네트 스테이
6. 본네트 스테이 홀더
7. 릴리즈 와이어
8. 본네트 록 어셈블리

조정

본네트

1. 본네트와 힌지에 조립되어 있는 볼트를 풀어서 본네트를 전후, 좌우로 조정하여 본네트의 위치를 조정한다.

   본네트 힌지 체결 토크: 1.9 ~ 2.6 kg.m

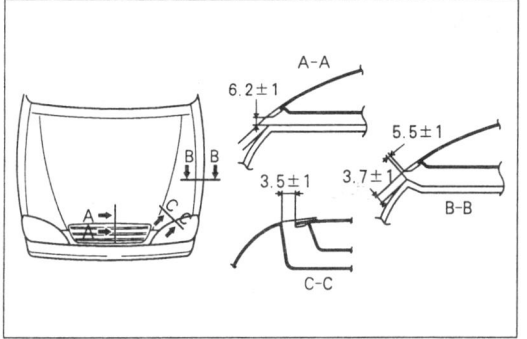

본네트 록

1. 본네트 록 체결볼트 2개, 너트 1개를 풀어서 본네트를 일직선으로 정렬시킨 후에 본네트 록을 조정한다.

   본네트 록 체결 토크: 0.8 ~ 1.1 kg.m

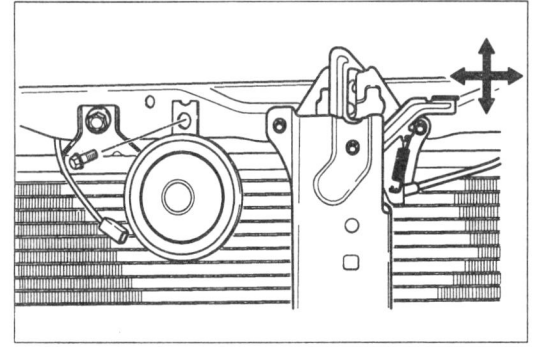

휴엘 필러 리드

분리 및 장착
1. 그림의 번호 순으로 분리한다.
2. 장착은 분리시의 역순으로 행한다.

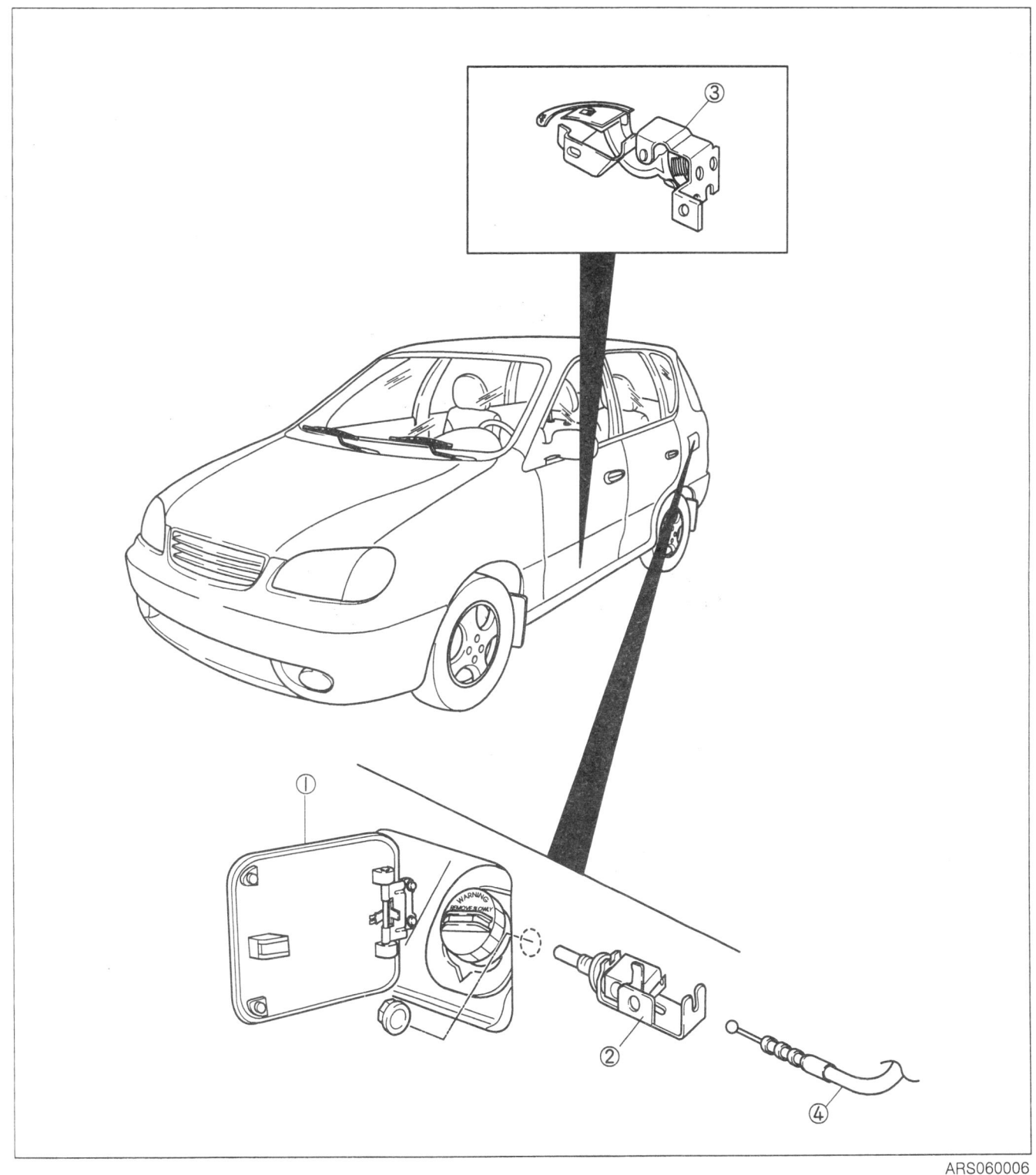

1. 휴엘 필러 리드
2. 휴엘 필러 리드 오프너
3. 휴엘 필러 리드 오프너 레버
4. 휴엘 필러 리드 오프너 케이블

프런트 범퍼

분리 및 장착
1. 분리 전 프런트 컴비네이션 램프, 라디에이터 그릴, 헤드 램프를 분리한다.
2. 분리는 그림의 순서대로 분리한다.
3. 장착은 분리시의 역순으로 행한다.

■ 참고
장착시 파스너는 신품으로 교환한다.

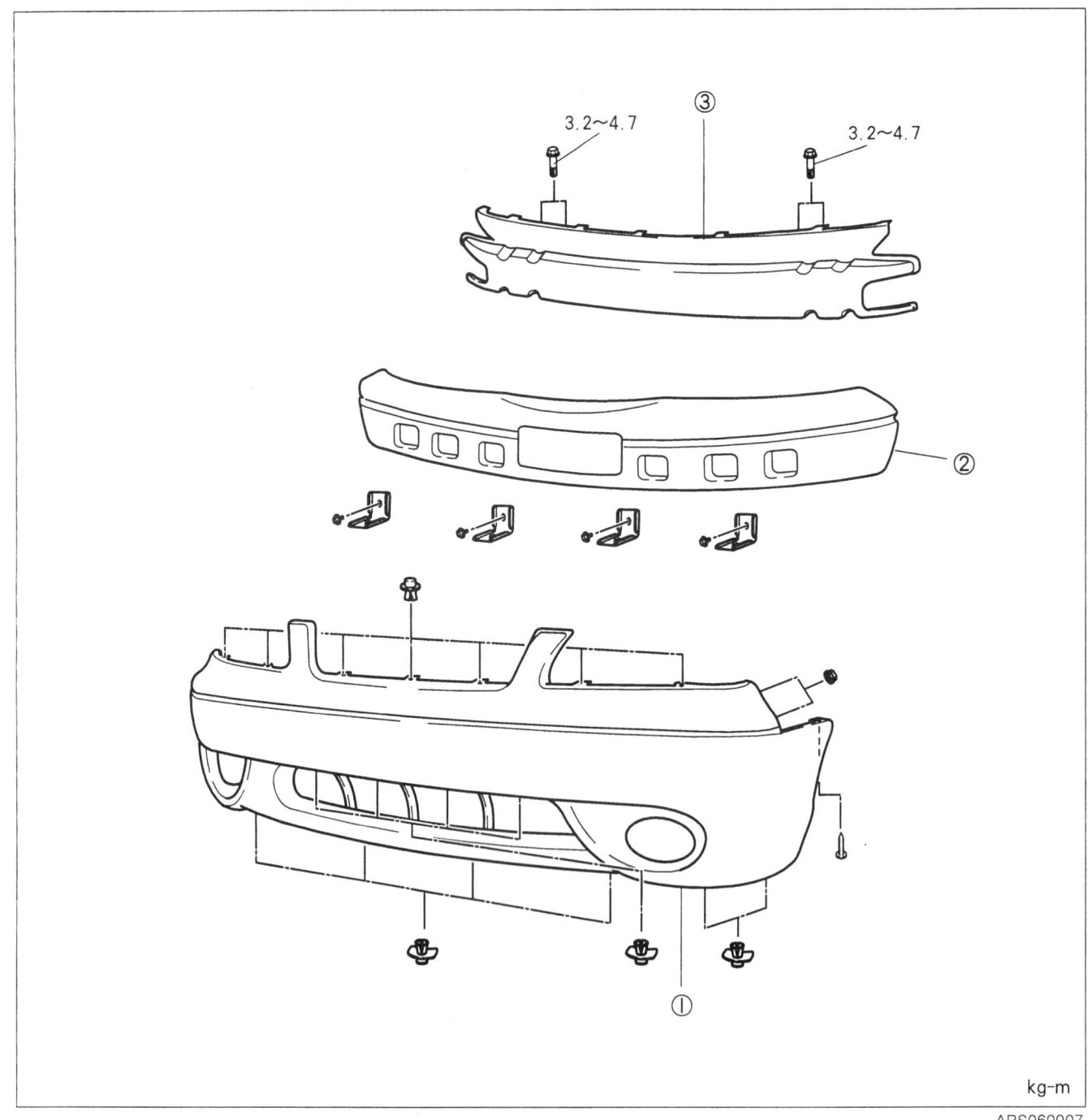

kg-m

ARS060007

1. 범퍼 페이스
2. 에너지 업소버 폼
3. 레인 포스먼트

리어 범퍼

분리 및 장착
1. 분리 전 리어 컴비네이션 램프를 먼저 분리한다.
2. 그림의 번호 순서대로 분리한다.
3. 장착은 분리시의 역순으로 행한다.

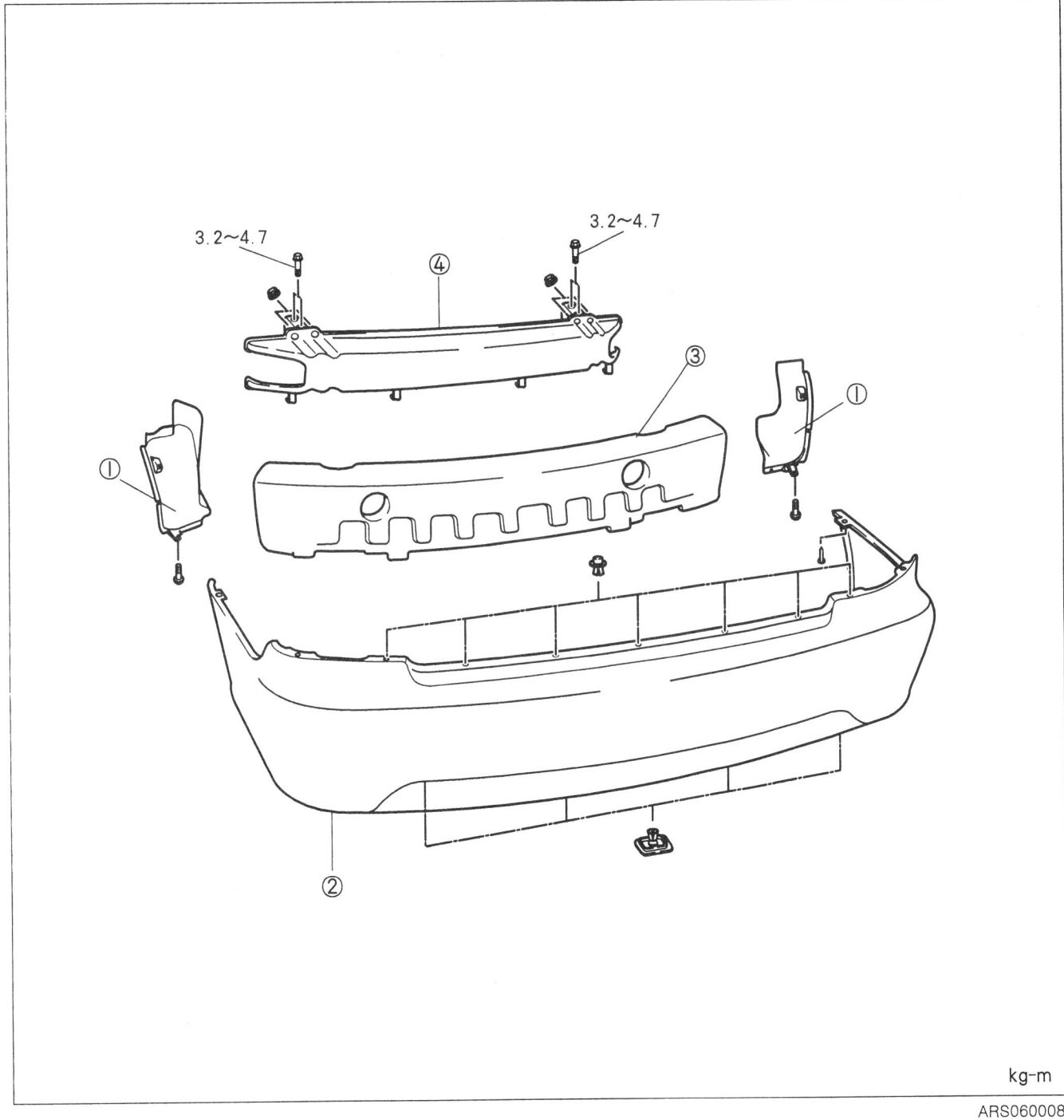

1. 머드 가드
2. 범퍼 페이스
3. 에너지 업소버 폼
4. 레인 포스먼트

프런트 도어

분리 및 장착
1. 그림의 번호 순서대로 분리한다.
2. 장착은 분리시의 역순으로 행한다.

주의
- 스크린은 다시 사용할 수 있도록 조심스럽게 떼어낸다.
- 장착시 체커 슬라이드 부분에 그리스를 도포한다.

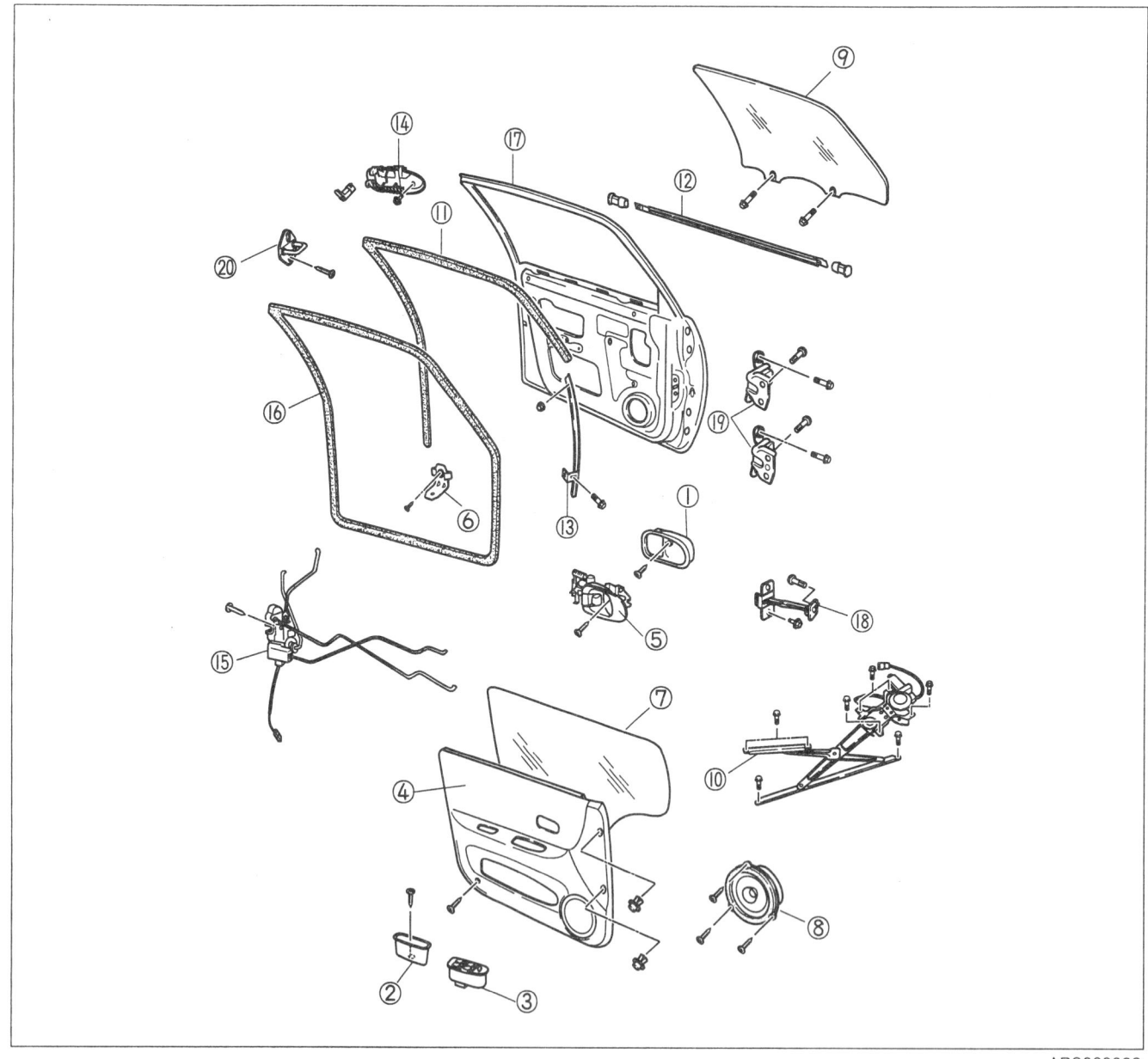

1. 인너 핸들 커버
2. 풀 핸들
3. 도어 스위치 어셈블리
4. 도어 트림
5. 인너 핸들 어셈블리
6. 풀 핸들 브래킷
7. 도어 스크린
8. 도어 스피커
9. 글래스
10. 레귤레이터 어셈블리
11. 글래스 런 찬넬
12. 도어 몰딩
13. 글래스 가이드
14. 아웃터 핸들
15. 도어 록 어셈블리
16. 웨더 스트립
17. 도어 패널
18. 도어 체커
19. 도어 힌지
20. 스트라이커

리어 도어

분리 및 장착
1. 그림의 번호 순서대로 분리한다.
2. 장착은 분리시의 역순으로 행한다.

주의
- 스크린은 다시 사용할 수 있도록 조심스럽게 떼어낸다.
- 장착시 체커 슬라이드 부분에 그리스를 도포한다.

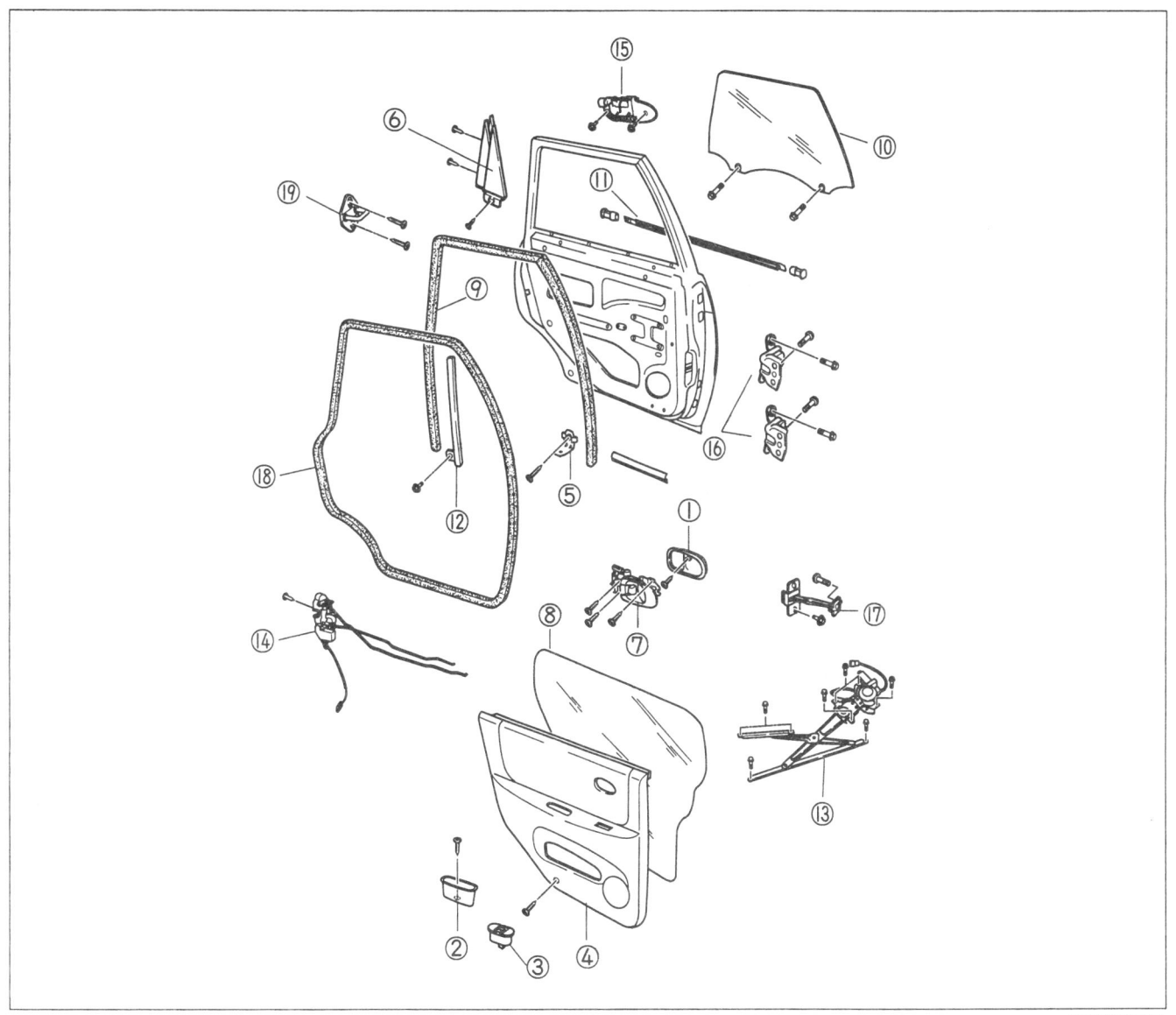

1. 인너 핸들 커버
2. 풀 핸들
3. 도어 스위치 어셈블리
4. 트림
5. 풀 핸들 브래킷
6. 리어 도어 가니쉬
7. 인너 핸들 어셈블리
8. 도어 스크린
9. 글래스 런 찬넬
10. 도어 글래스
11. 도어 몰딩
12. 글래스 가이드
13. 레귤레이터 어셈블리
14. 도어 록 어셈블리
15. 아웃터 핸들
16. 도어 힌지
17. 도어 체커
18. 웨더스트립
19. 스트라이커

백 도어

분리 및 장착
1. 분리는 그림의 순서대로 분리한다.
2. 장착은 분리의 역순으로 행한다.

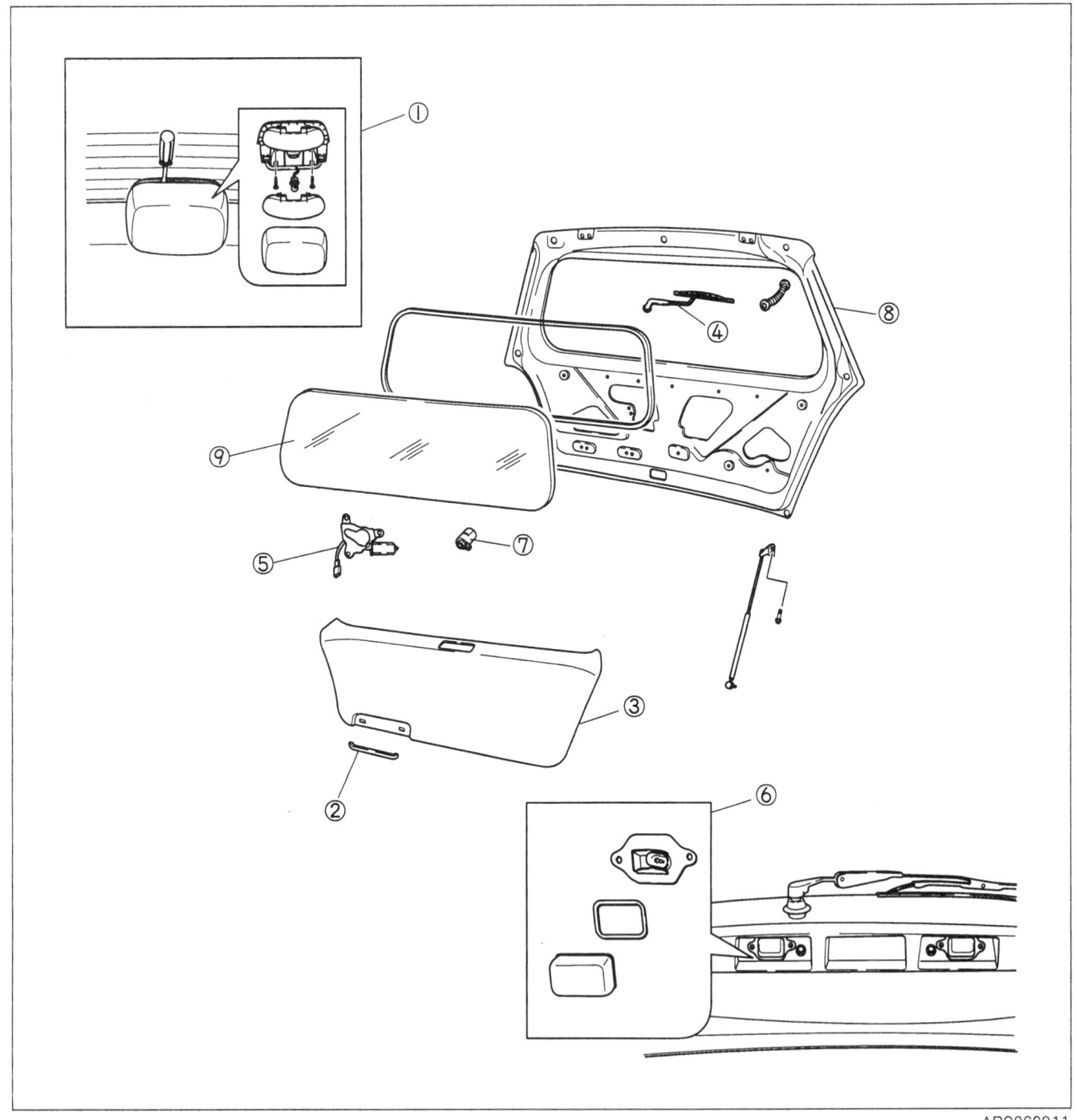

1. 하이마운트 스톱 램프
2. 어시스트 핸들
3. 도어 트림
4. 리어 와이퍼 암 & 블레이드
5. 리어 와이퍼 모터
6. 라이선스 램프
7. 키이 실린더 어셈블리
8. 백 도어
9. 리어 도어 글래스

조정
1. 도어의 개폐, 간극점검, 조정을 행한다.

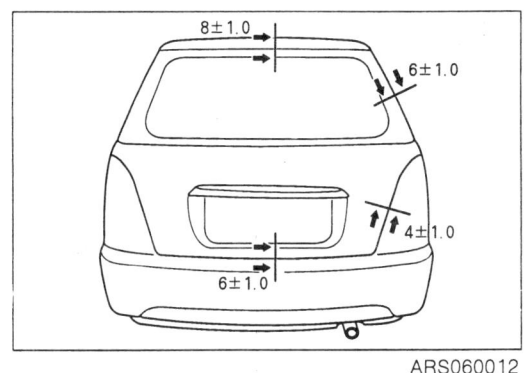

도어의 개폐 및 출입조정
1. 스트라이커를 전후, 좌우로 이동 또는 심을 사용해서 조정한다.
   심의 종류 : 1.0mm

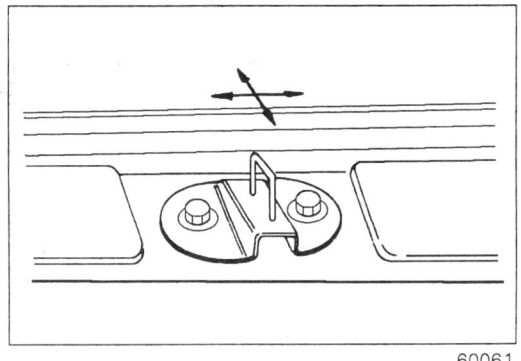

실내등

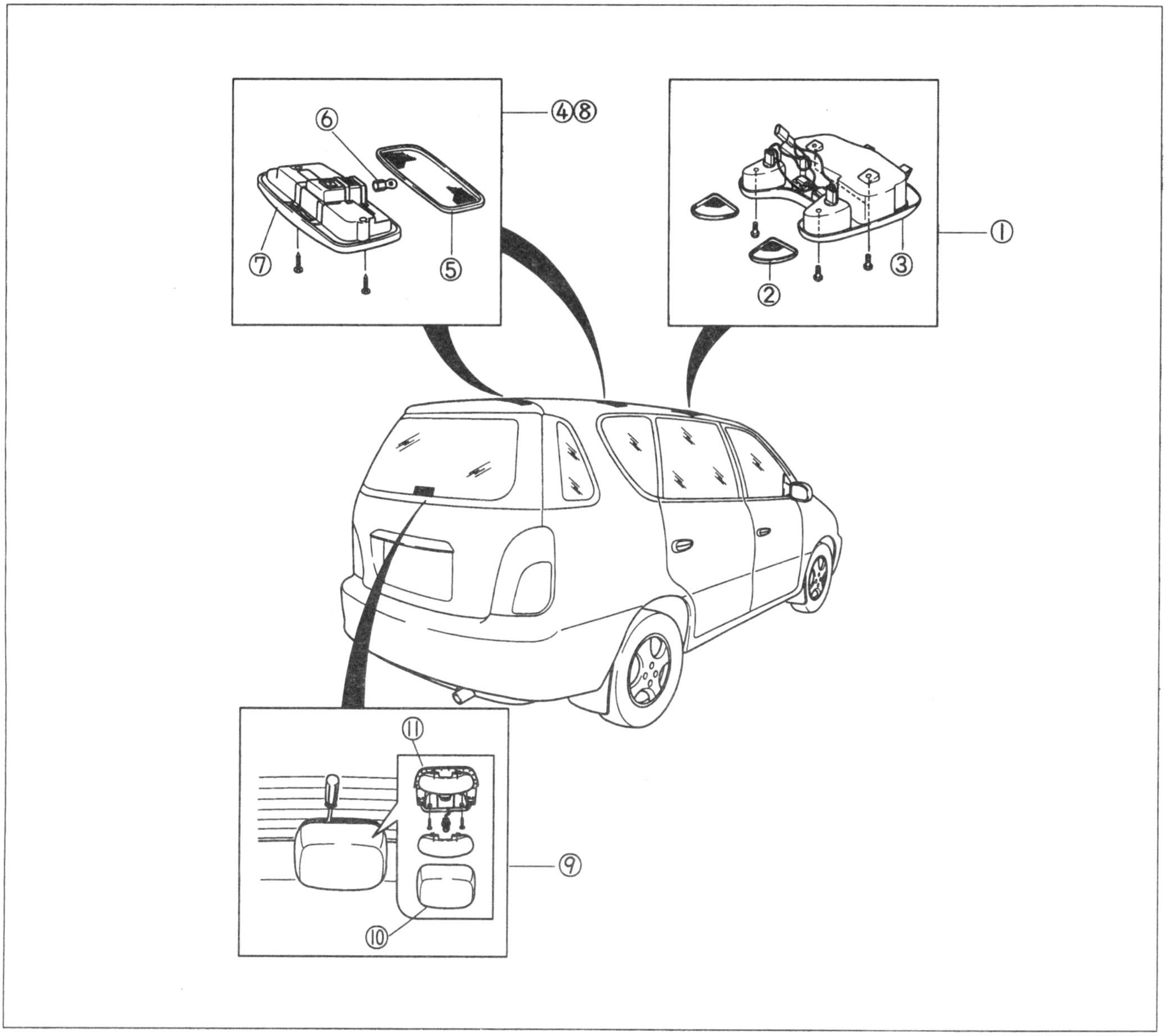

ARS060013

1. 룸 램프	5. 렌즈	9. 하이마운트 스톱 램프
2. 렌즈	6. 전구	10. 렌즈
3. 룸 램프 바디	7. 프런트 룸 램프 바디	11. 하이마운트 스톱 램프 바디
4. 프런트 룸 램프	8. 카고 룸 램프	

도어 스위치

점검

도어 스위치 단자 사이의 통전이 되는지 확인한다.

상태	통전
OFF	X
ON	O

O : 통전됨　X : 통전안됨

BSX061047

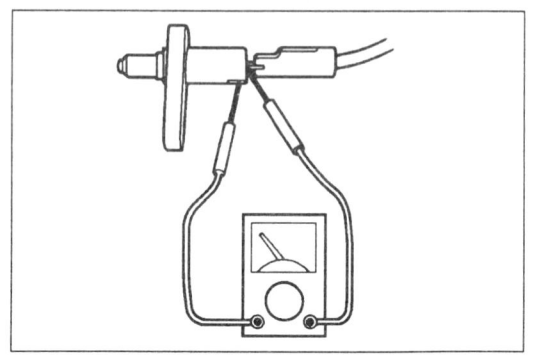

외장램프

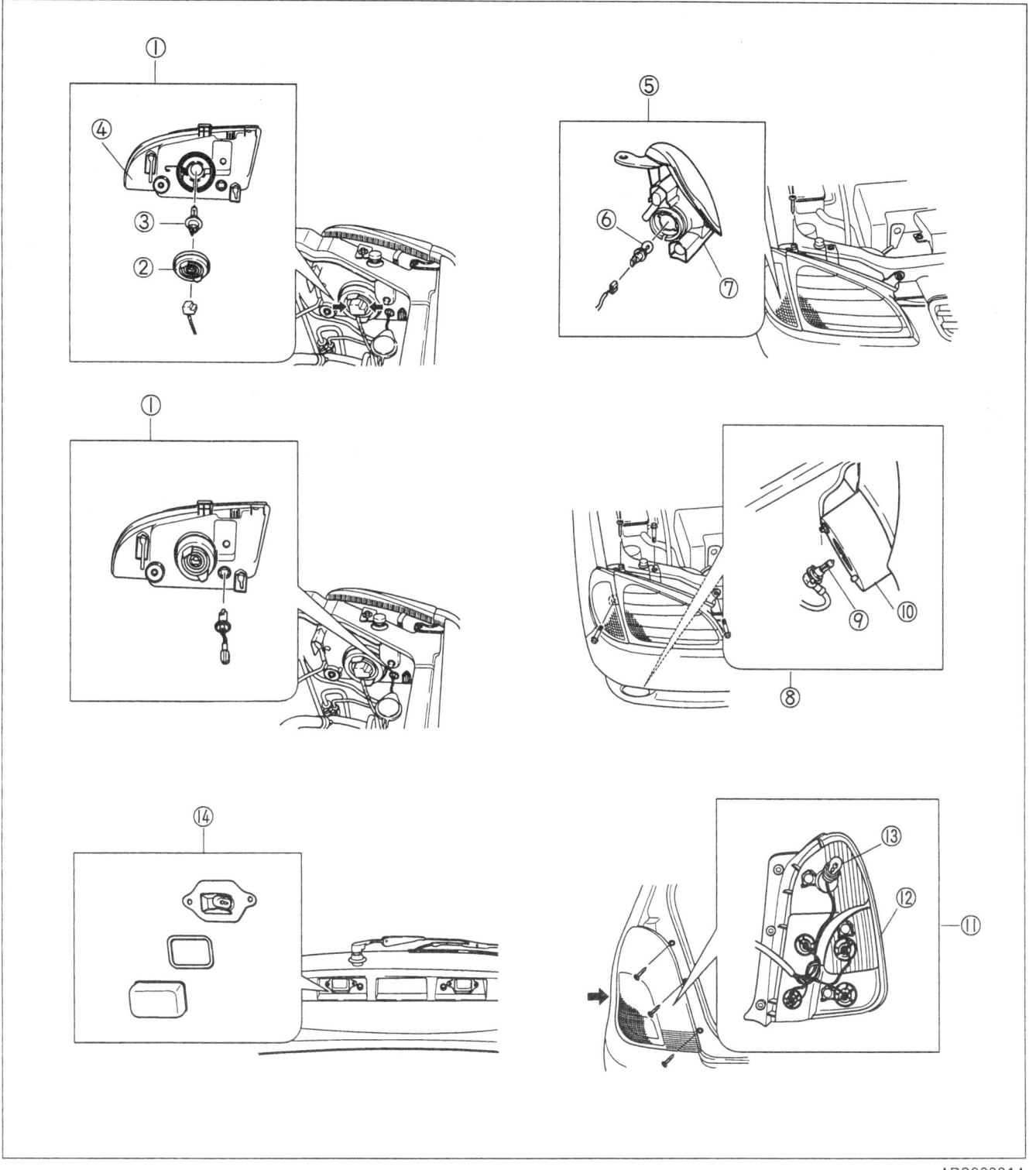

1. 헤드램프
2. 더스트 커버
3. 전구
4. 램프 하우징
5. 프런트 컴비네이션 램프
6. 전구
7. 램프 하우징
8. 프런트 포그 램프
9. 소켓 & 전구
10. 램프 하우징
11. 리어 컴비네이션 램프
12. 램프 하우징
13. 소켓 & 전구
14. 라이센스 램프

에이밍 조정

1. 타이어 공기압을 규정치로 맞춘다.
2. 차량을 수평 레벨로 맞춘다.
3. 2개의 조정 스크루를 회전시켜서 헤드램프를 조정한다.

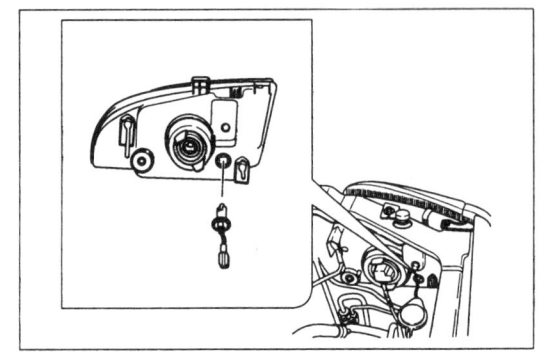

주의
- 할로겐 헤드램프 전구는 고압 가스를 함유하고 있다.
- 유리가 긁히는 경우나 전구를 떨어뜨릴 경우에는 전구가 폭발할 수 있다.
- 전구를 수리할 경우에는 유리 부분을 잡지말고 분리하도록 한다. 전구는 어린 아이들의 손이 미치지 않는 곳에 보관한다.

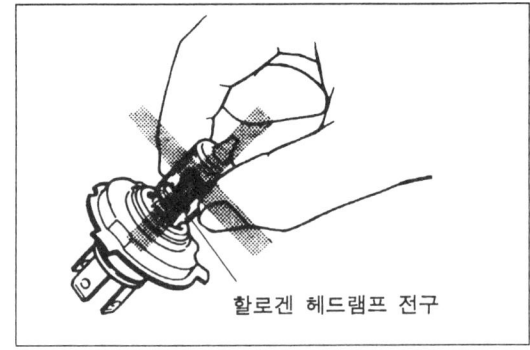

할로겐 헤드램프 전구

바디 혼

혼

분리/장착
1. 바테리의 ⊖단자를 분리한다.
2. 그림의 순서대로 분리한다.
3. 장착은 분리시의 역순으로 행한다.

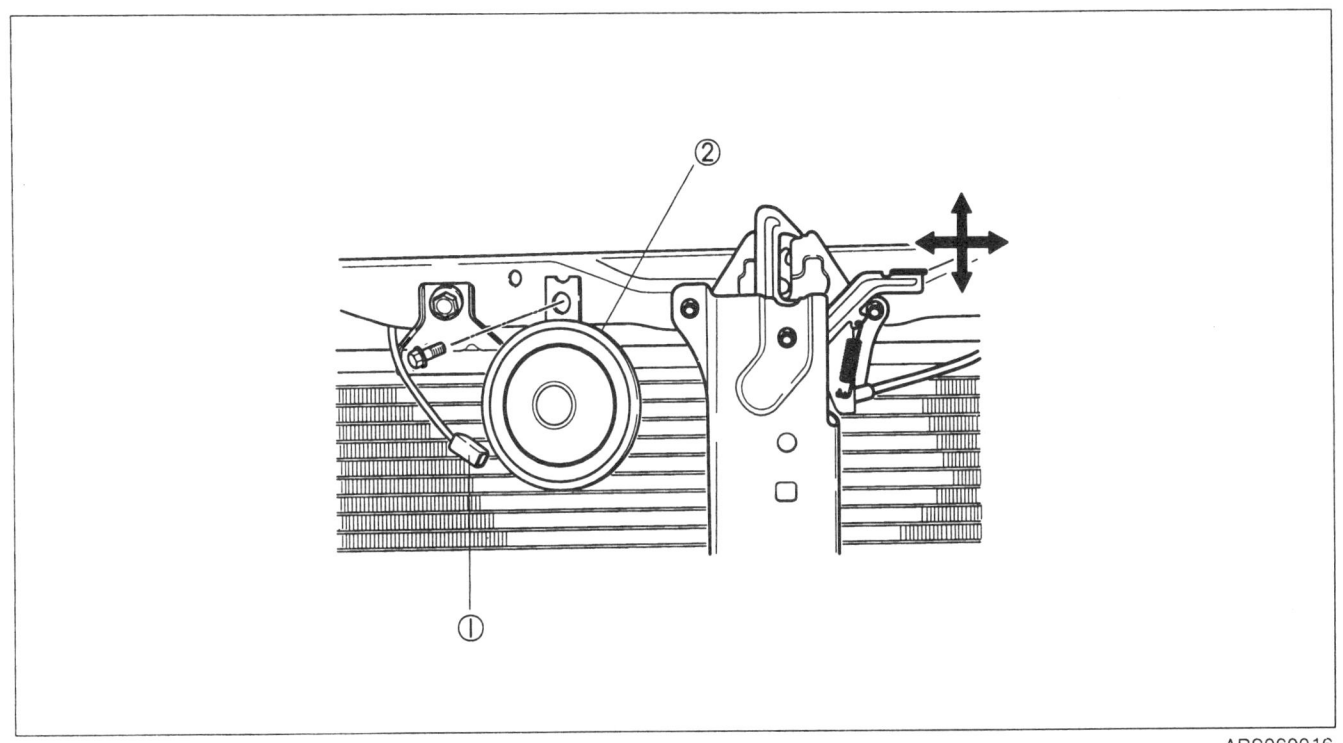

1. 혼 와이어 하니스	2. 혼

혼
검사
1. 혼 커넥터를 분리한다.
2. 혼에 직접 바테리 12V를 가한 후 혼 소리를 점검한다.
   필요시 혼을 교환한다.

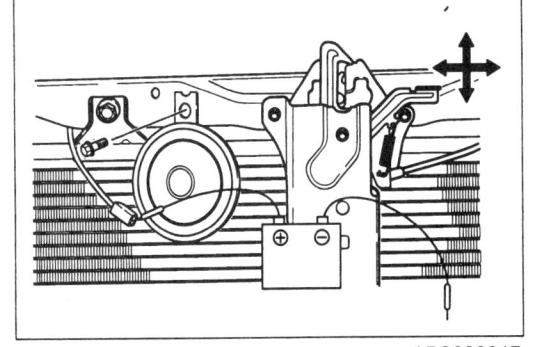

혼 스위치
점검
1. 혼 캡 볼트를 푼 후 혼 캡을 분리한다.
2. 혼 스위치를 누르는 동안 혼 스위치 커넥터와 접지간에 통전이 되는지 점검한다.
   필요시 혼 스위치를 교환한다.

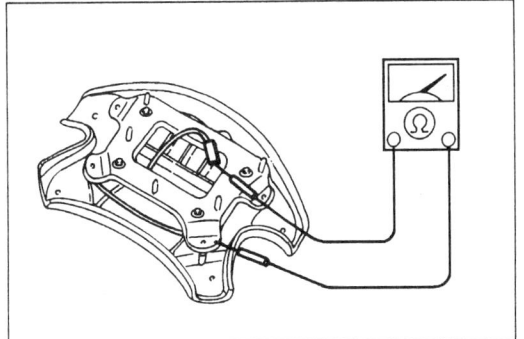

윈드실드 와이퍼 및 와셔

분리 및 장착
1. 그림의 번호 순서대로 분리한다.
2. 장착은 분리시의 역순으로 행한다.

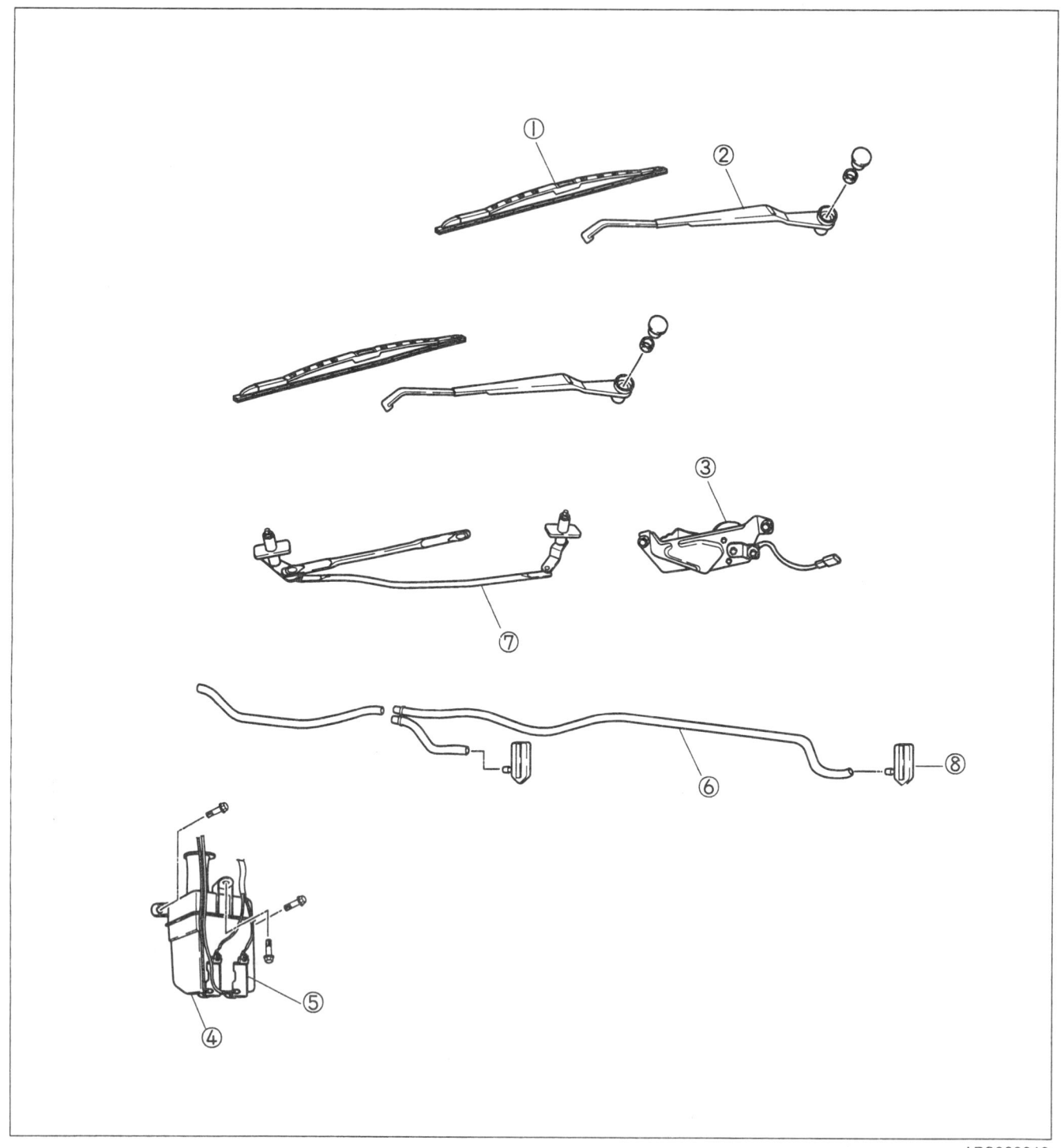

1. 와이퍼 브레이드
2. 와이퍼 암
3. 와이퍼 모터
4. 와셔 탱크
5. 와셔 모터
6. 와셔 호스
7. 와이퍼 링크 어셈블리
8. 와셔 노즐

링크 어셈블리
1. 링크의 각부를 손으로 움직여 저항없이 움직이는가 점검한다. 저항이 있는 경우는 결합부를 분리하고 그리스 등을 보충한다.

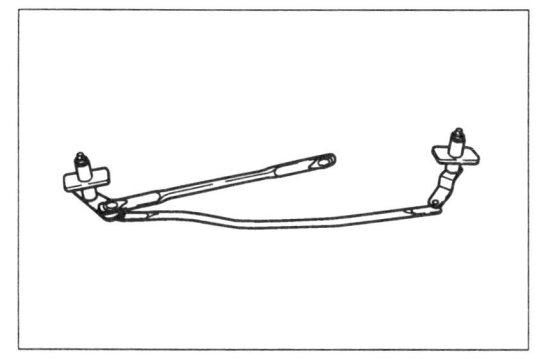

조정
와이퍼 암 및 블레이드
1. 와이퍼 모터를 작동하여 자동 정지 위치로 한다.
2. 세레이션 결합부를 분리하여 그림에 나타낸 위치로 조정한다.

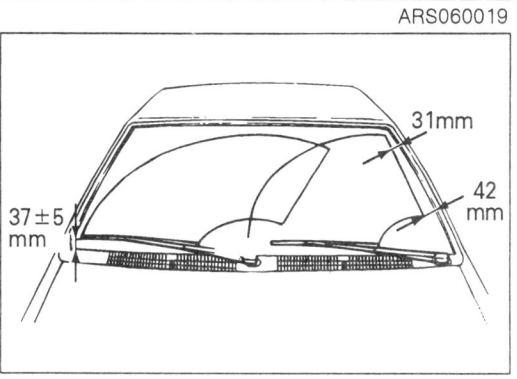

와셔액 분사점
1. 바늘이나 이와 유사한 물체를 노즐의 구멍에 삽입하여 와셔액 분사점 위치를 조정한다.

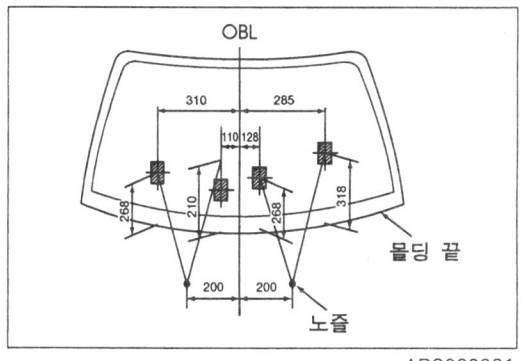

리어 와이퍼 및 와셔

분리 및 장착
1. 바테리 ⊖단자를 분리한 후 그림에 보인 번호 순으로 분리한다.
2. 장착은 분리시의 역순으로 행한다.

1. 와이퍼 브레이드
2. 와이퍼 암
3. 와이퍼 모터

조정
암 높이
1. 그림과 같이 높이를 조정한다.

    체결토크 : 와이퍼 암 장착 너트 1.3 kg.m

와셔 스프레이
바늘이나 이와 유사한 물체를 스프레이 구멍에 삽입하여 와셔 스프레이를 조정한다.

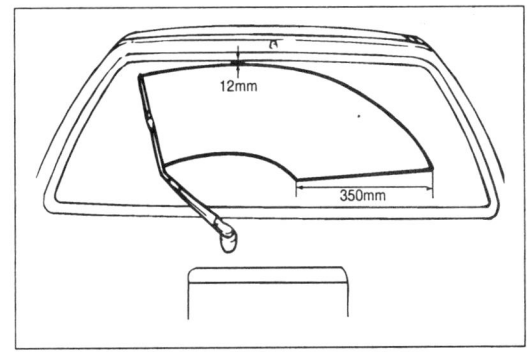

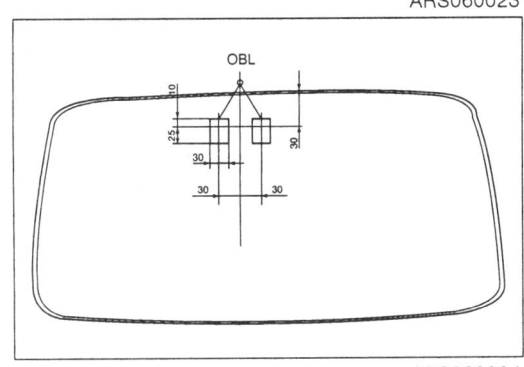

윈드 실드 글라스

개요

윈드 실드 글라스는 두개의 판유리 사이에 삽입된 표준형 안전 글라스—플라스틱—라미네이트로 되어있다. 우레탄 실런트가 윈드 실드를 윈도우 오프닝 플랜지에 접착한다.

60062

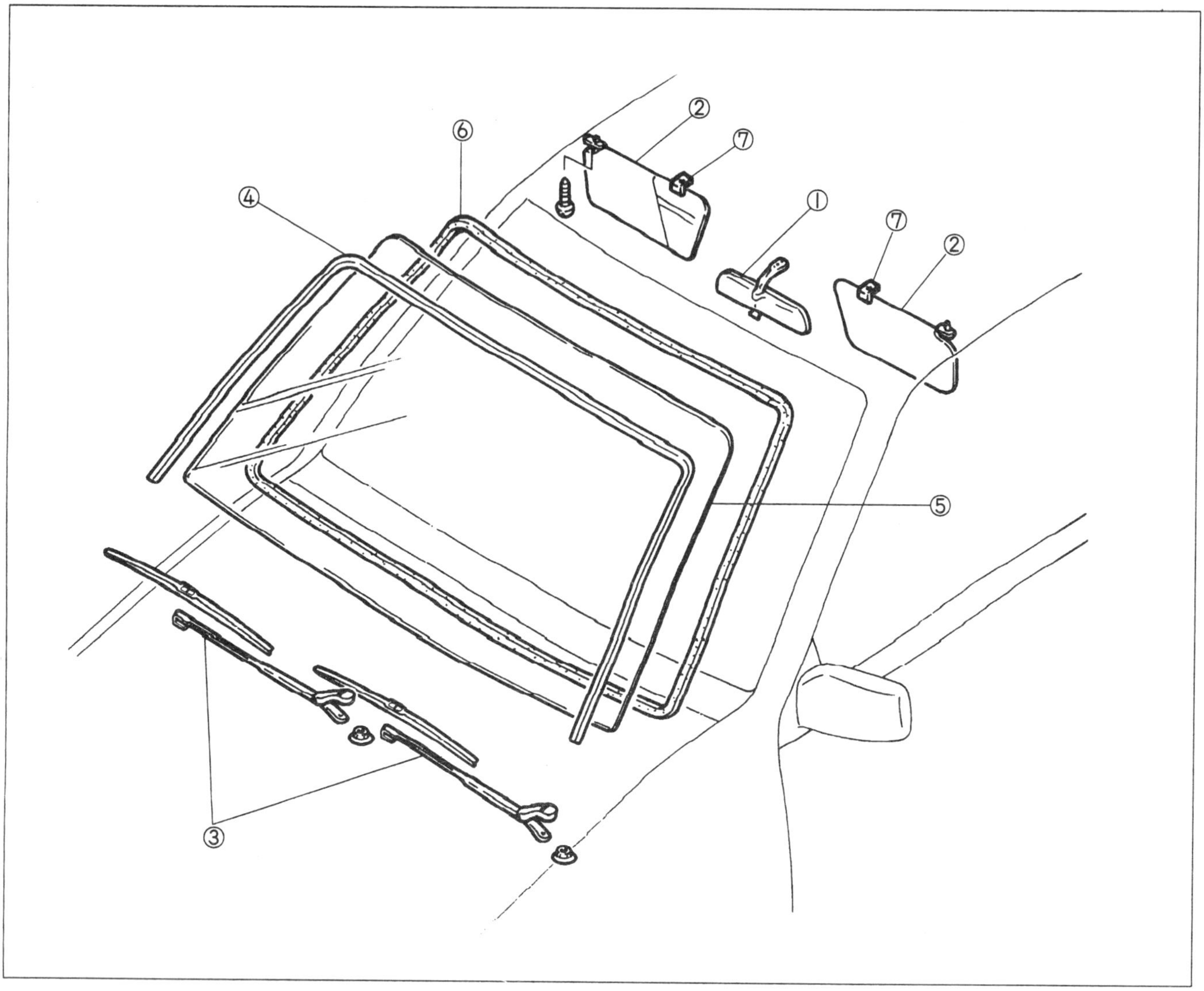

1. 백미러
2. 선 바이저
3. 와이퍼 암 및 브레이드
4. 윈드실드 몰딩
5. 윈드실드 글라스
6. 프론트 댐
7. 센터 어댑터

분리

윈도우 공구 셋을 사용하여 글라스를 분리하여 장착한다.
윈도우 공구 셋(OK201 500 AA0)에는 다음이 포함된다.

① 공구 박스
② 밀봉기
③ 몰딩 분리기
④ 피아노 선
⑤ 헝겊
⑥ 브러쉬
⑦ 송곳
⑧ 칼
⑨ 바

60063

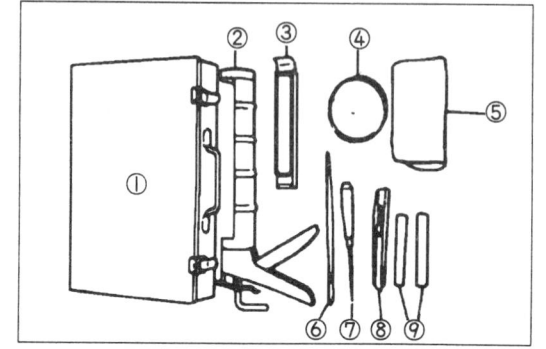

바디 윈드 실드 글라스

1. 백미러, 선 바이저, 오버헤드 콘솔, 톱 실링 및 프론트 필라 트림을 분리한다.

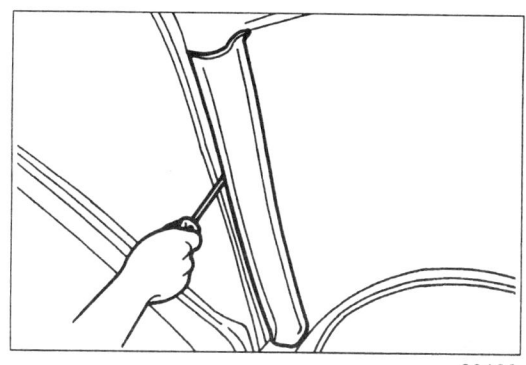

2. 시판되는 동력식 또는 수동식 분리 공구를 사용하여 밀봉제에서 글라스를 떼어 분리하거나 다음 절차를 따른다.
   송곳을 사용하여 밀봉제에 구멍을 뚫는다. 피아노 선 조각 (약 40cm)을 구멍을 통과시켜 선의 양쪽끝에 바를 붙들어 맨다.
3. 한 사람은 차량안에서, 다른 한 사람은 차량 바같에서 두 사람이 바를 붙잡고 글라스 주위에서 밀봉제를 톱질하듯 잡아 당기며 잘라낸다.

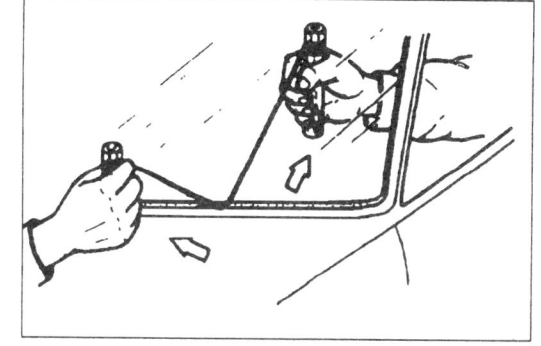

4. 바디에서 글라스를 잘라낸다.
5. 글라스에서 윈도우 몰딩을 분리한다.

참고
글라스 바닥에서 밀봉제를 잘라 낼때 피아노 선이 계기판과 닿는 곳에 플라스틱 판(셀룰로이드 지)을 피아노 선 아래놓고 밀봉제가 잘리는 곳을 따라 움직인다.

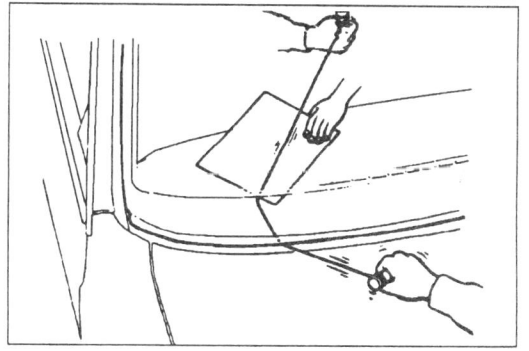

주의
- 글라스와 밀봉제 사이의 경계선을 따라 자른다.
- 열이 지나치게 많이 생기면 피아노 선이 끊어질 염려가 있으므로 가끔씩 식혀주거나 한곳에서 너무 오래 작업 하지않는다.
- 글라스를 재사용 하지 않을 경우 그림과 같은 공구를 사용하면 피아노 선 사용시 보다 작업이 훨씬 빠르다.

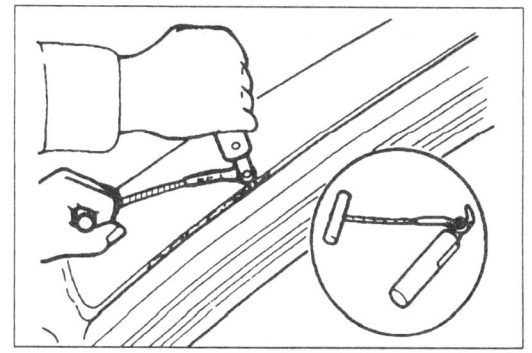

장착
1. 칼을 사용하여 바디에 붙은 밀봉제를 부드럽게 다듬으면서 약 1~2mm 정도의 밀봉제 층을 남겨둔다.

주의
밀봉제가 일부 벗겨져 나갔으면 새 밀봉제를 그 부분에 바른다.

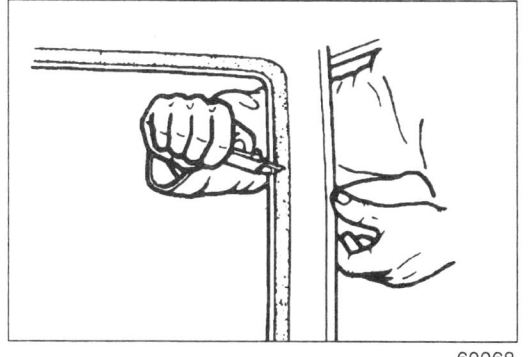

2. 글라스와 바디에 남은 접착제 주위 약 5cm 반경내에 묻어있는 그리스를 조심스럽게 닦아 제거한다.
3. 글라스의 가장 자리에서 15mm되는 지점까지 1차 프라이머를 바른다.
4. 글라스의 가장자리에서 10mm되는 지점을 접착제로 댐을 만든다.

■ 주의
접착제로 댐을 단단하게 만들어 말린다.

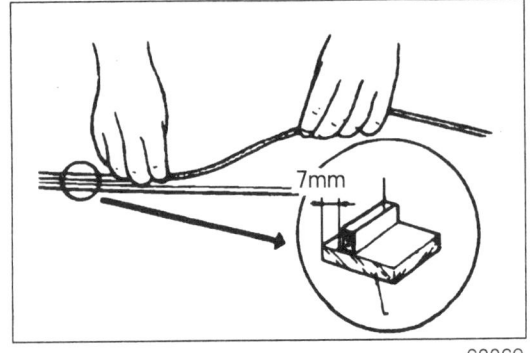

5. 글라스 주위에 몰딩을 장착한다.

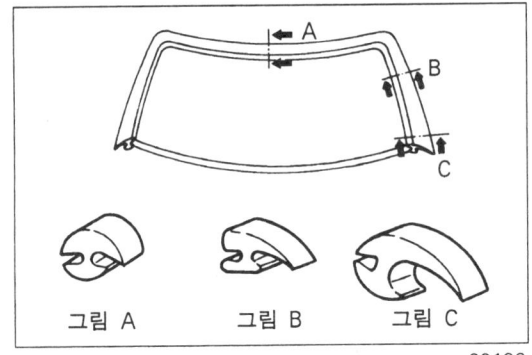

6. 브러쉬를 이용하여 글라스와 차체 주위에 2차 프라이머를 바른다음 20~30분간 말린다.

■ 주의
먼지, 물기, 오일등이 도포면에 묻지 않도록 하고 손으로 도포면을 만지지 않도록 한다.

7. 그림과 같이 스페이서를 장착한다.

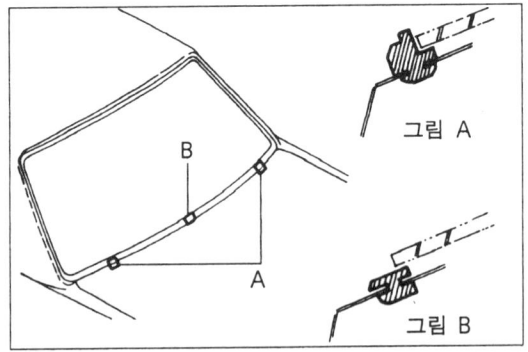

8. 프라이머가 마르면 밀봉기를 사용하여 글라스 주위에서 5mm 되는 곳에 11mm 두께의 수리용 밀봉제(B001 77 739)를 바른다.

■ 참고
· 그림과 같이 수리용 실 카트리지의 입구를 자른다.
· 필요하면 수리용 실을 다듬어 고르지 못한 것을 수정한다.

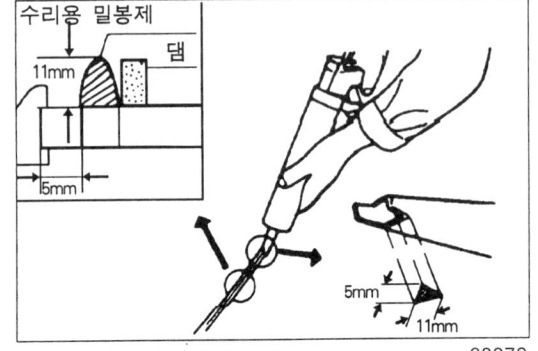

9. 윈드 실드 글라스를 바디에 부착한다.

   주의
   도어를 세게 닫을 경우 전면 유리에 압력이 가해지는 것을 방지하기 위해 수리용 밀봉제가 어느정도 굳어질 때까지 도어 글라스를 열어둔다.

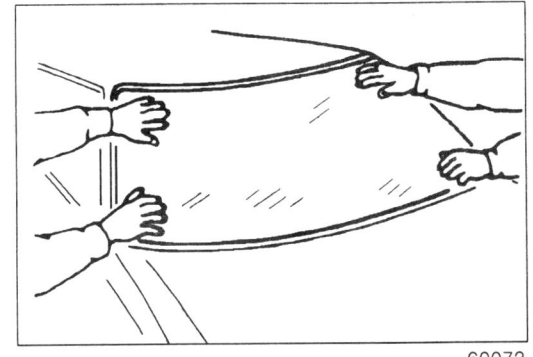

   참고
   - 글라스상의 결합 표시를 스페이서상의 V노치와 일치시킨다.
   - 수리용 밀봉제의 경화시간

온도	표면 경화 소요 시간	운행가능 상태까지의 소요 시간
5℃	약 1.5시간	12시간
20℃	약 1시간	4시간
35℃	약 10분	2시간

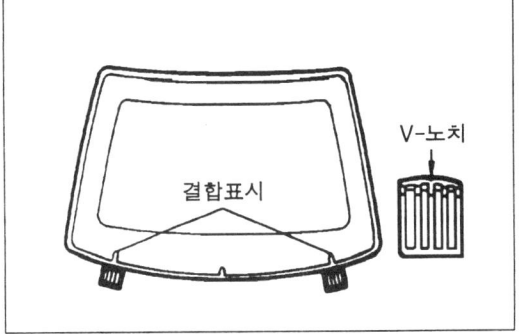

10. 누수를 점검한 후에 필라 가니쉬, 카울 그릴, 와이퍼 등을 올려 놓는다.

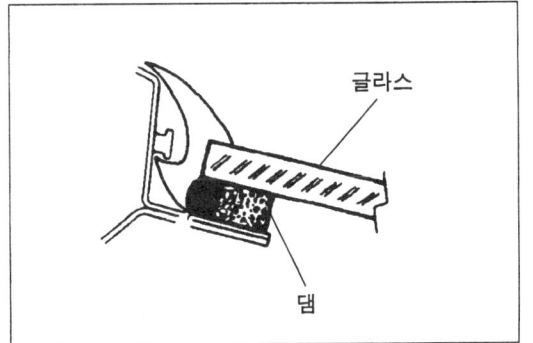

11. 백미러, 선 바이저, 프론트 필라 트림을 장착한다.

백 윈도우 글라스

구성도

ARS060026

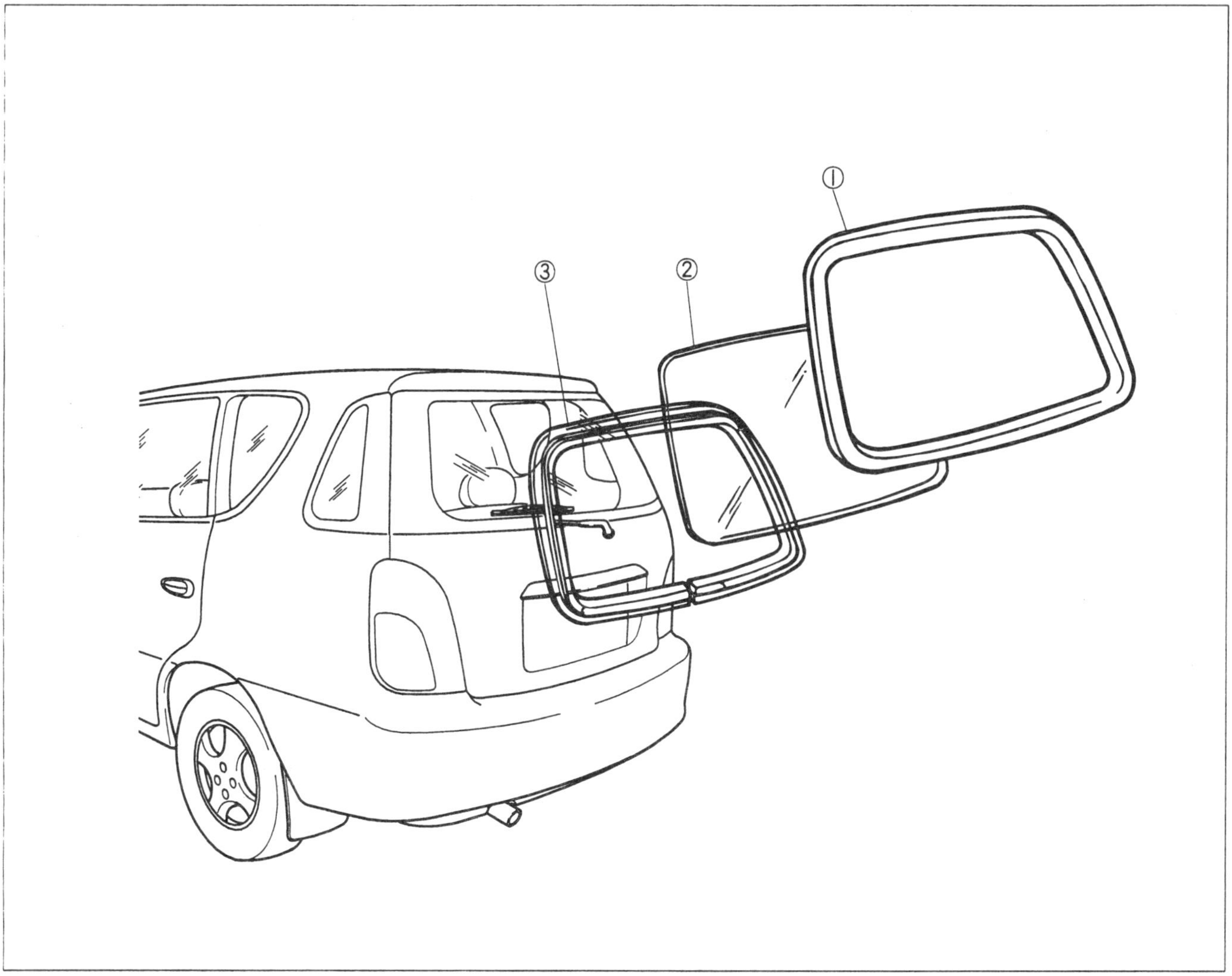

1. 백 윈도우 몰딩
2. 백 윈도우 글라스
3. 시밍 웰트

분리

윈도우 공구 셋을 사용하여 글라스를 분리 및 장착한다.
윈도우 공구 셋(0K201 500 AA0)에는 다음 기구가 들어 있다.

① 공구 박스
② 밀봉기
③ 몰딩 분리기
④ 피아노 선
⑤ 헝겊
⑥ 송곳
⑦ 칼
⑧ 바

60063

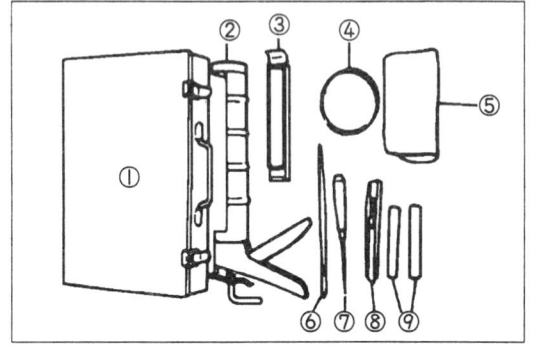

1. 뒤서리 제거기 커넥터를 분리한다.
2. 시판되는 동력식 또는 수동식 분리 공구를 사용하여 밀봉제에서 글라스를 떼어내어 분리하거나 다음 절차를 따른다. 송곳을 사용하여 밀봉제에 구멍을 뚫는다. 피아노 선(약 40cm) 양끝에 구멍을 낸 다음 양쪽에 바를 붙들어 맨다.

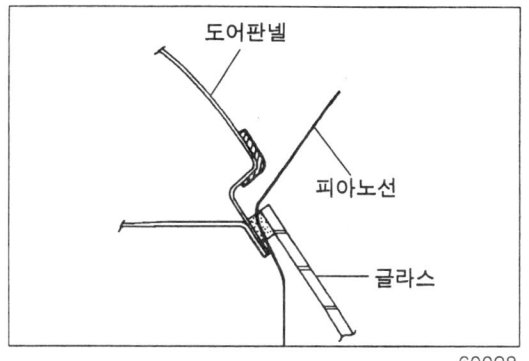

3. 한 사람은 차량의 안쪽에서 다른 한 사람은 차량의 밖에서 바를 잡은 다음 글라스 주위에서 밀봉제를 톱질하듯 자른다.
4. 바디에서 글라스를 분리한다.
5. 리어 윈도우 몰딩을 분리한다.

주의
- 글라스와 밀봉제 사이의 경계선을 따라 자른다.
- 열이 너무 많이 생기면 피아노 선이 끊어질 염려가 있으므로 가끔씩 식혀주거나 한곳에서 너무 오래 작업을 하지 않는다.

장착

1. 칼을 사용하여 바디에 있는 밀봉제를 부드럽게 다듬으면서 약 1~2mm 정도의 밀봉제 층을 남겨둔다.

주의
밀봉제가 일부 벗겨져 나갔으면 새 밀봉제를 그 부분에 바른다.

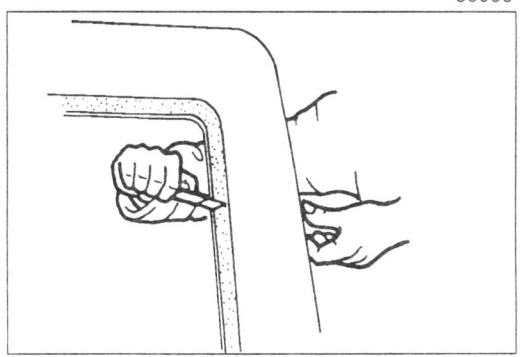

2. 글라스와 바디에 남아있는 접착제 주위 약 5cm 반경내에 묻어있는 그리스를 조심스럽게 닦아 제거한다.
3. 글라스 주위에 몰딩을 장착한다.

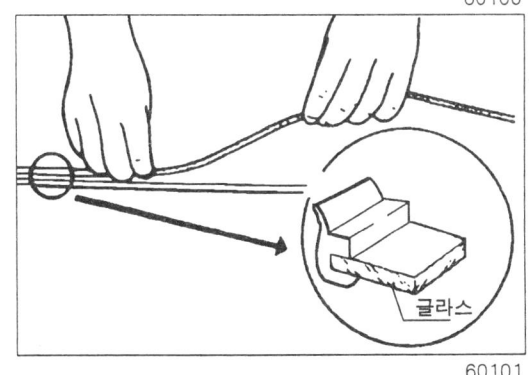

4. 글라스와 바디 주위에 브러쉬를 이용하여 프라이머를 바르고 20~30분간 말린다.

주의
먼지, 물기, 오일등이 도포면과 접촉하지 않도록 하고 손으로 도포면을 만지지 않도록 한다.

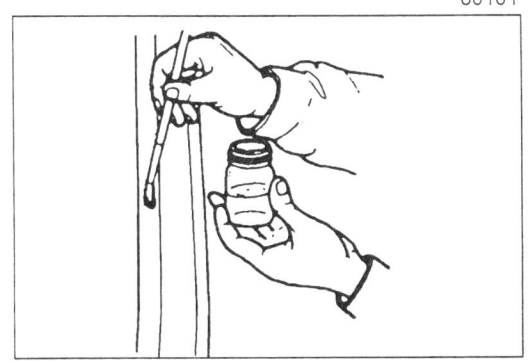

5. 프라이머가 마르면 밀봉제 건을 사용하여 글라스의 주위에서 7mm 되는 곳에 11mm 두께의 수리용 밀봉제 (B001 77 739)를 바른다.

참고
- 그림과 같이 수리용 밀봉제 카트리지의 노즐을 자른다.
- 필요하면 수리용 밀봉제를 다듬어 면이 고르지 못한 것을 수정한다.

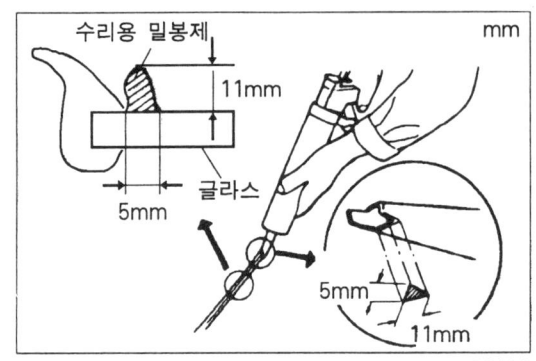

6. 바디에 백 도어 글라스를 부착한다.

주의
도어를 세게 닫을 경우 백 도어 글라스에 압력이 가해지는 것을 방지하기 위해 수리용 밀봉제가 어느정도 굳어질 때까지 도어 글라스를 열어둔다.

참고
수리용 밀봉제의 경화시간

온도	표면 경화 소요 시간	운행가능 상태까지의 소요 시간
5℃	약 1.5시간	12시간
20℃	약 1시간	4시간
35℃	약 10분	2시간

7. 물이 새는지 점검한다. 누수가 있으면 물기를 잘 닦아내고 수리용 밀봉제(B001 77 739)를 보충한다.
8. 리어 와이퍼를 장착한다.

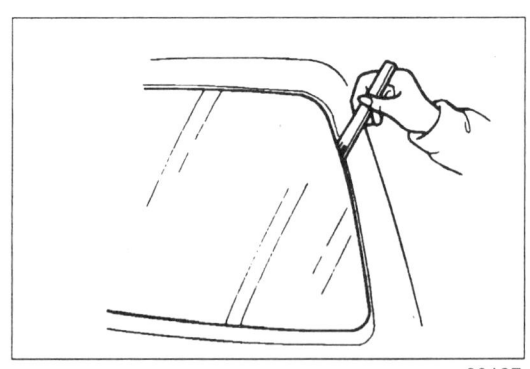

9. 뒤서리 제거기 커넥터를 연결한다.

인스트루먼트 패널

분리 및 장착
1. 그림의 번호 순서대로 분리한다.
2. 장착은 분리시의 역순으로 행한다.

1. 콘솔 패널
2. 로어 패널
3. 사이드 커버
4. 미터 셋 후드
5. 미터 셋
6. 센터 패널
7. 컵 홀더
8. 히터 컨트롤 패널
9. 오디오
10. 글로브 박스
11. 인스트루먼트 패널 어셈블리

시트

분리 및 장착
1. 그림의 번호 순서대로 분리한다.
2. 장착은 분리시의 역순으로 행한다.

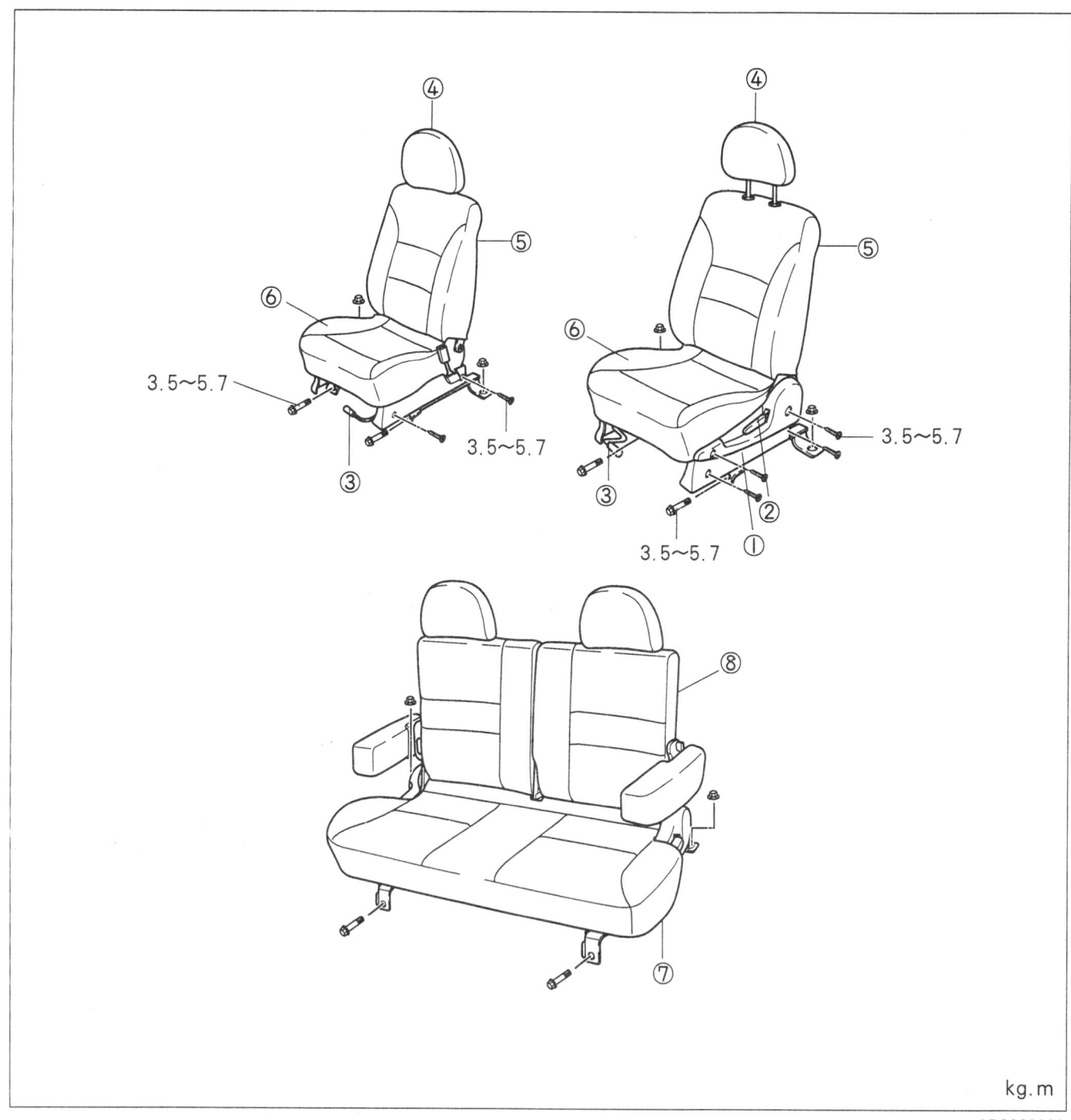

kg.m

ARS060029

1. 시트 사이드 커버
2. 리클라이닝 레버
3. 프런트 시트 어저스트
4. 헤드 레스트
5. 프런트 시트 백
6. 프런트 시트 쿠션
7. 리어 시트 쿠션
8. 리어 시트 백

시트 벨트

구성도

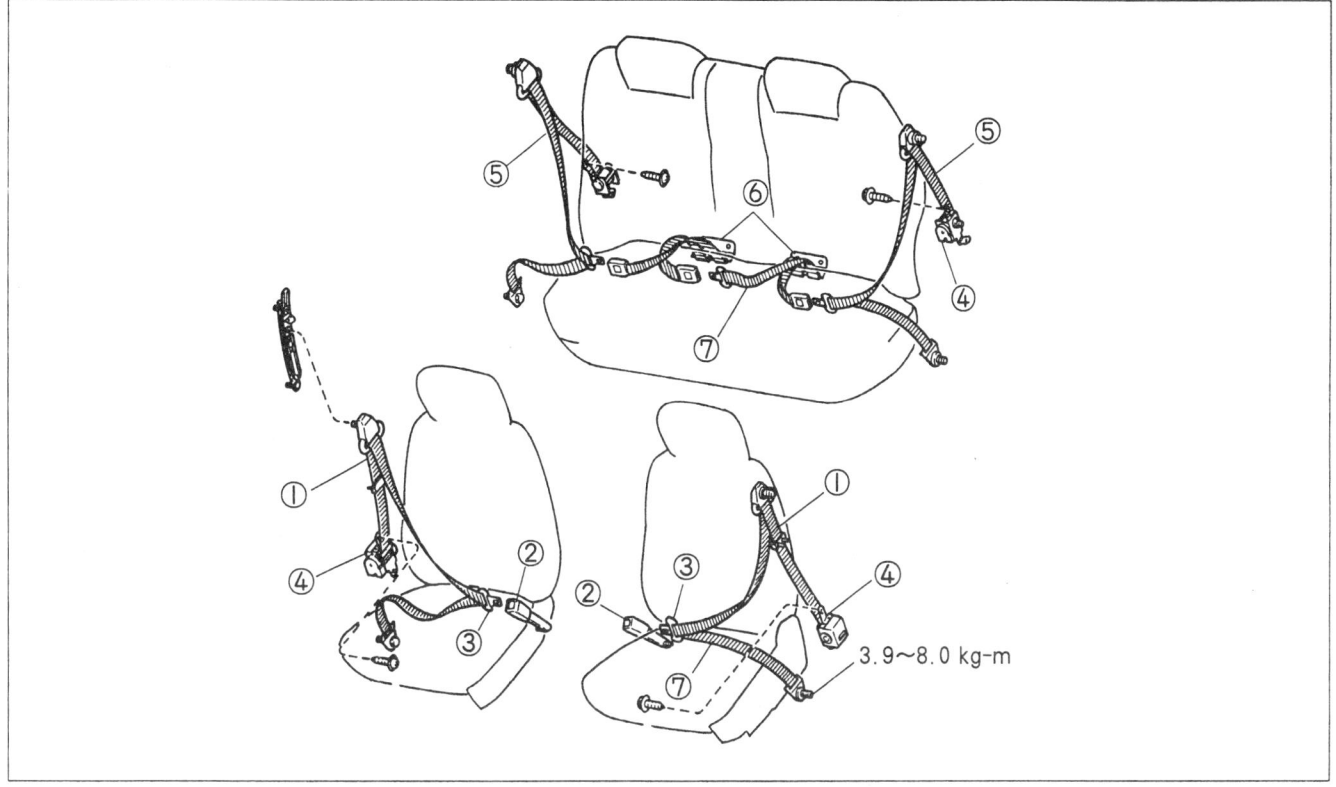

1. 프런트 시트 벨트 웨빙
2. 버클
3. 텅
4. 리트렉터
5. 리어 시트 벨트 웨빙
6. 시트 벨트 브래킷
7. 랩 벨트 웨빙

점검

1. 각 시트 벨트를 잡아당겨 원활히 움직이는가 확인한다.
2. 시트 벨트 웨빙의 손상, 찢어짐, 마모, 금속류의 변형을 점검한다.

■ 주의
버클 및 리트렉터 어셈블리를 분해하지 않는다.

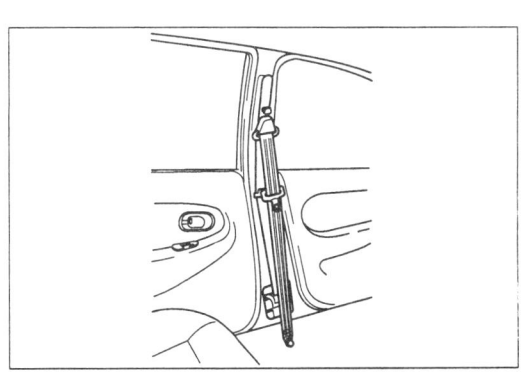

버클 스위치(운전자 벨트)

시트 벨트 스토크를 버클에 끼우고 옴미터를 사용하여 스위치의 도통을 점검한다.

벨트위치 \ 터미널	a	b
벨트 분리시	O	O
벨트 끼움시		

O—O : 도통

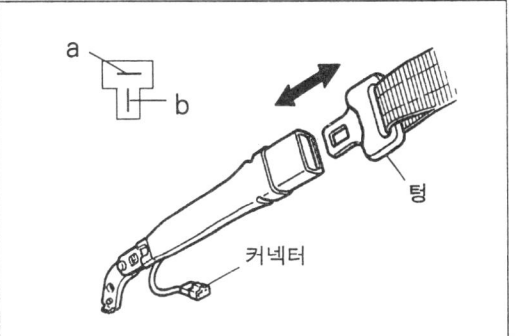

도어 미러

분리 및 장착
1. 그림의 번호 순서대로 분리한다.
2. 장착은 분리시의 역순으로 행한다.

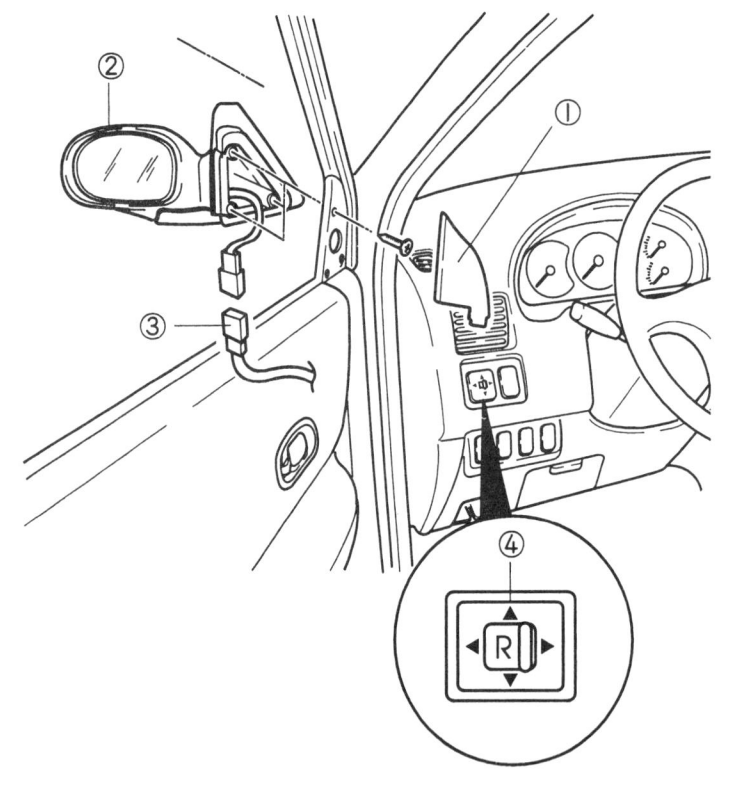

ARS060030

1. 가니시
2. 도어 미러 어셈블리
3. 리모트 컨트롤 하니스
4. 리모트 컨트롤 미러 스위치

파워 도어 록 시스템

구성도

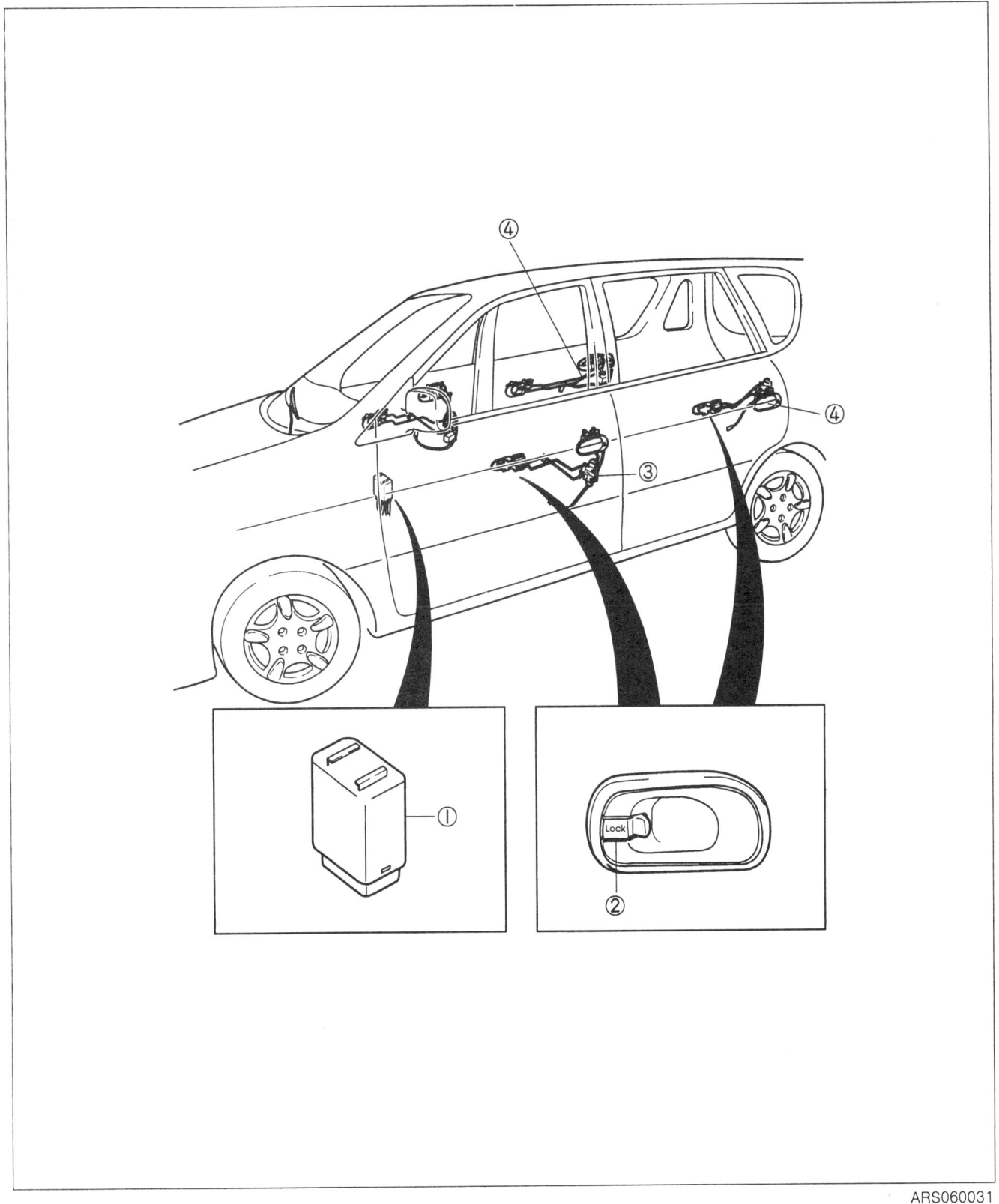

1. 도어 록 모터 릴레이
2. 도어 록 스위치
3. 프런트 도어 록 어셈블리
4. 리어 도어 록 어셈블리

파워 윈도우 시스템

구성도

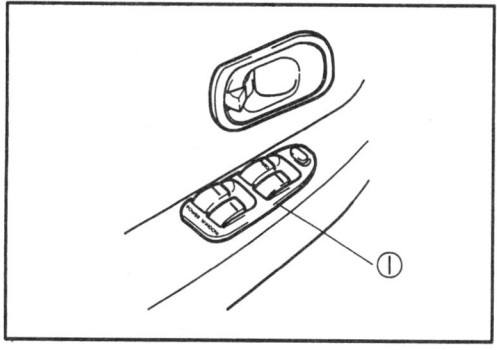
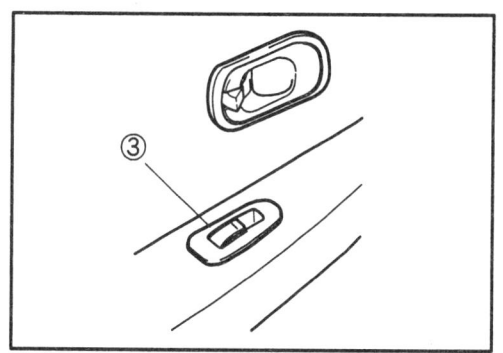
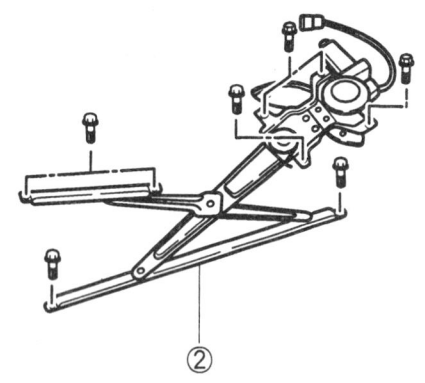
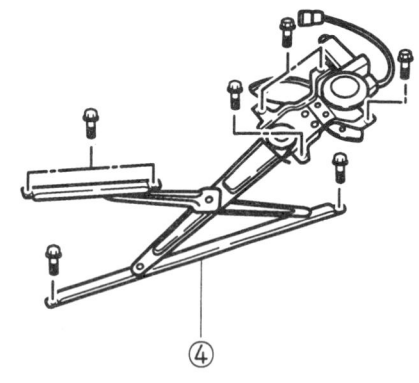

1. 파워 윈도우 스위치 (운전석 측)
2. 파워 윈도우 레귤레이터 (프런트)
3. 파워 윈도우 스위치 (조수석 및 리어)
4. 파워 윈도우 레귤레이터 (리어)

바디치수

바디치수의 표시
평면치수
평면 치수는 바디의 기준점(높이등이 다른 경우도 있다)을 평면상에 투영할 때의 치수를 나타낸다.

직선거리 치수 (실측 치수)
직선거리 치수는 측정 기준점간의 실측 치수를 나타낸다.

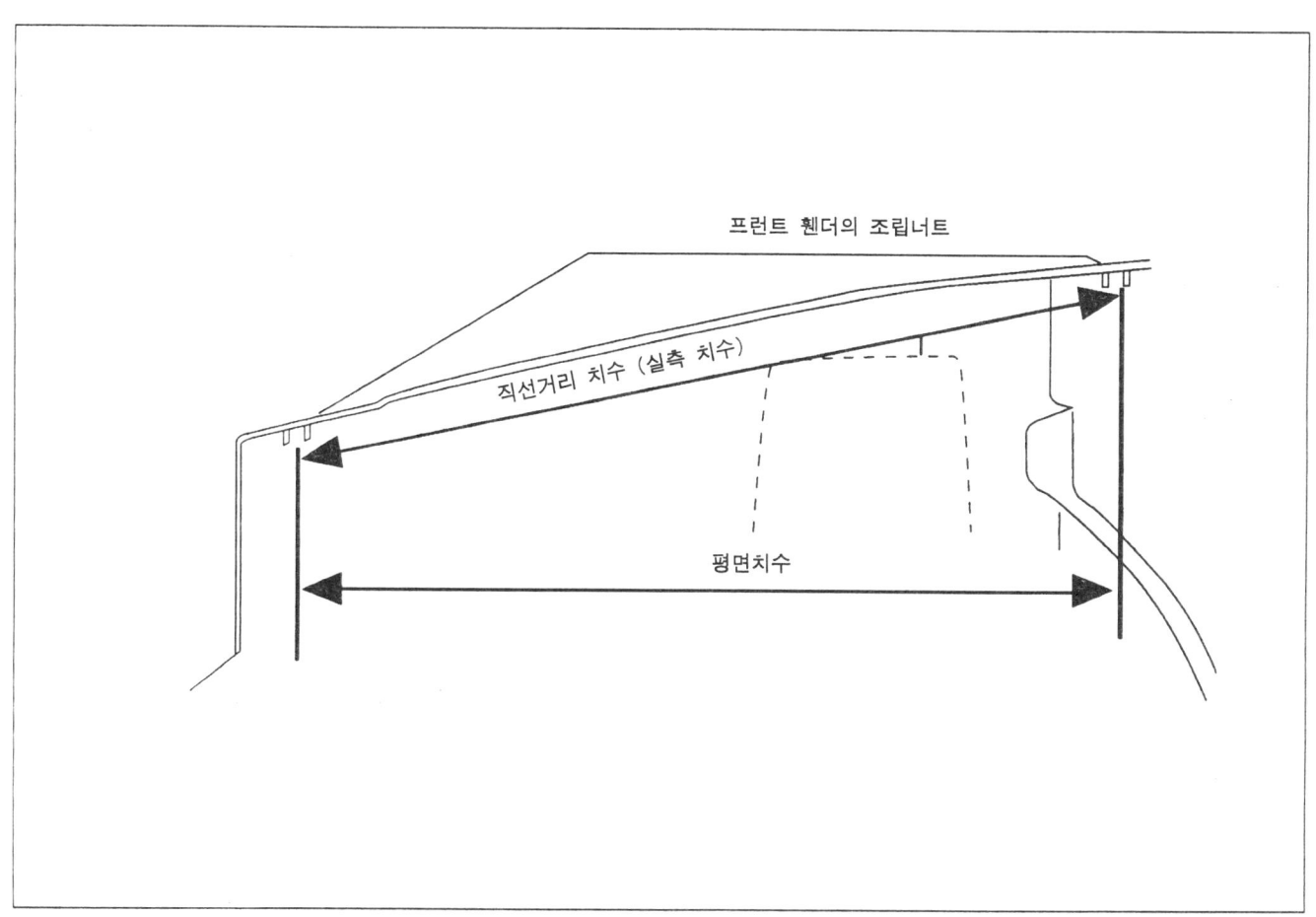

프런트 바디

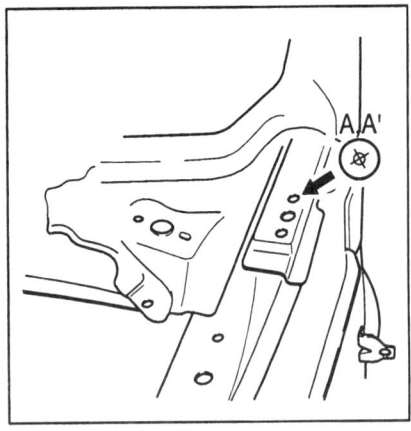
본네트 힌지 장착 홀   ø 10

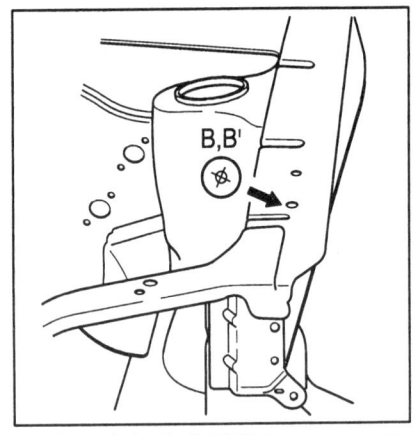
프런트 펜더 패널 장착홀   ø 7

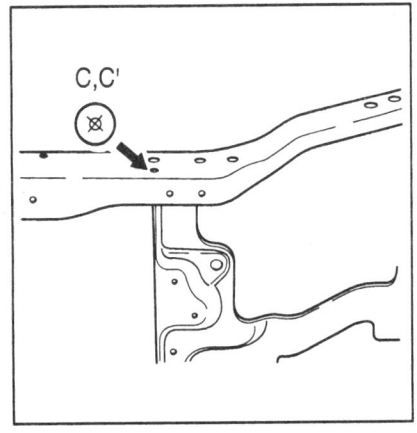
라디에이터 브라켓 고정홀   ø 6

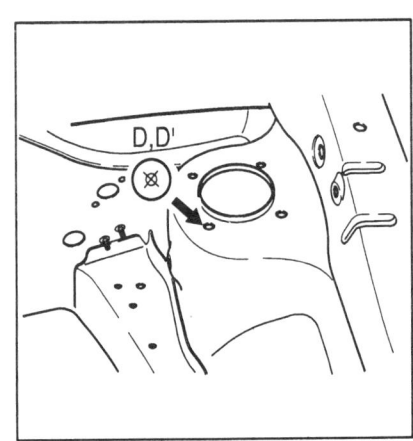
프런트 서스펜션 마운팅 홀   ø 11

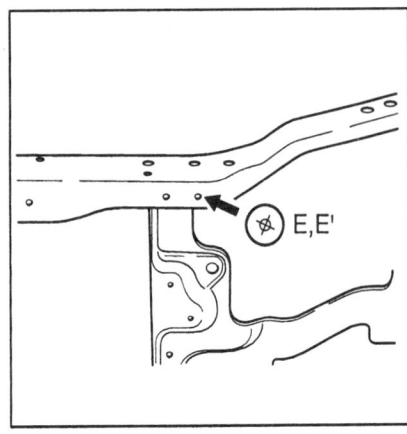
헤드램프 장착 홀   ø 9.8

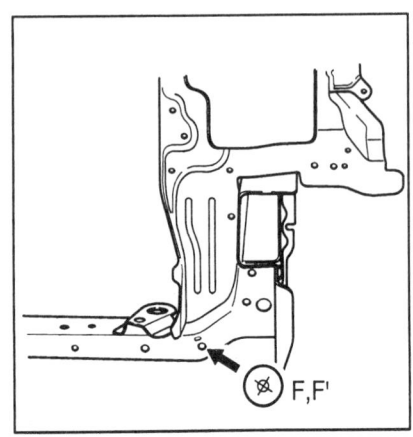
프런트 범퍼 브라켓 마운팅 홀   ø 10

프런트 바디

바디 바디치수

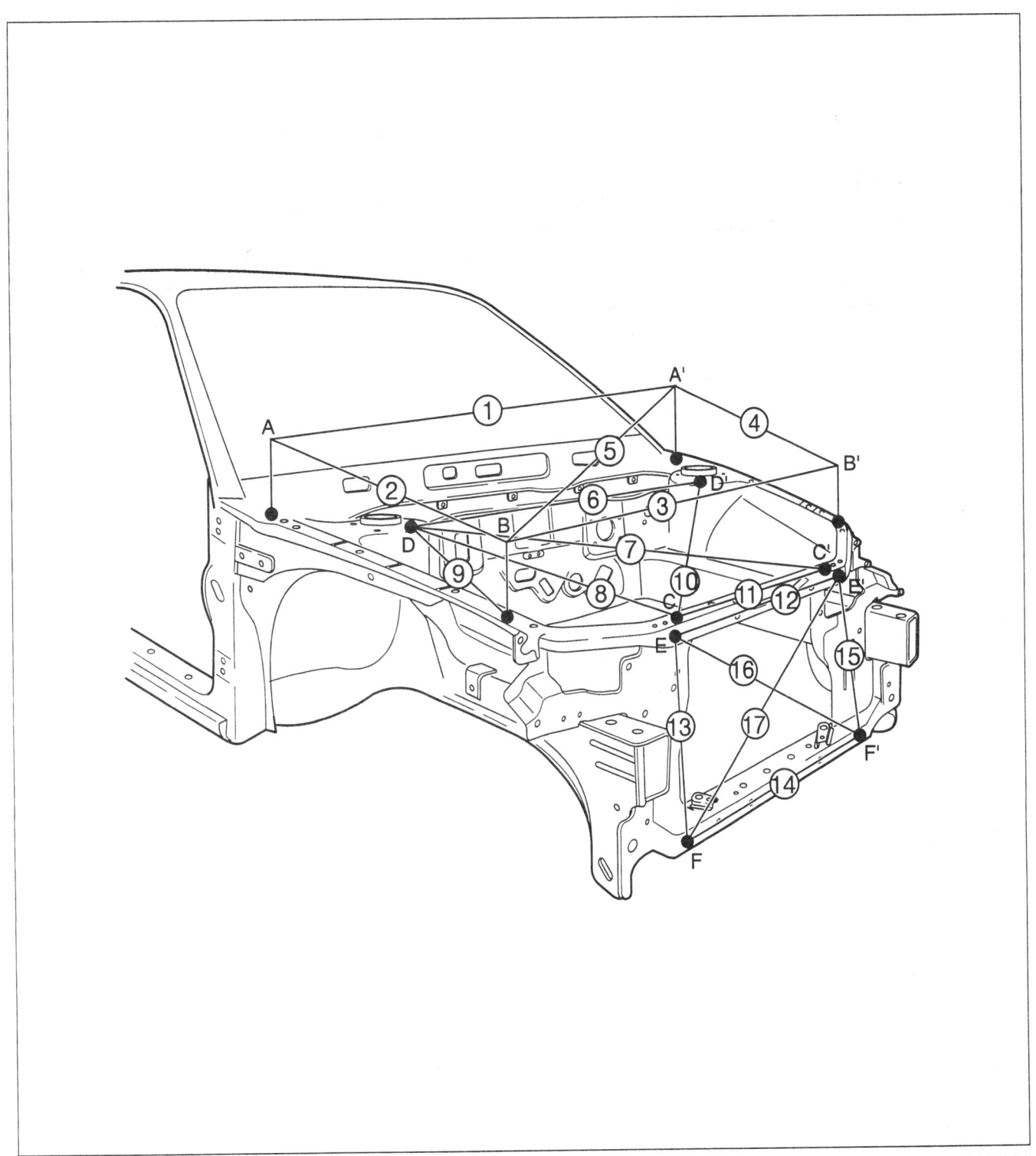

ARS060034

No.	①	②	③	④	⑤	⑥	⑦	⑧	⑨
치수(mm)	1445	655	1366	655	1554	1031	1043	644	424
No.	⑩	⑪	⑫	⑬	⑭	⑮	⑯	⑰	
치수(mm)	1043	653	750	504	800	504	924	924	

60-37

사이드 프레임 패널

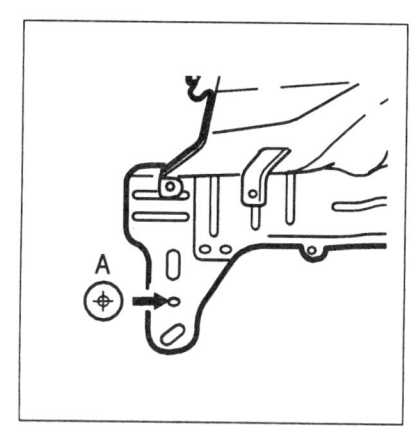
견인 후크 관련 홀　ø 14

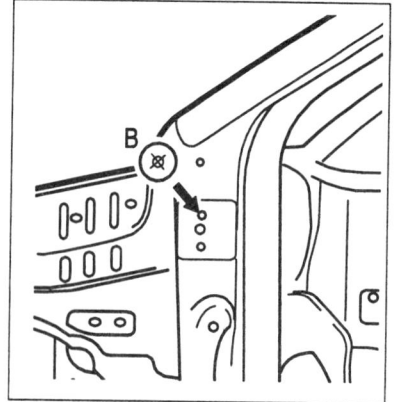
프런트 도어 힌지 장착 홀　ø 12

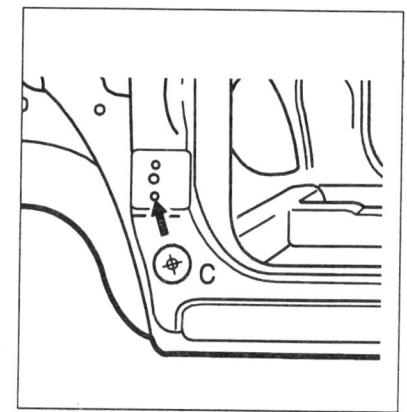
프런트 도어 힌지 장착 홀　ø 12

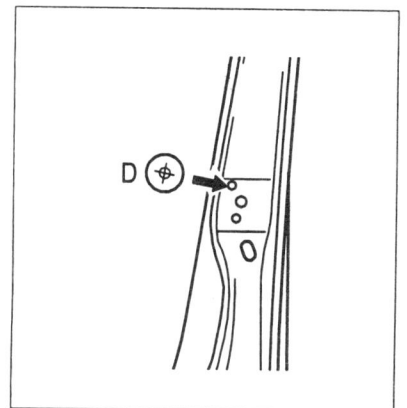
리어 도어 힌지 장착 홀　ø 12

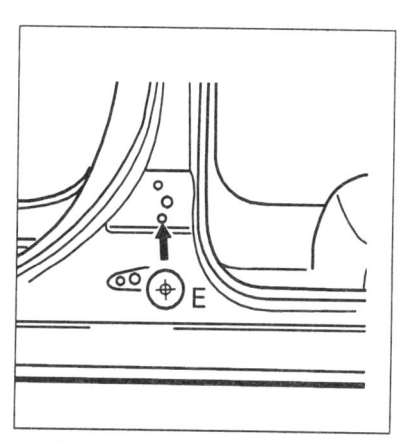
리어 도어 힌지 장착 홀　ø 12

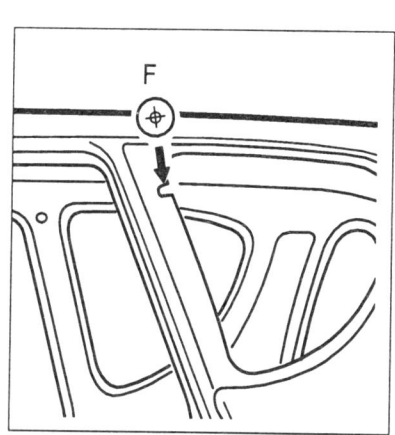
프런트 쿼터 글래스 장착 홀

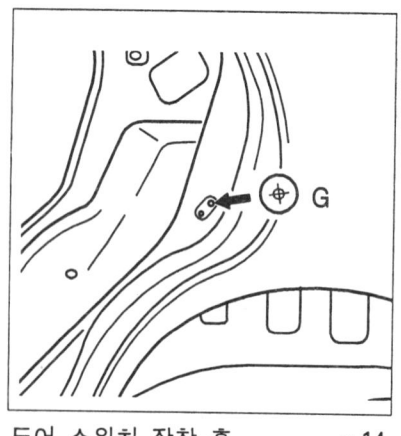
도어 스위치 장착 홀　ø 14

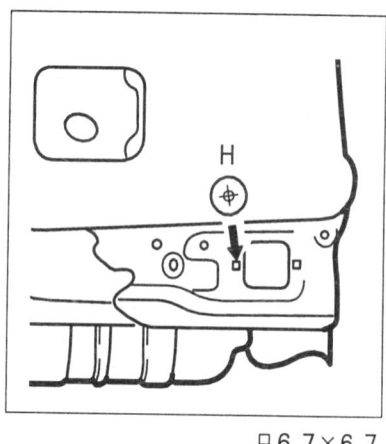
□ 6.7×6.7

바디 바디치수

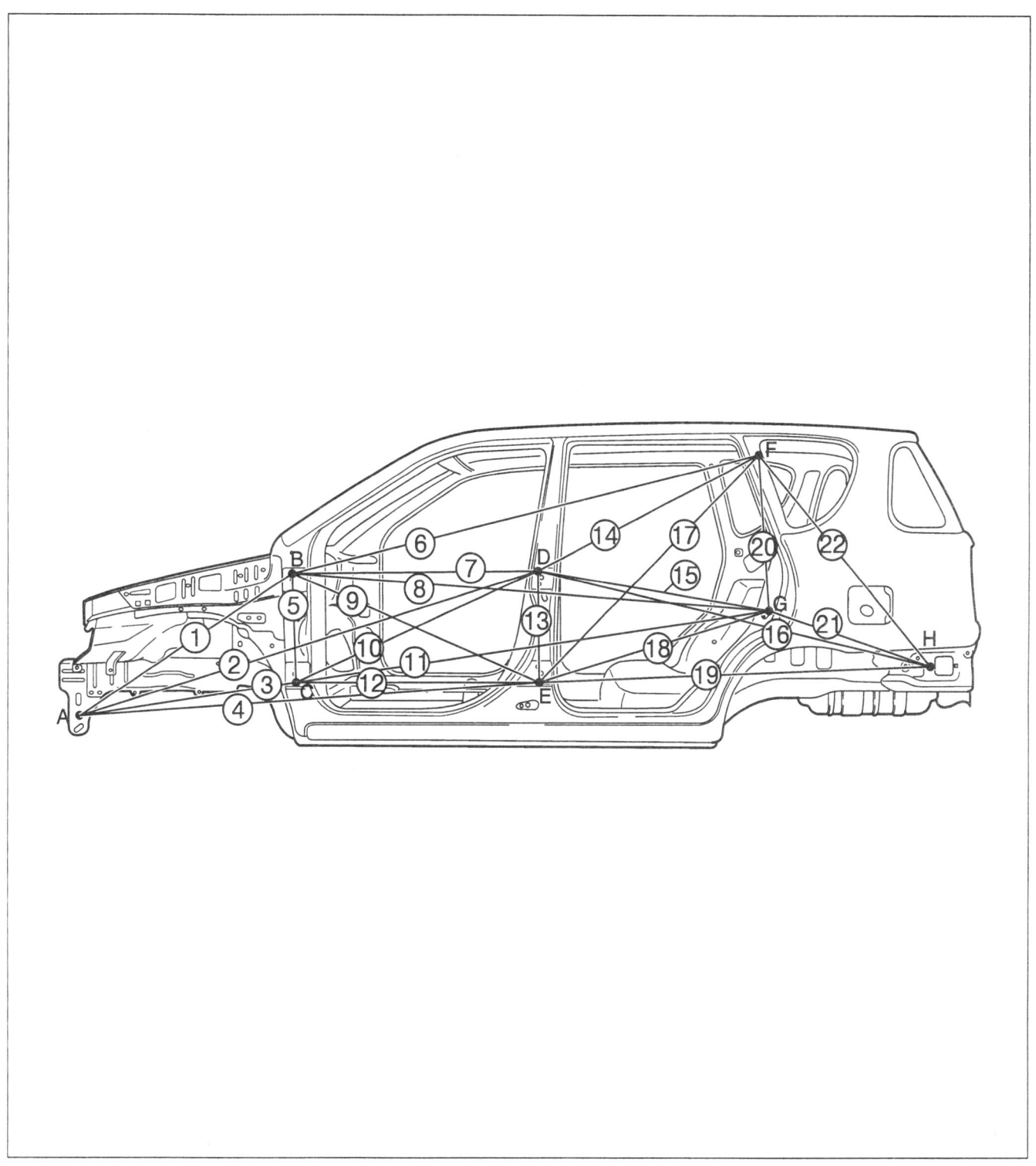

ARS060036

No.	①	②	③	④	⑤	⑥	⑦	⑧	⑨	⑩	⑪
치수(mm)	1200	2165	1081	2090	385	2055	1030	1999	1089	1112	2014
No.	⑫	⑬	⑭	⑮	⑯	⑰	⑱	⑲	⑳	㉑	㉒
치수(mm)	1026	400	1089	977	1674	1332	1003	1641	680	704	1131

인테리어 A

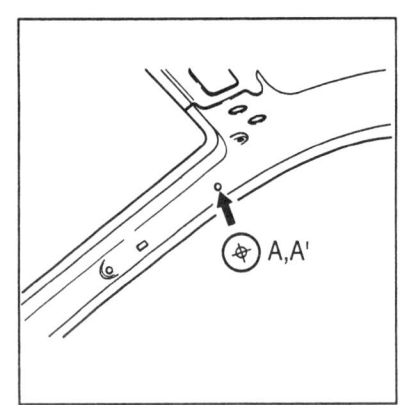
A 필라트림 장착 홀 ø 8.4

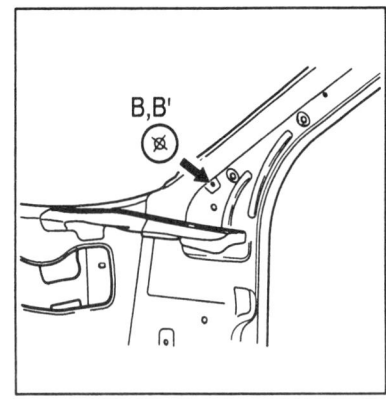
와이어 하네스 장착 홀 ø 4.7

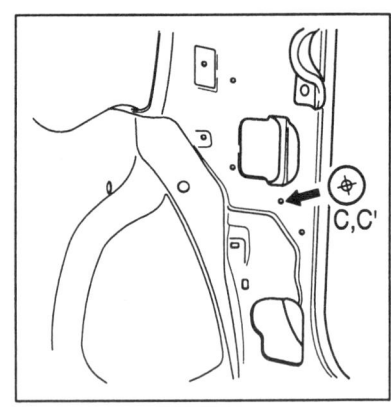
와이어 하네스 장착 홀 ø 7

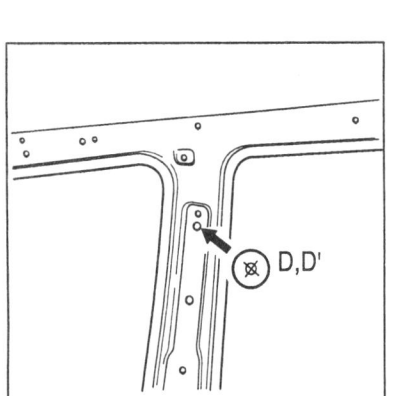
시트 벨트 앵커 장착 홀 ø 18

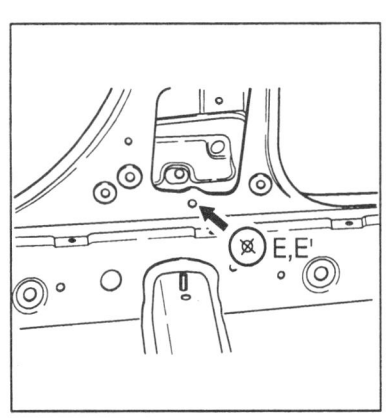
시트 벨트 리트랙터 장착 홀 ø 16

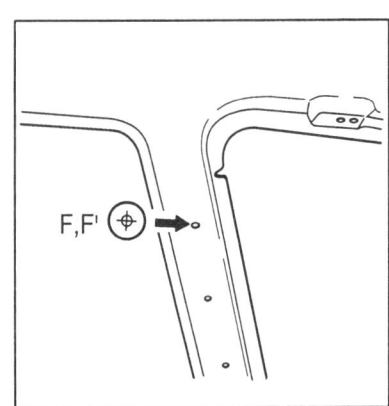
시트 벨트 앵커 체결 홀 ø 16

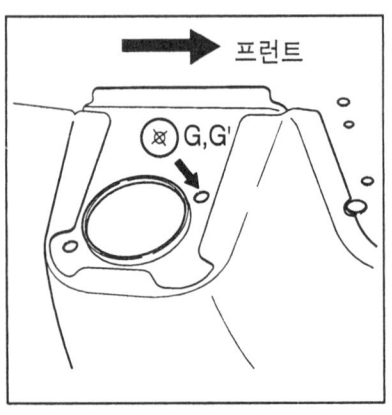
리어 서스펜션 장착 홀 ø 12

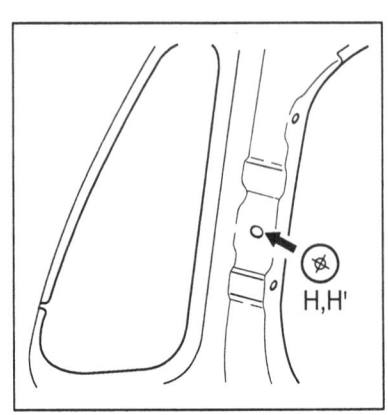
시트 벨트 앵커 체결 홀 ø 16

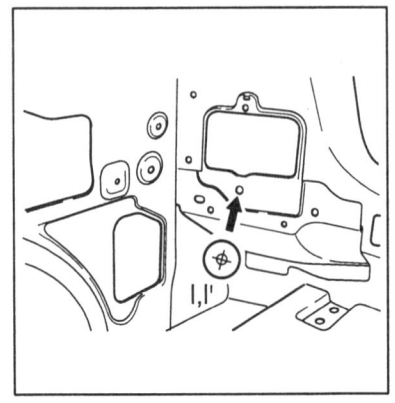
시트 벨트 리트랙터 체결 홀 ø 20

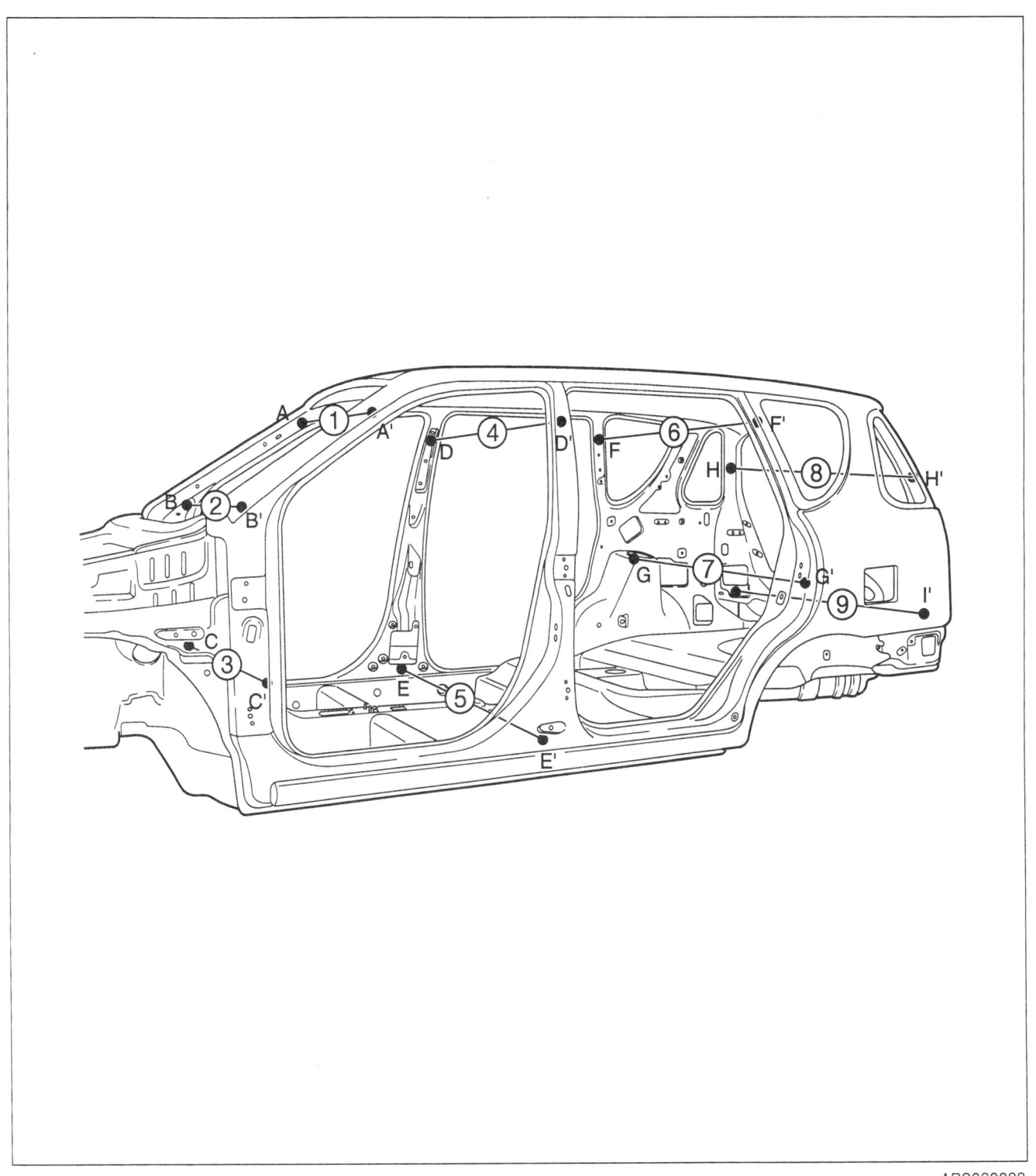

No.	①	②	③	④	⑤	⑥	⑦	⑧	⑨
치수(mm)	1162	1376	1375	1182	1385	1178	1182	1131	1207

바디 바디치수

인테리어 B(RH)

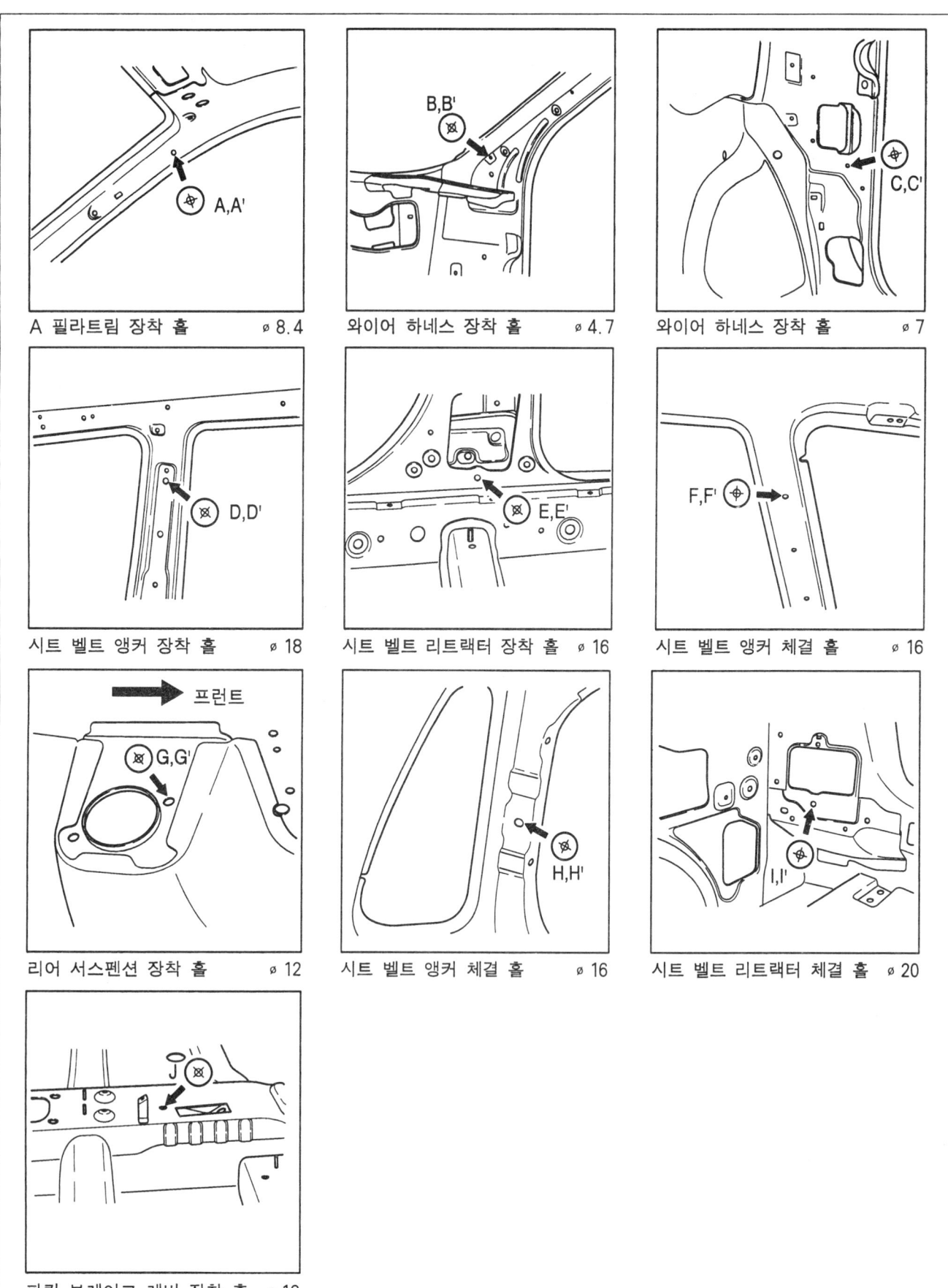

바디 바디치수

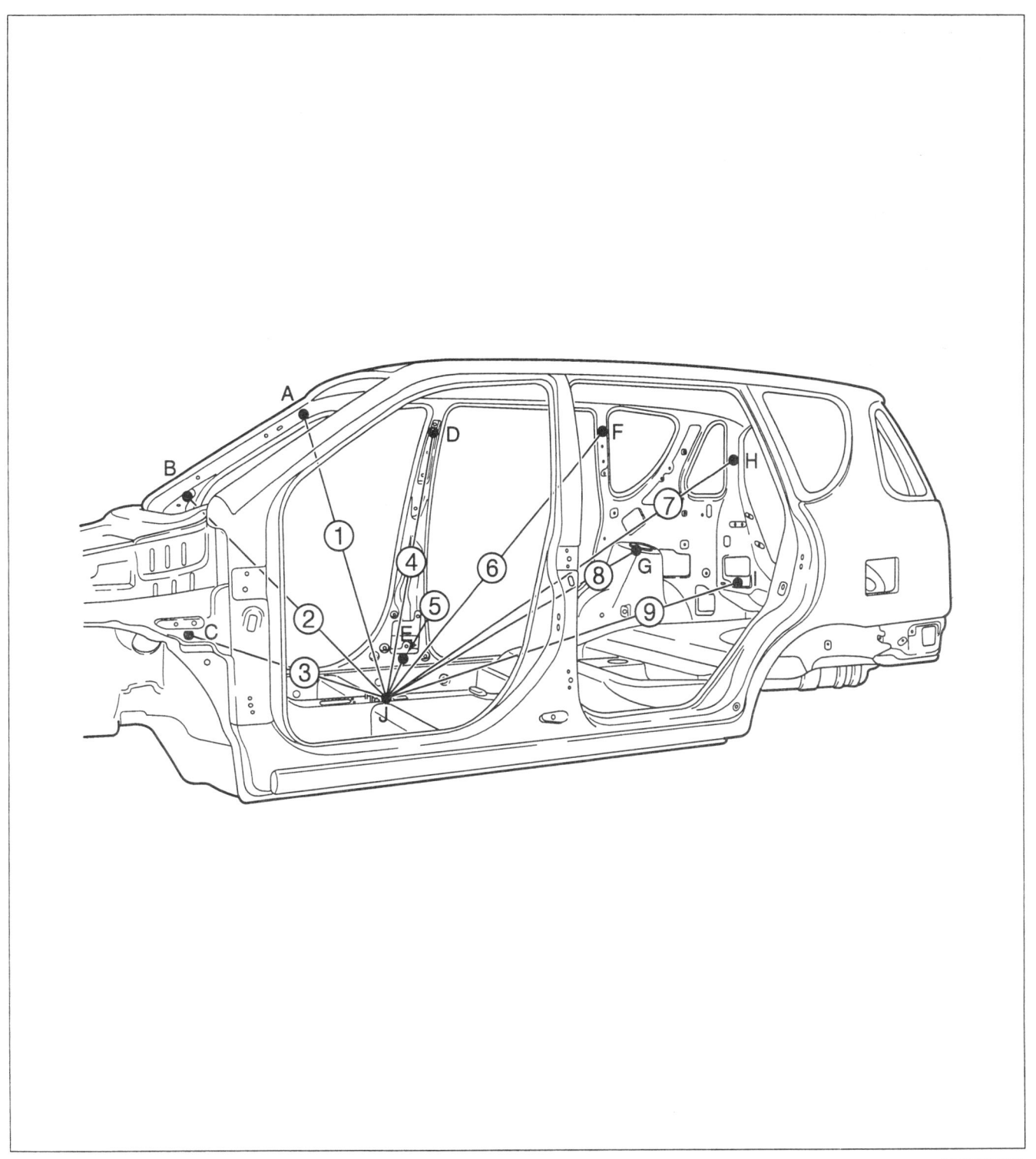

No.	①	②	③	④	⑤	⑥	⑦	⑧	⑨
치수(mm)	1212	1255	1046	1227	738	1663	1583	2227	2121

인테리어 B(LH)

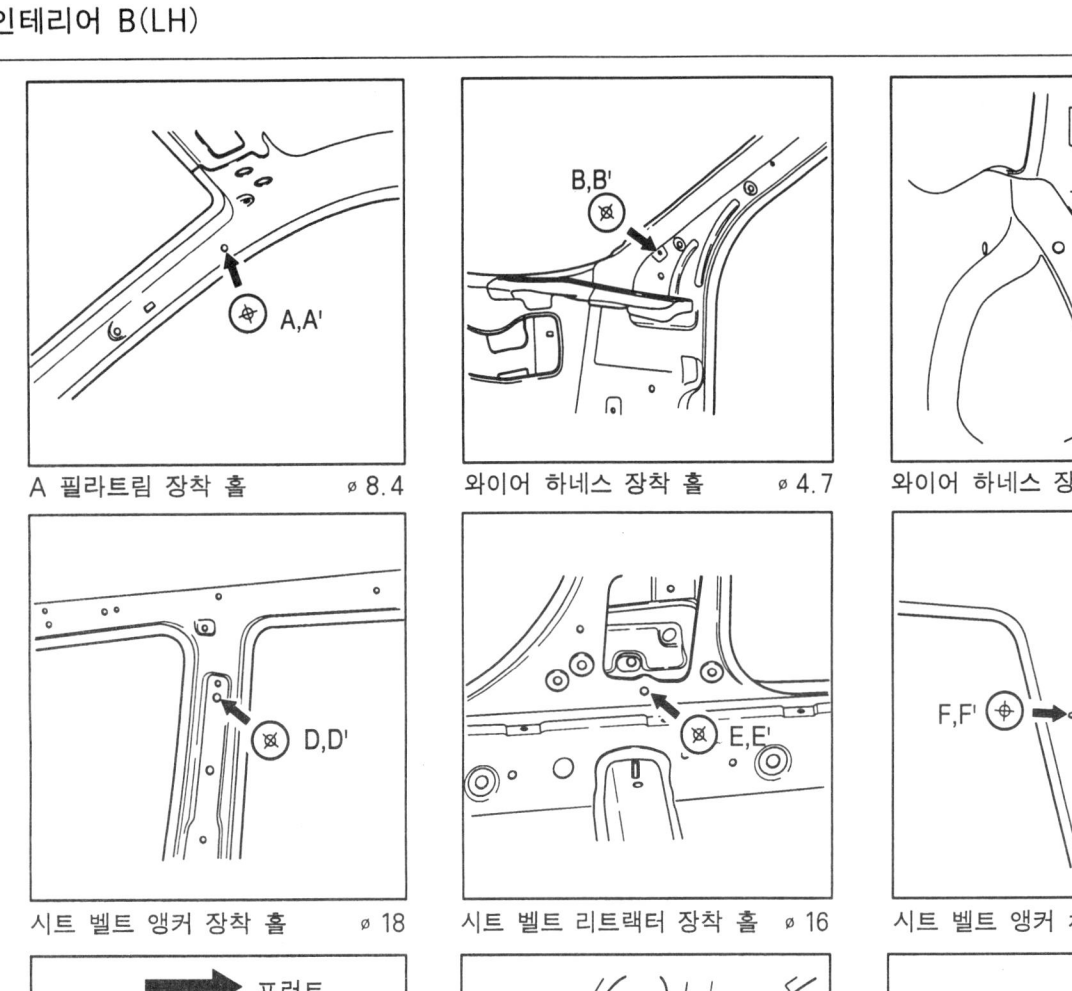

A 필라트림 장착 홀 ø8.4	와이어 하네스 장착 홀 ø4.7	와이어 하네스 장착 홀 ø7
시트 벨트 앵커 장착 홀 ø18	시트 벨트 리트랙터 장착 홀 ø16	시트 벨트 앵커 체결 홀 ø16
리어 서스펜션 장착 홀 ø12	시트 벨트 앵커 체결 홀 ø16	시트 벨트 리트랙터 체결 홀 ø20

파킹 브레이크 레버 장착 홀 ø12

바디 바디치수

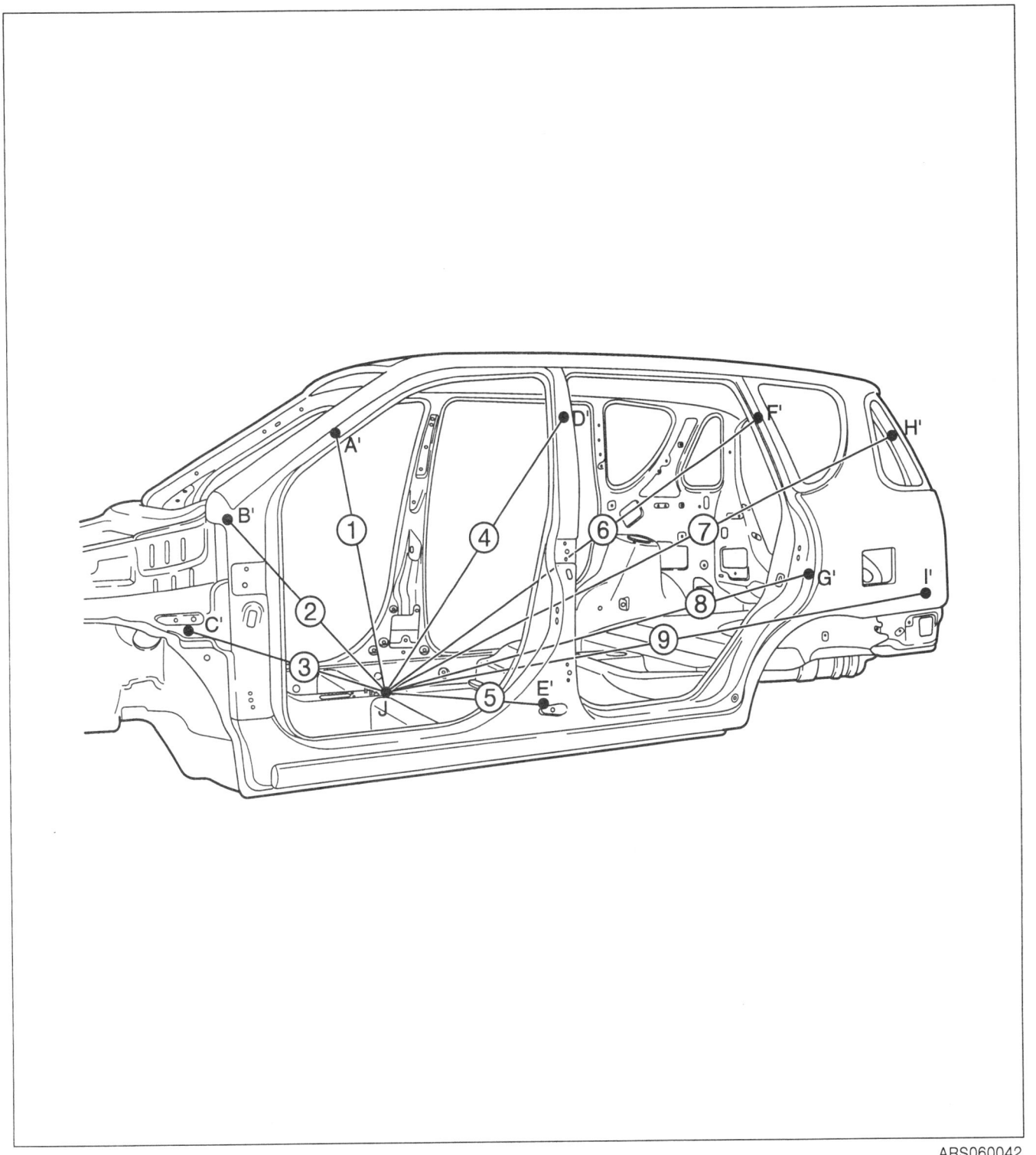

No.	①	②	③	④	⑤	⑥	⑦	⑧	⑨
치수(mm)	1197	1239	1026	1213	709	1653	1572	2219	2113

인테리어 C

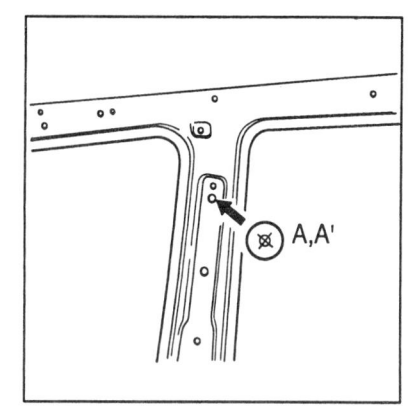

시트 벨트 앵커 장착 홀 ø 18

시트 벨트 리트랙터 장착 홀 ø 16

시트 벨트 앵커 장착 홀 ø 16

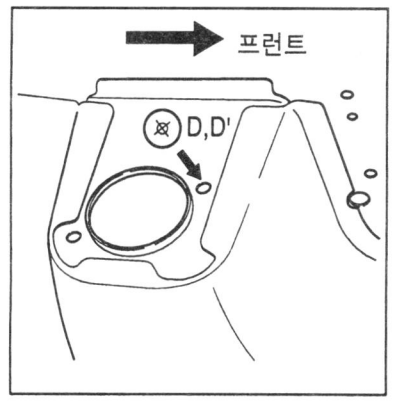

리어 서스펜션 장착 홀 ø 12

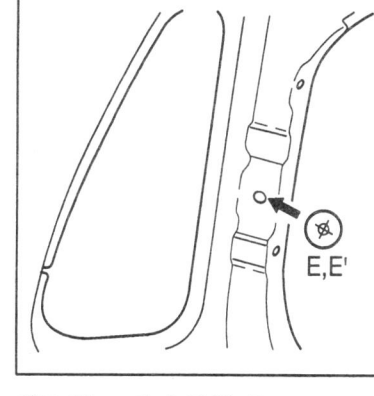

시트 벨트 앵커 장착 홀 ø 16

시트 벨트 리트랙터 장착 홀 ø 20

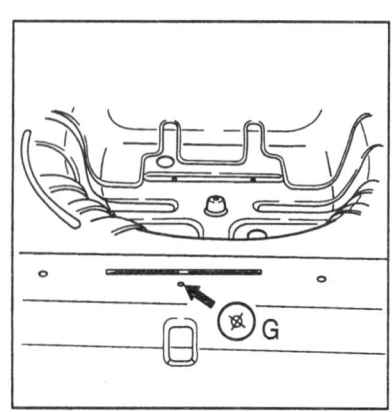

플로어 매트 장착 홀 ø 6

바디 바디치수

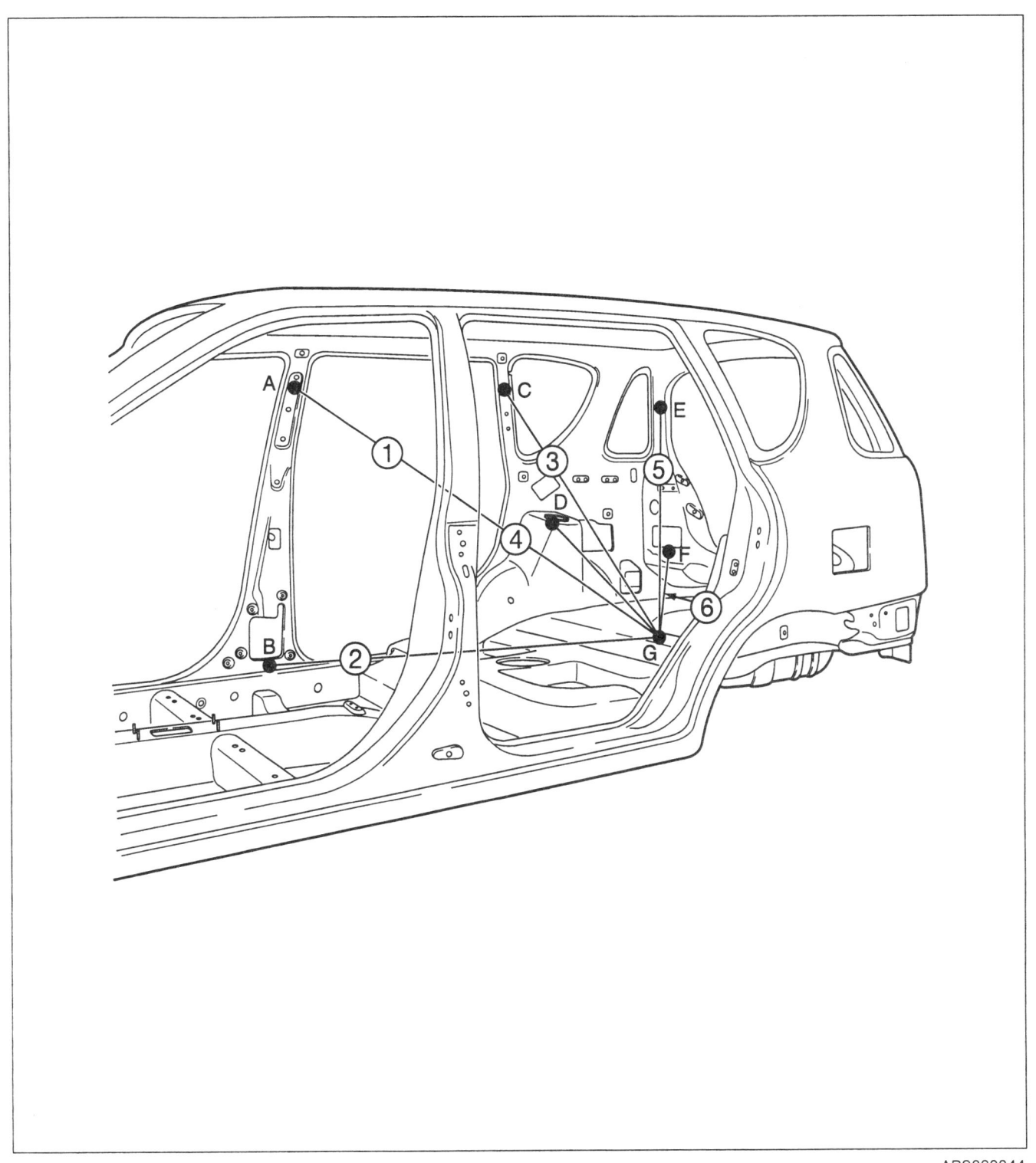

ARS060044

No.	①	②	③	④	⑤	⑥
치수(mm)	1445	1299	1062	698	1157	945

바디 바디치수

리어 바디

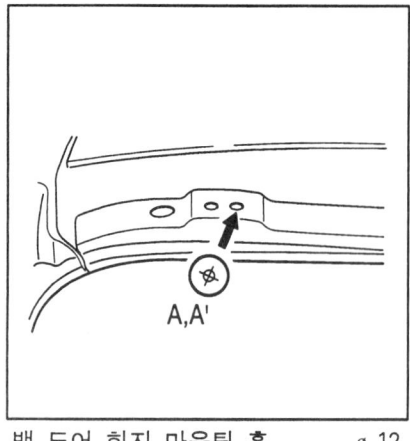
백 도어 힌지 마운팅 홀 ø 12

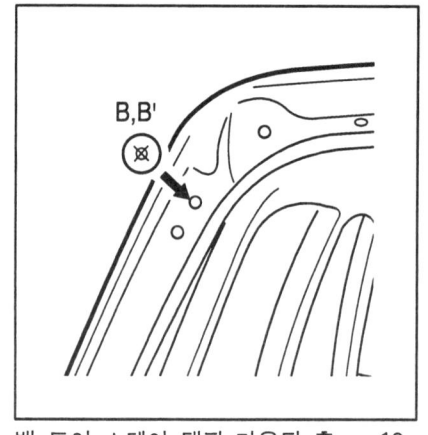
백 도어 스테이 댐퍼 마운팅 홀 ø 12

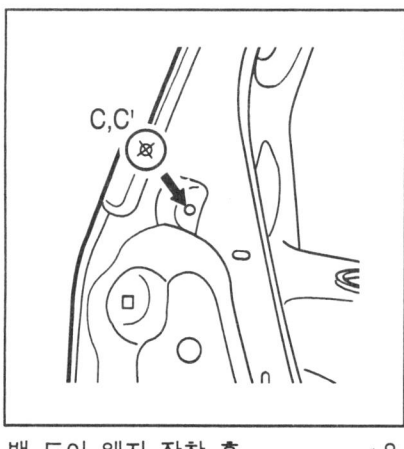
백 도어 웨지 장착 홀 ø 8

리어 범퍼 가이드 홀   RH ø 10
                       LH ø 10 × 12

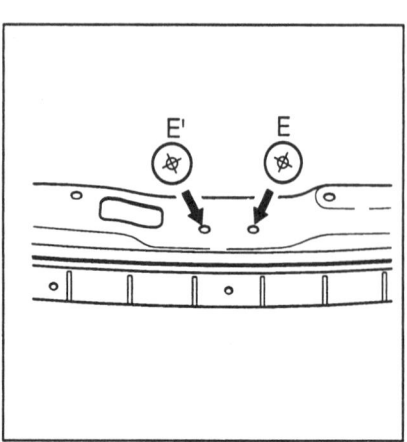
백 도어 스트라이커 체결 홀 ø 12

바디 바디치수

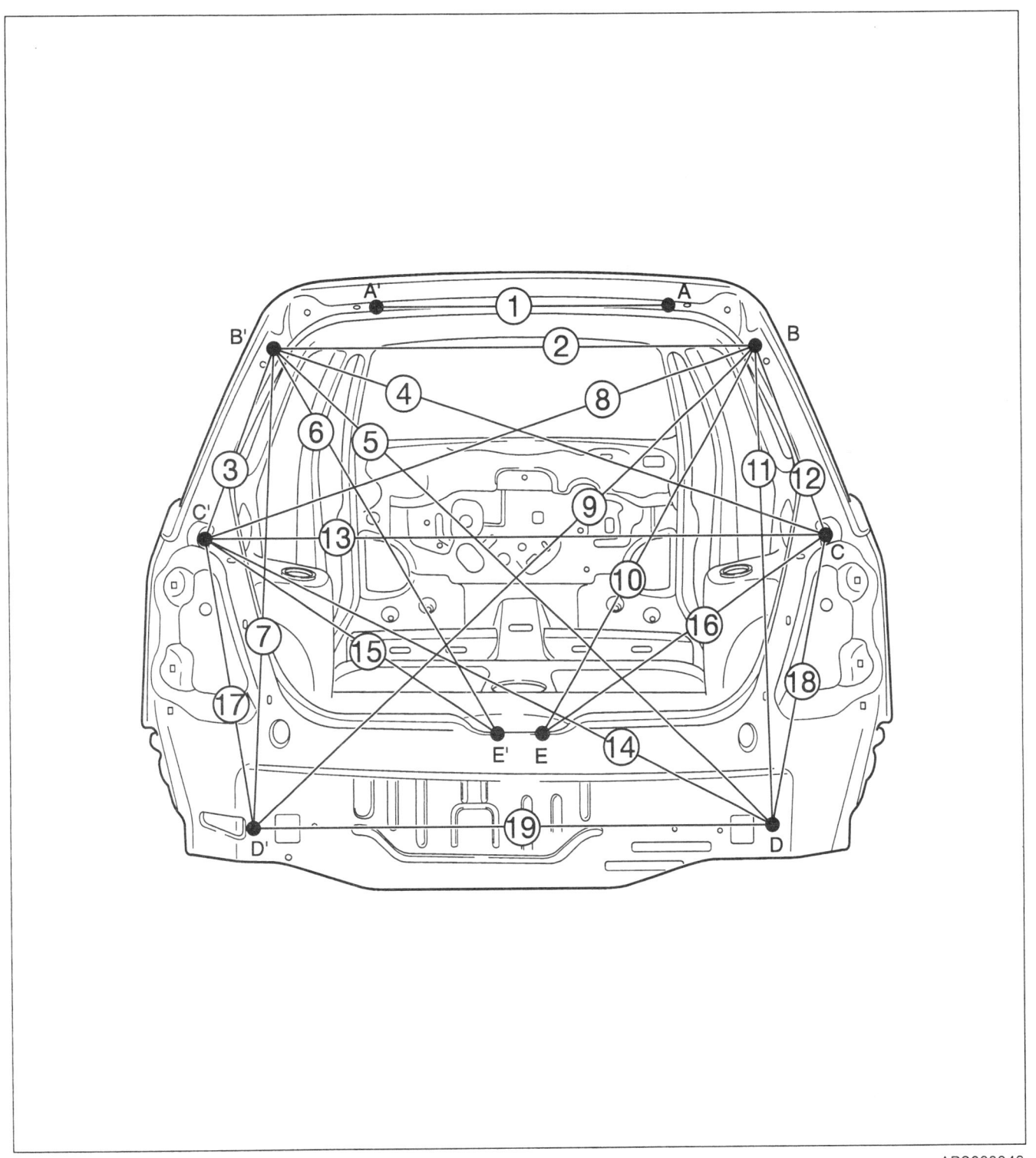

ARS060046

No.	①	②	③	④	⑤	⑥	⑦	⑧	⑨	⑩
치수(mm)	575	1052	408	1220	1447	929	979	1220	1447	929
No.	⑪	⑫	⑬	⑭	⑮	⑯	⑰	⑱	⑲	
치수(mm)	979	408	1257	1310	718	718	599	599	1080	

바디 치수

평면 치수

측정 Point	명 칭	홀 크기
A	No.1 크로스 멤버 언더 커버 장착 홀	φ 9.8 mm
B	프런트 프레임 인너 관련 홀	φ 16 mm
C	토크 박스 서브 프레임 장착 홀	φ 14 mm
D	리어 프레임 도장 관련 홀	φ 20 mm
E	리어 프레임 도장 관련 홀	φ 20 mm
F	리어 사이드 프레임 관련 홀	φ 25 mm
G	No.4 크로스 멤버 드레인 홀	φ 28 mm
H	리어 사이드 프레임 관련 홀	φ 16 mm
I	리어 사이드 프레임 관련 홀	φ 18 mm

바디 바디 치수

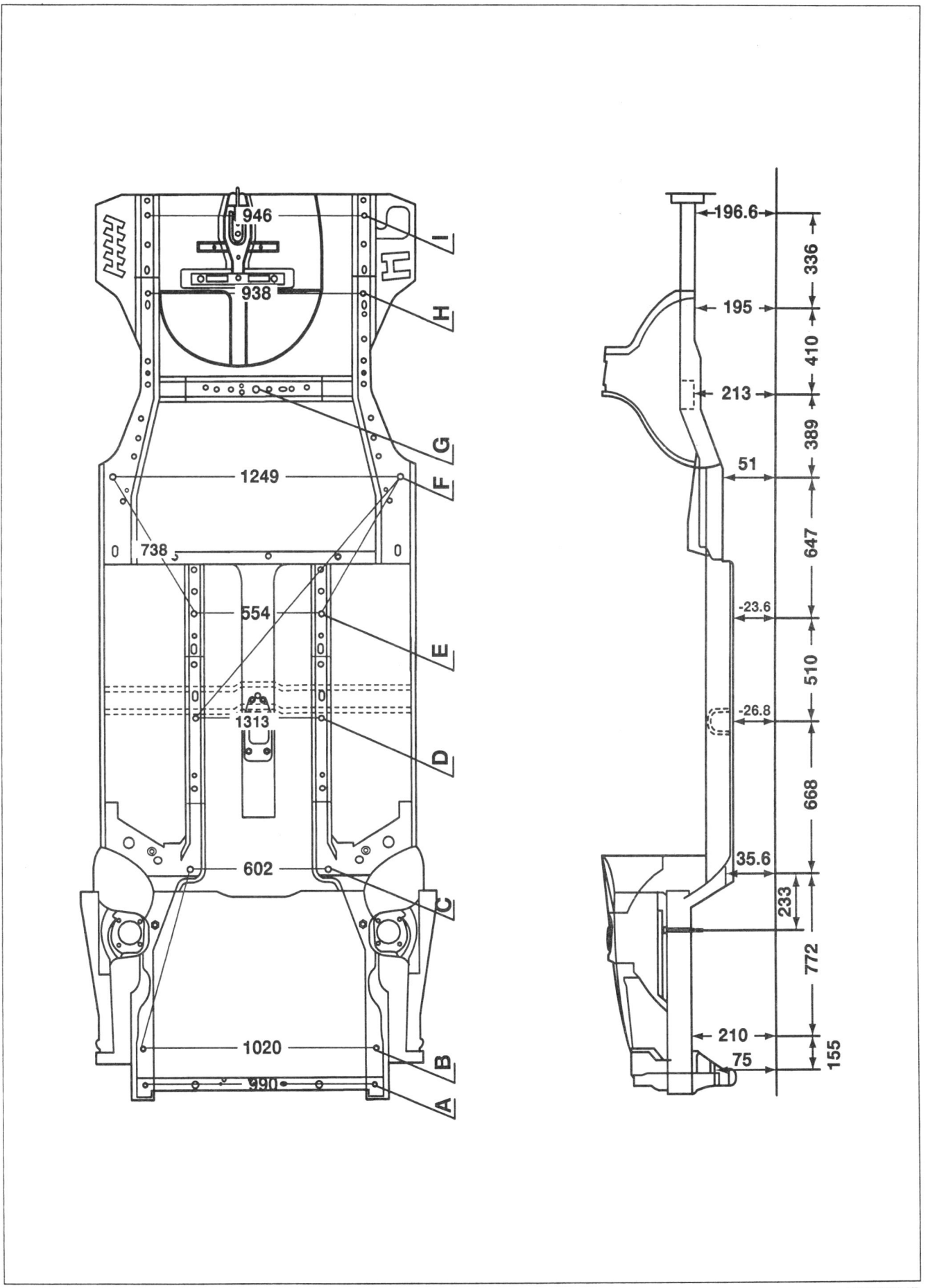

바디 바디 치수

직선거리 치수

측정 Point	명 칭	홀 크기
A	No.1 크로스 멤버 언더 커버 장착 홀	φ 9.8 mm
B	프런트 프레임 인너 재질 관련 홀	φ 16 mm
C	토크 박스 서브 프레임 장착 홀	φ 14 mm
D	리어 프레임 도장 관련 홀	φ 20 mm
E	리어 프레임 도장 관련 홀	φ 20 mm
F	리어 사이드 프레임 관련 홀	φ 25 mm
G	No.4 크로스 멤버 드레인 홀	φ 28 mm
H	리어 사이드 프레임 관련 홀	φ 16 mm
I	리어 사이드 프레임 관련 홀	φ 18 mm

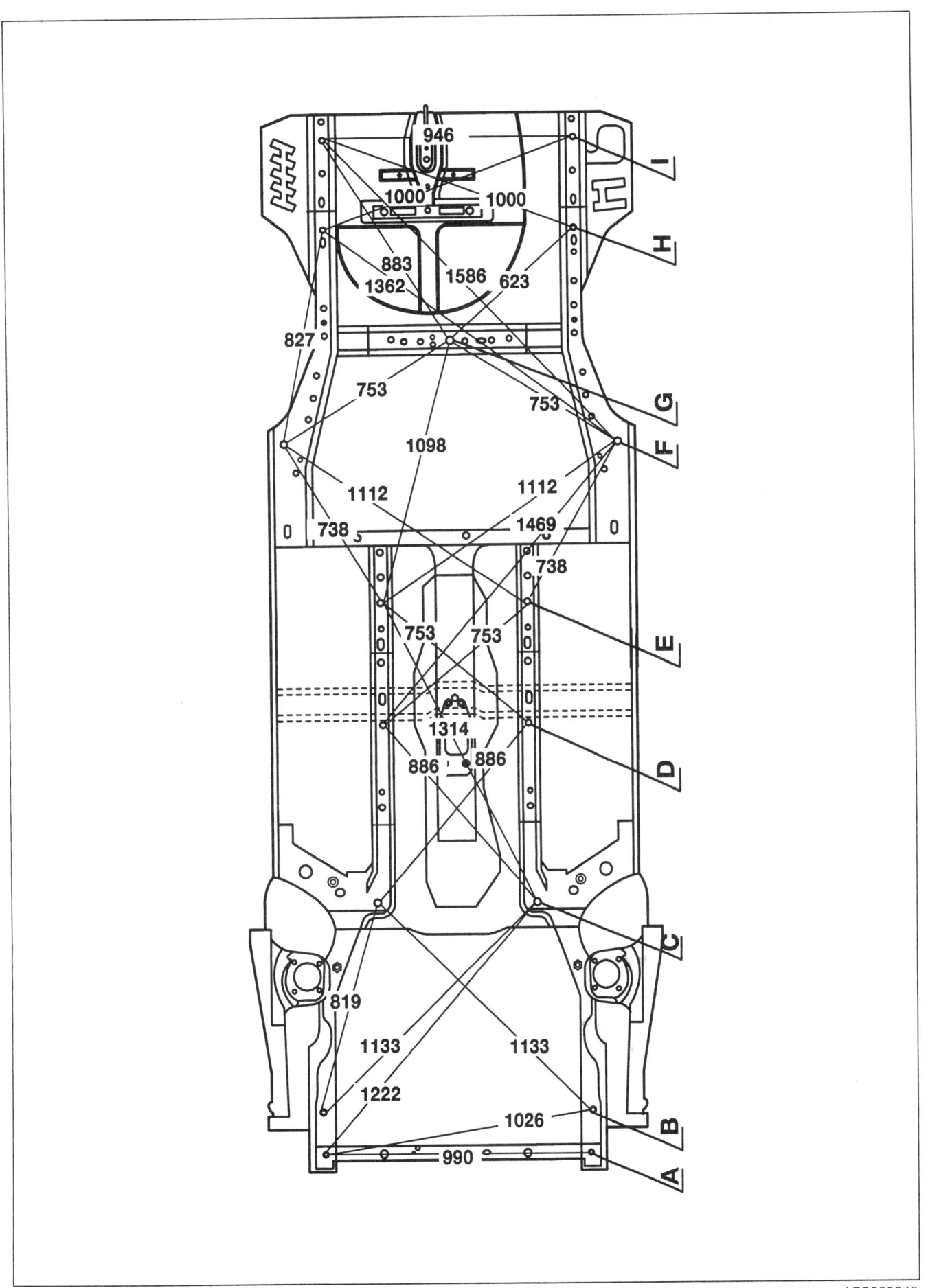

에어백

고장진단 및 조치 ···························· 60-1- 3
SRS 에어백 회로도 ························· 60-1-13
개요 및 작동 ································ 60-1-14
차상점검 ····································· 60-1-16

고장진단 및 조치

SRS 에어백
1. 키를 **ON** 위치에 놓는다.
2. 에어백 경고등이 켜지지 않으면 에어백 경고 등을 점검한다.
3. 경고등은 초기 키 **ON** 상태에서 4~6초간 점등 후 소등되어야 한다. 계속 소등 상태를 유지하면 에어백 시스템은 정상이다.
4. 경고등이 소등후 점등 되거나 지속 점등될 경우 에어백 시스템에 고장이 있는 것이다. 상세한 고장 원인은 진단기기를 통해서만 파악할 수 있다.

진단기기(Power Scan Tool)를 통한 점검
1. 키가 **LOCK** 위치에 있는지 확인한다.
2. 진단기기를 엔진룸 내의 20핀 진단 커넥터에 연결한다.
3. 키를 **ON** 위치에 놓는다.
4. 진단기기의 조작 수순에 따라 시스템을 점검한다.
5. 에어백 고장 코드 테이블을 참고하여 조치한다.

▮ 경고
고장진단 및 조치를 수행하기 전에 반드시 '작업시 경고사항'을 숙지하여 작업해야 한다. 잘못된 서비스 작업은 작업자의 심각한 상해나 사망에 이르게 할 수 있다.
'차상점검/작업시 경고사항' 페이지 60-12 참고

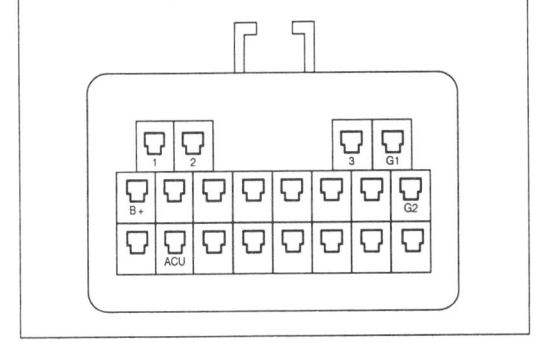

에어백 고장 코드 테이블

고장 코드	고장 내용	내용 상세	모드	조치
01-03 10-15 18-29 31-32	ACU 교환	ACU 내부 고장	1	ACU 교환
33	입력 전원 낮음	입력 전원 8V 이하	5	바테리 또는 하니스 교환 또는 수리
34	입력 전원 높음	입력 전원 16V 이상	5	바테리 또는 하니스 교환 또는 수리
35	에어백 경고등 Short	에어백 경고등 이상 배선 회로 Short	5	경고등 또는 하니스 교환 또는 수리
36	에어백 경고등 Open	에어백 경고등 이상 배선 회로 Open	5	경고등 또는 하니스 교환 또는 수리
53	운전석 에어백 회로 GND Short	에어백 모듈 이상 배선 회로 GND Short	5	에어백 모듈 또는 하니스 교환
54	운전석 에어백 회로 Battery Short	에어백 모듈 이상 배선 회로 Battery Short	5	에어백 모듈 또는 하니스 교환
55	운전석 에어백 회로 Short	에어백 모듈 이상 회로 Short	5	에어백 모듈 또는 하니스 교환
56	운전석 에어백 회로 Open	에어백 모듈 이상 회로 Open	5	에어백 모듈 또는 하니스 교환
57	조수석 에어백 회로 GND Short	에어백 모듈 이상 배선 회로 GND Short	5	에어백 모듈 또는 하니스 교환
58	조수석 에어백 회로 Battery Short	에어백 모듈 이상 배선 회로 Battery Short	5	에어백 모듈 또는 하니스 교환
59	조수석 에어백 회로 Short	에어백 모듈 이상 회로 Short	5	에어백 모듈 또는 하니스 교환
60	조수석 에어백 회로 Open	에어백 모듈 이상 회로 Open	5	에어백 모듈 또는 하니스 교환 ACU 사양 점검
78	조수석 무사양에 조수석 에어백 조립 감지	차량에 조수석 에어백 모듈 조립	5	ACU 교환

경고등 모드
- 모드1 : 고장 발생시 경고등 점등, 고장 소거/회복시 다음 Key ON Cycle에서 소등
- 모드5 : 고장 발생시 경고등 점등, 고장 소거/회복시 즉시 경고등 소등

고장 코드 소거

참고
고장 코드 소거는 진단기기로만 할 수 있다. 그 공정은 기기의 지시를 따르면 된다.
바테리를 분리하는 방법으로는 고장 코드를 소거할 수 없다.

에어백 고장진단 및 조치

커넥터 핀 배열(WIRE HARNESS 측)

1	2	3	4	5	6	7	8	9	10	11	12	13	14	15
16	17	18	19	20	21	22	23	24	25	26	27	28	29	30

No.	개요	No.	개요
1	-	16	쇼트바(Short Bar)
2	-	17	쇼트바(Short Bar)
3	-	18	쇼트바(Short Bar)
4	-	19	쇼트바(Short Bar)
5	입력 전원(IG) ⊕	20	-
6	그라운드(에어백 경고등 low)	21	쇼트바(Short Bar)
7	에어백 경고등	22	쇼트바(Short Bar)
8	-	23	-
9	통신단자(K-Line)	24	-
10	운전석 에어백 ⊕	25	쇼트바(Short Bar)
11	운전석 에어백 ⊖	26	쇼트바(Short Bar)
12	-	27	-
13	조수석 에어백 ⊕	28	쇼트바(Short Bar)
14	조수석 에어백 ⊖	29	쇼트바(Short Bar)
15	-	30	-

에어백 고장진단 및 조치

고장 코드별 점검 방법

고장 코드: 01-03, 10-15, 18-29, 31-32 ACU 내부 고장

단 계	점 검	조 치
1	내부 고장, 정비 검사 불가.	ACU을 교환한다.

고장 코드 : 33/34 입력 전원 낮음/높음

단 계	점 검		조 치
1	키를 OFF 위치에 놓고 바테리 ⊖ 케이블을 분리한 후 약 1분간 기다린다. ACU 커넥터 S-01을 분리하고 바테리 ⊖ 케이블을 연결한 후 키를 ON 위치에 놓는다. ACU측 에어백 하니스 커넥터 S-01의 5(R/B) 단자 전압이 9~16V가 되는지 점검한다.	예	다음 단계로 간다.
		아니오	단계 3으로 간다.
2	키를 OFF 위치에 놓고 바테리 ⊖ 케이블을 분리한 후 약 1분간 기다린다. ACU측 에어백 하니스 커넥터 S-01의 6(B) 단자와 GND 7사이의 통전 여부를 점검한다.	예	다음 단계로 간다.
		아니오	에어백 와이어 하니스를 교환한다.
3	ACU측 에어백 하니스 커넥터 S-01의 5(R/B) 단자와 에어백 휴즈 사이의 하니스가 단선 또는 단락 되었는지 점검한다.	예	에어백 와이어 하니스를 교환한다.
		아니오	바테리, 알터네이터 및 휴즈를 점검한다.

고장 코드 : 35 경고등 Short

단 계	점 검		조 치
1	키를 OFF 위치에 놓고 바테리 ⊖ 케이블을 분리한 후 약 1분간 기다린다. ACU 커넥터 S-01을 분리하고 ACU측 에어백 와이어 하니스 커넥터 S-01의 7(Y/L) 단자가 접지 되어 있는지 점검한다.	예	다음 단계로 간다
		아니오	ACU를 교환한다.
2	커넥터 S-02를 분리하고 미터 측 와이어 하니스 커넥터 S-02의 B(Y/L) 단자가 접지되어 있는지 점검한다.	예	다음 단계로 간다.
		아니오	S-01과 S-02의 Y/L 와이어 하니스를 교환한다.
3	미터 셋 커넥터 C-01을 분리하고 와이어 하니스 커넥터 C-01의 1I(Y/L) 단자가 접지되어 있는지 점검한다.	예	다음 단계로 간다.
		아니오	커넥터 C-01과 S-02 사이의 Y/L 와이어 하니스를 수리 또는 교환한다.
4	경고등 또는 미터셋이 접지 되어 있는지 점검한다.	예	수리 또는 교환한다.
		아니오	재점검 한다.

에어백 고장진단 및 조치

고장 코드 : 36 경고등 Open

단 계	점 검		조 치
1	키를 OFF위치에 놓고 바테리 ⊖ 케이블을 분리한 후 약 1분간 기다린다. ACU 커넥터 S-01을 분리하고 미터셋측 와이어 하니스 커넥터 C-01의 1I(Y/L) 단자와 와이어 하니스 커넥터 S-01의 7(Y/L) 단자 사이의 통전을 점검한다.	예	재점검 한다.
		아니오	다음 단계로 간다.
2	경고등이 정상인지 점검한다.	예	다음 단계로 간다.
		아니오	수리 또는 교환한다.
3	커넥터 S-02를 분리하고 와이어 하니스 커넥터 S-01의 7(Y/L) 단자와 S-02의 B(Y/L) 단자 사이의 통전을 점검한다.	예	다음 단계로 간다.
		아니오	S-02와 S-01의 Y/L 와이어 하니스를 교환한다.
4	커넥터 C-01을 분리하고 와이어 하니스 커넥터 S-02의 B(Y/L) 단자와 와이어 하니스 커넥터 C-01의 1I(Y/L) 단자 사이의 통전을 점검한다.	예	재점검 한다.
		아니오	C-01과 S-02의 Y/L 와이어 하니스를 교환한다.

에어백 고장진단 및 조치

고장 코드 : 53/57 운전석/조수석 에어백 GND Short

단계	점 검		조 치
1	키를 OFF 위치에 놓고 바테리 ⊖ 케이블을 분리한 후 약 1분간 기다린다. 운전석 및 조수석 에어백 모듈을 분리하고 더미 로드를 각각 연결한다. 바테리 ⊖ 케이블을 연결한 후 키를 ON 위치에 놓는다. 에어백 경고등이 약 5초 후 소등되는가?	예	운전석과 조수석 모듈을 번갈아 장착하며 경고등을 점검한다. 이상이 있는 모듈을 교환한다.
		아니오	다음 단계로 간다.
2	키를 OFF 위치에 놓고 바테리 ⊖ 케이블을 분리한 후 약 1분간 기다린다. ACU 커넥터 S-01과 클록 스프링 커넥터 S-05를 분리한 후 클록 스프링측 에어백 와이어 하니스 커넥터 S-05의 B(L/W)와 C(Y) 단자가 GND와 통전되는가?	예	에어백 와이어 하니스를 교환한다.
		아니오	다음 단계로 간다.
3	클록 스프링 커넥터 S-05를 조립하고 운전석 더미 로드를 분리한다. 운전석 에어백 모듈측 클록 스프링 커넥터의 S-04의 B(L/W)와 C(Y) 단자가 GND와 통전되는가?	예	클록 스프링을 교환하다.
		아니오	다음 단계로 간다.
4	조수석 측 더미 로드를 분리한다. 조수석 에어백 모듈측 에어백 와이어 하니스 커넥터 S-03의 B(L/R)와 C(Y/R) 양단자가 GND와 통전되는가?	예	에어백 와이어 하니스를 교환한다.
		아니오	다음 단계로 간다.
5	조수석 에어백 모듈을 연결한다. 바테리 ⊖ 케이블을 연결하고 키를 ON 위치에 놓는다. 경고등이 정상 작동 후 약 5초 뒤에 소등 되는가?	예	단계 6으로 간다.
		아니오	조수석 에어백 모듈을 교환한다.
6	키를 OFF 위치에 놓고 바테리 ⊖ 케이블을 분리한 후 약 1분간 기다린다. 운전석 더미 로드를 분리하고 운전석 에어백 모듈을 연결한다. 바테리 ⊖ 케이블을 연결하고 키를 ON 위치에 놓으면 경고등이 약 5초 후에 소등 되는가?	예	재점검 한다.
		아니오	운전석 에어백 모듈을 교환한다.

참고
더미 로드는 약 2Ω의 저항값을 가지며 에어백 모듈이 장착되어 있는 것처럼 에어백 컨트롤 유닛이 인식하는 기능을 갖는다. 더미 로드는 공급 부품 또는 기구가 아니며 2Ω 정도의 저항값을 갖도록 제작하여 사용하면 된다.

고장 코드 : 54/58 운전석/조수석 에어백 Battery Short

단계	점 검		조 치
1	키를 OFF 위치에 놓고 바테리 ⊖ 케이블을 분리한 후 약 1분간 기다린다. 운전석 및 조수석 에어백 모듈을 분리하고 더미 로드를 각각 연결한다. 바테리 ⊖ 케이블을 연결한 후 키를 ON 위치에 놓는다. 에어백 경고등이 5초 후 소등되는가?	예	모듈을 번갈아 장착하며 경고등이 정상인지 확인한다. 이상이 있는 모듈을 교환한다.
		아니오	다음 단계로 간다.
2	키를 OFF 위치에 놓고 바테리 ⊖ 케이블을 분리한 후 약 1분간 기다린다. ACU 커넥터 S-01과 클록 스프링 커넥터 S-05를 분리한다. 바테리 ⊖ 케이블을 연결한 후 키를 ON 위치에 놓는다. 클록 스프링측 에어백 와이어 하니스 커넥터 S-05의 B(L/W)와 C(Y) 양단자와 GND 사이에 전압이 걸리는가?	예	에어백 와이어 하니스를 교환한다. 단계 3으로 간다.
		아니오	단계 4로 간다.
3	운전석 더미 로드를 제거하고 클록 스프링 커넥터 S-05를 조립한다. 바테리 ⊖ 케이블을 연결한 후 키를 ON 위치에 놓는다. 운전석 에어백 모듈측 클록 스프링의 커넥터 S-05의 B(L/W), C(Y) 단자와 GND 사이에 전압이 걸리는가?	예	클록 스프링을 교환한다.
		아니오	다음 단계로 간다.
4	조수석 측 더미 로드를 분리하고 바테리 ⊖ 케이블을 연결한 후 키를 ON 위치에 놓는다. 조수석 에어백 모듈측 에어백 와이어 하니스 커넥터 S-03의 B(L/R), C(Y/R) 양단자와 GND사이에 전압이 걸리는가?	예	에어백 와이어 하니스를 교환한다.
		아니오	다음 단계로 간다.
5	키를 OFF 위치에 놓고 바테리 ⊖ 케이블을 분리한 후 약 1분간 기다린다. 조수석 에어백 모듈을 연결한 후 ACU 커넥터 S-01를 연결한다. 바테리 ⊖ 케이블을 연결하고 키를 ON 위치에 놓는다. 경고등이 약 5초 뒤에 소등 되는가?	예	단계 단계로 간다.
		아니오	조수석 에어백 모듈을 교환한다.
6	키를 OFF 위치에 놓고 바테리 ⊖ 케이블을 분리한 후 약 1분간 기다린다. 운전석 더미 로드를 분리하고 운전석 에어백 모듈을 연결한다. 바테리 ⊖ 케이블을 연결하고 키를 ON 위치에 놓는다. 경고등이 약 5초 후에 소등 되는가?	예	재점검 한다
		아니오	운전석 에어백 모듈을 교환한다.

고장 코드 : 55 운전석 에어백 회로 Short

단계	점 검		조 치
1	키를 OFF 위치에 놓고 바테리 ⊖ 케이블을 분리한 후 약 1분간 기다린다. 운전석 에어백 모듈을 분리하고 더미 로드를 연결한다. 바테리 ⊖ 케이블을 연결한 후 키를 ON 위치에 놓는다.	예	재점검한다.
		아니오	다음 단계로 간다.
2	에어백 경고등이 5초 후 소등되는가? 키를 OFF 위치에 놓고 바테리 ⊖ 케이블을 분리한 후 약 1분간 기다린다. 클록 스프링 커넥터 S-05를 분리한다. 운전석측 더미 로드를 제거하고 에어백 모듈측 클록 스프링의 커넥터 S-04의 B 단자와 C 단자의 저항이 0.2-0.36 Ω 사이에 있는가?	예	단계 3으로 간다.
		아니오	클록 스프링을 교환한다.
3	에어백 하니스의 ACU측 커넥터 S-01를 분리하고 클록 스프링 결합 단 S-05부터 ACU측 결합 단 S-01까지의 하니스가 단락되었는가?	예	와이어 하니스를 교환한다.
		아니오	다음 단계로 간다.
4	ACU 커넥터와 클록 스프링 커넥터를 결합한다. 운전석 더미 로드를 분리하고 운전석 에어백 모듈을 결합한다. 바테리 ⊖ 케이블을 연결한 후 키를 ON 위치에 놓는다. 경고등이 약 5초 후 소등 되는가?	예	조치 완료
		아니오	운전석 에어백 모듈을 교환한다.

고장 코드 : 56 운전석 에어백 회로 Open

단계	점 검		조 치
1	키를 OFF 위치에 놓고 바테리 ⊖ 케이블을 분리한 후 약 1분간 기다린다. 운전석 에어백 모듈을 분리하고 더미 로드를 연결한다. 바테리 ⊖ 케이블을 연결한 후 키를 ON 위치에 놓는다.	예	재점검한다.
		아니오	다음 단계로 간다.
2	에어백 경고등이 약 5초 후 소등되는가? 키를 OFF 위치에 놓고 바테리 ⊖ 케이블을 분리한 후 약 1분간 기다린다. ACU 커넥터 S-01과 클록 스프링 커넥터 S-05를 분리한다. 클록 스프링 측의 와이어 하니스 커넥터 S-05의 B(L/W) 단자와 C(Y) 단자가 서로 통전이 되는가?	예	단계 3으로 간다.
		아니오	에어백 와이어 하니스를 교환한다. 다음 단계로 간다.
3	클록 스프링의 커넥터 S-04에서 운전석 더미 로드를 분리한다. 운전석 모듈측의 클록 스프링 커넥터 S-04의 B(L/W) 단자와 C(Y) 단자가 서로 통전이 되는가?	예	단계 4로 간다.
		아니오	클록 스프링을 교환하고 다음 단계로 간다.
4	키를 OFF 위치에 놓고 바테리 ⊖ 케이블을 분리한 후 약 1분간 기다린다. ACU 커넥터 S-01를 연결하고 운전석 에어백 모듈을 결합한다. 바테리 ⊖ 케이블을 연결한 후 키를 ON 위치에 놓는다. 경고등이 약 5초 후 소등 되는가?	예	조치 완료
		아니오	운전석 에어백 모듈을 교환한다.

고장 코드 : 59 조수석 에어백 회로 Short

단계	점 검		조 치
1	키를 OFF 위치에 놓고 바테리 ⊖ 케이블을 분리한 후 약 1분간 기다린다. 조수석 에어백 모듈을 분리하고 더미 로드를 연결한다. 바테리 ⊖ 케이블을 연결한 후 키를 ON 위치에 놓는다. 에어백 경고등이 5초 후 소등되는가?	예	재점검한다.
		아니오	다음 단계로 간다.
2	키를 OFF 위치에 놓고 바테리 ⊖ 케이블을 분리한 후 약 1분간 기다린다. ACU 커넥터와 조수석 더미 로드를 분리하고 와이어 하니스 커넥터 S-03의 B(L/R) 단자와 C(Y/R) 단자간의 단락 여부를 점검한다.	예	와이어 하니스를 교환한다.
		아니오	다음 단계로 간다.
3	키를 OFF 위치에 놓고 바테리 ⊖ 케이블을 분리한 후 약 1분간 기다린다. ACU 커넥터와 조수석 에어백 모듈을 결합한다. 바테리 ⊖ 케이블을 연결한 후 키를 ON 위치에 놓는다. 경고등이 약 5초 후 소등 되는가?	예	조치 완료
		아니오	조수석 에어백 모듈을 교환한다.

고장 코드 : 60 조수석 에어백 회로 Open

단계	점 검		조 치
1	키를 OFF 위치에 놓고 바테리 ⊖ 케이블을 분리한 후 약 1분간 기다린다. 조수석 에어백 모듈을 분리하고 더미 로드를 연결한다. 바테리 ⊖ 케이블을 연결한 후 키를 ON 위치에 놓는다. 에어백 경고등이 약 5초 후 소등되는가?	예	단계 3으로 간다.
		아니오	다음 단계로 간다.
2	키를 OFF 위치에 놓고 바테리 ⊖ 케이블을 분리한 후 약 1분간 기다린다. ACU 커넥터 S-01과 조수석 더미 로드를 분리한다. 조수석 에어백 모듈측의 에어백 와이어 하니스 커넥터 S-03의 B(L/R) 단자와 C(Y/R) 단자가 서로 통전 되는가?	예	다음 단계로 간다.
		아니오	에어백 와이어 하니스를 교환한다. 다음 단계로 간다.
3	ACU커넥터 S-01을 연결하고 조수석 에어백 모듈을 연결한다. 바테리 ⊖ 케이블을 연결한 후 키를 ON 위치에 놓는다. 경고등이 약 5초 후 소등 되는가?	예	조치 완료
		아니오	조수석 에어백 모듈을 교환한다.

고장 코드 : 78 운전석/조수석 사양 불일치

차량 에어백구성	ACU 사양	발생 고장 코드	조치
운전석	운전석 + 조수석	78. 조수석 에어백 회로 Open	ACU(운전석) 교환

에어백 고장진단 및 조치

회로도

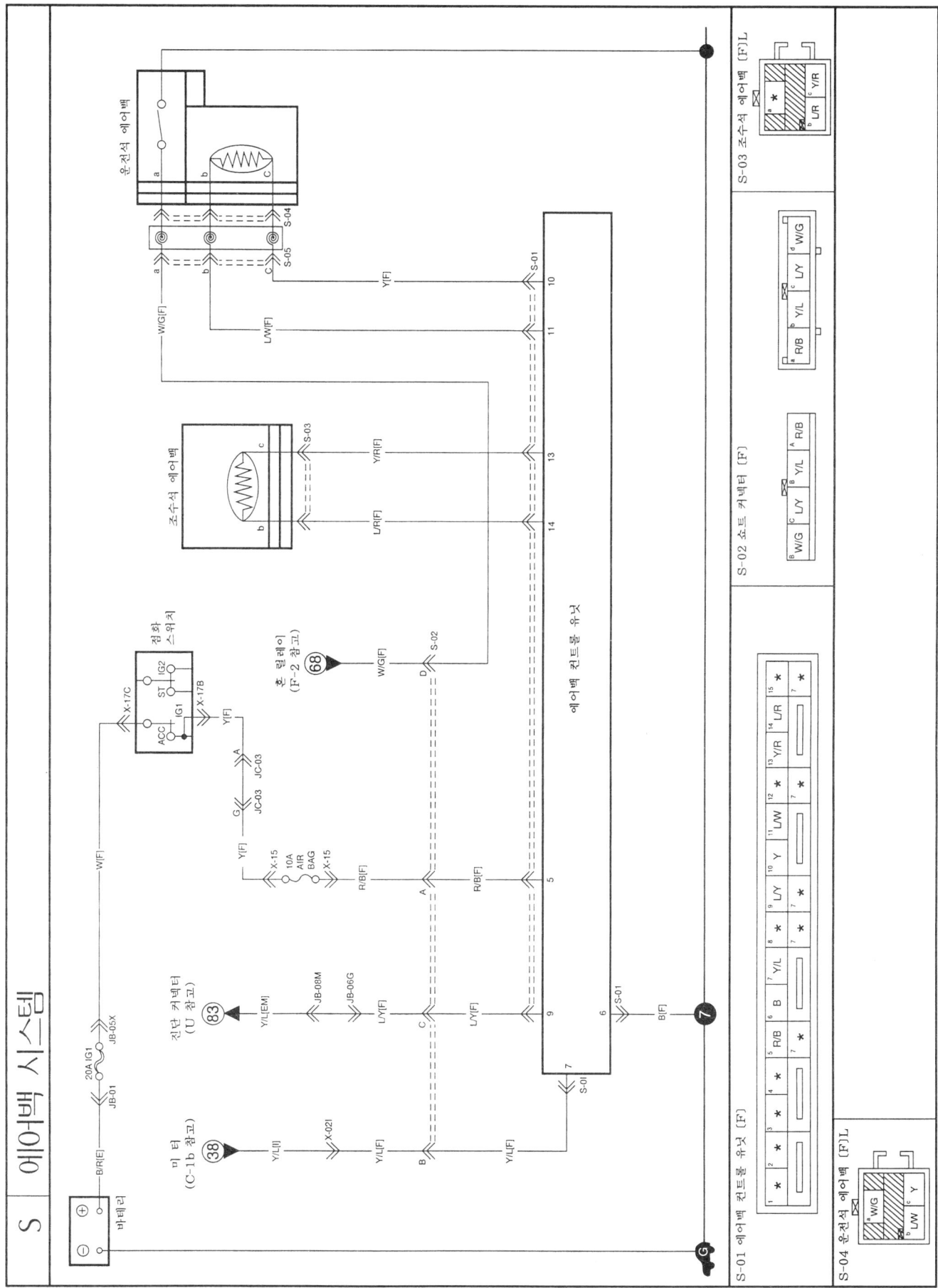

개요 및 작동

SRS 에어백
설명 및 기능
SRS(Supplemental Restraint System : 보조 구속 장치)에어백은 에어백 컨트롤 유닛 내에 장착되어 있는 크래쉬 센서와 세이핑 센서가 차체 충격 펄스를 감지하여 에어백을 작동시키는 SPS(Single Point Sensing)타입이다.
에어백은 차량 전방에서 강한 충격을 받으면 충돌시의 충격에 의해 충돌 펄스를 크래쉬 센서 및 세이핑 센서에서 감지하여 두 센서가 ON되어 인플레이터에 전기 신호를 보내 인플레이터가 작동하여 질소가스(조수석은 아르곤 가스)를 발생시켜 가스에 의해 에어백이 스티어링 휠 상단의 백 커버와 조수석 인스트루먼트 패널부의 에어백 커버를 뚫고 부풀어 올라 운전자와 조수석 탑승자의 머리 및 가슴등의 손상을 예방하며, 에어백은 부풀어 오른 후 백 가스가 배출되면서 운전자와 조수석 탑승자의 충격을 완화한다.
에어백이 정상일 경우에는 키 스위치를 ON으로 하면 경고등이 점등한 후 약 4~6초 후에 소등한다. 또한 고장일 경우에는 점멸 또는 상시 점등한다.

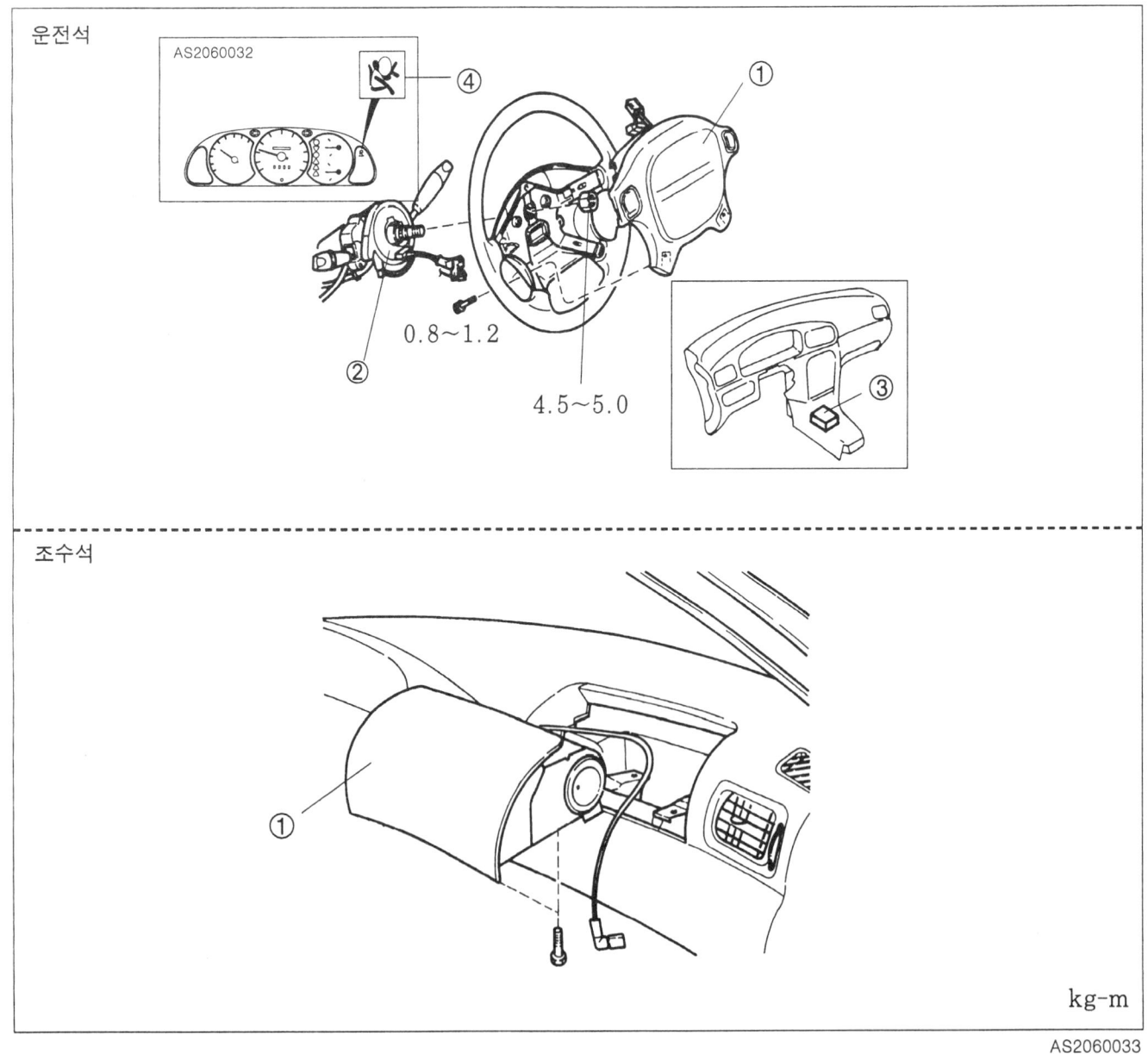

1. 에어백 모듈
2. 클록 스프링
3. 에어백 유닛
4. 에어백 경고등

SRS 에어백 구성 부품

운전석 에어백 모듈

에어백 및 인프레이터로 구성되어 있으며 분해하여서는 안된다. 충돌시 에어백 컨트롤 유닛으로부터 기폭용 전원을 공급 받아 백을 팽창시키는 기능을 한다. 커넥터 측에는 안전장치가 되어 있어 클록 스프링측의 커넥터와 분리할 때 모듈측 커넥터 ⊕ ⊖ 양단자가 단락되어 배터리나 기타 전원과 접촉으로 인한 오작동을 방지할 수 있도록 되어 있다.

> **경고**
> 에어백 모듈은 반드시 일반 테스터로 저항을 측정하거나 점검하여서는 안된다. 테스터로 회로의 저항 측정시 에어백의 작동으로 상해를 입을 수도 있다.

조수석 에어백 모듈

운전석 에어백 측과 동일한 기능을 가지며 인스트루먼트의 조수석 측에 조립된다. 커넥터 측에는 안전장치가 되어 있어 에어백 커넥터 ⊕ ⊖ 양 단자가 단락 되어 배터리나 기타 전원과 불의의 접촉으로 인한 오 동작을 방지할 수 있도록 되어있다.

> **경고**
> 에어백 모듈은 반드시 일반 테스터로 저항을 측정하거나 점검하여서는 안된다. 테스터로 회로의 저항 측정시 에어백의 작동으로 상해를 입을 수도 있다.

에어백 컨트롤 유닛

충돌 발생시 충격의 정도를 감지/판단하여 운전석 및 조수석 에어백을 작동시키며 전원 투입 상태(Key ON)에서 주변 관련 회로 및 내부 주요 기능에 대한 자기 고장 진단을 실시한다. 자기 진단 중 고장이 발견되면 내부 고장 메모리에 고장 코드를 기록하고 미터 셋 내에 위치한 경고등을 점등 시킨다. 고장 기록은 진단기기를 통하여 읽어낼 수 있다.

체결토크: 0.8~1.4 Kg·m

> **경고**
> - 에어백 컨트롤 유닛 내에 전원이 투입된 상태 즉, 에어백 시스템 동작 대기 상태에서는 에어백 관련 회로의 분리를 하지 말아야 한다.
> - 에어백 컨트롤 유닛 상단 화살표의 방향이 반드시 차량의 전방과 일치하도록 조립하여야 한다.

클록 스프링

컴비네이션 스위치에 앗세이로 되어 있으며, 스티어링의 회전 조작에 관계없이 유닛으로부터 운전석 에어백 모듈에 기폭용 전원을 공급할 수 있도록 케이블이 내부에 감겨져 있다.

와이어 하니스측 커넥터에는 안전 장치가 있어 와이어 하니스측과 분리할 때 클록 스프링의 하단 커넥터 ⊕ ⊖ 양 단자가 단락 되어 배터리나 기타 전원과 접촉으로 인한 오작동을 방지할 수 있도록 되어 있다.

에어백 와이어 하니스

에어백 구성 부품을 연결하여 에어백 컨트롤 유닛으로 전원을 공급한다. 일반적으로 대시 하니스와 앗세이 되어 있다

> **경고**
> 와이어 하니스 손상 발견시 수정하지 말고 신품으로 교환해야 한다.

에어백 경고등

에어백 경고등은 미터 셋 내에 위치하고 있으며 에어백 시스템이 정상작동 여부를 표시한다. 초기 키 ON 위치로부터 6~8초간 점등 후 소등되며 고장 발생시 소등후 점등 또는 지속 점등되어 운전자에게 고장이 발생하였음을 경고한다.

차상 점검

에어백 작업시 경고사항
반드시 정비작업 수순에 따라 에어백 시스템의 정비를 실시하여야 한다. 지시에 따르지 않을 경우 에어백의 오작동으로 심각한 상해를 입을 수 있다.
1. 정비 작업은 반드시 Key OFF(LOCK) 상태에서 실시하여야 한다.(작업자 안전을 위해 Key set에서 키를 제거한다.)
2. 바테리 ⊖ 케이블을 분리한 후 에어백 컨트롤 유닛 내에 저장된 백업 전원이 완전히 방전될 때까지 약 1분 동안 기다린다.

■ 경고
바테리를 분리한 후 백업 전원이 방전되지 않은 상태에서 에어백을 분리할 경우 에어백이 오작동하여 심각한 상해를 입거나 사망할 수 있다.

3. 에어백 고장 상태를 파악하기 위해 진단기기를 연결하여 고장코드를 점검한다. 이 작업은 바테리 케이블을 분리하기 전에 실시한다.
4. 에어백 부품에 대해서는 분해 및 수정을 하지 않아야 하며 결함이 있을시 신품으로 교환한다.
5. 고장진단 결과 에어백 시스템에 관련된 와이어 하니스 결함이 인식될 때에는 와이어 하니스를 교환하고 절대 수리하지 않는다.
6. 정비 작업이 완료되면 에어백 경고등 점검 및 고장 코드 기록 유무를 점검한다.
7. 에어백 컨트롤 유닛을 교환할 때는 에어백 컨트롤 유닛이 고정되지 않은 상태에서 절대 전원을 투입하여서는 안된다. 미고정 상태에서 에어백 컨트롤 유닛은 작은 충격에 에어백을 오작동시켜 작업자가 부상을 입을 수도 있다.

에어백 모듈 취급

보관
미 전개된 에어백 모듈을 보관할 때에는 트림 커버가 위를 향하도록 놓고 상온에서 보관해야 한다.

운반
미 전개된 에어백 모듈을 들고 운반할 때에는 신체의 손상을 방지하기 위해 트림 커버 면이 바깥쪽으로 향하도록 들고 운반한다.

폐기
전개된 에어백 모듈을 취급할 때는 반드시 눈과 손을 보호할 수 있는 보호구를 착용해야 하며, 전개된 에어백 모듈은 반드시 비닐 봉투에 넣어 밀폐하여 폐기해야 한다.

■ 경고
- 전개된 에어백 모듈은 고온이므로 상온에 25분 정도 방치해두고 절대 물을 뿌려서는 안된다.
- 전개된 에어백 모듈을 취급할 때는 보호경 및 고무 장갑을 착용한다.
- 작업 종료 후는 노출된 부위를 깨끗이 씻는다.

미사용 에어백 결함
진단 결과 결함이 있는 에어백은 새로운 에어백으로 교체하고, 그 결함이 있는 에어백은 평상적인 방식으로 처리해서는 안된다. 적절한 처리를 위하여 기아자동차로 반송해야 한다.

폐차
어떤 차량들은 수리가 불가능한 상태로 손상되거나 또는 작동이 불가능함에도 전개가 안된 에어백을 갖고 있다. 이 상태는 측면이나 후부 충격, 전복 또는 차량이 단순히 가용 수명이 경과 등에 의해 발생될 수 있다. 미전개 에어백은 반드시 강제전개하여 정해진 절차에 따라 폐기해야한다.

에어백 강제 전개
이 절차는 미 사용 에어백이 있는 차량을 폐기할 경우에 이용한다. 그 차량은 원래의 에어백 와이어 하니스를 갖고 있지 않거나 특정 시스템 구성 부품이 작동 불가능한 상태이므로 별도의 안전한 방법으로 강제전개하여 정해진 방법으로 폐기해야한다.

■ 경고
강제 전개는 옥외에서 해야 하며 모든 사람의 안전을 위해서 적어도 6m 이상 떨어져 있어야 한다. 반드시 에어백 트림이 하늘을 향해 놓고 엄폐물을 설치하도록 한다.

운전석 에어백 모듈

경고
분리 작업 전에 반드시 모든 경고및 주의 사항을 숙지하고 정확한 작업순서를 지켜야 한다. 부주의한 작업은 에어백의 오작동으로 신체에 손상을 입거나 사망을 야기할 수 있다.

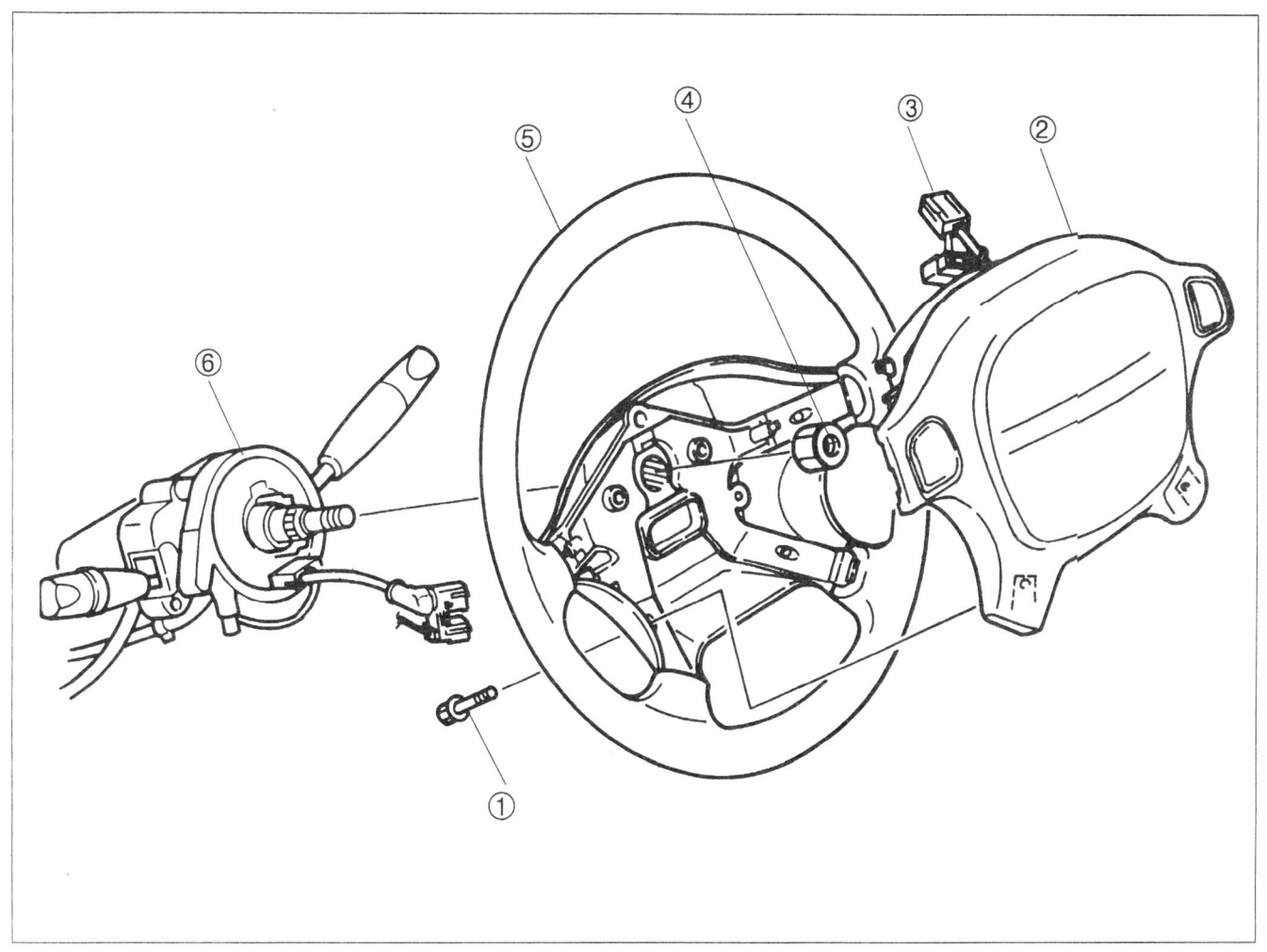

1. 볼트
2. 운전석 에어백 모듈
3. 에어백 커넥터
4. 스티어링 너트
5. 스티어링 휠
6. 클록 스프링

분리
1. 프런트 휠을 직진 상태로 놓는다.
2. 바테리 ⊖ 단자를 분리한다.

주의
- 바테리 ⊖ 단자를 분리한 후 ACU 내의 백업 전원이 완전히 방전될 때까지 약 1분간 기다린다.
- 백업 전원이 완전하게 방전되지 않은 상태에서 분리 작업을 할 경우 에어백의 오 전개로 심각한 상해를 입을 수도 있다.

3. 에어백 모듈 볼트를 풀고서 스티어링 휠에서 에어백 모듈을 분리한다.
4. 에어백 모듈에서 에어백 커넥터를 분리한다.

참조
- 오렌지 노브 아래 고무 캡을 제거한 후 오렌지 노브를 누르고 오렌지 커넥터를 분리한다.
- 청색 노브를 누르고 청색 커넥터를 분리한다.

5. 스티어링 휠 너트를 분리한다.
6. 스티어링 휠을 분리한다.
7. 로어 스티어링 컬럼 패널 스크루를 푼 후 어퍼와 로어 스티어링 컬럼 패널을 분리한다.
8. 클록 스프링의 커넥터를 분리한다.

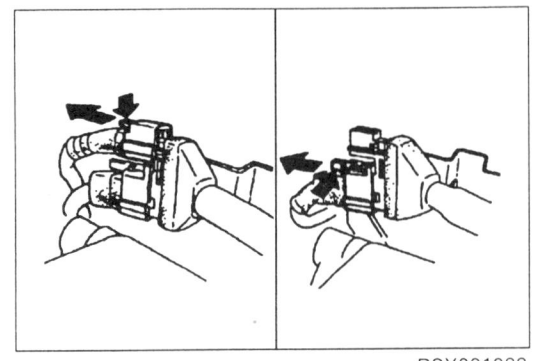

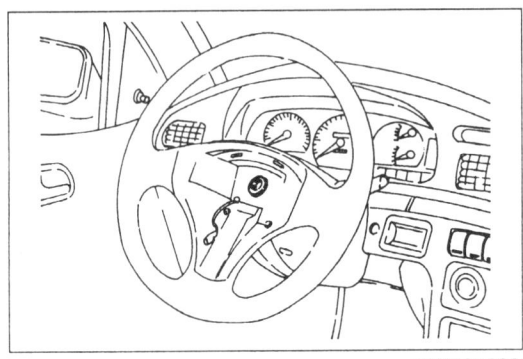

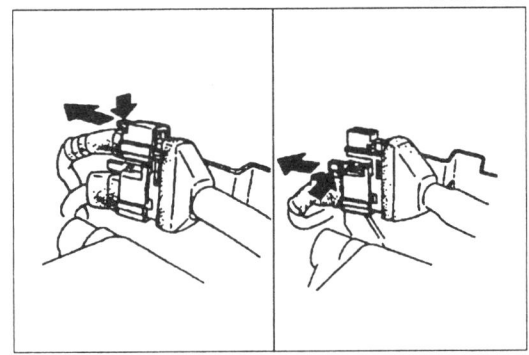

9. 클록 스프링 어셈블리 스크루를 푼 후 스티어링 컬럼 샤프트에서 클록 스프링을 분리한다.

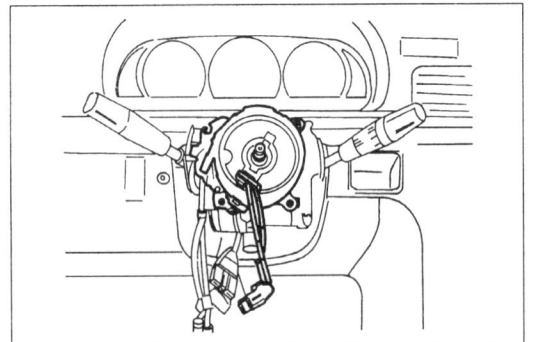

10. 클록 스프링 어셈블리를 분리한다.

장착

1. 클록 스프링을 스티어링 컬럼 샤프트에 조립한다.
2. 클록 스프링 커넥터를 끼운다.(청색을 끼운 후 오렌지색을 끼운다.)
3. 클록 스프링 어셈블리 스크루를 체결한다.

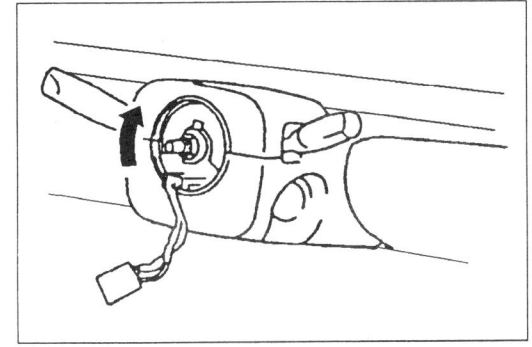

4. 로어 스티어링 컬럼 패널 및 어퍼 스티어링 컬럼 패널을 조립한다.

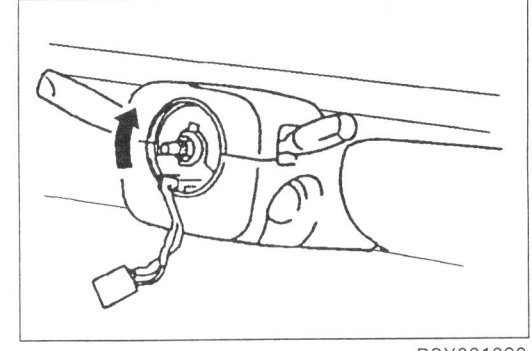

5. 클록 스프링을 시계 방향으로 멈출 때까지 감는다.

   주의
   클록 스프링을 감을 때에는 과도한 힘을 가하지 않도록 한다.

6. 감은 상태에서 반시계 방향으로 2.75회전 돌린다.

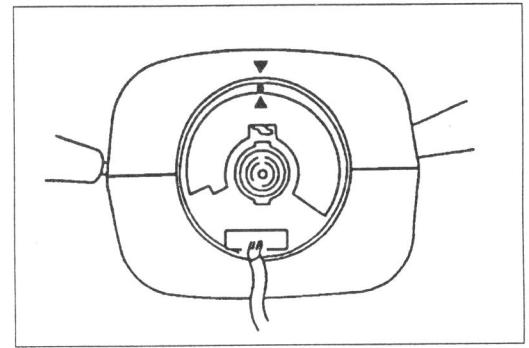

7. 클록 스프링의 조립 마크를 맞춘다.
8. 스티어링 휠을 스티어링 컬럼 샤프트에 조립한다.
9. 스티어링 휠 너트를 체결한다.

   체결토크: 4.0~5.0 kg-m

10. 에어백 모듈에 에어백 커넥터를 연결한다.

    주의
    에어백 모듈을 장착할 때 에어백 모듈 배선이 스티어링 휠과 에어백 모듈 사이에 물려 피복이 벗겨지지 않도록 에어백 모듈 커넥터를 잘 정리한다.

11. 에어백을 스티어링 휠에 장착 한 후 체결 볼트를 체결한다.

    체결토크: 0.8~1.2 kg-m

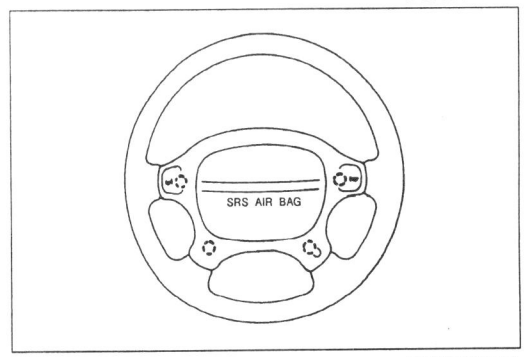

주의
- 볼트 체결 순서는 D-B-C-A순서로 한다.
- 커넥터는 반드시 "딸깍"음이 들릴 때까지 결합하고 배선이 물리지 않도록 한다.

12. 바테리 ⊖ 단자를 연결한다.

주의
- 에어백 모듈을 장착한 후 혼 스위치를 눌러서 혼이 울리는 것을 확인한다. 혼이 울리지 않을 때는 클록 스프링과 에어백 모듈 및 혼 스위치의 커넥터가 정확히 접속되어 있는가 확인한다.
- 작업 후 에어백 경고등의 점등 패턴으로 시스템이 정상으로 작동하고 있는 것을 확인한다.
- 시스템 작동 정상시 경고등은 이그니션 스위치 ON 후 약 4~6초간 점등된 후 소등된다.
- 초기에 경고등이 점등되지 않거나, 계속 점등되면 시스템에 이상이 있으므로 다시 점검을 실시한다.

에어백 차상점검

조수석 에어백 모듈
분리 및 장착

> **경고**
> 분리 작업 전에 반드시 모든 경고및 주의 사항을 숙지하고 정확한 작업순서를 지켜야 한다. 부주의한 작업은 에어백의 오작동으로 신체에 손상을 입거나 사망을 야기할 수 있다.

1. 그림의 번호 순서대로 분리한다

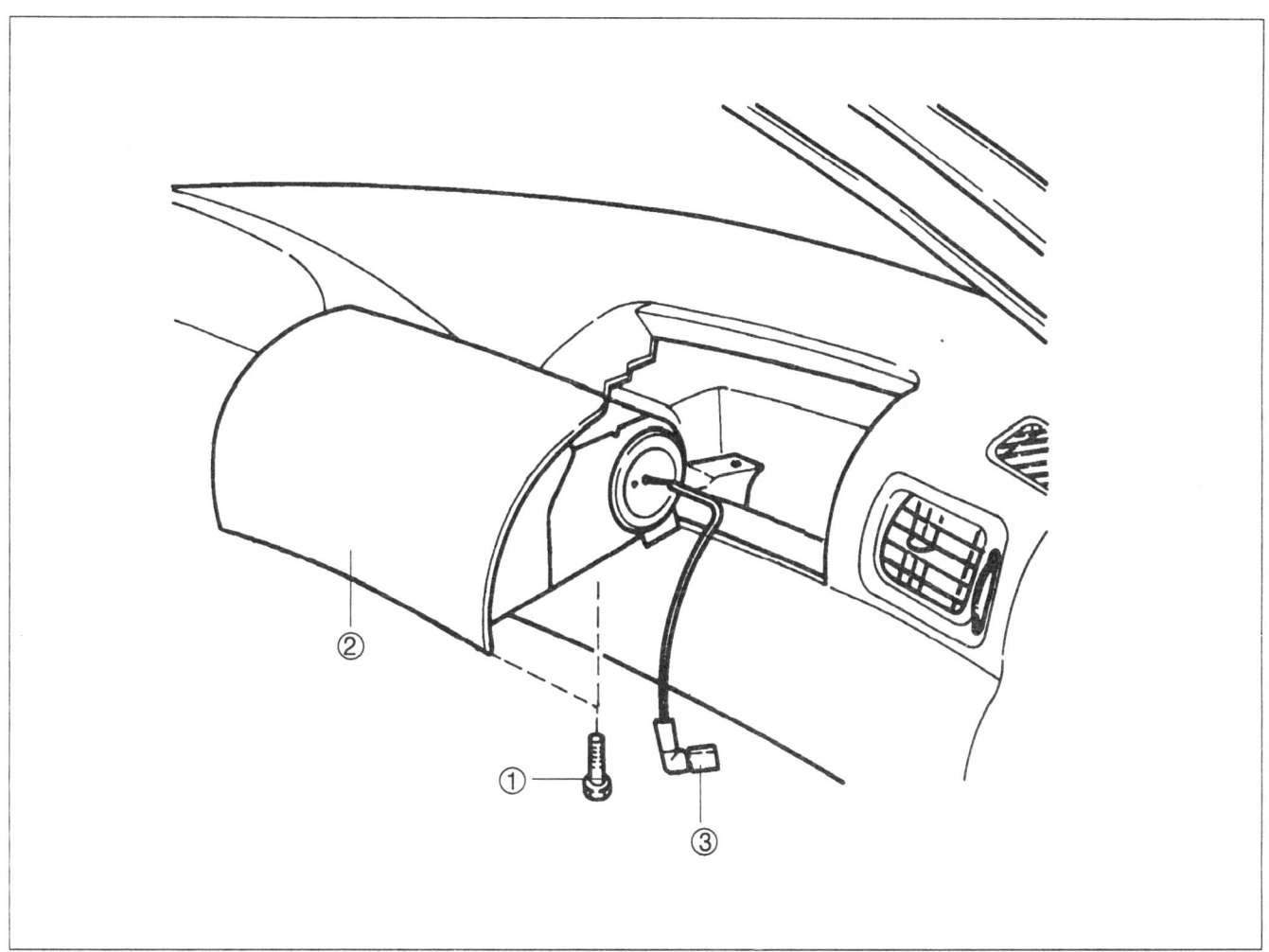

AGX061045

1. 볼트
2. 조수석 에어백 모듈
3. 에어백 커넥터

에어백 컨트롤 유닛
분리 및 장착

경고
- 분리 작업 전에 반드시 모든 경고및 주의 사항을 숙지하고 정확한 작업순서를 지켜야 한다. 부주의한 작업은 에어백의 오작동으로 신체에 손상을 입거나 사망을 야기할 수 있다.
- 에어백 컨트롤 유닛 내에 전원이 투입되어 작동 상태에서는 에어백 관련 회로의 분리를 하지 말아야 한다.
- 에어백 컨트롤 유닛 상단 화살표의 방향이 반드시 차량의 전방과 일치하도록 조립하여야 한다.

1. 그림의 번호 순서대로 분리한다.

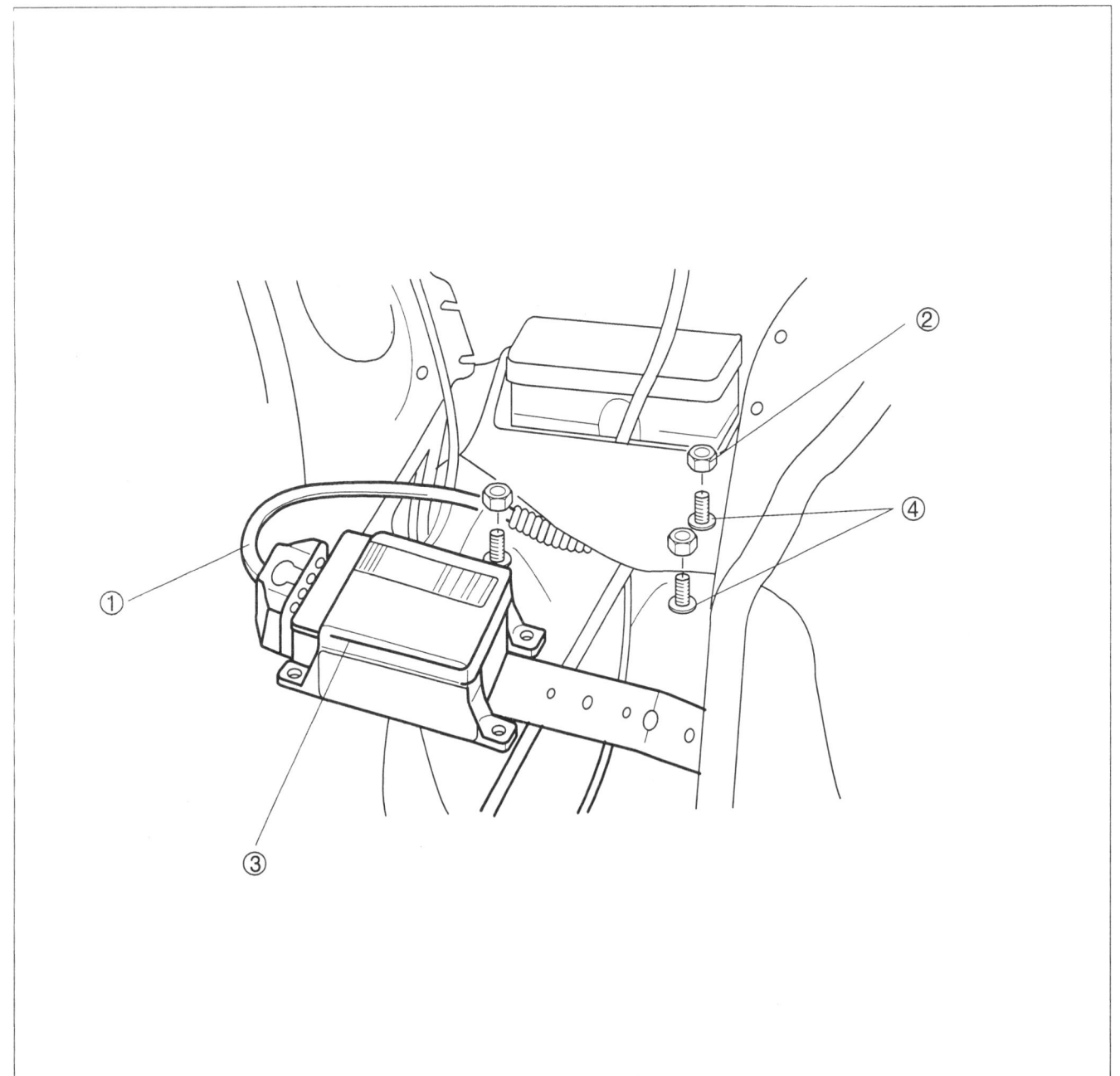

AS2A60007

1. 에어백 와이어 하니스
2. 너트
3. 에어백 컨트롤 유닛
4. 마운팅 스터드

에어백 차상점검

에어백 강제전개 및 폐기

경고
- 작업전에 반드시 모든 경고및 주의 사항을 숙지하고 정확한 작업순서를 지켜야 한다. 부주의한 작업은 에어백의 오작동으로 신체에 손상을 입거나 사망을 야기할 수 있다
- 전개된 에어백 모듈은 고온이므로 상온에 25분 정도 방치해두고 절대 물을 뿌려서는 안된다.
- 전개된 에어백 모듈을 취급할 때는 보호경 및 고무 장갑을 착용한다.
- 작업 종료후는 물로 노출된 부위를 깨끗이 씻는다.

1. 바테리를 분리한 후 1분 이상 기다린다.
2. 에어백 모듈을 분리한다.
3. 에어백을 주차장이나 벌판같이 넓고 평평한 표면에서 트림 커버가 위를 향하도록 놓는다.

경고
- 강제 전개는 옥외에서 해야 하며 모든 사람의 안전을 위해서 적어도 6m 이상 떨어져 있어야 한다.
- 반드시 에어백 트림이 하늘을 향해 놓고 엄폐물을 설치하도록 한다.

1. 에어백 커넥터 와이어 하니스를 절단하고 끝에서 25mm의 절연체를 벗긴다. 적어도 길이가 6m 이상의 와이어를 확보한다.
2. 와이어의 한쪽 끝을 에어백 모듈의 와이어 하니스에 연결하고 절연시킨다.
3. 에어백으로부터 적어도 6m 이상 떨어진 곳에서 와이어의 다른 끝을 12V 바테리 단자에 접지시켜 에어백을 전개한다.
4. 성공이면, 큰 폭음이 들릴 것이며 에어백 전개 모습이 보일 것이다. 에어백을 식히고 발생 물이 확산되기 위해 적어도 25분 이상 기다렸다가 접근한다. 그 에어백은 이제 사용이 끝났고 평상적인 방법에 의하여 폐기가 가능하다.

에어컨

고장진단 및 조치 · 62- 1
사양 · 62- 3
개요 및 작동 · 62- 4
냉매시스템 기본작업 · 62-10
차상점검 · 62-18
분리 및 장착 · 62-20

에어컨 고장진단 및 조치

1	에어컨 시스템의 냉매 압력을 점검한다 〔주의〕 냉매 시스템의 점검을 실시할 때는 반드시 62-19 페이지를 참조할 것.

단계	점검		조치
1	1. 매니폴드 게이지(Manifold gauge)를 시스템에 연결한다. 2. 엔진을 시동하고 엔진을 2,000rpm으로 유지한다. 3. 블로워 스위치, 에어컨 스위치를 ON으로 한다. 4. 템프(TEMP)도어를 COOL위치에 놓는다. 5. 매니폴드 게이지 압력을 읽는다. 정상압력 고압측 : 13.0~18.5kg/cm² 저압측 : 1.4~2.9 kg/cm²	예	냉방 성능을 확인한다.

2	에어컨 시스템의 이상 냉매 압력을 읽어 시스템을 점검한다 〔주의〕 냉매 시스템의 점검을 실시할 때는 반드시 62-19 페이지를 참조할 것

고압측 : 8.4~9.6kg/cm², 저압측 : 0.6~1.0kg/cm²

〔원인〕
· 냉매량 부족

단계	점검		조치
1	냉매 호스 및 파이프 연결부에 기름이 묻거나 누설된 흔적이 있는지 확인한다.	예	연결부를 점검하고 O-링을 교환하여 재체결한다.
		아니오	다음 단계를 점검한다.
2	LEAK 탐지기를 이용하여 파이프 및 냉매 시스템에서 냉매가 누설되는지 점검한다.	예	누설 부위를 점검하고 이상시 부품과 O-링을 교환하여 재조립한다.
		아니오	시스템 정상이므로 냉매를 재충전한다.

고압측 : 23.0kg/cm²이상, 저압측 : 2.4 kg/cm²

〔원인〕
· 냉매의 과충전 또는 컨덴서의 냉각 부족

단계	점검		조치
1	컨덴서의 변형, 오물 등 외관 불량을 점검한다.	예	컨덴서를 청소, 수리 또는 교환한다.
		아니오	냉매의 과충전.

에어컨 고장진단 및 조치

고압측 : 26.5kg/cm²이상, 저압측 : 2.4 kg/cm²		
[원인] · 냉매 시스템에 공기혼입		
단계	점검	조치
1	냉매를 빼고 충분한 진공 후 냉매를 재충전한다.	예 냉방성능을 확인한다.

고압측 : 6.2 kg/cm²이하, 저압측 : 1.4 kg/cm²이하		
[원인] · 냉매 시스템 내의 막힘 또는 수분에 의한 밸브부의 동결에 의한 냉매 순환 불량		
단계	점검	조치
1	1. 매니폴드 게이지(Manifold gauge)를 시스템에 연결한다. 2. 엔진을 시동하고 엔진을 2,000rpm으로 유지한다. 3. 블로워 스위치, 에어컨 스위치를 ON으로 한다. 4. 템프(TEMP)도어는 COOL위치에 놓는다. 5. 매니폴드 게이지 압력을 읽는다. 정상압력 고압측 : 13.0~18.5kg/cm² 저압측 : 1.4~2.9 kg/cm²	예 냉매를 빼고 리시버 탱크를 교환하고 충분한 진공 후 냉매를 재충전한다. 아니오 익스팬션 밸브의 막힘, 밸브를 교환한다.

고압측 : 21.6~22.9 kg/cm², 저압측 : 2.5 kg/cm²		
[원인] · 냉매 시스템 내의 막힘 또는 수분에 의한 밸브부의 동결에 의한 냉매 순환 불량		
단계	점검	조치
1	익스팬션 밸브의 셋팅 값을 측정 확인한다. 0℃ : 1.6 ± 0.15 kg/cm² 10℃ : 2.8 ± 0.3 kg/cm²	아니오 익스팬션 밸브가 불량이므로 교환한다.

고압측 : 7.5~10.7 kg/cm²이하, 저압측 : 4.0~6.2 kg/cm²		
[원인] · 컴프레서 압축 불량		
단계	점검	조치
1	엔진을 시동하고 블로워 스위치를 ON한 후 에어컨 스위치를 ON/OFF 하며 컴프레서의 작동을 확인한다.	예 컴프레서를 점검하고 이상시 교환한다.

에어컨 고장진단 및 조치

사양

항목			사양
냉방능력	최대 냉방 능력 (풍량 420m³/h에서) (kcal/h)		4500
	풍량 (m³/h)		500
	소비전력	블로워 모터 (W-v)	252-12
	최대 난방 능력 (풍량 350m³/h에서) (Kcal/h)		4700
	풍량 (m³/h)		350
	소비전력	블로워 모터 (W-v)	252-12
각 구성품	컴프레서	형식	10PA15C
		토출량 (cc/rev.)	155.3
		실린더 수	10
		최고 허용 회전수 (rpm)	9000
		냉동유 형식	ND-oil 8
		오일량 (cc)	120
	마그네틱 클러치	소비전력 (W-v)	40-12
	컨덴서	형식	PARALLEL FLOW
		방열량 (kcal/h)	12000
	팬 모터	소비전력 (W-v)	120-12
		풍량 (m³/h)	1200
		회전수 (rpm)	1900
	리시버 드라이어	건조제	제올라이트
		가용전	용융점 : 100 107℃
	에바포레이터	형식	라미네이트형
		팽창 밸브	외부 균압식
		서모콘 (℃)	OFF : 2.0/1.5 (DIFF : 1.5)
	듀얼 프레쥬어 스위치	고압측 (kg/cm²)	OFF : 30~34, DIFF : 4~8
		저압측 (kg/cm²)	OFF : 1.8~2.2, DIFF : 0.25
히터 구성품 히터 코어			알루미늄형
냉각방법			압축 증기 방식
냉매 (용량 : g)			R134a(800)
컨트롤 구성품	컨트롤 방법		재열 공기 혼합 방법
	컨트롤 유닛		
	모터 액튜에이터 (내/외기용)		
	레지스터		
벨트 길이 (T8D E/G)	파워 스티어링 장착 차량		1080 ± 6
	파워 스티어링 미장착 차량		960 ± 5
냉매 챠징 밸브 나사	고압		M10 × 1.25 P
	저압		M9.0 × 1.0 P
에어 필터	교환 주기		매12,000km 또는 6개월

체결토크

구조 접속부 Type	Tube 외경	Torque (kg-cm)
1. 일반 배관	Ø 8	140 ± 10
	Ø 12	230 ± 20
	Ø 16	330 ± 20
2. Compressor부 Flange type		250 ± 50
3. Receiver tank/condenser부 Flange type		60 ± 10

개요 및 작동

매뉴얼 타입 에어컨/히터 시스템은 운전석 전면 옆에 위치한 컨트롤에 의해 수동으로 작동되는 공조 시스템을 말하며, 난방을 위한 히터, 냉방을 위한 에어컨 그리고 바람을 불어주는 블로워로 구성되어 있다.
차량 실내의 인스트루먼트 패널의 안쪽 중앙에는 히터가 장착되어 있으며, 에바포레이터와 블로워는 일체형으로 히터와 연결되어 있다. 엔진 룸에는 에어컨을 구성하는 그 외 부품이 장착되어 있으며, 주요 구성품으로는 냉매를 고온 고압의 기체로 압축/압송하는 컴프레서, 고온 고압의 기체 냉매를 액체로 응축시켜 주는 컨덴서, 응축이 효율적으로 되도록 컨덴서에 바람을 불어주는 컨덴서 팬, 냉매를 운반하는 호스 및 파이프 그리고 냉매 내의 수분과 오물을 여과시키고 여분의 냉매를 일시 저장하는 리시버 탱크가 있다.
에어컨 시스템을 작동하기 위하여 먼저 컨트롤에 위치한 4단 조절 블로워 스위치를 조작하여 블로워를 작동시킨 후 에어컨 스위치를 작동해야 컴프레서를 ON/OFF 제어할 수 있다. 모드 선택 노브(스위치)를 조작하여 바람의 방향을 선택하고 내/외기 스위치를 통하여 내기 또는 외기를 선택한다. 적절한 온도 선택을 위하여 온도 선택 노브(스위치)를 조작하여 에어 믹스 도어에 의해 더운 바람 또는 찬바람을 필요에 맞게 선택하거나 적절하게 혼합할 수 있다.
공기 토출구는 성에 제거용 디프로스터, 난방용 프로어(히터) 그리고 냉방용 벤트의 세가지 방향이 있으며 이 세가지 방향을 적절히 섞은 바이레벨과 믹스(히터/디프로스터) 방향을 모드 선택 노브(스위치)의 작동을 통해 선택하여 사용할 수 있다.

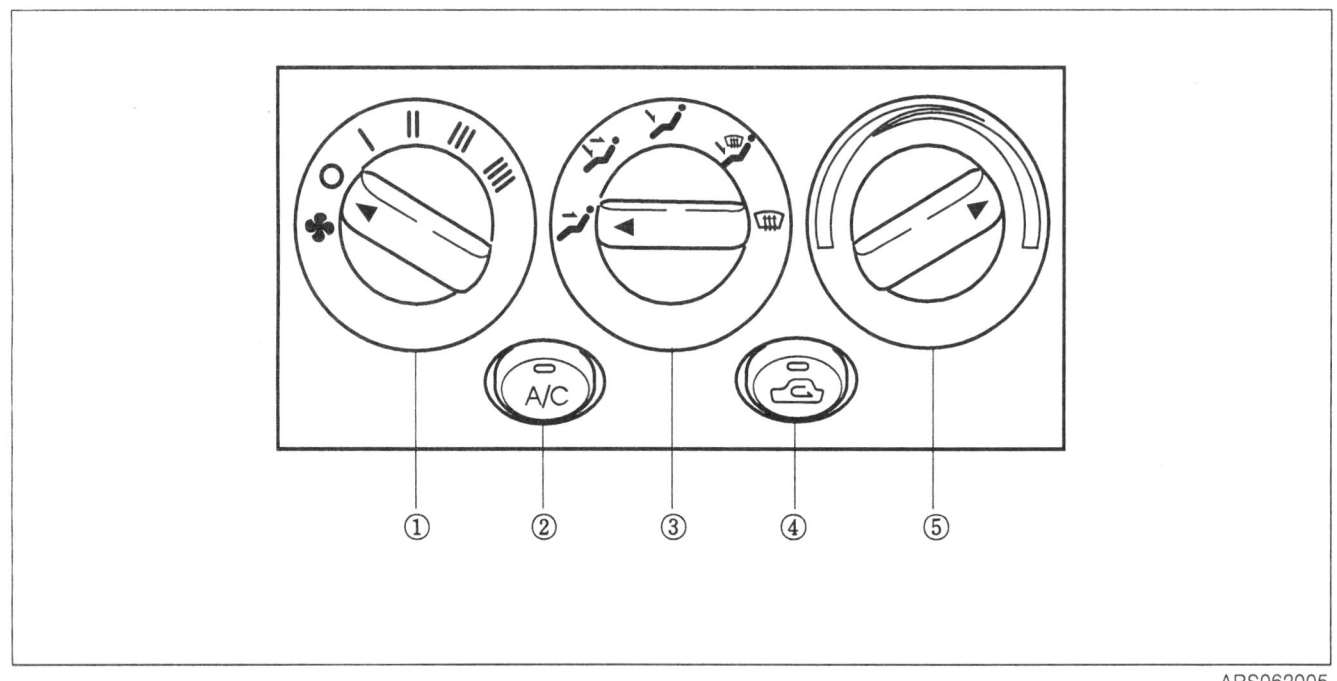

ARS062005

1. 블로워 스위치(노브)
2. A/C 스위치
3. 모드 선택 스위치(노브)
4. 내/외기 스위치
5. 온도 조절 스위치(노브)

에어컨 개요 및 작동

풍향 선택 - 모드 컨트롤

시스템을 작동하기 위하여 먼저 컨트롤 패널에 위치한 4단 조절 블로워 스위치의 작동에 의해 블로워에서 송풍이 시작된다. 이때 모드 선택 스위치를 움직여 바람의 방향을 선택하고 내/외기 스위치를 통하여 내기 또는 외기를 선택한다. 온도의 선택을 위하여 온도 선택 스위치를 움직이면 에어믹스 도어에 의해 더운 바람 또는 찬 바람을 선택할 수 있다. 또한 에어컨 스위치를 통하여 에어컨 ON/OFF를 작동시킬 수 있다.

공기 토출구는 성에 제거용 디프로스트/디미스트, 난방용 플로워 그리고 냉방용 벤트의 세방향이 있으며 이 세가지 토출구를 적절히 섞어 바이레벨, 믹스 등을 모드 스위치의 작동을 통해 선택하여 사용할 수 있다.

벤트(VENT)

1. 주로 에어컨 작동이나 실내 공기 환기시 사용한다.
2. 바람은 벤트의 레지스터 그릴을 통하여 나오며 그릴의 루버각을 조정하여 바람의 방향을 임의로 조절할 수 있다.
3. 내/외기, 온도 풍량은 임의로 선택하여 사용하지만 급속 냉방시에는 내기를 사용하며 차 실내의 공기를 환기시키기 위하여 외기를 사용할 수도 있다.

바이레벨(BI-LEVEL)

1. 주로 봄 또는 가을철 기후에 냉·난방 혼용시에 사용한다.
2. 바람은 차 실내 바닥의 덕트 및 벤트의 레지스터 그릴을 통하여 토출된다.
3. 내/외기, 온도 풍량은 임의로 선택하여 사용하지만 주로 온도 범위는 중앙을 선택한다.

플로워(FLOOR)

1. 주로 난방시에 사용한다.
2. 바람은 차 실내 바닥의 덕트를 통하여 앞·뒤 좌석의 바깥쪽으로 토출되며 앞 유리창으로 미량의 바람이 토출된다.
3. 내/외기, 온도 풍량은 임의로 선택하여 사용하지만 주로 외기를 선택한다.

믹스(MIX)

1. 주로 차 실내의 난방 및 앞 유리창의 성애 제거를 동시에 필요로 할 때 사용한다.
2. 바람은 차 실내 바닥의 덕트 및 앞 유리창 디프로스트 그릴로 동시에 토출된다.
3. 외기를 선택하고 온도 및 풍량은 임의로 선택하여 사용하며 온도는 주로 난방(적색 구간)을 선택한다.

디프로스트(DEFROST)

1. 주로 앞 유리창의 성에 제거시 사용한다.
2. 바람은 앞 유리창의 디프로스트 그릴로 토출된다.
3. 외기를 선택하며 온도 및 풍량은 임의로 선택하여 사용한다.

내/외기

- 내기 선택은 차 실내의 공기를 순환시키며 주로 급속 냉방할 때 사용한다.
- 외기 선택은 차량 외부의 공기를 유입하여 차 실내의 공기를 환기시킬 때 사용한다.

온도 조절

각 토출구를 통하여 나오는 바람의 온도는 컨트롤 상의 온도 조절용 스위치를 조작에 의하여 제어된다. 온도 조절 스위치의 위치를 완전히 냉방(청색) 구간으로 이동하면 에어 믹스 도어가 히터 코어로 통하는 공기 통로를 차단하여 에바포레이터를 통과하면서 냉각된 차가운 공기가 직접 토출 되며, 완전 난방(적색) 구간으로 이동하면 에어 믹스 도어가 히터 코어로 통하는 공기 통로를 개방하여 토출 되는 공기가 히터 코어를 통해 더운 바람이 토출 된다. 또 온도 선택 스위치를 청색 및 적색 중간 위치에 놓으면 찬 공기와 더운 공기가 상호 섞이도록 조절된다.

풍량 조절
풍량 조절 스위치 위치에 따라 블로워에 내장된 전기저항기의 저항 변화에 따라 전류의 세기가 변화게 되고 이에 따라 블로워 모터의 회전 속도가 변하게 된다. 블로워 모터의 회전 속도는 4단까지 조절되며 필요에 따라 적절한 풍량에 맞추어 회전 속도를 선택하면 된다.

에어컨 작동
블로워 스위치가 ON된 상태에서 에어컨 스위치를 누르면 컴프레서가 구동하여 에어컨이 작동되며 에바포레이터 공기측 온도가 에바포레이터 센서(덕트 센서 또는 써모콘)의 설정 온도 값에 따라 압축기가 ON-OFF 사이클링 운전을 하여 에바포레이터의 동결을 방지한다.

> **주의**
> - 에어컨 시스템은 블로워가 ON되어야 작동한다.
> - 에어컨 작동은 반드시 엔진 작동 후에 한다. (엔진이 OFF된 상태에서 에어컨을 ON시키면 엔진에 무리가 가므로 엔진 시동 후 약 5분 뒤에 에어컨을 작동하는 것이 좋다.)

에바포레이터/블로워 유닛
에바포레이터와 블로워 유닛은 일체형으로 히터 유닛의 우측에 장착되어 있으며 외관은 플라스틱 케이스로 되어있다. 케이스 내부에는 냉매를 증발시키는 에바포레이터와 액체 상태의 냉매를 팽창시키는 익스팬션 밸브가 에바포레이터와 연결되어 있다. 그리고 에바포레이터의 동결을 방지하기 위하여 증발기의 공기 토출 온도를 감지하는 센서부가 부착되어 있으며 센서부에서 감지된 신호는 에바포레이터/블로워 유닛 케이스에 부착된 써모콘을 통해 ECU로 보내진다. ECU는 설정된 온도 값에 따라 컴프레서를 ON/OFF 사이클링 운전 제어를 한다. 블로워 케이스 내에는 송풍 모터와 팬으로 구성되어 있으며 블로워 모터 회전수를 조절하는 전기저항기(레지스터)가 장착되어 있다. 또한 내/외기 절환 도어와 이를 작동시키는 내/외기 액츄에이터가 장착되어 있다. 그리고 실외 유해공기의 실내유입을 막기 위한 에어 필터가 블로워와 에바포레이터 사이에 설치되어 있다.

> **주의**
> - 익스팬션 밸브는 최적의 성능에 맞추어 출고 되므로 임의로 조정하지 않는다. 잘못된 조정은 냉방 성능의 저하 원인이 될 수 있다.
> - 블로워 모터의 회전을 조절하는 전기저항기(레지스터)는 이상 과전류가 흐를 때 자동으로 끊어져 화재를 예방하도록 제작된 부품이므로 한번 끊어진 전기저항기(레지스터)는 수리하여 재사용하면 안된다.
> - 에어 필터는 공기중의 먼지를 흡착하여 차 실내를 청정하게 유지하는 기능을 하며 12,000km 또는 6개월마다 교환을 해주어야 한다. 교환시에는 글로브 박스를 제거한 후 에어 필터 커버를 열고 에어 필터 2개를 교환한다.

히터 유닛
히터 유닛은 인스트루먼트 패널 안쪽 차량 중앙에 장착되어 있으며 외관은 플라스틱 케이스로 되어있다. 케이스 내부에는 냉각수를 통과시켜 주위의 공기에 열을 공급하는 히터 코어, 풍향 조절용 모드 도어 그리고 온도 조절용 온도 믹스 도어로 구성되어 있다.

컴프레서
컴프레서는 엔진 블록에 장착되어 에어컨 시스템 내에 있는 냉매를 순환시키기 위하여 냉매를 압축하고 컨덴서로 토출한다. 엔진의 구동력으로 회전하는 컴프레서는 마그네틱 클러치 동작에 의해서 단속되는데, 즉 에어컨 스위치를 ON 시켰을 때 컴프레서 마그네틱 클러치가 작동하여 엔진 풀리의 동력이 컴프레서에 전달됨으로 컴프레서가 구동하게 된다.
또한 컴프레서는 냉동 시스템의 고압 측과 저압 측을 나누는 기준으로 익스팬션 밸브부터 컴프레서 흡입 구까지를 저압 측이라 하고 컴프레서 토출 구부터 익스팬션 밸브까지를 고압 측이라 한다.

> **주의**
> - 컴프레서는 에어컨 시스템을 보호하기 위하여 37.6~42.2 Kg/cm²에서 작동되는 릴리프 밸브가 장착되어 있다.
> - 컴프레서는 무겁기 때문에 취급시 떨어지지 않도록 주의한다.

에어컨 개요 및 작동

컨덴서
차량의 맨 앞쪽, 즉 라디에이터 바로 앞쪽에 장착되어 있으며 컴프레서가 토출한 고온 고압 기체 상태의 냉매를 응축/냉각시키는 장치로, 성능향상 및 경량화를 위해 알루미늄으로 제작되어 있다.

> **참고**
> 알루미늄으로 제작된 관계로 작은 충격에도 쉽게 변형되거나 손상될 우려가 있으니 주의하여 취급한다.

컨덴서 팬
컨덴서의 응축 효율을 높여주기 위한 강제 공랭식 송풍 장치이며 플라스틱으로 제조된 쉬라우드 와 팬 그리고 구동 모터로 구성되어 있다. 차량이 정지된 상태나 저속 시에만 에어컨 시스템의 성능이 급격하게 저하되면 컨덴서 팬 및 컨덴서 성능을 점검해 볼 필요가 있다. 일정한 속도로 운행 중에는 외기로 충분히 컨덴서를 냉각하여 냉매를 응축할 수 있지만 정지 상태에서는 단지 컨덴서 팬의 송풍으로 컨덴서를 냉각한다.

리시버 탱크
컨덴서를 통해 응축된 냉매에서 오물과 수분을 여과시켜 주며 냉매가 증발기로 유입되기 전에 일시 냉매를 저장해 주는 기능을 한다. 또 리시버 탱크에는 에어컨 시스템 내의 이상 고압 또는 저압이 발생할 경우 에어컨 시스템을 OFF 시켜 시스템을 보호할 수 있는 고/저압 압력(듀얼 프레쥬어) 스위치가 장착되어 있고 온도 상승시 고압을 방지하기 위하여 가용전이 삽입되어 있다.

> **주의**
> 리시버 탱크에는 입구와 출구가 구분되어 있으므로 라벨에 표시된 입구부를 확인하여 컨덴서의 출구부에 리시버 탱크의 출구부를 에바포레이터 입구부에 조립한다.

에어컨 릴레이
에어컨 릴레이는 컴프레서 클러치를 단속하는 일종의 전기적인 스위치 역할을 하며, 엔진 컨트롤 유닛의 신호에 의해서 제어된다. 엔진 수온이 설정 범위 이상이 되면 엔진 컨트롤 유닛은 에어컨 릴레이를 차단하는 신호를 보내게 되고 에어컨 시스템은 작동을 멈추게 된다. 또한 시동시나 급가속시에도 엔진 컨트롤 유닛은 에어컨 릴레이를 단속하는 신호를 보내 에어컨 시스템의 작동을 짧은 순간 제어하게 된다.

내기/외기 액츄에이터
블로워의 내기/외기 도입부 덕트에 부착되어 있으며 내/외기 스위치에 의해 내/외기 도어를 작동시켜 내기 또는 외기로 전환하는 구동 모터다.

호스와 파이프류
에어컨 시스템의 중요 부품들의 연결은 호스와 파이프로 되었는데, 전동체인 컴프레서 측에는 호스로, 그 외는 파이프로 구성되어 있다. 각 결합부는 나사식, 플랜지식, 또는 퀵 커플링식으로 되어 있다. 냉매의 압력에 따른 물리적 특성상 고압측 파이프의 구경은 저압측 파이프 구경보다 작게 설계되어 장착되어 있으므로 파이프의 구경을 임의로 바꾸지 않는다.

> **주의**
> - 배관 접속부에는 냉매 가스의 누설 방지를 위하여 O-RING에 냉동유를 도포하여야 하고 먼저 손으로 가 조립을 한 후 공구를 사용하여 규정된 토르크로 체결한다.
> - 조립 후에는 다른 부품과의 간섭 여부를 반드시 확인하여야 한다.

체결 토크
일반 배관 (튜브 형식)

튜브 외경	토크 (kg-cm)
1/4인치	70~90
8mm	130~150
3/8인치	130~150
1/2인치	210~250
5/8인치	310~350

컴프레서부 (플랜지 형식)
   200~300 kg-cm
리시브 탱크
   50~70 kg-cm

체결 토크
일반 배관 (FLANGE TYPE)

튜브 외경	토크 (kg-cm)
Dia 8	130~150
Dia 12	210~250
Dia 16	310~350

컴프레서부 (플랜지 형식)
   200~300 kg-cm
리시브 탱크
   50~70 kg-cm

냉매 주입 밸브
냉매의 배출 및 주입에 사용하는 밸브로써 고압 측 밸브는 리시버 탱크 출구부 리퀴드 파이프에 저압 측 밸브는 컴프레서 입구부 석션 파이프에 부착되어 있다.

▌주의
고압 밸브와 저압 밸브를 연결시 혼동 사용을 방지하기 위하여 아래와 같이 나사가 구분되어 사용한다.
냉매 주입 작업이 완료되면 반드시 밸브를 캡으로 닫는다.

▌참고
캡의 표면에 L, H 문자가 각인되어 있으므로 쉽게 저압과 고압으로 구분할 수 있다.

고압 (H)	Dia. 16mm
저압 (L)	Dia. 13mm

에바포레이터 센서 (덕트 센서 또는 써모콘)
에바포레이터 코어의 동결을 방지하기 위하여 에바포레이터 코어 안쪽에 장착되어 온도를 감지한다. 에어컨 컨트롤은 이 센서로부터 감지된 신호를 받아 ECU로 전송하게 되고 ECU는 이를 토대로 에어컨 릴레이를 통해 컴프레서를 ON-OFF 사이클링 운전 제어를 한다.

냉매 시스템 기본 작업

주의사항
1. 작업은 실내에서 실시한다.
2. 작업환경은 환기가 잘되어야 하고 인화물질이 없어야 한다.
3. 습기는 에어컨 시스템에 치명적인 영향을 미치므로 비오는 날에는 작업을 하지 않는다.
4. 작업 중에 브레이크 부품, 연료 계통, 파워스티어링 부품 등은 절대로 손대지 않는다.
5. 차량 바디에 긁힘 등의 손상이 입지 않도록 반드시 보호 커버를 덮고 작업을 한다.
6. 작업 중 전기에 의한 손상을 예방하기 위하여 작업 전에 반드시 바테리 음극 케이블을 분리하여 절연 시킨다.
7. 에어컨 시스템이 장착 되지 않고 출고 된 차량도 에어컨 장착이 가능하도록 제작되어 있으므로 별도의 드릴 작업등을 하지 않는다.
8. 냉매 용기를 난폭하게 다루지 않는다.
9. 냉매 용기를 온도가 40℃ 이상인 장소에서 보관하거나 사용하지 않는다.
10. 냉매 용기를 따뜻하게 하려면 따뜻한 온수를 사용하고 냉매 용기를 직접 화기에 가까이 하지 않는다. 온수의 온도는 40℃를 초과하지 않도록 주의한다.
11. 냉매는 고압용기에 저장 되어 있으므로 엔진 위에나 직사광선을 직접 받는 장소에 방치하지 않는다.
12. 냉매가 화염, 난방 기구 등의 달구어진 부분이나 고온체에 접촉하면 인체에 해로운 가스가 발생할 우려가 있다. 따라서 이러한 것들이 설치된 장소에서는 냉매를 누기 시키지 않는다. 만약 냉매 누기를 수반하여 작업을 수행할 경우는 이러한 열원을 제거하고 난 후 작업하고 작업 후에는 환기를 충분히 해야 하지만 가능한 냉매 누기 작업을 하지않고 회수하도록 한다.
13. 냉매 용기에 남은 냉매는 다음에 사용할 수 있도록 밸브 등으로 밀봉하고 대기에 방출하지 않는다.
14. 서비스 캔에 냉매를 다시 채우지 않는다.
15. 서비스 캔을 사용할 때는 1.0MPa 이상의 압력을 가하지 않는다.
16. 냉매는 빙점이 낮고 강한 휘발성의 화학 물질로 피부에 접촉시 동상의 우려가 있으므로 접촉 우려가 있는 작업은 필히 보안경과 장갑을 착용한다.
17. 만일 냉매가 눈에 들어갈 때는 즉시 깨끗한 물로 씻고 의사로부터 진찰을 받는다.
18. 오물, 먼지 및 수분의 유입을 방지하기 위하여 밀봉된 캡은 반드시 부품 사용 직전에 제거한다.
19. R-12와 R-134a 냉매가 소량이라도 혼합되면 컴프레서의 파손이 야기될 수 있으므로 절대로 혼용하지 않는다.
20. R-134a 냉매 사용 에어컨 시스템은 반드시 R-134a 전용 부품을 사용한다.
21. 컴프레서 오일(냉동유)은 반드시 규정된 사양만 사용한다.

배관 접속 요령

배관 접속부에는 냉매 가스의 누설 방지를 위하여 O-링에 냉동유를 도포하여야 하고 손으로 가조립한 후 공구를 사용하여 규정된 토크로 체결한다.

주의
규정된 토크를 초과하지 마십시오.

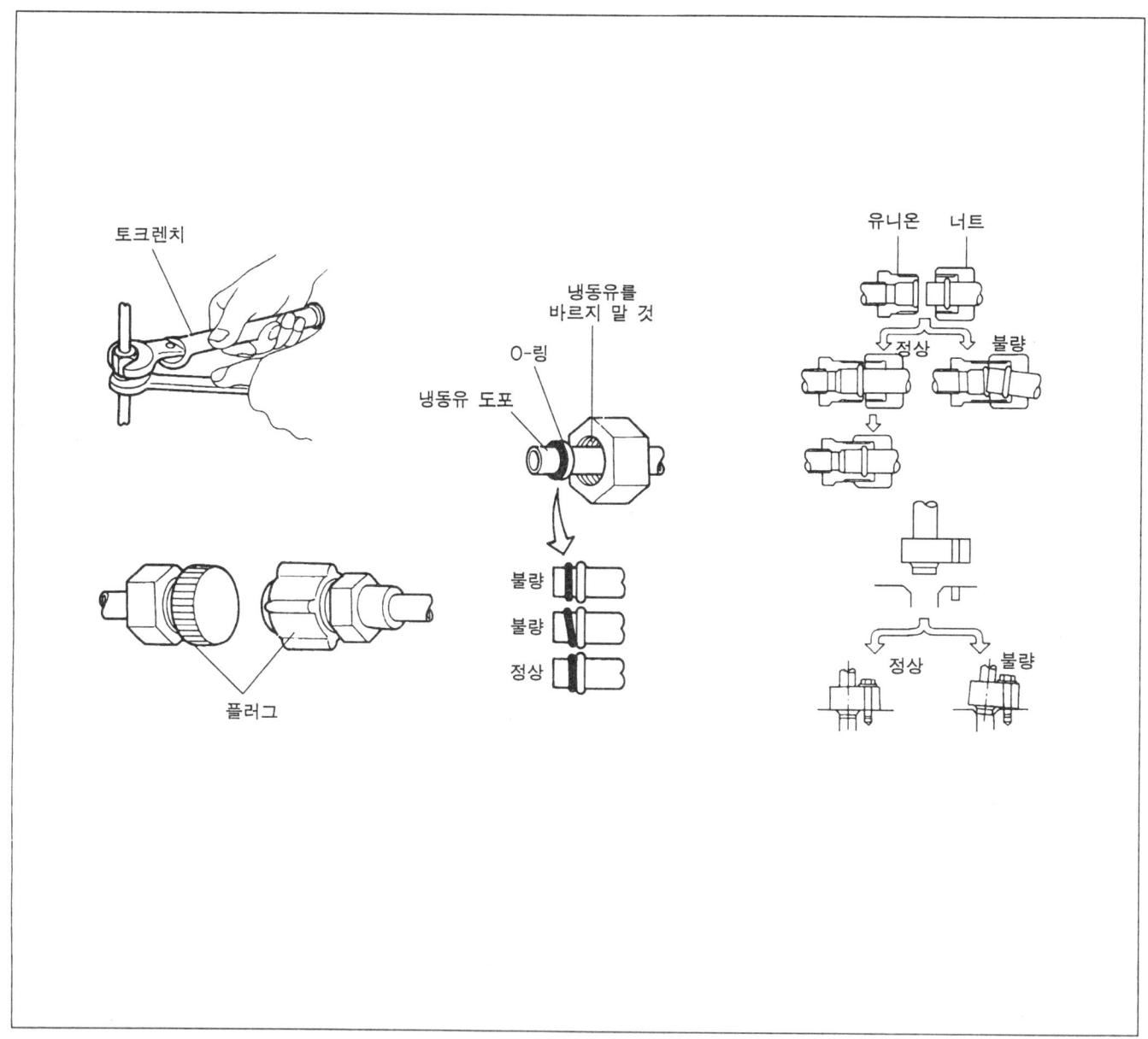

냉매 흐름도

항목\단품	컴프레서	컨덴서	익스팬션 밸브	에바포레이터
기능	에바포레이터에서 흡수한 외부의 열을 컨덴서로 이동 (냉매의 압축작용)	에바포레이터에서 흡수한 외부의 열을 외부로 방출 (냉매의 응축작용)	증발하기 쉬운 저온의 액체 냉매 상태로 팽창 (냉매의 교축작용)	에바포레이터 주위의 열을 흡수 실내의 공기를 냉각 (냉매의 증발작용)
냉매의 상태	기체 ⇨ 기체 단열 압축	기체 ⇨ 액체 등압 변화	액체 ⇨ 액체 ⇨ 기체 단열 팽창	액체/기체 ⇨ 기체 등압 변화
냉동 사이클	고온 고압 기체 고온 고압 기체, 액체 저온 저압 액체 저온 저압 기체 프레쥬어 릴리프 밸브, 고압측, 저압측, 컴프레서, 콘덴서, 리시버 드라이어, 익스팬션 밸브(외균식), 쿨링 유닛			
온도 및 압력의 변화	냉매온도(℃), 냉매온압력, 0℃			

냉매 시스템 작업
수리/교환
작업 수순
냉매 라인에 있는 냉동유를 컴프레서로 회수하기 위하여 오일 리턴 운전을 행한 후 냉매 시스템을 수리 또는 교환한다.

작동 조건
1. 엔진을 약 2,000rpm 정도로 작동시킨다.
2. 블로워 속도를 최대로 한 후 에어컨 스위치를 ON 상태로 한다.
3. 온도 조절 레버를 최대 냉방 위치로 한 후 약 20분 이상 운전한다.

■ 참고
매니폴드 게이지 지침은 외기온도 조건에 따라 변화할 수 있다.

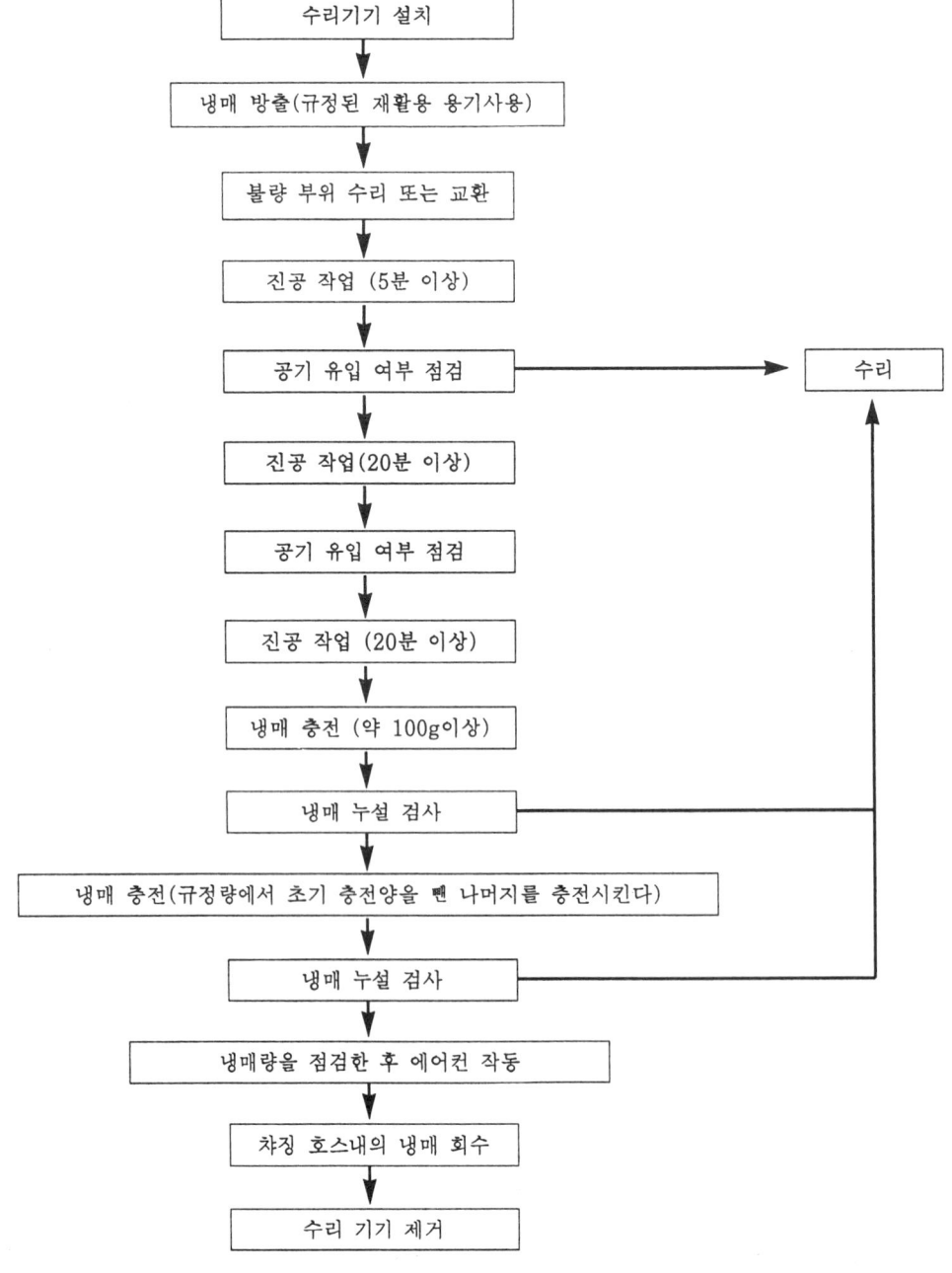

매니폴드 게이지의 접속

주의
매니폴드 게이지를 차징 밸브에 접속하기 전에 밸브가 완전히 닫혀있는지 확인한다.

매니폴드 게이지의 고압 및 저압측의 호스를 차징 밸브에 접속한다.

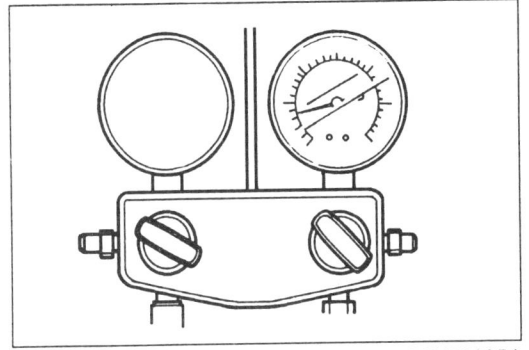

냉매 가스 빼기
1. 매니폴드 게이지를 차징 밸브에 접속시킨다.
2. 매니폴드 게이지의 중앙 호스에 냉동유를 받는다.
3. 고압측의 밸브를 서서히 열어 냉매를 빼낸다.

주의
밸브를 갑자기 많이 열 경우 냉동유가 함께 빠지므로 반드시 조금씩 밸브를 열어 준다.

4. 고압측 게이지가 약 3.0Kg/cm² 이하가 되면 저압측의 밸브를 열어준다.
5. 고압 및 저압의 게이지가 0Kg/cm²가 될 때까지 냉매를 완전히 빼낸다.

진공 및 냉매 누설 검사
1. 매니폴드 게이지를 차징 밸브에 접속시킨다.
2. 매니폴드 게이지 중앙의 호스를 진공 펌프에 연결한다.
3. 진공 펌프를 작동시키고 고압 및 저압측 밸브를 열어준다.

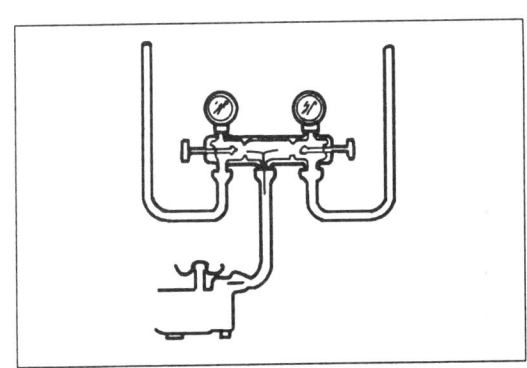

4. 진공 펌프를 15-20분간 작동한다.
5. 고압 및 저압측의 게이지 압력이 부압 (-)750mmHg 이상이 되었는지 확인한 후 고압 및 저압측 밸브를 닫는다.
6. 진공 펌프를 정지하고 약 5분간 방치한다.
7. 5분간 방치 후, 저압측 게이지가 변화되는지 확인한다.

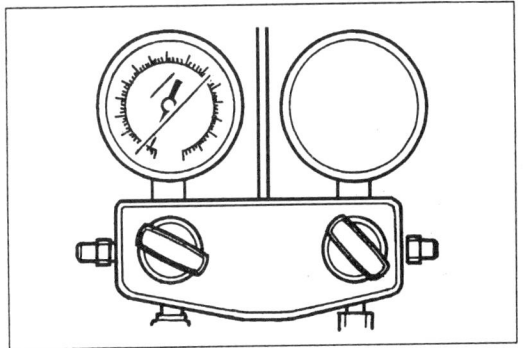

8. 저압측의 압력이 변화한 경우는 냉매 누설이 있는 경우이므로 누설 부위를 수리하고 1-7항을 재실시 한다.
9. 저압측의 압력 변화가 없으면 진공 펌프를 분리한다.

■ 주의
에어컨 시스템에서 진공은 매우 중요한 항목이므로 진공 작업을 2-3회 반복 시행하는 것이 좋다.

냉매 누설 검사
1. 진공작업 수행 후 매니폴드 게이지의 중앙 호스를 냉매통에 연결한다.
2. 매니폴드 밸브를 살짝 열어 호스에 있는 공기를 빼낸 후 매니폴드 게이지의 고압측 밸브를 열어 냉매를 주입한다.
3. 저압측 압력이 $1.0 Kg/cm^2$이 될 때까지 주입하고 밸브를 닫는다.
4. 가스 누설 검사기를 이용하여 누설 검사를 실시한다.
5. 가스 누설이 발견되면 O-링 및 접속부를 수리하거나 이상이 있는 부품은 신품으로 교환한다.

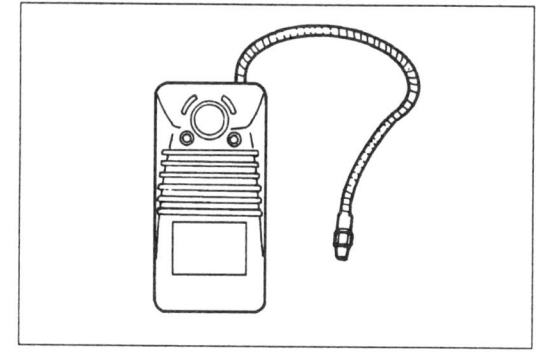
BSX062057

냉매 가스 주입
1. 매니폴드 게이지를 차징 밸브에 접속하고 진공 작업을 실시한다.
2. 매니폴드 게이지의 중앙 호스를 냉매통에 연결한다.
3. 고압측의 밸브를 열어 약 500g의 냉매를 주입한다.
4. 고압측의 밸브를 닫고, 엔진을 시동하여 컴프레서를 작동시킨다.

■ 주의
컴프레서가 작동 중에는 냉매가 역류할 우려가 있으므로 고압측의 밸브를 열지 않는다.

5. 매니폴드 게이지의 저압측의 밸브를 서서히 열어 규정량을 주입한다.

규정 냉매량 : 800±25g

6. 규정 냉매량을 주입한 후 매니폴드 게이지의 저압측 밸브를 닫는다.
7. 고압측 및 저압측 압력을 측정한다.
8. 엔진을 정지하고 매니폴드 게이지를 시스템으로부터 떼어낸다.

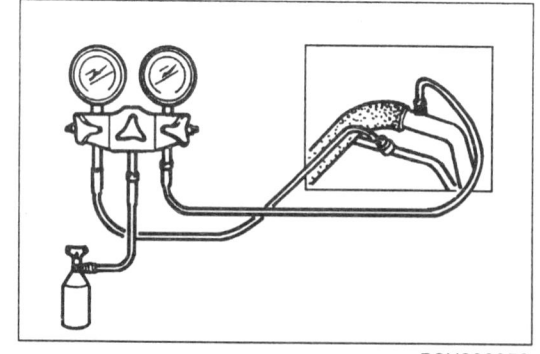
BSX062058

에어컨 냉매 시스템 기본 작업

성능 테스트

수리 후 다음과 같이 에어컨 시스템의 성능 시험을 시행한다.
1. 매니폴드 게이지 연결한다.
2. 엔진을 시동하고 엔진 속도를 2000rpm으로 유지한다.
3. 에어컨을 최대 냉방 상태로 작동시킨다.
4. 도어를 모두 연다.
5. 중앙 공기 토출구에 건구 온도계를 설치한다.
6. 글로브 박스 부근의 공기 흡입구에 건습구 온도계를 설치한다.

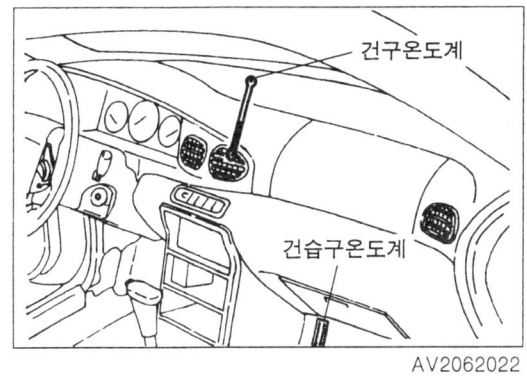

7. 냉매 시스템이 안정되었는지 확인한다.

   안전 상태
   　블로워 흡입구 온도: 25~35℃
   　고압측 압력: 13.0~15.0 Kg/㎠

   ■ 참고
   고압측 압력이 너무 높게 되면 컨덴서에 냉수를 붓는다.
   압력이 너무 낮으면 컨덴서의 앞부분을 덮는다.

8. 냉매시스템이 안정되면 흡입구에 설치된 건습구 온도를 읽는다.

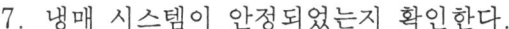

9. 건습구 온도로 아래 표에서 상대습도를 구한다.
10. 중앙의 공기 토출구에 설치된 건구 온도를 읽어 흡입구와 토출구의 공기 온도차를 구한다.
11. 상대 습도와 온도차의 관계가 아래 표의 영역에 있는지 확인한다.

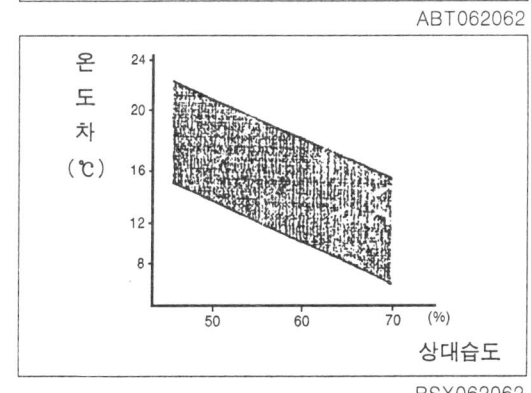

냉매 압력 점검

1. 매니폴드 게이지를 연결한다.

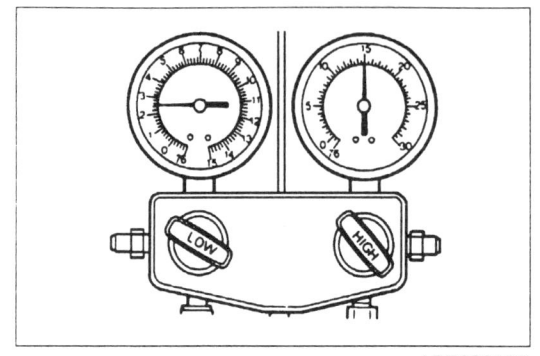

2. 엔진을 2000rpm으로 작동시키고 에어컨을 최대 냉방으로 한다.
3. 저압 및 고압측의 압력을 측정한다.

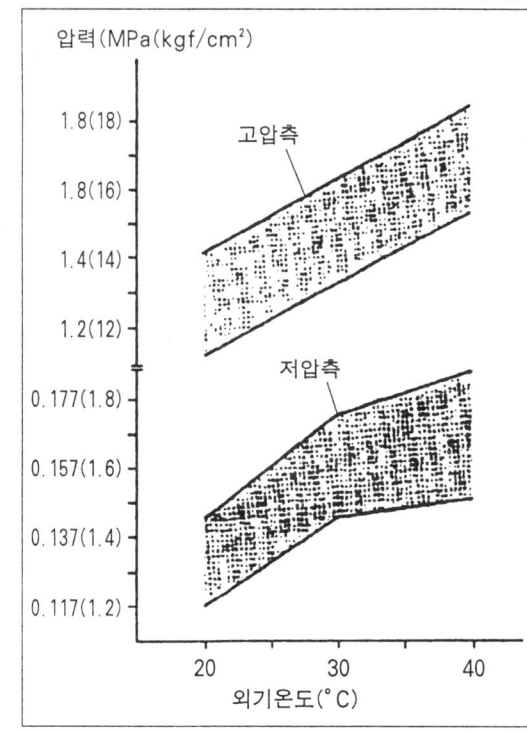

차상점검

HVAC 블로워 모터
1. 블로워 모터 커넥터를 분리한다.
2. 블로워 모터 커넥터 G-07의 B(R) 단자에 12V를 인가하고 단자 A(R/L)를 접지시켜 모터 작동여부를 점검한다.
3. 작동하지 않으면 블로워 모터를 교환한다.

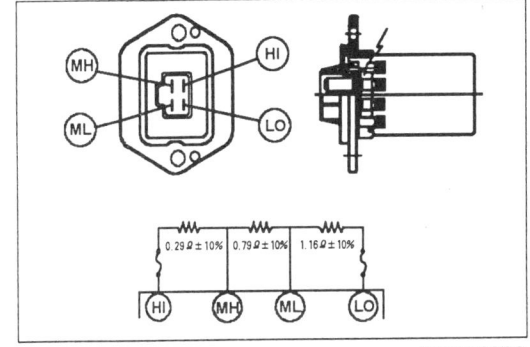

블로워 모터 레지스터
1. 블로워 스위치를 OFF로 한다.
2. HI와 MH단자간의 저항을 측정한다.

   저항 : 약 0.29 Ω

3. MH와 ML단자간의 저항을 측정한다.

   저항 : 약 0.79 Ω

4. ML과 LO 단자간의 저항을 측정한다.

   저항 : 약 1.16 Ω

에어컨 릴레이
1. 에어컨 릴레이 커넥터를 분리한다.
2. 85번 단자에 12V를 인가하고 86번 단자를 접지시킨 후 87번 단자와 30번 단자의 통전 여부를 점검한다.
3. 통전되지 않으면 에어컨 릴레이를 교환한다.

내/외기 액튜에이터
1. 내/외기 액튜에이터 커넥터를 분리한다.
2. 바테리 전압을 단자 B(P)에 인가시키고 (-) 단자를 단자 H(L/R)에 접지시키면 내/외기 액튜에이터가 내기 모드로 회전 하는지 점검한다.
3. 바테리 전압을 단자 B(P)에 인가시키고 (-) 단자를 단자 D(G/W)에 접지시키면 내/외기 액튜에이터가 외기 모드로 회전하는지 점검한다.

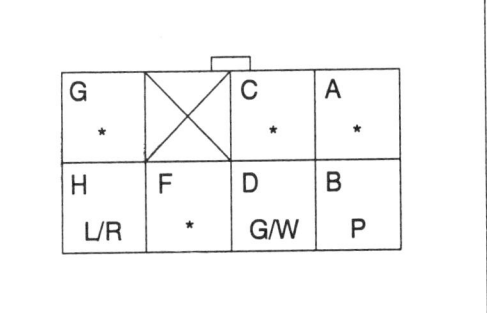

듀얼 프레쥬어 스위치

1. 매니폴드 게이지 셋을 연결시킨 후 고압측 압력이 $2.0 \sim 32 kg/cm^2$임을 확인한다.
2. 듀얼 프레쥬어 스위치의 두 단자간에 통전되는지 점검한다.
3. 통전이 되지 않으면 듀얼 프레쥬어 스위치를 교환한다.

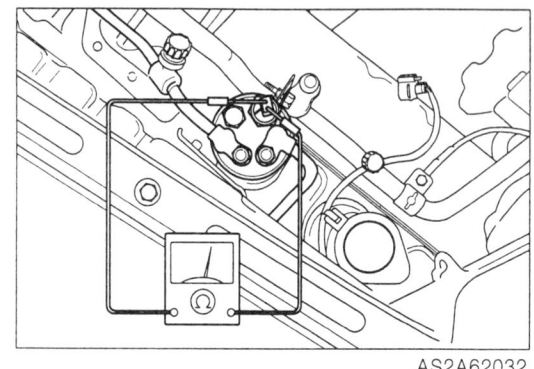

참고
각 단품 보호를 위하여 냉매압이 비정상적으로 높거나 $(32 \pm 2 kg/cm^2)$ 낮으면 $(2.0 \pm 0.2 \, kg/cm^2)$ 마그네틱 클러치를 OFF시킨다.

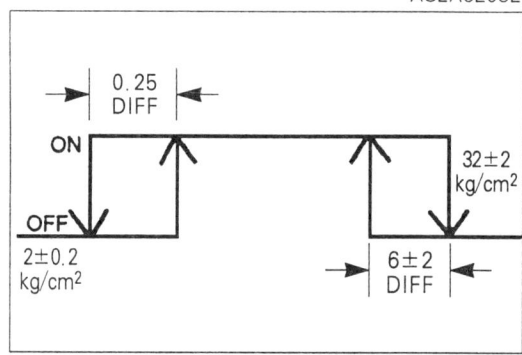

서모콘

1. A(G/R) 단자에 12V를 인가하고 C(L) 단자를 접지시킨 후 점검 전구를 단자 A(G/R)와 B(LG/B)사이에 설치하면 점등된다. (상온상태)
2. 서미스터(센서부)를 0℃ 얼음물에 넣었을 때는 점검 전구가 소등된다.
   * ON : 상온에서 정상
     OFF : 0℃에서 정상

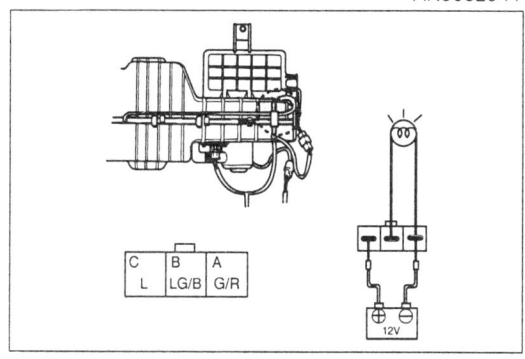

컴프레서

간극
아래의 수순으로 압력판과 로터 풀리와의 간극을 측정한다.
1. 컴프레서를 블록 게이지에 올려놓는다.
2. 다이얼 게이지 지침을 압력판 위에 올려 놓은 후 바테리 전압을 공급하면서 압력판과 풀리와의 간극을 측정한다.

   간극 : 0.5~0.7 mm

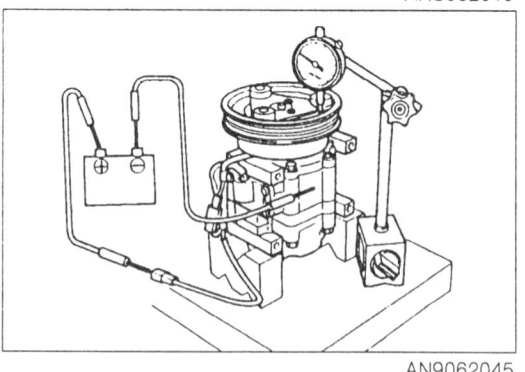

마그네틱 클러치
1. 스테이터 각 단자간의 통전되는지 점검한다.
2. 통전이 되지 않으면 스테이터를 교환한다.

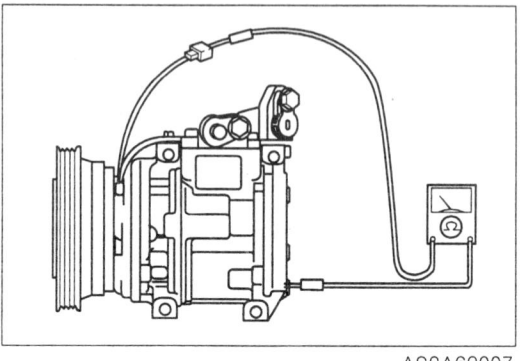

분리 및 장착

차 실내측의 에어컨-히터 시스템은 히터, 에바포레이터 및 블로워가 차체와 조립되어 있고 이 유닛은 덕트와 접속하여 바람의 통로를 구성한다.

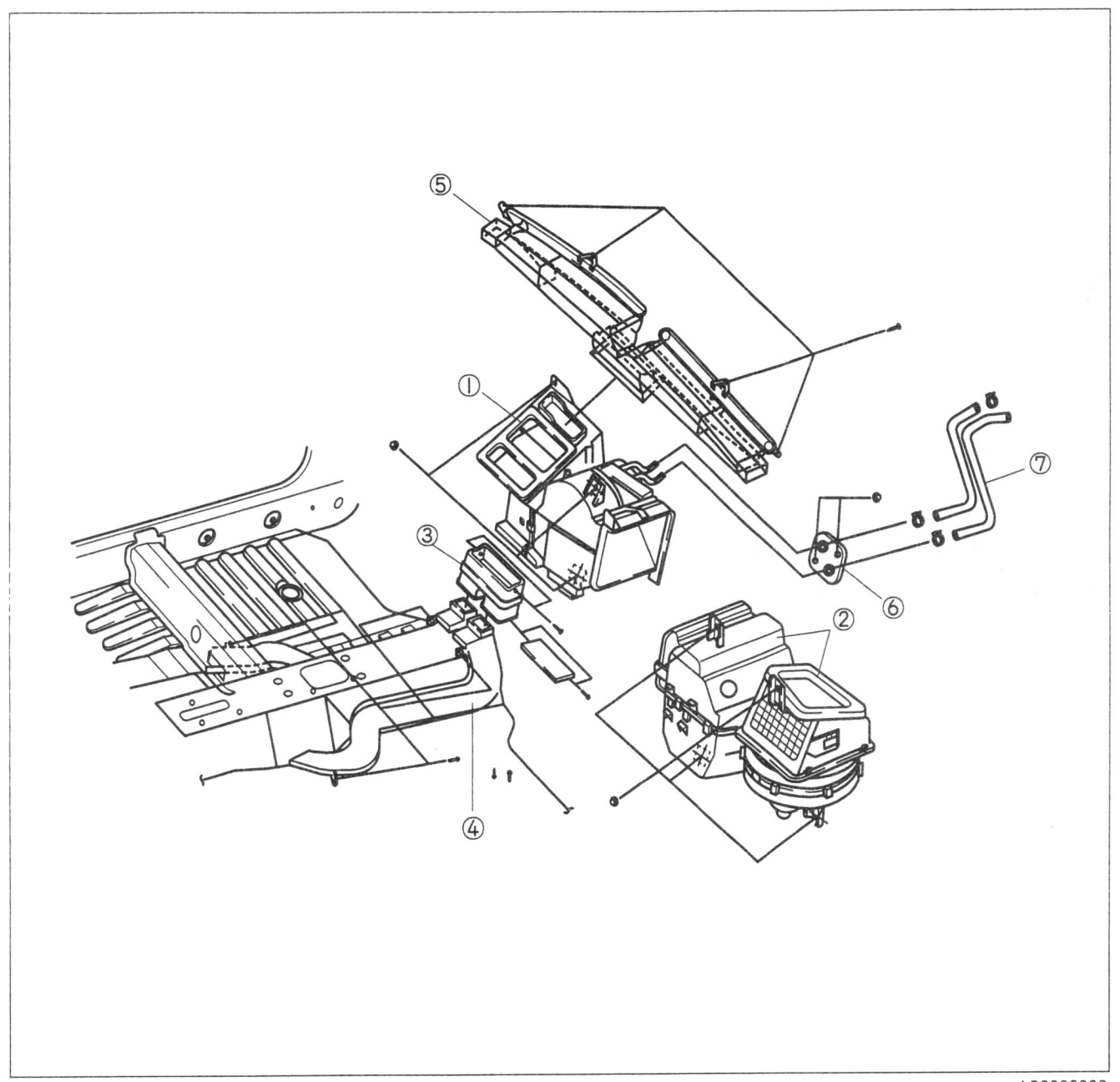

1. 히터 유닛
2. 블로워 및 에바포레이터 유닛
3. 리어 센터 덕트
4. 리어 덕트
5. 디프로스트 덕트
6. 히터 파이프 커버
7. 히터 호스

분리/장착

히터

1. 라디에이터의 드레인 코크로 부터 냉각수를 뺀다.
2. 히터 호스를 히터 파이프에서 떼어낸다.
3. 인스트루먼트 패널을 분리한다.
4. 모드, 온도 조절 컨트롤 케이블을 히터로 부터 분리한다.
5. 장착부의 너트를 풀어내고 히터를 분리한다.
6. 장착은 분리의 역순으로 실시한다.
7. 장착이 완료되면 컨트롤 케이블을 조립하고 스트록을 조정한다.

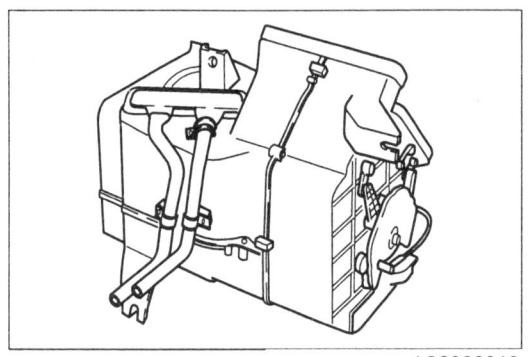
AS2062010

에바포레이터/블로워

1. 냉매를 시스템으로 부터 빼낸다.

■ 주의
냉매 시스템의 작업은 반드시 62-19페이지를 참고하여 실시한다.

2. 에바포레이터의 입·출구 파이프로 부터 호스와 파이프를 분리한다.
3. 커버와 드레인 호스를 분리한다.
4. 인스트루먼트 패널을 분리한다.
5. 메인 와이어링 하니스를 분리한다.
6. 장착부의 볼트와 너트를 풀고 유닛을 분리한다.
7. 장착은 분리의 역순으로 실시한다.
8. 진공을 충분히 한 후 냉매 충전을 하고 성능을 평가한다.

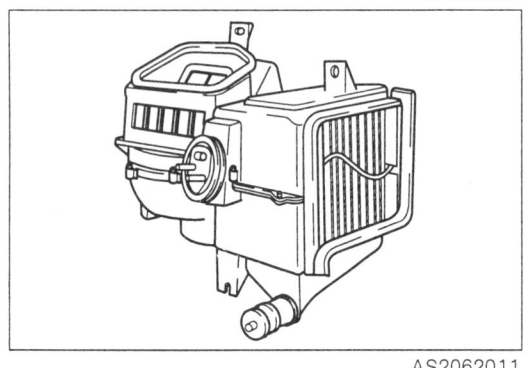
AS2062011

컨트롤

1. 글로브 박스를 분리한다.
2. 인스트루먼트 클러스터 트림을 분리하고 컨트롤의 스크루(4개)를 분리한다.
3. 히터로 부터 믹스와 모드 절환 케이블을 분리한다.
4. 메인 와이어 하니스 및 블로워 스위치의 커넥터를 분리하고 컨트롤을 분리한다.
5. 장착은 분리의 역순으로 한다.

에어 필터

1. 글로브 박스를 분리한다.
2. 에바포레이터/블로워 유닛에서 커버 손잡이 상단부를 누르면서 커버를 분리한다.
3. 에어 필터를 에바포레이터/블로워 유닛에서 분리한다.
4. 장착은 분리의 역순으로 한다.

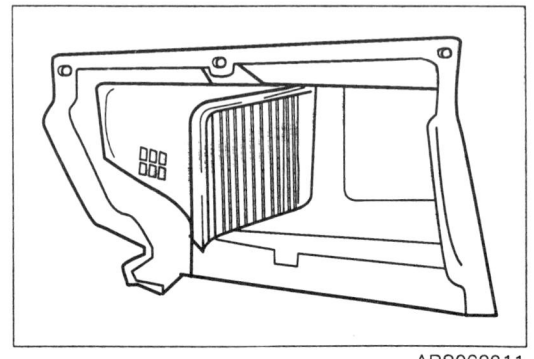
ARS062011

점검

블로워 모터
1. 블로워 모터 커넥터를 빼낸다.
2. 블로워 모터에 전원을 공급하여 (적색+, 흑색-)구동여부를 확인한다.
3. 모터에 이상이 생기면 교환한다.

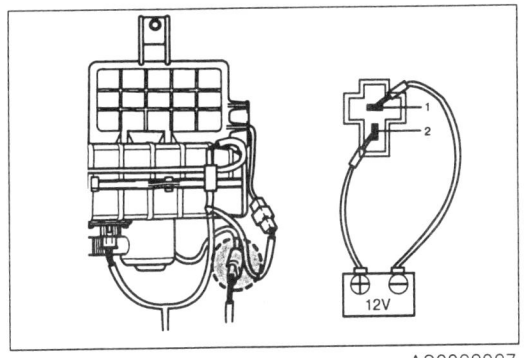

레지스터
1. 레지스터 커넥터를 분리한다.
2. 각 단자간 통전 여부 및 저항치를 측정한다.
3. 열에 그을린 자국이 있는지 확인한다.

> **주의**
> 레지스터의 퓨즈 납이 떨어진 경우는 절대 재수리하여 사용하지 마십시오.

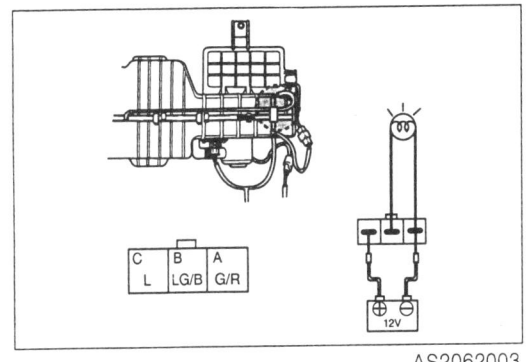

서모콘
1. A 단자에 12V를 인가하고 C 단자를 접지 시킨 후 점검 전구를 단자 A와 B사이에 설치하면 점등된다. (상온상태)
2. 서미스터(센서부)를 0℃ 얼음물에 넣었을 때는 점검 전구가 소등된다.
   * ON : 상온에서 정상
   OFF : 0℃에서 정상

> **참고**
> 서모콘은 에바포레이터의 동결을 방지하기 위하여 우측 그림과 같이 온도에 의하여 통전이 된다.

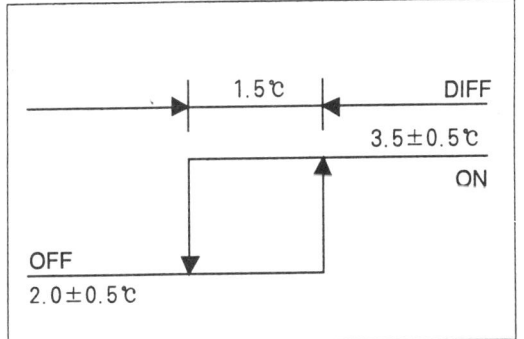

에바포레이터
1. 코어 외관의 변형 또는 누설 여부를 점검한다.
2. 코어 핀이 찌그러져 있으면 똑바로 세워지도록 수정한다.
3. 서미스터 센서가 정확한 위치에 끼워져 있는지 점검한다.

> **주의**
> * 에바포레이터의 입·출구 파이프에 석션 파이프(Suction pipe)및 리퀴드 파이프(Pipe No.1)을 연결 하기전에 반드시 O-링의 파손 여부를 확인하고 냉동유를 도포한다.
> * 에바포레이터 코어를 새것으로 교환 할 경우는 입구 측 파이프로 냉동유를 약 50cc정도 보충한다.

블로워 스위치
1. 블로워 스위치 단자간의 통전 여부를 확인한다.
2. 불량시 블로워 스위치를 교환한다.

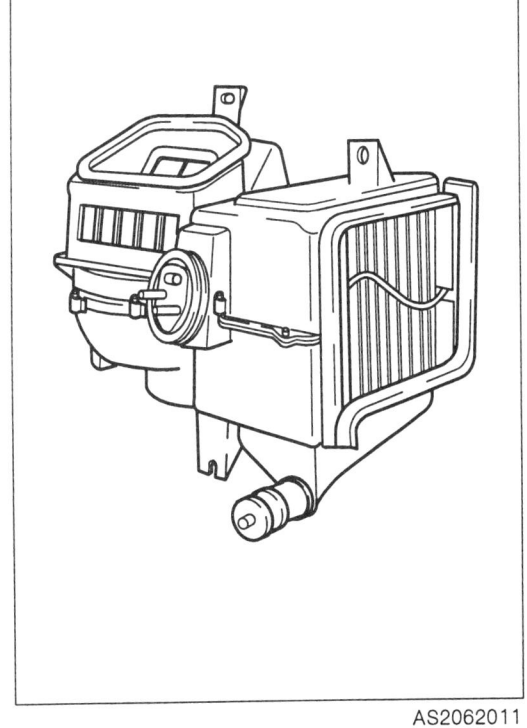

케이블 조정 - 모드/온도조절

모드
1. 모드 레버를 디프로스트에 위치한다.
2. 케이블 링 부를 캠의 보스에 끼운다.
3. 캠의 셋팅 구멍에 드라이버를 끼우고 케이블을 클램프에 단단히 고정되도록 끼운다.
4. 모드 레버를 작동하여 원활히 작동이 되는지 점검한다.

온도조절
1. 온도 조절 스위치 레버를 청색 위치(COOL)에 위치시킨다.
2. 케이블 링 부를 캠의 보스에 끼운다.
3. 캠의 셋팅 구멍에 드라이버를 끼우고 케이블을 클램프에 단단히 고정되도록 끼운다.
4. 온도 조절 레버를 작동하여 원활히 작동이 되는지 점검한다.

내/외기 조정
1. 에어컨 와이어 링의 내/외기 커넥터를 내/외기 액튜에이터 커넥터에 삽입한다.
2. 엔진 키 ON(2단 전원)하여 컨트롤의 내/외기 스위치를 작동하여 도어 작동이 되는지 점검한다.

에어컨 분리 및 장착

엔진룸측

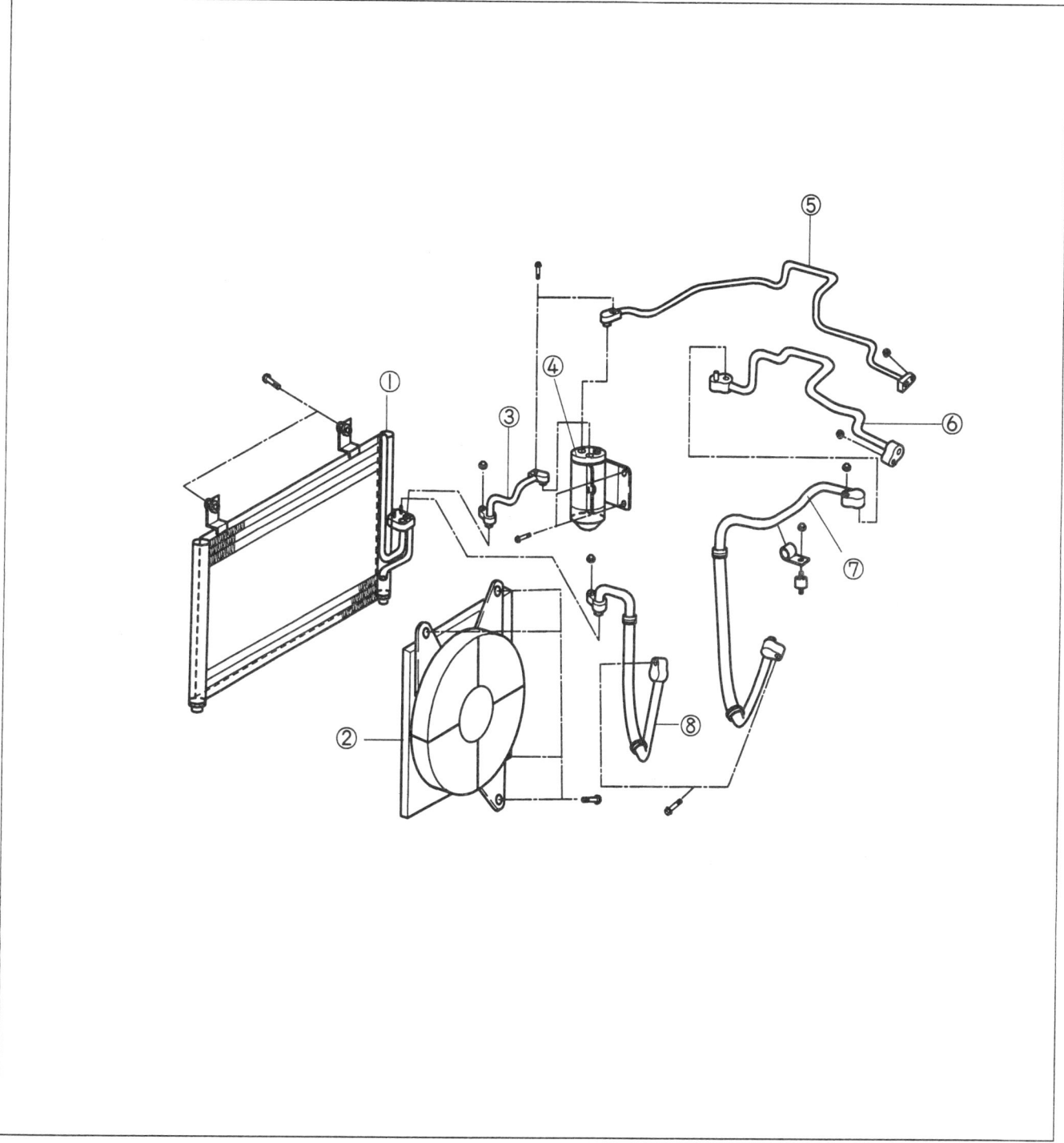

1. 컨덴서
2. 컨덴서 팬
3. No.2 쿨러 파이프
4. 리시버 드라이어 탱크
5. No.1 쿨러 파이프
6. 석션 파이프
7. 로어 플랙시블 호스
8. 하이 플랙시블 호스

분리/장착
컴프레서

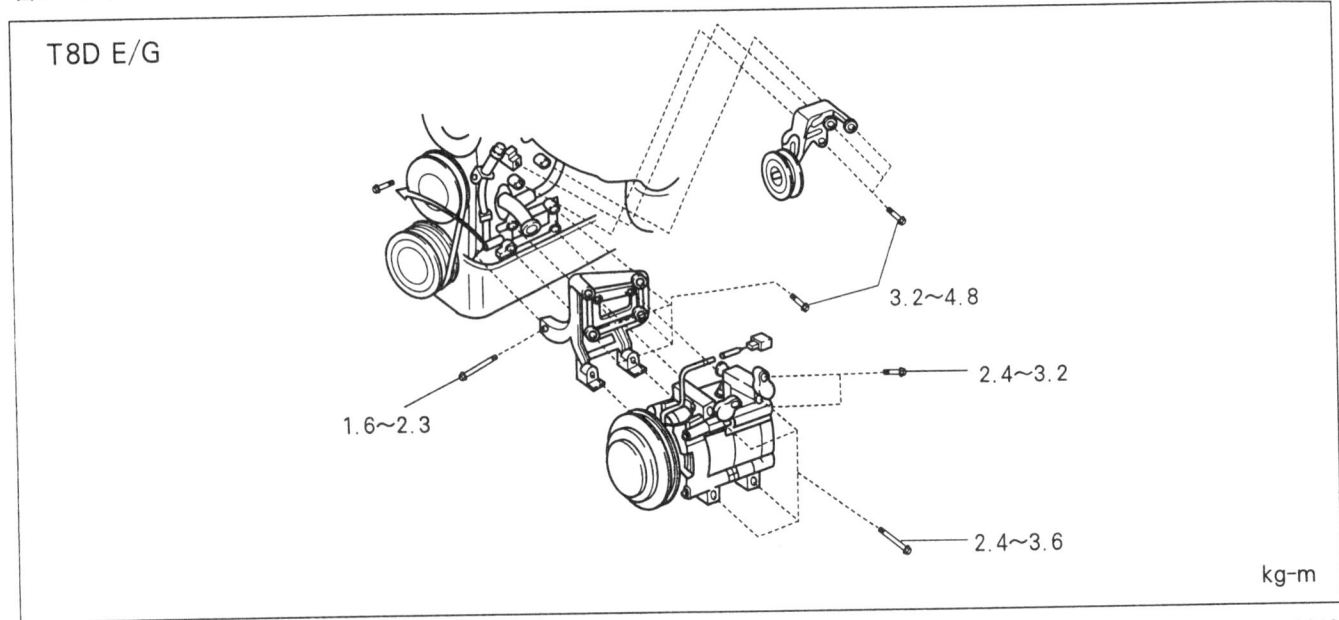

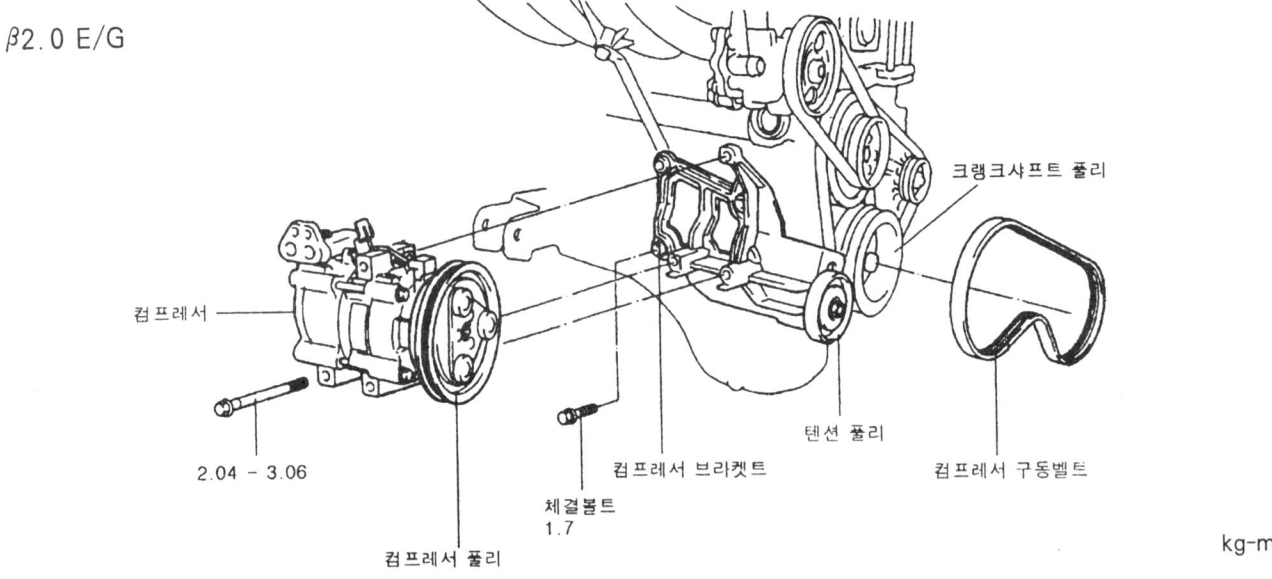

1. 냉매를 시스템으로 부터 빼낸다.

   주의
   냉매 시스템의 작업은 반드시 62-20 페이지를 참고하여 실시한다.

2. 벨트를 아래의 요령으로 제거한다.

   〈파워 스티어링이 장착되지 않은 차의 경우〉
   ① 텐션 풀리 (TENSION PULLEY) 고정 볼트 "A"를 느슨하게 풀어준다.
   ② 텐션 조절 볼트 "B"를 풀어준다.
   ③ 벨트를 분리한다.
   ④ 장력 조절은 역순으로 실시한다.
   〈파워 스티어링이 장착된 차의 경우〉
   ① 볼트 A와 너트 B 및 너트 C를 느슨하게 풀어준다.
   ② 텐션 조절 볼트 D를 풀어준다.
   ③ 벨트를 분리한다.
   ④ 장력 조절은 역순으로 실시한다.

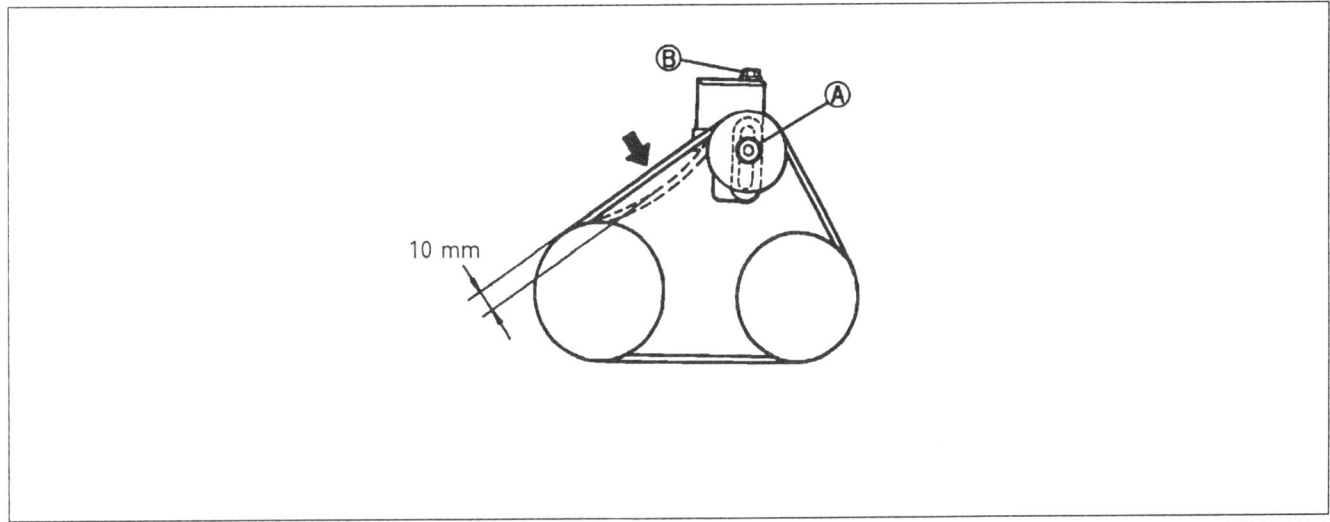

   ▌주의
   파워 스티어링에서 오일이 새지 않도록 주의한다.

3. 마그네트 클러치의 커넥터를 분리한다.
4. 컴프레서로 부터 고·저압 호스를 분리한다.
5. 컴프레서 고정볼트 (4개소)를 분리한다.
6. 컴프레서를 빼낸다.

   ▌참고
   리프트가 구비되어 있으면 차량의 밑에서 작업하는 것이 편리하다. 이 때는 컴프레서를 떨어뜨리지 않도록 주의한다.

7. 장착은 분리의 역순으로 실시한다.
8. 컴프레서를 새것으로 교환할 경우는 냉동유를 약 40cc를 덜어내고 장착한다.
9. 충분한 진공을 하고 냉매를 충전한 후 성능을 확인한다.

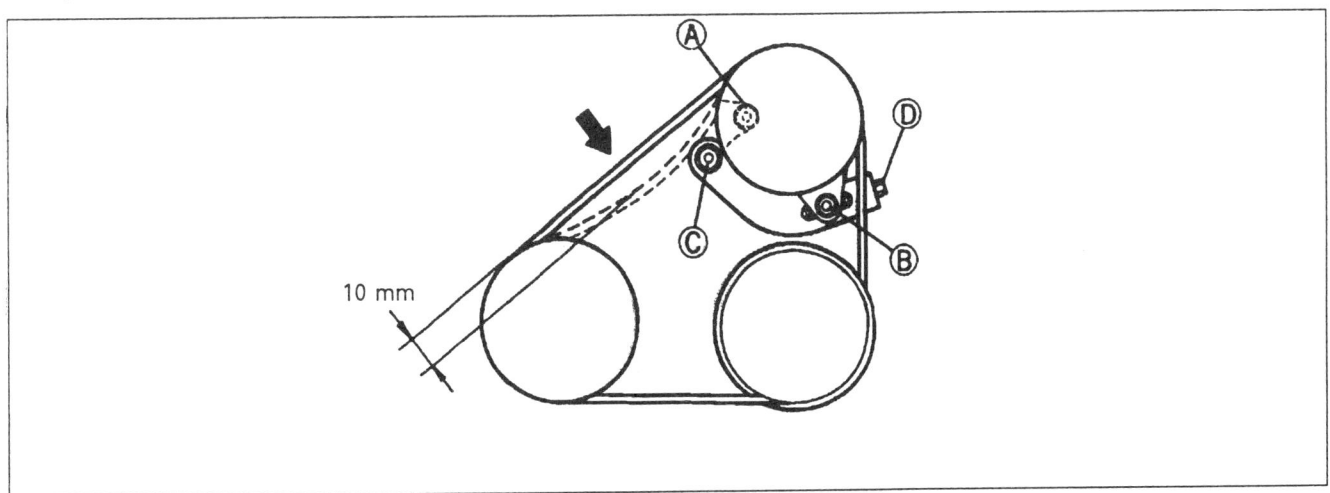

컨덴서
1. 에어컨 시스템으로 부터 냉매를 빼낸다.
2. 컨덴서 쿨링팬을 분리한다.
3. 컨덴서 출구측 에서 고압 호스를 분리한다.
4. 컨덴서 출구측에서 고압 파이프를 분리한다.
5. 컨덴서의 윗쪽 장착 볼트를 풀고 컨덴서를 분리한다.
6. 장착은 분리의 역순으로 한다.
7. 진공을 충분히 한 후 냉매 충전을 하고 성능을 평가한다.

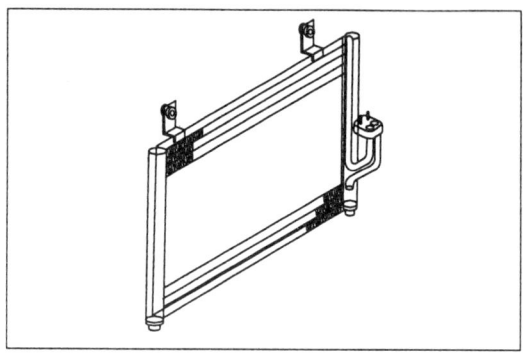

리시버 탱크
1. 에어컨 시스템으로 부터 냉매를 빼낸다.
2. 압력 스위치의 커넥터를 분리한다.
3. 볼트를 풀고 리시버 탱크를 분리한다.
4. 장착은 분리의 역순으로 실시한다.

> **주의**
> 연결부의 O-링은 새것으로 교환하고 냉동유를 도포한 후 조립한다. 리시버 탱크를 새것으로 교환할 경우는 입구측에 냉동유를 약 10cc 보충한 후 장착한다.

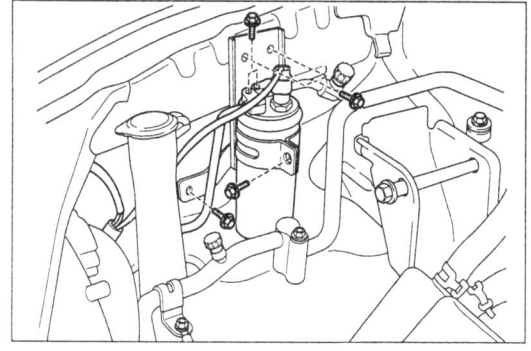

컨덴서 쿨링팬
1. 체결 볼트(4개소)를 풀고 컨덴서 팬 모터의 커넥터를 분리한다.
2. 슈라우드의 하부에 조립된 고압 파이프를 분리하고 팬을 분리한다.
3. 장착은 분리의 역순으로 실시한다.

시스템 배관
1. 분리시 주의점을 참조하여 분리한다.
2. 장착시 주의점을 참조하여 장착한다.

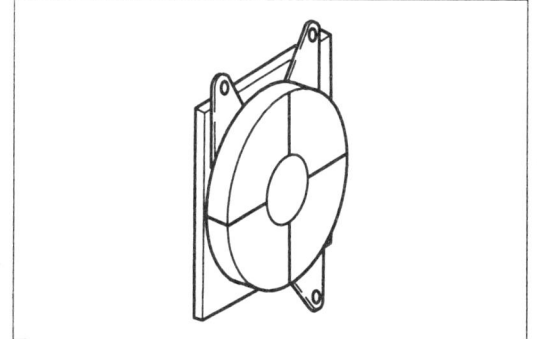

〔분리시 주의점〕
1. 파이프 및 호스의 내부에 오물이 들어가지 않도록 분리, 즉시 마개로 막는다.
2. 분리시 와이어 링 등의 다른 부품과 걸려 손상이 되지 않도록 한다.
3. 반드시 규정된 토크를 사용한다.
4. 볼트는 손으로 먼저 가조립을 한 후에 공구를 사용하여 작업한다.
5. 반드시 접속부를 완전히 조인 후 클립을 체결한다.
6. 변형이 발생되지 않도록 하며 조립 후 타부품과의 간섭이 있는지 확인한다.

점검

컴프레서

1. 컴프레서 몸체를 접지선과 연결하고 마그네트 클러치의 커넥터를 "+"와 연결하여 클러치가 작동되는지 확인한다.
2. 클러치에 오물 및 기름이 묻어 있는지 확인한다.
3. 클러치 풀리의 변형이 있는지 확인한다.
4. 클러치의 간극을 확인한다. (정상 : 0.5~0.7mm)

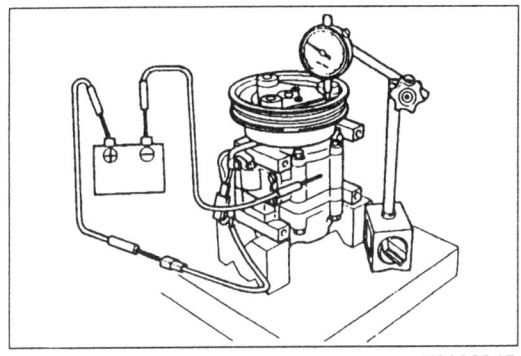

컨덴서

1. 코어 외관의 변형 또는 누설 여부를 점검한다.
2. 코어 핀이 찌그러져 있으면 똑바로 세워지도록 수정한다.

> **주의**
> 연결부의 O-링은 새것으로 교환하고 냉동유를 도포한 후 조립한다. 컨덴서를 새것으로 교환 할 경우는 입구측 파이프에 냉동유를 약 20cc 보충한 후 장착한다.

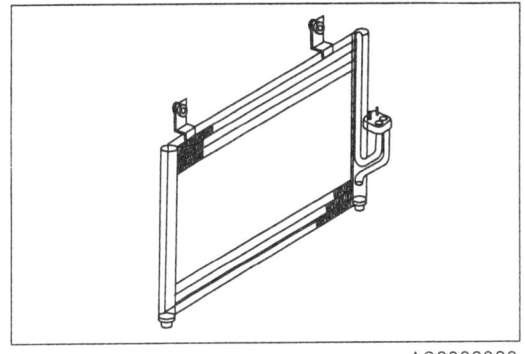

듀얼 프레쥬어 스위치

1. 매니폴드 게이지를 첵 밸브에 연결한다.
2. 고압측 압력이 2.0~32kg/cm² 의 범위에 있는지 확인한다.
3. 이 때 듀얼 프레쥬어 스위치의 단자간이 통전되는지 확인한다.
4. 통전이 안되는 경우는 교환한다.

> **참고**
> 듀얼 프레쥬어 스위치는 이상 고압/저압시 컴프레서를 차단하는 안전 장치로서 입력 셋팅값은 62-7페이지를 참고한다.

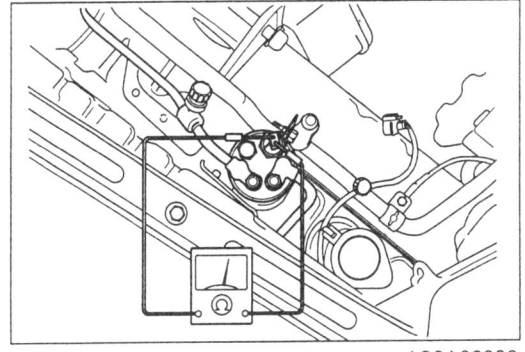

컨덴서 팬

1. 모터의 흑선(B)에 (-)를 청선 (L)에 (+)를 접속하여 모터가 회전하는지 확인한다.
2. 작동하지 않는 경우는 모터를 교환한다.

장력조정

참고
- 벨트 휨량 조정은 벨트의 중앙 부위에서 실시한다.
- 신품의 기준은 사용된지 5분 이내의 제품을 말한다.

1. 10kg의 하중을 밸브 중앙부에 작용시킨 후 벨트의 휨량을 점검한다.

   휨량
   신품 : 8~9 mm
   구품 : 9~10 mm

〈파워 스티어링이 장착되지 않은 경우〉
- 텐션 풀리 고정 볼트 A를 느슨하게 풀어준다.
- 조절 볼트 B를 돌려 장력을 조절한다.

〈파워 스티어링이 장착된 경우〉
- 볼트 A와 너트 B, C를 풀어준다.
- 조절 볼트 D를 돌려 장력을 조절한다.

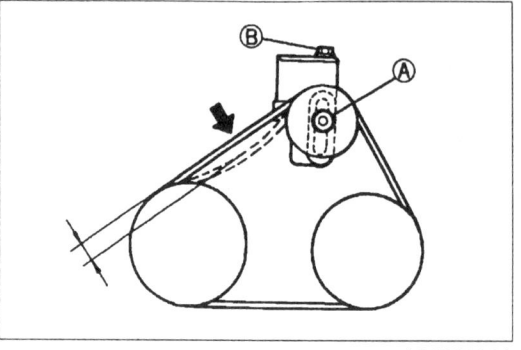

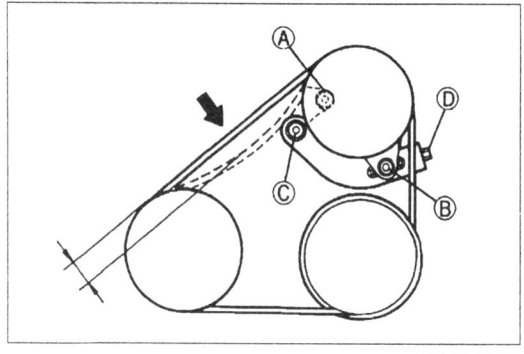

냉동유 관리

냉동유(컴프레서 오일)가 부족할 경우에는 윤활 불량으로 인한 컴프레서 소착 등이 발생하며 과다할 경우에는 냉방 불량의 원인이 된다. 아래와 같은 경우에는 오일양을 점검하여 교환 또는 보충해야 한다.
- 사이클 내에서 냉매 누설로 인해 오일이 누설됨.
- 사이클 내에서 냉매가 급격하게 방출됨.
- 관련부품 교환시

주의
- 반드시 냉매용(R-134a) 냉동유를 사용한다.
- 수분, 먼지, 금속가루 등의 이물질이 유입되지 않도록 주의한다.
- 수분 침투를 방지하기 위하여 냉동유는 스틸캔에 보관한다. (폴리 용기 사용금지)
- 부품 교환시 개방된 부품에는 캡 및 비닐 테잎 등으로 신속히 막는다.
- 구성 부품 교환시 냉동유 추가량

교환 부품	오일량 cc
컨덴서	20
쿨링 유닛 (에바포레이터 코어)	50
리시버 드라이어	10

주의
부품 교환전 반드시 오일 리턴 운전을 실시한다.

컴프레서를 교환했을 경우에는 냉동유를 새 컴프레서에서 40cc 뺀 후 장착한다.

정비지침서(2.0 DOHC)

차례 2

일반사항	GI
엔진(2.0 DOHC LPG)	EM
엔진전장	EE
연료장치(2.0 DOHC LPG)	FL
클러치	CH
수동변속기 (M5BF2)	MT
자동변속기(F4A42-1)	42

일반사항

정비작업에 임하여 ·· GI-2
전기 계통 작업 ·· GI-5
잭업, 안전 스탠드 및 리프트의 위치 ··· GI-7
견인, 엔진 번호, 차대번호 ·· GI-8
약어 및 단어 ·· GI-9

정비 작업에 임하여

정비 작업에 대하여
- 시트커버, 플로어 커버를 반드시 장착할 것.

안전작업에 대하여
- 시트커버, 플로어 커버를 반드시 장착할 것.
- 바퀴의 구름을 방지할 것.
- 잭을 지정위치에 확실히 댈 것.
- 안전스탠드 (리지트랙)로 지지할 것.
- 엔진을 스타트 시켰을 때는 엔진 룸내의 안전을 확인한 후 행할 것.

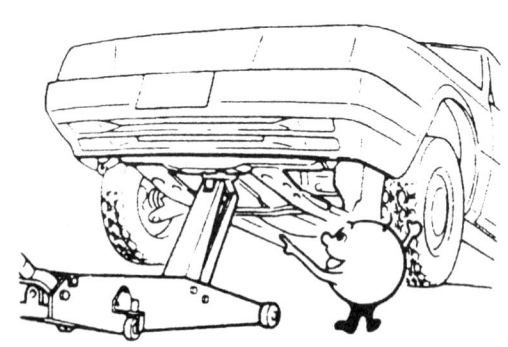

공구, 계측기의 정비에 대하여
- 정비에 필요한 공구, 계기, 특수 공구는 작업전에 준비할 것.

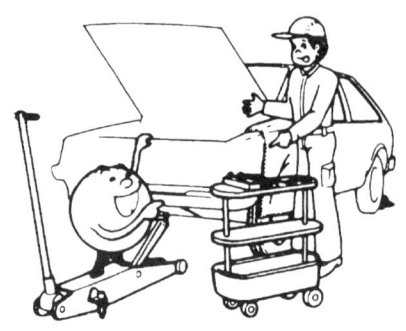

특수 공구에 대하여
- 특수 공구의 사용을 지시하는 작업에는 필히 사용할 것.

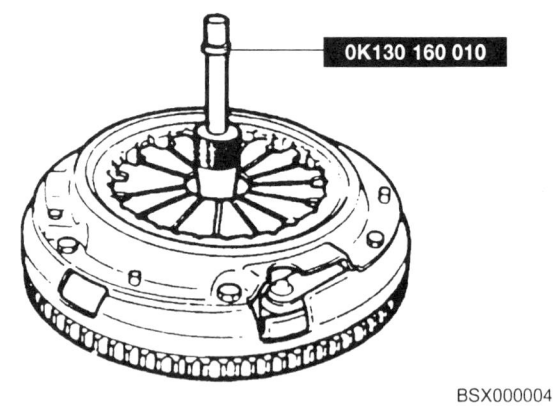

정비작업에 임하여

분리에 대하여
- 결함 개소의 확인을 함과 동시에 고장 원인을 규명하고 분리, 분해의 필요가 있는가를 파악한 후 작업할 것.

분해에 대하여
- 복잡한 개소를 분리할 때는 조립작업이 용이하도록 기능상이나 외관상 악영향이 없는 개소에 각인 또는 조립마크 등을 표시할 것.

분해중의 점검에 대해서
- 각각의 부품을 분해하면서 그 부품의 조립되어 있던 상태, 원형 손상의 유·무 등을 점검할 것.

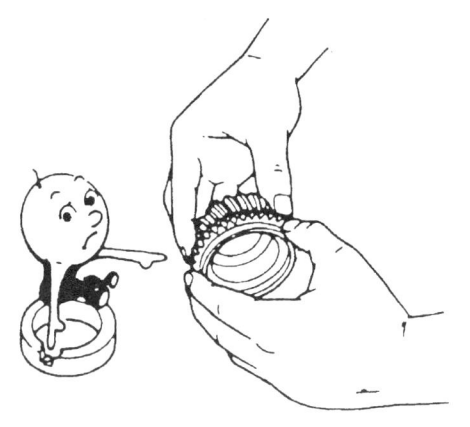

분해부품의 정리에 대해서
- 분해한 부품은 순서대로 잘 정리할 것. 또한 교환하는 부품과 재사용하는 부품을 구분 정리할 것.

분해 부품의 세정에 대해서
- 재사용하는 부품은 충분히 청소, 세정을 행할 것.

조립에 대해서
- 양호한 부품을 정확한 순서로 정비 기준치 (체결 토크, 조정 수치 등)를 맞추어 조립할 것.

- 다음 부품을 분리할 때는 원칙적으로 신품과 교환 할 것.
    - 오일실
    - "O"링
    - 코터 핀
    - 개스킷
    - 록 와셔

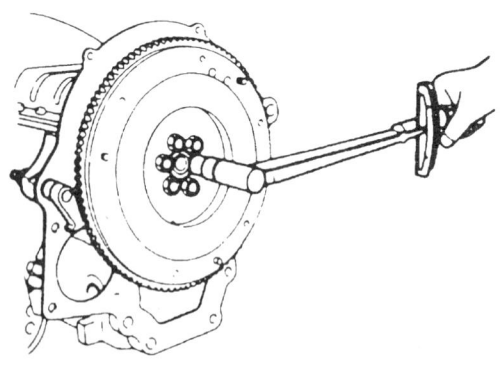

- 개스킷류의 개소에 따라서는 실제의 도포를, 각 부품의 습동부에는 오일의 도포를, 지정한 개소 (오일 실 등)에는 지정한 오일 또는 그리스를 도 포하고 조립할 것.

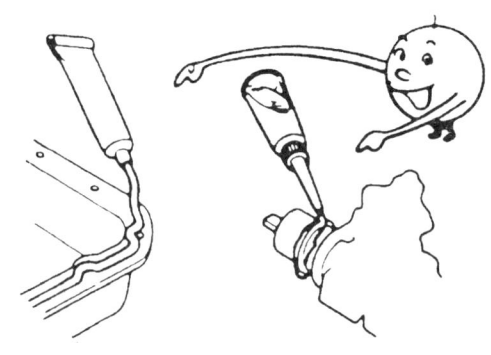

조정
- 게이지, 테스터 등을 사용하여 정비 표준치가 되 도록 조정할 것.

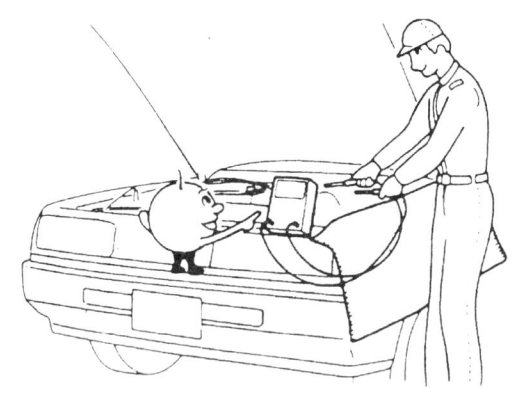

전기 계통 작업

전기계통 작업전 주의점

전기계통을 작업할 때에는 다음 항목을 주의한다. 전기장치와 배선을 임의로 변경, 개조하면 차량 고장과 용량 오버, 쇼트에 의한 차량화재를 일으킬 수 있으므로 절대로 해서는 안된다.

- 바테리 케이블을 분리시에는 반드시 ⊖ 단자를 분리한다

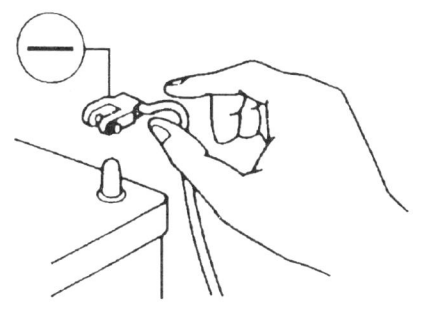

[주의]
- 바테리 케이블을 탈착하는 경우에는 반드시 이그니션 스위치를 OFF한다.(반도체 부품이 파손될 우려가 있다.)

- 퓨즈 용단시는 반드시 지정된 용량의 퓨즈를 교환한다.

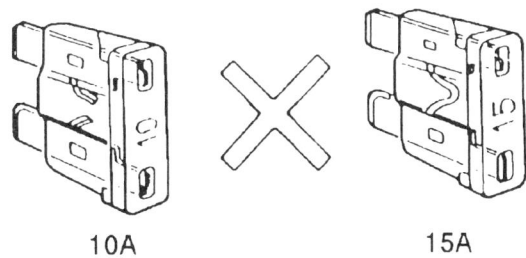

[주의]
- 지정 용량보다 큰 퓨즈를 사용하면 부품소손 차량 화재의 우려가 있다.

- 하니스는 느슨하지 않도록 클립으로 고정한다.

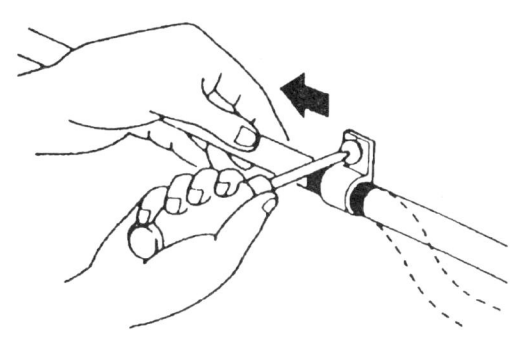

[주의]
- 엔진등 진동부로 건너는 부위는 진동에 의해 주위 부품에 접촉되지 않는 범위에 클립으로 고정한다.

- 하니스가 각 부품의 단부, 날카로운 부위와 간섭되는 곳에는 테이프로 보호한다.

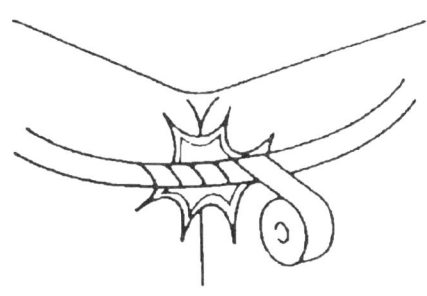

- 부품 부착시에는 하니스가 손상되지 않도록 한다.

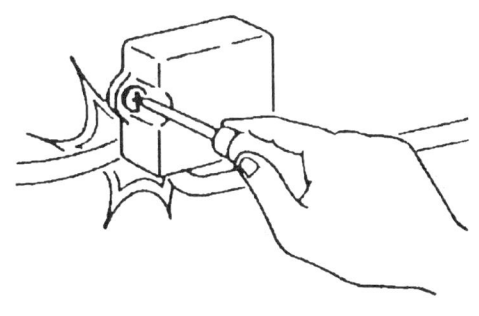

- 센서, 릴레이류를 던지거나 떨어뜨리지 않도록 한다.

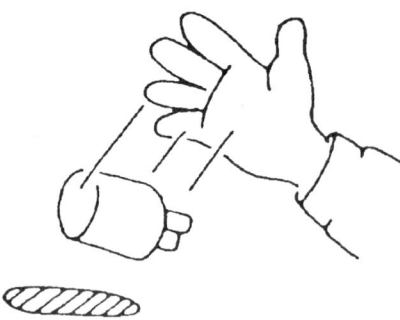

- 온도가 80°C 이상으로 되는 정비를 할 때에는 컴퓨터, 릴레이 등을 분리한다.

- 커넥터를 확실히 장착한다.

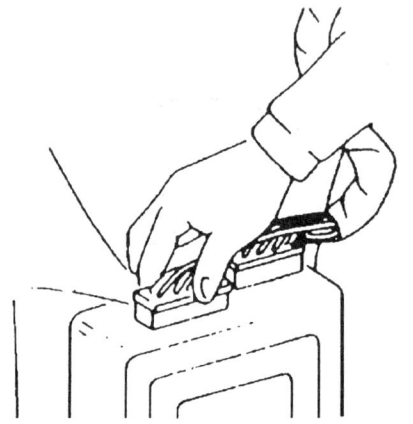

잭업 및 엔진 스텐드 (리지트 랙) 위치

잭업 위치

프런트 측
- 서브 프레임 앞쪽

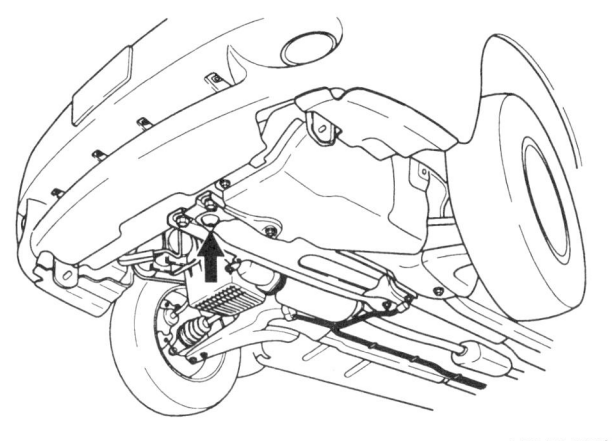

ARSA00002

리어측
- 크로스 멤버 중앙부

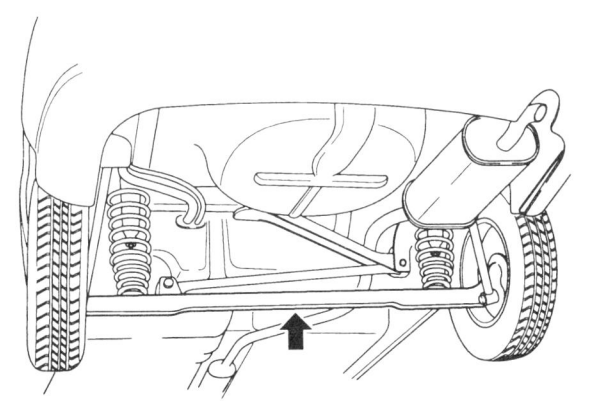

AB3000001

2주식 리프터 지지위치 & 안전스텐드 위치

프런트 측
- 사이드실 (양쪽)

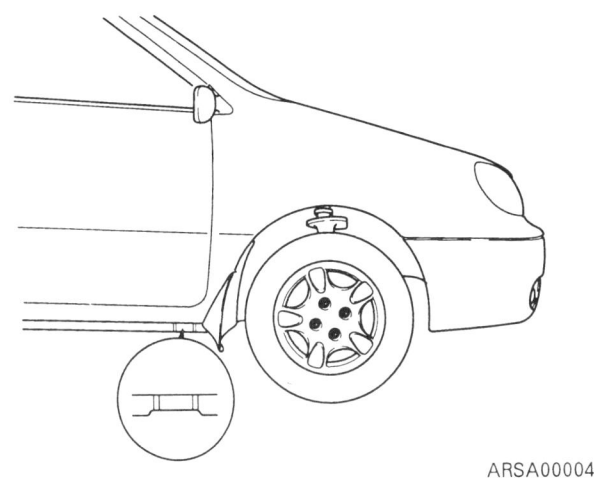

ARSA00004

리어측
- 사이드 실 (양쪽)

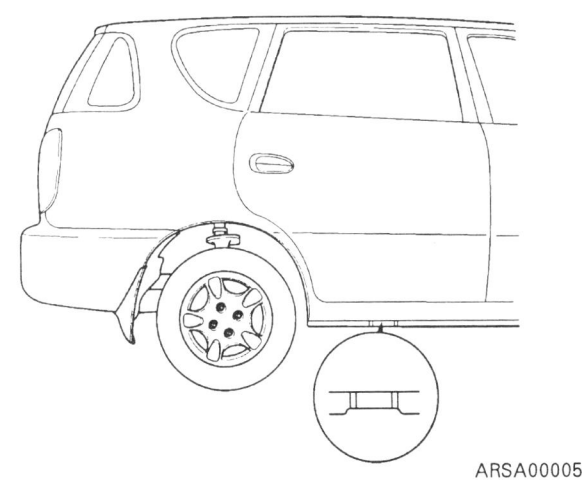

ARSA00005

견인

견인시 차량에 손상을 주지않는 적절한 견인장비를 사용하고, 구동되는 바퀴인 앞 바퀴를 들어올려 견인하며, 주차 브레이크를 해제하고 변속기를 N(중립)위치에 놓은 상태에서 견인한다.

차대번호

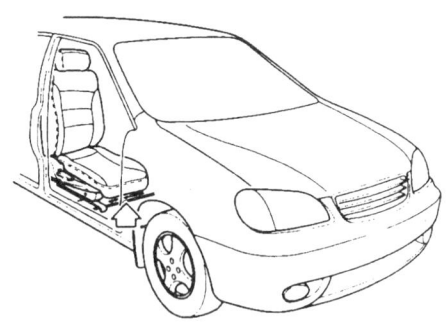

엔진번호

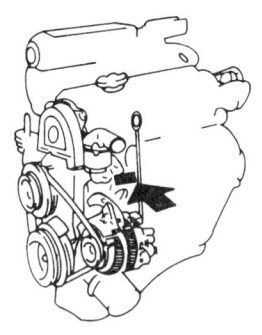

약어 및 단어

약	어
ABDC	하사점 후
AC	에어컨
ACC	악세서리
ASSY	어셈블리
ATDC	상사점 후
BBDC	하사점 전
BTDC	상사점 전
DOHC	더블 오버 헤드 캠 샤프트
EX	익죠스트
IC	전기 직접로
IG	이그니션
IN	인테이크
JB	조인트 박스
LH	좌측
M	모터
OFF	스위치 OFF
ON	스위치 ON
PCV	포지티브 크랭크 케이스 벤틸리에션
P/S	파워 스티어링
P/W	파워 윈도우
RH	우측
ST	스타트
SW	스위치
VICS	가변흡기 시스템

단	어
kg-m, kg-cm	토크
rpm	분당 회전수
°	각도
℃	온도
kg/cm²	압력
mm Hg	부압
A	암페어 (전류)
V	볼트 (전압)
W	와트 (전력)
Ω	옴 (저항)

트랜스 액슬 번호

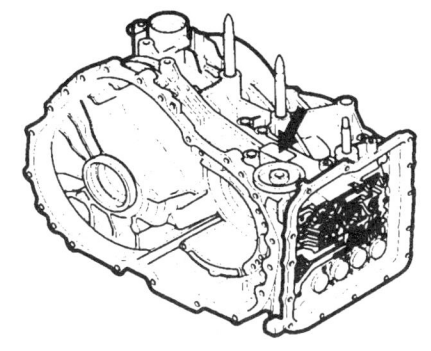

KFW9009T

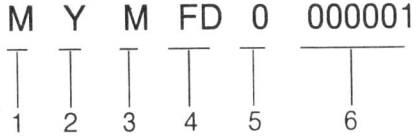

1. 모델
M:F4A42-1   N:F4A42-2

2. 제작년도
W-1998   X-1999
Y-2000   1-2001

3. 감속비
M-3.770   N-4.042   Q-4.407

4. 세분류(분류+D)

모델	기어비	분류
F4A42-1	3.770	A:EF 2.0D B:EF 2.0D OWC C:XD 1.8D D:XD 2.0D E:MS 2.0D OWC F:RS 2.0D FBM
	4.042	A:EF 1.8D C:EF 1.8D OWC E:MS 1.8D OWC
	4.407	A:XG 2.0D B:XG 2.0D OWC
F4A42-2	3.770	A:EF 2.4D B:EF 2.5D C:EF 2.0 FBM D:MS 2.4D OWC E:EF 2.5D OWC F:EF 2.0 FBM OWC G:MS 2.4D OWC H:MS 2.5D OWC I:MS 2.0 FBM OWC
	4.042	A:XG 2.5D B:XG 2.5D OWC
	4.407	A:FO 2.0D GAS B:SM 2.0D GAS+52TD C:SM 2.0D GAS+52TE

5. 예비

6. 제작번호

엔진
(2.0DOHC LPG)

일반사항 ··· EM-2
실린더 블록 ·· EM-21
메인 무빙 시스템 ·· EM-33
냉각 시스템 ·· EM-47
윤활 시스템 ·· EM-55
흡기 및 배기 시스템 ··· EM-56
실린더 헤드 어셈블리 ··· EM-62
타이밍 시스템 ·· EM-69

일반사항

외형도

전면도

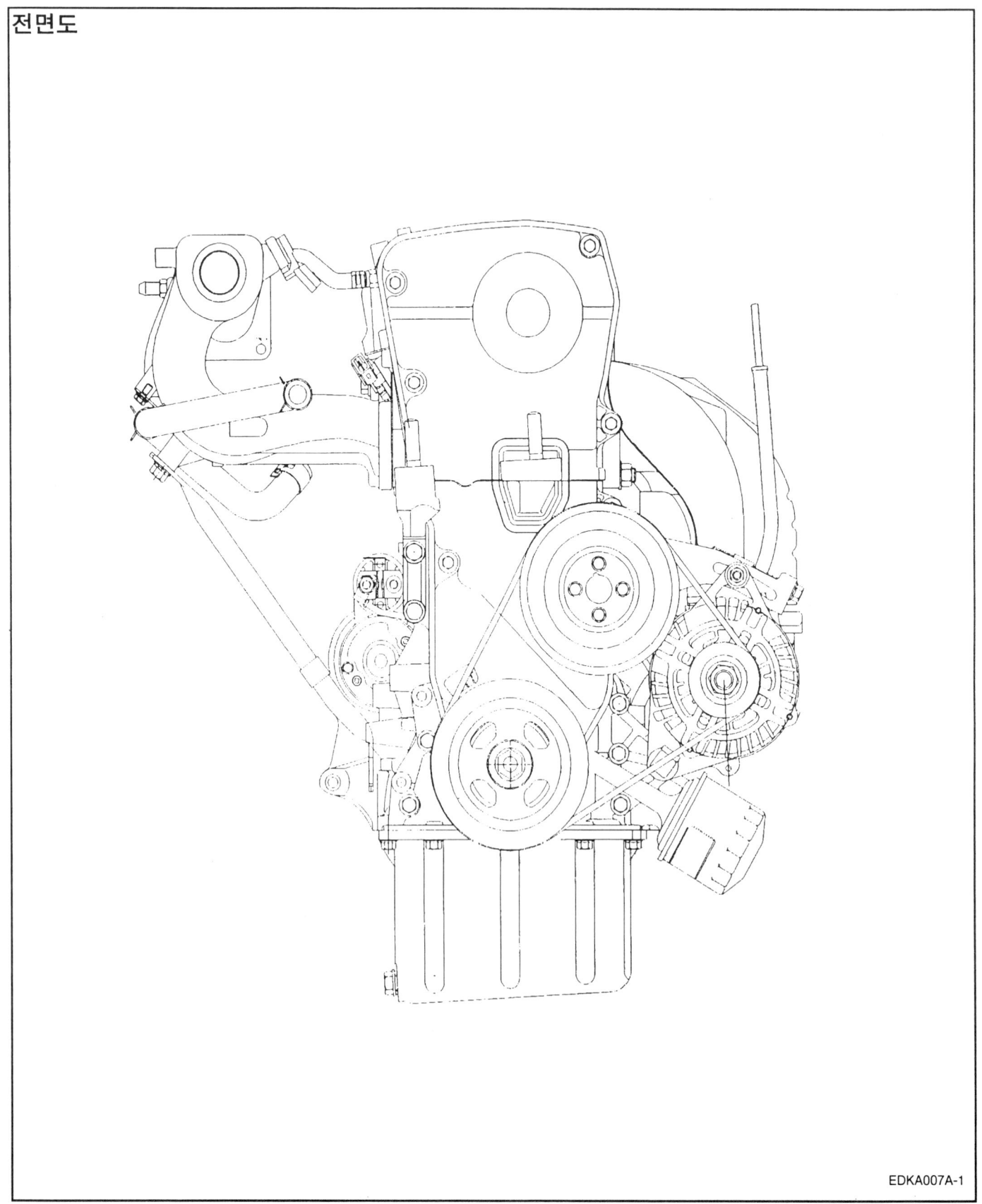

우측면도

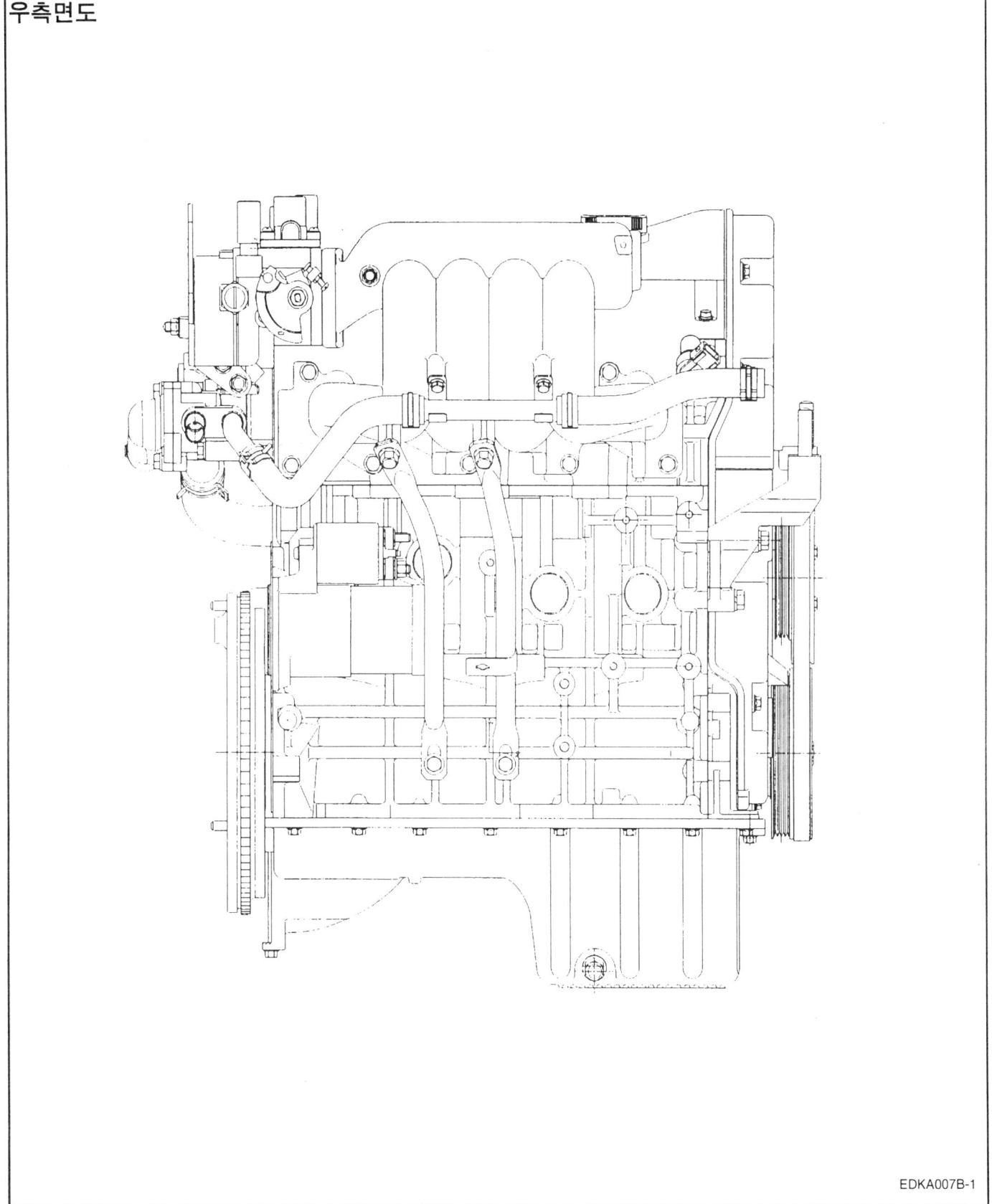

엔진 (2.0 DOHC LPG)

좌측면도

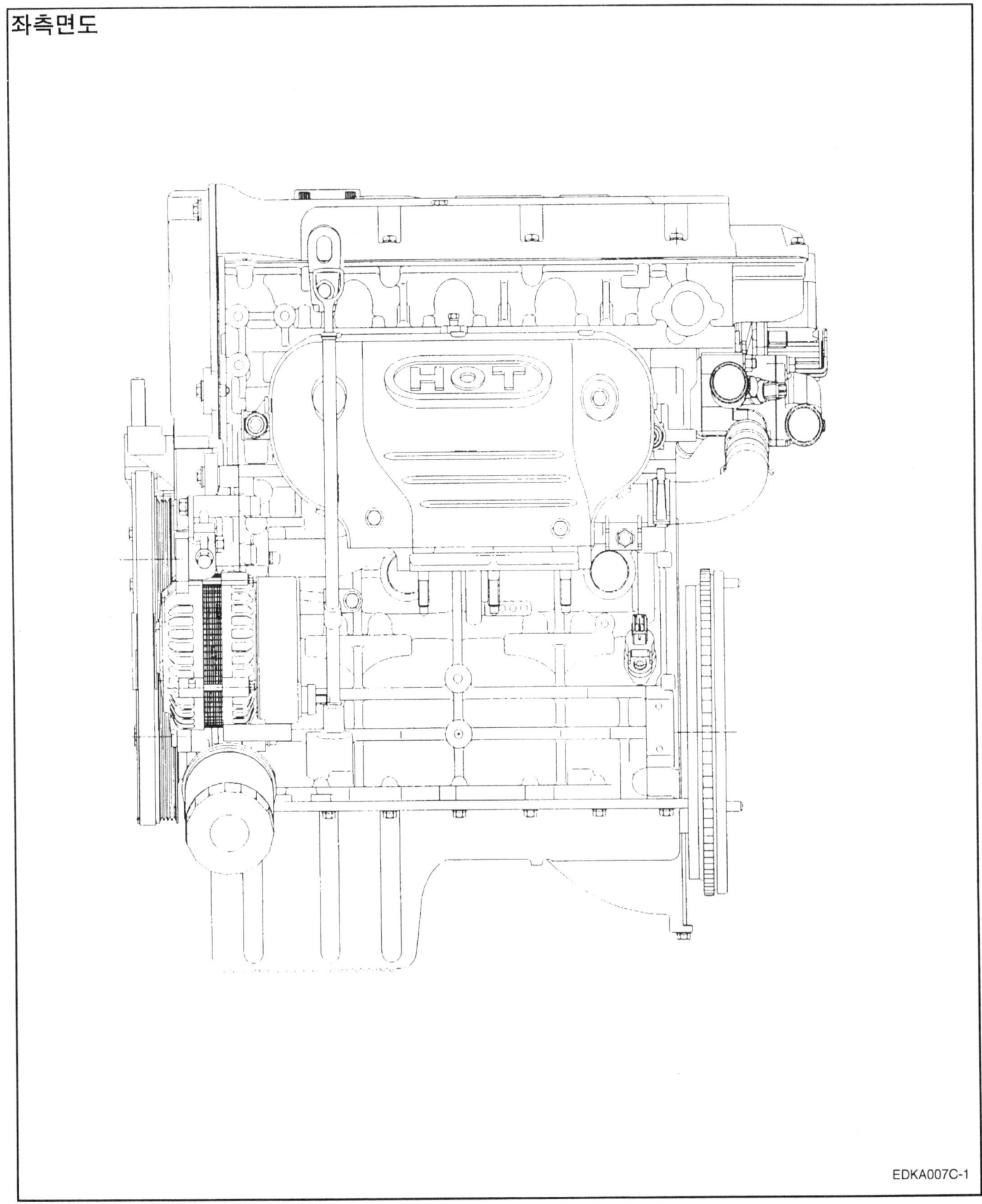

일반사항 EM-5

후면도

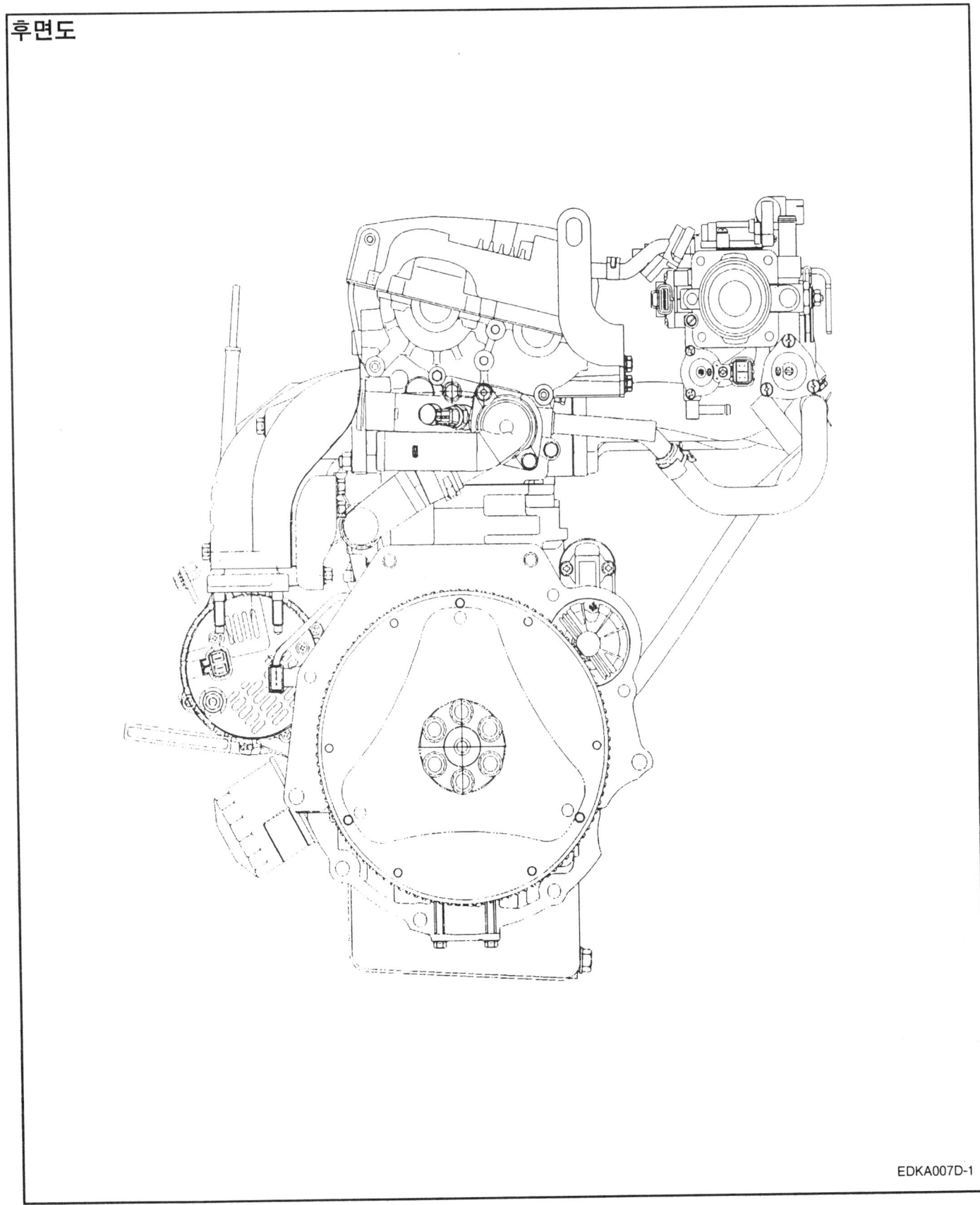

EM-6   엔진 (2.0 DOHC LPG)

평면도

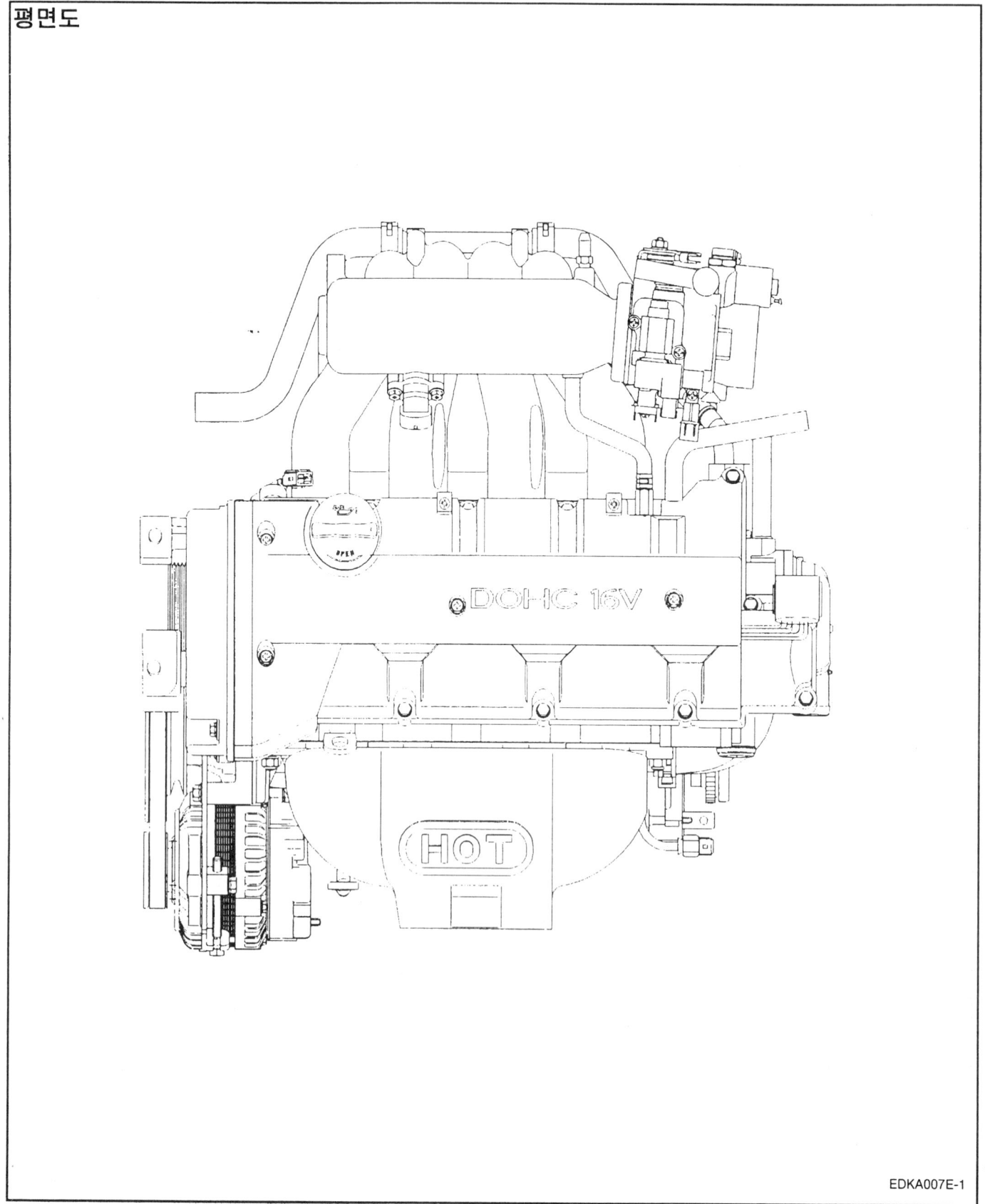

EDKA007E-1

일반사항

제원

항목			제원	한계치
일반사항	형식		직렬 DOHC	
	실린더수		4	
	보어 (mm)		82	
	행정 (mm)		93.5	
	배기량 (cc)		1,975	
	압축비		9.9	
	점화순서		1-3-4-2	
	공회전수		850 ± 100rpm	
	점화시기		BTDC15° ± 10°	
	밸브 개폐 시기	흡기	열림	BTDC8°	
			닫힘	ABDC40°	
		배기	열림	BBDC50°	
			닫힘	ATDC10°	
	밸브 오버 랩			18°	
실린더수	가스켓 면의 평면도(mm)			0.03 이하	0.06
	매니폴드 장착면의 편평도(mm)			0.15 이하	0.3
	밸브 시트 홀의 오버사이즈 정비치수 (mm)	흡기	0.3OS	33.3~33.325	
			0.6OS	33.6~33.625	
		배기	0.3OS	28.8~28.821	
			0.6OS	29.1~29.121	
	밸브가이드 홀의 오버사이즈 정비치수 (mm)		0.05OS	11.05~11.068	
			0.25OS	11.25~11.268	
			0.50OS	11.50~11.518	
캠샤프트	캠 높이 (mm)		흡기	44.048	43.948
			배기	45.049	44.949
	저널외경 (mm)			Ø 28	
	베어링 오일 간극 (mm)			0.02~0.061	0.1
	엔드 플레이 (mm)			0.1~0.2	
밸브	스템외경 (mm)		흡기	5.965~5.98	
			배기	5.93~5.95	
	밸브헤드의 면각 두께 (mm)		흡기	1.15	0.8
			배기	1.35	1.0
	밸브스템과 밸브 가이드 간극 (mm)		흡기	0.02~0.05	0.1
			배기	0.05~0.085	0.15
밸브 가이드	길이 (mm)		장착치수	흡기:14, 배기 : 14	
			오버사이즈	0.05, 0.25, 0.50	
밸브 시트	시트각			45°	
	오버사이즈 (mm)			0.3, 0.6	

엔진 (2.0 DOHC LPG)

항목			제 원	한 계 치
밸브 스프링	자유고 (mm)		46.07	
	부하		25.5kg/37mm 57.3kg/28mm	
	장착높이 (mm)		37	
	직각도 (°)		1.5° 이하	3°
실린더 블럭	실린더 내경 (mm)		82.00~82.03	
	실린더 내경의 원통도 (mm)		0.01 이내	
	피스톤과의 간극 (mm)		0.02~0.04	
피스톤	외경 (mm)		81.97~82.00	신품일 경우에 한함
	오버사이즈 (mm)		0.25, 0.50, 0.75, 1.00	
피스톤링	사이드 간극 (mm)	1번	0.04~0.08	0.1
		2번	0.03~0.07	0.1
	앤드 갭 (mm)	1번	0.23~0.38	1.0
		2번	0.45~0.60	1.0
		오일링 사이드 레일	0.2~0.6	1.0
	오버사이즈 (mm)		0.25, 0.50, 0.75, 1.00	
컨넥팅 로드	휨 (mm)		0.05 이하	
	비틀림 (mm)		0.10 이하	
	사이드 간극 (mm)		0.100~0.250	0.4
컨넥팅 로드베어링	오일간극 (mm)		0.024~0.044	신품일 경우에 한함
	언더 사이즈 (mm)		0.25, 0.50, 0.75	
크랭크 샤프트	핀 외경 (mm)		45	
	저널외경 (mm)		57	
	휨 (mm)		0.03 이내	
	저널과 핀의 원통도 (mm)		0.01 이내	
	엔드 플레이 (mm)		0.06~0.260	
	핀의 언더사이즈 (mm)	0.25	44.725~44.740	
		0.50	44.475~44.490	
		0.75	44.225~44.240	
	저널의 언더사이즈 (mm)	0.25	56.727~56.742	
		0.50	56.477~56.492	
		0.75	56.227~56.242	
플라이휠	클러치 디스크 접촉면 런 아웃		0.1	0.13
오일 펌프	외경과 프론트 케이스 사이의 간극 (mm)		0.12~0.185	
	프론트 사이드 간극	팁 간극	0.025~0.069	
		외측기어 (mm)	0.04~0.09	
		내측기어 (mm)	0.04~0.085	
	오일 압력 (오일온도 90°~100°) 공회전때 (800rpm)		1.7kg/cm	
릴리프 스프링	자유고 (mm)		43.8	
	부하		3.7kg/40.1mm	

일반사항

항 목		제 원
냉각방식		수냉압력식 냉각팬을 이용한 강제 순환식
라디에이터	형식	압축된 콜게이트 핀 형식
	성능 (kal/h)	38,000
라디에이터 캡	고압밸브 개방압력 (kg/cm²)	0.83~1.10
	진공밸브 개방압력 (kg/cm²)	-0.07이하
라디에이터자동트랜스 액슬 오일쿨러 성능 (kg/h)		1,200
워터 펌프 형식		원심 임펠러식
써머 스타트 형식		지글밸브를 갖춘 왁스 팰릿 형식
냉각수 용량		6.0L
부동액 농도범위 (%)		40
써머 스타트	밸브 개방 온도 (°)	82 ± 1.5
	완전 개방 온도 (°)	95
수온센서	형식	열감지 서미스터식
	저항 (20℃에서)(KW)	2.31~2.59
에어클리너	형식	건식
	엘리먼트	패널리트 형식
배기파이프	머플러	확장공명식
	지지형식	러버행거

조임토크

	항 목	규정토크(kg-m)
실린더 블럭	엔진 서포트 브라켓트 볼트 및 너트	3.5~5.0
	엔진 서포트 브라켓트 스테이 볼트	4.3~5.5
	오일 압력 스위치	1.3~1.5
실린더 헤드	실린더 헤드 볼트 M10	3.0+(60°~65°)+(60°~65°)
	M12	3.5+(60°~65°)+(60°~65°)
	흡기 매니폴드 볼트 및 너트	1.6~2.3
	배기 매니폴드 너트	4.3~5.5
	실린더 헤드 커버 볼트	0.8~1.0
	켐 샤프트 베어링 캡 볼트	1.4~1.5
	리어 플레이트 볼트	0.8~1.0
메인 무빙	컨넥팅 로드 캡 너트	5.0~5.3
	크랭크 샤프트 베어링 캡 볼트	2.7~3.3+(60°~65°)
	플라이 휠 수동 변속기 볼트	12.0~13.0
	드라이브 플레이트 자동 변속기 볼트	12.0~13.0
타이밍 벨트	크랭크 샤프트 풀리 볼트	17~18
	캠 샤프트 스프로켓 볼트	10~12
	타이밍 벨트 텐셔너 볼트	4.3~5.5
	타이밍 벨트 아이들러 볼트	4.3~5.5
	타이밍 벨트 커버 볼트	0.8~1.0
	프론트 케이스 볼트	2.0~2.7
엔진 마운팅	우측 마운팅 인슐레이터 (큰쪽) 너트	9.0~11.0
	우측 마운팅 인슐레이터 (작은쪽) 너트	4.5~6.0
	우측 마운팅 브라켓트에서 엔진 너트 및 볼트	5.0~6.5
	트랜스 액슬 마운팅 인슐레이터 너트	9.0~11.0
	트랜스 액슬 인슐레이터 브라켓트에서 사이드 멤버 볼트	3.0~4.0
	리어 롤 스톱퍼 인슐레이터 너트	4.5~6.0
	리어 롤 스톱퍼 브라겟트에서 서브 프레임 볼트	5.0~6.0
	프론트 롤 스톱퍼 인슐레이터 너트	4.5~6.0
	프론트 롤 스톱퍼 브라켓트에서 서브 프레임 볼트	3.0~4.0
	오일 필터	1.2~1.6
	오일 팬 볼트	1.0~1.2
	오일 팬 드레인 플러그	3.5~4.5
	오일 스크린	1.5~2.2
	오일 씰 케이스	1.0~1.2

일반사항

항 목	규 정 값 (kg-m)
서머 스타트 인렛 피팅 볼트	1.5~2.0
서머 스타트 하우징 장착 너트	1.5~2.0
워터 펌프 장착 볼트	2.0~2.7
알터네이터 브레이스 볼트	2.0~2.7
수온 센서	2.0~4.0
알터네이터 서포트 볼트와 너트	2.0~2.5
워터 펌프 풀리	0.8~1.0
에어클리너 바디 장착 볼트 (차체 장착)	0.8~1.0
레조네이터(A)장착 볼트 (차체 장착)	0.4~0.6
흡기 매니폴드와 실린더 헤드 체결 너트 및 볼트	1.6~2.3
흡기 매니폴드 스테이와 실린더블럭 체결 볼트	1.8~2.5
스로틀 바디와 서지탱크 체결 볼트	1.5~2.0
배기 매니폴드와 실린더 헤드 체결 너트	4.3~5.5
배기 매니폴드 커버와 배기매니폴드 체결볼트	1.5~2.0
산소센서와 배기매니폴드 체결	5.0~6.0
프론트 배기파이프와 배기매니폴드 체결 너트	3.0~4.0
프론트 배기파이프 브라켓트 볼트	3.0~4.0
프론트 배기파이프와 촉매변환 장치의 체결 볼트	4.0~6.0
메인 머플러 행거 지지 브라켓트 볼트	1.0~1.5
워터 파이프 브라켓트 볼트	1.2~1.5
체인 가이드	0.8~1.0
스타터 체결 볼트	2.7~3.4
히트 프로텍터	1.5~2.0

특수공구

공구 (품번 및 품명)	형상	용도
크랭크샤프트 프론트 오일 씰 인스톨러 09214-32001		프론트 오일 씰의 장착
크랭크샤프트 프론트 오일 씰 가이드 09214-32000		프론트 오일 씰의 장착
마운팅 부싱 탈거 및 장착 09216-22000		엔진 마운팅 부싱 탈거 및 장착 (09216-22100과 함께 사용)
캠샤프트 오일 씰 인스톨러 09221-21000		캠샤프트 오일 씰의 장착
밸브 가이드 인스톨러 09221-22000(A/B)		밸브 가이드의 탈거 및 장착
실린더 헤드 볼트 렌치 09221-32001		실린더 헤드 볼트의 탈거 및 조임
밸브 스템 오일 씰 인스톨러 09222-22001		밸브 스템 오일 씰의 장착

일반사항

공구 (품번 및 품명)	형상	용도
밸브 스프링 컴프레서 홀더 및 어댑터 09222-28000, 09222-28100	EDKA010A	흡기 및 배기밸브의 탈거 및 장착 (09222-29000과 함께 사용)
밸브 스템 씰 리무버 09222-29000	EDKA010B	밸브 스템 씰 탈거
크랭크샤프트 리어 오일 씰 인스톨러 09231-21000	ECKA010B	1 엔진 리어 오일 씰의 장착 2 크랭크샤프트 리어 오일 씰의 장착
피스톤 핀 탈거 및 장착 키트 09234-33001	ECKA01A	피스톤 핀의 탈거 및 장착 (09234-33003과 함께 사용)
피스톤 핀 세팅공구 인서트 09234-33003	EDDA005H	피스톤 핀의 탈거 및 장착 (09234-33001과 함께 사용)

고장진단

현 상	가 능 한 원 인	정 비
압축 압력 떨어짐	실린더헤드 가스켓트 소손	가스켓트 교환
	피스톤링 마모 및 손상	링 교환
	피스톤 또는 실린더 마모	피스톤 및 실린더블럭정비 또는 교환
	밸브시트 마모 또는 손상	밸브 및 시트 링 정비 또는 교환
오일 압력 떨어짐	엔진 오일 부족	엔진 오일 수준 점검
	오일압력 스위치 결함	오일압력스위치 교환
	오일필터 막힘	신품필터 교환
	오일펌프기어 또는 커버 마모	교환
	엔진 오일 점도 부족	엔진오일 교환
	오일 릴리프밸브 고착 (개방)	교환 혹은 원인 확인
	과다한 베어링 간극	베어링 교환
높은 오일압력	오일릴리프 밸브 고착 (폐쇄)	릴리프 밸브 정비
밸브소음	희박한 엔진오일 점도	엔진오일 교환
	HLA 이상 작동	HLA 교환 또는 공기빼기
	밸브스템 또는 밸브가이드의 마모	밸브 또는 가이드 교환
커넥팅로드 소음 또는 메인베어링 소음	부적당한 오일 공급	엔진오일 수준 점검
	낮은 오일압력	'지나치게 낮은 오일 압력'항 참조
	희박한 엔진오일 점도	엔진오일 교환
	과다한 베어링 간극	베어링 교환
타이밍벨트 소음	부정확한 벨트 장력	벨트장력 조정
과다한 엔진 롤링 및 진동	엔진 롤 스톱퍼 풀림	재조임
	트랜스액슬 장착브라켓 풀림	재조임
	엔진 장착 브라켓 풀림	재조임
	센터 멤버 풀림	재조임
	트랜스액슬 장착 인슐레이터 파손	교환
	엔진 롤 스톱퍼 인슐레이터 파손	교환

일반사항

현 상	가 능 한 원 인	정 비
냉각수 수준이 낮다.	냉각수의 누출	
	히터 혹은 라디에이터 호스	수리 혹은 부품교환
	라디에이터 캡 불량	클램프 조임 혹은 교환
	서머 스타트 하우징	가스켓트나 하우징 교환
	라디에이터	교환
	워터 펌프	부품 교환
라디에이터 막힘	냉각수에 이물질이 유입	냉각수 교환
냉각수 온도가 비정상적으로 높다.	서머 스타트 불량	부품 교환
	라디에이터 캡 불량	부품 교환
	냉각 계통 흐름이 불량	청소 혹은 부품교환
	구동벨트 풀림 혹은 분실	조정 혹은 교환
	워터 펌프 풀림	교환
	수온 와이어링 불량	수리 혹은 교환
	냉각 팬 불량	수리 혹은 교환
	라디에이터나 서머 스위치 불량	교환
	냉각수 부족	냉각수 보충
냉각수 온도가 비정상적으로 낮다.	서머 스타트 불량	교환
	수온 와이어링 불량	수리 혹은 교환
오일 냉각 계통에 누설이 생긴다.	연결부의 풀림	재조임
	호스, 파이프, 오일쿨러의 균열 혹은 손상	교환
전기 냉각 팬이 동작치 않는다.	서머센서, 전기모터, 라디에이터 팬릴레이, 와이어링의 손상	수리 혹은 교환
배기가스가 누설된다.	연결부가 풀림	재조임
	파이프 혹은 머플러가 파손됨	수리 혹은 교환
비정상적인 소음이 난다.	머플러 내에 있는 배플플레이트가 떨어짐	교환
	러버행거의 파손	교환
	파이프 혹은 머플러가 차체와 간섭됨	수리
	파이프 혹은 머플러가 파손됨	수리 혹은 교환
	촉매 변환 장치가 파손됨	교환
	각 연결부 가스켓 파손	교환

정비조정절차

엔진 오일의 점검

1. 엔진오일 수준게이지에 표시되어 있는 "F" 와 "L" 표시선 사이에 있도록 한다.

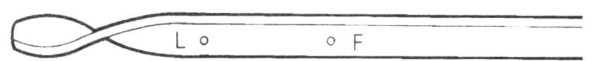

ECDA001A

2. 만일 오일수준에 "L"표시선 아래로 떨어질때는 1L 정도 오일을 주입해야 한다.
3. 엔진 오일의 오염상태 및 점도를 점검하고 불량하면 교환한다.

압축 압력 점검

1. 점검전에 엔진오일, 스타터모터 및 배터리가 정상 상태인지 확인한다.
2. 시동을 걸고 엔진 냉각 수온이 80~95℃ 가 될 때까지 엔진을 가동 시킨다.
3. 엔진을 멈추고 스파크 플러그 케이블과 에어클리너 엘리먼트를 분리한다.
4. 스파크 플러그를 탈거한다.
5. 스로틀 밸브를 완전히 연다음 엔진을 크랭킹시켜 실린더로부터 이 물질을 제거한다.

〔주위〕
- 이때 스파크 플러그 홀을 반드시 헝겊으로 덮어야 한다. 이것은 균열 등을 통하여 실린더내에 들어 올 수 있는 뜨거운 냉각수온, 오일, 연료, 기타 이물질들이 압축압력 점검시 스파크 플러그 홀로 분출될 위험이 있기 때문이다.
- 압축 압력 시험을 위해 엔진을 크랭킹 시킬때는 반드시 스로틀 밸브를 전개 위치로 한 후 크랭킹 하여야 한다.

6. 스파크 플러그 홀에 압축게이지를 설치한다.
7. 스로틀밸브를 개방시킨 상태에서 엔진을 크랭킹시켜 압축압력을 측정한다.

규정치(250~400rpm)
　규정치 : 15kg/cm²
　한계치 : 14kg/cm²

8. 각 실린더에 대하여 6 항과 7 항까지의 과정을 실시하여 모든 실린더간의 압축 압력차가 한계치 내에 있는가를 점검한다.

한계치 : 1.0kg/cm²이하

EDDA850B

9. 만약 각 실린더중 어느 하나라도 압축압력차가 한계치를 초과하는 경우, 스파크플러그 홀로 약간의 엔진오일을 주입한 다음 해당 실린더에 대하여 6 항부터 7 항까지의 과정을 재실시한다.
　이 때 압축압력이 증가하게 되면 피스톤, 피스톤 링 또는 실린더벽이 마모되었거나 손상된 것이고, 압축압력이 감소하면 밸브 고착, 불량한 밸브접촉 또는 가스켓트를 통하여 압력이 새는 것이다.

〔주의〕
- 촉매변환장치에 많은 양의 미연소 가솔린이 유입되면 과열되어 화재발생등 비상상태를 유발할 수 있으므로 이 작업은 가급적 빠른 시간에 행하며, 이때 절대 엔진을 작동시키지 않는다.

타이밍벨트 장력 조정

장력 조정은 다음 순서에 따라 실시한다.
1. 스티어링휠을 완전히 반시계 방향으로 돌린다.
2. 잭을 이용하여 엔진오일팬에 목재 블럭을 대고 차량을 들어 올린다.

〔주의〕
- 부품에 과도한 부하가 걸리는 것을 막기 위해 살짝 들어 올린다.

3. 엔진 서포트 브라켓을 탈거한다.

4. 워터펌프 풀리를 탈거한다.

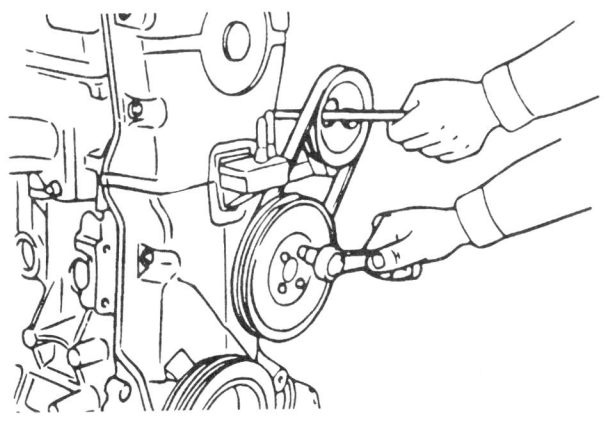

5. 타이밍벨트 어퍼 커버를 탈거한다.

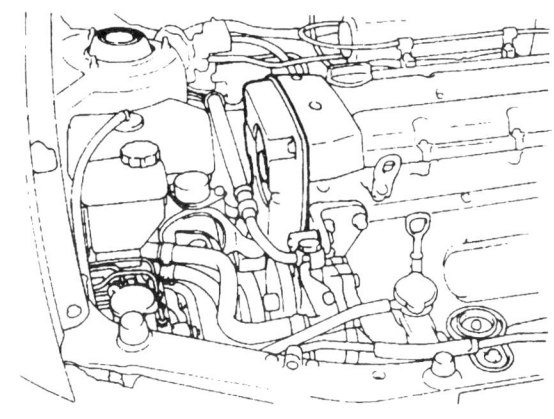

6. 스파크 플러그를 탈거한다.
7. 크랭크샤프트를 시계방향으로 돌려 1번 실린더의 피스톤을 압축 행정의 상사점에 있도록 한다.

〔주의〕
- 크랭크샤프트는 시계방향으로 돌려야 한다. 크랭크샤프트를 시계 반대방향으로 돌리면 장력이 부적당하게 조정된다.

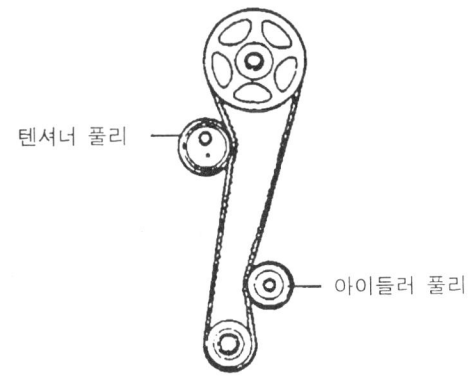

8. 크랭크샤프트를 정규회전방향으로 2개의 스프로켓 잇수만큼 시계방향으로 돌린다.

〔참고〕
- 이 작업은 벨트의 장력측에 규정장력을 주기 위해 *2번 실린더 배기 밸브 록커암이 캠상단부에 오도록 하기 위한 것이다.*

9. 공구를 사용하여 타이밍벨트 텐셔너를 화살표방향으로 눌러 장력을 주고 각 스프로켓와 벨트 이가 완전하게 일치 하였는가를 확인한다. 이 상태에서 텐셔너를 고정한다.
10. 타이밍벨트 장력을 점검한다.
    인장측 밸트 중앙을 2kg의 힘으로 눌렀을때 4~6mm의 처짐을 확인할것.
11. 스파크플러그를 장착한다.
12. 타이밍벨트 어퍼커버를 장착한다.
13. 워터펌프풀리 및 엔진 서포트 브라켓을 장착한다

냉각계통

고장진단법

1. 냉각수 누출 점검
   1) 냉각수 온도가 38℃ 미만으로 떨어진 후에 라디에이터 캡을 푼다.
   2) 냉각수 수준이 필러넥크까지 차 있는지를 확인한다.
   3) 라디에이터 캡 테스터를 라디에이터 필러넥크에 장착하고 1.4kg/cm²의 압력을 가한다. 2분 동안 그 상태를 유지하면서 라디에이터, 호스, 연결부에서의 누출을 점검한다.

[주의]
- 라디에이터의 냉각수는 매우 뜨거우므로 뜨거울 때 캡을 개방하면 뜨거운 물이 분출되어 상해를 입을 위험이 있으므로 절대 삼가한다.
- 점검한 부분의 물기를 완전히 닦아낸다.
- 테스터를 탈거할 때는 냉각수가 뿌려지지 않도록 주의한다.
- 테스터기를 탈거하고 장착할때, 또한 시험을 행할 때 라디에이터의 휠러넥크가 변형되지 않도록 주의한다.

4) 누출이 있으면 부품을 교환한다.

2. 라디에이터 캡 압력 시험
   1) 어댑터를 사용하여 테스터를 캡에 부착시킨다.
   2) 게이지의 바늘이 움직임을 멈출때 까지 압력을 증가시킨다.

고압 밸브 개방 압력(kg/cm²): 0.83 ~ 1.10

3) 압력수준이 한계치를 유지하는가를 점검한다.
4) 측장압력이 한계치 이상이면 라디에이터의 캡을 교환한다.

[참고]
- 캡 씰(CAP SEAL) 내에 녹 또는 이 물질이 있으면 부정확한 압력을 나타내므로 시험 전에 닦아야 한다.

어댑터

3. 비중시험
1) 액체비중계로 냉각수의 비중을 측정한다.
2) 냉각수온도를 측정한 후 다음표를 사용하여 비중과 온도와의 관계로부터 농도를 산출해 낸다.

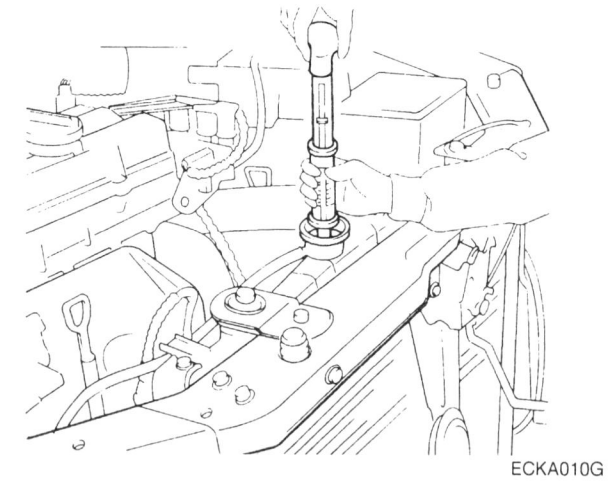

일반사항

4. 냉각수 농도와 비중과의 관계

냉각수 온도와 비중(온도 : ℃)					빙점(℃)	안전작동온도(℃)	냉각수 농도
10	20	30	40	50			
1.054	1.050	1.046	1.042	1.036	-16	-16	30%
1.063	1.058	1.054	1.049	1.044	-20	-20	35%
1.071	1.067	1.062	1.057	1.052	-25	-25	40%
1.079	1.074	1.069	1.064	1.058	-30	-30	45%
1.087	1.082	1.076	1.070	1.064	-36	-36	50%
1.095	1.090	1.084	1.077	1.070	-42	-42	55%
1.103	1.098	1.092	1.084	1.076	-50	-50	60%

[주의]
- 농도가 30%이하이면 내식성 (anticorrosion)이 떨어지게 한다.
- 농도가 60%이상이면 부동성과 엔진냉각성이 감소하여 엔진에 급격한 영향을 미치게 된다.
- 추천 부동액을 사용해야 하며 다른 제품과 혼합해서 사용해서는 안된다.

5. 추천부동액

추천부동액 : 에틸렌 그리콜

구동벨트의 장력 점검 및 조정

1. 장력점검
   1) 워터 펌프 풀리와 알터네이터 풀리사이를 10kg의 힘으로 누른다.
   2) 벨트를 누르면서 벨트의 처짐을 점검한다.
   3) 벨트의 처짐이 규정치를 벗어나면 다음 절차로 조정한다.

항목	규정치	
	신품벨트	사용중인벨트
구동의 처짐(L)	7.5~9.0mm	10.0mm

2. 장력게이지의 사용
1) 형식
   ① 보르그 (BORROUGHS)BT-33-73F 형식
   ② 니폰덴소 (NIPPONDENSO) BTG-2형식
2) 사용방법
   ① 게이지의 훅크와 스핀들 사이에 벨트를 끼워 넣고 장력게이지 핸들을 누른다.
   ② 핸들을 놓고 게이지의 지침을 읽는다.

장력(T)	규정치	
	신품벨트	사용중인벨트
구동의 처짐(L)	65~75kg	40~50kg

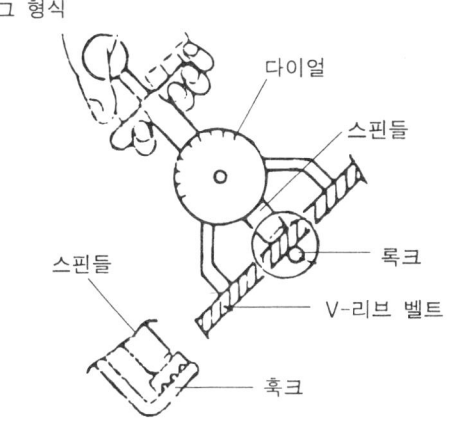

보르그 형식

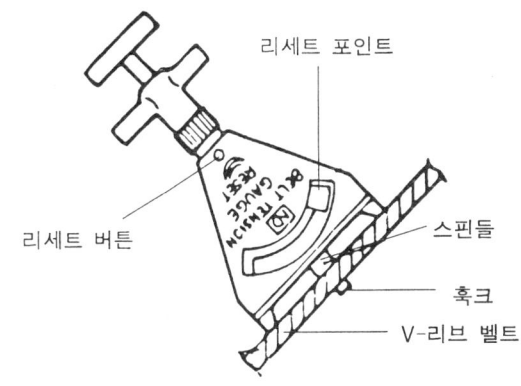

니폰 덴소 형식

[주의]
- 5분 이상 작동된 벨트는 상용벨트 장착시의 장력으로 조정해야 한다.
- 벨트가 올바르게 장착되었는가를 점검한다.
- 느슨해진 벨트는 미끄러지는 소리가 발생한다.

엔진 (2.0 DOHC LPG)

벨트의 손상점검

다음의 사항을 점검하여 결함이 있으면 벨트를 교환한다.
1. 벨트면의 손상, 벗겨짐, 균열여부를 점검한다.
2. 벨트면의 오일 또는 그리스 오염여부를 점검한다.
3. 고무 부분의 마모, 또는 경화된 부위가 있는가를 점검한다.
4. 풀리면의 균열 또는 손상을 점검한다.

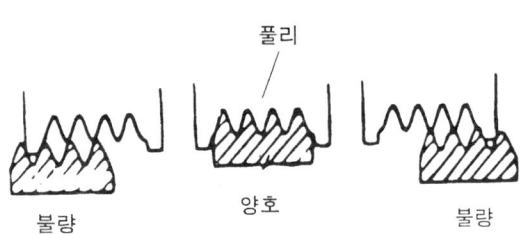

조정

1. 알터네이터 서포트 볼트 "A"의 너트와 조정 록 볼트 "B"를 푼다.
2. 알터네이터 브레이스 조정볼트를 "T"방향으로 움직이며 벨트의 장력을 조정한다.

알터네이터 조정 록 볼트 B : 1.2~1.5kg-m

알터네이터 서포트 너트 A : 2~2.5kg-m

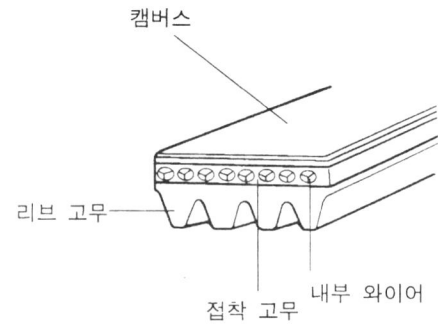

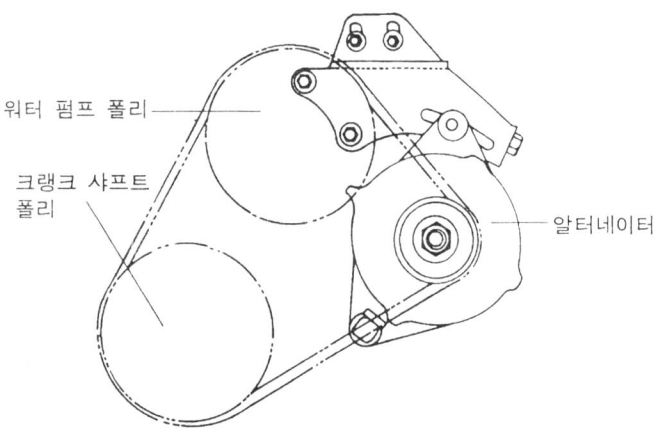

3. 볼트 "B"를 조이고 나서 볼트 "A"를 규정토크로 조인다.

[주의]
- 벨트의 장력이 과도하면 벨트가 조기 마모될 뿐 아니라 소음이 발생하며 워터 펌프 베어링과 알터네이터 베어링이 손상된다.
- 벨트가 너무 느슨하면 벨트가 조기 마모되며 알터네이터가 충분히 전력을 발전하지 못해 배터리나 워터펌프의 성능이 저하되므로 엔진이 오버히트되거나 손상된다.

실린더 블럭

구성부품

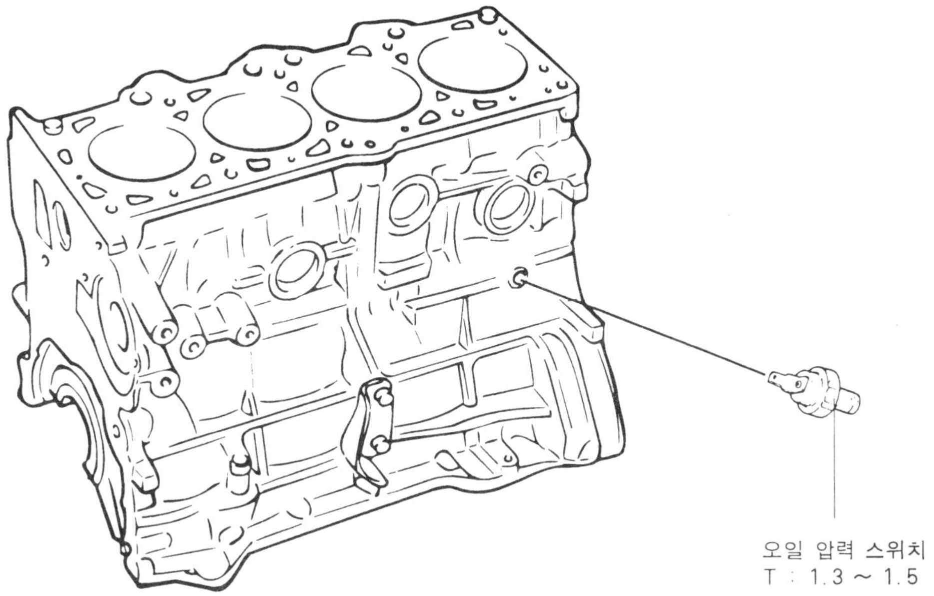

오일 압력 스위치
T : 1.3 ~ 1.5

조임토크 : kg-m

탈거

1. 실린더헤드, 타이밍벨트, 프론트케이스, 플라이휠 및 피스톤을 탈거한다.
2. 오일압력 스위치를 탈거한다.

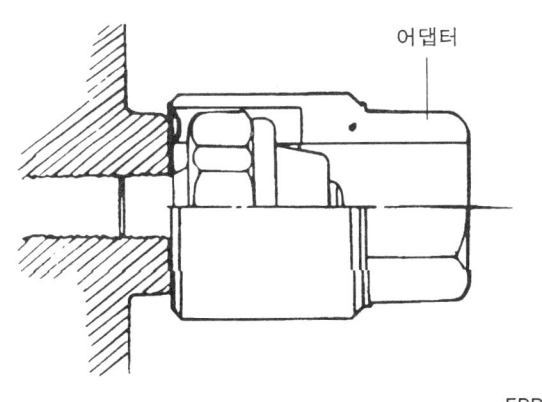

어댑터

검사

1. 실린더 블럭

   1) 눈으로 실린더 블럭의 긁힘, 물때, 녹슴등을 점검하고 적당한 공구를 사용하여 보이지 않는 균열, 기타 결함을 점검하여 필요시는 수리 혹은 교환한다.
   2) 스트레이트 에지 (Straight edge) 및 씨그니 스게이지를 사용하여 실린더블럭 윗면의 평면도를 측정한다. 측정할 때에는 실린더 블럭 윗면에 가스켓 조각등이 부착되어 있지 않도록 한다.

   평면도 : 0.05mm이하

   평행도 : 0.15mm이하

   3) 실린더 게이지를 사용하여 3군데 높이에서 A와 B방향으로 실린더 보어를 측정한다. 만일 실린더 보어의 원통도 규정보다 크거나 실린더 벽이 긁히거나 심하게 물때가 끼었으면 실린더 블럭을 보링(boring)혹은 호닝(honing)해야 하며 신품의 오버사이즈 피스톤과 링을 장착해야 한다.

   실린더 내경 : 82.00~82.03 mm

   실린더 내경 원통도 : 0.01mm

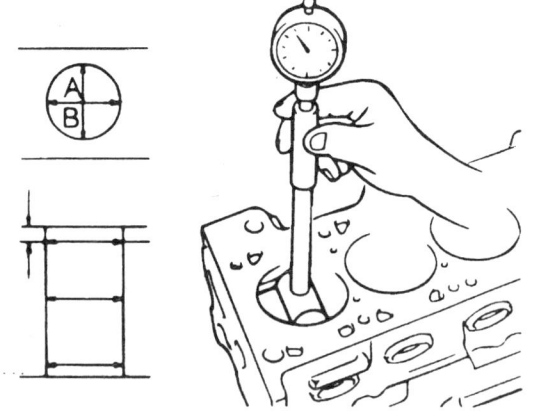

   4) 실린더의 상부 리지(top ridge)가 단층 마모되었으면 리지 리머(ridge reamer)로 절삭한다.
   5) 오버사이즈 피스톤은 4가지 종류가 있다.

피스톤 오버사이즈 크기	표 시
0.25 OS	0.25mm
0.50 OS	0.50mm
0.75 OS	0.75mm
1.00 OS	1.00mm

   6) 실린더 보어를 오버사이즈로 보링하기 위해서는 오버사이즈 피스톤과 보어사이의 간극을 유지하고 모든 피스톤을 같은 크기로 사용해야 한다. 피스톤의 외경을 측정할 때는 피스톤 스커트의 하부에서 약 2mm 윗부분인 쓰러스트면의 단면을 측정한다.

   피스톤과 실린더 사이의 간극 : 0.02~0.04mm

   (본 간극은 신품일 경우에 한함)

장착

다음 부품을 순서대로 장착한다.
1. 크랭크샤프트
2. 플라이 휠
3. 피스톤
4. 실린더헤드

실린더 블럭

EM-23

엔진 마운팅

구성부품

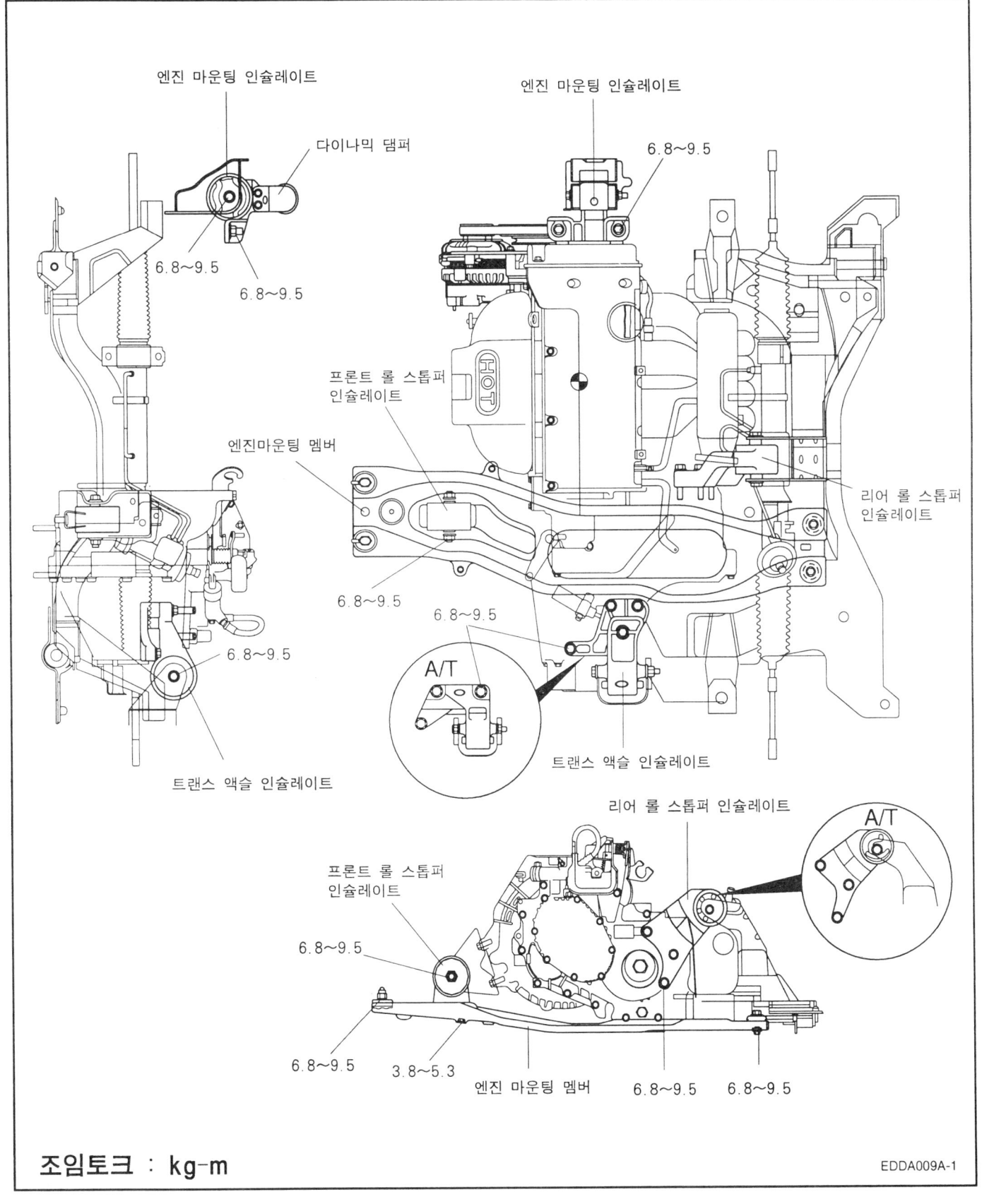

조임토크 : kg-m

엔진 (2.0 DOHC LPG)

탈거

엔진 호이스트를 엔진 후크에 걸어 들어 올려 인슐레이터에 압력이 걸리지 않게 한다.

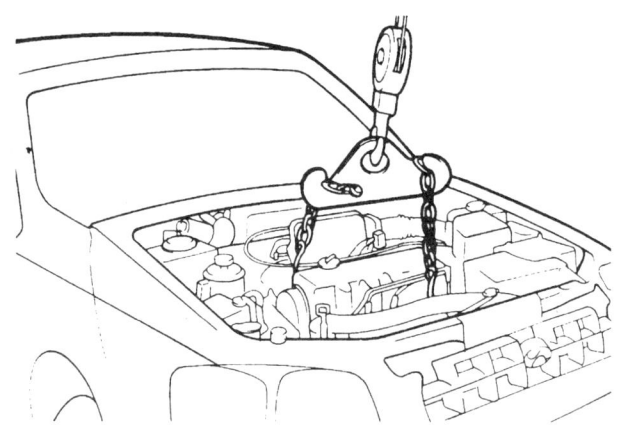

1. 엔진 마운팅
   1) 엔진마운팅 인슐레이터 볼트를 탈거한다.
   2) 엔진에서 엔진마운팅 브라켓트를 탈거한다.

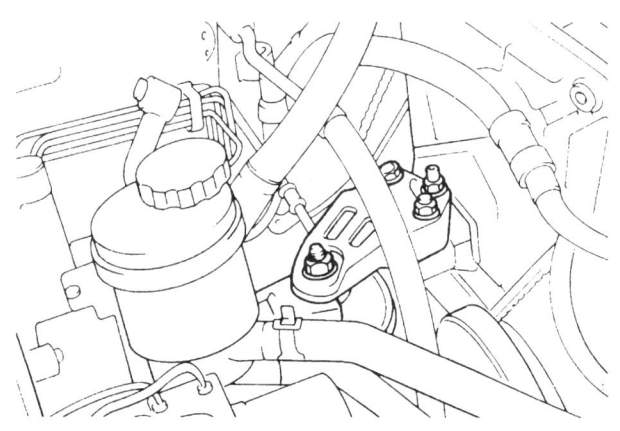

2. 트랜스액슬
   1) 선택 컨트롤 밸브를 탈거한다.
   (수동트랜스 액슬 차량)
   2) 트랜스액슬 마운팅 볼트를 탈거한다.

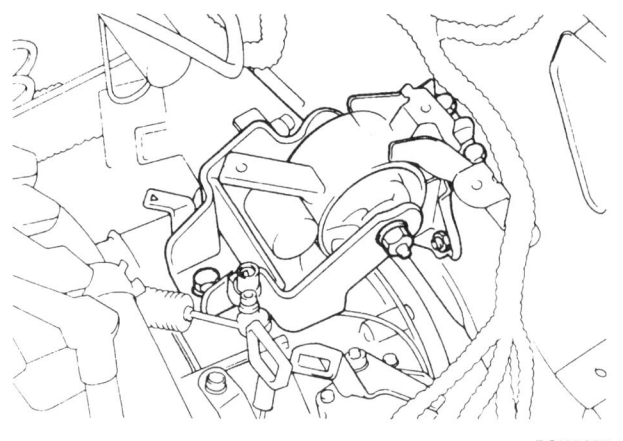

   3) 우측 팬더 쉴드 안쪽에서 캡을 떼내고 트랜스액슬 마운팅 볼트를 탈거한다.
   4) 트랜스액슬 마운팅 브라켓트를 탈거한다.

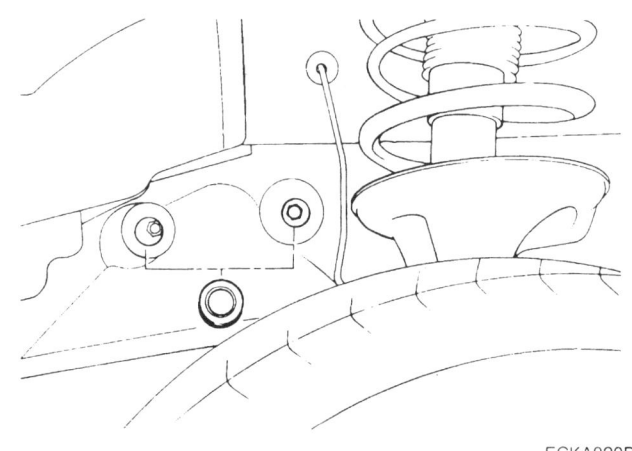

실린더 블럭

EM-25

3. 프론트 롤 스톱퍼
   서브 프레임에 고정되어 있는 프론트 롤 스톱퍼 브라켓트 고정 볼트를 푼후 프론트 롤 스톱퍼를 탈거한다.

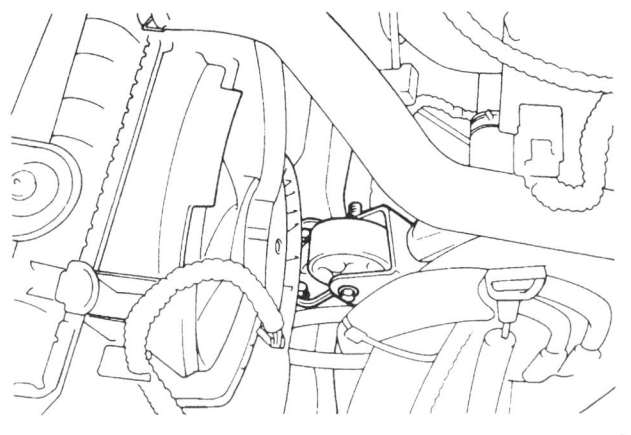

ECKA020C

4. 리어 롤 스톱퍼
   서브 프레임에 고정되어 있는 리어 롤 스톱퍼 브라켓트 고정 볼트를 푼후 프론트 롤 스톱퍼를 탈거한다.

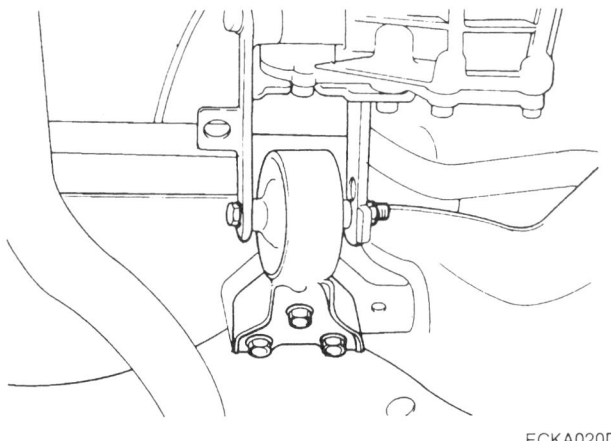

ECKA020D

EM-26　　엔진 (2.0 DOHC LPG)

프론트케이스, 오일펌프

구성부품

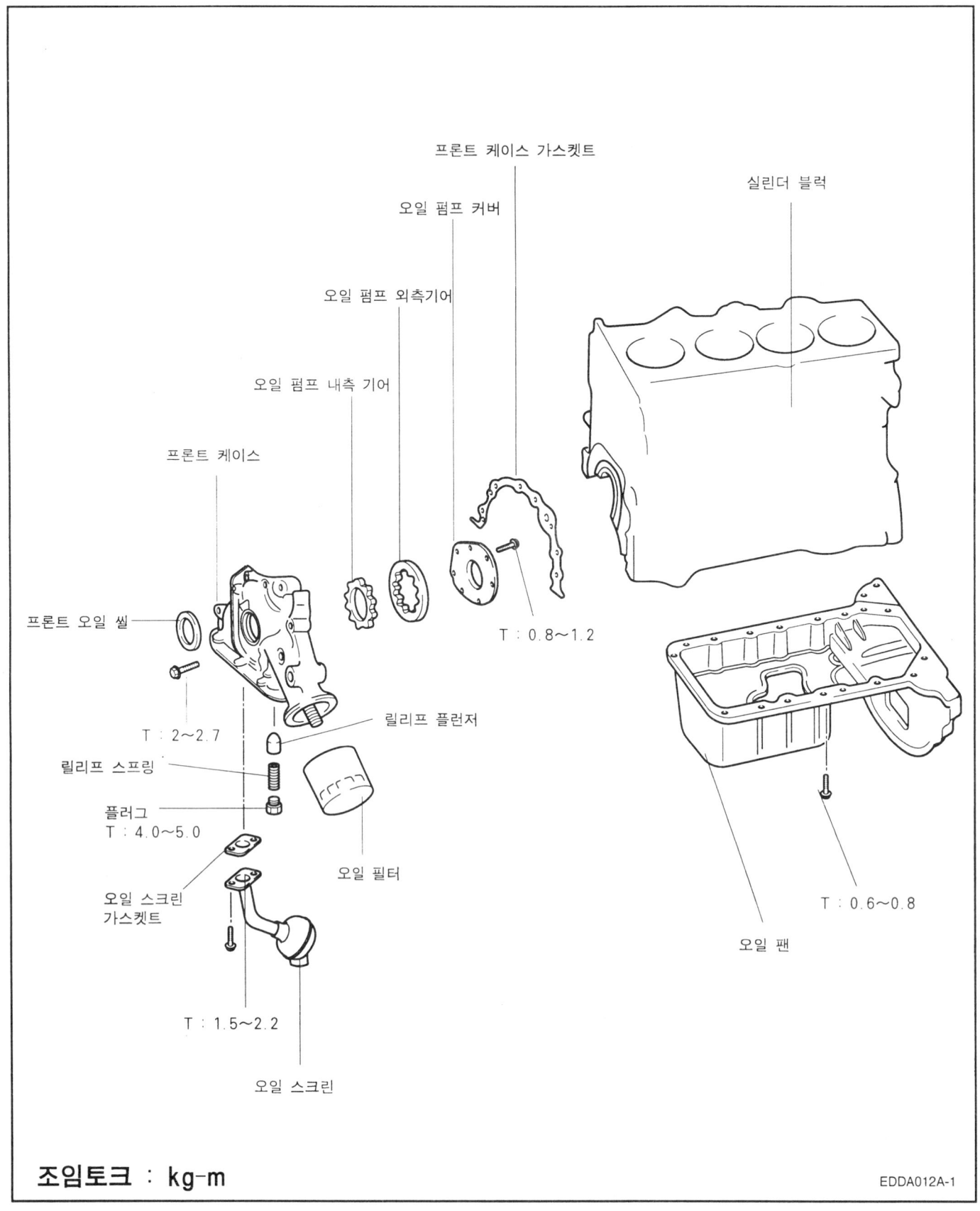

조임토크 : kg-m

실린더 블럭

탈거

1. 타이밍 벨트를 탈거한다.
2. 모든 오일팬 조임볼트를 탈거한다.
3. 고무 햄머로 오일팬의 한쪽을 두드려 실린더 블럭과 분리시킨 후 오일팬을 탈거한다.

[참고]
● 스크류 드라이버로 오일팬을 들어 올리면 오일 팬이 변형될 수 있다.

4. 오일 스크린을 탈거한다.
5. 프론트케이스 어셈블리를 탈거한다.

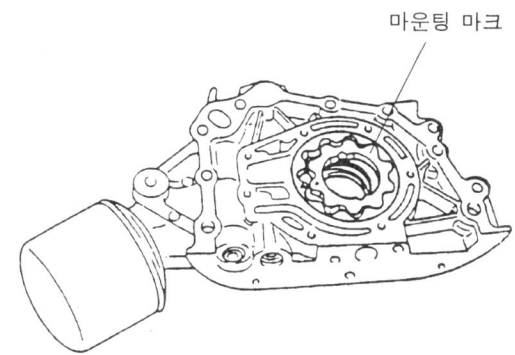

6. 오일펌프 커버를 탈거한다.
7. 프론트케이스에서 내측과 외측기어를 탈거한다.
8. 플러그를 탈거하고 릴리프 스프링과 릴리프 밸브를 탈거한다.

검사

1. 프론트케이스
   1) 프론트케이스의 균열과 손상을 점검하여 필요시는 교환한다.
   2) 프론트 오일씰의 마모와 손상을 점검하여 결함이 있으면 교환한다.
2. 오일 씰 및 오일 스크린
   1) 오일팬의 결함, 손상, 균열을 점검하여 필요시는 교환한다.
   2) 오일 스크린의 결함, 손상, 균열을 점검하여 필요시는 교환한다.
3. 프론트케이스 및 오일펌프 커버
   기어의 접촉면이 마모 (특히 단층 마모), 손상이 되었는지를 점검한다.
4. 오일펌프기어
   1) 기어 이빨면의 마모, 손상을 점검한다.
   2) 외측기어와 프론트 케이스 사이의 간극을 측정한다.

항 목		규정치
보디간극		0.12~0.18mm
팁간극		0.02~0.07mm
사이드간극	외측기어	0.02~0.07mm
	내측기어	0.02~0.065mm

[바디간극]

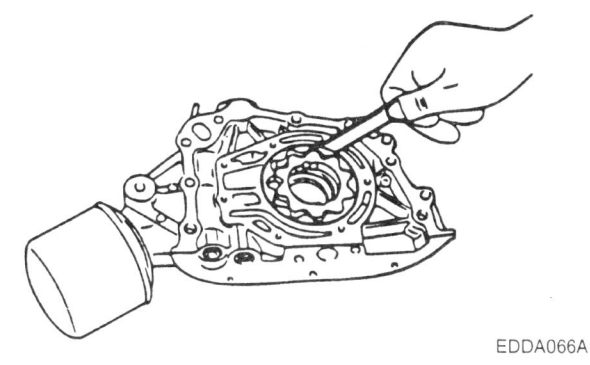

3) 외측기어 이빨끝과 내측기어 이빨끝 사이의 간극을 점검한다.

[팁 간극]

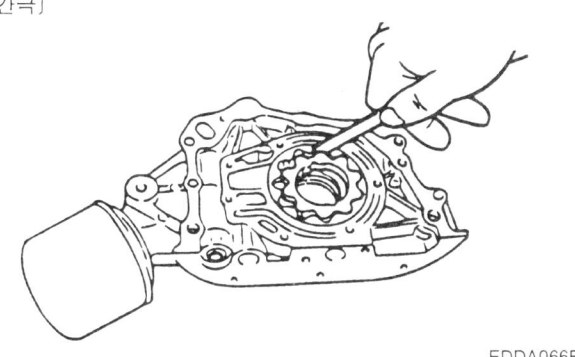

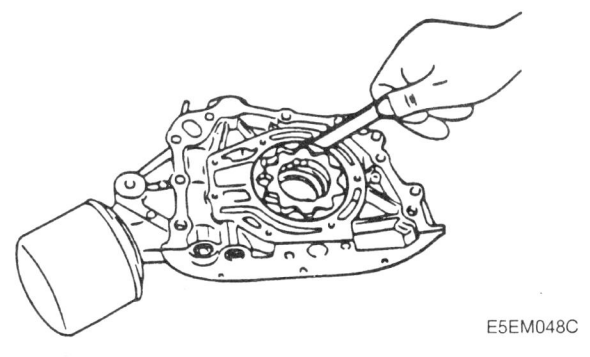

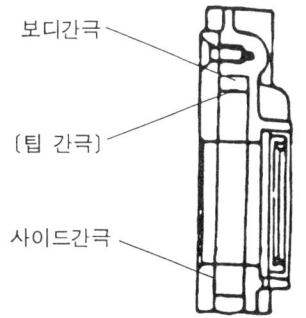

EM-28 엔진 (2.0 DOHC LPG)

5. 릴리프 밸브 및 스프링
   1) 프론트케이스에 삽입되어있는 릴리프 밸브의 섭동상태를 점검한다.
   2) 릴리프 스프링의 변형 혹은 파손을 점검한다.

   자유높이 : 43.8mm

   부하 : 3.7kg/40.1mm

장착

1. 오일펌프
   1) 프론트케이스에 외측과 내측기어를 장착한다.
   2) 오일펌프 커버를 장착하고 볼트를 규정토크로 조인다. 볼트를 조인 후에 기어가 부드럽게 회전하는가를 확인한다.

   오일펌프 커버 볼트 : 0.8~1.2kg-m

   3) 릴리프 밸브와 스프링을 장착하고 플러그를 규정토크로 조인 후 릴리프 밸브에 엔진 오일을 도포한다.

   릴리프 밸브 플러그 : 4.0~5.0kg-m

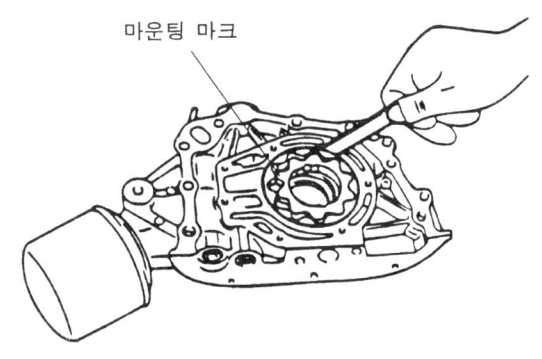

마운팅 마크

2. 프론트케이스
   1) 가스켓와 프론트케이스 어셈블리를 장착하고 볼트를 규정토크로 조인다.

항 목		규정값
볼트길이	A	25mm
	B	20mm
	C	45mm
	D	38mm
규정토크		2.0~2.7kg-m

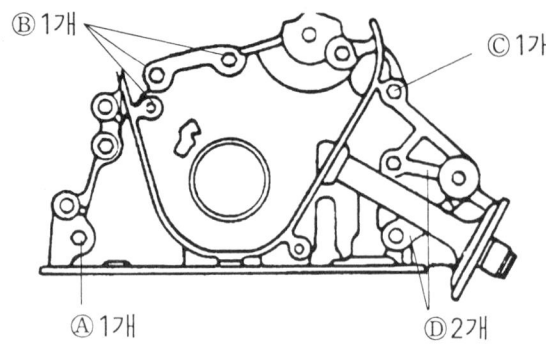

3. 오일 씰
   1) 특수공구인 크랭크샤프트 오일 씰 가이드 (09214-32100)를 크랭크샤프트 앞끝에 장착한다. 오일씰 가이드의 외측면에 엔진 오일을 도포한 후 신품의 오일씰을 가이드를 따라 프론트 케이스에 닿을 때까지 손으로 집어 넣는다

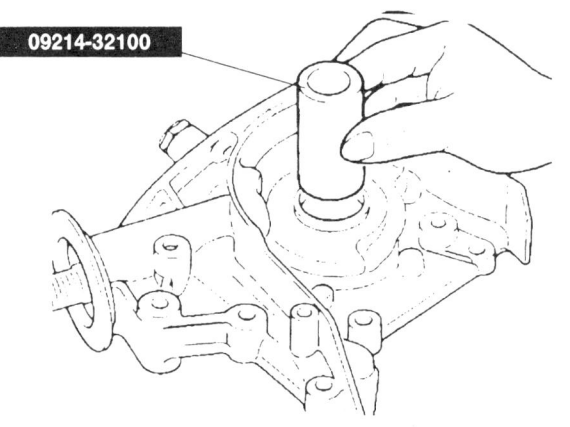

   2) 특수공구인 크랭크샤프트 프론트 오일 씰 인스톨러 (09214-32000)를 사용하여 오일씰을 장착한다. (프론트케이스와 수평을 유지시킨다.)

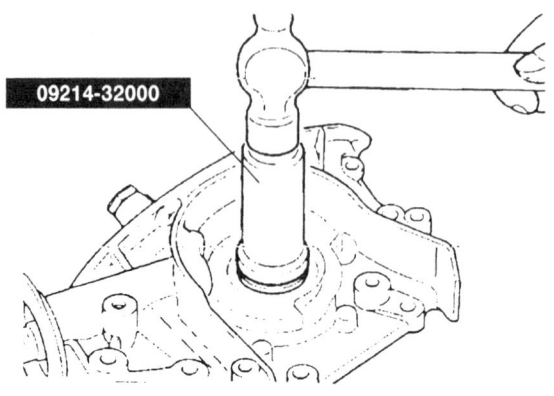

실린더 블럭

3) 크랭크샤프트 스프로켓, 타이밍 벨트, 크랭크샤프트 풀리를 장착한다.
4) 오일 스크린을 장착한다.
5) 오일 팬 가스켓트와 실린더 블럭 가스켓트를 청소한다.
6) 그림과 같이 씰런트를 오일팬 플랜지의 홈에 도포한다.

〔주의〕
- **씰런트를 약 ⌀4mm 두께로 도포한다.**
  씰런트를 도포한 후 15분이 경과하기 전에 오일팬을 장착한다.

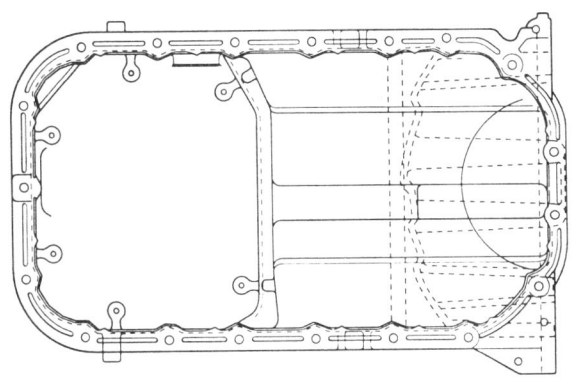

7) 오일팬을 장착하고 볼트를 규정토크로 조인다.

오일 팬 볼트 : 0.6~0.8kg-m

엔진 및 트랜스 액슬 어셈블리

탈거

1. 배터리를 탈거한다.
2. 에어클리너를 떼어낸다.

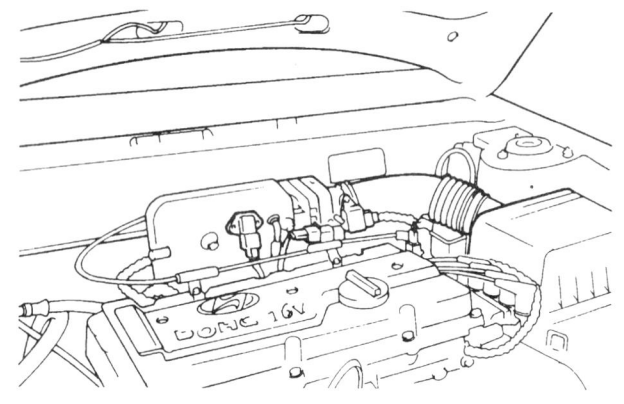

3. 백업 램프용과 엔진 하니스용 커넥터를 분리 시킨다.
4. 선택 조절 밸브 커넥터를 분리 시킨다.
5. 알터네이터 하니스 및 오일 압력게이지 와이어링용 커넥터를 분리 시킨다.
6. 엔진 냉각수를 배출시킨다.

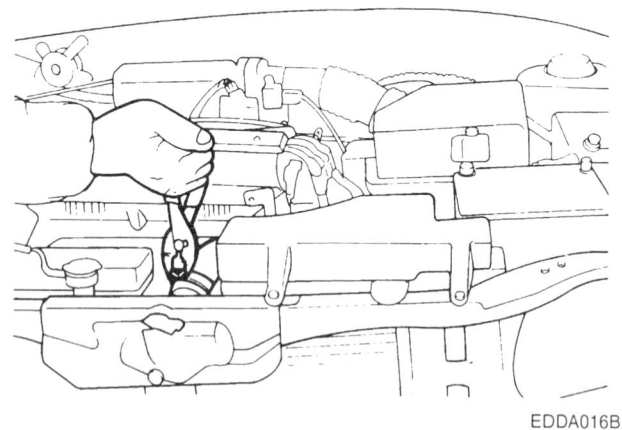

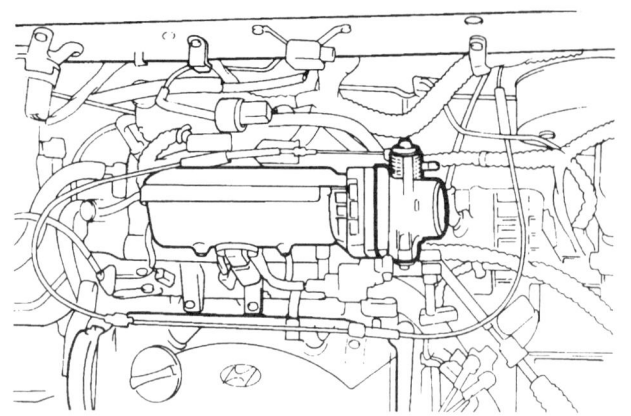

7. 자동트랜스액슬 차량은 트랜스액슬 오일 쿨러호스를 분리 시킨다.

[참고]
- 호스를 분리 시킬때는 조립시 혼동되지 않도록 식별표시를 해놓는다.

[주의]
- 개방구에서 오일이나 액이 흘러나오지 않도록 주의하고 이물질이 들어가지 않도록 주의를 기울인다.

8. 엔진측에서 라디에이터 상부 및 하부 호스를 분리 시킨 후 라디에이터를 탈거한다.
9. 엔진 접지를 분리시킨다.
10. 브레이크 부스터 진공호스를 분리 시킨다.
11. 엔진측에서 메인 연료라인 및 베이퍼호스를 탈거한다.
12. 엔진측에서 히터호스 (흡입 및 배출)를 분리 시킨다.
13. 엔진측에서 액셀레이터 케이블을 분리 시킨다.
14. 트랜스액슬에서 컨트롤 케이블을 탈거한다. (자동트랜스 액슬 차량)
15. 트랜스액슬에서 스피드 미터커넥터를 분리 시킨다.
16. 마운팅 브라켓에서 에어컨을 탈거한다.

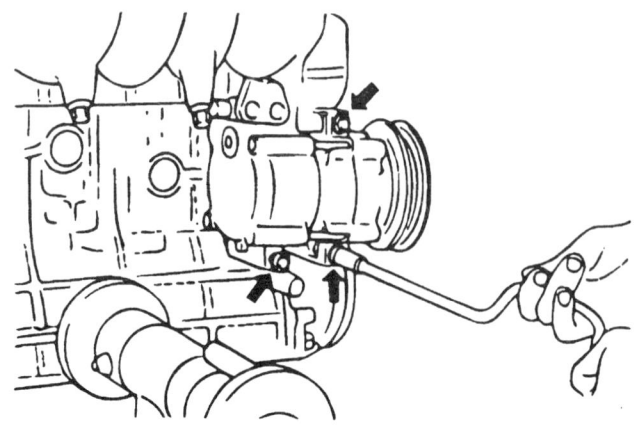

실린더 블럭

17. 차량을 잭으로 들어올린다.
18. 트랜스액슬 오일을 배출시킨다.

19. 매니폴드에서 프론트 배기파이프를 분리시킨다.

〔참고〕
● 차밑에 배기파이프를 지지할때는 철사등을 이용한다.

20. 변속 케이블을 탈거한다. (수동트랜스 액슬차량)

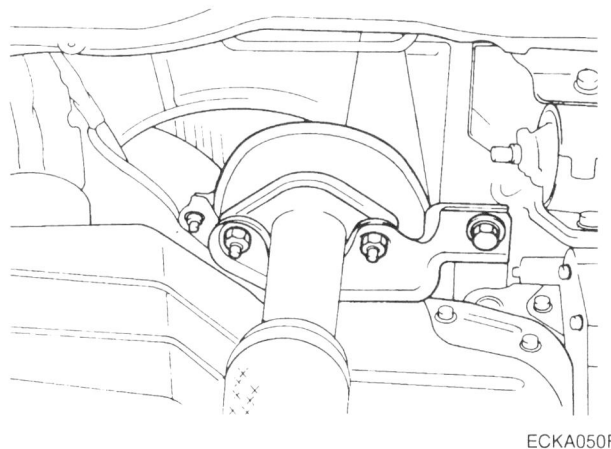

21. 로워암 볼조인트 볼트와 스트러트바를 탈거한다.
22. 트랜스 액슬 케이스에서 드라이브 샤프트를 탈거한다.

〔주의〕
● 이물질의 유입을 방지하기 위해서 트랜스 액슬의 구멍을 플로그로 막는다.
● 재조립할때는 드라이브 샤프트에 신품의 서클립을 장착해야 한다.

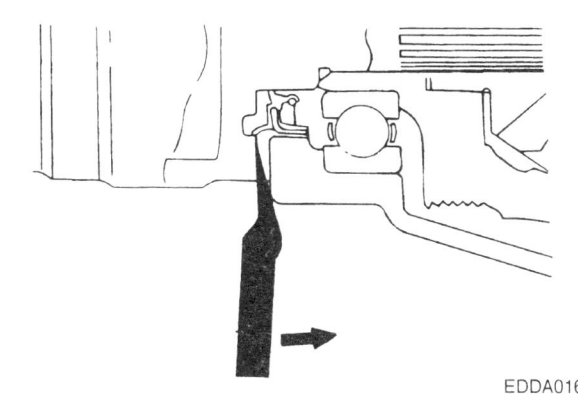

23. 철사로 바디에 로워암과 드라이브 샤프트를 묶는다.
24. 엔진에 케이블을 부착하고 체인 호이스트를 사용하여 케이블이 팽팽해질때까지 엔진을 들어올린다.
25. 리어 롤 스톱퍼를 탈거한다.

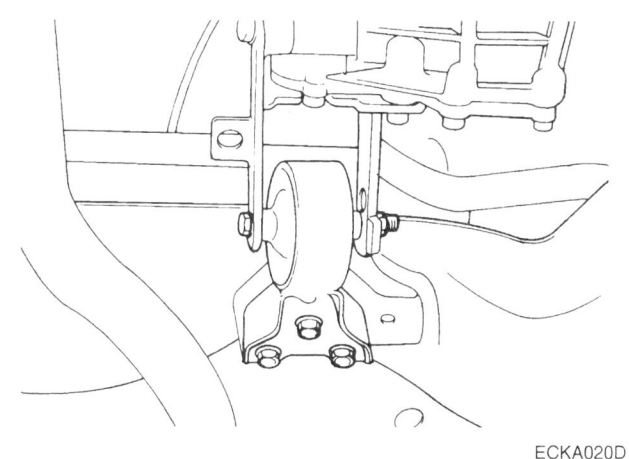

26. 프론트 롤 스톱퍼를 탈거한다.
27. 엔진마운팅 인슐레이터 볼트를 탈거한다.
28. 엔진에서 엔진마운팅 브라켓을 탈거한다.

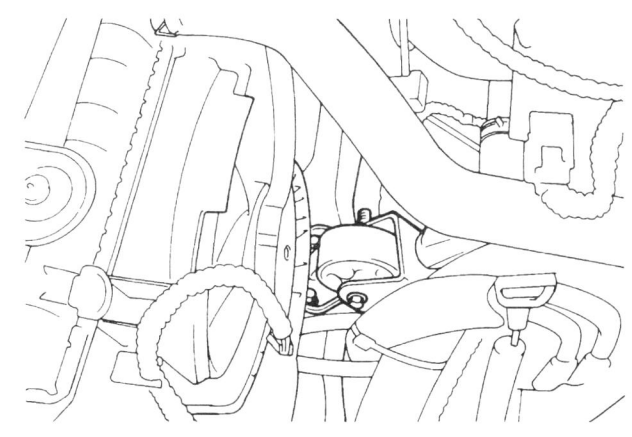

EM-32 엔진 (2.0 DOHC LPG)

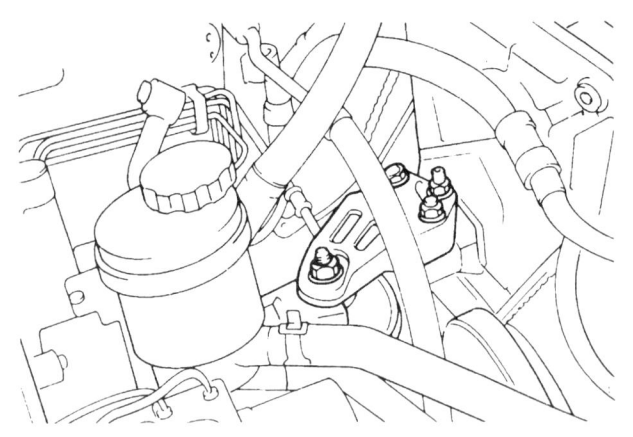

29. 엔진 및 트랜스액슬 무게가 장착지점에 걸리지 않는 곳 까지 천천히 올린 후 그 상태를 유지한다.

〔주의〕
- 모든 케이블, 호스, 하니스, 컨넥터가 엔진에서 분리되었는지 확인한다.

30. 우측 펜더쉴드의 내측에서 캡을 탈거하고 트랜스 액슬 마운트 브라켓 볼트를 탈거한다.

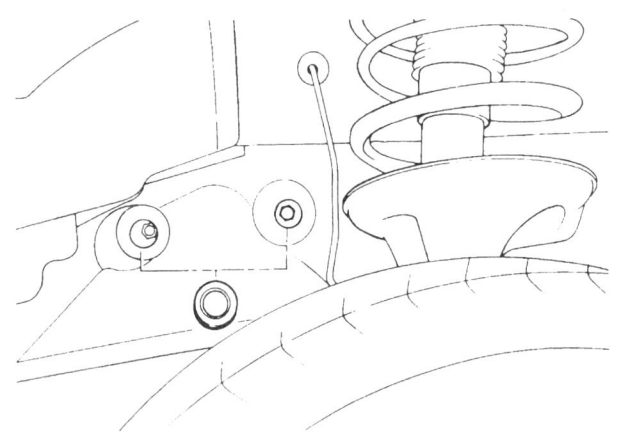

31. 좌측 마운트 인슐레이터 볼트를 탈거한다. 트랜스액슬측을 아래쪽으로 향하게 하고 엔진 및 트랜스액슬 어셈블리를 들어 차량으로 빼낸다.

장착

1. 하니스, 파이프, 호스등의 연결상태를 점검하고 이것들이 엔진이나 트랜스액슬 어셈블리에 의해 끼이거나, 손상되지 않았는가를 확인한다.
2. 엔진 및 트랜스액슬 어셈블리를 장착할 때 임시로 프론트 롤 스톱퍼 및 리어롤 스톱퍼를 조인다.

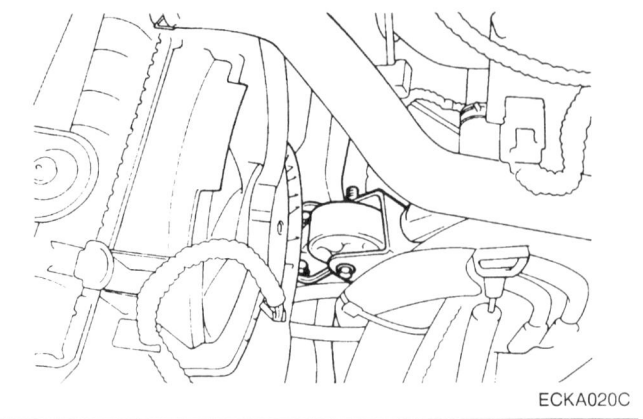

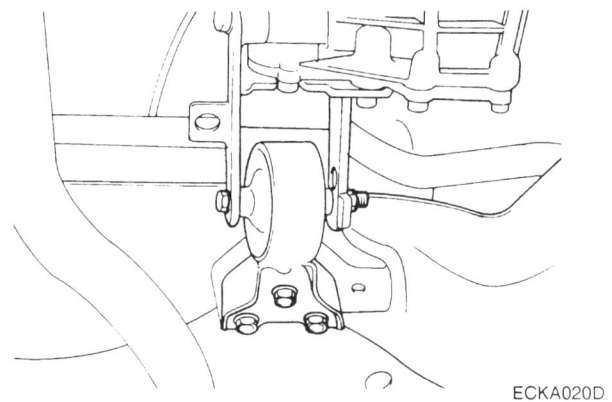

3. 엔진 및 트랜스 액슬 어셈블리의 무게를 인슐레이터에 가한 후 규정 토크로 조인다.
4. 분해시 탈거한 모든 부품을 재조립한다.
   이때 연료, 전기, 액파이프등이 적정하게 되었는지 확인해야 한다.
5. 냉각수를 재주입하고 누수를 점검한다.
6. 트랜스액슬 오일을 주유한 후 작동시키면서 성능 및 액누설을 점검한다.
7. 트랜스 액슬 컨트롤 케이블과 액셀레이터 케이블의 작동상태를 점검하여 필요시에는 재조정한다.
8. 각종 게이지로 작동상태가 적절한가를 점검한다.

〔주의〕
- 변속 케이블을 장착할 시에는 아래와 위의 구멍이 일치하도록 한후 볼트를 조인다.

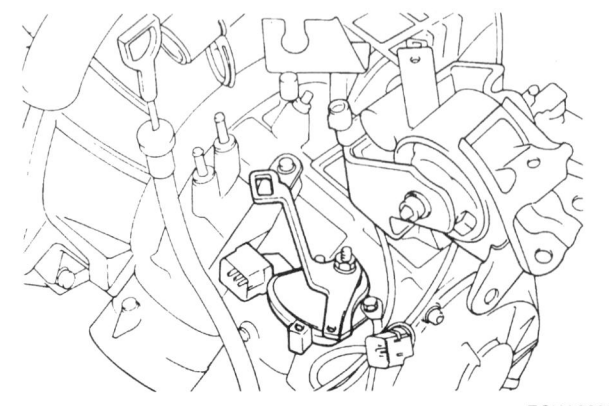

메인 무빙 시스템

캠 샤프트, HLA, 타이밍 체인, 체인가이드

구성부품

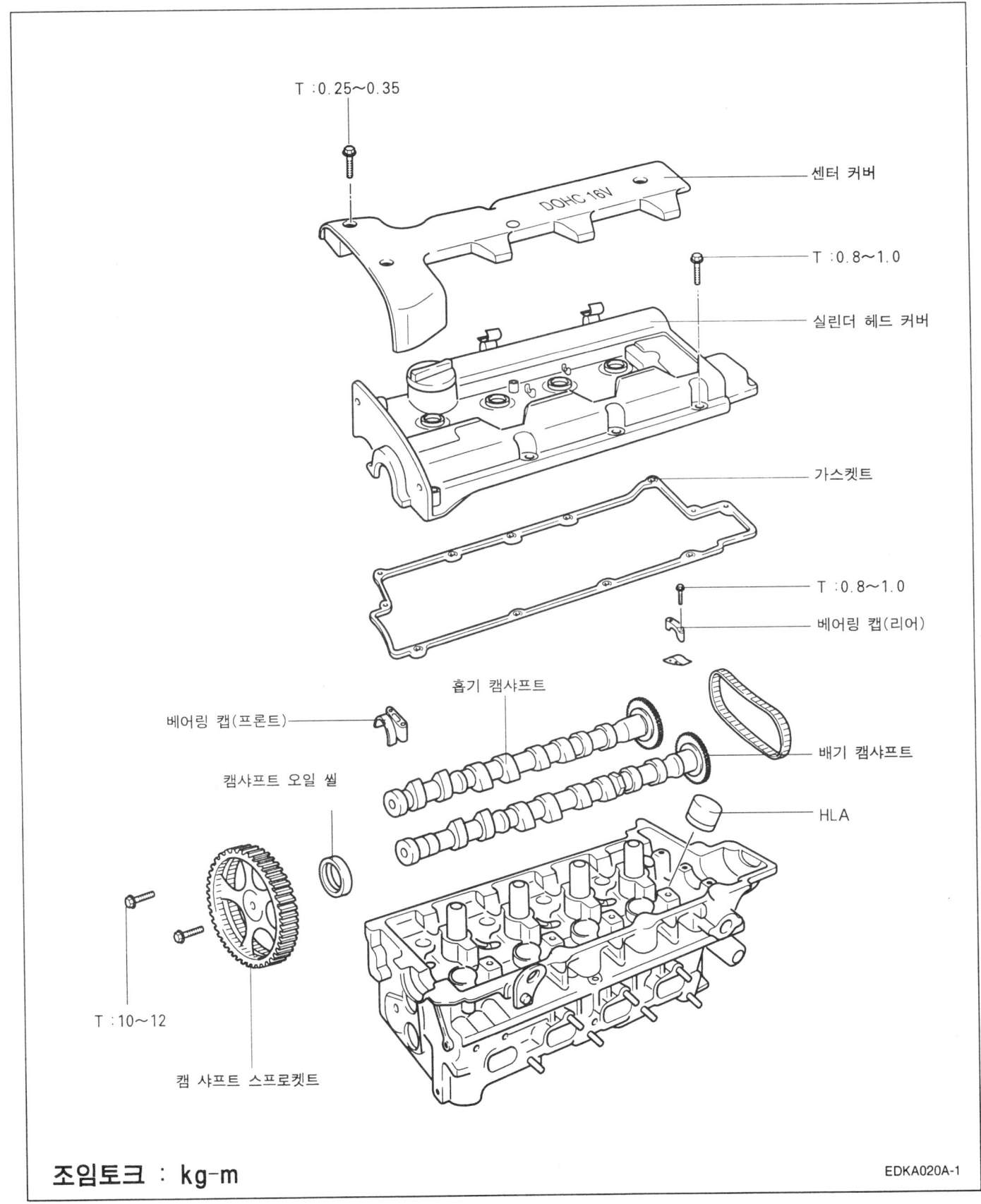

조임토크 : kg-m

탈거

1. 브리더 호스와 P.C.V 호스를 탈거한다.
2. 센터 커버를 탈거한다.
3. 점화 코일과 점화 플러그 케이블을 탈거한다.
4. 타이밍 벨트상부 커버를 탈거한다.

5. 실린더헤드 커버를 탈거한다.

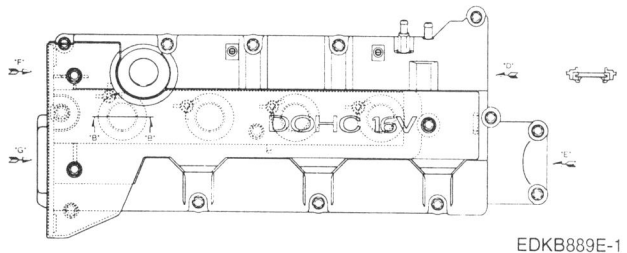

6. 텐셔너를 탈거한다.
7. 캠샤프트 스프로켓 볼트를 풀고 캠샤프트 스프로켓을 탈거한다.
8. 베어링 캡 볼트를 풀고 베어링 캡을 탈거한 후 캠샤프트를 탈거한다.

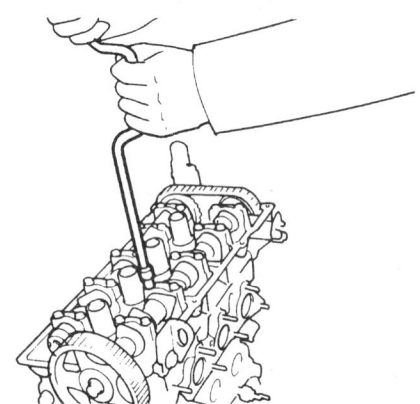

9. 타이밍 체인을 탈거한다.
10. HLA를 탈거한다.

검사

1. 캠샤프트
   1) 캠샤프트 저널의 마모를 점검하여 저널이 심하게 마모되었으면 캠샤프트를 교환해야 한다.
   2) 캠노브의 손상을 점검하여 노브가 심하게 손상, 마모되었으면 캠샤프트를 교환한다.

항 목		규 격	한계치
캠높이	흡기	44.048	43.948 mm
	배기	45.049	44.949 mm

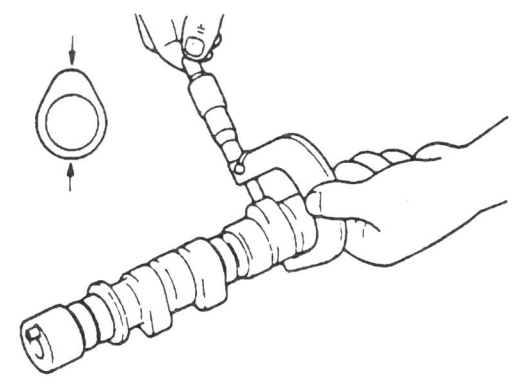

   3) 캠표면의 비정상적인 마모와 손상을 점검하여 필요시는 교환한다.
   4) 실린더 헤드의 캠샤프트 저널부위의 손상을 점검하여 표면이 과도하게 손상되었으면 실린더 헤드 어셈블리를 교환한다.
   5) 실린더헤드에 캠샤프트를 가볍게 올려놓고 다이얼 게이지를 축방향으로 설치한 다음 엔드플레이를 점검한다.

캠샤프트 엔드 플레이 : 0.1~0.2mm

2. 오일씰
   1) 오일씰 면의 마모 상태를 점검하여 씰립부가 마모되었으면 교환해야 한다.
   2) 캠샤프트의 오일씰립 접촉면을 점검하여 단층 마모가 되었으면 캠샤프트를 교환한다.

메인 무빙 시스템

3. HLA(Hydraulic Lash Adjuster)
   1) HLA의 외경 : $\emptyset 33^{-0.025}_{-0.041}$
   2) 밸브 소음발생시 소음제거 방법
      ① 엔진 웜업전 엔진 오일량 정상 유무를 확인한다.
      ② 엔진을 웜업시킨다.
      ③ 엔진 웜업상태에서 밸브 소음 발생시 공기빼기 작업을 실시한다.
      ④ 공기빼기 작업방법
         ⓐ 3,000rpm으로 10분간 유지 후 아이들 상태로 5분 이상 유지시켜 밸브 소음 유무를 확인한다.
         ⓑ 상기 ⓐ 항을 1회 또는 2회만 실시한다.
      ⑤ 상기 ④ 항 조치 후 계속 밸브소음 발생시는 소음을 유발시키는 하이드로릭 래쉬 어져스터(HLA)를 찾아 교환한다.
      ⑥ 단품 교환작업 후 밸브소음 발생하면 반드시 상기 ④ 항을 재실시한다.
      ⑦ 공기 빼기 작업 및 단품 교환 작업 후 밸브소음 제거된 상태에서 2~3일 경과 후 밸브소음 재 발생한다고 고객 불만시는 HLA가 고장일 경우가 있으므로 고장난 HLA만 찾아 재 교환한다.

[참고]
● HLA가 장착된 차량에서는 초기 시동시 밸브 소음이 잠시 발생되었다가 없어지는 것은 정상이다.

[주의]
● HLA는 정교한 부품이므로 먼지와 같은 이물질이 외부로부터 들어가지 않도록 주의한다.
● HLA를 분해해서는 안된다.
● HLA를 청소할 때는 깨끗한 디젤 경유를 사용 해야한다.
● HLA의 외경에 홈이나 날카로운 모서리등이 발생치 않도록 주의한다.
● HLA에 엔진오일을 채워 그림에서와 같이 손으로 A를 잡고 B를 눌렀을때 B가 움직이면 HLA를 교환한다.

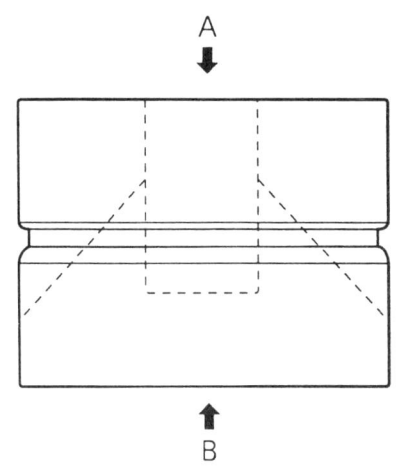

4. 타이밍 체인
   1) 타이밍 체인의 부싱 및 플레이트 부의 마모상태를 점검하고 심하게 마모되었으면 교환해야 한다.

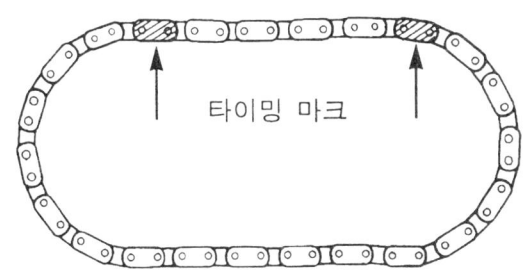

장착

1. 흡·배기 캠샤프트에 타이밍 체인 스프로켓의 타이밍 마크를 조립한 후 실린더 헤드에 캠샤프트를 장착한다.

[주의]
● 엔진 오일을 캠샤프트의 저널과 캠에 바른다.
● 흡기 캠샤프트 뒤 끝에는 TDC SENSOR 를 위한 감지용 핀이 있으며 배기 캠샤프트의 앞쪽 끝에 다웰핀이 있다.

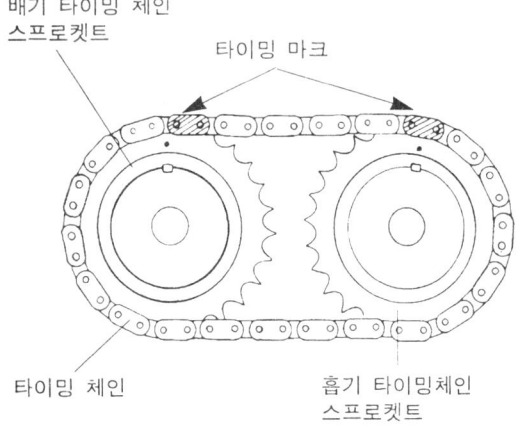

2. 베어링 캡을 장착한다.
   흡·배기 확인 기호에 대한 표식을 점검한다. (캡 번호, 화살표등을 확인하여 베어링 캡의 위치와 방향이 바뀌지 않도록 주의한다.)
   I : 흡기 캠샤프트
   E : 배기 캠샤프트

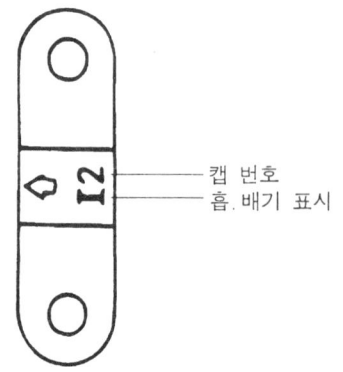

3. 캠샤프트가 쉽게 손으로 돌려지는지 점검한다. 점검후 베어링캡과 캠샤프트를 탈거한후 HLA를 장착한다.
4. 배기 캠 샤프트 스프로켓에 있는 다웰핀이 위로 장착되었는지를 확인한다.

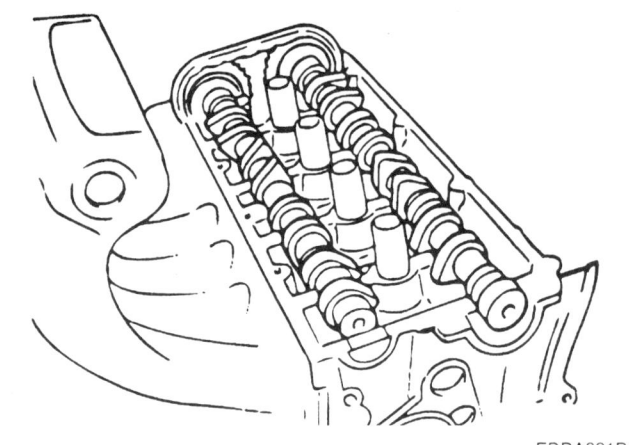

5. 베어링 캡을 보여진 대로 2~3번에 걸쳐 규정토크로 조인다.

베어링 캡 볼트 : 1.4 ~ 1.5 kg-m

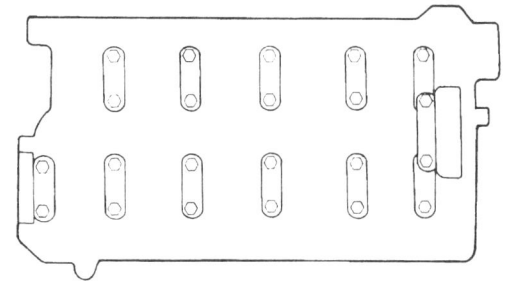

6. 캠 샤프트 오일 씰 인스톨러, 가이드인 특수공구를 사용해서 캠 샤프트 오일 씰을 꼭 밀어 넣는다. 오일 씰의 외부면에 엔진오일을 반드시 바른다. 캠 샤프트 앞쪽끝을 따라서 오일 씰을 넣고 오일 씰이 완전히 자리 잡을 때까지 망치로 인스톨러를 때림으로써 장착한다.

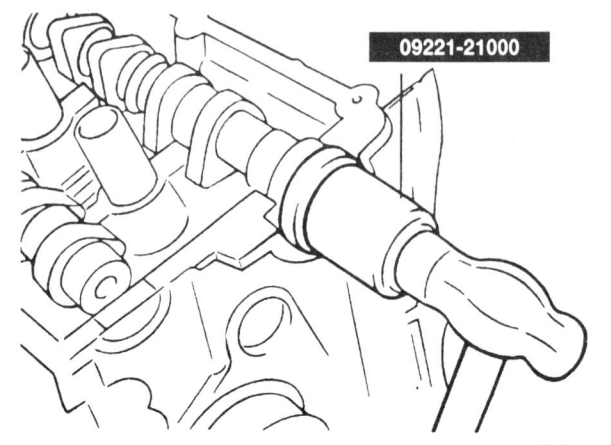

메인 무빙 시스템

7. 캠샤프트 스프로켓를 규정 토크로 장착한다.

캠샤프트 스프로켓 볼트 : 10~12 kg-m

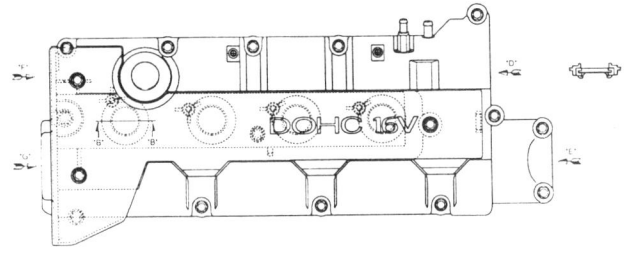

[주의]
- 캠샤프트 스프로켓와 크랭크샤프트 스프로켓의 타이밍 마크를 정렬시킨다. 이때 피스톤 1번 실린더는 압축의 상사점에 오도록 해야한다.

8. 실린더 헤드 커버를 장착한다. 그림과 같이 씰런트를 바른다.

실린더 헤드 커버 : 1.2 ~ 1.4 kg-m

실린더 헤드 커버의 오일씰이 스파크 플러그 파이프에 부드럽게 장착될수 있도록 오일씰의 립부에 엔진 오일을 도포한다.

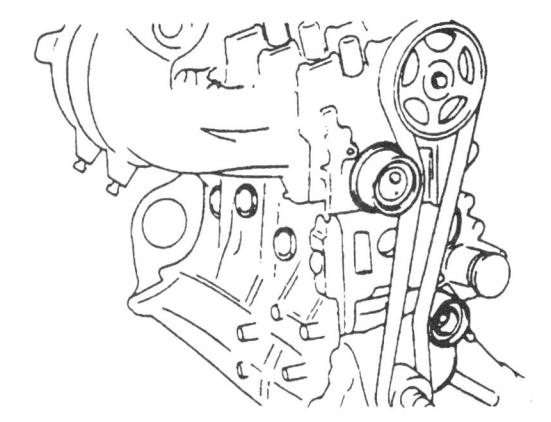

9. 타이밍 벨트를 장착한다.
10. 타이밍 벨트 커버를 장착한다.

타이밍 벨트 커버볼트 : 0.8~1.0kg-m

11. 스파크 플러그 센터 커버를 장착한다.

[주의]
- 실린더헤드 커버 볼트는 필히 규정토크로 조여야 한다.
  만약 너무 과도하게 조이면 헤드커버가 변형을 일으켜 오일이 누설 될수 있고 헤드 커버 볼트가 부러져 실린더 헤드를 교체해야 하는 경우가 있다.
- 헤드커버 탈거 후 조립시는 반드시 헤드커버 리어와 프론트부에 씨일제를 도포할것.
- 헤드커버 재질은 플라스틱이므로 엔진 부품장작 탈거시 헤드커버 상단에 공구등의 떨어짐이 없도록 주의 할것
- 헤드 커버 탈거후 장착시는 헤드 가스켓의 손상 유무를 확인한 후 이사이 없을시에만 재사용할것
- 엔진 오일 주입 및 제거시 헤드커버 상면에 오일이 떨어지지 않도록 주의하며, 흘렸을 경우 흔적이 남지 않도록 오일 흡수지, 헝겊등으로 깨끗이 제거할것

EM-38   엔진 (2.0 DOHC LPG)

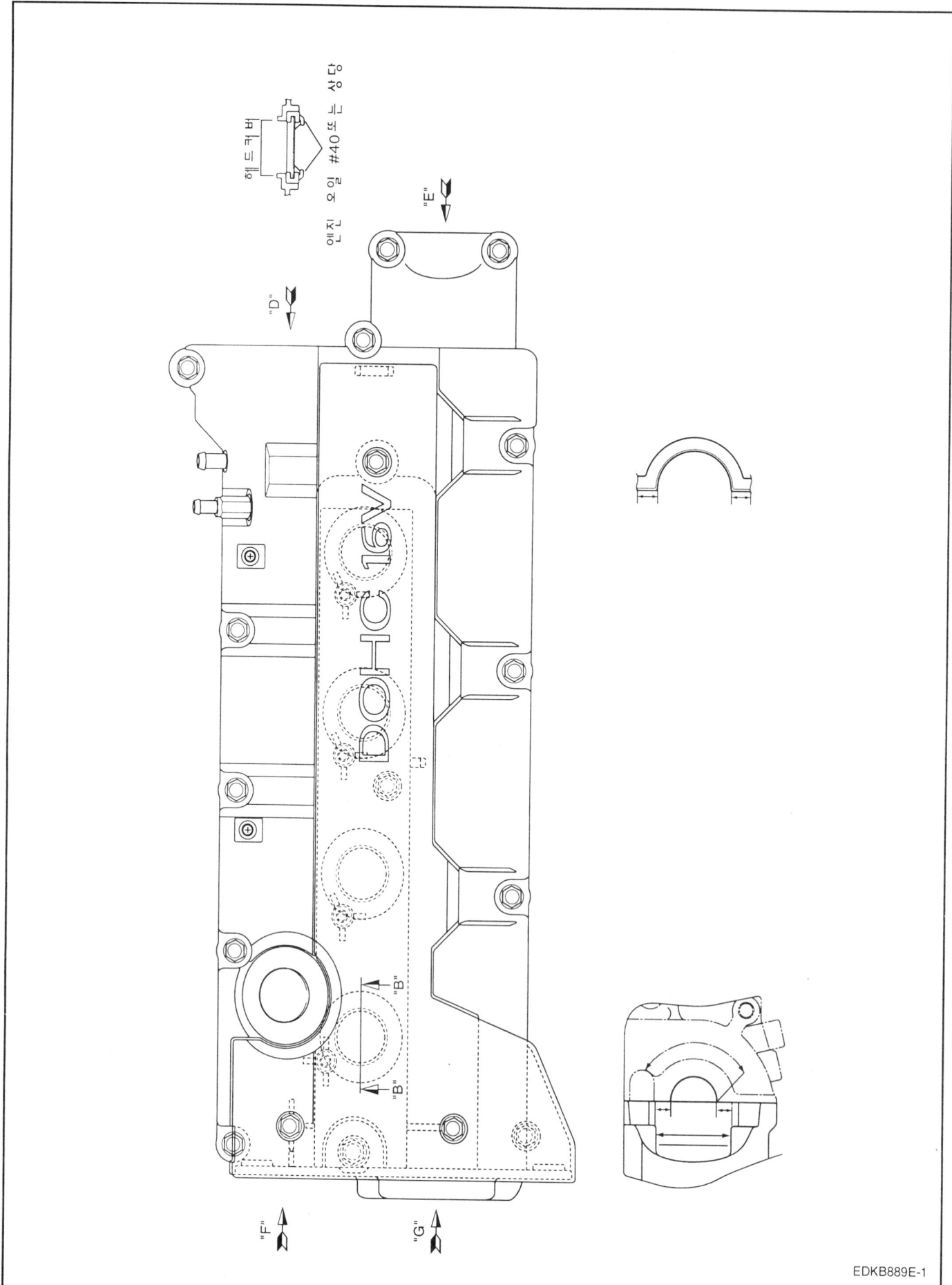

크랭크샤프트

구성부품

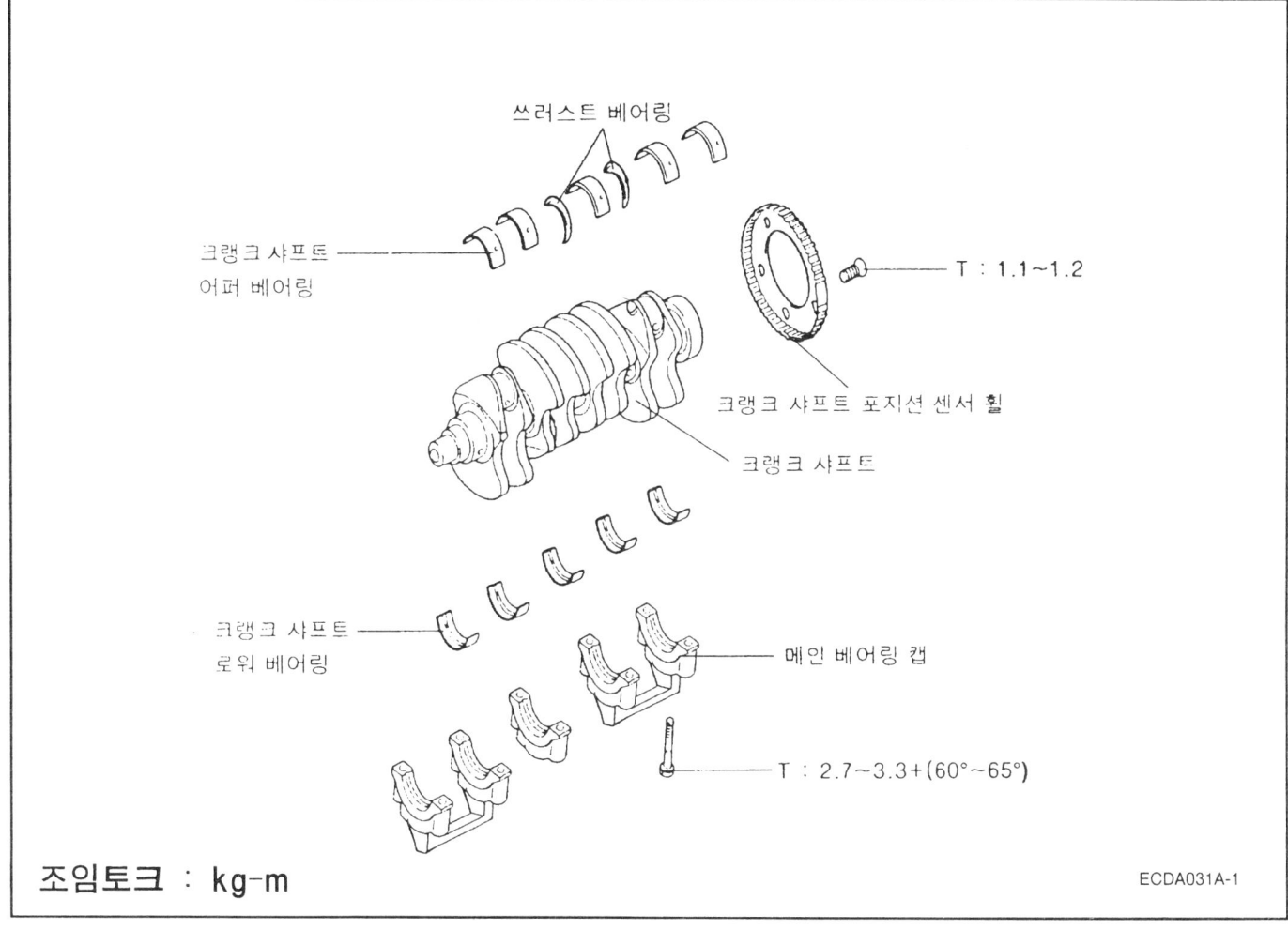

조임토크 : kg-m

분해

1. 타이밍 벨트 트레인, 프론트 케이스, 플라이 휠, 실린더 헤드 어셈블리, 오일 팬을 탈거한다.
2. 리어 플레이트와 리어 오일씰을 탈거한다.
3. 컨넥팅 로드 캡을 탈거한다.
4. 메인 베어링 캡을 탈거한다. (순서에 맞게 배열)
5. 크랭크샤프트를 탈거한다.
6. 크랭크샤프트 포지션센서 휠을 분해한다.

[참고]
● 메인 베어링 캡에 표시를 하여 조립시 원래 위치와 방향을 참고한다.

검사

1. 크랭크샤프트
   1) 크랭크샤프트 저널과 핀의 손상, 불균일한 마모, 균열등을 점검하고 오일홀의 막힘등을 점검하여 결함이 있는 부품은 수리 혹은 교환한다.
   2) 크랭크샤프트 저널의 테이퍼와 핀의 진원 이탈도를 검사한다.

   크랭크샤프트 저널 외경 : 57 mm
   크랭크 핀 외경 : 45 mm
   크랭크샤프트 저널 핀의 진원 이탈도 : 0.01 mm 이하

2. 메인 베어링과 컨넥팅로드 베어링
   눈으로 각 베어링의 벗겨짐, 녹음, 고착, 접촉 불량등을 점검하고 결함이 있는 베어링은 교환해야 한다.

3. 오일 간극의 측정
   크랭크샤프트 저널의 외경과 크랭크 핀의 외경, 베어링의 내경을 측정하여 외경과 내경의 차이를 계산하여 오일간극을 계산한다.

   저널 오일 간극 : 0.028~0.046mm
   핀 오일 간극   : 0.024~0.042mm
   (상기 간극은 신품일 경우에 한함)

   메인 베어링 캡 볼트 : 2.7~3.3kg-m+(60°~65°)

   컨넥팅 로드 캡 너트 : 5.~5.30kg-m

4. 오일 씰
   프로트 및 리어 오일씰을 점검하여 불량하면 신품으로 교환해야 한다.

조립

1. 센서 휠의 손상, 균열을 검사하여 교환한다.
2. 센서 휠과 크랭크 포지션 센서의 간극을 점검한다.

   센서 휠과 크랭크 포지션 센서 간극 : 0.5~1.1mm

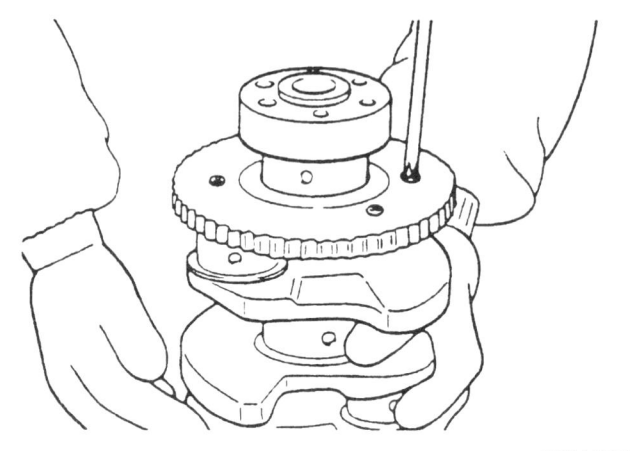

규정치를 벗어날 경우 센서 휠의 편심량 및 크랭크 포지션 센서의 장착성을 점검하여 이상이 있을 경우 교환한다.

[주의]
● 센서 휠은 전자제어의 한 부분으로서 변형이나, 손상이 있을시 성능상에 큰 영향을 줌으로 취급시에 주의해야 한다.

3. 실린더 블럭에 어퍼 메인 베어링을 장착한다. 메인 베어링을 재사용할 때는 조립시 표시해 놓은 위치표시를 참고하여 장착한다.
4. 베어링샤프트를 장착하고 엔진오일을 저널과 핀에 도포한다.
5. 베어링 캡을 장착하고 규정토크로 중앙에서 부터 순서적으로 캡 볼트를 조인다
   (캡볼트는 규정토크로 조이기 전에 2~3단계에 걸쳐 균일하게 조인다.)

   메인 베어링 캡 볼트 : 2.7~3.3 kg-m+(60°~65°)
   컨넥팅 로드 캡 볼트 : 5.0~5.3 kg-m

캡을 장착할 때에는 화살표가 엔진의 크랭크 풀리 쪽을 향하도록 정착해야 하며 해당 번호의 캡을 장착해야 한다.

메인 무빙 시스템

EM-41

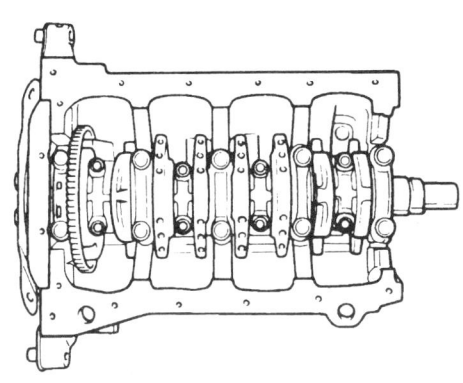

6. 크랭크샤프트가 자유롭게 회전하는가와 센터 메인 베어링 스러스트 프랜지와 컨넥팅 로드 대단부 베어링 사이의 간극이 적정한지를 확인한다.

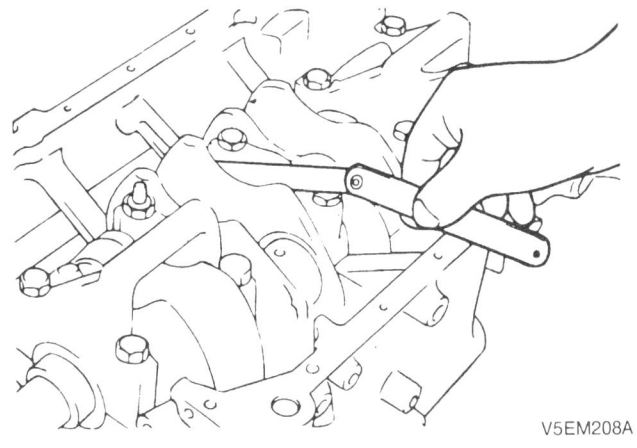

크랭크 샤프트 엔드 플레이 : 0.06 ~ 0.260 mm
(본 간극은 신품일 경우에 한함)

7. 특수공구인 크랭크샤프트 리어 오일씰을 인스톨러(09231-21000)를 사용하여 크랭크샤프트 리어 오일씰 케이스에 오일씰을 그림과 같이 완전히 눌러 끼운다.

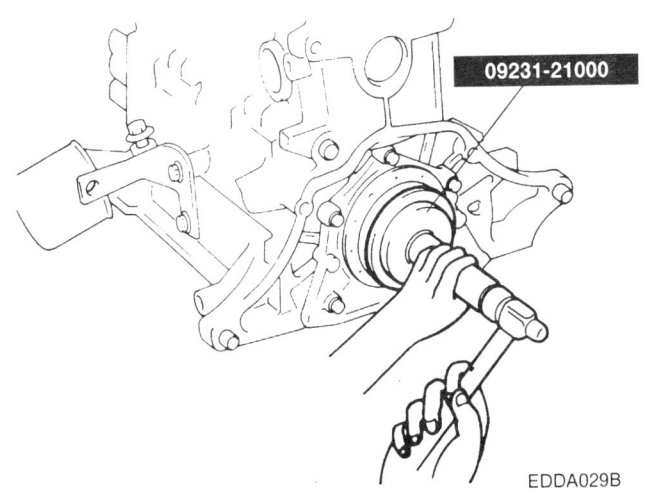

8. 리어 오일씰 케이스와 가스켓트를 장착하고 5개의 볼트를 조인다.
   장착시에는 오일씰 둘레와 크랭크샤프트에 엔진오일을 도포한다.
9. 리어 플레이트를 장착한다.
10. 플라이휠, 프론트 케이스, 오일팬, 타이밍 벨트 트레인을 장착한다.

플라이 휠 및 드라이브 플레이트

구성부품

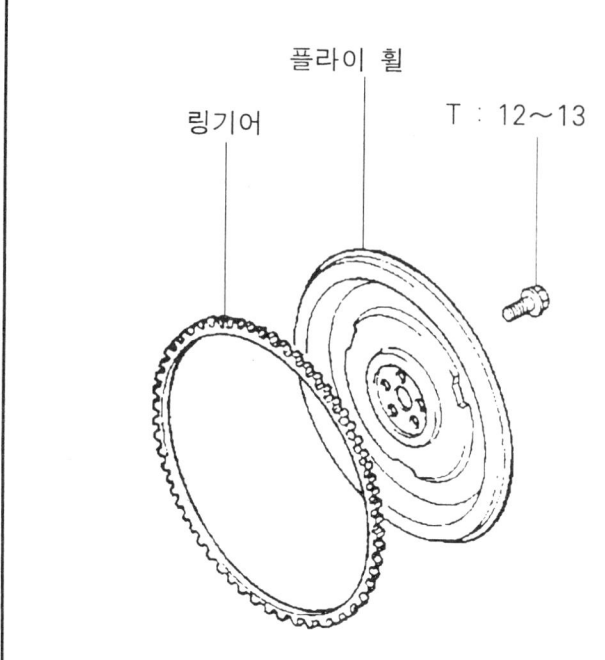
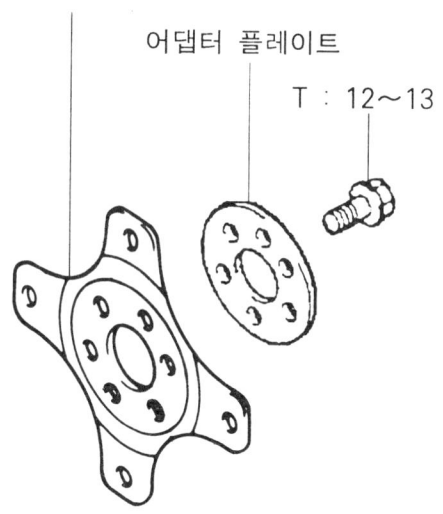

링기어 / 플라이 휠 / T : 12~13 / 드라이브 플레이트 / 어댑터 플레이트 / T : 12~13

조임토크 : kg-m

EDKA999B

탈거

1. 트랜스액슬과 클러치를 탈거한다.
2. 플라이 휠을 탈거한다.

검사

1. 플라이 휠의 클러치 디스크 접촉면의 손상과 마모를 점검하여 손상과 마모가 지나치면 플라이 휠을 교환한다.
2. 플라이 휠의 클러치 디스크 접촉면의 런 아웃(Run Out)을 점검한다.

플라이 휠 런 아웃 : 0.1mm

3. 링 기어의 손상, 균열을 점검하여 필요시 교환한다.

조립

1. 플라이 휠 어셈블리를 장착하고 볼트를 규정토크로 조인다.

플라이 휠 볼트 : 12~13kg-m

메인 무빙 시스템

EM-43

피스톤 및 컨넥팅 로드

구성부품

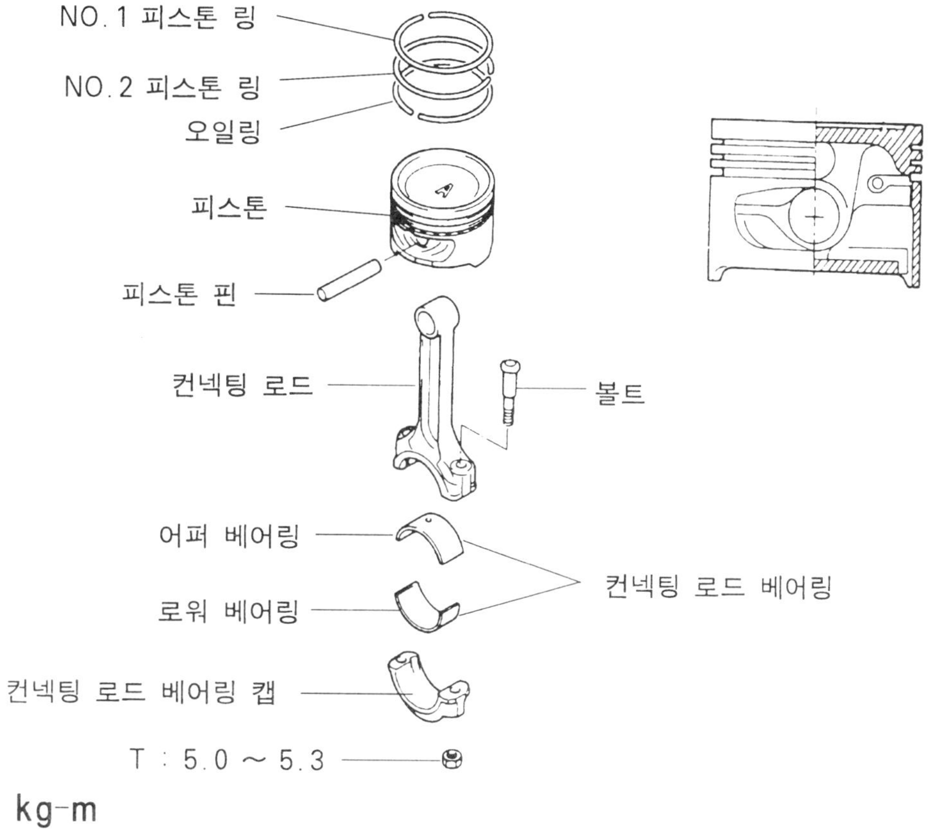

- NO.1 피스톤 링
- NO.2 피스톤 링
- 오일링
- 피스톤
- 피스톤 핀
- 컨넥팅 로드
- 볼트
- 어퍼 베어링
- 로워 베어링
- 컨넥팅 로드 베어링
- 컨넥팅 로드 베어링 캡
- T : 5.0 ~ 5.3

조임토크 : kg-m

분해

1. 실린더 헤드 어셈블리를 탈거한다.

   〔참고〕
   분해전 컨넥팅 로드와 캡에 표시를 하여 혼돈되지 않도록 한다.

2. 오일팬을 탈거하고 오일 스크린을 탈거한다.
3. 컨넥팅 로드 캡을 탈거하고서 실린더에서 피스톤과 컨넥팅 로드 어셈블리를 빼낸다. 컨넥팅 로드 베어링은 실린더 번호순으로 배열해 둔다.
4. 특수공구인 피스톤 핀 세팅공구(09234-33001)를 사용하여 컨넥팅 로드에서 다음과 같이 피스톤을 분해한다.
   1) 피스톤 링을 탈거한다.
   2) 어셈블리를 프레스 위에 놓을 때 피스톤 위에 표시된 프론트 표시가 위로 향하게 놓는다.
   3) 프레스를 사용하여 피스톤 핀을 탈거한다.

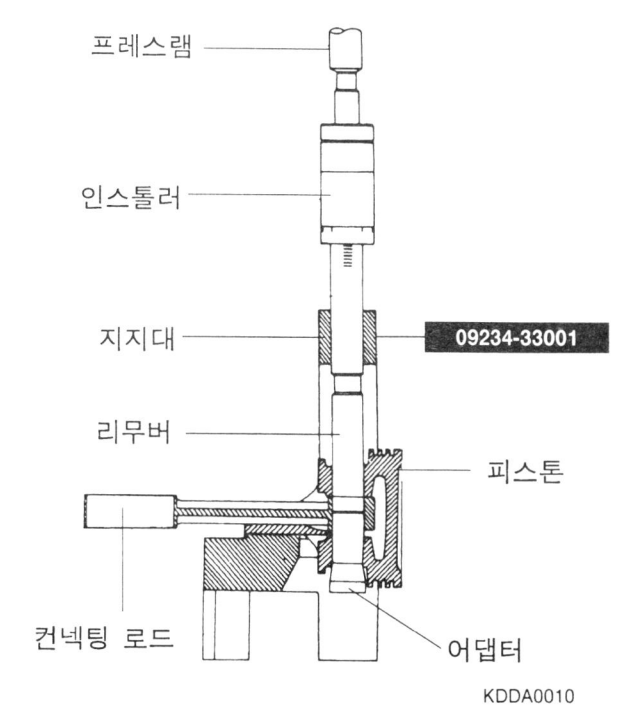

- 프레스램
- 인스톨러
- 지지대 — 09234-33001
- 리무버
- 피스톤
- 컨넥팅 로드
- 어댑터

검사

1. **피스톤 및 피스톤 핀**
   1) 피스톤의 긁힘, 마모, 그 밖의 문제점이 없는가를 확인하여 필요시는 교환한다.
   2) 피스톤 링의 파손, 손상, 비정상적인 마모 등을 점검하여 결함이 있는 링은 교환한다. 또한 피스톤을 교환할 때는 링도 함께 교환해야 한다.
   3) 피스톤 핀이 피스톤 구멍에 끼워져 있는지를 확인하고 결함이 있으면 피스톤 및 핀을 교환한다.
   피스톤 핀은 평상 실내온도에서 손으로 부드럽게 밀려야 한다.

2. **피스톤 링**
   1) 피스톤 링의 사이드 간극을 측정하여 측정치가 정비한계치를 벗어나면 링 홈에 새로운 링을 집어넣은 후 사이드 간극을 재측정한다. 그 때에도 간극이 정비한계를 벗어나면 피스톤과 링을 함께 교환한다. 그러나 사이드 간극이 정비한계치 보다 작을 때는 피스톤 링만을 교환한다.

항 목		규정치	정비한계
피스톤 링	1번	0.04~0.08 mm	0.1mm
사이드 간극	2번	0.04~0.08 mm	0.1mm

   2) 피스톤 링의 엔드 갭을 측정하기 위해서 실린더 보어에 피스톤 링을 집어 넣는다. 이 때 링이 실린더 벽과 올바른 각으로 위치를 잡게 하기 위해서 피스톤으로 링을 부드럽게 밀어 넣는다.
   그 후 피스톤을 위로 들어 올려 빼고 휠러 게이지 (feeler gauge)를 사용하여 갭 (gap)을 측정하고 갭이 정비한계를 초과하면 피스톤 링을 교환한다.

항 목	규정치	정비한계
1번 피스톤링 엔드갭	0.23~0.38	1 mm
2번 피스톤링 엔드갭	0.45~0.60	1 mm
OIL 링 엔드갭	0.20~0.60	1 mm

실린더보어를 수정하지 않고 링만을 교환할 때는 실린더가 적게 마모된 아래부분에 링을 위치시키고 갭을 점검한다.
링을 교환할 때는 같은 크기의 링을 사용해야 한다.

항 목		표시
	STD	없음
피스톤링 오버 사이즈	0.25mm OS	25
	0.50mm OS	50
	0.75mm OS	75
	1.00mm OS	1.00

〔참고〕
● 크기 표시는 링의 윗쪽에 표시되어 있다.

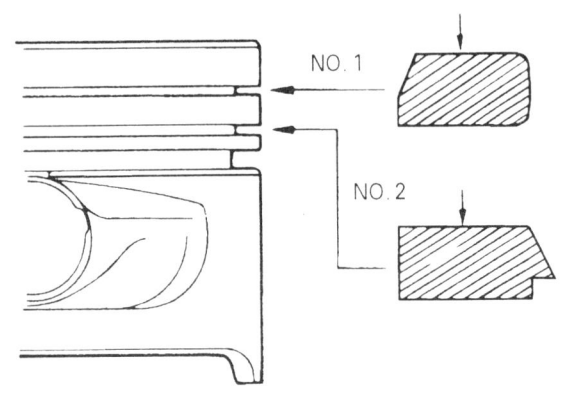

EDKA040A-1

3. **컨넥팅 로드**
   1) 컨넥팅 로드 캡을 장착할 때는 분해시 표시해 놓은 로드 엔드 캡위의 실린더 번호를 확인한다. 신품의 컨넥팅 로드를 장착할 때는 베어링을 제 위치에 잡아주는 노치 (notch)가 같은 쪽으로 가게 한다.
   2) 컨넥팅 로드 양쪽 끝의 스러스트면에 손상을 받았거나, 단층마모가 되었거나 소단부 (small end)의 내면이 지나치게 거칠면 컨넥팅 로드를 교환한다.
   3) 컨넥팅 로드 얼라이너 (connecting rod aligner)를 사용하여 로드의 휨과 비틀림을 측정하여 측정치가 정비한계에 근접하면 프레스로 로드를 수정한다. 그러나 로드가 심하면 구부러졌거나 파손되었으면 필히 교환해야 한다.

컨넥팅 로드의 힘 : 0.05mm

컨넥팅 로드의 비틀림 : 0.1mm

메인 무빙 시스템

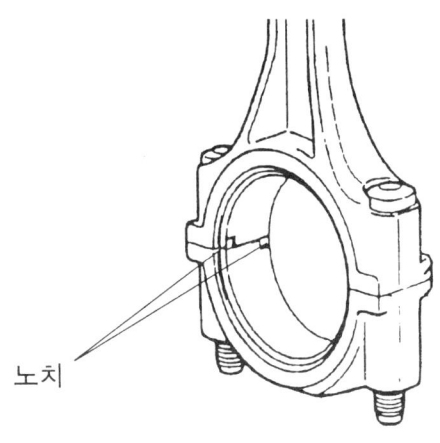

노치

EDDA025C

조립

1. 특수공구인 피스톤 핀 세팅공구 (09234-33001) 를 사용하여 피스톤과 컨넥팅 로드를 다음 과정으로 조립한다.
    1) 엔진오일을 피스톤 핀의 외측면과 컨넥팅 로드의 소단부 보어에 도포한다.

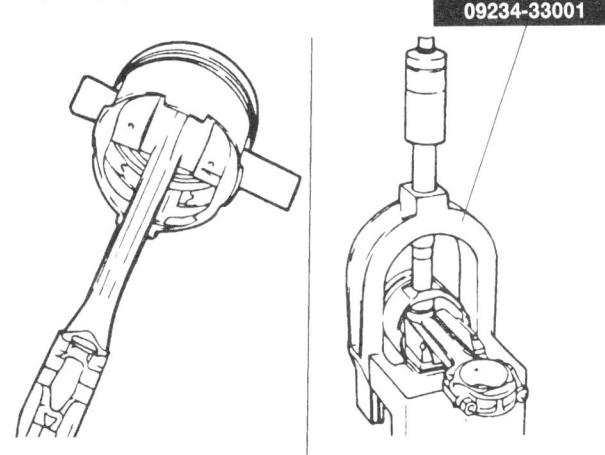

EDDA037E

   2) 프론트 표시가 위로 향하게 한 채로 컨넥팅 로드와 피스톤을 고정시키고 피스톤핀 어셈블리를 삽입한다.
    [프론트 표시]
    피스톤측 : O 음각표시
    컨넥팅 로드측 : 숫자가 양각되어 있음
   3) 프레스를 사용하여 규정된 압력이 푸시로드를 통해 핀끝에 걸리도록 하며 피스톤 핀을 핀구멍에 눌러 놓는다.

   | 피스톤 핀 압입 압력 : 350 ~ 1350 kg |

   만일 피스톤 핀을 핀구멍에 압입하는데 규정압력보다 더 큰 압력이 필요할 때는 다음 과정을 작업한다.

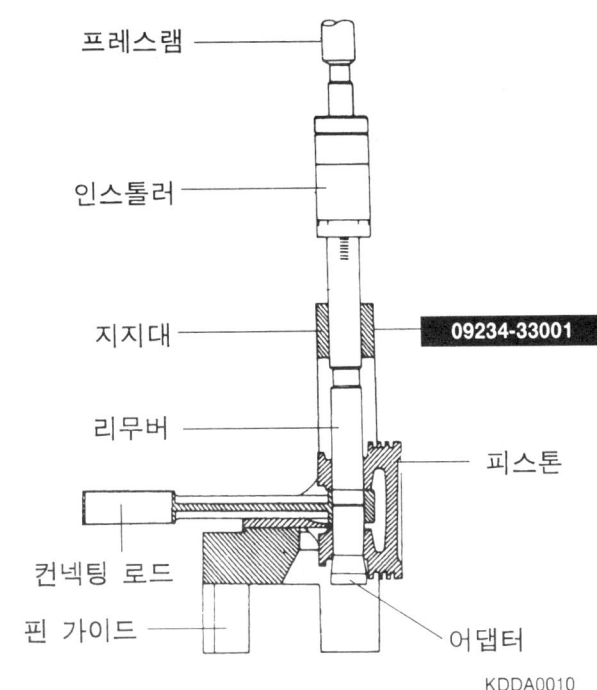

프레스램
인스톨러
지지대 09234-33001
리무버
피스톤
컨넥팅 로드
핀 가이드
어댑터

KDDA0010

   4) 푸시로드를 반바퀴 정도 돌리고 서포트에서 피스톤 컨넥팅 로드 어셈블리를 떼어낸다.
   5) 피스톤 핀을 압입한 후 컨넥팅 로드가 가볍게 미끄러지고 자유롭게 움직이는지 확인한다.
2. 피스톤에 피스톤 링을 다음순서로 장착한다.
    1) 3편의 오일링을 장착한다. 스페이서 로워 사이드 레일, 어퍼 사이드 레일을 순차적으로 조립한다. 사이드 레일을 장착할 때에는 다른 피스톤 링을 장착할 때처럼 피스톤 링 익스펜더 (piston ring expander)를 사용하여 갭을 넓히면 사이드 레일이 부러지므로 갭을 넓히지 않도록 한다. 사이드 레일은 레일의 한쪽 끝을 피스톤 링 홈과 스페이서 사이에 놓은 후 아래쪽을 완전히 잡고 그림에서 보는 것처럼 홈으로 삽입되는 위치로 손으로 눌러 넣는다. 이 때 로워 사이드 레일을 먼저 장착한 후 어퍼 사이드 레일을 장착한다.

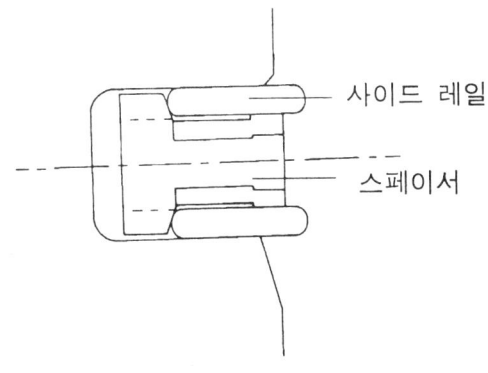

사이드 레일
스페이서

ECA9082A

[주의]
- 3편의 오일링을 장착한 후에 어퍼 및 로워사이드 레일이 원활히 회전하는가를 점검한다.
- 스페이서 익스펜더 갭은 사이드 레일 갭에서 45° 이상 떨어져 있어야 한다.

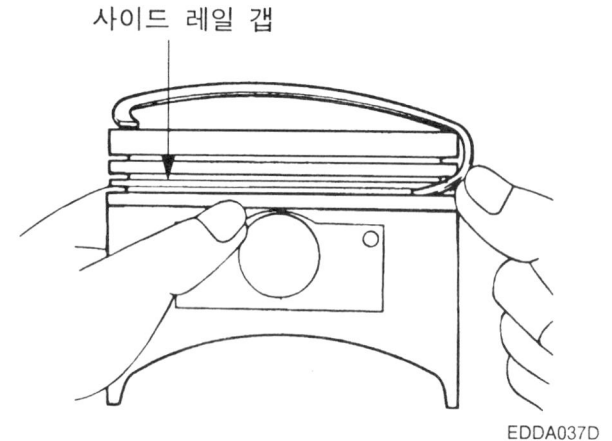

2) 2번 피스톤링을 장착한 후에 1번 피스톤 링을 장착한다.

[주의]
- 링표면에 표시되어 있는 크기표시와 제작사 표기가 각인된 면이 피스톤 윗쪽으로 가게 피스톤 링을 장착한다.
- 1번과 2번 피스톤 링이 바뀌지 않도록 주의한다.

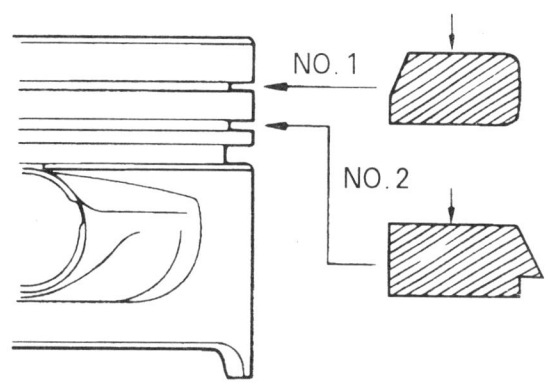

3. 피스톤 링 클램프를 사용하여 피스톤과 컨넥팅 로드 어셈블리를 실린더 번호와 일치시켜 실린더에 집어 넣고 피스톤 헤드에 표시된 화살표가 엔진의 크랭크샤프트 풀리쪽으로 향하게 한다. 캡 볼트에 비닐 커버를 장착하여 실린더 보어와 크랭크 핀이 손상을 받지 않도록 한다.

[주의]
- 피스톤 링 갭이 그림과 같은지 확인한다. 피스톤 링 갭이 다음과 같이 되었으면 갭들이 피스톤 및 스러스트 방향과 일치하지 않으며 각 갭은 근접한 갭들과 가능한한 멀리 떨어져 있게 된다.
- 피스톤과 피스톤링 둘레에 엔진 오일을 충분히 도포한다.

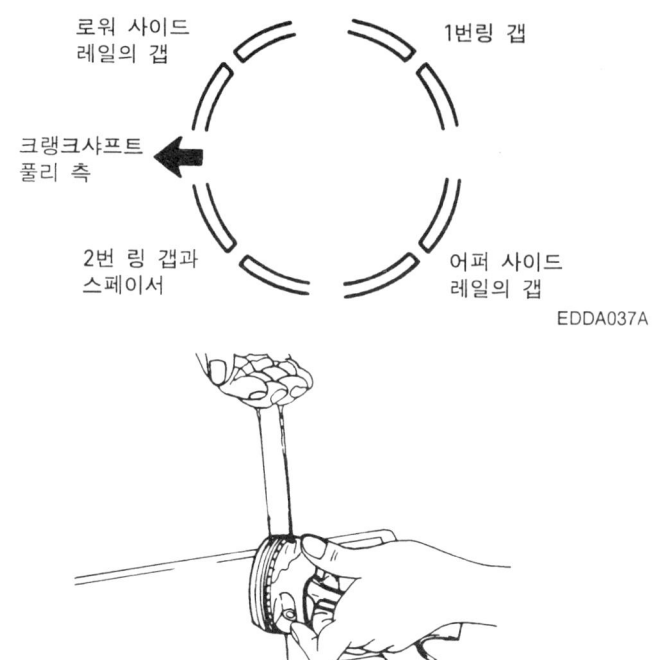

4. 컨넥팅 로드 캡을 장착하고 캡 너트를 규정토크로 조인다. 컨넥팅 로드 캡을 장착할 때에는 컨넥팅로드 대단부(big end)의 일치표시(실린더 번호)와 캡에 각인되어 있는 일치 표시(실린더 번호)를 같은 쪽으로 장착한다.

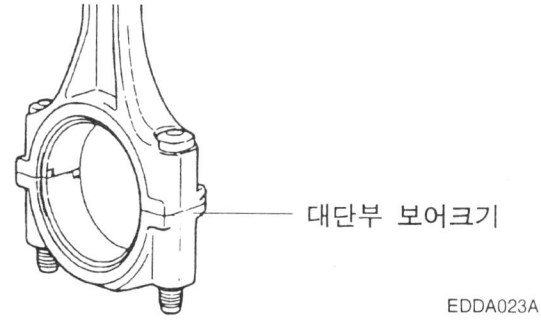

5. 컨넥팅 로드 대단부의 사이드 간극을 점검한다.

컨넥팅 로드 대단부의 사이드 간극 : 0.1~0.25mm

6. 오일 스크린을 장착한다.
7. 오일 팬을 장착한다.
8. 실린더 헤드를 장착한다.

냉각 시스템

냉각수 파이프 및 호스
구성부품

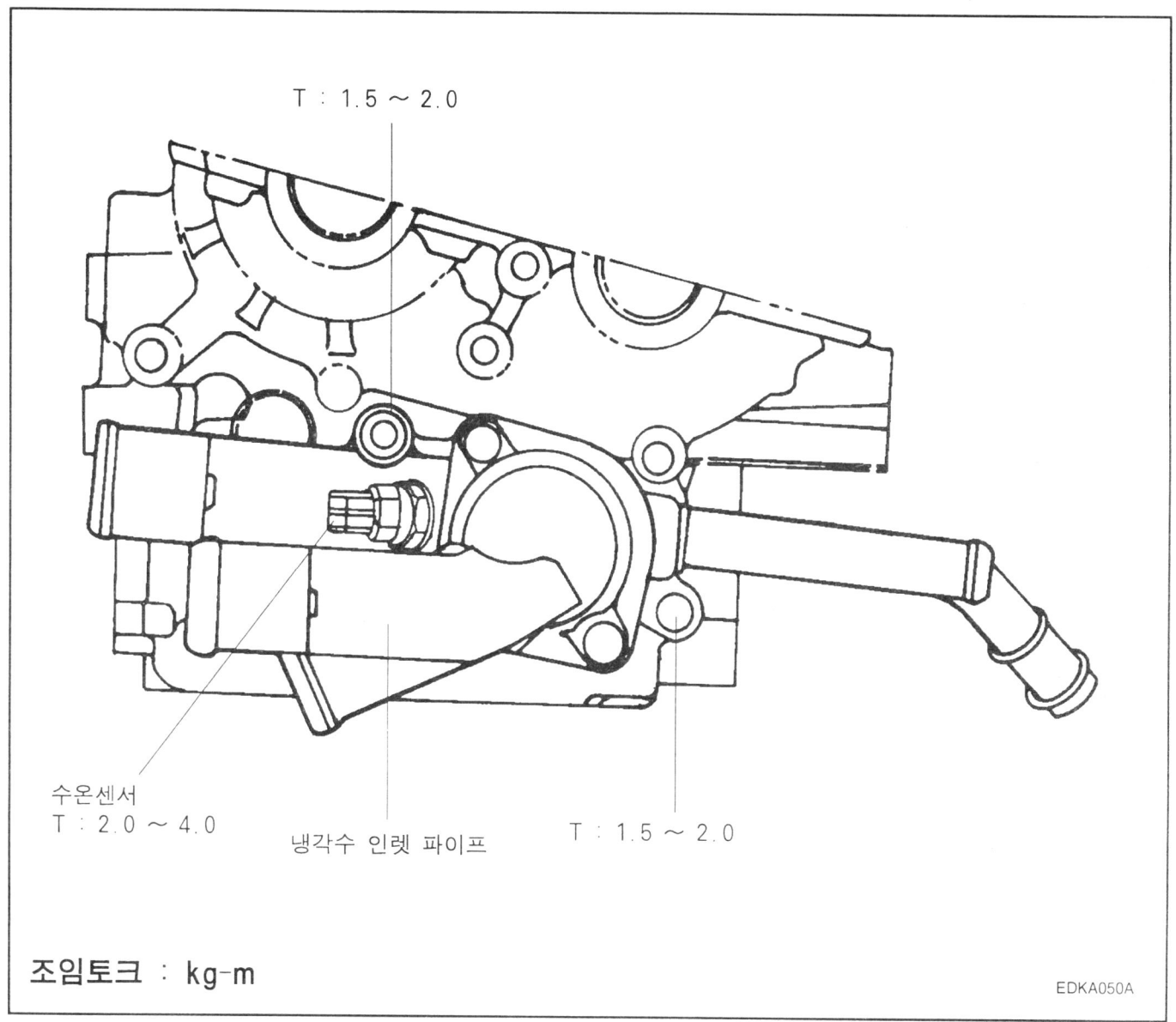

T : 1.5 ~ 2.0

수온센서
T : 2.0 ~ 4.0

냉각수 인렛 파이프

T : 1.5 ~ 2.0

조임토크 : kg-m

EDKA050A

검사

냉각수 파이프와 호스의 균열, 손상, 막힘 여부를 점검하고 필요하면 교환한다.

장착

O-링의 둘레에 물을 묻힌 다음 냉각수 흡입 파이프 끝에 나 있는 홈에 끼운 후 파이프를 밀어 넣는다.

[주의]
- O-링에 오일이나 그리스를 도포하지 않는다.
- 냉각수 파이프 연결부에 모래나 먼지 등이 묻지 않도록 한다.
- 냉각수 흡입 파이프를 끝까지 밀어 넣는다.

워터 펌프

탈거

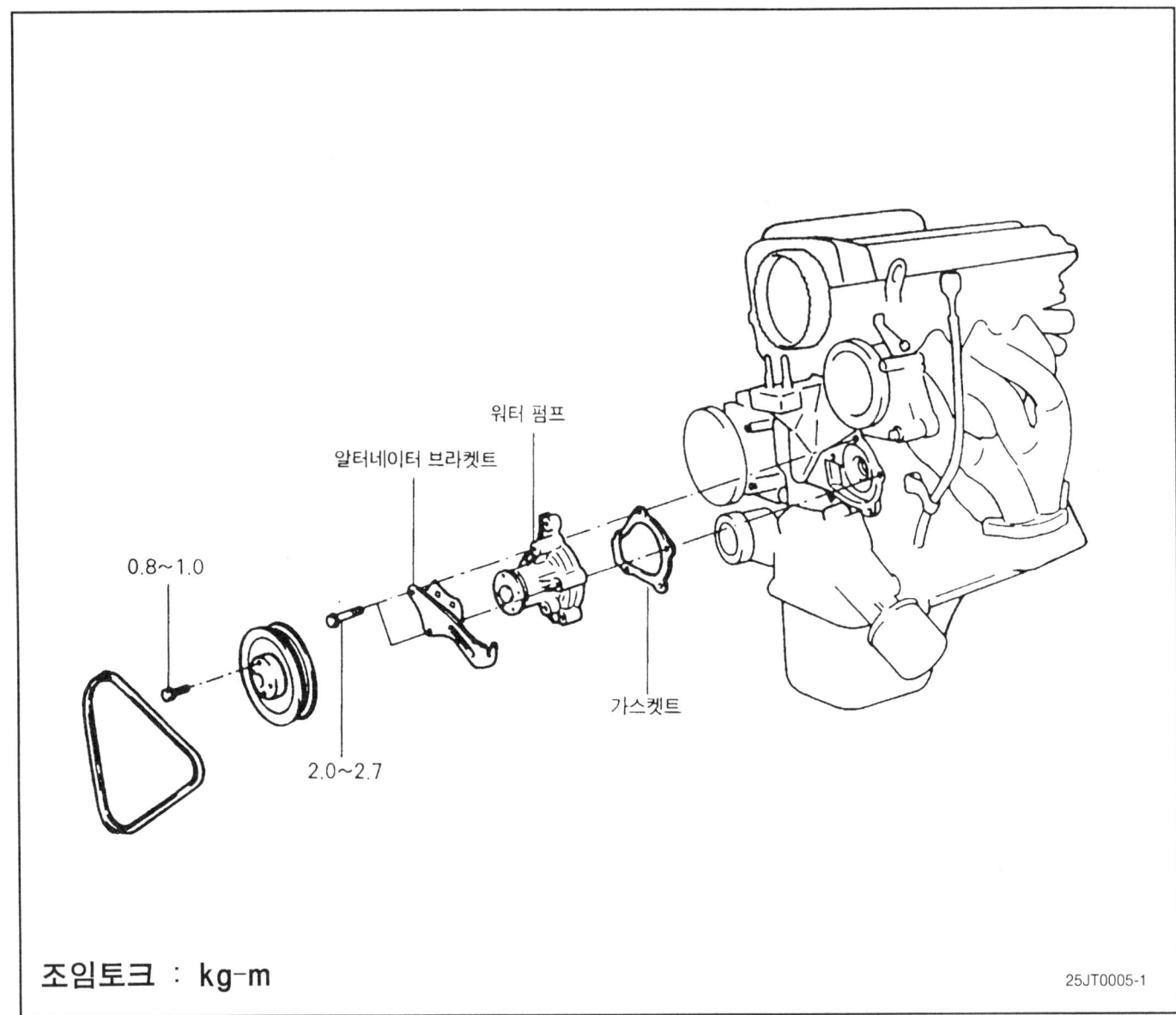

조임토크 : kg-m

냉각 시스템

점검

1. 워터펌프
   1) 각 부분의 균열, 손상, 마모를 점검하여 필요시 워터펌프를 교환한다.
   2) 베어링의 손상, 비정상적인 소음, 회전불량을 점검하여 필요시 워터펌프를 교환해야 한다.
   3) 씰유니트에서 누설을 점검하여 필요시 워터펌프 어셈블리를 교환해야 한다.

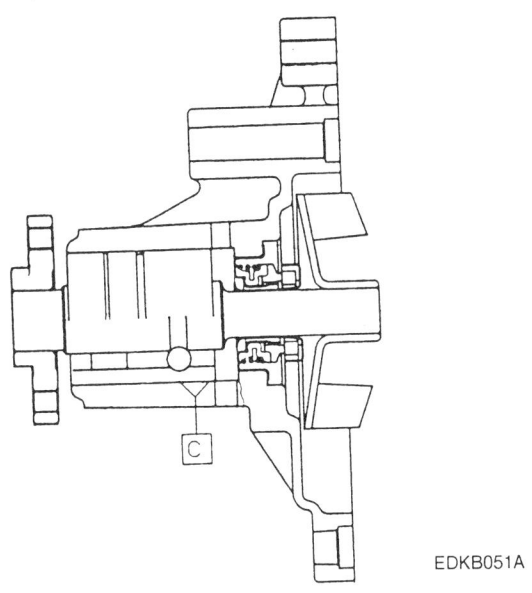

EDKB051A

장착

1. 워터 펌프 보디와 실린더 블럭의 가스켓 면을 깨끗이 한다.
2. 냉각수 흡입 파이프의 앞 끝에 있는 홈에 새로운 O-링을 장착하고 그때 O-링을 물로 적신다. 오일이나 그리스를 바르지 않는다.
3. 새로운 워터 펌프 가스켓와 워터 펌프 어셈블리를 장착한다. 그 다음 규정토크로 조인다.

   워터 펌프와 실린더 블럭   : 2.0 ~ 2.7 kg-m

4. 타이밍 벨트 텐셔너와 타이밍 벨트를 장착한다. 타이밍 벨트 장력을 조정하고 타이밍 벨트 커버를 장착한다.
5. 워터 펌프 풀리와 구동 벨트를 장착한 후 벨트 장력을 조정한다.
6. 해당 규격의 냉각수를 채운다.
7. 엔진을 구동하여 누출을 점검한다.

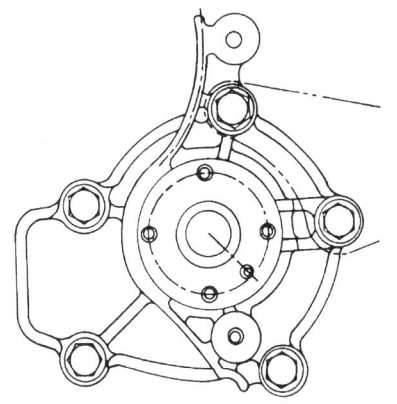

EDKA050B

라디에이터/쿨링팬

분리/장착

[주의]
● 호스 상의 원위치에 호스 클램프를 위치시킨 다음 잘 맞도록 하기 위하여 큰 플라이어로 클램프를 가볍게 조인다.
1. 바테리 ⊖ 단자를 분리한다.
2. 냉각수를 배수시킨다.
3. 그림에 나타낸 순서대로 분리한다.
4. 분리의 역순으로 장착한다.

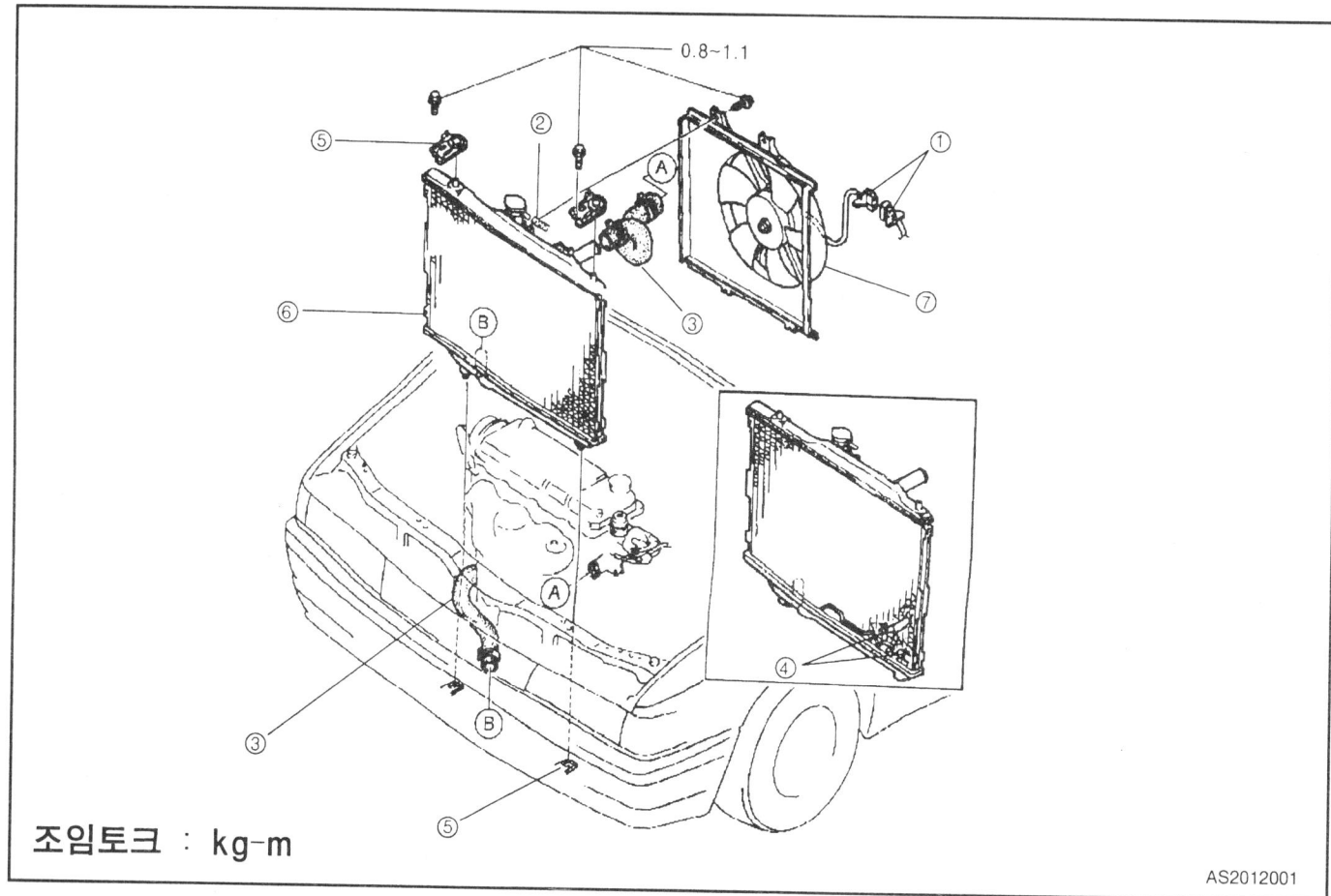

조임토크 : kg-m

(1) 쿨링팬 커넥터
(2) 냉각수 리저버 호스
(3) 라디에이터 호스
(4) 오일 쿨러 호스 (ATX)
(5) 라디에이터 브래킷
(6) 라디에이터
(7) 쿨링 팬 & 라디에이터 카울링 어셈블리

다음 사항을 점검하고 필요시에는 수리 또는 교환한다.
1. 균열, 손상, 누수
2. 핀의 구부러짐 (드라이버로 수정)
3. 라디에이터 주입구의 변형

장착 후에는 냉각수를 적정량 주입하고 엔진을 회전시켜 누수되는지 확인하다.

냉각 시스템

점검

엔진 냉각수

1. 냉각수 양 점검

[경고]
- 엔진이 뜨거울 때는 절대로 라디에이터 캡을 열지 않는다.
- 라디에이터 캡을 열 때는 둘레에 두꺼운 헝겊을 감싼다.

1) 냉각수 양이 라디에이터 주입구 근처까지 되었는지 확인한다.
2) 냉각수 리저버 탱크 내의 레벨게이지의 F와 L사이에 냉각수가 있는지 확인한다.
3) 필요하면 냉각수를 보충한다.
   냉각수 용량: 6.0 l
   부동액 사양: NALL-K5 (극동 제연 제품)
   부동액 농도: 40%

2. 냉각수 상태점검
   1) 라디에이터 캡이나 라디에이터 주입구 주위에 녹이나 물때가 쌓여 있는지 점검한다.
   2) 냉각수에 오일이 섞이지 않았는지 점검한다.
   3) 필요하면 냉각수를 교환한다.

3. 냉각수 교환
   1) 라디에이터 캡을 분리하고 드레인 플러그를 푼다.

   2) 적당한 용기에 냉각수를 배출 시킨다.
   3) 드레인 플러그를 잠근다.
   4) 냉각수를 적정량 채워 넣는다.
      냉각수 용량: 6.0 l
      부동액 사양: NALL-K5 (극동 제연 제품)
      부동액 농도: 40%
   5) 라디에이터 캡이 없는 상태로 위쪽 라디에이터 호스가 뜨거울 때까지 엔진을 가동 시킨다.
   6) 엔진을 아이들링 시키면서 라디에이터 주입구의 목까지 냉각수를 주입한다.
   7) 라디에이터 캡을 장착한다.

쿨링팬

1. 시스템 점검
1) 자기진단 커넥터의 C/F 터미널을 접지시킨다.

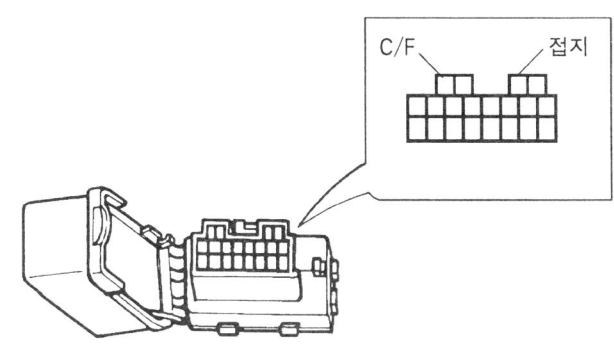

2) 이그니션 스위치를 ON시킨 후 팬이 작동되는지 점검한다. 만약 팬이 작동되지 않으면 쿨링팬 구성품과 배선을 점검한다.
3) 필러 캡을 분리한 후 필러의 목에 온도계를 설치한다.
4) 엔진을 시동시킨다.
5) 냉각수 온도가 약 100℃에 도달할 때 쿨링팬이 회전하는지 점검하고 회전하지 않으면 워터서모 센서를 점검한다.

EM-52   엔진 (2.0 DOHC LPG)

2. 워터 서모센서 점검
   1) 센서를 온도계와 함께 물속에 넣고 서서히 물을 가열시킨다.
   2) 저항계로 센서의 통전 상태를 점검한다.

   통 전 : 85 + 3℃
   비통전 : 81 + 3℃°

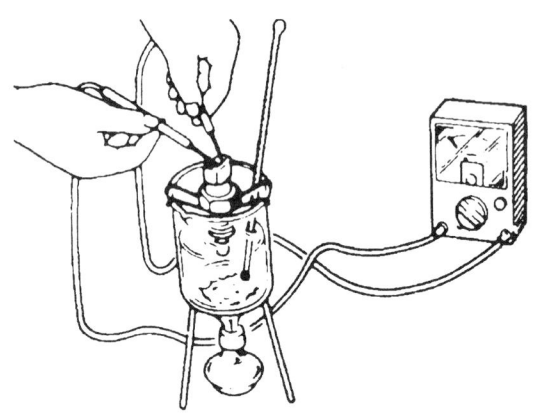

3) 규격과 다르면 워터서모 센서를 교환한다.
4) 워터 서모 센서 커넥터를 연결한 후 시동을 걸고 냉각수가 누수되는지 확인한다.

3. 팬 릴레이 점검
   1) 바테리 ⊖ 단자를 분리한다.
   2) 메인 휴즈 박스에서 팬 릴레이를 분리한다.

냉각 팬 릴레이

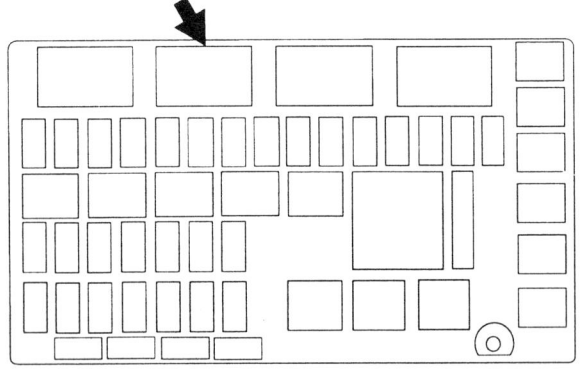

〔참조〕
● 팬 릴레이는 엔진 룸 내 우측에 있는 메인휴즈 박스에 장착 되어있다.

3) 팬 릴레이의 통전을 점검한다.

터미널	통전
30~87	아니오
85~86	예

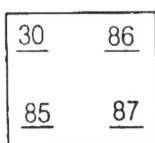 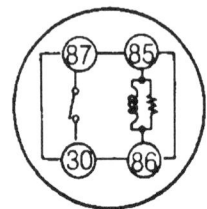

4) 터미널 85와 86사이에 바테리 전압을 가해서 터미널 30과 87사이에 통전이 되는지 점검한다.
5) 만약 상기와 같이 되지 않으면 팬 릴레이를 교환한다.

라디에이터

1. 냉각수 누수
1) 라디에이터 주입구에 테스터를 접속시킨다.

2) 캡 테스터로 1.05kg/Cm² 까지 가압한다.
3) 테스터의 지침이 내려가지 않나 확인한다. 지침이 내려가 경우에는 누수구가 있는것으로 생각하여 누수개소를 점검한다.

2. 라디에이터 캡 점검
1) 라디에이터 캡 밸브와 밸브시트 사이에서 잔여물 같은 이물질을 닦아낸다.
2) 라디에이터 캡에 라디에이터 캡 테스터를 부착하여 0.75~1.05kg/Cm² 까지 서서히 압력을 가한다.

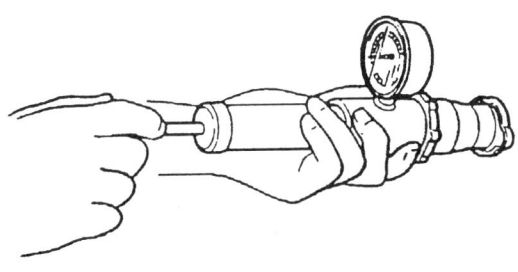

3) 약 10초 기다린 후 압력이 내려가는지 점검한다.

4) 부압밸브를 열기 위하여 당긴다. 부압밸브를 놓았을때 완전히 닫히는지 확인한다.

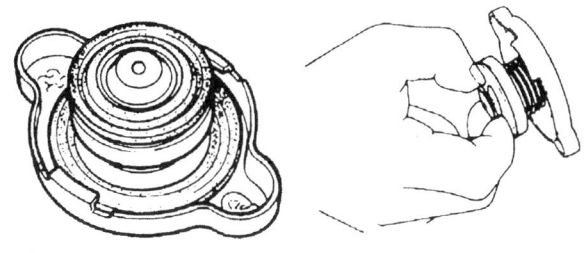

5) 접촉면에 손상과 실 패킹의 균열이나 변형을 검사한다.
6) 필요시 라디에이터 캡을 교환한다.

써머 스타트

구성부품

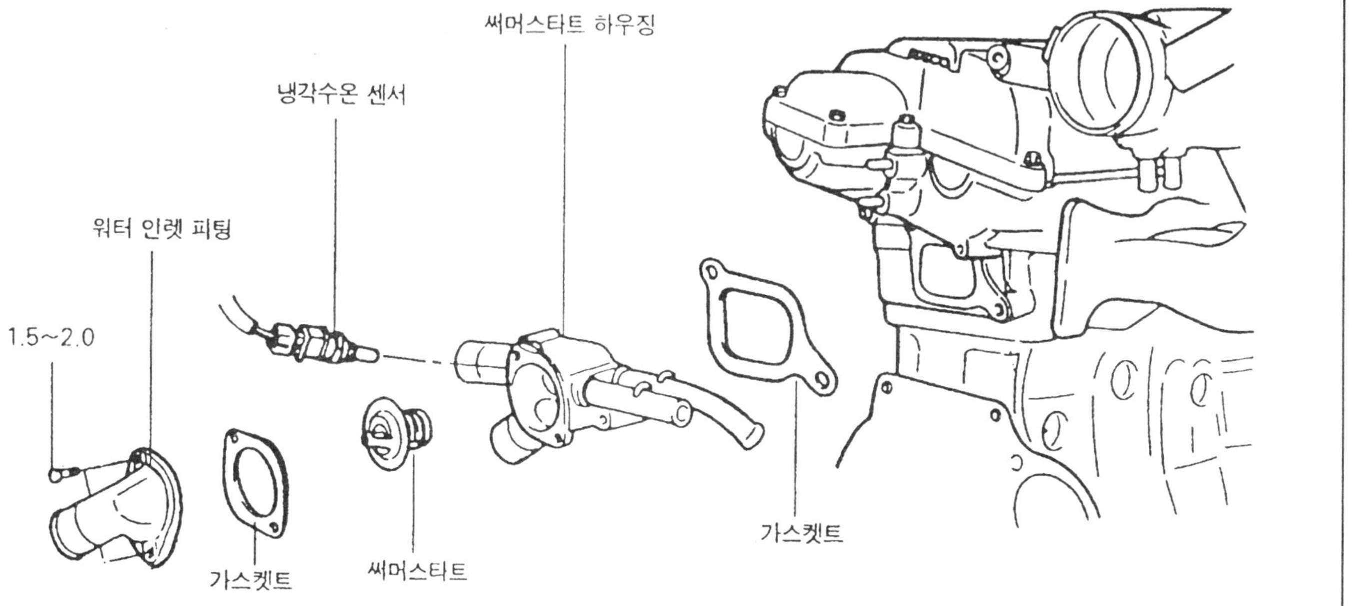

조임토크 : kg-m

워터 인렛 피팅 1.5~2.0
가스켓
써머스타트
냉각수온 센서
써머스타트 하우징
가스켓

검사

1. 실내온도에서의 밸브 담힘 상태를 점검한다.
2. 결함 또는 손상여부를 점검한다.
3. 그림처럼 써머 스타트를 가열하여 밸브가 개방되기 시작할때의 온도 및 완전 개방온도를 측정한다.

밸브 개방 온도
 개방 시작 : 82℃
 완전 개방 : 95℃

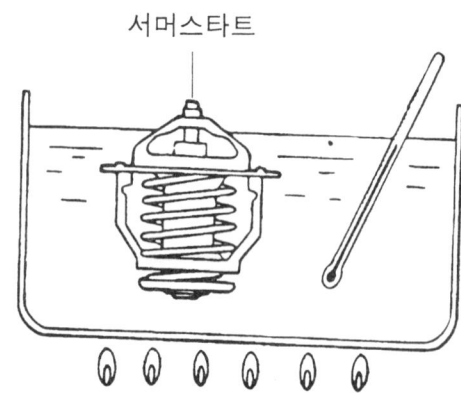

장착

1. 써머 스타트의 프랜지가 써머 스타트 하우징 소켓에 정확하게 끼워졌는지를 확인한다.
2. 신품의 가스켓와 워터 인렛피팅을 장착한다.
3. 냉각수를 채운다.

윤활 시스템

윤활 시스템

오일압력 스위치

오일압력 스위치는 엔진의 전방우측에 위치해 있으며 윤활계통의 오일압력이 0.29kg/cm²이하로 떨어지면 오일압력 경고등이 점등되게 한다.
이 스위치의 육각부분의 폭은 24mm이다.

탈거 및 장착

나사진 부위에 씰런트를 도포한 후에 오일압력 스위치를 장착한다

[참고]
● *오일 압력 스위치를 너무 과도하게 조이지 않도록 한다.*

오일 압력 스위치 : 1.3~1.5kg-m

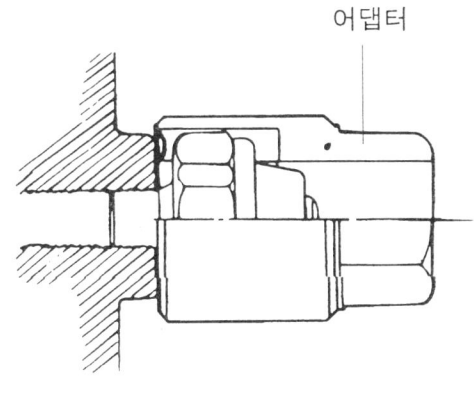

검사

1. 저항계로 터미널과 보디사이의 통전을 점검하여 통전이 안되면 오일 압력 스위치를 교환한다.

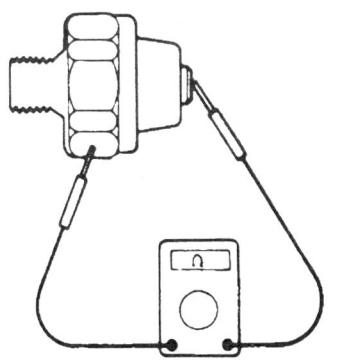

2. 얇은 막대로 눌렀을때 터미널과 바디사이의 통전이 되면 오일 압력 스위치를 교환한다.
3. 오일구멍을 통해 0.3kg/cm² 부압을 가했을 때 통전이 안되면 스위치는 적절히 작동하는 것이다. 적절히 작동이 되지 않을때는 공기의 누설을 점검한다. 공기가 누설되는 것은 다이어프램이 파손된 것이므로 이때는 스위치를 교환해야 한다.

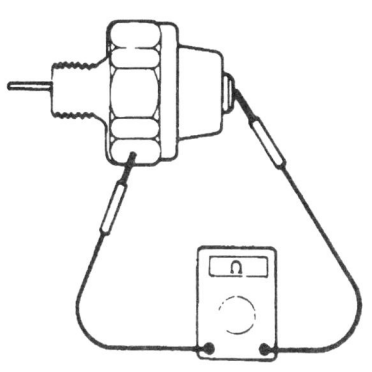

4. 프론트 케이스(오일 펌프)
5. 타이밍 벨트
6. 타이밍 벨트 커버

흡기 및 배기 시스템

배기매니폴드

구성부품

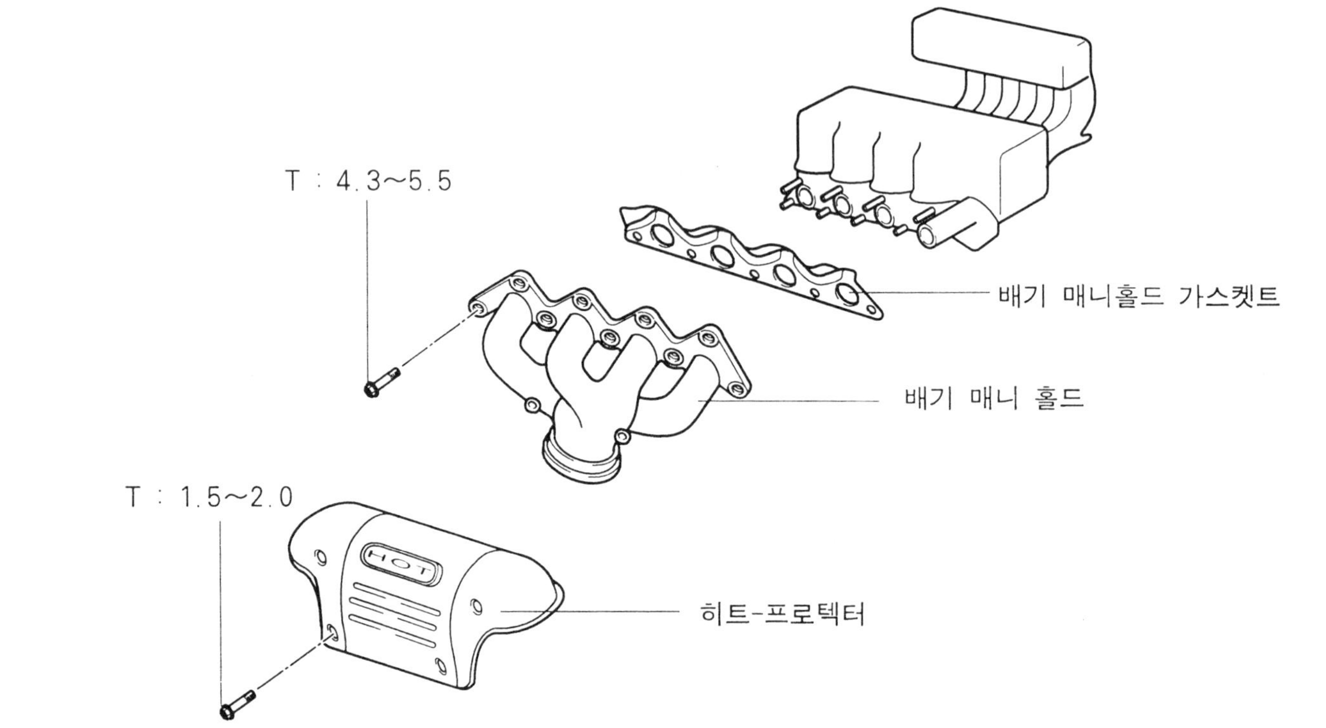

T : 4.3~5.5
배기 매니홀드 가스켓트
배기 매니 홀드
T : 1.5~2.0
HOT
히트-프로텍터

조임토크 : kg-m

ECKA050A-1

탈거

1. 히트 프로텍터를 탈거한다.
2. 배기 매니폴드를 실린더 헤드에서 떼어낸다.

검사

1. 배기매니폴드
   손상 및 균열을 점검한다.

ECKA050A-1

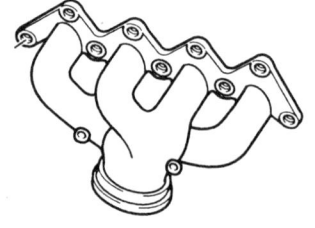

장착

1. 장착은 탈거의 역순이다.
〔주의〕
- **가스켓, 배기 매니폴드 체결시 NUT는 재사용하지 말것**
2. 배기매니폴드 가스켓
   가스켓의 째짐, 혹은 손상을 점검한다.

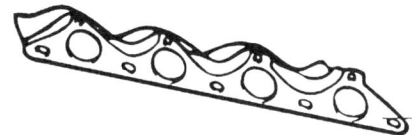

흡기매니폴드

구성부품

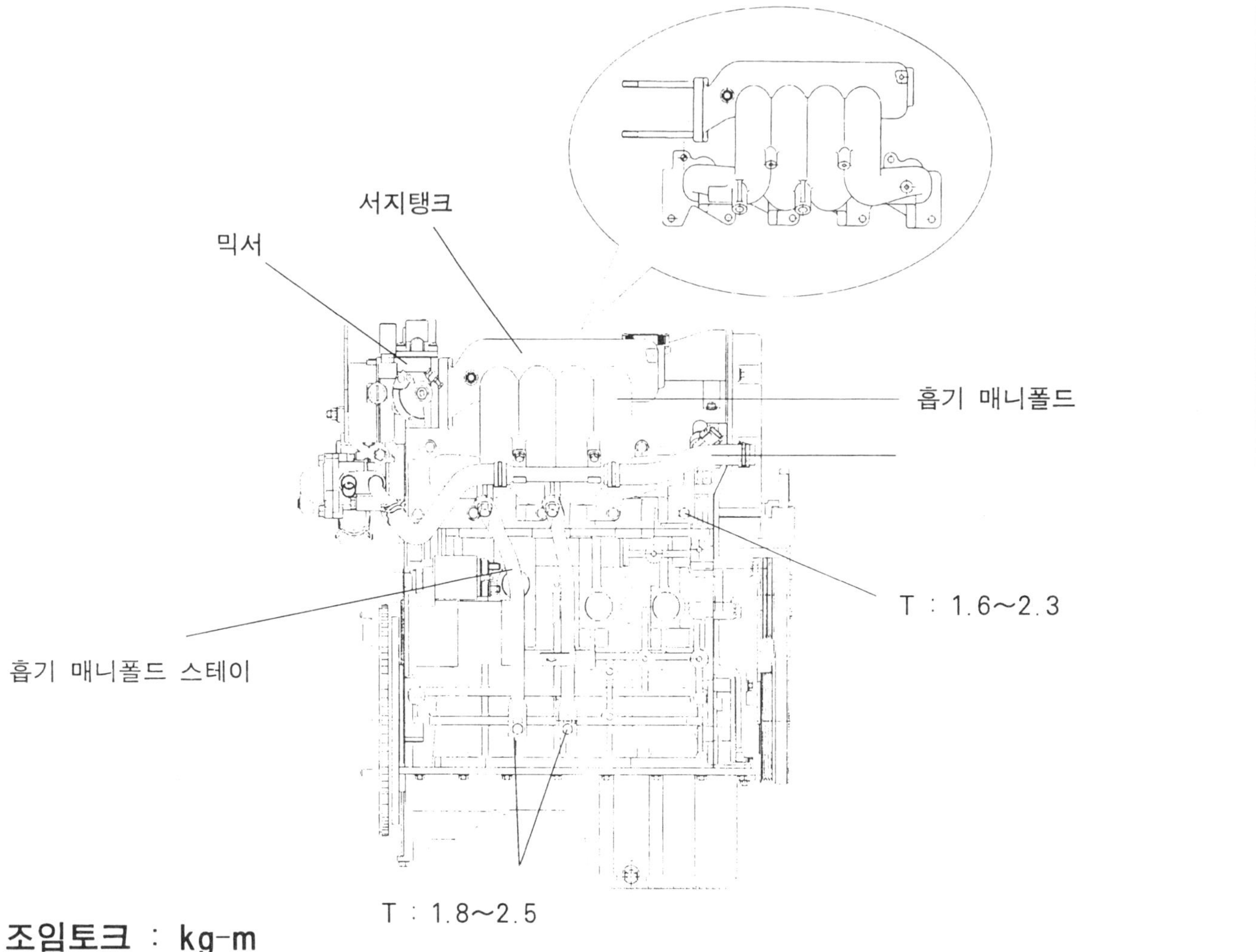

서지탱크
믹서
흡기 매니폴드
T : 1.6~2.3
흡기 매니폴드 스테이
T : 1.8~2.5
조임토크 : kg-m
EDKA007B-2

〔주의〕

● *각 부품에 무리한 힘을 주지 말고 규정된 토크를 준수하여 작업한다.*

탈거

1. 맵(MAP)센서, 아이들 스피드 액츄에이터 및 스로틀 포지션 센서(TPS) 등의 컨넥터를 분리한다.

EAKA010D

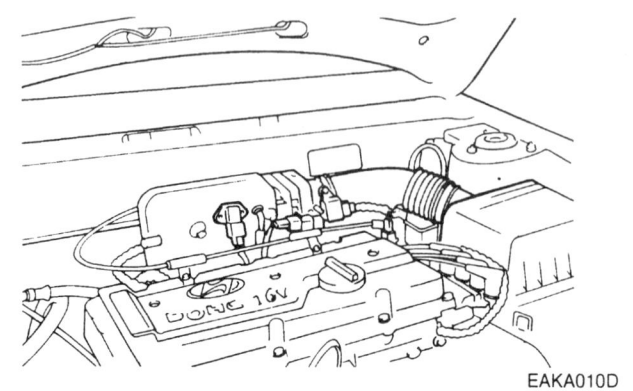

흡기 및 배기 시스템

2. 믹서에 연결되어 있는 에어 호스를 탈거한다.
3. 엑셀레이터 케이블을 탈거한다.
4. 각종 호스류를 탈거한다.
5. 흡기매니폴드를 탈거한다.
6. 흡기 매니폴드와 가스켓트를 탈거한다.

검사

1. 흡기매니폴드
   각 부품의 손상 및 균열을 점검한다.
2. 에어호스
   각 부품의 손상 및 균열을 점검한다.

장착

1. 흡기매니폴드 가스켓트를 교환한 후 실린더헤드에 장착한 후 흡기매니폴드를 장착한다.
2. 흡기 매니폴드 스테이를 장착한다.
3. 각종 호스류를 장착한다.
4. 에어 호스를 장착한다.
5. 엑셀레이터 케이블을 장착한다.
6. 여러 컨넥터와의 연결을 확인한 후 엔진 커버를 장착한다.

머플러

구성부품

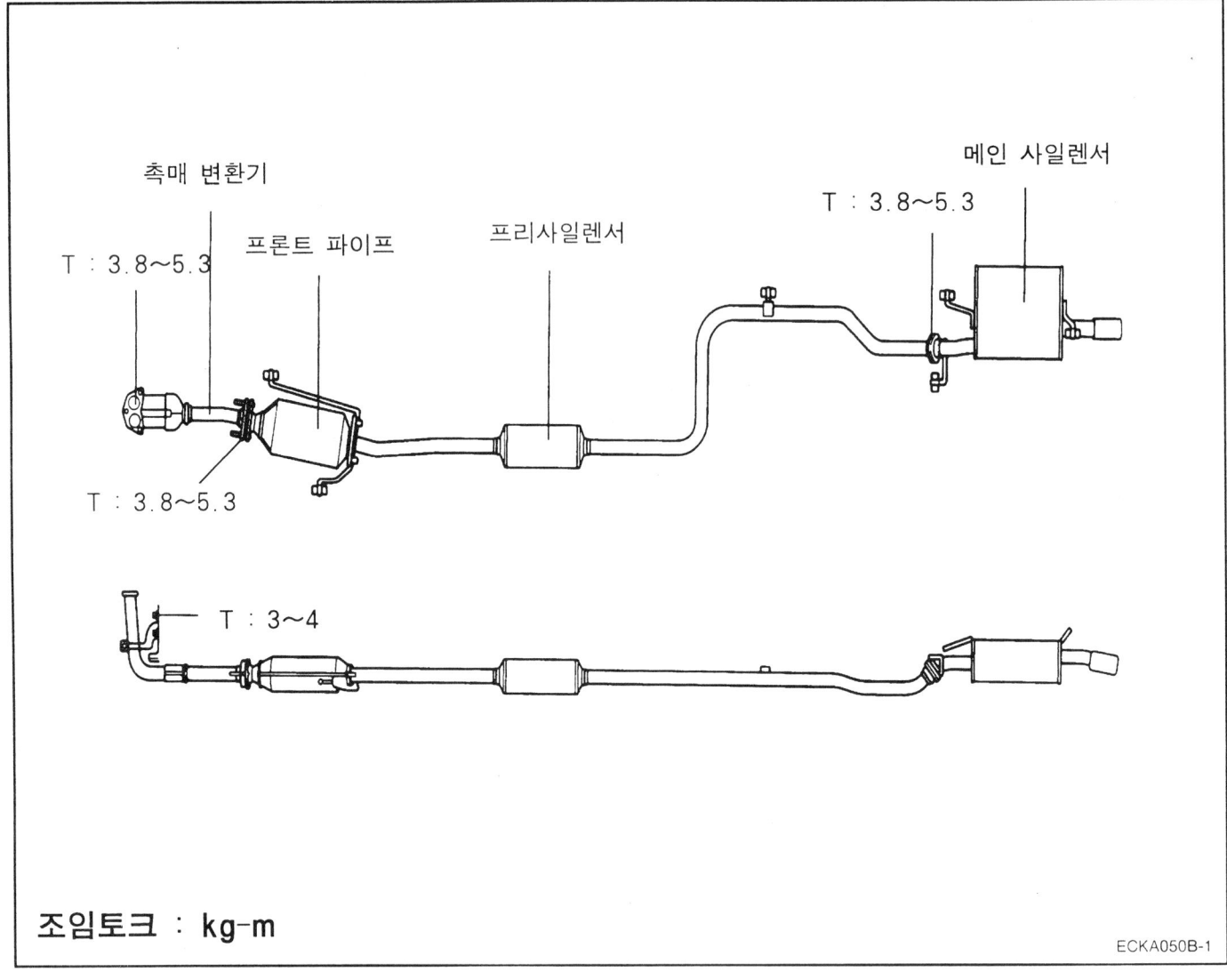

[주의]
● 배기 계통을 탈거 검사 전에 배기계통이 충분히 냉각되었는지 확인한다.

장착시 참고사항
프론트 파이프

아래의 순서로 조립한다.
1. ⓐ 부 가체결
2. ⓑ 부 가체결
3. ⓐ 부 완체결
4. ⓑ 부의 파이프와 브라켓 연결상태 확인
5. ⓑ 부의 완체결

흡기 및 배기 시스템

EM-61

에어클리너 및 에어덕트

구성부품

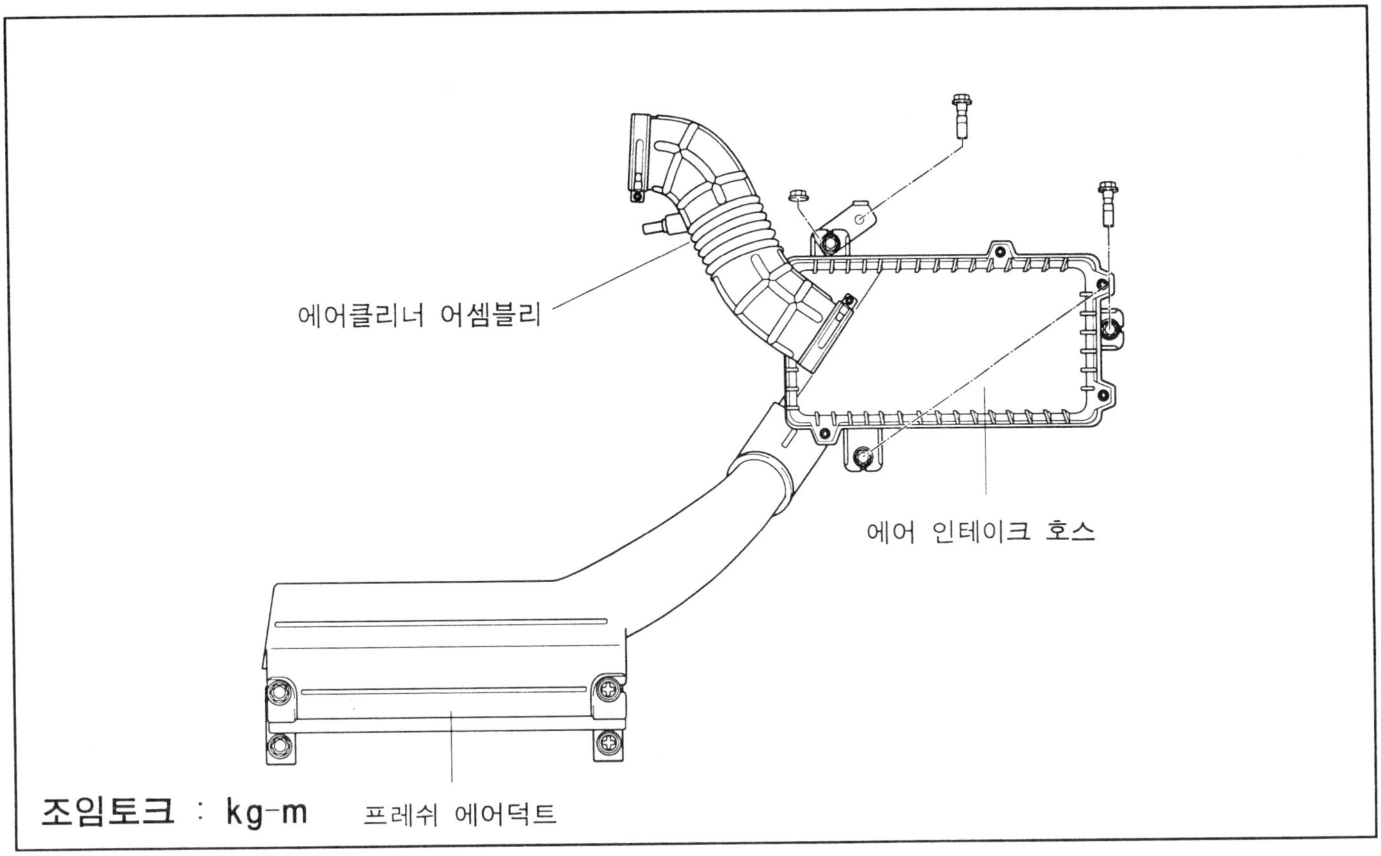

- 에어클리너 어셈블리
- 에어 인테이크 호스
- 프레쉬 에어덕트

조임토크 : kg-m

검사

1. 에어클리너 보디, 커버, 패킹의 변형, 부식, 손상을 점검한다.
2. 에어덕트의 손상을 점검한다.
3. 레조네이터의 균열, 손상을 점검한다.
4. 에어 클리너 엘리먼트의 막힘, 오염 혹은 손상을 점검한다. 엘리먼트가 약간 막혔으면 엘리먼트의 내측에서 공기를 불어 먼지나 다른 이물질을 제거한다.
5. 에어 클리너 하우징이 막힘, 오염 혹은 손상을 점검한다.
6. 레조네이트의 손상을 점검한다.

실린더 헤드 어셈블리
실린더 헤드, 밸브
구성부품

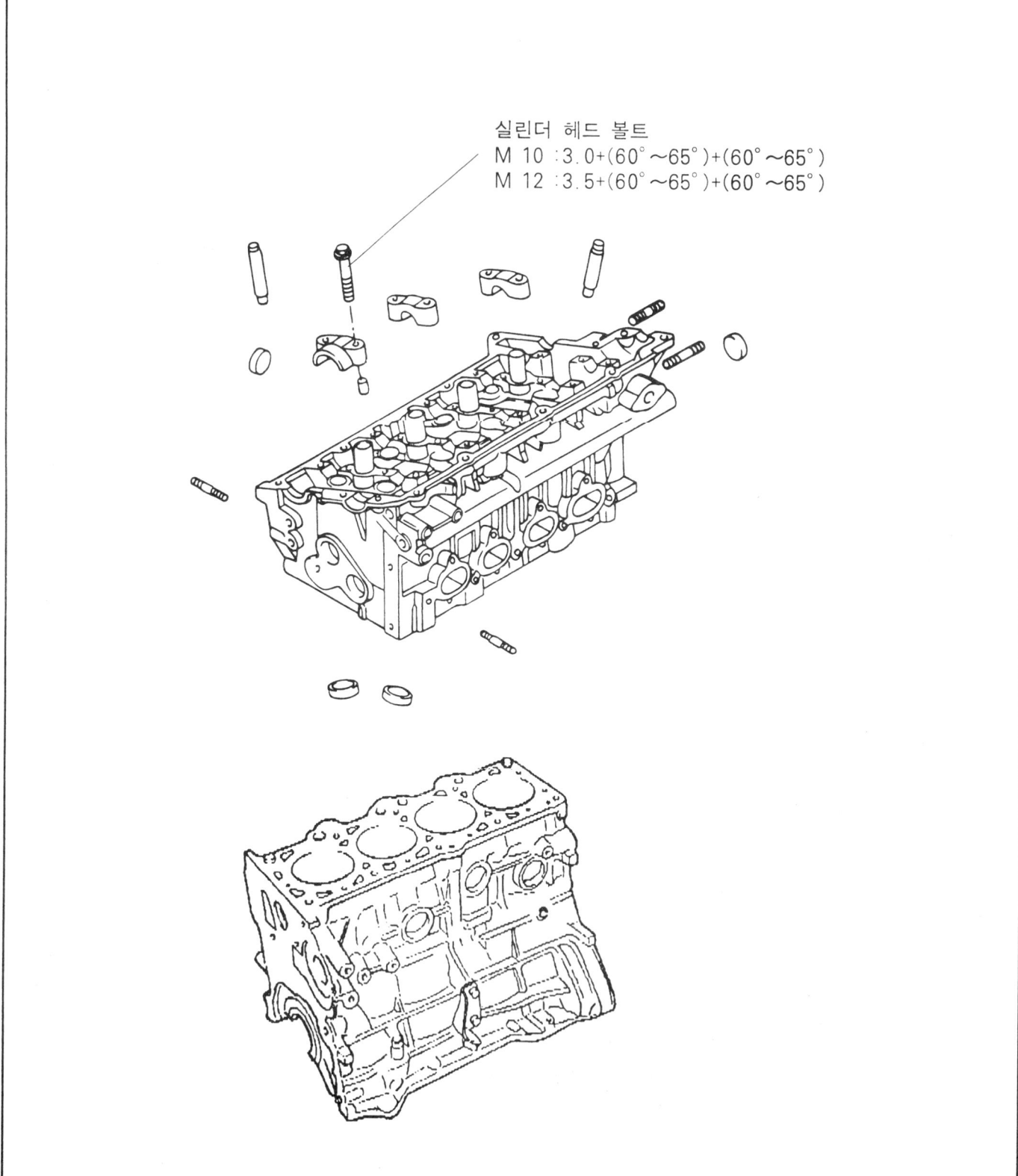

실린더 헤드 볼트
M 10 : 3.0+(60°~65°)+(60°~65°)
M 12 : 3.5+(60°~65°)+(60°~65°)

조임토크 : kg-m

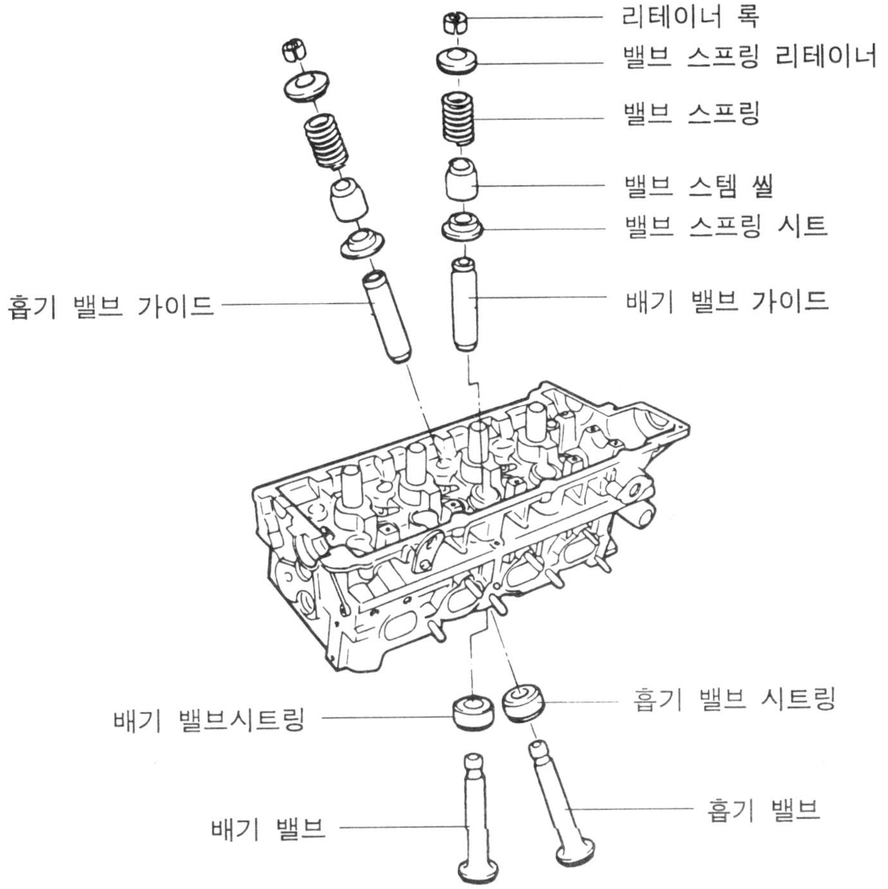

리테이너 록
밸브 스프링 리테이너
밸브 스프링
밸브 스템 씰
밸브 스프링 시트
흡기 밸브 가이드
배기 밸브 가이드
흡기 밸브 시트링
배기 밸브시트링
배기 밸브
흡기 밸브

EDKB050D

분해

1. 실린더 헤드 볼트 렌치(09221-32001, 09221-11000)의 특수공구를 사용해서 2~3회로 나누어 그림에서 보여진 순서대로 실린더 헤드 볼트를 탈거한다.

   〔주의〕
   - ***실린더 헤드 가스켓트 조각이 실린더 내로 들어가지 않도록 각별히 주의한다.***

M10: 09221-32001
M12: 09221-11000

KDDA001L

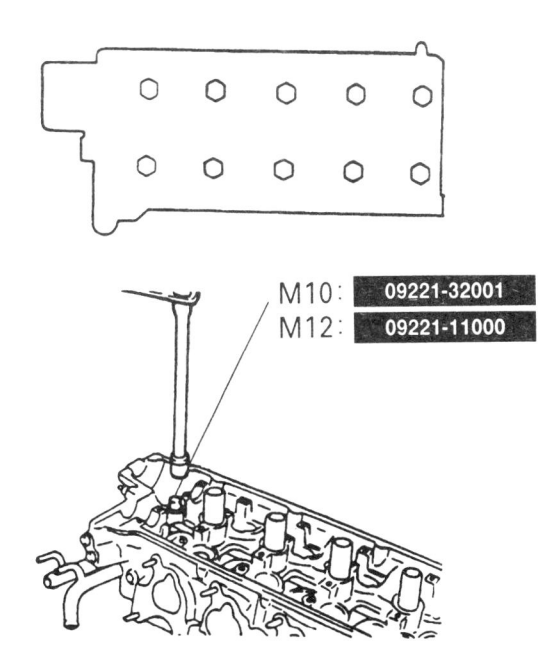

2. 밸브 스프링 압축기 (09222- 28000, 09222- 28100)의 특수공구를 사용해서 리테이너 록크를 탈거한다.
다음에 스프링 리테이너, 밸브 스프링, 스프링 시트와 밸브를 탈거한다.

 〔참고〕
 ● 원위치로 재 장착할 수 있도록 순서대로 부품을 놓는다.

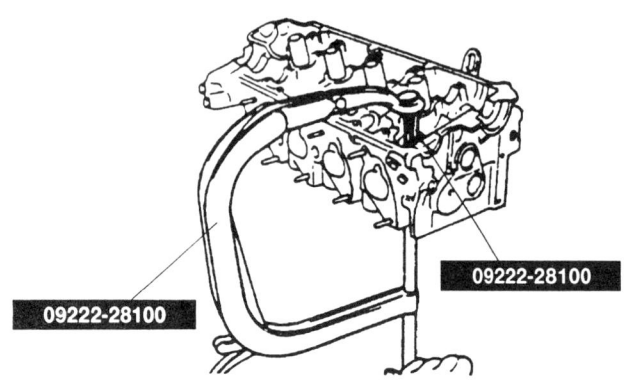

3. 플라이어로 밸브 스템 씰을 탈거해서 버린다.

 〔참고〕
 ● 밸브 스템 씰을 재사용하지 않는다.

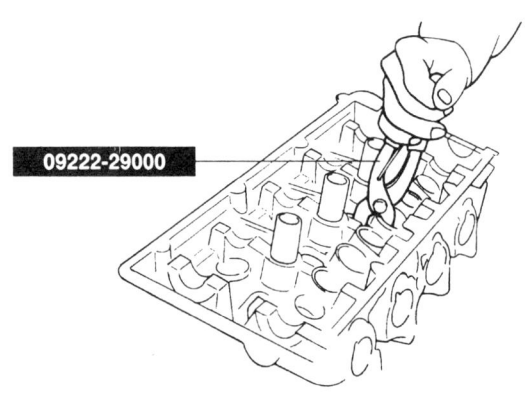

실린더 헤드 어셈블리

검사

1. 실린더헤드
   1) 실린더 헤드의 균열, 손상, 누수 등을 점검한다.
   2) 물때, 접착제, 누적된 카본을 깨끗이 청소하고, 오일 통로를 세척한후에 압축공기를 불어 통로가 막히지 않았는가를 확인한다.
   3) 직각자를 사용하여 그림의 A,B 방향에서 실린더 헤드 가스켓트면이 편평한가를 점검하여 편평도가 어떤 방향에서든지 정비한계를 벗어나면 실린더 헤드를 교환하거나 실린더 헤드 가스켓트면을 약간 가공한다.

실린더 헤드 가스켓트 면의 편평도
규정치 : 0.03mm 이하
한계치 : 0.06mm

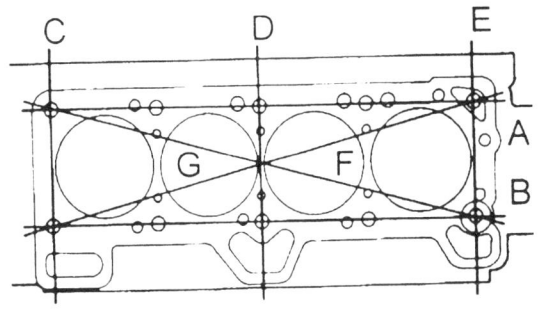

2. 밸브
   1) 와이어 브러쉬를 사용해서 밸브를 깨끗이 한다.
   2) 각 밸브의 마모, 손상, B에서의 헤드와 스템의 휘어짐을 점검한다.
   스템 끝 A가 움푹 파졌거나 마모되었다면 필요한 대로 다듬는다.
   이 정정은 최소한으로 작업해야 한다.
   또한 밸브면을 다듬는다.
   마진이 정비한계 이하로 작다면 밸브를 교환한다.

마진
규정치
　흡기 : 1.15 mm
　배기 : 1.35 mm
한계치
　흡기 : 0.8mm
　배기 : 1.0mm

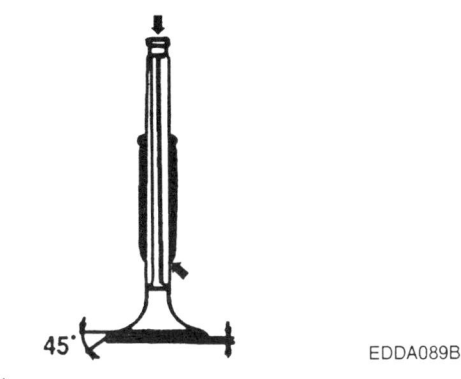

3. 밸브 스프링
   1) 밸브 스프링의 자유길이와 장력을 점검하여 정비한계를 초과하면 스프링을 교환한다.
   2) 직각자를 사용하여 각 스프링이 직각도를 시험하고 스프링이 과도하게 직각도를 벗어나면 스프링을 교환한다.

밸브 스프링
규정치
　자유높이 : 46.07 mm
　하중 : 25.5 kg / 37 mm
　　　　 57.3 kg / 28 mm
　직각도의 이탈 : 1.5° 이하
한계
　자유높이 : -1.0mm
　직각도의 이탈 : 3

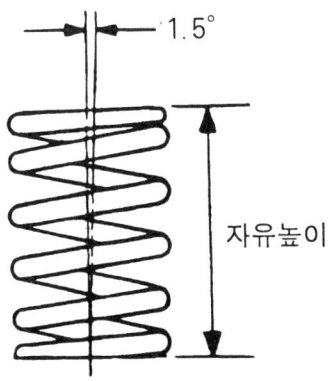

3) 밸브 스템과 가이드 사이의 간극을 측정하여 간극이 정비 한계를 초과하면 밸브 가이드를 다음 오버 사이즈 부품으로 교환한다.

밸브 스템과 가이드 간극
규정치
    흡기 : 0.02~0.05mm
    배기 : 0.05~0.085mm
한계치
    흡기 : 0.1mm
    배기 : 0.15 mm

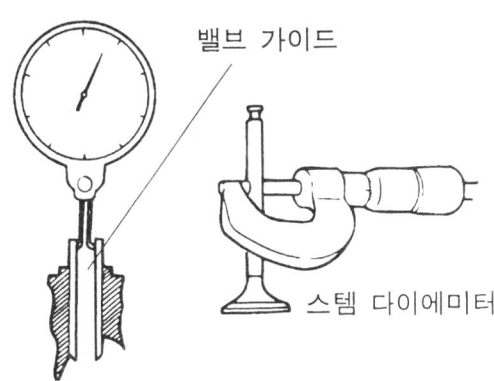

4. 밸브 시트의 수정

밸브 시트에 오버히트 흔적, 밸브면과의 접촉상태를 점검하여 필요시 수정 혹은 교환한다. 수정시에는 밸브 가이드의 마모를 점검하여 가이드가 마모 되었으면 교환하고 시트 링(seat ring)을 수정한다. 밸브 시트는 그라인더나 커터(cutter)로 수정하여 밸브면 중앙에서 밸브 시트 접촉폭이 규정치에 있도록 한다. 배기 밸브 시트를 수정할때는 밸브 시트 커버 및 파이롯트를 사용해야 하며 수정 후에는 밸브와 밸브시트에 컴파운드(compound)를 약간 도포해야 한다.

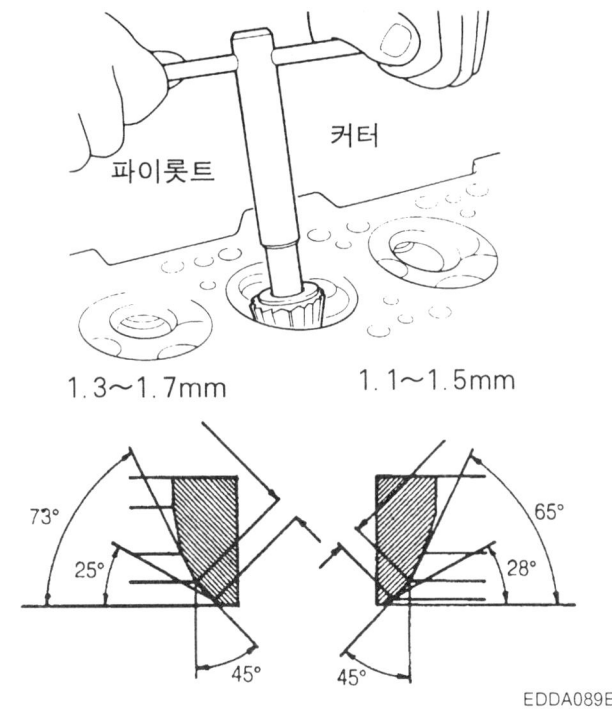

5. 밸브 시트 링 교환

1) 밸브 시트 인서트가 과도하게 마모되었으면 평상 온도에서 밸브 시트 커터를 사용하여 그림 "A"처럼 인서트 링 벽(insert ring wall)을 잘라낸다.

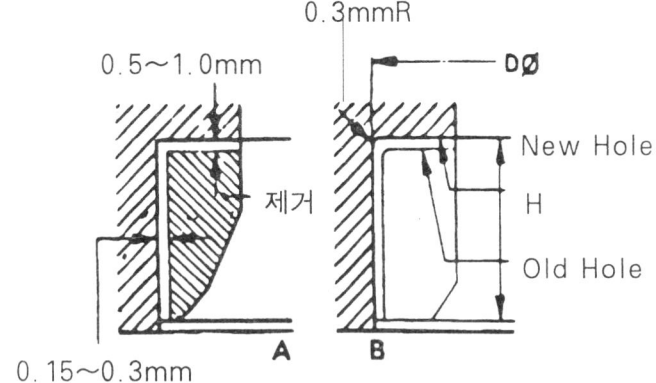

2) 시트 링을 탈거한 후에 리머나 커터를 사용하여 시트 인서트 보어를 표와 같은 크기로 단일하게 가공한다.

3) 실린더 헤드를 250°까지 가열시키고 오버사이즈 시트 링을 압입한다.
이때 오버사이즈 시트 링은 평상 실내온도여야 한다.
신품의 밸브 시트를 장착한 후에는 밸브 시트면을 수정한다.

실린더 헤드 어셈블리

6. 밸브 시트 링 오버 사이즈

항 목	크 기 (mm)	사 이 즈 표시	시트 인서트 높이 H (mm)	실린더 헤드 내경 (mm)
흡기 밸브 시트 링	0.3OS	30	7.5 ~ 7.7	33.300 ~ 33.325
	0.6OS	60	7.8 ~ 8.0	33.600 ~ 33.625
배기 밸브 시트 링	0.3OS	30	7.9 ~ 8.1	28.800 ~ 28.821
	0.6OS	60	8.2 ~ 8.4	29.100 ~ 29.121

7. 밸브 가이드 교환

   밸브 가이드는 압입되어 있으므로 밸브 가이드 인스톨러나 적당한 공구를 사용하여 다음 과정으로 밸브 가이드를 교환한다.
   1) 밸브 가이드 인스톨러의 푸시로드를 사용하여 밸브 가이드를 실린더 블럭쪽으로 누르면서 제위치에서 밀어낸다.
   2) 실린더 헤드의 밸브 가이드 인서트 구멍을 밸브 가이드의 오버 사이즈 크기로 가공한다.
   3) 밸브 가이드 인스톨러나 적당한 공구를 사용하여 밸브 가이드를 압입한다. 밸브 가이드 인스톨러를 사용하면 밸브가이드를 규정된 높이로 압입할 수 있다.

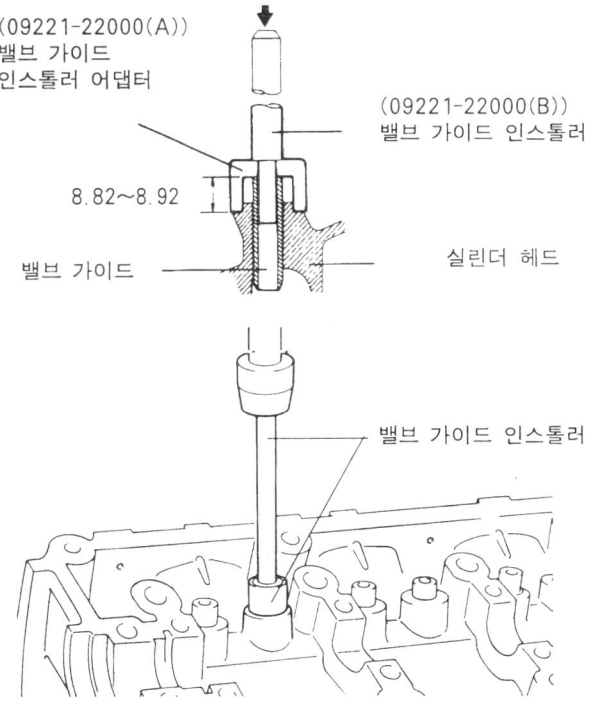

   4) 밸브 가이드 실린더 헤드의 위에서부터 장착해야 한다.
      흡기밸브와 배기 밸브가이드의 길이가 다름에 주의를 기울인다. (흡기밸브용은 39.0 mm, 배기 밸브용은 44.5 mm이다.)
   5) 밸브 가이드를 장착한 후에 신품의 밸브를 삽입하고 섭동상태를 점검한다.
   6) 밸브 가이드를 교환했을때는 밸브의 접촉을 점검하여 필요시에는 밸브 시트를 수정한다.

● 밸브 가이드 오버 사이즈

크기 (mm)	크기 마크	실린더 헤드 구멍크기 (mm)
0.05 OS	5	11.05 ~ 11.068
0.25 OS	25	11.25 ~ 11.268
0.50 OS	50	11.50 ~ 11.518

조립

1. 주의
   1) 조립전 각 부품을 세척한다.
   2) 섭동부 및 회전부는 신품의 엔진 오일을 도포한다.

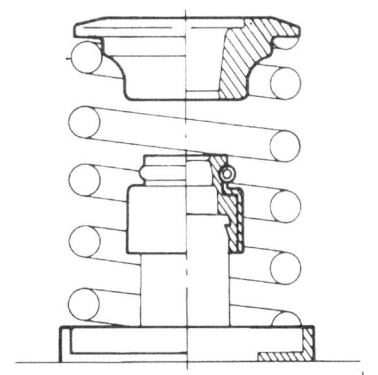

① 스프링 시트를 장착한 후에 스템씰을 밸브 가이드에 끼운다.
   스템씰은 특수공구인 밸브 스템 오일씰 인스톨러 (09222~22001)를 가볍게 두드려 장착한다.
   이 씰을 잘못 장착하면 밸브 가이드에 오일이 누설될 수 있으므로 특수공구를 사용하여 정확한 위치에 장착해야 하며 장착시는 특히 비틀리지 않도록 주의를 기울이고 구품은 사용하지 않는다.
② 엔진오일을 각 밸브에 도포한 후에 밸브를 밸브가이드에 집어 넣는다.
③ 스프링과 스프링 리테이너를 장착한다. 밸브 스프링은 에나멜로 도금한 측이 밸브 스프링 리테이너 쪽으로 향하게 한다.

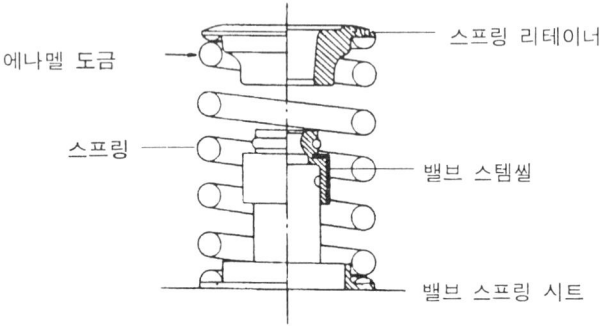

ECDA113F

④ 밸브 스템씰이 리테이너 바닥에 눌리지 않도록 주의하면서 특수 공구인 밸브 스프링 컴프레서 (09222-28000, 09222-28100)를 사용하여 스프링을 압축한다.

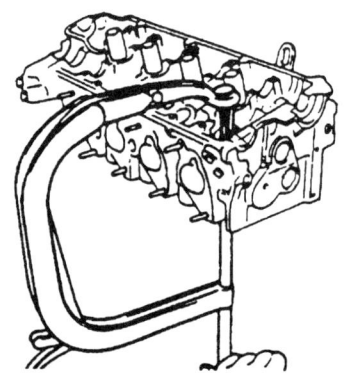

KDDA001M

⑤ 실린더 블럭과 실린더 헤드의 모든 가스켓 면을 깨끗이 청소한다.
⑥ 실린더 블럭에 새로운 실린더 헤드 가스켓트를 식별 기호가 위로 향하도록 올려놓는다. 가스켓에 씰런트를 바르지 말고 구품 실린더 헤드 가스켓트를 다시 사용하지 않는다. 가스켓트는 좌우 상하가 바뀌지 않도록 주의한다.
⑦ 실린더 헤드를 실린더 블럭에 올려 놓는다.
⑧ 볼트의 나사부에 소량의 엔진 오일을 도포한다.
⑨ 볼트에 와셔를 삽입하여 실린더 헤드에 삽입한다.
⑩ 실린더 헤드 볼트 렌치 (09221-32001)의 특수공구를 사용해서 그림과 같이 실린더 헤드 볼트를 장착한다.

실린더 헤드 볼트 :
M10 : 3.0 kg·m+(60°~65°)+(60°~65°)
M12 : 3.5 kg·m+(60°~65°)+(60°~65°)

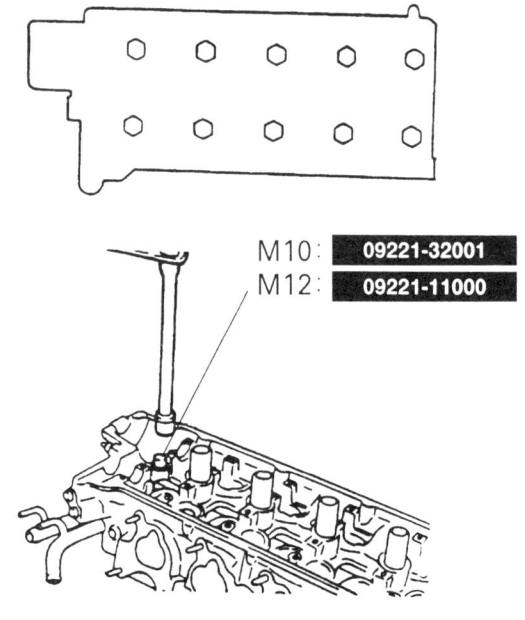

KDDA001L

타이밍 시스템

타이밍 벨트
구성부품

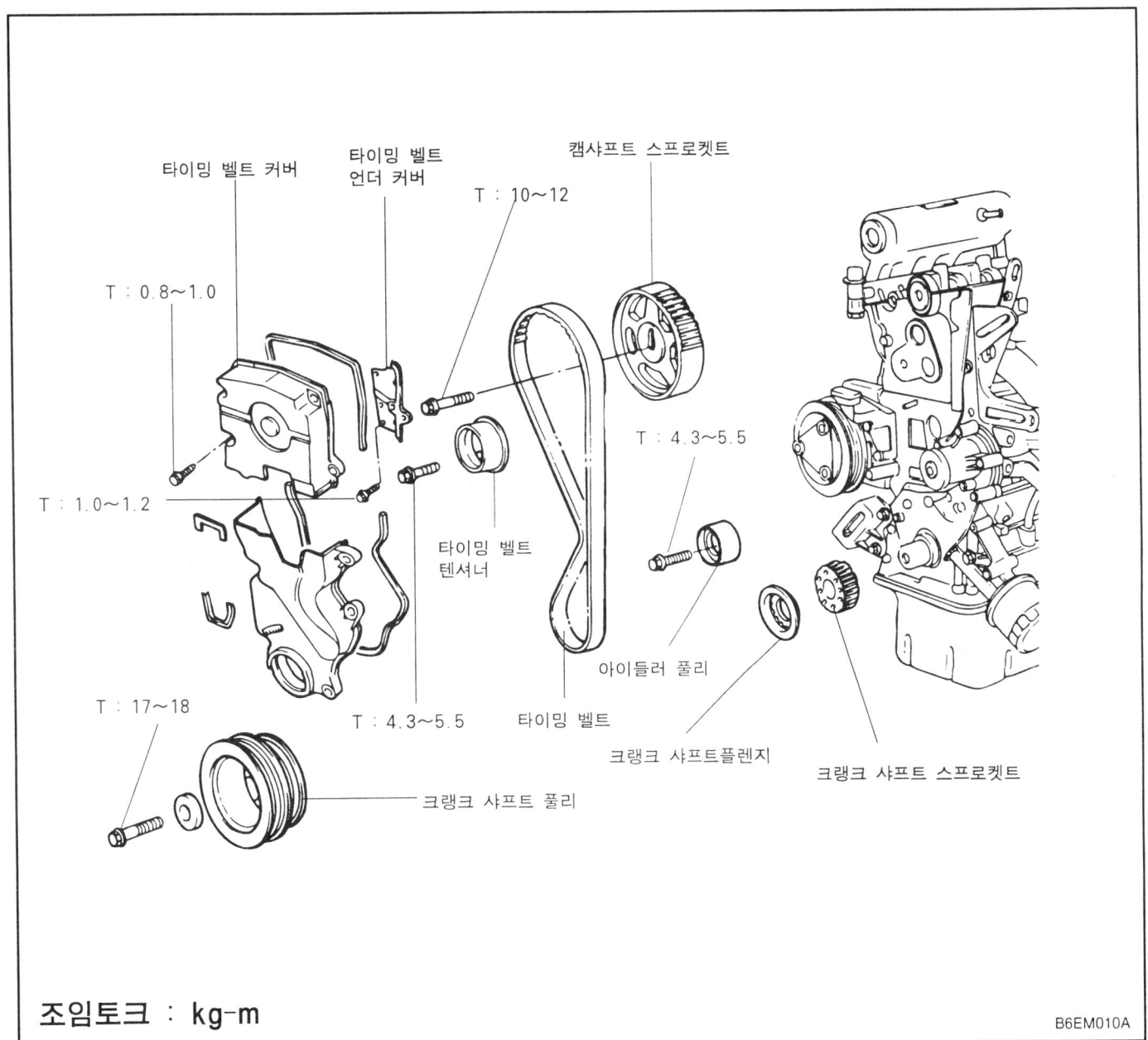

EM-70 엔진 (2.0 DOHC LPG)

탈거

1. 워터 펌프 풀리 벨트를 푼다.
2. 알터네이터 볼트를 푼다.
3. 워터 펌프 풀리 및 벨트를 탈거한다.

6. 텐셔너를 탈거한다.
7. 타이밍벨트를 탈거한다.
〔참고〕
- *타이밍벨트를 재사용코저할때는 회전방향 (혹은 엔진의 앞쪽)에 화살표를 표시하여 재장착시에 본래 장착방향과 동일하게 장착할 수 있도록 한다.*

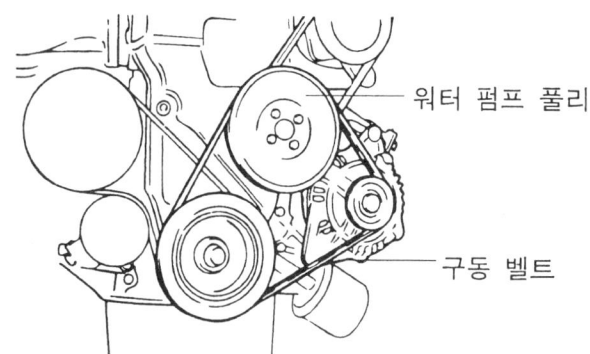

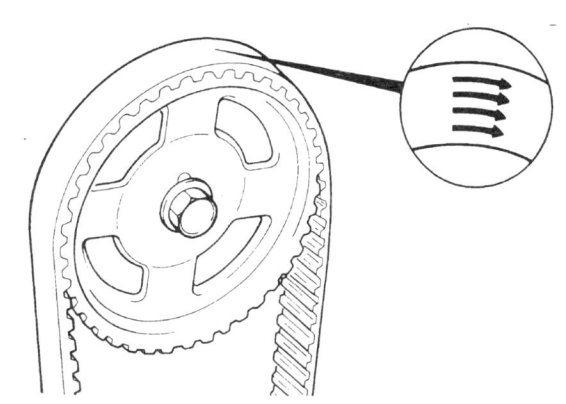

4. 크랭크 샤프트 풀리를 탈거한다.
5. 타이밍 벨트 커버를 탈거한다.

8. 아이들러를 탈거한다.
9. 캠샤프트 스프로켓 볼트를 풀고 캠샤프트 스프로켓을 탈거한다.

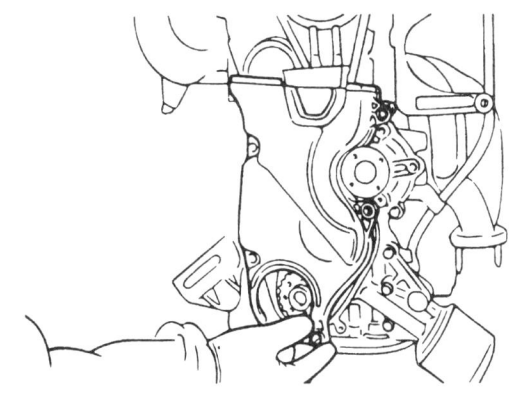

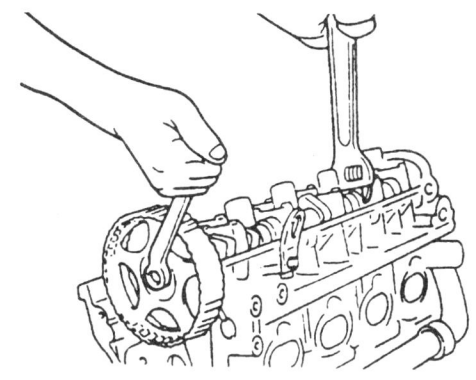

10. 크랭크샤프트 스프로켓 볼트를 탈거하고 크랭크 샤프트 스프로켓와 플랜지를 탈거한다.

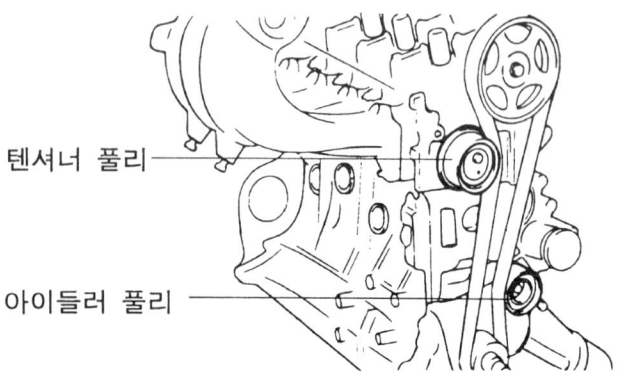

타이밍 시스템

검사

1. 스프로켓트 텐셔너, 아이들러 풀리
    1) 캠샤프트 스프로켓트, 크랭크샤프트 스프로켓트, 텐셔너 및 아이들러 마모, 균열, 손상등을 점검하여 필요시에는 교환해야 한다.
    2) 텐셔너 및 아이들러의 풀리가 부드럽게 회전하는가를 검사하고 유격 및 소음을 점검하여 필요시에는 교환한다.

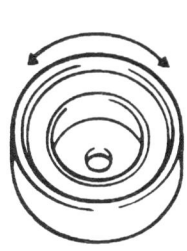 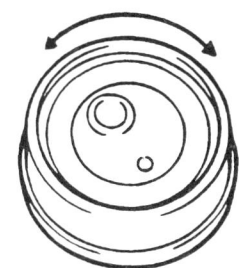

EDDA093A

3) 그리스가 새는것이 있으면 교환한다.

2. 타이밍벨트
1) 벨트에 오일이나 먼지가 누적되어 있는가를 점검하여 필요시는 교환한다. 오일이나 먼지가 조금 누적되었으면 마른 헝겊이나 페이퍼로 닦아내며 솔벤트는 사용치 않는다.

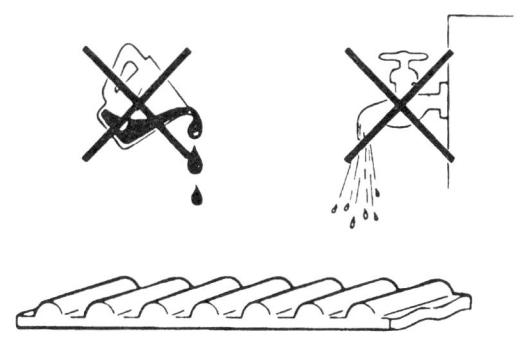

EDDA093B

2) 엔진을 오버홀 했거나 벨트장력을 재조정했을때 벨트를 자세히 관찰하여 다음과 같은 결함이 발견되면 신품으로 교환해야 한다.
   〔주의〕
   ● **타이밍 벨트를 휘거나, 짜지 않도록 한다.**
   ● **타이밍 벨트에 오일, 물 그리고 스팀등이 닿지 않도록 한다.**

항목	결함상태	
1. 뒷면 고무가 경화됨	뒷면이 반질반질함. 탄력이 없고 경화되어 손끝으로 눌렀을때 아무런 표시가 생기지 않음.	
2. 뒷면 고무에 균열이 생김		
3. 캔버스가 균열 혹은 떨어짐		
4. 이빨이 심하게 마모됨 (초기단계)	캔버스의 부하를 받는쪽의 이빨 측면이 마모 (푹신한 캔버스화이버 고무가 닳고, 색깔이 흰색으로 변색되고, 캔버스의 구조가 불명확함.)	
5. 이빨이 심하게 마모됨 (마지막단계)	캔버스의 부하를 받는쪽의 이빨이 측면 마모되고 고무가 벗겨짐. (이빨 폭이 감소함)	
6. 이빨 밑부분에 균열이 감		
7. 이빨이 없어짐		
8. 벨트의 측면이 심하게 마모됨		
9. 벨트의 측면에 균열이 생김	[참고] ● 정상적인 벨트는 마치 날카로운 칼로 자른것과 같이 정확히 잘라져 있다.	

타이밍 시스템

EM-73

조립

1. 플랜지와 크랭크샤프트 스프로켓을 장착방향에 주의하여 그림과 같이 장착한다.

크랭크 샤프트스프로켓 볼트 : 17~18 kg-m

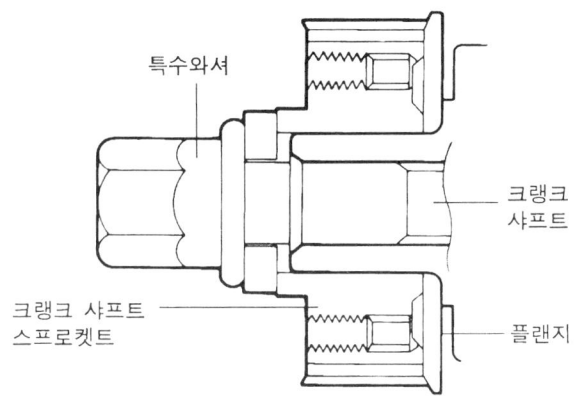

2. 캠샤프트 스프로켓을 장착하고 볼트를 규정토크로 조인다.

캠샤프트스프로켓 볼트 : 10~12 kg-m

3. 1번 실린더의 피스톤을 압축행정의 상사점에 놓고서 캠샤프트 스프로켓의 타이밍표시와 크랭크샤프트 스프로켓의 타이밍 표시를 일치시킨다.
4. 텐셔너, 아이들러를 장착하고, 텐셔너 볼트를 느슨하게 조여서 텐셔너가 움직일 수 있게 한다.
5. 플랜지와 크랭크샤프트 스프로켓을 장착방향에 주의하여 장착 한 다음 와셔 및 볼트를 일시적으로 조인다.
6. 타이밍 마크를 정열시키는데 있어서 먼저 캠샤프트 스프로켓 타이밍 마크를 맞추기전 크랭크샤프트 스프로켓 마크가 BTDC45°~90°에 위치해 있는가를 확인한 다음 캠샤프트 스프로켓을 돌려서 타이밍을 맞추고 크랭크 샤프트 볼트를 돌려서크랭크샤프트 스프로켓의 타이밍 마크와 프론트 케이스의 타이밍 마크를 일치시킨다.
7. 타이밍을 그림과 같이 정열된 상태에서 벨트를 장착한다. (장착시 벨트의 인장측부터 장착한 다음 텐셔너를 밀면서 벨트를 장착한다.)

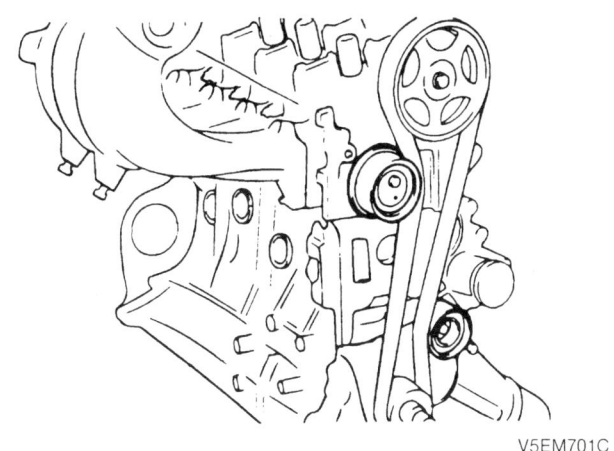

〔주의〕
- 1번 피스톤이 TDC에 있을때, 캠샤프트 스프로켓 마크가 헤드의 마크와 2이빨이상이 어긋나면 피스톤과 밸브가 간섭이 되므로 타이밍을 정열하는데 세심한 주의를 하여야 한다.

8. 크랭크샤프트를 시계방향으로 스프로켓의 2이빨을 돌린후 텐셔너를 돌려 타이밍벨트에 장력을 주어 텐셔너를 조여준다.

텐셔너 장착 볼트 : 4.3~5.5 kg-m

9. 벨트의 장력은 인장측 스팬 중앙에서 2kg의 힘으로 눌렀을때 4~6mm처지게 되어야 한다.
10. 타이밍 벨트 하부 커버를 장착한다.
11. 타이밍 벨트 상부 로워 커버를 장착한다.

타이밍 벨트 커버 장착 볼트 : 0.8~1.0 kg-m

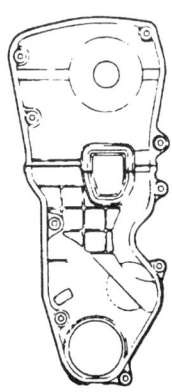

12. 댐퍼 풀리를 장착한다.
13. 크랭크 샤프트 풀리 볼트를 조인다.

타이밍 벨트 커버 장착 볼트 : 17 ~18 kg-m

14. 워터 펌프 풀리와 구동벨트를 장착한다.

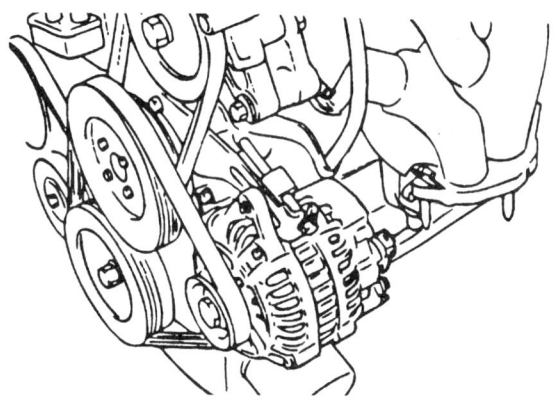

엔진전장

일반사항 ··· EE-2
점화 계통 ··· EE-4
충전 계통 ··· EE-6
배 터 리 ··· EE-19
시동 계통 ··· EE-22

일반사항

제원

#1 TDC센서

항 목	제 원
형 식	무접점 방식
진각 장치	ECU에 의해 조절
점화 순서	1→3→4→2

크랭크 샤프트 포지션 센서

항 목	제 원
형 식	무접점 방식
진각 장치	ECU에 의해 조절
점화 순서	1→3→4→2

점화 코일

항 목	제 원
형 식	STICK COIL
1차 코일 저항	0.71 ± 15% W

점화 플러그

항 목		제 원
형식	NGK	BKR6ES
	CHAMPION	RC8YC
점화플러그 갭 (GAP)		0.7~0.8mm

스타터 모터 (STARTER MOTOR)

항 목		제 원
출력		1.2KW(2.0DOHC)
피니언의 이빨수		8
무부하특성	터미널 전압	11.5V
	전류량	90A
	최고속도	2,800rpm

일반사항

알터네이터 (ALTERNATOR)

항 목	제 원
형식	배터리 전압 감지식
정격출력	13.5V, 80A (ABS장착 : 13.5V 90A)
사용회전 속도	1,000～18,000 RPM
레귤레이터 조정 전압	14.4 ± 0.3V/20℃
온도 보상	-10 ± 3mv/℃
전압 레귤레이터 형식	전자기식 내장형

배터리 (BATTERY)

항 목	제 원
형식	MF44AH
냉간시동전류 (-17.8°)	380A
보존용량	80분
수명주기	9×10^3

〔참고〕
- 냉간 시동 전류 (COLD CRANKING RATING) : 특정온도에서 7.2V의 전압을 유지하며 30초간 배터리가 공급할 수 있는 전류를 의미한다.
- 보존 용량 (RESERE CAPACITY) : 26.7°에서 최소 터미널 전압 10.5V를 유지하면서 배터리가 25A를 공급할 수 있는 시간을 나타낸다.

점화계통

일반사항

1. 점화스위치가 'ON'되면 배터리 전압이 점화코일의 1차 코일에 작용된다.
2. 크랭크 포지션 센서 휠이 회전함에 따라 점화신호가 ECU내 파워 트랜지스터에서 활성화되어 점화코일 1차 전류를 접지 또는 단절을 반복시킨다.
3. 이 작동은 점화코일의 2차 코일에 고압을 형성하게 하고 점화코일로부터 2차 코일에 유도된 전류는 스파크 플러그를 통해 접지되고 각 실린더는 점화되는 것이다.

고장진단법

엔진의 시동이 어려운 고장의 경우는 항상 점화계통에 문제가 있어 발생하는 것이 아니라 연료 계통 혹은 엔진 자체에 문제가 있을 때도 발생한다.
점화계통의 주기능은 적정한 시기에 충분한 전기 스파크를 발생시키는 것이므로 이 계통을 점검할 때는 스파크 상태점검과 점화 시기 측정을 필히행해야 한다. 차량에 장착된 상태에서 점화계통을 점검할 때는 회로고장, 전원, 1차 저전압 회로, 고전압 회로 등에서 발생할 수 있는 기본적인 고장현상을 점검한다.

1. 엔진의 시동이 걸리지 않거나 걸기 어렵다. (크랭킹 O.K)

   스파크 플러그의 불꽃이 작거나 전혀없다.
   1) 점화코일 점검
   2) 크랭크 샤프트 포지션 센서
   3) 스파크 플러그 점검

   불꽃은 정상
   점화시기 점검 (점화시기는 ECU에서 자동 조절됨)
2. 아이들이 불안정하다
   - 점화 플러그 점검
   - 점화시기 점검
   - 점화 코일 점검
3. 가속이 잘 안된다.
   - 점화시기 점검
4. 엔진 과열 및 연비가 떨어진다.
   - 점화시기 점검

점화시기 점검

1. 점검조건
   **냉각수 온도 : 80~90℃ (정상 가온 상태)
   램프, 냉각 휀 및 모든 액서사리 : OFF
   트랜스액슬 : 중립 (자동변속기는 N)
   주차 브레이크 : ON**
2. 점검
   1) 타이밍 라이트를 연결한다.
   2) 컨넥터 뒤로 클립을 끼운후 특수공구 (09273-24000)와 타코미터를 연결한다.

   〔주의〕
   ● 컨넥터의 접속이 분리되서는 안된다.
   3) 공회전 속도를 점검한다.

공회전 속도
850±50rpm (N단 A/CON OFF)

〔참고〕
● 공회전 속도가 비정상적일 경우에는 점화시기 점검의 의미가 없으므로 공회전 속도 저해 요인을 제거한 후 실시한다.
4) 기본 점화시기를 점검한다.

BTDC : 15° ± 5°

5) 점화시기가 규정된 범위를 벗어나면 점화시기에 관련된 각종 센서를 점검한다.

〔주의〕
● *점화시기는 ECU자체내에 설정된 DATA값에 의해 고정된 값이므로 외부 조정이 불가능하다.*
● *1차적으로 점화시기 제어를 판단하게하는 각종 센서값이 올바르게 입력되고 있는가를 확인해야 한다.*

〔참고〕
● 점화시기 제어에 영향을 주는 ECU 입력요소
   1. 냉각수온 (WTS)
   2. 인히비터 스위치 (A/T)
   3. 산소센서
   4. 배터리 전압
   5. 차속센서
   6. 맵 센서 (엔진부하)
   7. 크랭크샤프트 포지션 센서
   8. 스로틀 포지션 센서
   9. 흡기온 센서
   10. 에어컨 스위치
   11. 노크 센서

6) 엔진 회전수를 증가 시키면서 실제 점화시기가 변동되는가를 확인한다.

점화계통

점화코일 점검

1. 1차코일 저항 측정

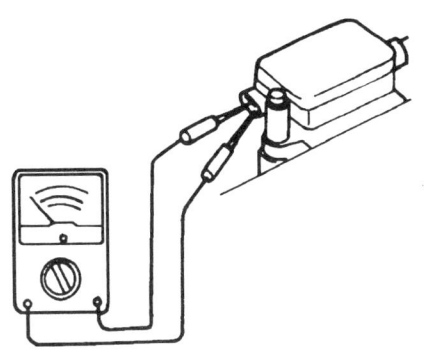

1차 코일 저항 : 0.71 ± 15% Ω

점화 플러그 점검

1. 점검 및 청소
   1) 점화 플러그 렌치를 이용해서 실린더 헤드에서 점화 플러그를 전부 탈거한다.

   〔주의〕
   ● **점화플러그 장착구멍을 통해서 이물질이 들어가지 않도록 주의한다.**

   2) 점화플러그의 다음사항을 점검한다.
      (1) 인슐레이터의 파손
      (2) 전극의 마모
      (3) 카본의 퇴적
      (4) 가스켓의 손상 혹은 파손
      (5) 점화플러그 간극에 있는 사기애자의 상태

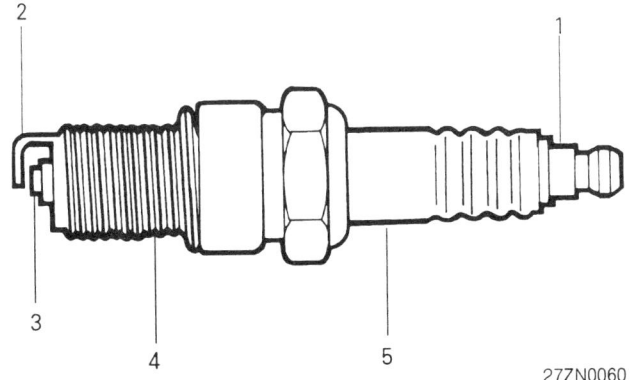

   3) 플러그간극 게이지로 플러그 간극을 점검하여 규정치내에 있지않으면 접지간극을 구부려 조정한다. 신품의 스파크 플러그를 장착할때는 플러그 간극이 균일한가를 점검한 후에 장착한다.

스파크 플러그 간극 : 0.7 ~ 0.8mm

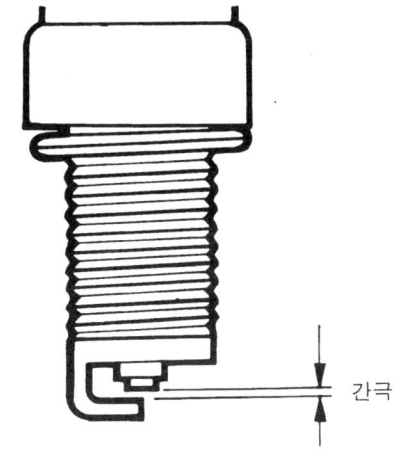

   4) 스파크 플러그를 장착하고 규정토크로 조인다. 만일 너무 과도하게 조이면 실린더 헤드의 나사부위가 손상을 입게 된다.

규정 토크 : 2 ~ 3kg-m

2. 점화 플러그의 분석

조건	접점부가 검다	접점부가 희다
종류	• 연료의 혼합농도가 농후함 • 흡입공기가 적다	• 연료와 혼합농도가 엷음 • 점화시기가 빠르다 • 점화플러그 조임 토크의 부족

3. 점화 플러그 시험
   스파크 플러그를 하이텐션 케이블에 연결한 후 외측전극 (메인보디)을 접지시키고 엔진을 크랭킹 시킨다. 대기 중에는 방전간극이 작기 때문에 단지 작은 불꽃만이 생성될 것이다. 그러나 스파크 플러그가 양호하면 스파크는 방출간극(전극사이)에서 발생하며, 스파크 플러그가 불량하면 절연이 파괴되기 때문에 스파크가 발생치 않는다.

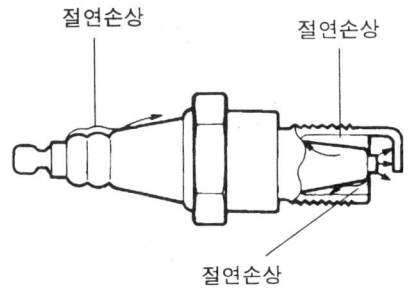

충전계통

일반사항

충전장치는 배터리, 레귤레이터가 내장된 알터네이터와 충전경고등 및 배선을 포함한다.
알터네이터는 6개의 다이오드(3개의 (+)다이오드, 3개의 (-)다이오드)가 내장되 있어 AC전류가 DC전류로 정류되어 알터네이터의 "B"단자에는 DC 전류가 발생된다. 알터네이터에서 발생되는 충전전압은 배터리전압 감지장치에 의해 조정된다.

알터네이터는 로터, 스태이터, 정류기, 캐퍼시터, 브러시, 베어링, V-리브드 밸트로 구성되 있으며, 브러시 홀더에는 전자 전압 레귤레이터가 내장되어 있다.

EBKB001A

구성부품

지지대
1.2~1.5
2.0~2.8
2.0~2.5
조정볼트
알터네이터

조임토크 : kg-m

27ZN2702

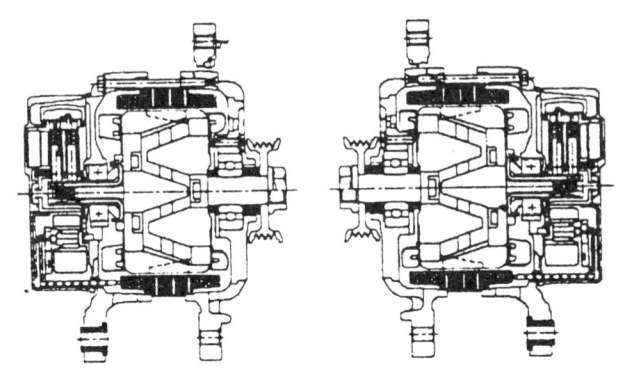

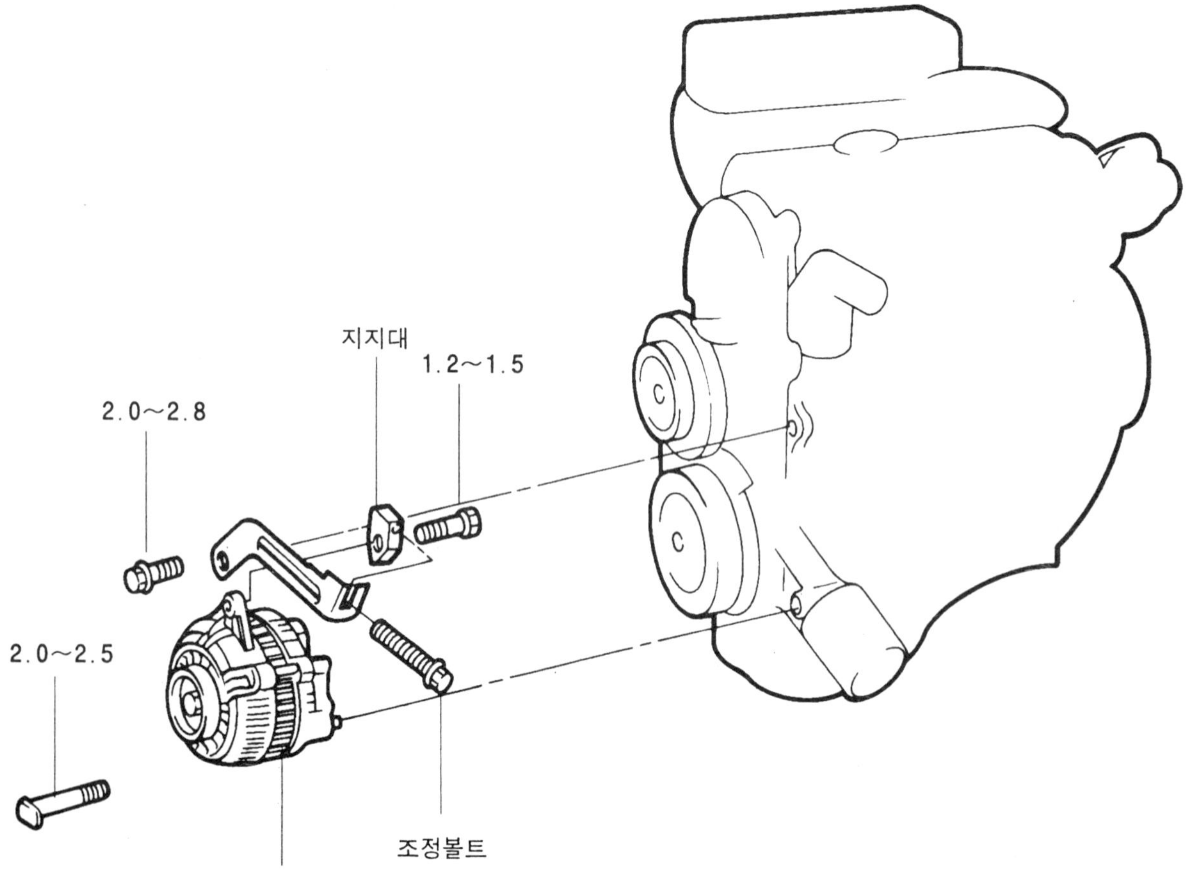

충전계통

고장진단법

충전계통의 고장은 대부분 휀벨트의 장력부족, 와이어링, 컨넥터, 전압 레귤레이터의 작동불량 때문에 발생한다.

충전계통의 고장을 진단하는데 있어 중요한 것 중에 하나는 그 고장이 배터리의 과충전 혹은 충전부족인지를 구별하는 것이다. 그러므로 알터네이터를 점검하기에 앞서 배터리의 상태를 점검해야 한다. 알터네이터의 고장은 다음과 같은 사항들을 발생시킨다.

1. 배터리 충전불량
   1) IC 레귤레이터 불량 (단락)
   2) 계자코일 불량 (와이어 파손, 회로단락)
   3) 메인 다이오드 불량
   4) 보조 다이오드 불량
   5) 스테이터 코일 불량
   6) 브러시 접촉 불량
2. 과충전 : IC 레귤레이터의 작동 불량 (회로단락)
   상기에 열거한 사항 이외의 전압조정의 문제점이 발생할 수 있으나 그러한 고장은 극히 드물다.
   전체적인 고장진단은 다음의 표를 참고한다.

현 상	가능한 원인	조 치
점화스위치를 ON 위치에 놓고 엔진을 껐을 때 충전 경고등이 점등되지 않는다.	휴즈가 끊어짐	휴즈 점검
	전구가 끊어짐	전구 교환
	와이어링 연결부가 풀림	느슨해진 연결부를 재조임
	L-S단자 역접속	와이어링 점검 및 교환, 전압 레귤레이터 교환
엔진의 시동을 걸었을때도 충전 경고등이 소등되지않는다. (배터리를 자주 충전시켜야 한다.)	구동벨트가 느슨하거나 마모됨	구동벨트의 장력조정 혹은 교환
	휴즈가 끊어짐	휴즈 교환
	휴저블 링크가 끊어짐	휴저블 링크 교환
	전압 레귤레이터 혹은 알터네이터 결함	알터네이터 점검
	와이어링 결함	와이어링 수리
	배터리 케이블의 부식, 마모	수리 혹은 배터리 케이블 교환
과충전 된다.	전압 레귤레이터 결함(충전 경고등 점등됨)	전압 레귤레이터 교환
	전압 감지 와이어링의 결함	와이어링의 교환
배터리가 방전된다.	구동벨트가 느슨하거나 마모됨	구동벨트의 장력조정 혹은 교환
	와이어링 접속부의 느슨해짐	느슨해진 연결부를 재조임
	회로의 단락	와이어링 수리
	휴저블 링크가 끊어짐	휴저블 링크 교환
	접지불량	수리
	전압 레귤레이터 결함(충전 경고등 점등됨)	전압 레귤레이터 교환
	배터리의 수명이 다됨	배터리 교환

고장 진단 절차

시동 전 점검

1. 충전경고등 점검

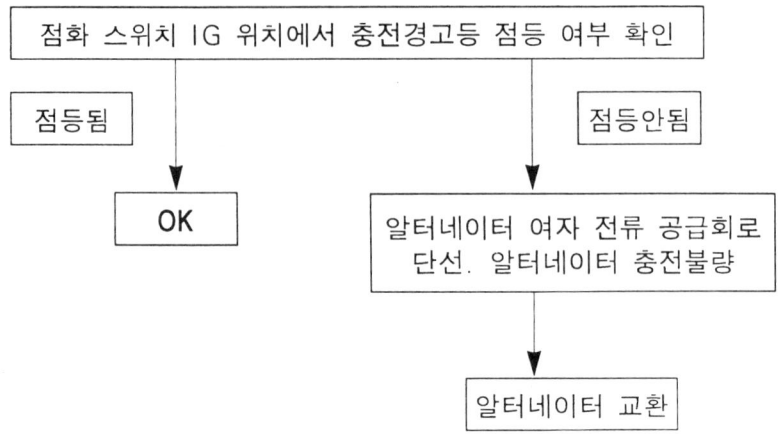

2. 알터네이터의 구동벨트와 장력 점검

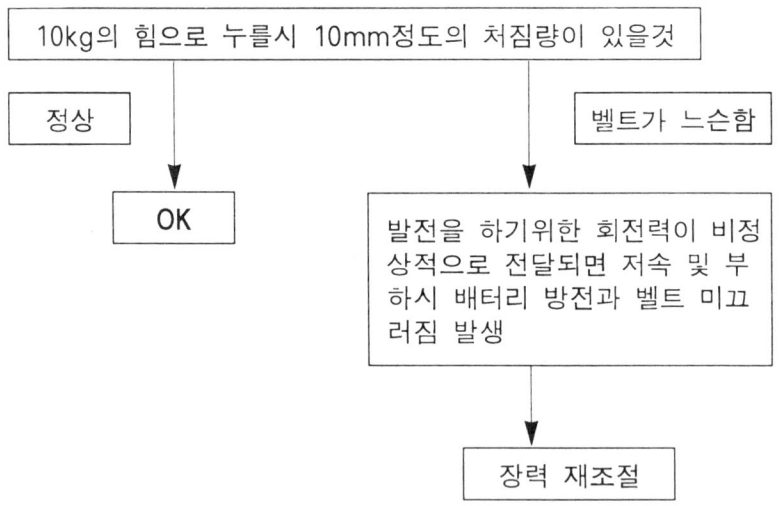

3. 알터네이터와 외부단자 접속 상태 점검

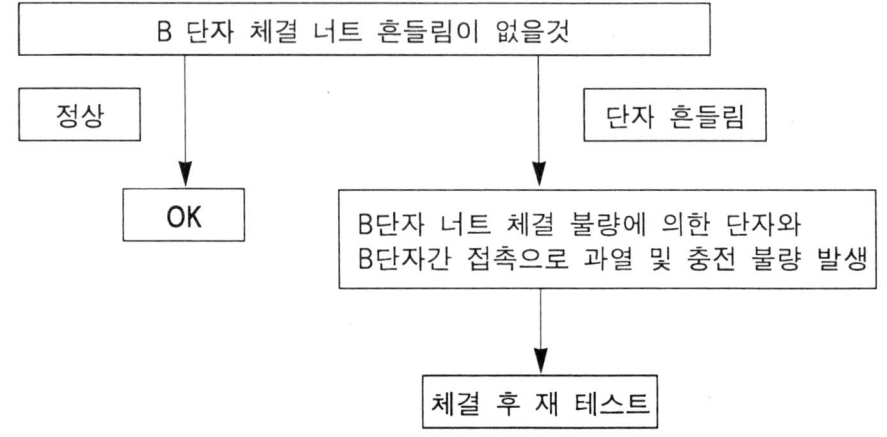

충전계통 EE-9

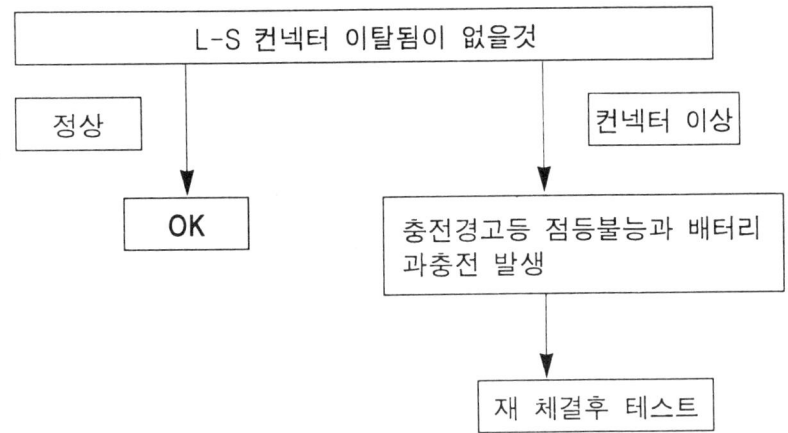

4. 배터리 외부 단자 점검

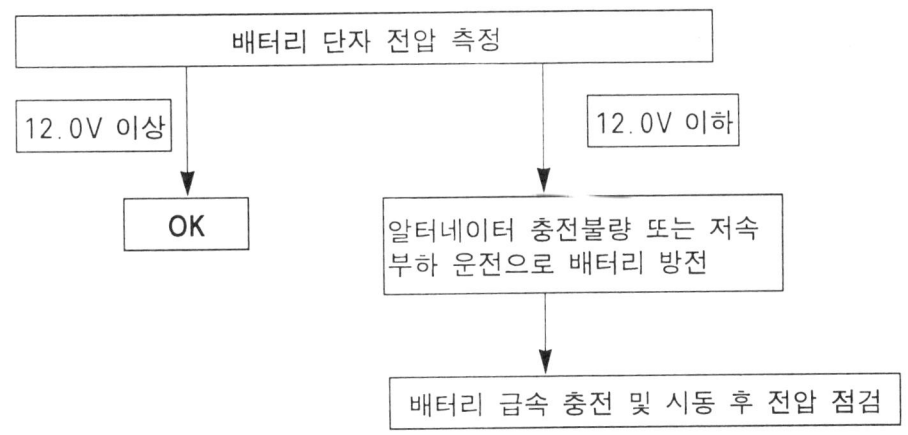

5. 고부하 장치 추가 여부 점검

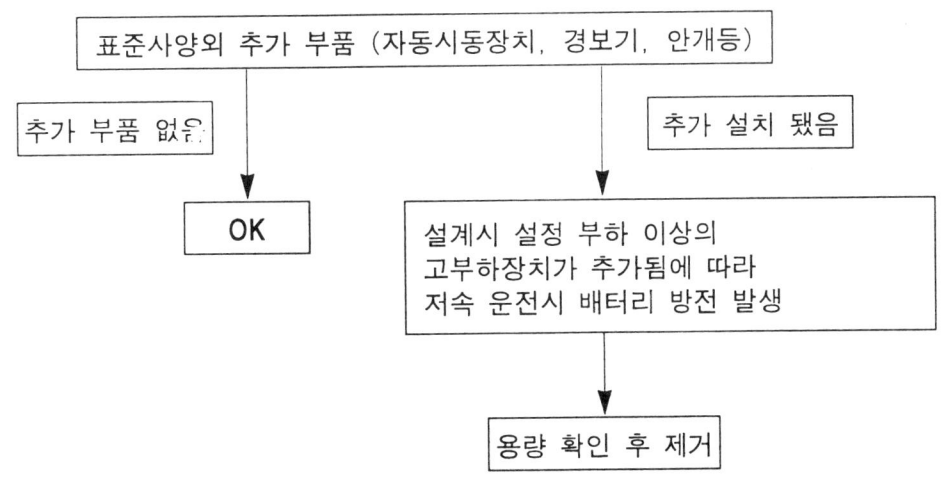

엔진 전장

시동 후 점검 요령

1. 알터네이터 충전 경고등 작동 시험 상태 점검

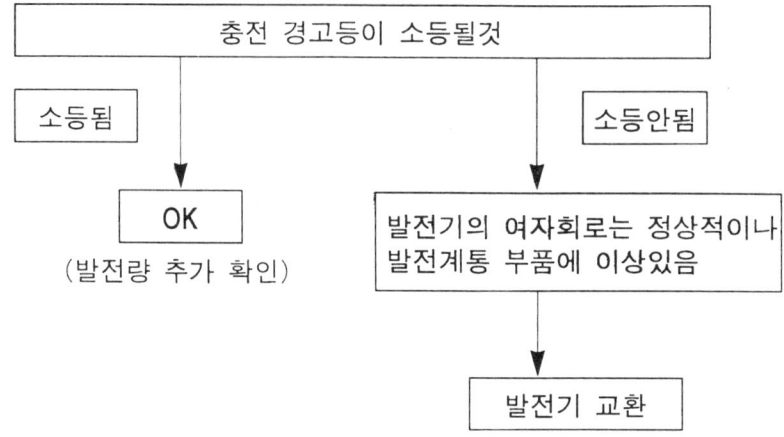

2. 시동될때 벨트 미끄러짐 잡음 점검

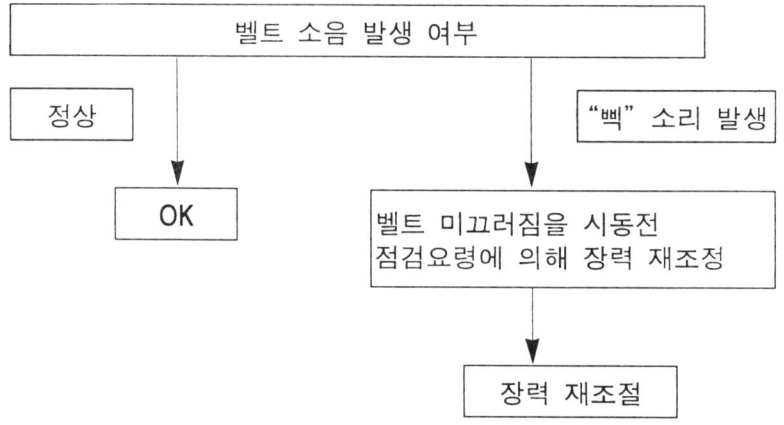

3. 공회전 상태 배터리 전압 점검
   (확인시 배터리에만 충전시킬것)

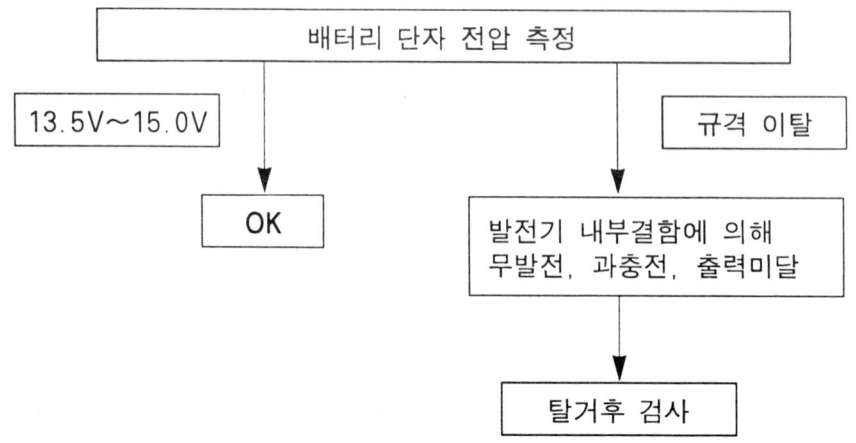

충전계통 EE-11

알터네이터 출력 와이어의 전압강하 시험

이 시험은 알터네이터 "B" 터미널과 배터리 (+)터미널 사이의 와이어링이 정확히 연결되었는가를 점검할 때 작업한다.

준비

1. 점화 스위치를 "OFF" 시킨다.
2. 배터리 접지 케이블을 분리시킨다.
3. 알터네이터 출력선을 알터네이터의 "B"단자로 부터 분리시킨다.
4. 직류전류계(0 ~ 100A)를 "B"터미널과 분리한 출력선 사이에 연결한다.
   전류계의 (+)리드선을 단자 "B"에 연결하고 (-)리드선은 분리된 출력선에 연결한다.

   〔참고〕
   ● 클램프 타입 전류계를 사용하면 하니스를 분리시키지 않고서도 전류를 측정할 수 있다.

5. 알터네이터 "B"터미널과 배터리 (+)터미널 사이에 디지탈 전압계를 연결한다.
   전압계의 (+)리드선을 "B"터미널에 연결하고 (-)리드선은 배터리 (+) 터미널에 연결한다.
6. 배터리 접지 케이블을 연결한다.
7. 후드를 개방시킨채로 놓아둔다.

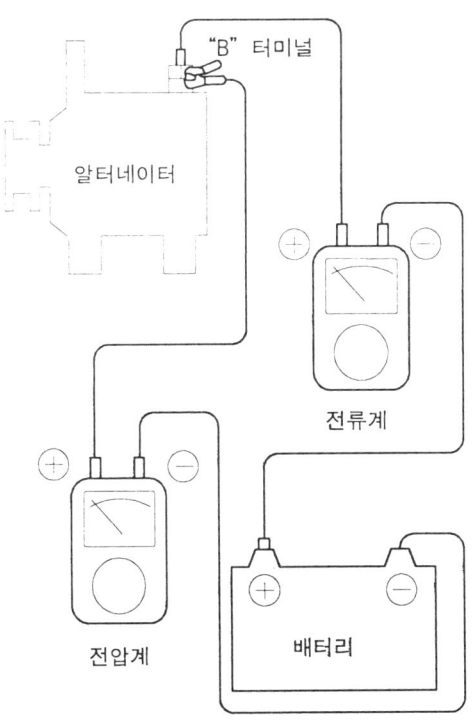

EBHA202B

시험

1. 엔진의 시동을 건다.
2. 헤드라이트(head light)와 스몰 라이트(small light)를 켰다 껐다 하면서 전류계의 눈금이 20A를 가르키도록 엔진속도를 조정하고 그때의 전압을 측정한다.

결과

1. 전압이 규정치를 나타내면 정상이다.
2. 만일 전압계의 측정치가 규정치 보다 크면 와이어

   시험전압 : 최대 0.2V

   링이 불량일 경우가 있으므로 이런 경우에는 알터네이터 "B"터미널과 휴저블 링크, 알터네이터와 배터리 (+) 터미널 사이의 와이어링을 점검한다.
3. 또한 재시험을 하기전에 연결부의 풀림, 과열로 인한 하니스의 변색등을 점검하여 수리한다.
4. 시험을 완료한 후에 엔진속도를 공회전 상태로 조정하고 라이트와 점화스위치를 "OFF"시킨다.
5. 배터리 접지 케이블을 분리시킨다.
6. 시험을 위해 연결했던 전류계와 전압계를 분리시킨다.
7. 알터네이터 출력 리드선을 알터네이터 "B"터미널에 연결한다.
8. 배터리 접지 케이블을 연결한다.

출력 전류 시험

이 시험은 알터네이터의 출력 전류가 정격전류와 일치하는가를 확인할때 작업한다.

준비

1. 시험에 앞서 다음 사항을 점검하여 필요시에는 수리해야한다.

   1) 차량에 장착된 배터리가 정상상태인가를 확인한다. ("배터리"편 참조)

   〔참고〕
   ● 출력 전류를 측정할때는 약간 방전된 배터리를 사용하는 것이 편리하다. 완전히 충전된 배터리를 사용하면 부하가 불충분하기 때문에 정확한 시험을 하기가 어렵다.

   2) 구동벨트의 장력을 점검한다. ("엔진본체"편 참조)

2. 점화 스위치를 "OFF"시킨다.
3. 배터리 접지 케이블을 분리시킨다.
4. 알터네이터 "B"터미널에서 알터네이터 출력 와이어를 분리시킨다.
5. "B"터미널과 분리된 출력 와이어에 직류 전류계 (0~100A)를 연결한다.
   전류계의 (+)리드선은 "B"단자에 연결하고 전류계의 (-)리드선은 출력 와이어에 연결한다.

   〔참고〕
   ● 고전류가 흐르므로 클립등으로 연결하지 말고 볼트와 너트를 사용하여 각 연결부를 완전히 조인다.

6. "B"터미널과 접지사이에 전압계 (0~20V)를 연결한다. 이때 (+)리드선은 알터네이터 "B"터미널과 연결하고 (-)리드선은 적당한 위치에 접지시킨다.
7. 엔진 타코미터를 연결하고 배터리 접지 케이블을 연결한다.
8. 엔진후드는 계속 열어놓는다.

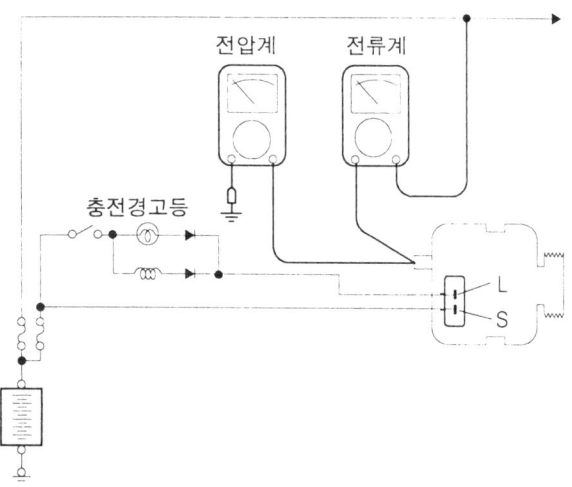

EBHA203B

시험

1. 전압계가 배터리 전압과 동일한 전압을 가르키는지 확인한다.
   만일 전압계가 0V를 가리키면 알터네이터 "B"터미널과 배터리 (-)터미널 사이의 와이어가 단락되었거나, 휴저블 링크가 끊어졌거나 접지가 불량한 것으로 판단한다.
2. 헤드라이트 스위치를 "ON"시키고 엔진의 시동을 건다.
3. 헤드라이트를 "원등"에 놓고 히터 블로워 스위치를 "HIGH"에 놓고서 급속히 엔진 속도를 2500rpm으로 증가시키며 전류계에 나타나는 최대 추력 전류값을 측정한다.

   〔참고〕
   ● 엔진을 시동한 후 충전전류가 급격히 떨어지므로 이 시험은 빠르게 측정해야만 정확한 최대 전류값을 구할 수 있다.

결과

1. 전류계의 측정치는 한계치보다 높아야 한다. 만일 알터네이터 출력 와이어는 정상인데 전류가 낮다면 차량에서 알터네이터를 탈거하여 점검한다.

   〔참고〕
   ● 정격 출력 전류값은 알터네이터 보디에 있는 명판에 표시되어 있다.

   출력 전류 한계치 : 정격 전류의 70%

   ● 출력전류는 알터네이터 자체의 전기부하 및 온도에 따라 변하므로 시험시 차량의 전기적인 부하가 작다면 정격 출력 전류를 구할 수 없다. 이런 경우 헤드라이트를 켜서 배터리의 방전을 유도하거나 다른 차량의 라이트를 사용하며 전비부하를 증가시킨다. 알터네이터 자체의 온도나 그 주위의 온도가 너무 높으면 정격 출력 전류를 구할 수 없으므로 재시험을 시도하기 전에 온도를 낮추어야 한다.

전압 레귤레이터의 주위온도 (℃)	조정전압(V)
-20	14.2~15.4
20	13.8~15.0
60	13.4~14.6
80	13.2~14.4

2. 시험을 마친후 엔진속도를 공회전으로 조정하고 점화스위치를 "OFF"시킨다.
3. 배터리 접지 케이블을 분리시킨다.
4. 전압계와 전류계, 엔진 타코미터를 탈거한다.
5. 알터네이터 출력 와이어를 알터네이터 "B"터미널에 연결한다.
6. 배터리 접지 케이블을 연결한다.

충전계통

탈거 및 장착

1. 배터리에서 (-)터미널을 분리한다.

2. 알터네이터 장력 조절볼트를 느슨하게 하고 벨트를 탈거한다.

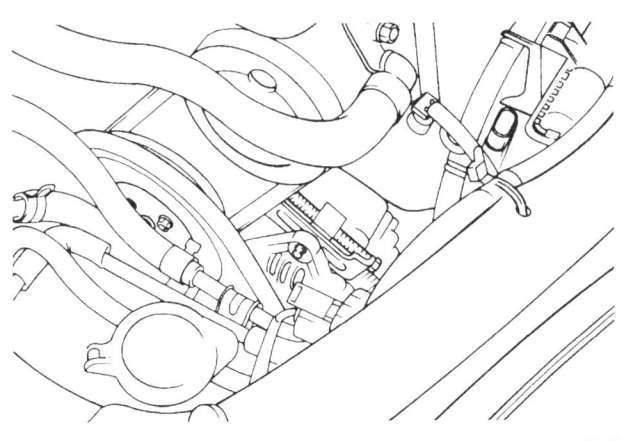

3. 차량을 들어올린다.

4. 좌측 머드가드를 탈거한다.
5. 알터네이터 "B"터미널 와이어를 분리한다.

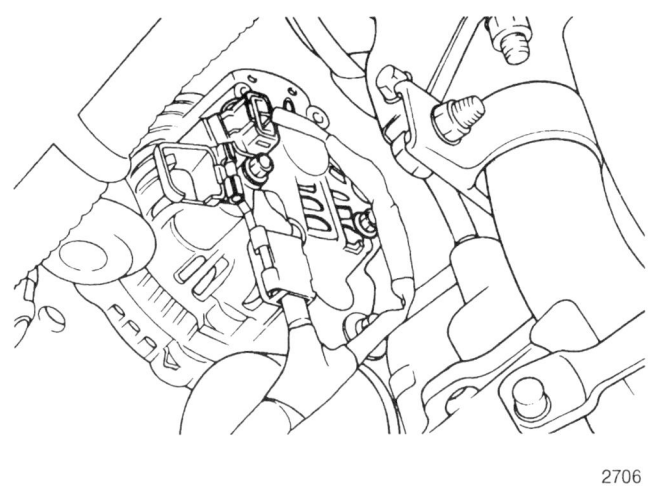

6. 알터네이터 어셈블리를 탈거한다.

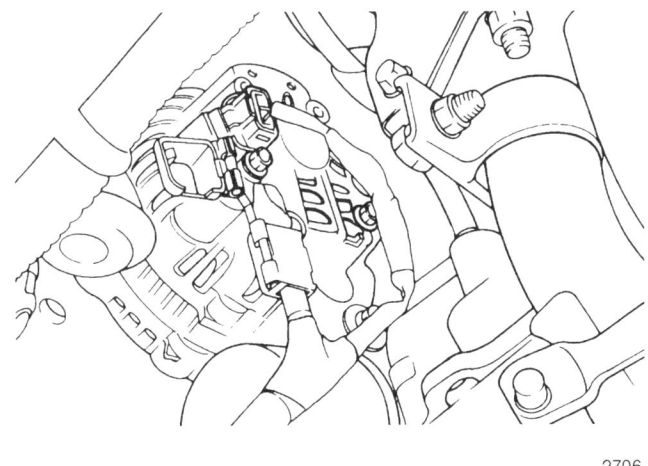

7. 장착은 탈거의 역순으로 한다.

조정전압 시험

이 시험은 전압 레귤레이터가 전압을 적절히 조정하는가를 확인하기 위해 작업한다.

1. 준비
   1) 시험에 앞서 다음을 점검하여 필요시에는 조정 혹은 수리한다.
      ① 차량에 장착된 배터리가 완전히 충전되었는지를 확인한다. ("배터리"편 참조)
      ② 알터네이터 구동벨트의 장력을 점검한다. ("엔진본체"편을 참고한다)
   2) 점화 스위치를 "OFF" 시킨다.
   3) 배터리 접지 케이블을 분리시킨다.
   4) 디지탈 전압계를 알터네이터의 "L" 단자 또는 "S" 단자와 접지 사이에 연결한다. 전압계의 (+)리드선은 특수공구 하니스 커넥터를 사용하여 "L" 또는 "S" 단자에 연결한다. 전압계의 (−)리드선은 적정한 접지 또는 배터리 (−) 단자에 연결한다.
   5) 알터네이터 "B" 단자에서 알터네이터 출력 와이어를 분리시킨다.
   6) "B" 단자와 분리된 출력 와이어 사이에 직류 전류계(0 ~ 100 A)를 직렬로 연결하고 전류계의 (−)리드선은 분리된 출력 와이어에 연결한다.
   7) 엔진 타코미터를 장착하고 배터리 접지 케이블을 연결한다.

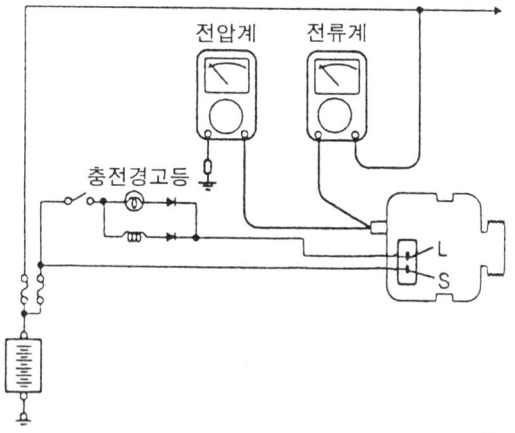

2. 시험
   1) 점화 스위치를 "ON" 시키고 전압계가 표준치를 가르키는가를 확인한다.
      만일 측정치가 0 V 이면 알터네이터 "B" 단자와 배터리(+)단자 사이의 와이어가 단선되었거나 퓨저블 링크가 소손된 것이다.
   2) 엔진의 시동을 걸고 모든 라이트와 부장품은 "ON" 상태로 둔다.
   3) 엔진속도를 2500 rpm으로 증가시키면서 알터네이터 출력 전류가 10 A 이하로 떨어질때 전압계를 읽는다.
   4) 엔진속도를 공회전 상태에 두고 외부에서 인가된 부하(각종 전기장치)는 OFF 시킨다.

3. 결과
   1) 전압계의 측정치가 다음에 있는 조정 전압표와 일치하면 전압 레귤레이터는 정상적으로 작동하는 것이며, 만일 측정치가 표준치를 초과하면 전압 레귤레이터나 알터네이터가 결함이 있는 것이다.

전압 레귤레이터의 주위온도(℃)	조정 전압 (V)
−20	14.2 ~ 15.4
20	13.8 ~ 15.0
60	13.4 ~ 14.6
80	13.2 ~ 14.4

   2) "S" 단자 오픈시의 배터리 전압이 표준치를 나타내면 정상이다.

항 목	표준치	비 고
배터리 전압	15.2 ~ 16 (V)	20 ℃ 기준

   3) 시험을 마친 후 엔진속도를 공회전으로 조정하고 점화스위치를 "OFF" 시킨다.
   4) 배터리 접지 케이블을 분리시킨다.
   5) 전압계와 전류게, 엔진 타코미터를 탈거한다.
   6) 알터네이터 출력 와이어를 알터네이터 "B" 단자에 연결한다.
   7) 배터리 접지 케이블을 연결한다.

분해 및 조립

리어 베어링
로터코일
프론트 커버
베어링
볼트
풀리
너트
브러쉬
너트
부싱
정류기
커버
스테이터 코일
리어 커버
E5EE026A

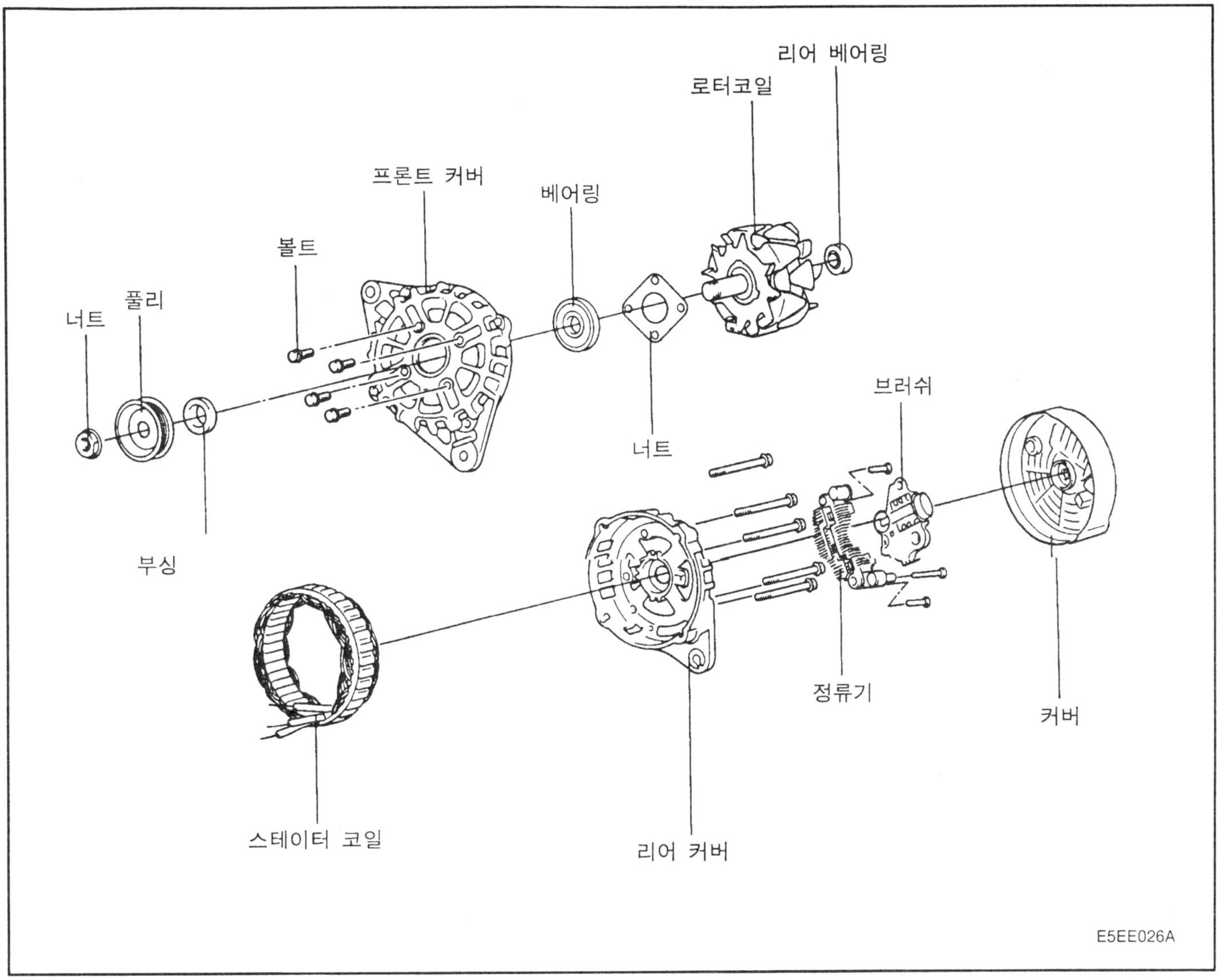

1. 커버 고정용 볼트(2개), B-너트(1개)를 푼다 (커버에 고리가 있으므로 고리를 젖힌후 분리)

EBKB101P

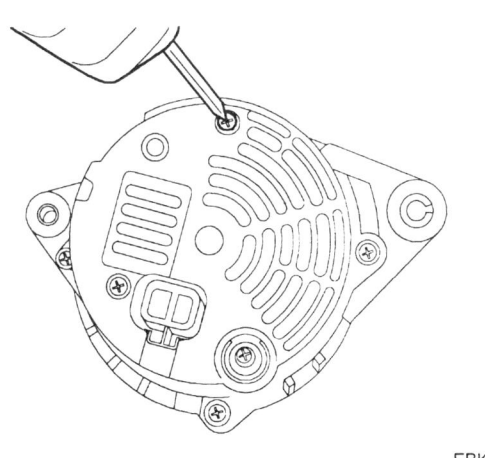

2. 스테이터 리드와 다이오드 리드 사이의 납땜을 제거한다.

〔주의〕

- ***납땜제거시 인두의 열이 다이오드에 장시간 가해져 다이오드 접합부에 손상이 가지 도록 한다.***

EBKB101A

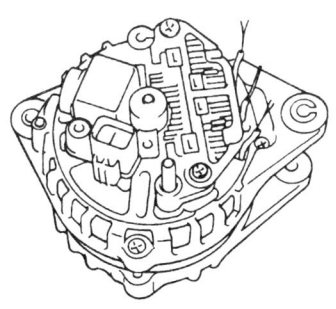

3. 3개의 고정 볼트를 풀고 렉티파이어 및 브러시 홀더 어셈블리를 분리한다.

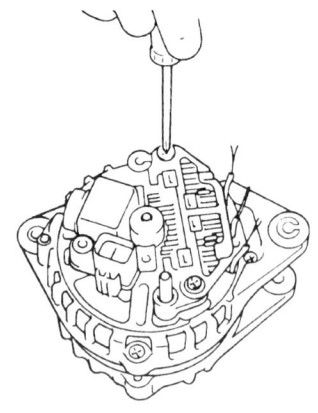

4. 브라켓트와 스테이터를 고정하는 볼트(4개)를 푼다.

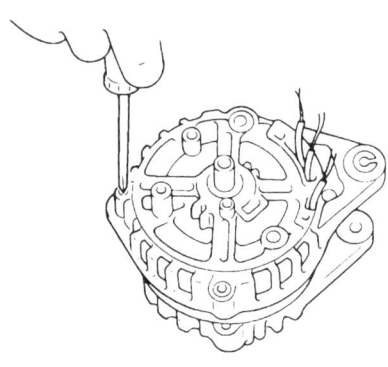

5. 드라이버를 프론트 브라켓트와 스테이터 코일 사이에 끼워 분리 시킨다. (단. 제품에 손상이 없을 것)
   〔주의〕
   ● 드라이버를 너무 깊이 삽입하면 스테이터 코일에 손상을 입히므로 깊이 삽입하지 말것.
   ● 리어 베어링 외측 레이스와 리어 커버간의 고착으로 분해가 어려울 때는 리어 커버의 분해를 쉽게 하기 위해 200W 납땜 인두로 베어링 박스 부위를 가열한다.
   ● 히트 건은 다이오드 어셈블리를 손상시킬 수 있으니 사용하지 않는다.

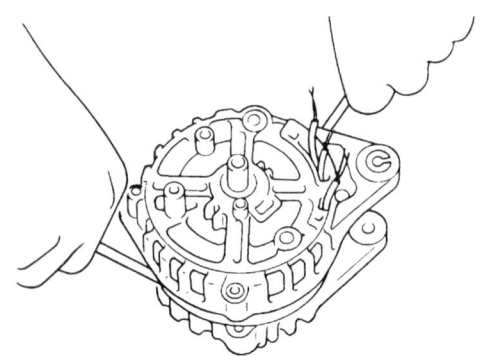

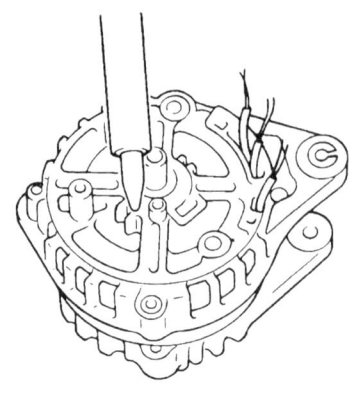

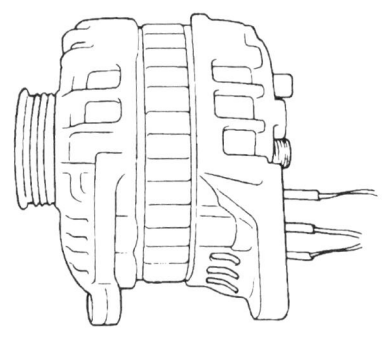

6. 로터의 측면을 바이스에 고정시킨다.
   〔주의〕
   ● **바이스의 턱에 로터가 손상되지 않도록 주의할 것**
7. 너트, 와셔, 풀리 및 스페이서를 탈거한다.
8. 프론트 커버와 두개의 씰을 탈거한다.
9. 바이스에서 로터를 탈거한다.

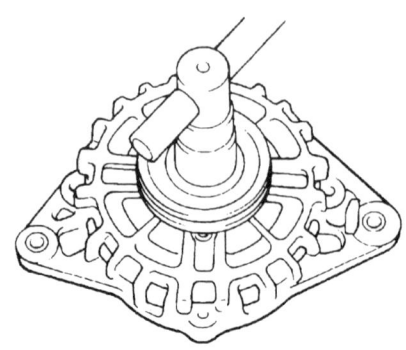

충전계통

EE-17

점검

1. 로터
   1) 로터 코일의 통전과 슬립 링(Slip ring)사이의 통전을 점검한다.
      저항이 너무 낮으면 회로가 단락된 것이며 저항이 너무 높으면 회로가 개방된 것이므로 로터 어셈블리를 교환해야 한다.

      저항치 : 2.5 ~ 3.0Ω (20℃)

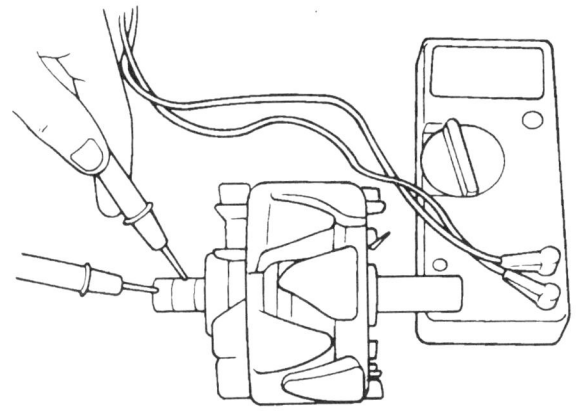

   2) 로터 코일의 접지를 점검하고 슬립 링과 코어 사이에 통전이 되지 않는가를 점검하여 통전이 되면 로터 어셈블리를 교환한다.

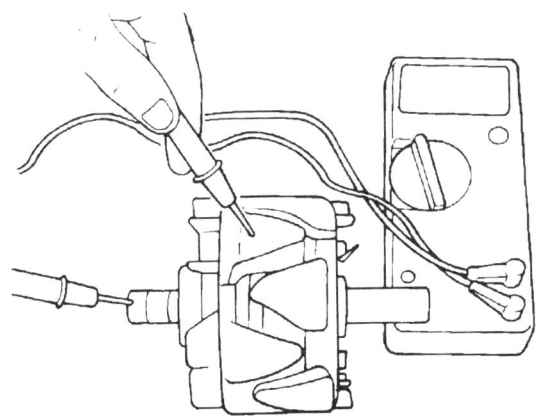

2. 스테이터
   1) 스테이터 코일의 통전을 점검하고 코일 리드 사이가 통전되는가를 점검하여 통전이 되지 않으면 스테이터 어셈블리를 교환한다.

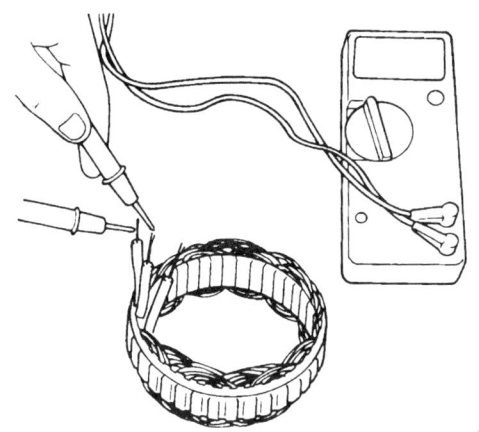

   2) 코일의 접지를 점검하고 코일과 코어사이의 통전이 되지 않는가를 점검하여 통전이 되면 스테이터 어셈블리를 교환한다.

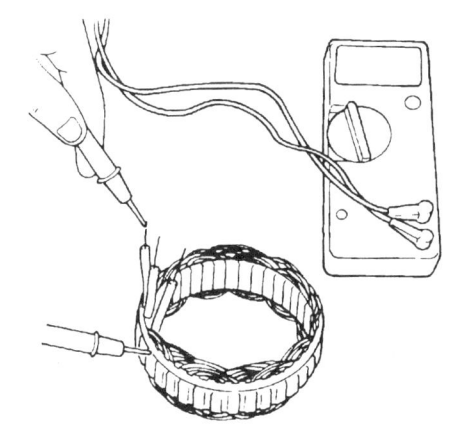

3. 정류기
   1) (+)정류기 시험
      저항계(ohmmeter)로 (+) 정류기와 스테이터 코일리드 연결 단자 사이의 통전을 점검했을 때 저항계가 한 방향으로만 통전이 되어야 한다. 만일 양쪽 방향으로 전부 통전되면 다이오드가 단락된 것이므로 정류기 어셈블리를 교환한다.

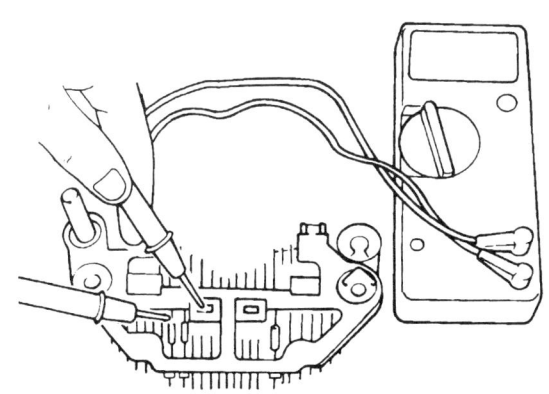

2) (-) 정류기 시험
(-) 정류기와 스테이터 코일리드 연결단자 사이에 통전을 점검했을때 저항계가 한 방향으로만 통전 되어야 한다.
양쪽 방향으로 전부 통전되면 다이오드가 단락된 것이므로 정류기 어셈블리를 교환해야 한다.

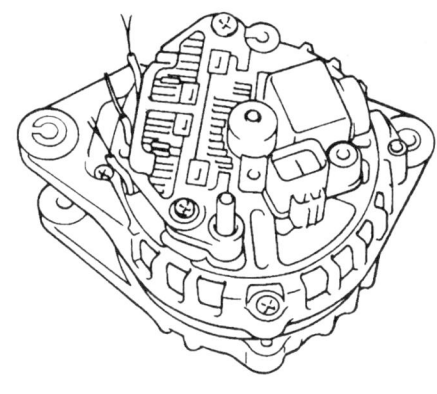

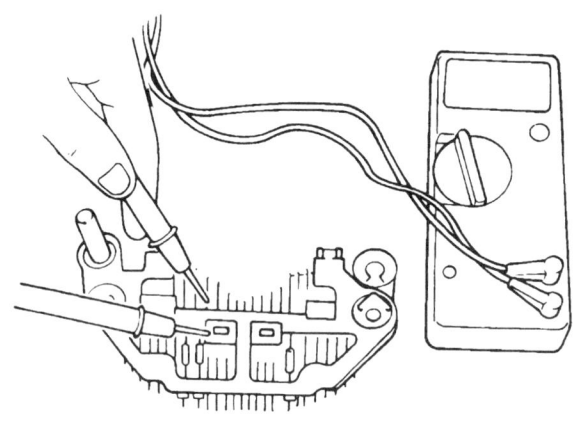

장착

1. 알터네이터를 위치시킨후 서포트 볼트를 끼운다. (이때 너트는 끼우지 않는다.)
2. 알터네이터를 앞으로 민후 그림 "A"부위에서와 같이 알터네이터 프론트 브라켓과 프론트 케이스를 밀착시킨다.
3. 너트를 끼워 규정된 조임 토크로 조여 장착한다.

4. 브러시 교환
브러시가 마모 한계선까지 마모되었다면 다음 순서대로 브러시를 교환한다.

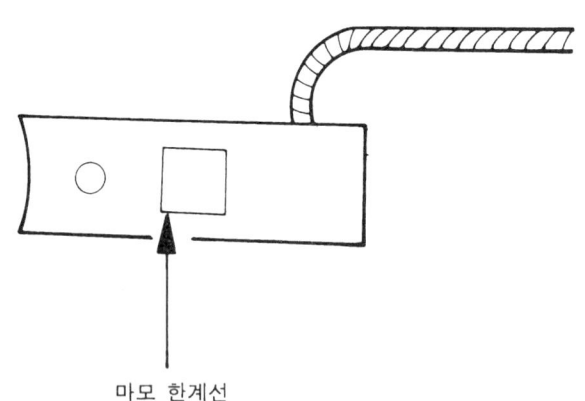

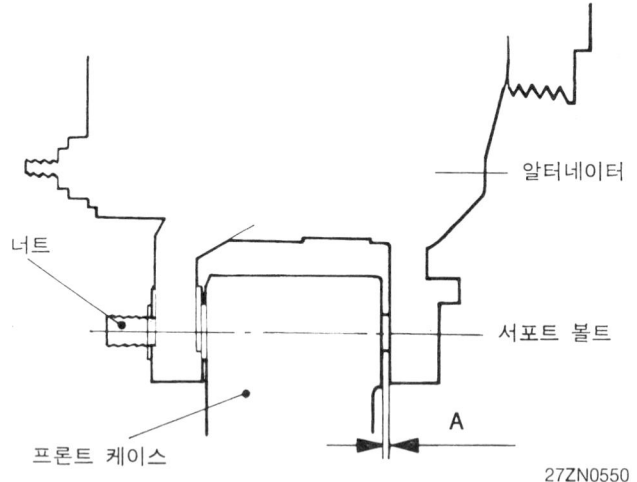

조립

조립은 분해의 역순으로 행하되 다음 사항을 주의해야 한다.
1. 로터를 리어 브라켓트에 장착하기에 앞서 와이어를 리어 브라켓트의 작은 구멍에 집어넣어 브러시를 고정 시킨다.
2. 로터를 조립한 후에 와이어를 빼낸다.

배터리

EE-19

배터리

일반사항

1. MF배터리는 배터리 정비가 필요없으며 배터리 셀 캡(battery cell cap)을 탈거할 필요가 없다.
2. MF배터리는 증류수를 첨가할 필요가 없다.
3. MF배터리는 커버에 있는 밴트홀(vent hole)을 제외하곤 완전히 밀봉되어 있다.

고장진단법

1. 점검요령

```
케이스 혹은 커버의 균열 혹은 파손등의 심한 손상이 있으면 전해액의
수준등을 점검하고 손상의 이유를 알아내 필요시에는 수리한다.
소다나 물로 부식된 곳을 청소한다
                    │
                    ├──────────────→ 배터리를 교환한다
                    │
         전해액 수준 및 비중을 점검한다
                    │
         비중을 점검한다.
         전해액 온도보상용 비중표를 참조하여 다음에 해당하는 항목을 선택한다.
    ┌───────────────┼───────────────┐
 1.100이하        1.100~1.220      1.220이상
  일반충전           재충전         부하시험을 실시한다.
 5A의 전류로       5A의 전류로
 14시간이상 충전    14시간이상 충전
 시키고 부하       시키고 부하
 시험을 실시한다   시험을 실시한다
    └───────────────┼───────────────┘
         배터리 부하시험
         200A의 부하를 15초동안 인가 시킨후 배터리의 전압을 측정하여
         아래와 같이 비교해본다
    ┌───────────────┼───────────────┐
 9.6V 이상        9.6~6.5V         6.5V 미만
 배터리를         배터리를 급속     배터리 상태가
 재사용해도       충전하고 부하     불량하므로
 좋다.           시험을 재실시한다. 교환해야 한다.
                 [참고]
                 2차로 급속 충전을 실시한 후 시험했을 때도
                 9.8V를 넘지 못하면 배터리를 교환하다.
```

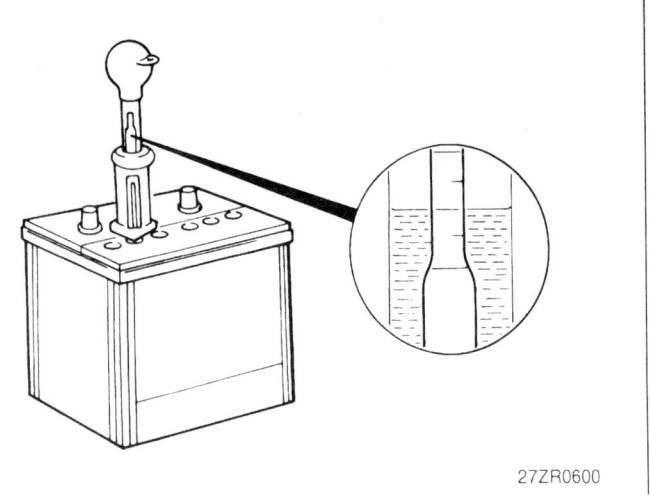
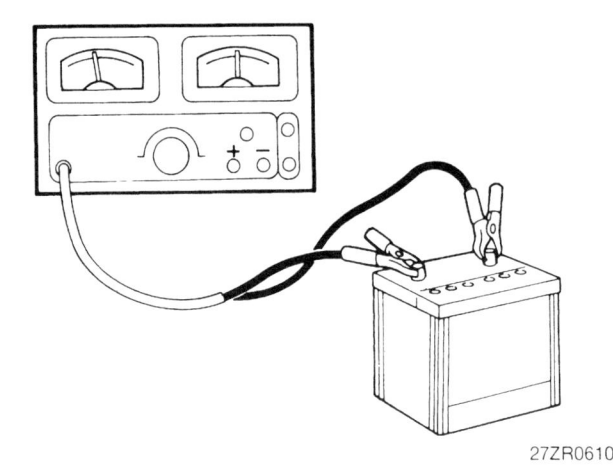

2. 비중점검표

배터리 전해액의 비중은 온도에 따라 변화한다. 온도가 높으면 용액이 엷어져 비중이 떨어지고 온도가 낮으면 비중이 증가한다. 수온계는 주위온도가 27℃ 일때가 가장 정확하나, 전해액의 온도가 주위온도와 틀릴때에는 수온계의 측정치를 보정하여야 한다. 수온계를 읽었을 때에는 필히 아래표를 참조하여 온도 보정을 해주어야 한다.

[주의]
● 각각의 셀 사이에 0.05이상의 비중차이가 있을 때는 배터리가 손상된 것이므로 필히 신품으로 교환해 주어야 한다.

1) 점검표 사용법
   - 단계1 : 점검할 배터리의 온도를 표의 좌측에서 찾아낸다.
   - 단계2 : 수은계를 읽어 해당온도란에 있는 3개의 칸에서 비중과 일치하는 값을 찾아낸다.
   - 단계3 : 측정치가 있는 란에서 27℃에서의 비중치를 찾아낸다.
   - 단계4 : 27에서의 비중치를 24~25페이지의 고장진단표에 있는 해당란을 찾아 작업을 진행한다.
2) 보기
   - 단계1 : 배터리의 주위 온도가 16℃이다.
   - 단계2 : 수은계로의 측정치는 1.228이다.
   - 단계3 : 해당되는 27℃에서의 비중은 1.220이다.
   - 단계4 : 표에서 볼때 1.100~1.220의 비중을 가진 배터리는 급속 재충전해야 한다.

배터리 온도	비 중 측 정 치		
38℃	1.092미만	1.092~1.228	1.212이상
32℃	1.096미만	1.096~1.216	1.216이상
27℃	1.100미만	1.100~1.220	1.220이상
21℃	1.104미만	1.104~1.224	1.228이상
16℃	1.108미만	1.108~1.228	1.232이상
10℃	1.112미만	1.112~1.232	1.232이상
5℃	1.116미만	1.116~1.236	1.236이상

배터리 EE-21

3) 배터리 충전률

충전방법 비중 전류	급속충전 20A	일반충전 5A
1.100이하	4시간	14시간
1.100~1.130	3시간	12시간
1.130~1.160	2.5시간	10시간
1.160~1.190	2.0시간	8시간
1.190~1.220	1.5시간	6시간
1.220 이상	1시간	4시간

4) 배터리 시각측정
   (1) 점화스위치를 "OFF"에 놓는다.
   (2) 배터리 케이블을 배터리에서 분리시킨다. (-) 측을 탈거한다.
   (3) 차량에서 배터리를 탈거한다.

   〔주의〕
   ● 배터리 케이스에 균열이 일어나거나 전해액이 누설될때 손에 전해액이 묻지 않도록 장갑등을 끼고 배터리를 탈거하도록 한다.

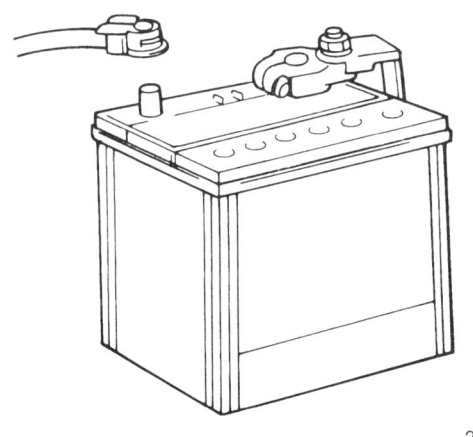

(4) 배터리 전해액의 누출로 인한 배터리 캐리어의 손상을 점검하여, 손상이 있으면 따뜻한 물이나 베이킹 소다로 그 부위를 청소하고 브러시 등으로 녹이 슨 부위를 닦은 다음 물에 암모니아나 소다를 묻힌 헝겊으로 닦아낸다.
(5) 배터리 상부도 과정 (4)에서 작업한 방법으로 청소한다.
(6) 배터리 케이스와 커버의 균열을 점검하여 균열이 있으면 필히 교환해야 한다.
(7) 배터리 포스트를 적절한 포스트 세제로 청소한다.
(8) 터미널 클램프의 내부면을 적정한 공구로 청소하며 케이블이 손상 혹은 휘었거나, 클램프가 파손되었으면 교환해야 한다.
(9) 차량에 배터리를 장착한다.
(10) 배터리 포스트에 케이블 클램프를 연결하고 클램프의 상단과 포스트 상단의 높이가 일치하는가를 확인한다.

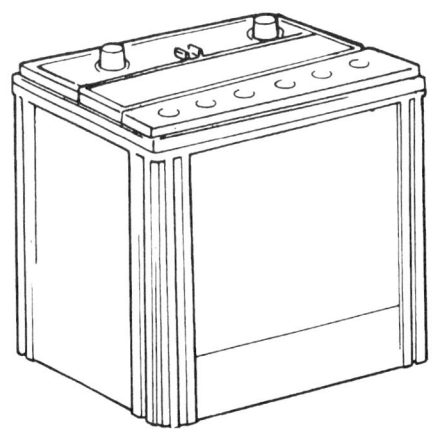

시동계통

일반사항

시동장치는 배터리, 스타터 모터 솔레노이드 스위치, 점화 스위치, 인히비터 스위치(A/T만 장착), 접속 와이어, 배터리 케이블을 포함한다. 이그니션 키를 "ST"위치로 돌렸을때 스타터 모터의 솔레노이드 코일에 전류가 흘러 솔레노이드 플런제와 클러치 쉬프트 레버가 작동하면서 클러치 피니언이 링기어에 맞물려 크랭킹 된다.
엔진을 시동할때 아마츄어 코일의 과도한 회전에 의한 손상을 방지하기 위해 클러치 피니언이 오버런한다.

27ZN0650

구성부품

조임토크 : kg-m

27ZN0660

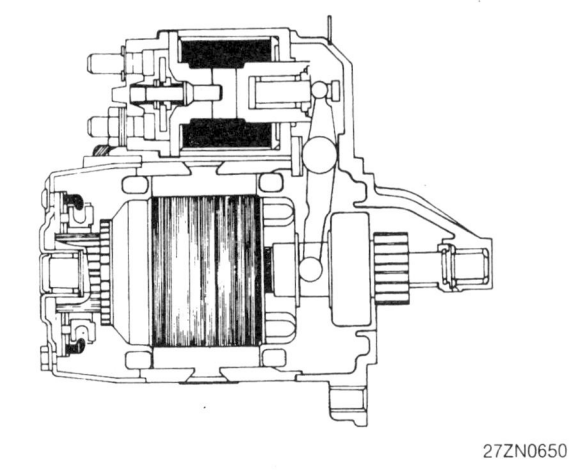

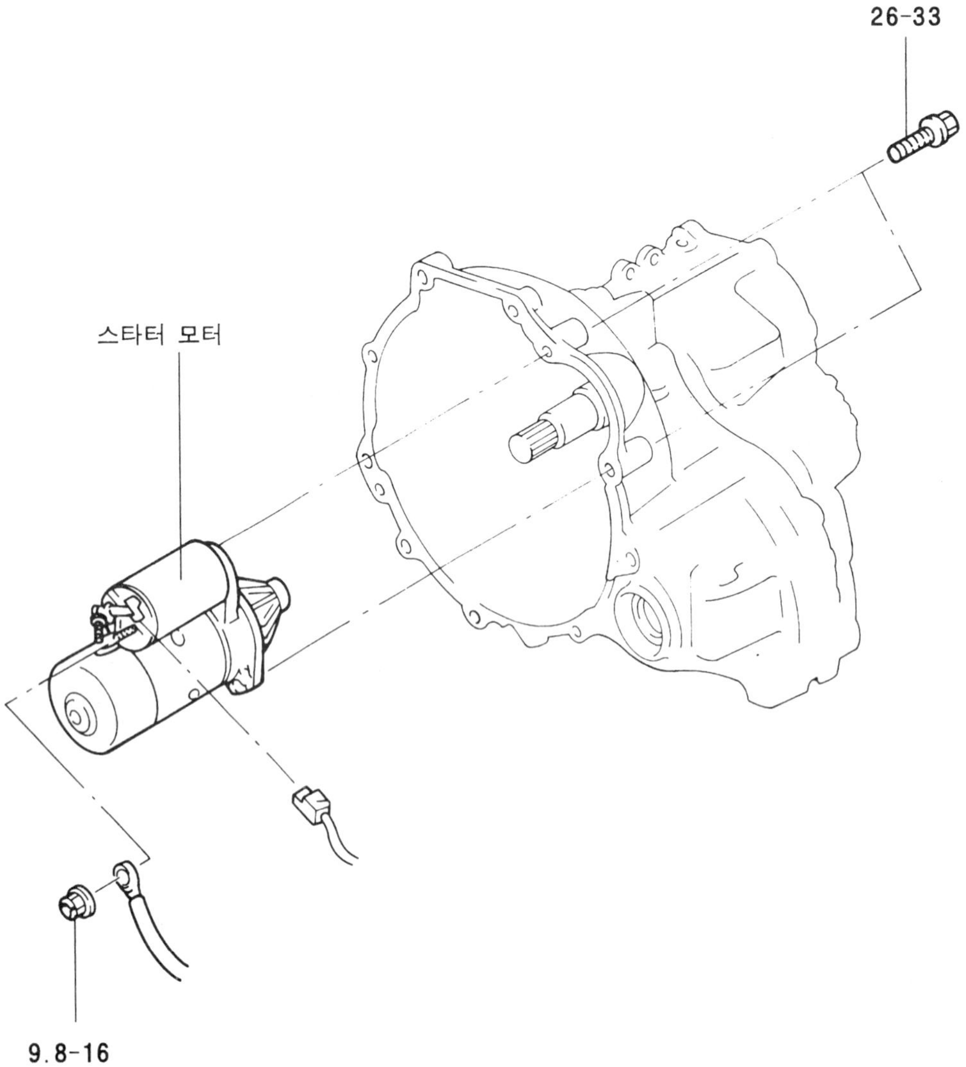

시동계통

고장진단법

시동계통의 고장은 "스타터 모터가 작동치 않음", "스타터 모터가 작동하나 엔진의 시동이 걸리지 않음", "엔진을 시동하는데 많은 시간이 소요됨"과 같은 문제로 분류할 수 있다.

이와같이 시동계통에 문제가 있을 때에는 스타터 모터를 탈거하기 전에 시동계통의 어느 한 부분에 문제가 있는가를 먼저 알아내야 한다. 일반적으로 시동이 어려울 때는 점화계통, 연료계통, 배터리, 전기배선 등에 문제가 있을때이며, 다음과 같은 단계적인 점검을 시행하지 않고 수리하였을 경우 똑같은 문제점이 다시 발생 할 수 있으므로 필히 단계적인 점검을 해야한다.

현 상	가능한 원인	조 치
크랭킹 되지 않는다.	배터리 충전압이 낮다.	충전 혹은 배터리 교환
	배터리 케이블의 느슨해짐, 부식 또는 마모	수리 혹은 케이블의 교환
	인히비터 스위치의 결함 (A/T차량)	조정 혹은 스위치의 교환
	휴저블 링크의 단락	휴저블 링크의 교환
	스타터 모터의 결함	수리
	이그니션 스위치의 결함	교환
크랭킹이 느리다.	배터리 충전전압이 낮다.	충전 혹은 배터리 교환
	배터리 케이블의 느슨해짐, 부식 또는 마모	수리 혹은 케이블의 교환
	스타터 모터의 결함	수리
스타터 모터가 계속 회전한다.	스타터 모터의 결함	수리
	이그니션 스위치의 결함	교환
스타터 모터는 회전하나 엔진은 크랭킹 되지 않는다.	와이어링의 단락	수리
	피니언 기어 이빨이 부러졌거나 모터의 결함	수리
	링기어 이빨이 부러졌음	플라이 휠 링 기어 혹은 토크 컨버터의 교환

스타터 모터

탈거 및 장착

1. 배터리 접지 케이블을 분리시킨다.
2. 스피드미터 케이블을 탈거한다.
3. 스타터 모터 컨넥터와 터미널을 분리한다.
4. 스타터 모터 어셈블리를 탈거한다.
5. 장착은 탈거의 역순이다.

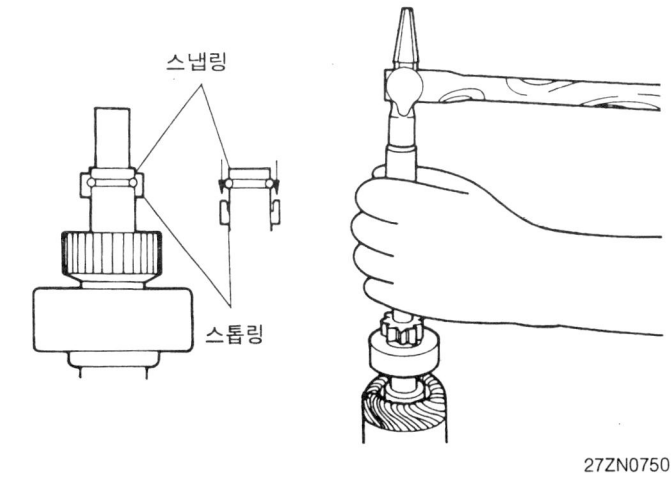

구성부품

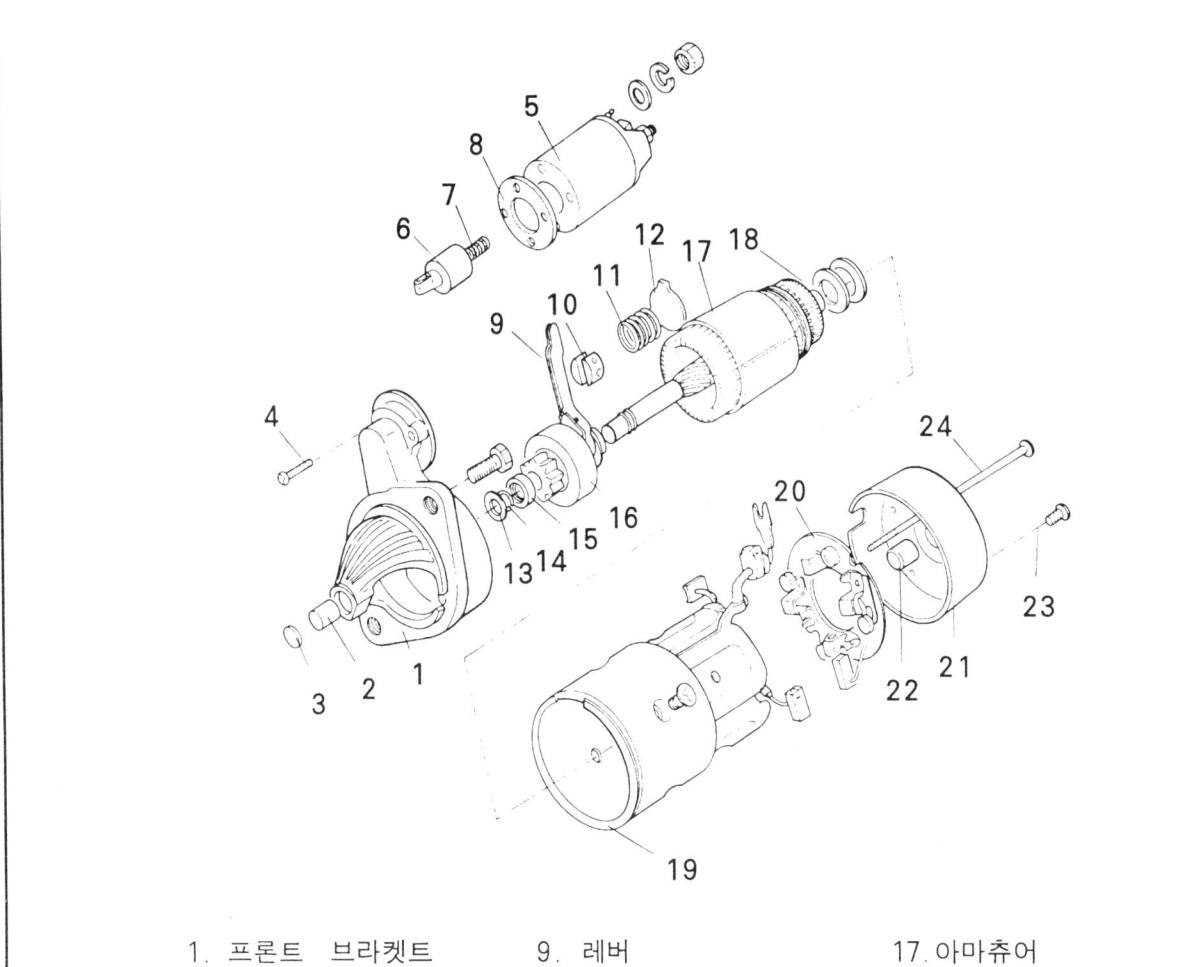

1. 프론트 브라켓트
2. 프론트 부싱
3. 캡
4. 스크류
5. 솔레노이드
6. 플렌저
7. 스프링
8. 패킹
9. 레버
10. 홀더
11. 스프링
12. 패킹
13. 와셔
14. 스톱링
15. 스톱퍼
16. 오버 런닝 클러치
17. 아마츄어
18. 와셔
19. 요크 어셈블리
20. 플레이트 어셈블리
21. 리어 커버
22. 리어 부싱
23. 스크류
24. 볼트

조임토크 : kg-m

검사 (탈거후)

1. 피니언 간극 검사
   1) M터미널에서 와이어를 분리시킨다.
   2) S터미널과 M터미널 사이에 12V배터리를 연결한다.
   3) 스위치를 "ON"에 놓으면 피니언이 움직인다.

[주의]
- 이 시험은 코일이 소손될 염려가 있으므로 가능한 한 빨리 (10초 이내)행해야 한다.

시동계통 EE-25

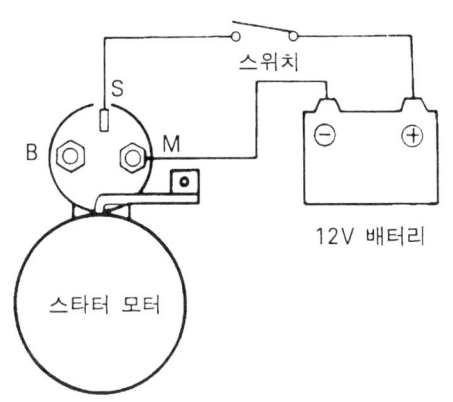

4) 휠러 게이지로 피니언과 스톱퍼사이의 간극을 측정하여 규정치를 벗어나면 마그네틱 스위치와 프론트 브라켓트 사이에 와셔를 추가 혹은 감소시켜 간극을 조정한다.

피니언 간극 : 0.5 ~ 2.0mm

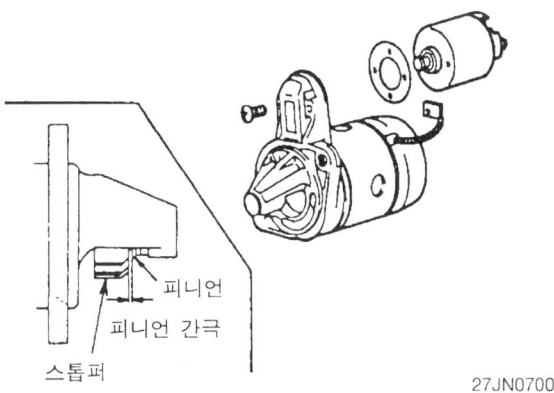

2. 마크네틱 스위치의 풀-인(pull in)시험
   1) M터미널에서 컨넥터를 분리시킨다.
   2) S터미널과 M터미널 사이에 12V배터리를 연결한다.

   [주의]
   ● *이 시험은 코일이 소손될 염려가 있으므로 가능한한 빨리 (10초 이내)행해야 한다.*

   3) 피니언이 밖으로 움직이면 코일은 양호한 것이며 움직이지 않으면 마그네틱 스위치를 교환해야 한다.

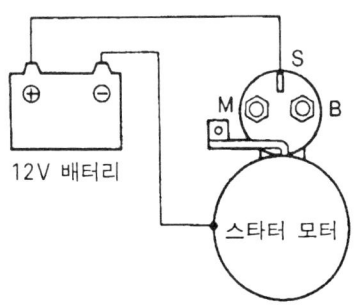

3. 솔레노이드의 홀드-인(hold in)시험
   1) M터미널에서 컨넥터를 분리시킨다.
   2) S터미널과 보디 사이에 12V배터리를 연결한다.

   [주의]
   ● *이 시험은 코일이 소손될 염려가 있으므로 가능한한 빨리 (10초 이내)행해야 한다.*

   3) 피니언이 바깥쪽에 있으면 모든 것이 정상이지만 피니언이 안으로 움직이면 회로가 개방된 것이며 이때는 마그네틱 스위치를 교환해야 한다.

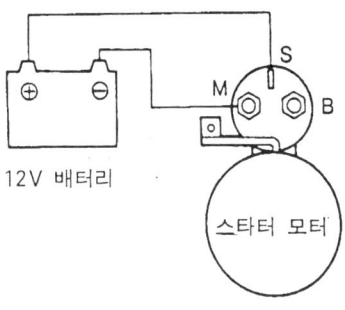

4. 솔레노이드의 복원시험
   1) M터미널에서 컨넥터를 분리시킨다.
   2) M터미널과 보디 사이에 12V배터리를 연결한다.

   [주의]
   ● *이 시험은 코일이 소손될 염려가 있으므로 가능한한 빨리 (10초 이내)행해야 한다.*

   3) 피니언을 밖으로 당겼다 놓았을때 피니언이 원위치로 빨리 복원하면 모든것이 정상이지만 그렇지 않을 경우는 솔레노이드를 교환해야 한다

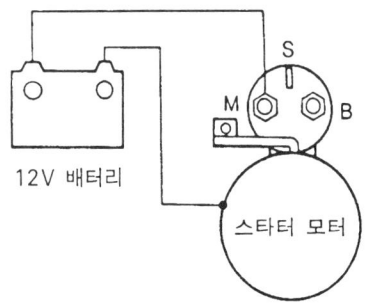

5. 성능시험 (무부하)

1) 스타터 모터에 12V배터리를 연결한다.
2) 스타터모터를 무부하 작동시키기 위해서 스위치를 "ON"에 놓고 작동속도와 전류를 측정하여 규정치와 일치하면 스타터 모터는 양호한 것이다. 작동속도가 부족하거나 전류가 과도할 때는 과도한 마찰 저항 때문인 경우가 많으며, 저전류, 작동속도 부족은 브러시와 정류자 혹은 용접점 사이의 접촉 불량이나 회로개방 때문인 경우가 많다.

속 도 : 최소 3,000rpm
전 류 : 최대 60A이하

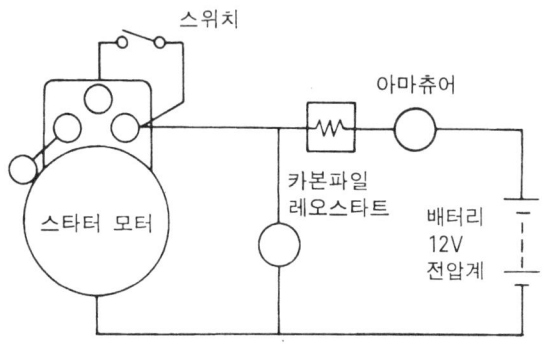

분해

아마츄어 샤프트에서 오버런닝 클러치를 탈거하기 위해서 스톱링을 탈거해야한다. 스톱링을 피니언 쪽으로 움직이고 탈거한 다음 샤프트에서 스톱링을 탈거한다.

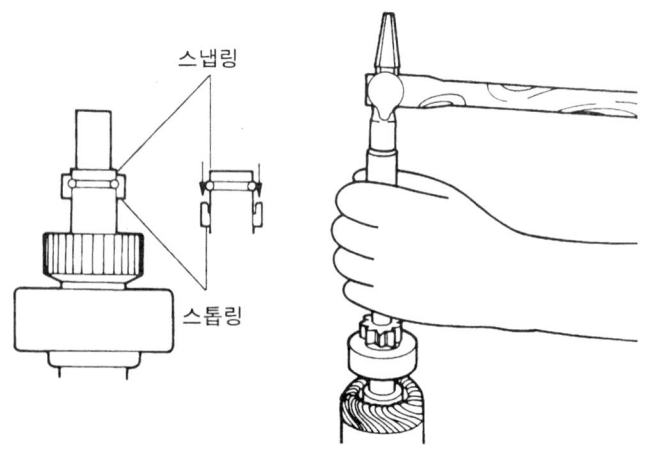

검사(분해후)

1. 아마츄어 코일의 접지 시험
   회로테스터기를 사용하여 정류자와 아마츄어 코일 사이에 통전이 되지 않는가를 점검하여 통전이 되면 아마츄어 어셈블리를 교환한다.

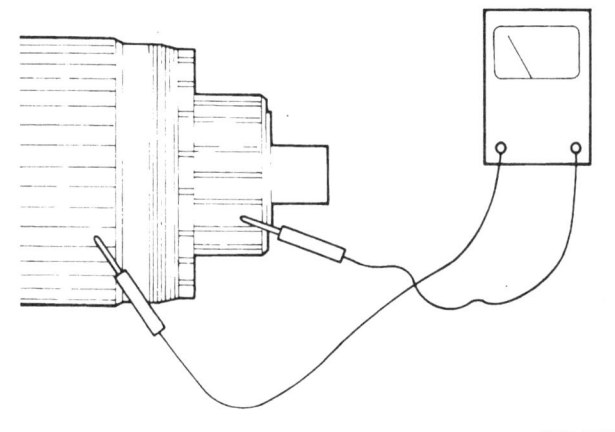

2. 아마츄어 코일의 단락시험
   글라울러(growler)내에서 아마츄어 코일을 점검하여 단락이 되었으면 코일을 교환한다. 코어에 부착된 블레이드가 코어가 회전하는 동안 진동하면 아마츄어가 단락된 것이다.

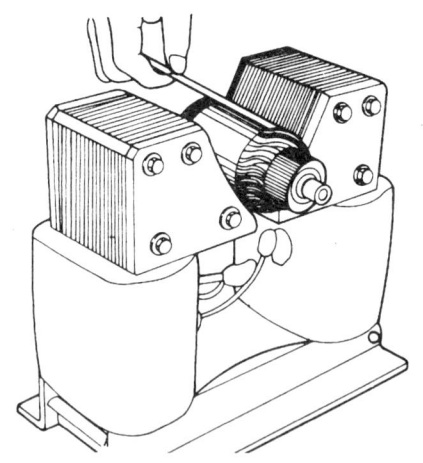

3. 아마츄어 코일의 개방회로 시험
   회로테스터기를 사용해 정류자편 사이의 통전을 점검하여 통전이 되지 않으면 정류자 편이 개방된 것이므로 이때는 아마츄어 어셈블리를 교환한다.

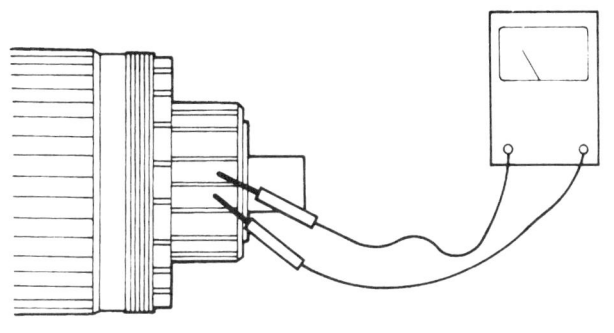

4. 계자코일의 배방회로 시험
   회로테스터기를 사용해 계자코일이 개방된 것이므로 계자코일 어셈블리를 교환해야한다.

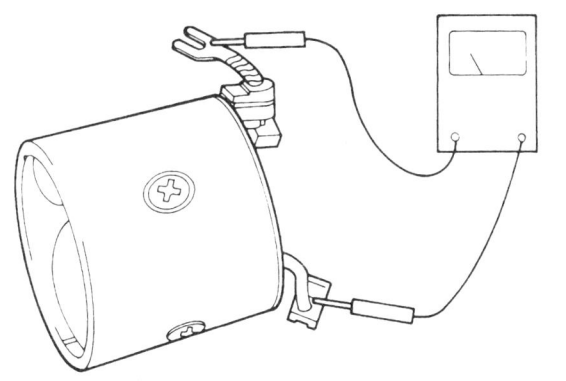

5. 계자코일의 접지시험
   요크(yoke)의 계자코일을 장착한 채로 계자코일과 요크사이의 통전을 점검하여 통전이 되면 계자코일을 교환한다.

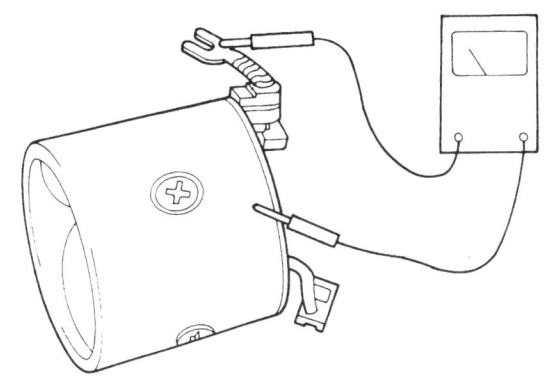

6. 브러시
   브러시가 마모 한계선까지 마모되면 교환해야 한다.

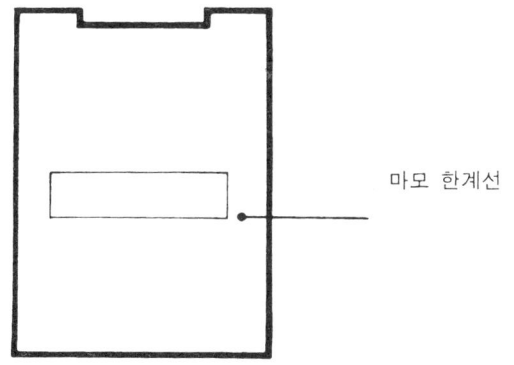

마모 한계선

7. 브러시홀더
   (+)측 브러시 홀더와 베이스 사이의 통전을 점검하여 통전이 되면 홀더 어셈블리를 교환한다.

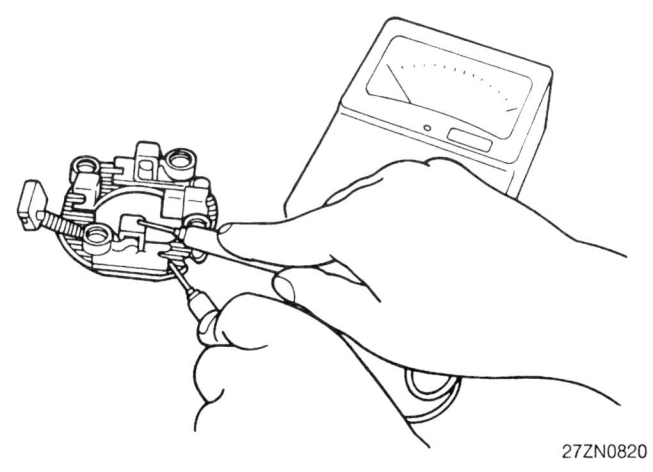

EE-28

엔진 전장

8. 오버런닝클러치
   1) 피니언 및 스플라인 이빨의 마모와 손상을 점검하여 손상되었으면 교환한다. 또한 플라이휠의 마모와 손상을 점검한다.
   2) 피니언을 회전시킨다. 피니언은 시계방향으로는 회전되고 시계반대방향으로는 회전되지 않아야한다.

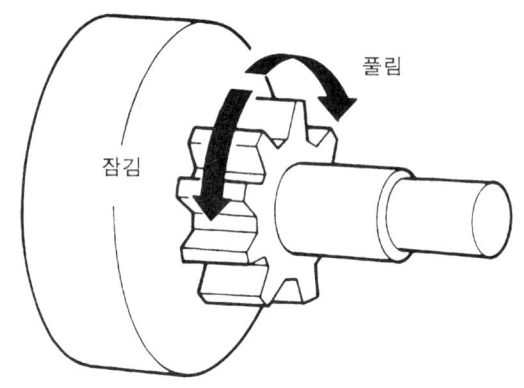

9. 브러시 교환
   1) 피그테일이 손상을 받지 않도록 주의하면서 마모된 브러시를 탈거한다.
   2) 납땜이 잘 되게 피그테일 끝을 샌드 페이퍼로 가공한다.
   3) 피그테일 끝을 납땜한다.

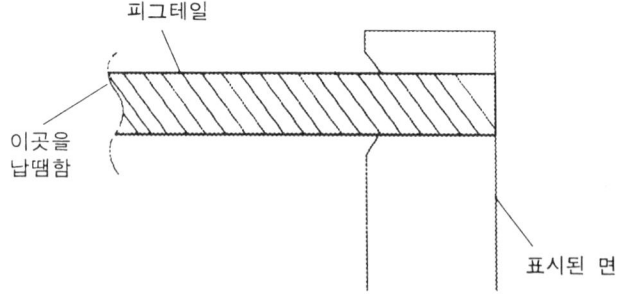

10. 리어브라켓트 부싱 교환
    1) 부싱을 탈거하기전에 부싱의 압입위치(깊이)를 측정한다.
    2) 그림과 같이 부싱을 탈거한다.

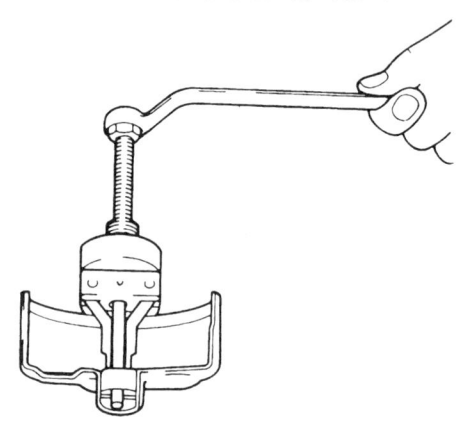

3) 과정1에서 기록된 위치에 준하여 신품의 부싱을 압입한다.

조립

1. 아마츄어 샤프트의 앞끝에 오버런닝 클러치를 장착한다.
2. 아마츄어 샤프트의 앞끝에서 스보링과 스냅링을 장착하고 스톱링을 스냅링 쪽으로 완전히 민다.

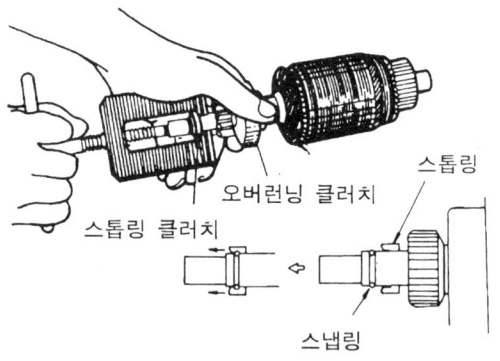

3. 레버를 프론트브라켓트에 장착할때는 방향에 주의해야한다. 만일 장착방향이 반대로 되면 피니언이 바깥쪽으로만 이동되어 적절히 작동치 못하게된다.

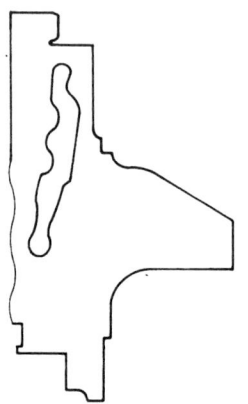

연료장치
(2.0 DOHC LPG)

일반사항	FL- 2
FBM 고장 진단 조치	FL- 5
FBM 장치	FL-22
L.P.G 시스템	FL-32

일반사항

제원

항	목		제 원
믹서	전고 (플랜지 저면에서 최상단부) (mm)		115.5
	입구 직경	내경(mm)	Ø63
		외경 (mm)	Ø69
	스로틀 보어 (mm)		Ø45
	벤츄리 (mm)		Ø24
	노즐 (mm)		Ø6 ~ Ø11
	스로틀 밸브	전폐각	10° ± 1°
		공회전시 개도	0.5°
		밸브 두께	1.5 mm
	스로틀 포지션 센서	전 저항치	2kΩ ± 20%
		공회전 SET치	0.2V ~ 0.465V
		정격 전압	DC 5V
	메인 듀티 솔레노이드	정격 전압	DC 13.5V
		코일 저항	20.1 ± 1Ω
		구동 주파수	20Hz
		최대 유량	120 ± 5 L/min
	스타트 솔레노이드	정격 전압	DC 12V
		코일 저항	27Ω
	슬로우 듀티 솔레노이드	정격 전압	DC 13.5V
		코일 저항	66.1 ± 1.5Ω (20℃ 기준)
		구동 주파수	20Hz
	아이들 스피드 액츄에이터	정격전압	DC 12V
		사용 DUTY범위	5 ~ 95%
		구동 주파수	250Hz
		최소 유량	1.9 m³/h
		최대 유량	68 m³/h
베이퍼라이저	1차실 압력 (kg/cm²)		0.323 ± 0.025
	밸브 시트	1차 (mm)	Ø5
		2차 (mm)	Ø6.8
	다이어프램 스프링	1차	22.5mm 일때 9kgf ± 5%
		2차	19.6mm 일때 63.7g ± 8%
	세컨드 록 솔레노이드	정격 전압	DC 12V
		코일 저항	20 ± 1Ω
	슬로우 컷 솔레노이드	정격 전압	DC 12V
		코일 저항	27 ± 1Ω

일반사항

항	목		제 원
베이퍼라이저	LPG 입구경		ø6mm
	LPG 출구경		ø14mm
	냉각수 입구경 (외경)		ø17mm
	냉각수 출구경 (외경)		ø17mm
입력 센서	맵 센서	형식	피에조 전기식
		출력 전압	0 ~ 5V
	흡기 온도 센서	형식	서미스터 식
		저항	2.33 ~ 2.97kΩ (20℃ 에서)
	산소센서	형식	지르코니아 센서

정비기준

항 목	규 정 치
점화시기	BTDC 15° ± 10°
공회전 속도	850 ± 100rpm

특수공구

공 구 명	형 상	용 도
하이 스캔 프로 K2CA 089 HSP	KFW5232A	전자 제어 계통 점검

고장 진단법

현 상	원	인	정 비
시동불능	연료가 떨어짐		연료보충
	조작 불량	LPG탱크의 취출밸브 열림 여부 및 커플링의 연결상태 점검	수정
	기능 불량	솔레노이드 밸브의 작동불량	배선, 솔레노이드 밸브 스위치 점검
		ISCA 작동불량	청소 및 교환
시동난이	혼합가스 농도과다		쵸크를 완전히 연다. 액셀러레이터를 완전히 밟는다.
	기능 불량	솔레노이드 밸브의 작동불량	수리 및 교환
		솔레노이드 밸브를 통한 누출	수리 및 교환
		진공호스의 이탈, 노화, 손상	수리 및 교환
		솔레노이드 필터의 기능불량	교환
엔진부조	엔진 불량	연료부족	보충
		솔레노이드 밸브의 작동불량	수리 및 교환
		공회전 불량	ISCA 점검
		각 다이어프램의 손상	교환
	공회전 불량	베이퍼라이저 공회전 조정스크류 및 스로틀 밸브 개도 불량	조정
		베이퍼라이저 각 밸브의 작동불량	밸브가 시트에 완전히 밀착하도록 조정
		믹서 취부 각부의 체결불량	수정
		각 다이어프램의 손상	교환
		베이퍼라이저 내부에 이물질이 축적	드레인 플러그를 풀어 제거후잠금
		진공호스의 이탈, 노화, 손상	수정 및 교환
		ISCA 내부 IC칩 불량	ISCA 교환
		ISCA의 이물질에 의한 밸브 고착	ISCA 청소
	출력 부족	점화시기 불량	수정
		가스량 과다: 베이퍼라이저 각 밸브 불량	교환
		가스량 과다: 고압 다이어프램의 파손	교환
		가스량 부족: 믹서의 혼합조정 스크류 과도한 조임	조정
		가스량 부족: 필터의 막힘, 파이프 밸브등이 이물질로 막힘	세척 및 교환
		가스량 부족: 저압 다이어프램 파손	교환
		가스량 부족: 저압 고무 호스가 굽혀져 꺾임	수정

FBM 고장 진단 조치

현상

엔진 시동이 걸리지 않는다.

전원 점검

- 아니오 / 고장 코드 →
  - 배터리
    1. 접속상태
    2. 비중, 충전 계통
    3. 구동 벨트
    4. 전압
  - 메인 퓨즈
- 예 ↓

시동 장치 점검

- 아니오 →
  - 점화 스위치
  - 솔레노이드
  - 스타터
  - 와이어링

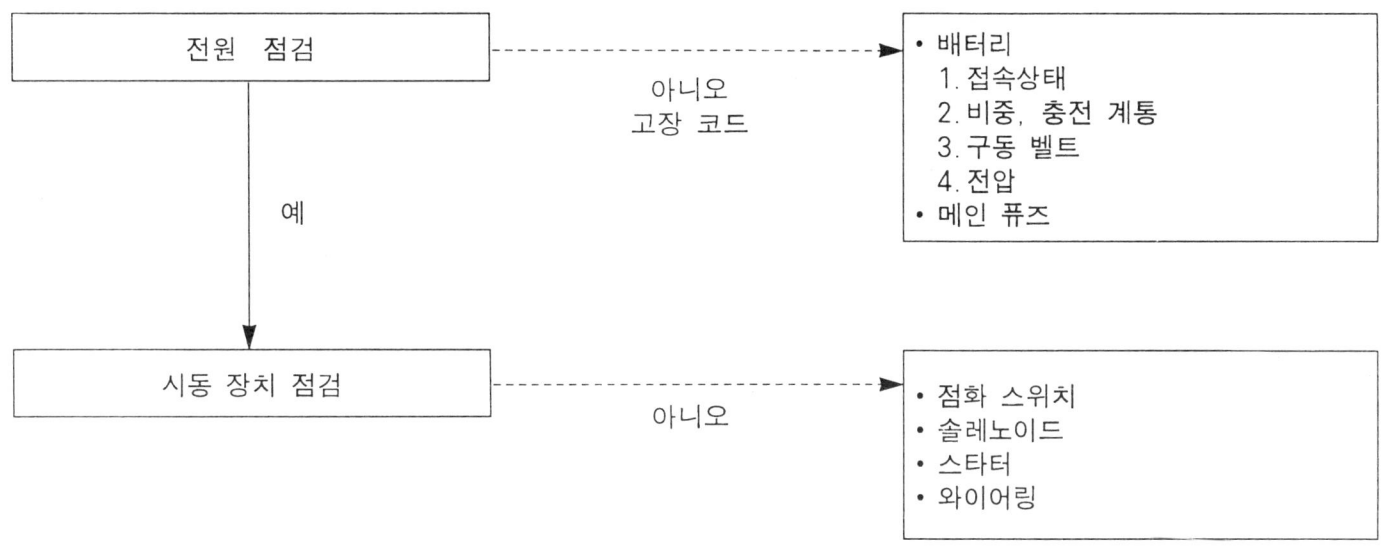

시동이 어렵다. (크랭킹은 됨)

전원 진단 점검

- → 고장 코드
  1. 볼트미터 사용
  2. 하이 스캔 프로

↓

진공 누설 점검

- 아니오 →
  - 오일 휠러 캡
  - 오일 수준 게이지
  - 진공 호스 접속
  - PCV 호스
- 예 ↓

점화스파크 점검
- 인젝터 커넥터를 분리
- 스파크플러그를 실린더 블럭에서 8 ~ 10 mm 떼어 놓은 상태에서 크랭킹시켜 스파크를 점검

- 아니오 →
  - 하이텐션 케이블
  - 이그니션코일, 파워트랜지스터
  - 스파크플러그
- 예 ↓

점화시기 점검
초기점화 : 15° ± 10° BTDC

- 아니오 → 엔진 조립 상태 확인

계속 ↓

FL-6 연료장치 (2.0 DOHC LPG)

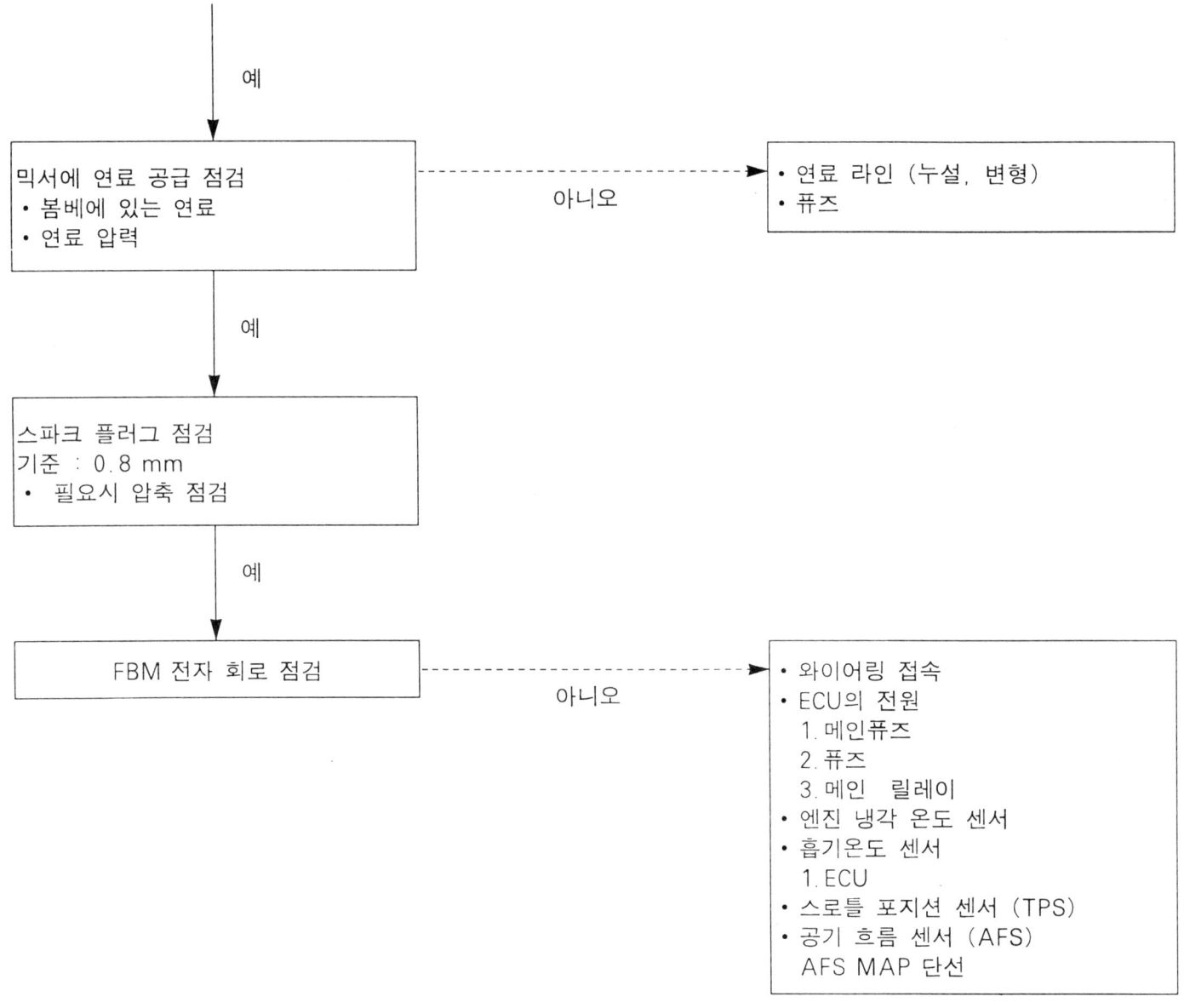

FBM 고장 진단 조치 FL-7

공회전이 불규칙하거나 엔진이 갑자기 정지한다.

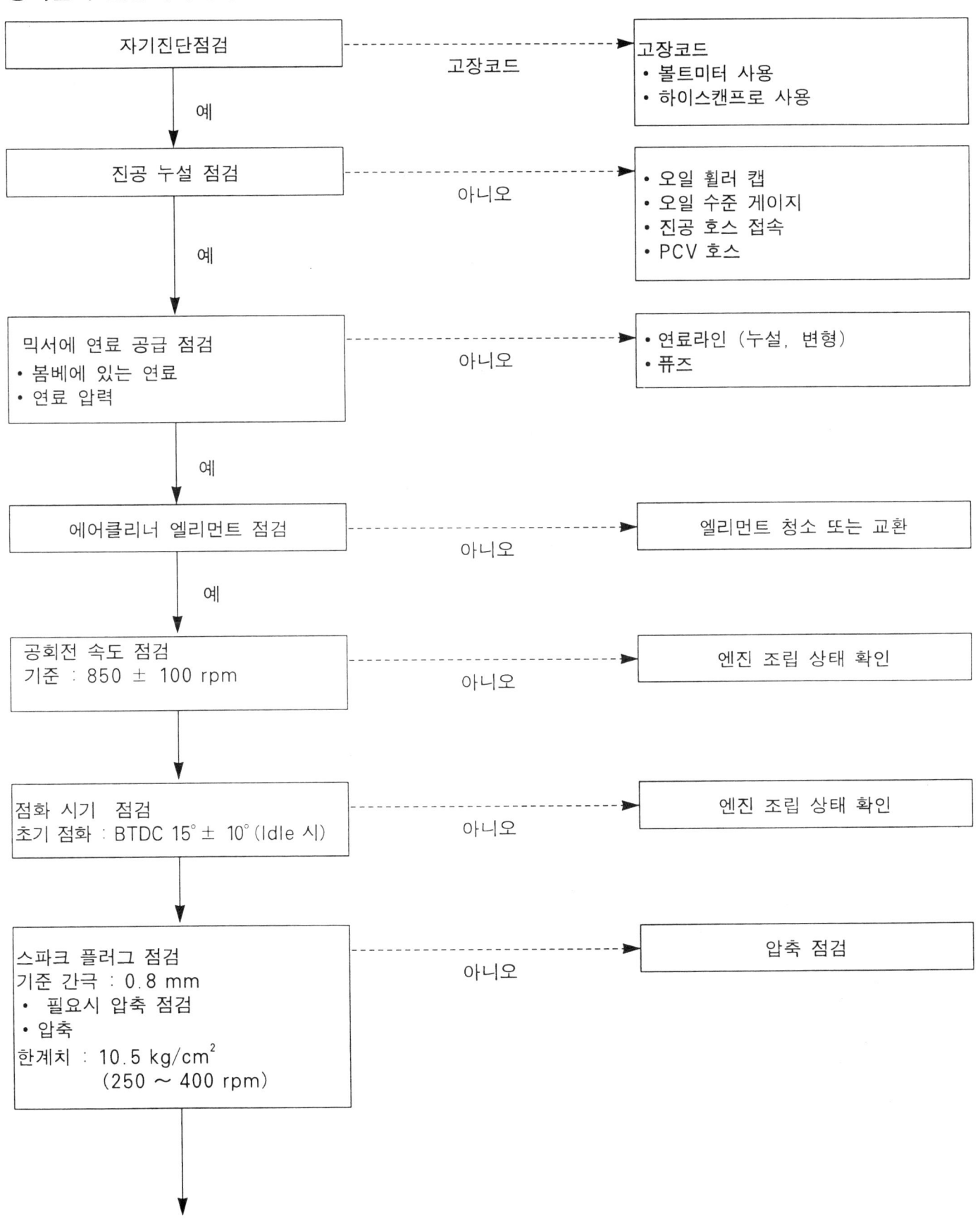

FL-8 연료장치 (2.0 DOHC LPG)

```
         │ 예
         ▼
┌──────────────────────┐          ┌──────────────────────┐
│   FBM 전자 회로 점검   │ ────────▶│ • 와이어링 접속        │
└──────────────────────┘          │ • ECU의 전원           │
                                  │   1. 메인 퓨즈         │
                                  │   2. 퓨즈              │
                                  │   3. 메인 릴레이       │
                                  │ • 엔진 냉각 온도 센서  │
                                  │ • 흡기온도 센서        │
                                  └──────────────────────┘
```

엔진 부조가 일어나거나 가속력이 떨어진다.

```
┌──────────────────────┐          ┌──────────────────────┐
│ 클러치 또는 브레이크 점검│ ──아니오▶│ • 클러치 미끄럼       │
└──────────────────────┘          │ • 브레이크 끌림       │
         │ 예                      └──────────────────────┘
         ▼
┌──────────────────────┐          ┌──────────────────────┐
│ 흡기 라인 내 진공 누설 점검│ ─아니오▶│ • 오일 휠러 캡        │
└──────────────────────┘          │ • 오일 수준 게이지    │
         │ 예                      │ • 진공 호스 접속      │
         ▼                         │ • PCV 호스            │
                                  └──────────────────────┘
┌──────────────────────┐          ┌──────────────────────┐
│ 에어클리너 엘리먼트 점검 │ ─아니오▶│ 엘리먼트 청소 또는 교환│
└──────────────────────┘          └──────────────────────┘
         │ 예
         ▼
┌──────────────────────┐          ┌──────────────────────┐
│   자기 진단 점검      │ ──아니오▶│ 고장코드              │
└──────────────────────┘          │ • 볼트 미터 사용      │
         │ 예                      │ • 하이스캔프로 사용   │
         ▼                         └──────────────────────┘
┌──────────────────────┐          ┌──────────────────────┐
│ 점화 스파크 점검       │ ──아니오▶│ • 하이텐션 케이블     │
│ • 스파크 플러그를 실린더│         │ • 점화코일            │
│   블록에서 8~10 mm    │          └──────────────────────┘
│   떼어놓은 상태에서 크랭킹시켜│
│   스파크를 점검        │
└──────────────────────┘
         │
         ▼
        계속
```

FBM 고장 진단 조치

FL-9

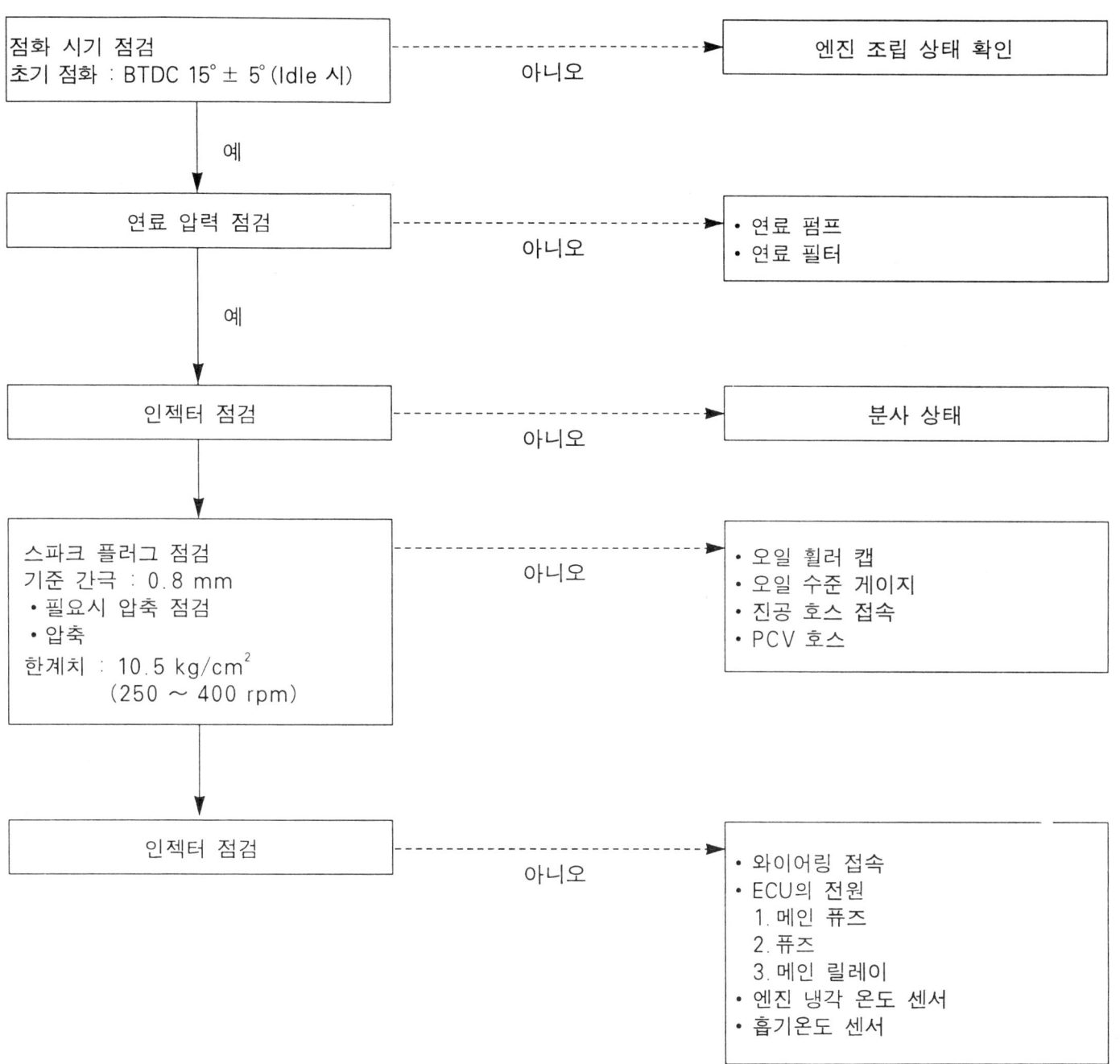

일반사항
작업전 주의사항

EMS(Engine Management System)관련 고장 수리를 행하기 전에, 일반사항을 준수하여 안전한 작업이 될 수 있도록 한다.

점화 스위치 OFF
아래의 작업을 행하기 전에 반드시 점화 스위치를 OFF 상태로 한다.
1. 점검기기 (자기진단 기기, 타이밍 라이트, 오실로스코프 등) 연결시
2. 컨넥터를 연결 또는 분리할 때
3. 저항계를 사용하여 저항을 측정한다.
4. 점화계통 부품(점화 플러그, 점화코일, 디스트리뷰터등) 교환시

ECU(Engine Control Unit) 분리
ECU 고장 발생을 방지하기 위하여 아래와 같은 작업 수행시 반드시 ECU를 분리한다.
1. 약 80 °C 이상에서 작업(도장 등)을 행할때
2. 아크 용접을 행할 때

고압 전류
〔경고〕
● 점화 계통에는 고압의 전류가 흐르고 있으므로 점화계통 부품 (점화 코일, 디스트리뷰터 캡, 관련 배선등) 수리시 주의한다.

연료 계통 수리
〔경고〕
● 연료 계통 수리시 사고 방지를 위하여 연료 라인 내의 연료를 반드시 제거한 후 작업을 행할 것.

1. 시동을 건 후 LPG스위치를 OFF시킨 후 엔진이 정지할 때까지 공회전을 시킨다.
2. 봄베측 송출 밸브 (적색, 황색)을 완전히 잠근다.

간헐적인 고장에 대한 대처 방안
대부분 간헐적인 고장은 특정 상황에서 발생된다. 그 상태가 인식 가능한 것이라면 그 원인은 쉽게 발견될 것이다.

간헐적인 고장 대응 방안
1. 고장에 관해서 고객에게 문의
   어떻게 느껴지는지, 어떻게 소리가 나는지, 운행상태, 날씨, 발생 빈도 등을 묻는다.
2. 고객의 반응으로 상태 탐지
   전형적으로 거의 모든 간헐적인 고장은 진동, 온도, 습기 변화, 잘못된 연결과 같은 상태에서 발생한다.
   고객의 대답에서 어떤 상태에서 영향받는 것인가 그 조건을 알아내야 한다.
3. 시뮬레이션 테스트 이용
   진동, 잘못된 연결인 경우에는 고객의 불만을 재현하기 위해 아래 시뮬레이션 테스트를 이용한다.
4. 간헐 고장이 제거된 것을 증명
   고장 파트를 수리하고 간헐 고장이 제거된 것을 증명하기 위해 다시 그 상태를 재현한다.

시뮬레이션 테스트
시뮬레이션 테스트를 위해서는 간헐 고장을 재현하기 위해 그 예에 해당되는 각 와이어링을 흔들고 부드럽게 구부리고 당기고 끈다.
1. 커넥터를 위·아래, 좌·우로 흔든다.
2. 와이어링 하니스를 위·아래, 좌·우로 흔든다.
3. 부품, 센서를 진동시킨다.

끊어진 퓨즈에 대한 정비 포인트 검사
퓨즈를 제거하고 퓨즈의 부하측과 접지사이의 저항을 측정한다.
통전 상태를 위해 이 퓨즈에 관련된 모든 회로의 스위치를 셋팅한다.
이 때 저항이 거의 0Ω이면 이 스위치와 부하 사이의 어떤 위치에서 단락된 것이다.
저항이 0Ω이 아니면 단락된 것이 아니지만 순간적인 단락이 퓨즈가 끊어진 이유가 될 수 있다.
회로 단락의 주요 원인 :
   차체에 눌려진 하니스, 마모
   과열로 인한 하니스 외부의 손상
   커넥터나 회로속에 수분 유입
   조립 불량

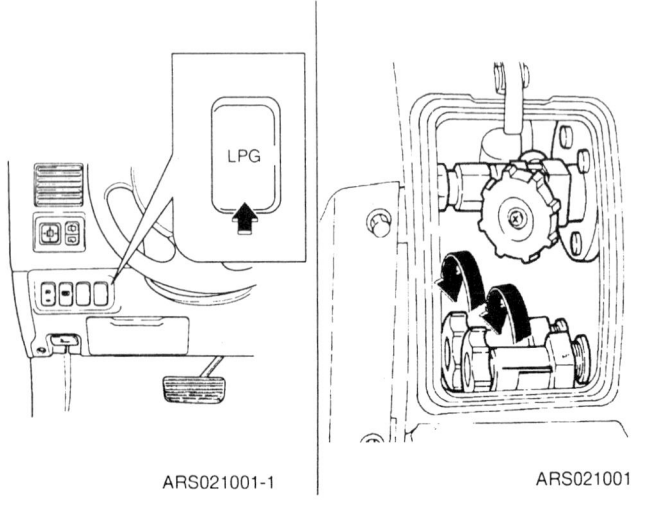

FBM 고장 진단 조치

시스템 검사

시스템 구성 요소(센서, ECU, LPG 솔레노이드 등)가 고장나면 엔진 작동 상태를 위한 적절한 연료량의 공급이 방해되는 결과가 초래된다.
아래 상황을 접하게 될 것이다.
1. 엔진 스타트가 어렵거나 전혀 스타트되지 않음
2. 불안정한 아이들
3. 부적절한 구동성

위의 상태 어느것도 나타나지 않으면 우선 자기 진단 검사를 수행한다.
뒤이어 기본 엔진 점검(점화 시스템 고장, 올바르지 않은 엔진 조정 등)을 한 다음 FBM 시스템 구성 요소를 검사한다.

On-Board 진단

우선 ECU 고장을 탐지한 후 자기 진단 코드를 기록한다. 엔진 재시동후 같은 고장이 재탐지되면 진단 고장 코드를 기록한다. (운행시 감지된 고장)
그러나, 연료시스템의 Rich/lean 실화시는 첫 고장 탐지시 진단 고장 코드를 기록한다

고장 지시등 (MIL)

On Board 진단 램프는 차체에 문제가 있음을 운전자에게 알려준다.
그러나 MIL은 3초 후 자동적으로 OFF되며 뒤이어 연속적으로 일어나는 운행 사이클에서는 같은 고장이 탐지되지 않는다.
즉시 상하 스위치를 ON후 고장 지시등을 5초 동안 밝혀 고장 지시등이 정상적으로 작동하게 한다.
아래 항목이 MIL에 표시될 것이다.
1. 공기량 센서 (AFS)
2. 냉각 수온 센서 (WTS)
3. 스로틀 포지션 센서 (TPS)
4. 아이들 스피드 컨트롤 액츄에이터 (ISA)
5. 산소 센서 (O_2 센서)
6. 크랭크 포지션 센서 (CPS)

고장 지시등 검사

1. 점화키 ON후 엔진 회전없이 5초동안 점등되는지 점검
2. 점등되지 않으면 하니스 개방 회로 점검. 퓨즈, 밸브의 끊어짐 점검

자기 진단

ECU 모니터는 입/출력 신호를 알려준다. (어떤 신호는 항상 그리고 다른 것들은 규정되어서 신호를 알려준다.)
ECU가 불규칙성을 탐지하면 진단 고장 코드에 기억했다가 자기 진단 출력 터미널에 출력 신호를 보낸다.
진단 결과는 하이스캔프로에 나타난다.
진단 고장 코드는 배터리 전원이 유지되는한 ECU에 기억된다.
진단 고장 코드는 배터리 터미널이나 엔진 컨트롤 유니트 (ECU) 커넥터가 분리되면 소거되고 또한 GST에 의해서도 소거된다.

점검 과정 (자기 진단)

[참고]
- 배터리 전압이 낮으면 진단 고장 코드는 읽을 수 없다. 테스트 시작전에 배터리 전압과 충전 시스템을 점검해야 한다.
- 배터리나 ECU 커넥터가 분리되면 진단 메모리는 소거된다.

검사과정 (GST 이용)

1. 점화 스위치를 OFF
2. 데이터 링크 커넥터에 하이스캔프로를 연결한다.
3. 점화 스위치 ON
4. 하이스캔프로를 이용하여 진단 고장 코드를 점검
5. 진단 차트를 보고 고장 부품을 수리
6. 진단 고장 코드 소거
7. 하이스캔프로를 분리한다.

문제점 해결방법

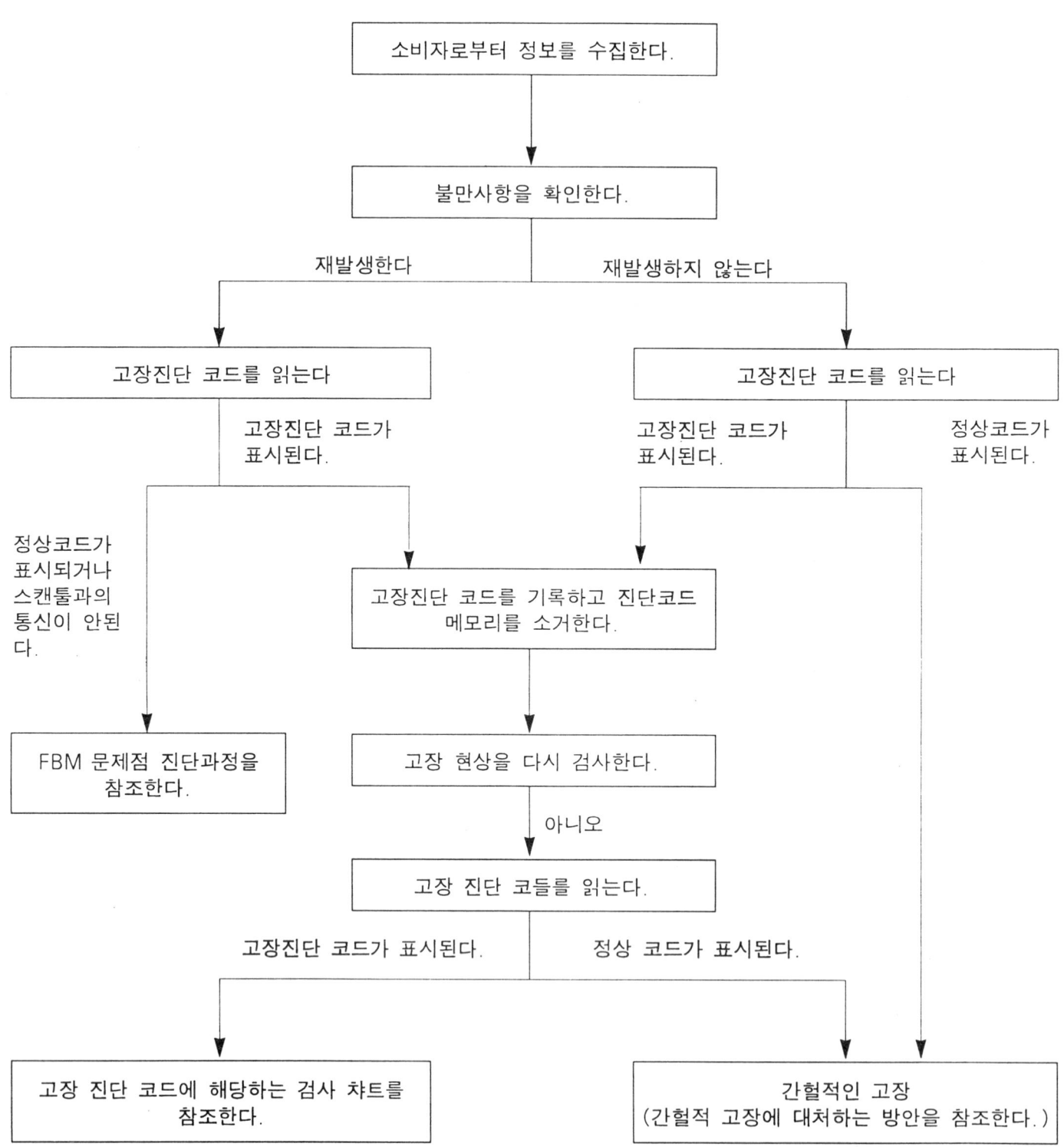

FBM 고장 진단 조치

FL-13

ECU 핀 기능 및 단자 점검표

ECU 핀 단자 배열도

```
55 54 53 52 51 50 49 48 47 46 45 44 43 42 41 40 39 38
  37 36 35 34 33 32 31 30 29 28 27 26 25 24 23 22 21 20
19 18 17 16 15 14 13 12 11 10  9  8  7  6  5  4  3  2  1
```

CV2021001

(V_B : 배터리 전압)

ECU 핀 단자 기능

핀번호	입력	출력	접속부위	측정조건	신호상태	전압치(V)
1	-	-	-	-	-	-
2	-	-	-	-	-	-
3	-	-	접지	항상		0
4	-	-	센서접지	항상		0
5	○		냉각수온센서	냉각수온 20°C		2.12
				냉각수온 80°C		0.44
6	○		산소센서	연료혼합 농후시		0.6~0.8
				연료혼합 희박시		0.2~0.4
7	-	-	-	-	-	-
8	○		뉴트럴 스위치	스위치 "ON"시		0
				스위치 "OFF"시		5
9	-	-	-	-	-	-
10	○		차속센서	차량 정지 상태		0 또는 5
				차량 주행 중	펄스신호	0~5
11		○	진단커넥터(K-LINE)			
12		○	냉각팬 릴레이	쿨링팬 회전시		0
				쿨링팬 정지시		V_B
13		○	세컨드 록 솔레노이드	솔레노이드 작동시		0
				솔레노이드 미작동시		V_B
14		○	솔레노이드 & 필터	솔레노이드 작동시		0
				솔레노이드 미작동시		V_B
15		○	메인 듀티 솔레노이드	솔레노이드 작동시		0
				솔레노이드 미작동시		V_B
16	-	-	-	-	-	-
17	-	-	로직 접지	항상		0
18	○		백업전원	항상		V_B
19	-	-	전원접지	항상		0
20		○	이그니션 코일(3번)	이그니션 스위치 "ON"	펄스신호	0~350
21		○	이그니션 코일(2번)	이그니션 스위치 "ON"	펄스신호	0~350
22	-	-	센서접지	항상		0
23	○		흡기온센서	흡기온도 20°C시		2.12
				흡기온도 80°C시		0.44
24	○		스로틀 포지션 센서	공회전시		0.84
				WOT		3.96
25		○	듀얼 스위치	스위치 "ON"시		V_B
				스위치 "OFF"시		0
26	○		에어컨 스위치	에어컨 스위치 "ON"시		V_B
				에어컨 스위치 "OFF"시		0
27	-	-	진단 커넥터			
28	○		No.1 TDC 센서	시동후	주파수	0~5
29	-	-	-	-	-	-
30		○	SCI 통신	이그니션 스위치 "ON"시		0~5
31		○	에어컨 컴프레서 릴레이	에어컨 스위치 "ON"시		0
				에어컨 스위치 "OFF"시		V_B
32		○	슬로우 컷 솔레노이드	솔레노이드 "ON"시		0
				솔레노이드 "OFF"시		V_B
33		○	메인 릴레이	이그니션 스위치 "ON"시		0
34		○	아이들 스피드 컨트롤	ISC액튜에이터 "ON" 시		0~V_B
35	○		엔진 회전수	엔진 회전수 1000rpm 시	주파수	50Hz
				엔진 회전수 3000rpm 시	주파수	150Hz

핀번호	입력	출력	접속부위	측정조건	입출력 신호	
					신호상태	전압치(V)
36	○		배터리 전압	이그니션 스위치 "ON"시		V_B
37	-	-	전원접지	항상		0
38		○	이그니션 코일(1번)	이그니션 스위치 "ON"시	펄 스 신 호	0~350
39	-	○	이그니션 코일(4번)	이그니션 스위치 "ON"시	펄 스 신 호	0~350
40	-	-	-	-	-	-
41	○	-	센서전원(믹서)			5
42	○		MAP센서	이그니션 스위치 "ON"시		3.81
				엔진 아이들시		1.15
43	○		파워 스티어링 스위치	파워 스티어링 스위치 "ON"시		0
				파워 스티어링 스위치 "ON"시		5
44		○	듀얼 스위치	스위치 "ON"시		V_B
				스위치 "OFF"시		0
45	○		배터리 전압	이그니션 스위치 "ON"시		V_B
46		○	SCI통신(TCM에서)		주 파 수	0~V_B
47	○		크랭크 앵글센서	엔진 아이들시	주 파 수	600~900Hz
				엔진 3000rpm시	주 파 수	2700~3300HZ
48	-	-	-	-	-	-
49		○	엔진 경고등	이그니션 스위치 "ON"시		0
				엔진 시동시		V_B
				고장 발생시		V_B
50		○	액상 솔레노이드	솔레노이드 "ON"시		0
				솔레노이드 "OFF"시		V_B
51		○	컨덴서 팬 릴레이 No.1	컨덴서 팬 "ON"시		0
				컨덴서 팬 "OFF"시		V_B
52		○	슬로우 듀티 솔레노이드 밸브	솔레노이드 "ON"시		0~V_B
				솔레노이드 "OFF"시		V_B
53	-	-	로직접지	항상		0
54	○		이그니션 스위치	이그니션 스위치 "ON"시		V_B
				이그니션 스위치 "OFF"시		0
55	○		백 업 전 원	항 상		V_B

FBM 고장 진단 조치

FL-15

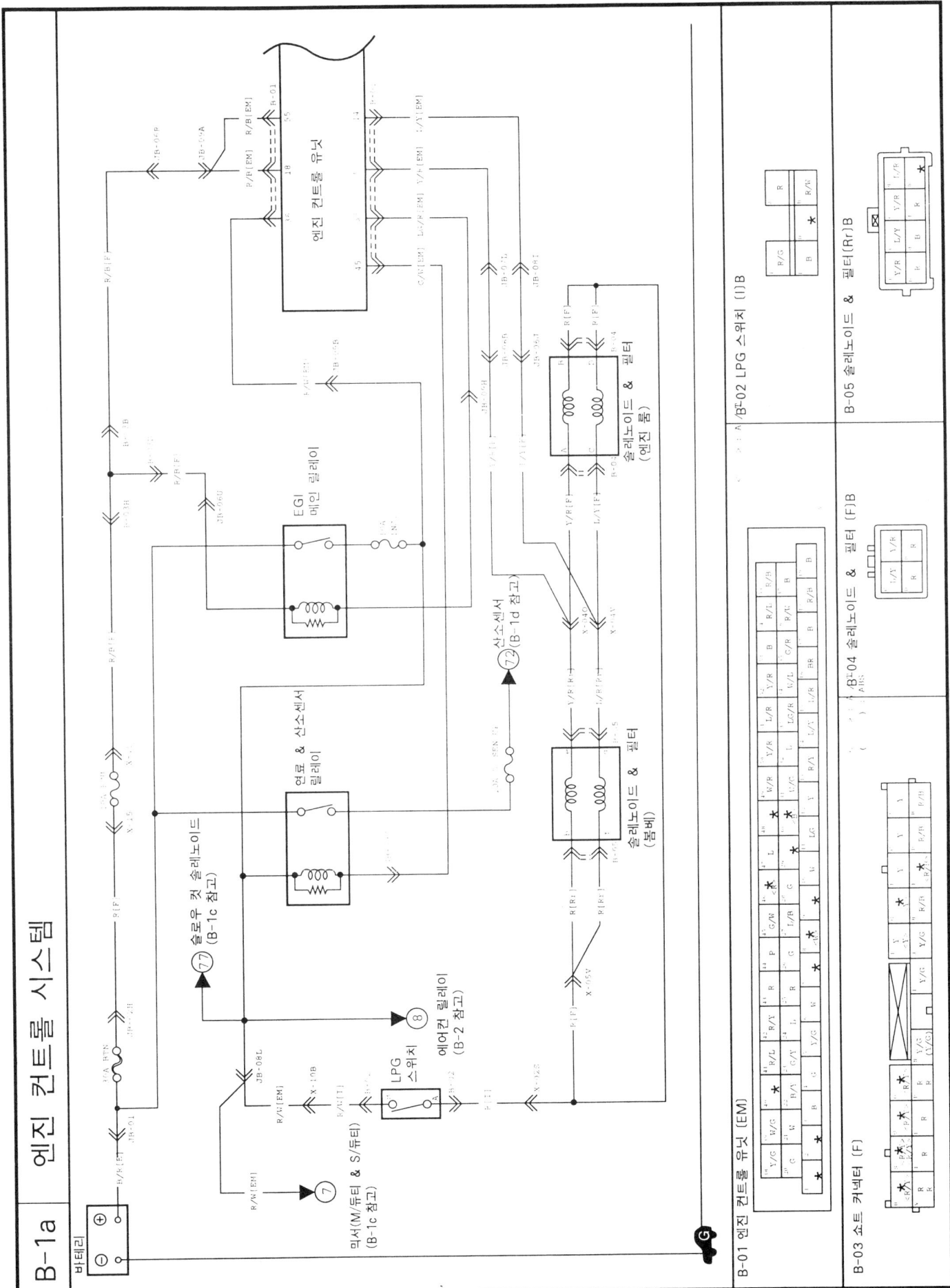

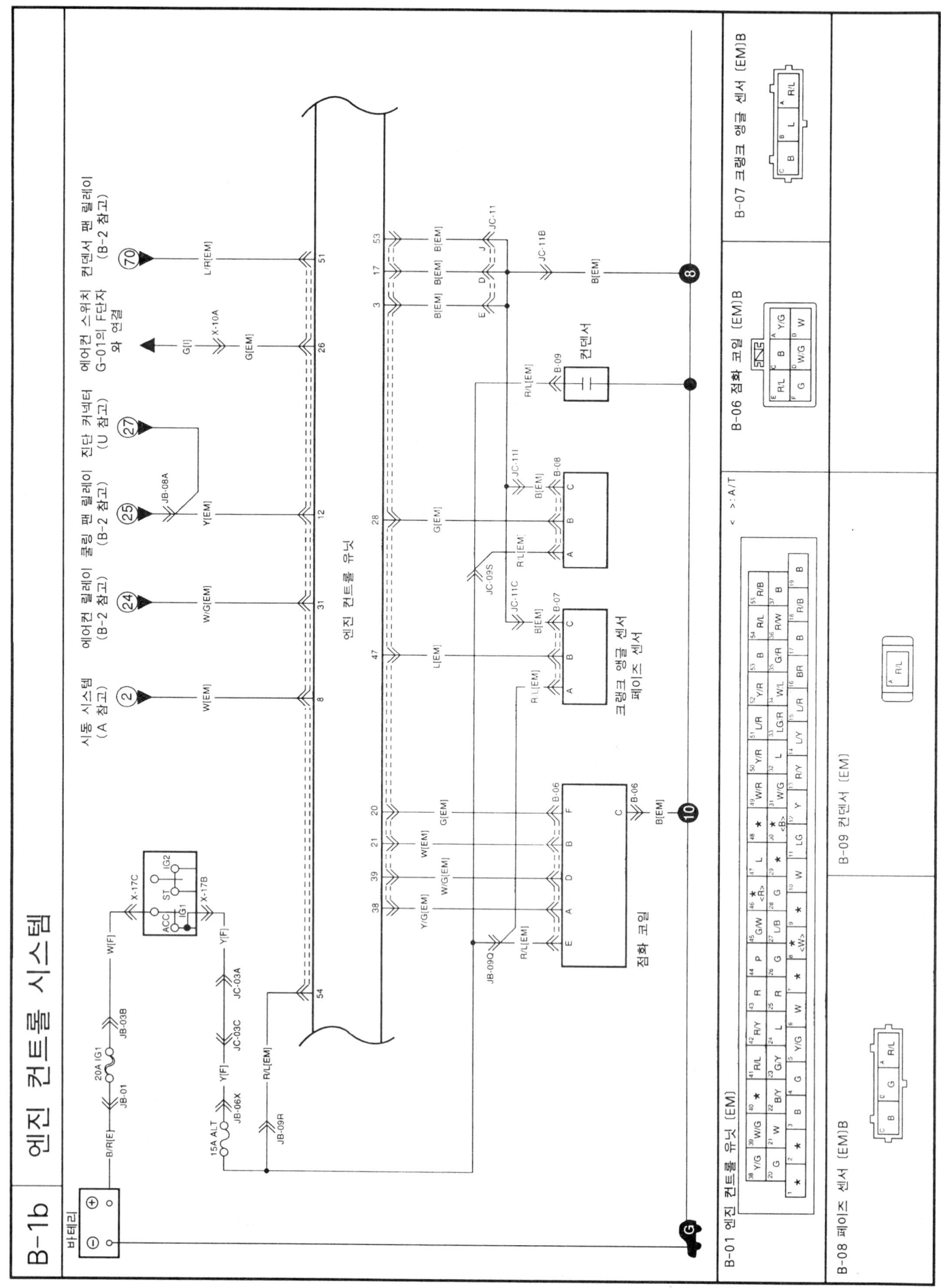

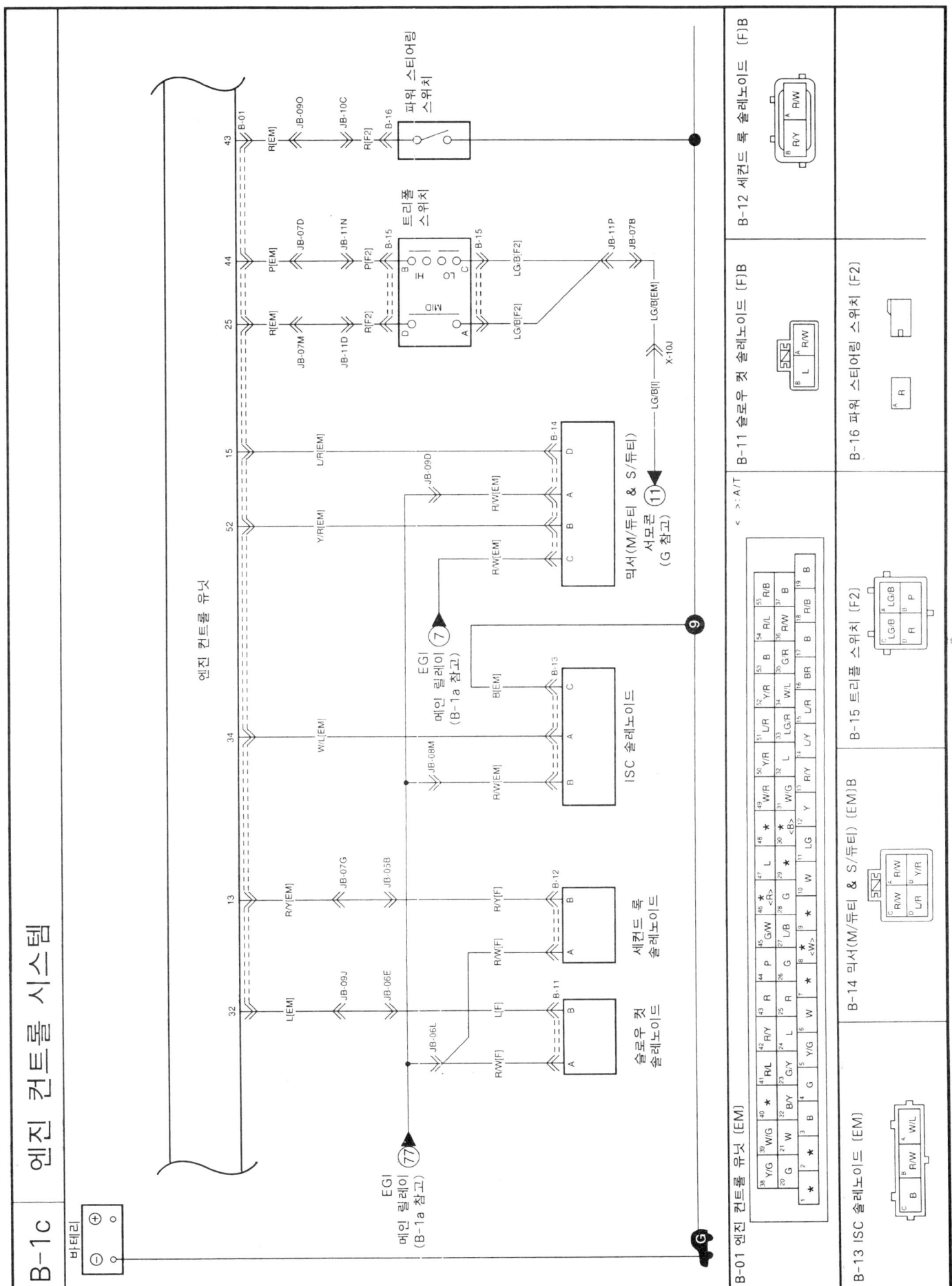

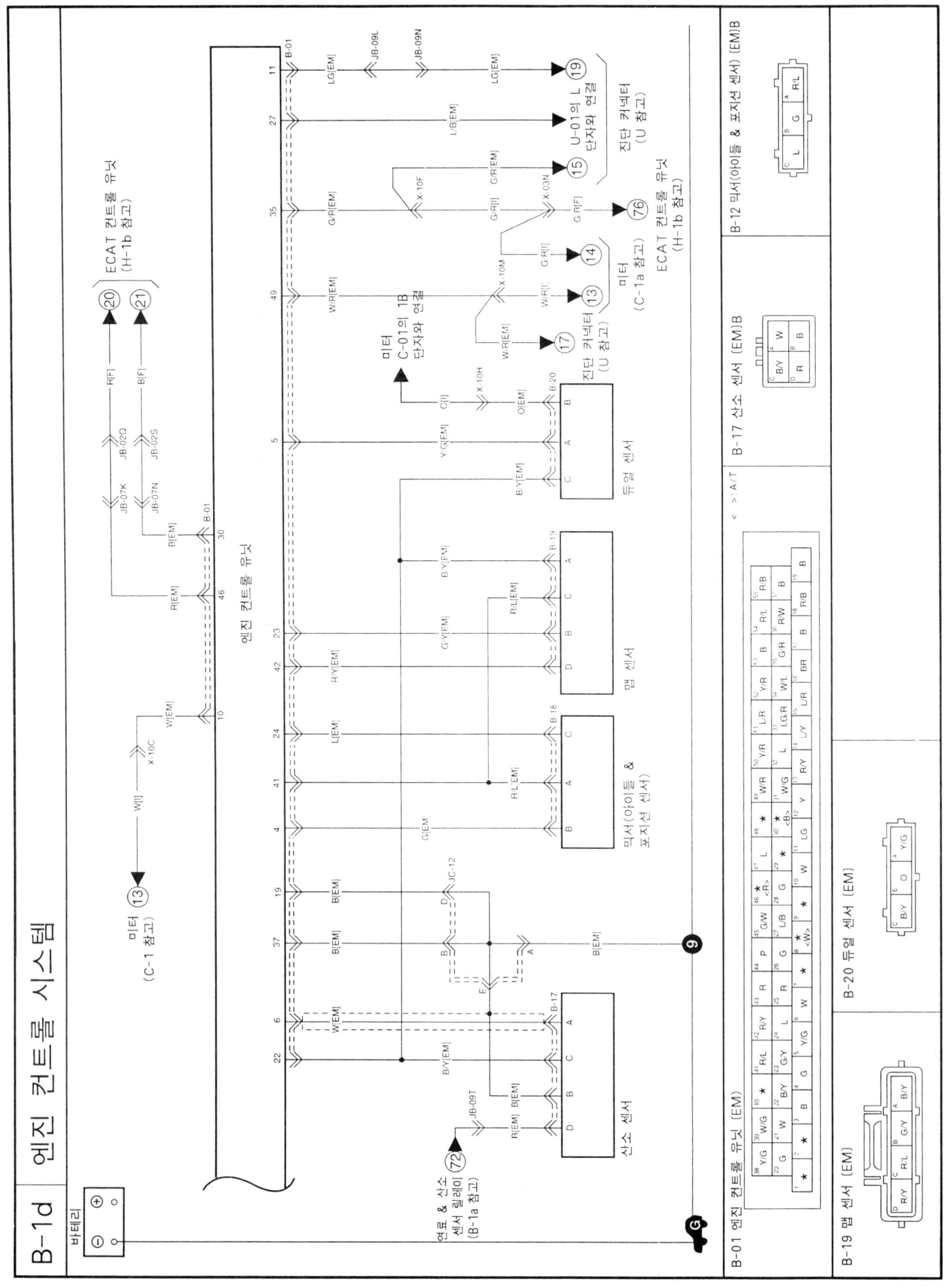

FBM 고장 진단 조치

FL-19

자기진단 조건 및 경고등 점등

항 목	진단항목	고장판정 조건	FAIL SAFE
MAP 센서	전압	1. 엔진정지:공기량 < 140mb, 1024ms 동안 2. 엔진회전:공회전 & rpm>2496rpm & 부하 > 957mb, 1024ms 동안 3. 엔진회전:TPS > 0% & rpm > 2496rpm & 부하 > 125mb, 1024ms 동안 4. 엔진회전:공회전 & rpm > 2496rpm & 부하 > 118mb, 1024ms 동안	1. 부하 = TPS, RPM 2. OPEN LOOP 제어 3. 연료학습 금지 4. 대기압학습치 = 1041.4mbar

흡기온센서 (ATS)	전압	1. 공기온 > 116.25℃, 2048ms 동안
		2. 공기온 > -36.875℃, 2048ms 동안
			1. WTS 정상:
			  만약 냉각수온<20℃, 공기온=냉각수온
			  그외 공기온 = 80℃
			2. WTS 고장:공기온 = 80℃

냉각수온센서 (WTS)	전압	1. 냉각수온 > 116.25℃, 2048ms 동안 2. 냉각수온 > -36.875℃, 2048ms 동안 3. KEY ON시 40℃이하이고 시동후 255초 경과후 이그니션 스위치 ON시의 온도 -10℃보다 낮을 경우	1. 이그니션 스위치 ON:WTS = ATS 2. WTS & ATS 동시고장:WTS = 20℃ 3. 시동이후:매4.096ms마다 0.625℃씩 110℃까지 증가
스로틀 포지션 센서 (TPS)	전압	1. 스로틀개도 > 97.5%, MAP센서가 정상, 부하 < 1.414, 2048ms 동안 2. 스로틀개도 > 1.17%, MAP센서가 정상, 부하 < 103mb, 2048ms 동안	1. TPS개도 = 50% 2. 스로틀 PWM = 0% 3. WOT ON:부하 > 754.3mbar & rpm > 1792rpm 4. IDLE ON:부하 < 415.8mbar rpm < 2400rpm
산소센서 (O²)	전압	1. 출력전압 > 1398mV, 2초 동안 2. WTS > 45℃ & rpm > 1792 & 부하 > 515.16mbar & 348mV < O² < 576mV, 10초 동안 → 신호의 입력이 없을 경우	1. OPEN LOOP 제어 2. 공연비 학습제어 금지 (최종값 사용)
크랭크각 센서 (CPS)	신호	TDC센서의 신호가 4회 변화하는 동안 CPS의 신호변화가 없는 경우	
NO.1 TDC 센서	신호	엔진이 회전하는 동안 TDC 신호의 변화가 없는 경우	CPS LONG TOOTH후 1ST FALLING EDGE에서 실린더 판별시 실린더 #2로 판별(초기 시동시 실린더 판별은 50% 확률)
차속센서	신호	rpm > 262rpm & & 부하 > 574mbar에서 3072ms 동안 신호의 입력이 없는 경우	
슬로우 듀티 솔레노이드	작동상태	IG ON & BATT > 10V & 단선, 접지단락 IG ON & BATT > 10V & 단선, 전원단락	
슬로우 컷 솔레노이드	작동상태	IG ON & BATT > 10V & 단선, 접지단락 IG ON & BATT > 10V & 단선, 전원단락	

연료장치 (2.0 DOHC LPG)

항 목	진단항목	고장판정 조건	FAIL SAFE
메인 듀티 솔레노이드	작동상태	IG ON & BATT 〉 10V & 단선, 접지단락 IG ON & BATT 〉 10V & 단선, 전원단락	
메인 릴레이	전압	IG ON & BATT 〉 8V	
아이들 스피드 콘트롤 엑츄에이터 (ISCA)	작동상태	IG ON & BATT 〉 10V & 단선, 접지단락 IG ON & BATT 〉 10V & 단선, 전원단락	ISA 듀티 = 50% 고정
ECU-TCU 통신선		크랭킹 or BATT 〈 10V or BATT 〉 10V후 500ms 동안 or rpm 〈 450rpm 조건에서 아래와 같은 고장이 5회 연속 발생시 * over-run farming error * check sum error * 20ms 동안 통신이 완료되지 않았을 경우	1. A/T 종합제어, 학습제어 금지 2. 매 이그니션 스위치 ON마다 다시 ERROR CHECK 함
팬 릴레이 (LOW/HIGH)	작동상태	IG ON & BATT 〉 10V & 단선, 접지단락 IG ON & BATT 〉 10V & 단선, 전원단락	
ECU 메모리 CHECK SUM		IG ON & ROM의 CHECK SUM ERROR 발생	
ECU RAM 불량		IG ON & RAM의 CHECK SUM ERROR 발생	
경고등	작동상태	IG ON & BATT 〉 10V & 단선, 접지단락 IG ON & BATT 〉 10V & 단선, 전원단락	

자기진단 항목 및 엑츄에이터 테스트 항목

1) 자기진단 항목

순	항 목	조 건	정상상태 참조치	단 위	범 위	비 고
1	산소센서 (B1/S1)	A/F 제어	0.1~0.9	V	0~1.275	
2	흡기압센서 (MAP)	IDLE WOT	25~35 (300mb) 80~103(950~1000mb)	mmHg (kpa)	0~255	
3	흡기온센서	HOT IDLE	50~100	℃	-40~215	
4	스로틀 포지션 센서	IDLE WOT	0 70~100	%	0~100	
5	배터리 전압	ENG.RUN	12~16	V	8~6	
6	냉각수온센서	KEY ON HOT IDLE	-40~120 80~110	℃	-40~215	
7	엔진회전수	IDLE WOT	600~1000 600~6200	rpm	0~16383	

FBM 고장 진단 조치

FL-21

순	항 목	조 건	정상상태 참조치	조 건	범 위	비 고
8	차속센서	정지시	0	Km/h	0~255	
		주행시	0~255			
9	에어컨 스위치	-	-	ON/OFF	-	
10	에어컨 릴레이	-	-	ON/OFF	-	
11	변속 레버스위치	-	-	-	-	
12	파워스티어링 스위치	-	-	ON/OFF	-	
13	점화시기	IDLE	10~20	°		BTDC:+ ATDC:-
14	공회전학습제어	IDLE	20~40	%	0~100	
		NOT IDLE	20~55			
15	공회전학습제어	IDLE	-10~15	%	-50~50	
16	메인 듀티 솔레노이드	ENG. RUN	0~97.2	%	0~100	
17	슬로우 듀티 솔레노이드	ENG. RUN	0~97.2	%	0~100	
18	슬로우 컷 솔레노이드	-	-	ON/OFF	-	
19	기상연료 솔레노이드	-	-	ON/OFF	-	
20	액상연료 솔레노이드	-	-	ON/OFF	-	
21	공연비보정상태	-	-			
22	공연비보정제어	ENG. RUN	-50~50	%	-50~50	
23	공연비학습제어	ENG. RUN	-50~50	%	-50~50	

2) 엑츄에이터 테스트 항목

순	항 목	조 건	비 고
1	메인 듀티 솔레노이드 밸브	50% 듀티 (2회)	작동음 확인
2	슬로우 컷 솔레노이드 밸브	ON, OFF 2회	작동음 확인
3	메인 릴레이	ON, OFF 2회	작동음 확인
4	에어컨 컴프레셔 릴레이	ON, OFF 2회	작동음 확인
5	냉각팬 릴레이 (HIGH/LOW)	ON, OFF 2회	작동음 확인
6	공회전 속도 밸브	ON, OFF 2회	작동음 확인
7	슬로우 듀티 솔레노이드 밸브	50% 듀티	작동음 확인

FBM 장치

일반사항

피드백 믹서장치는 배출가스를 최소한으로 줄이면서 적정한 공기연료 혼합비를 공급해준다.

ECU는 여러센서로부터 신호를 받아 믹서에 부착되어 있는 피드백 솔레노이드 밸브와 연료 컷 밸브를 적절히 작동시켜 공기-연료 혼합비를 조절해준다.

FBM 계통도

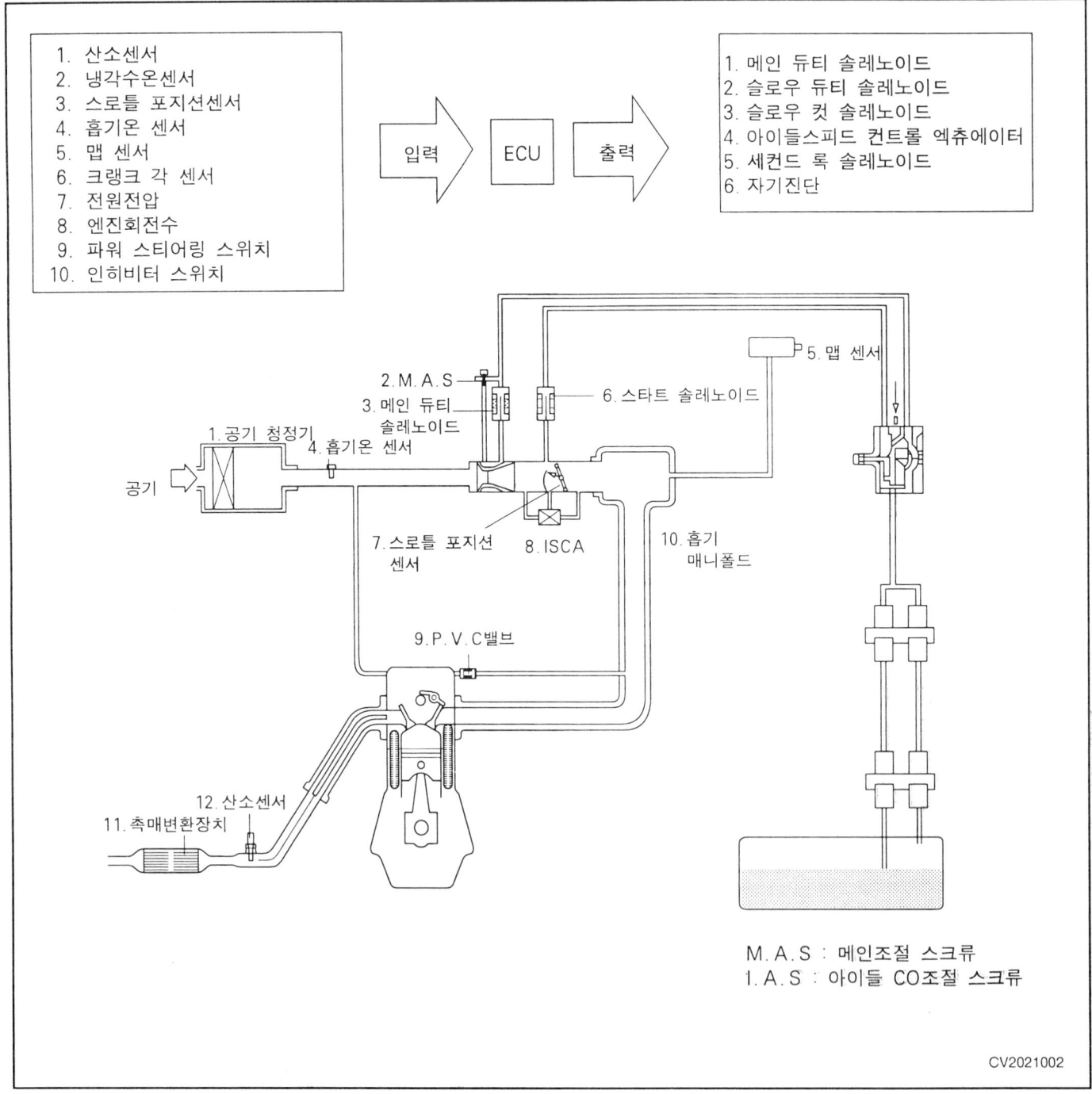

입력:
1. 산소센서
2. 냉각수온센서
3. 스로틀 포지션센서
4. 흡기온 센서
5. 맵 센서
6. 크랭크 각 센서
7. 전원전압
8. 엔진회전수
9. 파워 스티어링 스위치
10. 인히비터 스위치

출력:
1. 메인 듀티 솔레노이드
2. 슬로우 듀티 솔레노이드
3. 슬로우 컷 솔레노이드
4. 아이들스피드 컨트롤 엑츄에이터
5. 세컨드 록 솔레노이드
6. 자기진단

M.A.S : 메인조절 스크류
I.A.S : 아이들 CO조절 스크류

1. 공기 청정기
2. M.A.S
3. 메인 듀티 솔레노이드
4. 흡기온 센서
5. 맵 센서
6. 스타트 솔레노이드
7. 스로틀 포지션 센서
8. ISCA
9. P.C.V밸브
10. 흡기 매니폴드
11. 촉매변환장치
12. 산소센서

FBM 장치

FBM 장치의 구성

ECU

ECU는 각종센서로부터 받은 정보를 기초로하여 여러가지 작동조건의 이상적인 조건을 구해 해당되는 액츄에이터를 작동시켜 공기-연료 혼합 비율을 조절한다.

이 ECU는 마이크로프로세서(Micro-Processor), RAM(Random Access Memory), 입출력단자들로 구성되어 있다.

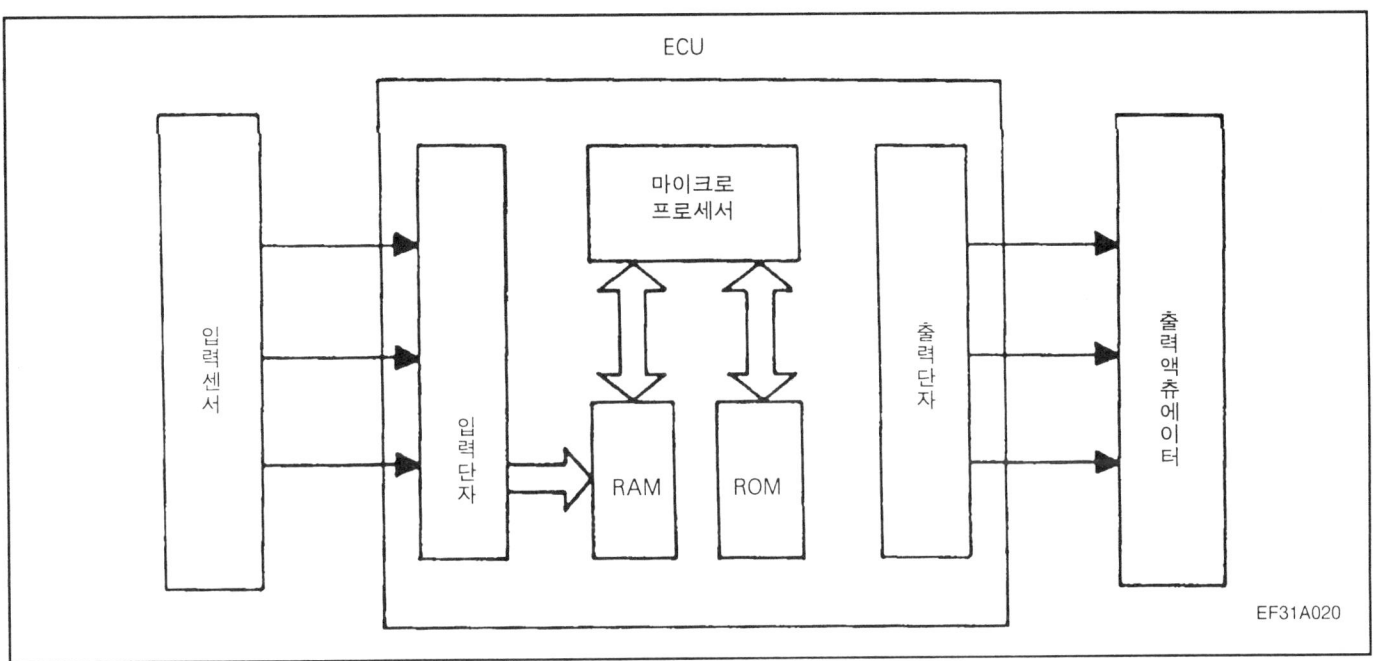

맵(MAP) 센서

매니폴드 압력센서는 흡기 매니폴드내의 절대압력을 측정하여 엔진에 흡입되는 공기량을 간접적으로 검출해내는 공기유량센서의 일종이다. 맵센서는 절대압력에 비례하는 아나로그(Analog) 출력신호를 ECU로 전달하고, 이 출력신호는 ECU내의 메모리내에 설정된 데이터(맵핑값)에 따라 흡입되는 공기량으로 환산되어 흡입되는 공기에 대응하는 연료제어에 이용한다.

출력특성은 압력에 따른 출력전압 변화가 선형적인 1차 곡선으로 나타나며, 압력범위는 변동해도 출력전압은 0~5V 사이에서 존재한다.

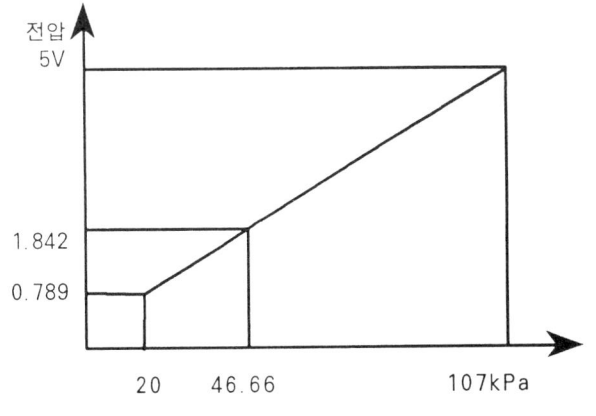

스로틀 포지션 센서 (Throttle Position Sensor)

스로틀 바디에 장착되어, 스로틀 밸브의 축과 같이 회전하는 가변저항기로서 스로틀 밸브의 개도를 검출하기 위한 센서이다. 스로틀 포지션 센서의 출력 전압은 스로틀 밸브의 개도에 따라 변동하며, ECU는 스로틀 포지션 센서의 신호와 엔진 회전수(rpm)를 기본으로하여 엔진 운전모드(Mode)를 판정하여 연료량을 보정한다. 또한 스로틀 밸브의 개도변화를 계산하여 가, 감속상태를 검지한다.

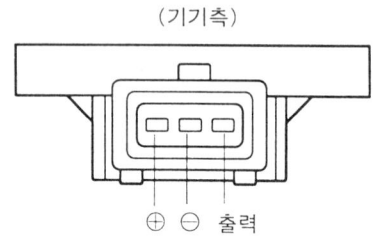

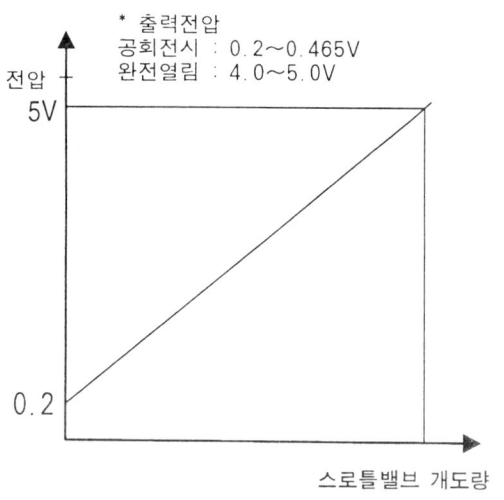

엔진 냉각수온 센서

냉각수온 센서는 흡기 매니폴드의 냉각수 통로에 장착되어 있는 서미스터(Thermistor)이다. 이 센서에서 출력전압을 ECU로 보내면 ECU는 엔진의 온도를 감지하여 그 온도에 적합한 연료혼합을 공급할수 있도록 각 장치들을 제어해 준다.
ECU는 냉각수온에 따른 시동시 기본연료량 및 점화시기 결정. 시동시 기본 아이들제어, 듀티량 제어 냉각팬 제어, 액/기상 솔레노이드제어 등에 사용한다.

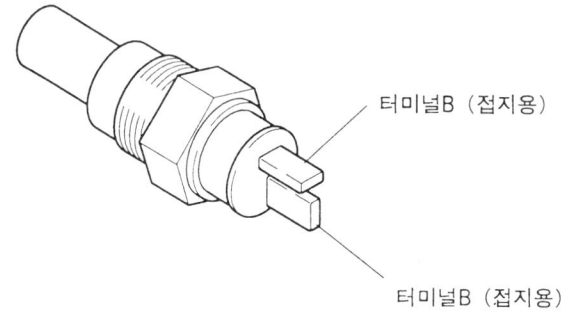

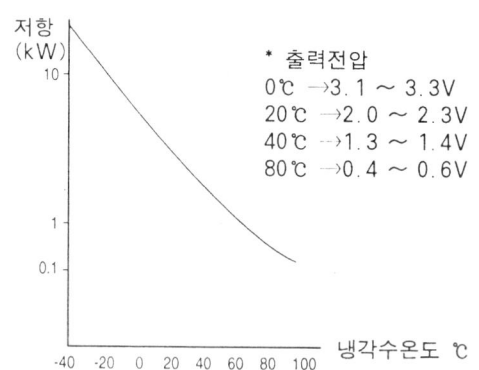

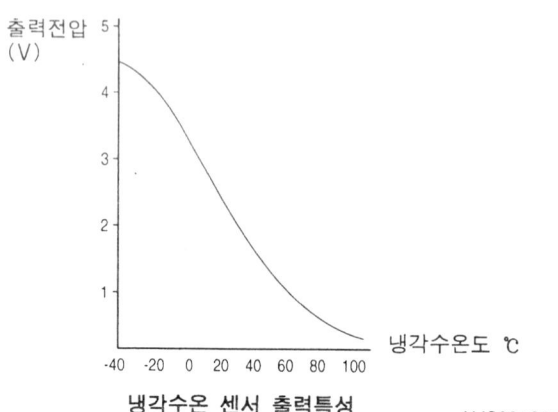

냉각수온 센서 출력특성

흡기온 센서 (Air Temperature Sensor)

엔진에 흡입되는 공기의 질량은 온도 및 대기압에 따라 변하므로 체적유량을 계측하는 방식에서는 이에 대한 공기의 질량보정이 필요하다. 흡기온 센서는 흡입공기온도를 검출하는 부저항 특성을 가진 서미스터(Thermis)로서 ECU는 흡기온 센서의 출력전압에 의한 흡기온도를 검지하여 흡기온도에 대응하는 연료량 보정, 점화시 연료량 보정, 점화시기 보정, 아이들시 공기온 보상등에 사용된다.

흡기온 센서 고장시 대처기능(Limp Home)은 냉각수온 센서가 정상일때 냉각수온이 20℃이하인 경우, 흡기온도는 냉각수온 초기값으로 인식하며 그외는 흡기온도를 20℃로 인식한다. 그리고 냉각수온 센서가 동시 고장일 경우 흡기온 대처값은 20℃이다.

크랭크각 센서 (Crank Angle Sensor)

크랭크각 센서는 각 실린더의 크랭크각(피스톤 위치)을 감지하여 이를 펄스 신호로 바꾸어서 ECU에 입력한다. ECU는 이 신호에 입각해서 엔진 속도를 계산하고 연료분사 시기와 점화시기를 조절한다.

산소센서(Oxygen Sensor)

1. 산소센서는 배기 매니폴드(프론트 파이프)에 장착되어 있으며 고체전극 산소집중 셀(solid electrolyte oxygen conecntration cell)의 원리를 채택하고 있다. 산소집중 셀은 이론 공연비 주위에서 출력전압이 급변하는 특성을 가지고 있다.

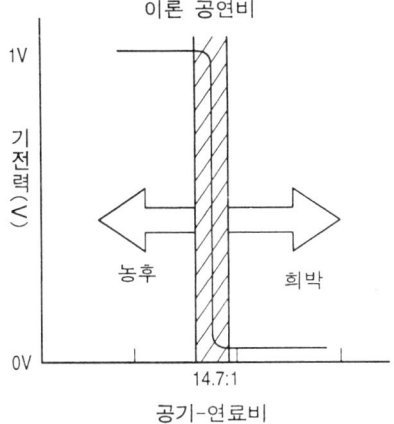

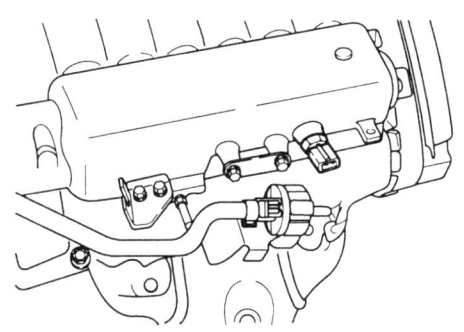

* 출력전압
0℃ → 3.1 ~ 3.3V
20℃ → 2.0 ~ 2.3V
40℃ → 1.3 ~ 1.4V
80℃ → 0.4 ~ 0.6V

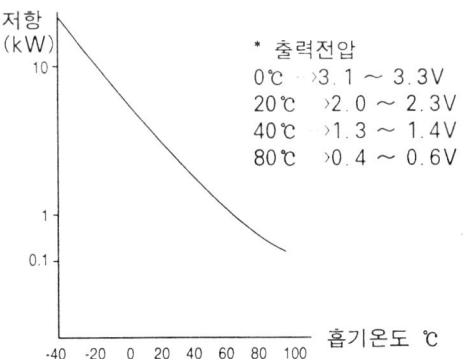

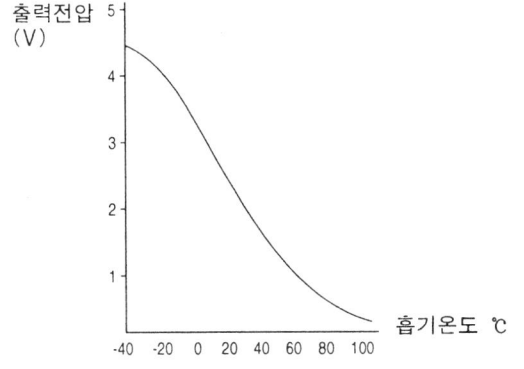

흡기온 센서 출력특성

2. 산소센서가 배기가스 중의 산소농도를 감지해 ECU로 보내면 ECU에서는 이론비율과 비교하여 혼합비율이 농후 혹은 희박한가를 판단하여 3원촉매의 정화율이 최상인 이론 공연비로 공기연료 혼합비율을 조절해 주는 회로를 작동시킨다.

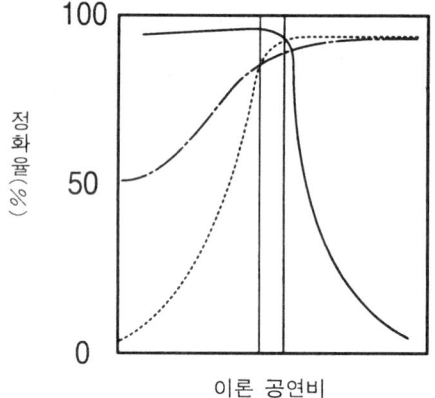

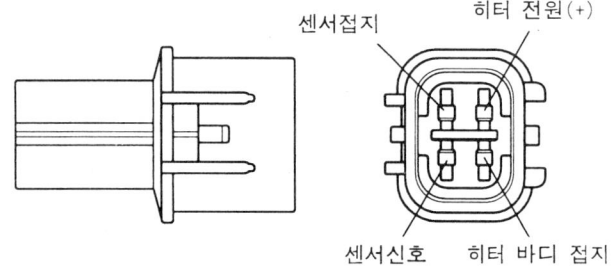

아이들 스피드 컨트롤 액츄에이터(ISCA)

1. 시동시, 공회전시 및 전기부하시, 변속부하시 아이들 보정을 행하는데 사용되며 ECU에 의하여 듀티 제어된다.
2. 공회전 속도를 제어하기 위해 TPS개요, 냉각수온, MAP값, 엔진회전수 등의 각종 입력요소에 따라 ISCA 기본 듀티량을 계산하고 각종 보정제어, 피드백 제어 및 학습제어등을 수행한다.
3. ISCA를 제어하는 주파수는 250Hz이고 듀티 제어된다.
4. 공회전 상태에서 50 ± 10%의 듀티로 제어하며 혼합기 량을 변화시킨다.
   이때 엔진 워밍-업후의 목표 회전수는 800 ± 100rpm이다.
5. 커넥터 이탈시 및 와이어링 단선시는 듀티 50%위치에 ISCA가 작동되어 엔진회전수가 약 2000rpm까지 상승한다.

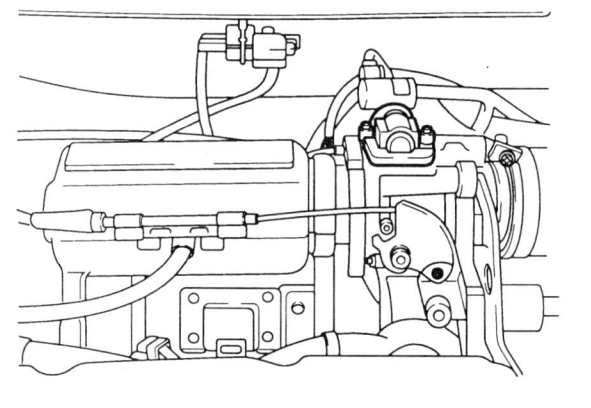

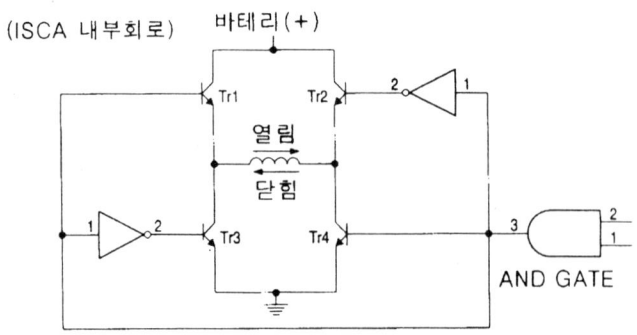

FBM 장치　　　　　　　　　　　　　　　　　　　FL-27

메인 듀티 솔레노이드

메인 듀티 솔레노이드는 믹서보디에 장착되어 있으며, 산소 센서의 입력 신호에 의한 ECU의 희박, 농후 판단상태에 따라 연료량제어를 메인 듀티 솔레노이드의 듀티제어로 연료-공기 혼합비를 조절한다. (피드백 솔레노이드라고 함)

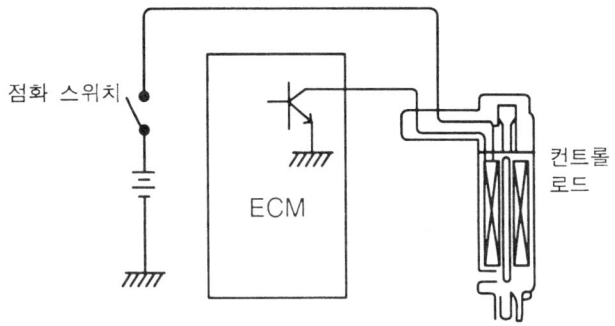

CV2021009

[참고]
듀티 사이클(duty cycle)은 규정시간 동안 "ON"되는시간비율 (T_2/T_1 : 듀티비율)을 변화시킴으로써 솔레노이드 밸브를 조절함을 말한다.

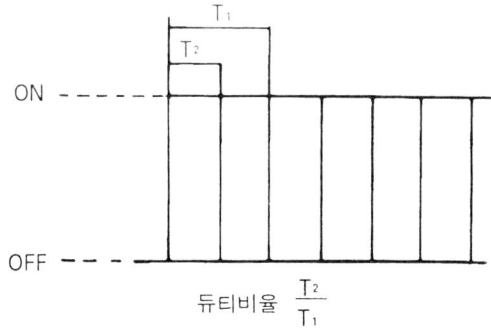

EF31A018

10. 액, 기상 솔레노이드 밸브

ECU에서 직접 냉각수온에 따라 액, 기상 솔레노이드 구동 제어를 행한다. ("-" 접지 제어)

수온조건	기상 솔레노이드	액상 솔레노이드
19℃ 이하	ON	OFF
19℃ 이상	OFF	ON

액상 솔레노이드는 수온에 관계없이 다음 조건 만족시 OFF시킨다.
1) 엔진 오버-런 연료차단(Fuel cut-off) 조건시
2) 화재 방지 연료차단(Fuel cut-off) 조건 만족시

액, 기상 솔레노이드 밸브는 냉각수온에 관계없이 엔진 정지시 OFF 시킨다.

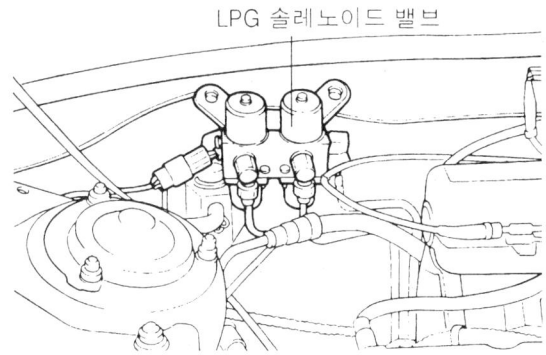

EF29B002

11. 슬로우 컷 솔레노이드 및 2차 록 솔레노이드

1) 슬로우 컷 솔레노이드
   시동시 및 엔진 구동중 ECU에 의해 제어되며, 베이퍼라이저의 1차실 연료를 슬로우 연료라인을 통해 믹서로 연료를 공급해 준다. (ON/OFF제어)

2) 2차 록 솔레노이드
   베이퍼라이저의 2차 압력실에서 2차 밸브의 개폐를 제어하며, 시동성 개선 및 차량 충돌시 GAS누출 방지 역할을 한다.
   ON/OFF 제어를 하며, 크랭킹시 엔진 회전수가 64rpm이상 및 엔진구동중 "N" 작동되어 베이퍼라이저의 1차실에서 2차실로 연료가 공급된다.
   ON조건 : 엔진 구동중
   OFF조건 : 감속 연료차단
   　　　　　 or 화재 방지 연료차단
   　　　　　 or 엔진 정지시

12. 스타트 솔레노이드

엔진 ECU는 시동시 시동성 향상 및 타행 주행시 시동꺼짐 방지 목적으로 시동 솔레노이드 밸브 제어를 한다. (ON/OFF제어)

ON 조건 : 시동시
　　　　　 & 기어중립 (A/T)
　　　　　 & 회전수 < 1792rpm
　　　　　 & 대쉬포트 듀티 < 25%
　　　　　 & 차속 > 70km/h
　　　　　 & 연료차단 조건 = OFF

OFF 조건 : 아이들 상태
　　　　　 & 기어 변속시 (A/T)
　　　　　 & 회전수 ≥ 1792rpm
　　　　　 & 대쉬포트 듀티 ≥ 25%
　　　　　 & 차속 < 70km/h
　　　　　 & 연료차단 조건 = ON
　　　　　 & 엔진 정지 판정시

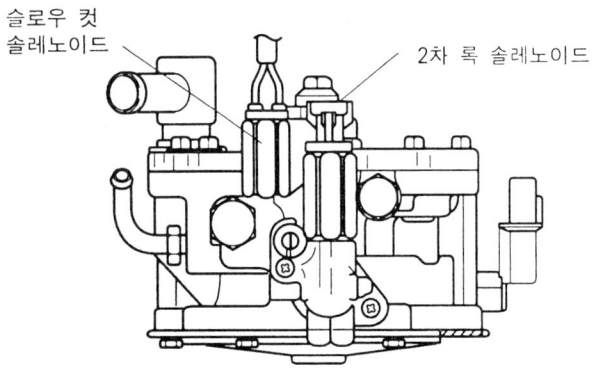

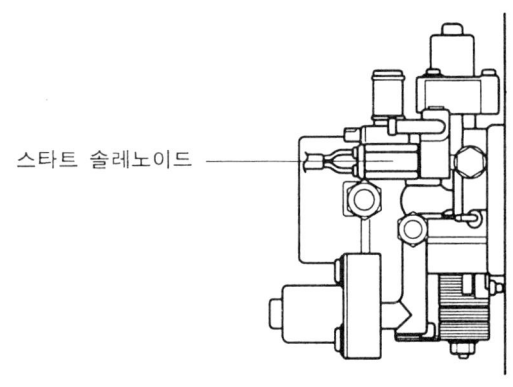

FBM 장치

FBM 계통의 작동

1. 공기-연료 혼합비율은 다음 2가지 작동중 1가지 방법으로 조절된다.

    1) 폐회로 제어(Feed Back Control)
    엔진이 시동된후의 공기-연료 비율은 산소 센서의 신호를 토대로 한 피드백 컨트롤에 의해 조절된다. 산소센서의 출력전압은 이론 공연비점 부근에서 급속히 변화하므로 ECU는 산소센서의 출력신호를 감지하여 메인 듀티 솔레노이드를 적절히 제어하여 이론 공연비가 되도록 한다

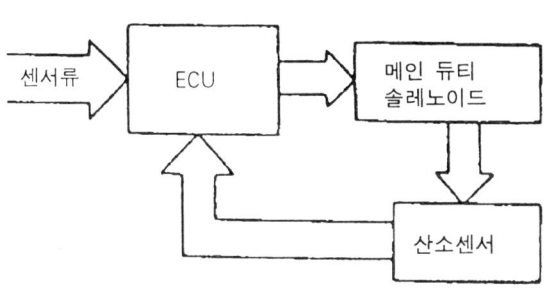

EF31A023

자기진단

고장코드의 기억은 배터리에 의해 직접 백업(back up)되어 점화스위치를 OFF시키더라도 고장진단 결과는 기억된다. 그러나 배터리 터미널 혹은 ECU 커넥터를 분리시키면 기억된 고장진단 코드는 지워진다.

2) 개방 회로 제어(No Feedback Control)
엔진의 시동, 워밍-업, 고부하 작동, 감속시에는 공연비가 개방회로에 의해 조절된다. 이 때는 엔진속도, 냉각수온, 스로틀밸브 개방각에 맞는 임의값(ECU의 ROM안에 내장된 수치)에 의해 조절된다. 감속시 연비향상과 촉매의 과열을 방지하기 위해서 연료의 흐름을 제한한다.

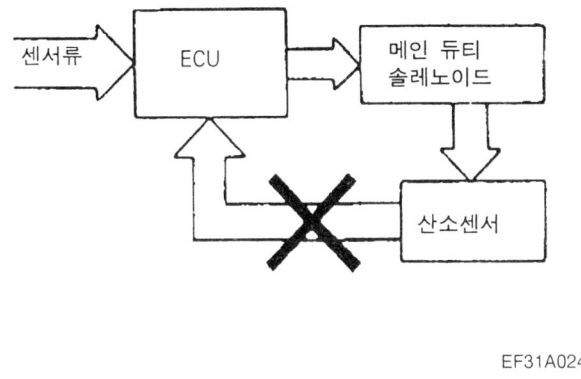

EF31A024

〔주의〕
● 점화스위치를 "ON"한 상태에서 센서의 커넥터를 분리시키면 고장진단 코드가 기억된다. 이런 경우 배터리의 - 터미널을 15초 이상 분리시키면 고장진단 기억이 지워진다.
고장진단 항목이 다음의 표에 있으며 만일 여러가지 항목이 작동될때는 작은 코드부터 순차적으로 표시된다.

고장코드	진단항목	고장코드	진단항목
P0105	흡기압(MAP) 센서 이상	P0501	차속 센서 이상
P0110	흡기온도 센서 이상	P1221	메인 듀티 솔레노이드 이상
P0120	스로틀 포지션 센서 이상	P1240	2nd Lock 솔레노이드 이상
P0130	산소센서 회로(B1/S1) 이상	P1230	슬로우 듀티 솔레노이드 이상
P0115	냉각수온 센서 이상	P1124	슬로우 컷 솔레노이드 이상
P0601	ECU(CHECK SUM) 이상	P0505	공회전 속도 조절 밸브 이상
P0335	크랭크각 센서 이상	P0600	ECU-TCU간 통신선 이상
P0340	NO.1 TDC 센서 이상		

1) 작업전 준비사항
   ⓐ 배터리 전압이 낮으면 고장코드가 발견되지 않을 수 있으므로 점검을 하기전에 배터리의 전압 및 기타 상태를 점검해야 한다.
   ⓑ 배터리 혹은 ECU의 커넥터를 분리시키면 고장항목이 지워지므로 고장결과를 완전히 읽기 전에는 배터리를 분리시키지 않는다.
   ⓒ 점검 및 수리를 완료한 후에는 배터리 -터미널에서 접지케이블을 15초이상 분리시킨후 재연결하고 고장코드가 지워졌는지 확인한다.

2) 점검절차
   ⓐ 점화스위치를 OFF상태에서 엔진룸에 있는 진단 커넥터에 하이 스캔 프로를 연결한 후 점화스위치를 ON상태에서 고장코드를 확인한다.

   〔참고〕
   ● 2개이상의 고장코드가 기억되어 있으면 작은 번호부터 순차적으로 출력시킨다.

   ⓑ 비정상적인 항목을 기록한후에 "자기진단 표"에 있는 항목에 따라 각 부품을 점검 수리한다.

   ⓒ 고장부위를 수리한후에는 배터리 케이블의 - 터미널을 15초이상 분리시킨 후에 재연결하고 고장코드가 지워졌는지 확인한다.

공회전속도 점검 및 조정

〔점검조건〕
- 엔진냉각수 온도 : 80 ~ 95℃
- 엔진 윤활유 온도 : 80℃ 이상
- 전기램프류, 전기냉각휀, 부속장치 : OFF
- 트랜스 밋션 : 중립 (A/T는 N위치)

1. 타이밍 라이트와 타코미터를 장착한다.
2. 엔진의 시동을 걸고 공회전시킨다.
3. 기본 점화시기를 점검하고 필요시에는 조정한다.

점화시기 .... BTDC 15° ± 5°

〔주의〕
● 점화시기 조정용 컨넥터의 단자를 차체에 접지시킬 것.

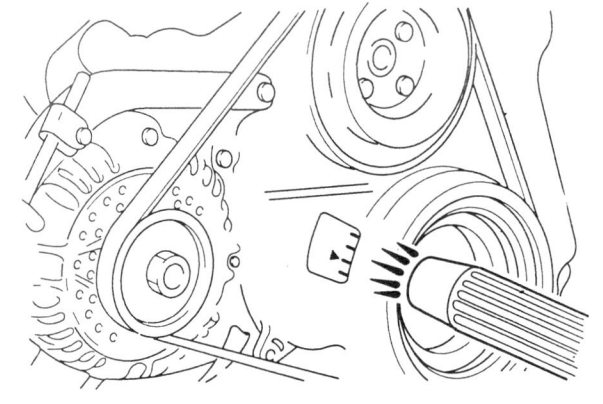

AMS021C048

4. 2000~3000rpm의 속도로 엔진을 2~3회 레이싱(racing)한다.
5. 공회전 속도로 2분간 운전한다.
6. 공회전 회전수가 규정값 내에 있는가를 확인한다.

아이들 회전수 .... 850 ± 50rpm

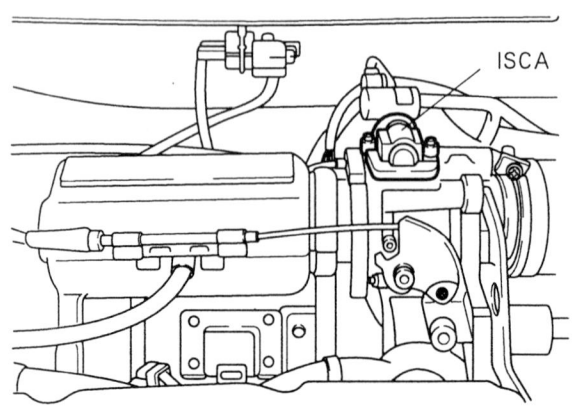

CV2021008

FBM 장치

7. DUTY METER를 보고 베이퍼라이저의 공연비 조정 스크류로서 믹서의 메인 듀티 및 슬로우 듀티치가 규정치가 되도록 조정한다.

듀티치 .... 50 ± 10%

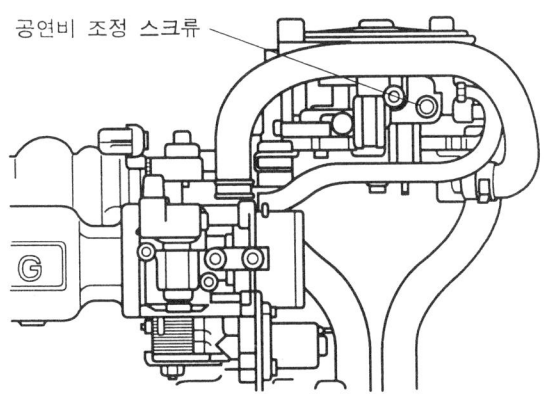

공연비 조정 스크류

CV2021013

8. 조정이 안될 경우 믹서의 SAS조임상태 및 슬로우 제트의 막힘 또는 풀림 상태를 확인한다.
9. 배기가스중 일산화탄소(CO)의 농도가 규정치 이하인지 확인한다.

CO .... 0.1% 이하

10. 엔진을 2000~3000rpm으로 레이싱한 후 재확인한다.

L.P.G 시스템
베이퍼라이저
일반사항

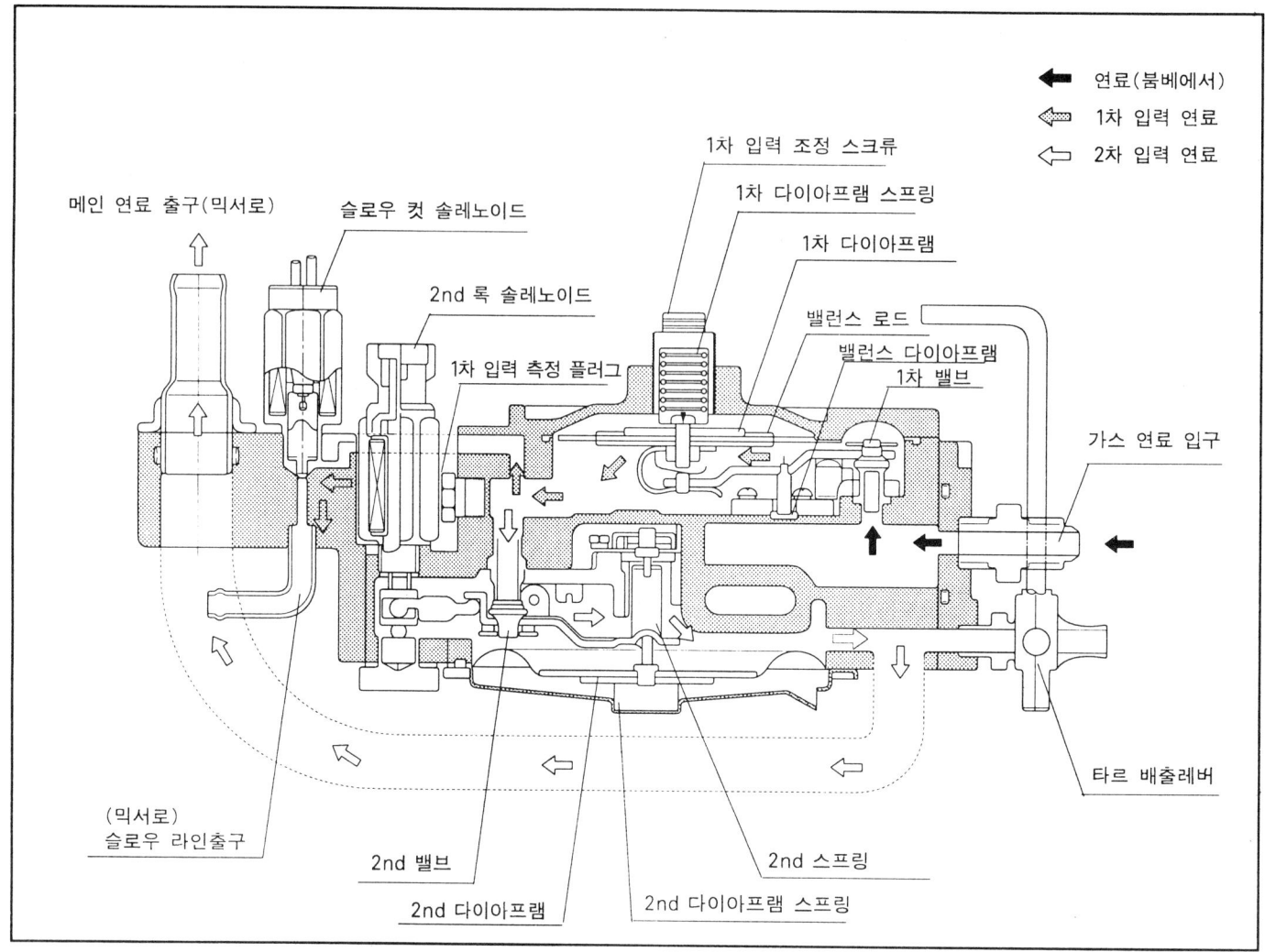

LPG 차량은 봄베내에 포함되있는 기체연료만을 사용하면 혹한시의 시동성을 대폭 향상 시킬수 있으나 고속영역에서는 필요로 하는 연료량에 비하여 LPG 봄베내의 액체연료가 기체 연료로의 상변화가 순간순간 곧바로 따라 주지 못하기 때문에 차량의 출력이 일정치 않아 운전성이 나쁘거나 정상주행이 불가능하게 된다. 베이퍼라이저는 이러한 문제점을 없애기 위해 액체를 냉각수로 예열시켜 소정의 압력을 지닌 기체 LPG 전환시키는 장치이며 2차록 솔레노이드 밸브, 슬로우 컷 솔레노이드 밸브, 1차실, 2차실로 구성되어 있다.

1) 2차 록 솔레노이드
   2차 록 솔레노이드(2nd Lock Solenoid)는 엔진 회전시에 2차 밸브를 열어 연료를 공급하고, 엔진 정지시에는 2차 밸브를 닫아 연료를 차단시키는 역할을 한다. 2차 록 솔레노이드 엔진 콘트롤 유니트(ECU)에 의해 ON/OFF 제어된다. 콘트롤 유니트는 엔진 회전 신호 검출시 2차 록 솔레노이드 ON하고, 엔진 정지시에는 솔레노이드를 OFF 시킨다. 엔진 정지시에 2차 록 솔레노이드를 OFF 시키면 솔레노이드 선단의 레버가 2차 밸브 레버를 위로 올려 2차 밸브 시트에 밸브를 밀착시켜 가스 누출을 방지하고 연료를 차단한다. 엔진 회전시에 2차 록 솔레노이드를 ON 시키면 2차 밸브 레버의 잠김이 해제되고 엔진 부압에 의해 2차 다이아프램이 상방향으로 올라가, 2차 밸브를 열고 연료를 유입시키게 된다.

L.P.G 시스템

2) 1차실

LPG 봄베로부터 나온 연료는 고압이기 때문에 연료량의 제어가 곤란하여 분출량이 크고, 공연비가 너무 농후(RICH)하게 되므로 사용이 곤란하다. 따라서 1차실은 연료의 압력을 연료의 소비량, 출력의 관점에서 두가지를 만족시킬 수 있도록 1차실내에 있는 1차압 조절기구를 갖고 있으며 약 $0.3kg/cm^2$으로 감압하는 기능을 갖고 있다.

LPG 봄베로부터 나온 연료는 솔레노이드 & 필터를 통해 베이퍼 라이저의 입구까지 봄베압으로 유입되고, 베이퍼 라이저로 들어온 연료(약 $7\sim10kg/cm^2$)는 1차 밸브 시트(SEAT) 사이에서 1차실로 들어와 감압된다. (약 $0.3kg/cm^2$)

연료의 유입이 계속되고 1차실 압력이 $0.3kg/cm^2$보다 높아지면 1차 다이아프램은 상부로 올라간다. 이때 다이아프램에 연결된 후크가 1차 밸브레버를 위로 끌어당겨 1차밸브를 닫아 연료의 유입을 차단해준다.

연료가 소비되어 1차실로 연료 압력이 $0.3kg/cm^2$이하가 되면 1차 다이아프램 스프링의 힘이 연료압보다 커지고 1차 다이아프램은 아래로 내려간다. 이때 다이아프램에 고정되어 있는 후크가 1차 밸브레버를 아래로 밀어 1차 밸브를 열어준다.

상기와 같은 작동이 계속적으로 반복되어 1차실 압력은 항시 약 $0.3kg/cm^2$로 유지된다.

3) 2차실

연료가 믹서에 들어오는 공기량에 관계없이 믹서로 유출되는 것을 방지하기 위해 2차실 압력을 거의 대기압으로 감압하는 작용을 한다.

1차실에서 $0.323 \pm 0.025kg/cm^2$의 압력으로 조정된 연료는 2차밸브와 밸브 시트 사이를 통해 2차실로 들어가서 거의 대기압수준으로 감압된다.

엔진이 회전하고 있을때 믹서의 벤츄리부에서 발생한 부압에 의해 2차 다이아프램은 상방향으로 올라간다. 동시에 2차 다이아프램과 연동하는 2차 밸브 레버도 올라가서 2차 밸브를 열고 연료를 유입시킨다.

엔진을 정지(시동 KEY OFF시)하게되면 2차록 솔레노이드가 2차 밸브를 닫으므로 연료유입을 차단한다.

4) 슬로우 컷 솔레노이드

슬로우 컷 솔레노이드는 시동시에 통전되어 연료라인을 열어주어 연료를 추가 공급해준다.

엔진 시동이 걸린후 크랭킹 신호가 OFF되어도 솔레노이드 밸브도 계속 ON되어 슬로우 연료라인에 연료를 공급해준다.

5. 1차 압력 밸런스 기구

봄베내의 LPG 연료압력이 일정한 경우에 1차실의 압력은 1차 다이어프램과 다이어프램 스프링에 의해 일정하게 유지되나, 봄베내의 압력은 외기온도나 연료조성에 의해 변동되기 때문에 1차압력에 영향을 주므로 이를 방지하기 위하여 밸런스 다이아프램과 밸런스로드로 구성되는 1차압력 균형기구가 있다. 봄베 압력이 높게 되면 다이어프램에 걸리는 압력도 높게 되어 밸런스로드를 통하여 1차 밸브레버가 밀려올라가므로 1차 밸브가 닫히는 쪽으로 작동되어 연료통로가 좁아진다.

반대로 봄베의 압력이 낮아지면 다이어프램이 반대로 작동되어 1차실의 압력이 항상 일정하게 유지되게한다.

베이퍼라이저의 기밀 점검

〔주의〕
● 베이퍼라이저를 분해 조립한후에는 필히 기밀 점검을 행해야한다.

엔진의 시동을 걸고 베이퍼라이저의 접합부, 파이프 접속부에 비눗물을 도포하여 누설을 점검한다.

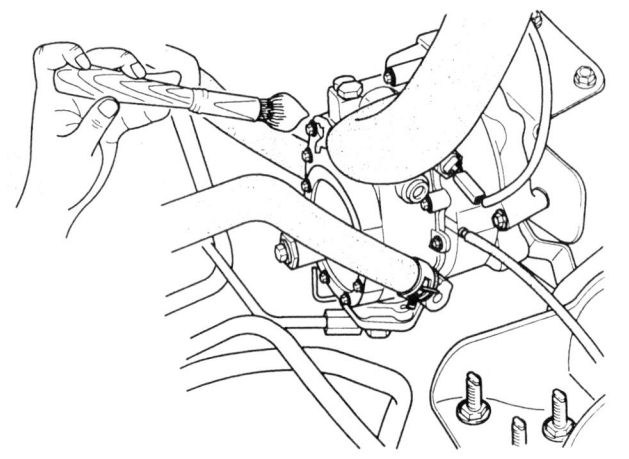

1차실 압력 조정

1. LPG 스위치를 OFF 시키고 엔진이 정지할 때까지 공회전시켜 파이프내의 연료를 제거시킨다.

   〔주의〕
   ● LPG의 누출을 방지하기 위해서 이 작업을 필히 행해야한다.

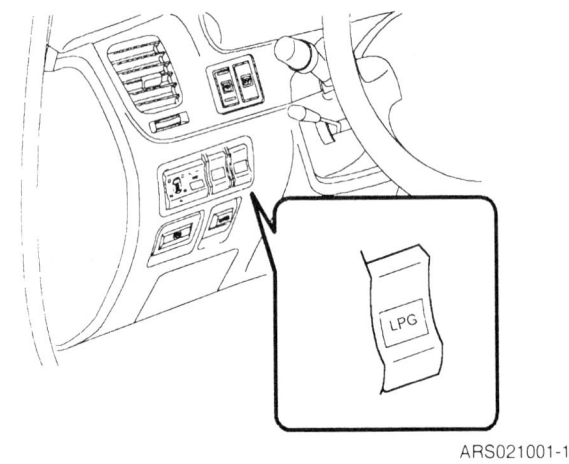

2. 1차압력 배출구의 플러그를 탈거하고 그곳에 압력계를 장착한다.
3. LPG 스위치를 ON시키고 엔진의 시동을 건다.
4. 이때 압력계의 지침이 규정치 이내에 있는가를 점검한다.

1차 압력 .... $0.323 \pm 0.025 kg/cm^2$

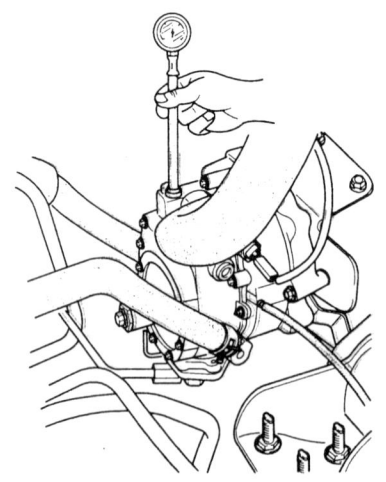

5. 압력이 규정치를 벗어나면 압력 조정 스크류를 돌려 압력을 조정한다.

   시계방향 회전시 .... 1차 압력 상승
   반시계 방향 회전시 .... 1차 압력 저하

L.P.G 시스템

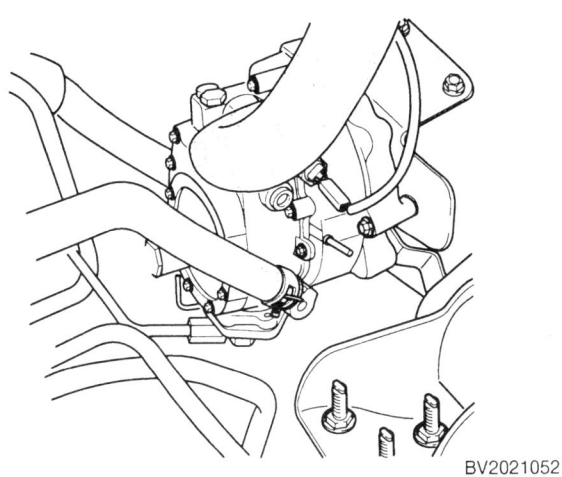

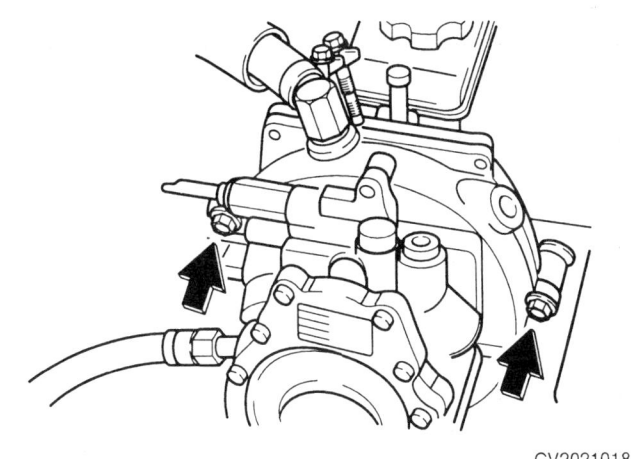

타르의 청소

냉각수가 충분히 더워진 후 (타르등이 굳어 있지 않는 상태에서) 드레인 콕크를 열고 타르를 배출시킨다.

〔주의〕
● 타르를 배출시킨후 필히 드레인 콕크를 닫아야 한다. 만일 닫지 않으면 가스가 그곳을 통해서 누출된다.

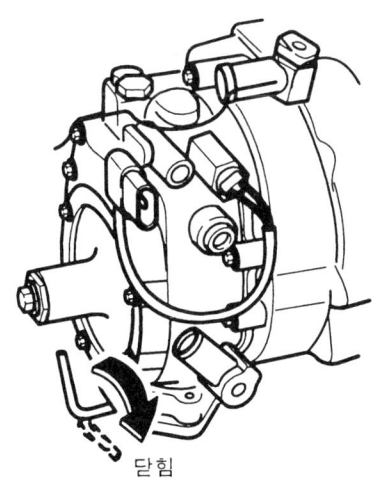

닫힘

탈거

1. LPG 스위치를 OFF시키고 엔진이 정지할때까지 공회전시키면서 파이프내의 연료를 제거한다.
2. 냉각수를 배출시킨다.
3. 베이퍼라이저에 연결되있는 고압파이프와 저압호스, 워터호스를 탈거한다.
4. 워터호스와 진공호스를 탈거한다.
5. 장착볼트를 풀고 베이퍼라이저를 탈거한다.

분해

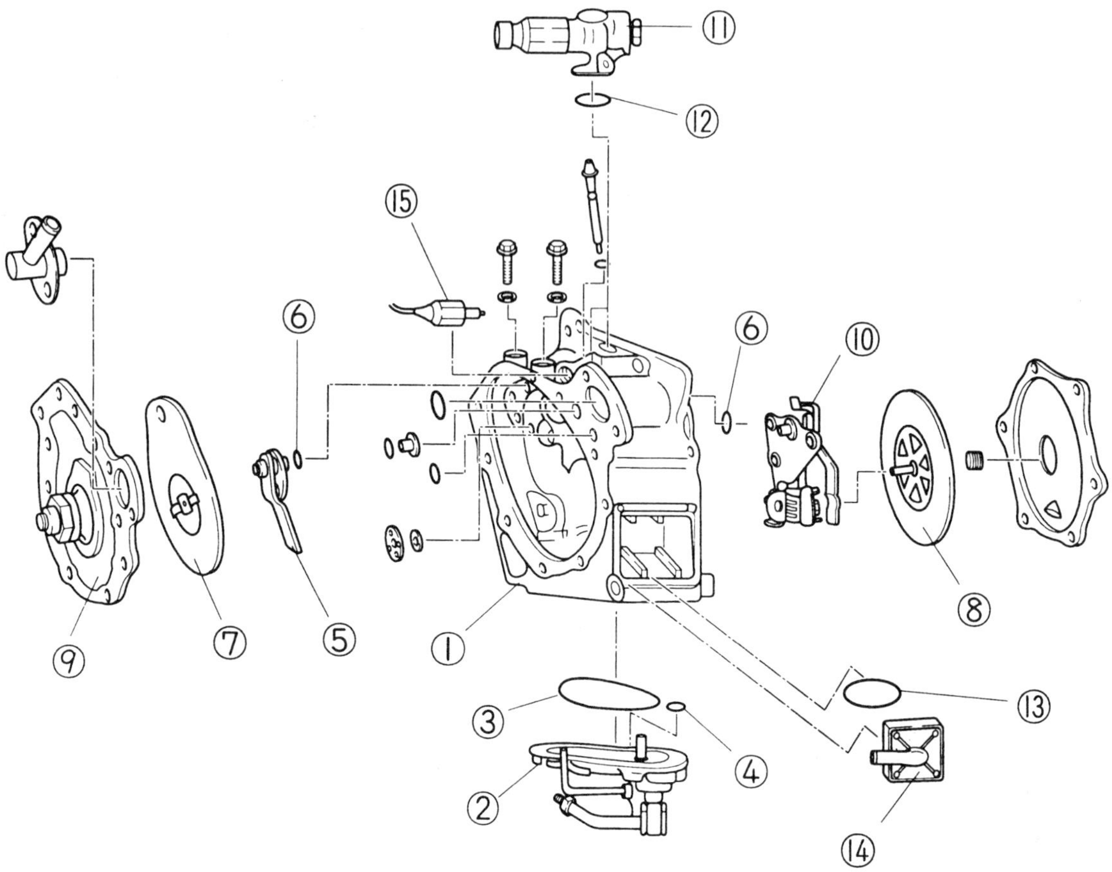

1. 보디 어셈블리
2. 연료 커버
3. 오링 (커버부)
4. 오링 (드레인 콕부)
5. 1차밸브
6. 오링 (밸브부)
7. 1차 다이어프램
8. 2차 다이어프램
9. 베이퍼라이저 커버
10. 2차밸브
11. 2차록 하우징
12. 오링 (록부)
13. 오링 (온수 커버부)
14. 커버
15. 슬로우 컷 솔레노이드
16. 연료 파이프 (메인)
17. 연료 파이프 (슬로우)

1차실의 분해

1. 10개의 장착볼트를 풀고 프론트 커버를 탈거한다.

CV2021020

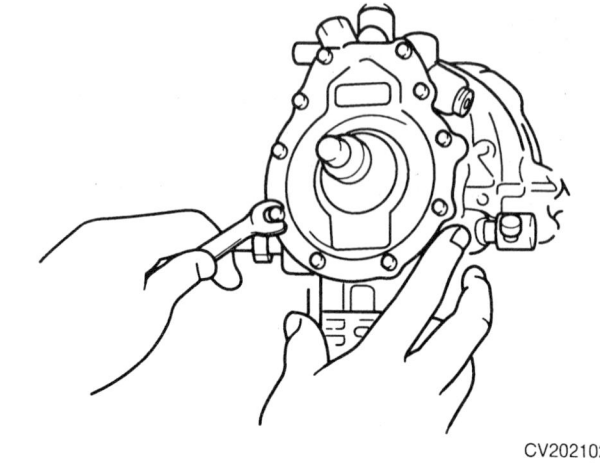

L.P.G 시스템

2. 1차 다이어프램을 탈거한다.

   [주의]
   1차 다이어프램은 1차 다이어프램 내측이 후크에 의해 1차밸브 레버에 걸려있기 때문에 무리한 힘을 가하지 않도록 주의한다.

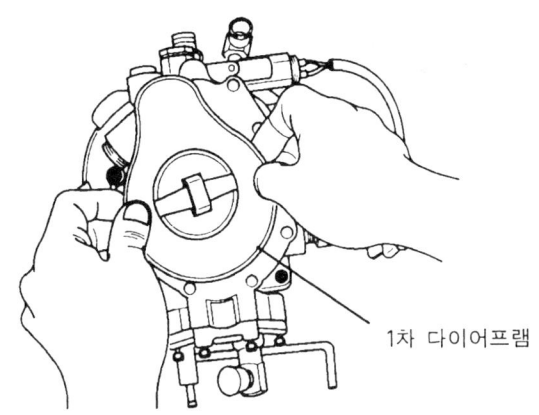

1차 다이어프램

3. 2개의 장착피스를 풀고 1차밸브와 1차밸브 레버를 탈거한다.

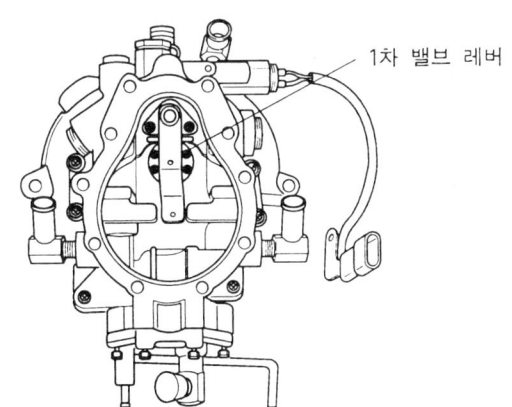

1차 밸브 레버

4. 4개의 장착피스를 풀고 커버와 밸런스 다이어프램을 탈거한다.

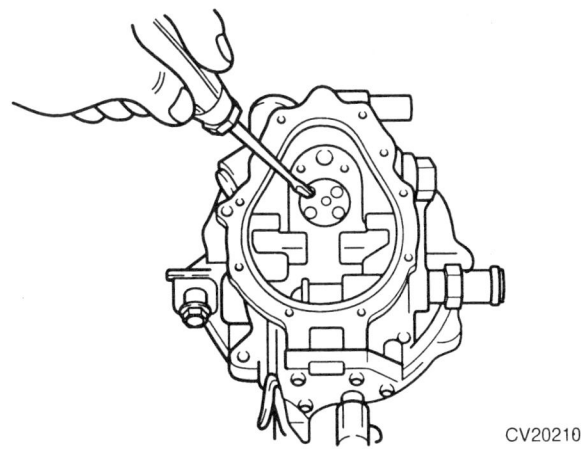

5. 각 연료통로 및 작은 구멍이 막히지 않았는지 점검한다.

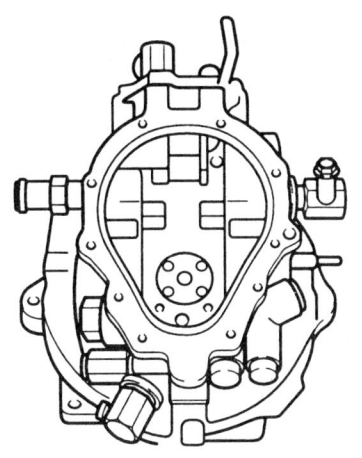

6. LPG 고압가스 입구를 탈거하고 필터가 막히지 않았는지 점검한다.

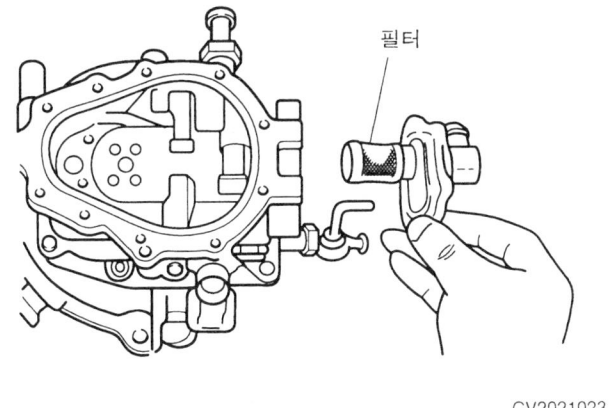

필터

2차실 분해

1. 피스를 풀고 프론트 커버 및 다이어프램을 탈거한다.
2. 2차밸브와 2차밸브 레버를 탈거한다.

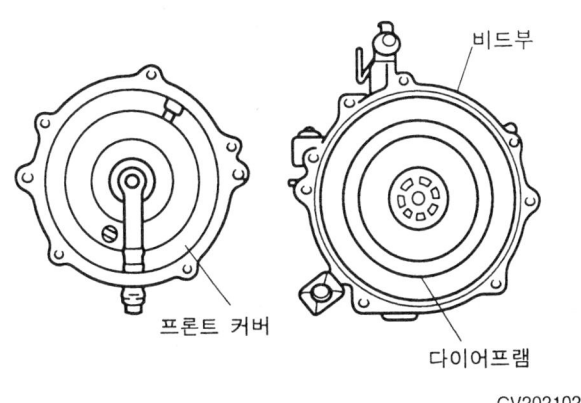

프론트 커버 / 다이어프램 / 비드부

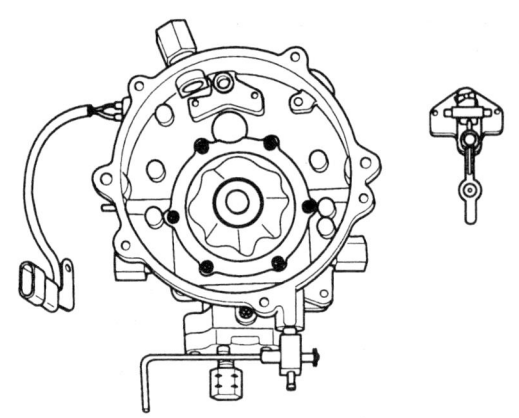

3. 진공록크 다이어프램을 탈거한다.

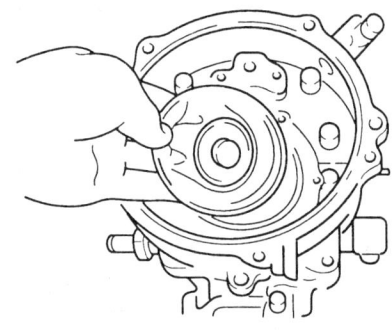

점검
1차 다이어프램 점검

1. 1차 다이어프램의 파손, 손상을 점검한다.

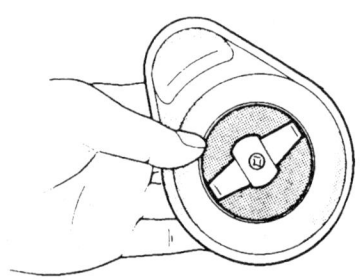

2. 1차밸브및 밸브시트 점검
   1) 밸브 및 밸브시트 표면의 단층마모 혹은 손상을 점검한다.
   2) O-링의 파손, 손상을 점검한다.

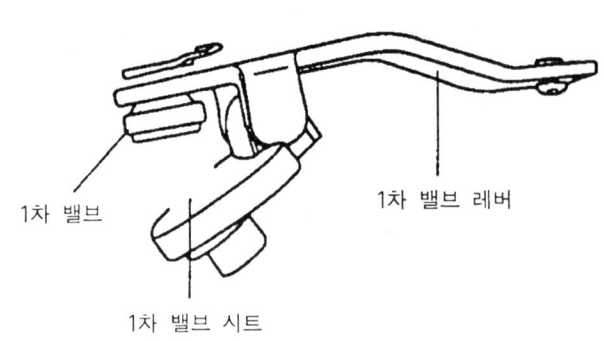

3. 1차밸브 레버 점검 및 조정
   1) 그림과 같이 베이퍼라이저 세트 게이지를 규정치로 일치시키고 1차밸브 레버와 게이지의 선단이 정확히 일치했는지 확인한다.

   "A"거리...................... 13.6~14.1m

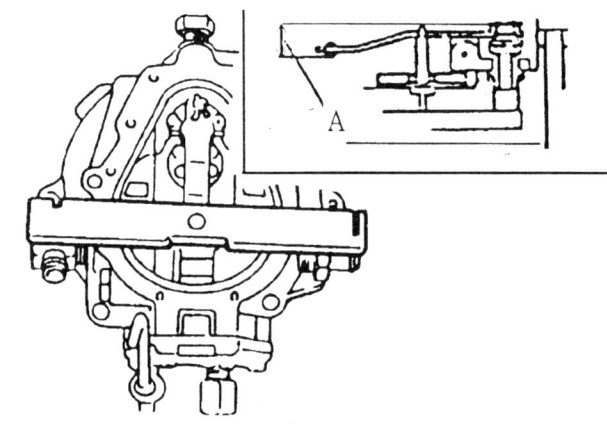

   2) 규정치를 벗어나면 베이퍼라이저 세트게이지 끝부위의 홈에 1차밸브 레버를 집어넣고 1차밸브 레버를 구부려 조정한다.

   [주의]
   ● 조정을 신중히하여 레버가 기울지 않도록 하여야 하며 구부릴때 밸브에 힘을 가하지 않도록 주의해서 작업한다.

L.P.G 시스템

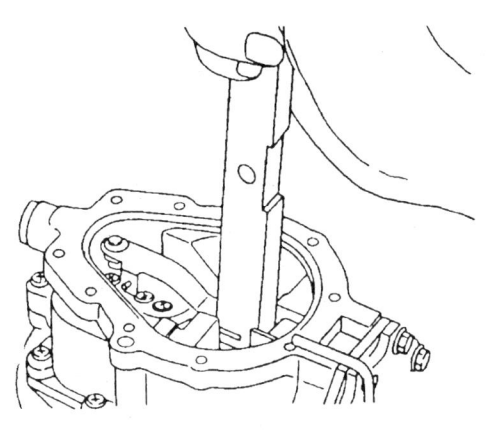

4. 2차 다이어프램 점검
   1) 2차 다이어프램에 타르등이 고착되었거나 손상되지 않았는지 점검한다.

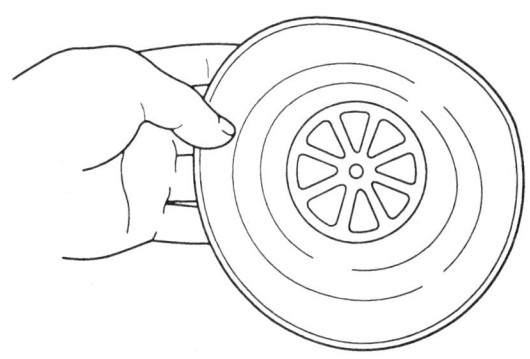

5. 2차밸브 및 밸브시트 점검
   1) 밸브와 밸브 시트면이 단층마모나 손상되지 않았는지 점검한다.
   2) O-링의 손상을 점검한다.

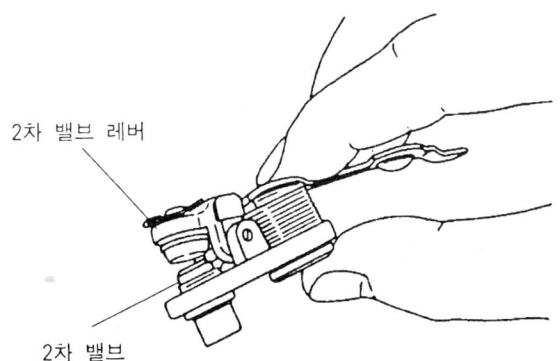

2차 밸브 레버
2차 밸브

6. 2차밸브 레버 점검
   1) 레버의 앞끝 윗면에서 2차커버의 장착면까지의 높이를 측정한다.

   높이 .... 8.5 ± 0.5mm

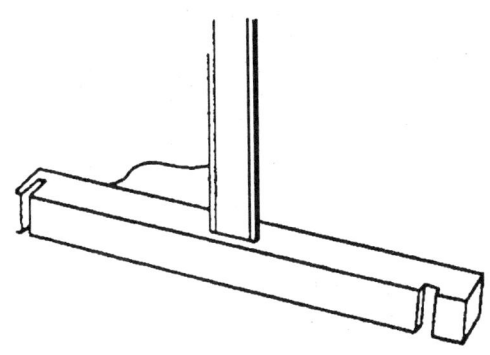

   2) 측정결과가 규정치를 벗어나면 베이퍼라이저 세트게이지 끝부위에 있는 홈을 사용하여 2차 밸브 레버를 구부려 조정한다.

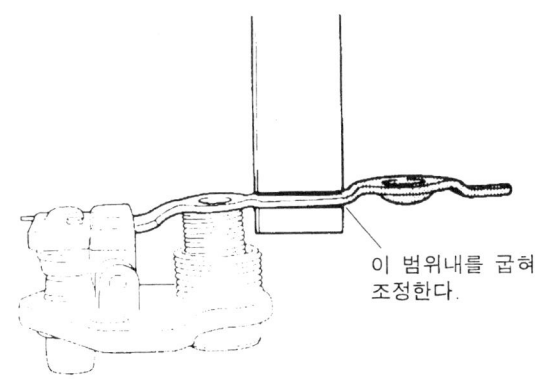

이 범위내를 굽혀 조정한다.

[주의]
- 레버를 구부려 조정할때는 베이퍼라이저 세트 게이지를 그림에 표시된 레버의 위치에 끼우고 레버의 ⊔ 부분만을 구부려 조정한다.
- 조정은 신중히 작업해야 하며 레버를 비틀거나 2차밸브 시트부에 힘을 가해서는 안된다.

연료장치 (2.0 DOHC LPG)

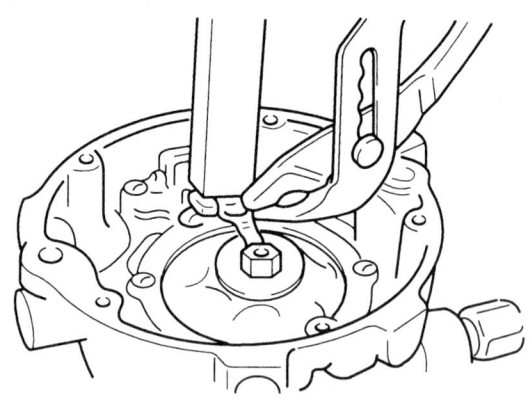

7. 진공록크 다이어프램 점검
   1) 진공록크 다이어프램에 타르등이 고착되었는 가와 손상되지 않았는지를 점검한다.

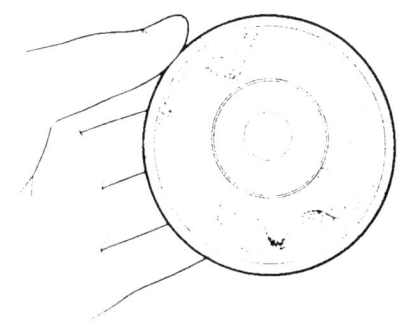

조립

1. 2차 실의 조립
   1) 진공록크 다이어프램을 점검한다.

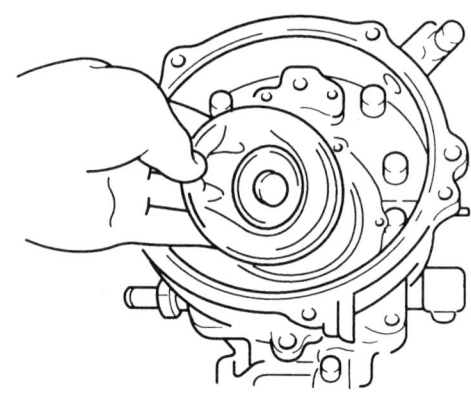

   2) 2차밸브 및 2차밸브 레버를 조립한다.

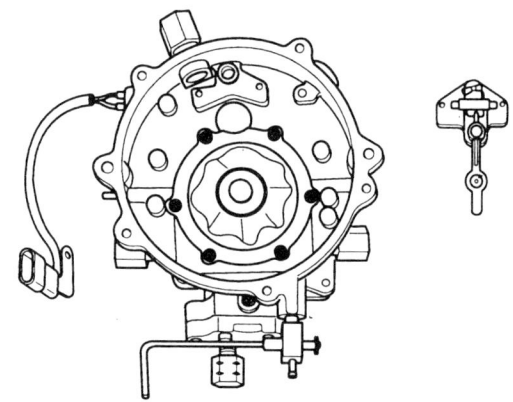

   3) 다이어프램을 장착하고 프론트 커버를 피스에 장착한다.

   〔주의〕
   ● 다이어프램의 비드(beed)부가 비드홈에 정확히 들어가도록 하여 커버를 장착한다.

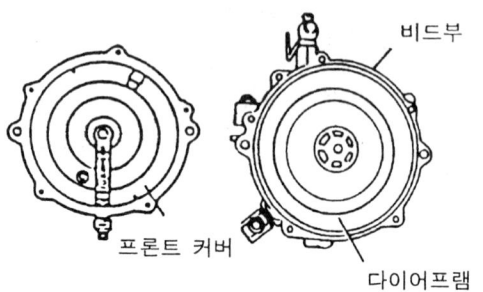

L.P.G 시스템　　　　　　　　　　　　　　　　　　　　　　FL-41

2. 1차실의 조립
   1) 커버와 밸런스 다이어프램을 장착한다.

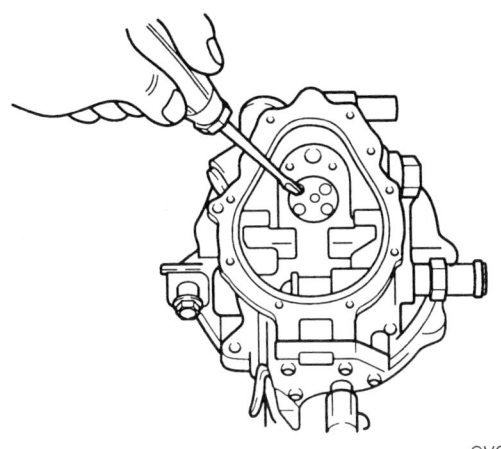

   2) 1차밸브와 1차밸브 레버를 2개의 피스로 조립한다.

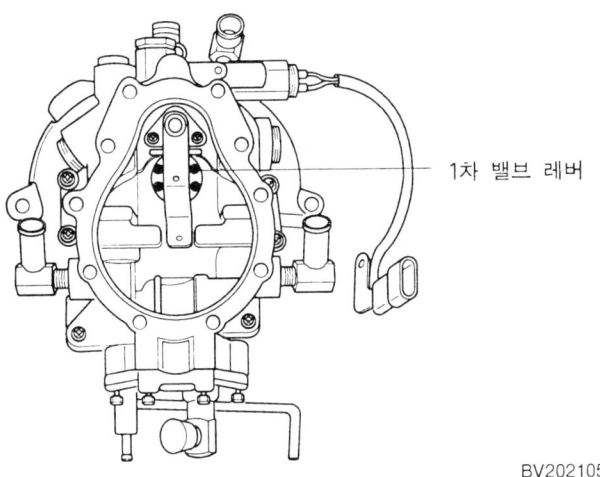

1차 밸브 레버

   3) 1차 다이어프램을 조립한다.

   [주의]
   ● 다이어프램의 비드부가 비드홈에 정확히 들어가도록 조립한다.

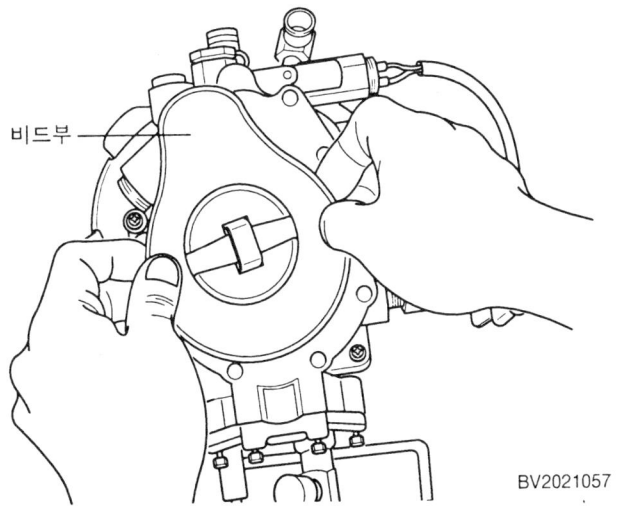

비드부

   4) 프론트 커버를 10개의 볼트로 장착한다.

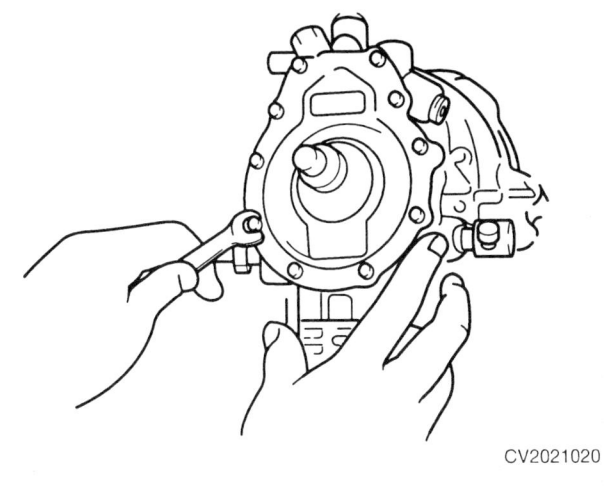

믹 서

일반사항

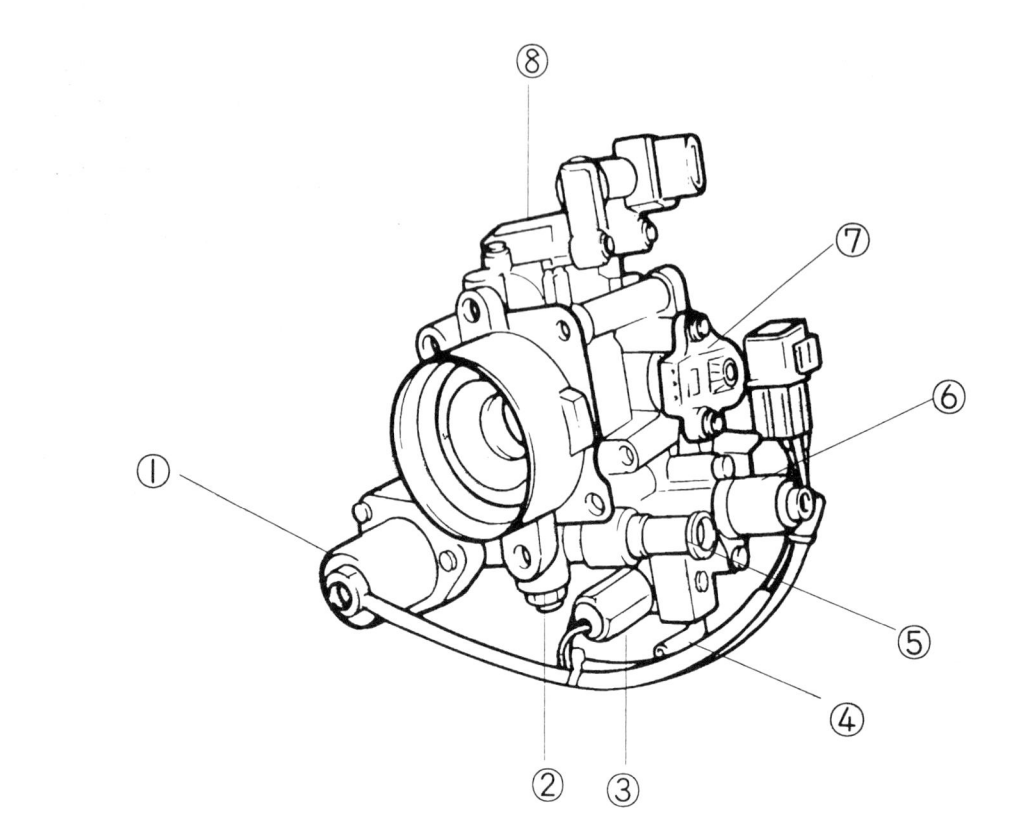

1. 메인듀티 솔레노이드
2. 메인 조정 스크류
3. 스타트 솔레노이드
4. 슬로우 연료라인(입구)
5. 메인연료라인(입구)
6. 슬로우 듀티 솔레노이드
7. 쓰로틀 위치센서
8. 아이들 스피드 콘트롤 엑츄에이터(ISCA)

믹서는 베이퍼라이저에서 기화된 연료를 공기와 혼합하여 연소에 가장 적합한 혼합기를 연소실에 공급하는 역할을 한다. 연료제어는 주조정스크류(MAS)와 메인 듀티 솔레노이드, 스타트 솔레노이드에 의해 정해지며 각 센서로 부터의 신호에 따라 ECU에 의해 구동된다.

1. 메인 조정 스크류 (Main Adjust Screw)
   메인 조정 스크류는 연료유량을 변화시키기 위한 것으로 가솔린차에서 메인제트 크기를 변화시키는 것과 같다.
   임의로 조정시 공연비 제어가 불량해지거나 연료의 소모 또는 엔진 출력 저하의 원인이 된다.

L.P.G 시스템

2. 메인 듀티 솔레노이드
  메인 듀티 솔레노이드는 믹서의 메인 연료 라인에 설치되어 있고, 엔진 ECU의 듀티 신호를 받아 보조 연료 통로를 개폐한다.

  배기 머플러에 장착된 산소 센서의 신호를 근거로 엔진 ECU는 메인 듀티 사이클을 변경시켜 공기-연료 혼합비를 제어한다.

  듀티값이 낮을때 : 메인 듀티 솔레노이드의 ON 시간이 짧아 공연비가 희박하게 된다.
  듀티값이 높을때 : 메인 듀티 솔레노이드의 ON 시간이 길어 공연비가 농후하게 된다.

  * 엔진 ECU는 산소 센서의 신호를 받아서 엔진 상태(공연비)를 파악, 공연비가 농후하다고 판단될 경우 듀티값을 낮게 제어하고, 공연비가 희박하다고 판단될 때는 듀티값을 높게 제어한다.

3. 슬로우 듀티 솔레노이드
  슬로우 듀티 솔레노이드는 베이퍼라이저의 1차실로 부터 연료를 공급 받으며, 시동시 각종 부하시 부족한 연료를 믹서에 공급하여 엔진이 최적의 공연비가 될 수 있도록 엔진 ECU의 신호에 따라 ON/OFF 듀티 제어하여 보조 연료 통로를 개폐한다.

4. 스타트 솔레노이드
  엔진 시동시, 주행중 감속시등의 조건하에서 ECU의 신호에 의해 ON/OFF 작동 제어되어 엔진 시동시 시동성 향상 및 타행 주행중 시동꺼짐을 방지하는 역할을 한다.

5. 아이들 스피드 콘트롤 액츄에이터(ISCA)
  엔진 공회전시 아이들 회전수 안정성을 확보하기 위해 믹서의 스로틀 밸브를 바이패스하는 통로에 설치되어 혼합기(공기+연료)양을 제어한다.
  엔진 냉각 시동시, 전기부하, 파워 스티어링, 에어컨 부하 ON시, 엔진 부하에 따른 아이들 회전수 저하를 엔진 ECU에서 감지하여 아이들 스피드 콘트롤 액츄에이터를 구동하여 혼합기 보정을 하여 아이들 회전수가 보상되도록 제어하는 전자제어식 보상장치이다. (듀티제어함)

장착상태에서의 점검

1. 링크 점검
   1) 각 링크의 조립상태 및 링크 결합부의 유격을 점검한다.
   2) 스로틀밸브 샤프트에 유격이 없는가를 점검한다.
   3) 액셀러레이터를 끝까지 밟았을때 스로틀밸브가 완전히 열리고 페달을 놓았을때 완전히 닫히는지 점검한다.

2. 액셀러레이터 링케이지
   1) 액셀러레이터 케이블의 유격을 점검한다.

   액셀러레이터 케이블 유격...... 1 ~ 3 mm

   2) 규정치를 벗어나면 조정 너트를 조정한다.

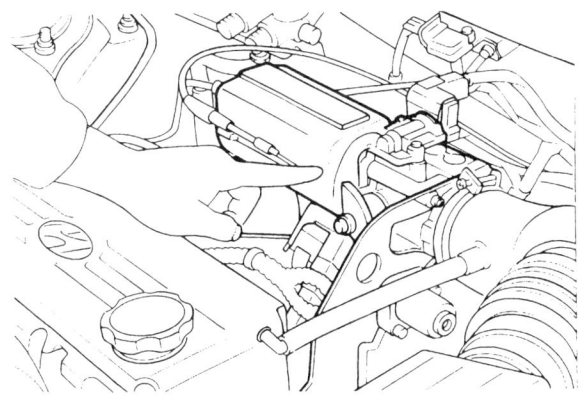

EF31A128

구성부품

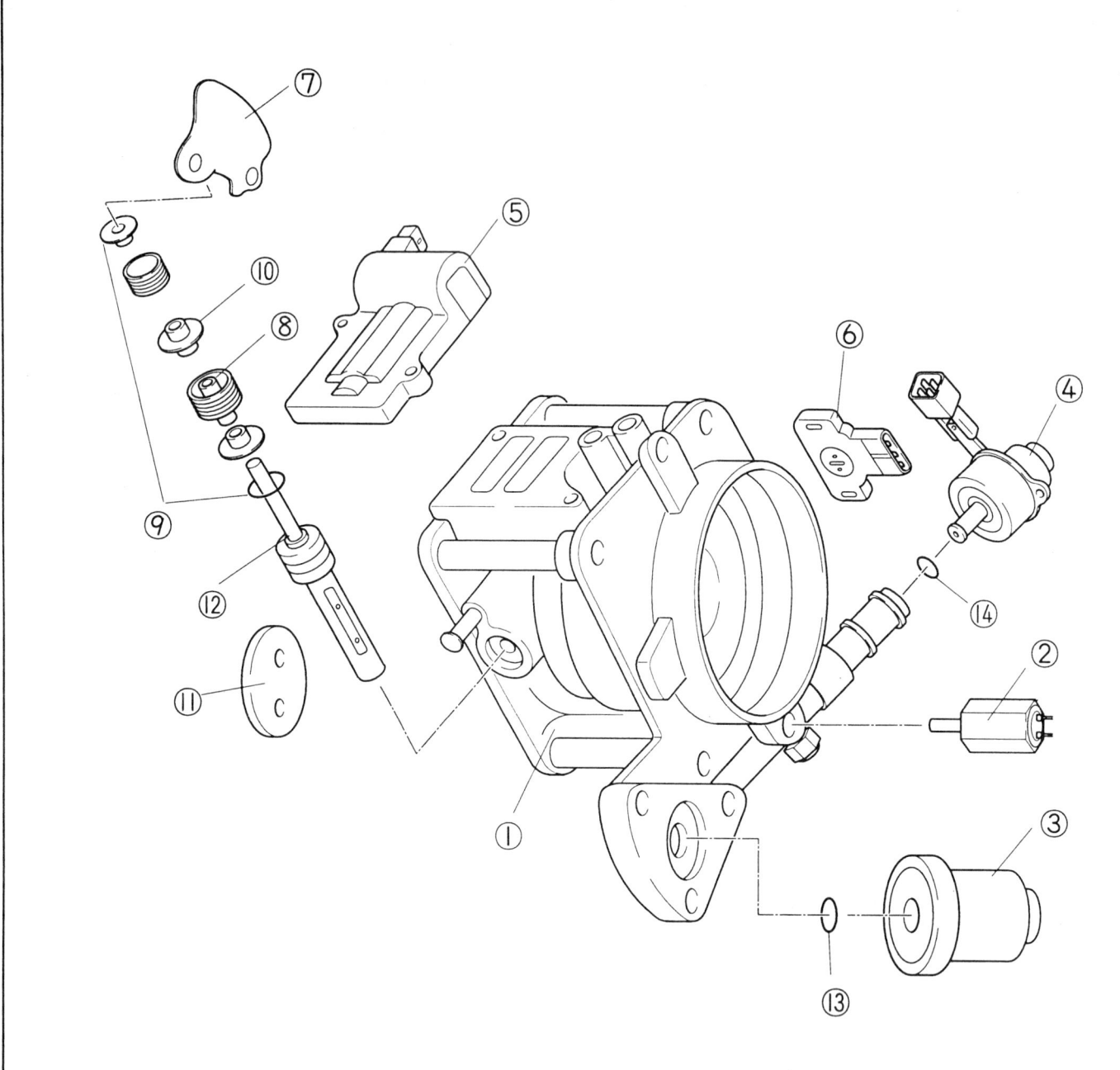

1. 보디 어셈블리
2. 스타트 솔레노이드
3. 메인 듀티 솔레노이드
4. 슬로우 듀티 솔레노이드
5. 아이들 스피드 컨트롤 엑츄에이터(ISCA)
6. 스로틀 포지션 센서 (TPS)
7. 스로틀 레버
8. 리턴 스프링
9. 리테이너
10. 칼라
11. 스로틀 밸브
12. 샤프트
13. O-링
14. O-링

L.P.G 시스템

탈거

1. 배터리 접지케이블을 분리시킨다.
2. 에어크리너를 탈거한다.
3. 아이들 스피드 컨트롤 액츄에이터(ISCA) 컨넥터 및 솔레노이드 밸브 컨넥터를 탈거한다.
4. 액셀러레이터 케이블 및 쵸크케이블을 믹서에서 분리시킨다.
5. 믹서에서 연료호스를 탈거한다.

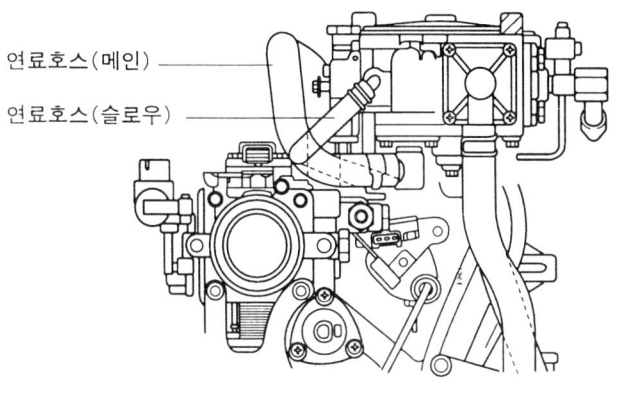

연료호스(메인)
연료호스(슬로우)

6. 믹서 고정볼트 4개를 탈거한후 믹서를 흡기 매니폴드로 부터 탈거한다.

〔주의〕
● 탈거시 볼트의 손상에 주의한다.

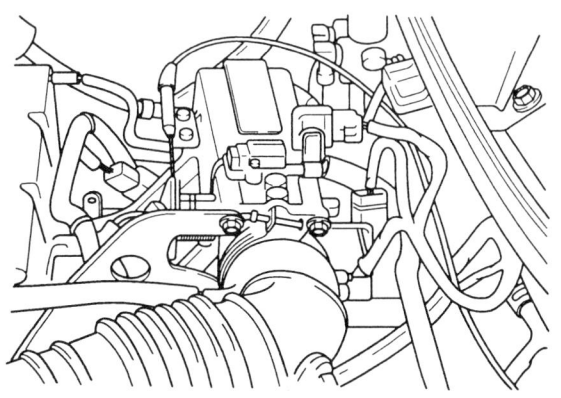

7. 연료호스를 탈거한 후 메인듀티 솔레노이드 및 슬로우 듀티 솔레노이드, 스타트 솔레노이드를 탈거한다.

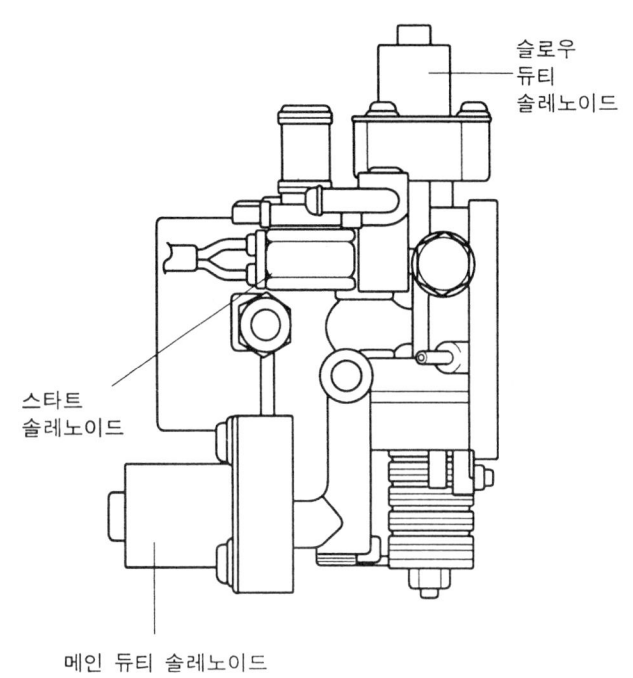

슬로우 듀티 솔레노이드

스타트 솔레노이드

메인 듀티 솔레노이드

점검

1. 시각 점검
   믹서의 각부에 타르에 의한 막힘이 없는가를 점검한다.

   [주의]
   - 세정액은 지정된 것을 사용해야 한다.
   - 세정시간은 15분 이내로 하고 이물질 및 세정액을 완전히 제거한다.

2. 메인 듀티 솔레노이드
   1) 실차 점검
      엔진 회전중 메인듀티 솔레노이드의 작동음이 있는가 확인한다.

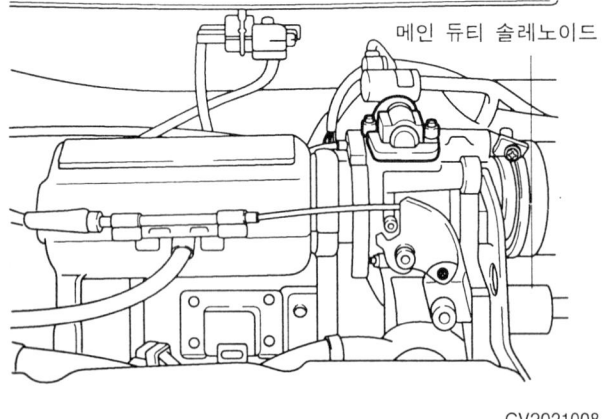

   2) 단품 점검
      ⓐ 메인 듀티 솔레노이드의 ①,② 커넥터에 전압을 가하고 ③으로 공기를 넣었을때 공기가 통하면 정상이다.
      ⓑ 공기가 통하지 않으면 연료통로에 타르등이 고착되지 않았는지 확인한다.
      ⓒ ①-②번 단자 저항 측정시 20 ± 1.0Ω 범위 이내면 양호하다.

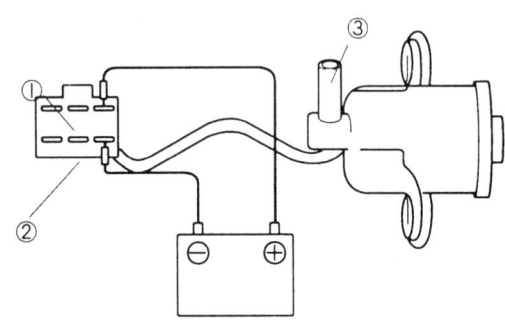

3. 슬로우 듀티 솔레노이드
   1) 단품 점검
      ⓐ 슬로우 듀티 솔레노이드의 ①,② 커넥터에 배터리 전압을 가하고 ③으로 공기를 넣었을때 공기가 통하면 정상이다.
      ⓑ 공기가 통하지 않으면 연료통로에 타르등이 고착되지 않았는지 확인한다.
      ⓒ ①-②번 단자 저항 측정시 66±1.5Ω 범위 이내면 양호하다.

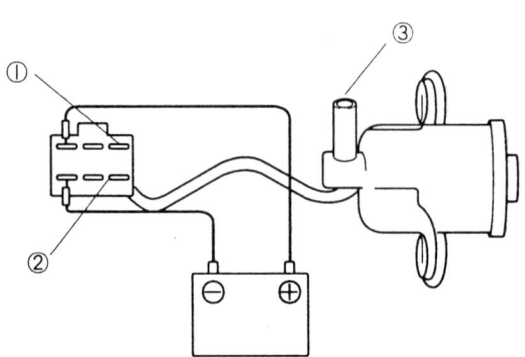

L.P.G 시스템

FL-47

4. 스타트 솔레노이드
   1) 단품 점검
      ⓐ 스타트 솔레노이드의①,②커넥터에 배터리 전압을 가하고 ③으로 공기를 넣었을때 공기가 통하면 정상이다.
      ⓑ ① - ②번 단자 저항 측정시 27Ω 이면 양호하다.

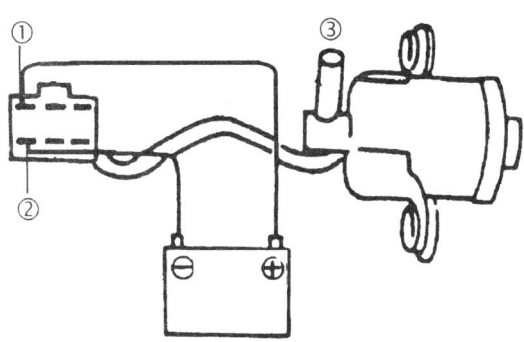

CV2021036

5. 스로틀포지션 센서
   1) 점검
      ⓐ TPS의 커넥터를 분리시키고 쓰로틀밸브를 개폐하면서①,③사이의 저항치를 측정한다.

   스로틀포지션 센서 저항 : 0.2(전폐)~4.4(전개)KΩ

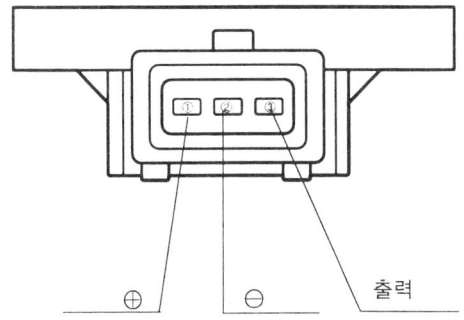

CV2021003

장착

탈거 순서의 역순으로 장착한다.

〔참고〕
● **부품별 조임토크**

믹서 장착 볼트 .... 1.9 ~ 2.6kg-m

〔주의〕
● 와셔, O-링, 패킹, 가스켓트류는 신품으로 교환한다.

클러치

- 일반사항 ·· CH-2
- 정비 및 점검 ··· CH-5
- 클러치 페달 ·· CH-6
- 클러치 마스터 실린더 ·· CH-8
- 클러치 릴리스 실린더 ··· CH-12
- 클러치 커버 및 디스크 ··· CH-14

일반사항

제원

항 목		제 원
차 종		2.0 DOHC LPG
클러치 작동방법		유압식
클러치디스크	형 식	건식 단판 디스크식
	페이싱 직경 (외경 X내경)	215 x 145 (mm)
	클러치 커버 형식	다이아프램 스프링 스트랩

윤활유

항 목	규정윤활유	용 량
릴리스 베어링과 클러치 릴리스 포크 퍼크럼 접촉부위, 클러치 릴리스 베어링 내측면	CASMOLY L9508	필요량
클러치 릴리스 실린더의 내면 및 피스톤의 외면과 컵	브레이크액 DOT3	
클러치 디스크 스플라인의 내면	CASMOLY L9508	
클러치 마스터 실린더의 내면과 피스톤 어셈블리의 외경	브레이크액 DOT3	
클러치 마스터 실린더 푸시로드, 클레비스 핀과 와셔	휠 베어링 그리스 SAE J310, NGLI NO. 2	
클러치 페달 샤프트 및 부싱	샤시 그리스 SAE J310, NGLI NO. 1	
릴리스 포크와 릴리스 실린더 푸시로드의 접촉부위, 입력 샤프트 스플라인	CASMOLY L9508	

특수공구

공구 (품번 및 품명)	형 상	용 도
09411-11000 클러치 디스크 가이드	41125000	플라이 휠 및 디스크의 센터 구멍맞춤

일반사항

현 상	가능한 원인	정 비
클러치가 미끄러진다. • 가속중 차량의 속도가 엔진 속도와 일치하지 않는다. 차의 가속이 되지 않는다. 언덕 주행중에 출력부족	① 페달의 자유유격이 부족함 ② 클러치 디스크 페이싱의 마모가 과도함 ③ 클러치 디스크 페이싱에 오일이나 그리스가 묻음 ④ 압력판 혹은 플라이 휠이 손상됨 ⑤ 압력 스프링이 약화 혹은 손실됨 ⑥ 유압장치의 불량	① 조정 ② 수리 혹은 필요시 부품교환 ③ 교환 ④ 교환 ⑤ 교환 ⑥ 수리 혹은 교환
기어 변속이 어렵다. (기어변속시 기어에서 소음이 난다.)	① 페달의 자유유격이 과도함 ② 유압계통에 오일이 누설, 공기가 유입, 혹은 막힘 ③ 클러치 디스크가 심하게 떨림 ④ 클러치 디스크 스플라인이 심하게 마모, 부식됨	① 조정 ② 수리 혹은 필요시 부품교환 ③ 교환 ④ 교환
클러치 소음 — 클러치를 사용치 않을때	① 클러치 페달의 자유유격이 부족함 ② 클러치 디스크 페이싱의 마모가 과도함	① 조정 ② 교환
클러치 소음 — 클러치가 분리된 후 소음이 들린다. 클러치가 분리될 때 소음이 난다.	① 릴리스 베어링이 마모 혹은 손상됨 ① 베어링의 섭동부에 그리스가 부족함 ② 클러치 어셈블리 혹은 베어링의 장착이 불량함	① 교환 ② 수리 ③ 수리
클러치 소음 — 클러치를 부분적으로 밟아 차량이 갑자기 주춤거릴때 소음이 난다.	① 파일롯트 부싱이 손상됨	④ 교환
페달이 잘 작동되지 않는다.	① 클러치 페달의 윤활이 불량함 ② 클러치 디스크 스플라인의 윤활이 불충분함 ③ 클러치 릴리스 레버 샤프트의 윤활이 불충분함 ④ 프론트 베어링 리테이너의 윤활이 불충분함	① 수리 ② 수리 ③ 수리 ④ 수리

현 상	가능한 원인	정 비
변속이 되지 않거나 변속하기가 힘들다.	① 클러치 페달의 자유유격이 과도함	① 페달의 자유유격을 조정
	② 클러치 릴리스 실린더가 불량함	② 릴리스 실린더 수리
	③ 디스크의 마모, 런아웃이 과도하고 라이닝이 파손됨	③ 수리 혹은 필요 부품 교환
	④ 입력축의 스플라인 혹은 클러치 디스크가 오염되었거나 깎임	④ 필요한 부위를 수리
	⑤ 클러치 압력판 수리	⑤ 클러치 커버 교환
클러치가 미끄러진다.	① 클러치 디스크가 마모 혹은 손상됨	① 교환
	② 압력판이 불량함	② 클러치 커버 교
	③ 디스크 페이싱에 오일이나 그리스가 묻음	③ 교환
	④ 유압장치의 불량	④ 수리 혹은 교환
클러치가 덜거덕 거린다.	① 클러치 디스크 라이닝의 마모 혹은 오일이 묻음	① 교환
	② 압력판의 결함	② 교환
	③ 클러치 다이어프램 스프링의 굽음	③ 교환
	④ 토션 스프링의 마모 혹은 파손	④ 디스크 교환
	⑤ 엔진 장착이 느슨함	⑤ 교환
클러치에서 소음이 발생한다.	① 클러치 페달 부싱의 손상	① 교환
	② 내부 하우징의 느슨함	② 수리
	③ 릴리스 베어링의 마모 혹은 오염	③ 교환
	④ 릴리스 포크 또는 링케이지가 걸림	④ 수리

정비 및 점검

클러치 액 점검

1. 브레이크 리저브레이크의 액 양을 점검한다. 액 수준이 "MIN"표시에 근접 또는 바로 아래있을 경우 순정액을 "MAX"표시까지 보충한다.
   〔참고〕
   클러치 액은 브레이크 리저브레이크에서 공용으로 사용하고 있다.

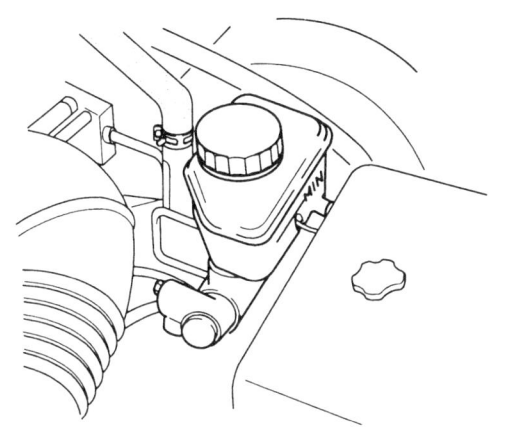

AS2040002

클러치 페달높이
점검

1. 페달 패드 상면의 중앙에서 대쉬 패널까지 거리를 측정한다.

표준 페달 높이 : 223~228 mm

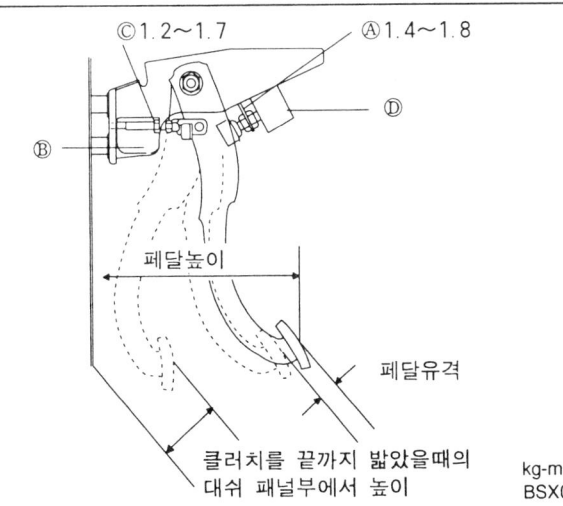

BSX040002

조정

1. 클러치 스위치의 커넥터를 분리한다.
2. 록 너트 Ⓐ 를 풀고 클러치 스위치 Ⓑ 를 돌려 높이를 조정한다.
3. 조정을 마친후 록 너트 Ⓐ 를 체결한다.

체결토크 : 1.4~1.8 kg-m

페달유격
점검

1. 유압이 느껴질 때까지 페달을 손으로 가볍게 누른다.

페달유격 : 3~5 mm

조정

1. 록 너트 Ⓒ 를 풀고 푸시로드 Ⓓ 를 돌려 유격을 조정한다.
2. 클러치 페달을 완전히 눌렀을 때 페달에서 대쉬패널 까지의 높이를 측정한다.

표준 페달 높이 : 70.4 mm

3. 록 너트를 체결한다.

체결토크 : 1.2~1.7 kg-m

4. 조정후 페달높이를 점검한다.

공기빼기

〔경고〕
● 클러치 마스터 실린더 분해 조립후, 수리하기 위해 파이프를 분리할 때 클러치 유압장치에 스며든 공기를 제거해야 한다.

〔참고〕
● 공기를 빼는 동안 브레이크 리저브 탱크의 액은 3/4 이상의 수준을 유지해야 한다.
● 클러치 액은 페인트 칠된 표면을 손상시키기 때문에 용기나 헝겊을 사용해서 액을 받는다. 액이 페인트 칠된 표면에 묻게 되면 즉시 닦아낸다.

1. 차량을 들어올린 후 운전석 측 휠 스프레쉬 쉴드를 분리한다.
2. 클러치 릴리스 실린더에서 블리더 캡을 분리하고 블리더 플러그에 비닐 호스를 끼운다.
3. 비닐 호스의 반대 끝을 용기속에 집어넣는다.
4. 클러치 페달을 여러차례 천천히 펌프질 한다.
5. 클러치 페달을 누르고 있는 동안 SST를 사용하여 블리더 나사를 풀어 유체와 공기가 빠져나가게 한다.
6. 액에서 공기 거품이 없어질 때까지 4항과 5항을 반복한다.

체결토크 : 0.6~0.9 kg-m

7. 클러치 작동이 정확한지 점검한다.

클러치 페달
구성부품

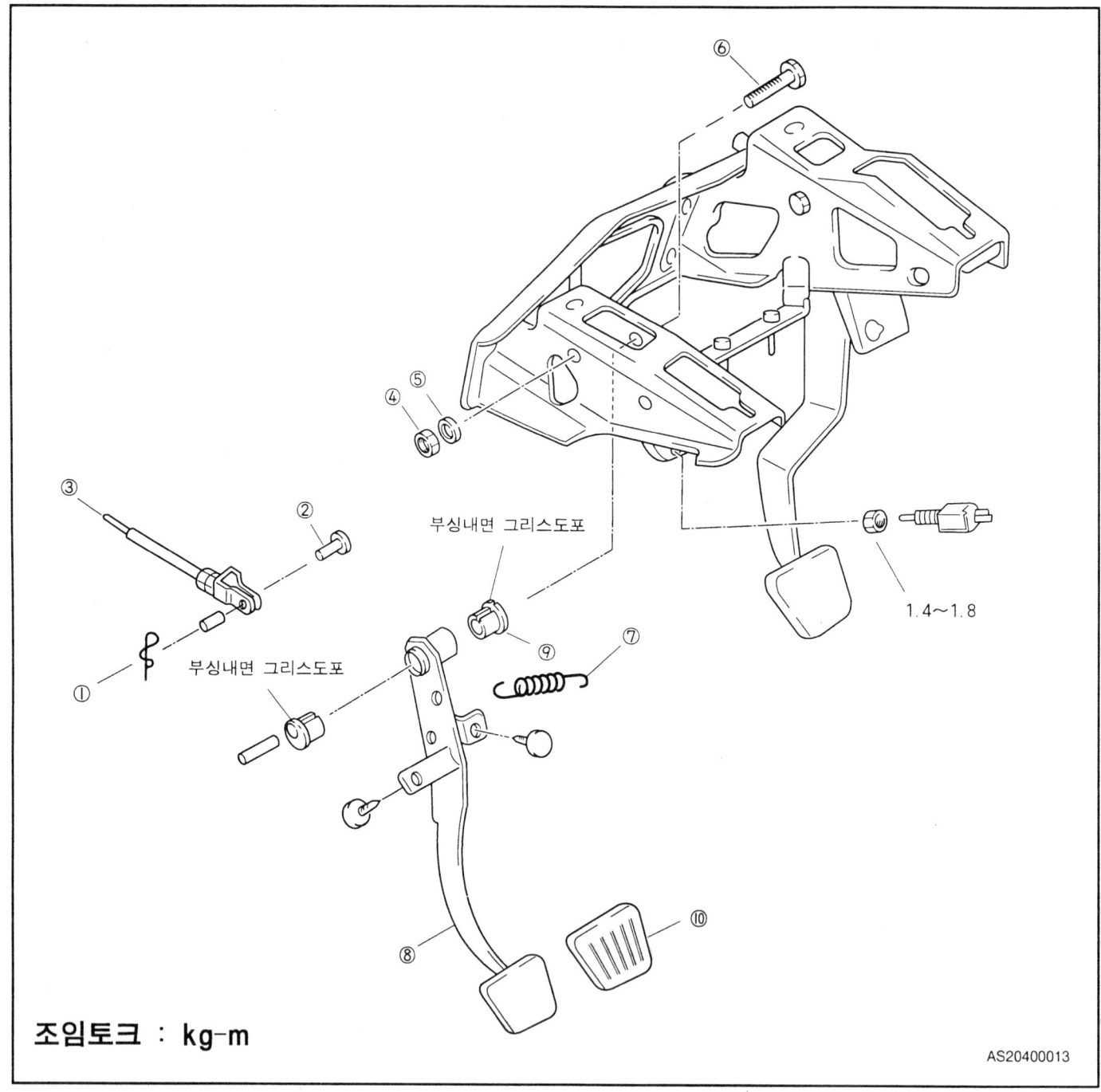

조임토크 : kg-m

1. 코터 핀
2. 핀
3. 푸시로드
4. 너트
5. 스프링 와셔
6. 볼트
7. 스프링
8. 클러치 페달
9. 부싱
10. 페달 패드

클러치 페달

분리시 참고사항
점검
다음 부품을 점검한다. 필요하면 교환한다.
1. 부싱의 마모 및 손상
2. 클러치 페달의 휨 또는 비틀림
3. 페달 패드의 마모 또는 손상

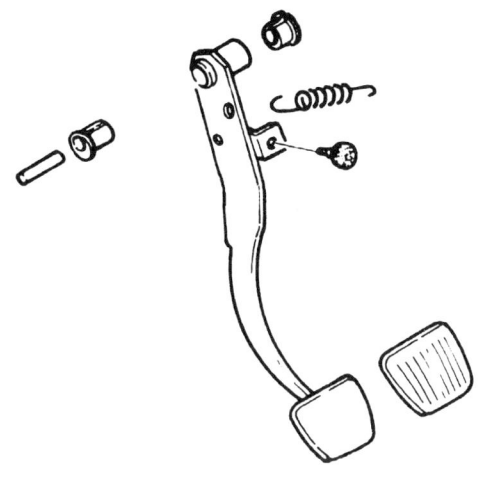

4. 리턴 스프링의 약화

[주의]
● 부싱과 습동부에는 그리스를 도포한다. (리튬 그리스 도포)

장착시 참고사항
1. 장착은 분리시의 역순으로 장착한다.
2. 부싱과 피봇 포인트에 리튬 그리스를 도포한다.
3. 클러치 페달 자유 유격을 조정한다.

푸시로드
1. 푸시로드를 장착한다.

체결토크 : 1.2~1.7 kg-m

클러치 페달
1. 클러치 페달을 조립한다.

체결토크 : 2.0~3.5 kg-m

클러치 마스터 실린더

분리
1. 그림과 같은 순으로 분리하고 조립시는 분리의 역순으로 실시한다.

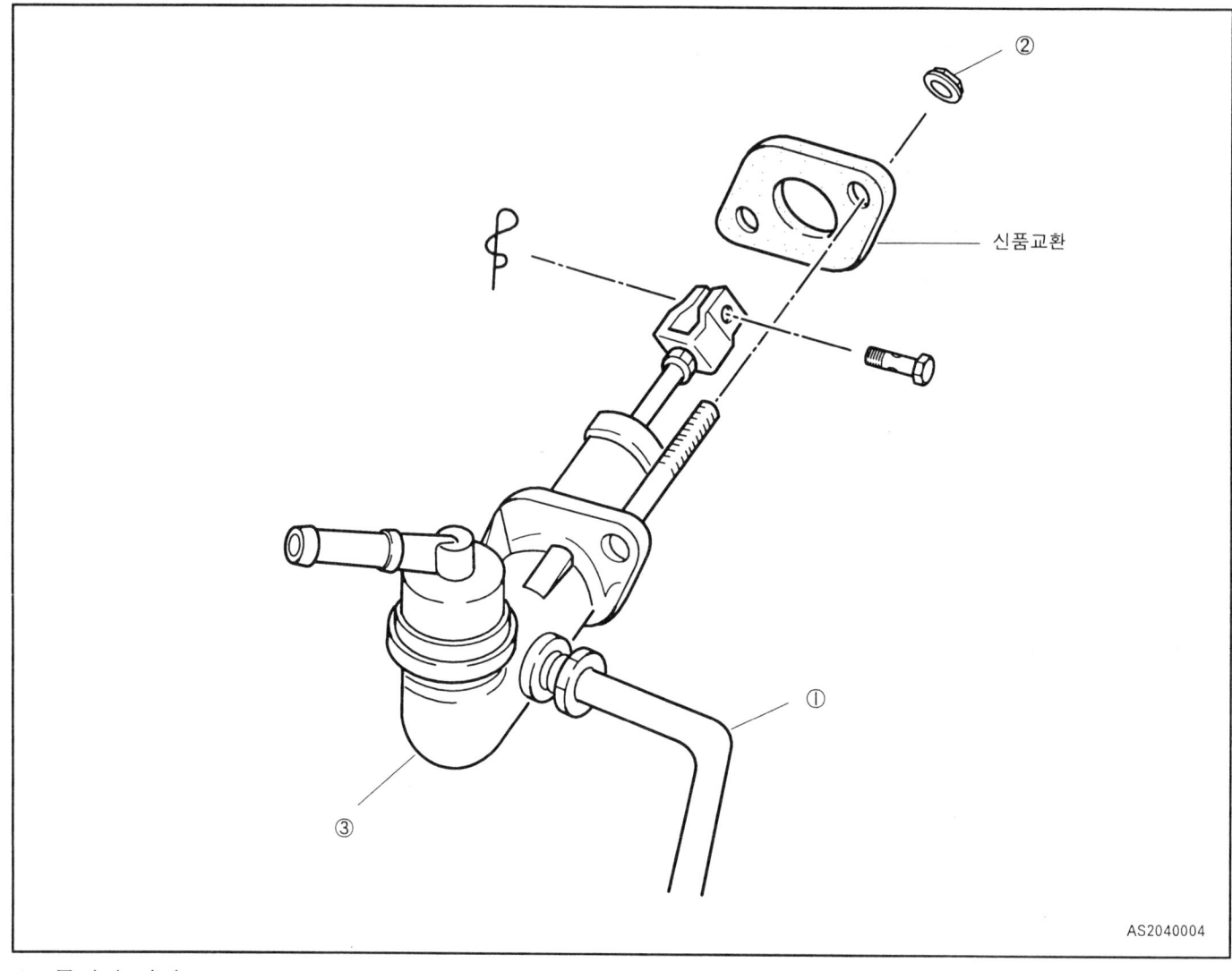

신품교환

1. 클러치 파이프
2. 너트
3. 마스터 실린더

클러치 마스터 실린더

분리시 참고사항

1. 분리시 퓨즈 박스가 간섭될 때에는 다음과 같이한다.
2. 고장진단 커넥터를 분리한 후 볼트 및 록 탭을 분리한 후 퓨즈 박스를 분리한다.

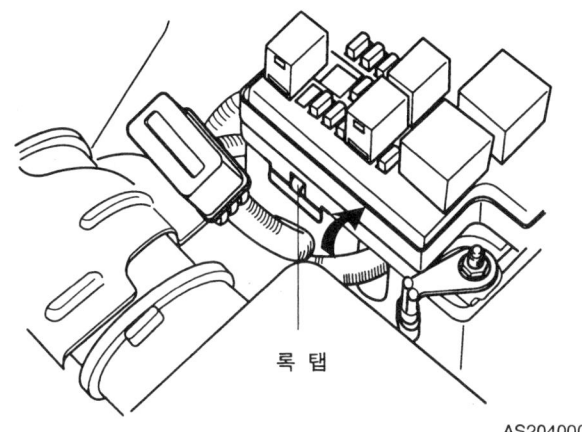

록 탭

클러치 파이프

1. SST를 사용하여 클러치 파이프를 분리한다.

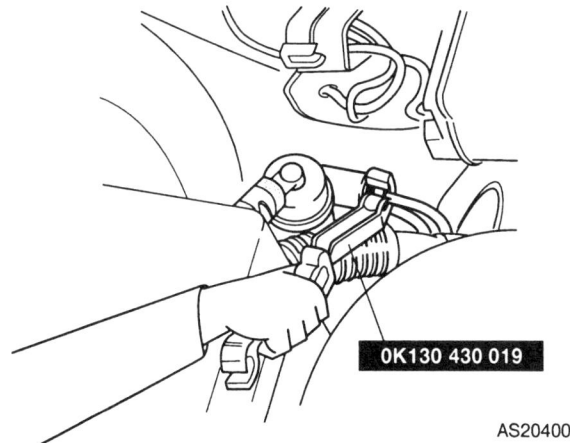

0K130 430 019

〔주의〕
- 클러치 액은 페인트 칠된 표면을 손상시키기 때문에 용기나 헝겊을 사용해서 액을 받는다. 액이 페인트칠이 된 표면에 묻게되면 즉시 닦아낸다.

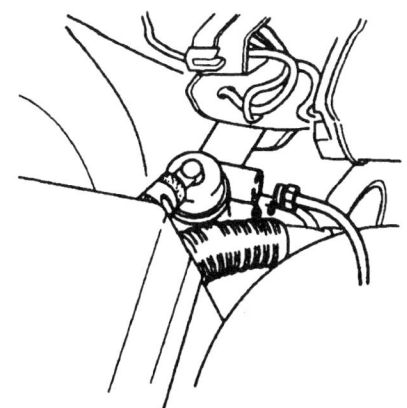

분해 및 조립

1. 분해시 그림의 번호 순서대로 분해한다.
2. 오물이나 먼지가 전혀 없는 깨끗한 곳에서 분해하고 조립한다.
3. 클러치 액을 사용하여 내부 부품을 닦는다.
4. 분해의 역순으로 조립한다.

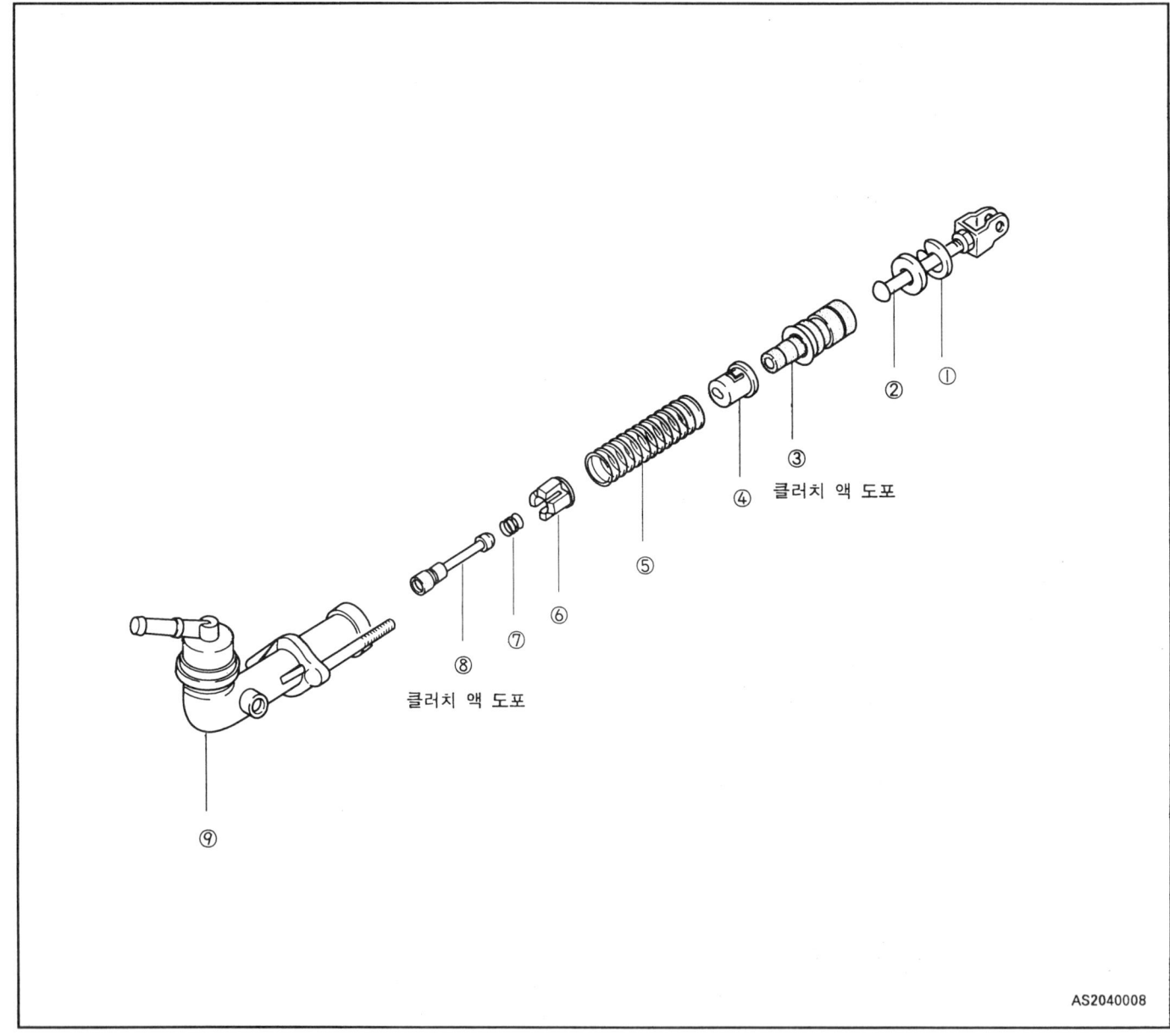

1. 스냅링
2. 푸시로드
3. 피스톤
4. 피스톤 스토퍼
5. 스프링
6. 밸브 스토퍼
7. 스프링
8. 밸브 어셈블리
9. 바디

클러치 마스터 실린더 CH-11

분해시 참고사항

1. 스냅링을 분리한다.

   〔참고〕
   ● 푸시로드를 누르면서 스냅링 플라이어를 이용하여 스냅링을 분리한다.

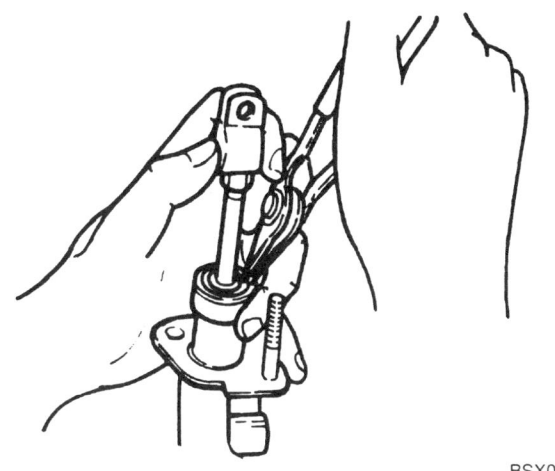

2. 피스톤 스토퍼의 클립 부위를 공구를 사용하여 푼다.

   〔경고〕
   ● 분리시 스프링이 튀어나갈 수 있으므로 스프링이 튀지 않게 한다.

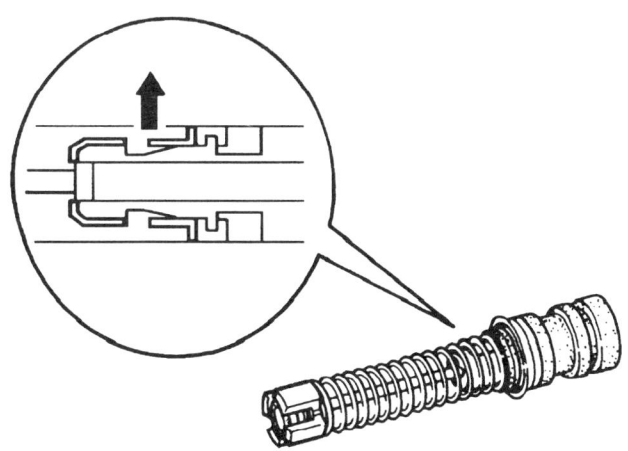

〔주의〕
- 조립전에 모든 부품을 세척한다.
- 배출된 브레이크 액(클러치 액)은 재사용하지 않는다.
- 피스톤 등 내부 부품에 클러치 액을 바른다.
- 필요시 부품을 교환한다.

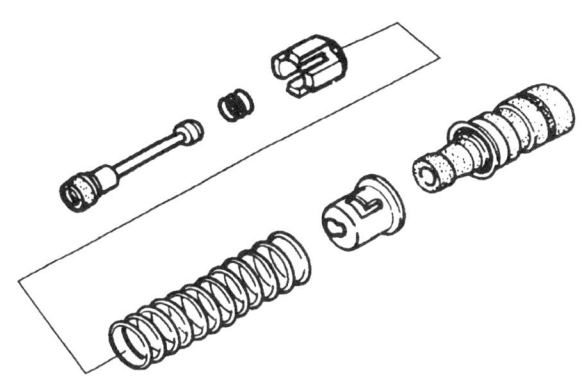

3. 피스톤 스토퍼의 클립 부위를 공구로 눌러 피스톤이 빠지지 않게 피스톤과 스토퍼를 조립한다.

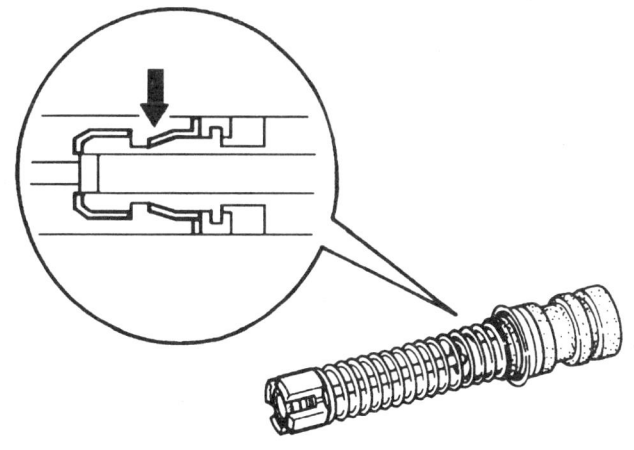

클러치 릴리스 실린더

구성부품

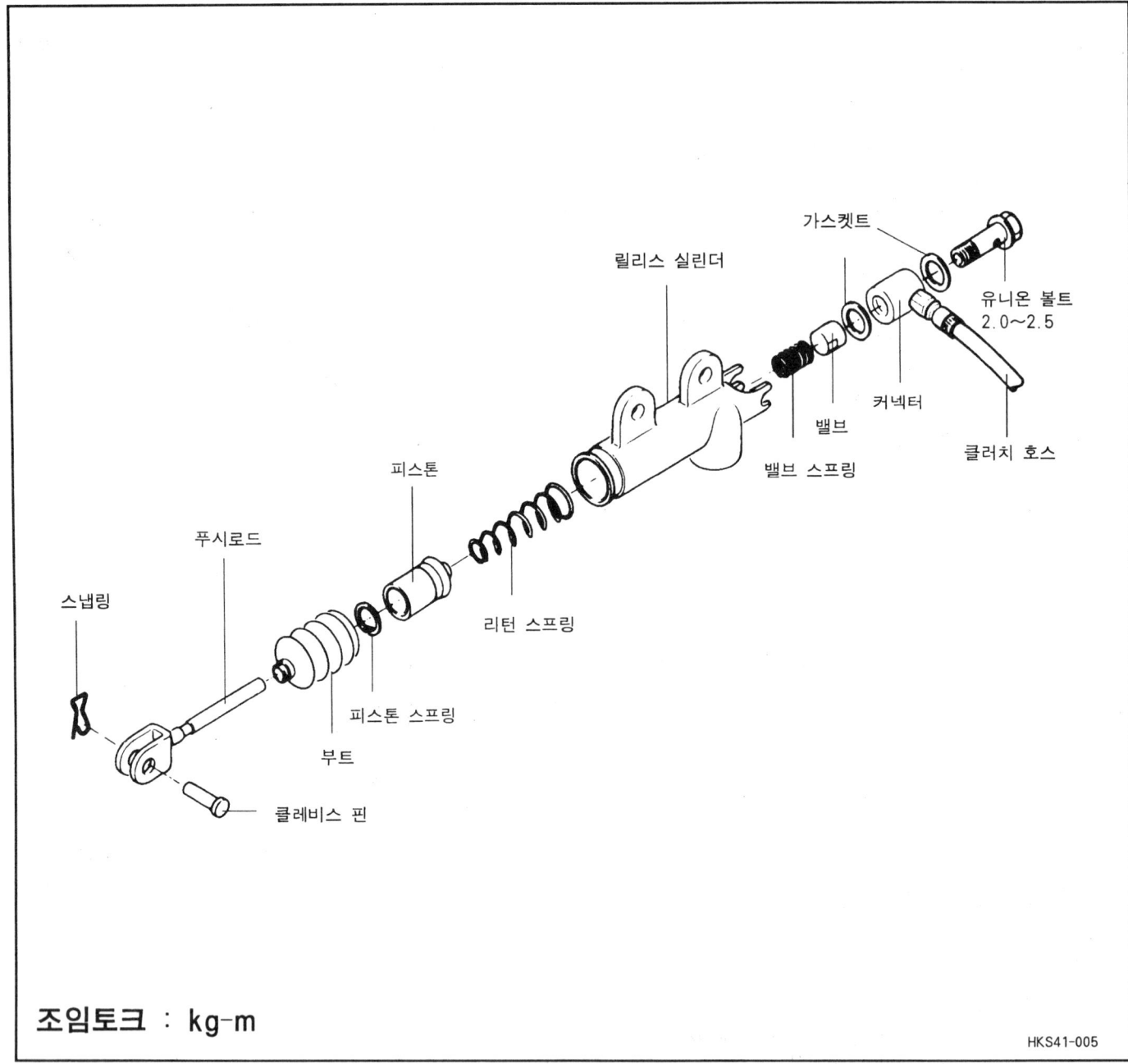

조임토크 : kg-m

탈거

1. 클러치 튜브를 탈거한다.
2. 릴리스 실린더 장착볼트를 탈거한다.

검사

1. 클러치 릴리스 실린더에서의 액누설을 점검한다.
2. 클러치 릴리스 실린더 부트의 손상을 점검한다.

분해

1. 밸브 플레이트, 스프링, 푸시로드, 부트등을 탈거한다.
2. 압축 공기를 사용하여 릴리스 실린더에서 피스톤을 탈거한다.

   [주의]
   - 피스톤이 빠져 분실되는것을 방지하기 위해서 헝겊으로 막는다.
   - 브레이크 액이 뿌려지는 것을 방지하기 위해서 압축공기를 서서히 가한다.

클러치 릴리스 실린더

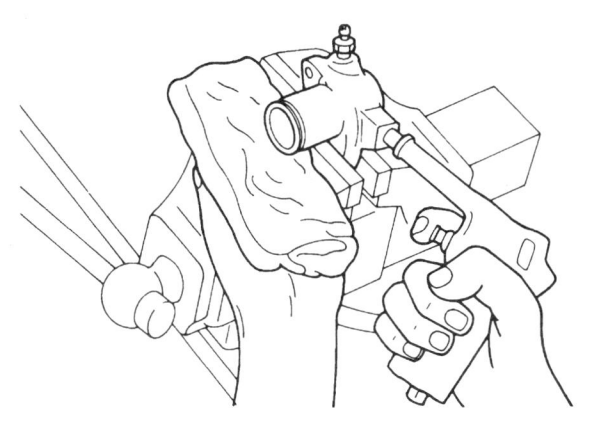

검사

1. 릴리스 실린더 내면의 긁힘, 불균일한 마모를 점검한다.
2. 실린더 게이지를 사용하여 실린더 내면의 3곳(상부, 중앙, 하부)를 측정하고 실린더 내경과 피스톤의 외경이 한계치를 넘으면 릴리스 실린더 어셈블리를 교환한다.

   한계치 : 0.15mm

조립

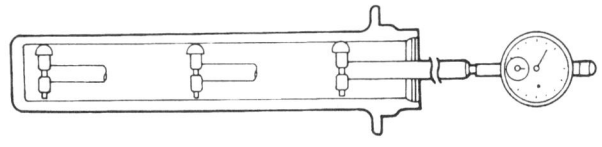

1. 릴리스 실린더 내측과 피스톤 및 피스톤 컵의 외측에 규정된 브레이크 액을 도포하고 피스톤 컵 어셈블리를 실린더 내측으로 민다.

   규정액 : 브레이크 액 DOT3

2. 밸브 플레이트, 스프링, 푸시로드 및 부트를 장착한다.

장착

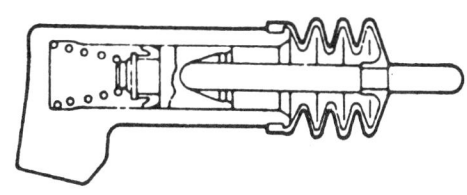

1. 릴리스포크와 실린더 푸시로드가 접촉하는 부위에 규정된 그리스를 도포한다.

   규정 그리스 : MOLY LOCTITETA NO.2

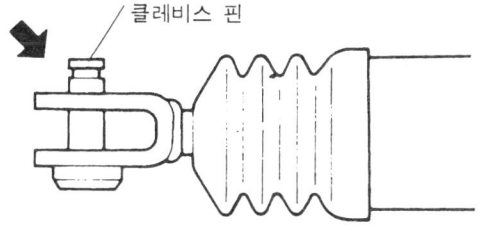

2. 클러치 릴리스 실린더와 클러치 튜브를 장착한다.

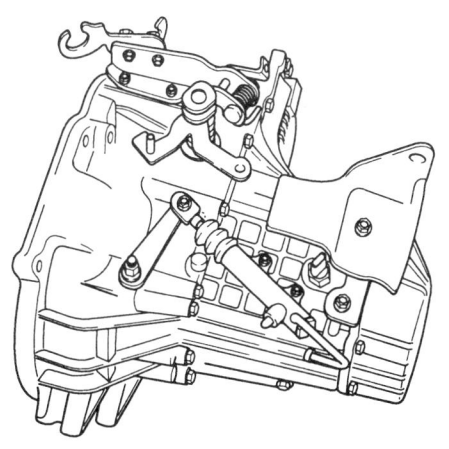

클러치 커버 및 디스크

구성부품

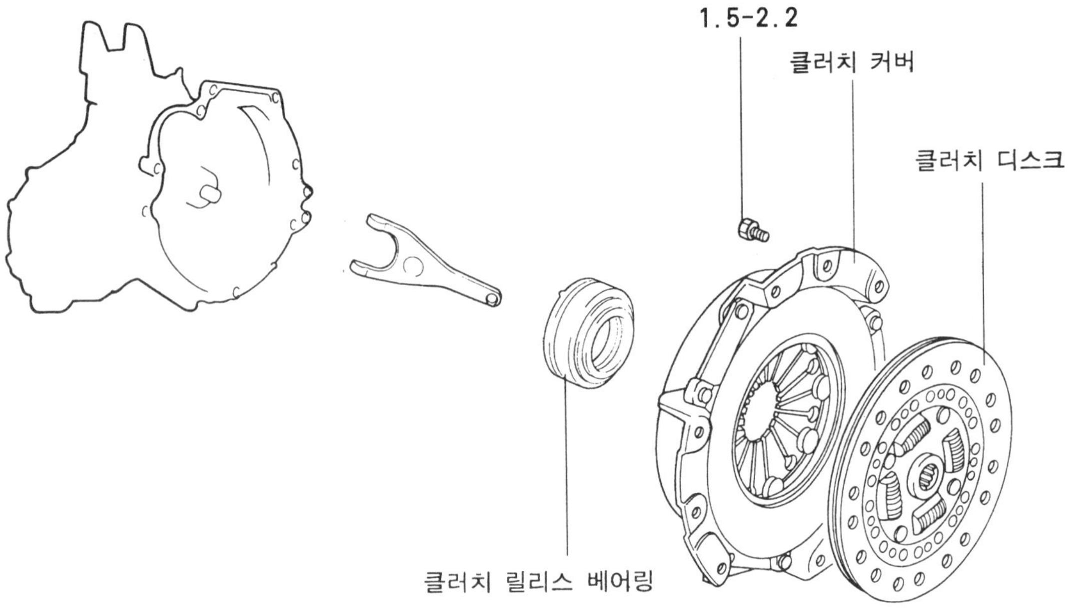

1.5-2.2
클러치 커버
클러치 디스크
클러치 릴리스 베어링

조임토크 : kg-m

탈거

1. 트랜스 액슬을 탈거한다.
2. 특수공구 (09411-11000)를 사용하여 센터 스플라인에 집어 넣어 클러치 디스크가 떨어지는것을 방지한다.
3. 클러치 커버와 플라이 휠을 체결하는 볼트를 대각선으로 순차적으로 푼다. 이 볼트를 풀때 커버 플랜지가 휠 우려가 있으므로 한번에 1-2회 정도 푼다.

(주의)
● 클러치 디스크와 릴리스 베어링은 세척 솔벤트로 청소하지 않는다.

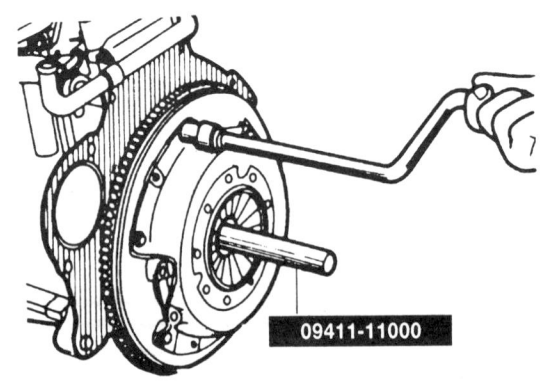

4. 릴리스 베어링과 리턴 클립을 탈거한다.
5. 클러치 릴리스 샤프트, 패킹, 리턴 스프링, 릴리스 포크를 탈거한다.

클러치 커버 및 디스크

청소 및 검사

1. 클러치 디스크 커버
   1) 진공 브러시 혹은 마른걸레등을 사용하여 클러치 하우징에서 먼지를 제거해야하며 절대 압축공기는 사용해서는 안된다. 엔진 리어 베어링 오일씰 혹은 트랜스밋션 프론트 오일씰에서 오일이 누설되지 않는가를 점검하여 누설이 있으면 그 즉시 수리해야한다.
   2) 압력판의 마찰면은 전 디스크 접촉면이 균일해야하며, 만일 한 부위가 심하게 접촉한 흔적이 있고 180°떨어진 부위에 가볍게 접촉한 흔적이 있다면 압력판이 잘못 장착되었거나 끌리는것이다.
   3) 플라이 휠의 마찰면이 과도한 변색, 부분소손, 작은균열, 깊은 홈집, 파임이 있는가를 확인한다.
   4) 디스크를 취급할때는 페이싱은 만지지 않고 작업해야하며, 만일 그리스나 오일이 페이싱에 묻거나 리벳 헤드가 0.3 mm 미만이면 페이싱을 교환해야 한다. 트랜스밋션 입력 샤프트에 있는 허브 스프링 및 스플라인은 과도한 마모의 흔적이 없어야 한다. 또한 페이싱 사이의 스프링들은 파손되지 않아야하며 모든 리벳들은 완전히 박혀 있어야 한다.
   5) 압력판의 마찰면은 적절한 솔벤트로 닦는다.
   6) 직각자를 사용하여 압력판의 편평도를 검사하여 마찰부의 편평도가 0.5 mm 이내에 있는가를 확인하고 변색, 소손, 홈이나 깎임이 없는가를 점검한다.
   7) 눈으로 커버 외측 장착 프랜지의 편평을 점검하고 홈집, 깎임, 휨이나 그밖에 손상이 없는지를 점검한다.
   8) 플라이 휠에 있는 3개의 다우웰이 완전히 조여져 있는지와 손상이 없는지를 점검한다.
   9) 클러치 어셈블리를 이상과 같이 점검하여 상태가 불량하면 교환한다.

2. 클러치 릴리스 베어링

   〔주의〕
   ● 릴리스 베어링은 그리스가 채워져 있으므로 세척 솔벤트나 오일로 청소하면 안된다.

   1) 베어링의 고착, 손상, 비정상적인 소음을 점검하며 다이어프램 스프링 접촉부위의 마모를 검사한다.
   2) 릴리스 포크 접촉부위가 비정상적으로 마모되었으면 베어링을 교환한다.

3. 클러치 릴리스 포크
   1) 베어링과의 접촉부위에 비정상적인 마모가 있으면 릴리스 포크를 교환한다.

장착

1. 릴리스 베어링
   1) 릴리스 포크 샤프트에 다목적 그리스를 도포하고 클러치 하우징 부위에 다목적 그리스를 도포한다.

   〔주의〕
   ● 클러치를 장착할때 그리스를 각 부위에 도포해야하며 이때 과도하게 도포하지 않도록 주의해야한다. 그리스가 과도하게 도포되면 클러치가 미끄러져 차량이 떨리게 된다.

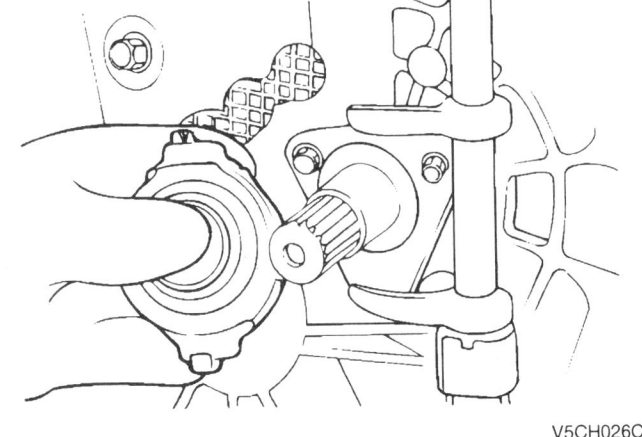

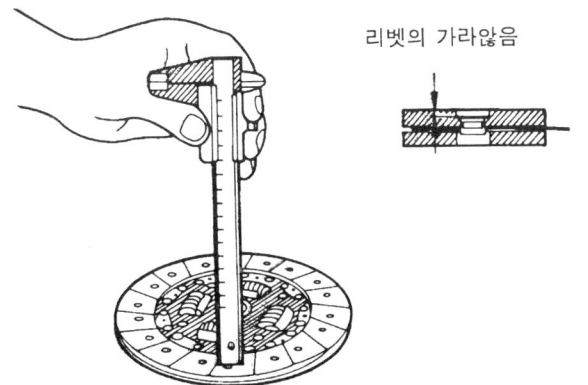

리벳의 가라앉음

2) 다목적 그리스를 릴리스 베어링의 홈에 도포한다.

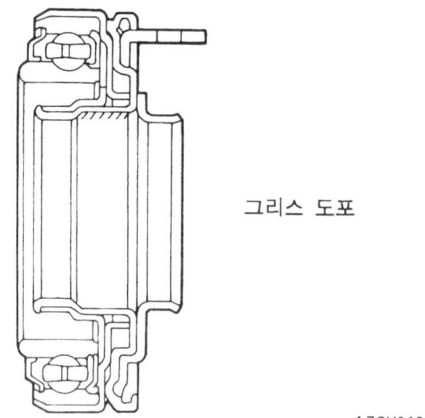
그리스 도포

3) 다목적 그리스를 클러치 릴리스 포크와 접촉되는 릴리스 레버 면에 도포한다.

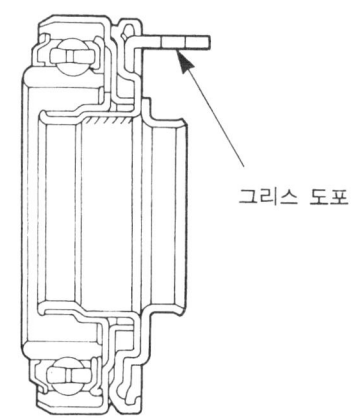
그리스 도포

2. 디스크, 커버
 1) 트랜스 밋션의 인풋 샤프트에 그리스를 도포한 후 클러치 디스크를 인풋 샤프트에 끼웠다 빼내어 클러치 디스크 스플라인 부스면에 붙은 잔류 그리스를 닦아낸다.
 [주의]
 ● 클러치 디스크 스플라인 부스면에 그리스가 있으면 클러치 슬립의 원인이 된다.

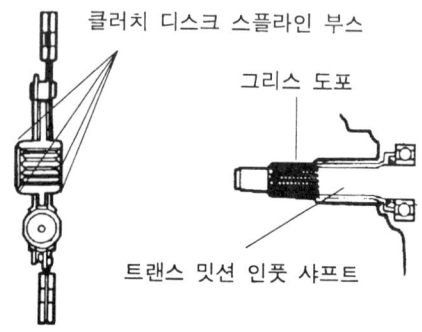
클러치 디스크 스플라인 부스
그리스 도포
트랜스 밋션 인풋 샤프트

2) 클러치 디스크 가이드 (09411-11000)를 사용하여 클러치 디스크 어셈블리를 플라이 휠에 장착한다.
 클러치 디스크를 장착할때 제작사의 각인 된 쪽이 압력판 쪽을 향해야 한다.

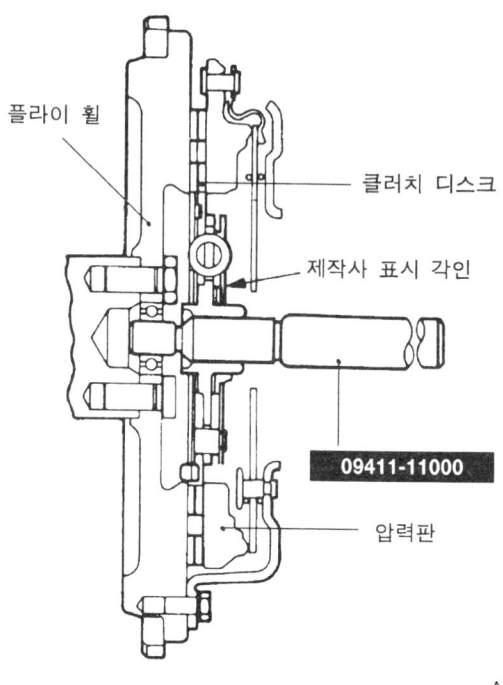
플라이 휠
클러치 디스크
제작사 표시 각인
09411-11000
압력판

3) 클러치 커버 어셈블리를 장착하고 6개의 볼트를 장착한다.
4) 순차적으로 볼트를 1.5-2.2kg-m의 토크로 조인다.

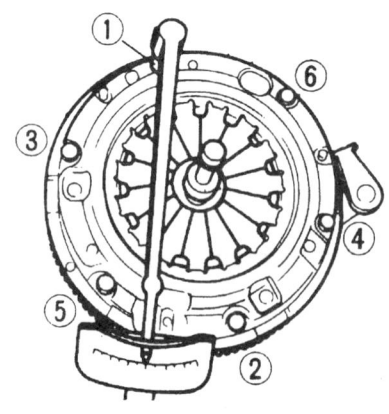

5) 지지공구를 탈거한다.
6) 트랜스밋션을 장착한다.
7) 클러치의 자유유격을 조정한다.

수동변속기 (M5BF2)

일반사항	MT-2
정비 및 점검 절차	MT-8
수동변속기 컨트롤	MT-9
수동변속기	MT-11
수동변속기 어셈블리	MT-13
5단 싱크로나이저 어셈블리	MT-25
입력 축 어셈블리	MT-27
출력 축 어셈블리	MT-32
디퍼렌셜	MT-37
스피도미터 드리븐 기어 어셈블리	MT-40

일반사항

제원

항 목			제 원
5단 변속기	형 식		전진 5단, 후진 1단 수동변속기
			2.0 DOHC LPG
	기 어 비	1단	3.462
		2단	2.053
		3단	1.393
		4단	1.061
		5단	0.780
		후진	3.250
	종 감 속 비		3.842
스피드 미터 기어비(드라이브/드리븐)			31/36
오일 용량			2.15 *l*

정비기준

항 목	정 비 기 준
입력축 리어 베어링의 엔드 플레이	0.01 ~ 0.09mm
출력축 베어링의 엔드 플레이	0.05 ~ 0.10mm
디퍼렌셜축 베어링의 엔드 플레이	0.05 ~ 0.17mm
디퍼렌셜 피니언의 백래쉬	0.025 ~ 0.15mm
입력축 프론트 베어링의 엔드 플레이	0.01 ~ 0.12mm

스페이서

품 명	두 께 (mm)	식 별 표 시	비 고
스냅링 (입력축 프론트 베어링 엔드 플레이 조정용)	2.15	주황	
	2.23	-	
	2.31	황색	
	2.39	적색	
	2.47	회색	
스페이서 (출력축 베어링 엔드 플레이 조정용)	1.43	43	
	1.46	46	
	1.49	49	
	1.52	52	
	1.55	55	

일반사항 MT-3

품 명	두 께 (mm)	식 별 표 시	비 고
스페이서 (출력축 베어링 엔드 플레이 조정용)	1.58	58	
	1.61	61	
	1.64	64	
	1.67	67	
	1.70	70	
	1.73	73	
	1.76	76	
	1.79	79	
	1.82	82	
	1.85	85	
	1.88	88	
	1.91	91	
	1.94	94	
	1.97	97	
	2.00	00	
	2.03	03	
	2.06	06	
	2.09	09	
	2.12	12	
스페이서 (디퍼렌셜측 베어링의 엔드 플레이 조정용)	0.80	80	
	0.83	83	
	0.86	86	
	0.89	89	
	0.92	92	
	0.95	95	
	0.98	98	
	1.01	01	
	1.04	04	
	1.07	07	
	1.10	10	
	1.13	13	
	1.16	16	
	1.19	19	
	1.22	22	
	1.25	25	
	1.28	28	
스페이서 (디퍼렌셜 피니언 백래쉬 조정용)	0.75 ~ 0.82		
	0.83 ~ 0.92		
	0.93 ~ 1.00		
	1.01 ~ 1.08		
	1.09 ~ 1.16		
	1.17 ~ 1.25		
	1.26 ~ 1.34		

조임토크

항 목	조 임 토 크
디퍼렌셜 드라이브 기어 볼트	13.0 ~ 14.0kg-m
선택레버 어셈블리 고정 볼트	1.5 ~ 2.2kg-m
스피도미터 드리븐 기어	0.3 ~ 0.5kg-m
후진 변속 레버 어셈블리 장착 볼트	1.5 ~ 2.2kg-m
클러치 하우징 변속기 케이스 장착 볼트	3.5 ~ 4.2kg-m
후진 공전 기어 샤프트 볼트	4.3 ~ 5.5kg-m
후진등 스위치	3.0 ~ 3.5kg-m
씰 볼트	3.0 ~ 4.2kg-m
인터 록크 플레이트 고정 볼트	2.0 ~ 2.7kg-m
휠러 플러그	3.0 ~ 3.5kg-m
마그네트 플러그	3.0 ~ 3.5kg-m
록크 너트	14.0 ~ 16.0kg-m
리어 커버 볼트	1.5 ~ 2.2kg-m
클러치 오일 라인 브라켓	1.8 ~ 2.2kg-m
릴리스 실린더 어셈블리	1.5 ~ 2.2kg-m
변속 컨트롤 케이블 브라켓	1.5 ~ 2.2kg-m
변속기 장착 볼트 (10 x 70)	4.3 ~ 5.5kg-m
변속기 장착 볼트 (12 x 40)	6.0 ~ 8.0kg-m
장착 브라켓 고정 볼트	6.0 ~ 8.0kg-m

일반사항

특수공구

공구(품번 및 품명)	형 상	용 도
09200-38001 엔진 지지용 공구		변속기 탈 장착시 엔진지지
09414-11000 록크 핀 익스트랙터		스프링 핀과 록크 핀의 탈거
09414-11100 록크 핀 인스톨러		스프링 핀과 록크 핀의 장착
09431-21200 오일 씰 인스		디퍼렌셜 오일 씰의 장착
09432-22000 베어링 인스톨러		출력축 베어링의 장착
09432-22100 베어링 외부 레이스 인스톨로		입.출력축 베어링의 외부 레이스 장착
09432-33200 베어링 리무버 플레이트		1) 입력축 룰러 베어링의 탈거 2) 출력축 롤러 베어링의 탈거

공구(품번 및 품명)	형 상	용 도
09432-33300 베어링 인스톨러		1) 싱크로나이저 어셈블리의 장착 2) 베어링 슬리브와 베어링의 장착 (출력축)
09500-11000 바		입력축 베어링 외부 레이스의 장착 (입력축 인스톨러와 함께 사용)
09455-32200 오일 씰 폴러		출력축 베어링 외부 레이스의 탈거
09495-33000 베어링과 기어 폴러		볼 베어링과 기어의 탈거
09455-21100 베어링 인스톨러		디퍼렌셜 베어링의 장착
09532-11500 피니언 베어링 외부 레이스 인스톨러		입력축 베어링 외부 레이스의 장착 (입력축 바와 함께 사용)

일반사항

고장진단법

현 상	가 능 한 원 인	정 비
떨림, 소음	① 변속기와 엔진 장착이 풀리거나 손상됨 ② 샤프트의 엔드 플레이가 부적당함 ③ 기어가 손상, 마모 ④ 저질, 혹은 등급이 다른 오일을 사용함 ⑤ 오일 수준이 낮음 ⑥ 엔진 공회전 속도가 규정과 일치하지 않음	① 마운트를 조이거나 교환 ② 엔드 플레이 조정 ③ 기어 교환 ④ 규정된 오일로 교환 ⑤ 오일을 보충 ⑥ 공회전 속도 조정
오일 누설	① 오일 씰 혹은 O-링이 파손 혹은 손상됨 ② 부적당한 씰런트를 사용함	① 오일 씰 혹은 O-링 교환 ② 규정 씰런트로 재봉합
기어 변속이 힘들다.	① 컨트롤 케이블의 고장 ② 싱크로나이저 링과 기어콘의 접촉이 불량하거나 마모됨 ③ 싱크로나이저 스프링이 약화됨 ④ 등급이 다른 오일을 사용함	① 컨트롤 케이블 교환 ② 싱크로 나이저 링 교환 ③ 싱크로나이저 스프링 교환 ④ 규정 오일로 교환
기어가 빠진다.	① 기어 변속포크가 마모되었거나 포펫트 스프링의 마모 ② 싱크로나이저 허브와 슬리브 스플라인 사이의 간극이 너무 큼	① 변속 포크 혹은 포펫트 스프링 교환 ② 싱크로나이저 허브와 슬리브를 교환

정비 및 점검절차

변속기 오일 교환

1. 차량을 평탄한 곳에 주차시키고 배출 플러그를 탈거하고 변속기 오일을 배출시킨다.

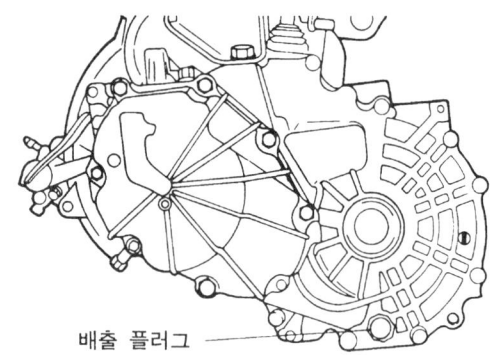

배출 플러그

EMDA003A

2. 휠러 플러그 부위로 트랜스액슬 오일을 플러그 구멍 수준까지 채운다.

> 트랜스액슬 오일 : 하이포이드 기어 오일SAE 75W-90, API등급 GL-4

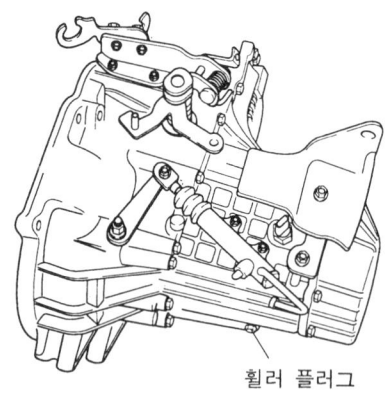

휠러 플러그

EMDA003B-1

드라이브 샤프트 오일 씰의 교환

1. 트랜스액슬에서 드라이브 샤프트를 분리시킨다.
2. 납작한 ⊖ 드라이버를 사용하여 오일 씰을 탈거한다.

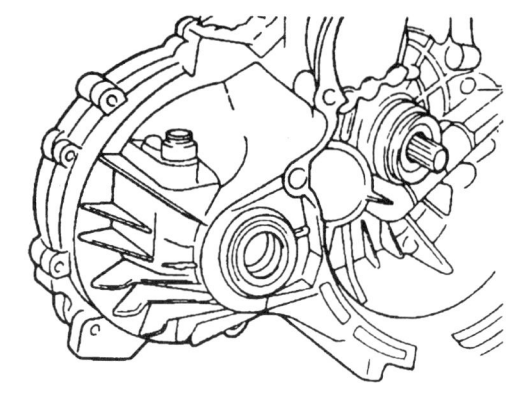

EMDA003C

3. 오일 씰 둘레에 변속기 오일을 도포한다.
4. 오일 씰 인스툴러를 사용하여 드라이브 샤프트 오일 씰을 변속기에 장착한다.

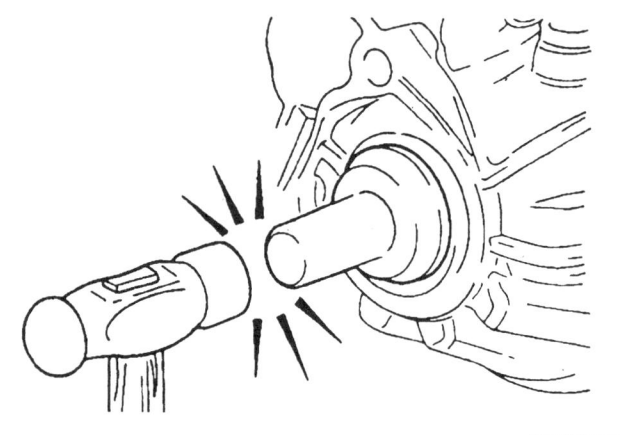

EMDA003D

수동변속기 컨트롤

구성부품

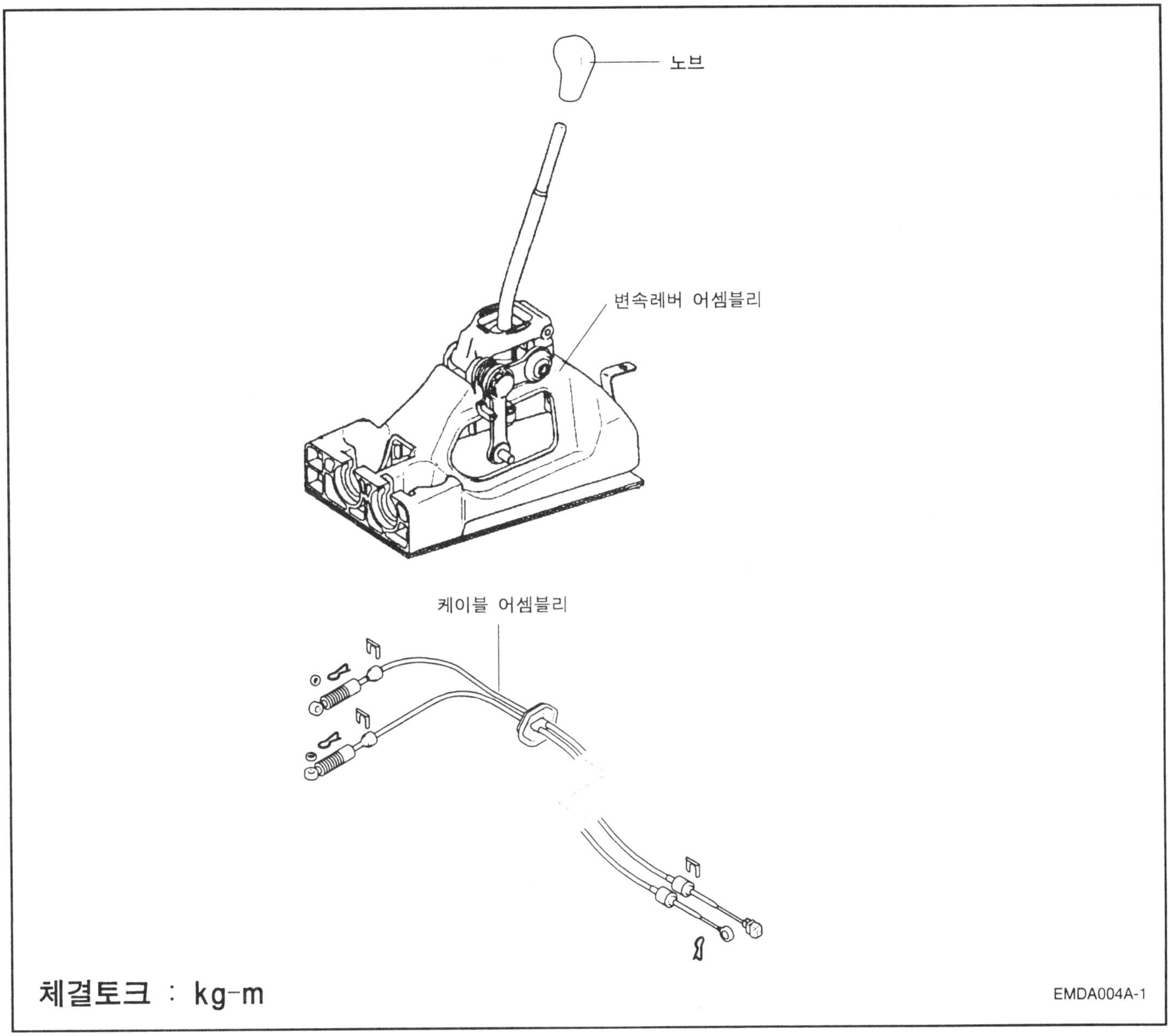

체결토크 : kg-m

탈거

1. 컨솔 박스를 탈거한다.
2. 스플리트 핀과 클립을 탈거한다.
3. 변속 레버 어셈블리를 탈거한다.
4. 리테이너와 볼트를 탈거한다.
5. 트랜스액슬 측에서 스플리트 핀과 클립을 탈거한다.
6. 변속 케이블과 선택 케이블을 탈거한다.

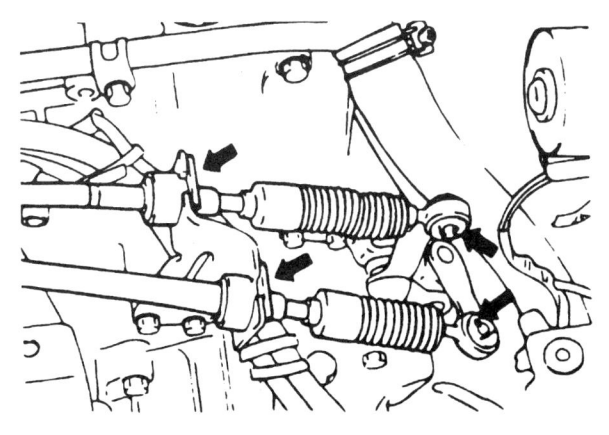

검사

1. 선택 케이블(select cable)의 작동상태와 손상을 점검한다.
2. 변속 케이블(shift cable)의 작동상태와 손상을 점검한다.
3. 부트의 손상을 점검한다.
4. 부싱의 마모, 부식, 손상을 점검한다.
5. 스프링의 약화, 손상을 점검한다.

장착

1. 변속레버 어셈블리를 장착한다.
2. 변속레버와 선택레버를 중립위치에 놓은후 케이블에 장착한다.

수동변속기

수동변속기
구성부품

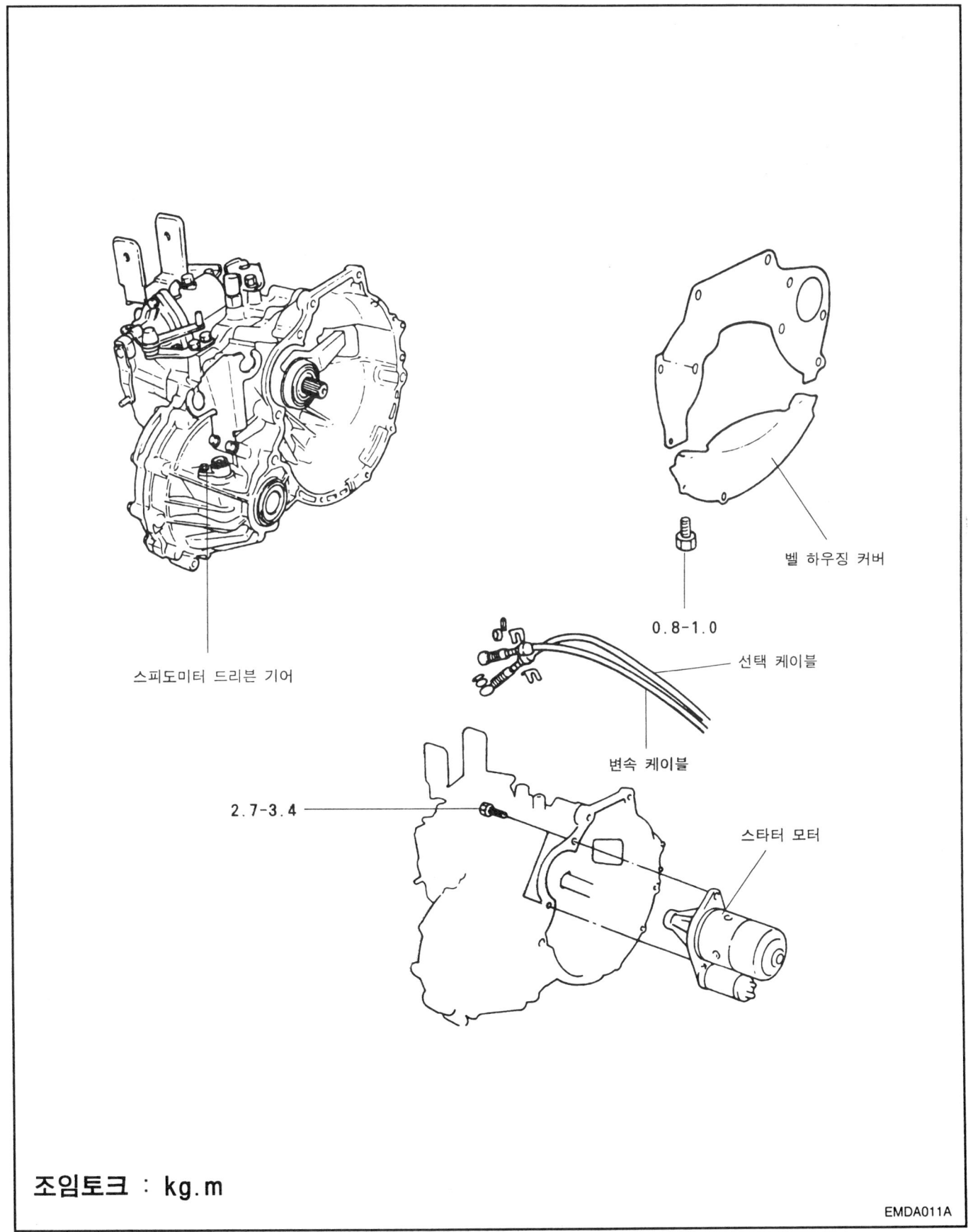

조임토크 : kg.m

탈거

1. 배출 플러그를 탈거하고 트랜스액슬 오일을 배출시킨다.
2. 에어크리너 어셈블리를 탈거한다.
3. 선택케이블과 변속케이블을 탈거한다.
4. 클러치 릴리스 실린더를 탈거한다.

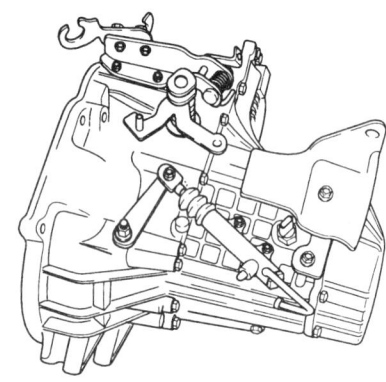

5. 후진등 스위치 커넥터를 탈거한다.
6. 스피도미터 커넥터를 탈거한다.
7. 클러치 케이블과 클러치 튜브를 탈거한다.
8. 엔진하부커버와 변속기 옆 쪽 커버를 탈거한다.

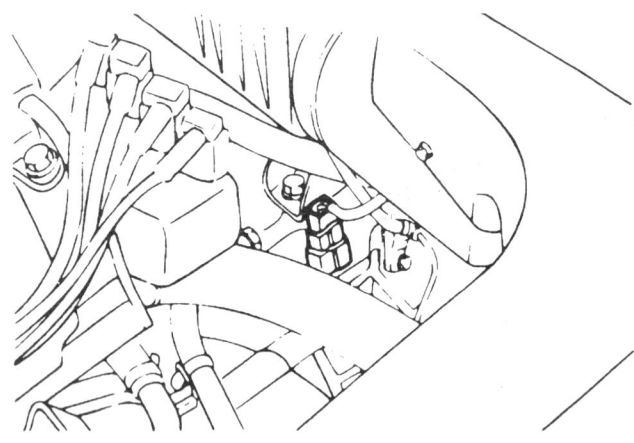

9. 롤 스토퍼 브라켓 어셈블리를 탈거한다. (프론트, 리어)
10. 프론트 휠과 타이어를 탈거한다. (좌,우측)
11. 프론트 스트러트 너클 마운팅 볼트를 탈거한다.
12. 드라이브 샤프트와 스타터 모터를 탈거한다.

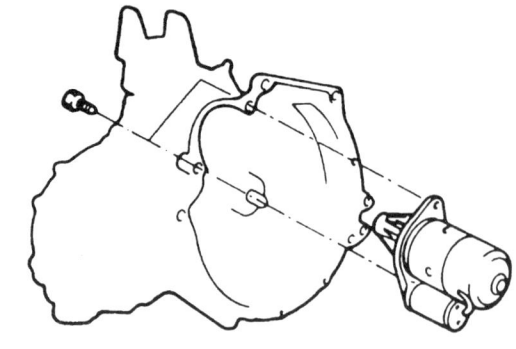

13. 엔진지지용 공구를 설치한다.
14. 변속기마운팅 브라켓(옆쪽)를 탈거한다.
15. 변속기 어셈블리 상부볼트를 탈거한다.
16. 벨 하우징 커버를 탈거한다.

17. 변속기 지지용 잭을 설치한다.
18. 변속기 하부연결 볼트를 탈거한다.
19. 클러치 커버와 디스크를 탈거한다.
20. 플라이 휠을 탈거한다.
21. 변속기 어셈블리를 탈거한다.

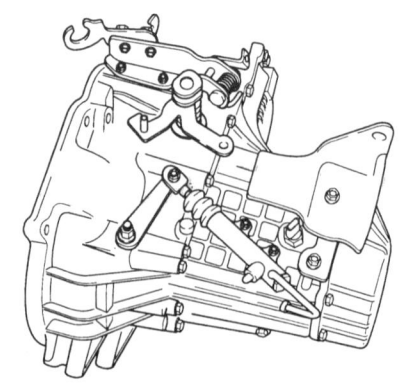

장착

장착은 탈거의 역순이다.

수동변속기 어셈블리
단면도

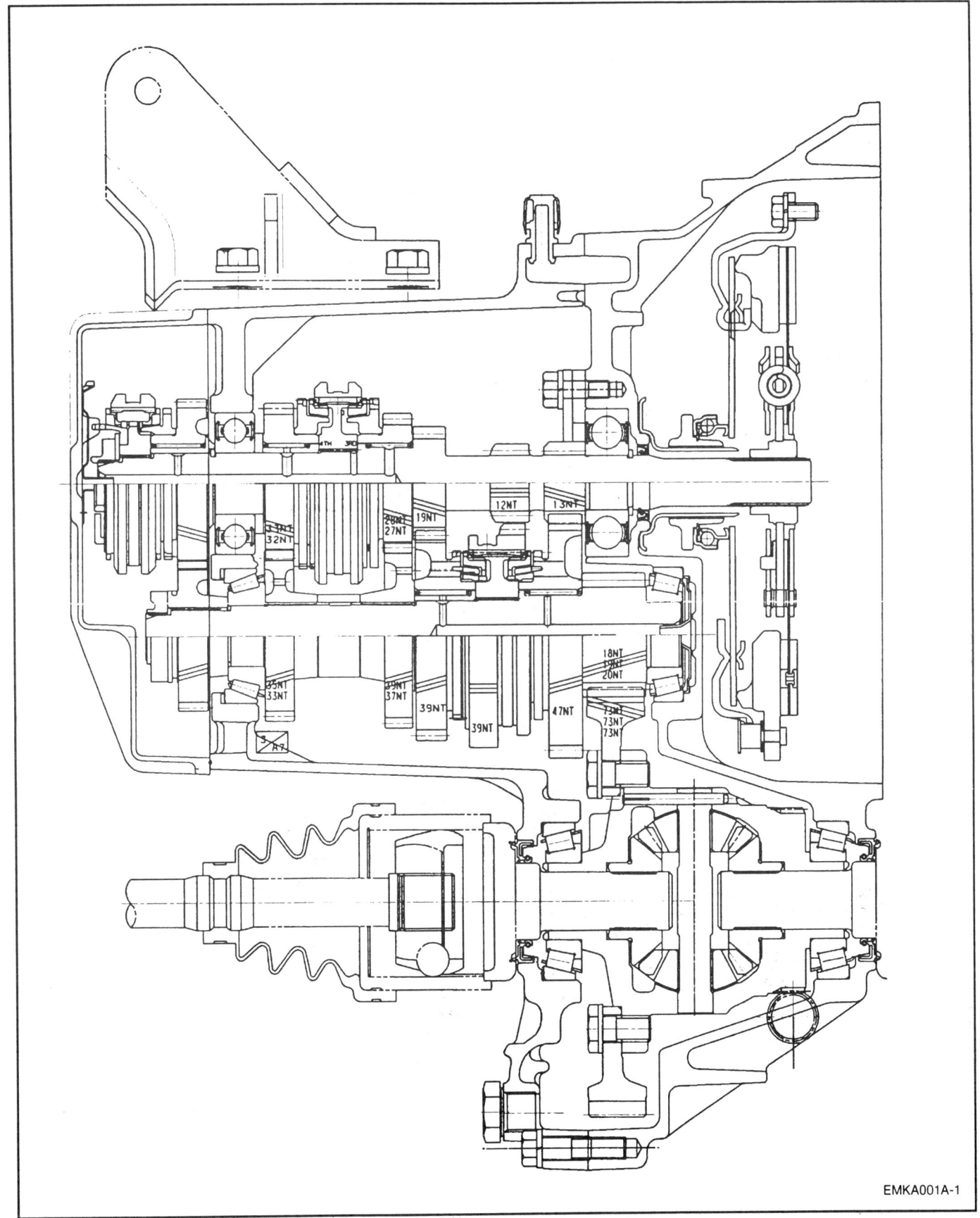

MT-14

구성부품

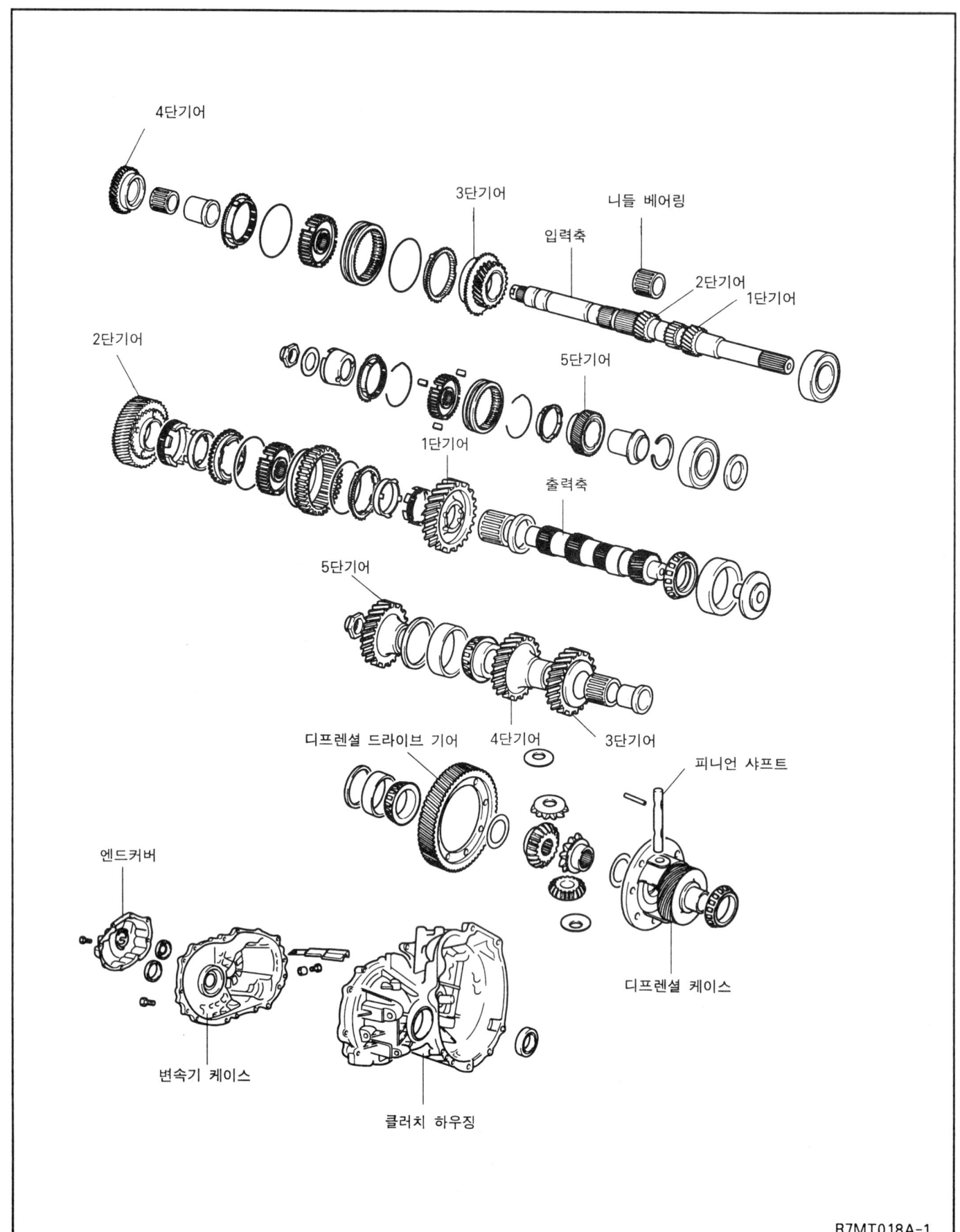

수동변속기 어셈블리

분해

1. 선택 및 변속 케이블 브라켓트를 탈거한다.

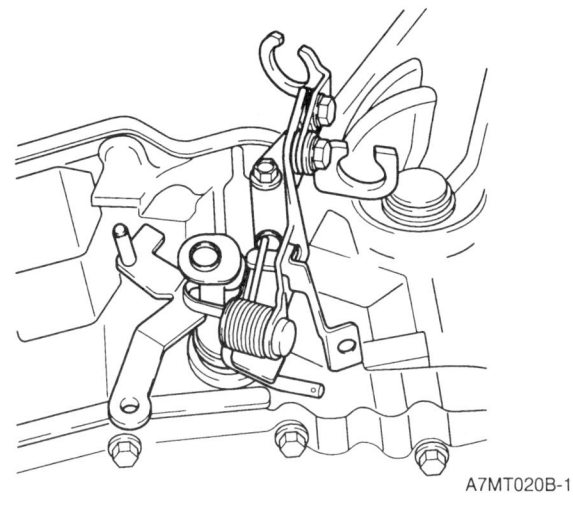

2. 리어 커버 볼트와 리어 커버를 탈거한다.

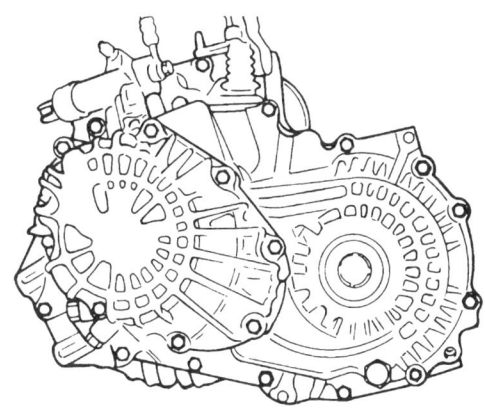

3. 후진등 스위치, 가스켓, 장착 브라켓트를 탈거한다.

4. 특수공구(09414-11000)를 사용하여 스프링 핀을 탈거한다.

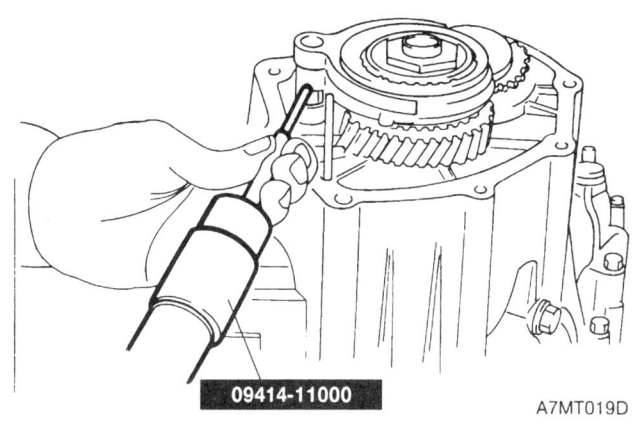

5. 록크 너트를 다음과 같이 탈거한다.
   ① 입력축과 출력축 기어의 록크 너트의 코킹부위를 푼다.

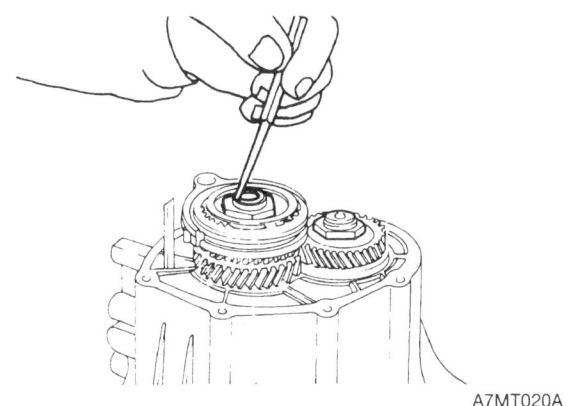

   ② 조절 레버(Control lever)와 선택 레버(Select lever)로 트랜스 밋션을 1단으로 변속한다.

6. 출력축의 5단 싱크로나이저 슬리브와 5단 기어를 치합시킨 다음 (동시물림) 록크 너트를 탈거한다.

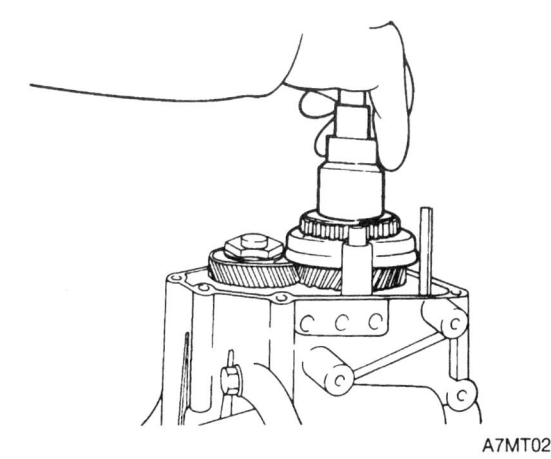

7. 5단 싱크로나이저 슬리브와 5단 변속 포크를 탈거한다.
8. 5단 싱크로나이저 허브, 싱크로나이저링, 5단 기어 및 니들 베어링을 탈거한다.

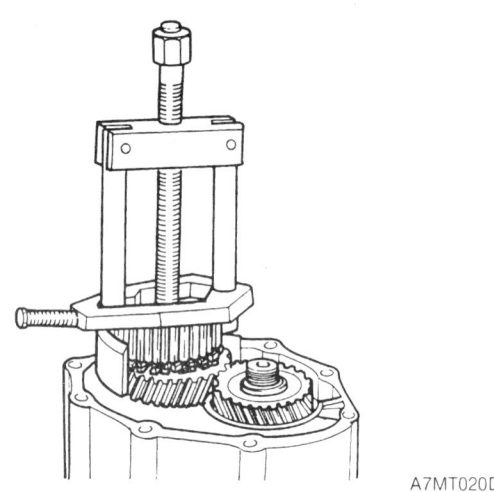

9. 특수공구(09455-21000)를 사용하여 5단 출력축 기어를 탈거한다.

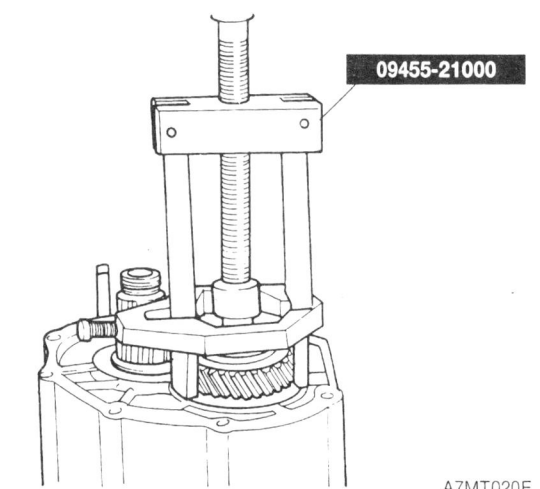

10. 5단 기어 슬리브를 빼고 스냅링을 탈거한다.

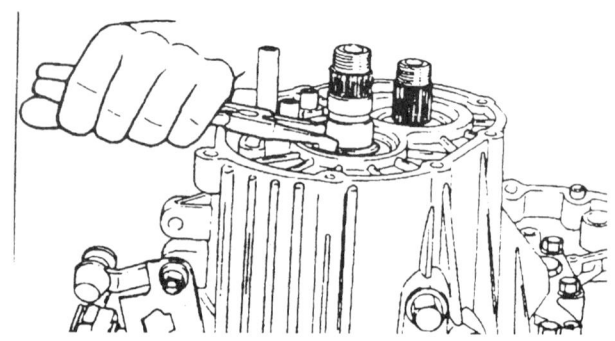

11. 후진기어 축 볼트를 탈거한다.

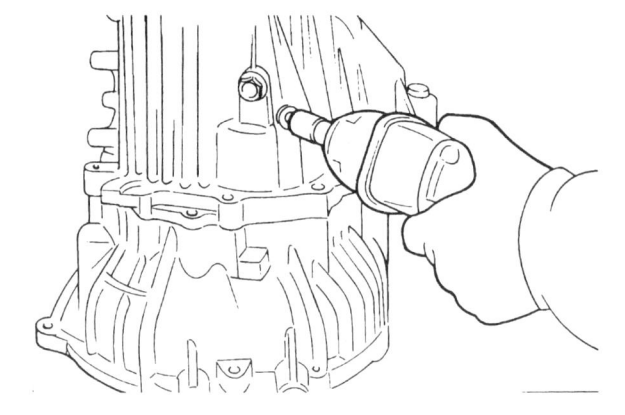

12. 변속기 케이스 고정 볼트를 탈거하고 변속기 케이스를 탈거한다.

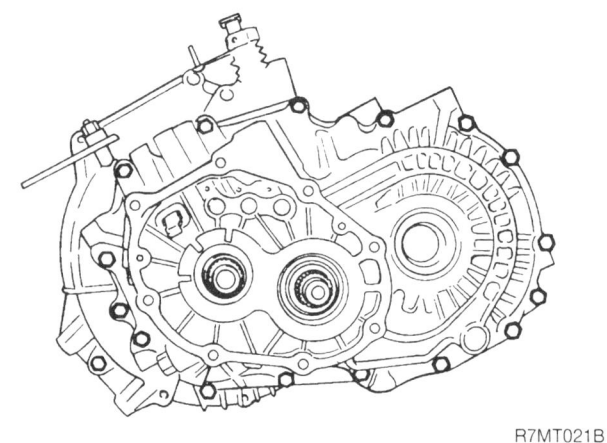

13. 오일 가이드를 탈거한다.

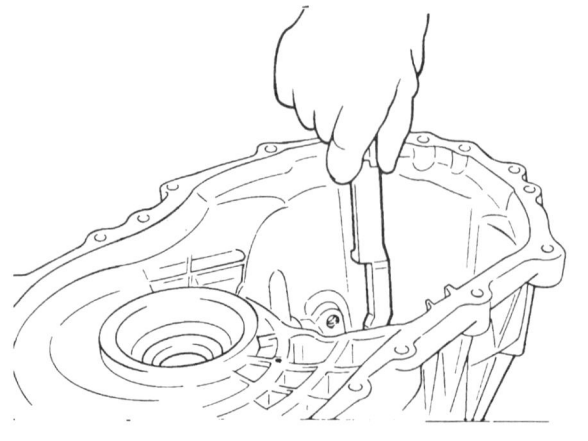

수동변속기 어셈블리

MT-17

14. 특수공구(09455-32200)를 사용하여 출력축 베어링 외부 레이스와 스페이서를 탈거한다.

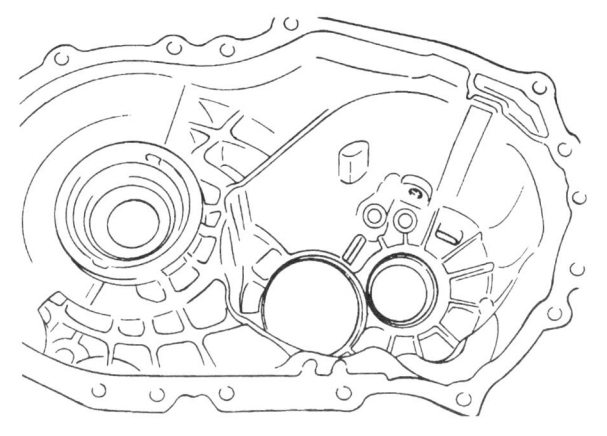

15. 후진 변속레버를 탈거한다.

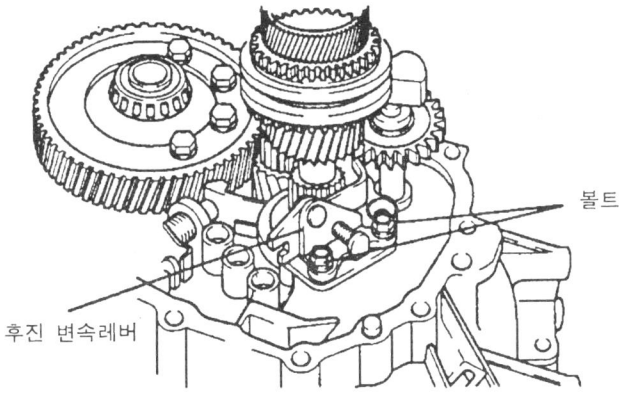

16. 후진기어 축과 후진기어를 탈거한다.

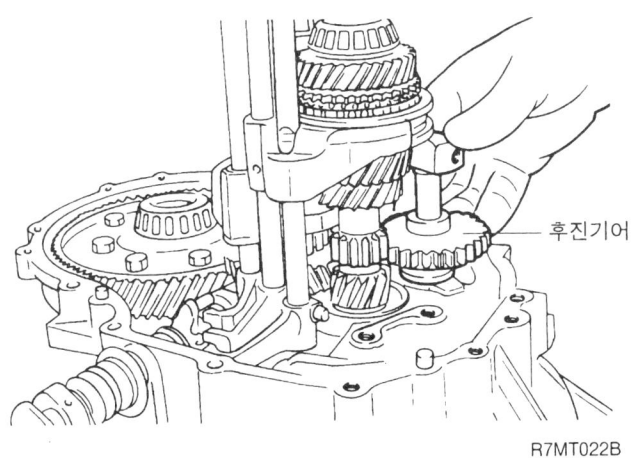

17. 특수공구(09414-11000)를 사용하여 3&4 스프링 핀을 탈거하고 1&2 스프링 핀은 1단으로 변속후 탈거한다.

(주의)
● *1&2 스프링 핀 탈거시 기어가 손상되지 않도록 한다.*

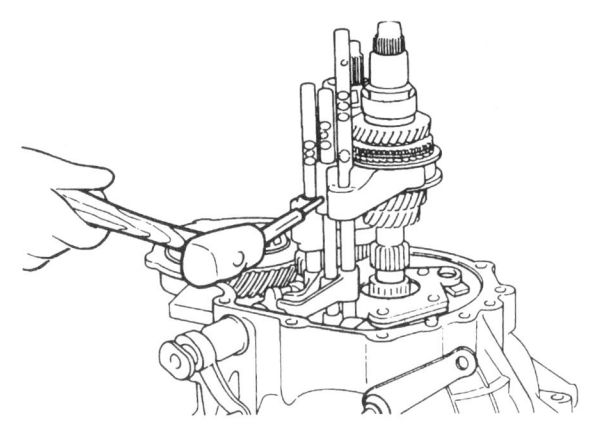

18. 3&4, 5&R 변속 레일과 포크 어셈블리를 분해한 후 1&2 변속 레일과 포크 어셈블리를 탈거한다

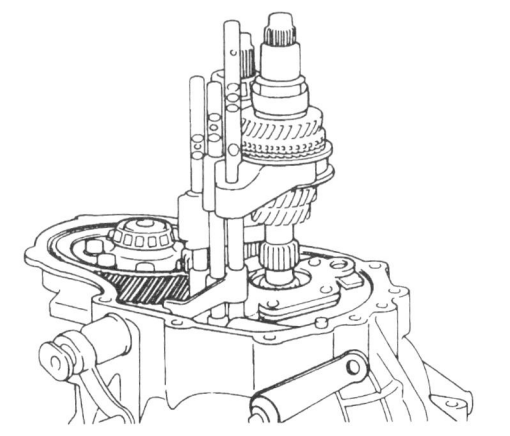

19. 베어링 리테이너를 탈거한다.

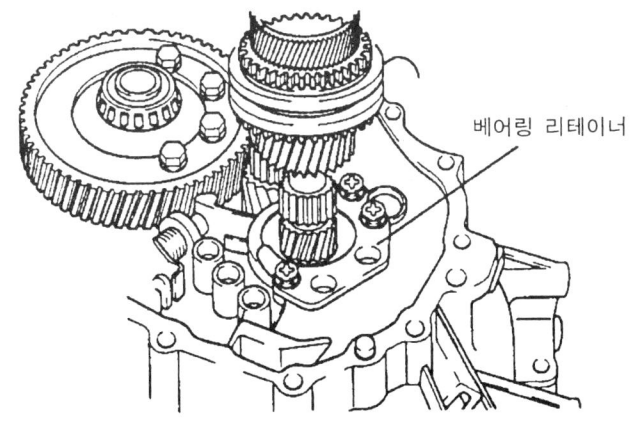

20. 입력축 어셈블리와 출력축 어셈블리를 동시에 탈거한다.

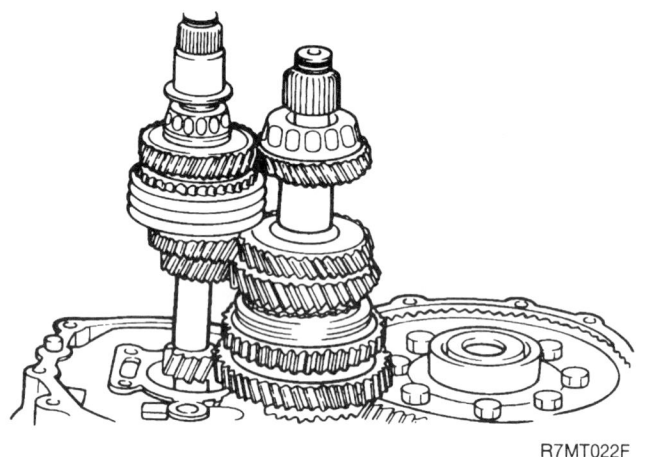

21. 디퍼렌셜 기어 어셈블리를 탈거한다.

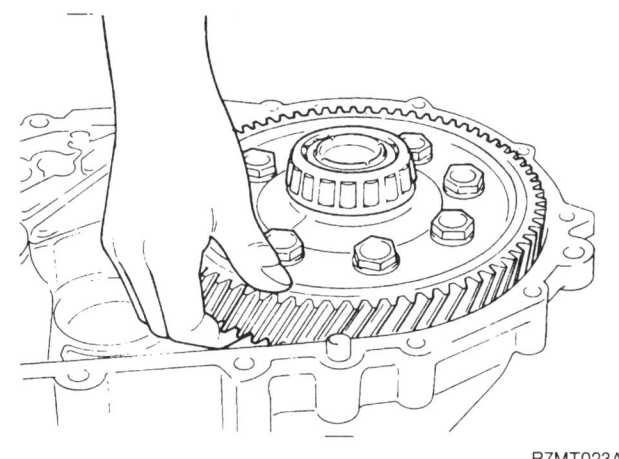

22. 스피도미터 드리븐 기어 어셈블리를 탈거한다.

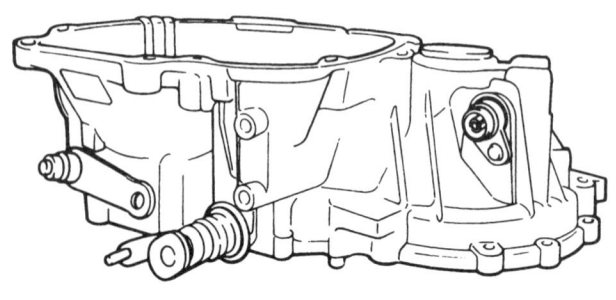

23. 특수공구(09455-32200)를 사용하여 출력축 베어링 외부 레이스를 탈거한다.

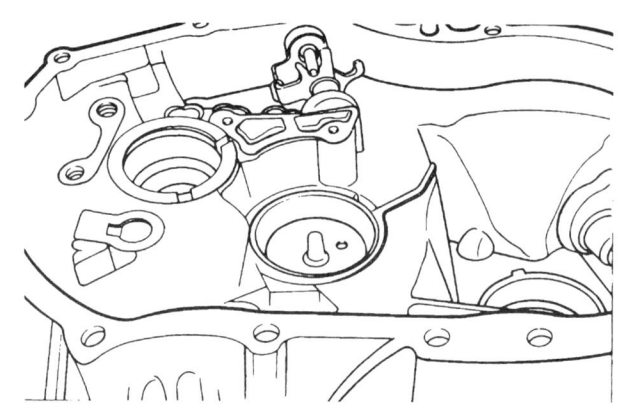

24. 특수공구를 사용하여 구동축 오일 씰을 탈거한다.

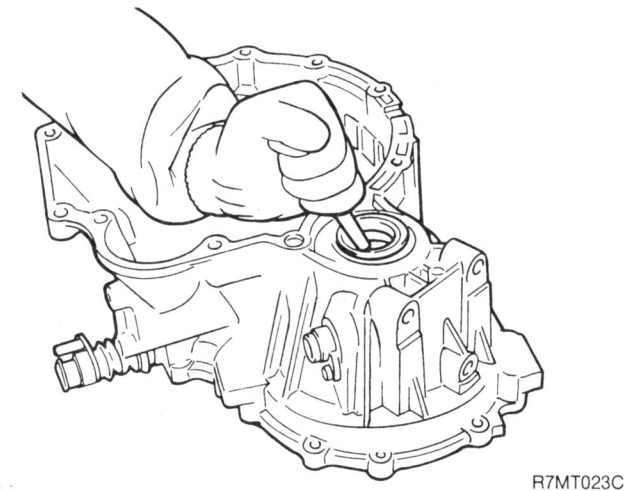

25. 출력축 오일 가이드를 탈거한다.

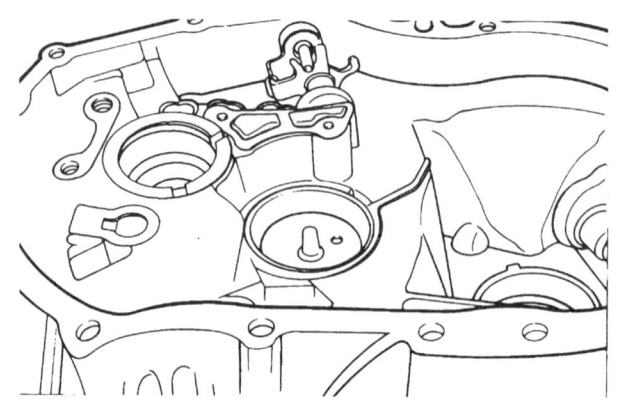

수동변속기 어셈블리

26. 입력축 오일 씰을 탈거한다.

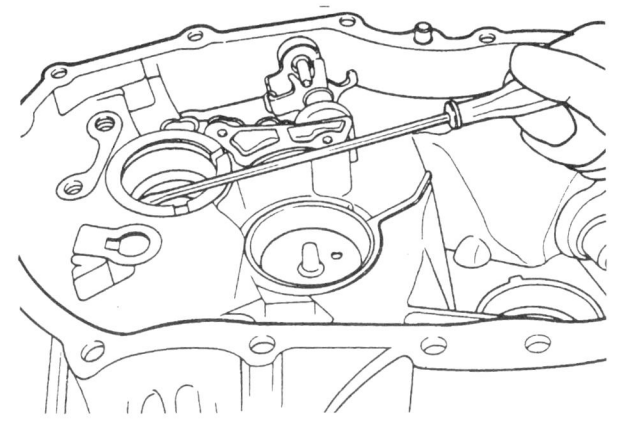

27. 컨트롤 샤프트 어셈블리를 탈거한다.

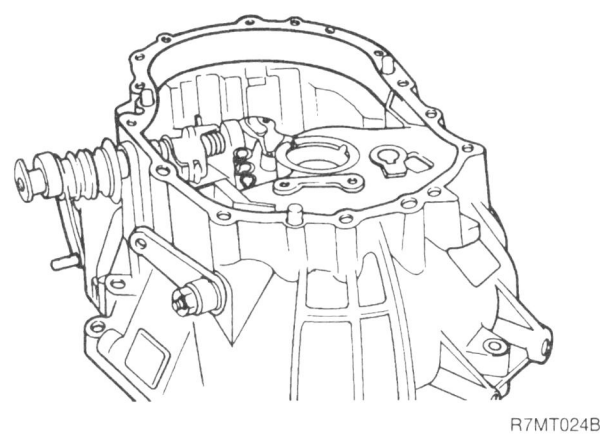

장착

1. 특수공구(09431-21000)를 사용하여 드라이브 샤프트 오일 씰을 장착한다.

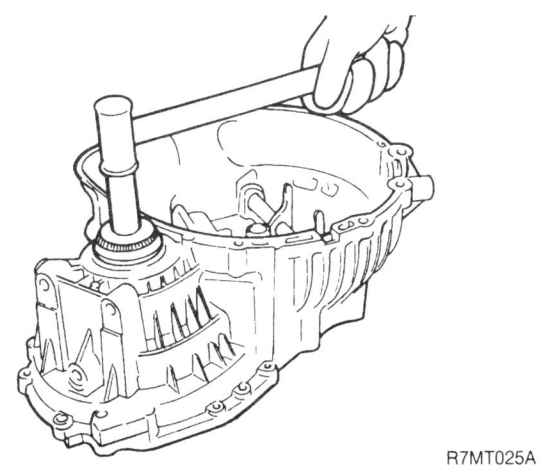

2. 특수공구를 사용하여 입력축 프론트 오일 씰을 장착한다.

(주의)
● 오일 씰은 재사용하지 않는다.

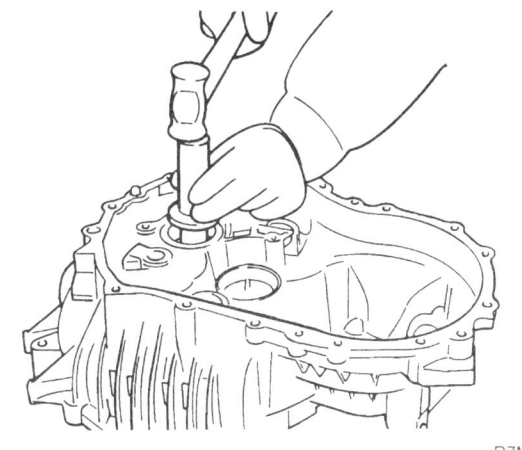

3. 출력축 오일 가이드조립시 방향 및 홈에 맞추어 장착한다.

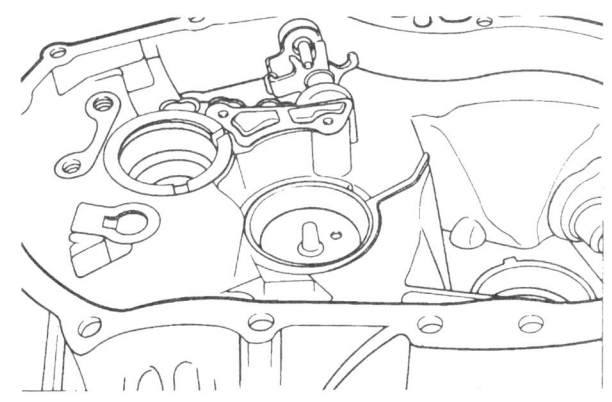

4. 특수공구(09432-22100)를 사용하여 출력축 베어링 외부 레이스를 장착한다.

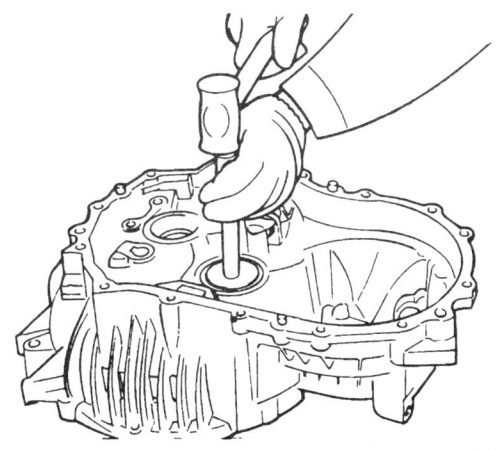

MT-20 수동변속기

5. 컨트롤 샤프트 어셈블리를 장착한다.

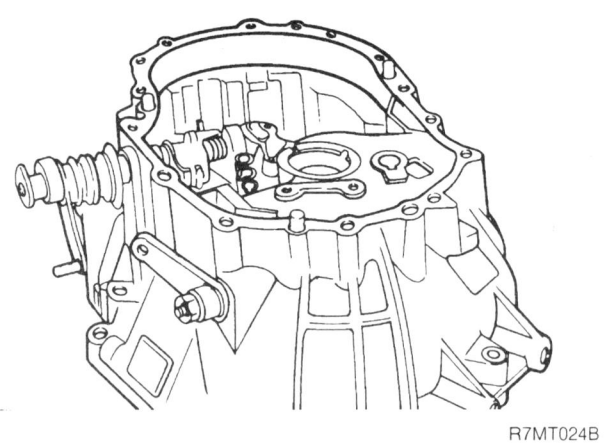

6. 디퍼렌셜 기어 어셈블리를 장착한다.

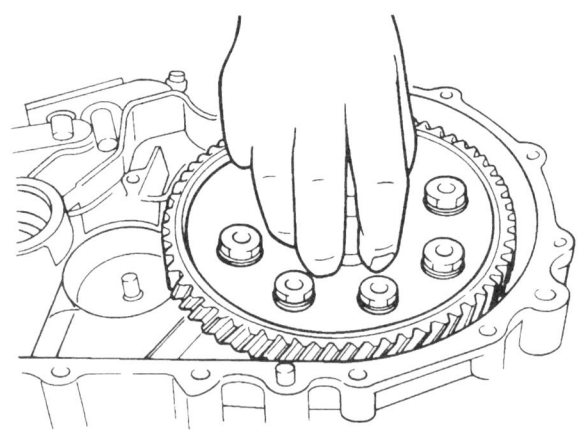

7. 입력축과 출력축을 동시에 장착한다.

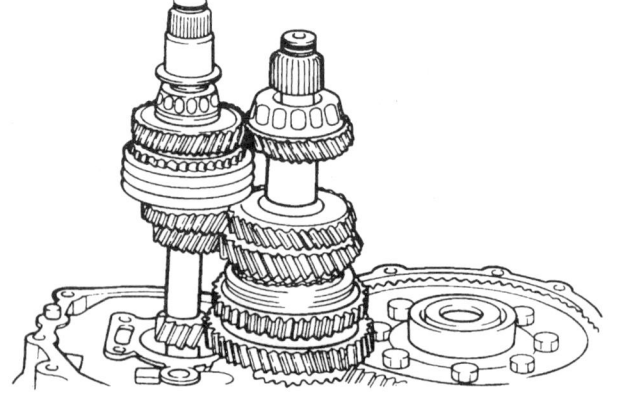

8. 베어링 리테이너를 장착한다.

  [주의]
  - 육각머리볼트에 쓰리본드 1303을 도포한다.

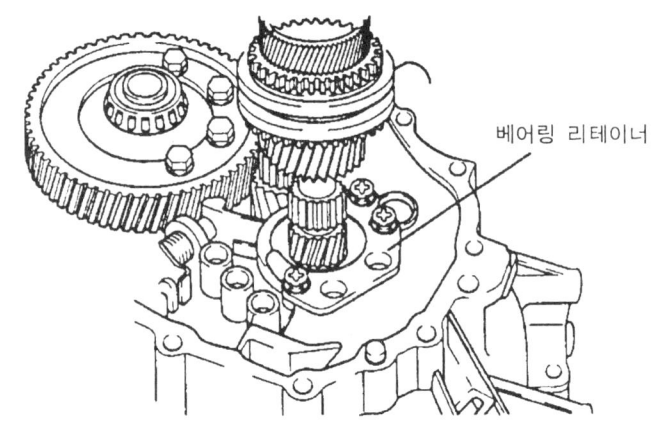

베어링 리테이너

9. 스프링 핀의 장착
  ① 1-2단 변속 슬리브를 중립에 놓는다
  ② 3-4단 변속 슬리브를 중립에 놓는다.
  변속 레일 어셈블리를 슬리브에 끼운다.

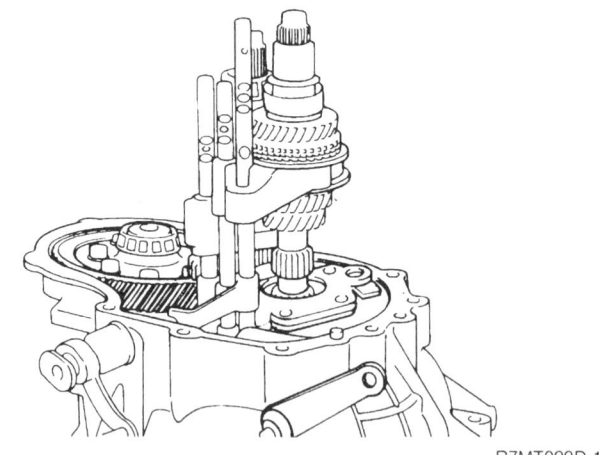

10. 스프링 핀의 장착
  ① 특수공구(09414-11100)나 핀 펀치를 사용하여 스프링 핀을 장착한다.

  [주의]
  - 스프링 핀을 재사용하지 않는다.

수동변속기 어셈블리

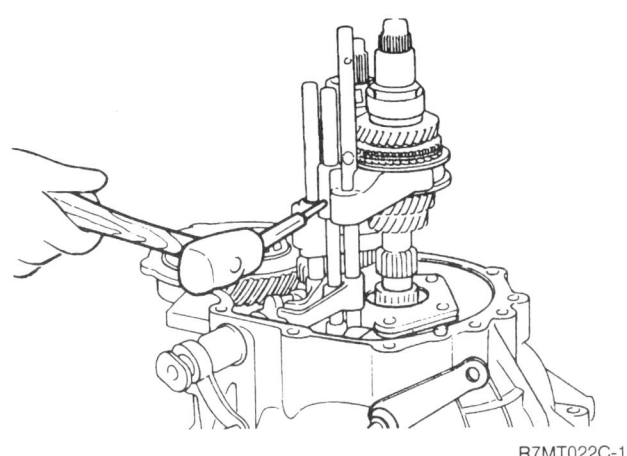

② 장착시 스프링 핀의 슬릿(Slit)이 변속 레일의 중앙선과 일치했는지 확인한다.

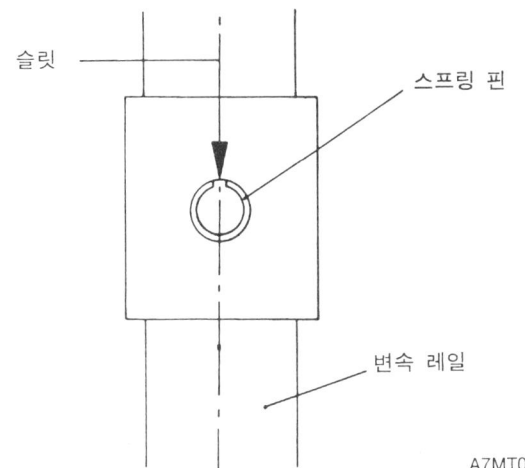

11. 그림에 표착된 방향으로 후진기어축볼트 홈을 맞춰 후진기어축볼트 홈을 맞춰 후진기어를 장착한다.

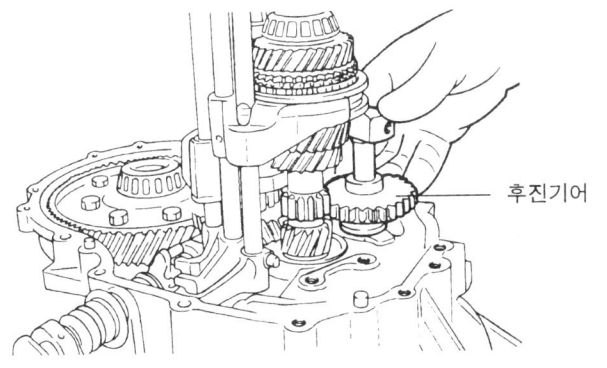

12. 후진 변속 레버를 장착한다.

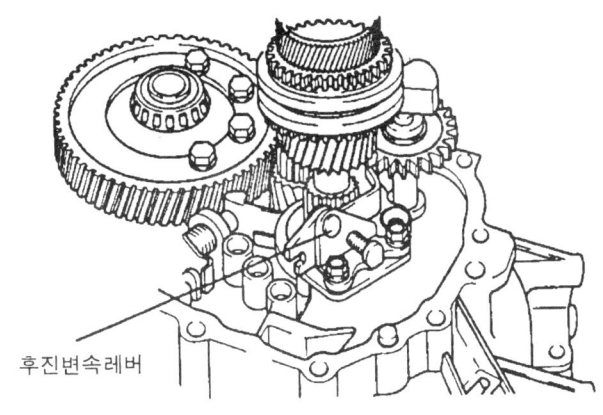

13. 특수공구(09431-21200)를 이용하여 변속기 케이스에 구동축 오일 씰을 장착한다.

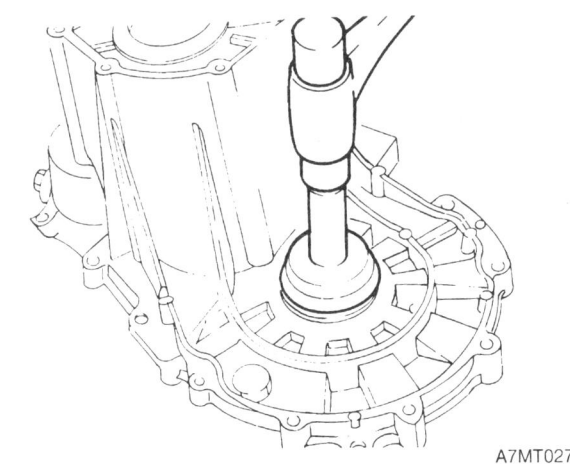

14. 특수공구(09432-22100)를 사용하여 변속기 케이스에 출력축 베어링 외부 레이스와 스페이서를 장착한다.

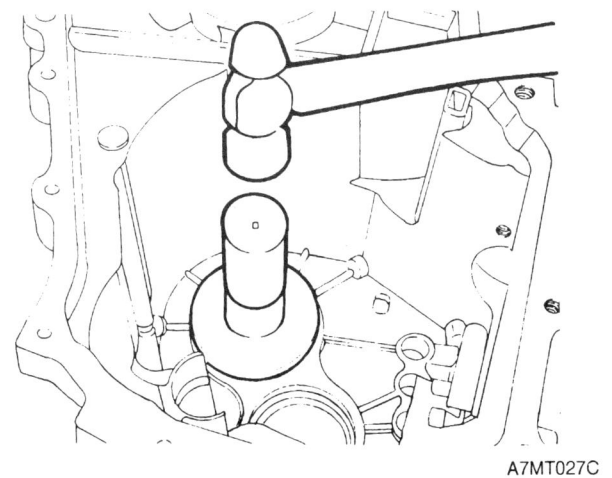

15. 스페이서 장착
   ① 직경이 3mm이고 길이가 10mm인 솔더(Solder) 2개를 베어링 외부 레이스 밑에 장착하고 볼트를 규정된 토크로 조여 변속기를 조립한다.
   ② 변속기 케이스를 탈거하고 솔더를 탈거한다.

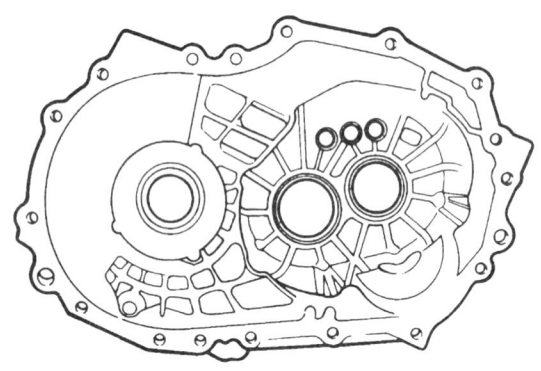

   ③ 마이크로 미터로 납작해진 솔더의 두께를 측정하여 엔드 플레이를 규정치로 저정해주는 두께의 스페이서를 장착한다.

   입 력 측 : 0.00 ~ 0.05mm
   출 력 축 : 0.15 ~ 0.20mm
   구 동 축 : 0.25 ~ 0.30mm

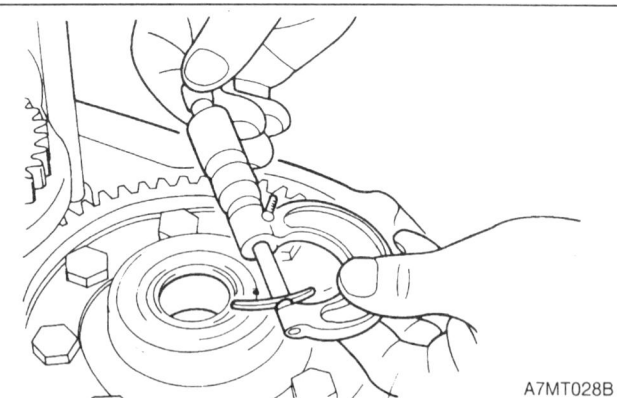

16. 변속기 케이스에 오일 가이드를 장착한다.

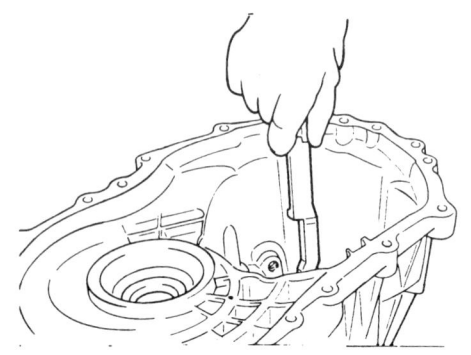

17. 변속기 케이스의 클러치 하우징측에 규정된 씰런트를 도포한다.

   규정 씰런트 : MS 721-40

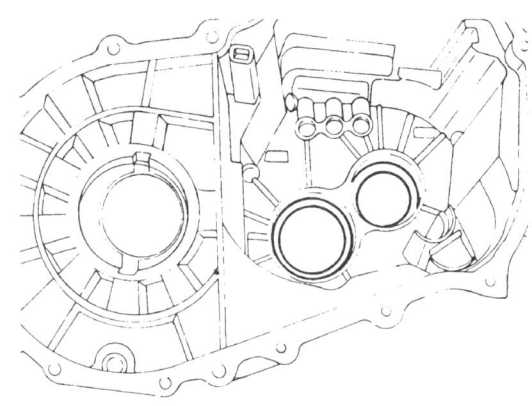

18. 클러치 하우징 어셈블리에 변속기 케이스를 장착하고 볼트를 조인다.

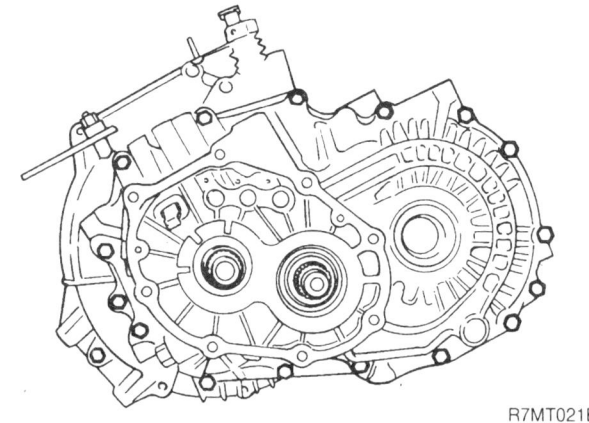

19. 스크류 드라이버(축 직경:8mm)로 축을 중심에 놓는다.
20. 후진 아이들러 기어 샤프트 볼트를 규정토크로 조인다.

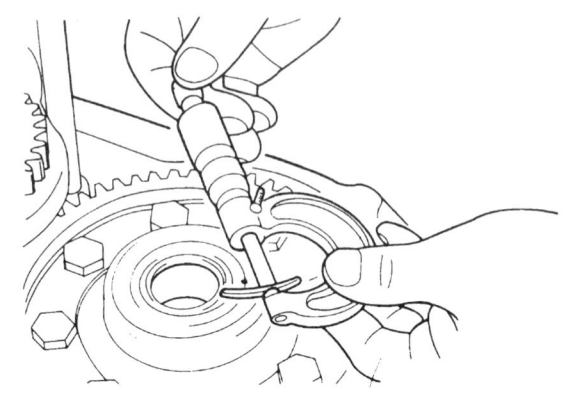

수동변속기 어셈블리 MT-23

21. 특수공구를 사용하여 출력축 기어를 장착한다.

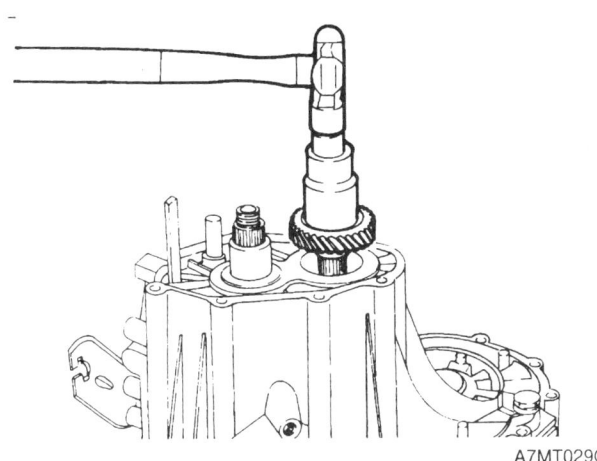

22. 입력축에 리어 베어링 및 스페이서를 장착한후 스냅링을 넣고 5단 기어 슬리브를 장착한다.
23. 5단 기어와 니들 롤러 베어링, 싱크로나이저 링, 싱크로나이저 허브를 장착한다.

[주의]
● 싱크로나이저 허브 오일 홈이 5단 기어 쪽으로 장착한다.

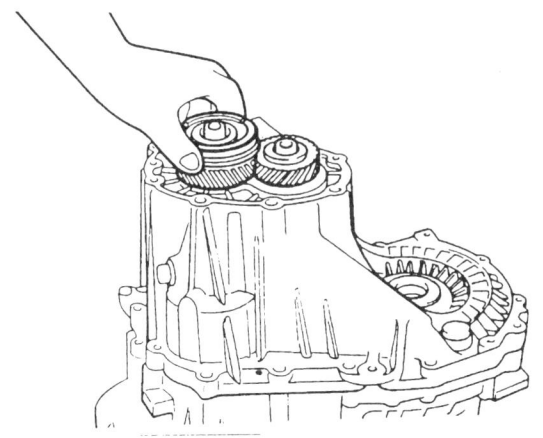

24. 5단 변속 포크와 5단 싱크로나이저 슬리브를 동시에 장착한다.

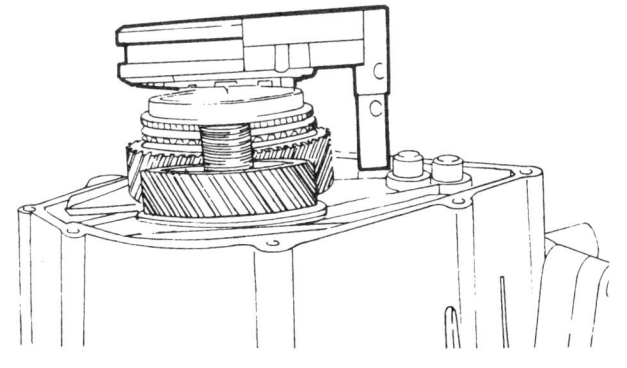

25. 록크 너트의 장착
① 1단으로 변속후 입력축 5단 슬리브와 기어를 치합시킨 다음(이중물림)록크 너트를 규정토크로 조인다.

[주의]
● 록크 너트는 재사용하지 않는다.

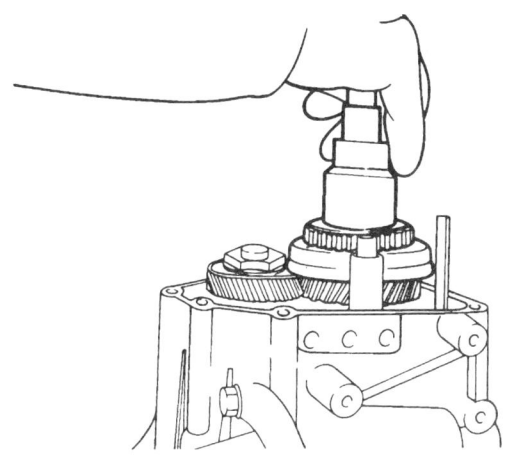

② 록크 너트를 완전히 고정시킨다.

26. 장착시에는 스프링 핀의 슬릿이 변속레일의 중앙선과 일치했는지 확인한다.

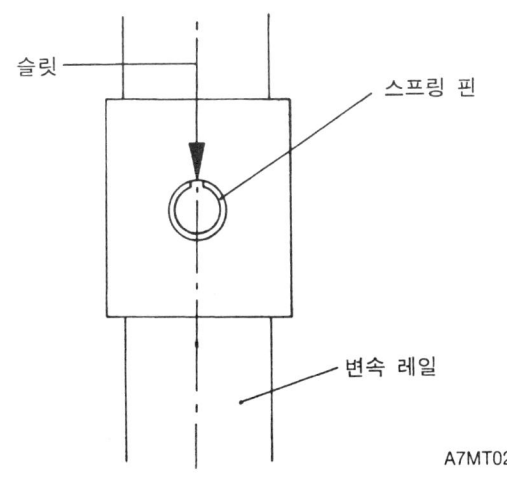

27. 리버스 브레이크 콘의 홈을 5 & R단 레일과 일치시킨다.

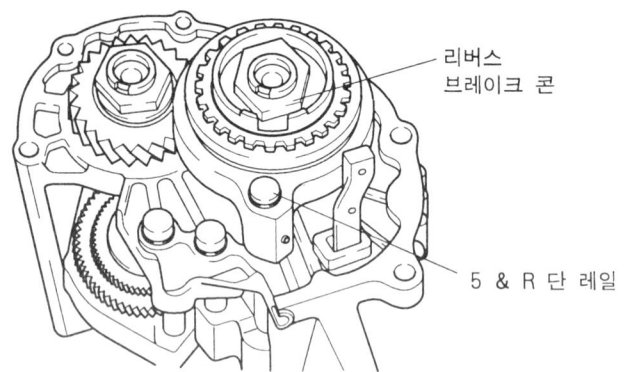

28. 리어 커버에 규정 씰런트를 도포하고 커버의 돌출부를 리버스 브레이크 콘의 홈에 일치되도록 리어 커버를 장착한다.

규정 씰런트 : MS 721-40

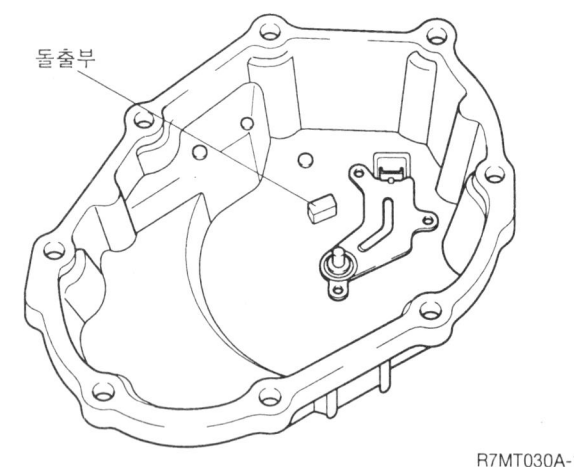

29. 스피도미터 드리븐 기어 어셈블리를 장착한다.

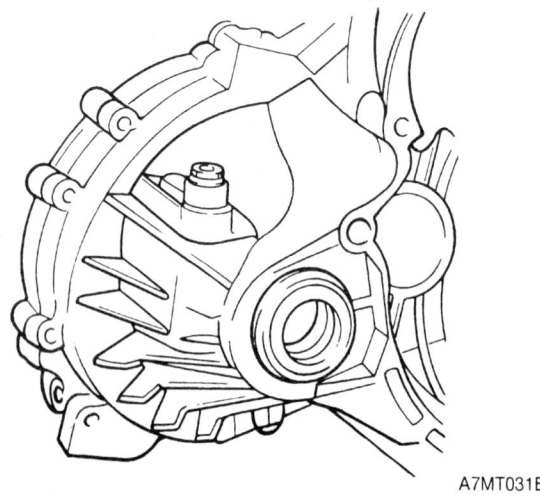

30. 후진등 스위치를 장착한다.
31. 장착 브라켓트를 장착한다.

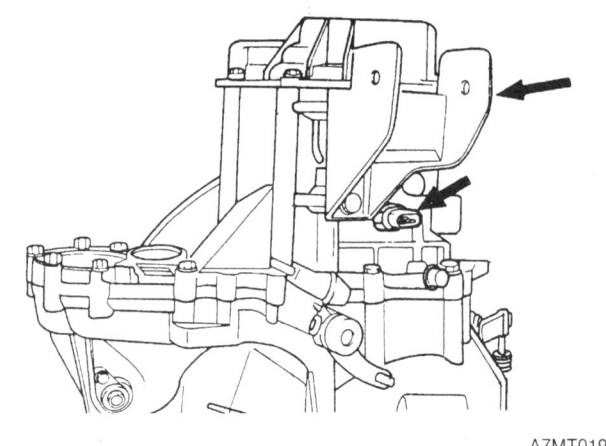

32. 선택 레버를 장착한후 시프트 케이블 브라켓트를 장착한다.

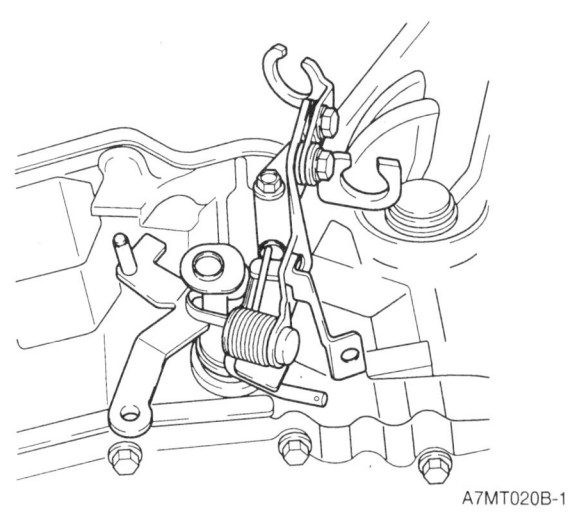

5단 싱크로나이저 어셈블리

구성부품

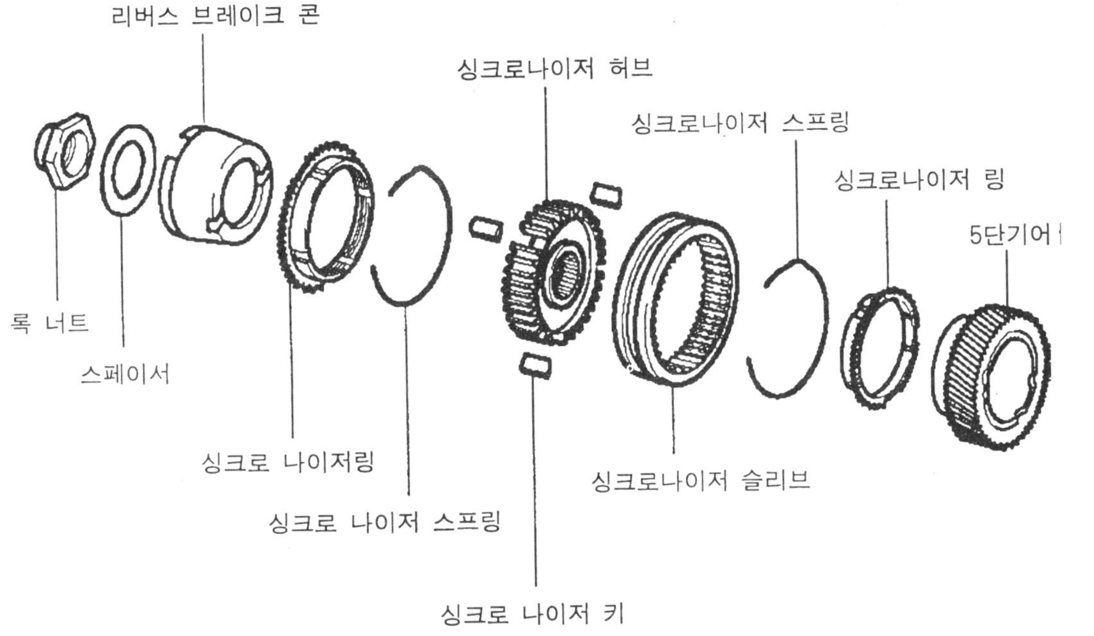

[그림: 5단 싱크로나이저 어셈블리 분해도]
- 록 너트
- 스페이서
- 리버스 브레이크 콘
- 싱크로 나이저링
- 싱크로 나이저 스프링
- 싱크로나이저 허브
- 싱크로 나이저 키
- 싱크로나이저 슬리브
- 싱크로나이저 스프링
- 싱크로나이저 링
- 5단기어

R7MT018A-2

검사

1. 싱크로나이저 슬리브 및 허브
   ① 싱크로나이저와 슬리브를 끼우고 부드럽게 돌아가는지를 점검한다.
   ② 슬리브의 안쪽 앞부분과 뒷쪽 끝이 손상되지 않았는지 점검한다.
   ③ 허브 앞쪽 끝부분(5단 기어와 접촉되는면)이 마모되지 않았는지 점검한다.

[주의]
● 싱크로나이저 허브와 슬리브는 일체로 교환한다.

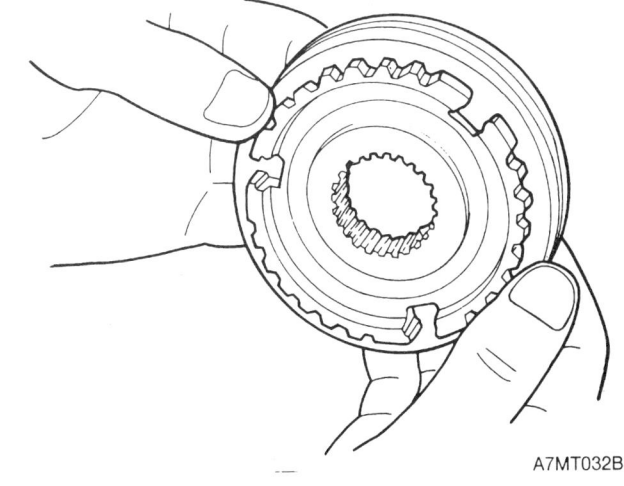

A7MT032B

2. 싱크로나이저 키이 및 슬리브
   ① 싱크로나이저 키이의 중앙 돌출부가 마모되지 않았는지를 점검한다.
   ② 스프링의 약화, 변형, 파손을 점검한다.

조립

1. 싱크로나이저 허브, 슬리브, 키이를 방향에 주의하여 장착한다.

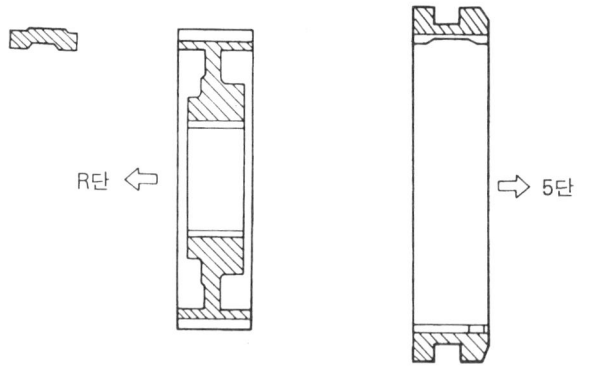

2. 싱크로나이저 슬리브에 기어 이빨이 없는곳이 있는데, 허브와 슬리브를 장착할때 기어 이빨이 없는 곳이 중앙 "T"에 싱크로나이저 키이가 접촉하도록 장착한다.

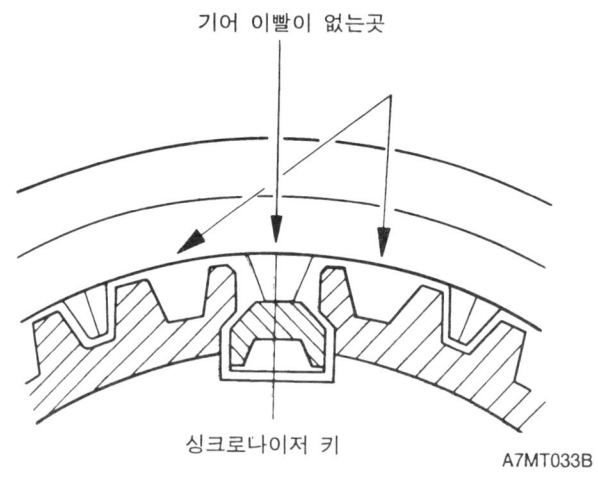

3. 싱크로나이저 스프링의 끝단 부위가 싱크로나이저 키이에 놓이게 장착한다.

   [주의]
   ● *싱크로나이저 스프링을 장착할때 프론트 스프링과 리어 스프링이 같은 방향을 향하지 않도록 한다.*

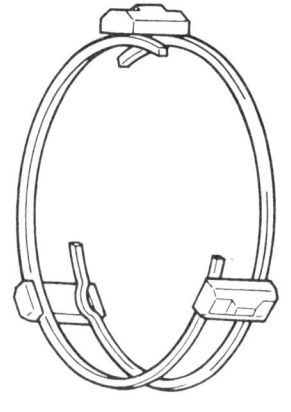

입력축 어셈블리

구성부품

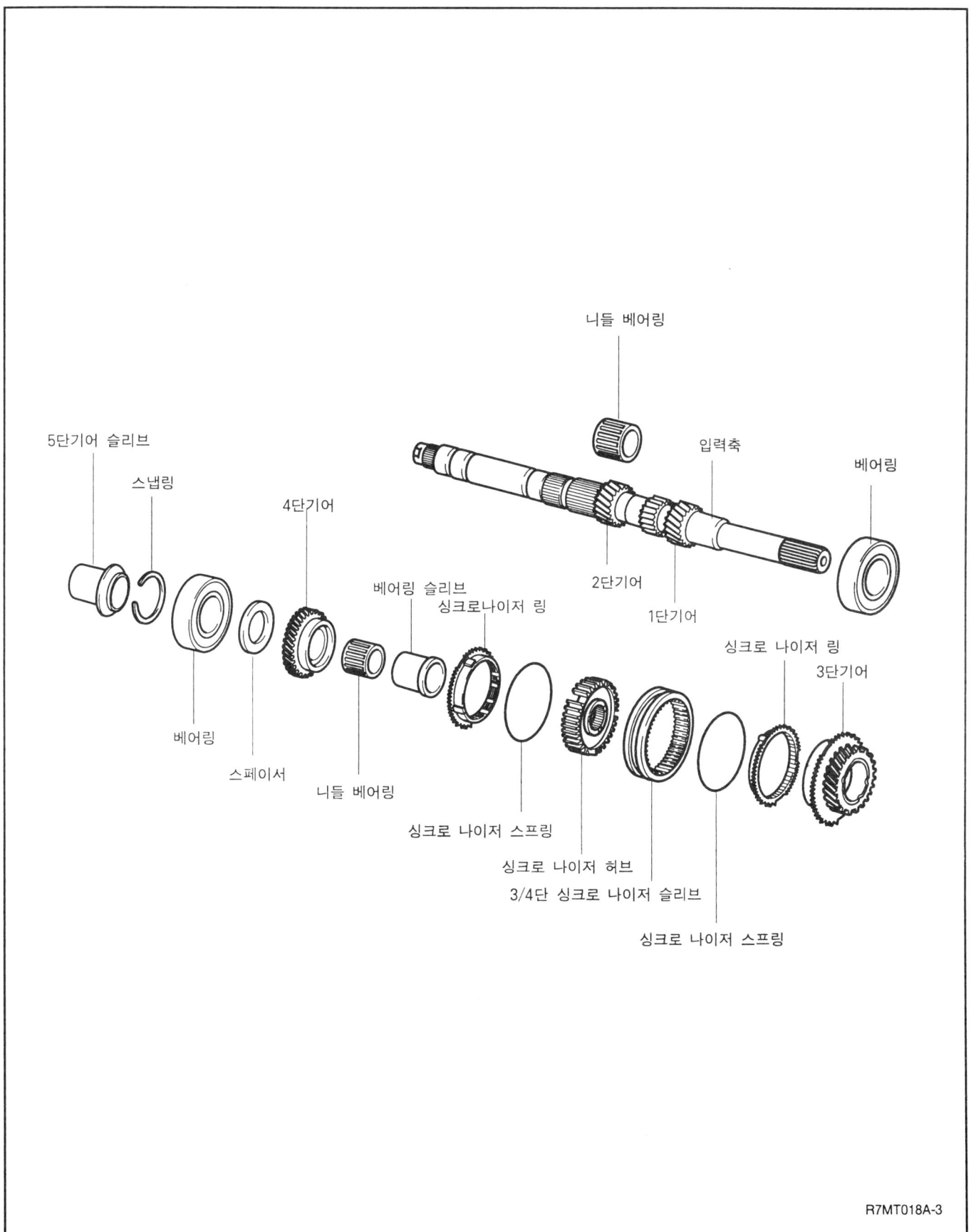

분해

1. 특수공구를 사용하여 스냅링을 탈거한다.
2. 특수공구(09432-33200)를 사용하여 프론트 베어링을 탈거한다.

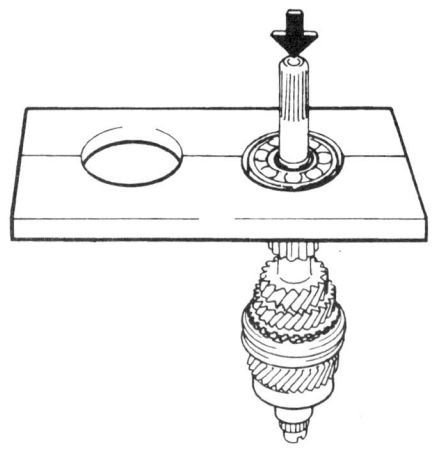

3. 4단기어, 니들 롤러 베어링, 싱크로나이저 링, 3~4단 싱크로나이저 슬리브와 니들 롤러 베어링 슬리브, 3~4단 싱크로나이저 허브, 싱크로나이저 링, 3단기어, 니들 롤러 베어링을 특수공구를 사용하여 탈거한다.

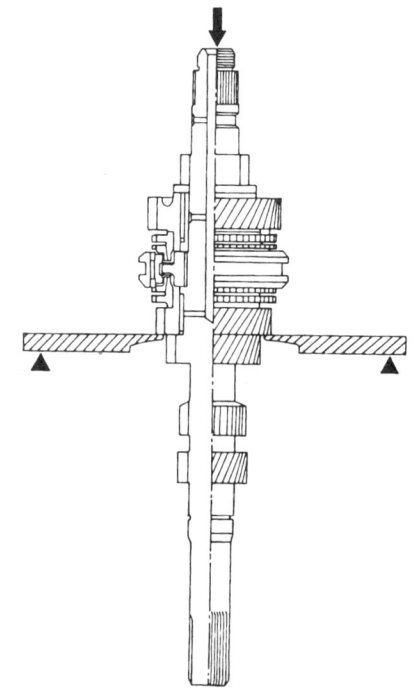

검사

1. 입력축
   ① 니들 베어링이 장착되는 입력축의 외면에 손상이나 비정상적인 마모가 없는지를 점검한다.
   ② 스플라인 마모 혹은 손상을 점검한다.

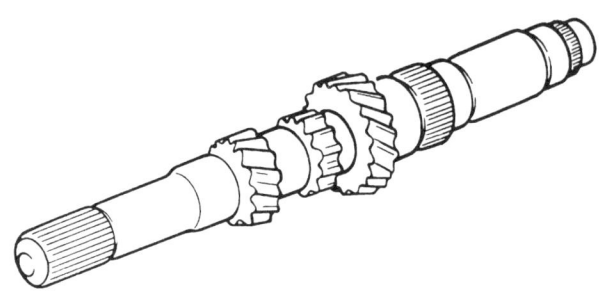

2. 니들 베어링
   ① 니들 베어링을 샤프트 혹은 베어링 슬리브 기어에 끼우고 비정상적인 소음 혹은 유격없이 부드럽게 돌아가는지 확인한다.
   ② 니들 베어링 케이스의 변형을 점검한다.

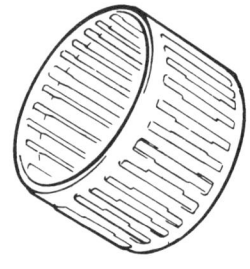

3. 싱크로나이저 링
   ① 클러치 기어 이빨의 손상 및 파손을 점검한다.
   ② 내면의 손상, 마모, 나사산의 파손을 점검한다.

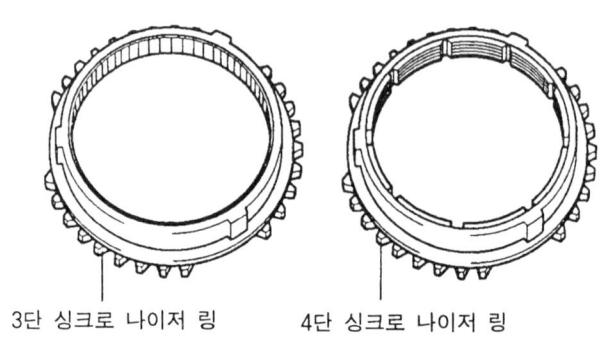

3단 싱크로 나이저 링   4단 싱크로 나이저 링

입력축 어셈블리

③ 싱크로나이저 링을 클러치 기어쪽으로 밀면서 간극 "A"를 점검 하여 간극이 규정을 벗어나면 싱크로나이저 링을 점검한다.

간극 "A" : 0.5mm

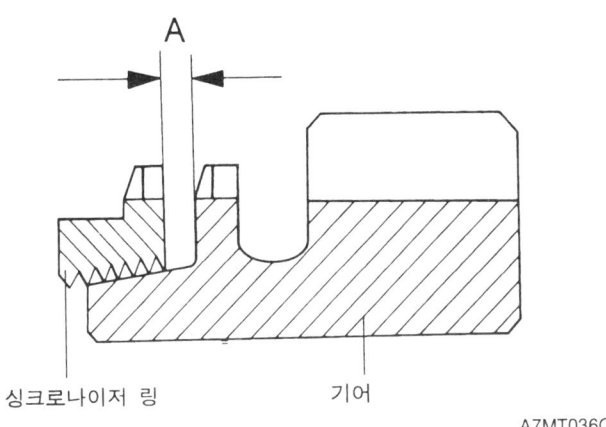

4. 싱크로나이저 슬리브 및 허브
   ① 싱크로나이저 슬리브 및 허브를 체결하고 부드럽게 작동하는지 점검한다.
   ② 슬리브의 내측 앞부분과 뒷 끝부분이 손상되지 않았는지 점검한다.
   ③ 허브 끝면 (각 변속기어와 접촉되는 면)이 마모되지 않았는지 점검한다.

[주의]
● 싱크로나이저 허브와 슬리브는 일체로 교환해야 한다.

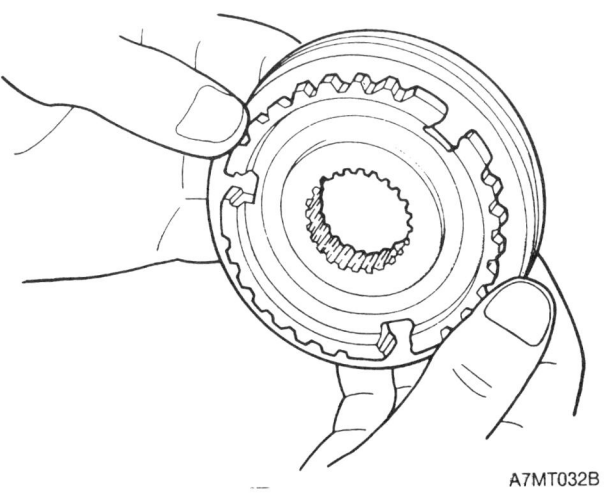

5. 싱크로나이저 스프링
   ① 스프링의 약화, 변형, 손상을 점검한다.

6. 속도기어(Speed Gear)
   ① 싱크로나이저 콘(Synchronizer Cone)의 면이 거칠거나, 손상, 혹은 마모가 되지 않았는지 점검한다.
   ② 기어 내부와 앞, 뒤 끝의 손상, 마모를 점검한다.

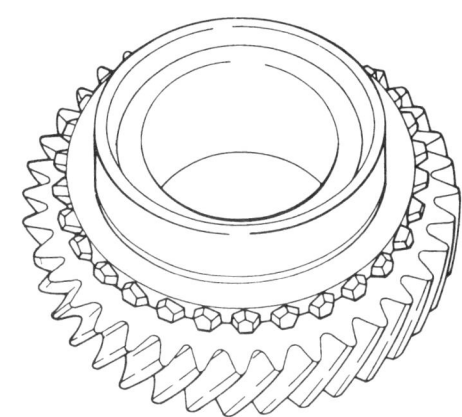

조립

1. 3 & 4단 싱크로 나이저 허브 및 슬리브를 장착할때는 그림과 같이 슬리브의 긴 이빨과 허브의 깊은 홈 부분을 맞추어 장착한다.

   〔주의〕
   - **정확한 장착방법과 틀리게 장착되어도 조립은 가능하나 변속이 되지 않으므로 장착시 주의한다.**

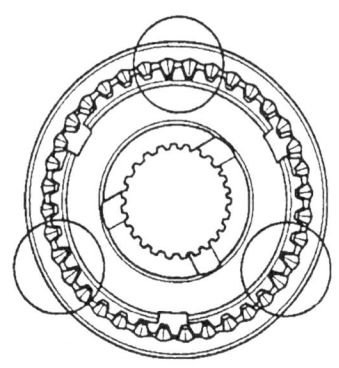

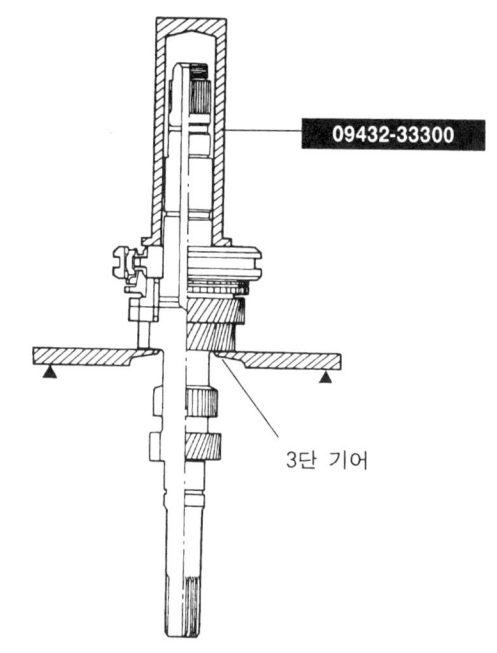

2. 싱크로 나이저 링에 싱크로 나이저 스프링을 장착한다.
3. 특수공구를 사용하여 3~4단 싱크로나이저 어셈블리를 입력축에 장착한다.

   〔주의〕
   - **싱크로나이저 어셈블리를 장착할때 싱크로나이저 키이가 각각의 싱크로나이저 링 홈에 정확히 장착되었는지 확인한다.**
   - **싱크로나이저 어셈블리를 장착한 후에 3단 기어가 원활히 회전하는지 확인한다.**

4. 특수공구(09432-33300)를 사용하여 베어링 슬리브를 장착한다.

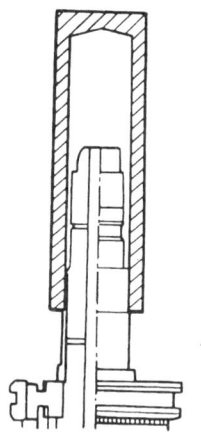

5. 니이들 베어링 및 4단기어를 입력축에 장착한다.
6. 스페이스 및 슬리브를 입력축에 장착한다.

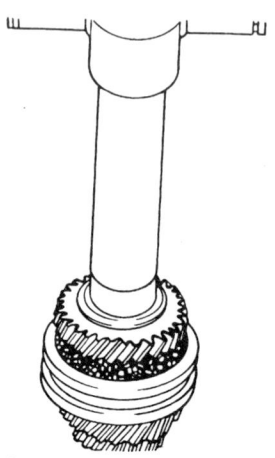

입력축 어셈블리

① 특수공구를 사용하여 입력축에 볼 베어링을 장착한다.

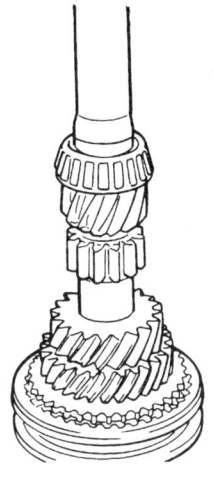

R7MT038A

② 스냅링을 장착한다.

출력축 어셈블리
구성부품

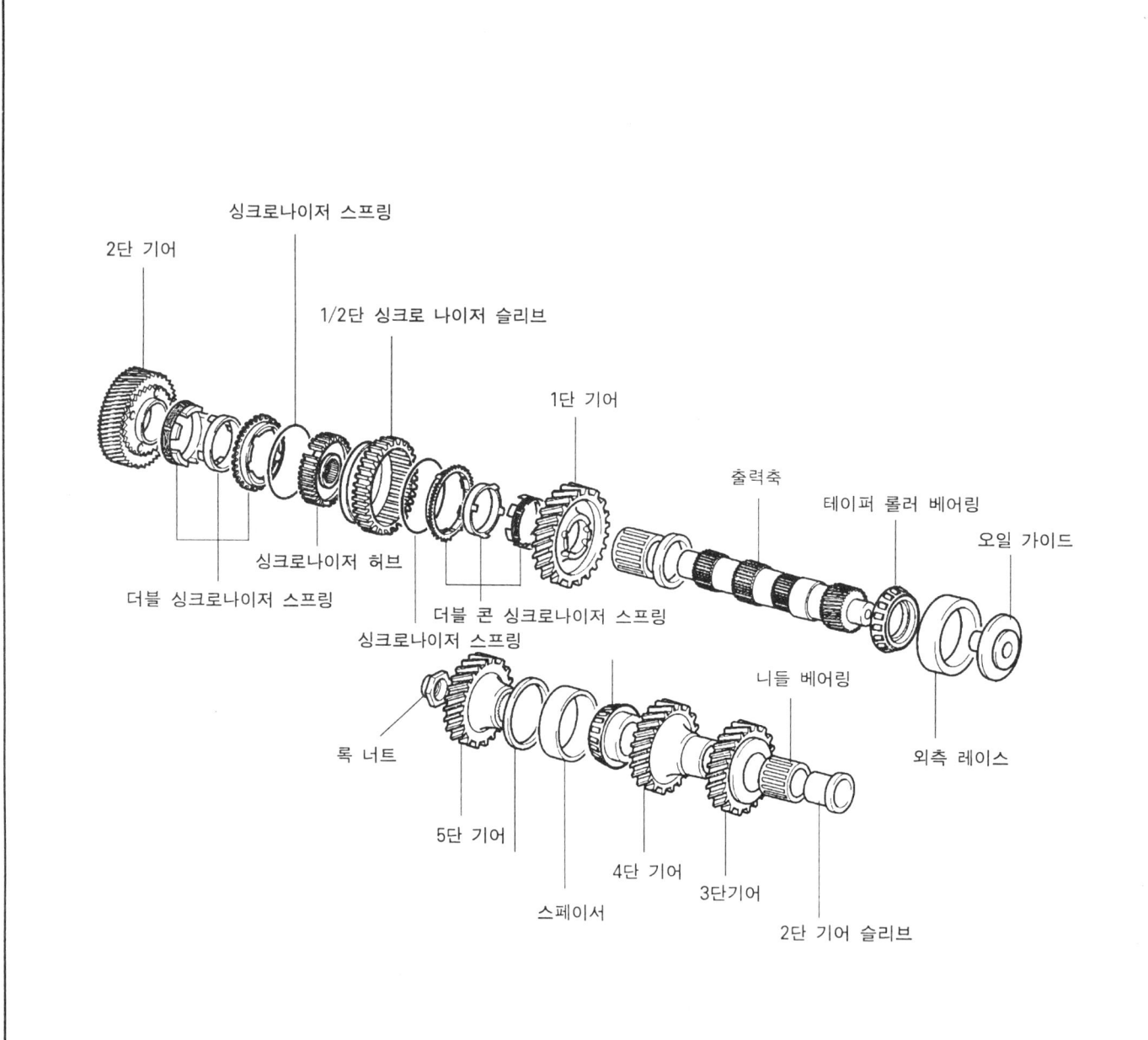

출력축 어셈블리

출력축 어셈블리

분해

1. 특수공구를 사용하여 베어링, 1단기어, 베어링 슬리브, 1~2단 싱크로나이저 어셈블리, 2단기어, 3단기어, 4단 기어를 함께 탈거한다.

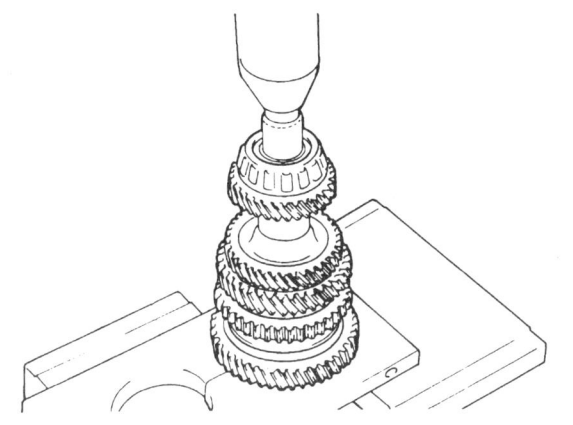

2. 특수공구(09432-33200)를 사용하여 베어링을 탈거한다.

   [주의]
   ● 샤프트에서 탈거한 베어링을 재사용하지 않는다.

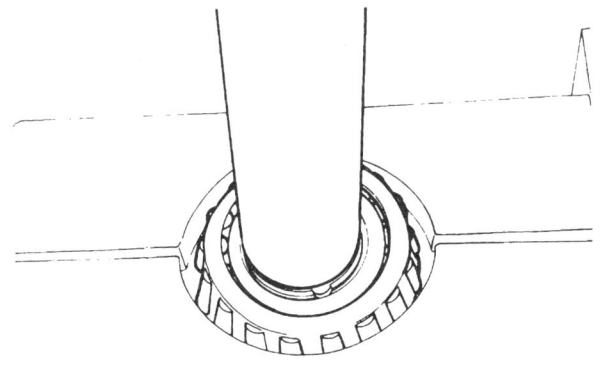

검사

1. 출력축 기어
   ① 출력축 기어의 니들 베어링이 장착되는곳 ("A"부위)의 손상, 비정상적인 마모를 점검한다.
   ② 스플라인의 손상 마모를 점검한다.

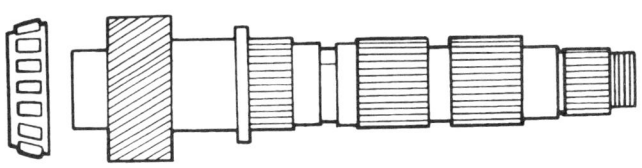

2. 니들 베어링
   ① 니들 베어링과 샤프트 혹은 베어링 슬리브와 기어를 체결하고 비정상적인 소음 혹은 유격을 점검한다.

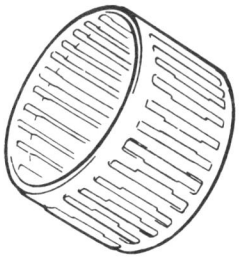

   ② 니들 베어링 케이지의 변형을 점검한다.

3. 더블 콘 싱크로나이저 링
   ① 클러치 기어 이빨의 손상, 파손을 점검한다.
   ② 내부면의 손상, 마모, 나사부 파손등을 점검

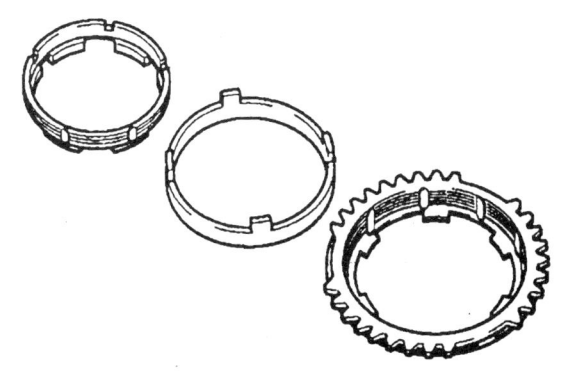

③ 싱크로나이저 링을 클러치 기어쪽으로 밀면서 간극 "A"를 점검하여 규정치를 벗어나면 싱크로나이저링을 교환한다.

간극 "A" : 0.5mm

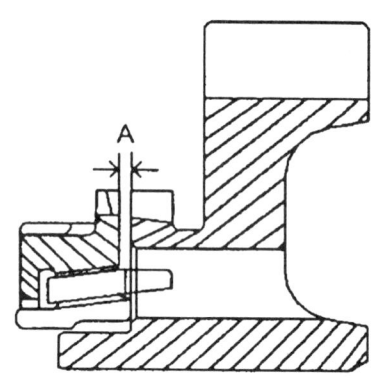

4. 싱크로나이저 슬리브 및 허브
   ① 싱크로나이저 슬리브를 체결하고 부드럽게 움직이는지를 점검한다.
   ② 슬리브 내측의 앞, 뒷끝이 손상되지 않았는지 점검한다.
   ③ 허브 끝면 (각 속도기어와 접촉되는 면)의 마모를 점검한다.

[주의]
● 교환시에는 싱크로나이저 허브와 슬리브를 일체로 교환한다.

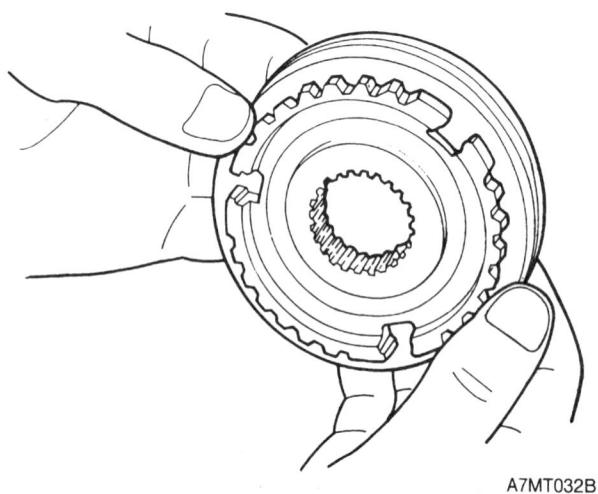

5. 싱크로나이저 스프링
   ① 스프링의 약화, 변형, 파손을 점검한다.
6. 속도기어
   ① 헬리컬 기어(Helical Gear)와 클러치 기어 이빨의 손상 및 마모를 점검한다.
   ② 싱크로나이저 콘의 표면 거칠음, 손상, 마모를 점검한다.

③ 기어 내부와 앞, 뒤 끝의 손상, 마모를 점검한다.

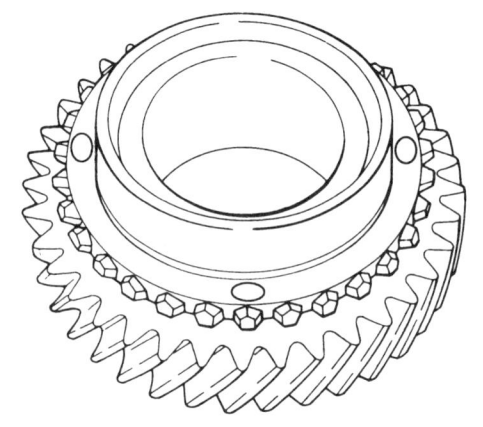

조립

1. 니들 베어링을 넣고 1단 기어를 장착한다.

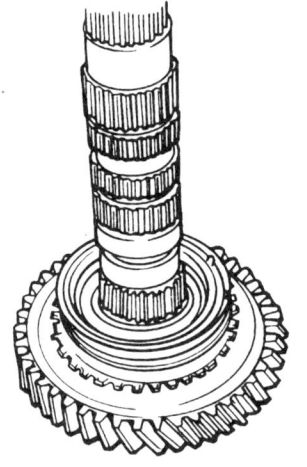

2. 1 & 2단 싱크로나이저 허브 및 슬리브를 체결시 그림과 같이 방향에 주의 한다.

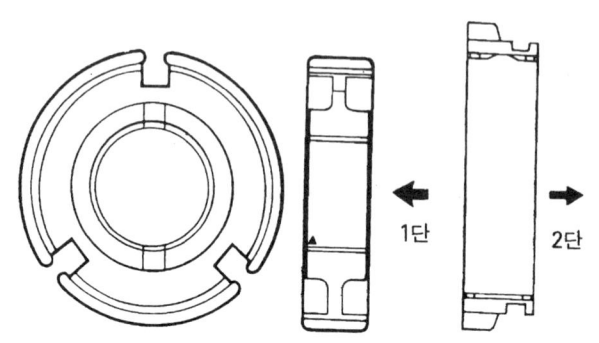

출력축 어셈블리 MT-35

3. 1 & 2단 싱크로 나이저 허브 및 슬리브를 장착할 때는 그림과 같이 슬리브의 긴 이빨과 허브의 깊은 홈 부분을 맞추어 장착한다.

   [주의]
   정확한 장착방법과 틀리게 장착되어도 조립은 가능하나 변속이 되지 않으므로 장착시 주의한다.

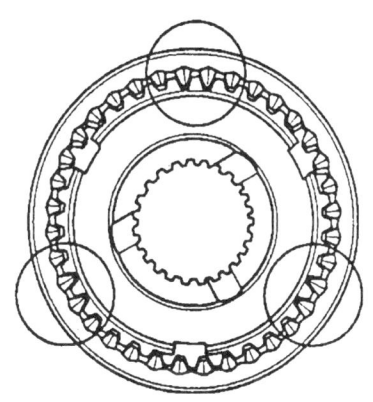

4. 싱크로 나이저 링에 싱크로 나이저 스프링을 장착한다.
5. 특수공수를 사용하여 출력축에 1&2단 싱크로나이저 어셈블리를 장착한다.

   [주의]
   - 싱크로나이저를 장착할때 3개의 싱크로나이저 키이가 각각의 싱크로나이저 링의 홈에 장착되었는가를 확인한다.
   - 싱크로나이저 어셈블리를 장착한 후에 1단 기어가 부드럽게 돌아가는가를 점검한다.

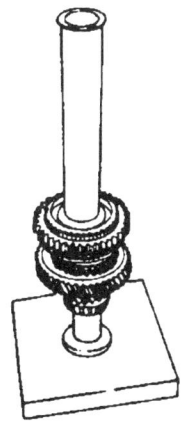

6. 특수공구를 사용하여 2단 기어와 베어링 슬리브를 함께 장착한다.

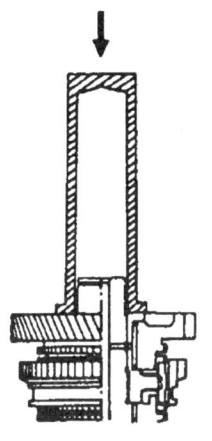

7. 3단 기어와 스페이서를 함께 장착한다.

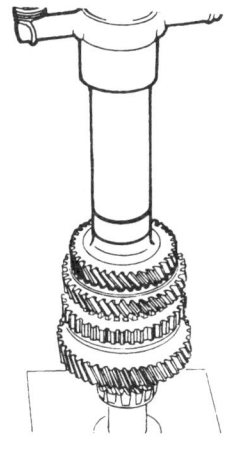

8. 4단 기어를 장착한다.

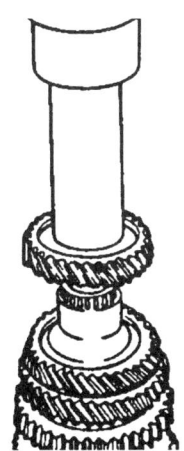

9. 특수공구를 사용하여 베어링을 장착한다.

   〔주의〕
   ● **샤프트에서 탈거한 베어링을 재사용하지 않는다.**

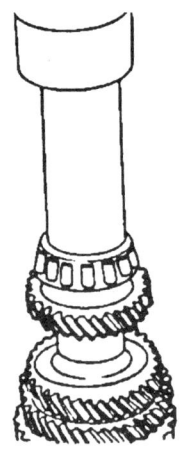

A7MT043C

10. 특수공구를 사용하여 테이퍼 롤러 베어링을 장착한다.

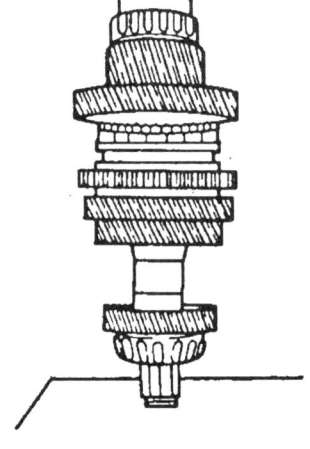

A7MT043D

디퍼렌셜

구성부품

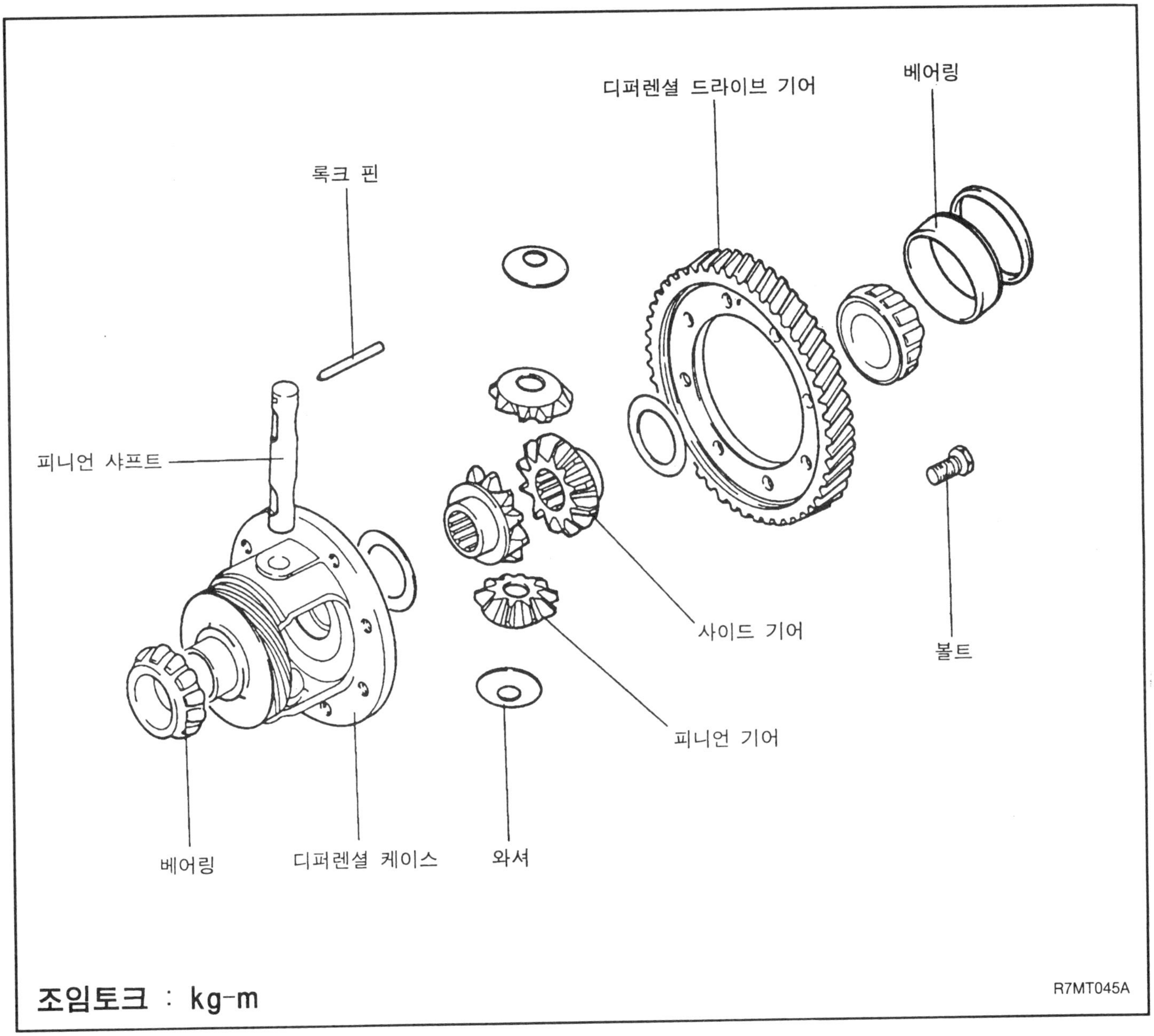

![디퍼렌셜 구성부품 분해도 - 록크 핀, 디퍼렌셜 드라이브 기어, 베어링, 피니언 샤프트, 사이드 기어, 볼트, 피니언 기어, 베어링, 디퍼렌셜 케이스, 와셔]

조임토크 : kg-m

R7MT045A

분해

1. 바이스에 디퍼렌셜 케이스를 고정시킨다.
2. 디퍼렌셜 드라이브 기어 지지 볼트를 탈거하고 디퍼렌셜 케이스에서 디퍼렌셜 드라이브 기어를 탈거한다.

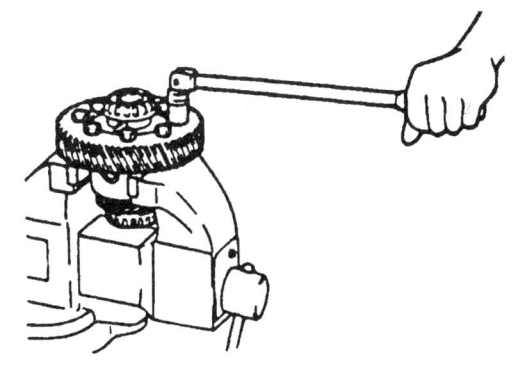

R7MT045B

MT-38 수동변속기

3. 특수공구를 사용하여 베어링을 탈거한다.

   〔주의〕
   ● 탈거한 베어링을 재사용하지 않는다.

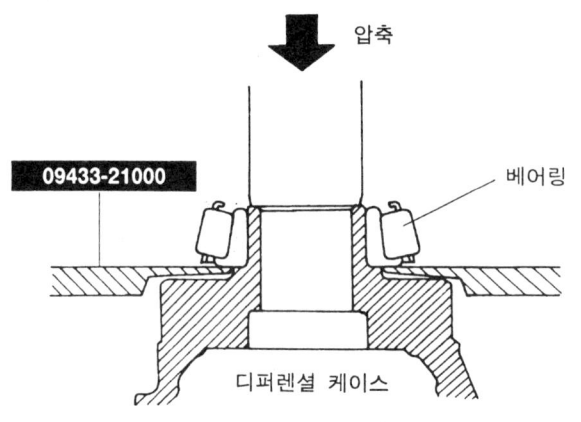

4. 펀치를 사용하여 록크 핀을 빼낸다.
5. 피니언 샤프트를 빼낸다.
6. 피니언 기어, 와셔, 사이드 기어와 스페이서를 탈거한다.

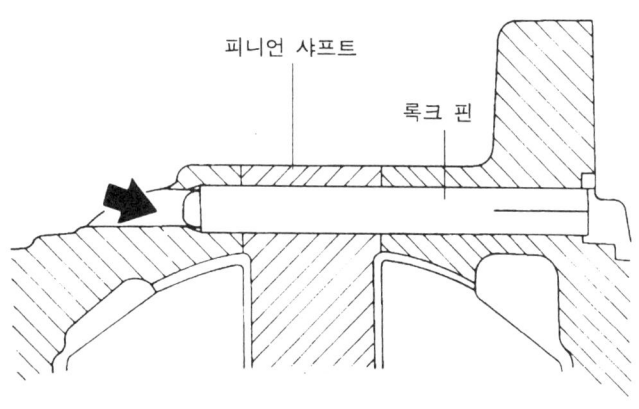

조립

1. 사이드 기어뒤에 스페이서를 장착하고 디퍼렌셜 케이스에 기어를 장착한다.

   〔주의〕
   ● 신품의 사이드 기어를 장착할때는 중간 두께의 스페이서(0.83~0.92mm)를 사용한다.

2. 각 피니언의 뒤에 와셔를 놓고 2개의 피니언을 사이드 기어와 맞춰 돌려가면서 규정된 위치에 집에 넣는다.
3. 피니언 샤프트를 집어 넣는다.

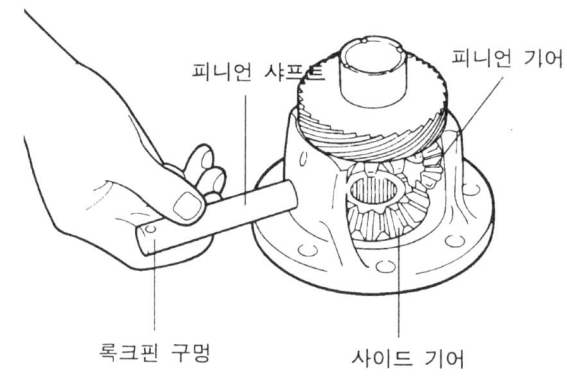

4. 사이드 기어와 피니언 사이의 백래쉬를 측정한다.

   백래쉬 : 0.025~0.150mm

5. 백래쉬가 규정치를 벗어나면 다시 분해한후 적정한 스페이서를 선택하여 조립한다.

   〔주의〕
   ● 양쪽 기어의 백래쉬를 동일하게 조정한다.

디퍼렌셜　　　　　　　　　　　　　　　　　　　　MT-39

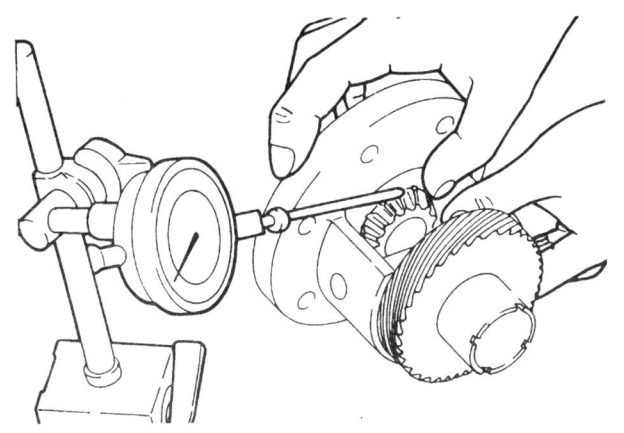

6. 피니언 샤프트 록 구멍을 케이스 록 핀 구멍과 일치시켜 록 핀을 집어 넣는다.

　〔주의〕
　● 록 핀을 재사용해서는 안된다.
　● 록 핀을 압입후 핀 두부가 디퍼렌셜 케이스의 플랜지 면보다 낮아야 한다.

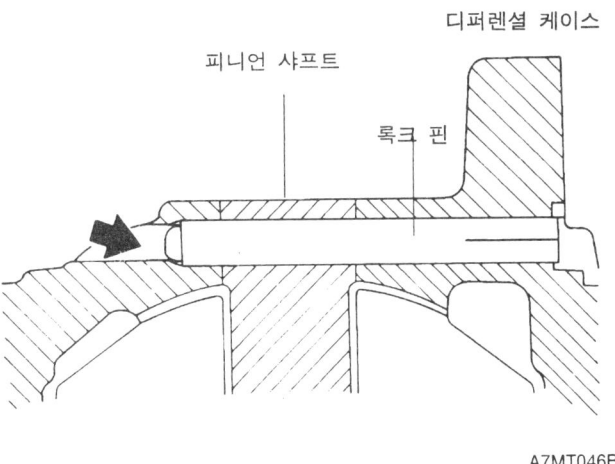

7. 디퍼렌셜 케이스의 양쪽에 베어링을 장착한다.

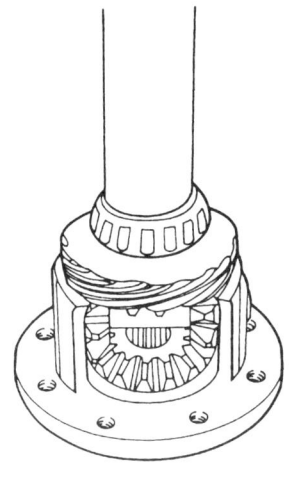

8. 볼트의 나사부에 규정된 씰런트를 도포하고서 그림에 표시된 순서대로 규정토크로 조인다.

규정씰런트 : 3M 스터드 록킹 NO. 4170

〔주의〕
● 볼트를 재사용할때는 나사부에 묻어 있는 씰런트를 완전히 제거해야 한다.

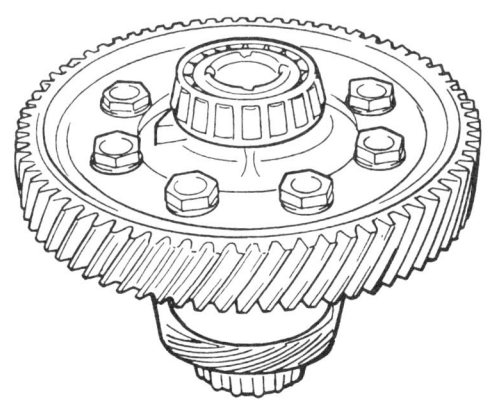

자동변속기(F4A42-1)

특수공구
· 오토 트랜스 액슬 ···················· 42- 1

고장진단및 조치
· 고장진단의 기본적인 흐름 ············ 42- 4
· 고장진단 코드 ···················· 42-11
· TCM 단자 전압표 ·················· 42-17
· 고장 현상별 점검 순서 ·············· 42-33

개요
· 오토 트랜스 액슬 ·················· 42-48
· 솔레노이드 통전 ··················· 42-49
· 클러치 및 브레이크의 작용 ·········· 42-49
· 조정용 스냅링 및 스페이서 ·········· 42-50

차상점검
· ATF ····························· 42-55
· 오일 필터 ························· 42-56
· 인히비터 스위치 ··················· 42-56
· 제어 구성 부품 ···················· 42-57
· 토크 컨버터 ······················· 42-58
· 유압점검 ························· 42-59
· 라인압력 ························· 42-62
· 메뉴얼 컨트롤 케이블 ··············· 42-62

분해 및 조립
· 오토 트랜스 액슬 ·················· 42-63

특수 공구

오토 트랜스 액슬
특수 공구

토크 렌치 소켓

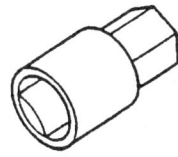

HEW45-001

아웃풋 샤프트 록 너트 분리 및 장착

핸들

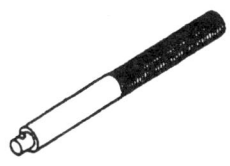

HEW45-002

- 인풋 샤프트 리어 베어링 장착
- 인스톨러 어댑터와 병용

스프링 컴프레서

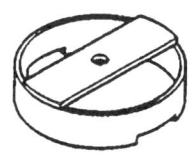

HEW45-003

- 로·리버스 브레이크 스냅링 분리, 장착
- 언더 드라이브 및 오버 드라이브 클러치 엔드 플레이 측정

클리어런스 더머 플레이트

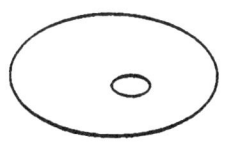

HEW45-004

로·리버스 및 세컨드 브레이크의 엔드 플레이 측정

오일 펌프 리무버

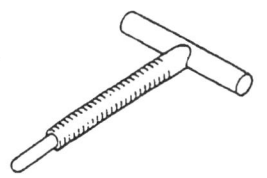

HEW45-005

오일 펌프 분리시 사용

오일 실 인스톨러

HEW45-006

오일 펌프 오일 실 장착

베어링 및 기어풀러

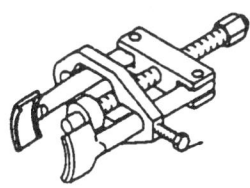

HEW45-007

트랜스퍼 드라이버 기어 베어링 분리

베어링 인스톨러

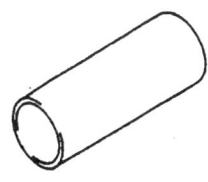

HEW45-008

아웃풋 샤프트 장착

오일 실 인스톨러

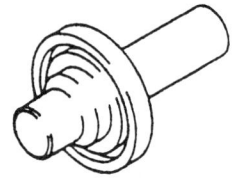

HEW45-009

드라이브 샤프트 오일 실 장착

베어링 리무버

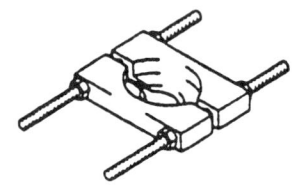

HEW45-010

각 베어링 분리

하이 스캔프로

K2CA089HSP

진단 및 고장코드 판독

스냅링 컴프레서

HEW45-012

언더 드라이브 클러치 스냅링 분리, 장착

다이얼 게이지 익스텐션

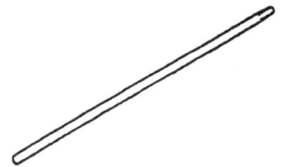

HEW45-013

로 · 리버스 및 세컨드 브레이크 엔드 플레이 측정

베어링 리무버

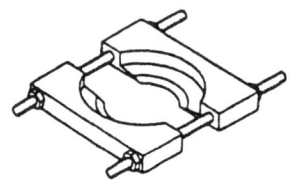

HEW45-014

아웃풋 샤프트 테이퍼 롤러 베어링 분리

스프링 컴프레셔 리테이너

HEW45-015

- 로 · 리버스 브레이크 스냅링 탈거 · 장착
- 언더 드라이브 및 오버 드라이브 클러치 엔드 플레이 측정

구로우

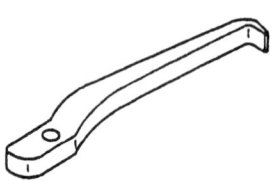

HEW45-016

각 아웃터 레이스 분리

스프링 컴프레서

HEW45-017

오버 드라이브 클러치 스냅링 분리, 장착

고장진단 및 조치

고장 진단의 기본적인 흐름
점검 절차

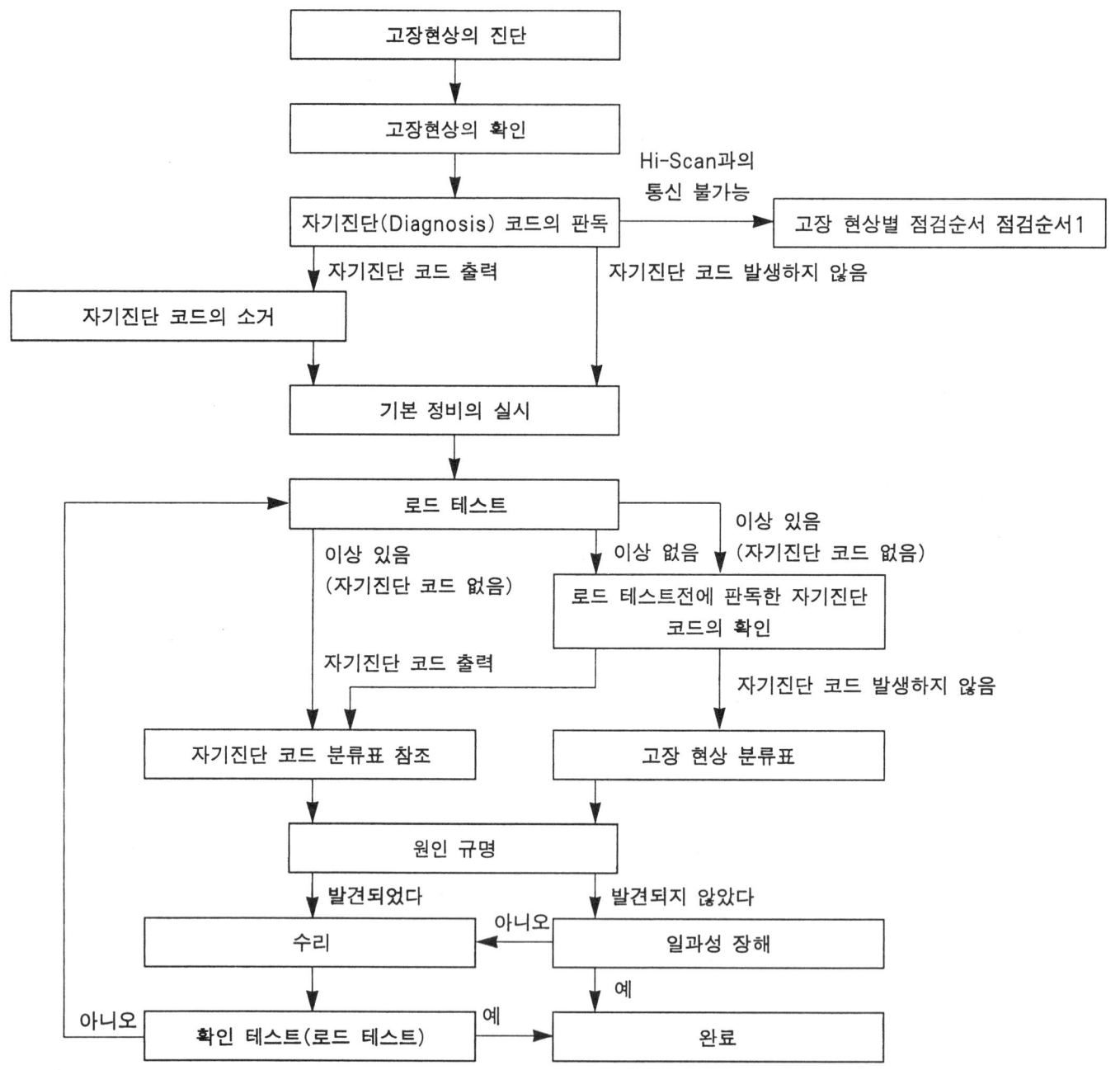

고장진단 및 조치 42-5

로드 테스트

순서	조건	조작	판정치	점검항목	고장코드 (P Code)	가능한 원인
1	이그니션 스위치: OFF	이그니션 스위치 (1) ON	데이터 리스트 No.54 (1) 배터리 전압(mV)	A/T 컨트롤 릴레이	1723	A/T 컨트롤 릴레이 계통
2	이그니션 스위치: ON 엔진: 정지 셀렉터레버 위치: P	셀렉터레버 위치 (1) P (2) R (3) N (4) D	데이터 리스트 No.61 (1) P (2) R (3) N (4) D	인히비터 스위치	-	인히비터 스위치 계통
		액셀러레이터 페달 (1) 전폐 (2) 밟는다 (3) 전개	데이터 리스트 No.11 (1) 0.84V (2) (1)부터 차츰차츰 상승 (3) 3.96V	TPS	0120	TPS 계통
		브레이크 페달 (1) 밟는다 (2) 놓는다	데이터 리스트 No.26 (1) ON (2) OFF	스톱 램프 스위치	0703	스톱 램프 스위치 계통
3	이그니션 스위치: START 엔진: 정지	P, N위치에서 시동 테스트	시동이 가능할 것	시동가부	-	시동불능
4	예열 주행	15분 이상 주행하고 ATF온도가 70~90°C가 되게 한다.	데이터 리스트 No.15 서서히 상승하여 70~90°C가 된다.	유온센서	0712 0713 (0710 OBD코드)	온도센서 계통
5	엔진: 아이들 셀렉터레버 위치: N	브레이크 페달 (재테스트) (1) 밟는다 (2) 놓는다	데이터 리스트 No.26 (1) ON (2) OFF	스톱 램프 스위치	0703	스톱 램프 스위치 계통
		A/C 스위치 (1) ON (2) OFF	데이터 리스트 No.65 (1) ON (2) OFF	듀얼 프레셔 스위치	-	듀얼 프레셔 스위치 계통
6	엔진: 아이들 셀렉터레버 위치: N	액셀러레이터 페달 (1) 전폐 (2) 밟는다	데이터 리스트 No.21 (1) 600~900rpm (2) (1)부터 차츰차츰 상승	크랭크 앵글 센서	0725	크랭크 앵글 센서 계통
			데이터 리스트 No.57 (2) 데이터가 변화한다	엔진 ECM와의 통신	1749	씨리얼 통신 계통
		셀렉터레버 위치 (1) N→D (2) N→R	이상한 시프트 쇼크가 없을 것 시간 지연이 2초 이내 일 것	발진시 장해	-	시프트시 엔진 스톨
					-	N→D 쇼크, 시간 지연 大
					-	N→R 쇼크, 시간 지연 大
					-	N→D 쇼크, N→R 쇼크, 시간 지연 大

로드 테스트

순서	조건	조작	판정치	점검항목	고장코드 (P Code)	가능한 원인
				주행불능	-	전진하지 않는다.
					-	후진하지 않는다.
					-	움직이지 않는다. (전후진모두)
7	셀렉터레버 위치: (평탄한 직선 도로에서 할 것)	셀렉터레버 위치와 엔진 (1)1속에서 아이들 상태(차량정지) (2)1속에서 10km/h 정속 주행 (3)2속에서 30km/h 정속 주행 (4)3속에서 50km/h 정속 주행 (5)4속에서 60km/h 정속 주행 (각 상태를 10초 이상 유지할 것)	데이터 리스트 No.63 (2) 1st (3) 2nd (4) 3rd (5) 4th	변속상태	-	
			데이터 리스트 No.31 (2) 0% (3) 100% (4) 100% (5) 100%	로 & 리버스 솔레노이드 밸브(LR솔레노이드 밸브)	0750	LR솔레노이드 밸브 계통
			데이터 리스트 No.32 (2) 0% (3) 0% (4) 0% (5) 100%	언더 드라이브 솔레노이드 밸브(UD솔레노이드 밸브)	0755	UD솔레노이드 밸브 계통
			데이터 리스트 No.33 (2) 100% (3) 0% (4) 100% (5) 0%	세컨드 솔레노이드 밸브(2ND솔레노이드 밸브)	0760	2ND솔레노이드 밸브 계통
			데이터 리스트 No.34 (2) 100% (3) 100% (4) 0% (5) 0%	오버 드라이브 솔레노이드 밸브(OD솔레노이드 밸브)	0765	OD솔레노이드 밸브 계통
			데이터 리스트 No.29 (1) 0km/h (4) 50km/h	차량 속도 센서	-	차량 속도 센서 계통
			데이터 리스트 No.22 (4) 1800~2100rpm	입력축 속도 센서	0715	입력축 속도 센서 계통
			데이터 리스트 No.23 (4) 1800~2100rpm	출력축 속도 센서	0720	출력축 속도 센서 계통
		셀렉터레버 위치와 엔진 (1) 3속에서 50km/h 액셀 전폐 (2) 3속에서 50km/h 정속 주행	데이터 리스트 No.36 (1) 10% 이하 (2) 약70%~90%	댐퍼 클러치 컨트롤 솔레노이드 밸브 (DCC솔레노이드 밸브)	0743 0740	DCC솔레노이드 밸브 계통
			데이터 리스트 No.52 (1) 약100~300rpm (2) 약0~10rpm			
8	HI-SCAN으로 INVECS-II 기능을 정지한다. 셀렉터레버 위치: D (평탄한 직선 도로에서 할 것)	HI-SCAN으로 데이터 리스트 No.11, 23, 63을 모니터한다. (1)TPS출력 1.5V(개도 30%)로 4속까지 가속한다. (2)천천히 감속하여 정지한다.	(1)(2)(3) 모두 규정 출력축 속도(차량속도)와 일치해 있고 이상한 쇼크가 없을 것. (4)(5)(6) 모두 조작후 바로 다운 시프트할 것.	변속시 장해	-	쇼크, 터빈 rpm 상승
				변속 포인트의 어긋남	-	전포인트
					-	일부 포인트

순서	조건	조작	판정치	점검항목	고장코드 (P Code)	가능한 원인
8		(3) TPS출력 2.5V (개도 50%)로 4속까지 가속한다. (4) 4속 60km/h에서 셀렉터레버를 이용하여 3속으로 다운 시프트한다. (5) 3속 40km/h에서 2속으로 다운 시프트한다. (6) 2속 20km/h에서 1속으로 다운 시프트한다.		변속하지 않음	-	자기진단 코드 없음
					0715	입력축 속도 센서 계통
					0720	출력축 속도 센서 계통
				1→2속으로 변속하지 않는다. 또는 2→1속으로 변속하지 않는다.	0750	LR솔레노이드 밸브 계통
					0760	2ND솔레노이드 밸브 계통
					0731	변속을 완료하지 않은 1속
					0732	변속을 완료하지 않은 2속
				2→3속으로 변속하지 않는다. 또는 3→2속으로 변속하지 않는다.	0760	2ND솔레노이드 밸브 계통
					0765	OD솔레노이드 밸브 계통
				2→3속으로 변속하지 않는다. 또는 3→2속으로 변속하지 않는다.	0732	변속을 완료하지 않은 2속
					0733	변속을 완료하지 않은 3속
				3→4속으로 변속하지 않는다. 또는 4→3속으로 변속하지 않는다.	0755	UD솔레노이드 밸브 계통
					0760	2ND솔레노이드 밸브 계통
					0733	변속을 완료하지 않은 3속
					0734	변속을 완료하지 않은 4속
9	셀렉터레버 위치: N	HI-SCAN으로 데이터 리스트 No.11, 23, 63을 모니터한다. (1) R에 셀렉트하고 10km/h 정속주행	데이터 리스트 No.22, 23의 비가 후진시의 변속비와 일치한다.	변속하지 않는다.	0175	입력축 속도 센서 계통
					0720	출력축 속도 센서 계통
					0736	변속을 완료하지 않은 후진

서비스 데이터 판정치

데이터 리스트 No.	점검항목	점검조건		정상판정치			
11	TPS	셀렉터레버 위치: P 엔진: 정지	액셀 페달: 전폐	0.84V			
			액셀 페달: 밟음	상기값부터 차츰 상승			
			액셀 페달: 전개	3.96V			
15	유온 센서	예열주행	15분 이상 주행하고 ATF온도가 70~90°C되게 한다.	서서히 상승하여 70~90°C가 된다			
21	크랭크 앵글 센서	엔진: 아이들 셀렉터레버 위치: P	액셀 페달: 전폐	600~900rpm			
			액셀 페달: 밟음	상기값부터 차츰 상승			
22	입력축 속도센서	셀렉터레버 위치: D 홀드 스위치 "ON" 상태	3속에서 50km/h 정속주행	1,800~2,100rpm			
23	출력축 속도센서	셀렉터레버 위치: D	3속에서 50km/h 정속주행	1,800~2,100rpm			
26	스톱 램프 스위치	셀렉터레버 위치: L,2,3,D	브레이크 페달: 밟는다	ON			
			브레이크 페달: 놓는다	OFF			
29	차량속도 센서	셀렉터레버 위치: L,2,3,D	1속에서 아이들 상태 (차량정지)	0km/h			
			3속에서 50km/h 정속주행	50km/h			
31	LR 솔레노이드 밸브 듀티율		데이터 리스트 No.	No.31	No.32	No.33	No.34
32	UD 솔레노이드 밸브 듀티율		1속에서 정속주행	0%	0%	100%	100%
33	2ND 솔레노이드 밸브 듀티율		2속에서 정속주행	100%	0%	0%	100%
34	OD 솔레노이드 밸브 듀티율		3속에서 정속주행	100%	0%	100%	0%
			4속에서 정속주행	100%	100%	0%	0%
36	DCC 솔레노이드 밸브 듀티율	셀렉터레버 위치: D	3속에서 50km/h로 액셀전폐	10% 이하			
			3속에서 50km/h	약 70~90%			
52	댐퍼 클러치 슬립량	셀렉터레버 위치: D	3속에서 50km/h로 액셀전폐	약 100~300rpm			
			3속에서 50km/h 정속주행	약 0~10rpm			
54	컨트롤 릴레이 출력 전압	이그니션 스위치: OFF	이그니션 스위치: ON	배터리 전압(V)			
57	엔진체적효율	셀렉터레버 위치: N	액셀 페달 전폐→밟는다	데이터가 변화한다			

데이터 리스트 No.	점검항목	점검조건		정상판정치
61	인히비터 스위치	이그니션 스위치: ON 엔진: 정지	셀렉터레버 위치: P	P
			셀렉터레버 위치: R	R
			셀렉터레버 위치: N	N
			셀렉터레버 위치: D	D
63	시프트 포지션	셀렉터레버 위치: L, 2, 3, D	1속에서 10km/h 정속주행	1st
			2속에서 30km/h 정속주행	2nd
			3속에서 50km/h 정속주행	3rd
			4속에서 60km/h 정속주행	4th
65	A/C 스위치	엔진: 아이들 셀렉터레버 위치: N	A/C 스위치: ON	ON
			A/C 스위치: OFF	OFF
73	엔진 목표 유효압	셀렉터레버 위치: N	액셀 페달 전폐→밟는다	데이터가 변화한다.
74	엔진토크(TQI)	셀렉터레버 위치: N	액셀 페달 전폐→밟는다	데이터가 변화한다.

고장진단 코드
점검

1. 이그니션 스위치 "OFF" 상태에서 그림과 같이 하이스캔 프로를 연결 시킨 후 이그니션 스위치 ON 상태에서 고장코드를 출력시킨다.

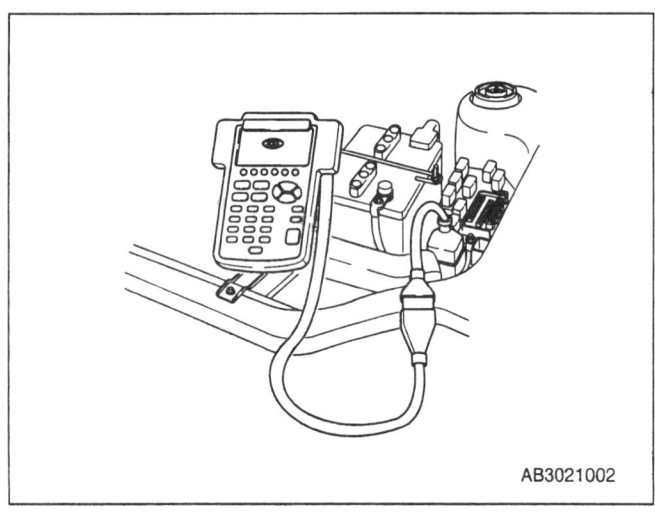

수리후 코드 소거
자연 소거
최신 페일 및 고장코드 항목이 기억된 시점부터 ATF유온이 상승해서 50°C에 달한 횟수가 200회로 된 시점에서 기억하고 있는 고장코드 전부 자연 소거된다.

강제 소거
1) 하이스캔을 이용한 소거(하기조건 만족시)
    (1) 이그니션 키 "ON"
    (2) 엔진 회전수 검출없음(엔진시동이 안걸린 상태)
    (3) 출력축 속도센서(Sensor-output speed)로부터 검출 없음(차량 정지 상태)
    (4) 차속 센서로부터 검출 없음(차량 정지 상태)
    (5) 페일-세이프 작동중이 아닐 것
2) 배터리 ⊖ 터미널 15초 이상 분리시
3) 백업 퓨즈 15초 이상 분리시

액츄에이터 점검

NO	항목	강제구동 내용	강제구동 조건
1	LR 솔레노이드 밸브	하이스캔에서 지시된 솔레노이드 밸브를 5초간 구동 (다른 솔레노이드 밸브는 비통전)	1. 이그니션 키 "ON" 2. 인히비터 스위치 정상 3. "P" 레인지 4. 차속이 0km/h 5. 엔진이 정지상태 6. 페일중이 아닐것
2	언더 드라이브 솔레노이드 밸브		
3	2ND 솔레노이드 밸브		
4	OD 솔레노이드 밸브		
5	DCC 솔레노이드 밸브		
6	A/T 컨트롤 릴레이	3초간 "OFF"	
7	Intelligent Shift 금지	이그니션 스위치 "OFF"까지 금지	

고장코드표

고장코드	고장 부위	내 용	페일-세이프	비 고
P0703	스톱 램프 스위치	단선 또는 바테리 단락	-	
P0712	유온 센서	접지 단락	-	
P0713		단선 또는 바테리 단락	-	
P0715	입력축 속도 센서(PGA)	단선 또는 단락(접지, 바테리)	O	
P0720	출력축 속도 센서(PGB)	단선 또는 단락(접지, 바테리)	O	
P0725	크랭크 앵글 센서	단선 또는 단락(접지, 바테리)	-	
P0731	1속 제어계	1속 동기불량	O	
P0732	2속 제어계	2속 동기불량	O	
P0733	3속 제어계	3속 동기불량	O	
P0734	4속 제어계	4속 동기불량	O	
P0736	리버스 제어계	리버스 동기불량	O	
P0740	댐퍼 클러치	시스템 이상	-	
P0743	DCC 솔레노이드	단선 또는 접지 단락	O	
P0750	LR(DIR) 솔레노이드	단선 또는 접지 단락	O	
P0755	언더 드라이브 솔레노이드	단선 또는 접지 단락	O	
P0760	2ND 솔레노이드	단선 또는 접지 단락	O	
P0765	OD 솔레노이드	단선 또는 접지 단락	O	
P1723	A/T 컨트롤 릴레이	단선 또는 접지 단락	O	
P1749	시리얼 통신	단선 또는 단락(접지, 바테리)	-	
P0707	인히비터 스위치	단선 또는 바테리 단락	-	
P0708		바테리 또는 스위치간 단락	-	
P0500	차속센서	단선 또는 단락	-	

고장코드 판정과 처치

NO	고장 부위	내 용	고장 판정조건	조 치	고장코드
1	유온 센서	단선 또는 바테리 단락	1) NE≥2000rpm이고, NO≥1000rpm 의 상태를 10분 누적한 시점에서, 검출전압이 4.57V 이상인 상태를 1초 이상 지속 2) 또는 이그니션 스위치 "ON" 후 유온 센서 고장코드 P 0713이 기억되어 있을때 유온 센서 전압 4.57V 이상을 1초 이상 지속	이그니션 스위치 "OFF"까지 학습제어 및 INTELLIGENT-SHIFT 금지하고 유온 80°C로 간주한다.	P0713
		접지 단락	검출 전압이 0.49V 이하를 1초 이상 지속	상기동일	P0712
2	인히비터 스위치	단선 또는 바테리 단락	인히비터 스위치의 신호가 없는 상태를 30초 이상 지속	P42-13참조 사항 참조	P0707
		바테리 또는 스위치간 단락	인히비터 스위치의 신호가 2종류 이상 입력되는 상태를 30초 이상 지속	P42-13참조 사항 참조	P0708
3	입력축 속도 센서(PGA)	단선 또는 단락(바테리, 접지)	전진 레인지(D, 2, L)에서, 차속 센서로 부터의 검출 차속이 30km/h이상이고, 펄스가 검출되지 않는 상태를 1초 이상 지속(1속 또는 2속이고 NE≤2600rpm이면 제외함), 또는 극저온 모드시는 첵크하지 않는다.	판정 조건 성립 1회에서 고장코드를 출력하고, 4회에서 이그니션 스위치 "OFF"까지 고장시의 솔레노이드 통전상태로 한다. 단, 매뉴얼 변속에 의한 2→3, 3→2 변속을 실시한다.	P0715
4	출력축 속도 센서(PGB)	단선 또는 단락(바테리, 접지)	전진 레인지(D, 2, L)에 있어서, 차속 센서로 부터의 검출 차속이 30km/h 이상 차속 센서로 부터 검출 차속에 대해서, PG B로부터 검출 차속이 50% 이하로 된 상태를 1초 이상 지속(1속 또는 2속이고 NE≤2600rpm이면 제외함), 또한 극저온 모드는 첵크하지 않는다.	판정 조건 성립 1회에서 고장코드를 출력하고, 4회에서 이그니션 스위치 "OFF"까지 고장시의 솔레노이드 통전상태로 한다. 단, 매뉴얼 변속에 의한 2→3, 3→2 변속을 실시한다.	P0720
5	스톱 램프 스위치	단선 또는 바테리 단락	NO≥240rpm인 상태에서 브레이크 스위치 "ON" 상태를 5분 이상 지속	이그니션 스위치 "OFF"까지 INTELLIGENT-SHIFT를 금지	P0703
6	LR(DIR) 솔레노이드	단선 또는 접지 단락	릴레이 전압 10V 이상이고 변속제어중 이외에는 단선 또는 접지 단락 상태를 320ms 이상 지속	컨트롤 릴레이를 "OFF"한다.	P0750
7	UD 솔레노이드	단선 또는 접지 단락	릴레이 전압 10V 이상이고 변속제어중 이외에는 단선 또는 접지 단락 상태를 320ms 이상 지속	컨트롤 릴레이를 "OFF"한다.	P0755
8	2ND 솔레노이드	단선 또는 접지 단락	릴레이 전압 10V 이상이고 변속제어중 이외에는 단선 또는 접지 단락 상태를 320ms 이상 지속	컨트롤 릴레이를 "OFF"한다.	P0760
9	OD 솔레노이드	단선 또는 접지 단락	릴레이 전압 10V 이상이고 변속제어중 이외에는 단선 또는 접지 단락 상태를 320ms 이상 지속	컨트롤 릴레이를 "OFF"한다.	P0765

NO	고장 부위	내 용	고장 판정조건	조 치	고장코드
10	DCC 솔레노이드	단선 또는 접지 단락	릴레이 전압 10V 이상이고 변속제어중 이외에는 단선 또는 접지 단락 상태를 320ms 이상 지속	컨트롤 릴레이를 "OFF"한다.	P0743

✱ 참조

이그니션 스위치를 "OFF"할 때까지 INTELLIGENT-SHIFT (INVECS-Ⅱ)는 모드외를 계속한다.
인히비터 스위치 신호 : 인히비터 스위치 신호 검출에 대해서는 우선적으로 실시한다.

a) TCU 리셋 후 인히비터 스위치에서 복수의 신호를 동시에 검출한 경우 및 신호를 검출하지 않은 경우는 모든 솔레노이드를 "ON"한다.
  • 정상으로 되는 즉시 일단 3속 판정을 행하고, 그 후 정규 변속단을 선택한다.
b) 인히비터 스위치로부터의 신호를 검출하지 않는 경우 및 복수의 신호를 동시에 검출한 경우는 그 상태로 되기 직전의 신호로 제어를 계속할 것. 그 후 정상 복귀한 경우 복귀 후의 검출 신호를 근거로 제어를 할 것
c) P-D, R-D 및 D-R 변속시는 N 신호를 검출하지 않아도 N-D 또는 N-R 변속으로 판단하여 제어할 것.
d) "N" 및 "D" 동시 입력시는 N-렌지 로 판단한다.
e) N-R 변속판단은 MAIN주기(8ms)마다 행함.

◪ 주의

상기 No.6~10항의 「단선 또는 접지 단락 상태」란 솔레노이드 "ON" 제어중(비통전시)에 단자 전압이 3V 이하로 되는 상태를 의미한다.

NO.	고장 부위	내 용	고장 판정조건	조 치	고장코드
11	1속 제어계	1속 동기 어긋남	릴레이 전압≥10V, 유온≥-23°C, 1속으로의 변속 완료후 2초 이후, NE≥450rpm, No≥350rpm, NT≠0rpm, 인히비터 스위치 복수동시 입력 또는 무입력 상태가 아닌 상태에서 ｜NT-NT1｜≥200rpm인 상태를 1초 이상 지속 (이그니션 스위치 "ON" 이후 2초 이후)	좌측 조건 성립 1회에서 고장코드를 출력 4회에서 컨트롤 릴레이를 "OFF"한다.	P0731
12	2속 제어계	2속 동기 어긋남	릴레이 전압≥10V, 유온≥-23°C, 2속으로의 변속 완료후 2초 이후, NE≥450rpm, No≥500rpm, NT≠0rpm, 인히비터 스위치 복수동시 입력 또는 무입력 상태가 아닌 상태에서 ｜NT-NT2｜≥200rpm인 상태를 1초 이상 지속 (이그니션 스위치 "ON" 이후 2초 이후)	좌측 조건 성립 1회에서 고장코드를 출력 4회에서 컨트롤 릴레이를 "OFF"한다.	P0732
13	3속 제어계	3속 동기 어긋남	릴레이 전압≥10V, 유온≥-23°C, 3속으로의 변속 완료후 2초 이후, NE≥450rpm, No≥900rpm, NT≠0rpm, 인히비터 스위치 복수동시 입력 또는 무입력 상태가 아닌 상태에서 ｜NT-NT3｜≥200rpm인 상태를 1초 이상 지속 (이그니션 스위치 "ON" 이후 2초 이후)	좌측 조건 성립 1회에서 고장코드를 출력 4회에서 컨트롤 릴레이를 "OFF"한다.	P0733
14	4속 제어계	4속 동기 어긋남	릴레이 전압≥10V, 유온≥-23°C, 4속으로의 변속 완료후 2초 이후, NE≥450rpm, No≥900rpm, NT≠0rpm, 인히비터 스위치 복수동시 입력 또는 무입력 상태가 아닌 상태에서 ｜NT-NT4｜≥200rpm인 상태를 1초 이상 지속 (이그니션 스위치 "ON" 이후 2초 이후)	좌측 조건 성립 1회에서 고장코드를 출력 4회에서 컨트롤 릴레이를 "OFF"한다.	P0734
15	리버스 제어계	리버스 동기 어긋남	릴레이 전압≥10V, 유온≥-23°C, 리버스로의 변속 완료후 2초 이후, NE≥450rpm, No≥350rpm, NT≠0rpm, 인히비터 스위치 복수동시 입력 또는 무입력 상태가 아닌 상태에서 ｜NT-NTR｜≥200rpm인 상태를 1초 이상 지속 (이그니션 스위치 "ON" 이후 2초 이후)	좌측 조건 성립 1회에서 고장코드를 출력 4회에서 컨트롤 릴레이를 "OFF"한다.	P0736

주의
- No.6~17항이 발생하였을 때는 이그니션 스위치 "OFF"까지 다른 고장코드를 점검하지 않는다.
- No.3, 4항이 발생하였을 때는 이그니션 스위치 "OFF"까지 No.6~11항 이외의 고장코드를 점검하지 않는다.
- No.3, 4항이 점검중에 변속 금지로 되었을 때에는 No.12~16항은 점검하지 않는다.

NO	고장 부위	내 용	고장 판정조건	조 치	고장코드
16	댐퍼 클러치	시스템 이상	직결돌입 제어중에 듀티율이 100%로 된 상태를 4초 이상 지속	좌측 조건 성립 1회에서 일단 비직결화. 좌측 조건을 4회 검출한 시점에서 이그니션 스위치 "OFF"까지 비직결화. 고장코드를 출력한다.	P0740
		STUCK ON	아래 전조건을 10초 이상 연속해서 만족할 경우에 고장으로 판정한다. 1. 다른 직결 클러치 고장을 검출하지 않음 2. 전진 레인지(D, 2, L) 3. 이그니션 스위치 "ON"후 제1회째의 직결제어개시 까지의 기간이거나, 직결해제 지령으로부터 5초 이상 경과한 후에 비직결 상태인 경우 4. TPS 전압〉1.5V 5. No〉1000rpm 6. ｜NE-NT｜≤5rpm	상기 동일	P0740
17	A/T 컨트롤 릴레이	단선(접점 불량) 또는 접지 단락	릴레이 "ON" 지시로부터 500ms 경과후 릴레이 출력전압 ≤7V인 상태를 100ms 이상 지속한 경우 단, 전원전압 ≤9V일 때는 점검하지 않음	컨트롤 릴레이를 "OFF"한다.	P1723
18	크랭크 앵글 센서	단선 또는 단락 (바테리, 접지)	전진 레인지(D, 3, 2, L) & No≥1000rpm의 상태에서 검출 펄스 없이 5초 이상 지속	이그니션 스위치 "OFF"까지 직결 및 학습 금지. NE/NE=0.7, NE=3000rpm으로 간주하고 터빈토크를 연산한다.	0725
19	시리얼 통신	단선 또는 단락 (바테리, 접지)	이그니션 스위치 "ON"이고 전원전압≥10V로 된후부터 500ms이후, 그리고 NE≥450rpm의 상태에서, 정규통신이 1초 연속해서 성립하지 않거나 또는 동일상태에서 수신 데이터의 통신이상 BIT가 4초 연속해서 SET된 경우	정규통신이 수신될 때까지 EV(PB)=70%(600mmHg), 학습 제어 금지, 이그니션 스위치 "OFF"까지 INTELLIGENT-SHIFT 금지 및 데이터 송신을 중단한다.	1749
20	차속 센서	단선 또는 단락	1. 극저온 모드 아님(Toil 〉-29℃) 2. PG, SOL, 동기불량, Control relay fail 미검출 3. 전진 Range 일것 4. No 〉900rpm 5. 차속 센서로 부터 검출 Pulse가 없음 6. 1~5항을 30초이상 연속 검출	조치사항 없음 1차속을 "0"으로 간주함 따라서 입력축 속도 센서와 출력축 속도 센서의 점검이 불가함	0500

TCM 단자 전압표

항 목	핀번호	시 험 조 건	출 력 파 형
K-LINE	C-13	HI-SCAN과 통신시: 10.4KBaud	B의 70%이상 / B의 30%이하 (A)
솔레노이드 전원	A-2 A-3	통상시: 바테리 전압 이그니션 스위치 "ON" 직후/고장시: 0~0.5V	
파워	A-11 A-24	이그니션 스위치 "ON"시: 바테리 전압 이그니션 스위치 "OFF"시: 0~0.5V	
S-Ram용 전원	B-8	통상시: 바테리 전압 배터리 케이블 분리시: 0V	
POWER FLASH ROM	A-19	이그니션 스위치 "ON"시: 바테리 전압 이그니션 스위치 "OFF"시: 0~0.5V	
SCI 통신 Line	C-3 C-4	이그니션 스위치 "ON"후 전원 전압이 ≧ 10V 이상 N_E 〉 450rpm 된후 500ms이후	B의 70%이상 / B의 30%이하
접지	A-12 A-13 A-25 A-26 B-13 C-22	0V	

입력축 속도 센서(PGA)	B-1	• 레인지 아이들시(엔진 속도=800rpm)
		  펄스신호=750Hz±50Hz
		• D-레인지 정차시
		  펄스신호=0Hz(5V 고정)
			4.5~5V
			0~1V (B)

출력축 속도 센서(PGB)	B-2	• 30Kph로 주행시
		  펄스신호=1280Hz±100Hz
		• 정차시
		  펄스신호=0Hz(5V 고정)
			4.5~5V
			0~1V (B)

크랭크 앵글 센서 (엔진 RPM)	B-3	• N-레인지 아이들시
		  펄스=20Hz(엔진속도: 600rpm)~30Hz
		  (엔진속도: 900rpm)
		• Ne(엔진속도)=3000rpm시
		  펄스=100±10Hz
		※ 크랭크 샤프트 1회전당 2펄스 출력
			4.5~5V
			0~1V (B)

유온 센서	B-14	유온 20°C	3.83V
		유온 50°C	2.87V
		유온 80°C	1.82V

항 목	핀번호	시 험 조 건	출 력 파 형
UD 솔레노이드	A-1		• 펄스
OD 솔레노이드	A-14		
2ND 솔레노이드	A-16		• B ——— 바테리 전압으로 고정 • 변속시 듀티 제어
LR 솔레노이드	C-12		
DCC 솔레노이드	A-15		• 2KHz:0.5ms • 62Hz:16ms
인히비터 스위치 P	C-5	아이들 상태에서 P↔R 조작	P: B+, R: 0~0.5V
R	C-16	아이들 상태에서 P↔R 조작	R: B+, P: 0~0.5V
N	C-6	아이들 상태에서 N↔D 조작	N: B+, D: 0~0.5V
D	C-17	아이들 상태에서 N↔D 조작	D: B+, N: 0~0.5V
3	C-7	아이들 상태에서 3↔2 조작	3: B+, 2: 0~0.5V

시험 조건 (솔레노이드):

SOL	출력 전압(V)							
	P	R	N	1속	2속	3속	4속	변속시
UD	Pul	Pul	Pul	B	B	B	Pul	①
OD	Pul	Pul	Pul	Pul	Pul	B	B	②
2ND	Pul	Pul	Pul	Pul	B	Pul	B	③
LR	B	B	B	B	B	Pul	Pul	④
DCC	B	B	B	B	B	Pul B	Pul B	⑤

주) Pul=2KHz 펄스 파형
B=바테리 전압으로 고정
① 정지상태 N→D시 듀티 제어
② 2→3 시프트시 듀티 제어
③ 1→2 시프트시 듀티 제어
④ 2→1 시프트시 듀티 제어
⑤ 다운 시프트시 B
DCC는 작동중일 때 Pul, 비작동시 B

항 목	핀번호	시 험 조 건	출 력 파 형
2	C-18	아이들 상태에서 3↔2 조작	3 ─┘2 B+└─ 3 ─ 0~0.5V E
L	C-8	아이들 상태에서 2↔L 조작	2 ─┘L B+└─ 2 ─ 0~0.5V E
홀드 스위치	C-20	아이들 상태에서 홀드 스위치 "ON"↔"OFF" 조작 (ON: 스위치 누른 상태)	OFF ─┘ON B+└─ OFF ─ 0~0.5V E
브레이크 스위치	C-9	브레이크 페달 "ON"↔"OFF" 조작 (ON: 페달 밟은 상태)	ON ─┘OFF B+└─ ON ─ 0~0.5V E
A/T 컨트롤 릴레이	C-21	통상시: HIGH 이그니션 스위치 "ON·OFF" 직후, 고장시: LOW	통상시 B+ ─ 0~0.5V E

고장코드	P0703	스톱 램프 스위치
설명		주행중에 스톱 램프 스위치가 5분 이상 계속해서 ON되어 있을 경우에 스톱 램프 스위치 단선 또는 바테리 단락으로서 코드 No.0703이 출력된다.
이상원인		1. 스톱 램프 스위치 불량 2. 커넥터 불량 3. TCM 불량

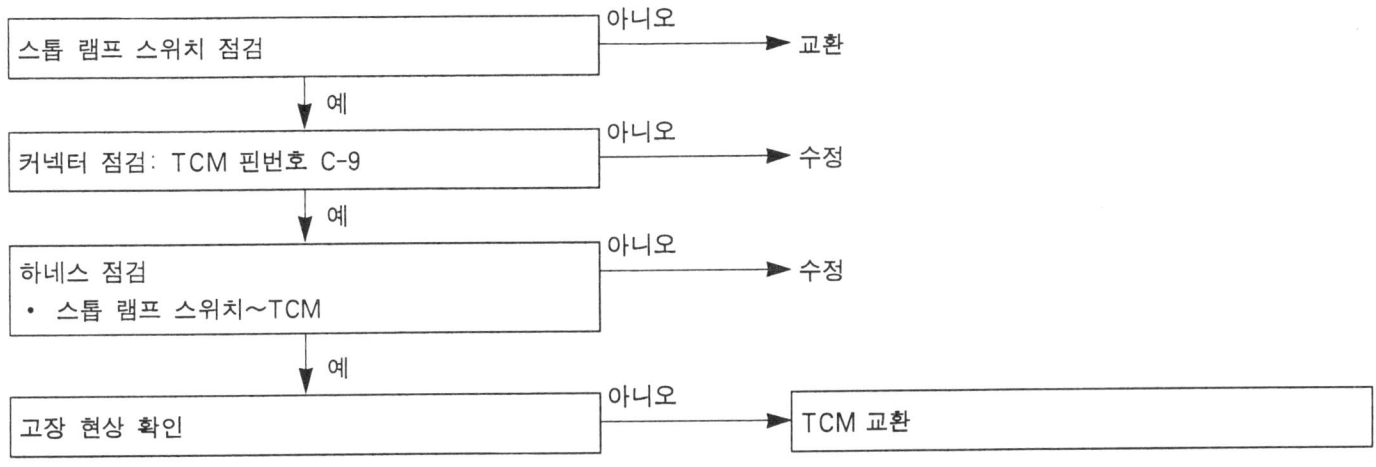

고장코드	P0712 P0713	유온센서
설명		
이상원인		1. 유온센서 불량 2. 커넥터 불량 3. TCM 불량

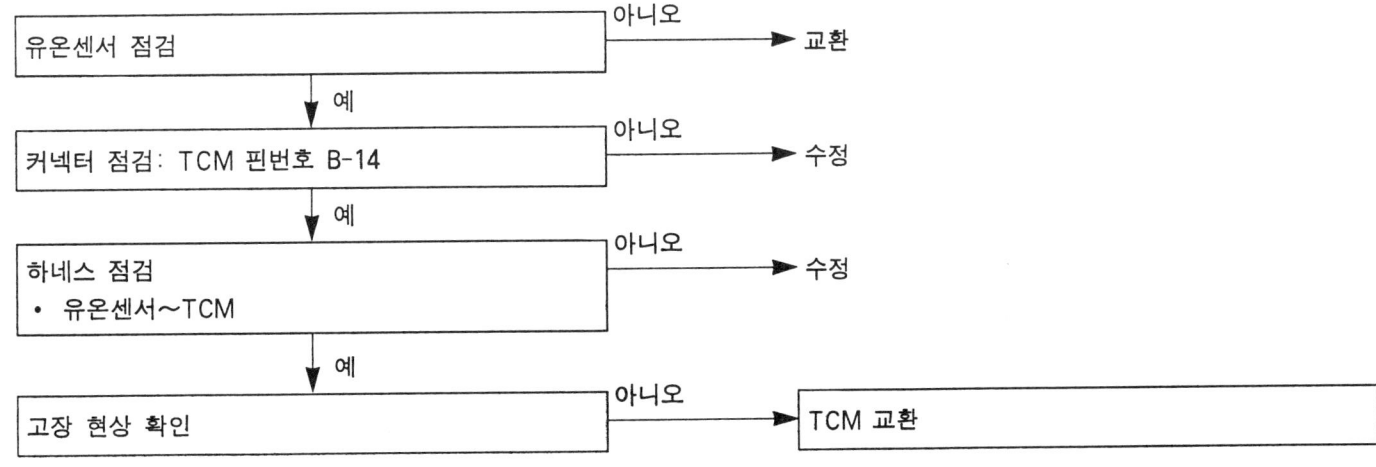

42-20 고장진단 및 조치

고장코드	P0715	입력축 속도센서
설명		3속 또는 4속의 차량속도 30km/h이상에서 입력축 속도센서의 출력펄스가 1초 이상 검출되지 않을 경우에 입력축 속도센서 단락 또는 단선으로서 코드 No.0715가 출력된다. 코드 No.0715가 4회 출력된 경우에 자동안전장치로서 3속(D) 또는 2속(2레인지)으로 고정된다.
이상원인		1. 입력축 속도센서 불량 2. 언더 드라이브 클러치 리테이너 불량 3. 커넥터 불량 4. TCM 불량

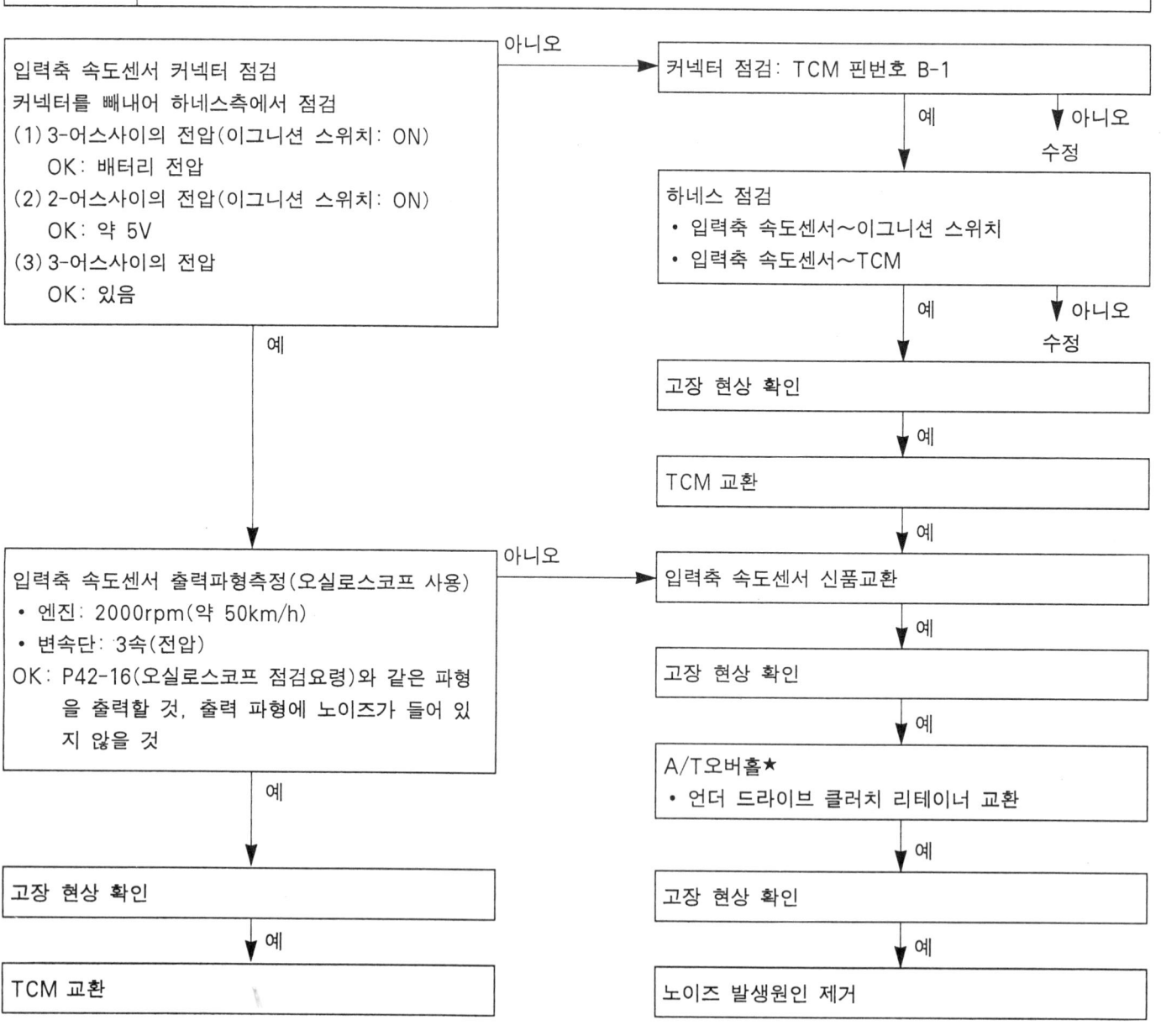

고장진단 및 조치 42-21

고장코드	P0720	출력축 속도센서
설명	3속 또는 4속의 차량속도 30km/h이상에서 출력축 속도센서 출력이 차량속도 센서 출력의 50%이하 상태가 1초 이상 계속된 경우에 출력축 속도센서 단락 또는 단선으로서 코드 No.0720이 출력된다. 코드 No.0720이 4회 출력된 경우에 자동안전장치로서 3속(D) 또는 2속(2레인지)으로 고정된다.	
이상원인	1. 출력축 속도센서 불량 2. 트랜스퍼 드라이브 기어 및 드립핑 기어 불량 3. 커넥터 불량 4. TCM 불량	

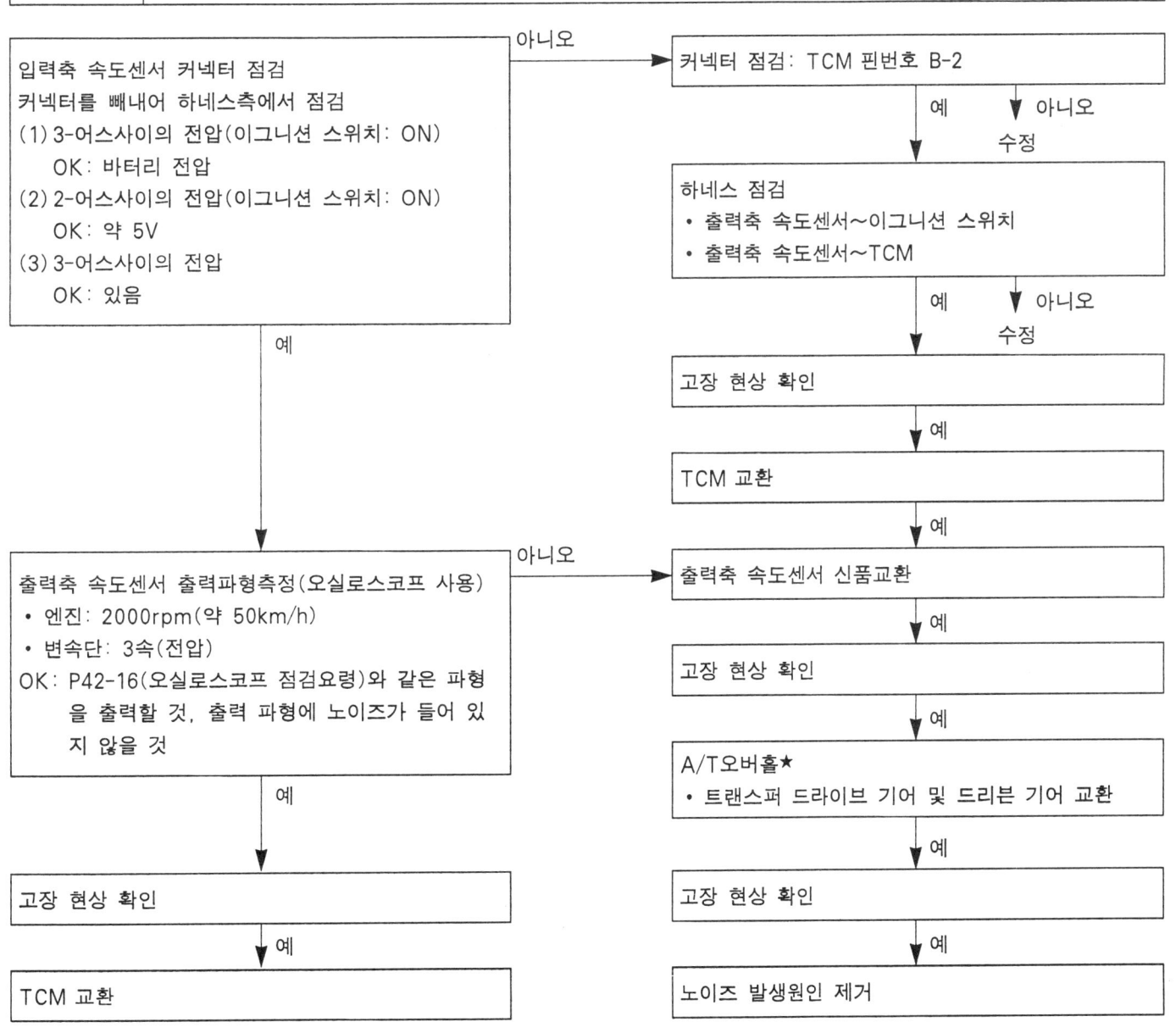

고장코드	P0725	크랭크 앵글 센서
설명	차량속도 25km/h이상에서 크랭크 앵글 센서의 출력 펄스가 5초 이상 검출되지 않는 경우에 크랭크 앵글 센서 단선으로서 코드 No.0725가 출력된다.	
이상원인	1. 크랭크 앵글 센서 불량 2. 커넥터 불량 3. TCM 불량	

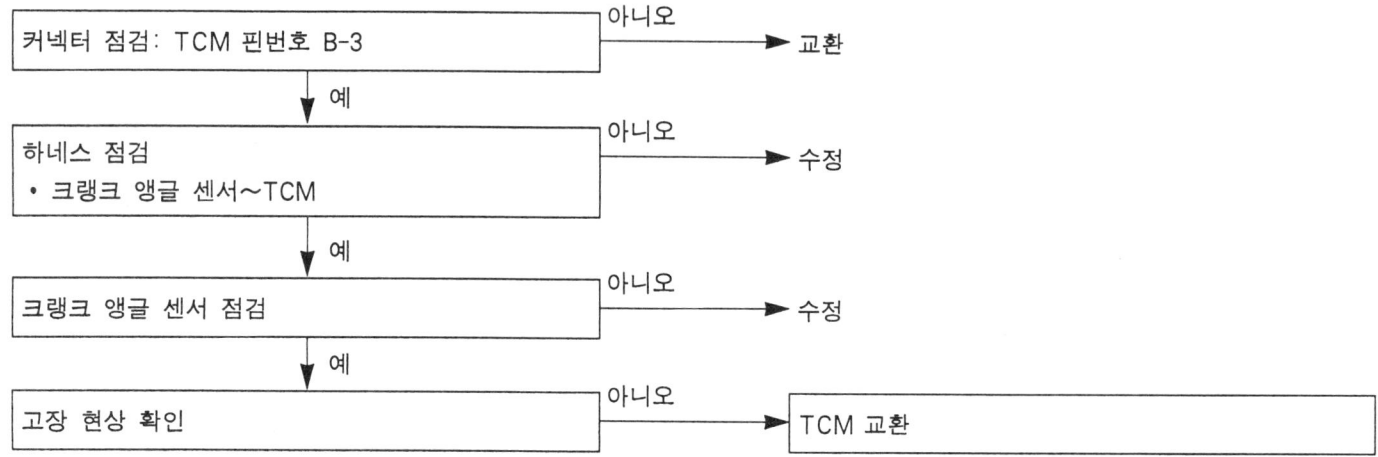

고장진단 및 조치 42-23

고장코드	P0731	변속을 완료하지 않음(1속)
설명		1속의 변속 종료후, 출력축 속도센서 출력에 1속의 변속비를 곱한 값이 입력축 속도센서 출력과 일치하지 않을 경우에 코드 No.0731이 출력된다. 코드 No.0731이 4회 출력된 경우에 3속으로 고정된다.
이상원인		1. 입력축 속도센서 불량 2. 출력축 속도센서 불량 3. 언더 드라이브 클러치 리테이너 불량 4. 트랜스퍼 드라이브 기어 및 드리븐 기어 불량 5. LR 브레이크 계통 불량 6. 언더 드라이브 클러치 계통 불량 7. 노이즈 발생

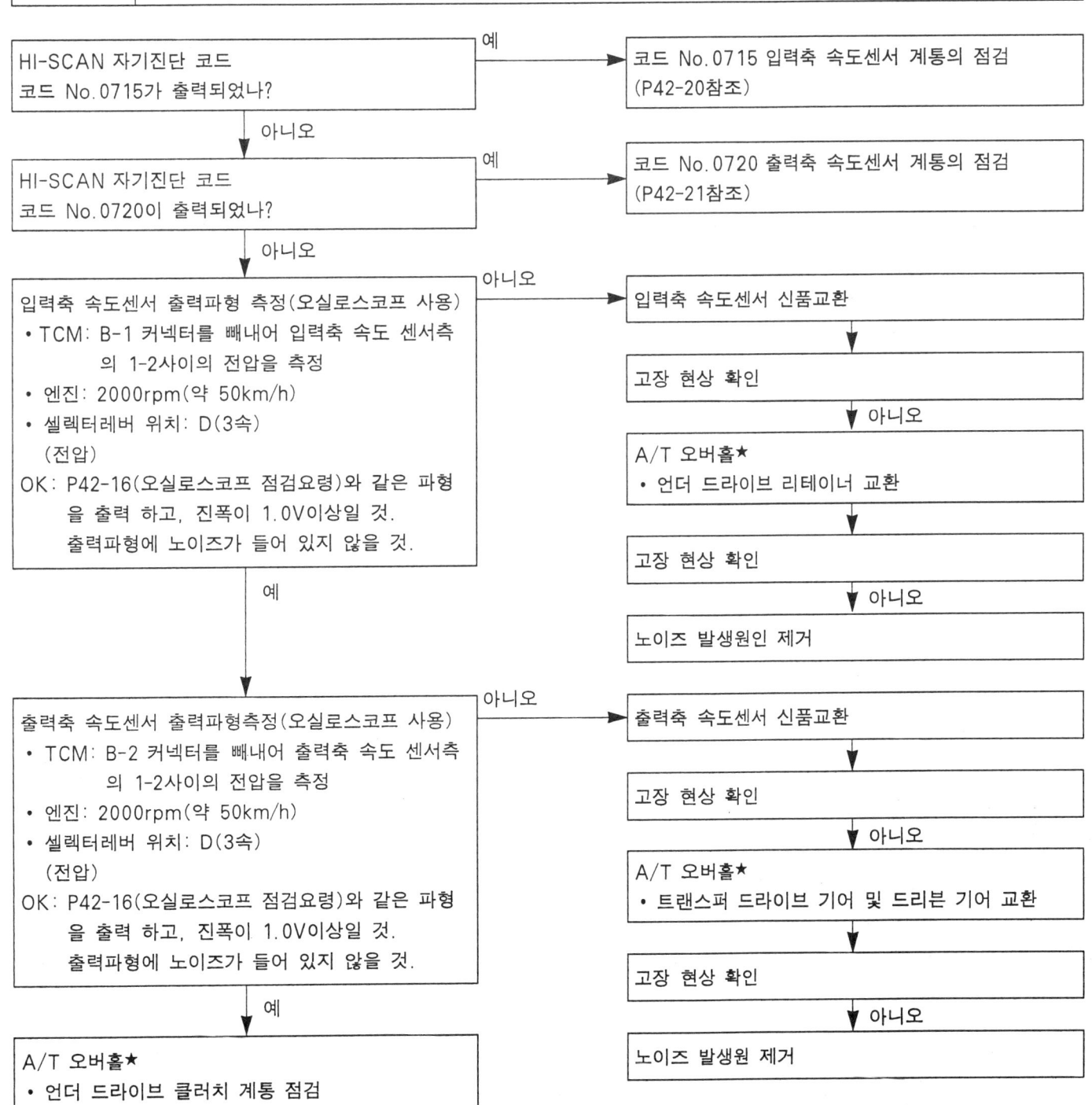

42-24 고장진단 및 조치

고장코드	P0732	변속을 완료하지 않음(2속)
설명	2속의 변속 종료후, 출력축 속도센서 출력에 2속의 변속비를 곱한 값이 입력축 속도센서 출력과 일치하지 않을 경우에 코드 No.0732가 출력된다. 코드 No.0732가 4회 출력된 경우에 3속으로 고정된다.	
이상원인	1. 입력축 속도센서 불량 2. 출력축 속도센서 불량 3. 언더 드라이브 클러치 리테이너 불량 4. 트랜스퍼 드라이브 기어 및 드리븐 기어 불량 5. 2ND 브레이크 계통 불량 6. 언더 드라이브 클러치 계통 불량 7. 노이즈 발생	

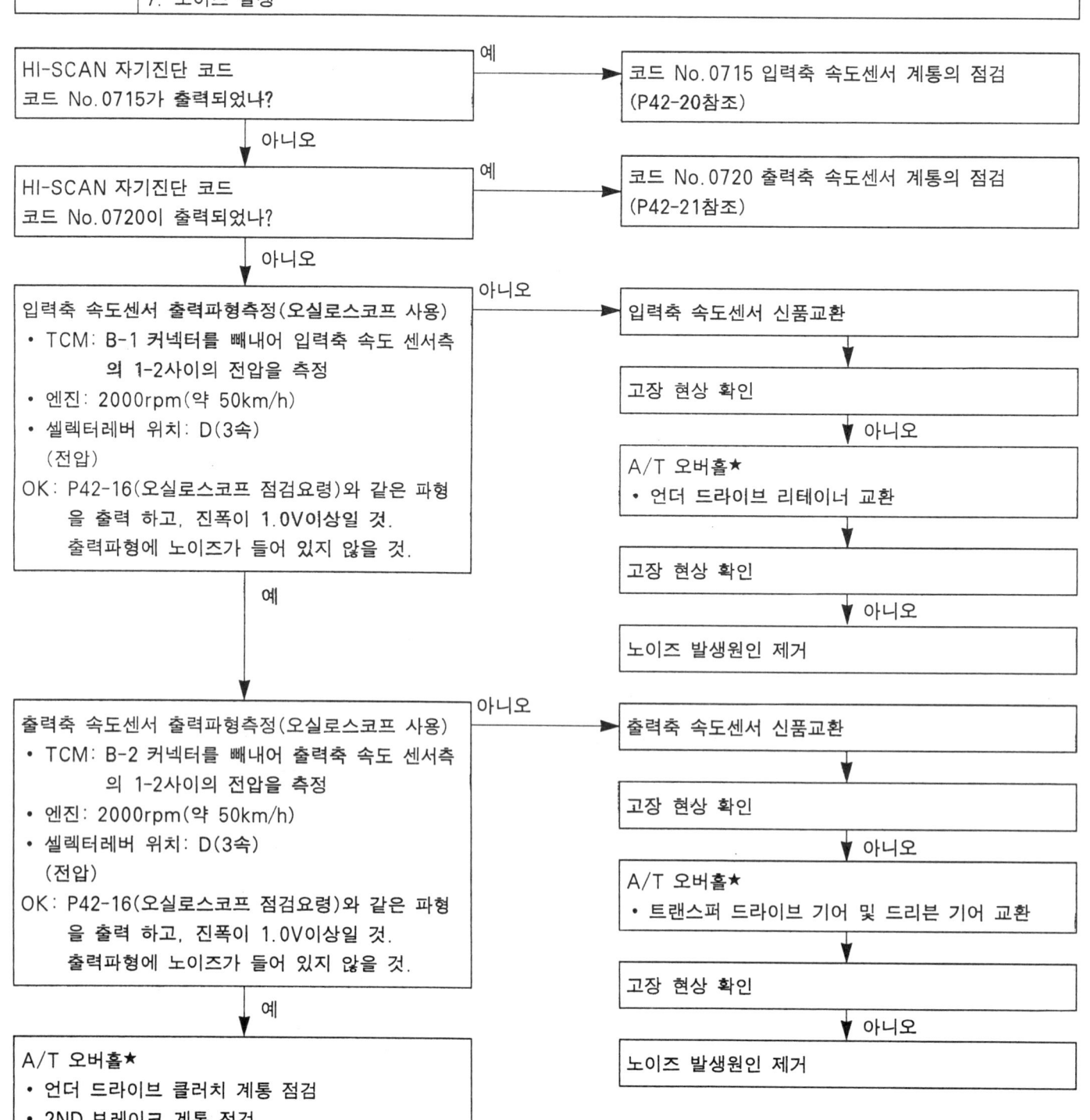

고장진단 및 조치 42-25

고장코드	P0733	변속을 완료하지 않음(3속)
설명	3속의 변속 종료후, 출력축 속도센서 출력에 3속의 변속비를 곱한 값이 입력축 속도센서 출력과 일치하지 않을 경우에 코드 No.0733이 출력된다. 코드 No.0733이 4회 출력된 경우에 3속으로 고정된다.	
이상원인	1. 입력축 속도센서 불량 2. 출력축 속도센서 불량 3. 언더 드라이브 클러치 리테이너 불량 4. 트랜스퍼 드라이브 기어 및 드리븐 기어 불량 5. 언더 드라이브 클러치 계통 불량 6. OD 클러치 계통 불량 7. 노이즈 발생	

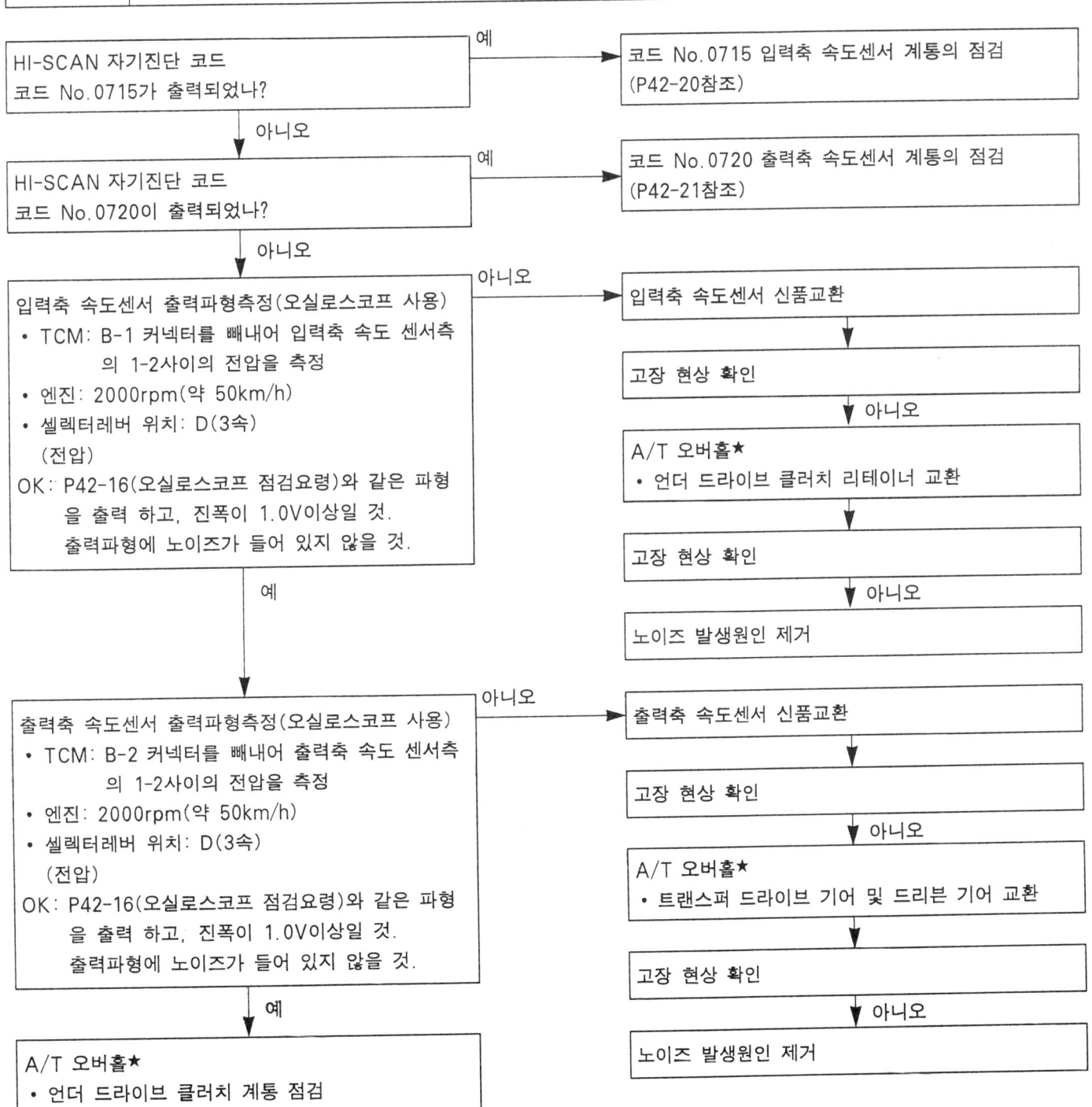

42-26 고장진단 및 조치

고장코드	P0734	변속을 완료하지 않음(4속)
설명	\multicolumn{2}{l	}{4속의 변속 종료후, 출력축 속도센서 출력에 4속의 변속비를 곱한 값이 입력축 속도센서 출력과 일치하지 않을 경우에 코드 No.0734가 출력된다. 코드 No.0734가 4회 출력된 경우에 3속으로 고정된다.}
이상원인	\multicolumn{2}{l	}{1. 입력축 속도센서 불량 2. 출력축 속도센서 불량 3. 언더 드라이브 클러치 리테이너 불량 4. 트랜스퍼 드라이브 기어 및 드리븐 기어 불량 5. 2ND 브레이크 계통 불량 6. OD 클러치 계통 불량 7. 노이즈 발생}

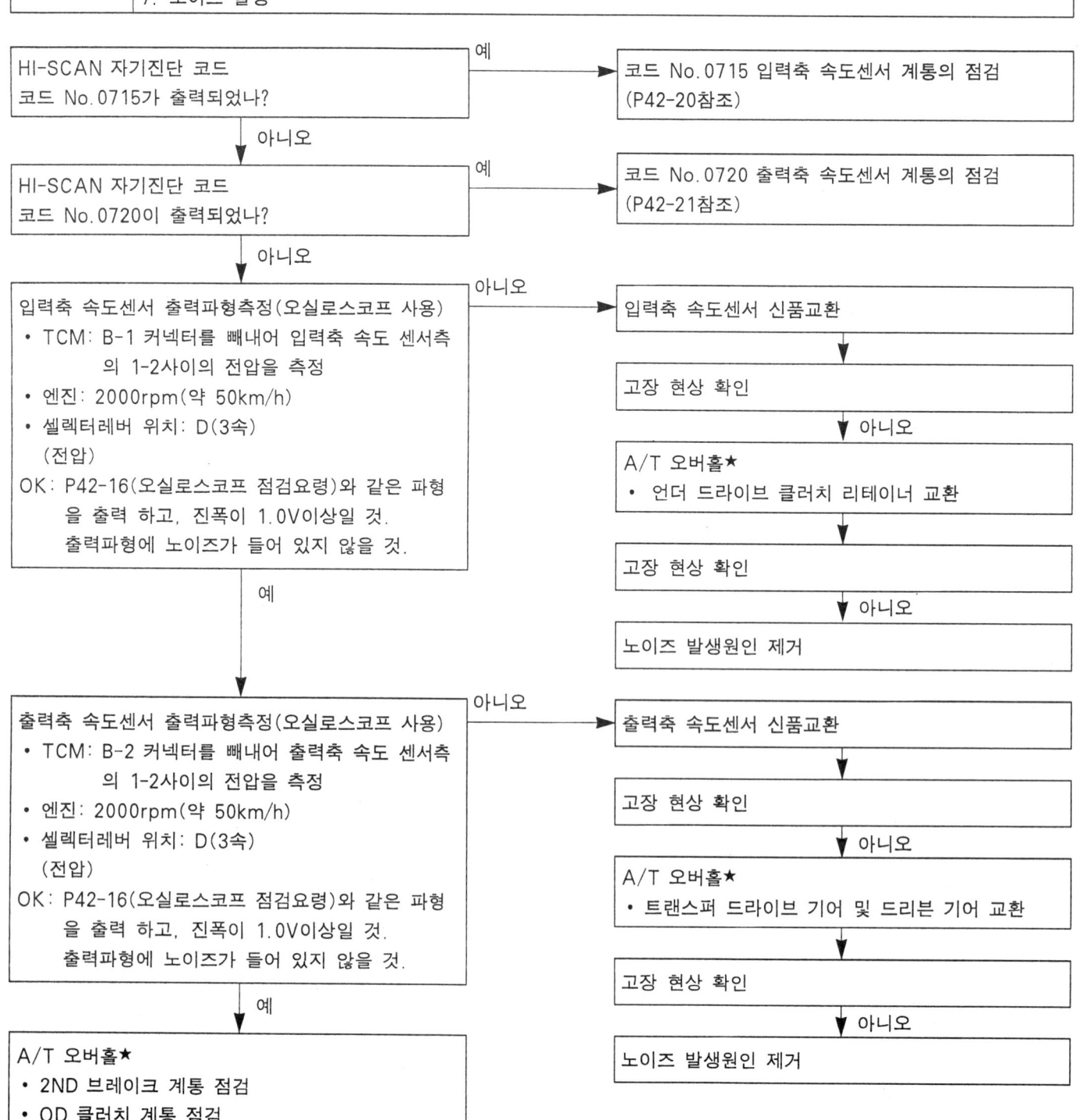

고장진단 및 조치 42-27

고장코드	P0736	변속을 완료하지 않음(후진)
설명	\multicolumn{2}{l	}{후진의 변속 종료후, 출력축 속도센서 출력에 후진의 변속비를 곱한 값이 입력축 속도센서 출력과 일치하지 않을 경우에 코드 No.0736가 출력된다. 코드 No.0736가 4회 출력된 경우에 3속으로 고정된다.}
이상원인	\multicolumn{2}{l	}{1. 입력축 속도센서 불량 2. 출력축 속도센서 불량 3. 언더 드라이브 클러치 리테이너 불량 4. 트랜스퍼 드라이브 기어 및 드리븐 기어 불량 5. LR 브레이크 계통 불량 6. 리버스 클러치 계통 불량 7. 노이즈 발생}

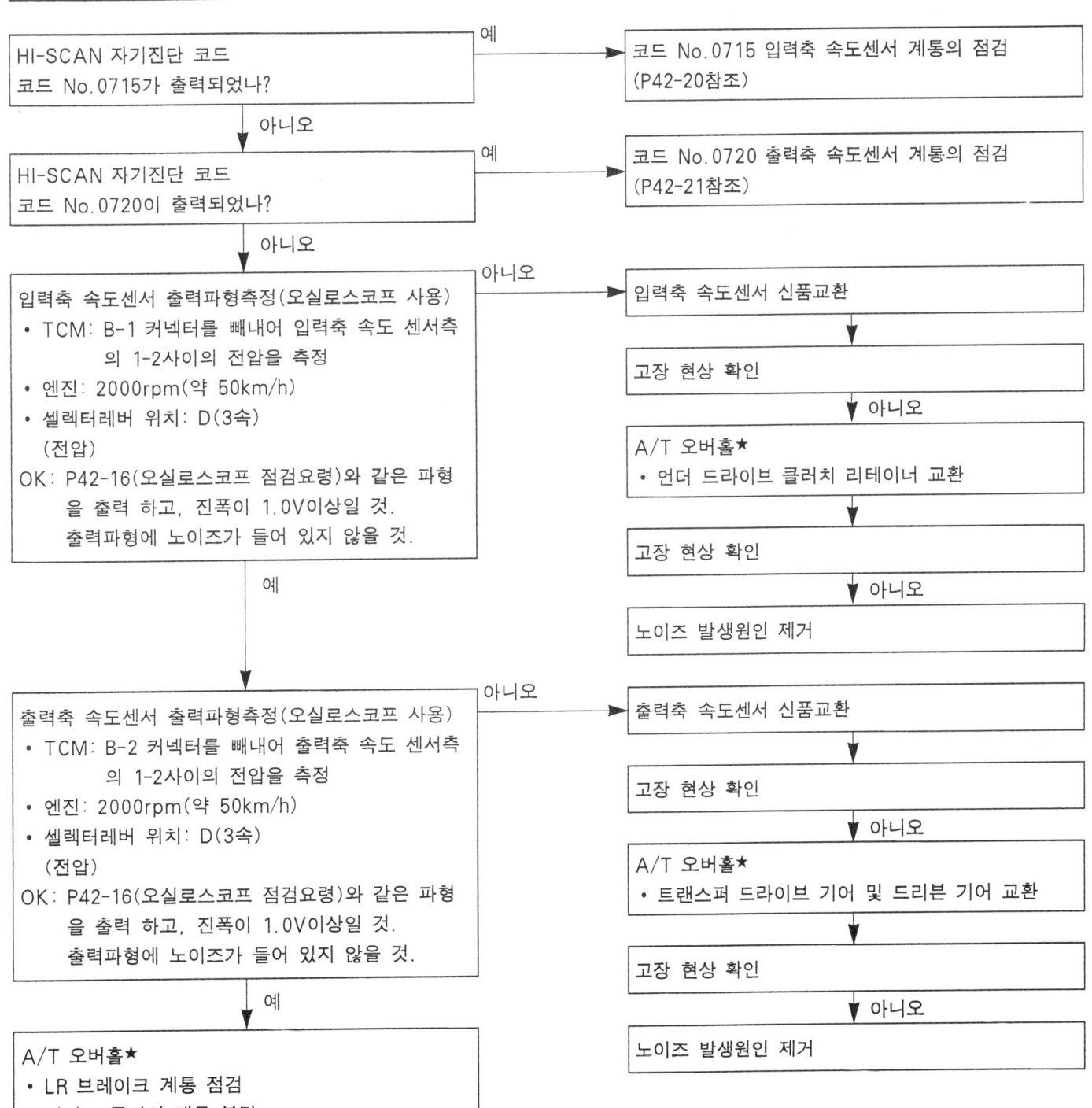

고장코드	P0740 P0743	DCC 솔레노이드 밸브
설명		DCC 솔레노이드 밸브의 저항치가 큰 경우 또는 작은 경우에 DCC 솔레노이드 밸브의 단락 또는 단선으로서 코드 No.0743이 출력된다. DCC 솔레노이드 밸브 구동 듀티율이 100%인 상태가 4초 이상 계속되는 경우에 댐퍼 클러치 컨트롤 시스템 이상으로서 코드 No.0740이 출력된다. 자동안전장치로서 3속으로 고정된다.
이상원인		1. DCC 솔레노이드 밸브 불량 2. 커넥터 불량 3. TCM 불량

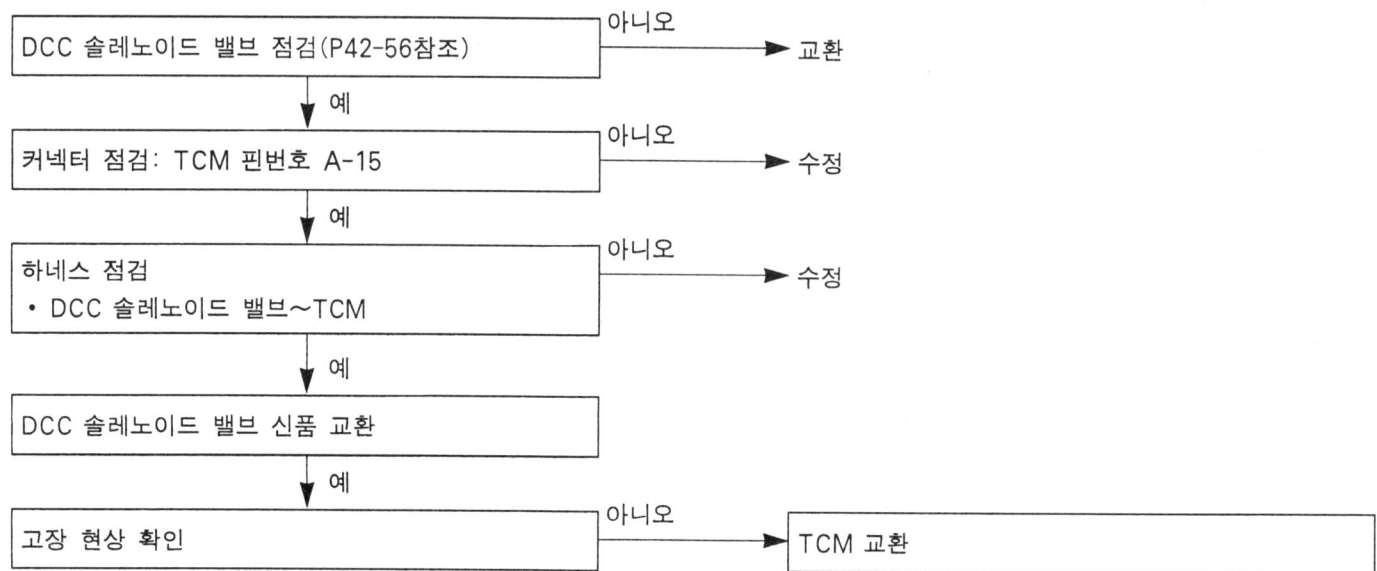

고장진단 및 조치 42-29

고장코드	P0750	LR 솔레노이드 밸브
	P0755	UD 솔레노이드 밸브
	P0760	2ND 솔레노이드 밸브
	P0765	OD 솔레노이드 밸브
설명	솔레노이드 밸브의 저항치가 큰 경우 또는 작은 경우에 솔레노이드 밸브의 단락 또는 단선으로서 해당 코드 번호가 출력된다. 자동안전장치로서 3속으로 고정된다.	
이상원인	1. 솔레노이드 밸브 불량 2. 커넥터 불량 3. TCM 불량	

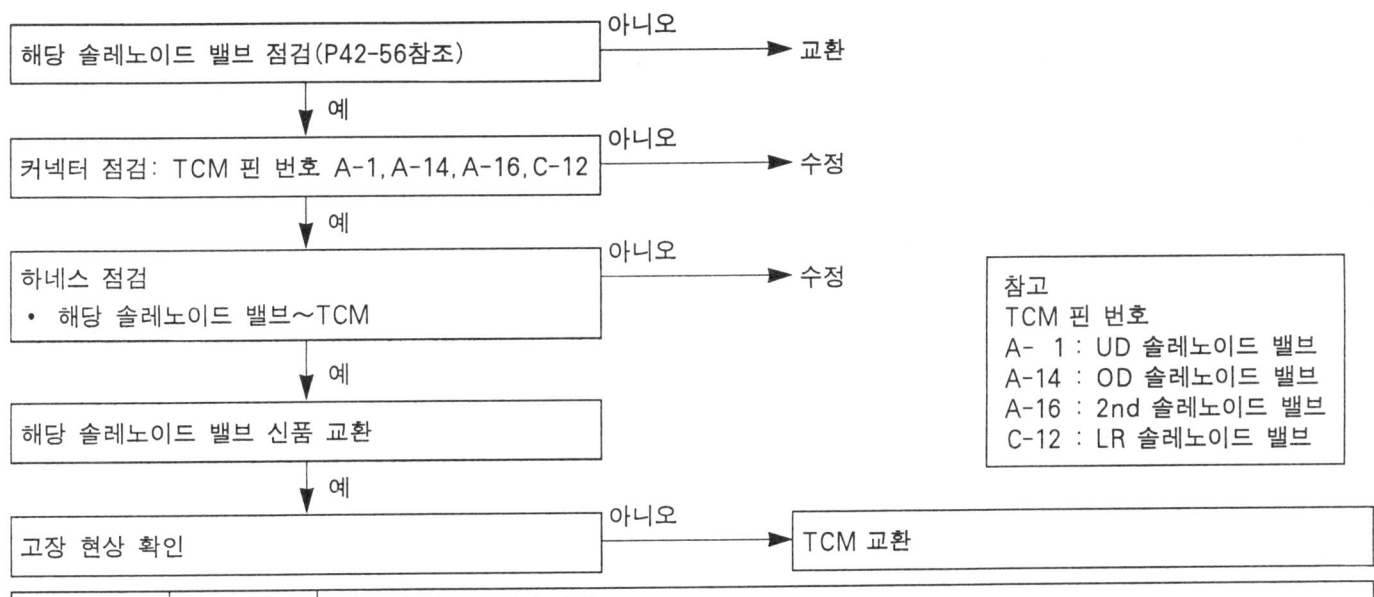

고장코드	P1723	A/T 컨트롤 릴레이 계통
설명	이그니션 "ON"후, A/T 컨트롤 릴레이 전압이 7V미만일 경우에 A/T 컨트롤 릴레이 접지단락 또는 단선으로서 코드 No.1723이 출력된다. 자동안전장치로서 3속으로 고정된다.	
이상원인	1. A/T 컨트롤 릴레이 불량 2. 커넥터 불량 3. TCM 불량	

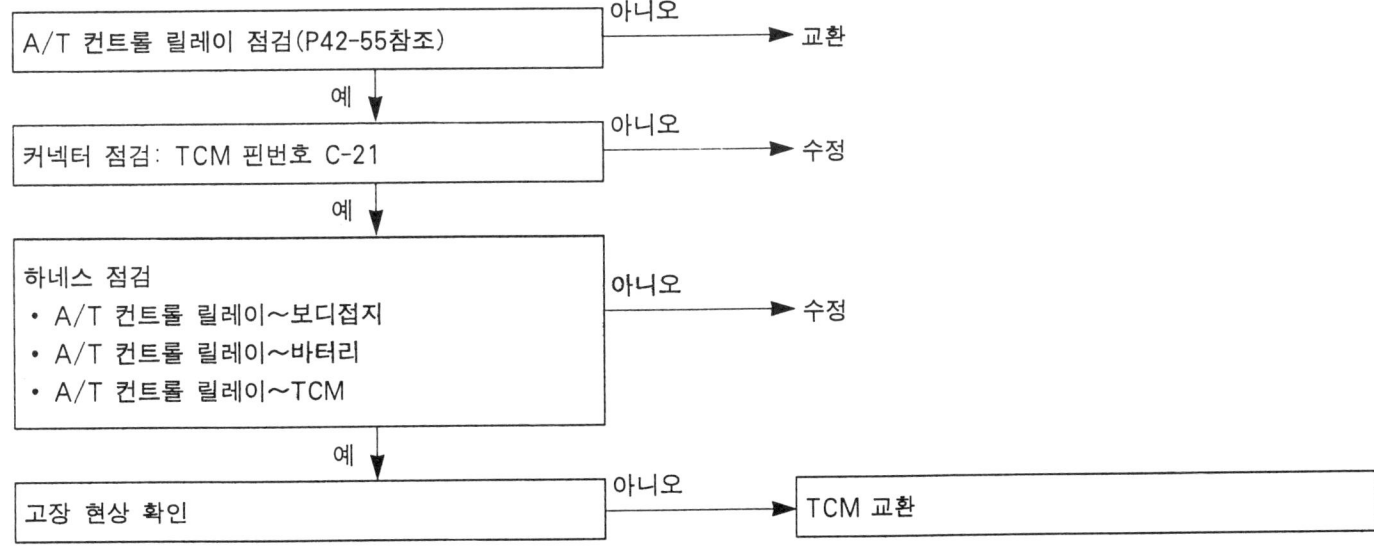

42-30 고장진단 및 조치

회로도

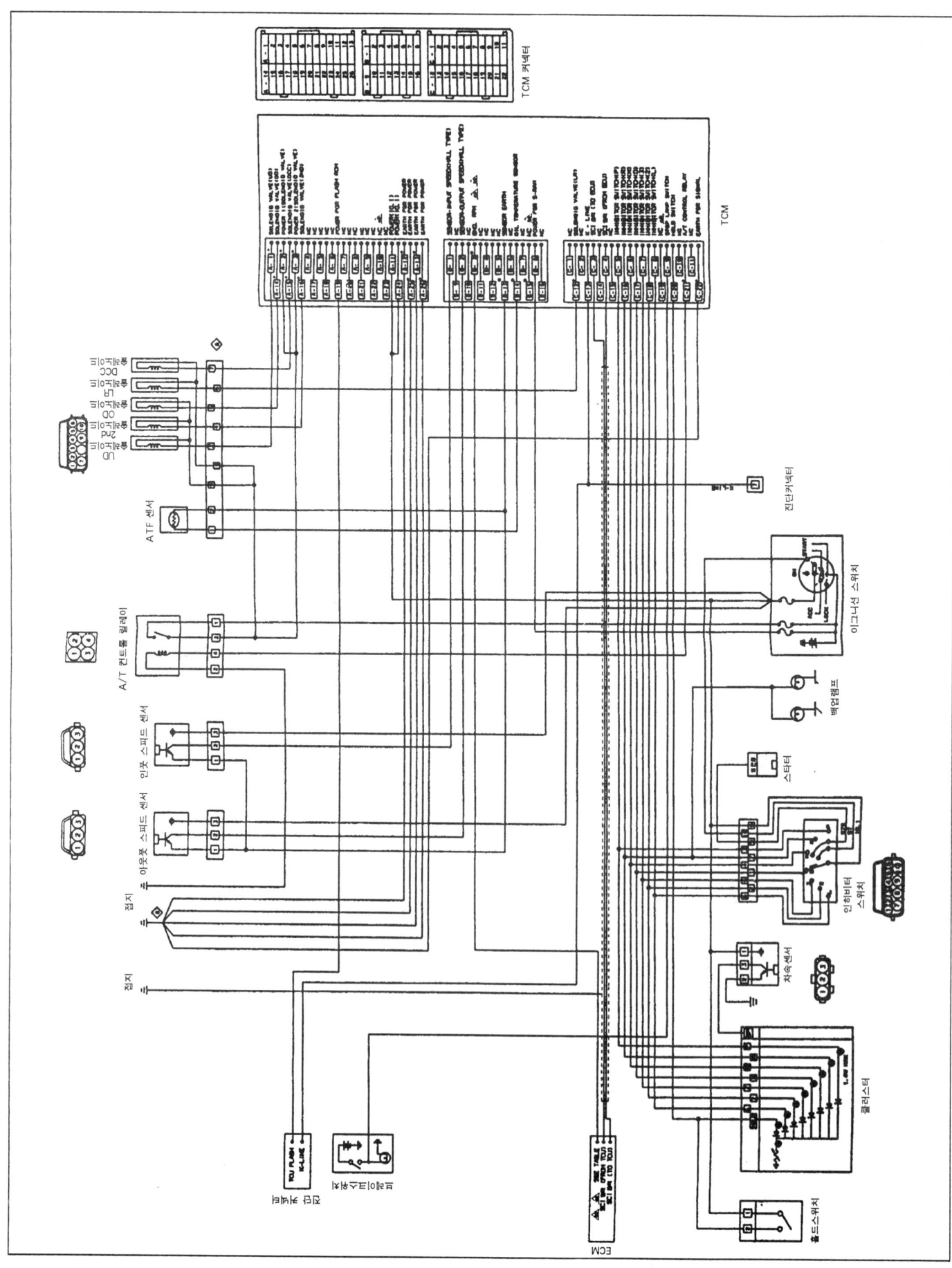

고장현상별 점검순서
점검순서 1

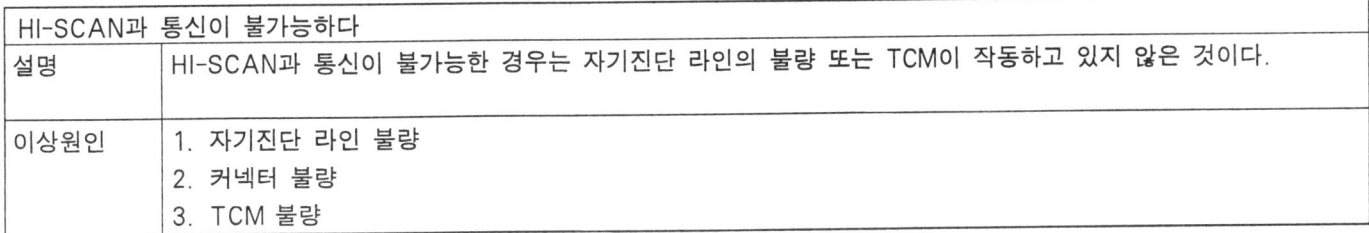

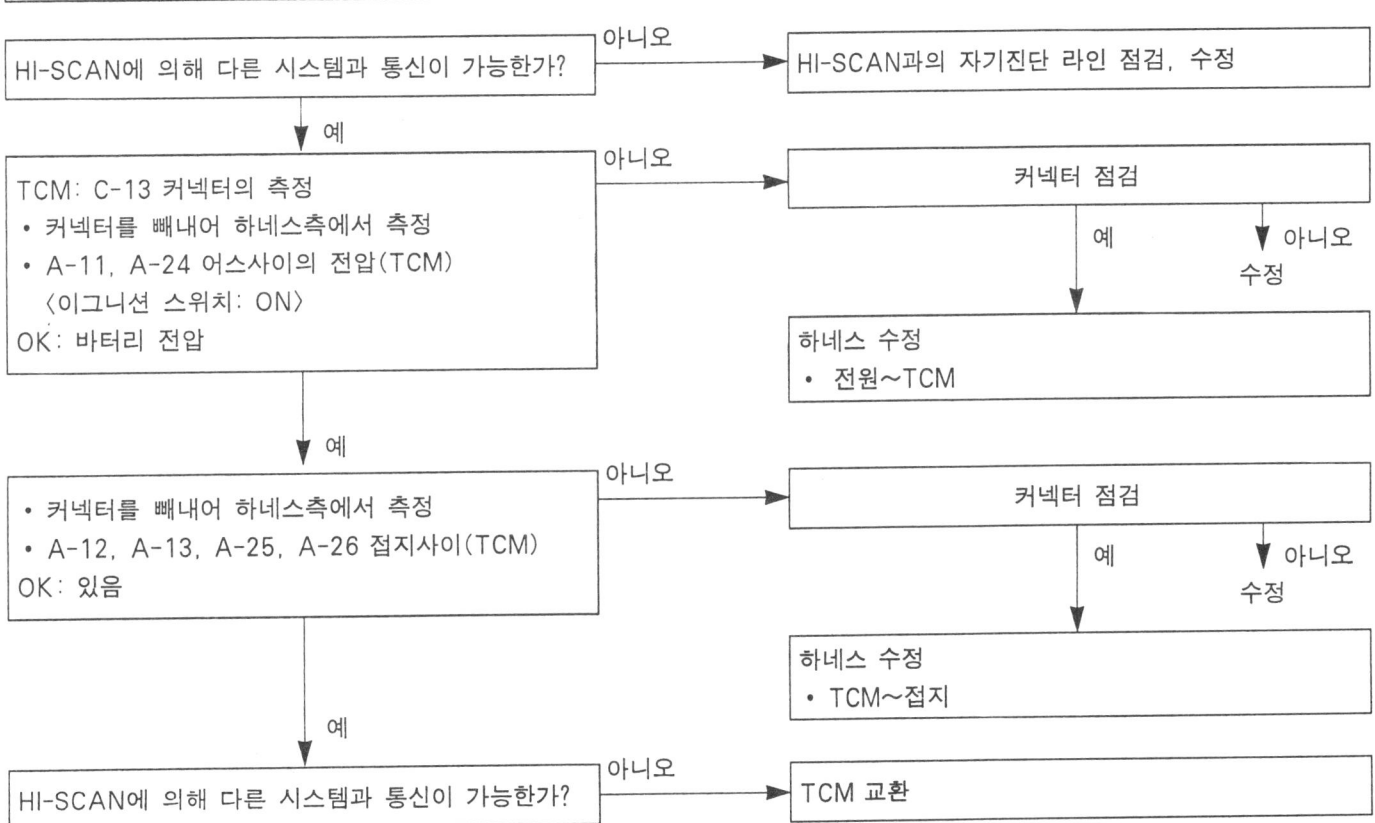

점검순서 2

시동불능	
설명	셀렉터레버가 "P", "N" 위치에서 시동되지 않을 경우는 엔진 계통, 토크 컨버터, 오일 펌프등의 불량을 생각할 수 있다.
이상원인	1. 엔진 계통 불량 2. 토크 컨버터 불량 3. 오일 펌프 불량

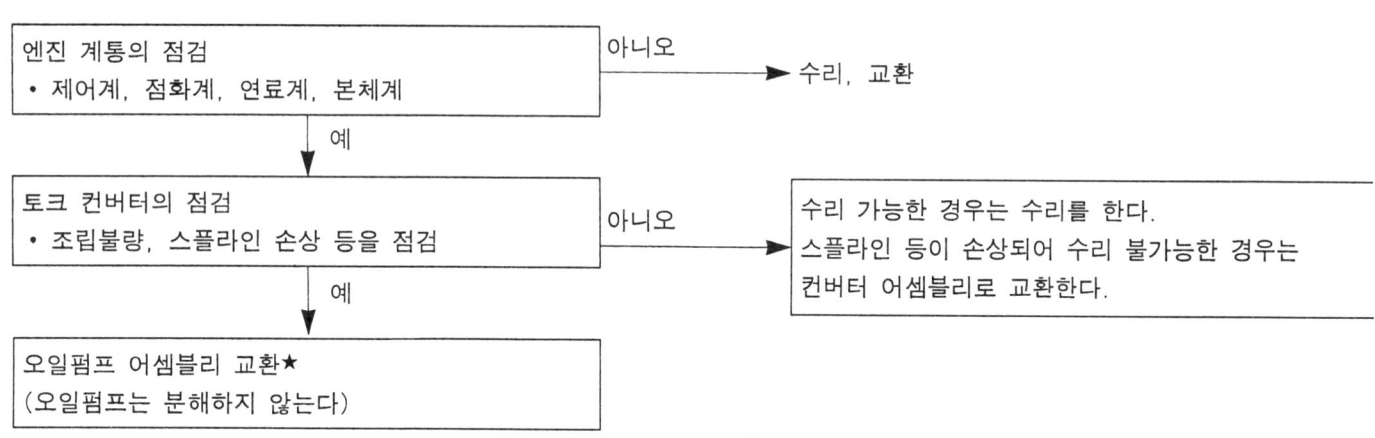

점검순서 3

전진하지 않는다.	
설명	아이들 상태에서 셀렉터레버를 N→D, 2, L로 변속해도 전진하지 않는 경우는 라인압 이상, 언더 드라이브 클러치, 밸브보디 등의 불량을 생각할 수 있다.
이상원인	1. 라인압 이상 2. 언더 드라이브 솔레노이드 밸브 불량 3. 언더 드라이브 클러치 불량 4. 밸브보디 불량

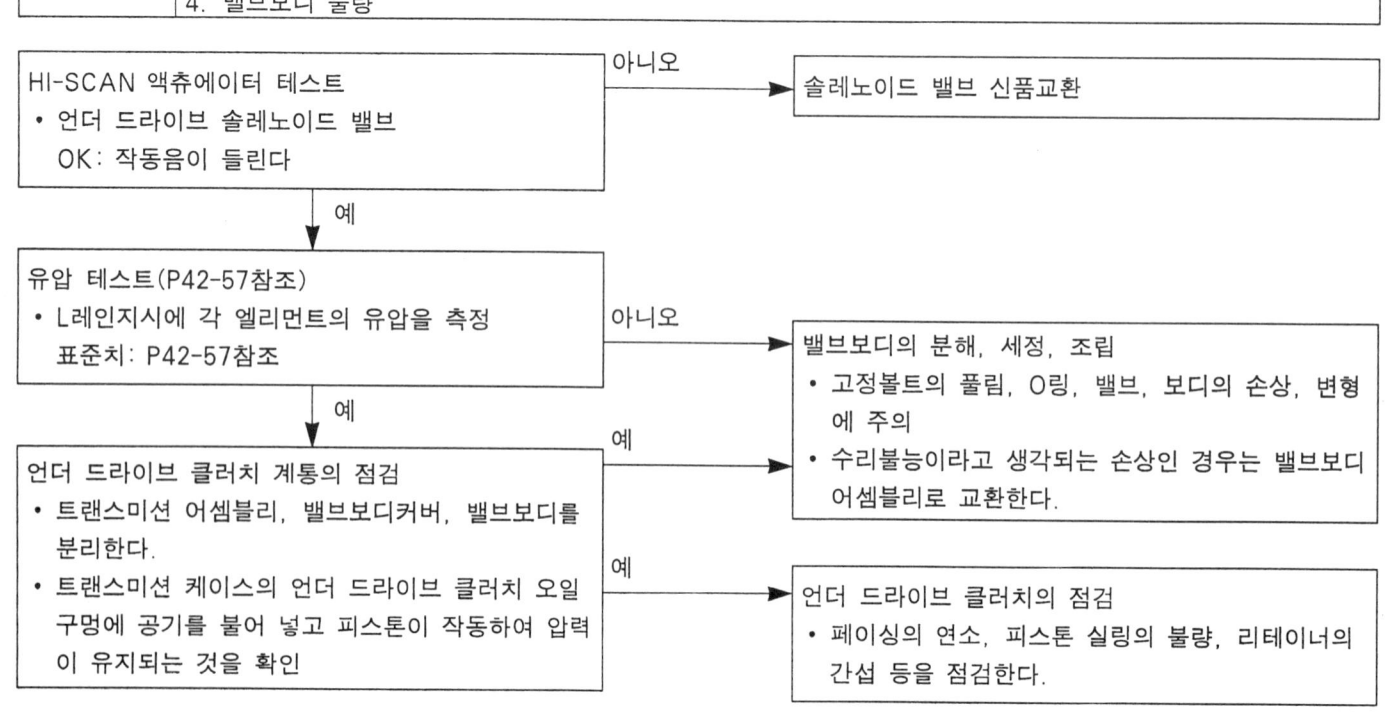

점검순서 4

후진하지 않는다.	
설명	아이들 상태에서 셀렉터레버를 N→R로 변속해도 후진하지 않는 경우는 리버스 클러치압, LR 브레이크압의 이상, 리버스 클러치, LR브레이크, 밸브보디 등의 불량을 생각할 수 있다.
이상원인	1. 리버스 클러치압 이상　　　2. LR 브레이크압 이상 3. LR 솔레노이드 밸브 불량　　4. 리버스 클러치 불량 5. LR 브레이크 불량　　　　　6. 밸브보디 불량

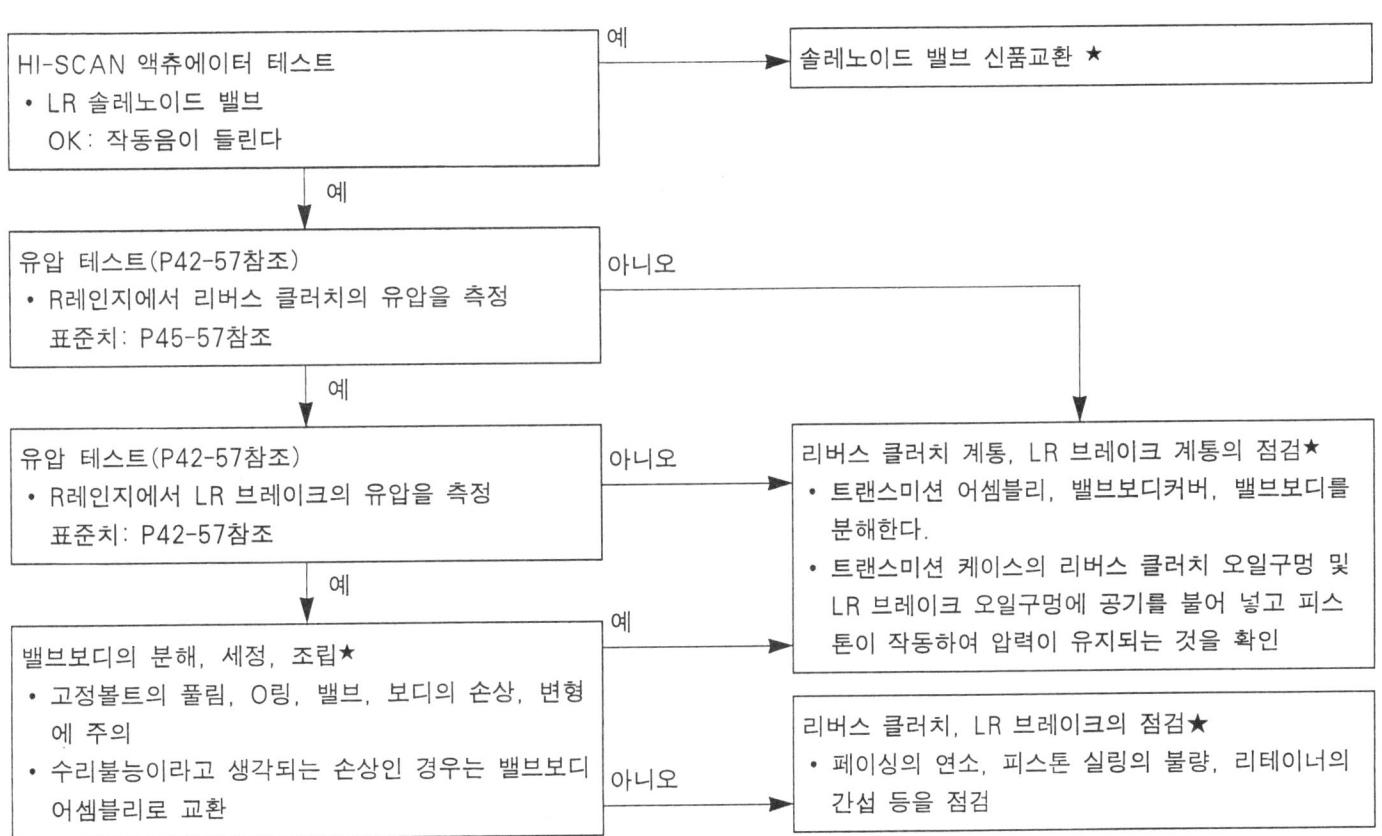

점검순서 5

움직이지 않는다. (전후진 모두)	
설명	아이들 상태에서 셀렉터레버를 어느 위치로 해도 전후진하지 않을 경우 라인압의 이상, 파워 트레인 각부 오일펌프, 펌프보디 등의 불량을 생각할 수 있다.
이상원인	1. 라인압 이상 2. 파워 트레인 각부의 불량 3. 오일 펌프 불량 4. 밸브보디 불량

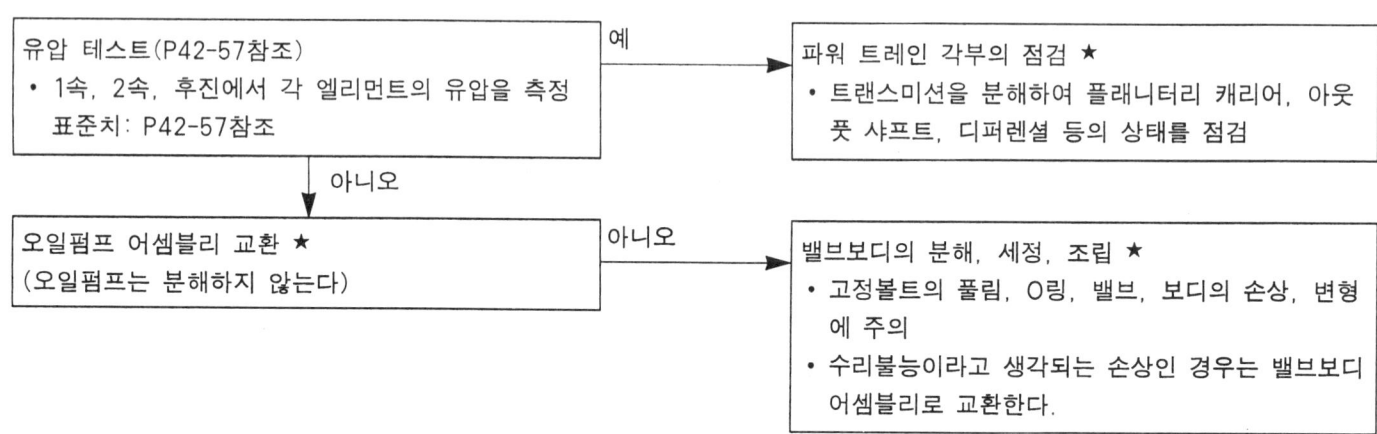

점검순서 6

시프트시 엔진 스톨	
설명	아이들 상태에서 셀렉터레버를 N→D, R로 변속할때 엔진 스톨일 경우는 엔진계통, DCC 솔레노이드 밸브, 밸브보디, 토크 컨버터(댐퍼 클러치 불량)등의 불량을 생각할 수 있다.
이상원인	1. 엔진계통 불량 2. DCC 솔레노이드 밸브 불량 3. 밸브보디 불량 4. 토크 컨버터 불량(댐퍼 클러치 불량)

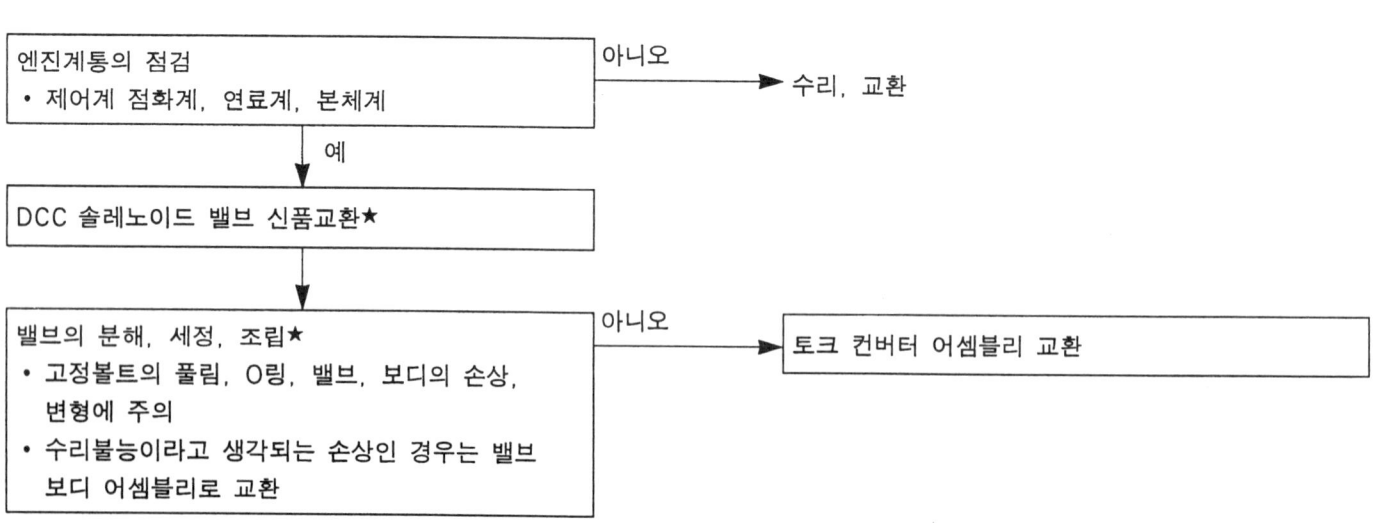

점검순서 7

N→D 쇼크, 시간지연때	
설명	아이들 상태에서 셀렉터레버를 N→D로 변속했을 때 이상한 쇼크 또는 2초 이상의 시간 지연이 발생할 경우는 언더 드라이브 클러치압의 이상, 언더 드라이브 클러치, 밸브보디 등의 불량을 생각할 수 있다.
이상원인	1. 언더 드라이브 클러치압 이상 2. 언더 드라이브 솔레노이드 밸브 불량 3. 언드 드라이브 클러치 불량 4. 밸브보디불량

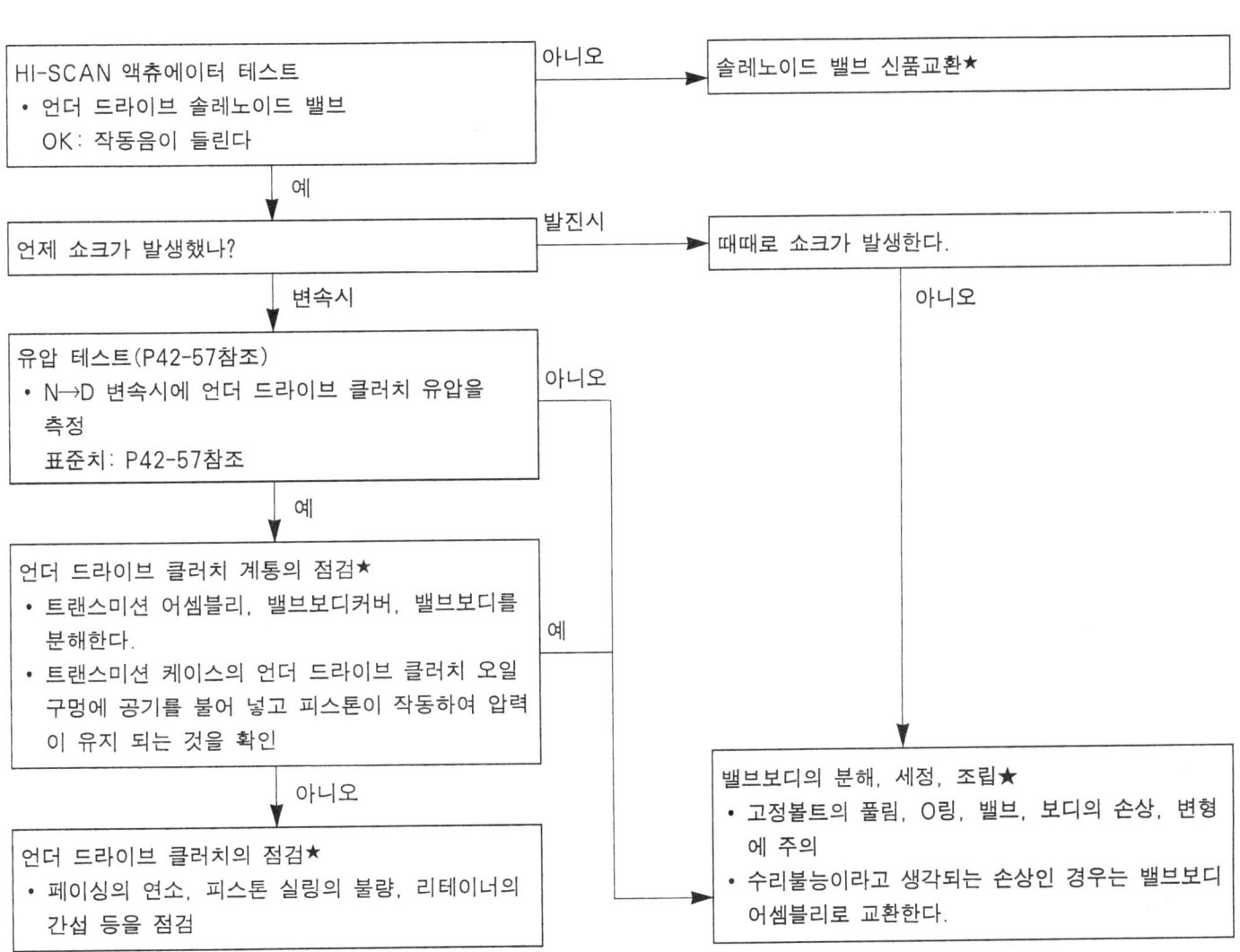

점검순서 8

N→R 쇼크, 시간 지연때	
설명	아이들 상태에서 셀렉터레버를 N→R로 변속했을 때 이상한 쇼크 또는 2초 이상의 시간지연이 발생할 경우는 리버스 클러치압, LR 브레이크압의 이상, 리버스 클러치, LR 브레이크, 밸브보디 등의 불량을 생각할 수 있다.
이상원인	1. 리버스 클러치압 이상 2. LR 브레이크압 이상 3. LR 솔레노이드 밸브 불량 4. 리버스 클러치 불량 5. LR 브레이크 불량 6. 밸브보디 불량

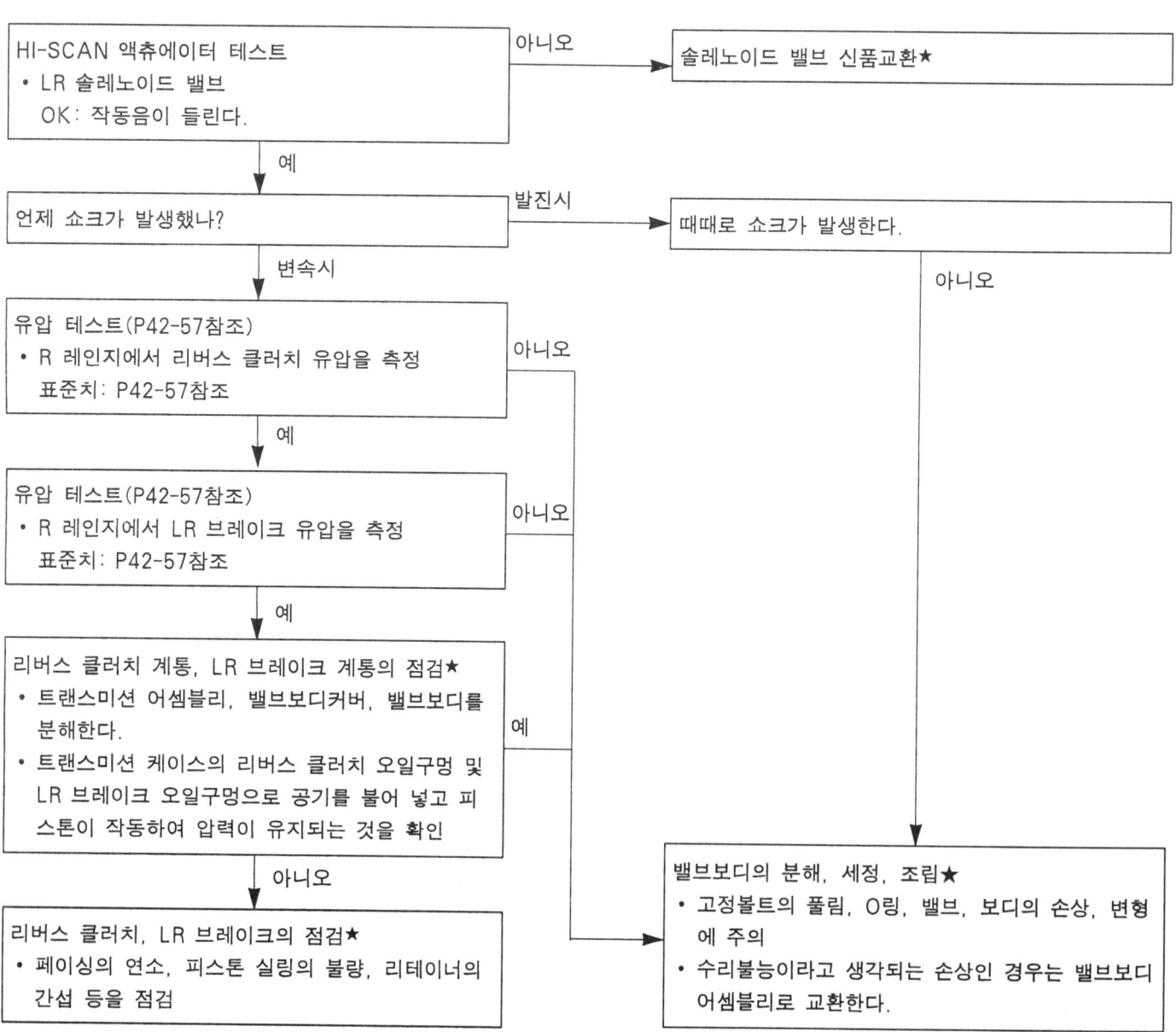

점검순서 9

N→D, N→R 쇼크, 시간지연일 때 OK	
설명	아이들 상태에서 셀렉터레버를 N→D, R로 변속했을 때 양쪽 모두 이상한 쇼크 또는 2초 이상의 시간지연이 발생할 경우는 라인압의 이상, 오일펌프, 밸브보디 등의 불량을 생각할 수 있다.
이상원인	1. 라인압 이상 2. 오일펌프 불량 3. 밸브보디 불량

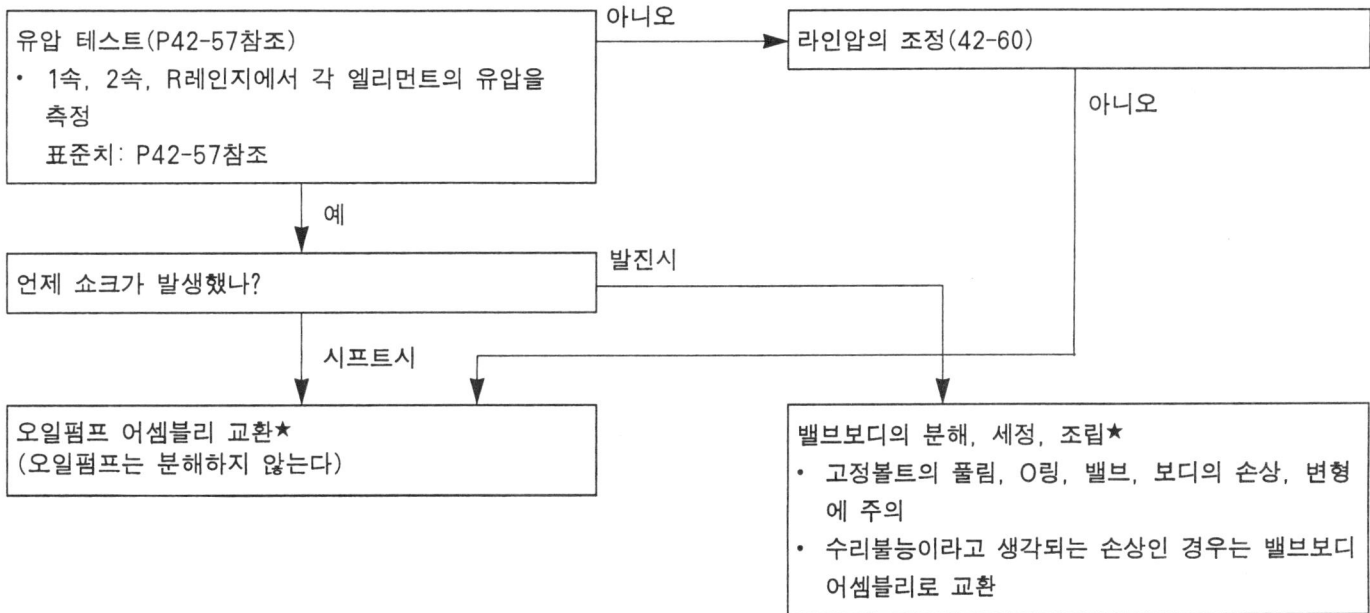

점검순서 10

쇼크, 터빈 RPM 상승	
설명	주행시의 시프트 업, 시프트 다운에 의해 쇼크가 발생 또는 엔진 회전수보다 트랜스미션 회전수가 상승할 경우는 라인압의 이상 각 솔레노이드 밸브, 오일펌프, 각 브레이크/클러치 등의 불량을 생각할 수 있다.
이상원인	1. 라인압 이상 2. 각 솔레노이드 밸브 불량 3. 오일펌프 불량 4. 밸브보디 불량 5. 각 브레이크/클러치 불량

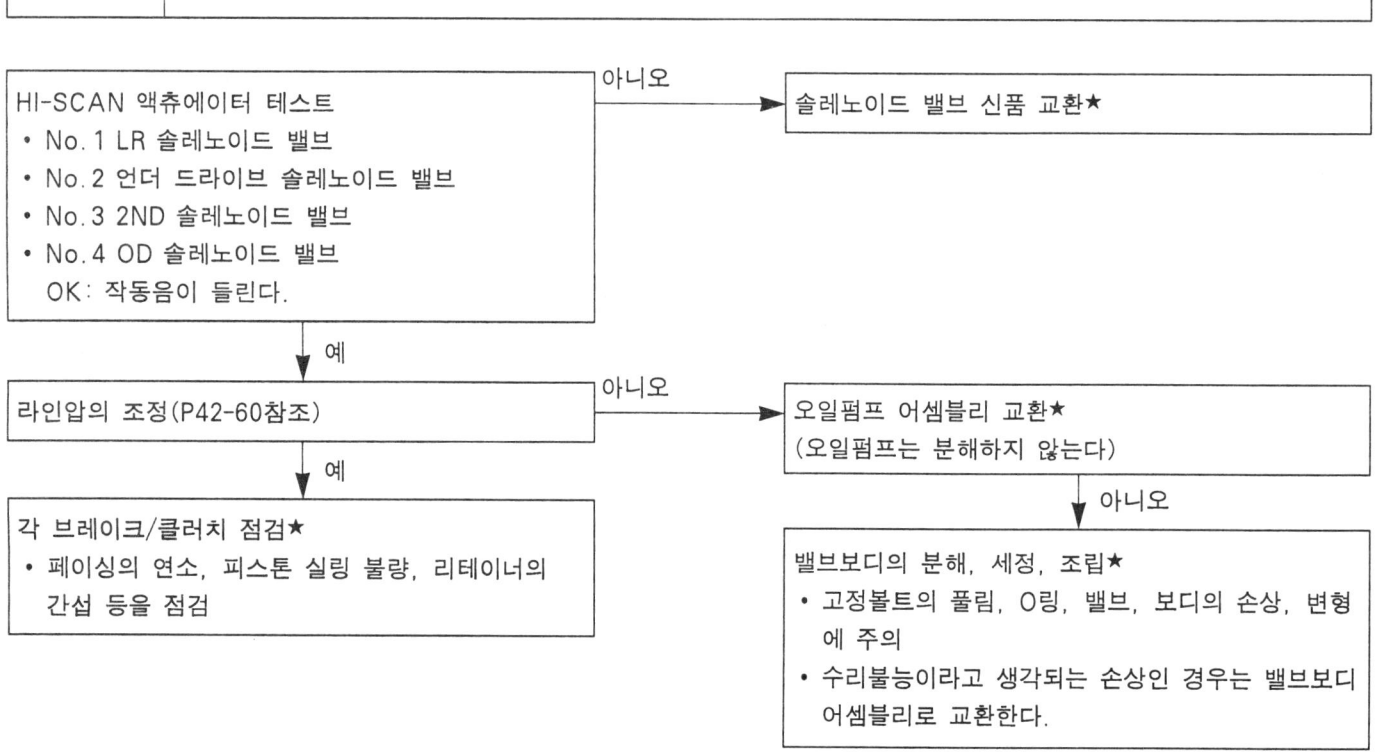

점검순서 11

전 포인트(변속 포인트의 오차)	
설명	주행시에 모든 시프트 포인트에서 오차가 발생할 경우는 출력 속도센서, TPS 각 솔레노이드 밸브 등의 불량을 생각할 수 있다.
이상원인	1. 출력축 속도센서 불량　　　4. 라인압 불량 2. TPS 불량　　　　　　　　5. 밸브보디 불량 3. 각 솔레노이드 밸브 불량　　6. TCM 불량

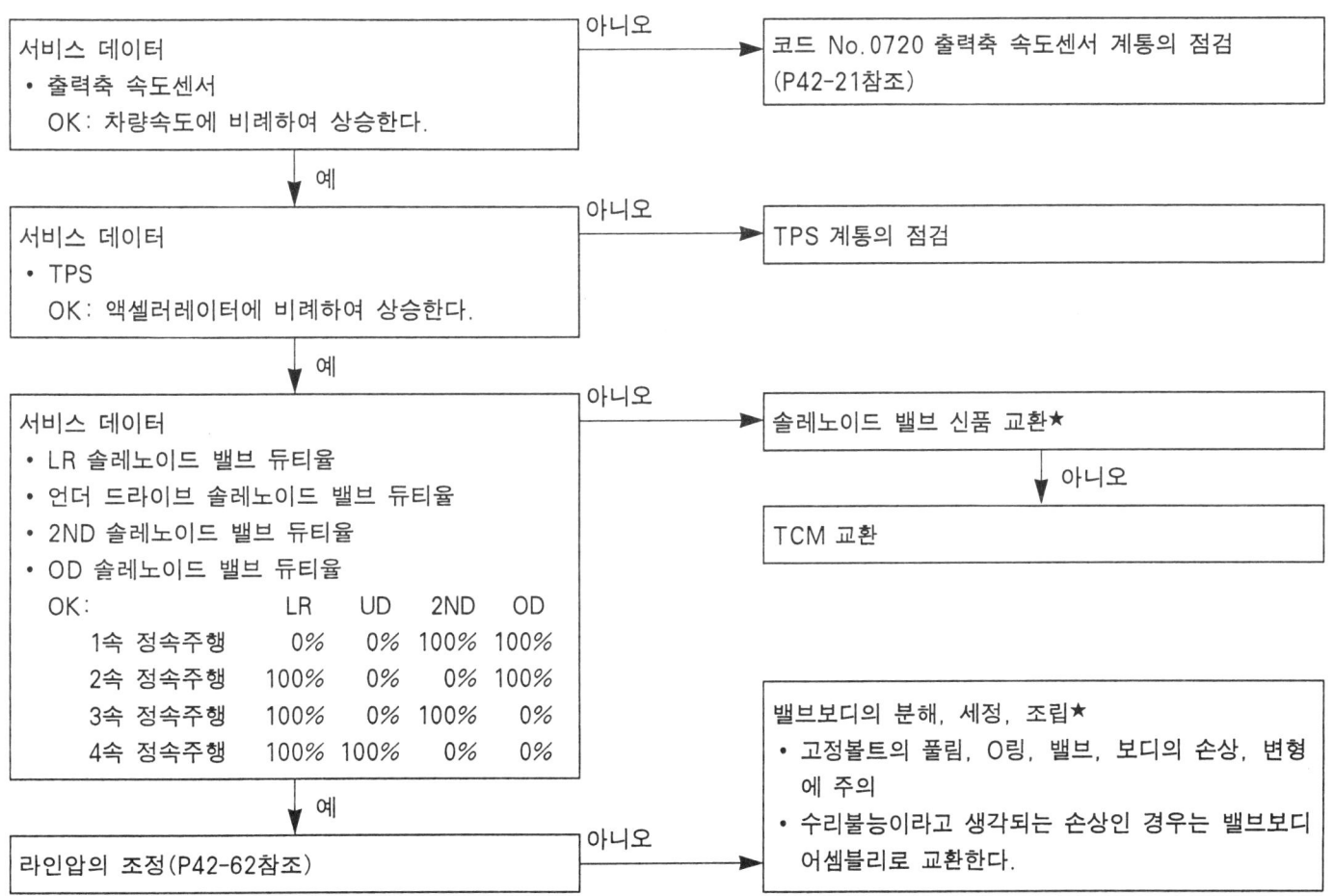

점검순서 12

일부 포인트(변속 포인트의 오차)	
설명	주행시에 일부의 변속 포인트에서 오차가 발생할 경우는 밸브보디 불량 또는 제어 관계상 발생하는 현상으로 이상은 아니다.
이상원인	1. 밸브보디 불량

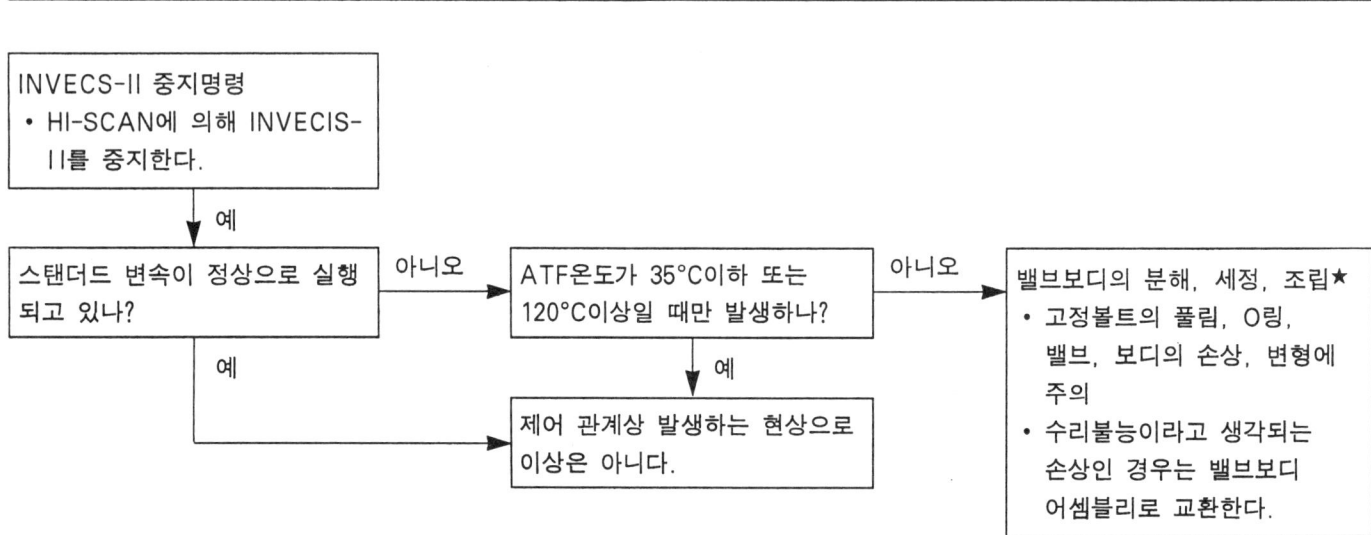

점검순서 13

자기진단 코드 없음(변속하지 않음)	
설명	주행시에 변속하지 않는다. 그러나 자기진단 코드의 출력이 없는 경우는 인히비터 스위치, TCM 등의 불량을 생각할 수 있다.
이상원인	1. 인히비터 스위치 불량　　　　　2. TCM 불량

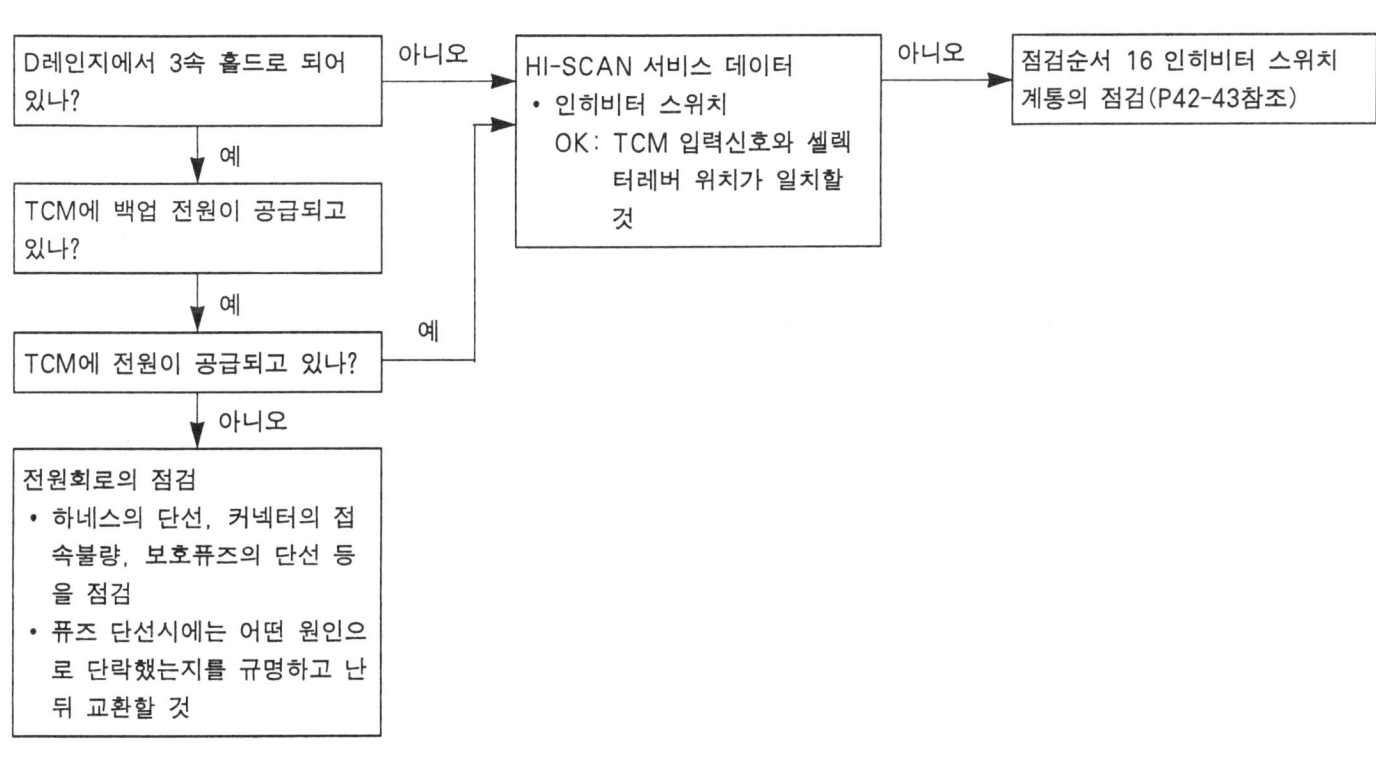

점검순서 14

가속 불량	
설명	주행시에 변속 다운해도 가속되지 않을 경우는 엔진 계통, 각 브레이크/클러치 등의 불량을 생각할 수 있다
이상원인	1. 엔진계통 불량　　　　　2. 각 브레이크/클러치 불량

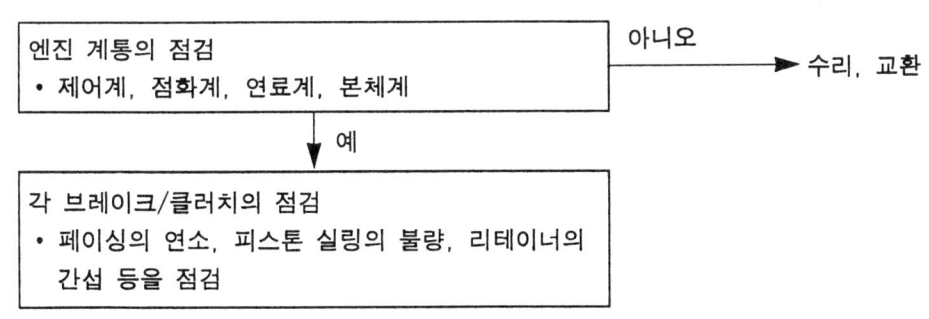

점검순서 15

진동	
설명	일정속도에서 주행시 및 톱 레인지에서의 가감속시에 진동이 발생할 경우는 댐퍼 클러치압의 이상, 엔진 계통, DCC 솔레노이드 밸브, 토크 컨버터, 밸브보디 등의 불량을 생각할 수 있다.
이상원인	1. 댐퍼 클러치압 이상　　　　4. 토크 컨버터 불량 2. 엔진계통 불량　　　　　　　5. 밸브보디 불량 3. DCC 솔레노이드 밸브 불량

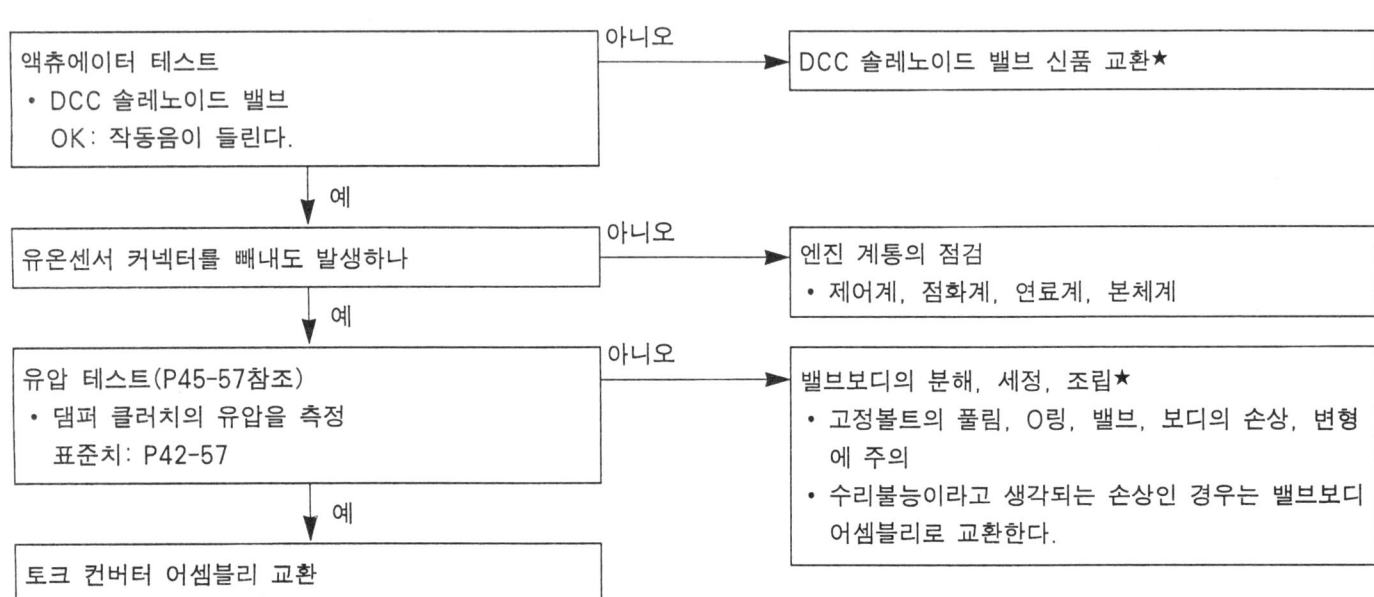

점검순서 16

인히비터 스위치 계통	
설명	인히비터 스위치 회로, 이그니션 회로 등의 불량을 생각할 수 있다.
이상원인	1. 인히비터 스위치 불량 3. 커넥터 불량 2. 이그니션 스위치 불량 4. TCM 불량

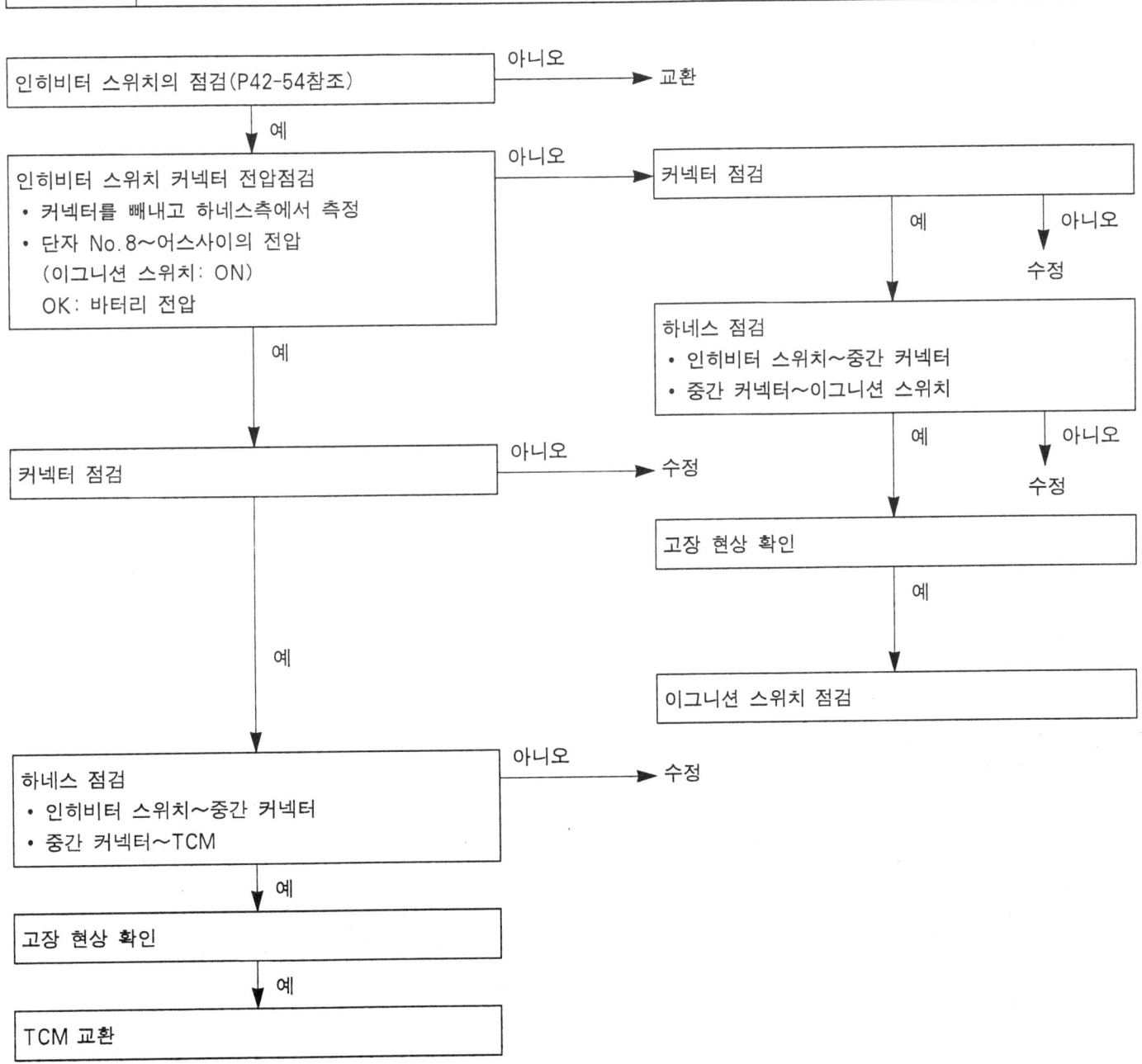

점검순서 17

차량속도 센서 계통	
설명	차량속도 센서 회로, TCM 등의 불량을 생각할 수 있다.
이상원인	1. 차량속도 센서 불량 2. 커넥터 불량 3. TCM 불량

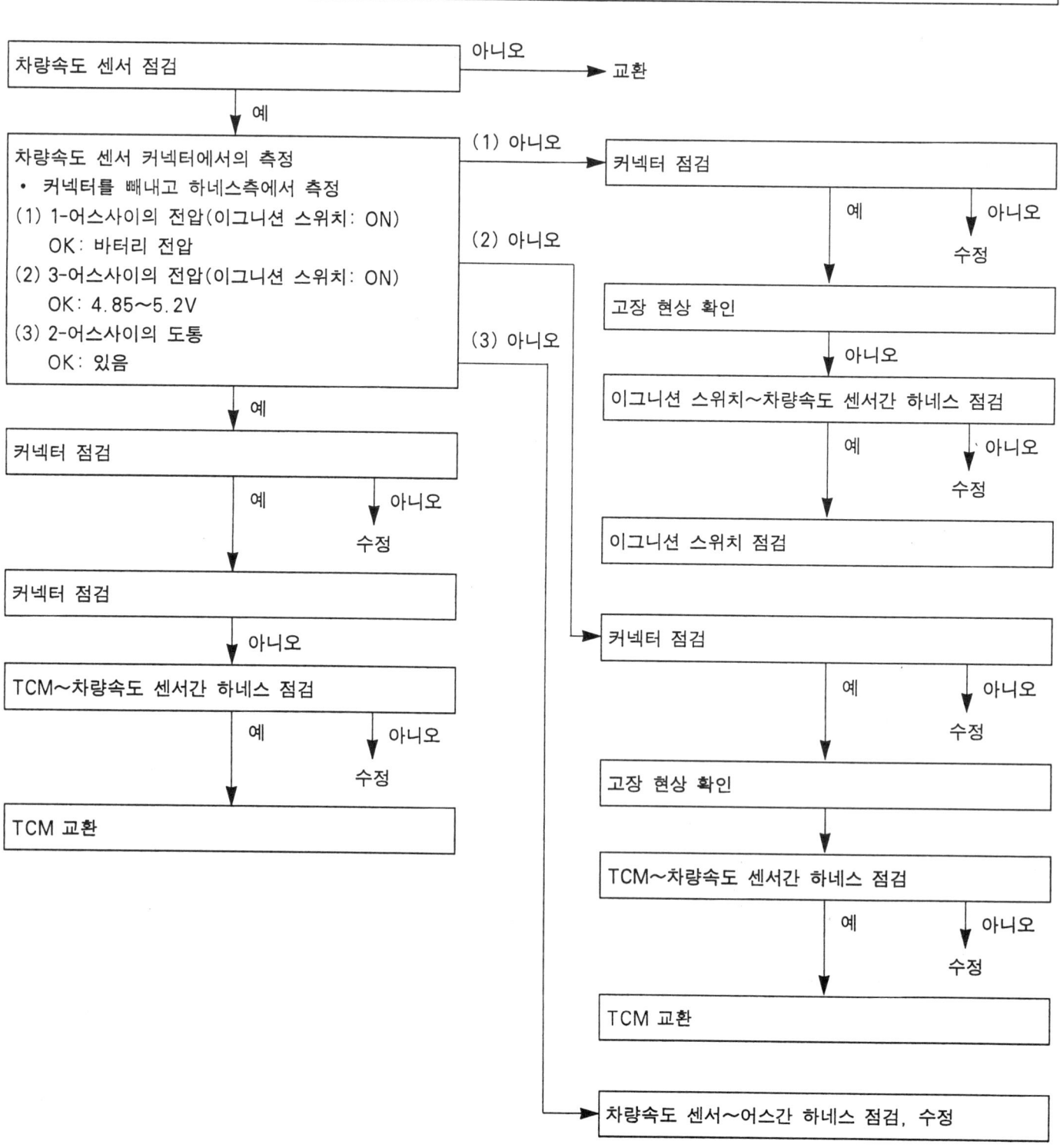

사양

오토 트랜스 액슬

항 목			내 용 (F4A42-1)
토크 컨버터 형식			3요소 1단 2상식
오토 트랜스 액슬	형 식		전진4단 · 후진1단
	변속비	1속	2.842
		2속	1.529
		3속	1.000
		4속	0.712
		후진	2.480
	최종 감속비		3.770
	언더 드라이브 클러치 디스크 매수		4
	오버 드라이브 클러치 디스크 매수		4
	리버스 클러치 디스크 매수		2
	로 · 리버스 브레이크 디스크 매수		5
	세컨드 브레이크 디스크 매수		3
	원웨이 클러치 수		1
	ATF	종류	DIAMOND SP III
		용량	7.8 l
	오일필터		내장형: 1개 외장형(카트리지): 1개
	유온 센서 저항(kΩ)	0°C	16.7~20.5
		100°C	0.57~0.69
	솔레노이드 밸브 코일 저항 (Ω) (DCC, LR, 2ND, UD, OD)		2.7~3.4(20°C일때)

개요

오토트랜스 액슬
단면도

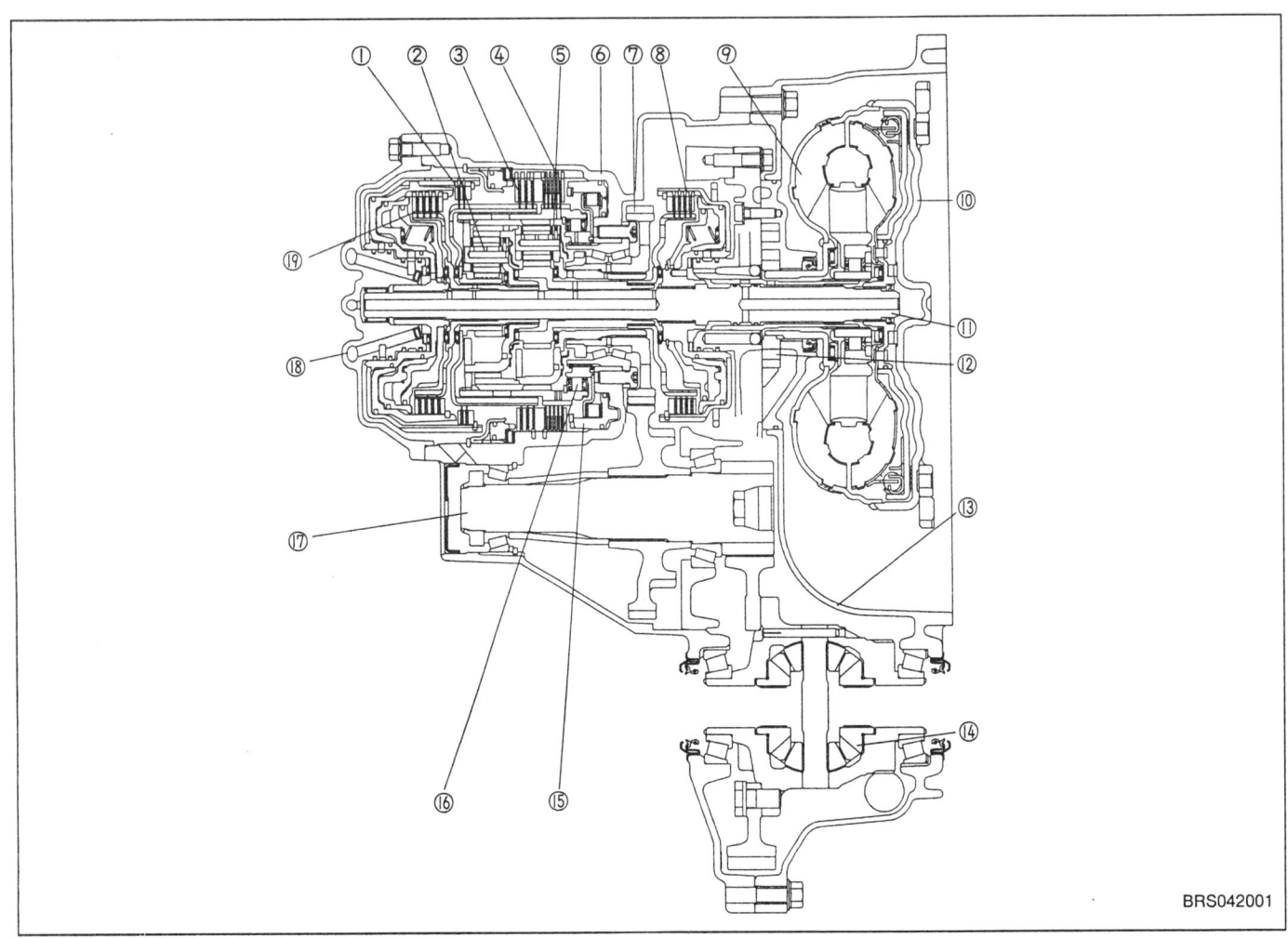

(1) 리버스 클러치
(2) 오버 드라이브 프라네타리 기어 세트
(3) 세컨드 브레이크
(4) 로&리버스 브레이크
(5) 아웃풋 프라레타리 기어 세트
(6) 트랜스밋션 케이스
(7) 트랜스퍼 드라이브 기어
(8) 언더 드라이브 클러치
(9) 토크 컨버터
(10) 댐퍼 클러치
(11) 인풋 샤프트
(12) 오일 펌프
(13) 컨버터 하우징
(14) 디퍼런셜
(15) 로 & 리버스 브레이크
(16) 원 웨이 클러치
(17) 아웃풋 샤프트
(18) 리어 커버
(19) 오버 드라이브 클러치

솔레노이드 통전

O: 통전 X: 비통전

변속위치	변속 패턴 또는 작동 조건	솔레노이드 밸브					비 고
		LR	2ND	UD	OD	DCC	
P		N 렌인지와 동일					
R	-------------	X	O	O	O	X	
N	목표단 1속	X	O	O	O	X	
	목표단 2속	O	X	O	O	X	
	목표단 3속	O	O	O	X	X	
D	1속	X	O	X	O	X	
	2속(비직결)	O	X	X	O	X	
	2속(직결)	O	X	X	O	X	
	3속(비직결)	O	O	X	X	X	
	3속(직결)	O	O	X	X	O	
	4속(비직결)	O	X	O	X	X	
	4속(직결)	O	X	O	X	O	
D	홀드 스위치 "ON"	1,4속을 제외하고 D렌인지와 동일					
2	홀드 스위치 "ON"	D-렌인지, 홀드 스위치 "ON" 시의 2속과 동일					(2속고정)
	홀드 스위치 "OFF"	D-렌인지 1,2속과 동일					
L	홀드 스위치 "ON"	1속고정					차속에 관계없이 LR="X"임
	홀드 스위치 "OFF"						

클러치 및 브레이크의 작용

NO	작동요소	기호	기능
1	언더 드라이브 클러치	UD	인풋 샤프트와 언더 드라이브 선 기어와 연결
2	리버스 클러치	REV	인풋 샤프트와 리버스 선 기어와 연결
3	오버 드라이브 클러치	OD	인풋 샤프트와 오버 드라이브 캐리어와 연결
4	로&리버스 브레이크	LR	LR 애널너스 기어와 오버 드라이브 캐리어를 고정
5	세컨드 브레이크	2ND	리버스 선 기어를 고정
6	원 웨이 클러치	OWC	LR 애널너스 기어 고정

조정용 스냅링, 스페이서, 스러스트 와셔, 스러스트 레이스 및 프레셔 플레이트

부 품 명	두께 (mm)	식 별 기 호	부품번호
스러스트 와셔 (입력축 엔드플레이 조정용)	1.8	18	45544-39180
	2.0	20	45544-39200
	2.2	22	45544-39220
	2.4	24	45544-39240
	2.6	26	45544-39260
	2.8	28	45544-39280
스냅링 (언더 드라이브 클러치 및 오버 드라이브 클러치 엔드플레이 조정용)	1.6	-	45427-39160
	1.7	청색	45427-39170
	1.8	갈색	45427-39180
	1.9	-	45427-39190
	2.0	청색	45427-39200
	2.1	갈색	45427-39210
	2.2	-	45427-39220
	2.3	청색	45427-39230
	2.4	갈색	45427-39240
	2.5	-	45427-39250
	2.6	청색	45427-39260
	2.7	갈색	45427-39270
	2.8	-	45427-39280
	2.9	청색	45427-39290
	3.0	갈색	45427-39300
스냅링 (로·리버스 브레이크 및 세컨드 브레이크 리액션 플레이트 엔드플레이 조정용)	2.2	청색	45667-39220
	2.3	갈색	45667-39230
	2.4	-	45667-39240
	2.5	청색	45667-39250
프레셔 플레이트 (로·리버스 브레이크 및 세컨드 브레이크 엔드플레이 조정용)	1.6	6	45643-39160
	1.8	1	45643-39180
	2.0	0	45643-39200
	2.2	2	45643-39220
	2.4	4	45643-39240
	2.6	6	45643-39260
	2.8	8	45643-39280
	3.0	D	45643-39300

부 품 명	두께 (mm)	식 별 기 호	부 품 번 호
스냅링 (리버스 클러치 엔드플레이 조정용)	1.9	-	45432-39190
	2.0	청색	45432-39200
	2.1	갈색	45432-39210
	2.2	없음	45432-39220
	2.3	청색	45432-39230
	2.4	갈색	45432-39240
	2.5	-	45432-39250
	2.6	청색	45432-39260
	2.7	갈색	45432-39270
	2.8	-	45432-39280
스냅링 (오버드라이브 클러치 리턴 스프링 리테이너 엔드플레이 조정용)	1.48	갈색	45443-39148
	1.53	-	45443-39153
	1.58	청색	45443-39158
	1.63	갈색	45443-39163
스러스트 와셔 (언더 드라이브 선 기어 엔드플레이 조정용)	1.6	-	45459-39168
	1.7	-	45853-39178
	1.8	-	45459-39188
	1.9	-	45853-39198
	2.0	-	45459-39208
	2.1	-	45853-39218
	2.2	-	45459-39228
	2.3	-	45853-39238
	2.4	-	45459-39248
	2.5	-	45853-39258
	2.6	-	45853-39268

부 품 명	두께 (mm)	식 별 기 호	부 품 번 호
스페이서	1.88	88	45867-39188
(출력축 프리로드 조정용)	1.92	92	45867-39192
	1.96	96	45867-39196
	2.00	00	45867-39200
	2.04	04	45867-39204
	2.08	08	45867-39208
	2.12	12	45867-39212
	2.16	16	45867-39216
	2.20	20	45867-39220
	2.24	24	45867-39224
	2.28	28	45867-39228
	2.32	32	45867-39232
	2.36	36	45867-39236
	2.40	40	45867-39240
	2.44	44	45867-39244
	2.48	48	45867-39248
	2.52	52	45867-39252
	2.56	56	45867-39256
	2.60	60	45867-39260
	2.64	64	45867-39264
	2.68	68	45867-39268
	2.72	72	45867-39272
	2.76	76	45867-39278
스페이서	0.75~0.82	-	53526-39082
(디퍼렌셜 기어의 백래쉬 조정용)	0.83~0.92	-	53526-39092
	0.93~1.00	-	53526-39100
	1.01~1.08	-	53526-39108
	1.09~1.16	-	53526-39116
	1.17~1.25	-	53526-39125
	1.26~1.34	-	53526-39134

부 품 명	두께 (mm)	식별기호	부 품 번 호
스페이서	0.71	71	45881-38401
(디퍼렌셜 케이스 프리로드 조정용)	0.74	74	45881-38402
	0.77	77	45881-38403
	0.80	80	43331-37800
	0.83	83	43331-37830
	0.86	86	43331-37860
	0.89	89	43331-37890
	0.92	92	43331-37920
	0.95	95	43331-37950
	0.98	98	43331-37980
	1.01	01	43331-37010
	1.04	04	43331-37040
	1.07	07	43331-37070
	1.10	10	43331-37100
	1.13	13	43331-37130
	1.16	16	43331-37160
	1.19	19	43331-37190
	1.22	22	43331-37220
	1.25	25	43331-37250
	1.28	28	43331-37280
	1.31	31	43331-37310
	1.34	34	43331-37340
	1.37	p	43331-37137

밸브 보디 스프링 식별

(단위: mm)

	선경	코일외경	자유길이	총감김수
레귤레이터 밸브 스프링	1.8	15.7	86.7	24
언더 드라이브 프레셔 컨트롤 밸브 스프링	0.7	7.6	37.7	25
오버 드라이브 프레셔 컨트롤 밸브 스프링	0.7	7.6	37.7	25
로·리버스 프레셔 컨트롤 밸브 스프링	0.7	7.6	37.7	25
세컨드 프레셔 컨트롤 밸브 스프링	0.7	7.6	37.7	25
토크 컨버터 컨트롤 밸브 스프링	1.6	11.2	34.4	12.5
댐퍼 클러치 컨트롤 밸브 스프링	0.7	5.9	28.1	19
페일 세이프(Fail Safe) 밸브 A 스프링	0.7	8.9	21.9	9.5
댐핑(Damping) 밸브 스프링	1.0	7.7	35.8	17
라인 릴리이프 밸브 스프링	1.0	7.0	17.3	10
오리피스 첵크 볼 스프링	0.5	4.5	17.2	15

정비기준

항 목	표준치(mm)
아웃풋 샤프트 엔드 플레이	0.01~0.09
브레이크 리액션 플레이트 엔드 플레이	0~0.16
로·리버스 브레이크 엔드 플레이	1.35~1.81
세컨드 브레이크 엔드 플레이	0.75~1.25
언더 드라이브 선 기어 엔드 플레이	0.25~0.45
인풋 샤프트 엔드 플레이	0.70~1.20
디퍼렌셜 케이스 엔드 플레이	-0.045~-0.105
언더 드라이브 클러치 엔드 플레이〈wave 디스크 사용〉	1.6~1.8
오버 드라이브 클러치 리턴 스프링 리테이너 엔드 플레이	0~0.09
오버 드라이브 클러치 엔드 플레이〈wave 디스크 사용〉	1.6~1.8
리버스 클러치 엔드 플레이	1.5~1.7
디퍼렌셜 기어와 피니언의 백래쉬	0.025~0.150

차상점검

ATF

ATF점검

1. ATF온도가 통상온도(70~80°C)가 될 때까지 주행한다.
2. 차량을 평평한 장소에 세운다.
3. 셀렉터레버를 모든 위치로 한 바퀴 돌려 토크 컨버터 및 유압 회로내에 ATF를 가득 채운 후 셀렉터레버를 "N"위치로 둔다.

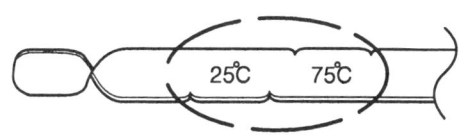

BRS042002

4. 오일 레벨 게이지 주변부의 오염물을 제거한 후 오일 레벨 게이지를 닦고 ATF의 상태를 점검한다.

✱ 참조
ATF가 타는 냄새가 날 때는 부시(메탈) 및 마찰 재료 등의 미세한 가루에 의해 더러워져 있기 때문에 트랜스미션의 오버홀 및 쿨러라인의 플래싱이 필요하다.

5. ATF레벨이 오일 레벨 게이지의 "75°C"사이에 있는지 점검한다. ATF양이 적을 때는 "75°C"범위가 되도록 보충한다.

ATF: DIAMOND ATF-SPIII

✱ 참조
a) ATF양이 적을 때는 오일 펌프가 ATF와 함께 공기를 흡입하여 유압 회로안에 기포를 만들기 때문에 유압이 저하되어 변속의 자체나 클러치 및 브레이크의 슬립이 일어나는 원인이 된다.
b) ATF양이 과다하면 기어가 ATF를 끌어 올려 거품이 생기기 때문에 ATF양이 적을 때와 동일한 현상이 발생한다.
c) 양쪽 모두의 경우 기포가 오버 히트나 ATF를 산화시키는 원인이 되며 밸브, 클러치 및 브레이크가 정상으로 작동할 수 없게 된다. 또한 ATF가 거품이 일어나면 트랜스미션의 에어브리더 또는 오일 필러 튜브로 ATF가 흘러 넘치고 이것은 누유와는 다른 것이다.

6. 오일 레벨 게이지를 확실히 끼워 넣는다.
7. 트랜스미션의 트러블 슈팅시, 트랜스미션의 오버홀시 또는 오일의 열화 및 오염이 심할 때(가혹운전을 했을 때)는 반드시 ATF와 오일 필터를 신품으로 교환할 것.
교환요령은 하기와 같다.
또한 오일 필터는 트랜스미션 전용 필터이다.

ATF교환

ATF체인저가 있는 경우는 ATF체인저를 사용하여 교환한다.
ATF체인저가 없는 경우는 하기의 요령으로 한다.

1. 변속기와 오일 쿨러(라디에터내장)사이를 연결하고 있는 호스를 빼낸다.
2. 엔진을 시동하여 ATF를 배출한다.

운전조건: N레인지, 아이들링

⚠ 주의
엔진의 시동후 1분 이내로 정지할 것. 그 이전에 ATF의 배출이 끝날 경우는 그 시점에서 엔진을 정지할 것.
배출량: 3.5 *l*

3. 트랜스미션 케이스 하부의 드레인 플러그를 빼내어 ATF를 배출한다.

배출량: 2.0 *l*

4. 오일 필터를 교환한다.
5. 드레인 플러그를 개스킷에 끼워 설치하고 규정 토크로 조인다.

체결 토크: 3.3kg·m

6. 신품ATF를 오일 휠러 튜브로 주입한다.

주입량: 5.5 *l*

⚠ 주의
5.5 l 가 다들어가지 않을 경우 주입을 중단할 것.

7. 항목(2)의 작업을 다시 한번 실시한다.

참조
냉각기 호스에서는 최저 7ℓ 이상 배출시킨다. 그 후 ATF를 소량 배출시켜 오염을 점검한다. 오염되어 있는 경우는 항목 (6), (7)을 다시 한번 실시한다.

8. 신품ATF를 오일 휠러 튜브로 주입한다.

   주입량: 약 3.5ℓ

9. 항목(1)에서 빼어낸 호스를 조립하고 오일 레벨 게이지를 확실히 끼워 넣는다.
10. 엔진을 시동하여 1~2분간 아이들 운전한다.
11. 셀렉터레버를 각 위치로 한바퀴 회전시킨후 N 레인지에 넣는다.
12. 오일 레벨 게이지의 ATF레벨이 "25°C" 마크 위치에 있는 것을 확인한다. 부족할 경우는 보급한다.
13. ATF온도가 통상온도 (70~80°C)가 될 때까지 주행하고 ATF레벨을 재점검한다. ATF레벨은 "75°C" 범위가 되어야 한다.

참조
"25°C" 레벨은 어디까지나 참고로 하고 반드시 "75°C" 레벨을 기준으로 한다.

14. 오일 레벨 게이지를 오일 필러 튜브에 확실히 끼워 넣는다.

오일 필터
교환
1. 오일 필터를 분리한다.
2. 트랜스미션 케이스측의 접촉면을 청소한다.
3. 신품 오일 필터의 O링 둘레에 소량의 ATF를 도포한다.

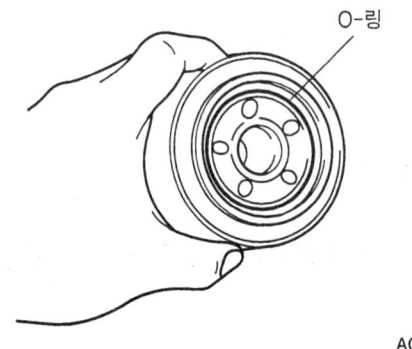

4. 오일 필터를 조립한다.

   체결 토크: 1.2kg·m

5. ATF양을 점검한다.

인히비터 스위치
통전점검

항목	단자번호									
	1	2	3	4	5	6	7	8	9	10
P			O	—	—	—	—	O	O	—	O
R							O|—|O		
N				O	—	—	—	O	O	—	O
D	O							O		

참조
인히비터 스위치는 7포지션이지만 「P, R, N, D」 4포지션만 사용하고 있다.

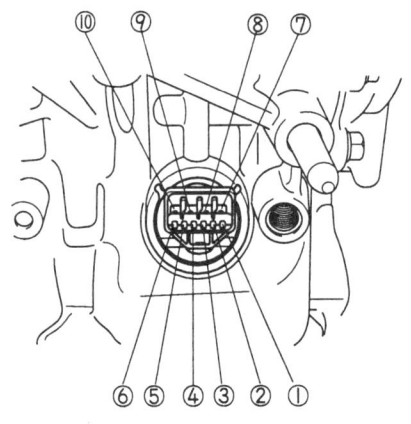

인히비터 스위치와 컨트롤러 케이블의 조정
1. 셀렉터레버를 "N"위치로 한다.
2. 트랜스미션 컨트롤 케이블과 매뉴얼 컨트롤 레버 결합부의 어져스트 너트를 풀고 케이블과 레버를 분리한다.
3. 매뉴얼 컨트롤 레버를 뉴트럴 위치로 둔다.

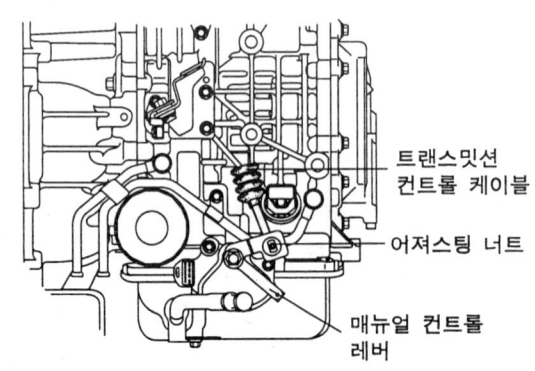

4. 인히비터 스위치 보디 고정 볼트를 풀고 매뉴얼 컨트롤 레버 선단의 구멍과 인히비터 스위치 보디의 플랜지부 구멍(단면A-A부)이 일치하도록 인히비터 스위치 보디를 회전시켜 조정한다.
5. 인히비터 스위치 보디 고정볼트를 규정토크로 조인다.

⚠️ 주의
스위치 보디가 어긋나지 않도록 주의한다.

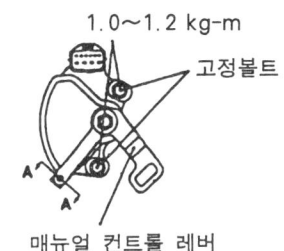

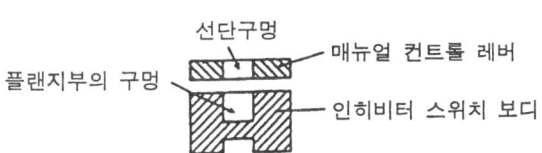

6. 트렌스미션 컨트롤 케이블을 화살표 방향으로 가볍게 밀어 규정토크로 어저스팅 너트를 체결한다.
7. 셀렉터레버가 "N"위치에 있는 것을 확인한다.
8. 셀렉터레버의 각 포지션에 해당하는 트랜스미션측의 각 레인지가 확실히 작동·기능하는 것을 확인한다.

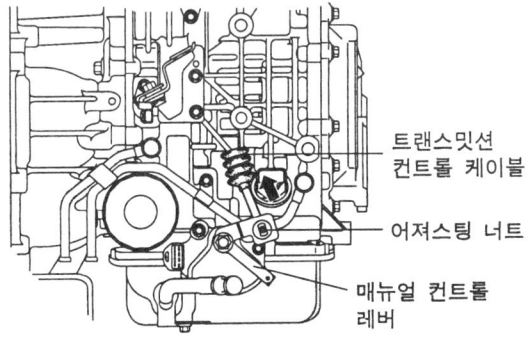

제어 구성부품
유온센서 점검
1. 유온 센서를 분리한다.
2. 유온 센서측의 커넥터 단자 No.1과 No.2사이의 저항을 측정한다.

표준치:

온도(°C)	저항치(KΩ)
0	16.7~20.5
100	0.57~0.69

3. 표준치를 벗어날 경우는 유온 센서를 교환한다.

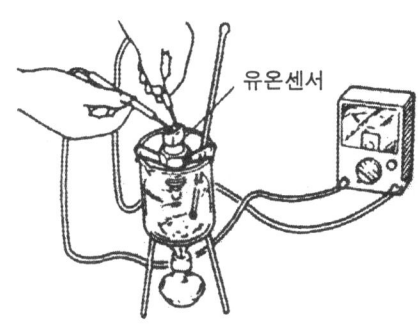

A/T컨트롤 릴레이 점검
1. A/T컨트롤 릴레이를 분리한다.
2. 점퍼 와이어를 사용하여 A/T-컨트롤 릴레이의 단자 No.2에 (-)단자, No.4에 (+)단자를 접속한다.

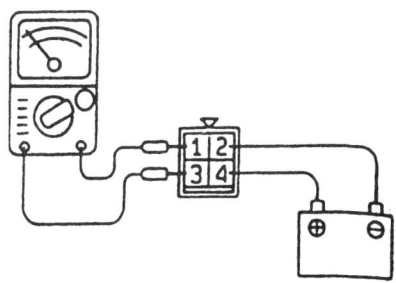

3. 바터리 단자측의 점퍼 와이어를 접속하면서 A/T-컨트롤 릴레이의 단자 No.1 및 No.3사이의 통전 유무를 점검한다.

점퍼 와이어	No.1과 No.3단자사이의 도통
접속한다	유
분리한다	무

4. 불량인 경우는 A/T-컨트롤 릴레이를 교환한다.

각 솔레노이드 밸브 점검

1. 밸브 보디 커버를 분리한다.
2. 각 솔레노이드 밸브의 커넥터를 빼낸다.

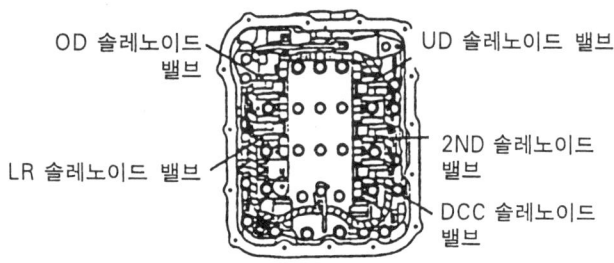

3. 각 솔레노이드 밸브측의 단자 NO.1과 NO.2사이의 저항을 측정한다.

표준치:

명칭	저항치
댐퍼 클러치 컨트롤 (DCC) 솔레노이드 밸브	2.7~3.4Ω (20°C 일 때)
로 & 리버스 (LR) 솔레노이드 밸브	
세컨드 (2ND) 솔레노이드 밸브	
언더 드라이브 (UD) 솔레노이드 밸브	
오버 드라이브 (OD) 솔레노이드 밸브	

4. 표준치를 벗어날 경우는 각 솔레노이드 밸브를 교환한다.

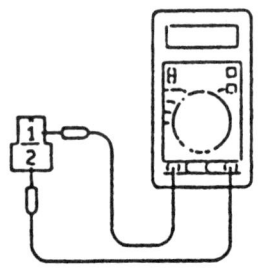

토크 컨버터

스톨 테스트

이 테스트는 선택레버 D, R위치에두고 토크 컨버터 스톨시의 엔진 최고 회전수를 측정하고 토크 컨버터의 작동 및 트랜스미션에 내장되어 있는 클러치 및 브레이크의 유지 성능을 조사하는 것이다.

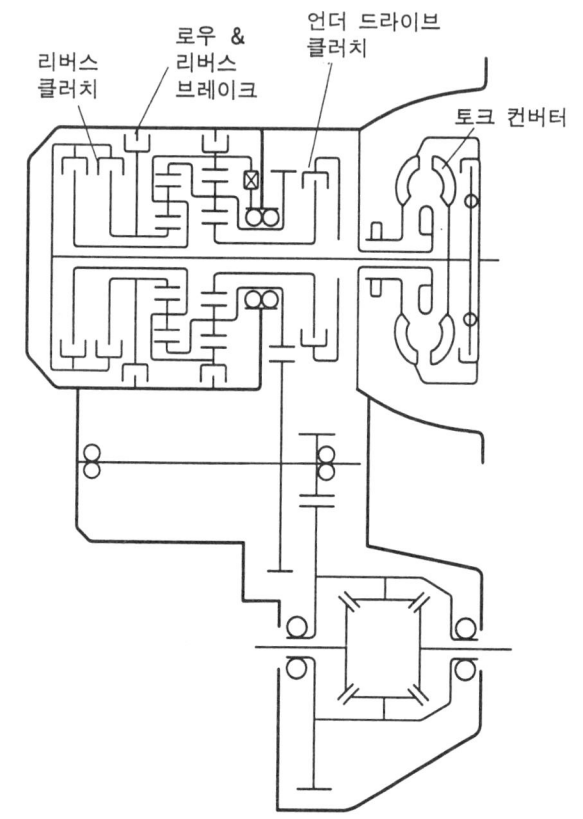

⚠ **경고**
이 테스트를 실시할 때는 안전을 위해 차량 전후에 작업자가 서있지 않을 것.

1. ATF양, ATF온도, 엔진 냉각수 온도를 점검한다.
   - ATF양: 레벨 게이지의 "75°C"위치
   - ATF온도: 70~80°C
   - 엔진 냉각수 온도: 80~100°C
2. 뒷바퀴(좌우 모두)를 고임목으로 고정한다.
3. 파킹 브레이크 레버를 당기고 브레이크 페달을 힘껏 밟는다.
4. 엔진을 시동한다.
5. 셀렉터레버를 D레인지에 놓고 액셀러레이터 페달을 전개로 하고 이때의 엔진 최고 회전수를 재빨리 판독한다.

주의
a) 스로틀 전개상태는 8초 이상 계속하지 말 것.
b) 2회 이상 스톨 테스트를 할 경우는 셀렉터레버를 N레인지에 놓고 엔진 회전수를 1000RPM정도로 운전하여 ATF를 냉각한 후에 실시할 것.
표준치 스톨 회전수: 2500~2900 rpm

6. 셀렉터레버를 R레인지에 놓고 5항과 같은 방법으로 테스트를 한다.

표준치 스톨 회전수: 2500~2900 rpm

스톨 테스트 판정
1. D, R레인지 모두 스톨 회전수가 높다.
   - 라인압이 낮다.
   - 로&리버스 브레이크의 미끄러짐
3. R레인지에서의 스톨 회전수만 높다.
   - 리버스 클러치의 미끄러짐
4. D, R레인지 모두 스톨 회전수가 낮다.
   - 토크 컨버터의 불량
   - 엔진의 출력 불량

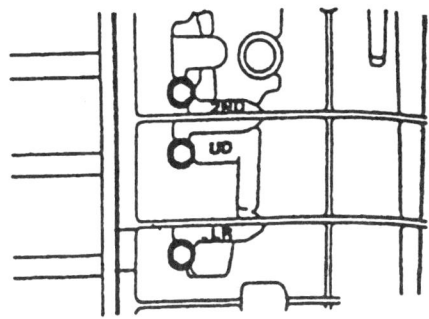

유압 점검
점검
1. ATF온도가 80~100°C가 될 때까지 아이들 시킨다.
2. 타이어가 회전하도록 차량을 리프트 업 한다.
3. SST 오일 프레셔 게이지 30kg/cm² 및 어댑터 (DIR압용)을 각 유압 취출구에 장착한다.
4. 표준 유압표에 있는 조건으로 각부 유압을 측정하고 표준치에 들어 있는 것을 확인한다.
5. 표준치를 벗어날 경우는 유압 테스트 진단표를 기초로 하여 조치한다.

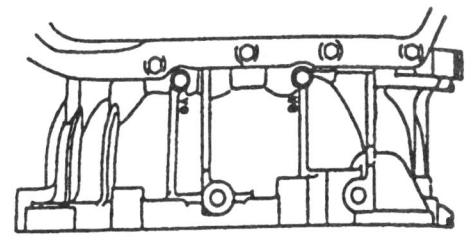

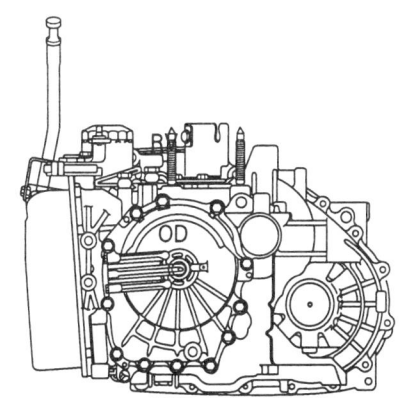

기준유압사양

측정조건			기준 유압(kg/cm²)					
셀렉터 레버 위치	변속단 위치	엔진 회전수 (rpm)	언더 드라이브 클러치압 (UD압)	리버스 클러치압 (REV압)	오버 드라이브 클러치압 (OD압)	로&리버스 브레이크압 (LR압)	세컨드 브레이크압 (2ND압)	토크 컨버터압 (DR압)
P	-	2500	-	-	-	3.2~4.0	-	5.1~7.1
R	후진	2500	-	13.5~17.5	-	13.5~17.5	-	5.1~7.1
N	-	2500	-	-	-	3.2~4.0	-	5.1~7.1
D	1속	2500	10.4~10.6	-	-	10.4~10.5	-	5.1~7.1
D	2속	2500	10.4~10.6	-	-	-	10.4~10.6	5.1~7.1
D	3속	2500	6.0~7.0	-	6.0~7.0	-	-	4.6~6.6
D	4속	2500	-	-	6.0~7.0	-	6.0~7.0	4.6~6.6

유압 테스트 진단표

현상	이상부위
전유압이 높다	레귤레이터 밸브 불량
전유압이 낮다	오일 펌프 불량 오일필터 (내장) 막힘 오일필터 (외부) 막힘 오일 쿨러 막힘 레귤레이터 밸브 불량 릴리프 밸브 불량 밸브 보디 장착 불량
R시만 유압이상	레귤레이터 밸브 불량
3·4속시만 유압이상	레귤레이터 밸브 불량 스위치 밸브 불량
UD압만 유압이상	오일 실 K 불량 오일 실 L 불량 오일 실 M 불량 언더 드라이브 솔레노이드 밸브 불량 언더 드라이브 프레셔 컨트롤 밸브 불량 각 첵크볼 이상 각 오리피스 막힘 밸브 보디 장착 불량
REV압만 유압이상	오일 실 A 불량 오일 실 B 불량 오일 실 C 불량 각 첵크볼 이상 각 오리피스 막힘 밸브 보디 장착 불량

현상	이상부위
OD압만 유압이상	오일 실 D 불량 오일 실 E 불량 오일 실 F 불량 언더 드라이브 솔레노이드 밸브 불량 언더 드라이브 프레셔 컨트롤 밸브 불량 각 첵크볼 이상 각 오리피스 막힘 밸브 보디 장착 불량
LR압만 유압이상	오일 실 I 불량 오일 실 J 불량 로&리버스 솔레노이드밸브불량(다이렉트 클러치용 겸용) 로&리버스 프레셔 컨트롤 밸브 불량 스위치 밸브 불량 페일 세이프 밸브 A불량 각 첵크볼 이상 각 오리피스 막힘 밸브 보디 장착 불량
2ND압만 유압 이상	오일 실 G 불량 오일 실 H 불량 오일 실 O 불량 세컨드 솔레노이드 밸브 불량 세컨드 프레셔 컨트롤 밸브 불량 페일 세이프 밸브 B불량 각 오리피스 막힘 밸브 보디 장착 불량
DR압만 유압이상	오일 쿨러 막힘 오일 실 N 불량 댐퍼 클러치 컨트롤 솔레노이드 밸브 불량 댐퍼 클러치 컨트롤 밸브 불량 토크 컨버터 프레셔 컨트롤 밸브 불량 각 오리피스 막힘 밸브 보디 장착 불량
비작동 엘리먼트	트랜스미션 컨트롤 케이블 조정불량 매뉴얼 밸브 불량 밸브 보디 장착 불량

라인 압력
조정
1. ATF를 배출하고 밸브 보디 커버를 분리한다.
2. 그림의 어저스팅 스크류를 돌려서 UD압이 표준치가 되도록 조정한다. 스크류를 왼쪽으로 돌리면 압력이 높아진다.

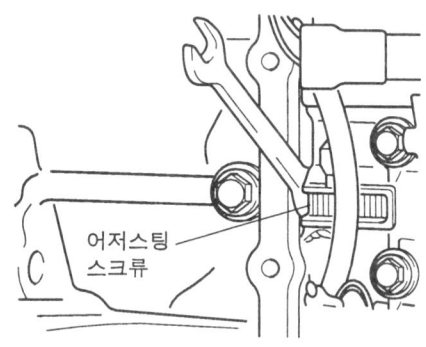

어저스팅 스크류

✱ 참조
UD압을 조정할 때는 표준치의 중앙치가 되게 조정한다.

표준치: 10.3~10.7kg/cm²
어저스팅 스크류의 1회전당의 유압 변화량:
0.36kg/cm²

3. 밸브보디커버를 장착하고 ATF를 규정량 주입한다.
4. 유압 테스트를 한다.
5. 필요에 따라 재조정한다.

매뉴얼 컨트롤 케이블
점검
인히비터 스위치가 적절히 작동하는가를 점검하여 매뉴얼 링키지가 잘 조정되었는지 확인한다.
1. 주차 브레이크를 완전히 당긴다.
2. 셀렉터레버를 "R"위치에 놓는다.
3. 이그니션 스위치를 "ST"위치에 놓는다.
4. 셀렉터레버를 위로 올려 "P"위치의 클릭과 맞물렸을 때 스타터 모터가 작동하면 "P"위치는 정확한 것이다.
5. 같은 방법으로 셀렉터레버를 "N"위치는 정확한 것이다.
6. 셀렉터레버를 P-R-N-D-3-2-L사이에서 중지하지 않고 계속 이동시켰을 때 차량이 움직이지 않는지 확인한다.
7. 위에 설명한 대로 스타터 모터가 "P" 및 "N"위치에서만 작동하고 나머지 위치에서 작동하지 않으면 매뉴얼 컨트롤 케이블은 정확히 조정된 것이다.

너트조립 요점
1. 선택레버 및 매뉴얼 컨트롤 레버를 "N"위치에 놓는다.
2. 트랜스미션 컨트롤 케이블을 가볍게 밀어서 너트로 조인다.

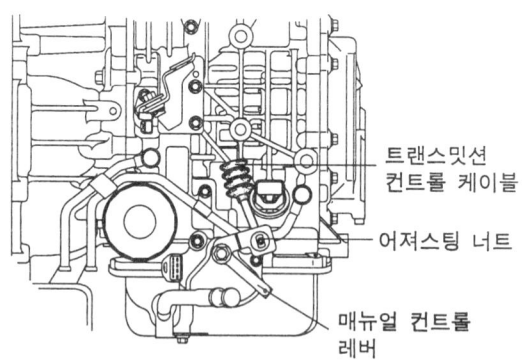

트랜스밋션 컨트롤 케이블
어저스팅 너트
매뉴얼 컨트롤 레버

분해 및 조립

오토트랜스 액슬
구성

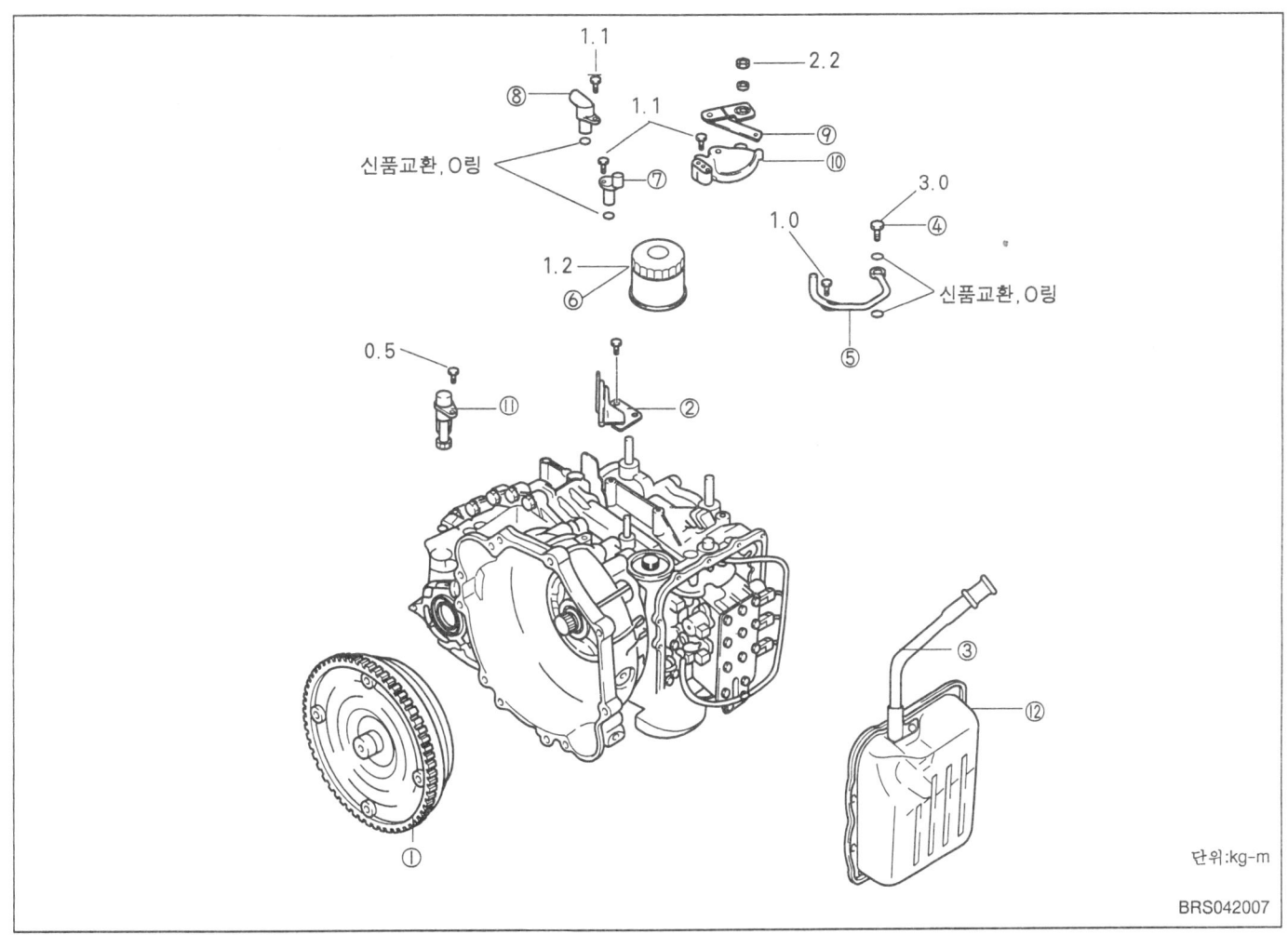

(1) 토크 컨버터
(2) 컨트롤 케이블 서포트 브래킷
(3) 오일 레벨 게이지
(4) 아이 볼트
(5) 오일 쿨러 피드 튜브
(6) 오일필터
(7) 인풋 샤프트 스피드 센서
(8) 아웃풋 샤프트 스피드 센서
(9) 매뉴얼 컨트롤 레버
(10) 트랜스 액슬 레인지 스위치
(11) 스피도 미터 기어
(12) 밸브바디 커버

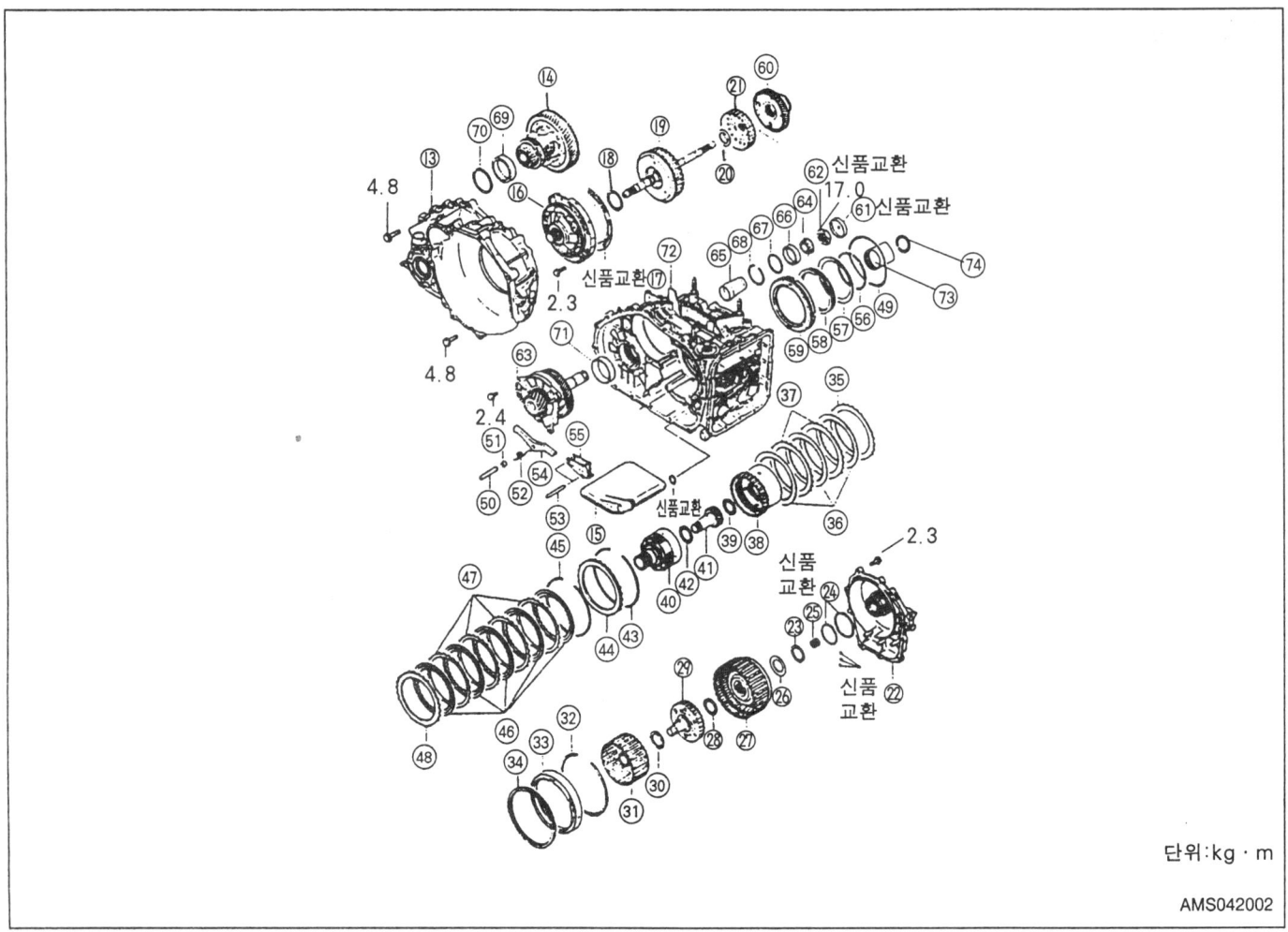

단위:kg·m

(13) 컨버터 하우징
(14) 디퍼렌셜
(15) 오일필터
(16) 오일펌프
(17) 개스킷
(18) 스러스트 와셔-#1
(19) 언더 드라이브 클러치 및 인풋 샤프트
(20) 스러스트 베어링 #2
(21) 언더드라이브 클러치 허브
(22) 리어 커버
(23) 스러스트레이스 #8
(24) 실링
(25) 인풋 샤프트 리어 베어링
(26) 스러스트 베어링 #7
(27) 리버스 및 오버 드라이브 클러치
(28) 스러스트 베어링 #6
(29) 오버 드라이브 클러치 허브
(30) 스러스트 베어링 #5
(31) 리버스 선기어
(32) 스냅링
(33) 세컨드 브레이크 피스톤
(34) 리턴 스프링
(35) 프레셔 플레이트
(36) 세컨드 브레이크 디스크
(37) 세컨드 브레이크 플레이트
(38) 오버 드라이브 플라네터리 기어(리어)
(39) 스러스트 베어링 #4
(40) 출력 플러네터리-기어(리어)
(41) 언더 드라이브 선기어
(42) 스러스트 베어링 #3
(43) 스냅링
(44) 리액션 플레이트
(45) 스냅링
(46) 로우 앤 리버스 브레이크 디스크
(47) 로우 앤 리버스 브레이크 플레이트
(48) 프레셔 플레이트
(49) 웨이브 스프링
(50) 파킹 볼 샤프트
(51) 스페이서
(52) 파킹 볼 스프링
(53) 파킹 롤러 서포트 샤프트
(54) 파팅 폴
(55) 파킹 롤러 서포트
(56) 스냅링
(57) 브레이크 스프링 리테이너
(58) 리턴 스프링
(59) 로우 앤 리버스 브레이크 피스톤
(60) 트랜스퍼 드라이브 기어 셋트
(61) 캡
(62) 록 너트
(63) 아웃 풋 샤프트
(64) 테이퍼 롤러 베어링
(65) 칼라
(66) 아웃터 레이스
(67) 스페이서
(68) 스냅링
(69) 아웃터 레이스
(70) 스페이서
(71) 아웃터 레이서
(72) 트랜스미션 케이스
(73) 원웨이 클러치 인너레이스
(74) 스냅링

분해

> **주의**
> a) 자동변속기는 정밀한 부품으로 구성되어 있으며, 분해, 조립시에는, 부품에 손상이 생기지 않도록 취급에 각별히 주의하여야 한다.
> b) 작업대위에는 고무매트를 항상 청결하게 한다.
> c) 분해 작업중에는 포장수의나 와에스(포)를 사용하지 않도록 할 것. 필요한 나일론 제포 또는 페이퍼 타올을 사용한다.
> d) 분해부품은 세척할 것. 금속부품은 일반 세정제에 세정하거나 압축공기로 완전하게 건조시킨다.
> e) 클러치 디스트, 수지제쓰러스트 플레이트 및 고무부품은, ATF(자동변속기 오일)로 세정하여 먼지가 없도록 한다.
> f) 변속기 본체가 손상됐을 경우 쿨러계통을 분해 세정한다.

1. 트랜스퍼 및 O-링을 빼낸다.
2. 토크 컨버터를 분리한다.
3. 다이알 게이지 사용하여 입력축 엔드 플레이를 측정한다.
4. 각 브래킷을 분리한다.
5. 오일 레벨 게이지를 빼낸다.
6. 아이볼트, 개스킷 및 오일 쿨러 피드 튜브를 분리한다.
7. 오일 필터를 분리한다.

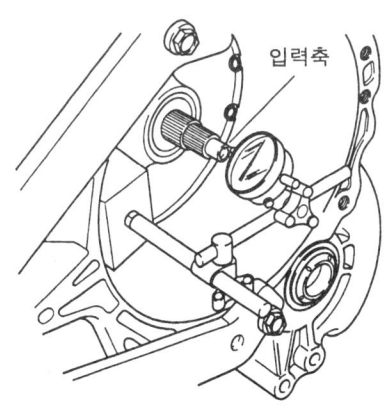

8. 입력축 속도 센서 및 출력축 속도센서를 빼낸다.

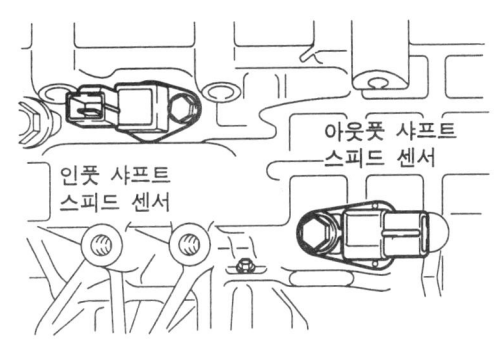

9. 매뉴얼 컨트롤 레버를 분해하여 인히비터 스위치를 빼낸다.

> **주의**
> a) 인히비터 스위치에는 반드시 밸브 보디를 장착한 상태에서 분리할 것.

10. 스피도 미터 기어를 분리한다.

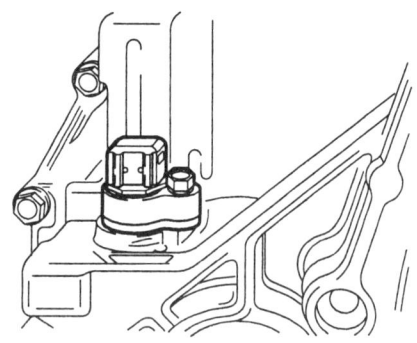

11. 오일팬을 분리한다.

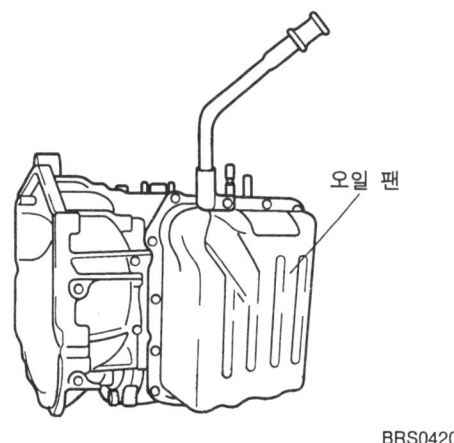

12. 매뉴얼 컨트롤 샤프트 디텐트 스프링 및 디텐트를 분리한다.

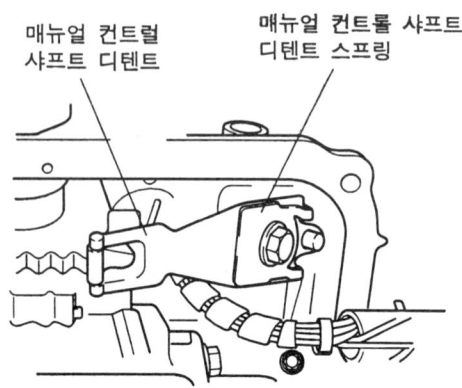

13. 밸브 보디에서 하네스 커넥터를 빼낸다.

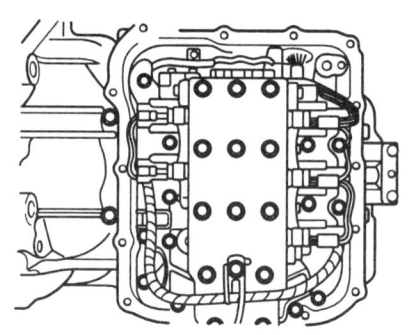

14. 밸브 보디 장착볼트(28개)를 푼다.
15. 유온센서를 빼낸다.

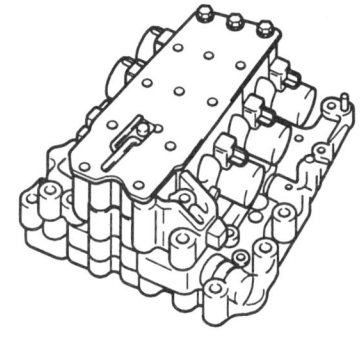

16. 밸브보디, 가스켓 및 스틸 볼(2개)

⚠ 주의
 a) 스틸 볼(2개)를 분실하지 않도록 주의한다.

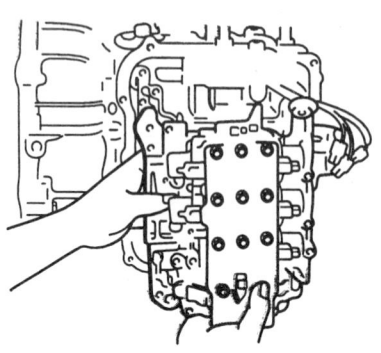

분해 및 조립 42-65

17. 스냅링을 분리하여, 솔레노이드 밸브 하네스를 빼낸다.

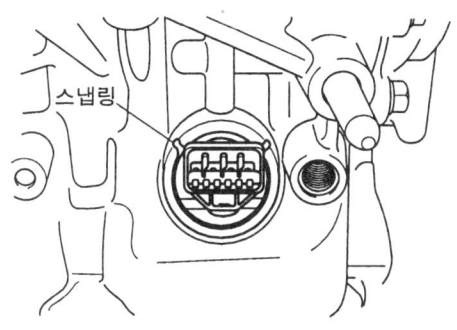

ACV042020

18. 스트레이너 및 세컨드 브레이크 리테이너 오일 실을 분리한다.

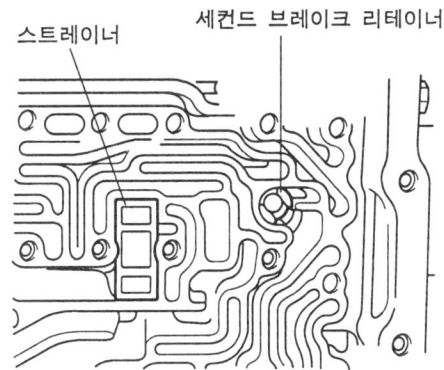

ACV042021

19. 각 어큐뮬레이터 피스톤 및 스프링을 분리한다.

NO.	명 칭
1	로·리버스 브레이크용
2	언더 드라이브 클러치용
3	세컨드 브레이크용
4	오버 드라이브 클러치용

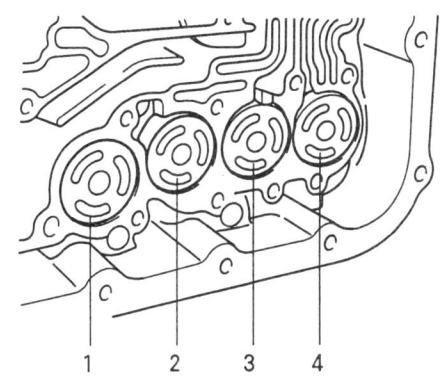

ACV042022

20. 매뉴얼 컨트롤 레버 롤러를 분리한다.
21. 매뉴얼 컨트롤 레버 샤프트 및 파킹 폴을 분리한다.

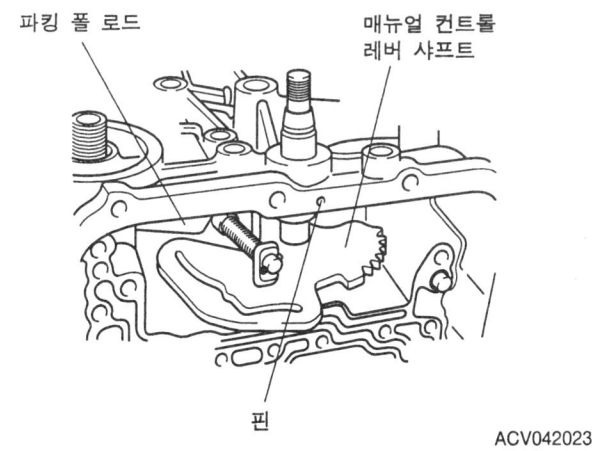

ACV042023

22. 컨버터 하우징 장착볼트(18개)를 빼내고 컨버터 하우징을 분리한다.

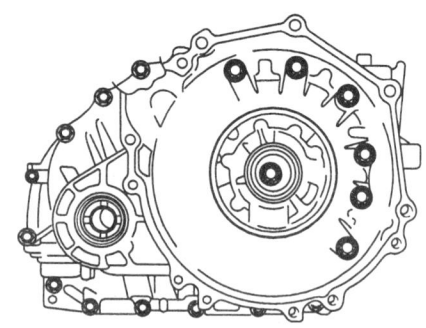

23. O-링(2개)를 빼낸다.

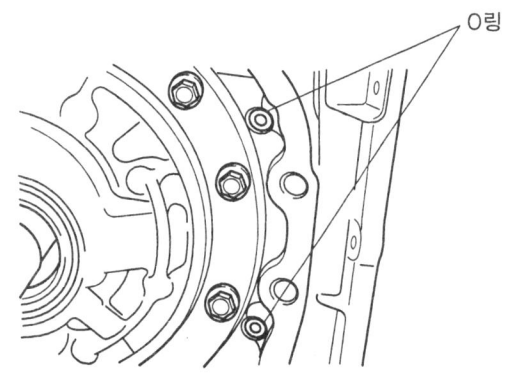

24. 디퍼렌셜을 분리한다.

25. 오일 필터를 빼낸다.

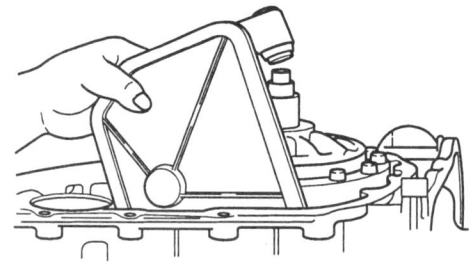

26. 오일 펌프 장착 볼트(6개)를 푼다.
27. SST(MD998333)를 장착한다.

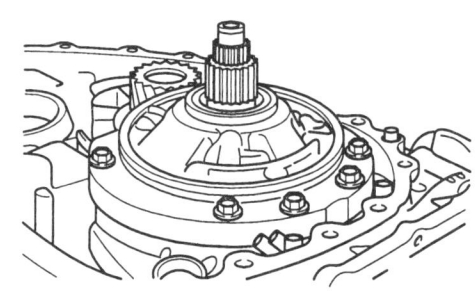

28. SST(MD998333)를 균등한 나사를 끼운다음 오일 펌프를 분리한다.
29. 오일 펌프 개스킷을 빼낸다.

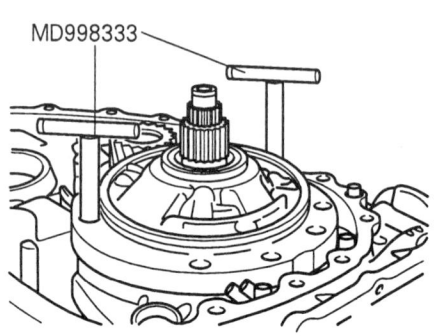

분해 및 조립 42-67

30. 스러스트 와셔(1번)를 빼낸다.

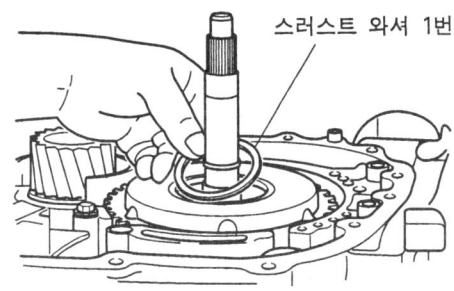

ACV042032

31. 인풋 샤프트를 잡고 언더 드라이브 클러치를 분리한다.

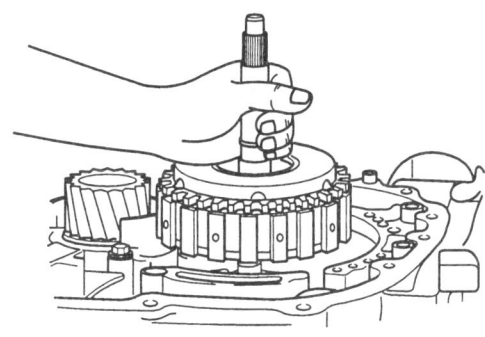

ACV042033

32. 스러스트 베어링(2번)을 빼낸다.

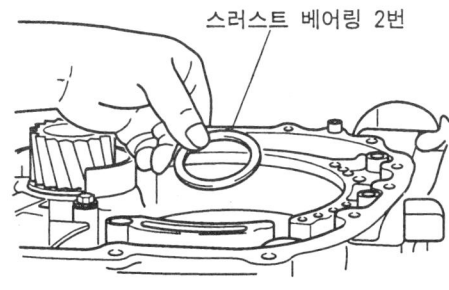

ACV042034

33. 언더 드라이브 클러치 허브를 빼낸다.

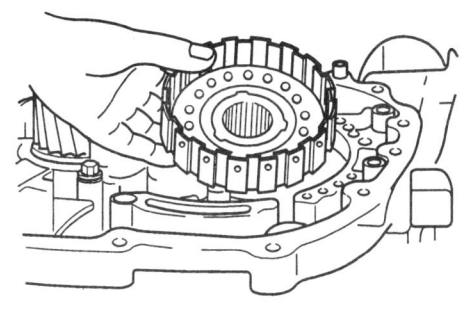

ACV042035

34. 리어 커버를 빼낸다.
35. 스러스트 레이스 8번을 빼낸다.
36. 실링(2개)를 빼낸다.
37. 인풋 샤프트 리어 베어링을 빼낸다.

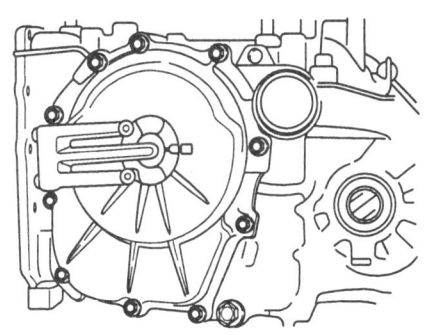

ACV042041

38. O-링(3개)를 빼낸다.

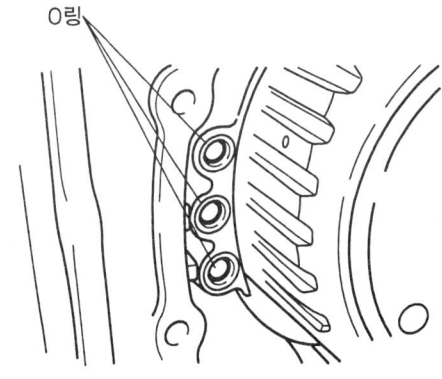

ACV042042

39. 리버스 및 오버 드라이브 클러치 및 스러스트 베어링(7번)을 빼낸다.

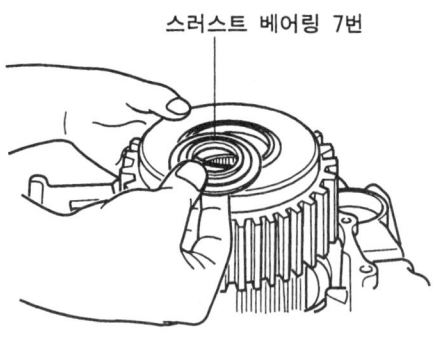

40. 오버 드라이브 클러치 허브 및 스러스트 베어링(6번)을 빼낸다.

41. 스러스트 베어링(5번)을 빼낸다.

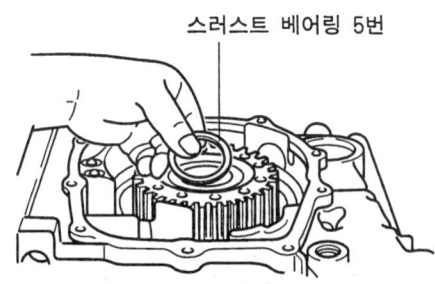

42. 유성 기어 리버스선기어를 분리한다.

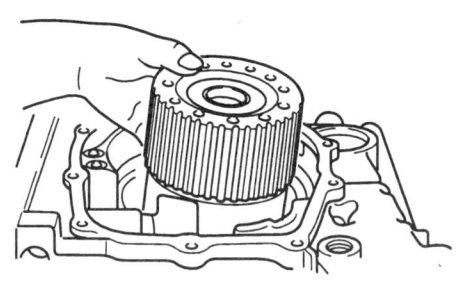

43. 스냅링을 빼낸다.

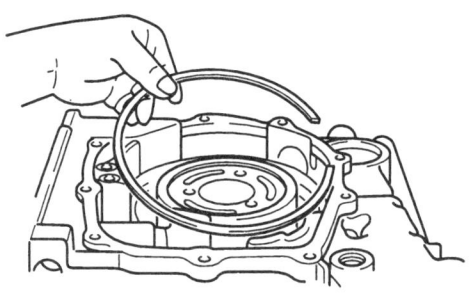

44. 세컨드 브레이크 피스톤 및 리턴 스프링을 분리한다.

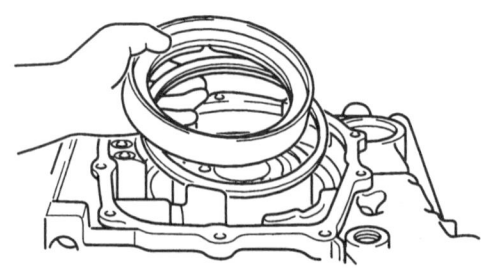

45. 프레셔 플레이트, 브레이크 디스크 및 플레이트를 분리한다.

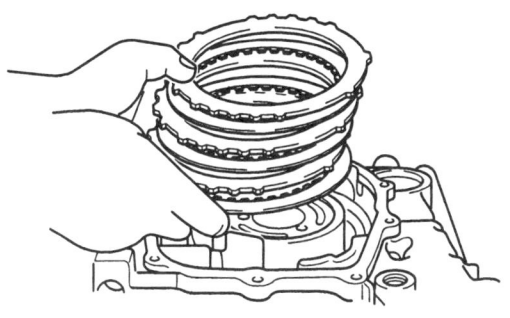

46. 오버 드라이브 유성 기어 캐리어를 분리한다.

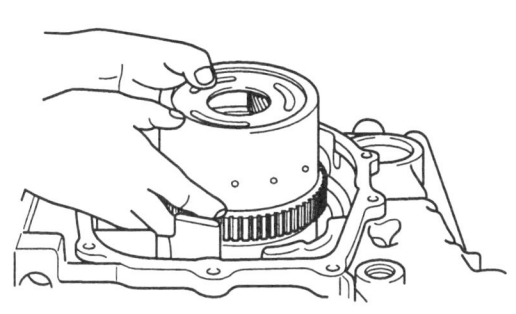

47. 아웃트 유성 기어 캐리어 및 스러스트 베어링(4번)을 빼낸다.

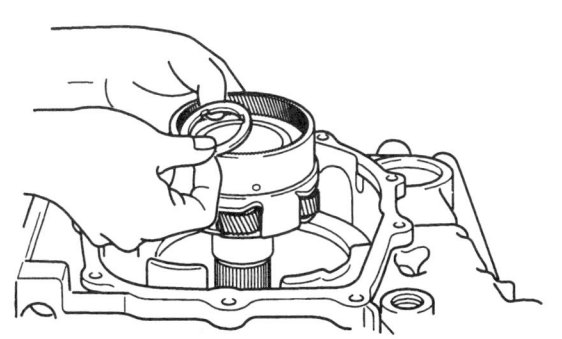

48. 아웃 풋 유성 기어 캐리어에서 언더 드라이브 선 기어 및 스러스트 베어링(3번)을 분리한다.

스러스트 베어링 3번

49. 스냅링을 분리한다.

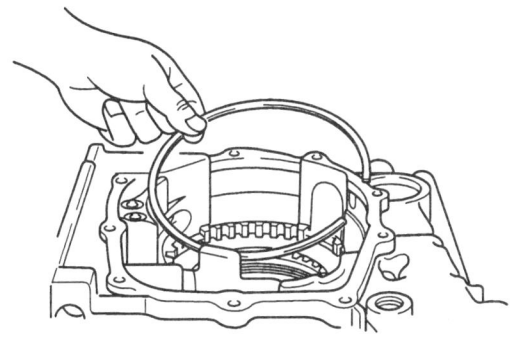

50. 리액션 플레이트 및 브레이크 디스크를 분리한다.

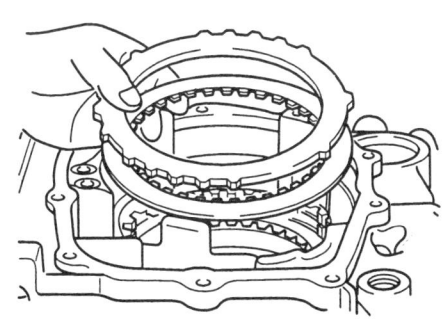

51. 스냅링을 빼낸다.

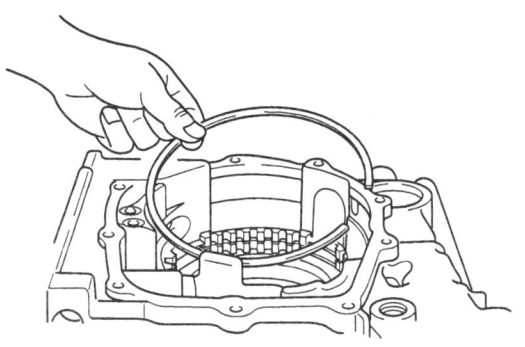

52. 브레이크 플레이트 브레이크 디스크 및 프레셔 플레이트를 빼낸다.

브레이크 디스크 및 플레이트 매수

형식	브레이크 디스크	브레이크 플레이트	프레셔 플레이트
매수	5	4	1

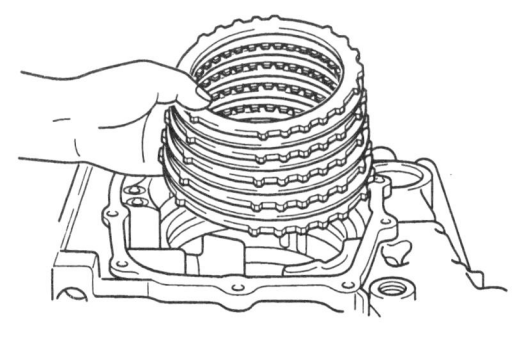

53. 웨이브 스프링을 빼낸다.

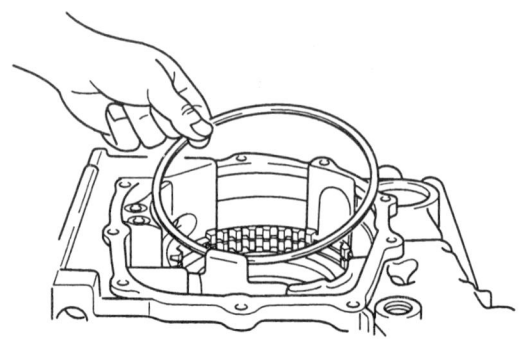

54. 파킹 폴 샤프트를 빼낸후 스페이서 및 스냅링을 분리한다.

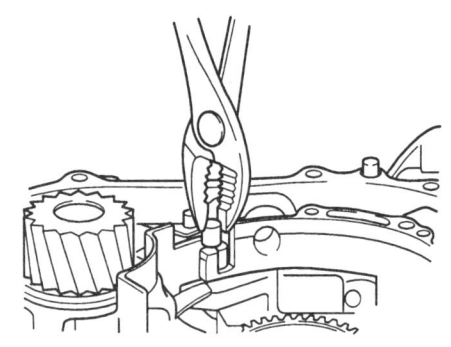

55. 파킹 롤러 서포트 샤프트(2개)를 분리한후 파킹 폴 케이스 및 파킹 롤러 서포트를 분리한다.

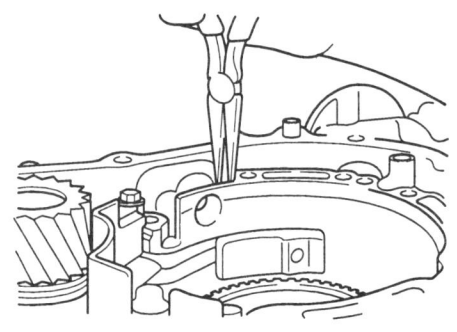

56. SST(MB991628, MD998924)를 사용하여 스냅링을 빼낸다.
57. 스프링 리테이너, 리턴 스프링 및 로·리버스 브레이크 피스톤을 빼낸다.

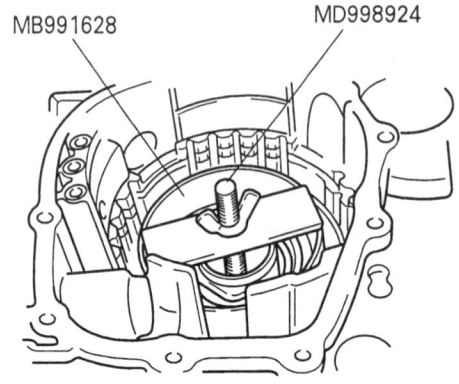

분해 및 조립 42-71

58. 트랜스퍼 드라이브 기어 장착볼트(4개)를 푼다.

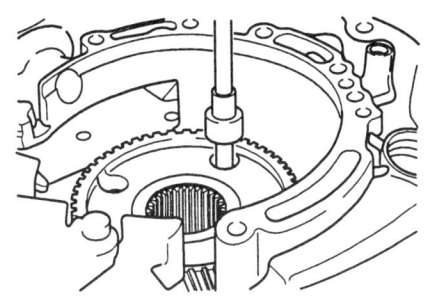

ACV042061

59. 트랜스퍼 드라이브 기어를 분리한다.

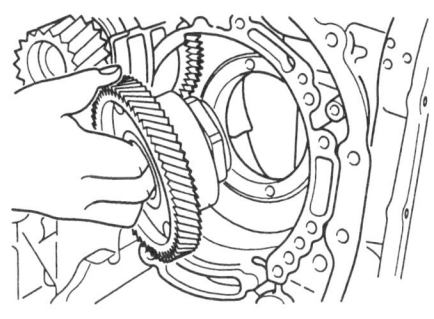

ACV042062

60. 캡을 빼낸다.

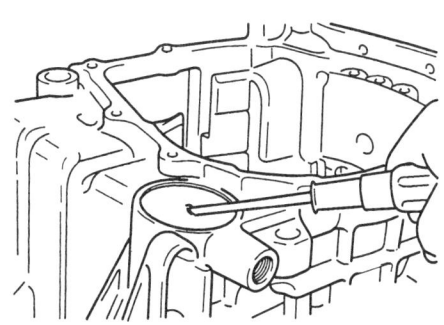

ACV042063

61. 아웃풋 샤프트의 록너트가 회전하지 않도록 한다.

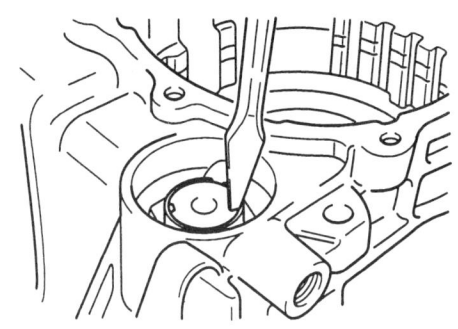

ACV042064

62. SST(MB991625, MD990607)를 사용하여 아웃풋 샤프트 록너트를 빼낸다.

📌 주의
a) 록너트는 왼나사다.

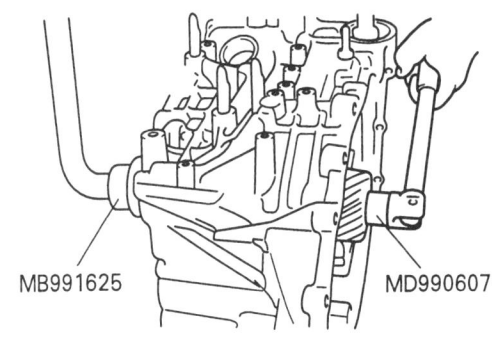

ACV042065

63. 베어링 리테이너 장착볼트를 빼낸다.

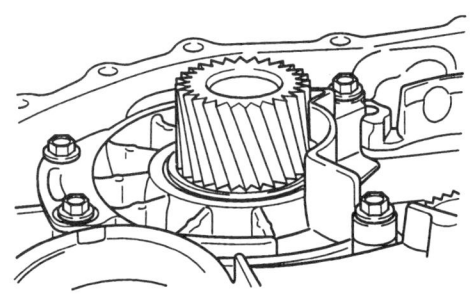

ACV042066

64. 아웃풋 샤프트 리어축을 밀어 빼내 아웃풋 샤프트, 테이퍼 롤러 베어링 및 칼라를 분리한다.

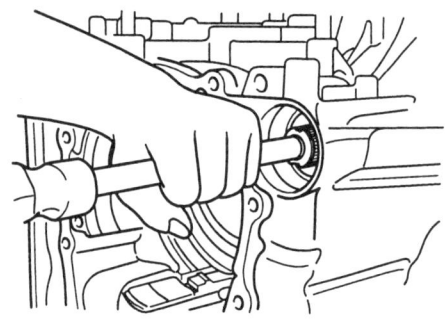

ACV042067

65. 스페이서 및 아웃터 레이스를 분리한다.
66. 스냅링을 분리한다.

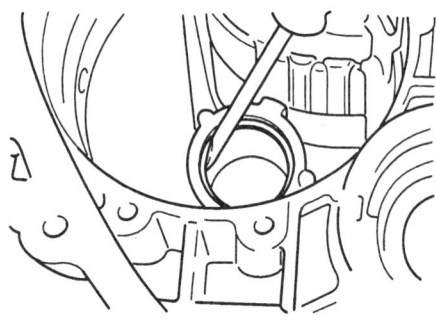

ACV042068

67. 컨버터 하우징에서 디퍼렌셜 베어링 아웃터 레이스 및 스페이서를 빼낸다.
68. 트랜스미션 케이스에서 디퍼렌셜 베어링 아웃터 레이스를 분리한다.

분해 및 조립 42-73

조립

주의

a) 개스킷, O-링 및 오일 실 등을 재사용하지 않고, 조립시는 신품으로 교환할 것.
b) 청색 페트로락탐 또는 백색 와세린 이외 사용하지 않는다.
c) 마찰 요소, 회전부 및 섭동부에는 ATF를 도포하여 조립한다.
d) 개스킷류에는 실제가 포함된 접착제를 사용한다.
e) 부쉬를 교환할 때는 그 부쉬는 어셈블리로 교환한다.
f) 조립작업중에는 포장수의와 천을 사용하지 말 것. 필요한 나일론제 천 또는 페이퍼 타올을 사용한다.
g) 오일 쿨러내의 기름을 교환한다.

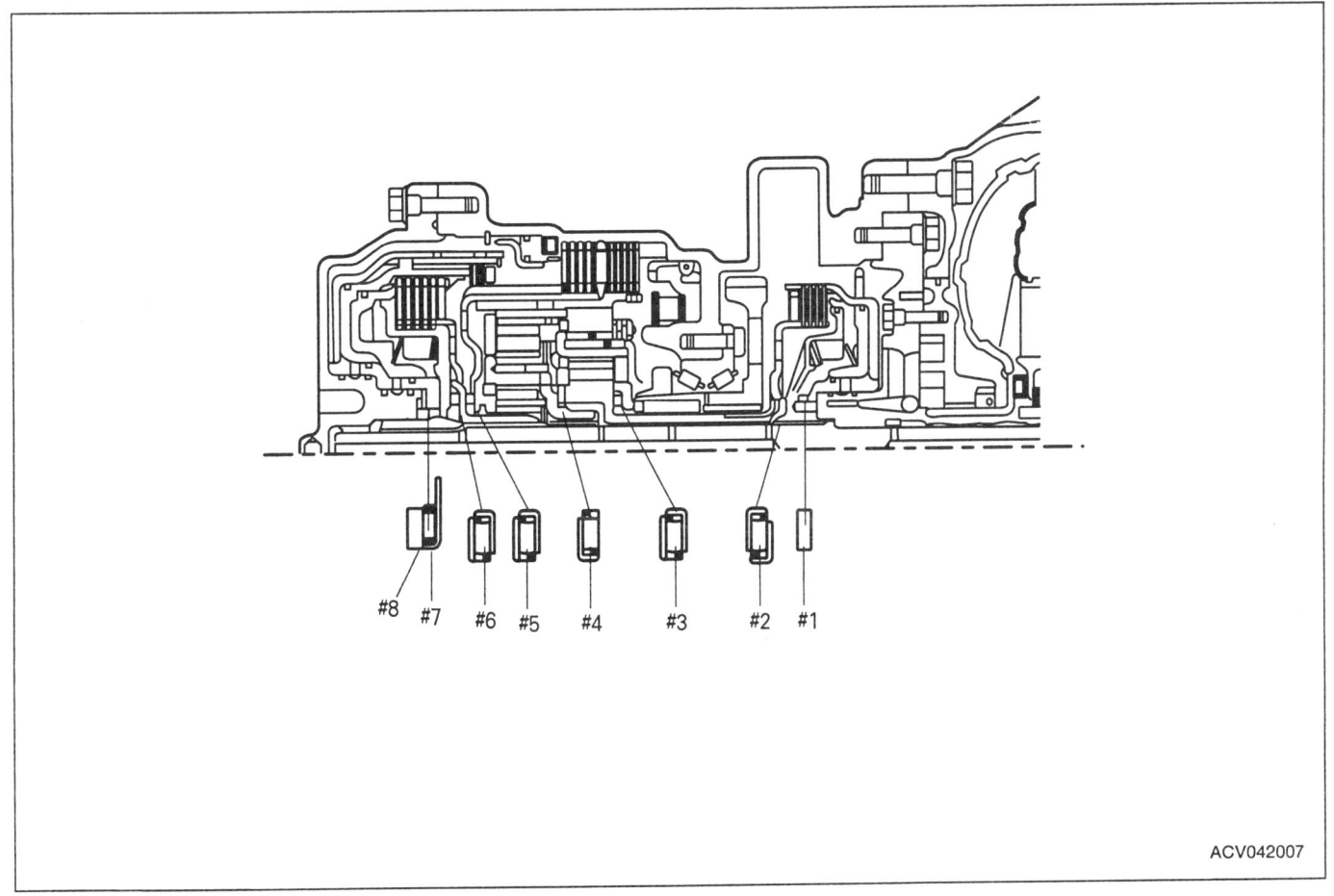

스러스트 베어링, 스러스트 레이스 및 스러스트 와셔의 식별

(단위: mm)

외경	내경	두께	부품번호	부호	외경	내경	두께	부품번호	부호
59	47	1.8	45544-39180	#1	48.9	37	1.6	45459-39168	#8
		2.0	45544-39200				1.7	45853-39178	
		2.2	45544-39220				1.8	45459-39188	
		2.4	45544-39240				1.9	45853-39198	
		2.6	45544-39260				2.0	45459-39208	
		2.8	45544-39280				2.1	45853-39218	
49	36	3.6	45798-39060	#2			2.2	45459-39228	
49	36	3.6	↑	#3			2.3	45853-39238	
45.3	31	3.3	45743-39060	#4			2.4	45459-39248	
49	36	3.6	45798-39060	#5			2.5	45853-39258	
49	36	3.6	↑	#6			2.6	45853-39268	
59	37	2.8	45851-39060	#7					

1. 변속기 케이스에 디퍼렌션 베어링 아웃터 레이스를 쳐서 끼운다.

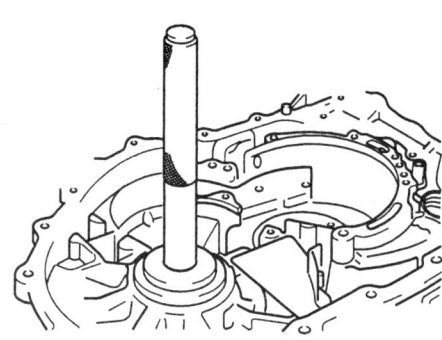

2. 사용했던 스페이서와 스냅링을 끼운다.
3. 변속기 케이스에 아웃풋 샤프트 베어링 아웃터 레이스를 쳐서 끼운다.

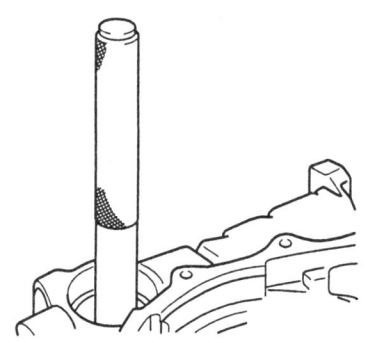

4. 로·리버스 브레이크 피스톤 리턴 스프링 및 스프링 리테이너를 끼운다.
5. SST(MB991628, MD998924)를 사용하여 스냅링을 장착한다.

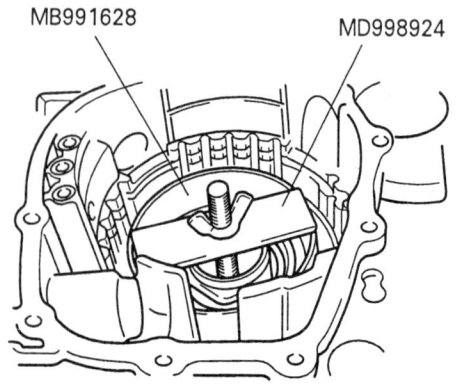

6. 웨이브 스프링을 끼운다.

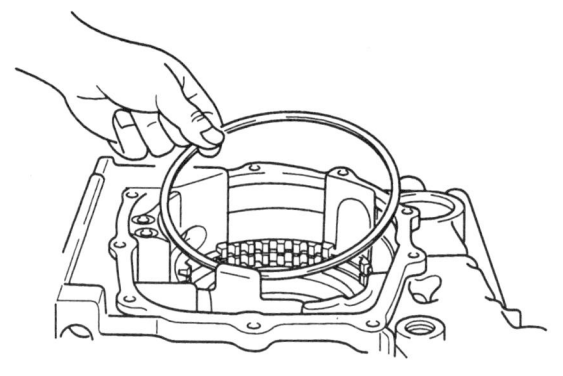

7. 로 & 리버스 브레이크의 프레셔 플레이트를 SST(MB991631)에 설치하여 브레이크 디스크, 브레이크 플레이트 및 스냅링을 그림과 같이 장착한다.

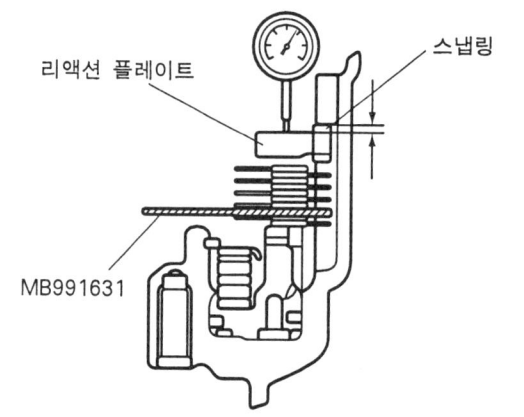

브레이크 디스크 및 플레이트 매수

형식	브레이크 디스크	브레이크 플레이트
매수	5	4

분해 및 조립 42-75

8. 리액션 플레이트 및 사용하였던 스냅링을 끼운다.
9. 엔드 플레이를 측정하여 표준치에 있는 순서(8)로 장착하였던 스냅링을 선택하여 조립한다.
   표준치: 0~0.16mm

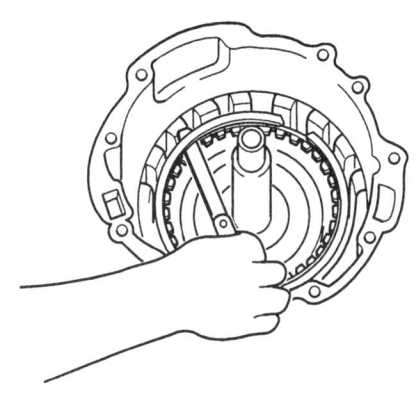

10. 브레이크 디스크, 브레이크 플레이트 및 세컨드 브레이크의 프레셔 플레이트를 **SST(MB991631)**에 사용하여 그림과 같이 장착한다.
11. 리턴 스프링, 세컨드 브레이크 피스톤 및 스냅링을 장착한다.

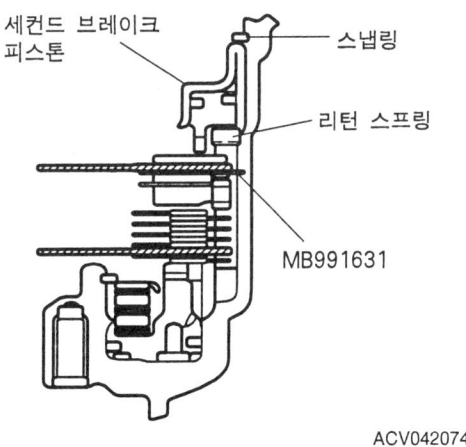

12. SST를 움직여 엔드 플레이를 측정한다.
    표준치: 1.09~1.25

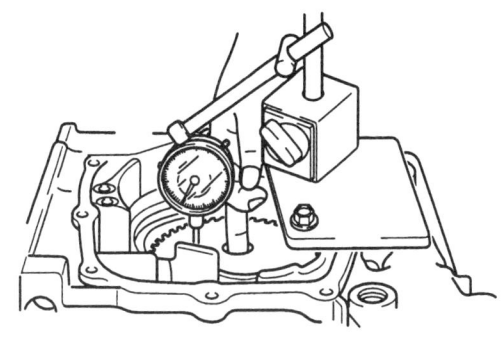

✱ 참조
- 아래의 계산식에 따르는 순서(10)로 장착하였던 SST를 설치, 프레셔 플레이트를 선택한다.
  〔A(작동량)+SST 두께(2.0 mm) -1.25〕
  ~〔A(작동량)+SST 두께(2.0 mm) -0.79〕

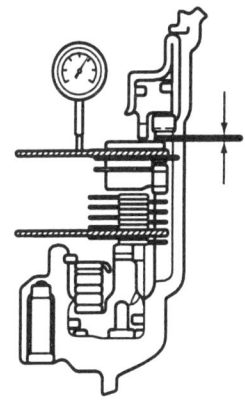

13. 변속기를 반전시킨다.
14. **SST(MD998913)**를 다이얼 게이지에 조립하여 SST를 움직여 엔드 플레이를 측정한다.
   표준치 : 1.35~1.81 mm

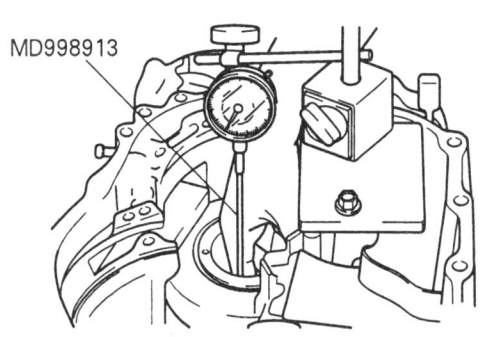

✱ 참조
- 아래의 계산식에 따르는 순서(7)로 장착되었던 공구를 교환 프레셔 플레이트를 선택한다.
  〔A(작동량)+SST 두께(2.0 mm) -1.81〕
  ~〔A(작동량)+SST 두께(2.0 mm) -1.35〕

15. 순서(6)~(14)까지 장착되었던 부품을 분리한다.

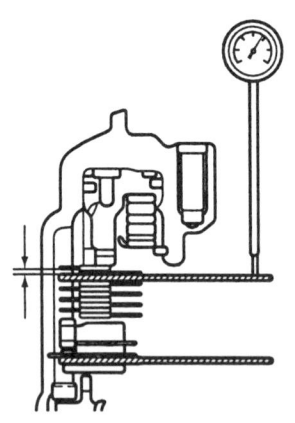

16. 아웃터 샤프트 베어링 리테이너 장착시 아웃터 샤프트 어셈블리를 냉장고에서 영하 20°C로 냉각 후 신품 실 볼트를 규정토크(2.4 kg·m)로 체결한다.

🔸 주의
  a) 아웃터 샤프트 베어링 리테이너 장착시 변속기 케이스에 망치등으로 무리하게 장착하지 않도록 한다.

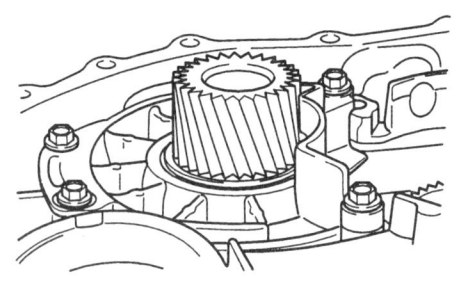

17. 변속기 케이스를 끼워 아웃풋 샤프트에 칼라 및 테이퍼 롤러 베어링을 끼운다.

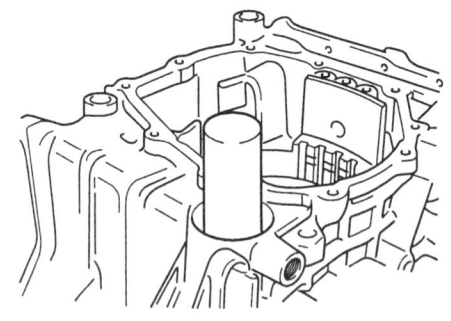

분해 및 조립 42-77

18. 신품의 록 너트에 ATF를 도포하여 규정토크로 체결한다. 다음에 1회전 시켜 규정토크로 체결한다.

   ⚠ 주의
   록너트는 왼나사로 한다.

19. 아웃터 샤프트를 움직여 작동량(A)를 측정하여 아래의 계산식에 따르는 순서(3)에 장착되었던 스페이서를 선택하여 조립한다.
   〔A(작동량)+B(구품 스페이서 두께)+0.01 mm〕
   ~〔A(작동량)+B(구품 스페이서 두께)+0.09 mm〕

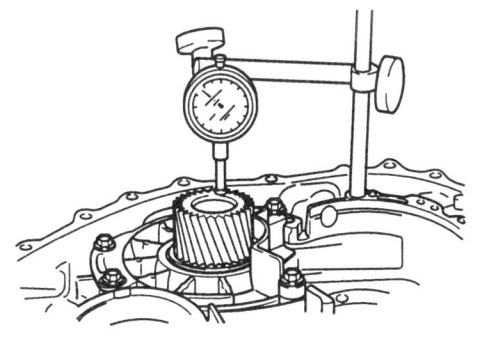

20. 록너트가 회전 되지 않도록 한다.

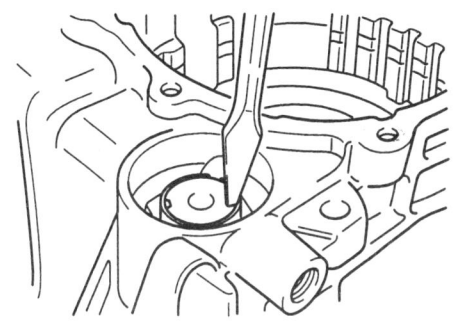

21. 캡을 그림과 같이 장착한다.

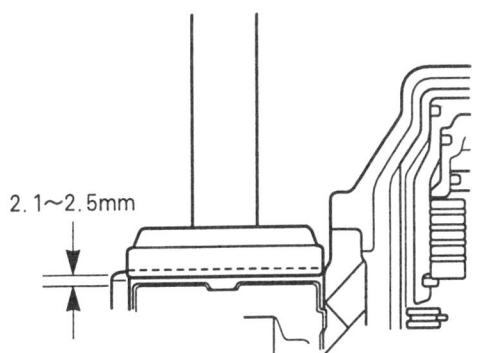

22. SST를 사용하여 트랜스퍼 드라이브 기어를 장착한다.

23. 트랜스퍼 드라이브 기어 장착볼트(4개)를 규정토크로 체결한다.

    체결토크 : 1.9kg·m

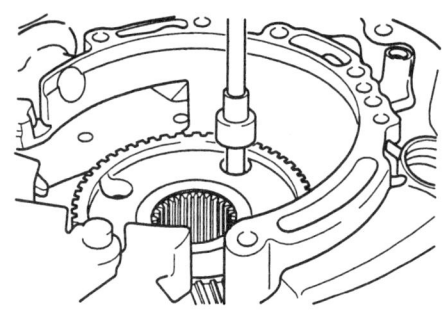

ACV042061

24. 파킹폴, 스페이서 및 스프링을 끼우고, 파킹폴 샤프트를 장착한다.

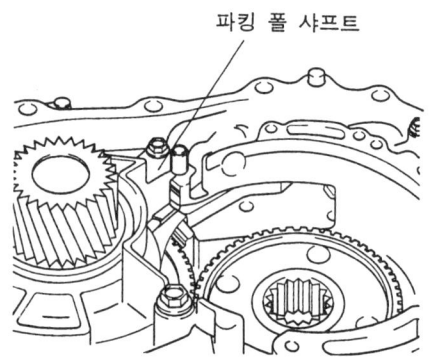

파킹 폴 샤프트

ACV042084

25. 파킹 롤러 서포트를 끼워 파킹 롤러 서포트 샤프트(2개)를 장착한다.

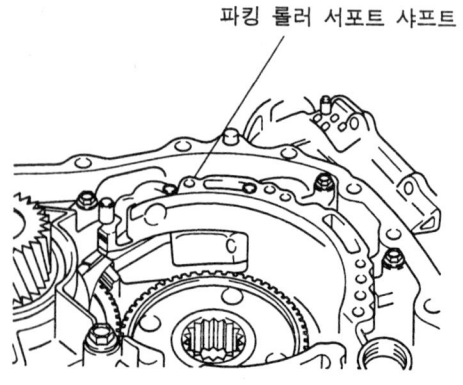

파킹 롤러 서포트 샤프트

ACV042085

26. 아웃풋 유성 기어 캘리어에 언더 드라이브선 기어 및 스러스트 베어링 3번을 끼운다.

    주의
    a) 스러스트 베어링 장착 방향이 잘못되지 않도록 한다.

스러스트 베어링 3번

ACV042052

27. 아웃풋 유성 기어 캐리어 및 스러스트 베어링(4번)을 끼운다.

    주의
    스러스트 베어링의 장착 방향이 잘못되지 않도록 한다.

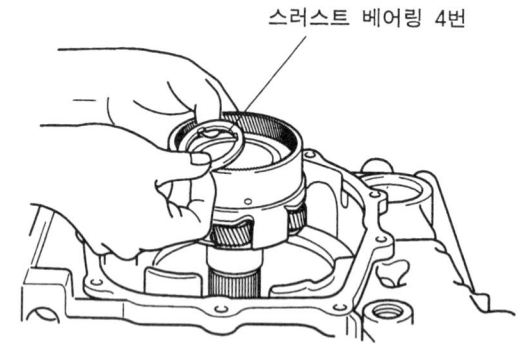

스러스트 베어링 4번

ACV042051

분해 및 조립 42-79

28. 오버 드라이브 유성 기어 캐리어를 장착한다.

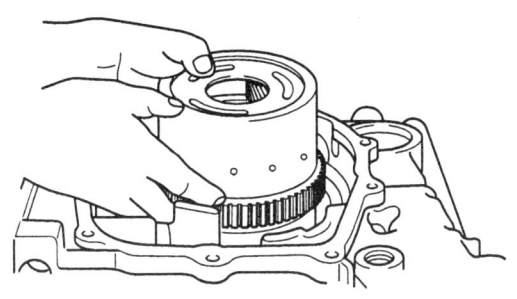

29. 유성 기어 리버스 선기어를 장착한다.

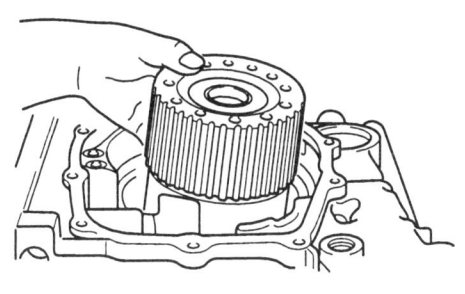

30. 웨이브 스프링을 끼운다.

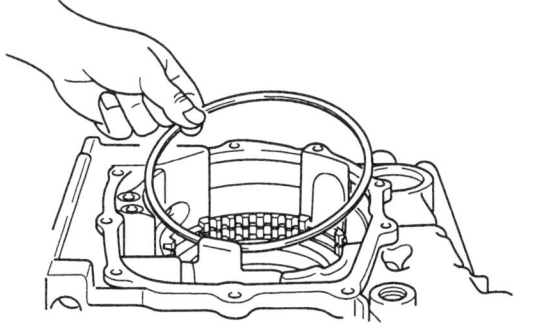

31. 프레셔 플레이트, 브레이크 디스크 및 브레이크 플레이트를 끼운다.

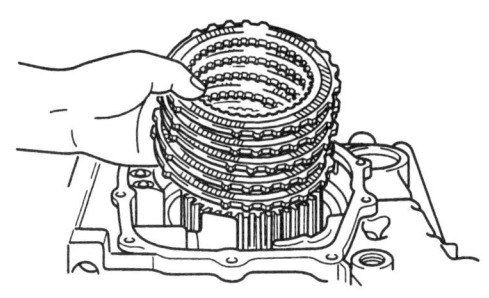

브레이크 디스크 및 플레이트 매수

형식	브레이크 디스크	브레이크 플레이트	프레셔 플레이트
매수	5	4	1

32. 스냅링을 끼운다.

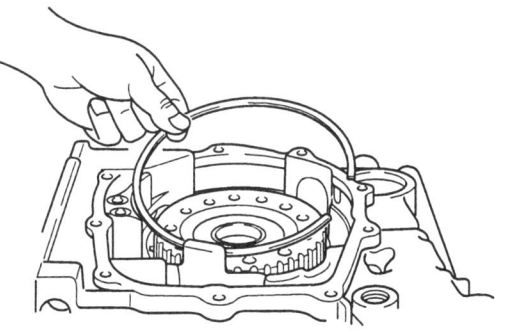

33. 리액션 플레이트를 끼운다.

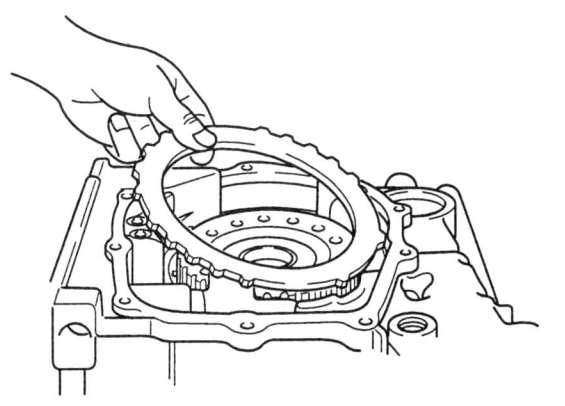

34. 스냅링을 끼운다.

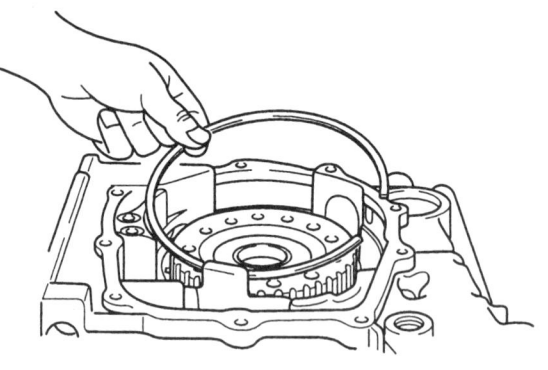

35. 브레이크 디스크, 브레이크 플레이트 및 프레셔 플레이트를 끼운다.

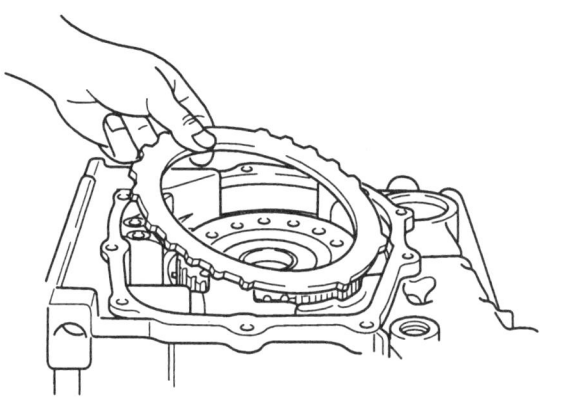

36. 리턴 스프링 및 세컨드 브레이크 피스톤을 끼운다.

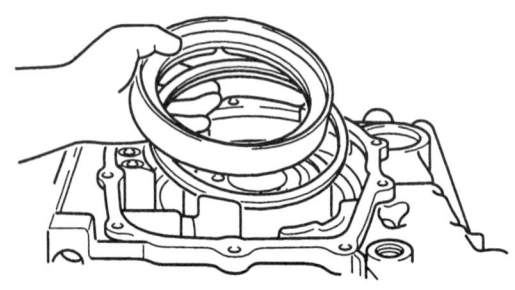

37. 스냅링을 끼운다.

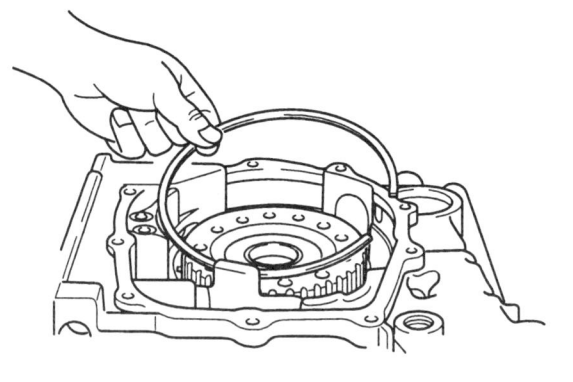

38. 스러스트 베어링(5번)을 끼운다.

🔧 주의
스러스트 베어링의 장착방향이 바뀌지 않도록 한다.

스러스트 베어링 5번

39. 오버 드라이브 클러치 허브 및 스러스트 베어링 6번을 리버스 및 오버 드라이브 클러치에 장착한다.

⚠ 주의
스러스트 베어링의 장착방향이 틀리지 않도록 한다.

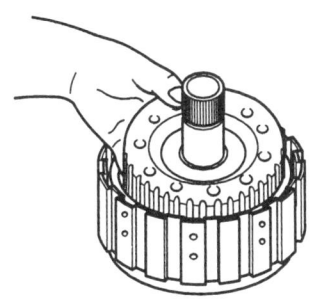

40. 리버스 및 오버 드라이브 클러치 및 스러스트 베어링(7번)을 끼운다.

⚠ 주의
스러스트 베어링의 장착 방향이 틀리지 않도록 한다.

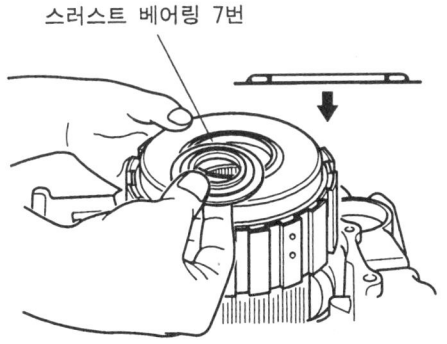

41. O-링(3개)를 끼운다.

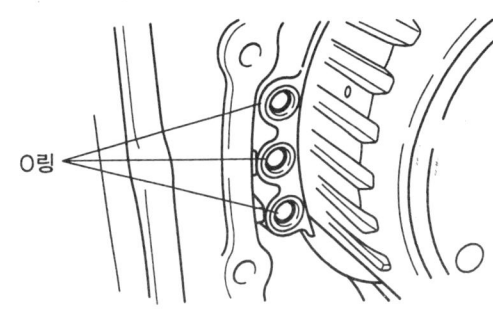

42. 인풋 샤프트 베어링을 끼운다.
43. 실링(2개)를 끼운다.

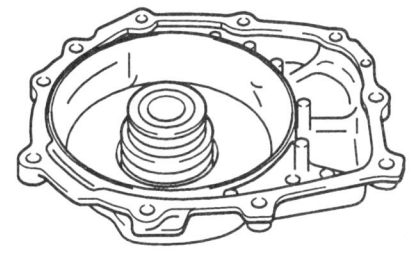

44. 사용하였던 스러스트 레이스(8번)을 끼운후 리어 커버를 장착한다.
45. 언더 드라이브 선기어의 엔드 플레이를 측정하여, 표준치에 있는 순서(44)로 장착되었던 스러스트 레이스를 선택하여 장착한다.

표준치 : 0.25~0.45 mm

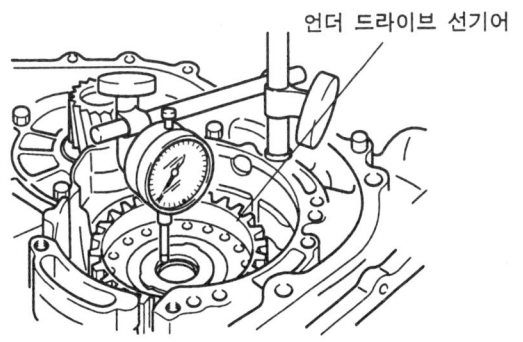

46. 리어 커버의 개소에 액상 개스킷을 ⌀1.6mm의 굵기로 끊김없이 도포한다.

   액상 개스킷
   품명 : 쓰리본드 1281B

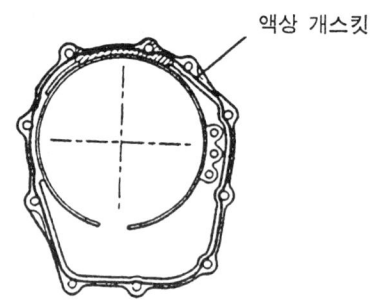

47. 리어 커버를 끼운후 규정토크로 체결한다.

   체결토크 : 2.3kg·m

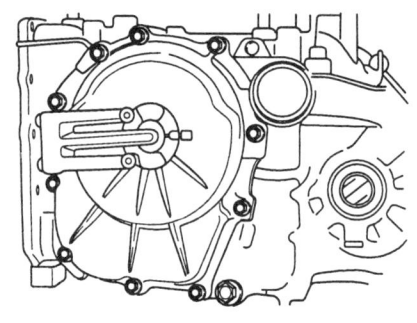

48. 언더 드라이브 클러치 허브를 끼운다.

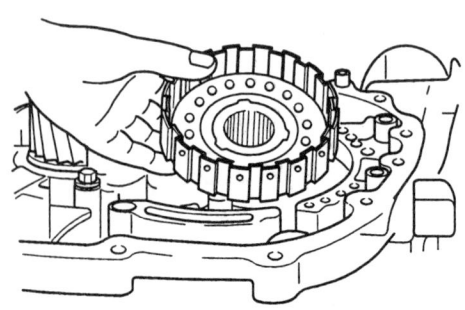

49. 스러스트 베어링 2번을 끼운다.

   ⚠ **주의**
   스러스트 베어링의 장착방향이 틀리지 않도록 한다.

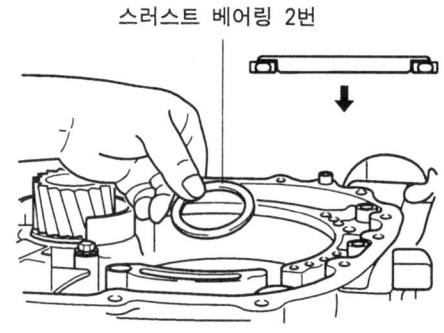

50. 인풋 샤프트를 잡고 언더 드라이브 클러치를 끼운다.

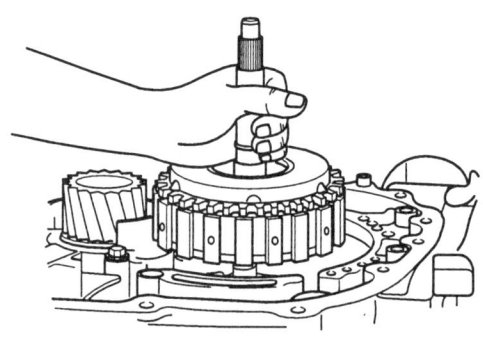

51. 사용하였던 스러스트 와셔 1번을 끼운다.

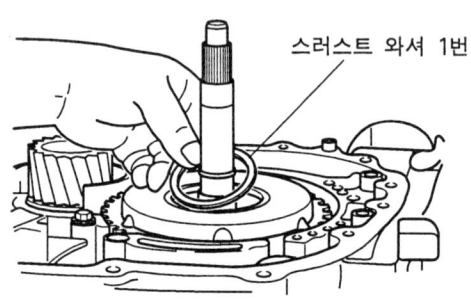

분해 및 조립 42-83

52. SST를 사용하여 신품의 오일 펌프 개스킷 및 오일 펌프를 끼운다.

주의
1번 체결하였던 개스킷을 사용하지 않도록 할 것.

53. 오일 펌프 장착 볼트를 규정토크로 체결할 것.

체결토크 : 2.3kg·m

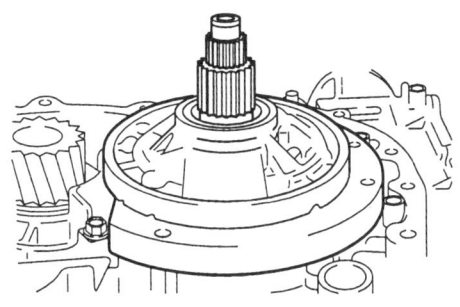

54. 인풋 샤프트의 엔드 플레이를 측정하여 표준치에 있는 순서(51)로 장착 스러스트 와셔를 선택하여 끼운다.

표준치 : 0.70~1.20mm

55. 오일 필터를 장착한다.

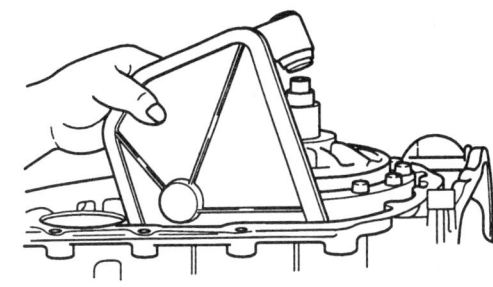

56. 디퍼렌셜을 장착한다.

57. 컨버터 하우징의 그림위치에 길이 약 10mm 직경 3mm의 받침대를 설치한다.

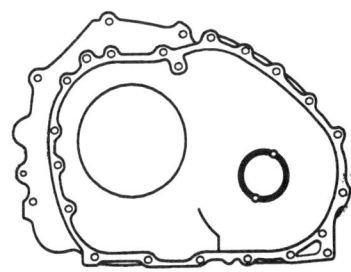

58. SST를 사용하여 아웃터 레이스를 쳐서 끼운다.

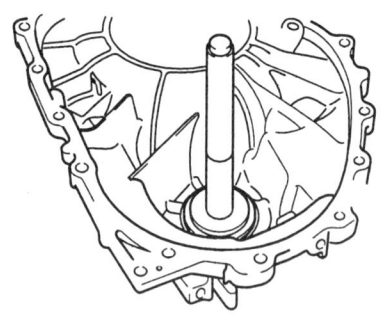

59. 컨버터 하우징을 변속기 케이스에 실제를 도포하지 않고 장착한 후 규정토크로 체결한다.
60. 볼트를 풀어 반전을 빼낸다.

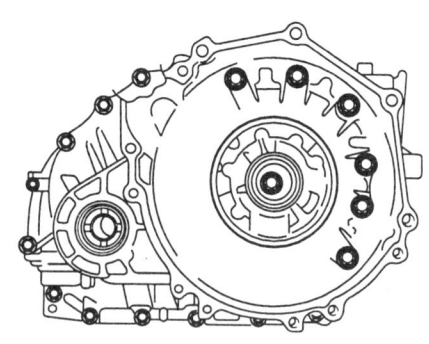

61. 반전의 두께를 마이크로 미터로 계측하여 아래의 계산식에 따라 스페이서를 선택한다.
(T+0.056mm)~(T+0.105mm)

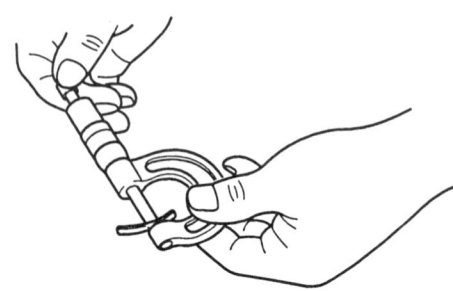

62. 순서(62)에서 선택한 스페이서를 컨버터 하우징에 조립하여 SST를 사용하여 아웃터 레이스를 쳐서 끼운다.

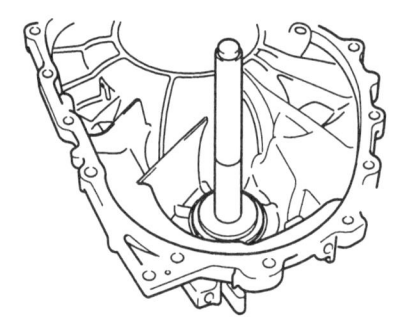

63. 컨버터 하우징 그림위치에 액상 개스킷 ϕ 1.6mm의 굵기로 끊김없이 도포한다.
액상 개스킷
품명: 쓰리본드 1281B

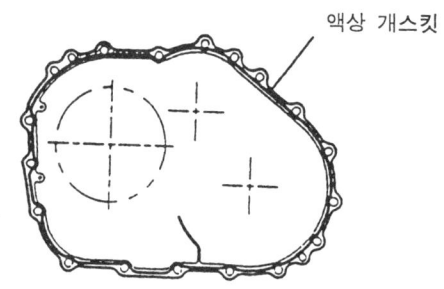

64. 신품 O-링(2개)를 끼운다.

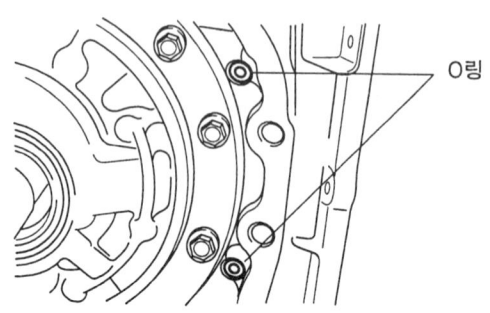

분해 및 조립 42-85

65. 컨버터 하우징을 끼운후 장착볼트(18개)를 규정 토크로 체결한다.

   체결토크 : 4.8kg·m

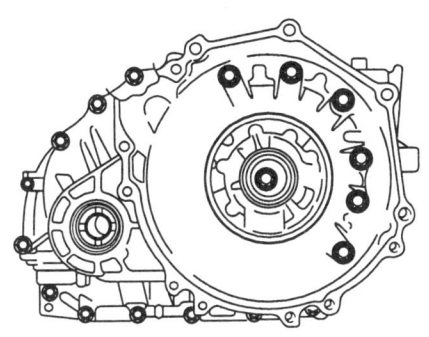

66. 매뉴얼 컨트롤바 샤프트 및 파킹폴 로드를 장착한다.
67. 매뉴얼 컨트롤바 샤프트 롤러를 장착한다.

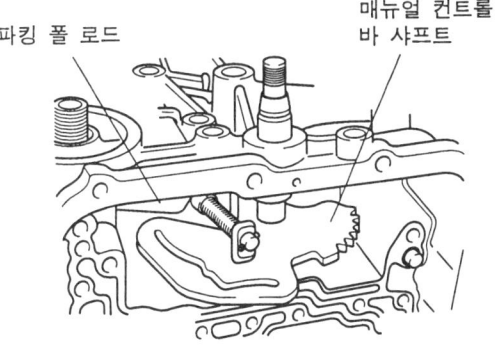

68. 각 어큐뮬레이터 피스톤, 신품의 실링 및 스프링을 끼운다.

✱ 참조
어큐뮬레이터 스프링의 식별은 그림과 같다.

No.	명칭	식별색
1	로 러버스 브레이크용	없음
2	언더 드라이브 클러치용	황색
3	세컨드 브레이크용	청색
4	오버 드라이브 클러치	없음

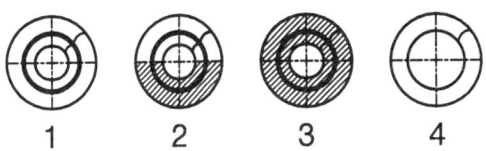

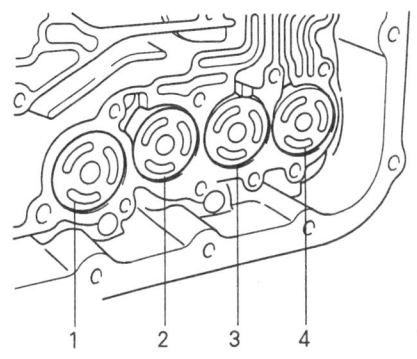

69. 그림과 같이 스트레이너 및 세컨드 브레이크 리테이너 오일 실을 끼운다.

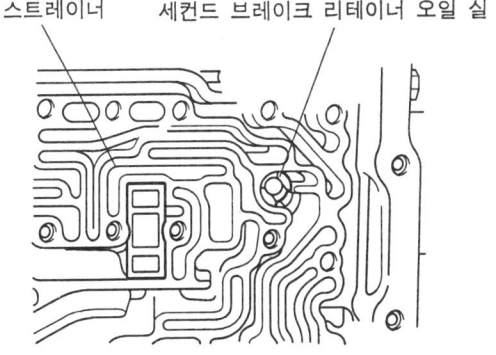

70. 솔레노이드 밸브 하네스를 끼운후 스냅링은 커넥터에 확실히 끼운다.

71. 밸브보디, 개스킷 및 스틸볼(2개)를 끼운다.

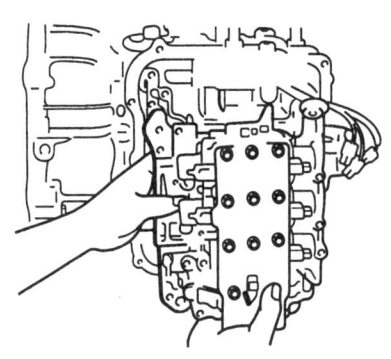

72. 유온센서를 끼운다.
73. 밸브 보디 장착볼트(28개)를 끼운다.

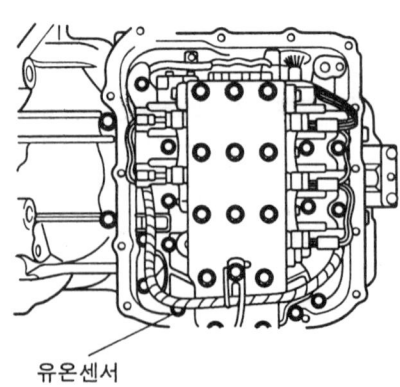

74. 밸브보디에 커넥터를 접속한다.

No.	장착위치	선색	커넥터 하우징색
1	언더 드라이브 솔레노이드 밸브	흰, 적, 적	검은색
2	오버 드라이브 솔레노이드 밸브	적	검은색
3	로 리버스 솔레노이드 밸브	갈색, 황	유백색
4	세컨드 솔레노이드 밸브	녹, 적, 적	유백색
5	댐퍼 클러치 컨트롤 솔레노이드 밸브	청, 황, 황	검은색
6	유온센서	검은색, 적	검은색

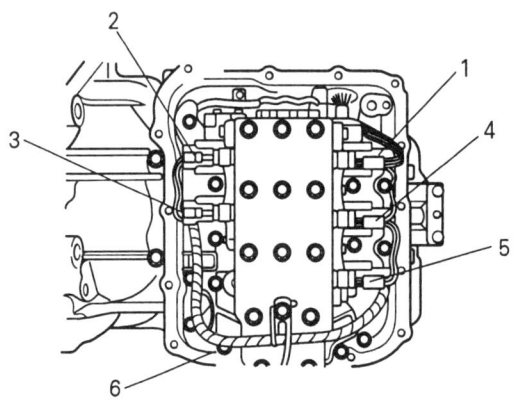

75. 매뉴얼 컨트롤 샤프트 디텐트 스프링 및 디텐트를 장착한다.

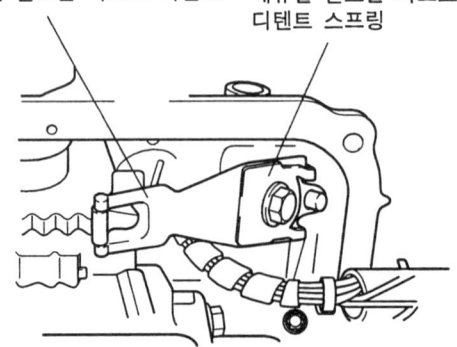

분해 및 조립 42-87

76. 밸브보디에서 액상 개스킷을 φ2.5mm의 굵기로 그림과 같이 끊임없이 도포한다.
    액상 개스킷
    품명: 쓰리본드 1281B

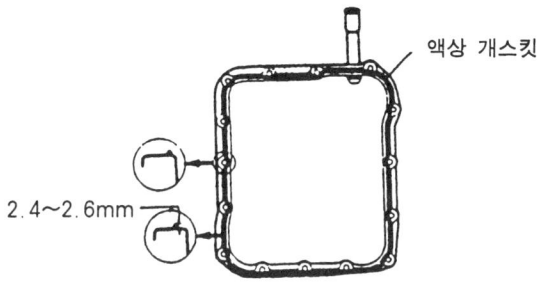

77. 밸브 보디 커버를 끼운후 장착볼트를 규정토크로 체결한다.
    체결토크 : 1.0kg·m

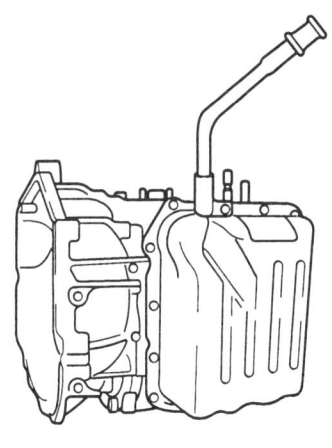

78. 차속센서를 끼운다.
    체결토크 : 1.1kg·m

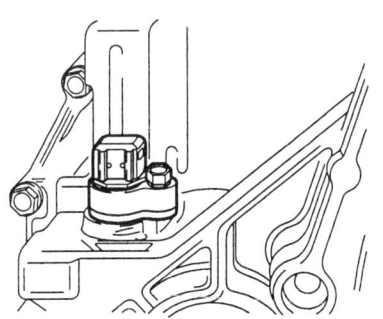

79. 인히비터 스위치 및 매뉴얼 컨트롤 레버를 끼운다.

    ⚠ **주의**
    인히비터 스위치는 반드시 밸브 보디가 끼워졌던 상태로 장착한다.

80. 입력축 속도센서 및 출력축 속도센서를 끼운다.

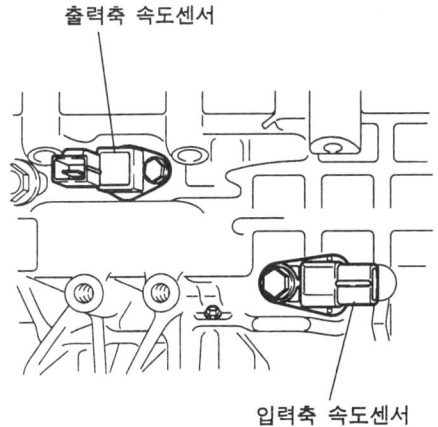

81. 오일 필터의 O-링에 소량의 ATF를 도포하여 규정 토크로 체결한다.
    규정토크 : 1.2kg·m

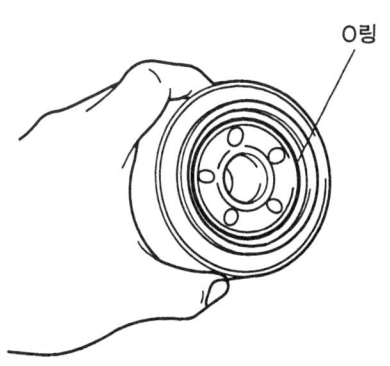

82. 아이볼트, 신품의 개스킷 및 오일쿨러 피드 튜브를 끼운다.
83. 오일 레벨 게이지를 끼운다.
84. 각 브래킷를 끼운다.

85. 토크 컨버터를 장착후 그림과 같이 참고치까지 확실히 잡아 끼운다.

    참고치 : 약 12.2 mm

▰ 주의
오일 펌프 드라이브 밸브에 ATF를 도포하여 오일 실의 립부에 손상이 가해지지 않도록 주의하여 끼운다.

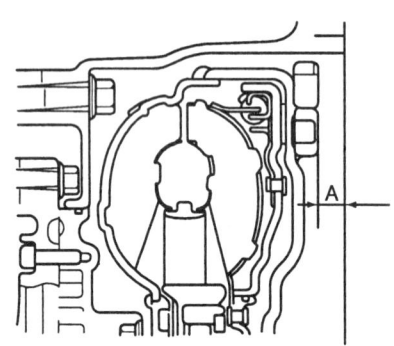

ACV042112

오일 펌프
분해 · 조립

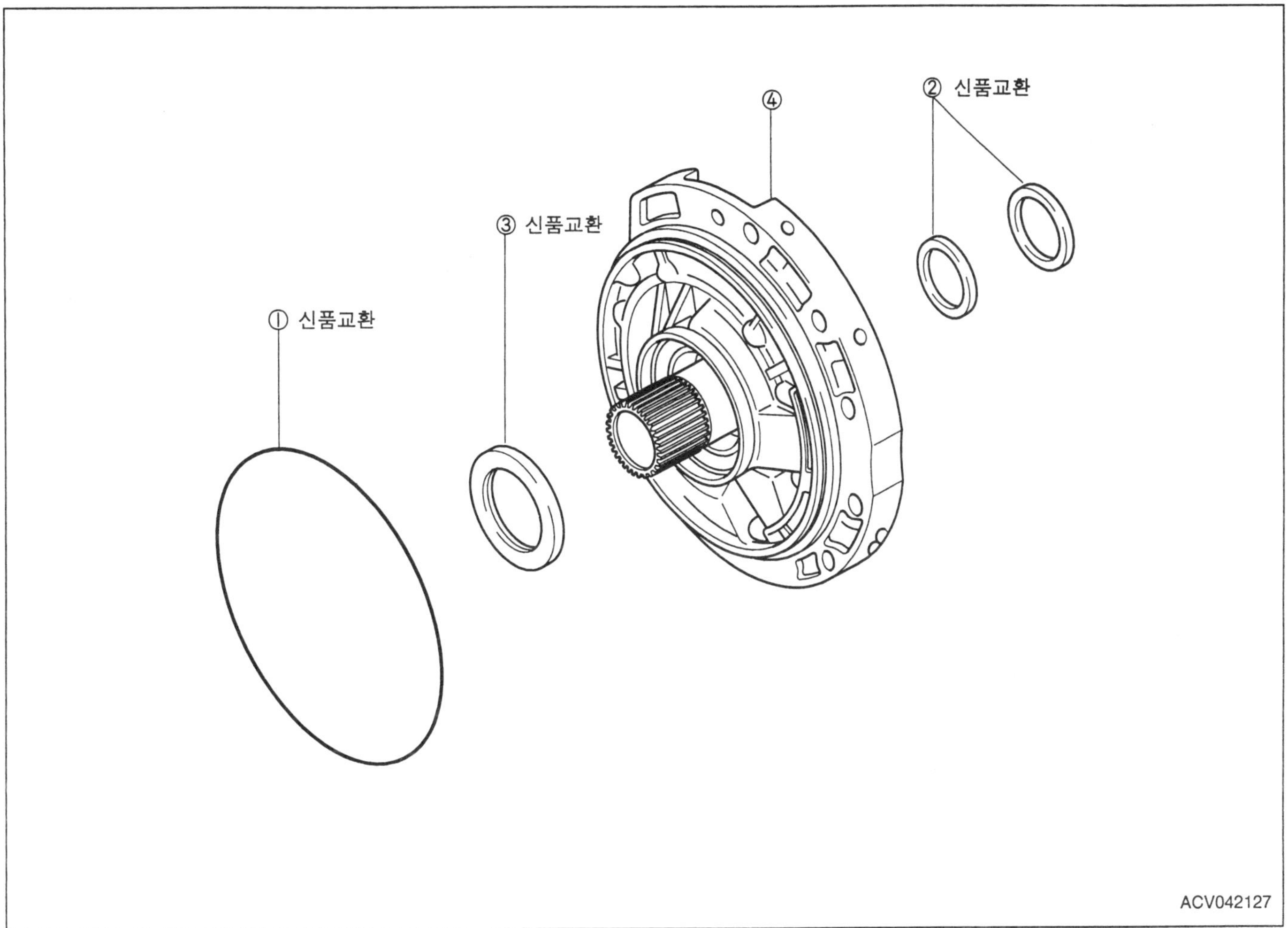

(1) O-링
(2) 실링
(3) 오일 실
(4) 오일 펌프 어셈블리

조립의 요점
1. 오일 실을 조립한다.

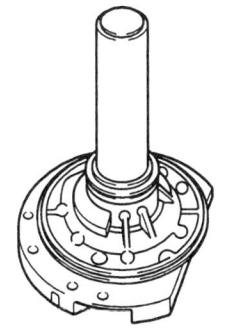

2. O-링 끼움
   1) 오일펌프 외주에 신품의 O-링을 끼워 O-링 외주에 ATF 청석 패드로라탐 또는 백색 와세린을 도포한다.

언더 드라이브 클러치 및 인풋 샤프트
분해 · 조립

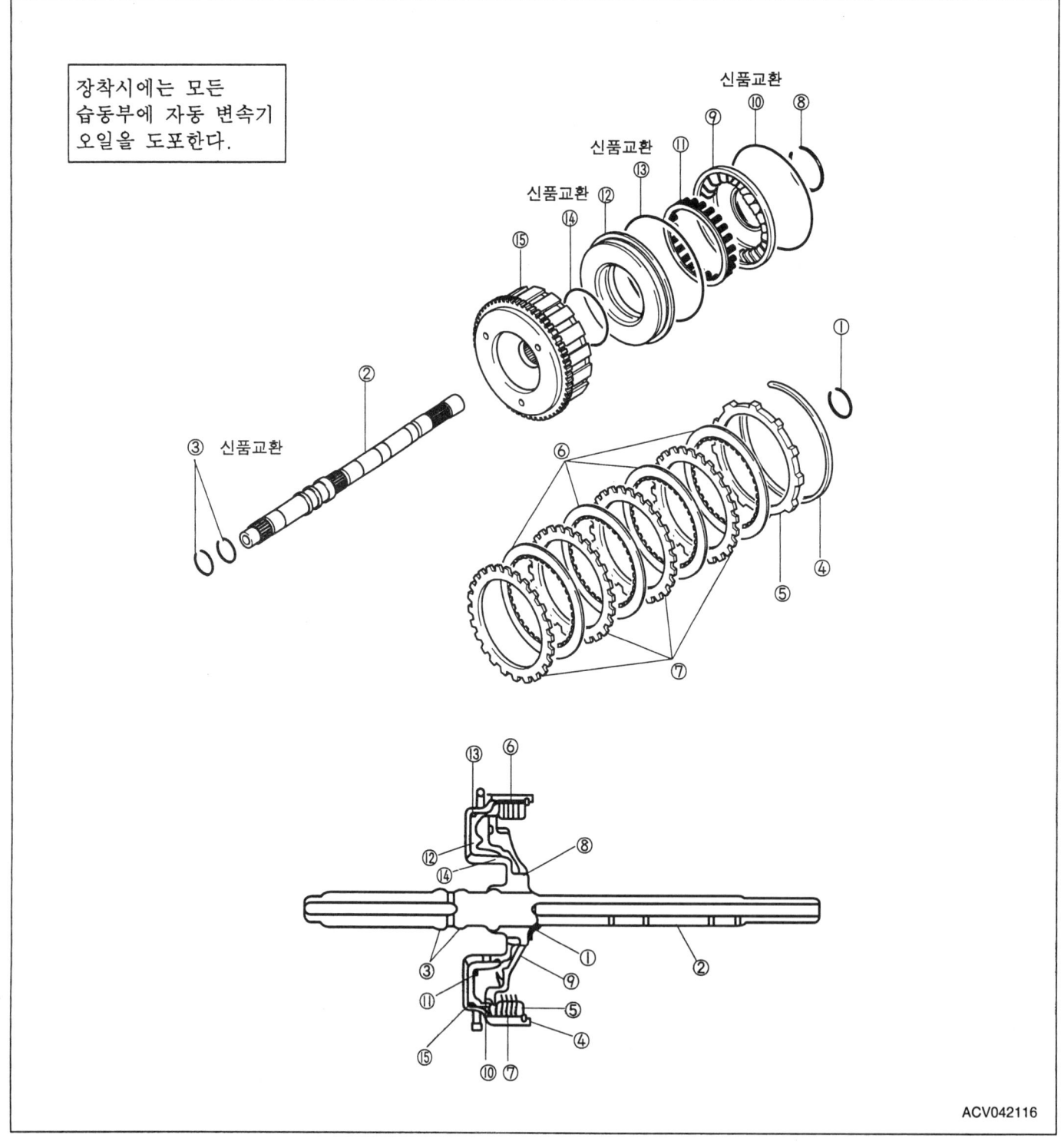

(1) 스냅링
(2) 인풋 샤프트
(3) 실링
(4) 스냅링
(5) 클러치 리액션 플레이트
(6) 클러치 디스크
(7) 클러치 플레이트
(8) 스냅링
(9) 언더 드라이브 클러치 스프링 리테이너
(10) D-링
(11) 리턴 스프링
(12) 언더 드라이브 클러치 피스톤
(13) D-링
(14) D-링
(15) 언더 드라이브 클러치 리테이너

분해요점
1. 스냅링을 분리한다.

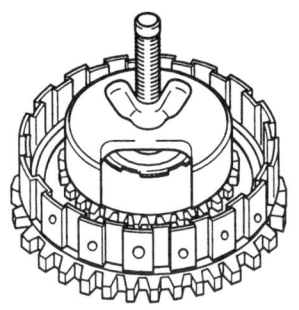

ACV042118

조립요점
1. D-링을 조립한다.
   1) D-링에 ATF청색 페트로라탐 또는 백색 와세린을 도포하여 손상하지 않도록 주의하여 조립한다.
2. 스냅링을 조립한다.

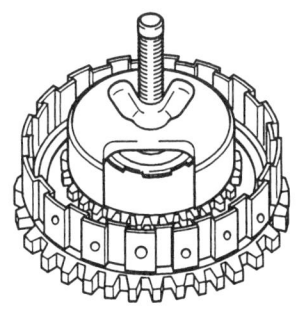

ACV042118

3. 클러치 플레이트/클러치 디스크/클러치 리액션 플레이트를 장착한다.
   1) 웨이브 디스크를 사용하고 있는지를 확인한다.

✱ 참조
클러치 디스크를 2개를 합하여 약간씩 움직인다. 틈이 있으면 웨이브 디스크이다.

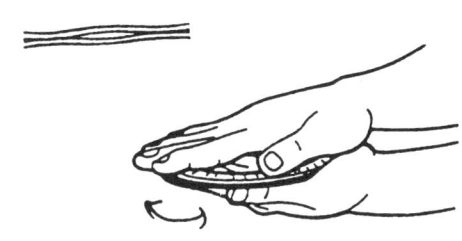

ACV042155

   2) 클러치 플레이트 클러치 디스크 및 클러치 리액션 플레이트의 이빨부를 언더 드라이브 클러치 리테이너 외주공(도시B)에 합쳐 조립한다.

⚠ 주의
클러치 디스크는 ATF에 충분히 담근후 사용한다.

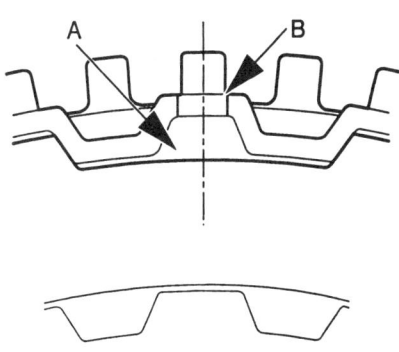

ACV042119

3) 클러치 리액션 플레이트는 그림과 같은 방향으로 끼운다.

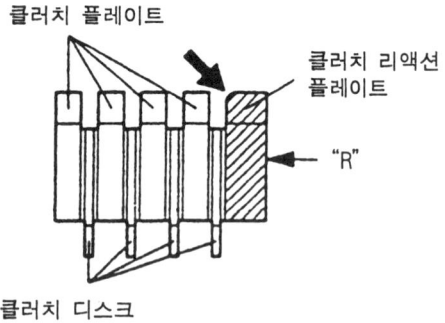

4. 스냅링의 장착
   1) 웨이브 디스크 사용 장소

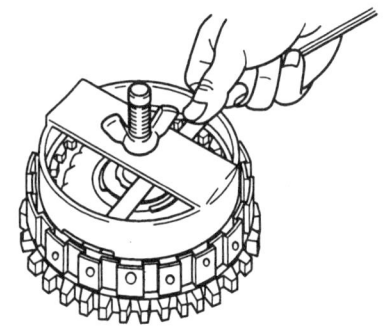

① 스냅링과 클러치 리액션 플레이트의 틈새가 표준치에 있는지 점검한다. 틈새를 측정했을 때는 특수공구를 사용하여 클러치 리액션 플레이트의 전주를 잡아준다. 틈이 표준치 일때는 스냅링을 선택하여 표준치내에 있는지 조정한다.

표준치 : 1.6~1.8 mm

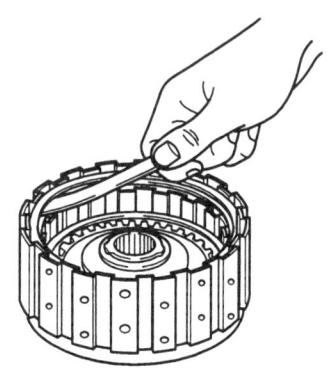

리버스 및 오버 드라이브 클러치
분해 · 조립

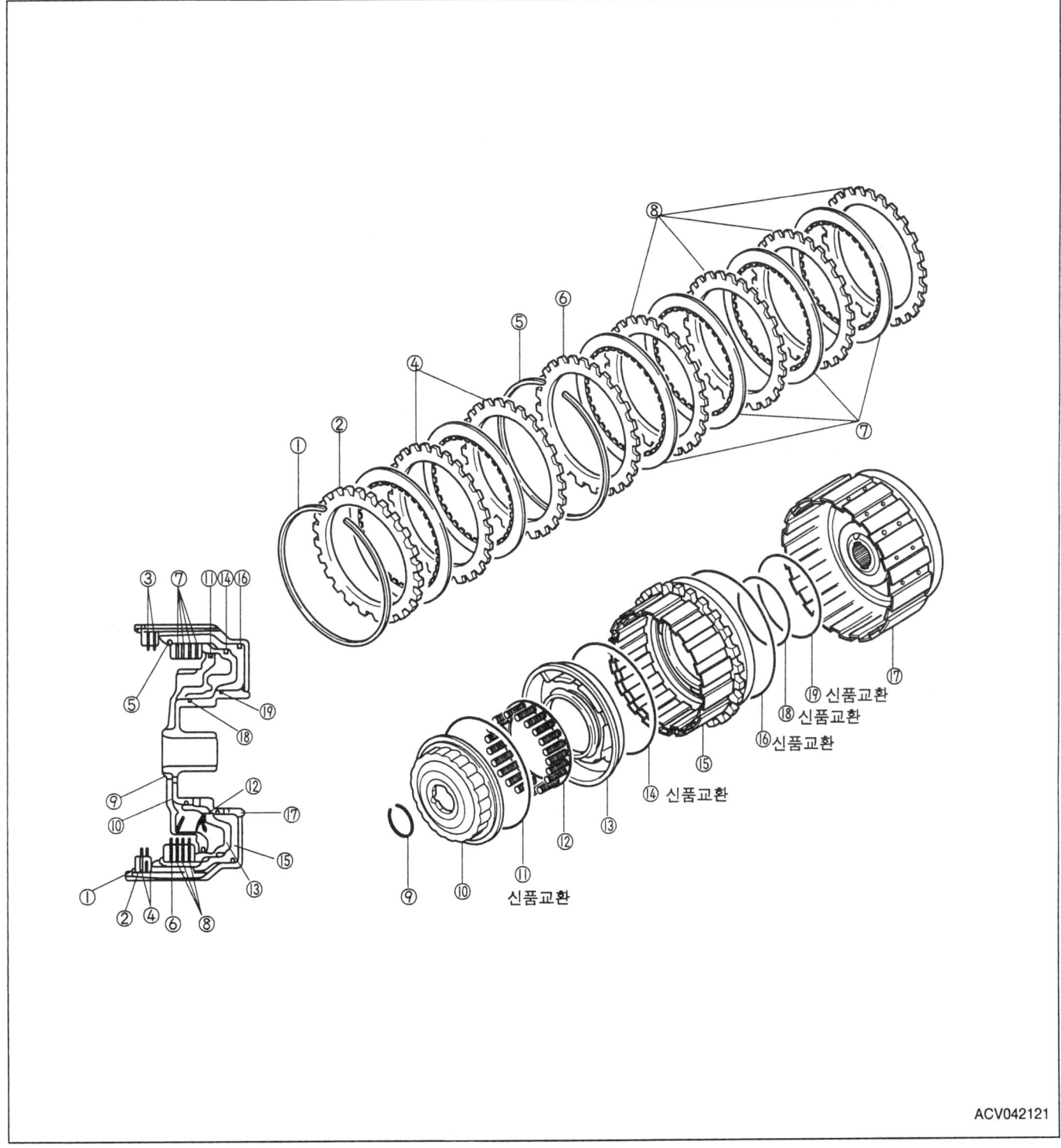

(1) 스냅링
(2) 클러치 리액션 플레이트
(3) 클러치 디스크
(4) 클러치 플레이트
(5) 스냅링
(6) 클러치 리액션 플레이트
(7) 클러치 디스크
(8) 클러치 플레이트
(9) 스냅링
(10) 오버 드라이브 클러치 스프링 리테이너
(11) D-링
(12) 리턴 스프링
(13) 오버 드라이브 클러치 피스톤
(14) D-링
(15) 리버스 클러치 피스톤
(16) D-링
(17) 리버스 클러치 리테이너
(18) D-링
(19) D-링

42-94 분해 및 조립

분해요점
1. 스냅링을 장착한다.

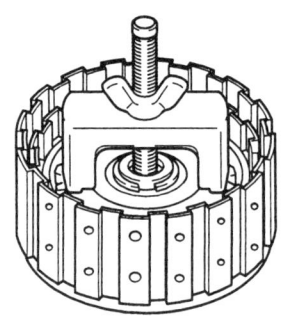

ACV42123

조립요점
1. D-링의 장착
   1) D-링에 ATF, 청색 패트로라탐 또는 백색 와세린을 도포하고, 손상되지 않도록 끼운다.
2. 리버스 클러치 피스톤 장착
   1) 리버스 클러치 피스톤의 외주구멍(그림A)를 리버스 클러치 리테이너 외주 구멍(그림B)에 맞춰 장착한다.

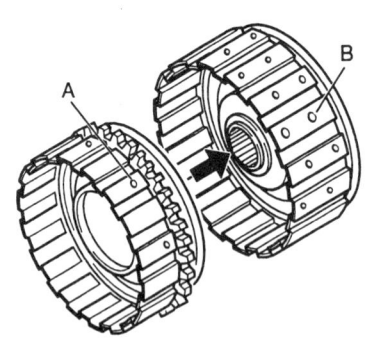

ACV42124

3. 스냅링 장착
   1) SST를 사용하여 스냅링을 끼운다.

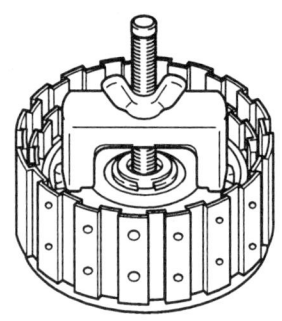

ACV42123

   2) 스냅링과 리턴 스프링 리테이너의 틈새가 표준치에 있는지 점검한다.
      틈새를 측정했을 때는 리턴 스프링 리테이너의 전주를 확실하게 고정(5kg정도의 힘)한다. 틈새가 표준치외일 때는 스냅링(4종)을 선택하여 표준치내에 오도록 조정한다.

   표준치 : 0T~0.09Lmm

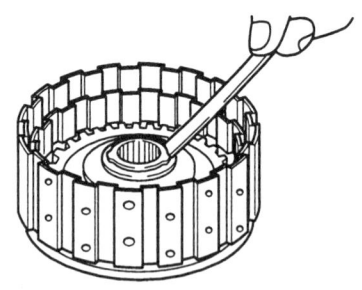

ACV42125

4. 클러치 플레이트/클러치 디스크/클러치 리액션 플레이트의 장착
   1) 웨이브 디스크를 사용하여 상태를 확인한다.

✱ 참조
클러치 디스크를 2매 겹쳐 조금씩 움직여 본다. 틈새가 있으면 웨이브 디스크이다.

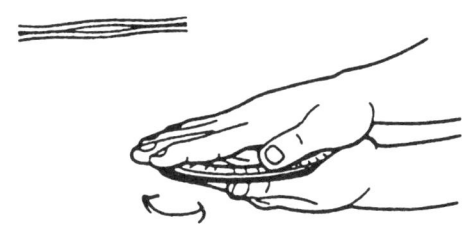

ACV042155

2) 클러치 리액션 플레이트는 그림과 같은 방향으로 끼운다.

✱ 참조
클러치 디스크는 ATF에 충분히 담근후 조립한다.

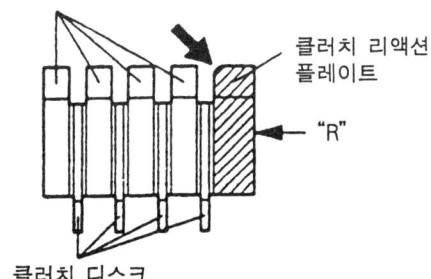

ACV042156

5. 스냅링 장착
   1) 스냅링과 클러치 리액션 플레이트의 틈새가 표준치에 있는지 점검한다. 틈새를 측정하였을 때는 특수공구를 사용하여 클러치 리액션 플레이트의 전주를 고정한다. 틈새가 표준치일 때는 스냅링(13종)을 선택하여 표준치에에 있도록 조정한다.

   표준치: 1.6~1.8mm

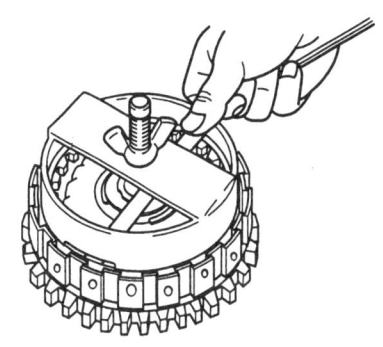

ACV042120

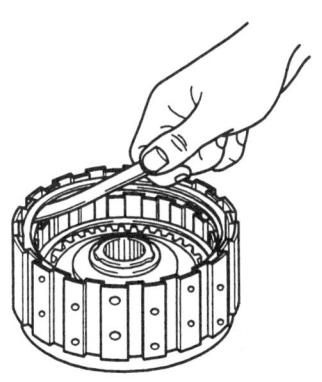

ACV042126

6. 클러치 플레이트, 플러치 디스크/클러치 리액션 플레이트 장착
   1) 클러치 플레이트, 클러치 디스크 및 리액션 플레이트의 외주구멍(그림A)에 리버스 클러치 리테이너 외주 구멍(그림B)에 맞춰 장착한다.

   ✏️ 주의
   클러치 디스크는 ATF에 충분히 담근후 조립한다.

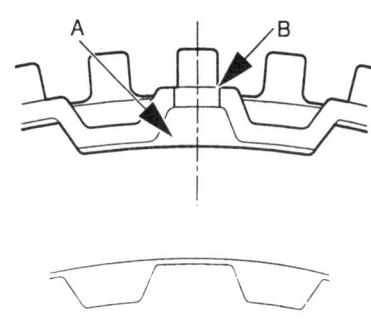

   2) 클러치 리액션 플레이트는 그림의 방향으로 장착한다.

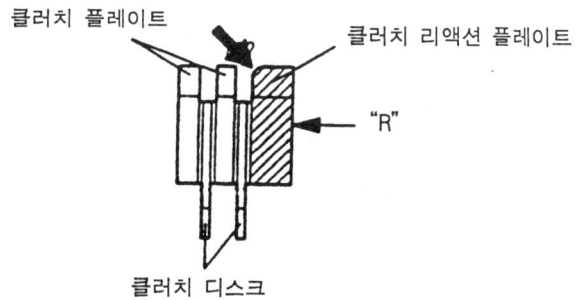

7. 스냅링 장착
   1) 스냅링과 클러치 리액션 플레이트의 틈새가 표준치에 있는지 점검하고 틈을 측정할 때는 클러치 리액션 플레이트의 전주를 확실하게 눌러(5kg)끼운다. 틈이 표준치외에 있을 때는 스냅링(15종)을 선택하여 표준치내에 있도록 조정한다.

   표준치: 1.5~1.7mm

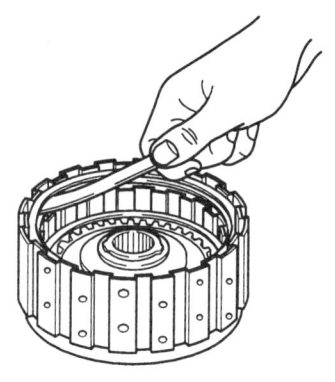

오버 드라이브 유성 기어

분해 · 조립

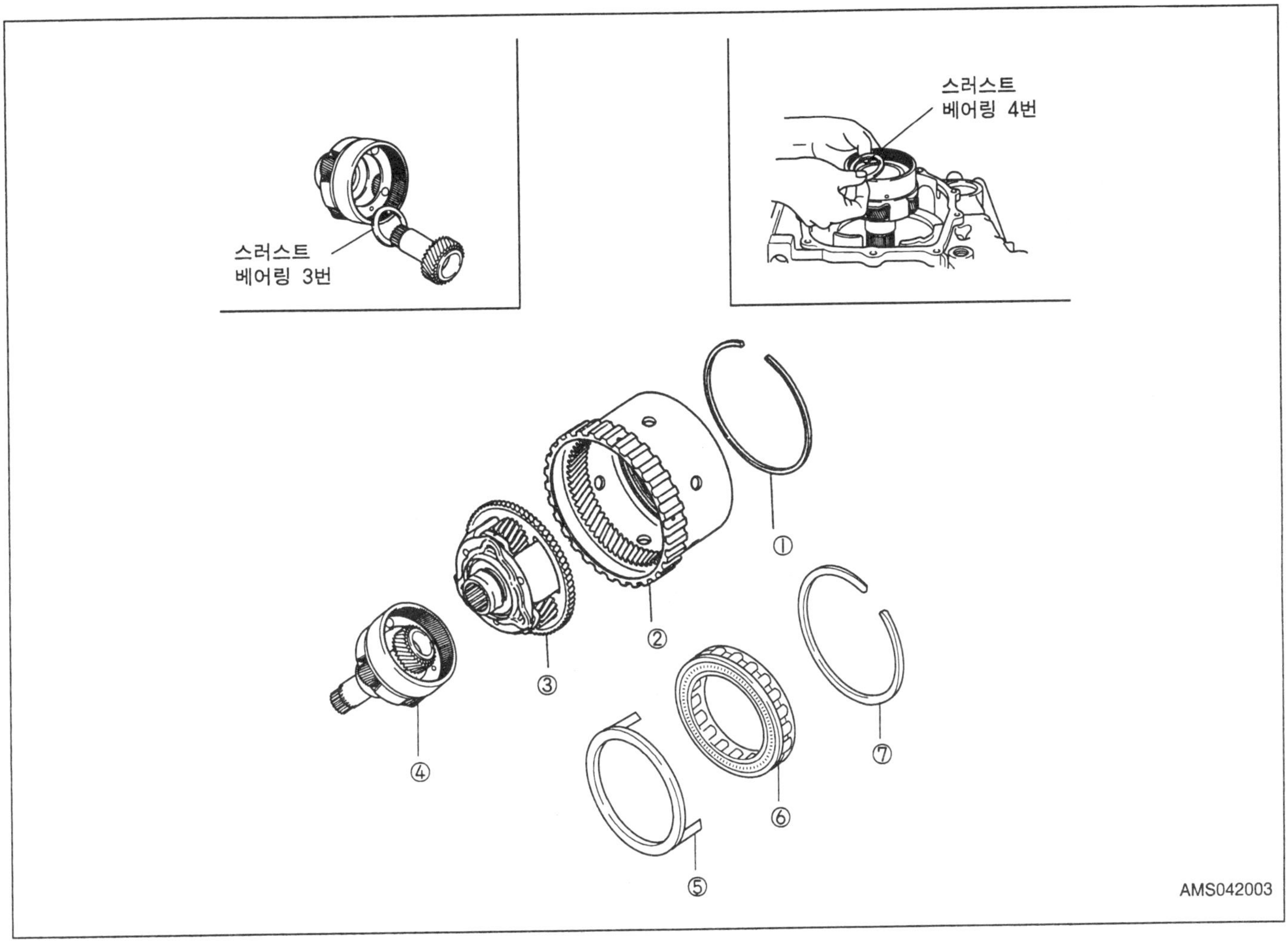

(1) 스냅링
(2) 로우 & 리버스 애뉼러스 기어
(3) 오버 드라이브 유성기어
(4) 아웃풋 유성기어
(5) 스톱퍼 플레이트
(6) 원웨이 클러치
(7) 스냅링

✱ *참조*

- *원웨이 클러치 조립시 조립방향에 주의한다.*

AMS042004

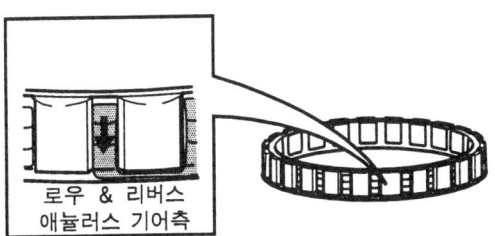

로 · 리버스 브레이크
분해 · 조립

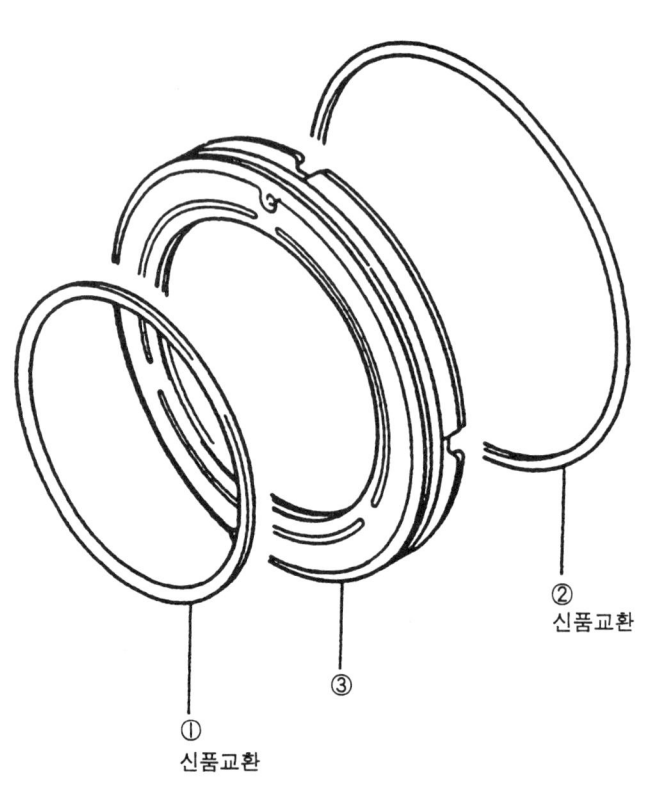

① 신품교환
② 신품교환
③

(1) D-링
(2) D-링
(3) 로 · 리버스 브레이크 피스톤

조립요점
1. D-링 장착
  1) D-링에 ATF 또는 백색 와세린을 도포하고 손상되지 않도록 끼운다.

세컨드 브레이크
분해 · 조립

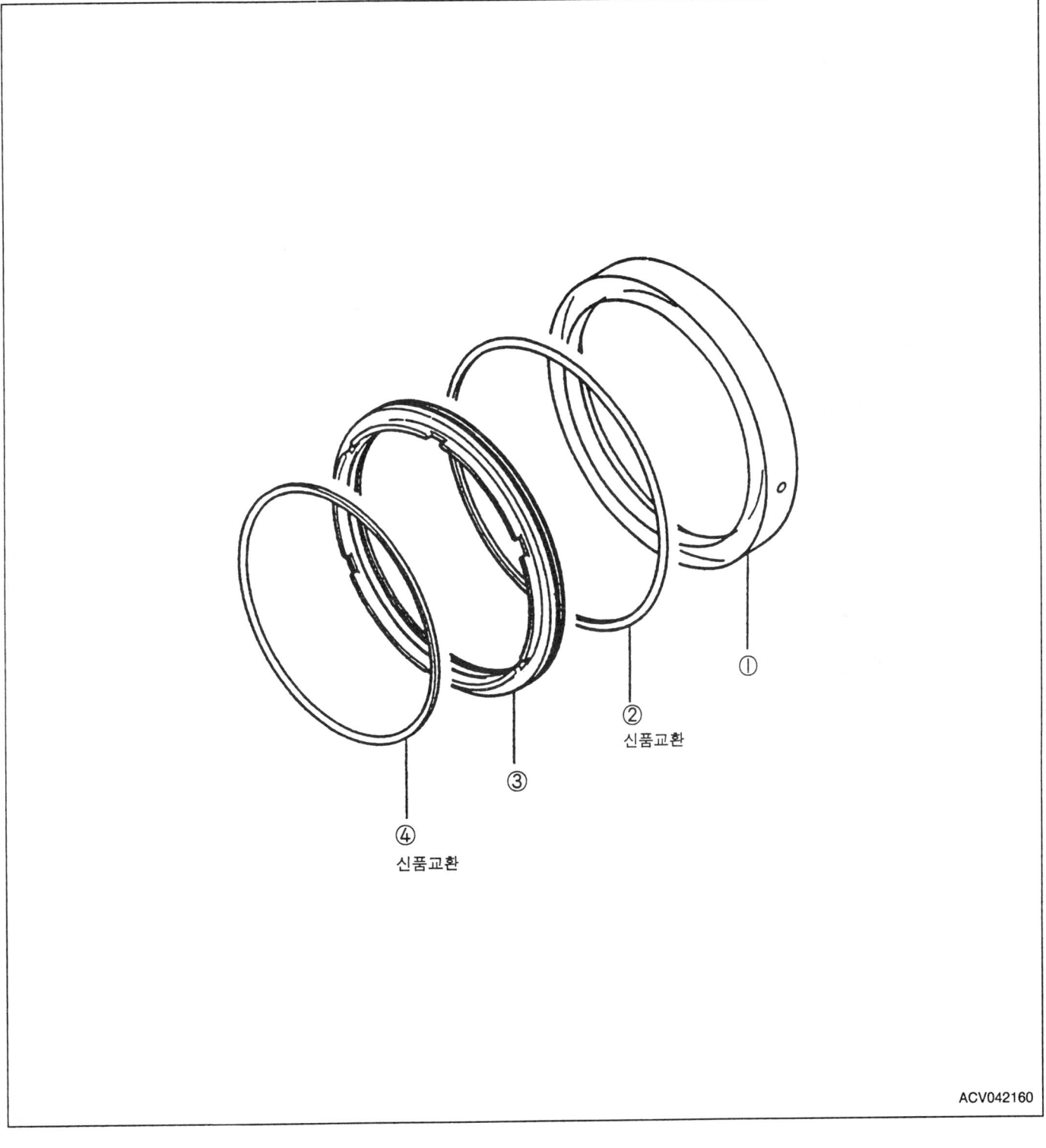

④ 신품교환
③
② 신품교환
①

(1) 세컨드 브레이크 리테이너
(2) D-링
(3) 세컨드 브레이크 피스톤
(4) D-링

조립요점
1. D-링 장착
   1) D-링에 ATF 또는 백색 와세린을 도포하여 손상되지 않도록 주의하여 끼운다.

아웃풋 샤프트
분해 · 조립

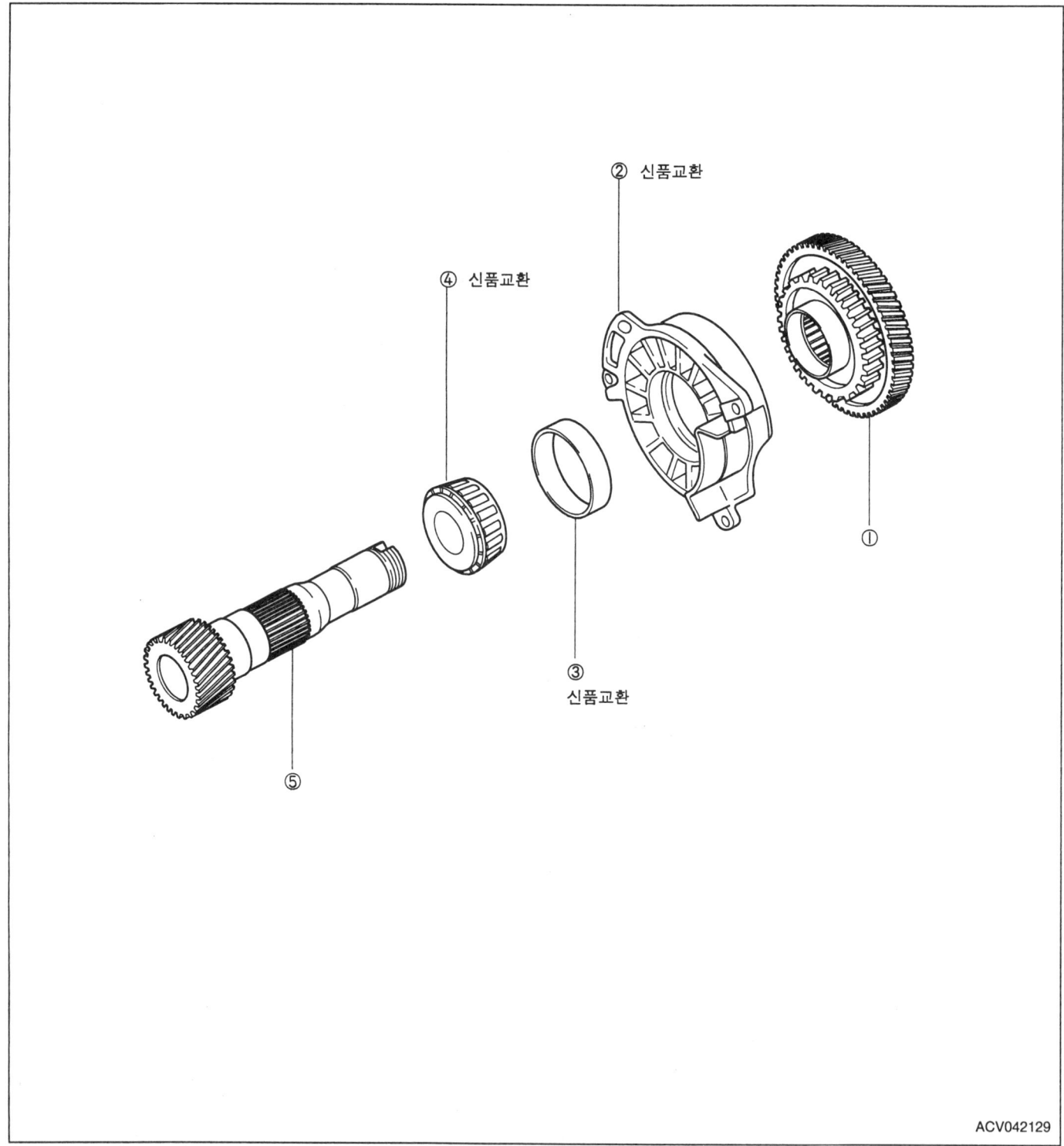

(1) 트랜스퍼 드리븐 기어
(2) 베어링 리테이너
(3) 아웃터 레이스
(4) 테이퍼 롤러 베어링
(5) 아웃풋 샤프트

분해요점

1. 트랜스퍼 드리븐 기어를 분해한다.

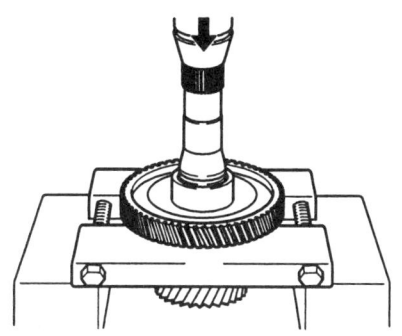

ACV042130

2. 테이퍼 롤러 베어링을 분해한다.

ACV042131

조립요점

1. 테이퍼 롤러 베어링을 조립한다.

ACV042131

2. 아웃터 레이스를 조립한다.

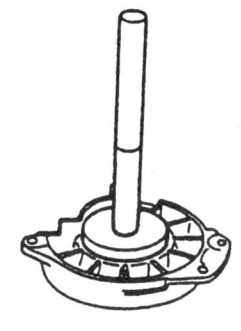

ACV042161

3. 트랜스퍼 드리븐 기어를 조립한다.

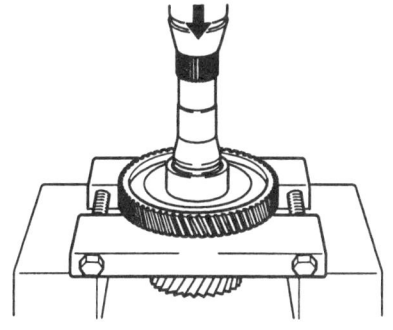

ACV042130

디퍼렌셜
분해 · 조립

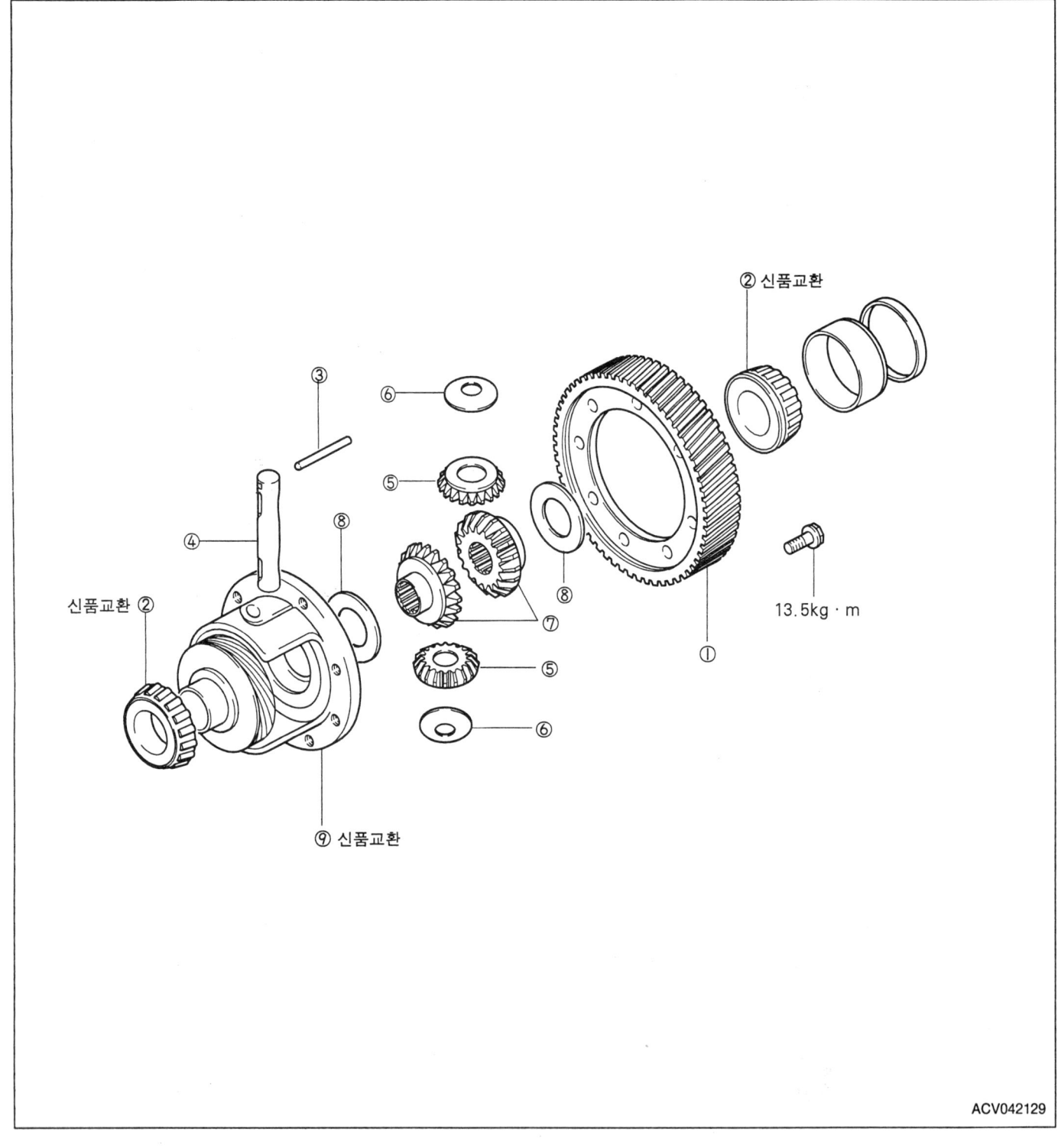

(1) 디퍼렌셜 드라이브 기어
(2) 테이퍼 롤러 베어링
(3) 록 핀
(4) 피니언 샤프트
(5) 피니언
(6) 와셔
(7) 사이드 기어
(8) 스페이서
(9) 디퍼렌셜 케이스

분해요점
1. 테이퍼 롤러 베어링을 분리한다.

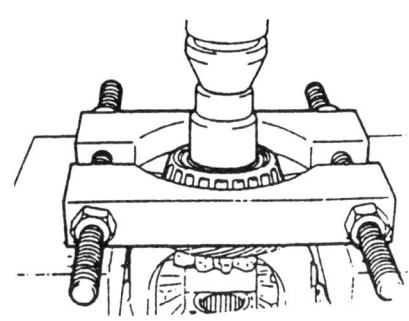

조립요점
1. 스페이서·사이드 기어·피니언·피니언 샤프트 분리
   1) 사이드 기어 배면에 스페이서를 조립한후 디퍼렌셜 케이스내에 사이드 기어를 장착한다.

   ✱ 참조
   신품의 사이드 기어를 장착할 때는 중립의 두께 (0.93~1.00 mm)의 스페이서를 조립한다.

   2) 피니언 배면에 와셔를 조립한후 2개를 동시에 사이드 기어에 이빨이 물려 회전하도록 소정의 위치에 결합한다.

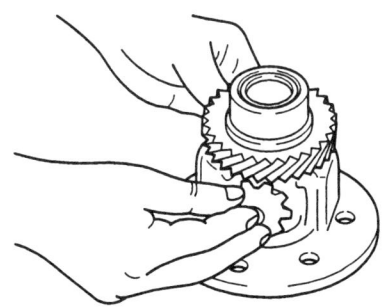

   3) 피니언 샤프트를 끼운다.

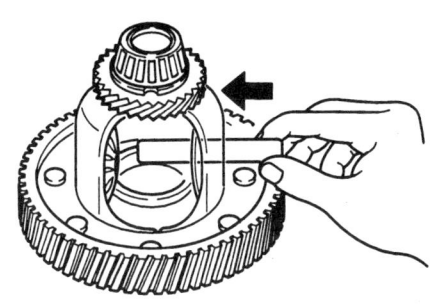

   4) 사이드 기어 피니언의 백래쉬를 측정한다.

   표준치 : 0.025~0.150 mm

   5) 백래쉬가 표준치일 때는 스페이서를 선택하여 규정 백래쉬를 측정한다.

   ✱ 참조
   양 사이드 백래쉬가 평균치에 있도록 조정한다.

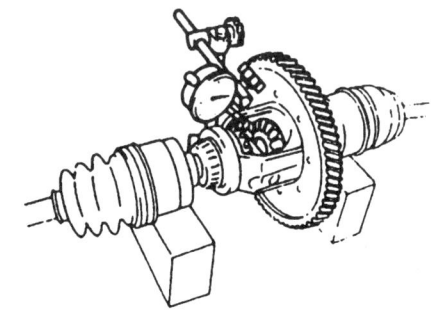

2. 록 핀 장착
   1) 그림과 같은 방향이 되도록 장착한다.

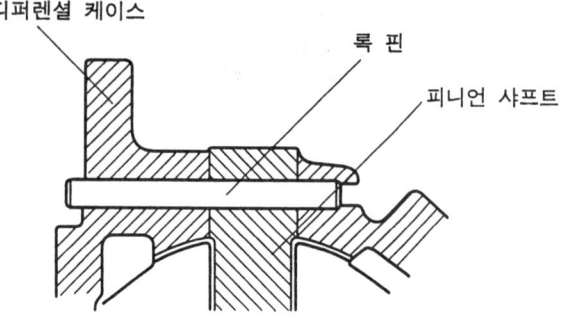

ACV042144

3. 테이퍼 롤러 베어링 장착

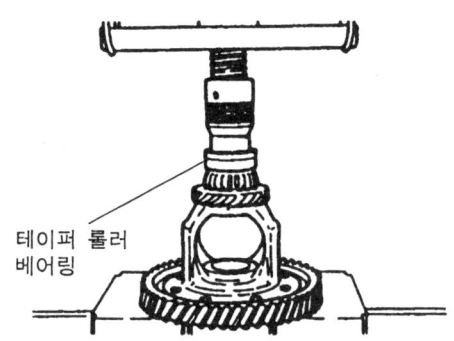

AS2A41155

4. 디퍼렌셜 드라이브 기어 장착
   1) 볼트에 ATF를 도포하여, 그림과 같은 순서에 규정토크로 체결한다.

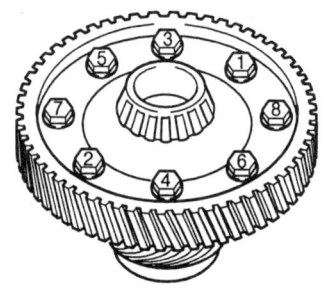

ACV042145

밸브 보디
분해 · 조립

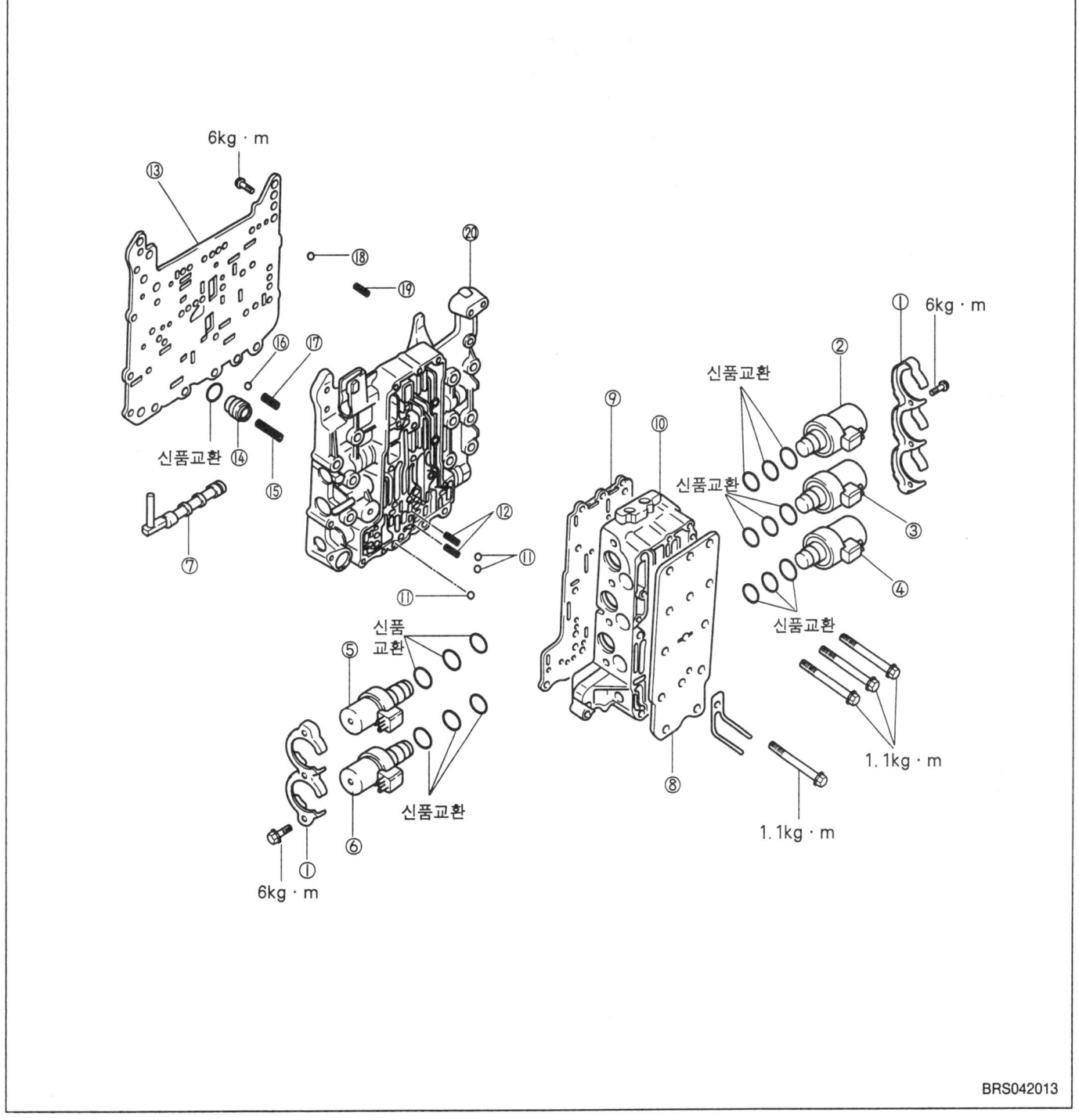

(1) 솔레노이드 서포트
(2) 언더 드라이브 솔레노이드 밸브
(3) 세컨드 솔레노이드 밸브
(4) 댐퍼 클러치 컨트롤 솔레노이드 밸브
(5) 오버 드라이브 솔레노이드 밸브
(6) 로 · 리버스 솔레노이드 밸브
(7) 매뉴얼 밸브
(8) 커버
(9) 플레이트
(10) 아웃 사이드 밸브 보디 어셈블리
(11) 스틸볼(오리피스 체크볼)
(12) 스프링
(13) 플레이트
(14) 댐핑밸브
(15) 댐핑 밸브 스프링
(16) 스틸 볼(라인 릴리프)
(17) 스프링
(18) 스틸볼
(19) 스프링
(20) 인사이드 밸브 보디 어셈블리

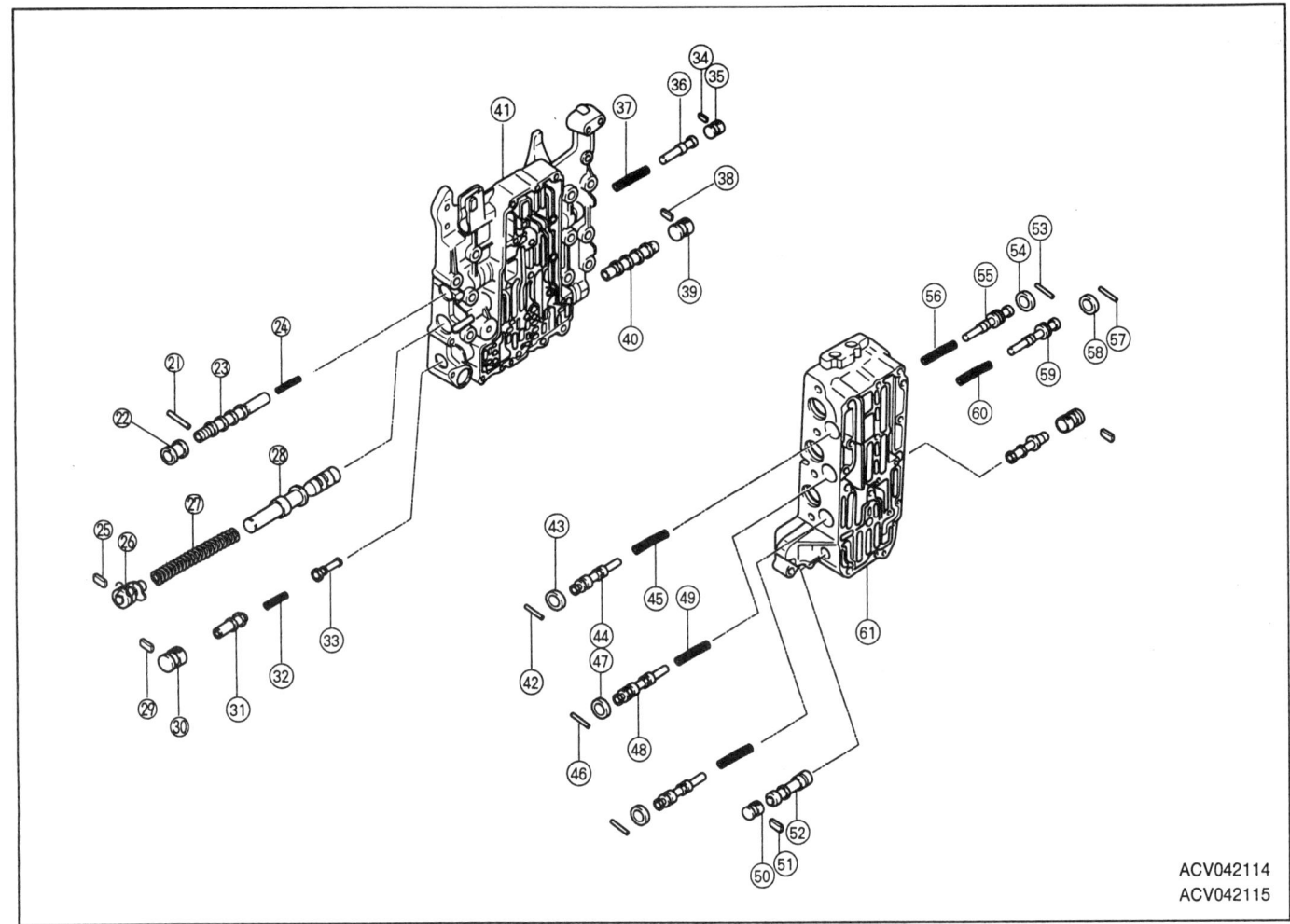

(21) 롤러
(22) 댐퍼 클러치 컨트롤 밸브 슬리이브
(23) 댐퍼 클러치 컨트롤 밸브
(24) 댐퍼 클러치 컨트롤 밸브 스프링
(25) 스톱퍼 플레이트
(26) 조정 스크류
(27) 레귤레이터 밸브 스프링
(28) 레귤레이터 밸브
(29) 스톱퍼 플레이트
(30) 페일 세이프 밸브A 슬리이브
(31) 페일 세이프 밸브A2
(32) 페일 세이프 A 스프링
(33) 페일 세이프 밸브 A1
(34) 스톱퍼 플레이트
(35) 플러그
(36) 토크 컨버터 밸브
(37) 토크 컨버터 밸브 스프링
(38) 스톱퍼 플레이트
(39) 페일 세이프 B 슬리이브
(40) 페일 세이프 B
(41) 인사이드 밸브 보디
(42) 롤러
(43) 오버 드라이브 프레셔 컨트롤 밸브 슬리이브
(44) 오버 드라이브 프레셔 컨트롤 밸브
(45) 오버 드라이브 프레셔 컨트롤 밸브 스프링
(46) 롤러
(47) 로·리버스 프레셔 컨트롤 밸브 슬리이브
(48) 로·리버스 프레셔 컨트롤 밸브
(49) 로·리버스 프레셔 컨트롤 밸브 스프링
(50) 스톱퍼 플레이트
(51) 플러그
(52) 스위치 밸브
(53) 롤러
(54) 언더 드라이브 프레셔 컨트롤 밸브 슬리이브
(55) 언더 드라이브 프레셔 컨트롤 밸브
(56) 언더 드라이브 프레셔 컨트롤 밸브 스프링
(57) 롤러
(58) 세컨드 프레셔 컨트롤 밸브 슬리이브
(59) 세컨드 프레셔 컨트롤 밸브
(60) 세컨드 프레셔 컨트롤 밸브 스프링
(61) 아웃 사이드 밸브 보디

분해 및 조립 42-107

분해요점
1. 각 솔레노이드 밸브 분리
   1) 장착 개소에 잘 알아 볼 수 있도록 흰색 테이프등으로 표시해 둔다.

조립요점
1. 스프링/스틸볼/댐핑밸브/댐핑밸브 스프링을 장착한다.

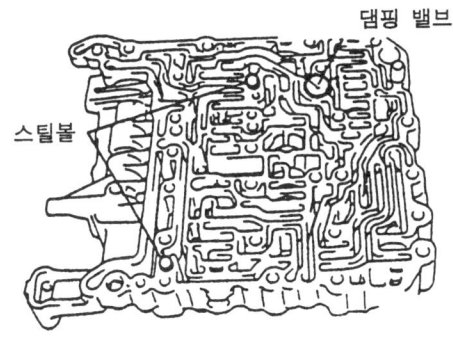

2. 스프링/스틸볼을 장착한다.

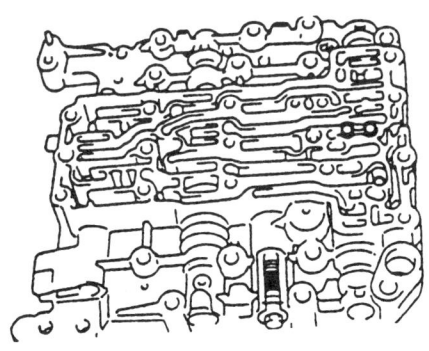

3. 각 솔레노이드 밸브의 장착
   1) O-링에 ATF 또는 백색 와세린을 도포하고 손상되지 않도록 조립한다.
   2) 분리시에 표시한 곳을 제거한 다음 장착한다.

No.	명 칭
1	언더 드라이브 솔레노이드 밸브
2	세컨드 솔레노이드 밸브
3	댐퍼 클러치 컨트롤 솔레노이드 밸브
4	오버 드라이브 솔레노이드 밸브
5	로·리버스 솔레노이드 밸브

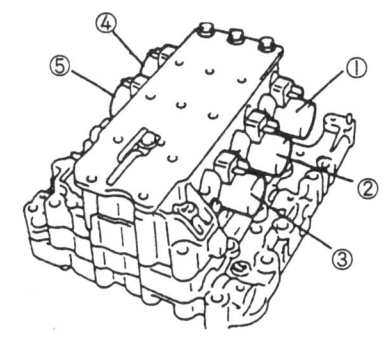

스피도 미터 기어(차속센서)
분해 · 조립

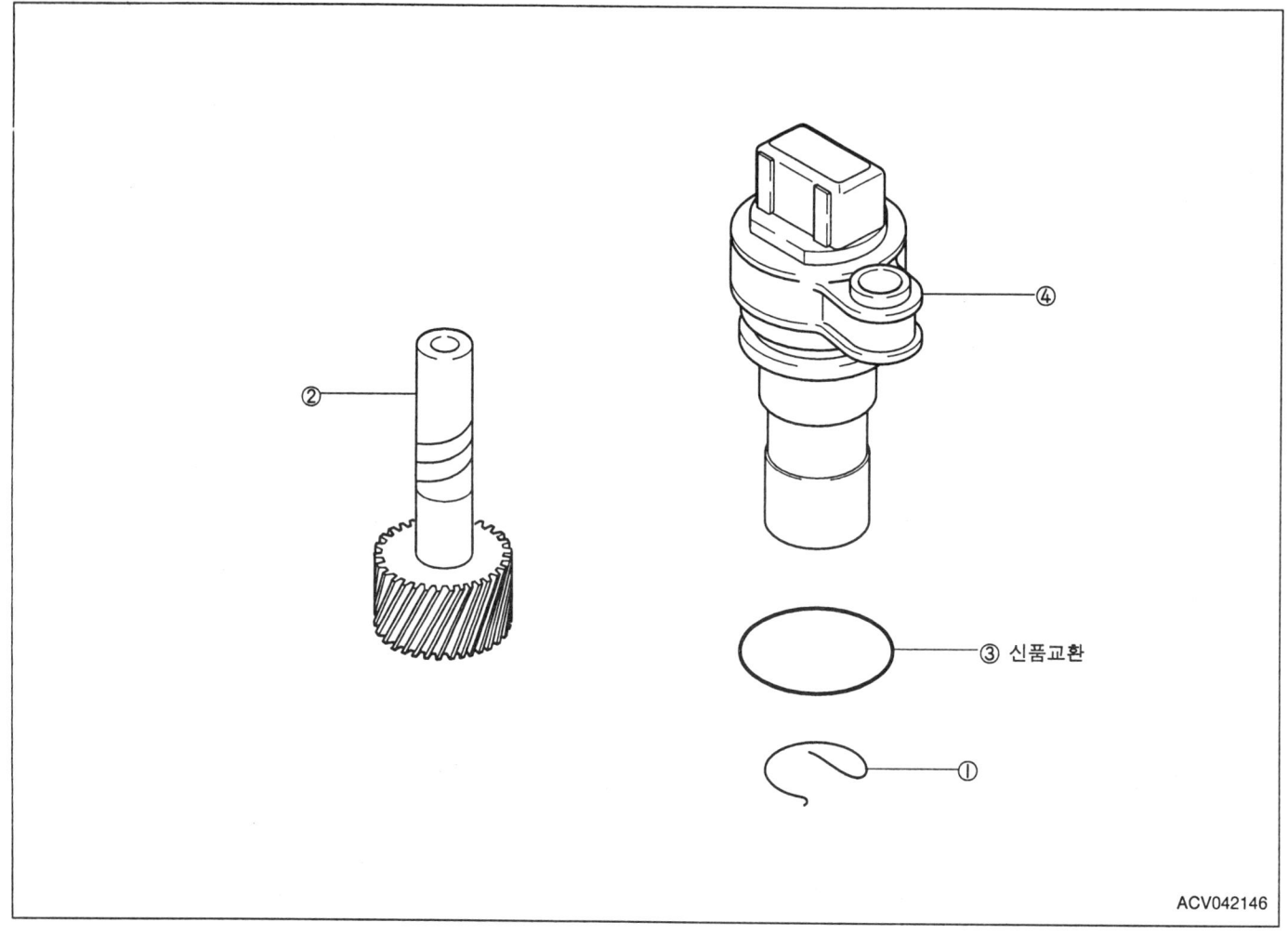

(1) e-클립
(2) 스피도 미터 드리븐 기어
(3) O-링
(4) 슬리브

드라이브 샤프트 오일 실

분해 · 조립

BRS042014

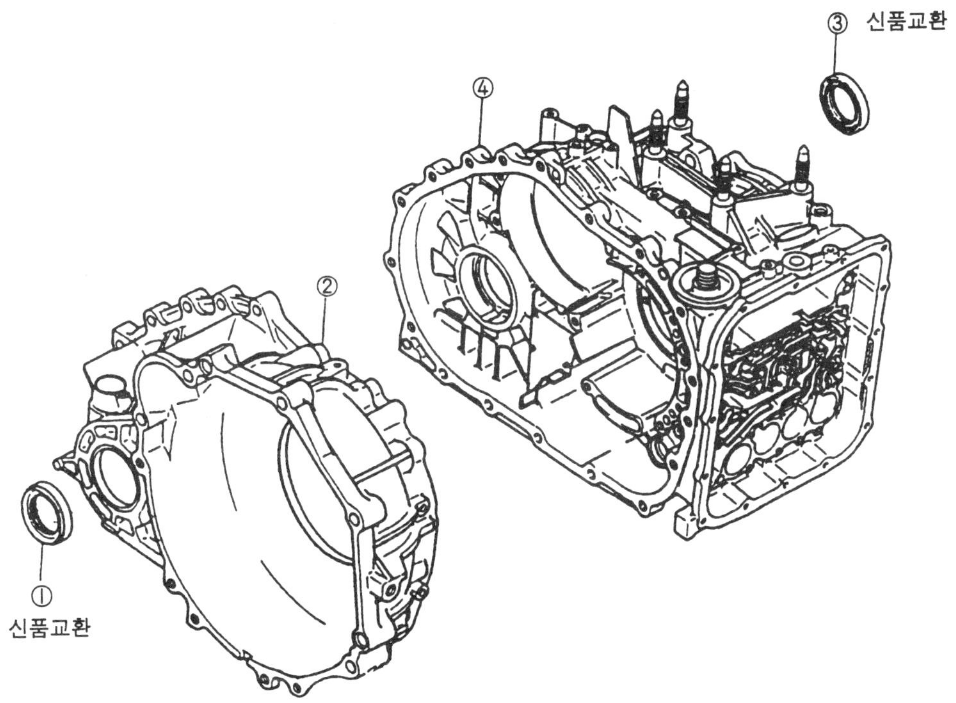

(1) 오일 실
(2) 컨버터 하우징
(3) 오일 실
(4) 트랜스미션 케이스

조립요점

1. 오일 실을 장착한다.

ACV042070

2. 오일 실을 장착한다.

ACV042108

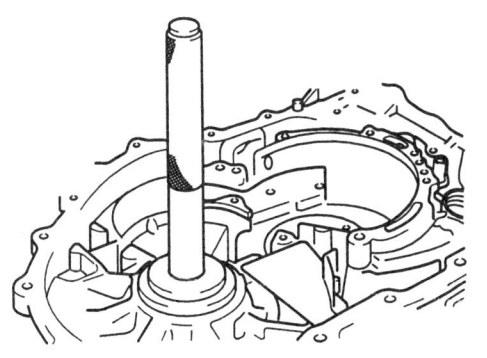

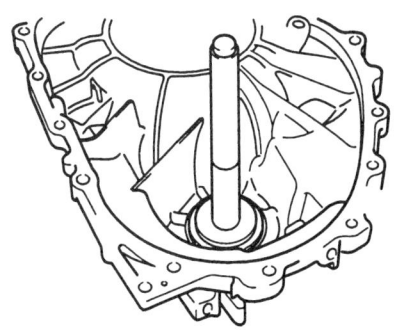

현대자동차 도서목록

구분	도 서 명		정가	구분	도 서 명		정가	구분	도 서 명		정가
승용차	쏘나타II	엔 진	10,500	상용차	포 터(Au-TRK)		20,000	신간 및 기타도서	신 간		
		샤 시	19,000		그레이스		23,000		EF쏘나타 (보충판)	정비지침서	8,000
		전기회로도	9,500		스타렉스	엔 진	10,500			전기회로집	8,000
	쏘나타III	엔 진	12,500			샤 시	18,000		테라칸	정비지침서	27,000
		샤 시	19,000			전기회로도	8,500			전기회로집	7,500
	엘란트라	엔 진	10,500		마이티(3.5톤 트럭)		20,500		라비타	정비지침서	21,000
		샤 시	22,000		코 러 스		18,000			전기회로집	7,000
	스 쿠 프		13,000		에어로버스	샤 시	16,500		L P G(엔진) 통합본		7,000
	엑센트	정비지침서	21,000			보 디	9,000				
		전기회로도	7,500		에어로 타운		13,000				
	마르샤	엔 진	13,000		현대 4.5t/5t트럭		12,500				
		샤 시	19,000		현대 슈퍼 5톤트럭		18,000				
	아반떼	엔 진	11,500		대형트럭·특장차		16,500				
		샤 시	16,000		25톤 트럭		14,000				
		전기회로도	8,500		2001 슈퍼트럭(샤시)		21,000				
	티뷰론	엔 진	7,000		D8 디젤 엔진		8,500				
		샤 시	16,500		D6 디젤 엔진		8,000				
	그랜저	엔 진	18,500		상용차 전기회로도		11,000		기 타 도 서		
		샤 시	20,500		카운티	엔 진	9,000		외국차 배선도 보는법		28,000
	승용차 전기회로도(칼라)		11,000			샤 시	18,500		릴레이위치 및 와이어링 하니스		38,000
	그랜저/ 다이너스티	엔 진	20,000		마이티II		9,000		현대자동차 배선도보는법 & 트러블 진단		38,000
		샤 시	23,500		갤로퍼II	엔 진	11,500				
		전기회로도	9,000			샤 시	15,000		만화로 보는 자동차 상식		7,500
	그랜저XG	엔 진	10,500			보디 & 전장	21,000		자동변속기 이론과 실무		20,000
		샤 시	21,500		싼타모	엔 진	12,000		현대자동차 정비제원서		17,000
		전기회로집	10,500			샤 시	19,000		센서실무정비		45,000
	아토스	정비지침서	20,000			보디 & 전장	14,000		타이밍벨트 실무정비		43,000
		전기회로집	6,200		트라제XG	정비지침서	26,000		배출가스와 현장튠업		40,000
	EF쏘나타	엔 진	10,500			전기회로집	12,000				
		샤 시	20,500		리베로	정비지침서	25,000				
		전기회로집	9,500			전기배선도	10,000				
	에쿠스	엔 진	10,500		싼타페	정비지침서	34,000				
		샤 시	22,000			전기배선도	13,500				
		전기회로집	11,500		2000년 에어로버스	샤시 1편	29,000				
		전기회로집(보충판)	14,000			샤시 2편	29,000				
	베르나	정비지침서	20,000			전기회로집	18,000				
		전기회로집	7,500		슈퍼 에어로 시티		16,500				
	아반떼 XD	정비지침서	25,000		D6CA	엔진	8,000				
		전기배선도	8,000		D4EA (트라제XG, 싼타페)		6,500				

기아자동차 도서목록

차종	도 서 명	정 가
세피아II	정비지침서(전기배선도 첨부)	24,000
포텐샤	엔 진	17,000
	샤 시	20,000
	전기배선도(LPG 및 바디수리 포함)	15,000
크레도스II	정비지침서-전기배선도(LPG 포함)	36,000
엔터프라이즈	정비지침서	12,000
	정비지침서(보충판 및 전기배선도)	18,000
비스토	정비지침서(전기배선도)	30,000
2001 비스토	정비지침서	24,000
	전기배선도	6,800
스펙트라	정비지침서(전기배선도)	29,000
스펙트라윙	전기회로집(엔진 첨부)	미 정
옵티마	정비지침서	21,000
	전기배선도	8,500
리 오	정비지침서(전기배선도)	31,000
구 형 승 용 차		
아벨라	정비지침서	18,000
	바디수리서	5,000
	전기배선도	6,500
포텐샤	정비지침서	16,000
	전기배선도	10,000
크레도스	정비지침서	20,000
세피아II	정비지침서	14,000
	전기배선도	6,000
엔터프라이즈	정비지침서	12,000
	전기배선도	7,000
캐피탈	전기배선도	10,000
콩코드	전기배선도	6,000

차종	도 서 명	정 가
스포티지	엔진 및 전기배선도	15,000
	샤 시	22,000
2001 스포티지	전기배선도	7,000
프레지오	정비지침서(전기 첨부)	27,000
2001 프레지오	정비지침서	15,000
봉고 프론티어	정비지침서	18,000
카니발	정비지침서	18,500
	전기장치(가솔린 및 디젤)	20,000
	LPG(보충판 및 전기배선도)	15,500
카니발II	정비지침서	28,000
	전기배선도	8,400
카스타	엔진·트랜스밋션	18,000
	샤시·전기	16,000
카렌스	엔진 및 전기배선도	16,000
	샤시	15,000
2001 카렌스	정비지침서	29,500
레토나	엔진	15,000
	샤시 및 전기배선도(보충판 첨부)	17,000
타우너	정비지침서(전기배선도 첨부)	16,000
파맥스2.5톤/3.5톤	정비지침서	22,000
프런티어 2.5톤	정비지침서	15,500
구 형 승 합 차		
카니발	정비지침서	18,500
	전기장치(디젤)	10,000
	LPG 전기배선도	9,000
	LPG(추보판)	6,500
카렌스	정비지침서	19,000
	전기배선도	12,000
카스타	엔진·트랜스밋션	18,000
	샤시·전기	16,000
프레지오	정비지침서	15,000
	전기배선도	12,000
봉고프론티어	정비지침서	12,000
	전기배선도	6,000
베스타	정비지침서	20,000
타이탄	정비지침서	14,000
라이노	정비지침서	14,000
복사	정비지침서	10,000
트레이드	정비지침서	10,000
FE LPG(2,200)	정비지침서	5,000
프론티어	전기배선도	6,000
자동변속기	정비지침서	6,000

골든벨 도서목록

자동차 정비 현장 실무서

- 현장체험사례집 ① 고장과 진단 ☞ 12,000원
- 현장체험사례집 ② 전자제어엔진 고장탐구 ☞ 12,000원
- 현장체험사례집 ③ 에어컨&냉각계통 ☞ 12,000원
- 현장체험사례집 ④ 자동변속기 ☞ 13,000원
- 현장체험사례집 ⑤ 외국차, 나는 이렇게 고쳤다! ☞ 24,000원
- 자동차 현장 핵심 포인트(Ⅰ) ☞ 13,000원
- 자동차 현장 핵심 포인트(Ⅱ) ☞ 13,000원
- 현대자동차 전자제어 엔진실무 ☞ 15,000원
- CAR에어컨(현대자동차) ☞ 12,000원
- LPG자동차의 모든 것 ☞ 12,000원
- LPG자동차 시스템 ☞ 14,000원
- 자동차 LPG 공학(이론과 실무) ☞ 18,000원
- 신현담의 자동 & 무단 변속기 ☞ 40,000원
- 센서실무정비 ☞ 45,000원
- 타이밍 벨트 실무정비 ☞ 43,000원
- 배출가스와 튠업 ☞ 40,000원
- 현대자동차 승용차 종합배선도 ☞ 40,000원
- 현대자동차 승합차 종합배선도 ☞ 28,000원
- 기아자동차 토탈 승용차 종합배선도 ☞ 38,000원
- 기아자동차 토탈 승용차 종합배선도(Ⅱ) ☞ 38,000원
- 기아자동차 토탈 승합차 종합배선도 ☞ 38,000원
- 외국차 배선도 보는법 ☞ 28,000원
- 릴레이 위치 및 와이어링 하니스 ☞ 38,000원
- 현대차 배선도보는법 및 트러블진단 ☞ 38,000원
- 엔진 튜닝은 이렇게 ☞ 13,000원
- HKS식 엔진튜닝기법 ☞ 15,000원
- CAR AUDIO 기기장착과 튜닝의 세계 ☞ 15,000원

자동차 입문서 및 오너정비·운전

- 쉽게 보는 김홍건의 자동차 공학 ☞ 8,000원
- 자동차를 말한다 ☞ 15,000원
- 冊으로 보는 자동차 박물관 ☞ 15,000원
- 세계의 고속철도 ☞ 25,000원
- 교통사고, 모르면 당한다 ☞ 7,000원
- 오토 CAR 운전 테크닉 ☞ 6,000원
- 시내 주행 기법 ☞ 6,000원
- 아픈車 응급치료 ☞ 6,000원
- 자동차 홀로서기 ☞ 6,000원
- 자동차 10년타기 길라잡이 ☞ 8,000원
- 바이크 엔진 A to Z ☞ 13,000원
- 바이크 타는법 ☞ 8,000원

자동차정비이론서 및 현장감초서

- 자동차 구조학 ☞ 12,000원
- 자동차 정비공학 ☞ 13,000원
- 자동차 정비교본 ☞ 12,000원
- 자동차 구조&정비 ☞ 13,000원
- 新 자동차 전자제어교본(기초편) ☞ 15,000원
- 전자식 자동차 정비(Ⅰ) ☞ 10,000원
- 자동차 첨단전자시스템 ☞ 15,000원
- 자동차 용어 대사전 ☞ 22,000원
- 자동차 장치별 용어해설 ☞ 12,000원
- 전기를 알고 싶다(Ⅰ·Ⅱ) ☞ 7,000원
- 전기·전자란 무엇인가? ☞ 10,000원
- 전기·전자회로 보는 법 ☞ 10,000원

자동차 관련 수험서

- 자동차 정비기능사 팡파르 ☞ 15,000원
- 자동차 검사기능사 한마당 ☞ 14,000원
- 자동차 정비기능사 ① ☞ 13,000원
- 자동차 검사기능사 ② ☞ 11,000원
- 자동차 정비·검사기능사 ③ ☞ 13,000원
- 자동차 검사·정비기능사 ④ ☞ 13,000원
- 자동차 정비·검사 과년도문제집 ⑤ ☞ 12,000원
- 급소! 자동차 정비기능사 ⑥ ☞ 12,000원
- 급소! 자동차 검사기능사 ⑦ ☞ 12,000원
- 차체수리필기 ☞ 12,000원
- 자동차정비·검사 실기시험의 모든것 ☞ 15,000원
- 자동차 정비 실기특강 ☞ 12,000원
- 실기시험(측정) 답안지 작성법 ☞ 6,000원
- 의무검정용 자동차 정비·검사기능사실기 ☞ 12,000원
- 자동차 정비·검사 新 실기교본 ☞ 16,000원
- 자동차 테스터북 ☞ 20,000원
- 자동차 공학 ① ■자동차 정비 및 검사 ② ☞ 12,000원
- 내연기관 ③ ■자동차 일반기계공학 ④ ☞ 12,000원
- 자동차 기계열역학 ☞ 15,000원
- 자동차 정비 산업기사 / 자동차검사 산업기사 ☞ 15,000원
- 자동차 정비기사 ☞ 16,000원
- 자동차 검사기사 ☞ 15,000원
- 자동차 정비·검사 산업기사 총정리 ☞ 17,000원
- 자동차 정비·검사 종합문제집 ☞ 17,000원
- 계산문제 이럴땐 이렇게 ☞ 10,000원
- 차량 기술사 ☞ 20,000원
- 자동차정비기능장(필기) ☞ 20,000원
- 자동차정비기능장(실기) ☞ 15,000원
- 기능장을 위한 공업경영 ☞ 12,000원
- 자동차기사·산업기사 실기특강 ☞ 20,000원
- 新자동차 정비·검사 실기정복 ☞ 17,000원
- 자동차정비검사 실기 마스터북 ☞ 17,000원

제 목 :	**2001 카렌스 정비지침서**
발행일자 :	2001년 5월 25일 발 행
저 자 :	기아자동차(주) 정비자료발간팀
발 행 인 :	김 길 현
발 행 처 :	도서출판 골든벨
	서울시 용산구 문배동 40-21
등 록 :	제 3-132호(1987. 12. 11)
대표전화 :	02) 713-4135
F A X :	02) 718-5510
정 가 :	**29,500원**
관련번호 :	AFLC-EU14A
I S B N :	89-7971-304-5-93550

※ 본 책에서 저자 및 발행처의 동의없이 내용의 일부 또는 도해를 무단 복제할 경우 저작권법에 저촉됩니다.